Einführung in die theoretische Physik

In zwei Bänden

Von

Dr. Clemens Schaefer
o. ö. Professor an der Universität Marburg

ZWEITEN BANDES ERSTER TEIL

Theorie der Wärme, Molekular-kinetische Theorie der Materie

Mit 71 Figuren im Text

Berlin 1921
Vereinigung wissenschaftlicher Verleger
Walter de Gruyter & Co.,
vorm. G. J. Göschen'sche Verlagshandlung — J. Guttentag, Verlagsbuchhandlung — Georg Reimer — Karl J. Trübner — Veit & Comp., Berlin W 10 und Leipzig.

Druck von Oscar Brandstetter in Leipzig.

Meinen

Breslauer Freunden und Kollegen

in herzlicher Gesinnung

zugeeignet

Vorwort.

Die überaus freundliche Aufnahme, die der erste Band dieses Werkes gefunden hat, hätte mich unter normalen Verhältnissen angespornt, die Fortsetzung möglichst zu beschleunigen. Der Weltkrieg, der wenige Wochen nach dem Erscheinen des ersten Bandes ausbrach, hat dies vereitelt. Erst im Dezember 1918 konnte ich die Arbeit am zweiten Bande wieder aufnehmen, dessen ersten Teil ich hiermit den Fachgenossen vorlege. Er enthält die Wärmelehre (Wärmeleitung und Thermodynamik) und die kinetische Theorie der Materie (Gastheorie und statistische Mechanik). Das letzte Kapitel schildert das Eingreifen der Quantentheorie in die Lücken, die von der klassischen Theorie nicht ausgefüllt werden können.

Die ganze Anlage dieses Bandes ist nach denselben Grundsätzen erfolgt, die ich im Vorwort zum ersten Bande ausführlich dargelegt habe und auf die hier verwiesen werden kann. Besonders beeinflußt haben meine Darstellung der Thermodynamik die bekannten Werke von Planck und Nernst; in der molekular-kinetischen Theorie habe ich mich im wesentlichen an das ausgezeichnete Referat von P. und T. Ehrenfest in der mathematischen Enzyklopädie angeschlossen.

Zahlreichen Fachgenossen bin ich für ihre freundliche Unterstützung zu herzlichem Danke verbunden: Herr Privatdozent Dr. F. Reiche in Berlin hat das Manuskript zur Thermodynamik, Herr Privatdozent Dr. E. Buchwald dasjenige zur kinetischen Theorie durchgelesen; beiden Herren verdanke ich zahlreiche Verbesserungsvorschläge und Anregungen; desgleichen für die Thermodynamik den Assistenten am physikalischen Institut der Universität Breslau Frl. Dr. H. Kohn, Frl. Dr. E. Benedict, Herrn Dr. H. Senftleben. Mit seiner reichen Erfahrung hat mich ferner vielfach mein Freund und Kollege Professor Dr. Arnold Eucken unterstützt.

Die Figuren hat Herr Studienreferendar P. Hahn mit großem Geschick und Verständnis gezeichnet.

Beim Lesen der Korrektur beteiligten sich freundlicherweise die Herren Buchwald, Hahn und cand. phil. M. Rusch.

Ihnen allen sage ich hier nochmals meinen herzlichsten Dank, der in gleicher Weise auch der Verlagsbuchhandlung gebührt, die das Buch trotz der schweren Zeitverhältnisse herausgebracht hat. —

In dem Augenblicke, in dem ich dieses schreibe, geht meine 17jährige akademische Tätigkeit an der Universität Breslau ihrem Ende entgegen. Während dieser Zeit bin ich zahlreichen Kollegen menschlich und wissenschaftlich nahegetreten; niemand als ich selbst kann beurteilen, wie groß die Bereicherung ist, die mir der Verkehr mit ihnen gegeben hat. Zum Zeichen meines Dankes habe ich es gewagt, ihnen diesen Band zu widmen; möchte er sich ihren Beifall erwerben!

Breslau, im Oktober 1920.

Clemens Schaefer.

Inhalt.

Viertes Buch.

Theorie der Wärme.

Einleitung: Grundtatsachen und Definitionen.

Erstes Kapitel.

Theorie der Wärmeleitung.

Zweites Kapitel.

Der erste Hauptsatz der Wärmetheorie.

Drittes Kapitel.

Der zweite Hauptsatz der Wärmetheorie.

Viertes Kapitel.

Physikalisch homogene Systeme.

Fünftes Kapitel.

Physikalisch heterogene Systeme.

Sechstes Kapitel.

Spezielle Systeme (Gase und verdünnte Lösungen).

Siebentes Kapitel.

Die chemische Affinität und das Wärmetheorem von Nernst.

Fünftes Buch.

Molekular-kinetische Theorie der Materie.

Achtes Kapitel.

Elementare kinetische Theorie der Gase.

Neuntes Kapitel.

Entropie und Wahrscheinlichkeit.

Zehntes Kapitel.

Statistische Mechanik.

Elftes Kapitel.

Das Eingreifen der Quantentheorie.

Viertes Buch.

Theorie der Wärme.

Einleitung: Grundtatsachen und Definitionen.

1. Wärmegleichgewicht, Thermometer, empirische Temperatur.

Vermöge des Tastsinnes oder allgemeiner: einer bestimmten körperlichen Organisation erkennen wir den Körpern eine Eigenschaft zu, die wir „Wärme“ oder „Warmheit“ nennen und deren Abstufungen wir durch die Prädikate „heiß“, „warm“, „lau“, kalt“ usw. zu bezeichnen pflegen. Mit den physikalischen Ursachen dieser Eigenschaft und ihren Gesetzen beschäftigt sich die Wärmetheorie.

Wie bereits erwähnt, vermögen wir verschiedene Grade der Warmheit eines Körpers zu erkennen und sind imstande, eine Anzahl gegebener Substanzen in eine Reihe zu ordnen, die zunehmender oder abnehmender „Warmheit“ entspricht. Im speziellen sind wir auch befähigt, durch Betasten zweier Körper das Urteil auszusprechen, „sie seien gleich warm“ oder hätten „den gleichen Grad der Warmheit“. Unsere Sinne befähigen uns also, die Warmheit eines Körpers angenähert zu messen, doch ist diese Methode eine zu primitive und ungenaue, als daß sie den Ansprüchen einer Wissenschaft genügte. Auch ist das Urteil über den Grad der Warmheit eines Körpers, den wir betasten, abhängig davon, mit welchen Substanzen vorher z. B. unsere Hände in Berührung gewesen sind. Es seien etwa folgende Substanzen gegeben: schmelzendes Eis, siedendes Wasser und schmelzendes Stearin. Man betastet diese Stoffe etwa mit der rechten Hand und stellt dann folgende Reihenfolge fest:

kalt:	warm:	heiß:
schmelzendes Eis,	schmelzendes Stearin,	siedendes Wasser.

Genau dasselbe Resultat ergibt sich, wenn wir ebenso mit der linken Hand verfahren. Taucht man dagegen die linke Hand in schmelzendes Eis, die rechte in siedendes Wasser und dann beide in schmelzendes Stearin, so fällt man auf Grund der Empfindung der linken Hand das Urteil: „warm“, auf Grund der der rechten Hand dagegen: „kalt“. Dieser Versuch erläutert den Einfluß der Vorbehandlung der als Meßinstrument dienenden Hand und zeigt die Subjektivität des Urteils über den Grad der Warmheit. Noch stärkeren Täuschungen unterliegt man, wenn man zwei warme Körper nicht gleichzeitig oder unmittelbar nacheinander, sondern in längeren Zeitabständen auf ihre Reihenfolge in der Skala der Warmheit untersucht; man muß sich dann auf die Erinnerung verlassen, und ist in den wenigsten Fällen in der Lage, ein richtiges Urteil zu fällen. Wenn auch zuzugeben ist, daß manche Menschen durch tägliche Übung einen verhältnismäßig großen Grad von Sicherheit im Beurteilen des Wärmegrades erwerben können (der für einige praktische Zwecke völlig ausreichend sein mag), so genügt dies doch nicht, um die geschilderte Art der Messung zu einer wissenschaftlich brauchbaren zu machen. Wir bedürfen dazu eines vom Menschen und seinen Empfindungen unabhängigen Instrumentes.

Um uns dieses zu verschaffen, müssen wir folgendermaßen vorgehen: Wir müssen ein und denselben Körper nacheinander in Zustände bringen, die — nach dem Tastsinn beurteilt — verschiedenen Graden der Warmheit entsprechen. Dies ist erfahrungsgemäß stets zu erreichen. Z. B. können wir den gerade betrachteten Körper der Reihe nach in Bäder von schmelzendem Eis, schmelzendem Stearin und siedendem Wasser stecken. Nachdem der Körper hinreichend lange Zeit in einem der Bäder gewesen ist, urteilen wir nach unserem Tastsinne, daß der Körper entweder mit schmelzendem Eis oder Stearin oder siedendem Wasser gleich warm geworden ist. Durch geeignet gewählte, zwischen den obigen Wärmegraden liegende Bäder kann man es so erreichen, daß der Körper nacheinander eine größere Reihe von Zuständen annimmt, die verschiedenen Graden der Warmheit entsprechen Wir können nun feststellen, daß gleichzeitig mit Änderung des Grades der Warmheit an dem betrachteten Körper gewisse Veränderungen vor sich gehen. Z. B. ändert sich das Volumen meistens in dem Sinne, daß es mit wachsendem Wärmegrade zunimmt; ferner ändert sich der elektrische Widerstand des Körpers, die Elastizitätsmoduln nehmen andere Werte an usw. Wir müssen nun, um zu einem wissenschaftlich brauchbaren Maße des Wärmegrades zu gelangen, voraussetzen, daß die beobachteten Veränderungen in eindeutiger Weise mit dem veränderten Wärmegrade verknüpft sind. Dann können wir eine beliebige der genannten Änderungen der Körpereigenschaften zur eindeutigen Charakterisierung des Wärmegrades benutzen. Habe der Körper z. B. bei Wärmegleichheit mit schmelzendem Eise das Volumen V_0, bei Wärmegleichheit mit schmelzendem Stearin das Volumen V_1, so können wir die Volumzunahme $(V_1 - V_0)$ des Körpers zur quantitativen Charakterisierung des Wärmegrades des Körpers benutzen. Jedesmal, wenn der betreffende Körper die Volumvermehrung $(V_1 - V_0)$ erfährt, hat er den gleichen Wärmegrad wie schmelzendes Stearin. Einer beliebigen Volumvermehrung $V - V_0$ entspricht also auch Wärmegleichheit mit einem ganz bestimmten Bade. Natürlich hätten wir auch das Volumen V selbst zur Bestimmung des Wärmegrades nehmen können, ebenso die relative Widerstandsveränderung usw.

Nachdem wir so an einem Körper durch seine Volumveränderung seinen Wärmegrad zu charakterisieren gelernt haben, können wir diesen „geeichten“ Körper dazu benutzen, auch den Wärmegrad beliebiger anderer Körper zu bestimmen. Wir bringen dazu den geeichten Körper, den wir ein „Thermometer“ nennen, mit dem zu untersuchenden in direkte, möglichst innige Berührung. Nun haben wir uns schon vorher auf die Erfahrung berufen, daß zwei in Kontakt befindliche Substanzen schließlich den gleichen Wärmegrad erhalten. Demgemäß beobachten wir, daß, sobald das Thermometer mit dem zu untersuchenden Körper in Verbindung gebracht worden ist, sowohl das Thermometer, als auch der Körper Volumänderungen zeigen. Es ist sehr wichtig, zu beachten, daß die Volumänderungen der beiden in Berührung befindlichen Körper das entgegengesetzte Vorzeichen haben. Nimmt das Volumen des Thermometers zu, so nimmt das des zu messenden Körpers ab, und umgekehrt. Im ersteren Falle wird also das Thermometer wärmer, der zu messende Körper kälter, im zweiten Falle ist es genau umgekehrt. Der Wärmegrad des einen Körpers nimmt also ab, der des anderen zu: die beiden Substanzen stehen im „Wärmeaustausch“. Nach einer hinreichend langen Zeit sind jedoch beide Volumina, sowohl des Thermometers, als des zu messenden Körpers, konstant geworden. Wir müssen also sagen, daß der Wärmegrad beider Substanzen sich nicht mehr ändert: der „Wärmeaustausch“ hat aufgehört, und die beiden Körper stehen jetzt im „Wärmegleichgewicht“. Lesen wir jetzt am Thermometer die Volumänderung ab, die nach dem früheren einem bestimmten Wärmegrade entspricht, so bestimmt diese gleichzeitig den augenblicklichen Wärmezustand des mit dem Thermometer im Wärmegleichgewicht befindlichen zu messenden Körpers.

Wir führen nun die üblichen Bezeichnungen ein. Wenn zwei Körper im Wärmegleichgewicht sind, so sagen wir: „beide Körper haben die gleiche Temperatur“. Indem wir also unser Thermometer der Reihe nach mit den verschiedensten Körpern ins Wärmegleichgewicht bringen, können wir allen diesen Körpern im Wärmegleichgewicht eine bestimmte Temperatur zuschreiben, die gemessen wird durch die Volumausdehnung des mit der Substanz im Kontakt befindlichen Thermometers. Die so definierte Temperatur mißt den Grad der Warmheit der Körper, und das Thermometer ist das wissenschaftliche Instrument, das an Stelle unseres „Wärmesinnes“ getreten ist.

Die praktische Ausführung des Thermometers ist etwa die folgende: Eine Glashohlkugel mit anschließender Kapillare ist mit Quecksilber gefüllt, das zum Teil in die Kapillare hineinragt. Diesen Körper bringen wir zunächst in schmelzendes Eis und markieren die Stelle der Kapillare, bis zu der dann das Hg-Volumen reicht. Diese Marke nennen wir den „Eispunkt“ des Thermometers. Ferner tauchen wir das Thermometer bei Atmosphärendruck in siedendes Wasser, worauf sich das Hg-Volumen vergrößert. Wir erhalten dann eine zweite Marke, die der „Siedepunkt“ des Instruments heißt. Die Strecke zwischen Eispunkt und Siedepunkt teilen wir willkürlich in hundert volumgleiche Teile, und setzen die Teilung in gleicher Weise nach oben und unten fort. Jedem Teilstriche entspricht dann eine bestimmte Temperatur des Thermometers resp. des mit ihm im Wärmegleichgewicht befindlichen Körpers. Bezeichnen wir die Temperatur des Eispunktes durch 0 Grad (0°), die des Siedepunktes durch 100°, so haben wir die hundertteilige Skala eingeführt, die Celsius vorgeschlagen hat. Unterhalb der Temperatur des Eispunktes werden die Temperaturen negativ gezählt.

Die so definierte Temperatur in Celsiusgraden ist insofern willkürlich, als wir als thermometrische Substanz Quecksilber zugrunde gelegt haben. Würden wir statt dessen Alkohol genommen haben und im übrigen genau so verfahren sein, so hätten wir auch auf der Skala dieses Thermometers den Abstand der beiden Fixpunkte in hundert gleiche Teile zu teilen. Vergleicht man nun die Angaben des Quecksilber- und Alkoholthermometers miteinander, so müssen sie — ihrer Herstellung gemäß — an den Fixpunkten übereinstimmen. Aber sie werden im allgemeinen bei keiner dazwischenliegenden Stelle gleich zeigen. Denn wenn wir die Temperatur durch das Hg - Thermometer messen, so ist wegen der Teilung des Intervalles zwischen Eispunkt und Siedepunkt in hundert volumgleiche Teile die Volumänderung des Hg pro Grad konstant, d. h. das Volumen des Hg ist eine lineare Funktion der Temperatur, wenn diese durch das Hg-Thermometer gemessen wird. Ebenso ist die Ausdehnung des Alkohols pro Grad konstant, wenn die Temperatur durch das Alkoholthermometer definiert wird. Wird aber die Ausdehnung des Hg mit dem Alkoholthermometer oder die des Alkohols mit dem Hg-Thermometer bestimmt, so liegt natürlich gar kein Grund vor anzunehmen, daß Alkohol sich gleichmäßig mit der „Hg-Temperatur“ ausdehne und umgekehrt. Im allgemeinen werden also die Angaben der beiden Thermometer nur an den Fixpunkten übereinstimmen, im übrigen aber (wenn auch vielleicht, was tatsächlich der Fall ist, wenig) differieren.

Hier zeigt sich besonders deutlich die Willkür und das Unbefriedigende, das unserer Temperaturdefinition anhaftet. Je nach der Wahl der thermometrischen Substanz erhalten wir eine verschiedene Temperaturskala, von denen keine vor der anderen grundsätzlich bevorzugt ist. Vorläufig müssen wir diesen Übelstand mit in den Kauf nehmen und nennen die so definierte Temperatur, um sie von der später einzuführenden exakten Temperaturdefinition zu unterscheiden, die der zweite Hauptsatz der Wärmetheorie (Kap. III, Nr. 39) vermittelt, die „empirische Temperatur“. Wir denken uns im folgenden, auch wo es nicht besonders hervorgehoben ist, die empirische Temperatur stets durch eine und dieselbe Thermometersubstanz definiert, so daß nie ein Zweifel auftreten kann, was unter Temperatur gemeint ist.

2. Wärmemenge; spezifische Wärme.

Gewisse Tatsachen legen uns außer der Einführung des Begriffes der Temperatur noch die Aufstellung eines weiteren Begriffes nahe. Wir knüpfen an folgendes ganz konkrete Experiment an. Wir erhitzen der Reihe nach Stücke gleicher Masse (M) aus verschiedenem Material (Fe, Cu, Al, . . .) in siedendem Wasserdampf auf 100^0 C. Jedes dieser Stücke bringen wir dann in ein Wasserbad, etwa von der Temperatur 20^0; jedes Wasserbad enthalte etwa m Gramm Wasser. Wir warten dann ab, bis Wärmegleichgewicht zwischen dem jeweiligen Bade und dem hineingeworfenen Körper besteht, was daran erkannt wird, daß die Länge des Hg-Fadens eingetauchter Thermometer sich nicht mehr ändert. Man liest dann an diesen Thermometern die dem jeweiligen Endzustand entsprechenden Temperaturen ab. Man findet, daß diese Endtemperaturen, auf die sich jeder Körper vereint mit dem zugehörigen Wasserbade einstellt, nicht gleich sind, obwohl die Anfangstemperaturen der Körper und der Wasserbäder und die Massen der Körper und Wasserbäder in allen Fällen gleich waren. Die Endtemperatur hängt also unter sonst gleichen Umständen noch von dem Material der in das Bad geworfenen Stücke ab.

Die Erscheinung, daß jeder Körper und das zugehörige Wasserbad sich auf eine gemeinsame Endtemperatur einstellen, legt uns die Auffassung nahe, daß in dem geschilderten Experiment ein gewisses Quantum Wärme von dem heißeren Körper auf den kälteren übergeht, womit eine Temperatursenkung des heißeren und eine Temperatursteigerung des kälteren verbunden ist, bis bei Erreichung des Wärmegleichgewichts der Wärmeübergang aufhört. Je mehr Wärme von dem einen Körper auf den andern übergeht, um so stärker wird die Temperatursenkung des wärmeren und die Temperatursteigerung des kälteren sein. Diese Auffassungsweise führt uns folgerichtig dazu, weiter zu behaupten, daß im obigen Experimente die ins Wasser geworfenen Stücke verschiedene Mengen von Wärme an die Wasserbäder abgeben, da deren Temperatursteigerungen verschieden sind. Ersetzen wir die Wasserbäder ferner etwa durch Alkoholbäder (oder durch irgendeine andere Substanz) und wiederholen wir jetzt das Experiment unter im übrigen gleichen Bedingungen, so beobachten wir wieder eine Verschiedenheit der schließlichen Temperaturerhöhungen der Bäder, und ferner sind auch die Temperaturänderungen, die durch einen und denselben Körper in verschiedenen Bädern erzeugt werden, verschieden.

Der hier eingeführte Begriff der „Wärmemenge“ wird erst dann ein wissenschaftlich brauchbarer, wenn die Wärmemenge eine exakt meßbare Größe ist. Nun schließen wir, ceteris paribus, daß die auf einen Körper übergegangene Wärmemenge um so größer ist, je größer die dadurch bewirkte Temperatursteigerung ist; wir werden daher die auf einen Körper übergehende (oder von ihm abgegebene) Wärmemenge Q proportional der Temperaturdifferenz zwischen Anfang und Ende dieses Wärmeüberganges setzen. Aber da wir im letzten Experimente sahen, daß die Temperaturerhöhung auch vom Material abhängt, insofern verschiedene Bäder unter gleichen Umständen verschiedene Temperaturerhöhungen annehmen, so muß der Proportionalitätsfaktor jedenfalls vom Material abhängen. Endlich hängt die Endtemperatur auch noch ab von der Masse des Bades, indem ein Versuch uns zeigt, daß eine doppelte oder dreifache Masse der Wasserbäder die unter gleichen Bedingungen erzeugte Temperaturerhöhung auf die Hälfte oder ein Drittel reduziert. Daraus folgt also, daß der erwähnte Proportionalitätsfaktor auch der Masse des Bades proportional sein muß. Allen Ergebnissen des Experimentes werden wir gerecht, indem wir die Wärmemenge Q, die eine Substanz von der Masse m aufnimmt (oder abgibt), wenn ihre Temperatur ϑ sich um $\Delta\vartheta$ ändert, gleichsetzen:

$$Q = c \cdot m \cdot \Delta\vartheta, \tag{1}$$

wo c der erwähnte Materialfaktor ist, der die „spezifische Wärme" der Substanz genannt wird.

Nach (1) ist die Einheit der Wärmemenge diejenige, die eine Substanz von der Masse eines Gramms und von der spezifischen Wärme $c = 1$ bei einer Temperaturerhöhung um 1^0 C aufnimmt; die Größe dieser Einheit steht noch in unserem Belieben insofern, als wir willkürlich eine Substanz herausgreifen müssen, deren spezifische Wärme wir gleich 1 setzen. Denn es gibt offenbar keine Methode, c zu bestimmen, solange wir nicht eine von Gleichung (1) unabhängige Definition von Q besitzen, und umgekehrt keine Methode, um Q zu messen, solange wir nicht c kennen. Als Normalsubstanz, deren spezifische Wärme gleich 1 gesetzt wird, hat man Wasser gewählt. Dabei ist jedoch noch ein einschränkender Zusatz notwendig, weil die spezifische Wärme im allgemeinen von der Temperatur abhängen wird und tatsächlich abhängt[1]). Man wählt also Wasser von einer Ausgangstemperatur von $14{,}5^0$ C. Die Einheit der Wärmemenge ist also diejenige, die 1 g Wasser von der Temperatur $14{,}5^0$ C auf $15{,}5^0$ C erhöht; sie heißt eine „Kalorie".

Statt dessen nennt man auch oft Kalorie diejenige Wärmemenge, die 1 g Wasser von 0^0 auf 1^0 erwärmt; diese „Nullpunktskalorie" ist um etwa $8^0/_{00}$ kleiner als die „Zimmertemperaturkalorie"; wir benutzen die erstere Definition, weil diese Kalorie sich experimentell genauer herstellen läßt als die Nullpunktskalorie. Endlich stellt man unter dem Namen „große Kalorie" den obengenannten „kleinen" die Wärmemengen gegenüber, die die entsprechende Temperaturerhöhung von 1000 g

[1]) Daher wird, wenn $\Delta\vartheta$ ein endliches Temperaturintervall ist, durch Gl. (1) nicht die wahre, sondern nur eine mittlere spezifische Wärme definiert; die wahre spezifische Wärme ist also zu bestimmen nach der Gleichung:

$$c = \frac{1}{m}\left\{\frac{Q}{\Delta\vartheta}\right\}_{\lim \Delta\vartheta = 0}. \tag{1a}$$

Wasser hervorbringen. Bevor wir an eine Messung der spezifischen Wärme gehen können, müssen wir uns über die Dimension derselben klar werden. Diese ist durch die Definitionsgleichung festgelegt, also durch Gleichung (1). Wählen wir in (1) die Masse m und die Temperaturdifferenz $\Delta\vartheta = 1$, so wird $c = Q$, d. h. die spezifische Wärme ist diejenige Wärmemenge, die man einem Körper von der Masse 1 g zuführen muß, um seine Temperatur um 1^0 zu erhöhen. Die spezifische Wärme ist also von der Dimension:

$$[c] = \frac{\text{Wärmemenge}}{\text{Masse} \cdot \text{Grad}}.$$

Wir können — vorläufig wenigstens — weder Wärmemengen noch Temperaturen durch die absoluten Einheiten der Masse, der Länge und der Zeit ausdrücken. Wir sind vielmehr genötigt, sowohl die Einheit der Wärmemenge, d. h. die Kalorie, als auch die Einheit der Temperatur, d. h. den Celsiusgrad, als neue Einheiten zu benutzen. Demgemäß drückt sich die spezifische Wärme aus durch die Einheiten:

(1 b) $$[c] = \frac{[\text{cal.}]}{[\text{gr} \cdot \text{grad}]}.$$

Nun ist es zunächst leicht möglich, die spezifischen Wärmen der festen Stoffe zu bestimmen. Man erhitzt den zu untersuchenden Körper, der die Masse M, die spezifische Wärme c habe, auf die Temperatur ϑ_1 und bringt ihn dann in ein Wasserbad von $14{,}5^0$ C, dessen Masse m so bestimmt wird (was durch Vorversuche zu ermitteln ist), daß die Temperaturerhöhung innerhalb des Intervalls von 14,5 bis $15{,}5^0$ C sich hält. Die gemeinsame Endtemperatur sei ϑ_2. (Sind übrigens die Messungen nur auf etwa $1^0/_0$ genau, so ist die Ausgangstemperatur und die Ausdehnung des Temperaturintervalls gleichgültig.) Der zu untersuchende Körper hat dann die Wärmemenge abgegeben:

(2) $$M \cdot c(\vartheta_1 - \vartheta_2);$$

das Wasser hat aufgenommen die Wärmemenge:

(3) $$m \cdot 1 \cdot (\vartheta_2 - 14{,}5);$$

also muß die Gleichung bestehen:

(4) $$M c(\vartheta_1 - \vartheta_2) = m \cdot (\vartheta_2 - 14{,}5),$$

woraus sich c ergibt. Diese Methode heißt die „Mischungsmethode". Dabei ist natürlich vorausgesetzt (wie bei den sämtlichen hier erwähnten Experimenten), daß keine Wärme nach außen abgegeben wird, und daß keine anderen Substanzen bei dem Vorgange beteiligt sind als die genannten. Das ist zwar experimentell nicht streng zu bewerkstelligen; es müssen am Resultat daher Korrektionen angebracht werden, auf die wir hier nicht eingehen.

Die spezifische Wärme von Flüssigkeiten bestimmt man am einfachsten folgendermaßen: Man führt eine bestimmte Wärmemenge einmal einer gegebenen Menge m Wassers zu, ein zweites Mal einer Menge M der zu untersuchenden Flüssigkeit. Ist dann die beim Wasser eintretende Temperaturerhöhung $\Delta\vartheta_1$, bei der Flüssigkeit $\Delta\vartheta_2$, so haben wir, wenn c wieder die spezifische Wärme der Substanz bedeutet, die Gleichung:

$$(5) \qquad M c \Delta\vartheta_2 = m \cdot \Delta\vartheta_1 ,$$

womit c bestimmt ist.

Einer besonderen Untersuchung bedürfen die Gase, wobei es sich zeigt, daß wir bei der Definition der spezifischen Wärme der festen und flüssigen Körper eine stillschweigende Voraussetzung gemacht haben. Wir müssen nämlich, ebenso wie wir die Möglichkeit offen ließen, daß c von der Temperatur abhinge, im allgemeinen annehmen, daß c von dem übrigen Zustande des Körpers abhängt, d. h. von den übrigen Koordinaten (im allgemeinen Sinne des Wortes), die den Zustand des Körpers definieren. Wir haben im Vorhergehenden stillschweigend vorausgesetzt, daß bei den festen und flüssigen Körpern die Abhängigkeit von c von den Zustandsvariabeln (mit Ausnahme von ϑ) zu vernachlässigen sei, was nach Ausweis des Experimentes in der Tat nahe zutrifft. Bei Gasen ist dies nicht der Fall. Je nachdem man zum Beispiel eine gegebene Menge Gas bei konstantem Volumen oder konstantem Druck erwärmt, erhält man verschiedene spezifische Wärmen, die durch einen entsprechend hinzuzusetzenden Index zu unterscheiden sind, z. B.:

c_v ist spezifische Wärme bei konstantem Volumen,
c_p „ „ „ „ „ Druck.

Außer diesen beiden spezifischen Wärmen sind noch beliebig viele andere spezifische Wärmen zu unterscheiden, je nach der Art und Weise, wie die Wärmezufuhr vorgenommen wird. Darauf näher einzugehen, ist in der Thermodynamik der Platz. c_p, die spezifische Wärme bei konstantem Druck, wird auf ähnliche Weise bestimmt (nach der Mischungsmethode) wie bei festen und flüssigen Körpern, während dies bei c_v unmöglich ist. Man müßte nämlich zu diesem Zwecke das Gas in einen Behälter einschließen, um das Volumen konstant zu halten, und bei der Wärmezufuhr muß dieser miterwärmt werden. Da nun die Masse des festen Gefäßes viel größer ist als die des Gases, so würde die Hauptmenge der zugeführten Wärme zur Erwärmung des Gefäßes und nicht des Gases benutzt, wodurch so große Fehlerquellen entstehen, daß die Messung unmöglich wird. Man kann aber das Verhältnis $\frac{c_p}{c_v}$ bestimmen, und zwar z. B. durch Ermittlung der Schallgeschwindigkeit in dem betreffenden Gase, die nach Band I, pag. 752, Gl. (79) den Wert hat:

$$(6) \qquad \text{Schallgeschwindigkeit} = \sqrt{\frac{p}{\varepsilon} \cdot \left(\frac{c_p}{c_v}\right)} ,$$

wo p der Druck und ε die Dichte des Gases ist. Aus $\left(\frac{c_p}{c_v}\right)$ und c_p folgt dann sofort auch c_v.

Die folgende Tabelle möge einen Überblick über die Größe der spezifischen Wärmen einiger Stoffe bei gewöhnlichen Temperaturen geben.

Bei sehr tiefen Temperaturen werden die spezifischen Wärmen fester und flüssiger Stoffe alle außerordentlich klein; darauf werden wir später einzugehen haben.

Tabelle:

Stoff	c in $\frac{\text{cal}}{\text{gr} \cdot \text{grad}}$	Stoff	c in $\frac{\text{cal}}{\text{gr} \cdot \text{grad}}$	Stoff (Gase)	c_p	$\frac{c_p}{c_v}$
Al	0,22	Kohlenstoff .	0,160	Luft . . .	0,2375	1,4015
Pb	0,028	Messing . .	0,0917	O_2	0,2175	1,396
Fe	0,105	Quarz . . .	0,190	N_2	0,2438	1,41
Au	0,032	Steinsalz . .	0,215	H_2	3,4090	1,408
Cd	0,055	Marmor . .	0,206	Hg-Dampf .	0,0246	1,667
Cu	0,091	Eis	0,50	He	1,2504	1,667
Ni	0,104	Kronglas . .	0,161			
Pd	0,058	Flintglas . .	0,117			
Bi	0,026	Hg	0,033			
Zn	0,087					

Erstes Kapitel.

Theorie der Wärmeleitung.

3. Der Begriff der Wärmeleitung und des Wärmestromes.

In den vorhergehenden Nummern haben wir uns wiederholt auf die Erfahrungstatsache berufen, daß — wie wir nun sagen können — zwei verschieden temperierte Körper bei Berührung in einen Wärmeaustausch treten, der so lange andauert, bis sich beide Körper auf derselben Temperatur befinden. Der eine Körper nimmt dabei die Wärme auf, die der andere abgibt. Schaltet man, statt die beiden Körper direkt zur Berührung zu bringen, einen beliebigen andern materiellen Körper zwischen sie, so daß dieser mit den beiden verschieden temperierten Substanzen in Kontakt ist, so erfolgt der Wärmeaustausch gleichfalls, und zwar unter Vermittlung des dazwischen geschalteten Körpers, in dem dann Temperaturdifferenzen auftreten. Der Vorgang kommt erst dann zu Ende, wenn alle drei Körper auf derselben Temperatur angelangt sind. In diesem Falle wird die Wärme von dem höher temperierten durch die Vermittlungssubstanz dem niedriger temperierten „zugeleitet“, und man nennt daher die Art des hier vorliegenden Temperaturausgleiches durch Vermittlung materieller Körper „Wärmeleitung“. Die spezielle Art des Prozesses, z. B. der zeitliche Verlauf der Temperaturänderung an jeder Stelle, in Abhängigkeit von den Materialkonstanten und unter gegebenen äußeren Bedingungen bildet den Inhalt der von Fourier begründeten Theorie der Wärmeleitung.

Es sei gleich hier bemerkt, daß es noch andere Arten des Temperaturausgleiches gibt, die als „Wärmestrahlung“ und „Wärmekonvektion“ bezeichnet werden. Erstere kann rein hergestellt werden, wenn man zwei verschieden temperierte Stoffe getrennt voneinander in ein Vakuum bringt; dann erfolgt, obwohl keine Materie die Vermittlung übernehmen kann, dennoch der Temperaturausgleich. Wie wir später sehen werden, gehen Wellen von den erhitzten Körpern aus, die sich durch das Vakuum fortpflanzen. Ihre Behandlung gehört teils in die Optik, teils in die Thermodynamik, wir kommen an geeigneter Stelle darauf zurück. Wir müssen ihrer hier schon Erwähnung tun, da die Strahlung sich nie ganz ausschließen läßt und daher stets mit berücksichtigt werden muß.

Unter Konvektion endlich versteht man die Fortführung der Wärme gleichzeitig mit dem materiellen Träger derselben. Befindet sich ein hochtemperierter Körper z. B. in Luft, so erwärmt er zunächst die anliegende Schicht der Luft; diese wird dadurch spezifisch leichter als die umgebende Luft, erfährt daher einen Auftrieb und wird an andere Stellen des Raumes fortgeführt, wobei ihre Stelle von kalter Luft wieder eingenommen wird. So erleidet ein warmer Körper durch die Fortbewegung der Luft gleichfalls Wärmeverluste, die niemals ganz ausgeschaltet werden können. Freilich bedürfen wir an dieser Stelle keines genauen Eingehens auf das Detail der Wärmestrahlung und der Konvektion, da wir uns nur insofern damit zu beschäftigen haben, als sie das reine Phänomen der Leitung überlagern. Wir tragen dieser Störung durch einen summarischen Ansatz Rechnung, was für unsere vorläufigen Zwecke genügt.

Die Wärme verhält sich bei allen Leitungsprozessen — was ja schon durch die einfachen im Vorhergehenden besprochenen Versuche nahegelegt wird —, als ob sie eine unzerstörbare Flüssigkeit wäre, die vom wärmeren Körper zum kälteren fließt, sich dabei nur anders verteilend, aber ihre Gesamtmenge nicht ändernd. Diese Auffassung reicht keineswegs hin, um alle Erscheinungen der Wärme zu erklären; im Gegenteil werden wir bald (im zweiten Kapitel) Fälle kennen lernen, in denen Wärme erzeugt oder vernichtet wird. Für die Theorie der Leitung aber ermöglicht diese Hypothese die einfachste Darstellungsform, so daß auch wir sie vorläufig machen wollen. In dieser Auffassung ist also Wärmeleitung nichts anderes als Strömung einer Flüssigkeit, und wir werden daher naturgemäß an manche Begriffe aus der Hydrodynamik anzuknüpfen haben.

Wir denken uns nun einen beliebigen Körper, der von Wärme durchströmt wird. Die Strömung einer Flüssigkeit an einer bestimmten Stelle ist offenbar vollkommen bestimmt, wenn erstens die Richtung des Stromes und zweitens die Menge der Flüssigkeit gegeben ist, die durch einen zur Richtung senkrechten Querschnitt an der betrachteten Stelle strömt. Die Wärmeströmung hat also — wie jede Strömung — die Eigenschaften eines Vektors. Wir wollen nun den folgenden Vektor einführen, den wir $\mathfrak{j}$ nennen wollen: Sein absoluter Betrag $j = |\mathfrak{j}|$ sei gleich der Wärmemenge, die pro Sekunde durch die senkrecht zur Richtung des Wärmestromes stehende Querschnittseinheit hindurchströmt, und seine Richtung sei mit der des Wärmestromes identisch. Diesen Vektor $\mathfrak{j}$ nennen wir die „Wärmeströmung" oder die „Stromdichte der Wärme". Die Komponente $\mathfrak{j}_n$ der Wärmeströmung nach einer beliebigen Richtung n ist also nach den Regeln der Vektorrechnung:

$$\mathfrak{j}_n = \mathfrak{j} \cdot \cos(\mathfrak{j}\, n), \tag{7}$$

woraus sich weiter ergibt, wenn wir n der Reihe nach mit der Richtung der x, y, z-Achse zusammenfallen lassen:

$$\left\{\begin{aligned} \mathfrak{j}_x &= \mathfrak{j} \cdot \cos(\mathfrak{j}\, x), \\ \mathfrak{j}_y &= \mathfrak{j} \cdot \cos(\mathfrak{j}\, y), \\ \mathfrak{j}_z &= \mathfrak{j} \cdot \cos(\mathfrak{j}\, z). \end{aligned}\right. \tag{8}$$

Die linken Seiten dieser Gleichungen stellen dabei offenbar die kartesischen Komponenten der Wärmeströmung dar. Durch Erweiterung dieser Gl. (8) mit resp. $\cos(\mathfrak{j}\,x)$, $\cos(\mathfrak{j}\,y)$, $\cos(\mathfrak{j}\,z)$ und Addition folgt sofort:

(9) $$\mathfrak{j} = \mathfrak{j}_x \cdot \cos(\mathfrak{j}, x) + \mathfrak{j}_y \cdot \cos(\mathfrak{j}, y) + \mathfrak{j}_z \cdot \cos(\mathfrak{j}, z).$$

Die Gleichungen (8) und (9) zeigen, wie ein beliebig gerichteter Wärmestrom in seine kartesischen Komponenten zerlegt und aus ihnen zusammengesetzt wird.

Wir denken uns jetzt durch einen durchströmten Körper einen beliebigen Querschnitt f gelegt (Fig. 1) und fragen nach der Wärmemenge, die pro Sekunde durch ihn hindurchströmt.

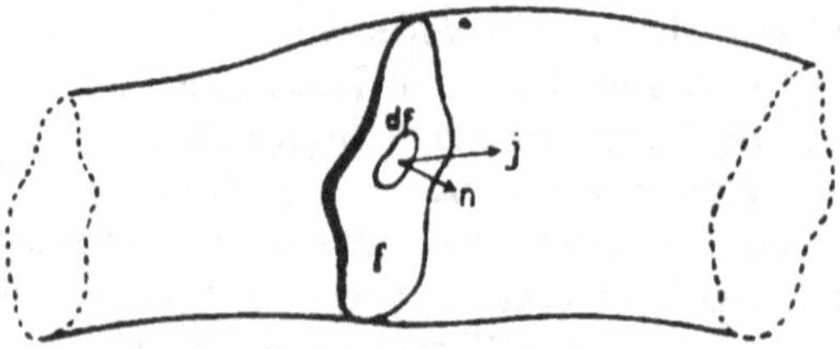

Fig. 1.

Zu diesem Zwecke zerlegen wir f in unendlich kleine Elemente df, und konstruieren zu jedem dieser Elemente df den zugehörigen Vektor $\mathfrak{j}$ und die Normale n. Die Strömung $\mathfrak{j}$ zerlegen wir nun in zwei Komponenten, eine parallel n, die also $\mathfrak{j}_n$ genannt wird, die zweite senkrecht auf n, also tangentiell zu df, die $\mathfrak{j}_t$ genannt werde. Durch diese beiden Strömungen $\mathfrak{j}_n$ und $\mathfrak{j}_t$ ist die wirklich vorhandene vollkommen ersetzbar. $\mathfrak{j}_t$, weil parallel dem Flächenelement df, führt keine Wärme durch df hindurch; es kommt also zur Berechnung der pro Sekunde durch df hindurchtretenden Wärmemenge nur $\mathfrak{j}_n$ in Betracht. Diese ergibt sich sofort zu $\mathfrak{j}_n df$, und wenn wir diese Beträge über die ganze Querschnittsfläche f summieren, so erhalten wir ebenso für die gesamte, durch f strömende Wärmemenge pro Sekunde den Wert:

(10) $$Q = \sum \mathfrak{j}_n\, df = \int \mathfrak{j}_n \cdot df.$$

Ist die Fläche f geschlossen, in welchem Falle wir sie durch S bezeichnen wollen, und bedeutet n die innere Normale derselben, so stellt

(10a $$Q = \int \mathfrak{j}_n\, dS$$

die gesamte, durch die geschlossene Fläche S pro Sekunde einströmende Wärmemenge dar.

Der Ausdruck $\int \mathfrak{A}_n\, dS$, der mit einem beliebigen Vektor $\mathfrak{A}$ nach Analogie der letzten Gleichung gebildet ist, wird in der Vektoranalysis als der „Fluß“ des Vektors $\mathfrak{A}$ durch die Fläche S bezeichnet; der Grund für diese Bezeichnungsweise ist leicht erkennbar.

Die Wärmemengen, die nicht in der Zeiteinheit, sondern im Zeitelement dt einströmen, erhält man aus Gl. (10) oder (10a) durch einfache

Multiplikation mit dem Zeitelement dt, und daraus die in einer endlichen Zeit einströmenden Mengen durch eine Integration nach der Zeit, was ohne weitere Erklärung einleuchtet.

4. Zusammenhang zwischen Wärmeströmung und Temperatur.

Wir wollen uns nun eine geschlossene Fläche S denken, durch die nach (10a) in der Zeit dt die Wärmemenge $Q\,dt = dt \int \mathfrak{j}_n \, dS$ einströmt; diese hat — wenn wir natürlich von allen sekundären, z. B. chemischen Prozessen, die dadurch eingeleitet werden könnten, absehen — zur Folge daß der von der Fläche S umschlossene Raum τ sich erwärmt. Es ist natürlich nicht anzunehmen — da der Wärmestrom ganz beliebig sein kann — daß die im Raume τ eintretende Temperaturerhöhung gleichmäßig sein wird, wir werden daher den Raum τ in unendlich kleine Elemente $d\tau = dx \cdot dy \cdot dz$ teilen, die die Masse dm haben, und wollen die in einem solchen Volumelemente erzeugte Temperaturerhöhung $d\vartheta$ nennen. Dazu ist an dieses Volumelement, wenn seine spezifische Wärme mit c bezeichnet wird, eine Zufuhr von Wärme notwendig, die den Betrag $c\,d\vartheta \cdot dm$ hat; wenn wir die Dichte ε einführen, so daß die Masse $dm = \varepsilon \cdot d\tau$ gesetzt werden kann, so ergibt sich für die einem Volumelement $d\tau$ zugeführte Wärmemenge $\varepsilon c\, d\tau \cdot d\vartheta$, und die gesamte Wärmemenge, die dem Raume τ zukommt, ergibt sich durch Integration über τ zu: $\int \varepsilon c\, d\vartheta\, d\tau$, wobei im allgemeinen ε und c als Funktionen des Ortes anzusehen sein werden. Für diese nämliche Wärmemenge haben wir oben bereits einen andern Ausdruck aufgestellt, und durch Gleichsetzung beider und Division mit dt folgt die Beziehung:

(11)
$$\int \mathfrak{j}_n \, dS = \int \varepsilon c \frac{\partial \vartheta}{\partial t} d\tau .$$

Dabei haben wir den Differentialquotienten $\frac{\partial \vartheta}{\partial t}$ mit partiellen Differentialzeichen geschrieben, da ϑ, wie schon oben bemerkt, i. a. von Punkt zu Punkt variieren wird, hier aber nur die zeitliche Änderung an einer bestimmten Stelle, d. h. bei konstanten x, y, z gemeint ist.

In dieser Gleichung steht links ein Oberflächen-, rechts ein Raumintegral, und es liegt nahe, vermittels einer Integraltransformation, nämlich des Gaußschen Satzes, das links stehende Oberflächenintegral ebenfalls in ein Raumintegral überzuführen. Da nach dem Gaußschen Satze [Bd. I, pag. 502, Gl. (8)] für einen beliebigen Vektor $\mathfrak{A}$ bei nach innen gerichteter Normale die Transformation gilt:

(12)
$$-\int \mathfrak{A}_n \, dS = \int \operatorname{div} \mathfrak{A} \cdot d\tau ,$$

so folgt durch Anwendung dieses Satzes auf den Vektor $\mathfrak{j}$ in Gl. (11) die Beziehung:

$$-\int \operatorname{div} \mathfrak{j}\, d\tau = \int \varepsilon c \frac{\partial \vartheta}{\partial t} d\tau ,$$

oder:

$$(13) \qquad \int\left(\operatorname{div}\mathfrak{j} + \varepsilon c \frac{\partial \vartheta}{d t}\right) d\tau = 0.$$

Diese Gleichung muß für einen beliebigen Raum τ gelten, mag derselbe so groß oder so klein sein wie er will. Daher kann das Integral nur so zu Null werden, daß der Integrand verschwindet. Denn wären im Raume τ Stellen vorhanden, an denen der Integrand größer als Null ist, und ferner solche, an denen er kleiner als Null ist, so daß das Integral durch Kompensation der positiven Beiträge durch die negativen verschwände, so könnte man das Integral ebensogut auf die ersteren Stellen allein anwenden, und dann wäre (13), die doch allgemein gelten soll, unmöglich. Dann müßte vielmehr die rechte Seite positiv sein. Also muß stets der Integrand sich annullieren, mithin stets zwischen $\mathfrak{j}$ und ϑ die Beziehung bestehen:

$$(14) \qquad \operatorname{div}\mathfrak{j} = -\varepsilon c \frac{\partial \vartheta}{d t},$$

die wir außerdem noch in kartesischen Koordinaten anmerken wollen:

$$(15) \qquad \frac{\partial \mathfrak{j}_x}{\partial x} + \frac{\partial \mathfrak{j}_y}{\partial y} + \frac{\partial \mathfrak{j}_z}{\partial z} = -\varepsilon c \frac{\partial \vartheta}{\partial t}.$$

Diese Gleichung spricht lediglich aus, daß die gesamte in die Volumeinheit eintretende Wärmemenge deren Temperatur nach Maßgabe der spezifischen Wärme und der Dichte erhöht.

Natürlich hätte man diese Gleichung durch spezielle Betrachtungen direkt ableiten können, ohne den Gaußschen Satz zu benutzen. Da dabei der physikalische Sinn vielleicht klarer hervortritt, so möge diese zweite Ableitung nochmals mitgeteilt werden; das Prinzip derselben ist bereits im ersten Bande mehrfach [z. B. auf pag. 402] benutzt worden. Diese Ableitung hat übrigens den Nachteil, auf ein bestimmtes, z. B. kar-

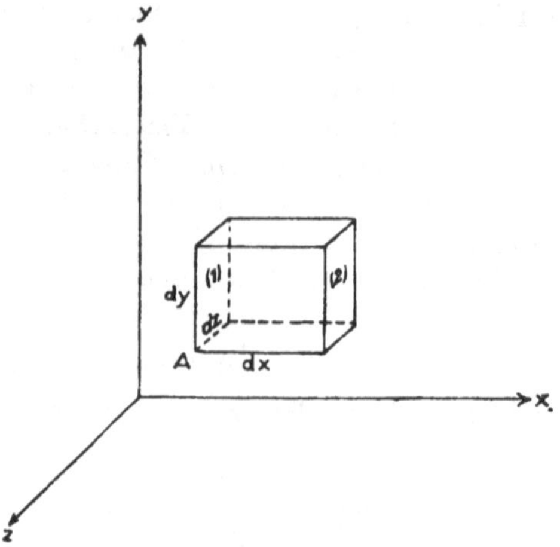

Fig. 2.

tesisches, Koordinatensystem zugeschnitten zu sein, während (14) für alle Koordinatensysteme paßt.

Wir betrachten ein Parallelepiped mit den Kantenlängen dx, dy, dz; die Kanten sind den Koordinatenachsen parallel. Wir wollen die Wärmemenge berechnen, die pro Zeitelement dt darein einströmt. Wir betrachten zunächst etwa die zwei Flächen von der Größe $dy \cdot dz$, die in Fig. 2 mit den Bezeichnungen (1) und (2) versehen sind; auf beiden errichten wir die nach innen gehende Normale. Diese fällt bei der Fläche (1) zusammen mit der positiven x-Richtung, bei (2) ist sie dieser entgegengerichtet. Die Ecke A des Parallelepipeds habe die Koordinaten (x, y, z), so daß die Fläche (1) in der Ebene $x =$ konst., die Fläche (2) dagegen in der Ebene $x + dx =$ konst. liegt. Wir haben jetzt nach (10) die Normalkomponente von $\mathfrak{j}$ in bezug auf die Flächen (1) und (2) zu bilden, das ist im ersten Falle $\mathfrak{j}_x$, im zweiten $\mathfrak{j}_{-x} = -\mathfrak{j}_x$. Es strömt also in der Zeiteinheit durch die Fläche (1) die Menge:

(16a) $$(\mathfrak{j}_x)_x \cdot dy\,dz,$$

durch (2) dagegen:

(16b) $$(\mathfrak{j}_{-x})_{x+dx}\,dy \cdot dz = -(\mathfrak{j}_x)_{x+dx} \cdot dy \cdot dz.$$

Dabei ist in (16a) der Index x, in (16b) der Index $x + dx$ angefügt, um darauf hinzuweisen, daß der Wert $\mathfrak{j}_x$ in (16a) in der Ebene $x =$ konst., in (16b) dagegen in der Ebene $x + dx =$ konst. zu bilden ist. Entwickeln wir nun $(\mathfrak{j}_x)_{x+dx}$ nach dem Taylorschen Satze, wobei hinter dem linearen Gliede abgebrochen wird, so folgt:

$$(\mathfrak{j}_x)_{x+dx} = (\mathfrak{j}_x)_x + \left(\frac{\partial \mathfrak{j}_x}{\partial x}\right)_x dx;$$

setzt man dies in (16b) ein und addiert zu (16a), so folgt als Wärmemenge $Q^x dt$, die in der Zeit dt durch die Flächen (1) und (2) eindringt, der Wert:

(17a) $$Q^x \cdot dt = -\frac{\partial \mathfrak{j}_x}{\partial x}\,d\tau\,dt.$$

Analog folgt als Wärmemenge in der Zeit dt durch die Flächen $dz \cdot dx$:

(17b) $$Q^y \cdot dt = -\frac{\partial \mathfrak{j}_y}{\partial y} \cdot d\tau\,dt,$$

durch die beiden Flächen $dx \cdot dy$:

(17c) $$Q^z \cdot dt = -\frac{\partial \mathfrak{j}_z}{\partial z} \cdot d\tau\,dt;$$

und durch Addition der drei Gl. (17) folgt die ganze während dt in das Parallelepiped einströmende Wärme:

(18) $$Q\,dt = -\left(\frac{\partial \mathfrak{j}_x}{\partial x} + \frac{\partial \mathfrak{j}_y}{\partial y} + \frac{\partial \mathfrak{j}_z}{\partial z}\right) d\tau \cdot dt.$$

Diese Wärmemenge erzeugt im Volumen $d\tau$ die Temperaturerhöhung $d\vartheta$, so daß vermittels spezifischer Wärme c und Dichte ε die nämliche Wärmemenge (18) auch durch

(19) $$\varepsilon c \cdot d\vartheta \cdot d\tau$$

ausgedrückt werden kann, durch deren Gleichsetzung schließlich wieder die Gl. (15) sich ergibt:

$$-\left(\frac{\partial \mathfrak{j}_x}{\partial x} + \frac{\partial \mathfrak{j}_y}{\partial y} + \frac{\partial \mathfrak{j}_z}{\partial z}\right) = \varepsilon c \frac{\partial \vartheta}{\partial t}.$$

Will man nach der letzteren Methode die entsprechende Gleichung z. B. für räumliche Polarkoordinaten (r, φ, Θ) ableiten, so muß man statt des Parallelepipeds ein geeignetes krummflächiges Volumelement benutzen.

5. Beziehung zwischen den Komponenten des Wärmestromes und den Komponenten des Temperaturgradienten.

Mit der Gl. (15) können wir so lange nichts anfangen, als wir nicht noch eine zweite Gleichung hinzufügen können, die gemeinschaftlich mit Gl. (15) erlaubt, durch Elimination der Größen $\mathfrak{j}_x, \mathfrak{j}_y, \mathfrak{j}_z$ eine Differentialgleichung für ϑ allein aufzustellen. Eine solche Gl. läßt sich in der Tat finden; denn wir haben noch nicht zum Ausdruck gebracht, daß ein Wärmestrom nur dann existiert, wenn Temperaturdifferenzen vorhanden sind. Man kann also schon von vornherein vermuten, daß eine Beziehung zwischen den Komponenten $\mathfrak{j}_x, \mathfrak{j}_y, \mathfrak{j}_z$ des Wärmestromes und den Größen $\frac{\partial \vartheta}{\partial x}, \frac{\partial \vartheta}{\partial y}, \frac{\partial \vartheta}{\partial z}$, die die räumlichen Temperaturänderungen charakterisieren und eventuell noch höheren Ableitungen, z. B. $\frac{\partial^2 \vartheta}{\partial x^2}, \frac{\partial^2 \vartheta}{\partial x \partial y}$ usw., bestehen wird.

Nun läßt sich jedenfalls folgendes sagen: Bezeichnen wir die Temperatur in einem Punkte $(x_0\, y_0\, z_0)$ mit ϑ_0, und fassen jetzt benachbarte Punkte $(x\, y\, z)$ ins Auge, so können wir die dort herrschende Temperatur ϑ in eine Taylorsche Reihe entwickeln:

$$\vartheta = \vartheta_0 + \left(\frac{\partial \vartheta}{\partial x}\right)_0 (x - x_0) + \left(\frac{\partial \vartheta}{\partial y}\right)_0 (y - y_0) + \left(\frac{\partial \vartheta}{\partial z}\right)_0 (z - z_0) + \frac{1}{2}\left(\frac{\partial^2 \vartheta}{\partial x^2}\right)_0 (x - x_0)^2 + \ldots, \tag{20}$$

und wenn wir den betrachteten Bereich, d. h. $|x - x_0|$, $|y - y_0|$, $|z - z_0|$ sehr klein wählen, so daß wir hinter den linearen Gliedern abbrechen können, so ist das Resultat von Gl. (20) in den Worten auszudrücken, daß der Wärmezustand in der Umgebung eines Punktes $(x_0\, y_0\, z_0)$ ausdrückbar ist durch die thermischen Größen ϑ_0, $\left(\frac{\partial \vartheta}{\partial x}\right)_0$, $\left(\frac{\partial \vartheta}{\partial y}\right)_0$, $\left(\frac{\partial \vartheta}{\partial z}\right)_0$, die sich sämtlich auf den Punkt $(x_0\, y_0\, z_0)$ beziehen. Es liegt daher nahe, anzunehmen, daß auch die Größen $\mathfrak{j}_x, \mathfrak{j}_y, \mathfrak{j}_z$ in einem beliebigen Punkte $(x\, y\, z)$ nur von diesen Größen ϑ, $\frac{\partial \vartheta}{\partial x}, \frac{\partial \vartheta}{\partial y}, \frac{\partial \vartheta}{\partial z}$ abhängen, nicht aber von den höheren Ableitungen. Wir können also, indem wir unter F_1, F_2, F_3 gewisse Funktionen verstehen, schreiben:

$$(21)\quad \begin{cases} \mathfrak{j}_x = F_1\left(\vartheta, \dfrac{\partial \vartheta}{\partial x}, \dfrac{\partial \vartheta}{\partial y}, \dfrac{\partial \vartheta}{\partial z}\right), \\ \mathfrak{j}_y = F_2\left(\vartheta, \dfrac{\partial \vartheta}{\partial x}, \dfrac{\partial \vartheta}{\partial y}, \dfrac{\partial \vartheta}{\partial z}\right), \\ \mathfrak{j}_z = F_3\left(\vartheta, \dfrac{\partial \vartheta}{\partial x}, \dfrac{\partial \vartheta}{\partial y}, \dfrac{\partial \vartheta}{\partial z}\right). \end{cases}$$

Diese Funktionen wollen wir nach ihren Argumenten entwickeln, wobei wir wieder hinter den linearen Gliedern abbrechen, und erhalten dann, wenn die A, B und l_{ik} gewisse Koeffizienten bedeuten:

$$\begin{aligned} \mathfrak{j}_x &= F_1 = A_x + B_x \vartheta - l_{11}\frac{\partial \vartheta}{\partial x} - l_{12}\frac{\partial \vartheta}{\partial y} - l_{13}\frac{\partial \vartheta}{\partial z}, \\ \mathfrak{j}_y &= F_2 = A_y + B_y \vartheta - l_{21}\frac{\partial \vartheta}{\partial x} - l_{22}\frac{\partial \vartheta}{\partial y} - l_{23}\frac{\partial \vartheta}{\partial z}, \\ \mathfrak{j}_z &= F_3 = A_z + B_z \vartheta - l_{31}\frac{\partial \vartheta}{\partial x} - l_{32}\frac{\partial \vartheta}{\partial y} - l_{33}\frac{\partial \vartheta}{\partial z}, \end{aligned}$$

und da, wenn keine räumlichen Temperaturdifferenzen vorhanden sind, d. h. wenn $\frac{\partial \vartheta}{\partial x} = \frac{\partial \vartheta}{\partial y} = \frac{\partial \vartheta}{\partial z} = 0$ sind, nach Ausweis der Erfahrung auch kein Wärmestrom vorhanden ist, so müssen die sämtlichen Koeffizienten A, B gleich Null sein. Wir erhalten also den Ansatz:

$$(22)\quad \begin{cases} \mathfrak{j}_x = -l_{11}\dfrac{\partial \vartheta}{\partial x} - l_{12}\dfrac{\partial \vartheta}{\partial y} - l_{13}\dfrac{\partial \vartheta}{\partial z}, \\ \mathfrak{j}_y = -l_{21}\dfrac{\partial \vartheta}{\partial x} - l_{22}\dfrac{\partial \vartheta}{\partial y} - l_{23}\dfrac{\partial \vartheta}{\partial z}, \\ \mathfrak{j}_z = -l_{31}\dfrac{\partial \vartheta}{\partial x} - l_{32}\dfrac{\partial \vartheta}{\partial y} - l_{33}\dfrac{\partial \vartheta}{\partial z}. \end{cases}$$

Das Vorzeichen ist dabei so gewählt, daß die Koeffizienten l_{ik}, die als die „Koeffizienten der Wärmeleitfähigkeit" bezeichnet werden, positiv ausfallen, was praktisch bequemer, aber sonst in keiner Weise von Bedeutung ist.

Besonders hervorzuheben ist, daß das Abbrechen mit den linearen Gliedern in (22) eine Hypothese ist, deren Berechtigung sich nur durch die Übereinstimmung des theoretischen Ergebnisses mit der Erfahrung nachweisen läßt. Da dies innerhalb weiter Grenzen der Fall ist, wollen wir die Gleichungen (22) als hinreichend genauen Ausdruck der tatsächlichen Verhältnisse zugrunde legen.

Gl. (22) bezieht sich auf den allgemeinsten Körper, der keinerlei Symmetrieverhältnisse aufzuweisen hat. Betrachten wir dagegen einen Körper mit Symmetrien, so werden erhebliche Vereinfachungen eintreten, indem einzelne der Koeffizienten l_{ik} verschwinden oder einander gleich werden. Es liegt hier ein ganz analoges Problem vor, wie beim Hookeschen Gesetz in der Elastizitätstheorie (Bd. I, pag. 497 ff.), wo wir durch allgemeine Betrachtungen den Ansatz des elastischen Potentials für den allgemeinsten Körper ohne Symmetrien erhielten, der dann entsprechend den höheren Graden der Symmetrie immer weiter vereinfacht wurde (Bd. I, pag. 509 ff.). Obwohl wir uns im allgemeinen nicht mit den Erscheinungen an Kristallen befassen werden, wollen wir uns doch noch einige Augenblicke mit dem allgemeinen Ansatze (22) beschäftigen.

Zunächst ist zu bemerken, daß die Größen $\frac{\partial \vartheta}{\partial x}, \frac{\partial \vartheta}{\partial y}, \frac{\partial \vartheta}{\partial z}$ die Komponenten eines Vektors sind, dessen Betrag gleich $+\sqrt{\left(\frac{\partial \vartheta}{\partial x}\right)^2+\left(\frac{\partial \vartheta}{\partial y}\right)^2+\left(\frac{\partial \vartheta}{\partial z}\right)^2}$ ist und dessen Richtung diejenige des stärksten Anstieges der Temperatur ist. Einen so beschaffenen Vektor nannten wir früher (Bd. I, pag. 434) den „Gradienten" des betreffenden Skalars; es sind also $\frac{\partial \vartheta}{\partial x}, \frac{\partial \vartheta}{\partial y}, \frac{\partial \vartheta}{\partial z}$ die Komponenten des Vektors „grad ϑ" („Temperaturgradient"). In dieser Schreibweise lauten die Gl. (22):

$$(23) \quad \begin{cases} -\mathfrak{j}_x = l_{11} \operatorname{grad}_x \vartheta + l_{12} \operatorname{grad}_y \vartheta + l_{13} \operatorname{grad}_z \vartheta, \\ -\mathfrak{j}_y = l_{21} \operatorname{grad}_x \vartheta + l_{22} \operatorname{grad}_y \vartheta + l_{23} \operatorname{grad}_z \vartheta, \\ -\mathfrak{j}_z = l_{31} \operatorname{grad}_x \vartheta + l_{32} \operatorname{grad}_y \vartheta + l_{33} \operatorname{grad}_z \vartheta, \end{cases}$$

und man sieht, daß die Komponenten des Vektors $-\mathfrak{j}$ dargestellt sind als lineare homogene Funktionen der Vektorkomponenten von „grad ϑ". Eine solche funktionale Verknüpfung zweier Vektoren haben wir schon früher mehrfach kennen gelernt: bei der Theorie der Trägheitsmomente (Bd. I, pag. 365), bei der Theorie der elastischen Dehnungen (pag. 465), bei der Theorie der elastischen Spannungen (pag. 493). Wir können in der dort eingeführten Ausdrucksweise sagen: „Die Wärmeströmung $\mathfrak{j}$ ist in (22) oder (23) dargestellt als lineare homogene Vektorfunktion des Temperaturgradienten."

Was nun die Koeffizienten der Wärmeleitfähigkeit selbst angeht, so liegt theoretisch kein Grund vor, anzunehmen, daß $l_{ik} = l_{ki}$ sei, mit andern Worten, daß die lineare Vektorfunktion symmetrisch sei, wie es zum Beispiel bei den Trägheitsmomenten der Fall ist. Aber die Beobachtungen haben bisher ergeben[1]), daß mit Sicherheit kein Kristall bekannt ist, für den $l_{ik} \neq l_{ki}$ wäre, obwohl natürlich in Zukunft die Auffindung von solchen Fällen keineswegs ausgeschlossen zu sein braucht. Immerhin werden wir uns beim augenblicklichen Stande der Forschung erlauben dürfen, von jetzt ab in (22) resp. in (23):

$$(24) \qquad l_{ik} = l_{ki}$$

zu setzen, so daß die Anzahl der Wärmeleitfähigkeitskoeffizienten sich von 9 auf 6 reduziert. Nun haben wir aber (Bd. I, pag. 365) bereits gezeigt, daß die 6 Koeffizienten einer symmetrischen linearen Vektorfunktion die Komponenten erster und zweiter Art eines Tensortripels bilden, und zwar sind

[1]) Vgl. hierüber W. Voigt, Lehrbuch der Kristallphysik, pag. 397. Auf dieses fundamentale Werk über allgemeine Kristallphysik sei der Leser um so nachdrücklicher hingewiesen, als hier die Betrachtung von Kristallen aus Mangel an Raum im allgemeinen grundsätzlich ausgeschlossen werden muß.

l_{11}, l_{22}, l_{33} die Komponenten 1. Art,

$l_{23} = l_{32}, l_{13} = l_{31}, l_{12} = l_{21}$ die Komponenten 2. Art,

die das Tensortripel völlig bestimmen, insbesondere also die Größe und Richtung der drei Tensoren dieses Tripels, die wir l_1, l_2, l_3 nennen wollen. Diese bilden im allgemeinen Falle ($l_1 \neq l_2 \neq l_3$) ein rechtwinkeliges Achsenkreuz, wo allerdings jede Richtung mit der entgegengesetzten gleichberechtigt ist, wie es im Wesen des Tensors liegt. Zeichnen wir nun willkürlich drei Richtungen aus, etwa so, daß die Richtung des Tensors l_1 mit der positiven x-Achse, die von l_2 mit der positiven y-Achse, die von l_3 endlich mit der positiven z-Achse zusammenfällt, und legen wir das Koordinatensystem wirklich so, so müssen, wie im I. Bande ausführlich (pag. 355ff.) auseinandergesetzt, die Komponenten zweiter Art des Tensortripels verschwinden, d. h.:

$$l_{12} = l_{23} = l_{13} = 0 \text{ werden.}$$

Wir können es also durch eine spezielle Wahl des Koordinatensystems stets erreichen, daß das Gleichungssystem (22) resp. (23) die folgende Gestalt annimmt:

$$(25)\quad \begin{cases} -\mathfrak{j}_x = l_1 \dfrac{\partial \vartheta}{\partial x} = l_1 \operatorname{grad}_x \vartheta, \\ -\mathfrak{j}_y = l_2 \dfrac{\partial \vartheta}{\partial y} = l_2 \operatorname{grad}_y \vartheta, \\ -\mathfrak{j}_z = l_3 \dfrac{\partial \vartheta}{\partial z} = l_3 \operatorname{grad}_z \vartheta. \end{cases}$$

Diese Form wollen wir der weiteren Diskussion zugrunde legen.

Die hier gewählten Koordinatenachsen heißen die „Hauptleitfähigkeitsachsen“; sie entsprechen, rein mathematisch genommen, vollständig den Hauptträgheitsachsen eines starren Körpers oder den Hauptdilatationsrichtungen usw.

Man sieht, daß, wenn man x mit $-x$, oder y mit $-y$, z mit $-z$ vertauscht, die Gleichungen unverändert bleiben, d. h. daß bei dieser Wahl des Koordinatensystems die Koordinatenebenen Symmetrieebenen sind in bezug auf die Wärmeleitung. Wenn wir jetzt aber noch weiter voraussetzen, daß z. B. x mit y vertauscht werden darf, d. h. daß bei einer Drehung um die z-Achse um 90 Grad der Kristall wieder in derselben Lage sein soll, so folgt aus (25):

$$-\mathfrak{j}_y = l_1 \frac{\partial \vartheta}{\partial y}, \quad -\mathfrak{j}_x = l_2 \frac{\partial \vartheta}{\partial x}, \quad -\mathfrak{j}_z = l_3 \frac{\partial \vartheta}{\partial z},$$

und das ist nur dann mit (25) verträglich, wenn $l_1 = l_2$ genommen wird. In diesem Falle sind die yz-Ebene und die xz-Ebene „gleichwertige Symmetrieebenen“ (vgl. Bd. I, pag. 511). Kann man endlich noch z mit x vertauschen, so folgt ebenso $l_3 = l_1$; den gemeinsamen Wert der drei Koeffizienten $l_1 = l_2 = l_3$ wollen wir nun schlicht l nennen, und es gehen im Falle der Isotropie die Gl. (25) über in die folgenden:

$$(26)\qquad \begin{cases} -\mathfrak{j}_x = l\dfrac{\partial\vartheta}{\partial x} = l\,\mathrm{grad}_x\vartheta, \\ -\mathfrak{j}_y = l\dfrac{\partial\vartheta}{\partial y} = l\,\mathrm{grad}_y\vartheta, \\ -\mathfrak{j}_z = l\dfrac{\partial\vartheta}{\partial z} = l\,\mathrm{grad}_z\vartheta, \end{cases}$$

oder vektoriell geschrieben:

$$(27)\qquad -\mathfrak{j} = l\,\mathrm{grad}\,\vartheta.$$

Das Tensortripel mit den drei Tensoren l_1, l_2, l_3 degeneriert in diesem Falle in den Skalar l; dies entspricht formal vollständig z. B. dem Falle, daß die drei Hauptträgheitsmomente eines starren Körpers einander gleich werden.

Aus (27) ergibt sich die folgende physikalische Bedeutung von l: Nehmen wir einen Würfel von einem Zentimeter Seitenlänge, von dem zwei einander gegenüberliegende Flächen die Temperaturdifferenz 1 Grad haben. Dann beträgt der Temperaturgradient, da die beiden Flächen auch um einen Zentimeter abstehen, gerade 1. Folglich wird nach (27) der Koeffizient der Leitfähigkeit gleich $|\mathfrak{j}|$, d. h. gleich der Wärmemenge, die pro Sekunde durch die Fläche von einem Quadratzentimeter strömt. Wir können also sagen: Die Leitfähigkeit l eines isotropen Körpers ist diejenige Wärmemenge, die pro Sekunde durch die Flächeneinheit strömt, wenn der Temperaturgradient den Betrag 1 hat.

Die Gleichungen (14) oder (15) sowie (26) oder die gleichwertige (27) setzen uns nun in den Stand, die Elimination von $\mathfrak{j}$ zu vollziehen, d. h. eine Differentialgleichung für ϑ allein zu bilden.

6. Differentialgleichung der Wärmeleitung; Grenzbedingungen.

Vollziehen wir nun wirklich die besprochene Elimination, so haben wir in (27) nur die Operation „div" zu bilden, und dann das Ergebnis in (14) einzuführen. So folgt sofort:

$$(28)\qquad \mathrm{div}\,(l\,\mathrm{grad}\,\vartheta) = \varepsilon c\frac{\partial\vartheta}{\partial t},$$

oder, wenn man die Differentiationen ausführt, wobei zu beachten ist, daß l im allgemeinen eine Funktion des Ortes sein wird, also ebenfalls zu differentiieren ist,

$$(29)\qquad l\,\mathrm{div}\,\mathrm{grad}\,\vartheta + (\mathrm{grad}\,\vartheta, \mathrm{grad}\,l) = \varepsilon c\frac{\partial\vartheta}{\partial t},$$

oder endlich, da nach Bd. I [pag. 476, Gl. (57)] $\mathrm{div}\,\mathrm{grad}\,\Phi = \Delta\Phi$ ist:

$$(30)\qquad l\Delta\vartheta + \frac{\partial\vartheta}{\partial x}\frac{\partial l}{\partial x} + \frac{\partial\vartheta}{\partial y}\frac{\partial l}{\partial y} + \frac{\partial\vartheta}{\partial z}\frac{\partial l}{\partial z} = \varepsilon c\frac{\partial\vartheta}{\partial t},$$

die sich im Falle eines durchaus homogenen Mediums, d. h. räumlich konstanten Leitvermögens l, auf die folgende einfachere reduziert:

$$(31)\qquad \frac{l}{\varepsilon c}\left(\frac{\partial^2\vartheta}{\partial x^2} + \frac{\partial^2\vartheta}{\partial y^2} + \frac{\partial^2\vartheta}{\partial z^2}\right) = \frac{\partial\vartheta}{\partial t},$$

an die wir hauptsächlich anknüpfen werden. Man erkennt, daß der ganze Vorgang ceteris paribus nur von dem positiven Aggregat $\frac{l}{\varepsilon c}$ abhängt, das wir in leicht verständlicher Weise als „Temperaturleitvermögen" bezeichnen; wir wollen dafür eine besondere Bezeichnung

$$k^2 = \frac{l}{\varepsilon c} \tag{32}$$

einführen.

Bevor wir näher auf die Lösungen der Gleichung (31) eingehen, wollen wir uns noch mit den Grenzbedingungen beschäftigen, d. h. den Bedingungen, die für alle Zeiten an der Grenze des betrachteten Mediums oder an den Stellen, wo zwei Medien aneinanderstoßen, bestehen müssen. Wir wissen ja schon aus unseren früheren Untersuchungen, z. B. über die schwingende Saite, daß das Problem erst dann überhaupt bestimmt ist, wenn geeignete Grenzbedingungen zur Differentialgleichung hinzutreten.

Wir wollen zunächst den Fall betrachten, daß zwei Medien, deren thermische Daten wir resp. durch die Indizes 1 und 2 auszeichnen wollen, in einer Trennungsfläche zusammenstoßen. Dann ist im allgemeinen zu beiden Seiten der Trennungsfläche die Temperatur dieselbe, d. h. wir haben eine erste Grenzbedingung:

$$\vartheta_1 = \vartheta_2 . \tag{33}$$

Die Temperatur geht stetig durch die Trennungsfläche hindurch. Damit ist es wohl vereinbar, daß als Anfangszustand eine unstetige Temperaturverteilung vorausgesetzt werden darf. Werden z. B. zwei Metallstücke, eins von der Temperatur 1000^0, eins von der Temperatur 0^0 zur Zeit $t = 0$ zur Berührung gebracht, so existiert an der Trennungsfläche zu Beginn offenbar ein Temperatursprung, der sich allerdings sofort ausgleicht.

Um die Grenzbedingung zu finden, der die Wärmeströmung $\mathfrak{j}$ unterworfen ist, betrachten wir ein Stück dS der Grenzfläche (Fig. 3) und kon-

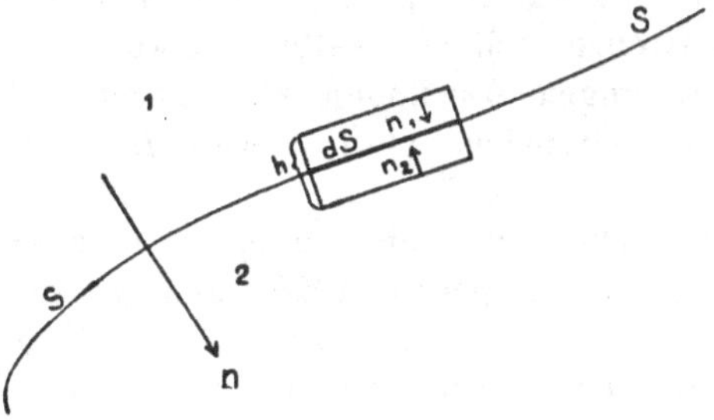

Fig. 3.

struieren einen kleinen Zylinder mit dS als Grundfläche und von der Höhe h, die unendlich klein von höherer Ordnung als dS sei. Die Grundfläche liege im ersten Medium (links der Trennungsfläche), die der Grundfläche gleiche Gegenfläche im zweiten Medium (rechts der Trennungsfläche). Die inneren Normalen seien n_1 und n_2; wir berechnen die Wärmemenge, die aus diesem Zylinder pro Sekunde ausströmt und die gleich der pro Sekunde im Innern, d. h. in der Trennungsschicht, erzeugten Wärmemenge $\overline{Q}$ sein muß. Da bei der Berechnung der Zylindermantel, der unendlich klein von höherer Ordnung als dS ist, vernachlässigt werden kann, so ist die pro Sekunde ausströmende Menge offenbar:

$$-dS(\mathfrak{j}_{n_1} + \mathfrak{j}_{n_2}),$$

und dies soll gleich $\overline{Q}$ sein. Im allgemeinen — von einzelnen singulären Vorgängen abgesehen — kann man annehmen, daß eine Grenzfläche kein Sitz von Wärmequellen ist, so daß die in der Grenzfläche erzeugte Wärmemenge $\overline{Q}$ gleich Null zu nehmen ist. Dann folgt also die Grenzbedingung:

$$\mathfrak{j}_{n_1} + \mathfrak{j}_{n_2} = 0,$$

wobei die Normalen n_1 und n_2 so genommen sind, wie es Fig. 3 anzeigt. Ziehen wir aber, wie ebenfalls in der Fig. angedeutet, eine Normale n so, daß sie vom ersten Medium zum zweiten weist, so ist $\mathfrak{j}_{n_1} = (\mathfrak{j}_1)_n$ und $\mathfrak{j}_{n_2} = -(\mathfrak{j}_2)_n$, wenn wir mit $\mathfrak{j}_1$ die Strömung im ersten, mit $\mathfrak{j}_2$ die im zweiten Medium bezeichnen, und die obige Gleichung geht dann über in die folgende:

$$(\mathfrak{j}_1)_n = (\mathfrak{j}_2)_n, \tag{34}$$

die die Stetigkeit der Normalkomponente der Strömung ausspricht. Setzt man nach (27) $-\mathfrak{j} = l \operatorname{grad} \vartheta$, also $-\mathfrak{j}_n = l \operatorname{grad}_n \vartheta$, so folgt aus (34):

$$l_1 \frac{\partial \vartheta_1}{\partial n} = l_2 \frac{\partial \vartheta_2}{\partial n}. \tag{35}$$

Zu diesen Grenzbedingungen, die sich auf die Trennungsfläche zweier aneinander stoßender Medien beziehen, treten nun noch solche, die die Vorgänge an der Grenze des beobachteten Körpers charakterisieren. Man kann diese Vorgänge in natürliche und künstliche trennen, je nachdem der Zustand an der Grenze sich von selbst einstellt, oder durch besondere experimentelle Anordnungen erzwungen werden muß. Die auf diese beiden Fälle sich beziehenden Grenzbedingungen werden durch dieselben Epitheta bezeichnet.

Wird die Grenzfläche sich selbst überlassen, so tritt von selbst — infolge der vorhandenen Temperaturdifferenzen gegen die Außenwelt — ein Wärmeverlust durch Strahlung, Leitung und Konvektion auf. Man nimmt nach Newton in erster grober Annäherung an, daß dieser gesamte Wärmeverlust eines Elementes dS der Oberfläche während der Zeit dt proportional der Größe des Flächenelementes dS, des Zeitelementes dt und der Temperaturdifferenz gegen den Außenraum sei; hat dieser die Temperatur ϑ_a, und bedeutet h einen Proportionalitätsfaktor, so ist die Wärmemenge, die durch das Flächenelement dS in der Zeit dt verloren geht (sog. Newtonsches Abkühlungsgesetz):

$$h(\vartheta - \vartheta_a) \cdot dS \cdot dt,$$

und da infolgedessen ein Wärmestrom aus dem Innern zur Oberfläche existiert, so transportiert dieser in der Zeit dt die Wärmemenge:

$$- \mathfrak{j}_n \, dS \cdot dt = + l \frac{\partial \vartheta}{\partial n} dS \cdot dt .$$

Beide Ausdrücke gleichgesetzt liefern die Bedingung für eine freie ungeschützte Grenze:

$$(36) \qquad h(\vartheta - \vartheta_a) = l \frac{\partial \vartheta}{\partial n} ,$$

oder auch, da die Differenz $\vartheta - \vartheta_a$ ebensogut durch ϑ bezeichnet werden kann, da ϑ_a konstant ist und also beim Differentiieren herausfällt:

$$(37) \qquad h \vartheta = l \frac{\partial \vartheta}{\partial n} .$$

Die Konstante h nennt man den „Koeffizienten des äußeren Leitvermögens“.

Während dies der natürliche Zustand der Grenzfläche ist, können durch experimentelle Anordnungen mancherlei andere Zustände erzwungen werden. Z. B. kann man erzielen, daß an der Oberfläche die Temperatur ϑ konstant oder allgemeiner eine gegebene Funktion der Koordinaten und der Zeit ist. Diese künstliche Grenzbedingung würde lauten:

$$(38) \qquad \vartheta = \varphi(x y z t) ,$$

wovon

$$(39) \qquad \vartheta = 0$$

ein Spezialfall ist.

Eine andere künstliche Bedingung kann dadurch eingeführt werden, daß an jeder Stelle der Oberfläche eine bestimmte Wärmemenge pro Zeiteinheit abgeführt wird, d. h. daß ein zur Oberfläche hin gerichteter Wärmestrom vorhanden sein muß, der diesen Ausfall deckt. Also ist $\mathfrak{j}_n$ gleich einer gegebenen Funktion von x, y, z, t, oder auch:

$$(40) \qquad l \frac{\partial \vartheta}{\partial n} = f(x y z t) .$$

Im besonderen Falle kann $f(x, y, z, t)$ auch den konstanten Wert Null annehmen, so daß keine Wärme durch die Oberfläche abgeleitet wird; in diesem Falle nennt man die Oberfläche „adiabatisch isoliert“, und die durch Spezialisierung aus (40) hervorgehende Gleichung

$$(41) \qquad l \frac{\partial \vartheta}{\partial n} = 0$$

die „adiabatische“ Bedingung.

Der physikalischen Einteilung in natürliche und künstliche Grenzbedingungen tritt eine zweite vom analytischen Standpunkte aus gegenüber; wir können unterscheiden zwischen „homogenen“ und „inhomogenen“ Bedingungsgleichungen. Homogen heißen diejenigen, in denen kein von ϑ und seinen Ableitungen freies Glied vorkommt. Demnach sind die Gleichungen (37), (39) und (41) homogene, (38) und (40) inhomogene Grenzbedingungen. Dieser Unterschied spielt bei der Aufstellung allgemeiner Integrale der Wärmeleitungsgleichung eine bedeutende Rolle.

7. Allgemeines über Integrale bei homogenen und inhomogenen Grenzbedingungen; Eindeutigkeit der Lösungen.

Bevor wir zum Beweise übergehen, daß bei gegebenem Anfangszustande und vorgeschriebenen Grenzbedingungen die Temperatur durch die Differentialgleichungen nebst diesen Bedingungen eindeutig bestimmt ist, müssen wir einige Eigenschaften der Integrale unserer Gleichung besprechen, wobei sich ein wichtiger Unterschied zeigen wird, je nachdem die Grenzbedingungen homogen oder nicht homogen sind.

Sei irgendeine homogene Grenzbedingung, z. B.

$$l \frac{\partial \vartheta}{\partial n} = 0$$

vorgeschrieben, und es seien zwei Lösungen ϑ_1 und ϑ_2 der Diffgl. (31) bekannt, die gleichzeitig die geforderte Grenzbedingung erfüllen. Dann gilt also identisch:

$$\text{(42)} \qquad \begin{cases} k^2 \Delta \vartheta_1 \equiv \dfrac{\partial \vartheta_1}{\partial t}, \\ k^2 \Delta \vartheta_2 \equiv \dfrac{\partial \vartheta_2}{\partial t}, \end{cases}$$

und

$$\text{(43)} \qquad \begin{cases} l \dfrac{\partial \vartheta_1}{\partial n} \equiv 0, \\ l \dfrac{\partial \vartheta_2}{\partial n} \equiv 0, \end{cases}$$

wobei das dreifache Gleichheitszeichen die identische Erfüllung andeutet. Wir bilden nun die Differenz oder Summe beider Lösungen und nennen $\vartheta_1 \mp \vartheta_2$ abkürzend ϑ. Dann liefert Subtraktion oder Addition von (42):

$$k^2 \Delta \vartheta \equiv \frac{\partial \vartheta}{\partial t};$$

ebenso folgt aus (43):

$$l \frac{\partial \vartheta}{\partial n} \equiv 0.$$

D. h. aber: Differenz und Summe zweier Lösungen ϑ_1 und ϑ_2 sind selbst wieder Lösungen der Differentialgleichung und der vorgeschriebenen homogenen Nebenbedingung. Dasselbe gilt natürlich auch noch, wenn ϑ_1 und ϑ_2 mit beliebigen Konstanten A und B multipliziert werden, von dem Aggregat $A\vartheta_1 \pm B\vartheta_2$.

Wie steht die Sache nun, wenn die Nebenbedingung inhomogen ist? Sie sei z. B.:

$$l \frac{\partial \vartheta}{\partial n} = f(x y z t)$$

und es seien wieder zwei Lösungen ϑ_1 und ϑ_2 der Differentialgleichung und dieser Grenzbedingung gegeben. Es gilt dann identisch:

$$(42\text{a})\quad \begin{cases} k^2 \Delta \vartheta_1 \equiv \dfrac{\partial \vartheta_1}{\partial t}, \\ k^2 \Delta \vartheta_2 \equiv \dfrac{\partial \vartheta_2}{\partial t}, \end{cases}$$

und

$$(43\text{a})\quad \begin{cases} l \dfrac{\partial \vartheta_1}{\partial n} \equiv f(x y z t), \\ l \dfrac{\partial \vartheta_2}{\partial n} \equiv f(x y z t). \end{cases}$$

Bilden wir jetzt Summe und Differenz $\vartheta_1 \pm \vartheta_2$, die wir beide wieder ϑ nennen, so gehorcht ϑ zwar der Diffgl. (31), aber erfüllt nicht mehr die vorgeschriebene Grenzbedingung, sondern eine andere, nämlich

$$(44)\quad \begin{cases} \vartheta = \vartheta_1 + \vartheta_2 \text{ gehorcht der Bedingung: } l \dfrac{\partial \vartheta}{\partial n} \equiv 2 f(x y z t) \text{ und} \\ \vartheta = \vartheta_1 - \vartheta_2 \text{ gehorcht der Bedingung: } l \dfrac{\partial \vartheta}{\partial n} \equiv 0. \end{cases}$$

Dieser letztere Fall ist besonders wichtig; wir sprechen daher unser obiges Resultat noch einmal in spezieller Fassung für die Differenz aus: Die Differenz ϑ zweier Lösungen ϑ_1 und ϑ_2 der Diffgl. (31) bei inhomogener Grenzbedingung ist keine Lösung dieses Problems mehr, sondern eine Lösung der Diffgl. (31) mit entsprechender homogener Grenzbedingung.

Diesem Satze kann man folgende Wendung geben: Da $\vartheta_1 - \vartheta_2 = \vartheta$ gesetzt ist, so können wir schreiben

$$(45)\quad \vartheta_1 = \vartheta + \vartheta_2,$$

d. h., wenn ich zu einem Integral ϑ_2 der Diffgl. (31) mit inhomogener Grenzbedingung ein solches ϑ hinzufüge, das der homogenen Grenzbedingung entspricht, so bildet die Summe ϑ_1 wieder ein Integral der Differentialgleichung und der inhomogenen Grenzbedingung. Ist also ein partikuläres Integral für die vorgeschriebene inhomogene Grenzbedingung gefunden, so braucht man nur das allgemeine Integral der Differentialgleichung mit homogener Grenzbedingung hinzuzufügen, um das allgemeine Integral der Differentialgleichung bei der vorgeschriebenen inhomogenen Grenzbedingung zu finden. Davon wird Gebrauch gemacht bei dem Beweise, daß das Problem der Wärmeleitung bei gegebenem Anfangszustand und vorgeschriebenen Randbedingungen durch die Differentialgleichung eindeutig bestimmt ist, d. h. daß keine zwei voneinander verschiedenen Lösungen ϑ_1 und ϑ_2 existieren können.

Zum Beweise setzen wir umgekehrt voraus, es seien zwei verschiedene Lösungen ϑ_1 und ϑ_2 gefunden; diese gehorchen dann nach Voraussetzung der Diffgl. (31) und den Nebenbedingungen. Wir wollen etwa festsetzen, daß die Grenzbedingung (40) gelten soll, so daß also:

$$(46)\qquad \begin{cases} l\dfrac{\partial \vartheta_1}{\partial n} \equiv f(x\,y\,z\,t), \\ l\dfrac{\partial \vartheta_2}{\partial n} \equiv f(x\,y\,z\,t) \end{cases}$$

identisch gelten müssen. Ferner sei zur Zeit $t = 0$ die Temperatur ϑ eine gegebene Funktion F von x, y, z, also muß gleichfalls identisch sein:

$$(47)\qquad \text{für } t = 0: \quad \begin{cases} \vartheta_1 \equiv F(x\,y\,z), \\ \vartheta_2 \equiv F(x\,y\,z), \end{cases}$$

und folglich durch Subtraktion der beiden Gleichungen (46) voneinander bzw. (47) voneinander, wenn die Differenz $\vartheta_1 - \vartheta_2$ wieder durch ϑ bezeichnet wird:

$$(48)\qquad l\frac{\partial \vartheta}{\partial n} \equiv 0,$$

$$(49)\qquad \text{für } t = 0: \quad \vartheta \equiv 0.$$

Es gehorcht also die Differenz ϑ der beiden als existierend angenommenen Lösungen der Diffgl. (31), der homogenen Grenzbedingung (48) und der weiteren Bedingung (49), daß zur Zeit $t = 0$ die Temperatur überall verschwindet. Ist das Problem eindeutig bestimmt, so muß die Differenz ϑ stets gleich Null sein, was wir jetzt beweisen wollen.

Zu diesem Zwecke ziehen wir den Greenschen Satz heran, der für zwei Funktionen φ und ψ folgendermaßen lautet (Bd. I, pag. 503, Gl. 11):

$$(50)\qquad \int \varphi\, \Delta\psi\, d\tau + \int \left[\frac{\partial \varphi}{\partial x}\frac{\partial \psi}{\partial x} + \frac{\partial \varphi}{\partial y}\frac{\partial \psi}{\partial y} + \frac{\partial \varphi}{\partial z}\frac{\partial \psi}{\partial z}\right] d\tau = -\int \varphi \frac{\partial \psi}{\partial n}\, dS.$$

Die Integrationen links sind über den Raum τ zu erstrecken, der von S begrenzt wird; die Normale ist positiv nach innen genommen. Wir wählen dafür den Raum, an dessen Oberfläche S die Bedingungsgleichung (48) gilt und bestimmen φ und ψ geeignet. Wir setzen nämlich:

$$\varphi = \frac{\partial \vartheta}{\partial t}, \quad \psi = k^2 \vartheta,$$

so daß $\Delta\psi$ zufolge der Diffgl. (31) gleich $\frac{\partial \vartheta}{\partial t}$ wird. Dann erhalten wir aus (50):

$$\int \left(\frac{\partial \vartheta}{\partial t}\right)^2 d\tau + k^2 \int \left[\frac{\partial^2 \vartheta}{\partial t\, \partial x}\cdot\frac{\partial \vartheta}{\partial x} + \frac{\partial^2 \vartheta}{\partial t\, \partial y}\cdot\frac{\partial \vartheta}{\partial y} + \frac{\partial^2 \vartheta}{\partial t\, \partial z}\cdot\frac{\partial \vartheta}{\partial z}\right] d\tau = -k^2 \int \frac{\partial \vartheta}{\partial t}\cdot\frac{\partial \vartheta}{\partial n}\, dS.$$

Da aber nach Voraussetzung an der Oberfläche S gemäß (48) $\frac{\partial \vartheta}{\partial n} = 0$ ist, so verschwindet die rechte Seite und es bleibt:

$$\int \left(\frac{\partial \vartheta}{\partial t}\right)^2 d\tau + k^2 \int \left[\frac{\partial^2 \vartheta}{\partial t\, \partial x}\cdot\frac{\partial \vartheta}{\partial x} + \frac{\partial^2 \vartheta}{\partial t\, \partial y}\cdot\frac{\partial \vartheta}{\partial y} + \frac{\partial^2 \vartheta}{\partial t\, \partial z}\cdot\frac{\partial \vartheta}{\partial z}\right] d\tau = 0.$$

Diese Gleichung kann man umformen, wenn man benutzt, daß

$$\frac{\partial^2 \vartheta}{\partial t\, \partial x}\cdot\frac{\partial \vartheta}{\partial x} = \frac{1}{2}\frac{\partial}{\partial t}\left(\frac{\partial \vartheta}{\partial x}\right)^2, \quad \text{usw. ist.}$$

Damit folgt aus der letzten Gleichung:

$$\int \left(\frac{\partial \vartheta}{\partial t}\right)^2 d\tau + \frac{k^2}{2}\int \frac{\partial}{\partial t}\left[\left(\frac{\partial \vartheta}{\partial x}\right)^2 + \left(\frac{\partial \vartheta}{\partial y}\right)^2 + \left(\frac{\partial \vartheta}{\partial z}\right)^2\right] d\tau = 0.$$

Vertauscht man schließlich noch im zweiten Integrale die Reihenfolge der Integration nach τ und der Differentiation nach t, so kann die letzte Formel geschrieben werden:

$$\frac{2}{k^2}\int \left(\frac{\partial \vartheta}{\partial t}\right)^2 d\tau + \frac{\partial}{\partial t}\int \left[\left(\frac{\partial \vartheta}{\partial x}\right)^2 + \left(\frac{\partial \vartheta}{\partial y}\right)^2 + \left(\frac{\partial \vartheta}{\partial z}\right)^2\right] d\tau = 0.$$

Da das eine Glied die Gestalt eines Differentialquotienten nach der Zeit hat, so liegt es nahe, eine Integration nach t vorzunehmen, von 0 bis t, was liefert:

$$\frac{2}{k^2}\int_0^t dt \int \left(\frac{\partial \vartheta}{\partial t}\right)^2 d\tau + \overline{\underline{\int \left[\left(\frac{\partial \vartheta}{\partial x}\right)^2 + \left(\frac{\partial \vartheta}{\partial y}\right)^2 + \left(\frac{\partial \vartheta}{\partial z}\right)^2\right] d\tau}}^{\,t=t}_{\,t=0} = 0.$$

Hier fällt, da wegen (49) an allen Stellen des Körpers zur Zeit $t = 0$ die Temperatur $\vartheta = 0$, also auch $\frac{\partial \vartheta}{\partial x} = \frac{\partial \vartheta}{\partial y} = \frac{\partial \vartheta}{\partial z} = 0$ sind, im zweiten Gliede die untere Grenze fort und es bleibt:

$$(51) \qquad \frac{2}{k^2}\int_0^t dt \int \left(\frac{\partial \vartheta}{\partial t}\right)^2 d\tau + \int \left[\left(\frac{\partial \vartheta}{\partial x}\right)^2 + \left(\frac{\partial \vartheta}{\partial y}\right)^2 + \left(\frac{\partial \vartheta}{\partial z}\right)^2\right] d\tau = 0.$$

Auf der linken Seite steht dann eine Summe von durchweg positiven Gliedern. Da diese gleich Null sein soll, so müssen die Glieder einzeln Null sein und daher die Ableitungen $\frac{\partial \vartheta}{\partial t}$, $\frac{\partial \vartheta}{\partial x}$, $\frac{\partial \vartheta}{\partial y}$, $\frac{\partial \vartheta}{\partial z}$ sämtlich an allen Stellen des Raumes τ und zu allen Zeiten, d. h. identisch verschwinden, d. h. ϑ kann nur eine absolute Konstante sein. Diese Konstante muß aber selbst den Wert Null haben, da für $t = 0$ die Temperatur überall $\vartheta = 0$ sein soll, nach (49). Also sind ϑ_1 und ϑ_2 überall und immer gleich, d. h. identisch, es gibt also unter den vorausgesetzten Bedingungen nur eine Lösung.

Man erkennt leicht, daß dieselbe Argumentation sich auch für die andern Grenzbedingungen ebenso durchführen läßt. Also folgt als allgemeines Ergebnis:

„Bei gegebenem Anfangszustande und vorgeschriebenen Randbedingungen bestimmt die Differentialgleichung der Wärmeleitung die Temperatur vollständig."

Haben wir also auf irgend einem Wege eine Lösung gefunden, die sämtlichen Bedingungen genügt, so wissen wir, daß es die einzige ist.

8. Stationärer Zustand; zweidimensionale Probleme.

Wir wollen uns zunächst mit dem stationären Zustand befassen, in dem alle Größen von der Zeit unabhängig sind. Alle Ableitungen nach t

verschwinden demnach, und die Diffgl. (31) der Wärmebewegung vereinfacht sich in die uns bereits bekannte **Laplacesche** Gleichung:

$$\frac{\partial^2 \vartheta}{\partial x^2} + \frac{\partial^2 \vartheta}{\partial y^2} + \frac{\partial^2 \vartheta}{\partial z^2} \equiv \Delta \vartheta = 0. \tag{52}$$

Diese stimmt überein mit der Differentialgleichung des Schwerepotentials und des Geschwindigkeitspotentials reibungsloser inkompressibler Flüssigkeiten, wovon wir in Bd. I, pag. 790 ff. eine Anzahl von Spezialfällen untersucht haben. Aus diesem Grunde können wir uns hier kurz fassen und lediglich eine Anzahl partikulärer Lösungen aufzählen, wobei wir jedesmal auf die frühere Stelle zurückverweisen werden.

Zunächst sind alle linearen Funktionen der Koordinaten und unter gewissen Bedingungen auch quadratische Funktionen derselben Lösungen der Laplaceschen Gleichung; doch wollen wir auf diese uninteressanten Fälle nicht näher eingehen, sondern uns mit der wichtigen Funktion $\frac{1}{r}$ oder $\frac{q}{4\pi l}\frac{1}{r}$, wo $\frac{q}{4\pi}$ eine Konstante, l das Wärmeleitvermögen bedeutet, also $\frac{q}{4\pi l}$ ebenfalls konstant ist, beschäftigen.

1. Daß

$$\vartheta = \frac{q}{4\pi l \cdot r} \tag{53}$$

eine Lösung von (52) ist, ist pag. 790 des ersten Bandes ausführlich erörtert und folgt durch einfache Differentiation von $\frac{1}{r} = \frac{1}{\sqrt{x^2+y^2+z^2}}$ [1]). Wir können nun Flächen $\vartheta = \text{const.}$ konstruieren, sogenannte „Isothermenflächen", die durchaus den früher betrachteten „Äquipotentialflächen" entsprechen; diese sind in unserem Falle konzentrische Kugeln $r = \text{const.}$ um den Anfangspunkt. Wir können ferner Kurven definieren durch die Gleichung:

$$dx : dy : dz = \frac{\partial \vartheta}{\partial x} : \frac{\partial \vartheta}{\partial y} : \frac{\partial \vartheta}{\partial z}, \tag{54}$$

deren Richtung in jedem Punkte also zusammenfällt mit der Richtung der Normale der durch diesen Punkt gehenden Isothermenfläche, diese Kurven durchschneiden die Isothermalflächen also orthogonal. Wir nennen sie, wie früher, „Stromlinien", da sie wegen der Proportionalität zwischen $\frac{\partial \vartheta}{\partial x} \ldots$ und $\mathfrak{j}_x, \ldots$ in jedem Punkte die Richtung des Wärmestromes angeben.

Diese Lösung (53) entspricht also offenbar dem Falle, daß im Punkte (0, 0, 0) eine punktförmige Wärmequelle, positiv oder negativ, sich be-

---

[1]) Daß hier der Bequemlichkeit halber der Faktor $\frac{q}{4\pi l}$ hinzugefügt worden ist, trifft offenbar in keiner Weise Wesentliches.

findet, die radial nach allen Seiten einen Wärmestrom $\mathfrak{j} = -l\frac{\partial\vartheta}{\partial r}$ schickt. Die Stromlinien sind offenbar die Radien. Berechnen wir die Ergiebigkeit der Quelle, so haben wir das Integral $\int -\mathfrak{j}_n\, dS$ für eine den Anfangspunkt umschließende Fläche mit der innern Normalen n zu bilden; wir wählen natürlich hier eine Kugelfläche, so daß die pro Sekunde austretende Wärmemenge den Wert hat:

$$-\int \mathfrak{j}_n\, dS = +\frac{1}{4\pi}\int\frac{l\,q}{l\,r^2}r^2\,d\omega\,,$$

wo $d\omega$ der unendlich kleine räumliche Winkel ist, unter dem dS vom Kugelmittelpunkte aus erscheint. Also ist die Wärmemenge, die pro Sekunde aus der Kugel austritt, gleich q; diese ist gleich der von der Quelle pro Sekunde erzeugten Wärme. q ist also ein Maß für die „Ergiebigkeit“ derselben und kann natürlich positiv und negativ sein; im ersten Falle haben wir eine „Quelle“, im letzteren eine „Senke“, oder besser „negative Quelle“ im Anfangspunkte. Dieser muß natürlich von der Betrachtung ausgeschlossen werden, weil in ihm die Temperatur ϑ unendlich werden würde, was unmöglich ist; im übrigen Raume gilt aber die Lösung (53).

2. Eine allgemeinere Lösung läßt sich durch Addition mehrerer Lösungen der Form (53) folgendermaßen zusammensetzen:

$$\vartheta = \frac{1}{4\pi l}\sum_a\frac{q_a}{r_a}\,, \tag{55}$$

wo $r_a = \sqrt{(x-x_a)^2+(y-y_a)^2+(z-z_a)^2}$ ist; in den Punkten (x_a, y_a, z_a) befinden sich Wärmequellen von der bezüglichen Ergiebigkeit q_a; die Lösung (55) gilt im ganzen Raume, mit Ausnahme der Punkte $(x_a\, y_a\, z_a)$, in denen die Temperatur wieder unendlich werden würde. —

3. Einen besonders wichtigen Fall bilden die zweidimensionalen Probleme, bei denen also ϑ nur von zwei Koordinaten, etwa x und y, dagegen nicht von z abhängt. Diese Fälle sind nahezu realisiert für die Wärmeströmung in sehr dünnen ebenen Platten. ϑ gehorcht hier der Gleichung:

$$\frac{\partial^2\vartheta}{\partial x^2}+\frac{\partial^2\vartheta}{\partial y^2} = 0\,. \tag{56}$$

Bezeichnen wir mit z[1] $= x + iy$ eine komplexe Variable, und mit $w = f(z)$ eine beliebige Funktion einer solchen, so können wir f in seinen reellen und imaginären Teil zerlegen: $f(z) = \varphi(xy) + i\psi(xy)$.

Gemäß den Cauchyschen Differentialgleichungen genügen beide Teile der obigen Diffgl. (56) und außerdem noch der folgenden:

$$\frac{\partial\varphi}{\partial x}\frac{\partial\psi}{\partial x}+\frac{\partial\varphi}{\partial y}\frac{\partial\psi}{\partial y} = 0\,, \tag{57}$$

[1]) Eine Verwechselung von z mit der dritten Raumkoordinate ist wohl hier nicht zu befürchten.

die offenbar ausspricht, daß die Kurven $\varphi = \text{Const.}$ und $\psi = \text{Const.}$ sich senkrecht durchschneiden. Wir erhalten also das Ergebnis: Sowohl der reelle, als der imaginäre Teil einer beliebigen Funktion einer komplexen Variabeln stellen Lösungen der zweidimensionalen Gleichung (56) für den stationären Zustand der Wärmeleitung dar; sie bilden also mögliche stationäre Zustände. Betrachtet man die Kurven $\varphi = \text{Const.}$ als Isothermen, so stellen die Kurven $\psi = \text{Const.}$ wegen der Orthogonalitätsbedingung (57) die Stromlinien dar, und umgekehrt.

Wir betrachten hier die nämlichen Fälle, die wir im I. Bd., pag. 799 ff. behandelt haben.

4. Der einfachste Fall ist der, wenn wir

$$w = z \tag{58}$$

setzen, dann folgt:

$$\varphi = x, \quad \psi = y, \tag{59}$$

also sind die Kurven $\varphi = \text{Const.}$ und $\psi = \text{Const.}$ hier identisch mit

$$x = \text{Const.}, \quad y = \text{Const.},$$

die Parallelen zu den Koordinatenachsen darstellen; in den Figg. 4 stellen die punktierten Linien die Isothermen, die ausgezogenen die Stromlinien

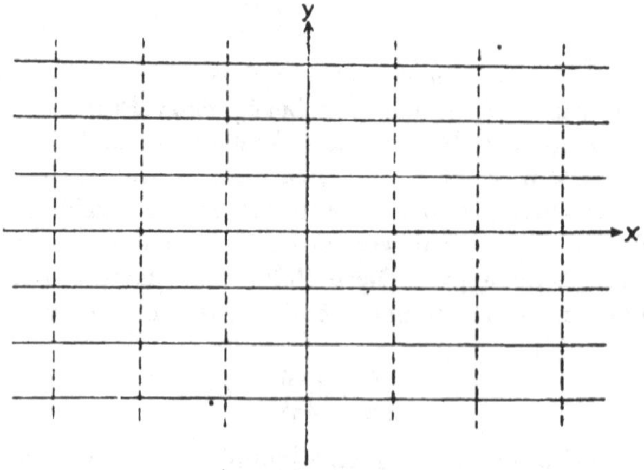

Fig. 4a.

dar. In Fig. 4a sind die Kurven $\varphi = \text{Const.}$, in Fig. 4b die Kurven $\psi = \text{Const.}$ als Isothermen genommen.

Der Zustand läßt sich realisieren durch Anbringung je einer gleichstarken Quelle und Senke im positiv oder negativ Unendlichen der x-Achse im Falle der Fig. 4a, der y-Achse im Falle der Fig. 4b. Praktisch genügt die Anbringung der Quellen in einer großen Entfernung vom Anfangspunkte.

5. **Als nächsten Fall nehmen wir**

(60) $$w = \varphi + i\psi = z^2 = (x + iy)^2 = x^2 - y^2 + 2xyi.$$

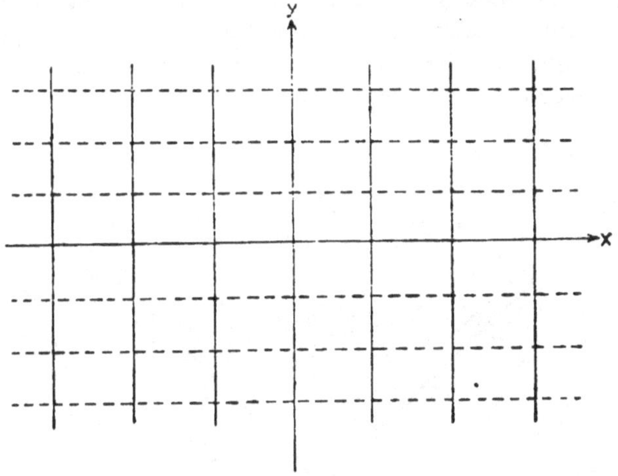

Fig. 4b.

Das liefert:

$$\varphi = x^2 - y^2; \quad \psi = 2xy;$$

mithin werden die zu betrachtenden Kurven:

(61) a) b) $$\begin{cases} x^2 - y^2 = \text{Const.}, \\ xy = \text{Const.} \end{cases}$$

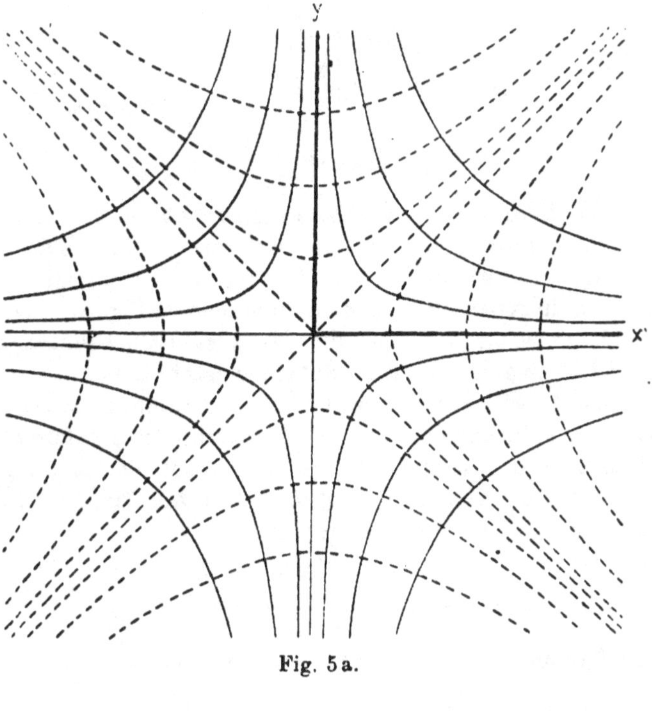

Fig. 5a.

Beide stellen gleichseitige Hyperbeln dar; $x^2 - y^2 = \text{Const.}$ hat zu Asymptoten zwei im Anfangspunkt sich schneidende Geraden, die unter 45 Grad gegen die x- und y-Achse geneigt sind. Dagegen besitzt $x\,y = \text{Const.}$ die Koordinatenachsen selbst als Asymptoten. Beide mögliche Fälle sind in den Figg. 5a und 5b dargestellt; die punktierten Linien bedeuten wie vorher die Isothermen, die ausgezogenen die Stromlinien.

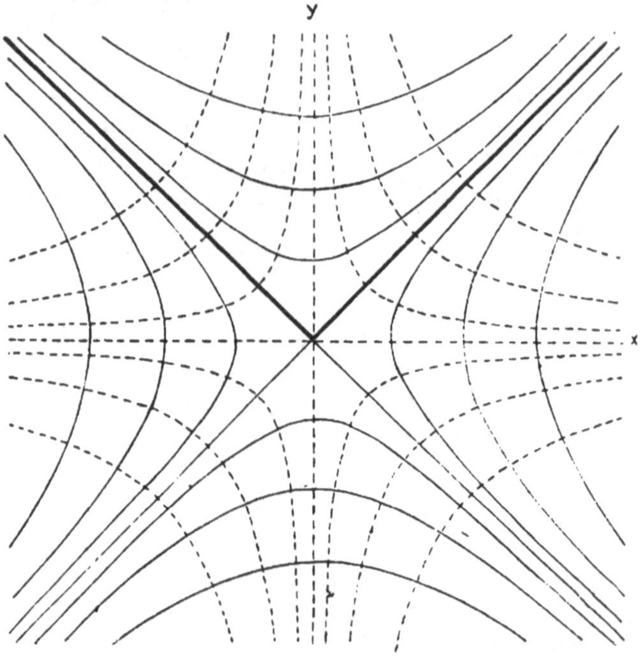

Fig. 5b.

Man sieht, daß in Fig. 5a die Koordinatenachsen selbst mit zu den ausgezogenen Stromlinien gehören; es tritt also keine Wärmeströmung durch sie hindurch. Deshalb ist der Vorgang in jedem Quadranten unabhängig von den übrigen, und man kann daher in Fig. 5a die stark ausgezogenen Teile der x- und y-Achse, die den ersten Quadranten begrenzen, als die Grenzen der wärmeleitenden Substanzen betrachten.

Gl. (60) liefert also auch den Fall der Strömung in einem rechtwinkligen Knie, die durch eine Quelle in unendlicher Entfernung auf der y- (resp. x-) Achse, und eine gleichstarke Senke auf der x- (resp. y-) Achse realisiert werden kann. Genau so liegt der Fall für Fig. 5b, nur daß das leitende Stück um 45 Grad gedreht worden ist.

6. Setzen wir ferner:

$$w = \varphi + i\,\psi = A\,z + \frac{B}{z} = A(x + i\,y) + \frac{B}{x + i\,y}, \tag{62}$$

so folgt durch Trennung des Reellen vom Imaginären:

$$\varphi = A x + \frac{B x}{x^2 + y^2},$$
$$\psi = A y - \frac{B y}{x^2 + y^2}.$$

Also folgt für die Isothermen und Stromlinien:

$$\text{(63a)} \quad A x + \frac{B x}{x^2 + y^2} = \text{Const.},$$
$$\text{(63b)} \quad A y - \frac{B y}{x^2 + y^2} = \text{Const.},$$

Hier wollen wir (63a) als Isothermenlinien, also (63b) als Stromlinien betrachten. Konstruiert man die Stromlinien (ausgezogen) — die Details findet man in Bd. I, pag. 803ff. —, so ergibt sich das Bild der Fig. 6.

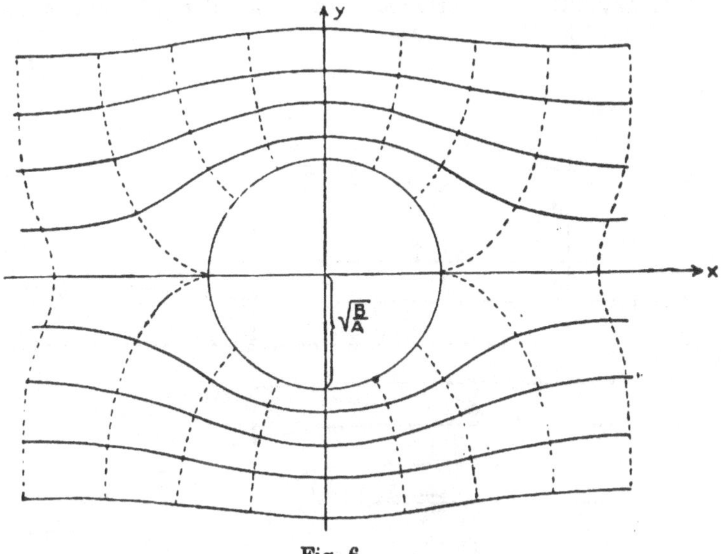

Fig. 6.

Es ergibt sich im besonderen, daß die x-Achse und ein Kreis um den Anfangspunkt mit dem Radius $\sqrt{A/B}$ Stromlinien sind. Der Anfangspunkt ist auszuschalten, da dort nach (63) ϑ unendlich werden würde; also können wir uns den Kreis mit dem Radius $\sqrt{A/B}$ aus der wärmeleitenden Platte ausgeschnitten denken. Wir erhalten also die Strömung in einer ebenen Platte, die durch die Quelle im positiv Unendlichen und eine gleichstarke Senke im negativ Unendlichen der x-Achse erzeugt wird, wenn ein kreisförmiges Stück ausgeschnitten ist (Strömung um ein kreisförmiges Hindernis). Die Isothermen sind in Fig. 6 punktiert.

7. Als letztes Beispiel möge dienen:

$$\text{(64)} \quad z = -w + e^{-w},$$

bei dem umgekehrt z als Funktion der komplexen Variabeln $w = \varphi + i\psi$

aufgefaßt wird, was natürlich ebenfalls zulässig ist. Es folgt durch Trennung des Reellen vom Imaginären:

$$(65) \qquad \begin{cases} x = -\varphi + e^{-\varphi}\cos\psi, \\ y = -\psi - e^{-\varphi}\sin\psi. \end{cases}$$

Hier wollen wir $\psi = \text{Const.}$ als Stromlinien, $\varphi = \text{Const.}$ als Isothermen betrachten. Da die analytische Form recht kompliziert ist, legen wir nacheinander der Konstanten in der Gleichung $\psi = \text{Const.}$ verschiedene Werte bei, nämlich $0, \pm\frac{\pi}{2}, \pm\pi$. Für jeden dieser Werte läßt man dann φ von $-\infty$ bis $+\infty$ variieren und durchläuft so alle Punkte der Stromlinie. Die obigen 5 Stromlinien genügen, um ein einigermaßen exaktes Bild des Strömungsverlaufes zu erhalten (ausführliche Darstellung siehe Bd. I, pag. 806 ff.). Zeichnet man die Stromlinien, so ergibt sich folgendes Bild (Fig. 7).

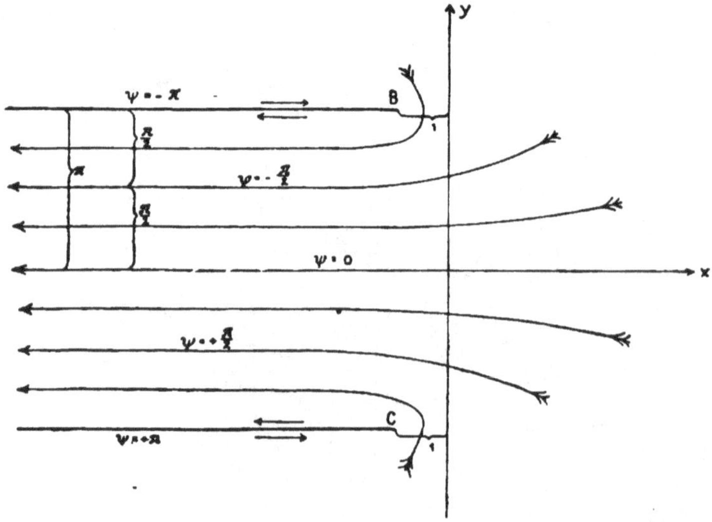

Fig. 7.

Die Stromlinien $\psi = \pm\pi$ entsprechen Parallelen im Abstande $\mp\pi$ zur Abszissenachse, und zwar so, daß die Stromlinie im negativ Unendlichen beginnt, bis zum Punkte B (oder C) läuft, dann in sich selbst zurückkehrt. Durch diesen in der Fig. 7 stark gezeichneten Teil tritt also keine Wärme hindurch, und man kann sich daher die unendlich große leitende Platte längs der Stromlinien $\psi = \pm\pi$ bis zum Punkte B (oder C) aufgeschnitten denken. Die Wärme strömt in den von diesen beiden Stromlinien gebildeten Kanal hinein. Angenähert wird eine solche Strömung realisiert (Fig. 8), wenn man eine sehr große rechteckige Platte $CDEF$ an den Stellen $\alpha\alpha'$ und $\beta\beta'$ schlitzt, an den Stellen $C\alpha$ und $E\beta$ zwei gleiche positive Wärmequellen, an der Stelle $\alpha\beta$ eine im ganzen ebenso starke negative Quelle anbringt. Vorausgesetzt ist natürlich, daß quer zu den Schlitzen $\alpha\alpha'$ und $\beta\beta'$ keinerlei Wärmetransport stattfindet, man kann sich etwa in die Schlitze einen schlechten Wärmeleiter hineingesteckt denken.

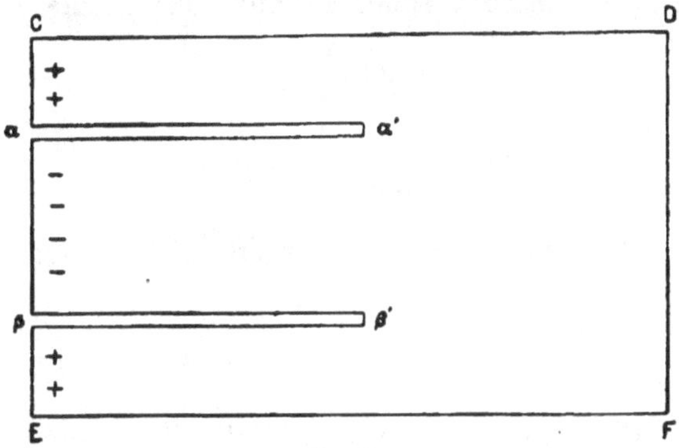

Fig. 8.

Nach diesen Beispielen für den stationären Zustand gehen wir nun dazu über, spezielle Integrale der allgemeinen Gleichung (31) aufzustellen, aus denen später das allgemeine Integral zusammengesetzt werden kann.

9. Partikuläre Integrale der Wärmeleitungsgleichung.

Wir wollen zunächst den speziellen Fall betrachten, daß die Temperatur außer von der Zeit nur von einer Raumkoordinate, etwa x, abhängt; dann lautet die Diffgl. (31):

(66) $$\frac{\partial \vartheta}{\partial t} = k^2 \frac{\partial^2 \vartheta}{\partial x^2}.$$

Dieser Fall kann z. B. realisiert werden, wenn der wärmeleitende Körper die Gestalt eines im Vergleich zu seiner Länge sehr dünnen Zylinders besitzt, dessen Mantel durch geeignete Vorrichtungen gegen Wärmeverlust durch Leitung oder Strahlung geschützt ist. Dieser Fall der linearen Wärmeleitung wird uns späterhin noch häufiger beschäftigen.

Wir wollen nun zusehen, ob es möglich ist, eine Lösung in der Form zu gewinnen, daß sie als das Produkt einer Funktion X von x und einer Funktion T von t auftritt. Dies ist derselbe Ansatz, den wir z. B. bei den linearen Schwingungsproblemen mit Erfolg benutzt haben. Wir setzen also versuchsweise an:

(67) $$\vartheta = X(x) \cdot T(t),$$

bilden die erste Ableitung nach t, die zweite nach x und setzen beides in (66) ein. So folgt:

$$\frac{1}{k^2} \frac{d\,T(t)}{dt} X(x) = T(t) \frac{d^2 X(x)}{dx^2},$$

oder in anderer Schreibweise:

(68) $$\frac{1}{k^2} \frac{\frac{d\,T(t)}{dt}}{T(t)} = \frac{\frac{d^2 X(x)}{dx^2}}{X(x)}.$$

Hier steht auf der linken Seite eine Funktion von t allein, rechts eine von x allein. Damit diese Gleichung bestehen kann, müssen beide Ausdrücke einer und derselben Konstanten gleich sein, die wir vorläufig durch a bezeichnen wollen. Dann zerfällt (68) in die beiden folgenden Gleichungen:

(69) $$\begin{cases} \dfrac{d \log T(t)}{dt} = a k^2, \\ \dfrac{d^2 X(x)}{dx^2} = a X(x). \end{cases}$$

Wenn diese Gleichungen befriedigt werden können, ist unser versuchsweiser Ansatz (67) brauchbar.

Aus der ersten ergibt sich:

(70) $$T(t) = e^{a k^2 t}.$$

Aus dieser Gleichung kann man den Schluß ziehen, daß a nicht positiv sein kann, da sonst mit wachsender Zeit nach (67) die Temperatur über alle Grenzen wachsen würde; a muß entweder, wenn es reell ist, negativ sein oder, wenn es komplex ist, einen negativ reellen Teil haben, oder endlich rein imaginär sein. Wir beschränken uns vorläufig auf reelle Werte von a; die komplexen werden wir später einzuführen Gelegenheit haben. Wir setzen also hier:

(71) $$a = -\alpha^2,$$

also nach (70):

(72) $$T(t) = e^{-\alpha^2 k^2 t},$$

und die zweite Gleichung (69) liefert dann:

(73) $$\frac{d^2 X(x)}{dx^2} + \alpha^2 X(x) = 0,$$

deren partikuläre Lösungen bekanntlich sind:

(74) $$\begin{cases} X_1(x) = \cos \alpha x, \\ X_2(x) = \sin \alpha x. \end{cases}$$

Unser Ansatz (67) ist also brauchbar. Setzt man (72) und (74) in (67) ein, so haben wir zwei partikuläre Lösungen unserer Gleichung (66):

(75) $$\begin{cases} \vartheta_1 = e^{-\alpha^2 k^2 t} \cos \alpha x, \\ \vartheta_2 = e^{-\alpha^2 k^2 t} \sin \alpha x. \end{cases}$$

Die Werte von α sind dabei zunächst offenbar noch ganz beliebig; sie werden erst durch die Randbedingungen bestimmt; darauf wird später eingegangen werden. Natürlich können beide Integrale (75) mit beliebigen Konstanten multipliziert und addiert werden; das so erhaltene Aggregat stellt ebenfalls ein Integral der Diffgl. (66) dar. Insbesondere kann die zweite Gl. (75) mit $i = \sqrt{-1}$ erweitert werden; durch Addition oder Subtraktion zur ersten Gl. (75) erhält man zwei neue Lösungen:

(76) $$\vartheta_3 = \vartheta_1 \pm i \vartheta_2 = e^{-\alpha^2 k^2 t} \cdot e^{\pm \alpha i x} = e^{-\alpha^2 k^2 t \pm \alpha i x},$$

d. h. ϑ_3 in Gestalt einer Exponentialfunktion. Daß dies möglich ist, hätte man auf Grund unserer früheren Resultate direkt aus dem Umstande schließen können, daß die Diffgl. (66) linear, homogen und mit konstanten Koeffizienten ausgestattet ist. Wir hätten also sofort den Ansatz machen können:

$$\vartheta = e^{\gamma t + \delta x}, \tag{77}$$

wo γ und δ zu bestimmende Konstanten sind. Dies liefert, in (66) eingeführt, die Bedingung:

$$\gamma = k^2 \delta^2,$$

und wenn wir nun γ, das ja negativ sein muß, gleich $-k^2\alpha^2$ setzen, folgt für δ:

$$\delta = \pm \alpha i; \tag{78}$$

also aus (77):

$$\vartheta = e^{-\alpha^2 k^2 t + \alpha i x},$$

d. h. die Lösung (76).

Diese Form der Lösung ist leicht auf zwei und drei Dimensionen verallgemeinerbar. Denn wenn wir zur Integration der allgemeinen Gl. (31) die Lösung als ein Produkt von 4 Faktoren ansetzen:

$$\vartheta = X(x) \cdot Y(y) \cdot Z(z) \cdot T(t), \tag{79}$$

so folgt aus der Diffgl. (31):

$$\frac{1}{k^2}\frac{d\,T(t)}{d\,t} X \cdot Y \cdot Z = \frac{d^2 X}{d\,x^2} \cdot Y \cdot Z \cdot T + X \frac{d^2 Y}{d\,y^2} \cdot Z \cdot T + X \cdot Y \cdot \frac{d^2 Z}{d\,z^2} \cdot T,$$

und diese kann durch Division mit $X \cdot Y \cdot Z \cdot T$ auf die Form gebracht werden:

$$\frac{1}{k^2}\frac{\frac{d\,T(t)}{d\,t}}{T(t)} = \frac{\frac{d^2 X}{d\,x^2}}{X} + \frac{\frac{d^2 Y}{d\,y^2}}{Y} + \frac{\frac{d^2 Z}{d\,z^2}}{Z}.$$

Aus dem nämlichen Grunde wie vorhin müssen beide Seiten einer Konstanten gleich werden; nennen wir dieselbe, indem wir uns auch hier vorläufig auf reelle Werte derselben beschränken, wieder $-\alpha^2$, so folgt zunächst wieder:

$$T(t) = e^{-\alpha^2 k^2 t}. \tag{80}$$

Die rechte Seite wird dann

$$\frac{X''(x)}{X(x)} + \frac{Y''(y)}{Y(y)} + \frac{Z''(z)}{Z(z)} = -\alpha^2,$$

und diese Gleichung kann erfüllt werden durch die Annahmen:

$$\left\{\begin{aligned} \frac{d^2 X}{d\,x^2} &= -\beta^2 X, \\ \frac{d^2 Y}{d\,y^2} &= -\gamma^2 Y, \\ \frac{d^2 Z}{d\,z^2} &= -\delta^2 Z; \end{aligned}\right. \tag{81}$$

wo β, γ, δ Konstanten sind, die der Bedingung gehorchen:

$$\beta^2 + \gamma^2 + \delta^2 = \alpha^2. \tag{82}$$

Aus (81) folgen die partikulären Integrale:

(83) $$X(x) = \frac{\cos}{\sin}\{\beta x\}; \quad Y(y) = \frac{\cos}{\sin}\{\gamma y\}; \quad Z(z) = \frac{\cos}{\sin}\{\delta z\},$$

also zusammen mit (80) und (79) folgende partikulären Lösungen der Diffgl. (31):

(84) $$\vartheta = e^{-k^2(\beta^2+\gamma^2+\delta^2)t}\begin{Bmatrix}\cos\\ \sin\end{Bmatrix}(\beta x)\cdot\begin{Bmatrix}\cos\\ \sin\end{Bmatrix}(\gamma y)\cdot\begin{Bmatrix}\cos\\ \sin\end{Bmatrix}(\delta z),$$

die in mannigfacher Weise kombiniert werden können. Auch hier kann offenbar die Lösung in die Form einer Exponentialfunktion gebracht werden.

Über die im Vorstehenden besprochenen Lösungen ist noch eine wichtige Bemerkung zu machen. Bilden wir z. B. aus den beiden Lösungen (75) durch Multiplikation mit Konstanten und Addition eine allgemeinere Lösung, die einem bestimmten α-Werte entspricht und fügen deren unendlich viele zusammen, die immer anderen α-Werten zugehören, so ergeben sich, wenn wir $t = 0$ setzen, trigonometrische Reihen mit unendlich vielen unbestimmten Konstanten; diese Reihen sind von derselben Art, wie wir sie schon bei den Saitenschwingungen usw. angetroffen haben. Da diese Reihen dem willkürlich gegebenen Anfangszustande angepaßt werden müssen, so haben wir hier wieder das Problem der Entwicklung einer gegebenen Funktion nach Systemen vorgeschriebener (sin und cos) vor uns. Das Gleiche gilt natürlich, wenn wir die Beschränkung auf die eine Dimension aufgeben und in der geschilderten Weise etwa Summen der Lösungen (84) für den dreidimensionalen Fall bilden.

Auch in anderer Weise kann man allgemeinere Lösungen aus den hier besprochenen Integralen bilden. Schließen wir uns z. B. wieder an die Lösung (75) für den eindimensionalen Fall an. Wenn $\vartheta = e^{-\alpha^2 k^2 t}\cos\alpha x$, wo α eine noch unbestimmte Konstante ist, eine Lösung bildet, so ist auch, wenn $f(\alpha)$ eine willkürliche Funktion dieses Parameters α bedeutet,

$$\vartheta = e^{-\alpha^2 k^2 t}\cos\alpha x\, f(\alpha)\, d\alpha$$

eine Lösung. Denn für die in der Differentialgleichung auszuführenden Differentiationen nach t und x ist $f(\alpha)\,d\alpha$ eine Konstante. Also wird auch eine endliche oder unendliche Summe, d. h. ein Integral über den obigen Ausdruck eine Lösung der Diffgl. (66) darstellen, vorausgesetzt natürlich, daß das Integral einen Sinn hat. Unter dieser Voraussetzung, die selbstverständlich in jedem einzelnen Falle geprüft werden muß, wollen wir uns vorläufig diese allgemeinere Lösung anmerken; benutzen werden wir sie erst später. Es gilt also:

(85a) $$\vartheta = \int_{-\infty}^{+\infty} e^{-\alpha^2 k^2 t}\cos\alpha x\cdot f(\alpha)\,d\alpha,$$

ebenso wie auch

(85b) $$\vartheta = \int_{-\infty}^{+\infty} e^{-\alpha^2 k^2 t}\sin\alpha x\cdot f(\alpha)\,d\alpha.$$

Wir wollen nun zu einer ganz anders gearteten partikulären Lösung übergehen. Um ohne weitläufige Rechnung dazu zu gelangen, bemerke man zunächst, daß, wenn wir eine Lösung $\vartheta(x, t)$ der Diffgl. (66) gefunden haben, auch $\frac{\partial \vartheta}{\partial x}$ eine solche darstellt. Denn durch Differentiation von (66) nach x folgt:

(86) $$\frac{\partial}{\partial t}\left(\frac{\partial \vartheta}{\partial x}\right) = k^2 \frac{\partial^2}{\partial x^2}\left(\frac{\partial \vartheta}{\partial x}\right),$$

woraus diese Behauptung folgt.

Nun fragen wir, ob es Lösungen von (66) gibt, die von x und t nur in der Weise abhängen, daß diese Koordinaten nur in dem Ausdruck $\frac{x}{\sqrt{t}}$ auftreten. Diese Form wird schon durch die Gestalt der Differentialgleichung in gewisser Weise nahegelegt, insofern darin die erste Ableitung nach t, dagegen die zweite nach x auftritt. Setzen wir also abkürzend

(87) $$\frac{x}{\sqrt{t}} = \xi,$$

so fragen wir, wann eine Funktion $\vartheta(\xi)$ eine Lösung der Diffgl. (66) sein kann. Bilden wir die geforderten Differentiationen, so ist zunächst, wenn Ableitungen nach dem Argument ξ durch Striche bezeichnet werden:

$$\frac{\partial \vartheta(\xi)}{\partial t} = -\frac{1}{2}\vartheta'(\xi)\frac{x}{t^{3/2}},$$

$$\frac{\partial \vartheta(\xi)}{\partial x} = \vartheta'(\xi)\frac{1}{\sqrt{t}}, \quad \frac{\partial^2 \vartheta(\xi)}{\partial x^2} = \vartheta''(\xi)\cdot\frac{1}{t}.$$

Also folgt durch Einsetzen in (66) als Bedingung dafür, daß $\vartheta(\xi)$ eine Lösung ist:

$$-\frac{1}{2}\frac{\vartheta'(\xi)\cdot x}{t^{3/2}} = k^2\vartheta''(\xi)\frac{1}{t},$$

oder:

$$-\frac{1}{2}\vartheta'(\xi)\cdot\xi = k^2\vartheta''(\xi),$$

was geschrieben werden kann:

(88) $$\frac{\vartheta''(\xi)}{\vartheta'(\xi)} = -\frac{1}{2k^2}\xi.$$

Da wir oben gesehen haben, daß, wenn $\vartheta(x\,t)$ eine Lösung ist, auch $\frac{\partial \vartheta}{\partial x}$ eine solche ist, so wollen wir nur $\vartheta'(\xi)$ aus (88) berechnen und daraus $\frac{\partial \vartheta}{\partial x}$ bilden. Es folgt sofort aus (88):

$$d\log\vartheta'(\xi) = -\frac{1}{2k^2}\xi\,d\xi,$$

also:

(89) $$\vartheta'(\xi) = A\,e^{-\frac{\xi^2}{4k^2}},$$

wo A eine Integrationskonstante ist. Beachtet man, daß $\frac{\partial \vartheta(\xi)}{\partial x} = \frac{1}{\sqrt{t}}\vartheta'(\xi)$ ist, so folgt für $\frac{\partial \vartheta}{\partial x}$, das wir suchen:

(90) $$\frac{\partial \vartheta(x, t)}{\partial x} = \frac{A}{\sqrt{t}}e^{-\frac{x^2}{4k^2 t}}.$$

Daß dies wirklich eine Lösung unserer Gl. (66) ist, kann rückwärts leicht durch Differentiation verifiziert werden. Wir bezeichnen in Zukunft diese Lösung auch durch ϑ, da sie ja eine mögliche Temperaturverteilung darstellt, die wir jetzt genau untersuchen wollen. Welche Eigenschaften hat

$$\vartheta = \frac{A}{\sqrt{t}} e^{-\frac{x^2}{4k^2t}}, \tag{90a}$$

d. h. welche Temperaturverteilung zur Zeit t stellt es dar, und welches ist die Anfangstemperaturverteilung zur Zeit $t = 0$?

Nehmen wir zunächst $t = 0$, so sind zwei Fälle zu unterscheiden, nämlich $x \neq 0$ und $x = 0$. Sehen wir zunächst vom Koordinatenanfangspunkte ab, so wächst allerdings $\frac{A}{\sqrt{t}}$ mit abnehmender Zeit t über alle Grenzen, gleichzeitig aber nähert sich $e^{-\frac{x^2}{4k^2t}}$ viel stärker der Null an; der ganze Ausdruck ist also für $t = 0$, $x \neq 0$ selbst gleich Null. Im Koordinatenanfangspunkte allerdings bleibt die Exponentialfunktion endlich, die Temperatur wird also wegen $\frac{A}{\sqrt{t}}$ im Anfangspunkte für $t = 0$ unendlich groß. Wir haben also einen Zustand, der folgendermaßen erzeugt werden kann: Der ganze Stab sei zunächst auf der Temperatur Null; zur Zeit $t = 0$ wird im Punkte $x = 0$ eine Wärmemenge produziert, die diesen Punkt auf unendlich hohe Temperatur bringt. Demgemäß stellt für $t > 0$ Gl. (90a) das Ausklingen der durch Fig. 9 annähernd dargestellten Anfangstemperaturverteilung dar.

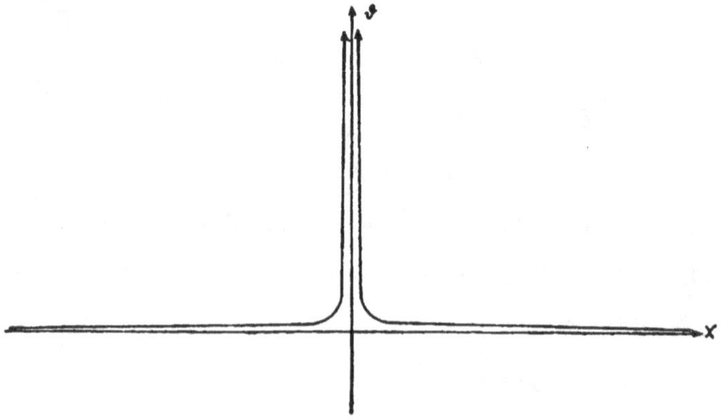

Fig. 9.

Dies wollen wir etwas genauer untersuchen und setzen nun $t > 0$ voraus. Nehmen wir zunächst $x \neq 0$ an, etwa gleich x_0, und lassen t von Null an wachsen. Das gibt den Ausdruck nach (90a):

$$\vartheta_{x_0, t} = \frac{A}{\sqrt{t}} e^{-\frac{x_0^2}{4k^2t}}. \tag{91}$$

Für $t = 0$ ist $\vartheta_{x_0, 0} = 0$, wie eben festgestellt. Der Faktor $\frac{A}{\sqrt{t}}$ nimmt mit wachsendem t ab, anderseits aber $e^{-\frac{x_0^2}{4k^2t}}$ stärker zu, da der Exponent abnimmt. Es steigt also zunächst jedenfalls an allen Stellen $x \neq 0$ die Temperatur an, wenn t von Null an wächst. Bei weiterem Wachstum von t nähert sich die Exponentialfunktion aber dem Werte 1 an, während $\frac{A}{\sqrt{t}}$ unbegrenzt bis zu Null abnimmt. Der Vorgang ist also der, daß zunächst an allen Stellen $x \neq 0$ die Temperatur ansteigt, durch ein Maximum hindurchgeht und dann allmählich auf ihren Anfangswert Null herabsinkt. Wir können fragen, zu welcher Zeit $\bar{t}$ das Maximum der Temperatur an der Stelle x_0 erreicht wird, und welchen Wert $\vartheta_{x_0, \max}$ es besitzt. Dies finden wir, indem wir (91) nach t differentiieren und die Ableitung gleich Null setzen. Das liefert

$$\frac{d\,\vartheta_{x_0, t}}{d\,t} = 0 = \frac{A\,e^{-\frac{x_0^2}{4k^2t}}}{t^{3/2}}\left\{-\,{}^1\!/_2 + \frac{x_0^2}{4\,k^2\,t}\right\};$$

also folgt für $\bar{t}$ der Wert:

(92) $$\bar{t} = \frac{x_0^2}{2\,k^2},$$

und durch Einsetzen desselben in Gl. (91) der maximale Wert der Temperatur an der Stelle x_0:

(93) $$\vartheta_{x_0, \max} = \vartheta_{x_0, \bar{t}} = \frac{k\,A}{x_0}\sqrt{\frac{2}{e}}.$$

Wie ist es nun an der Stelle $x = 0$? Dort ist für $t = 0$ die Temperatur unendlich hoch; für wachsendes t nimmt $\frac{A}{\sqrt{t}}$ ab, und $e^{-\frac{x^2}{4k^2t}}$ bleibt dauernd gleich 1, da eben $x = 0$ ist. Also nimmt im Anfangspunkte die Temperatur dauernd nach dem Gesetze ab:

(94) $$\vartheta_{0, t} = \frac{A}{\sqrt{t}},$$

wird also schließlich auch gleich Null. Gleichzeitig erkennt man durch Vergleich mit (91) leicht, daß $\vartheta_{0, t}$ im Anfangspunkte zur gleichen Zeit stets größer ist als an allen anderen Stellen des Stabes. Die höchste Temperatur ist also stets im Anfangspunkte. Die aufeinander folgenden Zeiten $t_1 < t_2 < t_3 < t_4$ liefern also etwa folgendes Bild der Temperaturverteilung (Fig. 10).

Der ganze Vorgang erklärt sich leicht, da von der Mitte des Stabes stets Wärme nach beiden Seiten abfließt.

Man kann die Lösung (90a) charakterisieren als die Wirkung einer „momentanen punktförmigen Quelle“ im Anfangspunkte. Die Wärmemenge, die zur Zeit Null im Anfangspunkte erzeugt wird, läßt sich leicht berechnen und liefert offenbar die physikalische Bedeutung der Integrationskonstanten A. Nennen wir ε die Dichte, c die spezifische Wärme, f den Querschnitt unseres Stabes, so ist die Wärmemenge, die notwendig ist, um denselben von 0 Grad auf ϑ Grad zu erwärmen, offenbar:

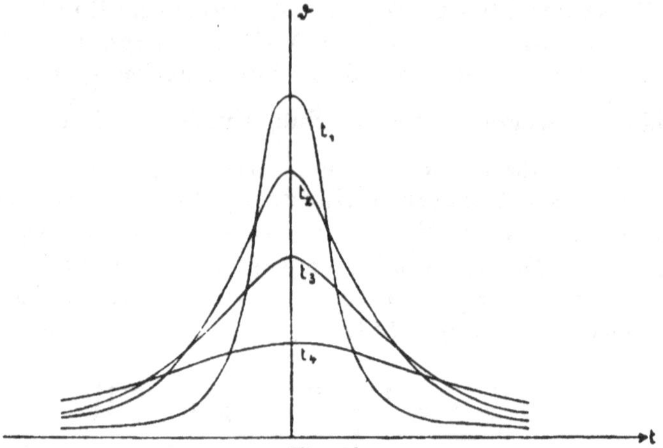

Fig. 10.

(95) $$Q = \varepsilon c f \int_{-\infty}^{+\infty} \vartheta \, d x .$$

Für ϑ haben wir hier die Temperatur zu nehmen, die der Stab zur Zeit $t = 0$ hatte, die also aus Gl. (90a) hervorgeht, wenn wir t gleich Null nehmen. Wir setzen jedoch zunächst in (95) den allgemeinen Wert von ϑ (für $t > 0$) nach (90a) ein; da das Resultat der Integration eine Konstante ergibt, bleibt alles auch beim Übergange zu $t = 0$ richtig.

Das nun auftretende Integral können wir auf ein schon bekanntes zurückführen, wenn wir das Aggregat $\frac{1}{4 k^2 t}$ durch μ^2 bezeichnen. Dann wird $\frac{1}{\sqrt{t}} = 2 k \mu$, und das Integral (95) wird nach Einsetzen von (90a):

$$Q = 2 \varepsilon c f A k \mu \int_{-\infty}^{+\infty} e^{-\mu^2 x^2} d x .$$

Das rechts stehende Integral hat aber nach Bd. I, pag. 568, Gl. (7) den Wert $\frac{\sqrt{\pi}}{\mu}$, und damit wird die letzte Gleichung:

$$Q = 2 \varepsilon c f A k \sqrt{\pi},$$

oder die Konstante A:

(96) $$A = \frac{Q}{2 \varepsilon c f k \sqrt{\pi}},$$

d. h. proportional der im Anfangspunkte erzeugten Wärmemenge Q. Setzen wir diesen Wert A in (90a) ein, so erhalten wir als endgültige Form unserer Lösung:

$$\vartheta = \frac{Q}{2\varepsilon c f \sqrt{\pi k^2 t}} e^{-\frac{x^2}{4k^2 t}}. \tag{97}$$

Die Wirkung einer momentanen Einheitsquelle geht daraus hervor mit $Q = 1$; diese Lösung nennt man wegen ihrer später hervortretenden Bedeutung auch wohl „Hauptlösung".

Es ist wichtig, sich klar zu machen, daß die folgende Abänderung dieser Lösung wieder ein Integral liefert. Wir ersetzen x durch $x - x_0$, nehmen also eine Koordinatenverschiebung vor, oder anders ausgedrückt: Wir erzeugen die Wärmemenge Q nicht mehr im Punkte $x = 0$, sondern in $x = x_0$. Dann wird aus (97):

$$\vartheta = \frac{Q}{2\varepsilon c f \sqrt{\pi k^2 t}} e^{-\frac{(x-x_0)^2}{4k^2 t}}, \tag{98}$$

und wenn man endlich die Wärmezufuhr nicht zur Zeit $t = 0$, sondern zur Zeit $t = t'$ geschehen läßt, geht, wie man ohne Rechnung sofort sieht, (98) über in:

$$\vartheta = \frac{Q}{2\varepsilon c f \sqrt{\pi k^2 (t - t')}} \cdot e^{-\frac{(x-x_0)^2}{4k^2 (t-t')}}. \tag{99}$$

Diese Lösung läßt sich leicht auf zwei und drei Dimensionen verallgemeinern. Wir setzen, ähnlich wie oben, im dreidimensionalen Falle versuchsweise an:

$$\vartheta = X(x,t) \cdot Y(y,t) \cdot Z(z,t), \tag{100}$$

d. h. suchen die Lösung als Produkt von Funktionen, die der Reihe nach nur von x und t, von y und t, von z und t abhängen. In die Diffgl. (31) eingesetzt, liefert dieser Ansatz:

$$k^2 \left(\frac{\partial^2 X}{\partial x^2} \cdot Y \cdot Z + X \frac{\partial^2 Y}{\partial y^2} \cdot Z + XY \cdot \frac{\partial^2 Z}{\partial z^2} \right) = \frac{\partial X}{\partial t} YZ + \frac{\partial Y}{\partial t} XZ + \frac{\partial Z}{\partial t} XY,$$

oder:

$$YZ \left\{ k^2 \frac{\partial^2 X}{\partial x^2} - \frac{\partial X}{\partial t} \right\} + ZX \left\{ k^2 \frac{\partial^2 Y}{\partial y^2} - \frac{\partial Y}{\partial t} \right\} + XY \left\{ k^2 \frac{\partial^2 Z}{\partial z^2} - \frac{\partial Z}{\partial t} \right\} = 0.$$

Diese Gleichung kann erfüllt werden durch die Annahmen:

$$\left\{ \begin{aligned} k^2 \frac{\partial^2 X}{\partial x^2} &= \frac{\partial X}{\partial t}, \\ k^2 \frac{\partial^2 Y}{\partial y^2} &= \frac{\partial Y}{\partial t}, \\ k^2 \frac{\partial^2 Z}{\partial z^2} &= \frac{\partial Z}{\partial t}, \end{aligned} \right. \tag{101}$$

von denen jede die Diffgl. (66) der linearen Wärmebewegung ist, einmal parallel der x-Achse, der y-Achse, endlich der z-Achse.

Wir können also für jede der Gleichungen (101) die oben untersuchte partikulare Lösung (90a) nehmen:

$$(102)\quad \begin{cases} X = \dfrac{A}{\sqrt{t}}\, e^{-\frac{x^2}{4k^2 t}}, \\ Y = \dfrac{B}{\sqrt{t}}\, e^{-\frac{y^2}{4k^2 t}}, \\ Z = \dfrac{C}{\sqrt{t}}\, e^{-\frac{z^2}{4k^2 t}}, \end{cases}$$

und ihr Produkt stellt nach (100) eine Lösung der dreidimensionalen Gleichung (31) dar:

$$(103)\qquad \vartheta = \frac{D}{t^{3/2}}\, e^{-\frac{x^2+y^2+z^2}{4k^2 t}},$$

die nach Analogie von (98) und (99) sofort verallgemeinert werden kann zu:

$$(104)\qquad \vartheta = \frac{D}{(t-t')^{3/2}}\, e^{-\frac{(x-x_0)^2+(y-y_0)^2+(z-z_0)^2}{4k^2(t-t')}}$$

Die Konstante $D = ABC$ steht natürlich auch wieder in einfachem Zusammenhange mit der zur Zeit $t = t'$ im Punkte $(x_0\, y_0\, z_0)$ erzeugten Wärmemenge Q. Wegen dieses Zusammenhanges kann man, wie hier ohne den leichten Beweis mitgeteilt sei, schreiben:

$$(105)\qquad \vartheta = \frac{Q}{8\varepsilon c k^3 \pi^{3/2} (t-t')^{3/2}}\, e^{-\frac{r^2}{4k^2(t-t')}},$$

wenn $(x-x_0)^2 + (y-y_0)^2 + (z-z_0)^2 = r^2$ gesetzt wird.

Ebenso, wie sich die Lösung (75) durch (85) verallgemeinern ließ, so auch unsere augenblicklich betrachtete Lösung (99) und (105). Wir zeigen dies der Einfachheit halber nur bei (99); der dreidimensionale Fall verhält sich ganz analog. Schreiben wir (99) unter Abspaltung aller überflüssiger Konstanten:

$$\frac{1}{\sqrt{t-t'}} \cdot e^{-\frac{(x-x_0)^2}{4k^2(t-t')}},$$

so sieht man leicht, daß dies auch nach Multiplikation mit einer beliebigen Funktion f von x_0 eine Lösung bleibt. Auch eine Summe oder ein Integral derartiger Lösungen ist wieder ein Integral der Diffgl. (31) resp. (66). So erhält man aus der letzten Gleichung:

$$(106)\qquad = \int_{-\infty}^{+\infty} \frac{f(x_0)}{\sqrt{t-t'}}\, e^{-\frac{(x-x_0)^2}{4k^2(t-t')}}\, d x_0;$$

offenbar kann man auch noch mit einer Funktion g von t' in derselben Weise erweitern, was hier nur angedeutet sei.

10. Differentialgleichung der linearen Wärmeleitung mit Berücksichtigung der seitlichen Ableitung; stationärer Zustand (Methode von Despretz).

Wir wollen nun, nachdem wir spezielle Formen von Integralen kennen gelernt haben, zu Problemen der linearen Wärmeleitung übergehen, bei denen wir das allgemeine Integral bilden werden. Die Diffgl. (66)

$$\frac{\partial \vartheta}{\partial t} = k^2 \frac{\partial^2 \vartheta}{\partial x^2} \tag{66}$$

gilt allerdings nur in besonderen Fällen, nämlich wenn das Medium in Richtung der y- und z-Achse unendlich ausgedehnt ist, oder, im Falle eines dünnen Stabes, wenn dessen Mantelfläche gegen Wärmeverluste adiabatisch isoliert ist. Ist dies nicht der Fall, so bedarf die Diffgl. (66) einer Korrektur, die wir nunmehr anbringen wollen. Schreiben wir (66) in der Form

$$d\tau \cdot \varepsilon c \frac{\partial \vartheta}{\partial t} = l \frac{\partial^2 \vartheta}{\partial x^2} d\tau,$$

so stellt $l \frac{\partial^2 \vartheta}{\partial x^2} d\tau$ die in dem Volumelement pro Sekunde erzeugte Wärmemenge dar, und indem diese gleich $\varepsilon c \frac{\partial \vartheta}{\partial t} d\tau$ gesetzt wurde, ist zum Ausdruck gebracht, daß sie ganz zur Temperaturerhöhung dieses Volumelementes gebraucht wird. Wenn aber Ableitung durch die Oberfläche des Stabes stattfindet, nämlich durch Strahlung, Leitung und Konvektion, so wird nicht die ganze erzeugte Menge $l \frac{\partial^2 \vartheta}{\partial x^2} d\tau$ zur Temperaturerhöhung verwendet, sondern diese Menge vermindert um die pro Zeiteinheit von der Oberfläche des Volumelementes abgegebene Wärmemenge. Wir wollen annehmen, daß die Volumelemente sich gegenseitig keine Wärme zustrahlen mögen; dann kommt der Verlust nur durch den Teil der Oberfläche zustande, an dem das Volumelement freiliegt, eben durch den Mantel. Ein Stück des Mantels von der Länge dx und der Umfangslänge p hat die Fläche $p \cdot dx$, und wenn wir wie früher das Newtonsche Abkühlungsgesetz verwenden, so ist bei äußerer Temperatur ϑ_a, die von dieser Fläche pro Sekunde ausgestrahlte Menge:

$$h \cdot p \cdot dx (\vartheta - \vartheta_a),$$

(h ist die sogenannte Strahlungskonstante), welche eben von $l \frac{\partial^2 \vartheta}{\partial x^2} d\tau$ abgeht; der Rest ruft die Temperaturerhöhung des Volumelementes hervor. Wir erhalten also statt (66), wenn wir $d\tau$ noch gleich $f \cdot dx$ setzen, wo f der Querschnitt des Stabes sein soll:

$$\varepsilon c \frac{\partial \vartheta}{\partial t} f\,dx = l \frac{\partial^2 \vartheta}{\partial x^2} f \cdot dx - hp(\vartheta - \vartheta_a)\,dx,$$

oder nach Division mit $\varepsilon c f dx$:

$$\frac{\partial \vartheta}{\partial t} = k^2 \frac{\partial^2 \vartheta}{\partial x^2} - \frac{hp}{\varepsilon c f}(\vartheta - \vartheta_a). \tag{107}$$

Indem wir hier, wie schon früher, $\vartheta - \vartheta_a$ einfach durch ϑ bezeichnen, was auf eine für alles Wesentliche irrelevante Nullpunktsverschiebung der Temperaturskala hinauskommt, und das positive Aggregat

(108) $$\frac{hp}{\varepsilon c f} = h',$$

wo h' die sog. „äußere Temperaturleitfähigkeit" ist, einführen, gewinnt (107) die definitive Gestalt:

(109) $$\frac{\partial \vartheta}{\partial t} = k^2 \frac{\partial^2 \vartheta}{\partial x^2} - h' \vartheta.$$

Die Integration dieser Gleichung ist übrigens durch eine einfache Substitution auf die der Gl. (66) zurückzuführen. Setzen wir nämlich:

(110) $$\vartheta = e^{\varrho t} \bar{\vartheta}(x, t),$$

wo ϱ eine zu bestimmende Konstante ist, so folgt durch Einsetzen in (109):

$$\varrho \bar{\vartheta} + \frac{\partial \bar{\vartheta}}{\partial t} = k^2 \frac{\partial^2 \bar{\vartheta}}{\partial x^2} - h' \bar{\vartheta}.$$

Bestimmen wir jetzt ϱ so, daß

(111) $$\varrho = -h'$$

ist, so geht die letzte Gleichung über in

$$\frac{\partial \bar{\vartheta}}{\partial t} = k^2 \frac{\partial^2 \bar{\vartheta}}{\partial x^2},$$

d. h. eben die Form der Gl. (66). Wir haben also, um ein Integral der neuen Gleichung (109) zu erhalten, nur notwendig, ein Integral von (66) mit $e^{-h't}$ zu multiplizieren.

Wir wollen im folgenden hauptsächlich solche Fälle behandeln, deren experimentelle Ausführung sich zur Bestimmung der Wärmeleitfähigkeit l eignet.

Am einfachsten führt dazu, wenigsten zu einer relativen Messung, die Methode von Despretz. Denken wir uns einen Stab von der Länge L an dem Ende ($x = 0$) dauernd auf der Temperatur ϑ_0 gehalten, am andern Ende ($x = L$) dagegen dauernd auf der Temperatur Null; die Außentemperatur, gegen die der Mantel des Stabes Wärme abgibt, sei ebenfalls Null. Es stellt sich dann bald ein stationärer Zustand her, in dem die aus (109) durch Nullsetzen von $\frac{\partial \vartheta}{\partial t}$ hervorgehende Gleichung gilt:

(112) $$k^2 \frac{\partial^2 \vartheta}{\partial x^2} - h' \vartheta = 0.$$

Dazu treten die Grenzbedingungen:

(113) $$\vartheta(0) = \vartheta_0; \quad \vartheta(L) = 0.$$

Da (112) eine gewöhnliche Differentialgleichung, linear, homogen und mit konstanten Koeffizienten, ist, so integrieren wir mittels des oft benutzten Ansatzes:

(114) $$\vartheta = e^{\varrho x}.$$

Damit ergibt sich aus (112) zur Bestimmung von f die Gleichung:

$$k^2 \varrho^2 - h' = 0,$$

oder:

$$\varrho = \pm \sqrt{\frac{h'}{k^2}}.$$

Also erhalten wir die beiden Integrale:

$$\vartheta_1 = e^{+\sqrt{h'/k^2}\,x}, \quad \vartheta_2 = e^{-\sqrt{h'/k^2}\,x},$$

die mit beliebigen Konstanten A und B multipliziert und addiert das allgemeine Integral der Gleichung (112) liefern:

(115) $$\vartheta = A\,e^{\sqrt{h'/k^2}\,x} + B\,e^{-\sqrt{h'/k^2}\,x}.$$

Die Konstanten A und B bestimmen sich durch die Randbedingungen Diese liefern:

$$\vartheta(0) = \vartheta_0 = A + B,$$
$$\vartheta(L) = \ 0 = A\,e^{\sqrt{h'/k^2}\,L} + B\,e^{-\sqrt{h'/k^2}\,L},$$

und daraus folgen für A und B die Werte:

(116) $$\begin{cases} A = -\vartheta_0 \dfrac{e^{-\sqrt{h'/k^2}\,L}}{e^{\sqrt{h'/k^2}\,L} - e^{-\sqrt{h'/k^2}\,L}}, \\ B = +\vartheta_0 \dfrac{e^{\sqrt{h'/k^2}\,L}}{e^{\sqrt{h'/k^2}\,L} - e^{-\sqrt{h'/k^2}\,L}}, \end{cases}$$

Das allgemeine Integral (115) nimmt damit die Gestalt an:

$$\vartheta = \vartheta_0 \frac{e^{\sqrt{h'/k^2}\,(L-x)} - e^{-\sqrt{h'/k^2}\,(L-x)}}{e^{\sqrt{h'/k^2}\,L} - e^{-\sqrt{h'/k^2}\,L}}$$

oder, unter Einführung der hyperbolischen Funktion $\mathfrak{Sin}\,\xi = \frac{e^{\xi} - e^{-\xi}}{2}$:

(117) $$\vartheta = \vartheta_0 \cdot \frac{\mathfrak{Sin}\sqrt{h'/k^2}\,(L-x)}{\mathfrak{Sin}\sqrt{h'/k^2}\,L}.$$

Wendet man diesen Ausdruck auf drei äquidistante Stellen x_1, x_2, x_3 an und bezeichnet man die Entfernung je zweier benachbarter Stellen mit $\varDelta$, so hat man aus (117):

$$\vartheta_1 = \vartheta_0 \frac{\mathfrak{Sin}\sqrt{h'/k^2}\,(L-x_1)}{\mathfrak{Sin}\sqrt{h'/k^2}\,L},$$
$$\vartheta_2 = \vartheta_0 \frac{\mathfrak{Sin}\sqrt{h'/k^2}\,(L-x_2)}{\mathfrak{Sin}\sqrt{h'/k^2}\,I} = \vartheta_0 \frac{\mathfrak{Sin}\sqrt{h'/k^2}\,(L-x_1-\varDelta)}{\mathfrak{Sin}\sqrt{h'/k^2}\,L},$$
$$\vartheta_3 = \qquad = \vartheta_0 \frac{\mathfrak{Sin}\sqrt{h'/k^2}\,(L-x_1-2\varDelta)}{\mathfrak{Sin}\sqrt{h'/k^2}\,L}.$$

Aus der Definition der hyperbolischen Funktionen folgt nun leicht der Satz[1]):

[1]) Vgl. z. B. Jahnke und Emde, Funktionentafeln, pag. 8.

$$\mathfrak{Sin}\,\alpha + \mathfrak{Sin}\,\beta = 2\,\mathfrak{Sin}\frac{\alpha+\beta}{2}\,\mathfrak{Cof}\frac{\alpha-\beta}{2}.$$

Mit Hilfe dieses ergibt sich aus den obigen Gleichungen:

$$\vartheta_1 + \vartheta_3 = \frac{2\,\vartheta_0}{\mathfrak{Sin}\sqrt{h'/k^2}\,L}\cdot \mathfrak{Sin}\sqrt{\frac{h'}{k^2}}(L - x_1 - \varDelta)\cdot \mathfrak{Cof}\left(\sqrt{\frac{h'}{k^2}}\cdot \varDelta\right),$$

also endlich:

$$\frac{\vartheta_1+\vartheta_3}{2\,\vartheta_2} = \mathfrak{Cof}\left(\sqrt{\frac{h'}{k^2}}\,\varDelta\right) = \frac{e^{\sqrt{h'/k^2}\,\varDelta} + e^{-\sqrt{h'/k^2}\,\varDelta}}{2},$$

oder:

(118) $$e^{\sqrt{h'/k^2}\,\varDelta} + e^{-\sqrt{h'/k^2}\,\varDelta} = \frac{\vartheta_1+\vartheta_3}{\vartheta_2} \equiv \bar{\vartheta}.$$

Daraus folgt unmittelbar:

(119) $$\frac{h'}{k^2}\,\varDelta^2 = \log\text{nat}^2\left[\frac{\bar{\vartheta}}{2} + \sqrt{\frac{\bar{\vartheta}^2}{4} - 1}\right]\text{[1]}.$$

Durch Messung der drei Temperaturen ϑ_1, ϑ_2, ϑ_3 und der Länge $\varDelta$ ergibt sich daraus sofort das Verhältnis $\frac{h'}{k^2}$ für den betreffenden Stab, z. B. einen Silberstab, d. h. das Verhältnis der äußeren und inneren Temperaturleitfähigkeit. Nimmt man ferner einen zweiten Stab gleicher Dimension, dem man (hier also durch Versilbern) die gleiche Oberflächenbeschaffenheit, d. h. denselben Wert von h' erteilt, so ergibt sich aus dieser Messung $\frac{h'}{k_2^2}$, wo der Index 2 sich auf den zweiten Stab bezieht. Geben wir den auf den ersten Stab bezüglichen Größen den Index 1, so ergibt sich das Verhältnis $\frac{k_2^2}{k_1^2}$, das nach Definition (32) gleich ist: $\frac{l_2}{l_1}\frac{\varepsilon_1 c_1}{\varepsilon_2 c_2}$; folglich auch das Verhältnis $\frac{l_2}{l_1}$ der Wärmeleitfähigkeiten, wenn die Dichten und die spezifischen Wärmen bekannt sind. Die Leitvermögen können also durch diese Methode in relativem Maß, z. B. bezogen auf dasjenige des Silbers, gemessen werden.

Besonders einfach wird die obige Methode, wenn man den Stab so lang macht, daß der Quotient $\frac{e^{-\sqrt{h'/k^2}\,L}}{e^{+\sqrt{h'/k^2}\,L}}$ außerordentlich klein ist. Dann vereinfacht sich (117) zu:

(120) $$\vartheta = \vartheta_0\, e^{-\sqrt{h'/k^2}\,x}.$$

Mißt man an zwei verschiedenen Stellen x_1 und x_2 die Temperaturen ϑ_1 und ϑ_2, so erhält man

$$\frac{\vartheta_1}{\vartheta_2} = \frac{e^{-\sqrt{h'/k^2}\,x_1}}{e^{-\sqrt{h'/k^2}\,x_2}},$$

oder, wenn man die Logarithmen nimmt:

[1] Da $\frac{h'}{k^2}\,\varDelta^2$ positiv ist, kommt nur das +-Zeichen vor der Wurzel in Betracht.

$$\log \vartheta_1 - \log \vartheta_2 = (x_2 - x_1)\sqrt{h'/k^2},$$

oder:

(121)
$$\frac{h'}{k^2} = \left(\frac{1}{x_2 - x_1}\right)^2 \log^2 \frac{\vartheta_1}{\vartheta_2}.$$

Dann verfährt man in derselben Weise mit einem gleichdimensionierten Stabe, dem man wieder dieselbe Oberflächenbeschaffenheit gibt, und erhält wie vorher die relativen Werte des Leitvermögens.

11. Lineare Wärmeleitung: Methode von Franz Neumann.

Neben der Despretzschen Methode bedarf man natürlich noch einer absoluten Methode; wir wollen von solchen diejenige von Franz Neumann besprechen, die neben einer von Ångström die erste exakte Methode zur Bestimmung von k^2 war.

Wir wollen das folgende Problem untersuchen: Ein Stab von der Länge L wird frei an zwei Fäden aufgehängt und an einem Ende erwärmt, bis der stationäre Zustand eingetreten ist. Dann wird die Wärmequelle entfernt und man beobachtet den allmählichen Ausgleich der Temperaturverteilung. Es ist nicht wesentlich, daß die anfängliche Erwärmung bis zur Erreichung des stationären Zustandes fortdauert; wir können auch allgemeiner sagen, daß dem Stabe durch Erwärmung an einem Ende eine bestimmte Temperaturverteilung zur Zeit $t = 0$ erteilt wird, die etwa durch $F(x)$ ausgedrückt werden kann, wo $F(x)$ eine gegebene Funktion von x ist.

Die Enden des Stabes sind völlig frei; es treten also an ihnen die Randbedingungen (37) hinzu. Da die nach innen gerichtete Normale an der Stelle $x = 0$ mit der positiven, an der Stelle $x = L$ dagegen mit der negativen x-Richtung übereinstimmt, lauten die zu erfüllenden Bedingungen hier:

(122)
$$\begin{cases} \text{für } x = 0: & l\dfrac{\partial \vartheta}{\partial x} - h\vartheta = 0, \\ \text{für } x = L: & l\dfrac{\partial \vartheta}{\partial x} + h\vartheta = 0. \end{cases}$$

Der Verlust, der durch die Endflächen eintritt, ist jedoch um so kleiner, je dünner der Stab ist, so daß wir den Koeffizienten h in den obigen Gleichungen für solche dünnen Stäbe annähernd gleich Null setzen können. Nur mit diesem vereinfachten Problem wollen wir uns hier beschäftigen; das allgemeinere findet man z. B. in Kirchoffs Vorlesungen über die Theorie der Wärme, pag. 30ff., behandelt.

Es liegt also, wenn wir zusammenfassen, folgendes mathematische Problem vor: Gesucht ist eine Funktion ϑ von x und t, die in dem Intervalle von $x = 0$ bis $x = L$ für alle Zeiten $t > 0$ die Differentialgleichung befriedigt:

(123a)
$$\frac{\partial \vartheta}{\partial t} = k^2 \frac{\partial^2 \vartheta}{\partial x^2} - h'\vartheta,$$

an den Stellen $x = 0$ und $x = L$ die Bedingungen erfüllt:

$$(123\text{b})\qquad \begin{cases} \text{für } x = 0: & \dfrac{\partial \vartheta}{\partial x} = 0, \\ \text{für } x = L: & \dfrac{\partial \vartheta}{\partial x} = 0, \end{cases}$$

und endlich für $t = 0$ in eine gegebene Funktion $F(x)$ übergeht:

$$(123\text{c})\qquad \text{für } t = 0:\quad \vartheta(x) = F(x).$$

Aus dem allgemeinen Eindeutigkeitsbeweise wissen wir, daß, wenn überhaupt eine diesen Bedingungen genügende Funktion existiert, es nur eine einzige gibt, da sie durch die gegebenen Daten völlig bestimmt ist.

Wir setzen zunächst an:

$$(124)\qquad \vartheta = e^{-\alpha^2 t}\varphi(x),$$

wo α^2 eine reelle, zu bestimmende Konstante ist; daß wir $-\alpha^2$ negativ reell nehmen, rechtfertigt sich durch die Überlegung, daß für $t > 0$ ein Ausgleich der Temperaturdifferenzen erfolgt. Mit diesem Ansatze geht die Diffgl. (123a) in die folgende für $\varphi(x)$ über:

$$(125)\qquad \varphi''(x) + \lambda\varphi(x) = 0;\quad \lambda = \frac{\alpha^2 - h'}{k^2},$$

wo jetzt λ, wegen des unbekannten α^2, eine unbekannte, zu bestimmende Konstante ist. Ohne Rücksicht auf die Grenzbedingungen (123b) wäre die allgemeine Lösung von (125) offenbar die folgende:

$$(126)\qquad \varphi(x) = A_\lambda \cos\sqrt{\lambda}\, x + B_\lambda \sin\sqrt{\lambda}\, x.$$

Setzt man aber den Ansatz (124) in die Grenzbedingungen (123b) ein, so erhalten wir für $\varphi(x)$ die neuen Bedingungen:

$$(127)\qquad \varphi'(0) = \varphi'(L) = 0.$$

Das liefert nun, mit (126) kombiniert, folgendes: Für $x = 0$ folgt:

$$B_\lambda \sqrt{\lambda} = 0,$$

was durch die Annahme $B_\lambda = 0$ erfüllt werden kann (die andere Annahme $\lambda = 0$ würde die triviale Lösung 0 liefern, die wir stets ausschließen); Gl. (126) wird demnach:

$$(126\text{a})\qquad \varphi(x) = A_\lambda \cos\sqrt{\lambda}\, x.$$

Jetzt liefert die zweite Bedingung (127) die Gleichung:

$$\varphi'(L) = 0 = -A_\lambda\sqrt{\lambda}\cdot\sin\sqrt{\lambda}\, L,$$

und diese läßt sich, wenn wieder der triviale Fall ausgeschlossen wird, durch die Annahme erfüllen:

$$(128)\qquad \sqrt{\lambda}\, L = \nu\pi;\quad (\nu = 0, 1, 2 \ldots \infty).$$

Es gibt also eine unendliche Anzahl möglicher Funktionen für $\varphi(x)$, die wir jetzt durch $\varphi_\nu(x)$ bezeichnen und die die „Eigenfunktionen“ des oben charakterisierten Randwertproblems sind; desgleichen gibt es unendlich viele Werte von λ, die sogenannten „Eigenwerte“ λ_ν,

(129) $$\lambda_\nu = \frac{\nu^2 \pi^2}{L^2} \qquad (\nu = 0, 1, 2 \ldots \infty),$$

wodurch sich nach (125) eine unendliche Folge von Werten α_ν^2 ergibt:

(130) $$\alpha_\nu^2 = \frac{k^2 \nu^2 \pi^2}{L^2} + h' \qquad (\nu = 0, 1 \ldots \infty).$$

Schreiben wir in (126a) jetzt A_ν statt A_λ, so erhalten wir die Eigenfunktionen:

(131) $$\varphi_\nu(x) = A_\nu \cos\frac{\nu \pi x}{L} \qquad (\nu = 0, 1, \ldots \infty).$$

Wir erhalten also nach (124) eine partikulare Lösung ϑ_ν unseres Problems:

(132) $$\vartheta_\nu = e^{-\alpha_\nu^2 t} \varphi_\nu(x) = A_\nu e^{-h' t} \cdot e^{-\frac{k^2 \nu^2 \pi^2}{L^2} t} \cdot \cos\frac{\nu \pi x}{L},$$

und indem wir addieren, die allgemeine Lösung mit unendlich vielen disponiblen Konstanten:

(133) $$\vartheta = \sum_\nu^{0, \infty} \vartheta_\nu = e^{-h' t} \sum_\nu^{0, \infty} A_\nu e^{-\frac{k^2 \nu^2 \pi^2}{L^2} t} \cdot \cos\frac{\nu \pi x}{L}.$$

Setzen wir darin die Zeit $t = 0$, so müssen die Konstanten A_ν so bestimmt werden, daß Gl. (123c) erfüllt wird, also muß gelten:

(134) $$F(x) = \sum_\nu^{0, \infty} A_\nu \cdot \cos\frac{\nu \pi x}{L}.$$

Damit sind wir wieder auf das Problem gestoßen, eine willkürliche Funktion $F(x)$ nach Eigenfunktionen zu entwickeln. Wir wollen indessen an dieser Stelle darauf nicht näher eingehen, da es für die Neumannsche Methode nicht erforderlich wird, sondern wir wollen uns fragen, welche Gestalt bei beliebiger Konstantenbestimmung die Lösung (133) nach Verlauf so großer Zeit annimmt, daß wir uns auf die ersten Glieder beschränken dürfen. Daß dies überhaupt der Fall sein wird, erkennt man leicht durch Betrachtung des Faktors $e^{-\frac{k^2 \nu^2 \pi^2}{L^2} t}$, der mit wachsender Zeit stark abnimmt, und zwar um so stärker, je größer ν, d. h. die Ordnungszahl des betrachteten Gliedes ist. Es ist also sicher nach hinreichend langer Zeit möglich, Gleichung (133) folgendermaßen abzukürzen:

(135) $$\vartheta = \vartheta_0 + \vartheta_1 = e^{-h' t}\left\{A_0 + A_1 e^{-\frac{k^2 \pi^2}{L^2} t} \cos\frac{\pi x}{L}\right\},$$

und diese Gleichung wenden wir auf den Anfangsquerschnitt ($x = 0$) und den Endquerschnitt ($x = L$) an. Dies liefert:

$$\vartheta(0) = e^{-h' t}\left\{A_0 + A_1 e^{-\frac{k^2 \pi^2}{L^2} t}\right\};$$

$$\vartheta(L) = e^{-h't}\left\{A_0 - A_1 e^{-\frac{k^2\pi^2}{L^2}t}\right\},$$

und wenn wir die halbe Summe und Differenz bilden:

$$(136)\qquad \begin{aligned} \frac{\vartheta(0)+\vartheta(L)}{2} &= A_0 e^{-h't}, \\ \frac{\vartheta(0)-\vartheta(L)}{2} &= A_1 e^{-\left(h'+\frac{k^2\pi^2}{L^2}\right)t}, \end{aligned}$$

d. h. beide Ausdrücke stellen sich in ihrer zeitlichen Abhängigkeit als eine Exponentialfunktion dar. Bezeichnen wir der Kürze halber $\frac{\vartheta(0)+\vartheta(L)}{2}$ mit $\overline{\vartheta}$, $\frac{\vartheta(0)-\vartheta(L)}{2}$ mit $\overline{\overline{\vartheta}}$, und logarithmieren, so folgt:

$$(137)\qquad \begin{cases} \log\overline{\vartheta} = \log A_0 - h't, \\ \log\overline{\overline{\vartheta}} = \log A_1 - \left(h' + \frac{k^2\pi^2}{L^2}\right)t. \end{cases}$$

Trägt man in einem Koordinatensystem $\log\overline{\vartheta}$ resp. $\log\overline{\overline{\vartheta}}$ als Ordinaten und als Abszissen die Zeit t auf, so erkennt man den Zeitmoment, von dem ab die Beschränkung auf zwei Glieder gestattet ist, daran, daß in diesem Koordinatensystem die Gl. (137) gerade Linien darstellen. Die Neigung der ersten Geraden liefert also h', die äußere Temperaturleitfähigkeit, dann folgt aus der zweiten k^2, das innere Temperaturleitvermögen, und damit aus der spezifischen Wärme c und der Dichte ε die Wärmeleitfähigkeit l.

Es sei noch bemerkt, daß die Lösung (133), auch in der speziellen Form (134) nur dann einen Sinn hat, wenn die unendliche Reihe konvergiert. Darauf gehen wir zunächst nicht ein, sondern setzen die Konvergenz als gesichert voraus.

12. Lineare Wärmeleitung; Temperaturwellen.

Wir haben bisher bei unserem Ansatze zur Lösung der Gleichung der linearen Wärmeleitung

$$\vartheta = e^{at}\cdot\varphi(x)$$

nur negativ reelle Werte von a in Betracht gezogen, was dadurch zum Ausdruck gebracht wurde, daß wir $a = -\alpha^2$ setzten, wie z. B. in der vorhergehenden Nummer. Wir wollen jetzt rein imaginäre Werte von a in Betracht ziehen, und setzen deshalb:

$$a = \beta i,$$

so daß wir nunmehr den Ansatz versuchen werden:

$$(138)\qquad \vartheta = e^{i\beta t}\varphi(x).$$

Die physikalische Bedeutung desselben ist leicht festzustellen. Denn da die Differentialgleichung reelle Koeffizienten hat, so kann das Auftreten des Integrals in komplexer Form nur den Sinn haben, daß sowohl der reelle, als auch der imaginäre Teil für sich Integrale sind. Wir meinen im folgenden immer den reellen Teil von (138), also, wenn der reelle Teil von $\varphi(x)$ durch $R(x)$ und der imaginäre durch $J(x)$ bezeichnet werden, den Ausdruck:

$$R(x)\cos\beta t - J(x)\sin\beta t. \tag{138a}$$

Das heißt aber offenbar, daß an jeder beliebigen Stelle die Temperatur eine periodische Funktion der Zeit ist. Die Größe β mißt die Frequenz, d. h. die Schwingungszahl in 2π Sekunden, so daß Schwingungszahl n und Schwingungsdauer T folgendermaßen mit β zusammenhängen:

$$\left\{\begin{aligned} n &= \frac{\beta}{2\pi}, \\ T &= \frac{1}{n} = \frac{2\pi}{\beta}. \end{aligned}\right. \tag{139}$$

Wir können einen derartigen Vorgang dadurch realisieren, daß wir z. B. das eine Ende eines frei aufgehängten Stabes abwechselnd erwärmen und abkühlen, so daß die ganze Periode dieses Prozesses T beträgt. Wir setzen nun den Ansatz (138) mit Einführung von T nach (139) in die Diffgl. (109) ein. Dann folgt sofort für $\varphi(x)$ die Differentialgleichung:

$$\varphi''(x) - \frac{h' + \frac{2\pi i}{T}}{k^2}\varphi(x) = 0. \tag{140}$$

Hier setzen wir wie gewöhnlich zur Lösung an: $\varphi(x) = e^{\varrho x}$, wo ϱ eine geeignet zu bestimmende Konstante ist, und finden für ϱ:

$$\varrho^2 = \frac{h' + 2\pi i/T}{k^2},$$

$$\varrho = \pm\frac{1}{k}\sqrt{h' + \frac{2\pi i}{T}}, \tag{141}$$

so daß wir für $\varphi(x)$ die beiden Lösungen erhalten:

$$\begin{aligned} \varphi_1(x) &= e^{+\frac{1}{k}\sqrt{h' + \frac{2\pi i}{T}}\,x}, \\ \varphi_2(x) &= e^{-\frac{1}{k}\sqrt{h' + \frac{2\pi i}{T}}\,x}. \end{aligned} \tag{142}$$

Die Form der Exponenten ist sehr unbequem, insofern dort eine Wurzel aus einem komplexen Ausdruck vorkommt. Wir wollen den reellen und imaginären Teil des Exponenten wirklich bilden. Wir setzen zu dem Zwecke:

$$\sqrt{h' + \frac{2\pi i}{T}} = \gamma + \delta i, \tag{143}$$

oder aufgelöst und getrennt:

$$h' = \gamma^2 - \delta^2, \quad \frac{\pi}{T} = \gamma\delta. \tag{144}$$

Zu bemerken ist zunächst, daß wegen der ersten Gl. (144) $\gamma^2 > \delta^2$, d. h.

$|\gamma| > |\delta|$ ist, und wegen der zweiten γ und δ das gleiche Vorzeichen haben müssen. Setzen wir $\delta = \frac{1}{\gamma}\frac{\pi}{T}$ in die erste Gl. (144) ein, so folgt für γ die biquadratische Gleichung:

$$\gamma^4 - h'\gamma^2 = \frac{\pi^2}{T^2},$$

woraus für γ und damit für δ folgt:

$$(145)\qquad \gamma = \pm\sqrt{\frac{h'}{2} \pm \sqrt{\frac{h'^2}{4} + \frac{\pi^2}{T^2}}}, \qquad \delta = \pm\frac{\pi/T}{\sqrt{\frac{h'}{2} \pm \sqrt{\frac{h'^2}{4} + \frac{\pi^2}{T^2}}}}$$

Zunächst sieht man leicht, daß von der inneren Wurzel nur das Pluszeichen genommen werden darf, da sonst γ und δ komplex werden würden, was nach ihrer Definition ausgeschlossen ist. Vor der ersten Wurzel hat sodann für beide Größen entweder das Pluszeichen oder das Minuszeichen zu gelten, da γ und δ gleiches Vorzeichen haben müssen. Welches von beiden wir wählen, ist gleichgültig; entscheiden wir uns z. B. für das positive, so daß γ und δ beide positiv ausfallen, so folgt für beide Größen der endgültige Wert:

$$(146)\qquad \begin{cases} \gamma = \sqrt{\frac{h'}{2} + \sqrt{\frac{h'^2}{4} + \frac{\pi^2}{T^2}}}, \\ \delta = \frac{\pi}{T}\cdot\frac{1}{\sqrt{\frac{h'}{2} + \sqrt{\frac{h'^2}{4} + \frac{\pi^2}{T^2}}}}, \end{cases}$$

und damit wird (142):

$$(147)\qquad \begin{cases} \varphi_1(x) = e^{\frac{\gamma}{k}x} e^{i\frac{\delta}{k}x}, \\ \varphi_2(x) = e^{-\frac{\gamma}{k}x} e^{-i\frac{\delta}{k}x}. \end{cases}$$

Hätten wir γ und δ beide negativ gewählt, so würden sich einfach $\varphi_1(x)$ und $\varphi_2(x)$ vertauscht haben. Setzen wir nun (147) in (138) ein, so folgen die beiden partikulären Lösungen unserer Differentialgleichung:

$$\vartheta_1 = e^{i\left(\frac{2\pi}{T}t + \frac{\delta}{k}x\right)}\cdot e^{\frac{\gamma}{k}x},$$

$$\vartheta_2 = e^{i\left(\frac{2\pi}{T}t - \frac{\delta}{k}x\right)}\cdot e^{-\frac{\gamma}{k}x}.$$

Von diesen können wir nur die zweite verwenden. Denn bei der ersten steigt mit wachsendem x die Temperatur längs des Stabes an, und zwar schließlich über jeden endlichen Wert hinaus, wenn die Länge L des Stabes unbegrenzt zunimmt, was unserer Versuchsanordnung gemäß nicht möglich ist. Wir beschränken uns daher auf das zweite Integral, das wir einfach ϑ nennen:

$$\vartheta = e^{-\frac{\gamma}{k}x} \cdot e^{i\left(\frac{2\pi}{T}t - \frac{\delta}{k}x\right)},$$

oder bei Beschränkung auf den reellen Teil, den wir ja eigentlich meinen, und nach Multiplikation mit einer beliebigen Konstanten:

(148) $$\vartheta = A e^{-\frac{\gamma}{k}x} \cdot \cos\left\{\frac{2\pi}{T}t - \frac{\delta}{k}x\right\}.$$

Die physikalische Bedeutung dieser Gleichung gilt es nun klarzustellen. Zunächst zeigt der Faktor $e^{-\frac{\gamma}{k}x}$ an, daß die Temperatur mit wachsendem x immer kleiner und kleiner wird; dieses Glied stellt also eine räumliche Dämpfung des Vorganges dar. Der Kosinus enthält im Argument sowohl t als auch x, d. h. das zweite Glied stellt einen räumlich und zeitlich periodischen Vorgang dar, anders ausgedrückt: eine Welle, und zwar offenbar eine solche, die sich nach der Richtung der positiven x fortpflanzt. Wir haben also das Resultat: „Wenn an dem einen Ende eines sehr langen Stabes ein periodischer Temperaturwechsel erzeugt wird, so pflanzt sich dieser in Form von räumlich gedämpften Temperaturwellen durch den Stab fort."

Bestimmen wir zunächst die Wellenlänge λ des Vorganges, d. h. die räumliche Periode. Diese ergibt sich nach (148) zu:

(149) $$\lambda = \frac{2\pi k}{\delta},$$

wo δ durch (146) bestimmt ist.

Um die Geschwindigkeit v der Fortpflanzung zu bestimmen, setzen wir den Kosinus in die Form: $\cos C\left(t - \frac{x}{v}\right)$. Das gibt nach (148):

$$\vartheta = A e^{-\frac{\gamma}{k}x} \cdot \cos\frac{2\pi}{T}\left(t - \frac{\delta}{k}\frac{T}{2\pi}x\right);$$

damit folgt für v:

(150) $$v = \frac{2\pi}{T}\frac{k}{\delta},$$

was gemäß (149) gleich $\frac{\lambda}{T}$ ist, — die bekannte Relation, die für alle Wellenbewegungen gilt.

Um nun einen Überblick über das Quantitative der Erscheinung zu bekommen, der durch die komplizierte Form (146) von γ und δ erschwert wird, wollen wir die Sache zunächst dadurch vereinfachen, daß wir die äußere Wärmeableitung h' gleich Null annehmen, wodurch γ verkleinert wird, also nach (148) die räumliche Dämpfung verringert wird, was ja auch unmittelbar plausibel ist. Denn ein von vornherein gegebenes Moment, das eine räumliche Dämpfung herbeiführen muß, liegt ja offenbar in der seitlichen Wärmeabgabe des Stabes. Wir sehen aber, daß auch für $h' = 0$ die Dämpfung keineswegs verschwindet, also noch einen andern Grund haben muß. Diesen eben finden wir, wenn wir $h' = 0$ setzen. Dann ist nach (146) für γ und δ:

(151) $$\gamma = \delta = \sqrt{\frac{\pi}{T}},$$

und damit werden Wellenlänge und Fortpflanzungsgeschwindigkeit:

(152) $$\begin{cases} \lambda = 2\pi k \sqrt{\frac{T}{\pi}} = 2k\sqrt{\pi T}, \\ v = \frac{2\pi k}{T}\sqrt{\frac{T}{\pi}} = 2k\sqrt{\frac{\pi}{T}}. \end{cases}$$

Für den Koeffizienten der räumlichen Dämpfung ergibt sich:

(153) $$\frac{\gamma}{k} = \frac{1}{k}\sqrt{\frac{\pi}{T}},$$

Man erkennt daraus folgendes (und das gilt auch noch angenähert, wenn die äußere Wärmeleitung nicht vernachlässigt wird): Die räumliche Dämpfung der Wellen ist um so kleiner, je größer die Periode ist. Unter gleichen Umständen dringt also die Welle mit derjenigen Periode am weitesten in den Stab ein, die die langsamste ist.

Unsere Lösung (148) entspricht dem Umstande, daß an dem Stabende $x = 0$ eine Temperaturschwingung $A \cos \frac{2\pi t}{T}$ erzeugt wird, d. h. eine rein harmonische Schwingung. Wenn man jedoch, wie vorhin geschildert, mit Hilfe einer Flamme erwärmt und abkühlt, so wird man es im allgemeinen nicht mit einer rein harmonischen, sondern allgemeiner mit einer periodischen Funktion von der Periode T zu tun haben. Diese läßt sich auffassen als aus mehreren übereinandergelagerten harmonischen Schwingungen bestehend mit den Perioden T, $T/2$, $T/3$, $T/4$, ... T/ν usw. Bezeichnet man die Periode der ν-ten Schwingung T/ν mit T_ν, so würde nach (148) dieser die Lösung entsprechen, wenn wir dort überall den Index ν anfügen:

(154) $$\vartheta_\nu = A_\nu e^{-\frac{\gamma_\nu}{k}x} \cdot \cos\left(\frac{2\pi t}{T_\nu} - \frac{\delta_\nu}{k}x\right),$$

wo gemäß (151) γ_ν und δ_ν definiert werden durch:

(155) $$\gamma_\nu = \delta_\nu = \sqrt{\frac{\pi}{T_\nu}} = \sqrt{\frac{\nu\pi}{T}} = \gamma\sqrt{\nu} = \delta\sqrt{\nu}.$$

Deshalb können wir (154) schreiben:

$$\vartheta_\nu = A_\nu e^{-\frac{\gamma\sqrt{\nu}}{k}x} \cdot \cos\left(\frac{2\pi\nu t}{T} - \frac{\delta\sqrt{\nu}x}{k}\right),$$

und wenn wir eine unendliche Summe von derartigen Ausdrücken bilden, so folgt als allgemeine Lösung:

(156) $$\vartheta = \sum_\nu^{1,\infty} \vartheta_\nu = \sum_\nu A_\nu e^{-\frac{\gamma\sqrt{\nu}x}{k}} \cdot \cos\left(\frac{2\pi\nu t}{T} - \frac{\delta\sqrt{\nu}x}{k}\right).$$

Diese entspricht der Anordnung, daß die künstlich erzeugte Temperaturschwingung für $x = 0$ den Wert hat:

$$(157)\qquad \vartheta_{(x=0)} = f(t) = \sum_{\nu}^{1,\infty} A_\nu \cos\frac{2\pi\nu t}{T}.$$

Die Koeffizienten A_ν sind so zu bestimmen, daß diese Gleichung erfüllt ist. Vorausgesetzt ist dabei natürlich wieder die Konvergenz der Reihe überhaupt.

In großer Entfernung von der Erregungsstelle genügen nach dem Vorhergehenden wenige Glieder der Reihe, um den Zustand auszudrücken. Dies liegt an der starken Abnahme des Exponentialgliedes mit zunehmender Schwingungszahl; schließlich wird man nur noch das erste Glied mit der größten Periode T zu berücksichtigen haben. Das ist nur ein anderer Ausdruck dafür, daß die Welle mit der längsten Periode am weitesten dringt.

Diese läßt sich sehr schön an der Erde selbst nachweisen, die an ihrer Oberfläche im wesentlichen zwei periodische Erregungen erfährt, die eine durch den Wechsel der Jahreszeiten, die andere durch den Wechsel von Tag und Nacht. Rechnen wir die Zeit in Tagen, so ist die lange Periode T_1 gleich 365 Tagen, die kurze T_2 gleich 1 Tag. Die Dämpfungskoeffizienten dieser beiden Wellen verhalten sich nach (155) wie

$$\frac{\gamma_1}{\gamma_2} = \sqrt{\frac{T_2}{T_1}} = \sqrt{\frac{1}{365}} \cong \frac{1}{19}.$$

D. h. die jährliche Temperaturschwankung dringt 19 mal so tief in den Erdboden ein, als die tägliche; nach den Beobachtungen[1]) hat sich ergeben, daß bei uns die erstere in einer Tiefe von 17 Metern, die zweite in einer solchen von 1 Meter aufhört, erkennbar zu sein, was also sehr gut mit der Theorie stimmt.

Für das Verhältnis der Wellenlängen und Fortpflanzungsgeschwindigkeiten haben wir nach (152) und (155):

$$\frac{\lambda_1}{\lambda_2} = \sqrt{\frac{T_1}{T_2}} = \sqrt{365} \cong 19,$$

$$\frac{v_1}{v_2} = \sqrt{\frac{T_2}{T_1}} = \sqrt{\frac{1}{365}} \cong \frac{1}{19},$$

was gleichfalls gut mit der Beobachtung übereinstimmt.

Erwähnt sei noch, daß auf der Beobachtung von Temperaturwellen in einem Stabe die vorhin erwähnte Methode von Ångström zur Messung der Leitfähigkeit beruht, auf die wir hier nicht weiter eingehen.

13. Entwickelung willkürlicher Funktionen nach Eigenfunktionen.

In Nummer 11 sind wir in Gl. (134) auf das Problem gestoßen, die Koeffizienten A_ν so zu bestimmen, daß die Gleichung erfüllt ist:

$$(134\,a)\qquad F(x) = C\sum_{\nu}^{0,\infty} A_\nu \cos\frac{\nu\pi x}{L}.$$

---

[1]) Nach Messungen von Forbes in der Nähe von Edinburg. Vgl. dazu: W. Thomson, Math. a. phys. papers, Bd. III, pag. 261 ff.

Aus besonderen, gleich hervortretenden Gründen haben wir hier noch eine Konstante C hinzugefügt, was ja offensichtlich erlaubt ist, weil dadurch nur die Bedeutung der Koeffizienten A_ν geändert wird.

Wie schon im ersten Bande betont wurde (pag. 587ff.), liegt die Schwierigkeit nicht in der formalen Bestimmung der Koeffizienten, sondern im Nachweis, daß die so gebildete Reihe konvergiert. Die Koeffizienten A_ν lassen sich, wie im ersten Bande bereits ausführlich besprochen, und wie durch eine leichte Rechnung folgt, vermittels der folgenden Eigenschaften der Eigenfunktionen bestimmen. Es ist:

$$C^2 \int_0^L \cos\frac{\nu\pi x}{L} \cdot \cos\frac{\mu\pi x}{L}\, dx = 0\,, \qquad (\nu \neq \mu),$$

und

$$C^2 \int_0^L \cos^2\frac{\nu\pi x}{L} \cdot dx = \frac{C^2 L}{2}\,,$$

oder, wenn wir $C = \sqrt{\frac{2}{L}}$ setzen und als Eigenfunktion $\varphi_\nu(x)$ in Zukunft $\sqrt{\frac{2}{L}} \cos\frac{\nu\pi x}{L}$ bezeichnen, wenn $\nu \neq 0$, so haben wir allgemein geschrieben:

$$(158) \qquad \begin{cases} \int_0^L \varphi_\nu(x)\, \varphi_\mu(x)\, dx = 0\,, \\ \int_0^L \varphi_\nu^2(x)\, dx = 1\,. \end{cases}$$

Der Fall $\nu = 0$ bedarf besonderer Erwähnung, da $\cos\frac{\nu\pi x}{L}$ hier offenbar gleich 1 ist; zur Erfüllung der zweiten Gl. (158) hat man daher zu setzen: $\varphi_0(x) = \sqrt{\frac{1}{L}}$. Wir haben also das folgende „normierte" System der Eigenfunktionen:

$$(159) \qquad \begin{aligned} &\underset{\nu > 0}{\varphi_\nu(x)} = \sqrt{\frac{2}{L}} \cos\frac{\nu\pi x}{L}\,, \\ &\varphi_0(x) = \frac{1}{\sqrt{L}}\,. \end{aligned}$$

Der Koeffizient A_α in (134) bestimmt sich nun derartig, daß wir (134) mit $\varphi_\alpha(x)\, dx = \sqrt{\frac{2}{L}} \cos\frac{\alpha\pi x}{L}\, dx$ multiplizieren und über das Grundgebiet von 0 bis L integrieren. Das liefert:

$$\sqrt{\frac{2}{L}} \int_0^L F(x) \cos\frac{\alpha\pi x}{L}\, dx = \frac{2}{L} \int_0^L \sum_\nu^{0,\infty} A_\nu \cos\frac{\nu\pi x}{L} \cdot \cos\frac{\alpha\pi x}{L}\, dx\,,$$

oder, wenn wir auf der rechten Seite die Reihenfolge von Integration und Summation vertauschen, was voraussetzt, daß die Reihe (134) gleichmäßig konvergent ist:

$$\sqrt{\frac{2}{L}}\int_0^L F(x)\cos\frac{\alpha\pi x}{L}\,dx = \frac{2}{L}\sum_{\nu}^{0,\infty} A_\nu \int_0^L \cos\frac{\nu\pi x}{L}\cdot\cos\frac{\alpha\pi x}{L}\,dx,$$

und das gibt nach (158) gerade A_α, so daß wir haben:

$$(160)\qquad A_\alpha = \sqrt{\frac{2}{L}}\int_0^L F(x)\cos\frac{\alpha\pi x}{L}\,dx = \int_0^L F(x)\,\varphi_\alpha(x)\,dx.$$

Für $\alpha = 0$ wird $\varphi_0(x) = \frac{1}{\sqrt{L}}$ und an Stelle des Faktors $\sqrt{\frac{2}{L}}$ tritt $\frac{1}{\sqrt{L}}$, so daß für das erste Glied einfach folgt:

$$(160\text{a})\qquad A_0 = \frac{1}{\sqrt{L}}\int_0^L F(x)\,dx.$$

Es handelt sich um die Konvergenz der mit diesen Koeffizienten gebildeten Reihe (134). Diese wird am einfachsten nachgewiesen, indem man zu einer Integralgleichung übergeht. Nun haben wir dieses Problem aber bereits völlig erledigt, bei Gelegenheit der Schwingungen eines Stabes, dessen Enden frei sind. Dort treten nämlich, wie in den Nummern 148 und 149 des ersten Bandes auseinandergesetzt worden ist, ebenfalls die Eigenfunktionen $\varphi_\nu(x) = \sqrt{\frac{2}{L}}\cos\frac{\nu\pi x}{L}$ [Gl. (21), pag. 662] auf, und es lag auch dort das Problem vor, eine gegebene Funktion $F(x)$ nach diesen Eigenfunktionen zu entwickeln. Der einzige Unterschied besteht darin, daß wir dort die Länge $L = 1$ gewählt hatten, was offenbar unwesentlich ist. Wir können jedenfalls das Resultat unserer dortigen Betrachtungen übernehmen, daß in der Tat für unser Problem die Entwickelung (134) gesichert ist, vorausgesetzt, daß $F(x)$ stetig ist, die Randbedingungen erfüllt und stetige erste und stückweise stetige zweite Ableitungen besitzt. Von allen diesen Beschränkungen kann man sich nachträglich auch befreien; vgl. über diese weitergehenden Resultate z. B. Kneser, Integralgleichungen, pag. 20 ff.

Würde statt der Randbedingung $\frac{\partial\vartheta}{\partial x} = 0$ an beiden Enden die Bedingung $\vartheta = 0$ vorgelegen haben, so wären die Eigenfunktionen dieses Problems gewesen:

$$\varphi_\nu(x) = \sqrt{\frac{2}{L}}\sin\frac{\nu\pi x}{L}, \qquad (\nu = 1, 2, \ldots \infty)$$

und das dann vorliegende Entwicklungsproblem ist völlig identisch mit dem, das bei der schwingenden Saite auftrat und auf pag. 599 ff. des ersten Bandes völlig erledigt ist, so weit die zu entwickelnde Funktion die oben genannten Eigenschaften besitzt. Auf die komplizierteren Randbedingungen gehen wir hier nicht ein, den Leser betreffs dieser rein mathematischen Aufgabe wieder auf das schon genannte Buch von Kneser verweisend.

14. Das Fouriersche Integral.

In den speziellen bisher betrachteten Fällen war eine Funktion im Intervall $0 \leqq x \leqq L$ zu entwickeln in einer der folgenden Weisen:

$$F(x) = \sum_{\nu}^{1,\infty} A_\nu \sin \frac{\nu \pi x}{L},$$

$$F(x) = \sum_{\nu}^{0,\infty} B_\nu \cos \frac{\nu \pi x}{L},$$

wobei wir den Normierungsfaktor $C = \sqrt{\frac{2}{L}}$, der uns jetzt nicht interessiert, wieder gestrichen haben. Im allgemeinen wird es jedoch nicht möglich sein, eine gegebene Funktion stets in eine Sinus- oder Kosinusreihe zu entwickeln, sondern nur in eine gemischte Reihe. Es wird daher im allgemeinen das folgende Problem vorliegen:

$$F(x) = \sum_{\nu}^{1,\infty} A_\nu \sin \frac{\nu \pi x}{L} + B_0 + \sum_{\nu}^{1,\infty} B_\nu \cos \frac{\nu \pi x}{L}. \tag{161}$$

Eine Funktion, die durch eine solche Reihe dargestellt wird, ist natürlich periodisch, da jedes Glied der Reihe es ist. Die Periode ist offenbar gleich $2L$, weil jedes Glied, wenn x um $2L$ vermehrt wird, wieder denselben Wert annimmt. Also gilt:

$$F(x + 2L) = F(x).$$

Die Koeffizienten bestimmen sich wegen der Orthogonalitätseigenschaft von $\sin \frac{\nu \pi x}{L}$ und $\cos \frac{\nu \pi x}{L}$ (die nicht normiert sind) zu:

$$\left\{ \begin{aligned} A_\nu &= \frac{1}{L} \int_{-L}^{+L} F(\alpha) \sin \frac{\nu \pi \alpha}{L} \, d\alpha, \\ B_\nu &= \frac{1}{L} \int_{-L}^{+L} F(\alpha) \cos \frac{\nu \pi \alpha}{L} \, d\alpha, \\ B_0 &= \frac{1}{2L} \int_{-L}^{+L} F(\alpha) \, d\alpha. \end{aligned} \right. \tag{162}$$

Daß wir hier die Integrationsvariable α statt x gesetzt haben, ist offenbar gleichgültig. Setzen wir (162) in (161) ein, so folgt:

$$F(x) = \frac{1}{2L}\int_{-L}^{+L} F(\alpha)\,d\alpha + \frac{1}{L}\sum_{\nu}^{1,\infty}\left[\int_{-L}^{+L} F(\alpha)\sin\frac{\nu\pi\alpha}{L}\,d\alpha\cdot\sin\frac{\nu\pi x}{L}\right.$$
$$\left.+\int_{-L}^{+L} F(\alpha)\cos\frac{\nu\pi\alpha}{L}\,d\alpha\cdot\cos\frac{\nu\pi x}{L}\right];$$

diese Gleichung kann geschrieben werden:

$$F(x) = \frac{1}{2L}\int_{-L}^{+L} F(\alpha)\,d\alpha + \frac{1}{L}\sum_{\nu}^{1,\infty}\int_{-L}^{+L} F(\alpha)\,d\alpha\left[\sin\frac{\nu\pi\alpha}{L}\sin\frac{\nu\pi x}{L} + \cos\frac{\nu\pi\alpha}{L}\cdot\cos\frac{\nu\pi x}{L}\right],$$

oder endlich:

(163) $$F(x) = \frac{1}{2L}\int_{-L}^{+L} F(\alpha)\,d\alpha + \frac{1}{L}\sum_{\nu}^{1,\infty}\int_{-L}^{+L} F(\alpha)\cdot\cos\frac{\nu\pi}{L}(\alpha - x)\,d\alpha.$$

An diese Form wollen wir die Frage anknüpfen, was aus dieser Gleichung wird, wenn wir L unendlich groß werden lassen, d. h. wenn die Stablänge und damit die Periode der Funktion $F(x)$ unendlich groß wird. Setzen wir:

(164) $$\frac{\nu\pi}{L} = \sigma,$$

so wird wegen des unendlich großen L das eigentlich unstetige σ in der Grenze als stetig variabel zu betrachten sein, und es ist offenbar:

(165) $$d\sigma = \frac{(\nu+1)}{L}\pi - \frac{\nu\pi}{L} = \frac{\pi}{L},$$

so daß $\frac{1}{L} = \frac{1}{\pi}d\sigma$ wird. Wenn nun $\int_{-\infty}^{+\infty} F(\alpha)\,d\alpha$ einen endlichen Wert hat, so wird das erste Glied $\lim_{L=\infty}\frac{1}{2L}\int_{-L}^{+L} F(\alpha)\,d\alpha$ dem Werte Null zustreben, und es folgt dann die Integraldarstellung von $F(x)$:

(166) $$F(x) = \frac{1}{\pi}\int_{0}^{\infty} d\sigma\int_{-\infty}^{+\infty} F(\alpha)\cos\sigma(\alpha - x)\,d\alpha.$$

Diese Gleichung nennt man das Fouriersche Integral, und es ist von einer Periodizität der Funktion $F(x)$ dabei keine Rede mehr, die doch bei der Darstellung (161) als Fouriersche Reihe natürlich vorausgesetzt werden mußte.

Die gegebene Herleitung ist keineswegs ein exakter Beweis für das Fouriersche Integral, bei dem vor allen Dingen die Ausführung der Grenzübergänge genau untersucht werden muß. Darauf gehen wir hier nicht ein[1]).

[1]) Vgl. z. B. Riemann-Weber, Partielle Differentialgleichungen, 5. Aufl., Bd. I, pag. 42ff.

15. Wärmeleitung in einem unendlich langen Stabe.

Wenn der Stab, wie wir jetzt voraussetzen wollen, unendlich lang ist, verschwinden die Grenzbedingungen und es sind lediglich die Differentialgleichung und der Anfangszustand gegeben, wodurch alles bestimmt sein muß.

Wir wollen annehmen, daß zur Zeit $t = 0$:

$$\vartheta(0) = F(x)$$

sein soll, und es handelt sich nun darum, ϑ als Funktion von t und x zu bestimmen.

Wir gehen von unserem alten Ansatze aus:

$$\vartheta = e^{-h' t} e^{-\alpha^2 t} \varphi(x),$$

dem wir hier nur noch $e^{-h' t}$ zugesetzt haben, was offenbar nichts Wesentliches ist, sondern nur aus Bequemlichkeitsgründen geschieht, da die späteren Formeln etwas einfacher werden. Einsetzen in die Diffgl. (109) liefert:

$$\varphi''(x) + \frac{\alpha^2}{k^2} \varphi(x) = 0,$$

deren partikuläre Lösungen

$$\cos \frac{\alpha}{k} x \quad \text{und} \quad \sin \frac{\alpha}{k} x$$

sind. Denken wir uns jede dieser beiden partikulären Lösungen mit einer beliebigen Funktion $A\left(\frac{\alpha}{k}\right)$ und $B\left(\frac{\alpha}{k}\right)$ von α multipliziert, so erhalten wir eine spezielle Lösung für ϑ:

$$\vartheta_\alpha = e^{-h' t} e^{-\alpha^2 t} \left\{ A\left(\frac{\alpha}{k}\right) \cos \frac{\alpha}{k} x + B\left(\frac{\alpha}{k}\right) \sin \frac{\alpha}{k} x \right\},$$

oder, wenn für $\frac{\alpha}{k}$ der Kürze halber σ gesetzt wird.

(167) $$\vartheta_\sigma = e^{-h' t} e^{-\alpha^2 t} \{ A(\sigma) \cos \sigma x + B(\sigma) \sin \sigma x \},$$

und durch Bildung einer unendlichen Summe resp. eines Integrals gleichartiger Ausdrücke finden wir das allgemeine Integral:

(168) $$\vartheta = e^{-h' t} \int_0^\infty e^{-k^2 \sigma^2 t} [A(\sigma) \cos \sigma x + B(\sigma) \sin \sigma x] \, d\sigma,$$

die uns das gewünschte Resultat liefern würde, wenn wir $A(\sigma)$ und $B(\sigma)$ bereits so bestimmt hätten, daß ϑ für $t = 0$ in $F(x)$ übergeht. Diese Bestimmung kann man mittels des Fourierschen Integrals vornehmen. Aus (168) folgt für $t = 0$:

$$\vartheta(0) = \int_0^\infty [A(\sigma) \cos \sigma x + B(\sigma) \sin \sigma x] \, d\sigma,$$

und dieses soll gleich $F(x)$ gemacht werden. Wir finden nun mittels des Fourierschen Integrals (166) die Gleichung für $F(x)$:

$$F(x) = \frac{1}{\pi}\int_0^\infty d\sigma \int_{-\infty}^{+\infty} F(\alpha) \cos\sigma(\alpha - x)\, d\alpha,$$

und durch Gleichsetzung beider Integrale folgt:

$$\int_0^\infty \Big\{ [A(\sigma)\cos\sigma x + B(\sigma)\sin\sigma x] - \frac{1}{\pi}\int_{-\infty}^{+\infty} F(\alpha)(\cos\sigma\alpha\cdot\cos\sigma x + \sin\sigma\alpha\cdot\sin\sigma x)\, d\alpha \Big\} d\sigma = 0;$$

also muß sein:

$$A(\sigma)\cos\sigma x + B(\sigma)\sin\sigma x = \frac{1}{\pi}\int_{-\infty}^{+\infty} F(\alpha)(\cos\sigma\alpha\cdot\cos\sigma x + \sin\sigma\alpha\cdot\sin\sigma x)\, d\alpha,$$

oder:

$$A(\sigma)\cos\sigma x + B(\sigma)\sin\sigma x = \frac{1}{\pi}\cos\sigma x\cdot\int_{-\infty}^{+\infty} F(\alpha)\cos\sigma\alpha\, d\alpha + \frac{1}{\pi}\sin\sigma x\cdot\int_{-\infty}^{+\infty} F(\alpha)\sin\sigma\alpha\cdot d\alpha,$$

also schließlich:

(169)
$$\begin{cases} A(\sigma) = \dfrac{1}{\pi}\displaystyle\int_{-\infty}^{+\infty} F(\alpha)\cos\sigma\alpha\cdot d\alpha, \\ B(\sigma) = \dfrac{1}{\pi}\displaystyle\int_{-\infty}^{+\infty} F(\alpha)\sin\sigma\alpha\cdot d\alpha, \end{cases}$$

womit die Funktionen A und B so bestimmt sind, daß (168) dem geforderten Anfangszustande angepaßt wird. Wir erhalten also schließlich nach (168):

(170)
$$\vartheta = \frac{1}{\pi}\int_0^\infty e^{-(h' + k^2\sigma^2)t} d\sigma\cdot\int_{-\infty}^{+\infty} F(\alpha)\cos\sigma(\alpha - x)\cdot d\alpha,$$

eine Formel, die in der Tat ϑ als Funktion von x und t so darstellt, daß sie zur Zeit Null in $F(x)$ übergeht. Das vorgelegte Problem ist also gelöst. Der Faktor $e^{-h't}$ kann aus dem Integral herausgenommen werden, das übrig bleibende Integral ist die Lösung der Differentialgleichung

$$\frac{\partial\vartheta}{\partial t} = k^2\frac{\partial^2\vartheta}{\partial x^2},$$

mit gleich Null gesetzter seitlicher Wärmeabgabe. Das entspricht der schon früher gemachten Bemerkung, daß jedes Integral der allgemeinen

Gleichung (109) durch Multiplikation mit dem Faktor $e^{-h^2 t}$ aus einem solchen der einfachen Gleichung erhalten wird.

Wir wollen jetzt der Lösung (170) eine andere Gestalt geben, die uns den Zusammenhang mit der früher ausführlich besprochenen „Hauptlösung“ zeigen wird.

Gleichung (170) gilt für $t > 0$, und wir dürfen dann auf der rechten Seite die Reihenfolge der Integrationen umtauschen. Das liefert:

$$(171) \qquad \vartheta = \frac{1}{\pi} e^{-h^2 t} \int_{-\infty}^{+\infty} F(\alpha)\, d\alpha \int_{0}^{\infty} e^{-k^2 \sigma^2 t} \cos\sigma(\alpha - x)\, d\sigma,$$

und darin ist das letzte Integral vermittels der Methode der komplexen Integration leicht auszurechnen. Wir wollen hier nur das Ergebnis anangeben; die Ausrechnung findet man in allen Lehrbüchern der Funktionentheorie[1]).

Man erhält:

$$(172) \qquad \vartheta = \frac{1}{2}\sqrt{\frac{1}{k^2 \pi t}}\, e^{-h^2 t} \int_{-\infty}^{+\infty} F(\alpha)\, e^{-\frac{(\alpha - x)^2}{4 k^2 t}} \cdot d\alpha.$$

Man erkennt, daß unser Integral sich hier als Summe von Lösungen der Form (97) oder (98) darstellt, die wir früher als Hauptlösung bezeichnet hatten und deren physikalische Bedeutung die Temperaturverteilung war, die durch eine momentane punktförmige Wärmequelle im Punkte x_0 erzeugt wird. Wir sehen hier, daß jede beliebige Temperaturverteilung als von geeigneten Momentanquellen herrührend angesehen werden kann.

Schließlich kann man noch (172) in eine dritte Gestalt setzen, die bereits Laplace gefunden hat. Führt man eine neue Variable ein durch die Definition:

$$(173) \qquad \alpha - x = 2\beta k \sqrt{t},$$

so folgt unmittelbar aus (172):

$$(174) \qquad \vartheta = \frac{1}{\sqrt{\pi}} e^{-h^2 t} \int_{-\infty}^{+\infty} F(x + 2\beta k \sqrt{t})\, e^{-\beta^2}\, d\beta.$$

Diese bringt am augenfälligsten zum Ausdruck, daß unsere Lösung wirklich dem geforderten Anfangszustande entspricht. Denn für $t = 0$ geht sie über in:

$$(174\text{a}) \qquad \vartheta(0) = \frac{1}{\sqrt{\pi}} \int_{-\infty}^{+\infty} F(x)\, e^{-\beta^2}\, d\beta;$$

Setzt man $F(x)$ aus dem Integral heraus, so folgt, da das dann übrig

[1]) Vgl. z. B. Riemann-Weber, Partielle Differentialgleichungen, 5te Aufl., Bd. I, pag. 152 ff.

bleibende bestimmte Integral $\int_{-\infty}^{+\infty} e^{-\beta^2} d\beta$ nach Bd. I, pag. 568, Gl. (7), den Wert $\sqrt{\pi}$ hat, in der Tat: $\vartheta(0) = F(x)$.

Die obige Form der Lösung, resp. ihr nahe verwandte, werden bei manchen andern Methoden zur Bestimmung der Wärmeleitfähigkeit benutzt, auf die es hier genügen muß, hinzuweisen[1]).

16. Die Methode des elektrisch geheizten Körpers von F. Kohlrausch[2]).

Zum Schlusse wollen wir eine sehr originelle Methode zur Bestimmung der Wärmeleitfähigkeit besprechen, die von F. Kohlrausch herrührt und in der phys.-techn. Reichsanstalt ausgebildet worden ist. Diese Methode ist wenigstens für Metalle wohl die genaueste, die wir besitzen. Der Grundgedanke ist folgender: Ein Stab (der übrigens variabeln Querschnitt haben kann) wird an seinen beiden Enden an die Elektroden einer starken Elektrizitätsquelle angeschlossen, so daß die Ein- und Austrittsfläche des elektrischen Stromes Flächen konstanten Potentials sind. Desgleichen halten wir beide auch auf konstanter Temperatur, so daß sie auch beide Isothermenflächen sind. Der Mantel ist gegen Wärmeverlust geschützt, die Wärme wird durch den elektrischen Strom erzeugt und nur an den beiden Einführungsstellen desselben abgeleitet. Schließlich entsteht ein stationärer Zustand, sowohl des elektrischen, als auch des Wärmestromes. Wir werden in der Elektrizitätstheorie sehen, daß die elektrische Strömung genau derselben Differentialgleichung gehorcht, wie die thermische; also ist von vornherein klar, daß wegen des Zusammenfallens der Äquipotentialflächen und der Isothermenflächen zu Anfang und zu Ende des Stabes beide Arten von Flächen im ganzen Stabe zusammenfallen müssen. Jede Fläche konstanter Temperatur ist zugleich eine solche konstanten elektrischen Potentials.

Im stationären Zustande liegen beide Arten von Flächen fest, und sowohl die elektrische, als die thermische Strömung geschehen in den natürlich gleichfalls zusammenfallenden elektrischen resp. thermischen Stromlinien, d. h. senkrecht zu den Flächen konstanten Potentials und konstanter Temperatur. Wir können also röhrenförmige Gebilde im Körper ziehen, sogenannte „Stromröhren", deren Wände ganz von Stromlinien gebildet werden, durch deren Wände also weder elektrischer noch thermischer Strom hindurchtritt (Fig. 11).

In Fig. 11 sind zunächst einige Isothermal- und Isopotentialflächen ausgezeichnet, die durch die Bezeichnungen $(\vartheta_0\, \varphi_0)$, $(\vartheta_1\, \varphi_1)$, ... charakterisiert sind. Desgleichen ist die Stromröhre KK gezeichnet, deren Querschnitt an den Flächen $(\vartheta_1\, \varphi_1)$ und $(\vartheta_2\, \varphi_2)$ mit f_1 und f_2 bezeichnet werde.

[1]) F. A. Schulze, Wied. Ann. 66, pag 207; 1898. — E. Grüneisen, Ann. d. Phys. 3, pag. 43; 1900.

[2]) Nach W. Voigt, Thermodynamik, Bd I, pag 44 ff.

Im stationären Zustande ist erstens der durch jede Stromröhre fließende elektrische Strom konstant, zweitens fließt die im Volumelement $ABCD$ der Stromröhre durch den Strom erzeugte Wärme nur durch die Flächen

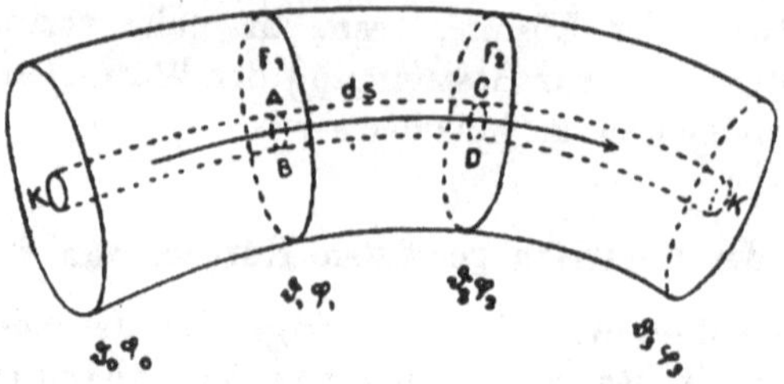

Fig. 11.

f_1 und f_2, nicht durch den Mantel ab. Bezeichnen wir den Betrag der elektrischen Stromdichte, d. h. die Elektrizitätsmenge, die pro Sekunde durch die Querschnittseinheit fließt, mit j′, den Querschnitt der Stromröhre an einer beliebigen Stelle mit f, so muß also erstens im stationären Zustande die Gleichung gelten:

(175) $$\mathfrak{j}' f = c.$$

Ferner ist, wenn der Widerstand des Stromfadens von der Länge ds zwischen den Querschnitten f_1 und f_2 mit w bezeichnet wird, die Joulesche Wärme pro Sekunde:

$$(\mathfrak{j}' f)^2 w,$$

oder, da $w = \frac{ds}{f l'}$, wenn l' das elektrische Leitvermögen bedeutet:

$$\frac{\mathfrak{j}'^2 f\, ds}{l'},$$

und die pro Sekunde zufließende Wärmemenge ist offenbar:

$$\mathfrak{j}_1 f_1 - \mathfrak{j}_2 f_2;$$

also muß im stationären Zustande sein:

$$-\mathfrak{j}_1 f_1 + \mathfrak{j}_2 f_2 = \frac{\mathfrak{j}'^2 f\, ds}{l'}.$$

Nun ist aber nach dem Taylorschen Satze, wenn hinter dem linearen Gliede abgebrochen wird:

$$\mathfrak{j}_2 f_2 = \mathfrak{j}_1 f_1 + \frac{d}{ds}(\mathfrak{j} f)\, ds;$$

also schließlich:

(176) $$\frac{d}{ds}(\mathfrak{j} f) = \frac{\mathfrak{j}'^2 f}{l'}.$$

Ferner gilt, wenn l die Wärmeleitfähigkeit ist:

(177) $$\mathfrak{j} = -l \frac{d\vartheta}{ds},$$

und eine ebensolche Beziehung besteht zwischen der elektrischen Strömung j′ und dem Potential φ:

(178) $$j' = -l' \frac{d\varphi}{ds},$$

so daß unsere beiden Gleichungen (175) und (176) übergehen in die folgenden:

(179) $$-l' f \frac{d\varphi}{ds} = c,$$

(180) $$-\frac{d}{ds}\left[l f \frac{d\vartheta}{ds}\right] = l' f \left(\frac{d\varphi}{ds}\right)^2$$

und die letztere wird durch Einsetzen von (179) schließlich zu:

(181) $$\frac{d}{ds}\left[l f \frac{d\vartheta}{ds}\right] = c \frac{d\varphi}{ds}.$$

Diese kann ohne weiteres integriert werden:

$$l f \frac{d\vartheta}{ds} = c\varphi + C,$$

und wenn man diese durch (179) dividiert und eine neue Konstante A einführt, so ist endlich:

$$-\frac{l}{l'}\frac{d\vartheta}{d\varphi} = \varphi + A,$$

oder integriert, mit einer zweiten Konstanten B:

(182) $$-\frac{l}{l'}\vartheta = \frac{1}{2}\varphi^2 + A\varphi + B,$$

welche die Beziehung zwischen ϑ und φ beim stationären Zustand in unserem Problem darstellt. Die Konstanten A und B können eliminiert werden, wenn man die obige Gleichung auf drei Querschnitte a, b, c anwendet. Man erhält so:

$$-\frac{l}{l'}\vartheta_a = \frac{1}{2}\varphi_a^2 + A\varphi_a + B,$$

$$-\frac{l}{l'}\vartheta_b = \frac{1}{2}\varphi_b^2 + A\varphi_b + B,$$

$$-\frac{l}{l'}\vartheta_c = \frac{1}{2}\varphi_c^2 + A\varphi_c + B,$$

und durch Subtraktion je zweier voneinander:

$$\frac{l}{l'}(\vartheta_a - \vartheta_b) = \frac{1}{2}\left(\varphi_b^2 - \varphi_a^2\right) + A(\varphi_b - \varphi_a),$$

$$\frac{l}{l'}(\vartheta_a - \vartheta_c) = \frac{1}{2}\left(\varphi_c^2 - \varphi_a^2\right) + A(\varphi_c - \varphi_a),$$

oder:

$$\frac{2\frac{l}{l'}(\vartheta_a - \vartheta_b) - (\varphi_b^2 - \varphi_a^2)}{2\frac{l}{l'}(\vartheta_a - \vartheta_c) - (\varphi_c^2 - \varphi_a^2)} = \frac{\varphi_b - \varphi_a}{\varphi_c - \varphi_a},$$

und daraus endlich:

(183) $$\frac{l}{l'} = \frac{1}{2}\frac{(\varphi_a - \varphi_b)(\varphi_b - \varphi_c)(\varphi_c - \varphi_a)}{\vartheta_a(\varphi_b - \varphi_c) + \vartheta_b(\varphi_c - \varphi_a) + \vartheta_c(\varphi_a - \varphi_b)}.$$

Beobachtet man also an drei zusammengehörigen Stellen des Stabes die zusammengehörigen Werte von ϑ und φ, so ergibt Gl. (183) das Verhältnis des Wärmeleitvermögens zum elektrischen Leitvermögen. Da letzteres sehr genau bestimmt werden kann, so hat man damit auch l selbst. Die Messungen nach dieser Methode sind von Jäger und Diesselhorst ausgeführt worden; wir gehen in der nächsten Nummer auf dieselben näher ein.

17. Dimensionen; Messungsergebnisse.

Wir haben bereits in Nummer 2 erwähnt, daß wir vorläufig nicht imstande sind, die Einheiten „Kalorie" und „Grad" auf absolutes Maß zurückzuführen, d. h. auf die Einheiten der Masse, der Länge und der Zeit. Wir haben deshalb bereits die spezifische Wärme in der Tabelle auf pag. 9 in $\left[\frac{\text{cal}}{\text{gr. grad}}\right]$-Einheiten ausdrücken müssen. Jetzt wollen wir uns die Dimension des Wärme- und Temperaturleitvermögens ansehen.

Wir gehen zur Bestimmung der Dimension des Wärmeleitvermögens am besten aus von Gl. (26) oder (27). Schreiben wir diese in eckigen Klammern, um anzudeuten, daß es sich hier um eine Dimensionsgleichung handeln soll, so folgt:

$$[l] = \frac{[\mathfrak{j}_x]}{\left[\frac{d\vartheta}{dx}\right]}.$$

Da nun $\mathfrak{j}$ nach Definition eine Wärmemenge pro Sekunde und Flächeneinheit:

$$[\mathfrak{j}] = \frac{\text{cal}}{\text{cm}^2 \cdot \text{sec}},$$

und da

$$\left[\frac{d\vartheta}{dx}\right] = \frac{\text{grad}}{\text{cm}}$$

ist, so haben wir für die Dimension von l:

$$[l] = \left[\frac{\text{cal} \cdot \text{cm}}{\text{cm}^2 \cdot \text{grad} \cdot \text{sec}}\right] = \left[\frac{\text{cal}}{\text{cm} \cdot \text{sec} \cdot \text{grad}}\right]. \tag{184}$$

Da in l auch Kalorien und Grade auftreten, so ist eine Zurückführung von l auf absolutes Maß vorläufig ebenfalls nicht möglich.

Anders steht es in dieser Beziehung dagegen mit dem Temperaturleitvermögen k^2. Das bestimmen wir am besten aus der Gleichung (31):

$$[k^2] = \frac{\left[\frac{\partial\vartheta}{\partial t}\right]}{[\Delta\vartheta]},$$

d. h.

$$[k^2] = \left[\frac{\text{cm}^2}{\text{sec}}\right]; \tag{185}$$

also ist k^2 von der Dimension Fläche durch Zeit, was im absoluten System ausdrückbar ist.

Die folgende Tabelle enthält für einige der wichtigsten Stoffe die Größe des thermischen Leitvermögens l; k^2 braucht nicht angegeben zu werden, da es aus l vermittels Dichte ε und spez. Wärme c leicht zu berechnen ist. Die Messungen für Metalle sind größtenteils von Jäger und Diesselhorst nach der Methode von Kohlrausch ausgeführt worden.

Tabelle.

Stoff	l in $\frac{\text{cal}}{\text{cm}\cdot\text{sec}\cdot\text{grad}}$	Stoff	l in $\frac{\text{cal}}{\text{cm}\cdot\text{sec}\cdot\text{grad}}$
Ag	1,006	Basalt	$520\cdot10^{-5}$
Cu	0,8915	Cement (Portland)	$71\cdot10^{-5}$
Au	0,7003	Ebonit	$37\cdot10^{-5}$
Al	0,4804	Flanell	$3{,}5\cdot10^{-5}$
Zn	0,2653	Eis	$220\cdot10^{-5}$
Cd	0,2216	Marmor	$540\cdot10^{-5}$
Pd	0,1683	Quarz	$1600\cdot10^{-5}$
Pt	0,1664	Steinsalz	$1400\cdot10^{-5}$
Fe	0,1436	Kronglas	$180\cdot10^{-5}$
Pb	0,0827	Flintgas	$140\cdot10^{-5}$
Bi	0,0194	Äthylalkohol	$43\cdot10^{-5}$
Hg	0,0177	Methylalkohol	$48\cdot10^{-5}$
		Wasser	$140\cdot10^{-5}$
Stahl	0,10	Glycerin	$68\cdot10^{-5}$
Manganstahl	0,03	Luft	$5{,}7\cdot10^{-5}$
Konstantan	0,054	Argon	$3{,}9\cdot10^{-5}$
Manganin	0,052	O_2	$5{,}6\cdot10^{-5}$
		He	$34\cdot10^{-5}$
		H_2	$32\cdot10^{-5}$
		N_2	$5{,}2\cdot10^{-5}$

Zweites Kapitel.

Der erste Hauptsatz der Wärmetheorie.

18. Das Energieprinzip in der Mechanik.

Bisher hatten wir uns der Hypothese angeschlossen, daß die Wärme ein unzerstörbarer und unerzeugbarer Stoff sei. Die Erscheinungen der Wärmeleitung sind damit verträglich, nicht aber die Gesamtheit der bekannten Tatsachen, die uns vielmehr zu dem Schlusse nötigen, daß die Wärme etwas der kinetischen und potentiellen Energie Ähnliches, kurz gesagt, eine neue Form der Energie ist.

Damit der Grundgedanke dieser Entwicklung klar hervortritt, werfen wir zunächst einen Blick auf die Bedeutung des Energieprinzips in der Mechanik.

Wir denken uns zunächst ein freies, d. h. nach außenhin völlig abgeschlossenes materielles System, etwa aus n Massenpunkten bestehend. Die Kraft, die auf einen beliebigen (m_ν) von diesen wirkt, soll nur herrühren von den übrigen $(n-1)$ Massenpunkten, also nur abhängen von den Massen und ihren relativen Entfernungen von dem betrachteten ν-ten Massenpunkt. Unter dieser Voraussetzung haben wir früher gezeigt, daß die Kraftkomponenten auf eine beliebige Masse m_ν (mit den Koordinaten x_ν, y_ν, z_ν) sich als negative partielle Differentialquotienten nach x_ν, y_ν, z_ν einer einzigen Funktion Φ darstellen lassen, die nur von den Koordinaten x_1, y_1, z_1 bis x_n, y_n, z_n abhängt. Also, wenn X_ν, Y_ν, Z_ν die Komponenten der auf den ν-ten Massenpunkt wirkenden Kraft bedeuten, so ist:

$$(1) \qquad \left\{\begin{aligned} X_\nu &= -\frac{\partial \Phi}{\partial x_\nu} \\ Y_\nu &= -\frac{\partial \Phi}{\partial y_\nu} \\ Z_\nu &= -\frac{\partial \Phi}{\partial z_\nu} \end{aligned}\right. \qquad (\nu = 1, 2 \ldots n).$$

Die Größe Φ nannten wir früher die potentielle Energie des Systems. Bilden wir nun für sämtliche Massenpunkte des Systems die Bewegungsgleichungen, indem wir zu jeder Kraft X_ν, ... die d'Alembertsche Trägheitskraft $-m_\nu \frac{d^2 x_\nu}{d t^2}$, ... hinzufügen und die Summe gleich Null setzen, so haben wir mit Rücksicht auf (1):

$$(2)\qquad \begin{cases} m_\nu \dfrac{d^2 x_\nu}{d t^2} + \dfrac{\partial \Phi}{\partial x_\nu} = 0\,, \\ m_\nu \dfrac{d^2 y_\nu}{d t^2} + \dfrac{\partial \Phi}{\partial y_\nu} = 0\,, \\ m_\nu \dfrac{d^2 z_\nu}{d t^2} + \dfrac{\partial \Phi}{\partial z_\nu} = 0\,. \end{cases}$$

Diese Gleichungen erweitern wir der Reihe nach mit $\frac{d x_\nu}{d t}$, $\frac{d y_\nu}{d t}$, $\frac{d z_\nu}{d t}$, addieren und summieren über das ganze System, d. h. lassen den Index ν von 1 bis n variieren. So folgt die Gleichung:

$$\sum_\nu^{1,n} m_\nu \{\ddot{x}_\nu \dot{x}_\nu + \ddot{y}_\nu \dot{y}_\nu + \ddot{z}_\nu \dot{z}_\nu\} + \sum_\nu^{1,n} \left\{\frac{\partial \Phi}{\partial x_\nu} \dot{x}_\nu + \frac{\partial \Phi}{\partial y_\nu} \dot{y}_\nu + \frac{\partial \Phi}{\partial z_\nu} \dot{z}_\nu\right\} = 0\,,$$

oder nach bekannten Umformungen (siehe Bd. I, pag. 207 ff.):

$$\frac{d}{d t}\left[\frac{1}{2}\sum_\nu^{1,n} m_\nu (\dot{x}_\nu^2 + \dot{y}_\nu^2 + \dot{z}_\nu^2) + \Phi\right] = 0\,,$$

oder, da $\frac{1}{2}\sum_\nu^{1,n} m_\nu (\dot{x}_\nu^2 + \dot{y}_\nu^2 + \dot{z}_\nu^2)$ offenbar die gesamte kinetische Energie L darstellt:

$$(3)\qquad L + \Phi = \text{Const.}$$

Setzen wir die Summe $L + \Phi = E$, so haben wir das uns längst bekannte Gesetz, daß bei rein mechanischen Problemen die Energie E eines abgeschlossenen Systems konstant bleibt, daß also ihre Änderung gleich Null ist:

$$(4)\qquad \begin{cases} E = \text{Const., oder} \\ E_2 - E_1 = 0, \text{ oder} \\ d E = 0\,. \end{cases}$$

Das ist der Energiesatz der Mechanik.

Wir können denselben erweitern auf nicht abgeschlossene Systeme, bei denen außer den Kräften $X_\nu = -\frac{\partial \Phi}{\partial x_\nu}$ auch andere, die wir durch den oberen Index a auszeichnen wollen und die äußere Kräfte genannt werden mögen, wirken. Dann lauten die Bewegungsgleichungen statt (2):

$$(5)\qquad \begin{cases} m_\nu \ddot{x}_\nu + \dfrac{\partial \Phi}{\partial x_\nu} = X_\nu^a\,, \\ m_\nu \ddot{y}_\nu + \dfrac{\partial \Phi}{\partial y_\nu} = Y_\nu^a\,, \qquad (\nu = 1, 2, \ldots n)\,. \\ m_\nu \ddot{z}_\nu + \dfrac{\partial \Phi}{\partial z_\nu} = Z_\nu^a\,. \end{cases}$$

Werden diese wieder mit $\dot{x}_\nu$, $\dot{y}_\nu$, $\dot{z}_\nu$ erweitert, addiert und wird über das ganze System summiert, so bleibt die linke Seite im Vergleich zu (2) ganz unverändert, nur tritt rechts hinzu:

$$\sum_{\nu}^{1,n}\{X_\nu^a \dot{x}_\nu + Y_\nu^a \dot{y}_\nu + Z_\nu^a \dot{z}_\nu\},$$

so daß wir erhalten:

$$\frac{dE}{dt} = \sum_{\nu}^{1,n}\{X_\nu^a \dot{x}_\nu + Y_\nu^a \dot{y}_\nu + Z_\nu^a \dot{z}_\nu\}. \tag{6}$$

Dabei bedeutet nach den Grundsätzen der Mechanik der rechts stehende Ausdruck die Arbeit der äußeren Kräfte pro Zeiteinheit, oder kurz die „äußere Arbeit" pro Zeiteinheit, die wir durch $\frac{dA}{dt}$ bezeichnen. Damit geht (6) über in:

$$\frac{dE}{dt} = \frac{dA}{dt},$$

oder, zwischen zwei Zeiten integriert:

$$E_2 - E_1 = A_{12}. \tag{7}$$

Dabei bedeutet E_2 die Energie zu der Zeit t_2 oder auch die Energie des Systems in der Lage (2), in der sich das System zur Zeit t_2 befand; entsprechende Bedeutung hat E_1; A_{12} bedeutet dabei die äußere Arbeit, die geleistet werden mußte, um das System von der Lage (1) in die Lage (2) zu bringen. Diese Gleichung nennen wir den „erweiterten Energiesatz", erweitert in dem Sinne, daß wir ihn für ein nicht freies System formuliert haben. In Worten: „Die Zunahme der Energie eines mechanischen Systems ist gleich der von den äußeren Kräften geleisteten Arbeit." Aber da man jedes unfreie System durch Hinzunahme der Massenpunkte, die die äußeren Kräfte $\mathfrak{K}^a$ ausüben, selbst freimachen kann, so kann man durch geeignete Begrenzung des Systems das Energieprinzip der reinen Mechanik stets in die Form (4) bringen. Es geht daraus hervor, daß in der reinen Mechanik, die Arbeit A_{12}, die notwendig ist, um ein System aus der Lage (1) in die Lage (2) zu bringen, nur abhängt von der Lage (1) und der Lage (2), nicht aber von der Art und Weise, kurz gesagt, „von dem Wege", auf dem das System von der Anfangslage in die Endlage übergeführt wird. Aus Gl. (7) ergibt sich damit, daß die Energie E gleichfalls nur von dem augenblicklichen Zustande des Systems abhängen kann; E ist also eine eindeutige Funktion der das System bestimmenden Größen, d. h. der Koordinaten desselben.

Anders liegt die Sache, wenn außer den reinen Bewegungskräften der Mechanik noch etwa Reibungskräfte in Betracht zu ziehen sind, die der Geschwindigkeit proportional und ihr entgegengesetzt gerichtet sind. Wir wollen etwa annehmen, auf den ν-ten Massenpunkt wirke noch eine Reibungskraft mit den Komponenten $-k\dot{x}_\nu$, $-k\dot{y}_\nu$, $-k\dot{z}_\nu$, wo die positive Größe k der sogenannte „Reibungskoeffizient" ist. Dann lauten die Bewegungsgleichungen statt (2):

$$
(8) \quad \begin{cases} m_\nu \ddot{x}_\nu + \dfrac{\partial \Phi}{\partial x_\nu} = -k\dot{x}_\nu, \\ m_\nu \ddot{y}_\nu + \dfrac{\partial \Phi}{\partial y_\nu} = -k\dot{y}_\nu, \\ m_\nu \ddot{z}_\nu + \dfrac{\partial \Phi}{\partial z_\nu} = -k\dot{z}_\nu. \end{cases}
$$

Wohlgemerkt, wir betrachten ein freies System, auf das keine äußeren Kräfte $\mathfrak{K}_\nu^a$ einwirken. Erweitern wir wie vorher diese Gleichungen der Reihe nach mit $\dot{x}_\nu$, $\dot{y}_\nu$, $\dot{z}_\nu$ und gehen überhaupt ganz so vor wie vorhin, so bleibt links alles beim alten, rechts dagegen tritt der Ausdruck auf:

$$
-k\sum_\nu^{1,n}(\dot{x}_\nu^2 + \dot{y}_\nu^2 + \dot{z}_\nu^2),
$$

also folgt:

$$
(9) \qquad \frac{dE}{dt} = -k\sum_\nu^{1,n}\mathfrak{c}_\nu^2,
$$

wenn wir durch $\mathfrak{c}_\nu$ die Geschwindigkeit des ν-ten Massenpunkts bezeichnen.

Da der Ausdruck auf der rechten Seite stets negativ ist, so folgt, daß beim Vorhandensein von Reibungskräften die mechanische Energie E eines freien Systems stets abnimmt.

19. Die Wärme als neue Energieform (J. R. Mayer, Joule, Helmholtz).

Der Energiesatz (4) scheint danach auf die reine Mechanik beschränkt zu sein, — wenn es nicht noch neue Energieformen gibt, deren Zuwachs z. B. in dem oben betrachteten Falle die Abnahme der reinen mechanischen Energie infolge der Arbeit der Reibungskräfte kompensiert. Das ist eine Frage, die nur experimentell entschieden werden kann.

Man beobachtet nun, daß beim Vorhandensein von Reibung (d. h. wenn die rein mechanische Energie abnimmt), stets Wärme auftritt. Und zwar zeigt die Erfahrung, daß diese Wärme offenbar durch den Vorgang der Reibung, d. h. durch die Arbeit der Reibungskräfte neu erzeugt wird, im Gegensatz zu der Anschauung, daß die Wärme ein unzerstörbarer und unvermehrbarer Stoff sei.

Graf Rumford machte in der Münchner Kanonengießerei 1798 folgende Beobachtung: Während ein Kanonenrohr ausgebohrt wurde, befand es sich unter Wasser; es entstand eine solche Wärme, daß das Wasser durch dieselbe zum Sieden gebracht werden konnte. Woher stammt diese Wärme? Rumford sprach es bereits aus, daß sie durch die Reibung neu erzeugt worden sei, und offenbar in beliebig großem Betrage erzeugt werden könne, wenn der Vorgang der Reibung weitergeführt werde. Indessen läßt sich folgender Einwand machen: Beim Bohren wurde das bis dahin massive Metall in Metallpulver verwandelt; wäre es nicht denkbar, daß dieses eine sehr viel kleinere spezifische Wärme hätte als das massive

Stück? Wenn das feste Metall eine spezifische Wärme c und eine Temperatur ϑ hat, so wäre die Quantität des Wärmestoffes, die er enthält, nach der Definition der spezifischen Wärme [Einleitung, Gl. (1), pag. 6] pro Gramm offenbar gleich $c\vartheta$; wenn nun das Metall im pulverisierten Zustande etwa nur die Wärmekapazität $\frac{c}{10}$ hätte, so würde aus der Stofftheorie, d. h. aus der Konstanz der Wärmemengen für die Temperatur des Pulvers 10ϑ folgen, d. h. es würde sich auch nach dieser Auffassung eine Temperatursteigerung erklären lassen. Man kann jedoch erstens zeigen, daß die spezifische Wärme des pulverisierten Metalles sich nicht von der des festen unterscheidet, und zweitens hat Davy ein noch schlagenderes Experiment gemacht. Er rieb zwei Eisstücke aneinander, was den Erfolg hatte, daß eine bestimmte Menge Eis sich in Wasser von derselben Temperatur verwandelte, was dem Auftreten einer bestimmten Wärme äquivalent ist, da zum Schmelzen von 1 g Eis 80 Kalorien erfordert werden. Hier kann der Einwand, daß das Wasser eine geringere spezifische Wärme habe als das Eis, nicht gemacht werden; vielmehr ist die spezifische Wärme des Eises ungefähr 0,53, die des Wassers dagegen 1, also fast doppelt so groß.

Der Schluß ist also unausweichlich, daß durch Reibung Wärme erzeugt worden ist, allgemeiner gesagt, daß durch Leistung von Arbeit Wärme erzeugt worden ist. Damit ist auf jeden Fall die Stofftheorie der Wärme gefallen.

Was ist denn aber nun Wärme? Da Wärme durch Arbeit erzeugt werden kann, so liegt es nahe, zu denken, daß die Wärme eine Form der Energie sein möchte. Wenn dies der Fall ist, so müssen wir verlangen, daß eine bestimmte Arbeitsleistung jedesmal eine bestimmte Menge von Wärme erzeugt, und zwar ganz gleichgültig, auf welche Weise die Umwandlung von Arbeit in Wärme vor sich geht, unabhängig sowohl von der Art des gewählten Prozesses, als auch von der physikalischen und chemischen Natur der dabei benutzten Materialien. Mit anderen Worten: Zwischen der in Kalorien gemessenen Wärme und der zu ihrer Erzeugung verbrauchten, in Erg gemessenen Arbeit muß ein festes Verhältnis bestehen: Eine Kalorie muß einen bestimmten Energiewert in Erg repräsentieren. Ist dies der Fall?

Durch sorgfältige Versuche hat in den Jahren 1842—1850 J. P. Joule in der Tat den Beweis dafür erbracht. Der Gedankengang eines seiner Versuche ist folgender: Eine Masse M, die auf die Höhe h gehoben ist, repräsentiert eine Energie von Mgh Erg. Wenn man diese Masse sinken läßt, so leistet die Schwere Arbeit und diese wird in folgender Weise in Wärme verwandelt: Die sinkende Masse bewegt ein Schaufelrad, das sich unter starker Reibung in einer Flüssigkeit dreht. Ist die Masse M zur Erde gesunken, so ist ihre Energie verschwunden und dafür Wärme in der Flüssigkeit aufgetreten. Kennt man die Masse m und die spezifische Wärme c der Flüssigkeit und mißt ihre Temperaturerhöhung $\Delta\vartheta$, so ist die der Flüssigkeit zugeführte Wärmemenge gleich $mc\Delta\vartheta$ Kalorien. Nun wird der Quotient $\frac{Mgh}{mc\Delta\vartheta}$ gebildet und dieser muß, wenn die Wärme eine Energie ist, konstant und unabhängig von den Versuchsbedingungen sein. Joule fand, indem er die Energie in Meterkilogrammen und die Wärme in Kilogrammkalorien maß, als Mittel aus seinen zahlreichen Versuchen den Wert:

$$1 \text{ Kalorie} = 426 \text{ Meterkilogramm},$$

ein Resultat, das zahlreiche neue Untersuchungen nur bestätigt haben. Als zur Zeit wahrscheinlich richtigster Wert ist zu nehmen:

$$(10) \quad \begin{aligned} &1 \text{ Kilogrammkalorie} = 427 \text{ Meterkilogramm, oder} \\ &1 \text{ Grammkalorie} = 427 \text{ Grammeter.} \end{aligned}$$

Reduziert man die Grammeter auf Erg, so ist die Zahl 427 mit $981 \cdot 10^2$ zu multiplizieren. Man erhält dann:

$$(11) \quad 1 \text{ Grammkalorie} = 4{,}19 \cdot 10^7 \text{ Erg.}$$

Dabei ist mit Kalorie die Zimmertemperaturkalorie zwischen $14{,}5^0$ und $15{,}5^0$ C gemeint.

Wir werden in Nr. 22 sehen, daß die in der Thermodynamik vorwiegend betrachtete Art der Arbeitsleistung die eines Druckes ist, der ein gegebenes Volumen verändert. Mißt man die Drucke in Atmosphären, die Volumina in Litern, so erhält man als Einheit der Arbeit statt des Ergs die sog. „Liter-Atmosphäre". Diese Wahl der Arbeitseinheit ist besonders in der physikalischen Chemie üblich. Wir wollen deshalb hier angeben, wie sich Erg in Liter-Atmosphären und diese in Grammkalorien umrechnen. Man hat offenbar:

$$1 \text{ [Liter]-[Atmosphäre]} = 1000 \text{ [cm}^3] \cdot 76 \cdot 13{,}6 \cdot 981 \left[\frac{\text{dyn}}{\text{cm}^2}\right]^{1)} = 1{,}01 \cdot 10^9 \text{ Erg},$$

und da 1 Kalorie gleich $4{,}19 \cdot 10^7$ Erg ist, so finden wir weiter:

$$1 \text{ L-Atm.} = \frac{1{,}01 \cdot 10^9}{4{,}19 \cdot 10^7} \text{ cal} = 24{,}1 \text{ cal},$$

woraus umgekehrt für 1 cal folgt:

$$1 \text{ cal} = \frac{1}{24{,}1} \text{ L-Atm.} = 0{,}0415 \text{ L-Atm.}$$

Der Reduktionsfaktor, mit dem die Kalorien multipliziert werden müssen, um mechanische Einheiten, z. B. Erg, zu ergeben, heißt „das mechanische Wärmeäquivalent". Die Existenz eines solchen ist die notwendige Vorbedingung dafür, daß Wärme eine Energieform ist, und anderseits das festeste Fundament, auf dem diese Anschauung ruht.

Joule ist nicht der erste, der den Gedanken gefaßt hat, daß die Wärme eine Energieform sein könnte. Vielmehr gehört die Priorität dieses Gedankens dem schwäbischen Arzte Julius Robert Mayer, der dies

[1]) Denn der Druck einer Atmosphäre ist gleich dem einer Quecksilbersäule von 76 cm Höhe (spez. Gewicht = 13,6), also gleich $76 \cdot 13{,}6 \cdot 981 \frac{\text{dyn}}{\text{cm}^2}$, wie oben angegeben.

1842 bereits ganz klar aussprach. Auch hat er bereits die Konsequenz gezogen, daß im Falle der Richtigkeit dieser Anschauung zwischen Arbeit und Wärme ein festes, von allen Versuchsbedingungen unabhängiges Verhältnis, eben das mechanische Wärmeäquivalent bestehen müsse. Er hat dasselbe sogar aus Versuchen von Gay-Lussac berechnet in einer theoretisch ganz einwandfreien und richtigen Weise, die nur deshalb zu einem sehr ungenauen Werte führte, weil Gay-Lussacs zahlenmäßige Angaben nicht genau genug waren. Nur aus diesem Grunde gebührt ihm nicht auch die Priorität der zahlenmäßigen Feststellung des Wärmeäquivalents. Die Mayersche Methode der Berechnung werden wir später besprechen.

Welches ist nun die Bedeutung der Erkenntnis, daß die Wärme eine Energieform ist? Um diese Frage zu beantworten, betrachten wir zunächst einen Moment die Bedeutung des Energieprinzips in der reinen Mechanik. Es sagt dort aus, daß man mittels keiner noch so kunstvollen Maschine auf rein mechanischem Wege die Energie vermehren kann. Es läßt sich also auf rein mechanischem Wege keine Maschine von der Eigenschaft bauen, daß sie mehr Energie liefert, als in sie hineingesteckt wird, so daß man etwa den Gewinn an Energie verwenden könnte, ihn wiederum in die Maschine hineinzustecken und so fort. Eine solche Maschine, die fortwährend Energie oder Arbeit aus nichts erzeugen könnte, hat man (nicht ganz passend) ein „Perpetuum mobile“ genannt. Sie würde für den Menschen einen ungeheuren Gewinn (rein materiell genommen) bedeuten, da sie kostenlos Arbeit liefert. So lange nun das Energieprinzip auf die Mechanik beschränkt blieb, konnte es als nicht ausgeschlossen scheinen, durch Hinzunahme anderer, nicht mechanischer Naturerscheinungen, z. B. von Wärme, zur Konstruktion eines Perpetuum mobile zu gelangen; der Gewinn für die Menschheit bliebe natürlich der gleiche. Aber unsere neue Erkenntnis, daß die Wärme eine Form der Energie ist, lehrt, daß auch unter Zuhilfenahme irgendwelcher Wärmemaschinen ein Perpetuum mobile nicht geschaffen werden kann.

Ist dies überhaupt möglich? Die Gesamtheit aller Erfahrung spricht dagegen. So bildete sich allmählich die Überzeugung aus, daß es überhaupt mit allen in der Welt vorhandenen Mitteln unmöglich sei, Energie zu erschaffen oder zu zerstören. In klarer Form hat dies zuerst Mayer ausgesprochen und schließlich hat 1847 Helmholtz diese allgemeinste Fassung des Energieprinzips in seiner Schrift: „Über die Erhaltung der Kraft“ systematisch auf alle Naturerscheinungen angewendet.

In seiner allgemeinen Fassung lehrt das Energieprinzip also folgendes:

„Gegeben sei ein abgeschlossenes System, in dem beliebige (mechanische, elektrische, thermische, chemische) Vorgänge vor sich gehen mögen. Es ist auf keine Weise möglich, die Gesamtenergie E des Systems zu verändern, es sei denn, daß von außen her Arbeitswerte zugeführt werden. In diesem Falle ist die Zunahme der Energie gleich der Summe der von außen zugeführten Arbeitswerte; dieses letztere Wort im allgemeinsten Sinne gemeint, also z. B. auch von außen zugeführte Wärme in sich begreifend."

Helmholtz hat, wie erwähnt, diesen Satz auf alle Gebiete der Physik angewendet und gezeigt, daß er mit keiner Erkenntnis im Widerspruch steht, wohl aber viele neue Ergebnisse liefert.

20. Der erste Hauptsatz der Wärmetheorie.

Spezialisieren wir die allgemeine Form des Energieprinzips nun für die Wärmetheorie! Zunächst wollen wir von der gesamten Energie des betrachteten Körpersystems die kinetische Energie L der sichtbaren Bewegung abspalten, indem wir uns im allgemeinen auf ruhende Systeme beschränken bzw. auf solche, deren Geschwindigkeit so klein ist, daß L keinen merklichen Wert erreichen kann. In besonderen Fällen, in denen dies nicht zutrifft, kann man ja dann immer noch L wieder hinzufügen. Der übrigbleibende Teil, den wir durch den Buchstaben U bezeichnen und „innere Energie" nennen wollen, hängt, wie diese Bezeichnung W. Thomsons glücklich zum Ausdruck bringt, nur von dem inneren Zustande des Systems, d. h. von seinen allgemeinen Koordinaten ab. U ist also eine direkte Verallgemeinerung des Begriffes der potentiellen Energie aus der reinen Mechanik. Aus was für einzelnen Bestandteilen im gegebenen Falle die innere Energie oder, wie wir auch kurz, wo es ohne Mißverständnis möglich ist, sagen werden, die Energie U besteht, ist dabei ganz gleichgültig. Uns genügt es, zu wissen, daß U eine Funktion ist, die lediglich vom augenblicklichen Zustande des Systems abhängt, also nur dadurch verändert werden kann, daß dem System von außen Wärme Q und Arbeit A zugeführt werden. Sei also die innere Energie in einem Zustande (1) durch U_1 bezeichnet und werde dieses System durch Hinzufügung der Wärme Q Kalorien und der Arbeit A Erg in einen Zustand (2) übergeführt, in dem die innere Energie U_2 sei, so muß nach dem Energieprinzip die Gleichung bestehen:

$$U_2 - U_1 = J \cdot Q + A, \tag{12}$$

wobei $J \cdot Q$ die auf Erg reduzierte Wärme, d. h. J das mechanische Äquivalent der Wärme ist. Wir werden im allgemeinen die Wärmemengen direkt in mechanischen Einheiten, d. h. in Erg messen, und die so gemessene Wärme selbst durch Q bezeichnen; dann fällt der Faktor J fort. Also ist einfacher:

$$U_2 - U_1 = Q + A; \tag{13}$$

Wenn Q gleich Null ist, geht diese Gleichung über in einen Spezialfall der gewöhnlichen Energiegleichung der Mechanik, wie es sein muß.

Wir können Gl. (13) auch für eine unendlich kleine Zustandsänderung aussprechen. Führen wir dem System, das die Energie U hat, eine unendlich kleine Wärmemenge $d'Q$ und eine unendlich kleine Menge Arbeit $d'A$ zu, so folgt aus (13):

(14) $$dU = d'Q + d'A.$$

Dabei ist dU, die infolge der Zufuhr von Wärme und Arbeit eingetretene Änderung der inneren Energie, das totale Differential der Funktion U, einer Funktion, um es nochmals zu betonen, die nur von dem augenblicklichen Zustande des Systems, nicht von dem Wege oder der Art abhängt, wie das System in den Zustand gelangt ist. Die Differentialzeichen bei $d'Q$ und $d'A$ sind mit einem Akzent am Buchstaben d geschrieben, um anzudeuten, daß $d'Q$ und $d'A$, jedes für sich genommen, keine totalen Differentiale sind. D. h. um ein System von einem Zustand (1) in einen anderen (2) zu bringen, ist nicht eine bestimmte, nur von Anfang und Ende des Prozesses abhängige Wärme Q erforderlich, sondern die notwendige Wärmezufuhr hängt von der Art der Führung des Prozesses, oder wie wir kurz sagen werden, von dem Wege ab. Genau so ist es mit der Arbeit; auch sie ist im allgemeinen durch Anfang und Ende des Prozesses nicht eindeutig bestimmt, sondern hängt von der speziellen Art ab, wie der Zustand (2) von dem Zustande (1) aus erreicht wird. Um dies nachdrücklich zum Ausdruck zu bringen, schreiben wir $d'Q$ und $d'A$, nicht dQ und dA. Dagegen die Summe von $Q + A$ ist nach (13) eine Größe, die nur vom Ende (2) und Anfang (1) des Prozesses abhängt; denn $Q + A$ ist ja gleich $U_2 - U_1$, d. h. der Änderung der eindeutigen Funktion U der Koordinaten. Oder anders ausgedrückt, aber ganz gleichwertig: Während $d'Q$ und $d'A$ einzeln keineswegs totale Differentiale sind, ist ihre Summe $d'Q + d'A$ gleich dem totalen Differential einer reinen Funktion U der Koordinaten des Systems. Dabei ist der Begriff „Koordinate" im Sinne „allgemeine Koordinate" der Mechanik zu verstehen: Jede Größe, die den Zustand des Systems eindeutig zu charakterisieren imstande ist, wird als Koordinate bezeichnet (Bd. I, pag. 221). Wir können also sagen: Der erste Hauptsatz der Wärmetheorie — so nennen wir das in Gl. (13) und (14) mit Bezug auf die Wärmetheorie formulierte Energieprinzip nach dem Vorgang von Rudolf Clausius — lehrt rein mathematisch genommen, daß die Summe der unendlich kleinen Arbeit und der unendlich kleinen Wärme das totale Differential einer gewissen Funktion, der inneren Energie U, darstellt; auf den mathematischen Kriterien, die totale Differentiale vor unvollständigen Differentialen auszeichnen, beruht die analytische Anwendungsmöglichkeit des ersten Hauptsatzes.

Um dies näher zu begründen, wollen wir annehmen, der Zustand des betrachteten Systems sei außer durch die Temperatur ϑ, die wir besonders hervorheben wollen, noch durch n Koordinaten bestimmt, die wir x_1, x_2, $x_3, \ldots, x_n$ nennen werden. Dann ist das totale Differential von $U(\vartheta, x_1, \ldots, x_n)$ offenbar:

(15) $$dU = \frac{\partial U}{\partial \vartheta} d\vartheta + \frac{\partial U}{\partial x_1} dx_1 + \frac{\partial U}{\partial x_2} dx_2 + \ldots \frac{\partial U}{\partial x_n} dx_n = \frac{\partial U}{\partial \vartheta} d\vartheta + \sum_{\nu}^{1,n} \frac{\partial U}{\partial x_\nu} dx_\nu,$$

und es bestehen dabei die Relationen:

$$(16)\quad \begin{cases} \dfrac{\partial^2 U}{\partial \vartheta\, \partial x_\lambda} = \dfrac{\partial^2 U}{\partial x_\lambda\, \partial \vartheta}; & (\lambda = 1,\ 2 \ldots n) \\ \dfrac{\partial^2 U}{\partial x_\lambda\, \partial x_\mu} = \dfrac{\partial^2 U}{\partial x_\mu\, \partial x_\lambda}; & (\lambda \neq \mu;\ \ \lambda,\ \mu = 1,\ 2 \ldots n). \end{cases}$$

Das ist ja die Bedingung dafür, daß ein beliebiger Differentialausdruck in $(n + 1)$ Variabeln ein totales Differential ist.

$d'Q$ und $d'A$ lassen sich ebenfalls als lineare homogene Funktionen von $d\vartheta$, $dx_1 \ldots dx_n$ darstellen; bei $d'A$ ist allerdings die Besonderheit vorhanden, daß ein Glied mit $d\vartheta$ nicht auftritt. Denn nennen wir die allgemeine Kraftkomponente, die die Koordinate x_ν zu verändern strebt, $- X_\nu$, so können wir nach den allgemeinen Sätzen der Mechanik den Ansatz machen:

$$d'A = - \sum_\nu^{1,n} X_\nu\, dx_\nu .$$

Dabei haben wir allerdings das Vorzeichen umgekehrt gewählt, wie in der Mechanik; es bedeuten jetzt die Kräfte X_ν diejenigen, die die entsprechenden Koordinaten x_ν zu verkleinern streben, während man in der Mechanik die Kräfte zu betrachten pflegt, die eine Koordinate vergrößern. Dieser Unterschied ist aber für alle Zwecke gleichgültig, und die so entstehende Schreibweise paßt sich dem in der Thermodynamik wichtigsten und häufigsten Falle, daß die einzige Kraft ein äußerer Druck p ist, besser an als die umgekehrte. Wir können also jedenfalls $d'Q$ und $d'A$ schreiben:

$$(17)\quad \begin{cases} d'Q = Q_0\, d\vartheta + Q_1\, dx_1 + Q_2\, dx_2 + \ldots + Q_n\, dx_n, \\ d'A = \qquad\quad - X_1\, dx_1 - X_2\, dx_2 \ldots\ldots - X_n\, dx_n. \end{cases}$$

Aber hier gilt keineswegs, da beides keine totalen Differentiale sind:

$$\frac{\partial Q_0}{\partial x_\lambda} = \frac{\partial Q_\lambda}{\partial \vartheta}, \quad \frac{\partial Q_\lambda}{\partial x_\mu} = \frac{\partial Q_\mu}{\partial x_\lambda} \quad \text{und} \quad \frac{\partial X_\lambda}{\partial x_\mu} = \frac{\partial X_\mu}{\partial x_\lambda},$$

vielmehr ist:

$$\frac{\partial Q_0}{\partial x_\lambda} \neq \frac{\partial Q_\lambda}{\partial \vartheta}, \quad \frac{\partial Q_\lambda}{\partial x_\mu} \neq \frac{\partial Q_\mu}{\partial x_\lambda}, \quad \frac{\partial X_\lambda}{\partial x_\mu} \neq \frac{\partial X_\mu}{\partial x_\lambda}.$$

Setzen wir die Differentialausdrücke (15) und (17) in (14) ein, so folgt:

$$\frac{\partial U}{\partial \vartheta} d\vartheta + \frac{\partial U}{\partial x_1} dx_1 + \ldots + \frac{\partial U}{\partial x_n} dx_n = Q_0 d\vartheta + (Q_1 - X_1) dx_1 + \ldots (Q_n - X_n) dx_n,$$

und da $d\vartheta, dx_1, dx_2, \ldots dx_n$ gänzlich willkürlich und voneinander unabhängig sind, so zerfällt diese Gleichung, die den ersten Hauptsatz formuliert, in die $(n + 1)$ Einzelgleichungen:

$$(18)\quad \begin{cases} \dfrac{\partial U}{\partial \vartheta} = Q_0, \\ \dfrac{\partial U}{\partial x_1} = Q_1 - X_1 \\ \quad \cdots\cdots\cdots \\ \dfrac{\partial U}{\partial x_n} = Q_n - X_n. \end{cases}$$

Und nun können wir nach den Beziehungen (16), die ausdrücken, daß dU ein totales Differential ist, aus (18) die folgenden Gleichungen ableiten:

$$(19)\quad \begin{cases} \dfrac{\partial Q_0}{\partial x_\lambda} = \dfrac{\partial (Q_\lambda - X_\lambda)}{\partial \vartheta}; & (\lambda = 1, 2, \ldots n) \\[2ex] \dfrac{\partial (Q_\lambda - X_\lambda)}{\partial x_\mu} = \dfrac{\partial (Q_\mu - X_\mu)}{\partial x_\lambda}; & (\lambda \neq \mu;\ \lambda, \mu = 1, 2 \ldots n). \end{cases}$$

Das sind $\frac{n(n+1)}{2}$ Relationen zwischen $(2n+1)$ Koeffizienten; das ist die Aussage, die der erste Hauptsatz liefert, und deren experimentelle Bestätigung oder Nichtbestätigung das Urteil über seine Richtigkeit abzugeben hat.

Bei der Anwendung des ersten Hauptsatzes werden wir es vielfach, wie schon erwähnt, mit Systemen zu tun haben, deren Zustand durch zwei Variable (ϑ, x_1) bestimmt ist. Deshalb mögen für ein solches System die letzten Formeln noch spezialisiert werden. Das totale Differential von U ist hier:

$$(15\text{a})\quad dU = \frac{\partial U}{\partial \vartheta} d\vartheta + \frac{\partial U}{\partial x_1} dx_1,$$

und es besteht die Beziehung:

$$(16\text{a})\quad \frac{\partial^2 U}{\partial x_1 \partial \vartheta} = \frac{\partial^2 U}{\partial \vartheta \partial x_1},$$

Die Differentiale der Arbeit und der Wärmemenge können hier geschrieben werden:

$$(17\text{a})\quad \begin{cases} d'Q = Q_0\, d\vartheta + Q_1\, dx_1, \\ d'A = \qquad\quad - X_1\, dx_1, \end{cases}$$

so daß Einsetzen in (14) liefert:

$$(18\text{a})\quad \begin{cases} \dfrac{\partial U}{\partial \vartheta} = Q_0, \\[2ex] \dfrac{\partial U}{\partial x_1} = Q_1 - X_1, \end{cases}$$

worauf aus (16a) zwischen den drei Koeffizienten Q_0, Q_1, X_1 die Relation folgt, die eben den ersten Hauptsatz ausspricht:

$$(19\text{a})\quad \frac{\partial Q_0}{\partial x_1} = \frac{\partial (Q_1 - X_1)}{\partial \vartheta}$$

und die der experimentellen Prüfung unterzogen werden kann.

Damit die eben geschilderte Methode zur Prüfung des ersten Hauptsatzes anwendbar sei, müssen $d'Q$ und $d'A$ als Funktionen der Differentiale $d\vartheta, dx_1, \ldots dx_n$ bekannt sein, was eine rein experimentelle Arbeit ist.

Es gibt indessen noch eine andere Verwendung des ersten Hauptsatzes, die gleichfalls darauf beruht, daß der Wert der Energie U nur abhängt vom augenblicklichen Zustande, also jedesmal wieder derselbe ist, wenn die betrachtete Substanz wieder in ihren Anfangszustand zurückkehrt. Sei der Anfangszustand (1), die Energie in ihm U_1, so wollen wir nun Wärme Q und Arbeit A derartig zuführen, daß der Körper durch beliebig viele Zwischenstadien hindurch schließlich wieder in den Zustand (1) kommt. Dann ist seine Energie wieder U_1, also folgt aus (13) unmittelbar:

$$0 = Q + A, \tag{20}$$

d. h. bei einem solchen Prozesse, den man in leicht verständlicher Weise einen „Kreisprozeß" nennt, ist die Summe von zugeführter Arbeit und Wärme gleich Null, oder, da eine abgegebene Wärme als negative zugeführte und nach außen geleistete Arbeit betrachtet werden muß: Bei einem Kreisprozesse wird die ganze zugeführte Wärme in Arbeit, oder die ganze zugeführte Arbeit in Wärme verwandelt.

Diese Kreisprozesse haben daher für die Praxis die größte Bedeutung. Denn man kann zwar mit ihrer Hilfe nicht Arbeit aus nichts gewinnen — das verbietet ja gerade der erste Hauptsatz —, aber man kann mechanische Arbeit aus Wärmeenergie gewinnen, wie es in der Dampfmaschine und in den Motoren geschieht. Auch in der Theorie sind diese Kreisprozesse von der größten Bedeutung, weil die Energie in das Resultat gar nicht mehr eingeht, man sich also um dieselbe gar nicht zu kümmern braucht.

Bei der Anwendung des ersten Hauptsatzes werden wir uns vielfach auf die Betrachtung der Masseneinheit des gerade untersuchten Stoffes beschränken können. Denn die innere Energie U hängt offenbar nur in der Weise von der Gesamtmasse M ab, daß sie derselben proportional ist. Wir können den Quotienten $\frac{U}{M}$ als „spezifische Energie" bezeichnen, die nunmehr von der Gesamtmasse gänzlich unabhängig und nur noch vom innern Zustande der Substanz abhängig ist. Wir wollen daher für die spezifische Energie einen besonderen Buchstaben einführen und sie durch u bezeichnen; wir wählen überhaupt für die auf die Masseneinheit bezüglichen „spezifischen" Größen denselben kleinen Buchstaben, wie er groß zur Bezeichnung der auf die Massen M bezüglichen Größen dient. Den Gl. (14) und (20) treten also die Gleichungen zur Seite:

$$du = d'q + d'a, \tag{14a}$$

$$0 = q + a, \tag{20a}$$

wenn q und a die der Masseneinheit zugeführten Wärmemengen und Arbeiten bedeuten. Durch einfache Multiplikation mit der Gesamtmasse M gehen diese Gleichungen in (14) und (20) über, wie es sein muß.

21. Zustandsgleichung; ideale Gase.

Wir müssen nun zunächst die Koordinaten feststellen, von denen der Zustand eines betrachteten Körpers abhängt. Dabei werden wir — wie schon vorher festgesetzt — in den meisten Fällen von der sichtbaren Geschwindigkeit des betrachteten Körpers bzw. Körpersystems absehen. Ferner werden wir in den meisten Fällen voraussetzen können, daß alle Körper einem gleichmäßigen Drucke p, der auf ihre Oberfläche wirkt, ausgesetzt sind. Wie wir in der Elastizitätstheorie (Bd. I, pag. 520) ausführlich auseinandergesetzt haben, reduzieren sich dann im Gleichgewichtszustande die Spannungskomponenten X_x, Y_y, Z_z, X_y, Y_z, Z_x in folgender Weise:

$$X_x = Y_y = Z_z = p\,; \quad X_y = Y_z = Z_x = 0,$$

d. h. der innere Zustand des Körpers hängt, statt im allgemeinen von sechs Größen, nur noch von einer, nämlich dem äußeren Drucke ab, der im Gleichgewichtszustande gleich dem inneren ist. Der innere Druck p hängt nun offenbar ab von der inneren Beschaffenheit der Substanz, also von ihrer chemischen Natur und der Temperatur ϑ, aber nicht von der Masse M und dem Volumen V einzeln. Denn gleichzeitige Verdopplung der Masse und des Volumens ändert ja den inneren Zustand nicht; der Druck kann also nur abhängen von dem Verhältnis $\frac{\text{Masse}}{\text{Volumen}}$, d. h. von der Dichte ε. Wir werden statt dessen den reziproken Wert der Dichte

$$\frac{1}{\varepsilon} = v$$

einführen, der das „spezifische Volumen“ (Volumen der Masseneinheit) heißt. Bedeutet V das Volumen der Masse M, so ist natürlich

$$V = M \cdot v.$$

Für eine und dieselbe Substanz, d. h. bei unveränderter chemischer und physikalischer Zusammensetzung, kann also der Druck nur abhängig sein von der Temperatur ϑ und dem spezifischen Volumen v; es muß folglich für jede Substanz eine Gleichung von der Form existieren:

$$(21) \qquad \begin{cases} p = f(v, \vartheta), \quad \text{oder} \\ F(p, v, \vartheta) = 0, \end{cases}$$

die als die „Zustandsgleichung“ der Substanz bezeichnet wird und in jedem Falle experimentell zu bestimmen ist.

Wir haben es also unter unserer im Eingang dieser Nummer gemachten Voraussetzung im allgemeinen zu tun mit nur zwei Variabeln, wie wir dies schon früher als häufigsten Fall erwähnt haben, als die wir etwa neben der Temperatur ϑ das spezifische Volumen v oder den Druck p wählen können; welche Bestimmung im einzelnen Falle getroffen wird, hängt von praktischen Erwägungen ab.

Die einfachsten Stoffe, für die es gelungen ist, die Form der Zustandsgleichung experimentell — und aus gewissen Voraussetzungen auch theoretisch, worauf später einzugehen sein wird — aufzufinden, sind Gase, die weit von ihrem Verflüssigungspunkte entfernt sind und unter geringem Drucke stehen. Als vorzügliche Repräsentanten seien genannt: Wasserstoff, Stickstoff, Sauerstoff, Luft, die Edelgase, und unter diesen vor allem Helium.

Zunächst haben Boyle und Mariotte festgestellt, daß bei konstanter Temperatur ϑ das Produkt aus Druck und spezifischem Volumen konstant ist:

$$pv = \text{Constans}, \tag{22}$$

wobei p und v zwei zusammengehörige Werte von Druck und spezifischem Volumen bei der nämlichen Temperatur ϑ bezeichnen. Diese Gleichung, als Boyle-Mariottesches Gesetz bezeichnet, gilt für alle Temperaturen, wofern sie nicht der Verflüssigungstemperatur zu nahe liegen.

Ein weiteres Gesetz hat Gay-Lussac aufgestellt; es bezieht sich auf die Abhängigkeit des spezifischen Volumens v bei konstantem Druck p von der Temperatur ϑ. Er fand:

$$v = v_0(1 + \alpha\vartheta), \tag{23}$$

wenn v das spezifische Volumen beim Druck p und der Temperatur ϑ und v_0 desgleichen bei dem nämlichen Druck p und der Temperatur 0^0 bedeutet; α ist eine Konstante, die der „kubische Ausdehnungskoeffizient" genannt wird; dieser hat für alle Gase angenähert denselben Wert, nämlich:

$$\alpha \cong \frac{1}{273}. \tag{24}$$

Die beiden Gesetze (22) und (23) können zusammengefaßt werden durch folgende Überlegung: Es sei, wie oben, v_0 das Volumen der Masseneinheit bei einem Drucke p_0 bei der Temperatur 0^0; diese werde bei konstantem Drucke p_0 auf ϑ erhöht, wobei das Volumen in v' übergeht. Nach Gay-Lussac ist dann einerseits, da v' und v_0 zum selben Drucke p_0, aber verschiedenen Temperaturen gehören:

$$v' = v_0(1 + \alpha\vartheta),$$

und ferner gilt nach Boyle-Mariotte, da p, v, p_0, v' sich sämtlich auf die Temperatur ϑ beziehen:

$$pv = p_0 v';$$

also folgt durch Kombination:

$$pv = p_0 v_0 (1 + \alpha\vartheta), \tag{25}$$

oder wenn wir diese Gleichung folgendermaßen schreiben:

$$pv = p_0 v_0 \alpha \left(\frac{1}{\alpha} + \vartheta\right)$$

und $p_0 v_0 \alpha$ durch C, die Größe $\frac{1}{\alpha} + \vartheta$ durch T bezeichnen:

$$p \cdot v = C \cdot T. \tag{26}$$

Die Größe $T = 273 + \vartheta$ ist die um 273 Grad vermehrte Temperatur in Celsiusgraden; der Punkt $\vartheta = -273^0$, bei dem nach Ausweis von (25) der Druck des Gases verschwinden würde (wenn die Gleichung bis dahin noch Gültigkeit besäße), heißt der „absolute Nullpunkt", die von diesem Nullpunkte an gezählte Temperatur $T = \frac{1}{\alpha} + \vartheta$ die „absolute Temperatur", genauer die „absolute empirische Temperatur".

Es ist klar, daß es sich wegen der außerordentlichen Gleichartigkeit im Verhalten der Gase empfehlen wird, anstatt des bisher benutzten Thermometers mit Quecksilber (oder einer anderen Flüssigkeit) ein solches mit Gasfüllung zu verwenden. Wir gewinnen dadurch praktisch eine Temperaturdefinition, die viel exakter ist und weiter reicht, als dies bisher der Fall war. Nur wenn wir in Gebiete kommen, in denen die bisher besprochenen Gesetze nicht mehr gelten und sich individuelle Abweichungen zwischen den einzelnen Gasen bemerkbar machen, versagt auch diese neue Temperaturdefinition. Eine wirklich in aller Strenge vom Material unabhängige Definition der Temperatur werden wir erst im dritten Kapitel vermittels des zweiten Hauptsatzes erhalten können. Bis dahin definieren wir die Temperatur durch das Gasthermometer.

Die Konstante C in Gl. (26) variiert von Gas zu Gas; darin drückt sich die Abhängigkeit der Zustandsgleichung von der chemischen Natur des Gases aus. Wie, wollen wir jetzt feststellen. Bisher haben wir über die Natur des Gases nichts vorausgesetzt, vielmehr ist (26) ein rein experimentell gewonnenes Gesetz.

Wir wollen uns aber nun einer Hypothese anschließen, auf die wir später ausführlich zurückkommen werden, nämlich der, daß die Gase, wie alle Körper, aus kleinen gleichartigen Teilchen zusammengesetzt sind, die wir „Moleküle" nennen. Die Masse eines Moleküls bezeichnen wir durch μ; gewöhnlich wird diese Größe ungenau als „absolutes Molekulargewicht" bezeichnet, während es „absolute Molekularmasse" heißen sollte. Diese Größen μ haben hier (und in der reinen Chemie) keine Bedeutung, wohl aber gewisse Größen m, die sogenannten „relativen Molekularmassen", gewöhnlich ganz ungenau einfach „Molekulargewichte" genannt. Die Größen m sind den wirklichen Molekularmassen μ proportional, wobei der Proportionalitätsfaktor aus praktischen Gründen so bestimmt wird, daß für gewöhnlichen Sauerstoff O_2 das Molekulargewicht m gleich 32,00 gesetzt wird. Bemerkt sei, daß die Größen m, d. h. die vom Chemiker allgemein Molekulargewicht genannten Größen, sich auf chemischem Wege bestimmen lassen, während die absoluten Molekularmassen μ sich nur auf physikalischem Wege auswerten lassen.

Zu Vorbereitung des Folgenden betrachten wir ein Quantum Gas von m Gramm, d. h. von so viel Gramm, als das (relative) sog. Molekulargewicht Einheiten hat. Eine Masse von m Gramm nennt man ein „Grammolekül" oder ein „Mol" der betreffenden Substanz. Ein Mol O_2 sind also 32,0 Gramm O_2. Das Volumen des Mols sei $V = m v$. Offenbar ist dann nach (26):

(27) $$V = m \cdot v = \frac{m C T}{p}.$$

Jetzt ziehen wir eine weitere Hypothese von Avogadro heran, die folgendes besagt: Gleiche Volumina beliebiger Gase besitzen bei gleichem Druck und gleicher Temperatur gleiche Anzahlen Moleküle. Nun hat aber ein Grammolekül beliebiger Gase stets dieselbe Molekülzahl, wie folgende Betrachtung zeigt.

Für etwa drei Gase, z. B. H_2, O_2, He seien die wahren Molekülmassen μ_{H_2}, μ_{O_2}, μ_{He}. Die chemischen „Molekulargewichte" dieser Gase sind dann

$$m_{H_2} = k\cdot\mu_{H_2};\quad m_{O_2} = k\cdot\mu_{O_2};\quad m_{He} = k\cdot\mu_{He},$$

wobei der Proportionalitätsfaktor k so bestimmt wird, daß $m_{O_2} = 32$ wird, d. h. $k = \frac{32}{\mu_{O_2}}$.

Daher sind die Molekulargewichte der obigen Gase

$$m_{H_2} = \frac{32\,\mu_{H_2}}{\mu_{O_2}},\quad m_{O_2} = 32;\quad m_{He} = \frac{32\,\mu_{He}}{\mu_{O_2}}.$$

Jetzt betrachten wir einmal jedes der drei Gase. Ist bzw. N_{H_2}, N_{O_2}, N_{He} die Anzahl der Moleküle im Mol, so ist natürlich $N_{H_2}\cdot\mu_{H_2} = m_{H_2}$ die Masse eines Mols H_2, usw. Daher also:

$$N_{H_2}\,\mu_{H_2} = m_{H_2};\quad N_{O_2}\cdot\mu_{O_2} = m_{O_2};\quad N_{He}\cdot\mu_{He} = m_{He};$$

also:

$$N_{H_2} = \frac{m_{H_2}}{\mu_{H_2}} = \frac{32\,\mu_{H_2}}{\mu_{H_2}\cdot\mu_{O_2}} = \frac{32}{\mu_{O_2}};\quad N_{O_2} = \frac{32}{\mu_{O_2}};\quad N_{He} = \frac{m_{He}}{\mu_{He}} = \frac{32}{\mu_{O_2}},$$

d. h. $N_{H_2} = N_{O_2} = N_{He}$, wie behauptet wurde.

Demgemäß hat nach der Avogadroschen Hypothese das Volumen V eines Grammoleküls verschiedener Gasse bei demselben Druck und derselben Temperatur stets denselben Wert. Mit anderen Worten: Das Volumen eines Grammoleküls verschiedener Gase ist eine universelle Funktion von Druck und Temperatur.

Es müssen also aus Gleichung (27), die eben V als Funktion von T und p darstellt, alle individuellen Stoffkonstanten herausfallen, d. h. es muß sein:

$$m\cdot C = R, \tag{28}$$

wo R eine allen Gasen gemeinsame, universelle Konstante ist. Die Gasgleichung nimmt dabei die Gestalt an:

$$p = \frac{R}{m}\,\frac{T}{v}, \tag{29}$$

oder noch einfacher, auf ein Mol bezogen:

$$p = \frac{R\,T}{V}. \tag{30}$$

R wird die „absolute Gaskonstante" genannt. Ihr Wert und ihre Dimension sind leicht zu bestimmen.

Für letztere folgt aus (29) sofort, da der Druck eine Kraft pro

Flächeneinheit, also von der Dimension $ML^{-1}T^{-2}$; $\frac{1}{v} = \varepsilon$ eine Masse pro Volumeinheit, also von der Dimension ML^{-3} ist:

$$[ML^{-1}T^{-2}] = \frac{[R]}{[M]} \frac{[\text{grad}][M]}{[L^3]},$$

also:

$$[R] = \left[\frac{ML^2T^{-2}}{\text{grad}}\right] = \left[\frac{\text{erg}}{\text{grad}}\right]. \tag{31}$$

Zur Bestimmung des Wertes von R brauchen wir nur für ein beliebiges Gas, z. B. Sauerstoff (O_2), drei zusammengehörige Werte von p, T, v zu nehmen, so folgt nach (29) mit $m_{O_2} = 32{,}00$ ohne weiteres R. Wir wählen p gleich dem normalen Drucke einer Atmosphäre, d. h. gleich dem Drucke einer Quecksilbersäule von 76 cm Höhe; $T = 273$ Grad absoluter Zählung. Der Druck einer Atmosphäre beträgt in absoluten Einheiten, d. h. Dynen, pro Quadratzentimeter:

$$1\ \text{Atm.} = 76 \cdot 981 \cdot 13{,}596 \frac{\text{dyn}}{\text{cm}^2} = 1013250 \frac{\text{dyn}}{\text{cm}^2}. \tag{32}$$

Ferner ist für Sauerstoff bei diesem Drucke und bei 273 Grad abs.:

$$\frac{1}{v_0} = \varepsilon_0 = 0{,}0014291\ \text{gr/cm}^3,$$

so daß wir folgende zusammengehörigen Werte von p, v, T für O_2 erhalten:

$$\begin{cases} p = 1{,}013250\ \text{dyn/cm}^2, \\ \frac{1}{v} = 0{,}0014291\ \text{gr/cm}^3, \\ T = 273^\circ. \end{cases} \tag{33}$$

Damit ergibt sich nach (29) für R der Wert:

$$R = 8{,}315 \cdot 10^7 \left[\frac{\text{erg}}{\text{grad}}\right]. \tag{34}$$

Selbstverständlich hängt der Wert von R, da er eine Dimension hat, von dem gewählten Maßsystem ab.

Wir haben die oben aus der „Avogadroschen Regel“ folgende Tatsache benutzt, daß das Volumen eines Mols beliebiger Gase denselben Wert hat, wenn Druck und Temperatur dieselben sind. Wir wollen diesen Wert bestimmen, wobei wir $T_0 = 273^\circ$, $p_0 = 1$ Atm. wählen. Im absoluten Maßsystem findet man dann für V die folgenden Zahlen:

Wasserstoff	22418,7 ccm,
Sauerstoff	22414,0 „
Kohlenoxyd	22408,4 „
Kohlendioxyd	22414,6 „
Azetylen	22410,9 „

Der Mittelwert beträgt 22412 ccm gleich 22,412 Litern; das ist also das gemeinschaftliche Volumen eines Mols bei 0 Grad Celsius und Atmosphärendruck.

Bisher sprachen wir nur von chemisch einheitlichen Gasen; doch gilt die Zustandsgleichung nach Ausweis der Erfahrung auch für Gasgemische, nur hat man dann statt des Molekulargewichts einen auf besondere Weise gebildeten Mittelwert der Molekulargewichte zu nehmen. Seien z. B. in einem Gasgemische b_1 Gramm der Komponente mit dem Molekulargewicht m_1, b_2 Gramm mit dem Molekulargewichte m_2 usw. vorhanden, so wird der Mittelwert m in folgender Weise gebildet:

$$\frac{b_1 + b_2 + b_3 + \ldots}{m} = \frac{b_1}{m_1} + \frac{b_2}{m_2} + \frac{b_3}{m_3} + \ldots . \tag{35}$$

Diese Gleichung ist einer einfachen Deutung fähig. Denn die Größen $\frac{b_1}{m_1}$, $\frac{b_2}{m_2}$, ... bedeuten offenbar die Anzahlen Mole, die von der ersten, zweiten usw. Komponente in dem Gasgemisch vorhanden sind. Dann sagt die Gleichung aus, daß das Gemisch sich so verhält wie ein chemisch einheitliches Gas mit derselben Molzahl, die den Komponenten zusammengenommen zukommt.

Bezeichnen wir die den einzelnen Komponenten zukommenden Molzahlen mit n_1, n_2, ..., setzen wir also

$$\frac{b_1}{m_1} = n_1, \quad \frac{b_2}{m_2} = n_2, \ldots,$$

und nennen wir ferner das Gesamtvolumen

$$(b_1 + b_2 + \ldots) v = V,$$

wo v das spezifische Volumen des Mischgases ist, so schreibt sich mit dem obigen Werte des mittleren Molekulargewichtes die Zustandsgleichung des Gasgemisches:

$$p = R(n_1 + n_2 + n_3 + \ldots)\frac{T}{V}.$$

Sie ist natürlich nicht auf die Masseneinheit, sondern auf die Gesamtmasse gleich $(b_1 + b_2 + \ldots)$ bezogen. Nun können wir sie in folgender Weise zerlegen:

$$p = p_1 + p_2 + p_3 + \ldots = R(n_1 + n_2 + n_3 \ldots)\frac{T}{V},$$

wo

$$p_1 = \frac{R n_1 T}{V},$$

$$p_2 = \frac{R n_2 T}{V},$$

$$p_3 = \frac{R n_3 T}{V},$$

$$\ldots\ldots\ldots$$

gesetzt ist. Die Größen p_1, p_2 .. sind diejenigen Drucke, die die erste, zweite usw. Komponente erzeugen würde, wenn sie allein vorhanden wäre und das gesamte Volumen V einnähme; sie heißen deshalb die „Partialdrucke“. Wir haben daher die beiden Sätze:

Der Gesamtdruck einer Gasmischung ist gleich der Summe der Partialdrucke (Daltonsches Gesetz), und:
Bei einer Gasmischung füllt jedes Gas das ganze Volumen der Mischung aus, als ob die übrigen nicht vorhanden wären.

Die Zustandsgl. (29) gilt, wie ganz exakte Messungen ergeben haben, nur angenähert; je stärker der Druck und je tiefer die Temperatur ist, d. h. je näher das Gas den Bedingungen kommt, unter denen Verflüssigung eintritt, um so stärker werden die Abweichungen. Man denkt sich nun eine ideale Substanz, die streng der Gl. (29) gehorcht, und nennt diese ein „ideales Gas". Freilich reicht diese Bestimmung noch nicht aus, und wir werden in späteren Nummern noch mehr Eigenschaften dem Begriffe des idealen Gases hinzufügen. Die realen Gase gehorchen der Zustandsgl. (29) nur mit mehr oder minder großer Annäherung; natürlich gilt für sie auch in Strenge das Daltonsche Gesetz der Partialdrucke nicht mehr. In der Nähe der Verflüssigung wird diese Abweichung beträchtlich, worauf wir später (Nr. 26) eingehen werden.

22. Die Arbeit der äußeren Kräfte, speziell des Druckes; quasistatische Prozesse.

Wir haben im Vorhergehenden als einzige Art von äußeren Kräften, die auf unser System einwirken, einen senkrecht zur Oberfläche wirkenden Druck p angenommen (Fig. 12), dem wir jetzt für einen Augenblick den Index a hinzufügen werden, um anzudeuten, daß wir den äußeren Druck p_a meinen, der vom inneren Drucke p_i im allgemeinen zu unterscheiden ist. Beide Werte stimmen nur im Falle des Gleichgewichtes überein.

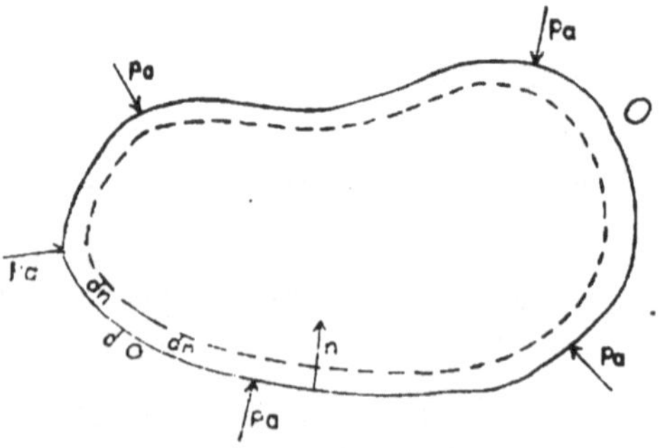

Fig. 12.

In Fig. 12 sei O die Oberfläche des Systems; wir betrachten eine Masse M, so daß die Oberfläche O ein Volumen V umschließt. Nehmen wir ein Flächenelement dO der Oberfläche, so ist die äußere Kraft, die auf dieses Element wirkt, $p_a \cdot dO$. Durch diese Kraft wird im allgemeinen eine Deformation der Oberfläche eintreten, indem jedes Oberflächenelement dO in Richtung der inneren Normale n um ein Stückchen dn verschoben wird. Dabei ist die unendlich kleine Arbeit, die von der Kraft $p_a \cdot dO$

geleistet wird, offenbar gleich $p_a \cdot dO \cdot dn$. Die sämtlichen an dem Körper wirkenden Kräfte leisten also eine äußere Arbeit $d'A = \sum p_a\, dO \cdot dn$ oder $d'A = p_a \int dO\, dn$, wobei das Integral über die ganze Oberfläche O zu erstrecken ist. Es wird also nach der Verschiebung jedes Oberflächenelementes dO in der Richtung dn die Oberfläche selbst in die punktierte Lage der Fig. 12 übergegangen sein, und man erkennt leicht, daß $\int dO \cdot dn = |dV|$ ist, d. h. gleich der absolut genommenen Änderung des Volumens V des Systems. Da dO seiner Natur nach stets positiv ist und bei positiven dn, wie auch die Figur anzeigt, dV stets kleiner als Null ist, so muß rechts noch das Minuszeichen zugesetzt werden:

$$\int dO\, dn = -dV.$$

Damit geht die unendlich kleine Arbeit $d'A$ über in:

(36) $$d'A = -p_a \cdot dV.$$

Hat man es mit der Masseneinheit zu tun, so ist die unendlich kleine Arbeit $d'a$ pro Masseneinheit gleich:

(36a) $$d'a = -p_a \cdot dv.$$

Es tritt dann einfach das spezifische Volumen v an Stelle des Gesamtvolumens V. Ist die Verschiebung nicht unendlich klein, sondern endlich, das betrachtete System etwa vom Volumen V_1 auf das Volumen V_2 bringend, so ist die dazu aufzuwendende Arbeit A_{12} bzw. pro Masseneinheit a_{12}:

(37) $$A_{12} = -\int_{V_1}^{V_2} p_a\, dV,$$

bzw.

(37a) $$a_{12} = -\int_{v_1}^{v_2} p_a\, dv.$$

Man erkennt hier bereits, daß der Arbeitsausdruck sich unter die in Nummer 20 erwähnte allgemeine Form $-\sum X_\nu\, dx_\nu$ einordnet, und daß die Wahl des dortigen Vorzeichens der äußeren Kräfte gerechtfertigt erscheint. Der Druck ist eben eine Kraft (im allgemeinen Sinne der Mechanik), die die Koordinate V zu verkleinern bestrebt ist.

Im allgemeinen wird p_a nicht gleich dem inneren Drucke p_i sein, welch letzterer in der Zustandsgleichung mit V (bzw. v) und T verknüpft ist. Gleichheit des inneren und äußeren Druckes tritt nur im Gleichgewichtszustande ein; allgemein kann der äußere Druck größer, gleich, kleiner als der innere sein. Wenn z. B. $p_a \gtrless p_i$ ist, so ist die gesamte (innere und äußere) Kraft, die auf das Flächenelement dO wirkt: $(p_a - p_i)\,dO$, und diese wird eine endliche Beschleunigung und Geschwindigkeit von dO erzeugen. Umgekehrt, wenn der geschilderte Arbeitsprozeß mit endlicher Geschwindigkeit verläuft, so muß natürlich die Differenz $(p_a - p_i)$ einen endlichen Wert haben, der im übrigen ganz beliebig sein kann. Jedenfalls hängt die äußere Arbeit, d. h. diejenige, die in die Gl. (14) des ersten Hauptsatzes einzugehen hat, nur von p_a ab, und das kann willkürlich vorgeschrieben werden. Nur in dem Falle, daß $p_a = p_i$ ist, kann die äußere Arbeit in Zusammenhang mit p_i, dem inneren Drucke, gebracht werden. Daß dies ein großer Vorteil ist, leuchtet ein, wenn man bedenkt, daß p_i als Funktion von v und T durch die Zustandsgleichung gegeben ist. Allerdings ist dann die gesamte Kraft auf dO, nämlich $(p_a - p_i)\, dO$ offenbar gleich Null, d. h. der Prozeß geht gar nicht vor sich, oder er geht mit der Geschwindigkeit „Null" vor sich. Exakt $p_a = p_i$ zu machen, wäre also gleichbedeutend mit einem Verzicht auf die Betrachtung eines Prozesses überhaupt. Aber wir können wenigstens p_a und p_i einander so nahe gleich machen, daß ihre Differenz beliebig klein wird. Der betrachtete Prozeß geht dann allerdings beliebig langsam, im Grenzfalle unendlich langsam vor sich, d. h. mit unendlich kleiner Geschwindigkeit. Aber das schadet in der Wärmetheorie in Rücksicht auf den ersten Hauptsatz nichts, da die Zeit für uns gar keine Rolle spielt. Der erste Hauptsatz stellt ja eine Relation dar, die „zeitlos" ist, die für jeden Moment gilt, und die längere oder kürzere Dauer eines Prozesses spielt dabei gar keine Rolle.

Ein so vor sich gehender Prozeß ist beliebig wenig, in der Grenze unendlich wenig, von einem Gleichgewichtszustande verschieden, und man nennt einen solchen daher einen „quasistatischen" Prozeß. Wir werden später die analoge Festsetzung, die wir hier für den Druck getroffen haben und die man die „mechanische Bedingung für den quasistatischen Prozeß" nennen kann, auch für die Temperatur treffen. Ein Temperaturausgleich zwischen zwei Substanzen erfolgt ja um so rascher, je größer die Temperaturdifferenz zwischen ihnen ist. Lassen wir beide Temperaturen nur unendlich wenig verschieden sein, so geht auch dieser Prozeß, z. B. der der Wärmeleitung, unendlich langsam oder „quasistatisch" vor sich. Gleichheit der beiden Temperaturen ist also die „thermische Bedingung für einen quasistatischen Prozeß", womit wir uns allerdings in diesem Moment nicht zu beschäftigen haben. Allgemein jedoch verstehen wir unter einem quasistatischen Prozeß, bei dem mechanische und thermische Änderungen vor sich gehen, einen solchen, bei dem der innere Druck bis auf unendlich Kleines gleich dem äußeren Druck ist und bei dem die auftretenden Temperaturdifferenzen gleichfalls unendlich klein sind.

In unserem Falle geht für einen quasistatischen Prozeß Gl. (37) über in:

$$A_{12} = -\int_{V_1}^{V_2} p_i\, dV$$

bzw. Gl. (37a) für die Masseneinheit:

$$a_{12} = -\int_{v_1}^{v_2} p_i\, dv\,,$$

oder, wenn wir jetzt den Index i als überflüssig fortlassen:

$$(38)\quad \begin{cases} A_{12} = -\int\limits_{V_1}^{V_2} p\,dV, & d'A = -p\,dV, \text{ bzw.} \\ a_{12} = -\int\limits_{v_1}^{v_2} p\,dv, & d'a = -p\,dv, \end{cases}$$

wobei jetzt infolge der Zustandsgleichung $p = f(v, T)$ ist. Im Falle eines idealen Gases haben wir nach (29) speziell die beiden Formeln für die Arbeit pro Masseneinheit:

$$(39)\quad \begin{cases} a_{12} = -\dfrac{R}{m}\int\limits_{v_1}^{v_2} \dfrac{T\,dv}{v}, \\ d'a = -\dfrac{R\,T\,dv}{m\,v}, \end{cases}$$

aus denen durch Multiplikation mit der Gesamtmasse M die entsprechenden Formeln hervorgehen.

Man sieht auch an diesen speziellen Ausdrücken, daß $d'A$ im allgemeinen kein totales Differential einer Funktion der Zustandsvariabeln, z. B. von v und T ist, d. h. daß A_{12} keineswegs nur vom Anfangs- und Endzustand des Systems abhängig ist. Denn der zweite Ausdruck (39) ist gar nicht integrabel, solange nicht T als Funktion von v gegeben ist, d. h. solange nicht die spezielle Art des Überganges von v_1 in v_2 angegeben ist. Ist etwa der Übergang so vorgeschrieben, daß $T = \varphi(v)$ sein soll, so hat man in (39) zu setzen:

$$d'a = -\frac{R}{m}\frac{\varphi(v)}{v}\,dv,$$

und das hat einen bestimmten Wert, der natürlich von $\varphi(v)$, d. h. von der Art und Weise des Übergangs, oder wie wir in Zukunft kurz sagen werden, von dem Wege abhängt, nicht nur vom Anfangs- und Endzustand.

Im Vorhergehenden ist vorausgesetzt worden, daß daß System nur von zwei Variabeln abhängt, was im allgemeinen nur der Fall ist, wenn eben ein äußerer Druck senkrecht auf die Oberfläche desselben wirkt. Die gleichen Erwägungen lassen sich jedoch auch anstellen, wenn wir den allgemeinen Arbeitsausdruck, den wir in Nr. 20 schon benutzt hatten, gebrauchen:

$$d'A = -\sum_{\nu}^{1,n} X_\nu\,dx_\nu.$$

Auch hier sind zunächst die Größen X_ν äußere Kräfte, die nur im Gleichgewichtszustande entsprechenden inneren gleich sind. Indem man also auch hier quasistatische Prozesse ins Auge faßt, hat man hier das der Aufstellung der Zustandsgleichung analoge Problem zu lösen, die inneren Kräfte X_ν als Funktionen der Zustandsvariabeln herzustellen: ein rein elastisches Problem. Für eine Reihe von speziellen Fällen ist dasselbe im Bd. I, Kap. 12 gelöst worden; wir werden im Bedarfsfalle darauf zurückgreifen.

23. Die Energiegleichung der idealen Gase; der Versuch von Gay-Lussac und Thomson-Joule.

Es handelt sich nun darum, die innere Energie U eines idealen Gases als Funktion der Koordinaten, als welche wir v und T nehmen wollen, festzustellen. Dies kann natürlich nur unter Zuhilfenahme eines Versuches geschehen, und ein solcher ist zuerst von Gay-Lussac und später von Joule in folgender Weise angestellt worden (Fig. 13):

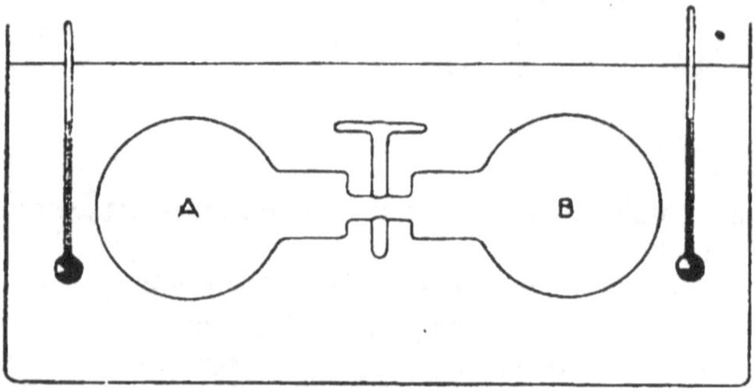

Fig. 13.

Es bedeuten A und B zwei durch einen Hahn trennbare starrwandige Gefäße; zu Beginn des Versuches sei ein Gas in A enthalten; das spezifische Volumen desselben sei v_1, die absolute Temperatur T_1; der Hahn ist geschlossen, B evakuiert. Das Ganze befindet sich in einem Wasserbehälter, in den Thermometer eingetaucht sind. Es wird nun der Hahn geöffnet, so daß das Gas sich auf die beiden Gefäße A und B verteilt, wobei das spezifische Volumen sich auf v_2 vergrößert; es fragt sich, ob die ursprüngliche Temperatur T_1 sich ändert. Eine Änderung der Temperatur hätte sich an den Thermometern im umgebenden Wasser bemerkbar machen müssen, da dann ein Wärmestrom von den Gefäßen zum Wasser (oder umgekehrt) sich gebildet hätte. Der Versuch ergab, daß die im Wasser befindlichen Thermometer keine Temperaturänderungen anzeigten, so daß also auch keine Temperaturänderung des Gases eingetreten sein kann. Wenigstens war dies der Schluß von Gay-Lussac. Auf diesen Prozeß wenden wir nun den ersten Hauptsatz gemäß Gl. (13) an:

$$U_2 - U_1 = Q + A.$$

Wärmemenge Q ist dem Gase weder zugeführt, noch ist solche von ihm abgeleitet worden; also ist $Q = 0$. Da ferner das Gas in starre Wände eingeschlossen bleibt, so kann der äußere Druck keine Arbeit leisten; es ist also auch $A = 0$. (Nebenbei bemerkt, erkennt man in diesem Prozesse ein Beispiel dafür, daß innerer und äußerer Druck durchaus nicht gleich sind; für die Berechnung der äußeren Arbeit darf nur der äußere Druck eingesetzt werden, was hier, wie eben erwähnt, das Resultat 0 liefert.) Mithin liefert der erste Hauptsatz die Beziehung:

$$U_2 = U_1,$$

d. h. die Energie des Gases ist in beiden Zuständen dieselbe geblieben. Schreiben wir U ausführlich mit Hinzufügung der Argumente, so lautet die letzte Gleichung:

$$U(v_2, T_1) = U(v_1, T_1), \tag{40}$$

da ja die Temperatur T_1 unverändert bleibt, v_1 dagegen in v_2 übergeht. Da trotz der Änderung der einen Zustandsvariablen v die Energie U ungeändert bleibt, kann U von v überhaupt nicht abhängen, wenn der Gay-Lussacsche Versuch richtig ist; es wäre also nach Gay-Lussac für Gase allgemein zu setzen:

$$\left\{\begin{aligned} &\left(\frac{\partial U}{\partial v}\right)_T = 0, \\ &U = f(T). \end{aligned}\right. \tag{41}$$

Die Energie eines Gases wäre also nur Funktion der absoluten Temperatur, nicht des spezifischen Volumens.

Der Gay-Lussacsche Versuch ist indessen nicht genau genug, weil wegen der sehr großen spezifischen Wärme des Wassers eine etwaige Temperaturänderung der Thermometer eine recht erhebliche Temperaturänderung des Gases voraussetzt, und sich also geringe Temperaturänderungen des Gases in den Beobachtungsfehlern verstecken können. Deshalb haben W. Thomson und J. P. Joule[1]) in einer Reihe glänzender Abhandlungen in den Jahren 1852/1854 und 1862 den Gay-Lussacschen Versuch in mustergültiger Weise wiederholt bzw. abgeändert (Fig. 14).

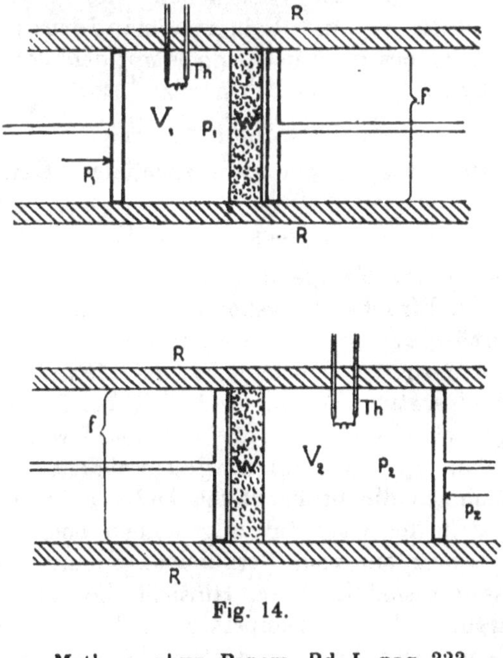

Fig. 14.

[1]) W. Thomson, Math. a. phys. Papers, Bd. I, pag. 333.

In der Figur bedeutet R ein Rohr aus schlecht wärmeleitendem Material; es war in den erwähnten Versuchen aus Buchsbaumholz angefertigt. In demselben befindet sich ein poröser Wattepfropf W, links und rechts von demselben je ein verschiebbarer Stempel, der den Querschnitt f des Rohres ganz ausfüllt.

Zu Beginn des Versuches (obere Figur) befindet sich der rechte Stempel unmittelbar am Wattepfropf, der linke etwa in der Stellung, die in der oberen Fig. 14 erkennbar ist; zwischen den beiden Stempeln befindet sich das zu untersuchende Gas, das unter diesen Umständen den Druck p_1 und das Volumen V_1 haben möge. Wenn jetzt auf den linken Stempel ein äußerer Druck ausgeübt wird, der sehr wenig größer ist als p_1, so setzt sich der Stempel langsam nach rechts in Bewegung, drückt das Gas (immer unter dem konstanten Druck p_1) durch den porösen Pfropf hindurch; das Gas verschiebt seinerseits den rechten Stempel, auf dem ein äußerer Druck p_2 lastet, nach rechts. Zu Ende des Prozesses (untere Figur) steht der linke Stempel dicht am Wattepfropf, der rechte Stempel hat eine derartige Stelle inne, daß der innere Druck des Gases bis auf unendlich Kleines gleich dem Druck p_2 ist, während das Volumen V_2 sein möge. Zu der unendlich langsamen Verschiebung des Gases als Ganzes ist keine endliche Arbeit aufgewendet worden; die gesamte äußere Arbeit besteht also darin, daß das Gas vom Druck p_1 und Volumen V_1 auf den Druck p_2 und das Volumen V_2 gebracht worden ist.

Die Arbeit zerfällt in zwei Teile; die Volumänderung können wir uns so erzeugt denken, daß die Verschiebung des ersten Stempels unter dem konstanten Drucke p_1 die Volumverminderung V_1 erzeugt hat, darauf die Verschiebung des zweiten Stempels mit dem konstanten Drucke p_2 die Volumvermehrung V_2; also haben wir:

$$A_{12} = + p_1 V_1 - p_2 V_2;$$

Wärmemenge Q wird dem System nicht zugeführt. Damit wird der erste Hauptsatz:

$$U_2 - U_1 = p_1 V_1 - p_2 V_2. \tag{42}$$

Die genaue Messung der Temperatur, die mittels Thermoelementen *Th* vor und hinter dem Pfropfen vorgenommen wurde, ergab tatsächlich eine Temperaturänderung bei sämtlichen benutzten Gasen. Dieselbe betrug pro Atmosphäre Druckunterschied für Luft, Sauerstoff, Stickstoff bei Zimmertemperatur ungefähr $-{}^1/_4{}^0$ C, bei Kohlensäure unter denselben Bedingungen etwa $-{}^3/_4{}^0$ C; für Wasserstoff war die Änderung sehr viel kleiner, ungefähr ${}^1/_{40}{}^0$, und im umgekehrten Sinne. Bei Erhöhung der Temperatur nahmen die beobachteten Differenzen stark ab. Man bemerkt zunächst, daß die Gase im allgemeinen einen um so kleineren Effekt zeigen, je weiter sie vom Verflüssigungspunkte entfernt sind; besonders bemerkenswert sind in dieser Hinsicht die extremen Gase Wasserstoff und Kohlensäure. Durch Temperaturerhöhung nähert sich ein Gas im allgemeinen dem Verhalten des idealen Gases, da es sich vom Kondensationspunkt entfernt; dem entspricht die Abnahme des Effekts. Extrapoliert man dieses Ergebnis weiter, so gelangt man zu der Vorstellung, daß bei idealen Gasen in der Tat die Temperaturänderung den Wert Null haben würde. Wir machen von jetzt ab diese Voraussetzung und nehmen diese Bedingung mit unter die Charakteristika des idealen Gases auf.

Dann fällt in Gl. (42) infolge der Zustandsgleichung, da die Temperatur für ideale Gase ja konstant bleibt, die äußere Arbeit $p_1 V_1 - p_2 V_2$ gerade fort und es folgt, wie bei Gay-Lussac, aber mit der Beschränkung auf ideale Gase:

$$U(v_1 T_1) = U(v_2 T_1), \quad \text{d. h.}$$

$$\left(\frac{\partial U}{\partial v}\right)_T = 0.$$

Wir folgern also demgemäß:

„Die Energie U eines idealen Gases ist lediglich eine Funktion der absoluten Temperatur."

24. Anwendung des ersten Hauptsatzes auf ideale Gase.

Die genauere Form dieser Funktion erlaubt der erste Hauptsatz zu finden. Dieser nimmt für die Masseneinheit eines idealen Gases, unter Berücksichtigung des obigen Satzes, die Gestalt an:

$$\frac{du}{dT} dT = d'q - p\,dv = d'q - \frac{R}{m}\frac{T}{v} dv. \tag{43}$$

Mit dieser Gleichung wollen wir nun einige spezielle Prozesse untersuchen, um die physikalische Bedeutung der auftretenden Größen festzustellen.

a) Wir betrachten zunächst einen Prozeß, bei dem wir das spezifische Volumen v konstant halten („isochorischer Prozeß"). Dann läßt sich die Wärmemenge $d'q$ gleich $c_v\,dT$ setzen, wo c_v die spezifische Wärme bei konstantem Volumen unseres idealen Gases bedeutet; es folgt dann:

$$\frac{du}{dT} dT = c_v\,dT,$$

also:

$$\frac{du}{dT} = c_v, \tag{44}$$

womit die physikalische Bedeutung von $\frac{du}{dT}$ festgestellt ist. Integriert ist diese Gleichung:

$$u = \int c_v\,dT + \text{Const.}$$

Die spezifische Wärme c_v eines idealen Gases kann nun offenbar nicht von v abhängen, da sonst u dies auch tun würde, was entgegen dem Thomson-Jouleschen Versuch wäre; c_v kann also nur Funktion von T sein. Das Experiment ergibt jedoch in sehr weiten Grenzen, daß c_v auch von der Temperatur unabhängig ist. Wir wollen daher, weiter idealisierend, annehmen, daß für ein ideales Gas c_v eine absolute Konstante ist. Damit wird die Energie der Masseneinheit oder „spezifische Energie" nach der letzten Gleichung:

(45) $$u = c_v T + \text{Const.}$$

Mit (45 kann man auch die Zustandsgleichung $p = \frac{RT}{mv}$ kombinieren und findet dann statt (45) die gleichwertige Formel:

(45a) $$u = \frac{m c_v}{R} p v + \text{Const.},$$

die sich eignet, wenn z. B. p statt T neben v als unabhängige Variable gewählt wird.

Die Gleichung des ersten Hauptsatzes nimmt daher für die Masseneinheit eines idealen Gases nach (45) die Gestalt an:

(46) $$c_v dT = d'q - p dv = d'q - \frac{RT}{mv} dv.$$

b) Wenden wir diese Gleichung nunmehr auf einen Prozeß mit konstantem Druck an („isobarer Prozeß"), d. h. führen wir der Masseneinheit des Gases die Wärmemenge $d'q = c_p dT$ zu, wo c_p die „spezifische Wärme bei konstantem Druck" bedeutet. Dann ist nach (46):

(47) $$(c_p - c_v) dT = p dv.$$

Dabei sind die Änderungen dT und dv zwei einander korrespondierende Veränderungen unter der Nebenbedingung konstanten Druckes. Sie sind also natürlich nicht unabhängig voneinander, sondern stehen wegen der Zustandsgleichung miteinander in Beziehung. Wir haben ja für diesen Fall aus der Zustandsgleichung:

$$dp = 0 = \frac{R}{m}\left\{\frac{dT}{v} - \frac{T}{v^2} dv\right\},$$

oder:

(48) $$\left(\frac{dT}{dv}\right)_p = \frac{T}{v}.$$

Setzen wir (48) in (47) ein, so folgt:

$$(c_p - c_v)\left(\frac{dT}{dv}\right)_p = (c_p - c_v)\frac{T}{v} = \frac{RT}{mv},$$

oder endlich:

(49) $$c_p - c_v = \frac{R}{m}.$$

Dies ist ein außerordentlich wichtiges Resultat. Es folgt zunächst daraus, daß für ideale Gase $c_p > c_v$ ist, da $\frac{R}{m}$ stets positiv ist; daß dies allgemein gilt, kann erst im IV. Kapitel, Nr. 43, gezeigt werden; ferner ist die Differenz $(c_p - c_v)$ umgekehrt proportional dem Molekulargewicht des betreffenden idealen Gases. Die Größen $m c_p$, $m c_v$ nennt man entsprechend die „Molekularwärmen" bei konstantem Druck (C_p) bzw. Volumen (C_v), und man kann den Satz (49) so aussprechen: Die Differenz der Molekularwärmen bei konstantem Druck und konstantem Volumen ist gleich der absoluten Gaskonstante. Ferner folgt sofort aus (49), daß für ein ideales Gas auch c_p bzw. C_p eine absolute Konstante ist.

Diese Gleichung bietet, wie jede konkrete Anwendung des ersten Hauptsatzes, eine Methode zur Bestimmung des mechanischen Wärmeäquivalentes. In unserer Schreibweise sind die Wärmemengen c_p und c_v in mechanischem Maß, in Erg, gemessen. Messen wir sie aber für einen Augenblick in Kalorien, so haben wir $(c_p - c_v)$ noch mit dem Reduktionsfaktor J, eben dem gesuchten mechanischen Wärmeäquivalente, zu multiplizieren, so daß (49) übergeht in:

$$J(\bar{c}_p - \bar{c}_v) = \frac{R}{m}. \tag{49a}$$

Dabei haben wir die spezifischen Wärmen überstrichen, um den Übergang zum anderen Maßsystem kenntlich zu machen. Es ist also:

$$J = \frac{R}{m(\bar{c}_p - \bar{c}_v)}, \tag{50}$$

und man hat nur $\bar{c}_p - \bar{c}_v$ für ein beliebiges ideales Gas zu bestimmen. Für Luft z. B. ist nach Regnault:

$$\bar{c}_p = 0{,}2375 \frac{\text{cal}}{\text{gr} \cdot \text{grad}},$$

$$\frac{\bar{c}_p}{\bar{c}_v} = 1{,}40, \text{ also:}$$

$$\bar{c}_p - \bar{c}_v = 0{,}0685 \frac{\text{cal}}{\text{gr} \cdot \text{grad}};$$

ferner das „mittlere Molekulargewicht" der Luft im Sinne der Nr. 21 (vgl. Gl. (35), pag. 87):

$$m = \frac{32 \cdot 28}{0{,}21 \cdot 28 + 0{,}79 \cdot 32} = 28{,}9;$$

also folgt endlich für J:

$$J = \frac{8{,}315 \cdot 10^7}{28{,}9 \cdot 0{,}0685} = 4{,}22 \cdot 10^7 \text{ Erg},$$

was sehr gut mit dem Werte nach Gl. (11) übereinstimmt.

Es sei bemerkt, daß dies im Prinzip die vorher erwähnte Methode von J. R. Mayer war, das mechanische Wärmeäquivalent zu berechnen; man sieht, daß sie wesentlich auf dem Versuche von Gay-Lussac bzw. Thomson-Joule beruht; nur ersterer war damals bereits angestellt, aber, wie schon oben gesagt, nicht mit genügender Sicherheit, um ein so wichtiges Ergebnis darauf stützen zu können.

Man kann das noch etwas anders formulieren, indem man betont, daß Gl. (49) mehr enthält, als der erste Hauptsatz aussagen kann, nämlich außer der Zustandsgleichung noch die Energiegleichung, die eben durch den Gay-Lussac-Thomson-Joule-Versuch (in Verbindung mit dem ersten Hauptsatz) geliefert wird. Es ist interessant und wichtig, sich die Frage vorzulegen, was der erste Hauptsatz in Verbindung mit der Zustandsgleichung allein liefert. Wir haben zunächst die Gleichung:

$$\left(\frac{\partial u}{\partial v}\right)_T dv + c_v dT = d'q - p\,dv,$$

wo nach (44):

(44a)
$$\left(\frac{\partial u}{\partial T}\right)_v = c_v$$

gesetzt ist. Für einen Versuch bei konstantem Druck ($dp = 0$, $d'q = c_p dT$) finden wir ferner:

$$\left(\frac{\partial u}{\partial v}\right)_T dv + c_v dT = c_p dT - p\,dv,$$

wobei, wie vorhin, die einander entsprechenden Änderungen dv und dT aus der Gleichung $pv = \frac{RT}{m}$ für $p =$ Const. zu entnehmen sind. So findet man:

$$dv = \frac{R}{pm} dT;$$

also:

(47a)
$$\left(\frac{\partial u}{\partial v}\right)_T \frac{R}{mp} + c_v = c_p - \frac{R}{m};$$

diese letztere Gleichung entspricht offenbar (49), die aus ihr hervorgeht, wenn man unter Hinzunahme des Thomson-Joule-Versuches $\left(\frac{\partial u}{\partial v}\right)_T = 0$ setzt. Durch Differentiation von (44a) nach v bei konstantem T und von (47a) nach T bei konstantem v folgt schließlich durch Kombination:

(49b)
$$c_p - c_v = \frac{R}{m} + v\left(\frac{\partial c_v}{\partial v}\right)_T - T\left(\frac{\partial c_p}{\partial T}\right)_v + T\left(\frac{\partial c_v}{\partial T}\right)_v,$$

die die Verallgemeinerung von (49) ist und alles enthält, was mit Hilfe des ersten Hauptsatzes und der Zustandsgleichung allein für ideale Gase ausgesagt werden kann. —

c) In dritter Linie wollen wir die Gl. (46) des ersten Hauptsatzes für ideale Gase auf einen Fall anwenden, der dadurch charakterisiert ist, daß gar keine Wärme $d'q$ zugeführt (oder abgeführt) wird; das Gas ist also nach außen in unserer früheren Ausdrucksweise „adiabatisch isoliert", und der betrachtete Prozeß heißt deshalb kurz ein „adiabatischer". Für ihn gilt nach (46):

$$c_v dT = -\frac{R}{m}\frac{T}{v} dv.$$

In dieser Differentialgleichung lassen sich die Variabeln durch Division mit T trennen, und die Integration liefert:

(51)
$$c_v \log T + \frac{R}{m} \log v = \text{Const.}$$

Die linke Seite dieser Gleichung ist eine Funktion der Zustandsvariabeln v und T, die wir durch $s(v, T)$ bezeichnen wollen. Wir haben also:

(51a)
$$s(v, T) \equiv c_v \log T + \frac{R}{m} \log v = \text{Const.};$$

diese Gleichung können wir als „adiabatische Bedingung für ein ideales Gas" bezeichnen. Es existiert also für einen adiabatischen quasistatischen Prozeß für ein ideales Gas eine nur vom augenblicklichen Zustande des Systems abhängige Funktion, deren Konstanz eben die Bedingung für den adiabatischen Prozeß ist. Wir werden später sehen, daß für jeden adiabatischen quasistatischen Prozeß bei einer beliebigen Substanz sich ebenfalls eine solche Funktion der Zustandsvariabeln angeben läßt; doch reicht dazu der erste Hauptsatz nicht aus, sondern es bedarf der Zuhilfenahme des sogenannten zweiten Hauptsatzes. Auf diese Frage werden wir im dritten Kapitel ausführlich einzugehen haben.

Aus Gl. (51) folgt unmittelbar, daß eine adiabatische Kompression mit Temperaturerhöhung, umgekehrt eine adiabatische Dilatation mit Abkühlung des arbeitenden Gases verbunden ist. Dies ist unmittelbar einleuchtend; denn da äußere Wärme nicht zugeführt wird, so geschehen alle Arbeitsleistungen auf Kosten der inneren Energie $u = c_v T + \text{Const.}$, d. h. machen sich durch Temperaturänderungen bemerkbar.

Auch hier ist es wichtig, sich klar zu machen, daß die adiabatische Bedingung auf Grund des ersten Hauptsatzes allein nicht hätte gewonnen werden können, sondern nur wieder mit Hilfe des Ausdrucks für die innere Energie U. Es wird z. B. bei den später zu besprechenden realen Gasen, für die der Thomson-Joule-Versuch keinen Ausdruck für die innere Energie liefert, nicht möglich sein, dasselbe zu leisten; das gestattet wieder erst der zweite Hauptsatz. Dies hängt aufs engste damit zusammen, daß auch eine die adiabatische Bedingung für beliebige Stoffe liefernde Funktion der Zustandsvariabeln, wie oben erwähnt, erst mit Hilfe dieses zweiten Hauptsatzes aufgestellt werden kann.

Man kann (51) mittels (49) in eine andere Gestalt bringen, wenn man gleichzeitig von den Logarithmen zu den Numeris übergeht. Es ist hzunächst:

$$T v^{\frac{c_p - c_v}{c_v}} = \text{Const.}, \tag{52}$$

und hier kann man vermittels der Zustandsgleichung $p v = \frac{RT}{m}$ die Temperatur T durch den Druck p ausdrücken, wodurch das adiabatische Gesetz eine Beziehung zwischen p und v darstellt, also dem für konstante Temperatur geltenden Boyle-Mariotteschen Gesetz analog gestaltet wird. Das liefert sofort:

$$p v^{\frac{c_p}{c_v}} = \text{Const.} \tag{53}$$

für $\frac{c_p}{c_v}$ hat man meistens die Abkürzung $\varkappa$ eingeführt, wo $\varkappa$ nach unseren früheren Auseinandersetzungen größer als die Einheit ist; also:

$$p v^{\varkappa} = \text{Const.} \tag{53a}$$

Die Schallschwingungen sind ein Beispiel eines derartigen adiabatischen

Prozesses, und so erklärt sich auch [Bd. I, pag. 751 ff.] das Auftreten des Faktors $\varkappa$ in der Formel für die Schallgeschwindigkeit.

In einem Koordinatensystem, in dem p als Ordinate, v als Abszisse gewählt ist, stellen die Boyle-Mariotteschen Kurven $p v =$ Const. offenbar gleichseitige Hyperbeln vor (in Fig. 15 ausgezogen); die adiabatischen Kurven, die durch die gestrichelten Linien in Fig. 15 dargestellt werden, fallen stärker ab als die Mariotteschen Kurven.

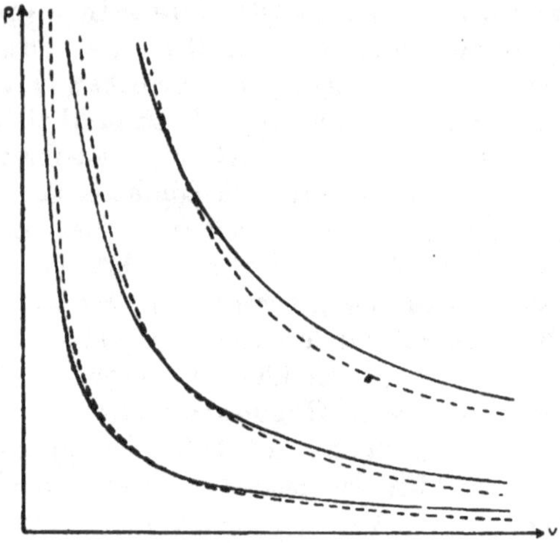

Fig. 15.

Jede der ausgezogenen Kurven $p v =$ Const. entspricht einem anderen Werte der Konstanten, also nach der Zustandsgleichung einem anderen Werte von T. Sie werden deshalb sinngemäß „Isothermen" genannt. Diese graphische Darstellung ist sehr zweckmäßig und wird uns in der ganzen Thermodynamik begegnen. —

d) An vierter Stelle wenden wir die Gl. (46) des ersten Hauptsatzes für ideale Gase auf einen Vorgang an, bei dem (durch geeignete Wärmezufuhr oder Wärmeableitung) die Temperatur konstant bleibt; das ist ein „isothermer" Vorgang. Bei einem solchen ändert sich die innere Energie $u = c_v T +$ Const. offenbar gar nicht, und wir erhalten aus (46):

$$d'q = p\,dv = \frac{R\,T}{m}\frac{d\,v}{v} = -\,d'a, \tag{54}$$

d. h. die gesamte zugeführte Wärme $d'q$ wird ganz in Arbeitsleistung $d'a$ umgesetzt. Ist die Wärmemenge $d'q$ positiv, so ist die äußere Arbeit $d'a$ negativ; da $d'a = -p\,dv$, ist dies der Fall, wenn $d\,v > 0$ ist, also wenn der Prozeß so gerichtet ist, daß das Volumen vergrößert wird; das Gas leistet dann Arbeit gegen den äußeren Druck; es wird, wie man sagt: „Wärme in Arbeit verwandelt". Ist umgekehrt $dv < 0$, so ist $d'a = -p\,dv$ positiv, also $d'q$ negativ, d. h. bei isothermer Kompression leistet der äußere Druck positive Arbeit, und Wärme wird vom Gas nach außen abgegeben: Hier wird „Arbeit in Wärme verwandelt". Und zwar geschieht die Umwandlung in beiden Fällen restlos; die ganze Wärme wird in Arbeit oder die ganze Arbeit in Wärme umgewandelt.

Gl. (54) ist ohne weiteres integrabel; sie kann ja offenbar geschrieben werden:

$$d'a = -d'q = -\frac{RT}{m} d(\log v),$$

was zwischen zwei Grenzen v_1 und v_2 (bei konstanter Temperatur) integriert liefert:

$$a_{12} = -q_{12} = -\frac{RT}{m} \log \frac{v_2}{v_1}. \tag{54a}$$

Diese Gleichung kann noch verändert werden, wenn man bedenkt, daß v_1 und v_2 durch einen isothermen Prozeß, für den das Boylesche Gesetz gilt, auseinander hervorgehen; es ist also $\frac{v_2}{v_1} = \frac{p_1}{p_2}$. Damit wird die letzte Gleichung:

$$a_{12} = -q_{12} = -\frac{RT}{m} \log \frac{p_1}{p_2}. \tag{54b}$$

Bemerkenswert ist, daß die Arbeit (pro Masseneinheit) demgemäß nur vom Verhältnis des Anfangsdruckes zum Enddrucke abhängt, nicht von den Drucken selbst. Kompression von 1 Atm. auf 2 Atm. verlangt also dieselbe Arbeit, wie Kompression von 25 auf 50 Atmosphären.

Multipliziert man ferner Gl. (54b) mit m, so erhält man die isotherme Kompressionsarbeit pro Mol des idealen Gases, die demgemäß den einfachen Wert

$$RT \log \frac{p_1}{p_2} \tag{54c}$$

besitzt.

25. Anwendung des ersten Hauptsatzes auf einen beliebigen homogenen Stoff.

Während die Auseinandersetzungen der vorhergehenden Nummer in mehrfacher Hinsicht spezielle waren, einerseits durch die Wahl eines idealen Gases, anderseits durch die Wahl von v und T als Variabeln, wollen wir jetzt die Masseneinheit einer beliebigen homogenen Substanz, die durch zwei Variable charakterisiert werden kann, z. B. ein reales Gas, der Untersuchung unterziehen, und zwar wollen wir von vornherein keine Variabeln festlegen. Wir wissen, daß zwei von den drei Variabeln p, v, T genügen, und es ergeben sich sonach drei Gruppen von Variabeln:

I. v und T; II. p, T; III. p, v.

Die letzte Kombination wird zwar selten benutzt, doch wollen wir sie hier der Vollständigkeit halber mitbehandeln.

I. v, T sind unabhängige Variabeln.

Bei dieser Wahl können wir den ersten Hauptsatz für quasistatische Vorgänge schreiben:

(55) $$\left(\frac{\partial u}{\partial T}\right)_v d\,T + \left(\frac{\partial u}{\partial v}\right)_T d\,v = d'q - p\,dv\,,$$

und diese Gleichung wollen wir auf dieselben speziellen Vorgänge anwenden, die wir vorhin betrachteten, nämlich auf isochorische, isobare, adiabatische und isotherme Prozesse.

a) Nehmen wir zunächst einen Prozeß bei konstantem Volumen („isochorischer Prozeß"); dafür ist $dv = 0$, $d'q = c_v\,d\,T$, so daß die Gl. (55) übergeht in die uns bereits vom idealen Gas her bekannte Gl. (44):

(56) $$\left(\frac{\partial u}{\partial T}\right)_v = c_v;$$

sie ist in ihrer Gültigkeit also nicht auf ideale Gase beschränkt, sondern bestimmt ganz allgemein die physikalische Bedeutung von $\left(\frac{\partial u}{\partial T}\right)_v$.

b) Ein isobarer Prozeß ($dp = 0$) liefert für $d'q$ den Wert $c_p\,d\,T$, also folgt nach (55):

(57) $$\left(\frac{\partial u}{\partial T}\right)_v d\,T + \left(\frac{\partial u}{\partial v}\right)_T d\,v = c_p\,d\,T - p\,dv.$$

In dieser Gleichung ist es aber — ebenso wie bei der entsprechenden (47) in Nummer 24 — wohl zu beachten, daß die Veränderungen $d\,T$ und $d\,v$ voneinander nicht unabhängig sind, sondern wegen der Forderung konstanten Druckes durch die Zustandsgleichung zusammenhängen. Es ist deshalb nicht gestattet, die Koeffizienten der Glieder mit $d\,T$ resp. dv einzeln gleich Null zu setzen. Die Beziehung zwischen $d\,T$ und $d\,v$ im obigen Falle ergibt sich analog wie früher aus der Bedingung, daß in der Zustandsgleichung $p = p(v\,T)$ die Änderung des Druckes $dp = 0$ sein soll. Also ist

$$0 = \left(\frac{\partial p}{\partial v}\right)_T d\,v + \left(\frac{\partial p}{\partial T}\right)_v d\,T,$$

oder

$$dv = -\frac{\left(\frac{\partial p}{\partial T}\right)_v}{\left(\frac{\partial p}{\partial v}\right)_T}\,d\,T,$$

oder endlich:

(58) $$\left(\frac{\partial v}{\partial T}\right)_p = -\frac{\left(\frac{\partial p}{\partial T}\right)_v}{\left(\frac{\partial p}{\partial v}\right)_T} = \frac{1}{\left(\frac{\partial T}{\partial v}\right)_p};$$

Dieser Wert muß in (57) bzw. der damit identischen folgenden Gleichung benutzt werden:

$$\left(\frac{\partial u}{\partial T}\right)_v + \left(\frac{\partial u}{\partial v}\right)_T \left(\frac{\partial v}{\partial T}\right)_p = c_p - p\left(\frac{\partial v}{\partial T}\right)_p,$$

oder unter Beachtung, daß nach (56) $\left(\frac{\partial u}{\partial T}\right)_v = c_v$ ist:

(59)
$$c_p - c_v = \left[\left(\frac{\partial u}{\partial v}\right)_T + p\right]\left(\frac{\partial v}{\partial T}\right)_p.$$

Die Gl. (56) und (59) definieren die physikalische Bedeutung von $\left(\frac{\partial u}{\partial T}\right)_v$ und $\left(\frac{\partial u}{\partial v}\right)_T$, d. h. drücken sie durch experimentell bestimmbare Größen aus; beide Gleichungen sind aber im allgemeinen nicht prüfbar, weil weder $\left(\frac{\partial u}{\partial T}\right)_v$ noch $\left(\frac{\partial u}{\partial v}\right)_T$ von vornherein bekannt sind; der erste Hauptsatz definiert ja diese Größen erst. Eine experimentell prüfbare Bestimmung gewinnt man daraus erst durch Elimination von u, d. h. durch Anwendung der Behauptung des ersten Hauptsatzes, daß $\left(\frac{\partial u}{\partial T}\right)_v dT + \left(\frac{\partial u}{\partial v}\right)_T dv = du$ ein totes Differential, d. h.

$$\left[\frac{\partial}{\partial v}\left(\frac{\partial u}{\partial T}\right)_v\right]_T = \left[\frac{\partial}{\partial T}\left(\frac{\partial u}{\partial v}\right)_T\right]_v = \frac{\partial^2 u}{\partial v \partial T}$$

ist. Wir wollen diese Gleichung jetzt auf (56) und (59) anwenden. Wir erhalten aus (56):

$$\frac{\partial^2 u}{\partial v \partial T} = \left(\frac{\partial c_v}{\partial v}\right)_T,$$

aus (59) unter Beachtung von (58):

$$\frac{\partial^2 u}{\partial T \partial v} = \left(\frac{\partial c_p}{\partial T} - \frac{\partial c_v}{\partial T}\right)_v \left(\frac{\partial T}{\partial v}\right)_p + (c_p - c_v)\left[\frac{\partial}{\partial T}\left(\frac{\partial T}{\partial v}\right)_p\right]_v - \left(\frac{\partial p}{\partial T}\right)_v,$$

und daraus durch Subtraktion, wodurch eben die auf die innere Energie u bezüglichen Glieder eliminiert werden:

(60)
$$\left(\frac{\partial c_v}{\partial v}\right)_T = \left(\frac{\partial c_p}{\partial T} - \frac{\partial c_v}{\partial T}\right)_v \left(\frac{\partial T}{\partial v}\right)_p + (c_p - c_v)\left[\frac{\partial}{\partial T}\left(\frac{\partial T}{\partial v}\right)_p\right]_v - \left(\frac{\partial p}{\partial T}\right)_v,$$

eine Gleichung, in der lauter experimentell prüfbare Größen vorkommen: c_p, c_v, ihre Abhängigkeit von der Temperatur und vom Volumen, ferner die aus der Zustandsgleichung folgenden Koeffizienten $\left(\frac{\partial p}{\partial T}\right)_v$, $\left(\frac{\partial T}{\partial v}\right)_p$, $\left[\frac{\partial}{\partial T}\left(\frac{\partial T}{\partial v}\right)_p\right]_v$ usw. Für ein ideales Gas ist diese Gleichung leicht zu verifizieren; denn es sind zunächst $\left(\frac{\partial c_v}{\partial v}\right)_T = \left(\frac{\partial c_p}{\partial T}\right)_v = \left(\frac{\partial c_v}{\partial T}\right)_v = 0$, da die spezifischen Wärmen des idealen Gases ja konstant sind. Ferner folgt aus der Zustandsgleichung $p = \frac{RT}{mv}$ der Reihe nach:

$$\left(\frac{\partial T}{\partial v}\right)_p = \frac{mp}{R} = \frac{T}{v}; \quad \left[\frac{\partial}{\partial T}\left(\frac{\partial T}{\partial v}\right)_p\right]_v = \frac{\partial}{\partial T}\left(\frac{T}{v}\right)_v = \frac{1}{v}; \quad \left(\frac{\partial p}{\partial T}\right)_v = \frac{R}{mv}.$$

Mit diesen Größen folgt aus (60):

$$0 = \frac{c_p - c_v}{v} - \frac{R}{mv},$$

und das gibt die bereits bekannte Relation (49) für ideale Gase:

$$c_p - c_v = \frac{R}{m}.$$

Dasselbe hätte aus (59) geschlossen werden können, wenn wir u für ein ideales Gas als bekannt voraussetzen, also $\left(\frac{\partial u}{\partial v}\right)_T = 0$ nehmen; u ist jedoch für einen beliebigen Stoff im allgemeinen nicht als bekannt anzusehen.

c) An dritter Stelle betrachten wir einen isothermen Prozeß ($dT = 0$). Dafür erhält man aus (55):

$$\left(\frac{\partial u}{\partial v}\right)_T dv + p\,dv = d'q,$$

oder:

$$d'q = \left[\left(\frac{\partial u}{\partial v}\right)_T + p\right] dv. \tag{61}$$

Diese Gleichung unterscheidet sich wesentlich von der entsprechenden (54) für das ideale Gas; dort ist nach Thomson-Joule $\left(\frac{\partial u}{\partial v}\right)_T = 0$, also $d'q = p\,dv = -d'a$. Während also für ein ideales Gas bei einem quasistatisch-isothermen Prozeß die spezifische Energie u nicht verändert, vielmehr die ganze zugeführte Wärme $d'q$ in Arbeit umgewandelt wird (und umgekehrt), wird bei einem beliebigen Stoff nur ein Teil der Wärme in Arbeit verwandelt, der Rest zur Vermehrung der inneren Energie u benutzt (oder umgekehrt).

d) Endlich wollen wir einen adiabatischen Prozeß ($d'q = 0$) betrachten, wofür (55) übergeht in:

$$\left(\frac{\partial u}{\partial v}\right)_T dv + \left(\frac{\partial u}{\partial T}\right)_v dT = -p\,dv,$$

oder, da $\left(\frac{\partial u}{\partial T}\right) = c_v$ ist.

$$-\left[\left(\frac{\partial u}{\partial v}\right)_T + p\right]\left(\frac{\partial v}{\partial T}\right)_{ad} = c_v, \tag{62}$$

wobei der Index „ad" andeuten soll, daß dv und dT nicht willkürlich, sondern durch die Bedingung der Adiabasie verknüpft sind. Beachtet man, daß $\left(\frac{\partial v}{\partial T}\right)_{ad} = \frac{1}{\left(\frac{\partial T}{\partial v}\right)_{ad}}$ ist, so kann die letzte Gleichung geschrieben werden:

$$\left(\frac{\partial u}{\partial v}\right)_T = -c_v\left(\frac{\partial T}{\partial v}\right)_{ad} - p, \tag{62a}$$

und wenn man dies mit Gl. (56) kombiniert und erstere nach T bei konstantem v, letztere nach v bei konstantem T differenziert, so hat man:

$$\frac{\partial^2 u}{\partial T \partial v} = -\left(\frac{\partial c_v}{\partial T}\right)_v \left(\frac{\partial T}{\partial v}\right)_{ad} - c_v \left[\frac{\partial}{\partial T}\left(\frac{\partial T}{\partial v}\right)_{ad}\right]_v - \left(\frac{\partial p}{\partial T}\right)_v,$$

$$\frac{\partial^2 u}{\partial T \partial v} = \left(\frac{\partial c_v}{\partial v}\right)_T,$$

und durch Subtraktion folgt sofort:

$$(63)\qquad \left(\frac{\partial c_v}{\partial v}\right)_T + \left(\frac{\partial c_v}{\partial T}\right)_v \left(\frac{\partial T}{\partial v}\right)_{ad} + c_v \left[\frac{\partial}{\partial T}\left(\frac{\partial T}{\partial v}\right)_{ad}\right]_v + \left(\frac{\partial p}{\partial T}\right)_v = 0,$$

eine Gleichung, die wieder lauter experimentell bestimmbare Größen enthält und also zur Prüfung des ersten Hauptsatzes dienen kann. Für ein ideales Gas ist sie leicht verifizierbar; die beiden ersten Glieder fallen fort; nach der Zustandsgleichung wird das dritte Glied gleich $-\frac{R}{mv}$, das vierte dagegen $+\frac{R}{mv}$, also ist in der Tat (63) für ein ideales Gas identisch erfüllt.

II. p und T sind unabhängige Variabele.

Bei dieser Wahl kann man den ersten Hauptsatz schreiben:

$$(64)\quad \left(\frac{\partial u}{\partial p}\right)_T dp + \left(\frac{\partial u}{\partial T}\right)_p dT = d'q - p\,dv = d'q - p\left(\frac{\partial v}{\partial p}\right)_T dp - p\left(\frac{\partial v}{\partial T}\right)_p dT,$$

und jetzt wollen wir wieder die vier Prozesse betrachten wie unter I.

a) Der Prozeß verlaufe bei konstantem Volumen ($dv = 0$; $d'q = c_v\,dT$). Dann ist aus (64):

$$\left(\frac{\partial u}{\partial p}\right)_T dp + \left(\frac{\partial u}{\partial T}\right)_p dT = c_v\,dT,$$

und für c_v folgt, wenn man noch durch dT dividiert und den Differentialquotienten $\left(\frac{\partial p}{\partial T}\right)_v$ mit dem Index v schreibt, um zu betonen, daß dp und dT nicht unabhängig voneinander, sondern durch die Zustandsgleichung wegen des konstanten v aneinander gebunden sind:

$$(65)\qquad \left(\frac{\partial u}{\partial p}\right)_T \left(\frac{\partial p}{\partial T}\right)_v + \left(\frac{\partial u}{\partial T}\right)_p = c_v.$$

Diese Gleichung muß natürlich mit (56) dem Inhalte nach übereinstimmen, da sie sich ja nur durch Substitution anderer Variabeln unterscheidet. In der Tat besteht nach den Elementen der Differentialrechnung die Beziehung:

$$\left(\frac{\partial u}{\partial T}\right)_v = \left(\frac{\partial u}{\partial p}\right)_T \left(\frac{\partial p}{\partial T}\right)_v + \left(\frac{\partial u}{\partial T}\right)_p,$$

welche den sofortigen Übergang von (65) und (56) vermittelt. Überhaupt ist es klar, daß der Übergang zu anderen Variabeln kein physikalisch neues Ergebnis zeitigen kann; nur fallen manche Formeln je nach der Wahl der Variabeln bequemer für das Experiment aus. Wir führen auch deshalb alle Formeln an, um den Lernenden an die exakte Unterscheidung der hier auftretenden verschiedenen Differentialsymbole zu gewöhnen.

b) Der Prozeß verlaufe bei konstantem Druck ($dp = 0$, $d'q = c_p\,dT$). Dann wird (64):

$$\left(\frac{\partial u}{\partial T}\right)_p d\,T = c_p\,d\,T - p\left(\frac{\partial v}{\partial T}\right)_p d\,T,$$

oder:

(66) $$c_p = \left(\frac{\partial u}{\partial T}\right)_p + p\left(\frac{\partial v}{\partial T}\right)_p.$$

Die Gl. (65) und (66) definieren wieder die physikalische Bedeutung der partiellen Ableitungen $\left(\frac{\partial u}{\partial p}\right)_T$ und $\left(\frac{\partial u}{\partial T}\right)_p$.

Benutzt man in (66), daß nach (65)

$$\left(\frac{\partial u}{\partial T}\right)_p = c_v - \left(\frac{\partial u}{\partial p}\right)_T \left(\frac{\partial p}{\partial T}\right)_v$$

ist, so folgt unmittelbar:

(67) $$c_p - c_v = -\left(\frac{\partial u}{\partial p}\right)_T \left(\frac{\partial p}{\partial T}\right)_v + p\left(\frac{\partial v}{\partial T}\right)_p,$$

die den nämlichen Inhalt wie (59) hat und leicht in dieselbe überführbar ist. Bildet man aus (65) und (67) die Werte $\left(\frac{\partial u}{\partial p}\right)_T$ und $\left(\frac{\partial u}{\partial T}\right)_p$, differenziert den ersten nach T bei konstantem p, den zweiten nach p bei konstantem T und subtrahiert, so erhält man eine zu (60) analoge Beziehung vom nämlichen Inhalte.

c) Der isotherme Prozeß ($d\,T = 0$) ergibt aus (64):

$$\left(\frac{\partial u}{\partial p}\right)_T dp = d'q - p\left(\frac{\partial v}{\partial p}\right)_T dp,$$

oder:

(68) $$d'q = \left[\left(\frac{\partial u}{\partial p}\right)_T + p\left(\frac{\partial v}{\partial p}\right)_T\right] dp,$$

die dasselbe aussagt wie Gl. (61).

d) Nehmen wir endlich den adiabatischen Prozeß ($d'q = 0$), so folgt aus (64):

$$\left(\frac{\partial u}{\partial p}\right)_T dp + \left(\frac{\partial u}{\partial T}\right)_p d\,T = -p\left(\frac{\partial v}{\partial p}\right)_T dp - p\left(\frac{\partial v}{\partial T}\right)_p d\,T,$$

oder unter Einführung des Symbols $\left(\frac{\partial p}{\partial T}\right)_{ad}$:

$$\left[\left(\frac{\partial u}{\partial p}\right)_T + p\left(\frac{\partial v}{\partial p}\right)_T\right]\left(\frac{\partial p}{\partial T}\right)_{ad} = -\left(\frac{\partial u}{\partial T}\right)_p - p\left(\frac{\partial v}{\partial T}\right)_p,$$

aus der man mit Hilfe der Definitionsgleichungen (65) und (66) $\left(\frac{\partial u}{\partial T}\right)_p$ resp. $\left(\frac{\partial u}{\partial p}\right)_T$ eliminieren kann:

(69) $$(c_p - c_v)\left(\frac{\partial p}{\partial T}\right)_{ad} = c_p\left(\frac{\partial p}{\partial T}\right)_v,$$

die lauter experimentell bestimmbare Größen enthält, und für ein ideales Gas leicht verifiziert werden kann.

III. p und v sind unabhängige Variabeln.

Hier lautet die Gleichung des ersten Hauptsatzes:

(70) $$\left(\frac{\partial u}{\partial p}\right)_v dp + \left(\frac{\partial u}{\partial v}\right)_p dv = d'q - p\,dv.$$

a) Die Betrachtung eines isochorischen Prozesses ($dv = 0$, $d'q = c_v dT$) liefert:

$$\left(\frac{\partial u}{\partial p}\right)_v dp = c_v dT,$$

oder eine der beiden Formen:

$$(71)\qquad \begin{cases} c_v = \left(\frac{\partial u}{\partial p}\right)_v \left(\frac{\partial p}{\partial T}\right)_v, \\ \left(\frac{\partial u}{\partial p}\right)_v = c_v \left(\frac{\partial T}{\partial p}\right)_v, \end{cases}$$

wobei $\left(\frac{\partial p}{\partial T}\right)_v = \frac{1}{\left(\frac{\partial T}{\partial p}\right)_v}$ aus der Zustandsgleichung zu berechnen ist. Offenbar ist $\left(\frac{\partial u}{\partial p}\right)_v \left(\frac{\partial p}{\partial T}\right)_v = \left(\frac{\partial u}{\partial T}\right)_v$, was mit Gl. (56) resp. (65) der Sache nach übereinstimmt, wie es sein muß. Gl. (71) stellt die physikalische Bedeutung von $\left(\frac{\partial u}{\partial p}\right)_v$ fest.

b) An zweiter Stelle betrachten wir einen isobaren Prozeß ($dp = 0$, $d'q = c_p dT$). Dafür liefert (70):

$$\left(\frac{\partial u}{\partial v}\right)_p dv = c_p dT - p\, dv,$$

woraus folgt:

$$(72)\qquad \begin{cases} \left[\left(\frac{\partial u}{\partial v}\right)_p + p\right] \left(\frac{\partial v}{\partial T}\right)_p = c_p, \quad \text{oder} \\ \left(\frac{\partial u}{\partial v}\right)_p = c_p \left(\frac{\partial T}{\partial v}\right)_p - p, \end{cases}$$

wobei wieder $\left(\frac{\partial v}{\partial T}\right)_p = \frac{1}{\left(\frac{\partial T}{\partial v}\right)_p}$ aus der Zustandsgleichung bei konstantem p zu entnehmen ist; Gl. (72) liefert die physikalische Bedeutung von $\left(\frac{\partial u}{\partial v}\right)_p$.

Differenziert man die zweite Gl. (71) nach v bei konstantem p, die zweite Gl. (72) nach p bei konstantem v, so erhält man:

$$\frac{\partial^2 u}{\partial v \partial p} = \left(\frac{\partial c_v}{\partial v}\right)_p \left(\frac{\partial T}{\partial p}\right)_v + c_v \frac{\partial^2 T}{\partial v \partial p}, \quad \text{und}$$

$$\frac{\partial^2 u}{\partial v \partial p} = \left(\frac{\partial c_p}{\partial p}\right)_v \left(\frac{\partial T}{\partial v}\right)_p + c_p \frac{\partial^2 T}{\partial p \partial v} - 1,$$

und Subtraktion liefert wieder eine Gleichung, die zur experimentellen Prüfung des ersten Hauptsatzes dienen kann:

$$(73)\qquad (c_p - c_v) \frac{\partial^2 T}{\partial p \partial v} + \left(\frac{\partial c_p}{\partial p}\right)_v \left(\frac{\partial T}{\partial v}\right)_p - \left(\frac{\partial c_v}{\partial v}\right)_p \left(\frac{\partial T}{\partial p}\right)_v - 1 = 0.$$

Die hier auftretende Größe $\left(\frac{\partial c_v}{\partial v}\right)_p$ ist wohl zu unterscheiden von der in Gl. (60) auftretenden $\left(\frac{\partial c_v}{\partial v}\right)_T$. In letzterer Gleichung ist c_v als Funktion von v und T betrachtet, in unserer Gleichung (73) dagegen als Funktion von v und p; natürlich besteht ein einfacher Zusammenhang zwischen ihnen, auf den wir am Schlusse von Nr. 26 eingehen wollen.

Offenbar liefert (73) dasselbe wie Gl. (60), nur in anderer Bezeichnungsweise. Wenn man von (73) zu (60) übergehen will, so hat man insbesondere auf den eben erwähnten Unterschied $\left(\frac{\partial c_v}{\partial v}\right)_T$ und $\left(\frac{\partial c_v}{\partial v}\right)_p$ zu achten. Am Schlusse von Nr. 26 wollen wir die Identität der beiden Gleichungen direkt nachweisen.

c) Die Betrachtung des isothermen Prozesses ($dT = 0$) liefert hier:

$$d'q = \left\{ \left(\frac{\partial u}{\partial p}\right)_v \left(\frac{\partial p}{\partial v}\right)_T + \left(\frac{\partial u}{\partial v}\right)_p + p \right\} dv;$$

diese Gleichung sagt dasselbe aus wie (61) und (68).

d) Nehmen wir endlich einen adiabatischen Prozeß ($d'q = 0$), so haben wir nach (70):

$$\left(\frac{\partial u}{\partial p}\right)_v dp + \left(\frac{\partial u}{\partial v}\right)_p dv + p\,dv = 0,$$

oder besser:

$$\left(\frac{\partial u}{\partial p}\right)_v \left(\frac{\partial p}{\partial v}\right)_{ad} + \left(\frac{\partial u}{\partial v}\right)_p + p = 0, \tag{74}$$

in der man nach (71) und (72) $\left(\frac{\partial u}{\partial p}\right)_v$ und $\left(\frac{\partial u}{\partial v}\right)_p$ durch c_v und c_p ausdrücken kann, worauf man wieder eine experimentell prüfbare Gleichung erhält:

$$c_v \left(\frac{\partial T}{\partial p}\right)_v \left(\frac{\partial p}{\partial v}\right)_{ad} + c_p \left(\frac{\partial T}{\partial v}\right)_p = 0, \tag{75}$$

die inhaltlich mit (63) und (66) identisch ist.

Alle aufgestellten Beziehungen lassen sich für ideale Gase leicht verifizieren.

26. Die van der Waalssche Zustandsgleichung für reale Gase; Anwendung des ersten Hauptsatzes auf ein reales Gas.

Wenn man die in der vorhergehenden Nummer enthaltenen Gleichungen anwenden will, so bedarf man der Kenntnis der Zustandsgleichung; wir wollen daher zunächst die Zustandsgleichung für reale Gase kennen lernen. Van der Waals ist es gelungen, auf molekulartheoretische Vorstellungen gestützt, denen wir uns später zuwenden werden, eine Gleichung abzuleiten, die wenigstens angenähert dem Verhalten zahlreicher Gase entspricht und sogar für den flüssigen Zustand Gültigkeit besitzt. Die van der Waalssche Gleichung lautet:

$$\left(p + \frac{\alpha}{v^2}\right)(v - \beta) = \frac{R}{m} T, \tag{76}$$

wo α und β geeignet bestimmte Konstanten sind, die für jedes Gas charakteristisch sind. Nimmt man sehr verdünnte Gase, d. h. $\frac{\alpha}{v^2} \ll p$, $v \gg \beta$, so geht (76) über in die ideale Gasgleichung wie es sein muß. Gl. (76) ist in bezug auf v vom dritten Grade; sie lautet nach v aufgelöst:

$$(77)\qquad v^3 - \frac{p\beta + \frac{R}{m}T}{p}\,v^2 + \frac{\alpha}{p}\,v - \frac{\alpha\beta}{p} = 0,$$

woraus sofort folgt, daß im allgemeinen bei vorgeschriebener Temperatur T einem Werte von p drei Werte v, d. h. drei spezifische Volumina, entsprechen werden, von denen allerdings zwei unter Umständen komplexe Werte annehmen können, also dann keine physikalische Bedeutung besitzen. Man kann aus physikalischen Überlegungen von vornherein sagen, daß dieser letztere Fall eintreten muß, wenn die Gase sehr verdünnt sind und hohe Temperaturen haben, da dann (76) sich der idealen Gasgleichung annähert, bei der zu jedem Druck nur ein Volumen gehört. In diesem Wertgebiet der Variabeln fallen zwei spezifische Volumina konjugiert komplex aus und scheiden aus unserer Betrachtung aus.

Nach Versuchen von Andrews an Kohlensäure, die später von vielen anderen Forschern bestätigt und erweitert worden sind, zeigt sich das zuletzt besprochene Verhalten bei Kohlensäure bei Temperaturen über 31° C, also bei einer absoluten Temperatur von 304 Graden. Unterhalb dieser Temperatur sollen wir nach der van der Waalsschen Gleichung drei

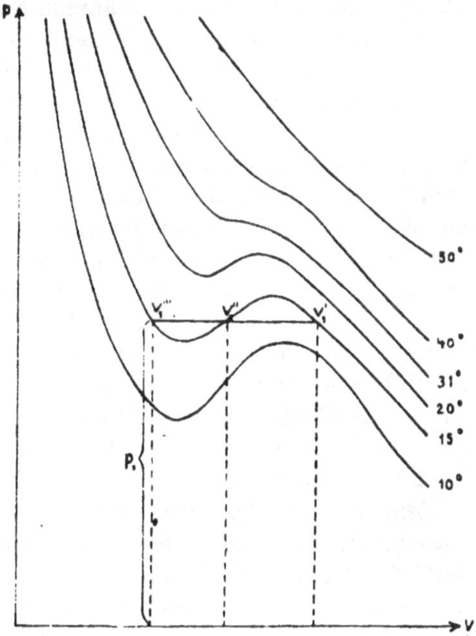

Fig. 16.

reelle spezifische Volumina zu jedem Druck haben. In der Fig. 16 sind für eine Reihe von Temperaturen (10, 20, 31, 40, 50 Grad Cels.) die Werte v und p als Abszissen und Ordinaten aufgetragen, analog wie in Fig. 13 für das ideale Gas; Fig. 16 stellt die Isothermen der Kohlensäure nach der van der Waalsschen Gleichung dar; dabei ist der Druck in Atmosphären, das spezifische Volumen in $\frac{\text{ccm}}{\text{gr}}$ aufgetragen. Zieht man Parallelen zur Abszissenachse, d. h. Linien konstanten Druckes, so sieht man aus der Zeichnung, daß in der Tat die Isothermen oberhalb 31° von jeder solchen Linie nur einmal geschnitten werden, d. h. daß zu jedem Werte p ein und nur ein Wert von v gehört.

Wir wollen nun etwa die Isotherme bei 15° C ins Auge fassen und von großen spezifischen Werten v und kleinen Drucken p beginnen, d. h. in dem in Fig. 16 rechts unten befindlichen Gebiete. Dort gelten im wesentlichen noch die einfachen Beziehungen für die idealen Gase, da unter diesen Umständen $\frac{\alpha}{v^2}$ und β praktisch vernachlässigt werden können. Indem wir den Druck langsam steigern, rücken wir auf der gewählten Isotherme von 15° allmählich nach links, bis wir einen bestimmten Druck p_1 erreicht haben. Von dieser Stelle ab trennt sich die theoretische Kurve von dem wirklichen Verhalten. Ziehen wir die Horizontale $p = p_1$, so schneidet sie die betrachtete Isotherme in drei Punkten, denen die spezifischen Volumina v_1', v_1'', v_1''' entsprechen. Am Punkte (p_1, v_1') waren wir gerade, von rechts kommend, angelangt. Während nun die theoretische Kurve, stetig verlaufend, mit wachsendem p zunächst noch höher steigt, dann ein Maximum passiert, dann abfallend mit abnehmendem p beim Werte p_1 das zweite spezifische Volumen v_1'' erreicht, dann mit weiterer Abnahme von p zu noch kleineren Werten von v fortschreitet, endlich ein Minimum passiert, um dann mit wachsendem Drucke p rapide wieder anzusteigen, beim Drucke p_1 endlich das dritte spezifische Volumen v_1''' passierend, reißt in Wirklichkeit beim Punkte $(p_1 v_1')$ die wirkliche Isotherme ab und springt unstetig auf den Punkt $(p_1 v_1''')$. Gleichzeitig geht mit dem Gase eine sichtbare Veränderung vor sich: es verflüssigt sich zum Teil, und es entspricht dem gasförmigen Teile das spezifische Volumen v_1', dem flüssigen dagegen v_1'''. Die Substanz wird also physikalisch inhomogen. In diesem Zustande wird das Verhalten des Stoffes durch zwei Punkte charakterisiert, (p_1, v_1') und (p_1, v_1'''), und zwar so lange, als überhaupt noch gasförmige Substanz vorhanden ist. Versuchen wir nämlich den Druck zu steigern, indem wir das Volumen verkleinern, so erweist sich dies als erfolglos; das einzige Ergebnis der Volumverkleinerung ist das, daß ein größerer Teil des Gases sich kondensiert. Erst wenn alles Gas kondensiert ist, d. h. der Zustand allein durch den Punkt (p_1, v_1''') charakterisiert wird (weil die Substanz jetzt wieder homogen und zwar eine homogene Flüssigkeit ist), ist eine weitere Drucksteigerung möglich, die dann wieder entsprechend der theoretischen Kurve erfolgt. Das Zwischenstadium der theoretischen Kurve ist in normalen Fällen gar nicht vorhanden.

Das erste und dritte Volumen finden also ihre physikalische Erklärung; das mittlere zweite, dem Zwischenstadium entsprechende, jedoch nicht. Um uns dies klar zu machen, wollen wir ganz allgemein die Frage stellen, ob das Zwischenstadium realisierbar sein kann. Wir gehen wieder vom Punkte (p_1, v_1') aus, an dem normalerweise die Verflüssigung beginnt. Es ist nun allerdings möglich, auf der theoretischen Kurve noch ein Stück weiter zu gelangen, auf das Maximum derselben zu; es tritt dann im Punkte (p_1, v_1') die Verflüssigung noch nicht ein, sondern die Substanz bleibt noch gasförmig homogen; wir haben einen sogenannten „Kondensationsverzug“ vor uns. Diese Zustände sind aber höchst labil und ihre Realisierung von Zufällen abhängig; die kleinste zufällige Änderung, z. B. Erschütterung des Gefäßes, Beimengung von Verunreinigungen, Staub usw., erzeugt, auch wenn es gelungen ist, auf der theoretischen Kurve über $(p_1 v_1')$ hinaus zu gelangen, sofort sprungweise Kondensation, d. h. sprungweises Übergehen auf die beiden Zustandspunkte $(p_1 v_1')$ und $(p_1 v_1''')$. Immerhin ist es denkbar, durch sorgfältiges Arbeiten bis zum Maximum der theoretischen Kurve zu gelangen. Der dann folgende Teil bis zum Minimum der theoretischen Kurve scheint aber prinzipiell nicht realisierbar zu sein. Denn auf diesem entspricht abnehmendes Volumen gleichzeitig abnehmendem Druck! Jenseits des Minimums entspricht wieder abnehmendem Volumen zunehmender Druck, also wird dieser Teil wieder grundsätzlich realisierbar sein. Um dies zu erzielen, geht man vom Punkte (p_1, v_1'''), d. h. vom flüssig homogenen Zustande aus, und versucht den Druck zu erniedrigen. Dies gelingt bei ganz reinen Substanzen, die vor allem luft- und gasfrei sein müssen, in der Tat.[1]) Eine kleine Erschütterung dagegen ruft sofort sprungweises Übergehen auf die Zustandspunkte (p_1, v_1''') und (p_1, v_1') hervor; auch dieses Stadium ist also sehr labil, es entspricht einem sogenannten „Siedeverzuge“.

Nehmen wir nun eine andere Isotherme, etwa die von Null Grad, also tiefer liegend, so spielt sich bei dieser alles ganz genau so ab, nur liegt wegen der tieferen Temperatur der Verflüssigungsdruck tiefer als vorhin; entsprechend tritt die Verflüssigung schon bei einem größeren spezifischen Volumen v_1' auf, wie vorhin, und das entsprechende spezifische Volumen der Flüssigkeit ist kleiner als im vorhergehenden Falle. Wir können also sagen: Je tiefer die Temperatur T ist, um so niedriger ist der Verflüssigungsdruck, und um so weiter liegen die beiden die Substanz charakterisierenden Zustandspunkte $(p_1 v_1')$ und $(p_1 v_1''')$ auseinander. In Fig. 17 ist das Verhalten der Kohlensäure (und so verhält sich jedes reale Gas) noch einmal gezeichnet, aber nur die normalerweise experimentell realisierbaren Teile, so daß man an jeder Isotherme unterhalb 31° die Punkte (p_1, v_1') resp. $(p_1 v_1''')$ deutlich erkennen kann und so einen Beleg für unsere Behauptung findet. Man kann die Punkte $(p_1 v_1')$, die verschiedenen Isothermen entsprechen, verbinden;

[1]) Vgl. hierzu: J. Meyer, Zur Kenntnis des negativen Druckes in Flüssigkeiten; Abhdlgn. d. deutschen Bunsen-Gesellschaft, Nr. 6, 1911.

desgleichen die Punkte ($p_1 v_1'''$). Man erhält dann zwei in Fig. 17 gestrichelte Kurven die für die Isotherme 31° ineinander übergehen; für

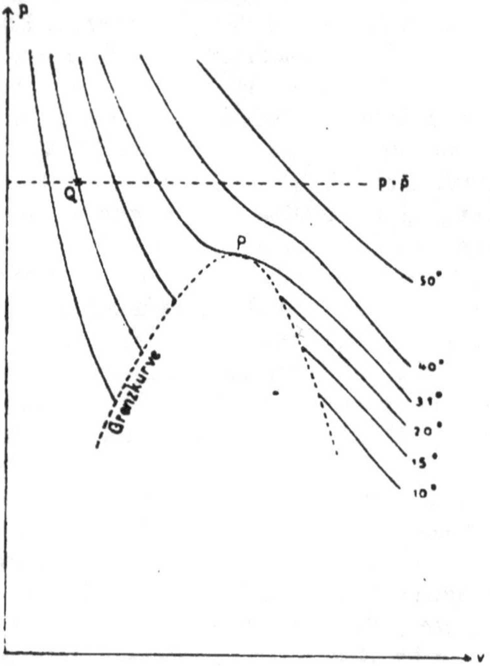

Fig. 17.

diese Isotherme ist das spezifische Volumen v_1' gleich dem spezifischen Volumen v_1''' geworden.

Die so entstandene Kurve (in Fig. 17 punktiert) heißt „Grenzkurve“, weil sie aus der pv-Ebene ein Gebiet ausschneidet, dessen Punkte im allgemeinen keine physikalische Bedeutung haben. Außerhalb der Grenzkurve ist der Zustand rechts gasförmig, links flüssig; jedem Punkte der Grenzkurve entspricht ein anderer, zu gleichem Drucke gehöriger, da gleichzeitig flüssiger und gasförmiger Zustand nebeneinander existieren können.

Die Isotherme von 31° unterscheidet sich also wesentlich von den unterhalb liegenden Isothermen; die Unstetigkeit im Verhalten des realen Gases verschwindet bei derselben, weil die beiden spezifischen Volumina v_1' des Dampfes und v_1''' der Flüssigkeit (und schließlich auch das physikalisch nicht realisierbare v_1'') dann in einem Punkte P zusammenfallen. Dampf und Flüssigkeit haben bei der Isotherme 31° im Punkte P dieselbe Dichte, sind daher voneinander nicht mehr zu unterscheiden. Im Sprachgebrauch des täglichen Lebens müssen wir also sagen: Bei 31° C (und oberhalb) kann die Kohlensäure nicht mehr verflüssigt werden.

Mathematisch liegt die Sache so, daß, während für Kohlensäure unterhalb 31° die van der Waalssche Zustandsgleichung drei reelle Wurzeln v_1', v_1'', v_1''' für jede Temperatur hat, diese für 31° C zusammenfallen. Oberhalb 31° werden zwei der Werte v konjugiert komplex, es existiert nur ein reelles spezifisches Volumen v. Oberhalb 31° also kann die Isotherme nicht zerreißen, eine Inhomogenität der Substanz nicht auftreten; eine Verflüssigung ist also unmöglich. Der Punkt P ist bestimmt durch die drei Angaben des dort herrschenden Druckes p_k, des spezifischen Volumens v_k, der Temperatur T_k. Da durch die Isotherme von 31° die beiden verschiedenen Fälle (drei reelle spezifische Volumina einerseits entsprechend der eintretenden Verflüssigung, ein reelles spezifisches Volumen und keine Verflüssigung anderseits) getrennt werden, so heißt die Isotherme von 31° die „kritische Isotherme" und entsprechend p_k der „kritische Druck", v_k das „kritische spezifische Volumen", T_k die „kritische absolute Temperatur".

Wir können das vorhin Gesagte folgendermaßen zusammenfassen: Oberhalb der kritischen Temperatur T_k ist es durch keinen noch so hohen Druck möglich, Gase zu verflüssigen. Unterhalb der kritischen Temperatur gibt es zu jeder Temperatur einen ganz bestimmten Kondensationsdruck, der um so tiefer liegt, je tiefer die Temperatur selbst ist. Bei diesem Kondensationsdrucke können Flüssigkeit und Gas nebeneinander im Gleichgewichte existieren; jeder Teil hat sein bestimmtes spezifisches Volumen v' resp. v'''; der Kondensationsdruck hängt nicht mehr von dem spezifischen Volumen, sondern nur noch von der Temperatur ab. Der Druck ist derselbe für Flüssigkeit und Gas; das Gas in Verbindung mit seiner Flüssigkeit wird der „gesättigte Dampf" genannt. Wir können also sagen: Der Druck des gesättigten Dampfes ist nur eine Funktion der Temperatur.

Die Größe des zu einer bestimmten Temperatur zugehörigen Kondensationsdruckes läßt sich aus der Zustandsgleichung nicht gewinnen; auf diese Frage liefert erst der II. Hauptsatz (Kap. V, Nr. 50) eine bestimmte Antwort.

In der folgenden Tabelle sind die kritischen Daten für einige Stoffe zusammengestellt:

	Abs. krit. Temperatur	Krit. Druck in Atm.	Krit. Dichte in g/ccm
Wasserstoff	33,8	14,0	—
Stickstoff	127,0	35,0	0,44
Sauerstoff	155,0	50,0	0,60
Kohlendioxyd	304.4	72,9	0,464
Wasser	637,3	194,6	0,208

Für die nämlichen Stoffe haben die Konstanten α und β der van der Waalsschen Formel die Werte (Drucke in Atmosphären, Volumina in ccm gemessen), alles auf ein Grammolekül bezogen:

	$\alpha\left[\frac{\text{Atm. ccm}^2}{\text{gr}^2}\right]$	$\beta\left[\frac{\text{ccm}}{\text{gr}}\right]$
Wasserstoff	$0{,}19\cdot10^6$	23,0
Stickstoff	$1{,}31\cdot10^6$	37,3
Sauerstoff	$1{,}36\cdot10^6$	31,6
Kohlendioxyd	$3{,}61\cdot10^6$	42,8
Wasser	$5{,}87\cdot10^6$	33,2

Die Beobachtungen von Andrews und seinen Nachfolgern führen zu einer eigentümlichen Konsequenz, nämlich zu einer Aufhebung des Unterschiedes zwischen flüssigem und gasförmigem Zustande. Man kann nämlich einen beliebigen Zustand auf zwei verschiedenen Wegen realisieren indem man entweder unterhalb der kritischen oder oberhalb der kritischen Temperatur arbeitet. Wir wollen uns z. B. vornehmen, den Punkt Q in Fig. 17, der auf der Isotherme von 15° C liegt, auf irgendeinem Wege zu erreichen. Das können wir zunächst so machen, daß wir z. B. Gas von 15° allmählich komprimieren, bis bei dem zugehörigen Kondensationsdruck die Verflüssigung einsetzt; wenn alles kondensiert ist, steigern wir den Druck weiter, bis wir zum Punkte Q gelangen; die Substanz möge dort den Druck $\bar{p}$ besitzen. Wenn wir den Prozeß in dieser Weise vornehmen, d. h. durch das Stadium der Inhomogenität hindurch, die allein das Auftreten einer Verflüssigung erkennen läßt, so werden wir nach dem üblichen Sprachgebrauch sagen, daß der Zustandspunkt Q dem flüssigen Aggregatzustande angehört. Wir können es aber auch anders machen. Wir gehen z. B. von der oberhalb der kritischen Temperatur liegenden Isotherme von 40° aus, steigern den Druck so lange, bis wir den Druck $\bar{p}$ erreicht haben, d. h. bis wir uns auf der horizontalen Geraden $p=\bar{p}$ befinden, die in Fig. 17 eingezeichnet ist, und auf der nach dem obigen der Punkt Q liegt. Da wir uns oberhalb der kritischen Temperatur befinden, tritt keinerlei Unstetigkeit ein. Die Substanz ist also sicher bei 40° und dem Druck $\bar{p}$ noch gasförmig. Jetzt gehen wir auf der horizontalen Geraden $p=\bar{p}$ nach links, bis wir Q erreichen; dies ist durch Temperaturerniedrigung auf 15° und gleichzeitige derartige Kompression zu erzielen, daß der Druck immer den Wert $\bar{p}$ beibehält. Auch hier schneiden wir nie das durch die Grenzkurve ausgeschlossene Gebiet der pv-Ebene, innerhalb dessen allein die Unstetigkeit auftritt; wir befinden uns ja weit oberhalb dieses Gebietes, wie in Fig. 17 deutlich zu sehen ist. Bei dieser zweiten Art des Vorgehens also bemerken wir keinerlei Kondensation, keinerlei Unstetigkeit im Verhalten der Substanz, werden also dieselbe im Punkte Q für gasförmig erklären müssen. Von diesem Standpunkte ist ein prinzipieller Unterschied zwischen gasförmigem und flüssigem Zustande nicht vorhanden.

Es ist leicht möglich, wenn die Zustandsgleichung gegeben ist, d. h., wenn die Konstanten α und β bekannt sind, die kritischen Daten zu berechnen. Dazu hat man nur zu beachten, daß im kritischen Punkte die

Isotherme erstens eine horizontale Tangente und zweitens einen Wendepunkt besitzt, was die Bedingungen liefert:

$$\left(\frac{\partial p}{\partial v}\right)_T = 0\,, \quad \left(\frac{\partial^2 p}{\partial v^2}\right)_T = 0\,. \tag{78}$$

Zusammen mit der Zustandsgl. (76) bestimmen diese Bedingungen die drei Größen p_k, v_k, T_k vollständig. Die Ausführung der Rechnung ergibt:

$$p_k = \frac{1}{27}\frac{\alpha}{\beta^2}; \quad v_k = 3\beta; \quad T_k = \frac{8}{27}\frac{m}{R}\frac{\alpha}{\beta}, \tag{79}$$

was für Kohlensäure nach den angegebenen Daten liefert:

$$\begin{cases} T_k = 305^0 = 273^0 + 32^0\ \mathrm{C}, \\ p_k = 62{,}5\ \mathrm{Atm.}; \quad v_k = 2{,}913\ \mathrm{ccm/gr}, \end{cases} \tag{80}$$

während die Beobachtung ergibt (nach Amagat):

$$T_k = 273^0 + 31{,}35^0\ \mathrm{C}; \quad p_k = 72{,}9\ \mathrm{Atm.}; \quad v_k = \frac{1}{0{,}464} = 2{,}155\ \frac{\mathrm{ccm}}{\mathrm{gr}}.$$

Man sieht, daß immerhin erhebliche Abweichungen vorhanden sind, die man durch Aufstellung komplizierterer Zustandsgleichungen mit mehr disponiblen Konstanten zu beheben versucht hat. Darauf brauchen wir hier nicht näher einzugehen; es sei nur bemerkt, daß eine allgemein gültige Zustandsgleichung noch für keinen Stoff aufgefunden worden ist.

Ein merkwürdiges Resultat van der Waals' sei noch erwähnt. Statt die Drucke in Atmosphären oder $\frac{\mathrm{dynen}}{\mathrm{cm}^2}$, die Temperaturen in Celsiusgraden, die spezifischen Volumina in $\frac{\mathrm{ccm}}{\mathrm{gr}}$ zu messen, kann man sie in Vielfachen der entsprechenden kritischen Größen messen. Wir nehmen also als Einheit des Druckes p_k, der Temperatur T_k, des spezifischen Volumens v_k. Das kommt darauf hinaus, daß wir die Variabeln p, v, T ersetzen durch die folgenden:

$$\pi = \frac{p}{p_k}; \quad \varphi = \frac{v}{v_k}; \quad \tau = \frac{T}{T_k}, \tag{81}$$

die wir nun in die van der Waalssche Zustandsgl. (76) einführen wollen. Man erhält so:

$$\left(p_k \pi + \frac{\alpha}{v_k^2 \varphi^2}\right)(v_k \varphi - \beta) = \frac{R}{m} T_k \tau,$$

und wenn wir darin die Werte für p_k, v_k, T_k nach (79) einsetzen:

$$\left(\pi + \frac{3}{\varphi^2}\right)(3\varphi - 1) = 8\tau. \tag{81}$$

Diese Gleichung, die sogenannte „reduzierte Zustandsgleichung", enthält keine der Substanz eigentümlichen Konstanten mehr und liefert also die Behauptung: Alle Stoffe besitzen die gleiche reduzierte Zustandsgleichung, was tatsächlich bei zahlreichen Substanzen zutrifft.

In Nr. 25 haben wir eine Reihe von Gleichungen aufgestellt, die eine Prüfung des ersten Hauptsatzes gestatten; es sind dies die folgenden:

$$\left(\frac{\partial c_v}{\partial v}\right)_T = \left(\frac{\partial c_p}{\partial T} - \frac{\partial c_v}{\partial T}\right)_v \left(\frac{\partial T}{\partial v}\right)_p + (c_p - c_v)\left[\frac{\partial}{\partial T}\left(\frac{\partial T}{\partial v}\right)_p\right]_v - \left(\frac{\partial p}{\partial T}\right)_v, \tag{60}$$

$$\left(\frac{\partial c_v}{\partial v}\right)_T + \left(\frac{\partial c_v}{\partial T}\right)_v \left(\frac{\partial T}{\partial v}\right)_{ad} + c_v\left[\frac{\partial}{\partial T}\left(\frac{\partial T}{\partial v}\right)_{ad}\right]_v + \left(\frac{\partial p}{\partial T}\right)_v = 0, \tag{63}$$

$$(c_p - c_v)\left(\frac{\partial p}{\partial T}\right)_{ad} = c_p\left(\frac{\partial p}{\partial T}\right)_v, \tag{69}$$

$$(c_p - c_v)\frac{\partial^2 T}{\partial p\,\partial v} + \left(\frac{\partial c_p}{\partial p}\right)_v \left(\frac{\partial T}{\partial v}\right)_p - \left(\frac{\partial c_v}{\partial v}\right)_p \left(\frac{\partial T}{\partial p}\right)_v = 1, \tag{73}$$

$$c_v\left(\frac{\partial T}{\partial p}\right)_v \left(\frac{\partial p}{\partial v}\right)_{ad} + c_p\left(\frac{\partial T}{\partial v}\right)_p = 0. \tag{75}$$

Von diesen Gleichungen sagen (60) und (73) sowie (63), (69), (75) untereinander dasselbe aus. Die sämtlichen darin auftretenden Größen sind — grundsätzlich wenigstens — experimentell bestimmbar. Einige von ihnen sind direkt aus der Zustandsgleichung ableitbar, nämlich die Größen:

$$\left(\frac{\partial T}{\partial v}\right)_p, \quad \frac{\partial}{\partial T}\left[\left(\frac{\partial T}{\partial v}\right)_p\right]_v, \quad \left(\frac{\partial p}{\partial T}\right)_v, \quad \frac{\partial^2 T}{\partial p\,\partial v}, \quad \left(\frac{\partial T}{\partial p}\right)_v,$$

Wir können diese direkt aus der Zustandsgleichung bilden, und erhalten dann einfache Relationen zwischen den spezifischen Wärmen und den Konstanten α und β der van der Waalsschen Gleichung. Diejenigen Größen jedoch, die mit dem Index „ad" versehen sind, können aus der Zustandsgleichung nicht entnommen werden. Denn ihre Bildung verlangt außer der Kenntnis der Zustandsgleichung die besondere Kenntnis der für einen adiabatischen Prozeß geltenden Bedingungen, und diese kann nur gewonnen werden — wie man aus der Herleitung der adiabatischen Bedingung für ein ideales Gas ersehen kann —, wenn die Energiegleichung $U = f(v, T)$ bekannt ist. Diese kann allerdings aus der Zustandsgleichung berechnet werden, aber erst mit Hilfe des später zu besprechenden zweiten Hauptsatzes der Wärmetheorie. Wenn wir also die mit dem Index „ad" versehenen Größen nicht direkt experimentell bestimmen wollen, müssen wir an dieser Stelle auf die Prüfung der Beziehungen (63), (69) und (75) verzichten. Dagegen wollen wir die denselben Inhalt in verschiedenen Formen aussprechenden Gl. (60) und (73) für eine der van der Waalsschen Gleichung gehorchende Substanz jetzt bilden. Aus der van der Waalsschen Gl. (76) folgt durch Ausführung der vorgeschriebenen Differentiationen sofort:

$$\left(\frac{\partial T}{\partial v}\right)_p = \frac{p - \frac{\alpha}{v^2} + \frac{2\alpha\beta}{v^3}}{\frac{R}{m}} = \frac{-\frac{2\alpha}{v^2} + \frac{2\alpha\beta}{v^3} + \frac{RT}{m(v-\beta)}}{\frac{R}{m}}, \tag{82}$$

$$\left[\frac{\partial}{\partial T}\left(\frac{\partial T}{\partial v}\right)_p\right]_v = \frac{1}{v-\beta}, \tag{83}$$

$$\left(\frac{\partial p}{\partial T}\right)_v = \frac{R}{m(v-\beta)}, \tag{84}$$

$$\left(\frac{\partial T}{\partial p}\right)_v = \frac{m(v-\beta)}{R}, \tag{85}$$

$$(86)\qquad \frac{\partial^2 T}{\partial p\,\partial v} = \left[\frac{\partial}{\partial p}\left(\frac{\partial T}{\partial v}\right)_p\right]_v = \left[\frac{\partial}{\partial v}\left(\frac{\partial T}{\partial p}\right)_v\right]_p = \frac{m}{R}.$$

Damit werden die genannten Gleichungen:

$$(60\text{a})\qquad \left(\frac{\partial c_v}{\partial v}\right)_T = \left(\frac{\partial c_p}{\partial T}\right) - \frac{\partial c_v}{\partial T}\Bigg)_v \left(\frac{\frac{RT}{m(v-\beta)} - \frac{2\alpha}{v^2} + \frac{2\alpha\beta}{v^3}}{\frac{R}{m}}\right) + \frac{c_p - c_v}{v-\beta} - \frac{R}{m(v-\beta)},$$

$$(73\text{a})\qquad \frac{c_p - c_v}{\frac{R}{m}} + \left(\frac{\partial c_p}{\partial p}\right)_v \frac{\frac{RT}{m(v-\beta)} - \frac{2\alpha}{v^2} + \frac{2\alpha\beta}{v^3}}{\frac{R}{m}} - \left(\frac{\partial c_v}{\partial v}\right)_p \frac{v-\beta}{\frac{R}{m}} = 1.$$

Hierbei zeigt sich besonders die Notwendigkeit, die verschiedenen Ableitungen von c_p und c_v zu unterscheiden; wir wollen hier die Zusammenhänge angeben, um direkt die Identität von (60a) und (73a) nachzuweisen. In Gl. (60a) sind als unabhängige Variable T und v, in (73a) p und v genommen. Betrachten wir nun c_p und c_v in (73a) als Funktionen von T und v und bilden mit diesen Funktionen die in (60a) vorkommenden Ausdrücke: $\left(\frac{\partial c_v}{\partial v}\right)_T$, $\left(\frac{\partial c_p}{\partial T}\right)_v$, $\left(\frac{\partial c_v}{\partial T}\right)_v$; wir erhalten dann offenbar:

$$(87)\qquad \begin{cases} \left(\frac{\partial c_p(p,v)}{\partial T}\right)_v = \left(\frac{\partial c_p}{\partial p}\right)_v \left(\frac{\partial p}{\partial T}\right)_v = \left(\frac{\partial c_p}{\partial p}\right)_v \frac{R}{m(v-\beta)}, \\ \left(\frac{\partial c_v(p,v)}{\partial T}\right)_v = \left(\frac{\partial c_v}{\partial p}\right)_v \left(\frac{\partial p}{\partial T}\right)_v = \left(\frac{\partial c_v}{\partial p}\right)_v \frac{R}{m(v-\beta)}. \end{cases}$$

Ferner haben wir, wenn c_v einmal als Funktion von T und v, ein zweites Mal als Funktion von p und v betrachtet wird:

$$dc_v(v,T) = \left(\frac{\partial c_v}{\partial T}\right)_v dT + \left(\frac{\partial c_v}{\partial v}\right)_T dv = \left(\frac{\partial c_v}{\partial v}\right)_p dv + \left(\frac{\partial c_v}{\partial p}\right)_v \left[\left(\frac{\partial p}{\partial v}\right)_T dv + \left(\frac{\partial p}{\partial T}\right)_v dT\right]$$

woraus die für uns wichtige Beziehung folgt:

$$(88)\qquad \left(\frac{\partial c_v}{\partial v}\right)_T = \left(\frac{\partial c_v}{\partial v}\right)_p + \left(\frac{\partial c_v}{\partial p}\right)_v \left(\frac{\partial p}{\partial v}\right)_T = \left(\frac{\partial c_v}{\partial v}\right)_p + \left(\frac{\partial c_v}{\partial p}\right)_v \cdot \left[\frac{2\alpha}{v^3} - \frac{RT}{m(v-\beta)^2}\right].$$

Setzt man (87) und (88) in (60a) ein, so geht diese unmittelbar in (73a) über. In dieser sind somit nur die Größen c_p und c_v als Funktionen von p und v zu bestimmen; alles übrige ergibt sich aus der Zustandsgleichung. Für ein ideales Gas sind c_p und c_v Konstanten, und (73a) reduziert sich auf die bekannte, für ideale Gase geltende Gleichung:

$$c_p - c_v = \frac{R}{m}.$$

27. Kreisprozesse; der Carnotsche Kreisprozeß.

Wir wollen nun eine beliebige Substanz betrachten, deren Zustand völlig durch zwei Variable, als die wir p und v wählen, bestimmt ist. In der pv-Ebene entspricht also jeder Zustand einem Punkte und jede Zustandsänderung einer Punktfolge, d. h. einer Kurve. Wählen wir v als Abszisse, p als Ordinate, so stellt in Fig. 18 die Kurve ACB das Bild einer Zustandsänderung dar. Wir wollen uns zunächst geometrisch die Größe der Arbeitsleistung klar machen, die mit der genannten Zustandsänderung verbunden ist.

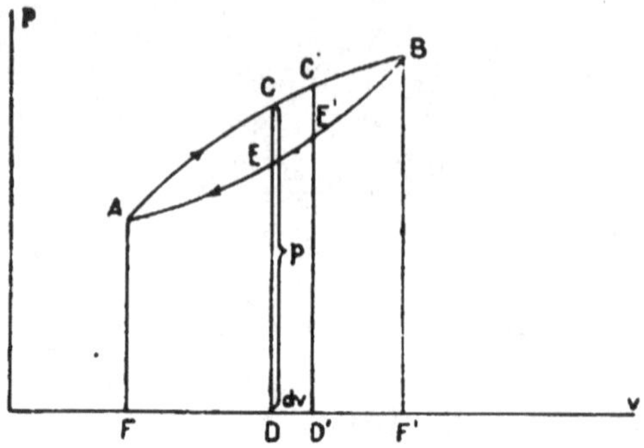

Fig. 18.

Betrachten wir einen Punkt C der die Zustandsänderung repräsentierenden Kurve, dem die Koordinaten p und v entsprechen mögen, und einen Nachbarpunkt C' mit den Koordinaten $p + dp$, $v + dv$. Ziehen wir zwei Parallelen durch C und C' zur Ordinatenachse, so schneiden diese aus der Abszissenachse das Stück $DD' = dv$ aus; die Länge von DC ist p, also der Inhalt des Vierecks $DCD'C'$ gleich $p\,dv$ bis auf unendlich kleine Größen höherer Ordnung. Die Arbeit, die bei der infinitesimalen Zustandsänderung von C nach C' geleistet wird, ist aber $-p\,dv$; der Inhalt des Stückes $CC'DD'$ ist also gleich dem absoluten Betrage der Arbeit. Ebenso ist offenbar der Inhalt der von ACB, BF', $F'F$, FA begrenzten Figur dem absoluten Betrage nach gleich $\int p\,dv$, d. h. der Arbeit, die während der ganzen Zustandsänderung von A nach B geleistet wird.

Wir wollen nun eine Zustandsänderung betrachten, die zwar gleichfalls die Substanz von A nach B führt, aber auf eine andere Weise, so daß ihr die Kurve $AEE'B$ entspricht: wir führen die Substanz auf anderem Wege von A nach B. In diesem Falle wird die Arbeit, absolut genommen, gemessen durch den Inhalt der Figur $AEE'BF'FA$. Und so allgemein. Man erkennt hier aufs deutlichste, daß die Arbeit nicht nur vom Anfangs- und Endzustande A und B, sondern ganz wesentlich von der Art des Überganges zwischen diesen beiden Punkten abhängt, d. h. vom Wege. Dies ist die geometrische Versinnbildlichung der Tatsache, daß $d'A$ kein vollständiges Differential einer Funktion der Zustandsvariablen ist. Wir wollen nun die Arbeit auf dem ersten Wege $ACC'B$ durch A_1, auf dem zweiten Wege $AEE'B$ durch A_2 bezeichnen; dabei ist vorausgesetzt, daß beide Wege in der Richtung von A nach B durchlaufen werden. Kehren wir aber den Sinn des zweiten Prozesses um, so daß er in der Richtung von B nach A vor sich geht, wie es die Pfeilrichtung in Fig. 18 andeutet, so wird die Arbeit auf diesem Wege gleich $-A_2$

werden. Nunmehr verbinden wir die Wege $ACC'B$ und $BE'EA$ zu einem einzigen in der Richtung $ACC'BE'EA$ zu durchlaufenden Wege; diese geschlossene Kurve repräsentiert dann eine Zustandsänderung, die den Körper wieder in den Anfangszustand A zurückführt, sie stellt, wie man sagt, einen „Kreisprozeß" dar. Die gesamte Arbeit, die dabei geleistet wird, setzt sich additiv zusammen aus den auf den Wegen $ACC'B$ und $BE'EA$ geleisteten Einzelarbeiten, ist also gleich $A_1 - A_2$, und das ist wiederum gleich dem Flächeninhalte des von der geschlossenen Zustandskurve $ACC'BE'EA$ umschlossenen Gebietes der pv-Ebene. Bedeutet also in Fig. 19 die geschlossene Kurve irgendeinen Kreisprozeß, so ist die davon umschlossene Fläche, die in der Figur schraffiert ist, absolut genommen gleich der Arbeit, die größer als Null ist, wenn der Prozeß in dem einen, kleiner als Null, wenn er im umgekehrten Sinne durchlaufen wird.

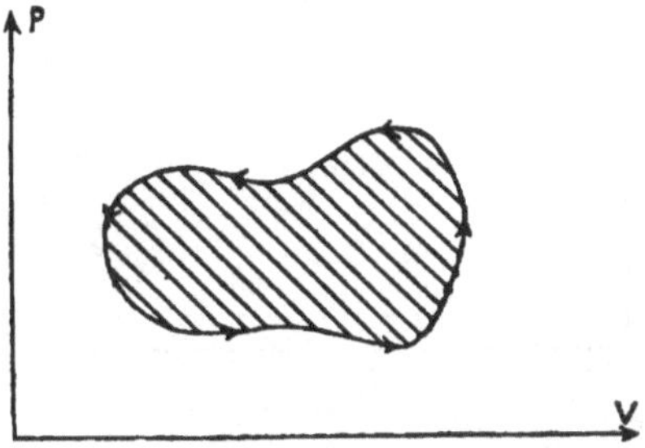

Fig. 19.

Man macht sich leicht klar, daß wenn der Prozeß so vor sich geht, wie es die Pfeilrichtung in Fig. 19 vorschreibt, dann die Arbeit positiv ist, im umgekehrten Falle negativ. Wir können daher folgende Regel aufstellen: Wir umkreisen das eingeschlossene Flächenstück in dem vorgeschriebenen Sinne des Kreisprozesses; bleibt das Flächenstück dann zur linken Hand, so ist die zugeführte Arbeit positiv, andernfalls negativ. Natürlich gilt diese Deutung nur im pv-Diagramm, d. h. wenn p und v als unabhängige Variabeln benutzt werden. Diese physikalische Bedeutung des von der repräsentierenden Kurve in der pv-Ebene umschlossenen Flächenstückes wird übrigens bei den Dampfmaschinen und Gasmotoren bei dem sogenannten Wattschen Indikator benutzt, der automatisch auf geeichtem Koordinatenpapier die Zustandskurve aufzeichnet; die umschlossene Fläche ergibt dann einfach durch Auszählen oder durch mechanische Integration die Arbeit pro Periode der Maschine.

Wir betrachten im folgenden einen speziellen Kreisprozeß, der von dem französischen Ingenieur und Physiker Sadi Carnot 1824 in die Wissenschaft eingeführt ist und nach ihm der Carnotsche Kreisprozeß genannt wird. Um alles bei demselben berechnen zu können, nehmen wir als arbeitende Substanz ein ideales Gas, von dem wir ja sowohl die Energiegleichung, als auch die Zustandsgleichung kennen, oder, was auf dasselbe herauskommt[1]), von dem wir außer der Zustandsgleichung auch die adiabatische Bedingung kennen.

Der Carnotsche Prozeß besteht aus folgenden vier Abteilungen (vgl. Fig. 20):

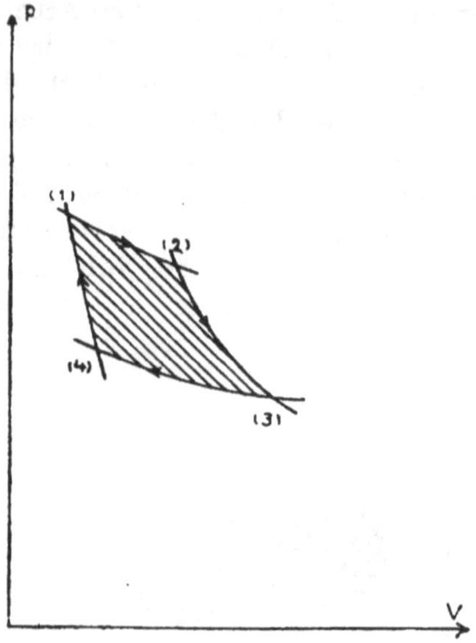

Fig. 20.

1. Die Masseneinheit des betreffenden idealen Gases habe zunächst das spezifische Volumen v_1, den Druck p_1, die Temperatur T_1 [Anfangszustand im Punkte (1)]. Wir dehnen das Gas isotherm aus, bis Druck und spezifisches Volumen die Werte p_2, v_2 angenommen haben [Punkt (2)].

2. Vom Zustande ($p_2\, v_2\, T_1$) bringen wir durch adiabatische Ausdehnung, die mit Temperaturerniedrigung verbunden ist, das Gas in den Zustand (3), der charakterisiert ist durch die Angaben p_3, v_3, T_2.

3. Vom Punkte (3) aus komprimieren wir isotherm bei der Temperatur T_2 bis zum Drucke p_4 und dem spezifischen Volumen v_4 [Zustand (4)], die so gewählt werden, daß

4. von (p_4, v_4, T_2) durch eine adiabatische Kompression die Substanz wieder in den Anfangszustand ($p_1\, v_1\, T_1$) gebracht wird.

Ferner wollen wir den ganzen Prozeß so führen, daß er quasistatisch verläuft, d. h. wir wollen bis auf unendlich Kleines den inneren Druck gleich dem äußeren Druck setzen, und ferner bei vorkommender Wärmeleitung die Temperaturdifferenzen unendlich klein machen, wie es der in Nr. 22 gegebenen Definition eines quasistatischen Prozesses entspricht.

Die Kurvenstücke (1, 2) und (3, 4) sind gleichseitige Hyperbeln als Isothermen; die Strecken (2, 3) und (4,1) dagegen sind adiabatische Kurven,

[1]) Vgl. die Ausführungen auf pag. 97 u. 99.

die, wie früher festgestellt, steiler abfallen als die Isothermen. Es ist daher stets möglich, p_4 und v_4 so zu wählen, daß man durch einen adiabatischen Prozeß wieder nach dem Punkte (1) kommt. Denn durch (1) geht eine Adiabate, die die Isotherme T_2 schneiden muß. Die Pfeile in Fig. 20 geben in Übereinstimmung mit unserer Schilderung die Richtung an, in der der Prozeß durchlaufen wird. Wir wissen von vornherein, daß das schraffierte Flächenstück die gesamte Arbeit darstellt, die in unserem Falle negativ ist, da bei dem gewählten Umlaufsinne die Fläche zur Rechten der umkreisenden Person bleibt. Da nach dem ersten Hauptsatze für Kreisprozesse $q + a = 0$ ist, so muß also eine positive Wärmemenge, deren in Erg gemessener Betrag ebenfalls gleich dem schraffierten Flächenstück ist, von außen zugeführt werden, was natürlich nur auf den Isothermen geschehen kann, da die Adiabaten ja gerade durch fehlende Wärmezufuhr charakterisiert sind. Die Arbeit a setzt sich aus vier Teilbeträgen a_1, a_2, a_3, a_4 zusammen, die auf die Strecken (1, 2), (2, 3), (3, 4), (4, 1) entfallen und die wir jetzt mittels des ersten Hauptsatzes berechnen wollen. Nach Gl. (46) lautet derselbe für ideale Gase:

$$(46) \qquad c_v\, d\,T = d'q - p\,dv = d'q - \frac{R\,T}{m\,v}\,dv;$$

wir wenden diese Gleichung zuerst an auf die Strecke (1, 2), auf der $T = T_1$, also $d\,T = 0$ ist. Also wird (46):

$$d'q_1 = p\,dv,$$

oder integriert von (1) bis (2):

$$(89) \qquad q_1 = \int_1^2 p\,dv = \frac{R\,T_1}{m}\int_1^2 \frac{dv}{v} = \frac{R\,T_1}{m}\log\frac{v_2}{v_1};$$

daraus folgt für die Arbeit a_1:

$$(90) \qquad a_1 = -\int_1^2 p\,dv = \frac{R\,T_1}{m}\log\frac{v_1}{v_2}.$$

q_1 ist die von außen zugeführte Wärmemenge; auf dieser Strecke ist q_1 positiv, da $v_2 > v_1$ ist; wir können uns denken, daß q_1 einem Wärmereservoir R_1 entnommen wird, mit dem das ideale Gas während der Dauer dieses Teilprozesses in Berührung ist und von dem es durch Leitung Wärme entnimmt; die Temperatur des Reservoirs muß also höher sein als T_1. Da wir aber den ganzen Vorgang quasistatisch verlaufen lassen wollen, so dürfen wir die Reservoirtemperatur nur um unendlich Kleines höher als T_1, d. h. müssen sie merklich gleich T_1 nehmen; der Einfachheit halber wollen wir das Reservoir auch so groß machen, daß seine Temperatur bei der Wärmeabgabe an unser Gas dauernd T_1 bleibt. Ein solches Reservoir nennen wir in Zukunft der Kürze halber ein „unendlich großes". Da $q_1 = -a_1$ ist, so ist a_1, die von außen zugeführte Arbeit, negativ, d. h. der Körper leistet Arbeit nach außenhin; „Wärme wird in Arbeit verwandelt".

Auf der zweiten Teilstrecke (2, 3), die eine Adiabate ist, ist $d'q = 0$; also ist nach (46):

$$(91)\qquad a_2 = -\int_2^3 p\,dv = \int_{T_1}^{T_2} c_v\,dT = c_v(T_2 - T_1).$$

Die Arbeit, die hier ebenfalls negativ ist, wird hier aus der inneren Energie des Gases bestritten, die um den nach außen abgegebenen Arbeitsbetrag abnimmt.

Die dritte Teilstrecke (3, 4) ist die Isotherme T_2. Wir haben hier offenbar die (89) und (90) analogen Gleichungen:

$$(92)\qquad q_2 = \int_3^4 p\,dv = \frac{RT_2}{m}\int_3^4 \frac{dv}{v} = \frac{RT_2}{m}\log\frac{v_4}{v_3}, \quad \text{und}$$

$$(93)\qquad a_3 = -\int_3^4 p\,dv = \frac{RT_2}{m}\log\frac{v_3}{v_4}.$$

Hier ist q_2 negativ, und folglich a_3 positiv. Es wird also negative Wärme q_2 von einem zweiten Reservoir R_2 aufgenommen, oder besser ausgedrückt, positive Wärme von dem arbeitenden Gase an das Reservoir R_2 abgegeben; da der Prozeß quasistatisch ist, nehmen wir die Temperatur des Reservoirs R_2 unendlich wenig kleiner als T_2; ferner sei R_2 unendlich groß, so daß seine Temperatur als dauernd konstant betrachtet werden darf. Bei diesem Teilprozeß wird „Arbeit in Wärme verwandelt".

Die letzte Strecke endlich ist wieder eine Adiabate; auf ihr gilt analog (91):

$$(94)\qquad a_4 = -\int_4^1 p\,dv = \int_{T_2}^{T_1} c_v\,dT = c_v(T_1 - T_2),$$

a_4 ist positiv, und es steigt um diesen Betrag die innere spezifische Energie des Gases, die jetzt wieder ihren Anfangswert $c_v T_1$ erreicht hat, wie es bei einem Kreisprozesse der Fall sein muß.

Man bemerkt, daß die Arbeiten a_2 und a_4 auf den Adiabaten entgegengesetzt gleich sind, sich also gegenseitig in der Gesamtarbeit fortheben. Als Gesamtarbeit haben wir demnach:

$$(95)\qquad a = a_1 + a_2 + a_3 + a_4 = a_1 + a_3 = \frac{RT_1}{m}\log\frac{v_1}{v_2} + \frac{RT_2}{m}\log\frac{v_3}{v_4}.$$

Dieser Ausdruck läßt sich noch vereinfachen, wenn man bedenkt, daß die Zustände (2) und (3), resp. (4) und (1) durch einen adiabatischen Prozeß auseinander hervorgehen, dessen Gleichung nach (52) für ein ideales Gas ist:

$$(52)\qquad T v^{\frac{c_p - c_v}{c_v}} = \text{Const.}$$

Anwendung auf die Zustände (2) und (3) sowie (4) und (1) ergibt:

$$(96)\quad \begin{cases} T_1 v_2^{\frac{c_p - c_v}{c_v}} = T_2 v_3^{\frac{c_p - c_v}{c_v}}, \\ T_1 v_1^{\frac{c_p - c_v}{c_v}} = T_2 v_4^{\frac{c_p - c_v}{c_v}}, \end{cases}$$

und durch deren Division folgt zwischen den vier spezifischen Volumina die Beziehung:

$$(97)\quad \frac{v_1}{v_2} = \frac{v_4}{v_3},$$

womit (95) geschrieben werden kann:

$$(98)\quad a = a_1 + a_3 = \frac{R}{m}(T_1 - T_2)\log\frac{v_1}{v_2}.$$

Für eine beliebige arbeitende Substanz, deren Zustandsgleichung bekannt ist, z. B. für ein der van der Waalsschen Gleichung gehorchendes Gas, kann die vorhergehende Rechnung nur dann geleistet werden, wenn die adiabatische Bedingung, oder, was auf dasselbe herauskommt, die Energiegleichung explizite bekannt ist. Wie schon mehrfach bemerkt, gelingt dies erst unter Heranziehung eines neuen Satzes, des sogenannten zweiten Hauptsatzes der Thermodynamik, der, wie man schon hier vermuten kann, dem Carnotschen Prozeß erst seine allgemeine Bedeutung verleiht.

Der Carnotsche Prozeß ist eine Idealisierung der in der Dampfmaschine verlaufenden Vorgänge; natürlich können in praxi weder streng isotherme noch streng adiabatische Vorgänge hergestellt werden, auch ist die Arbeitssubstanz kein ideales Gas; doch ist die Ähnlichkeit in die Augen fallend, wenn man sich die aufeinanderfolgenden Prozesse in der Dampfmaschine vergegenwärtigt.

Bei den thermodynamischen Maschinen liegt die Sache so, daß die Menschheit wirtschaftlich interessiert ist an dem Bruch $\left|\frac{a}{q_1}\right|$; denn q_1 ist die vom Kessel zuströmende Energie, die bezahlt werden muß, und a ist die gewonnene, von der Maschine geleistete Arbeit; deshalb nennt man $\eta = \left|\frac{a}{q_1}\right|$ den „thermodynamischen Nutzeffekt" der Maschine. Diese Größe wollen wir für den Carnotschen Prozeß berechnen, was zunächst natürlich nur für ein ideales Gas möglich ist; da $a = -(q_1 + q_2) = -q$ ist, so können wir schreiben:

$$(99)\quad \eta = \frac{q_1 + q_2}{q_1}.$$

Wir finden so für den Nutzeffekt nach (98) und (89):

$$(100)\quad \eta = \frac{\frac{R}{m}(T_1 - T_2)\log\frac{v_2}{v_1}}{\frac{R}{m}T_1\log\frac{v_2}{v_1}} = \frac{T_1 - T_2}{T_1},$$

d. h. gleich der Differenz der absoluten Temperaturen, zwischen denen der Prozeß arbeitet, dividiert durch die absolute Temperatur des heißeren Reservoirs. Jedenfalls hängt also der Nutzeffekt nicht von der speziellen Natur des gewählten idealen Gases ab, z. B. nicht von seinem Molekulargewicht, den spezifischen Wärmen usw., sondern nur von den absoluten Temperaturen, zwischen denen das Gas arbeitet. Wir werden später sehen, daß dieses Resultat ganz allgemein gilt, mit welcher Substanz auch der Carnotsche Prozeß ausgeführt wird; das folgt aber, wie aus dem Vorhergehenden verständlich sein wird, erst mit Hilfe des sogenannten zweiten Hauptsatzes. Man kann die Gl. (99) und (100) kombinieren, indem man η eliminiert. Dann folgt zunächst

$$\frac{q_1 + q_2}{q_1} = \frac{T_1 - T_2}{T_1},$$

oder in symmetrischer Form:

$$\frac{q_1}{T_1} + \frac{q_2}{T_2} = 0, \quad \text{oder} \quad \sum \frac{q}{T} = 0. \tag{101}$$

Nach dem vorher Gesagten ist es selbstverständlich, daß auch diese Gleichung sich mit Hilfe des zweiten Hauptsatzes in der geschilderten Weise verallgemeinern lassen wird.

Was ist nun der Effekt des Carnotschen Prozesses? Das Gas ist am Ende wieder genau in demselben Zustande wie vorher, da es einen Kreisprozeß beschrieben hat. Dagegen ist aus einem Wärmereservoir R_1 der absoluten Temperatur T_1 die positive Wärmemenge q_1 entnommen und an ein Reservoir R_2 von der tieferen Temperatur T_2 die gleichfalls positive Wärmemenge $-q_2 = q_2'$ abgegeben worden; gleichzeitig ist die negative äußere Arbeit $a = -(q_1 + q_2) = q_2' - q_1$ von außen auf das System geleistet worden, oder die positive Arbeit $a' = -a = q_1 - q_2'$ nach außenhin abgegeben worden. Es ist also eine Wärmemenge $q_1 - q_2'$ von der Temperatur T_1 in Arbeit a' verwandelt worden, und eine Wärmemenge q_2' von der Temperatur T_1 auf die tiefere Temperatur T_2 herabgesunken. Wir haben also — darin zeigt sich wieder die oben betonte Analogie der thermodynamischen Maschinen zum Carnotschen Kreisprozeß — in letzterem ein Mittel, um warmen Körpern (Reservoiren) Wärme zu entziehen und sie wenigstens teilweise in Arbeit zu verwandeln.

Nun läßt sich der Prozeß in umgekehrter Richtung durchlaufen, da er quasistatisch geführt ist; dazu sind nur unendlich kleine Druck- und Temperaturänderungen notwendig. Dann vertauschen q_1, q_2, a ihr Vorzeichen und das Resultat ist: eine positive Arbeit a wird von außen in das System hineingesteckt und verschwindet als Arbeit; aus dem tieferen Reservoir (T_2) wird eine positive Wärmemenge q_2 entnommen und an das obere eine positive Wärmemenge $q_1' = -q_1$ abgeführt, die in das System hineingesteckte Arbeit ist $a = -(q_1 + q_2) = q_1' - q_2$; das Gas ist am Ende wieder im Anfangszustande.

Lassen wir endlich den Prozeß einmal in direkter und dann in umgekehrter Richtung vor sich gehen, so ist der ganze Effekt gleich Null; Arbeit ist weder geleistet noch gewonnen, die Reservoire sind unverändert, das Gas desgleichen. Die durch den direkten Prozeß in der Natur hervorgebrachten eben aufgezählten Änderungen sind durch den inversen gerade kompensiert worden.

Wir haben im Carnotschen Kreisprozeß ein Beispiel eines Vorganges vor uns, den man „reversibel“ nennt, weil er durch geeignete Anordnungen vollständig rückgängig gemacht werden kann, so daß nicht die geringste Änderung in der Natur zurückbleibt. Solche Prozesse werden uns im nächsten Kapitel weiter beschäftigen.

28. Polytropische Prozesse, verallgemeinerter Carnotscher Prozeß.

Wir haben in den Nummern 24 und 25 den ersten Hauptsatz auf folgende vier spezielle Prozesse angewendet, auf isochorische ($dv = 0$), isobare ($dp = 0$), isotherme ($dT = 0$), adiabatische ($d'q = 0$). Wir wollen jetzt einen allgemeineren Prozeß betrachten, zu dessen analytischer Formulierung wir folgendermaßen gelangen: In jedem der genannten Fälle können wir der arbeitenden Substanz, z. B. einem idealen Gase, einen für den gerade betrachteten Prozeß charakteristischen Wert der spezifischen Wärme zuordnen. Bei dem isochorischen Prozeß ist die betreffende spezifische Wärme c_v, d. h. bei konstantem Volumen, beim isobaren entsprechend c_p (spez. Wärme bei konstantem Druck); beim isothermen Prozeß verhält sich das Gas so, als ob es eine unendlich große spezifische Wärme hätte, denn trotz endlicher Wärmezufuhr steigt die Temperatur nicht; beim adiabatischen Falle endlich kommt dem Gase die spezifische Wärme 0 zu, denn ohne Wärmezufuhr ändert sich die Temperatur. Wir kennen also bereits vier spezielle Werte der spezifischen Wärme:

$$c_{\text{ad}} = 0; \quad c_v; \quad c_p; \quad c_{\text{isoth}} = \infty .$$

Dazwischen können nun einerseits noch unendlich viele positive Werte, die wir γ nennen wollen, eingeschaltet werden, und man sieht anderseits leicht ein, daß auch alle negativen Werte von $-\infty$ bis 0 von γ physikalisch zulässig sind; denn man kann der Substanz positive Wärme zuführen und sie gleichzeitig so dilatieren, daß ihre Temperatur abnimmt. Jedem Werte γ zwischen $-\infty$ und $+\infty$ entspricht eine bestimmte Art der mit der Substanz vorgenommenen Zustandsänderung. Solche Prozesse, bei denen der arbeitenden Substanz eine beliebige konstante spezifische Wärme γ zukommt, heißen allgemein „polytropische Prozesse“ und die sie darstellenden Kurven in der pv-Ebene entsprechend polytropische Kurven oder kurz „Polytropen“. Die Isobaren $p = \text{const.}$, die Isochoren $v = \text{const.}$, die Isothermen $pv = \text{const.}$ und die Adiabaten $pv^{\varkappa} = \text{const.}$ sind also spezielle Fälle von Polytropen.

Durch jeden Punkt der pv-Ebene läßt sich nun eine Isotherme und eine Adiabate hindurchlegen, deren Neigungen gegen die Abszissenachse wir bestimmen wollen. Aus der Gleichung der Isotherme ergibt sich der Wert:

$$\left(\frac{dp}{dv}\right)_{\text{isoth}} = -\frac{p}{v}, \tag{102}$$

während für die Adiabate folgt:

(103)
$$\left(\frac{dp}{dv}\right)_{ad} = -\frac{\varkappa p}{v}.$$

Da $\varkappa = \frac{c_p}{c_v} > 1$ ist, so ist die Adiabate stärker als die Isotherme gegen die Abszissenachse geneigt, wie wir dies schon früher festgestellt hatten.

Wir wollen nun die analoge Untersuchung für eine beliebige Polytrope anstellen. Nach der Definition derselben kommt der arbeitenden Substanz während einer polytropischen Zustandsänderung eine konstante spezifische Wärme γ zu, deren Wert im übrigen zwischen $-\infty$ und $+\infty$ jeden beliebigen Wert haben kann. Der erste Hauptsatz liefert dann im Falle der Masseneinheit eines idealen Gases:

(104)
$$c_v\, dT = d'q - p\,dv = \gamma\, dT - p\,dv,$$

oder nach Einsetzung des Wertes von p:

(105)
$$(c_v - \gamma)\, dT + \frac{R}{m}\frac{T}{v}\, dv = 0,$$

eine Gleichung, die sich nach Division mit T integrieren läßt:

$$(c_v - \gamma) \log T + \frac{R}{m} \log v = \text{Const.}$$

Beachtet man, daß $\frac{R}{m} = c_p - c_v$ ist, und geht man von den Logarithmen zu den Numeris über, so nimmt die letzte Gleichung die Gestalt an:

$$T^{c_v - \gamma}\, v^{c_p - c_v} = \text{Const.},$$

oder auch:

(106)
$$T\, v^{\frac{c_p - c_v}{c_v - \gamma}} = \text{Const.}$$

Diese Gleichung würde also die Polytrope in der Tv-Ebene darstellen. Zusammen mit der Zustandsgleichung ergibt sich daraus für die Gleichung der Polytrope in der pv-Ebene:

(107)
$$p\, v^{\frac{c_p - \gamma}{c_v - \gamma}} = \text{Const.},$$

die für die oben zusammengestellten speziellen Werte von γ bzw. in eine Isobare, Isochore, Isotherme oder Adiabate übergeht, wie es sein muß. Die Neigung der allgemeinen Polytrope gegen die Abszissenachse ergibt sich nach (107) zu:

(108)
$$\left(\frac{dp}{dv}\right)_{pol} = -\frac{c_p - \gamma}{c_v - \gamma} \cdot \frac{p}{v},$$

und der Koeffizient $\frac{c_p - \gamma}{c_v - \gamma}$ kann jeden beliebigen Wert zwischen $-\infty$ und $+\infty$ annehmen.

Die folgende Tabelle zeigt, wie sich $\frac{c_p - \gamma}{c_v - \gamma}$ ändert, wenn γ das ganze Intervall von $-\infty$ bis $+\infty$ durchläuft.

$\gamma =$	$-\infty$	0	c_v	c_p	$+\infty$
$\frac{c_p-\gamma}{c_v-\gamma} =$	$+1$	$\frac{c_p}{c_v} > 1$	$\pm\infty$	0	$+1$

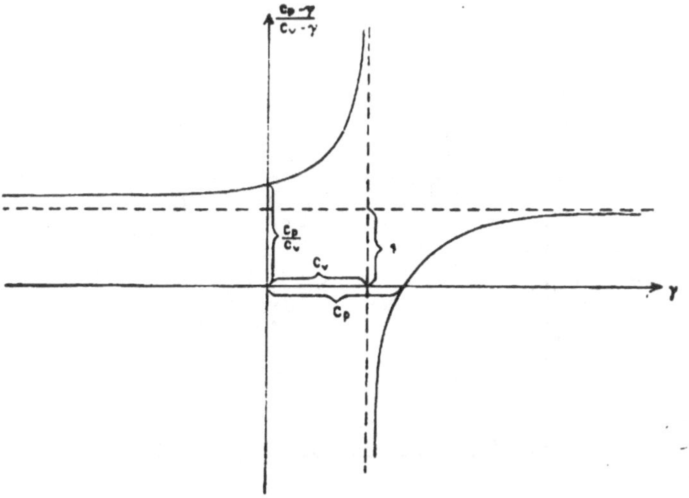

Fig. 21.

In der Fig. 21 ist das Verhalten graphisch dargestellt.

Betrachtet man einen Kreisprozeß, der in der pv-Ebene als ein Kreis dargestellt wird, so entspricht jedes Linienelement desselben einem andern Werte von γ, also auch von $\frac{c_p-\gamma}{c_v-\gamma}$. Es sei dem Leser überlassen, dieses einfache Beispiel im einzelnen durchzuführen.

Die Gleichung der Polytrope (106) oder (107), oder auch in der Differentialform (105) hat offenbar große Ähnlichkeit mit der der Adiabate. Bei einer Prüfung der obigen Ableitung erkennt man leicht, daß diese Ähnlichkeit auch insofern besteht, als man die Gleichung der Polytrope, ebenso wie die der Adiabate, nur deshalb gewinnen konnte, weil außer der Zustandsgleichung auch die bekannte Energiegleichung $u = c_v T +$ Const. des idealen Gases benutzt werden konnte. Für einen beliebigen Stoff, für den u als Funktion der Zustandsvariablen nicht gegeben ist, läßt sich die Gleichung der Polytrope nur vermittels des zweiten Hauptsatzes gewinnen, der es gestattet, wenn die Zustandsgleichung bekannt ist, die Energiegleichung abzuleiten.

Wir wollen nun einen Kreisprozeß betrachten, der aus zwei Isothermen und zwei Polytropen mit derselben Konstanten γ besteht. Der Unterschied gegen den Carnotschen besteht also darin, daß die Adiabaten durch gleichartige Polytropen ersetzt sind (Fig. 22).

Vom Punkte (1) $[p_1\, v_1\, T_1]$ wird das ideale Gas (und zwar die Masseneinheit) isotherm ausgedehnt bis zum Punkte (2) $[p_2\, v_2\, T_1]$; gleichzeitig wird eine Wärmemenge q_1 aus einem unendlich großen Reservoir von der Temperatur T_1 aufgenommen; dieser Teil stimmt also mit Carnot über-

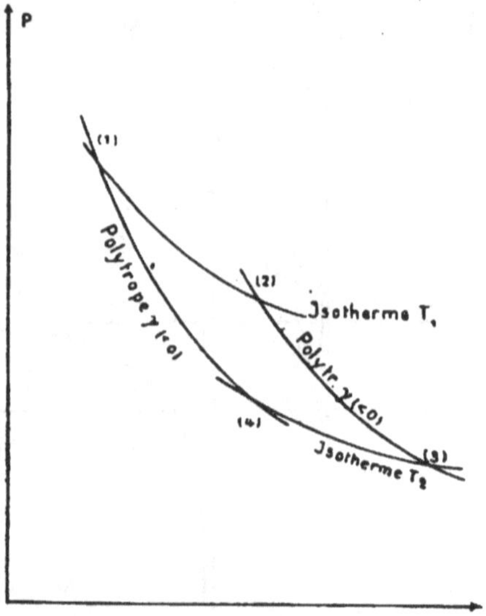

Fig. 22.

ein, und infolgedessen haben a_1 und q_1 die Werte, die durch die Gleichungen (89) und (90) gegeben sind:

$$-a_1 = +q_1 = \frac{R\,T_1}{m} \log \frac{v_2}{v_1}.$$

Vom Punkte (2) gelangt man durch eine polytropische Ausdehnung zum Punkte (3), der durch die Werte $[p_3\, v_3, T_2]$ bestimmt ist. Nach der Differentialgleichung der Polytrope ist hier:

$$(c_v - \gamma)\, d\,T = -p\, d\,v,$$

also:

$$a_2 = (c_v - \gamma)(T_2 - T_1),$$

während sich nach Definition der Polytrope die Wärmemenge q_2 zu

$$q_2 = \gamma\,(T_2 - T_1)$$

ergibt. Da $T_2 < T_1$ ist, so muß, damit $q_2 > 0$ ausfällt, was wir annehmen wollen, $\gamma < 0$ gewählt werden. Diese positive Wärmemenge q_2 muß aus einem Reservoir zugeführt werden, dessen Temperatur sich während der polytropischen Ausdehnung von T_1 auf T_2 erniedrigt, so daß stets ein quasistatischer Wärmeübergang vom Reservoir zu dem idealen Gase stattfinden kann, das den Kreisprozeß durchläuft. Am einfachsten läßt sich dies so erzielen, daß man als Reservoir ebenfalls ein ideales Gas nimmt, und daß man in jedem Augenblick (durch passende adiabatische Volumänderung desselben) dafür sorgt, daß seine Temperatur stets nur um unendlich Kleines höher ist als die des „Arbeitsgases".

Von (3) bis (4) $[p_4, v_4, T_2]$ gelangt man wieder auf einer Isotherme, und man hat, wie beim Carnot-Prozesse, gemäß Gl. (92) und (93):

$$-a_3 = q_3 = \frac{RT_2}{m}\log\frac{v_4}{v_3}.$$

Endlich geht man auf einer Polytrope von der nämlichen Konstanten γ wieder nach (1) zurück, worauf der Kreisprozeß geschlossen ist. Hierfür ist offenbar:

$$a_4 = (c_v - \gamma)(T_1 - T_2),$$

während

$$q_4 = \gamma(T_1 - T_2)$$

wird. Diese Wärmemenge q_4 fällt unter den gemachten Voraussetzungen negativ aus, wird also an ein Reservoir abgegeben. Man kann dafür wieder dasselbe Reservoir benutzen, das die Wärmemenge q_2 geliefert hat, indem man wieder dafür sorgt, daß die Bedingungen des quasistatischen Überganges erfüllt sind. Da überdies offenbar $q_4 = -q_2$ ist, so hat im Punkte (1) dieses Reservoir wieder seine gesamte Wärme wiedergewonnen und ist auch sonst in seinem Anfangszustande wieder angelangt.

Die gesamte Arbeit ergibt sich zu:

$$\begin{aligned} a &= a_1 + a_2 + a_3 + a_4 \\ &= \frac{RT_1}{m}\log\frac{v_1}{v_2} + \frac{RT_2}{m}\log\frac{v_3}{v_4} + (c_v - \gamma)(T_2 - T_1) + (c_v - \gamma)(T_1 - T_2). \end{aligned}$$

Die beiden letzten Glieder heben sich fort, genau wie die Arbeitsleistungen auf den Adiabaten beim Carnotschen Prozesse. Bedenkt man ferner, daß v_2 und v_3 einerseits, v_1 und v_4 anderseits durch einen polytropischen Prozeß auseinander hervorgehen, so hat man gemäß (106) die Beziehungen:

$$T_1 v_2^{\frac{c_p - c_v}{c_v - \gamma}} = T_2 v_3^{\frac{c_p - c_v}{c_v - \gamma}},$$

$$T_1 v_1^{\frac{c_p - c_v}{c_v - \gamma}} = T_2 v_4^{\frac{c_p - c_v}{c_v - \gamma}}$$

und durch Division folgt:

$$\frac{v_2}{v_1} = \frac{v_3}{v_4},$$

womit der Ausdruck für die Arbeit a übergeht in:

$$a = a_1 + a_3 = \frac{R}{m}\log\frac{v_1}{v_2}(T_1 - T_2).$$

Für die gesamte zugeführte Wärme findet man, da ja $q_2 = -q_4$ ist:

$$q = q_1 + q_3 = \frac{RT_1}{m}\log\frac{v_2}{v_1} + \frac{RT_2}{m}\log\frac{v_4}{v_3} = -\frac{R}{m}\log\frac{v_1}{v_2}(T_1 - T_2),$$

also $a + q = 0$, wie es bei einem jeden Kreisprozesse sein muß.

Für den thermodynamischen Nutzeffekt, d. h. für das Verhältnis zwischen geleisteter Arbeit und zugeführter Wärme haben wir hier sinngemäß zu setzen:

$$\eta = \left|\frac{a}{q_1 + q_3}\right|,$$

da hier nicht nur auf der ersten Isotherme, sondern auch auf der ersten Polytrope Wärme zugeführt wird. Man erhält so für den Nutzeffekt:

$$(109) \qquad \eta = \frac{\frac{R}{m}(T_1 - T_2)\log\frac{v_1}{v_2}}{\frac{R}{m}T_1\log\frac{v_1}{v_2} + \gamma(T_2 - T_1)}$$

und dieser ist kleiner als der des Carnotschen Prozesses. Nun ist es allerdings möglich, hier den Nutzeffekt ein wenig anders zu definieren. Denn die auf der ersten Polytrope aufgenommene Wärmemenge q_2 wird ja auf der zweiten Polytrope wieder abgegeben, und man kann sich sogar vorstellen, daß die Abgabe an das nämliche Reservoir geschieht, das die Wärme q_2 ursprünglich geliefert hatte. Dann ist nach Beendigung eines Zyklus der Maschine dieses Reservoir wieder im Anfangszustande, und man kann von der Wärmemenge q_2 bei der Berechnung des Wirkungsgrades absehen. Dann würde man finden:

$$(109\,a) \qquad \eta = \left|\frac{a}{q_1}\right| = 1 - \frac{T_2}{T_1},$$

und dies ist genau gleich dem Nutzeffekt des Carnotschen Prozesses. Je nachdem der Nutzeffekt definiert wird, erhält man also den Satz, daß der verallgemeinerte Carnotsche Prozeß einen kleineren oder einen ebensogroßen Wirkungskreis besitzt, wie der Carnotsche selbst. In der Literatur sind darüber gelegentlich Streitigkeiten entstanden, die aber im Grunde auf diese beiden verschiedenen Definitionen zurückzuführen sind. Wir halten uns an die ursprüngliche Definition, die in Gl. (109) ausgedrückt ist, und erklären also den Nutzeffekt des „verallgemeinerten Carnotschen" Prozesses für kleiner als den des gewöhnlichen.

Wir werden später (Nr. 38) beweisen, daß es keinen Prozeß gibt, der einen größeren Wirkungsgrad besitzt als der Carnotsche, daß vielmehr alle von dem Carnotschen abweichenden Kreisprozesse einen kleineren Nutzeffekt besitzen als dieser. Der obige Fall ist ein Beispiel dieses allgemeinen Satzes.

29. Chemische Reaktionen ohne Volumänderungen.

Ein besonders wichtiges Anwendungsgebiet des ersten Hauptsatzes bilden die chemischen Reaktionen, von denen wir zunächst diejenigen besprechen wollen, die ohne Volumänderungen, d. h. ohne Leistung äußerer Arbeit, vor sich gehen. Es sind dies sehr angenähert die Reaktionen zwischen festen und flüssigen Stoffen, da bei ihnen die Volumänderungen minimal sind. Dagegen sind hier im allgemeinen Reaktionen, bei denen Gase beteiligt sind, auszuschließen, weil die dabei auftretenden Volumänderungen, d. h. äußeren Arbeiten, erheblich zu sein pflegen. Nur wenn diese letzten Vorgänge in geschlossenen Gefäßen vor sich gehen, fallen sie unter die in dieser Nummer zu behandelnden Fälle; die übrigen untersuchen wir in der nächsten Nummer.

Der erste Hauptsatz nimmt hier, infolge des Fehlens äußerer Arbeit, die einfache Form an:

(110) $$U_2 - U_1 = Q.$$

U_1 bedeutet die innere (chemische) Energie des Stoffes vor der Reaktion, U_2 diejenige nach derselben, Q die von außen zuzuführende Wärme.

Die chemischen Vorgänge lassen sich nun in zwei große Klassen einteilen: in solche, bei denen eine Zufuhr äußerer Wärme notwendig ist, und in solche, die umgekehrt Wärme nach außen abgeben. In der Thermochemie nennt man erstere „endothermische", letztere, die bei weitem häufiger sind, „exothermische" Vorgänge. Ferner pflegt man dort — im Gegensatz zu unserer Schreibweise — die vom System abgegebenen Wärmemengen als positiv zu rechnen und bezeichnet deshalb exothermische Vorgänge, d. h. solche, denen in unserer Ausdrucksweise negative Wärme von außen zugeführt wird, als Vorgänge mit positiver „Wärmetönung", endothermische als solche mit negativer Wärmetönung. Wir behalten unsere Vorzeichenwahl im folgenden bei, so daß unsere thermochemischen Gleichungen sich durch das Vorzeichen der Wärmetönungen von denen der chemischen Literatur unterscheiden.

Zugleich ist es notwendig, eine zweckmäßige Symbolik einzuführen. Der Chemiker schreibt die Reaktion, die aus einem Atom Pb und einem Atom S ein Molekül PbS entstehen läßt, folgendermaßen:

$$\mathrm{Pb} + \mathrm{S} = \mathrm{PbS}.$$

Diese gibt in der Tat die Ausgangs- und Endprodukte und ihre relativen Mengen richtig an, sagt aber nichts über die energetischen Verhältnisse aus. Wir wollen dagegen von jetzt an mit einem chemischen Symbol, z. B. Pb, nicht nur den Stoff, sondern zugleich die innere Energie eines Grammatoms bzw. Grammoleküls dieses Stoffes bezeichnen. Wir verstehen also unter Pb die (innere) Energie eines Grammatoms Pb, unter S die eines Grammatoms S, unter PbS die eines Grammoleküls PbS. Genauer werden wir uns noch an folgende Vereinbarung halten: feste Stoffe bezeichnen wir durch eckige Klammern [ ], flüssige durch runde ( ), gasförmige durch geschweifte Klammern { }. Es bedeutet also z. B. $[H_2O]$ die Energie eines Grammoleküls Eis, (H_2O) die eines Mols flüssigen Wassers, $\{H_2O\}$ diejenige von ein Mol Wasserdampf.

Wenn wir in dieser Weise etwa die oben erwähnte Reaktion Pb + S = PbS thermochemisch vollständig schreiben wollen, so haben wir zu setzen:

(111) $$\begin{cases} U_1 = [\mathrm{Pb}] + [\mathrm{S}], \\ U_2 = [\mathrm{PbS}], \end{cases}$$

d. h. die Energie des Anfangszustandes ist die von je einem Grammatom Pb und S; die des Endzustandes U_2 ist gleich der Energie eines Mols Schwefelblei (von der nämlichen Temperatur). Eine Messung von Heß ergab nun, daß die Reaktion eine positive Wärmetönung von 18400 cal liefert; also ist $Q = -18400$ cal zu setzen, und die vollständige thermochemische Gleichung lautet folgendermaßen:

$$(112) \qquad [PbS] - [Pb] - [S] = -18400 \text{ cal}.$$

Es versteht sich von selbst, daß hier U_1 und U_2 nicht in Erg, sondern in Kalorien gemessen sind.

Betrachten wir als weiteres Beispiel das Schmelzen von 1 Grammmolekül Eis bei 0 Grad Cels. Dann haben wir:

$$U_1 = [H_2O], \quad U_2 = (H_2O);$$

die Schmelzwärme pro Gramm beträgt 80 cal, also $Q = 18 \cdot 80$ cal, da 18 das Molekulargewicht des Wassers ist. Also lautet die thermochemische Gleichung für diesen Vorgang:

$$(113) \qquad (H_2O) - [H_2O] = 18 \cdot 80 \text{ cal};$$

der Vorgang ist also ein solcher mit negativer Wärmetönung oder eine endothermische Reaktion.

Diese Beispiele ließen sich leicht ins Ungemessene vermehren, wofür der Leser auf Spezialwerke über Thermochemie verwiesen werden muß.

Eine Prüfung des ersten Hauptsatzes läßt sich nun in folgender Weise vornehmen: Da die Energie U nur von dem augenblicklichen Zustande abhängt, so muß es gleichgültig sein, auf welche Weise man vom Anfangszustand zum Endzustand übergeht. Leitet man eine und dieselbe Reaktion auf verschiedenen Wegen vom nämlichen Anfangszustand zum nämlichen Endzustand, so muß demgemäß die Wärmetönung in beiden Fällen gleich sein (wenn noch, wie hier ja durchgehend vorausgesetzt, die äußere Arbeit A praktisch vernachlässigt werden kann). Diese Aussage des ersten Hauptsatzes trifft nun in der Tat zu und ist bemerkenswerterweise schon vor der allgemeinen Aufstellung des Energiegesetzes von Heß im Jahre 1840 experimentell gefunden und von ihm als „Gesetz der konstanten Wärmesummen" bezeichnet worden. Das folgende Beispiel von Heß möge das oben Gesagte erläutern.

Als Ausgangsmaterial sei ein Grammolekül H_2SO_4 und zwei Grammmoleküle NH_3 in unendlicher Verdünnung in wäßriger Lösung gewählt, was wir $(2\,NH_3 \cdot aq)$ schreiben. Also ist:

$$U_1 = (H_2SO_4) + (2\,NH_3 \cdot aq).$$

Daraus bildet sich schwefelsaures Ammoniak $(NH_4)_2SO_4$ in wäßriger Lösung, ebenfalls unendlich verdünnt; also ist:

$$U_2 = ((NH_4)_2SO_4 \cdot aq).$$

Bei der Reaktion entsteht eine positive Wärmetönung von 595,8 cal. Also lautet die thermochemische Gleichung:

$$(114) \qquad ((NH_4)_2SO_4 \cdot aq) - (H_2SO_4) - (2\,NH_3 \cdot aq) = -595{,}8 \text{ cal}.$$

Statt von konzentrierter Schwefelsäure auszugehen, die dann mit unendlich verdünntem (NH_3) zusammengebracht wird, kann man z. B. zuerst ein Mol (H_2O) zu einem Mol (H_2SO_4) zusetzen und dann erst $(2\,NH_3 \cdot aq)$ zufügen. Dann erhalten wir folgende Gleichungen:

(115) $(H_2SO_4 \cdot 1\,H_2O) - (H_2SO_4) - (H_2O) = -\ 77{,}8$ cal,

d. h. daß bei einer Lösung von 1 Mol H_2SO_4 in 1 Mol Wasser 77,8 cal frei werden. Weiter ergab sich:

(116) $((NH_4)_2SO_4 \cdot aq) - (H_2SO_4 \cdot 1\,H_2O) - (2\,NH_3 \cdot aq) = -\ 518{,}9$ cal,

d. h. wenn man zu dieser in 1 Mol Wasser verdünnten Schwefelsäure unendlich verdünntes NH_3 hinzufügt, werden 518,9 cal frei. Addiert man (115) und (116), so erhält man:

(117) $$((NH_4)_2SO_4 \cdot aq) - (H_2SO_4) - (2\,NH_3 \cdot aq)$$
$$= -\ (518{,}9 + 77{,}8)\ \text{cal} = -\ 596{,}7\ \text{cal},$$

also mit (114) fast völlig übereinstimmend. Das eine Mol Wasser ist in (117) natürlich in die Bezeichnung „*aq*“ mit eingerechnet.

Heß hat dieses Beispiel noch weiter durchgeführt, indem er nun H_2SO_4 zunächst in 2 Molen Wasser verdünnte und dann erst mit $(2\,NH_3 \cdot aq)$ zusammenbrachte. Dann ebenso zunächst Verdünnung mit 3 Molen Wasser usw. Er fand dann folgendes:

$$(H_2SO_4 \cdot 2\,H_2O) - (H_2SO_4) - 2\,(H_2O) = -\ 116{,}7\ \text{cal},$$
$$((NH_4)_2SO_4 \cdot aq) - (H_2SO_4 \cdot 2\,H_2O) - (2\,NH_3 \cdot aq) = -\ 480{,}5\ \text{cal},$$

durch deren Addition man erhält:

(118) $$((NH_4)_2SO_4 \cdot aq) - (H_2SO_4) - (2\,NH_3 \cdot aq)$$
$$= -\ (480{,}5 + 116{,}7)\ \text{cal} = -\ 597{,}2\ \text{cal}.$$

Entsprechend ergab sich:

$$(H_2SO_4 \cdot 3\,H_2O) - (H_2SO_4) - 3\,(H_2O) = -\ 155{,}3\ \text{cal},$$
$$((NH_4)_2SO_4 \cdot aq) - (H_2SO_4 \cdot 3\,H_2O) - (2\,NH_3 \cdot aq) = -\ 446{,}5\ \text{cal},$$

und die Addition liefert wieder:

(119) $$((NH_4)_2SO_4 \cdot aq) - (H_2SO_4) - (2\,NH_3 \cdot aq)$$
$$= -\ (446{,}5 + 155{,}3)\ \text{cal} = -\ 601{,}8\ \text{cal}.$$

Vergleicht man die Wärmetönungen in den Gl. (114), (117), (118) und (119), so sind sie, wie es der erste Hauptsatz verlangt, innerhalb der Versuchsfehler identisch.

Wir haben oben erwähnt, daß bei Reaktionen, bei denen gasförmige Bestandteile auftreten, im allgemeinen die Arbeitsleistung berücksichtigt werden muß. Läßt man aber solche Reaktionen z. B. in der sogenannten Berthelotschen Bombe, d. h. in einem verschlossenen Gefäße, vor sich gehen, wodurch Volumkonstanz erzwungen wird, so fallen auch diese unter das Gesetz der konstanten Wärmesummen. Ein hierher gehöriges Beispiel ist die Bildung von Bleisulfat auf den folgenden zwei Wegen. Einerseits hat man gefunden:

(120) $[PbSO_4] - [Pb] - [S] - 2\,\{O_2\} = -\ 216210$ cal.

Anderseits ist aber auch:

$$\{SO_2\} - [S] - \{O_2\} = -\ 71080\ \text{cal, und}$$
$$[PbSO_4] - [Pb] - \{SO_2\} - \{O_2\} = -\ 145130\ \text{cal},$$

und die Addition liefert:

$$(121) \quad [PbSO_4] - [Pb] - [S] - 2\{O_2\} = -(145130 + 71080) \text{ cal}$$
$$= -216210 \text{ cal},$$

also ganz übereinstimmend mit der auf dem ersten Wege gewonnenen Zahl.

Umgekehrt kann man nun den ersten Hauptsatz benutzen, um auf indirektem Wege die Wärmetönung von Reaktionen festzustellen, die direkt entweder unter den bestehenden Bedingungen gar nicht vor sich gehen oder nicht gemessen werden können. Es sei z. B. gefragt nach der Reaktion, die wir symbolisch durch

$$(AB) = (A) + (B)$$

andeuten. Man kann diese dann folgendermaßen finden, wenn A und B mit andern Stoffen C und D reagieren:

$$\text{(a)} \qquad (AC) - (A) - (C) = \alpha,$$

$$\text{(b)} \qquad (BD) - (B) - (D) = \beta.$$

Ferner mögen die Stoffe C und D folgende Verbindung eingehen:

$$\text{(c)} \qquad (CD) - (C) - (D) = \gamma,$$

und endlich möge noch folgende Reaktion vor sich gehen:

$$\text{(d)} \qquad (AB) + (CD) - (AC) - (BD) = \delta.$$

Subtrahiert man Gl. (*c*) von (*d*) und addiert (*a*) und (*b*) zu (*d*) hinzu, so folgt ohne weiteres:

$$(AB) - (A) - (B) = \alpha + \beta + \delta - \gamma.$$

Dies ist aber nichts anderes, als die thermochemische Gleichung der gesuchten Reaktion. Ein Beispiel ist folgendes: Gesucht wird die Verbindungswärme des Kohlenstoffs mit Sauerstoff zu Kohlenoxyd, die direkt experimentell nicht bestimmbar ist. Dagegen sind folgende Reaktionen bekannt:

$$(122) \qquad \{CO_2\} - [C] - \{O_2\} = -97000 \text{ cal},$$

$$(123) \qquad \{CO_2\} - \{CO\} - \tfrac{1}{2}\{O_2\} = -68000 \text{ cal}.$$

Die eine stellt die Bildung von Kohlendioxyd aus Kohlenstoff und Sauerstoff, die andere aus Kohlenoxyd und Sauerstoff dar. Die Subtraktion ergibt sofort die gesuchte Gleichung:

$$(124) \qquad \{CO\} - [C] - \tfrac{1}{2}\{O_2\} = -29000 \text{ cal}.$$

Endlich liefert eine Anwendung des ersten Hauptsatzes eine ganz allgemeine Aussage über die Abhängigkeit der Wärmetönung einer beliebigen Reaktion von der Reaktionstemperatur. Es gehe ein chemischer Vorgang nach dem Schema vor sich:

$$m_1(A) + m_2(B) = m_1'(C) + m_2'(D),$$

d. h. m_1 Gramm des Stoffes A verbinden sich mit m_2 Gramm des Stoffes B zu m_1' Gramm des Stoffes C und m_2' Gramm des Stoffes D. Die Wärmetönung werde, wie immer, durch $-Q$ bezeichnet, wobei wir jetzt, um ihre Abhängigkeit von T auszudrücken, das Argument hinzufügen: $-Q(T)$. Die spezifischen Wärmen der bei dem Prozesse beteiligten Stoffe seien bzw. c_1, c_2, c_1', c_2'. Wir lassen nun folgenden Prozeß vor sich gehen:

1. Bei der Temperatur T möge die fragliche Reaktion (von links nach rechts) vor sich gehen; sie liefere die Wärmetönung $-Q(T)$; dann erwärmen wir die entstandenen Reaktionsprodukte von T auf $T + dT$, was die Wärmezufuhr $(m_1' c_1' + m_2' c_2') dT$ erfordert. Im ganzen ist also an Wärme von außen zugeführt:

$$Q(T) + (m_1' c_1' + m_2' c_2') dT.$$

2. Wir erzielen denselben Endzustand auf folgende Weise: Wir erwärmen die Ausgangsprodukte A und B auf die Temperatur $T + dT$, was eine Wärmezufuhr von $(m_1 c_1 + m_2 c_2) dT$ Kalorien erfordert. Dann lassen wir die Reaktion bei der Temperatur $T + dT$ vor sich gehen, was eine Wärmetönung $-Q(T + dT)$ gibt. Auf diesem zweiten Wege ist also die äußere Wärmezufuhr insgesamt:

$$Q(T + dT) + (m_1 c_1 + m_2 c_2) dT.$$

Beide müssen nach dem ersten Hauptsatze einander gleich sein; also ist:

$$Q(T) + (m_1' c_1' + m_2' c_2') dT = Q(T + dT) + (m_1 c_1 + m_2 c_2) dT,$$

oder, da nach dem Taylorschen Satze, wenn hinter den linearen Gliedern abgebrochen wird, $Q(T + dT) = Q(T) + \frac{dQ}{dT} dT$ ist, so folgt endgültig:

$$\frac{dQ}{dT} = m_1' c_1' + m_2' c_2' - (m_1 c_1 + m_2 c_2),$$

oder auf eine Reaktion mit beliebig vielen Komponenten verallgemeinert:

$$\frac{dQ}{dT} = \sum_\nu m_\nu' c_\nu' - \sum_\nu m_\nu c_\nu. \tag{125}$$

$\sum_\nu m_\nu' c_\nu'$ ist die „Wärmekapazität" des Systems nach der Reaktion, $\sum_\nu m_\nu c_\nu$ desgleichen vor derselben. Es ist also der Temperaturkoeffizient der Wärmetönung gleich der Differenz der Wärmekapazitäten nach bzw. vor der Reaktion.

Ein ganz einfaches Beispiel dafür ist das Schmelzen von Eis bei Null Grad. 1 g Eis wird in 1 g Wasser übergeführt durch Zufuhr von 80 cal. Es ist also $m_1 = m_1' = 1$; alle übrigen m gleich Null. Ferner ist die spezifische Wärme des Wassers gleich $c_1' = 1$, die des Eises $c_1 = 0{,}501$; also ist:

$$\sum m_\nu' c_\nu' - \sum m_\nu c_\nu = 0{,}499 = \frac{dQ}{dT}.$$

Anderseits liefert die direkte Bestimmung der Schmelzwärme bei verschiedenen Temperaturen nach Petterson den Wert $\frac{dQ}{dT} = 0{,}50$, also in der Tat völlige Übereinstimmung.

Bei vielen Verbindungen ist sehr angenähert $\sum m_\nu c_\nu = \sum m_\nu' c_\nu'$ (sog. Regel von Joule-Kopp); in diesen Fällen ist also die Wärmetönung exakt unabhängig von der Temperatur.

30. Chemische Reaktionen mit Volumveränderung.

Sind bei einer Reaktion gasförmige Stoffe beteiligt und geht dieselbe nicht im abgeschlossenen Gefäß, z. B. der Berthelotschen Bombe, vor sich, so ist die äußere Arbeit, in den meisten Fällen die des äußeren konstanten Luftdruckes p_0, zu berücksichtigen. Es gilt dann der erste Hauptsatz in seiner allgemeinen Form:

$$U_2 - U_1 = Q - \int_1^2 p_0 \, d V = Q + p_0 (V_1 - V_2), \tag{126}$$

wenn V_1 und V_2 die Volumina der gasförmigen Bestandteile vor und nach der Reaktion sind; von den Volumänderungen der festen und flüssigen Bestandteile kann abgesehen werden. Für die äußere Arbeit $A_{12} = p_0 (V_1 - V_2)$ kann man einen angenäherten Ausdruck angeben, wenn man sämtliche gasförmigen Bestandteile als ideale Gase betrachtet, was innerhalb gewisser Grenzen zulässig ist. Haben wir es mit M_1 Gramm gasförmigen Bestandteilen vor der Reaktion und M_2 nach derselben zu tun, so erhält man, da $M_1 v_1 = V_1$, $M_2 v_2 = V_2$ ist, durch Erweiterung der Zustandsgleichung mit M_1 bzw. M_2:

$$\begin{aligned} p_0 V_1 &= R T \frac{M_1}{m_1} = R T \cdot n_1 , \\ p_0 V_2 &= R T \frac{M_2}{m_2} = R T \cdot n_2 . \end{aligned} \tag{127}$$

m_1, m_2 bedeuten dabei bekanntlich die chemischen Molekulargewichte, bzw. wenn es sich, wie häufig, um Gasgemische handelt, die mittleren Molekulargewichte der Gase vor und nach der Reaktion. Demgemäß sind $\frac{M_1}{m_1} = n_1$ und $\frac{M_2}{m_2} = n_2$ die Anzahlen der Grammoleküle Gas vor und nach dem Prozeß. Damit kann daher der erste Hauptsatz geschrieben werden:

$$U_2 - U_1 = Q + \frac{R T}{J} (n_1 - n_2), \tag{128}$$

Dabei ist das letzte Glied der rechten Seite durch das mechanische Wärmeäquivalent J dividiert, damit auch dieses Glied, wie die übrigen, in Kalorien gemessen ist. Im absoluten Maßsystem ist $R = 8{,}315 \cdot 10^7 \frac{\text{erg}}{\text{grad}}$, was sich durch Division mit dem mechanischen Äquivalent $4{,}19 \cdot 10^7$ auf „Kalorien pro Grad“ reduziert. Wir erhalten also aus (128), alles in Kalorien ausgedrückt:

$$U_2 - U_1 = Q + \frac{8{,}315 \cdot T (n_1 - n_2)}{4{,}19} = Q + 1{,}985 \, T (n_1 - n_2). \tag{129}$$

Nehmen wir zunächst als Beispiel die Reaktion, die gemäß (124) vor sich ginge, wenn sie in der Berthelotschen Bombe vorgenommen würde. Nach der Reaktion haben wir dort 1 Mol Kohlenoxyd $\{CO_2\}$, also $n_2 = 1$; vor derselben hatten wir $^1/_2$ Mol Sauerstoff $\frac{1}{2} \{O_2\}$ also $n_1 = {}^1/_2$, also ist $n_1 - n_2 = - {}^1/_2$, und mithin würde, wenn die Reaktion bei Atmosphärendruck und 0° C vor sich ginge, auf der rechten Seite nach (129) hinzuzufügen sein der Ausdruck $-1{,}985 \cdot \frac{1}{2} \cdot 273$, was ungefähr 270 Kalorien ausmacht. Die Wärmetönung würde also in diesem Falle um 270 cal größer ausfallen.

Ein anderes Beispiel wäre die Verbrennung von 1 Mol H_2 mit $^1/_2$ Mol O_2 bei 20° C zu flüssigem Wasser, alles bei Atmosphärendruck. Liefert diese Reaktion in der Berthelotschen Bombe etwa die Wärmetönung $-Q$, so liefert sie jetzt eine davon verschiedene $-\overline{Q}$, die sich folgendermaßen berechnet: Es ist $n_2 = 0$, da nach dem Prozesse gar kein Gas mehr vorhanden ist; $n_1 = {}^3/_2$, da wir 1 Mol H_2 und $^1/_2$ Mol O_2, im ganzen also $^3/_2$ Mol Gas vor dem Prozesse hatten. Also, da $T = 293°$ ist, lautet nach (129) die thermochemische Gleichung:

$$(H_2O) - \{H_2\} - \tfrac{1}{2}\{O_2\} = Q + 1{,}985 \cdot \tfrac{3}{2} \cdot 293 = Q + 880 \text{ cal} = \overline{Q}.$$

Die Wärmetönung $-\overline{Q}$ ist also jetzt um etwa 880 cal kleiner, als vorher bei dem Versuch in der Berthelotschen Bombe.

Drittes Kapitel.

Der zweite Hauptsatz der Wärmetheorie.

31. Allgemeine Charakterisierung der Bedeutung des zweiten Hauptsatzes.

Für ein abgeschlossenes System ist nach Aussage des ersten Hauptsatzes der Wärmetheorie die Energie U_2 im Endzustande eines Prozesses gleich derjenigen U_1 im Anfangszustande; hinsichtlich der Energie also unterscheiden sich die beiden Zustände nicht voneinander. Darin liegt es begründet, daß der Energiesatz seiner Natur nach keine Aussage darüber machen kann, ob in der Natur ein Prozeß in einer bestimmten Richtung oder in der gerade entgegengesetzten eintritt. Ein einfaches Beispiel mag dies erläutern. Ein Stein von der Masse M, zur Höhe h emporgehoben, besitzt eine potentielle Energie Mgh; lassen wir den Stein zur Erde fallen, so nimmt die potentielle Energie ab, die kinetische zu, welch letztere ihren Höchstwert gleich Mgh im Augenblick des Aufschlagens erreicht. In diesem Augenblick verschwindet die kinetische Energie, und es tritt dafür im Stein und der nächsten Umgebung eine äquivalente Wärmemenge auf. Das Energieprinzip bleibt gewahrt, wie es sein muß. Aber nach diesem Prinzip ist offenbar auch der umgekehrte Vorgang möglich: Ein auf dem Boden liegender Stein soll seiner Umgebung eine gewisse Wärmemenge entziehen und dafür bis zu einer solchen Höhe steigen, daß die erlangte potentielle Energie gleich der übernommenen Wärmemenge ist. Offenbar bleibt das Energieprinzip bei diesem Vorgang ebenso gut gewahrt wie bei dem direkten. Und doch beobachten wir diesen umgekehrten Prozeß nicht nur nicht in der Natur, sondern es erscheint uns — auf Grund der täglichen Erfahrung — geradezu ungereimt, uns diesen Vorgang als möglich vorzustellen[1]).

Es muß also ein außerhalb des Energieprinzips liegender Grund dafür vorhanden sein, daß die Natur den einen Prozeß dem umgekehrten vorzieht, oder allgemeiner ausgedrückt: es muß, wenn zwei verschiedene Zustände eines Systems ins Auge gefaßt werden, ein Grund dafür vorhanden sein, weswegen der eine Zustand nur als Anfangszustand, der andere nur als Endzustand möglich ist, nicht aber umgekehrt. Hier tritt nun eben — als gänzlich neues, vom ersten Hauptsatze unabhängiges Prinzip — der zweite Hauptsatz der Wärmetheorie ein. Dieser beantwortet gerade

[1]) Man vgl. indessen hierzu die Ausführungen in den Nummern 108 bis 111 des zehnten Kapitels.

die eben aufgeworfene Frage, welcher von zwei gegebenen Zuständen als Endzustand in der Natur allein möglich ist, und damit gleichzeitig die weitere damit zusammenhängende Frage, in welcher Richtung von einem gegebenen Anfangszustande aus ein Prozeß vor sich gehen kann. Endlich belehrt er darüber — auch dies ist im wesentlichen offenbar dasselbe Problem —, wann von einem bestimmten Zustande aus kein Prozeß möglich ist, d. h. wann dieser gegebene Zustand ein Gleichgewichtszustand ist.

Man kann sich schon an dieser Stelle die Frage vorlegen, wie die analytische Form eines derartigen Satzes wohl ausfallen wird. Wir wissen: der Satz soll uns ein Kriterium liefern, das zwischen End- und Anfangszustand zu unterscheiden gestattet. Also kann es nicht in der Angabe einer Eigenschaft des Vorganges bestehen, die beiden Zuständen in gleicher Weise zukommt — wie es z. B. mit der Energie der Fall wäre. Vielmehr werden wir eine Eigenschaft beider Zustände angeben müssen, die den Endzustand vom Anfangszustand zu sondern gestattet. Dies kann etwa dadurch geschehen — und so ist es auch tatsächlich der Fall —, daß man eine Funktion S des augenblicklichen Zustandes angibt, die im Endzustande eines natürlichen Prozesses stets einen andern Wert hat als im Anfangszustande, z. B. im Endzustande stets größer ist als im Anfangszustande.

Daß die Kenntnis einer solchen Funktion des augenblicklichen Zustandes in der Tat das Verlangte leistet, ist klar. Denn wenn zwei Zustände (1) und (2) irgendwie gegeben sind, so hat man nur die Werte der Funktion in beiden zu bestimmen, also $S(1)$ und $S(2)$ zu bilden. Wäre nun $S(2) > S(1)$, so wäre nur (2) als Endzustand möglich: das System strebt vom Zustand (1) zum Zustand (2). Ist aber $S(1) > S(2)$, so wäre kein Übergang von (1) nach (2) möglich, sondern nur von (2) als Anfangszustand nach (1) als Endzustand.

Ist ferner der Zustand (1) so beschaffen, daß jeder mit ihm verglichene unendlich benachbarte Zustand einen kleineren Wert der Funktion S aufweist, als ihm selbst zukommt, so ist, da nur Prozesse möglich sind, denen ein Wachstum von S entspricht, gar keine Veränderung des Systems vom Punkte (1) aus möglich: es ist in diesem Zustande im Gleichgewicht.

Diese kurze vorläufige Auseinandersetzung mag genügen, um einen Begriff von der Bedeutung und der Leistungsfähigkeit des sogenannten zweiten Hauptsatzes zu geben.

Historisch sei bemerkt, daß der zweite Hauptsatz seine Entstehung gewissen Untersuchungen von Sadi Carnot verdankt, die in der Abhandlung „Réflexions sur la puissance motrice du feu" vom Jahre 1824 enthalten sind und ursprünglich von der Frage nach dem Wirkungsgrade einer thermodynamischen Maschine ausgingen. Indessen ist ein Teil seiner Entwickelungen nicht haltbar, da Carnot von der Stofftheorie der Wärme ausging und also für jeden Kreisprozeß die Forderung stellen mußte:

$\sum Q = 0$, die, wie wir wissen, mit dem ersten Hauptsatze unverträglich ist. Es ist das Verdienst von Rudolf Clausius, im Jahre 1850 den richtigen Kern der Carnotschen Gedankengänge herausgeschält und mit der Auffassung, daß die Wärme eine Energieform ist, in Übereinstimmung gebracht zu haben. Von ihm rührt auch der Name „zweiter Hauptsatz" her.

32. Beweis eines Hilfssatzes.

Wir wollen, bevor wir zum Beweise des zweiten Hauptsatzes übergehen, einen Hilfssatz aufstellen, der sich aus der Betrachtung eines geeigneten Carnotschen Kreisprozesses mit einem idealen Gase ergibt. Die beiden Temperaturen, zwischen denen das Gas arbeiten soll, seien wie bisher T_1 und T_2, wobei etwa $T_1 > T_2$ sei. Wir bedienen uns zu diesem Zwecke, ebenfalls wie bisher, zweier unendlich großer Reservoire, die diese Temperaturen besitzen und die beliebige endliche Wärmemengen abgeben können, ohne daß ihre Temperatur sich um einen endlichen Betrag ändert.

Dann besteht, wie wir in Nummer 27 ausführlich besprochen haben, der Gesamteffekt des Carnotschen Prozesses darin, daß das Reservoir $R_1(T_1)$ eine (positive) Wärmemenge Q_1, das Reservoir $R_2(T_2)$ eine (negative) Menge Q_2 abgegeben hat und eine äußere Arbeit $A = -(Q_1 + Q_2)$ geleistet worden ist. Dabei gehorchen die beiden Wärmemengen noch der Beziehung:

$$\frac{Q_1}{T_1} + \frac{Q_2}{T_2} = 0. \tag{1}$$

Lassen wir den Prozeß etwa n-mal im direkten Sinne vor sich gehen, so sind die abgegebenen Wärmemengen $n Q_1$ bzw. $n Q_2$, die geleistete Arbeit $n A = -n(Q_1 + Q_2)$. Wir können also, lediglich durch Variation der Zahl n, die von den Reservoiren abgegebenen Mengen verändern, allerdings unstetig, solange der Kreisprozeß selbst unverändert bleibt, da die Größen n ihrer Natur nach ganze Zahlen sein müssen. Indem wir aber außerdem uns noch die Möglichkeit offen lassen, bei festgehaltenen Isothermen T_1 und T_2 die beiden adiabatischen Teilprozesse zu ändern (indem wir, geometrisch gesprochen, die beiden Adiabaten in der pv-Ebene aneinander rücken oder sich voneinander entfernen lassen), haben wir es in der Hand, die Größen $n Q_1$ und $n Q_2$ beliebig variieren zu lassen. Setzen wir zur Abkürzung einen Moment:

$$w_1 = n Q_1,$$
$$w_2 = n Q_2,$$

so kann also w_1 einen beliebig vorgeschriebenen positiven Wert annehmen; w_2 ist dann durch die Relation

$$\frac{w_1}{T_1} + \frac{w_2}{T_2} = 0 \tag{2}$$

bestimmt. Läßt man den Carnotschen Prozeß rückwärts n-mal vor sich gehen, so ergibt dieselbe Beweisführung, daß die Größe w_1 jeden beliebigen negativen Wert annehmen kann, wobei wieder w_2 durch (2) mitbestimmt ist.

Wir können dies auch folgendermaßen ausdrücken:

Wir können ein ideales Gas einen n-fachen, direkten oder umgekehrten Carnotschen Kreisprozeß zwischen gegebenen Temperaturen T_1 und T_2 derart beschreiben lassen, daß dabei w_1 und w_2 beliebig vorgeschriebene Werte haben können, die nur der Relation (2) zu gehorchen haben.

Es sind demgemäß w_1 und w_2 durch die ihnen auferlegte Beziehung (2) noch nicht vollkommen bestimmt, sondern es ist dazu notwendig (und möglich), noch eine willkürliche Gleichung hinzuzufügen.

Von dieser Freiheit werden wir im folgenden Gebrauch zu machen haben.

33. Das Perpetuum mobile zweiter Art.

Der zweite Hauptsatz, zu dessen Beweise wir nun übergehen, ist ebenso wie der erste ein Erfahrungssatz. Dies kommt bei dem ersten Hauptsatze drastisch dadurch zum Ausdruck, daß man von der durch tausendfältige Erfahrung gesicherten Tatsache ausgeht, daß ein Perpetuum mobile unmöglich ist. Ganz analog stellen wir an die Spitze des Beweises des zweiten Hauptsatzes ebenfalls einen Erfahrungssatz. Ist dieser sowie die an ihn anschließende Deduktion richtig, so ist es auch der aus ihm folgende zweite Hauptsatz; wird letzterer durch irgendeine experimentelle Erfahrung widerlegt, so muß also jener oberste Grundsatz falsch sein.

Solcher Sätze sind von verschiedenen Physikern mehrere aufgestellt worden, die natürlich nicht unabhängig voneinander sein können.

Knüpfen wir an unser Beispiel in Nummer 31 an, wo wir folgenden Prozeß betrachtet hatten: Ein Körper von der Masse M sollte seiner Umgebung ein bestimmtes Quantum Wärme entziehen und entsprechend in die Höhe steigen. Obwohl dies nach dem Energieprinzip durchaus möglich wäre, beobachten wir einen solchen Vorgang nie. Versuchen wir also, das Charakteristische an diesem Prozesse festzustellen, so liegt es in folgendem: Bei dem gedachten Versuch haben wir einen Vorgang vor uns, dessen Gesamteffekt (d. h. alle in der Natur durch ihn hervorgebrachten Änderungen mitgerechnet) darin besteht, daß ein Wärmereservoir (in unserm Beispiel die Erde oder auch der Körper selbst) Wärme abgegeben hat und eine dementsprechende Arbeit geleistet worden ist (in unserm Beispiel durch Hebung des Körpers auf eine bestimmte Höhe).

William Thomson hat diesen Sachverhalt in folgender Weise verallgemeinert:

„Es gibt in der Natur keinen Vorgang, dessen Gesamteffekt die Abkühlung eines Wärmereservoirs und die äquivalente Hebung einer Last ist."

Einen ganz ähnlichen Satz benutzt auch Planck bei seinem Beweise des zweiten Hauptsatzes. Der Kürze halber wollen wir einen solchen (für unmöglich erklärten) Prozeß einen Thomson-Planckschen nennen.

Eine etwas andere Formulierung hat (vor Thomson) Rudolf Clausius gegeben; sein Grundsatz lautet:

„Wärme kann nie von selbst von niederer zu höherer Temperatur übergehen."

Dieser Satz klingt zunächst sehr viel einleuchtender, als der Thomson-Plancksche. Das liegt wesentlich daran, daß man unwillkürlich an die Wärmeleitung denkt, bei der ja in der Tat die Wärme immer von höherer zu niederer Temperatur übergeht, d. h. im Sinne des Ausgleiches. Wenn jedoch weiter nichts mit dem Clausiusschen Satze gesagt sein sollte, als daß bei reiner Wärmeleitung die Wärme nicht entgegen dem Sinne des Ausgleiches übergehen könne, so wäre er trivial und überflüssig; trivial, weil das geschilderte Verhalten der Wärme bei bloßer Leitung selbstverständlich ist und schon durch die Definition der Temperatur folgt, überflüssig, weil aus einem solchen Satze keine neuen physikalischen Ergebnisse gefolgert werden könnten. Der Clausiussche Satz besagt aber in Wirklichkeit auch viel mehr. Es soll nämlich danach in der ganzen Natur keinen Prozeß geben, mit welchen Hilfsmitteln er auch immer ausgeführt werden möge, der einem kälteren Wärmereservoir eine positive Wärmemenge entzieht und einem heißeren diese nämliche Wärmemenge zuführt; „von selbst", d. h. ohne daß gleichzeitig irgendwelche andere Änderungen in der Natur zurückbleiben. Diesen hier als unmöglich hingestellten Prozeß wollen wir einen Clausiusschen nennen.

Daß eine positive Wärmemenge $Q_2 = -Q_2'$ einem kälteren Reservoir entzogen und eine andere $Q_1' = -Q_1$ einem wärmeren zugeführt wird, wird ja schon durch den indirekten Carnotschen Prozeß geleistet. Aber dabei wird erstens an das höher temperierte Reservoir eine größere Wärmemenge abgegeben als dem unteren entnommen wurde, und zweitens ist eine dieser Differenz $Q_1' - Q_2 = -(Q_1 + Q_2) = A$ äquivalente Arbeit von außen geleistet worden. Beim umgekehrten Carnotschen Prozeß gehen also außer dem, was der Clausiussche Prozeß verlangt, noch folgende Änderungen in der Natur vor sich: Es ist eine positive Arbeit geleistet worden und ein Wärmereservoir hat eine äquivalente Wärmemenge aufgenommen. Um diese letzteren Veränderungen aber so rückgängig zu machen, daß wieder nichts in der Natur zurückbleibt, bedürfte es gerade wieder einer Vorrichtung, die nichts weiter bewirkt als die Abkühlung eines Wärmereservoirs und die (äquivalente) Hebung einer Last, d. h. die Zurückgewinnung der geleisteten Arbeit. Diese letztere Vorrichtung würde aber dann einen Thomsonschen Prozeß ausführen, was wir oben für unmöglich erklärt haben.

Man erkennt aus dieser Darlegung einerseits den wirklichen Sinn des

Clausiusschen Satzes, anderseits auch den Zusammenhang desselben mit dem Thomson-Planckschen: Der Thomsonsche Satz ergibt sich offenbar durch eine Kombination eines Clausiusschen Prozesses mit einem geeigneten Carnotschen. Diese Überlegung wollen wir im folgenden auch noch analytisch verifizieren.

Um uns dabei kurz ausdrücken zu können, wollen wir uns einer Symbolik bedienen, die von Carl Neumann in sehr glücklicher Weise geschaffen worden ist. Wenn ein Wärmereservoir $R_1(T_1)$, d. h. ein solches unendlich großes Reservoir, das dauernd die Temperatur T_1 besitzt, eine Wärmemenge Q_1 abgibt, so werde dies angedeutet durch die Zeichen:

$$R_1(T_1)^{\nearrow Q_1} \quad \text{oder kurz} \quad R_1^{\nearrow Q_1}$$

Was die von außen geleistete Arbeit A angeht, so muß dieselbe von irgendeinem mechanischen System geliefert werden, das wir Σ nennen wollen; demgemäß bedeutet

$$\Sigma^{\nearrow A}$$

im folgenden, daß ein gegebenes System die Arbeit A geleistet hat.

In dieser Symbolik können wir nun das Ergebnis des (direkten oder indirekten) Carnotschen Kreisprozesses folgendermaßen schreiben:

(3) Carnotscher Prozeß: $R_1(T_1)^{\nearrow Q_1} R_2(T_2)^{\nearrow Q_2} \Sigma^{\nearrow -(Q_1+Q_2)}$

wobei gleichzeitig nach (1) gilt:

(4) $$\frac{Q_1}{T_1} + \frac{Q_2}{T_2} = 0.$$

Das ideale Gas, mit dem der Prozeß ausgeführt wird, braucht im Endresultat natürlich nicht mehr erwähnt zu werden, da es wieder im Anfangszustande ist, also keine bleibenden Änderungen erlitten hat.

In genau derselben Weise läßt sich der Thomson-Plancksche Prozeß formulieren:

(5) Thomson-Planckscher Prozeß: $R(T)^{\nearrow Q} \Sigma^{\nearrow -Q}$; $Q > 0$,

und schließlich der Clausiussche, wenn R_k und R_h ein kälteres und ein heißeres Reservoir bedeuten:

(6) Clausiusscher Prozeß: $R_k^{\nearrow Q} R_h^{\nearrow -Q}$; $Q > 0$.

Die durch (5) und (6) definierten Vorgänge sind oben für unmöglich erklärt worden.

Wir wollen jetzt direkt durch Rechnuug zeigen, daß die Unmöglichkeitserklärung des Clausiusschen Prozesses die des Thomsonschen nach sich zieht und umgekehrt, so daß beide in Hinsicht auf ihre Leistung beim Beweise des zweiten Hauptsatzes als völlig gleichwertig zu betrachten sind.

Zu diesem Zwecke benutzen wir die beiden Reservoire $R_h(T_1)$ und

$R_k(T_2)$, wo $T_1 > T_2$ ist, die in Gl. (6) des Clausiusschen Prozesses benötigt werden, um unter Hinzuziehung eines geeigneten mechanischen Systems Σ mit einem beliebigen idealen Gase noch einen Carnotschen Prozeß auszuführen, wobei dem wärmeren Reservoir R_h die Wärmemenge w_1, dem kälteren R_k die Wärmemenge w_2 entzogen und von Σ die Arbeit $-(w_1 + w_2)$ geleistet werden möge; dabei sind w_1 und w_2 an die Relation (2) gebunden, und wir haben noch die Freiheit, eine beliebige Gleichung zur Bestimmung von w_1 und w_2 hinzuzufügen. Wir haben so: erstens einen Clausiusschen Prozeß nach (6):

$$R_h^{\nearrow -Q}\; R_k^{\nearrow +Q}\; \Sigma^{\nearrow 0}, \quad Q > 0;$$

zweitens einen Carnotschen Kreisprozeß nach (3):

$$R_h^{\nearrow w_1}\; R_k^{\nearrow w_2}\; \Sigma^{\nearrow -(w_1 + w_2)}, \quad \frac{w_1}{T_1} + \frac{w_2}{T_2} = 0.$$

Der Gesamteffekt beider Prozesse kann durch die Formel dargestellt werden:

$$\text{(7) Clausius + Carnot:} \quad R_h(T_1)^{\nearrow -Q + w_1}\; R_k(T_2)^{\nearrow Q + w_2}\; \Sigma^{\nearrow -(w_1 + w_2)},$$

und nun können wir noch die folgende Gleichung für w_1 vorschreiben:

$$(8) \qquad -Q + w_1 = 0,$$

wodurch (7) übergeht in:

$$(9) \qquad R_h(T_1)^{\nearrow 0}\; R_k(T_2)^{\nearrow (w_1 + w_2)}\; \Sigma^{\nearrow -(w_1 + w_2)}$$

Wenn wir jetzt w_1 und w_2 aus (2) und (8) ausrechnen:

$$(10) \qquad \begin{cases} w_1 = Q; \quad w_2 = -\dfrac{Q\,T_2}{T_1}, \\ w_1 + w_2 = Q\left(1 - \dfrac{T_2}{T_1}\right), \end{cases}$$

so folgt für das Gesamtergebnis Clausius + Carnot:

$$(11) \qquad R_k(T_2)^{\nearrow Q\left(1 - \frac{T_2}{T_1}\right)}\; \Sigma^{\nearrow -Q\left(1 - \frac{T_2}{T_1}\right)}.$$

Dabei ist $Q\left(1 - \frac{T_2}{T_1}\right) > 0$, weil Q als positiv und $T_2 < T_1$ vorausgesetzt worden ist. Dann aber ist nach Gl. (5) der durch (11) definierte Vorgang ein Thomson-Planckscher Prozeß. Es ergibt sich also das Resultat: Ist der Clausiussche Prozeß möglich (oder unmöglich), so ist es auch der Thomson-Plancksche. In genau derselben Weise läßt sich umgekehrt zeigen: Ist der Thomson-Plancksche Prozeß möglich (oder unmöglich), so ist es auch der Clausiussche. Welchen der beiden Sätze wir also zum Beweise des zweiten Hauptsatzes verwerten wollen, ist gleichgültig.

Ein Thomsonscher Prozeß ist offensichtlich, wie wir dies auch im vorhergehenden mehrfach betont haben, mit dem Energieprinzip völlig im

Einklang; er stellt keineswegs ein Perpetuum mobile dar. Dennoch würde die Menschheit von einer Maschine, die einen Thomsonschen Prozeß ausführen könnte, denselben Vorteil haben, wie von einem Perpetuum mobile. Denn mit einer solchen Maschine könnte man z. B. dem Meere oder der Erde oder der Atmosphäre die ihnen innewohnende ungeheure Wärmeenergie entziehen und in Arbeit verwandeln, d. h. kostenlos Arbeit gewinnen. Deshalb hat Ostwald den Thomsonschen Prozeß treffend ein „Perpetuum mobile zweiter Art“ genannt; das eigentliche Perpetuum mobile wird dann zur größeren Deutlichkeit durch den Zusatz „erster Art“ davon unterschieden. Demgemäß wollen wir an der Spitze unseres Beweises den Satz stellen: „Ein Perpetuum mobile zweiter Art ist unmöglich“[1]).

34. Die Claususche Ungleichung; der zweite Hauptsatz.

Wir wollen jetzt mit einer beliebigen Substanz, deren Zustand von einer endlichen, aber beliebigen Zahl allgemeiner Koordinaten abhängt, mit Hilfe von n Reservoiren $R_1\, R_2 \ldots R_n$, die Temperaturen $T_1\, T_2 \ldots T_n$ haben mögen, und einem mechanischen System Σ einen Kreisprozeß vollziehen. Derselbe soll keineswegs als ein quasistatischer vorausgesetzt werden, der wieder rückgängig gemacht werden könnte; in diesem Falle müßten ja unter anderm die Temperaturen T_1 bis T_n der Reservoire gleichzeitig die jeweiligen Körpertemperaturen sein (bis auf unendlich Kleines). Vielmehr soll der Kreisprozeß ganz beliebiger Art sein, also z. B. beliebig schnell verlaufen können.

Jedenfalls können wir sein Endresultat so schreiben:

$$R_1^{\nearrow Q_1}\, R_2^{\nearrow Q_2}\, R_3^{\nearrow Q_3} \ldots R_{n-1}^{\nearrow Q_{n-1}}\, R_n^{\nearrow Q_n}\, \Sigma^{\nearrow -(Q_1+Q_2\ldots+Q_n)} \tag{12}$$

Es handelt sich jetzt um die Frage, ob zwischen den Wärmemengen Q_ν irgendwelche Relationen bestehen. (Nach der Stofftheorie der Wärme ist dies notwendig der Fall, und zwar ist offenbar $\Sigma Q_\nu = 0$.) Um nun diese vermutete Relation zu finden, bedienen wir uns nach dem Vorgange G. Kirchhoffs einer Anzahl quasistatischer Carnotscher Kreisprozesse, die wir (ganz ähnlich wie in der vorigen Nummer) mit unserem allgemeinen Kreisprozesse (12) kombinieren. Es ist wichtig, sich klarzumachen, daß die Benutzung quasistatischer Kreisprozesse keinerlei Einschränkung des Prozesses (12) bedeutet. Dieser ist vielmehr ganz beliebiger Art, wie schon betont, und die Verwendung von quasistatischen Hilfsprozessen ist lediglich ein theoretischer Kunstgriff, mittels dessen gewisse bei dem beliebigen Kreisprozesse (12) stattfindende Relationen gefunden werden sollen (und können).

Wir kombinieren nun $(n-1)$ Carnotsche Kreisprozesse mit unserm

[1]) Über die Stellung der kinetischen Theorie zu diesen Sätzen vgl. man die Kap. IX und X, insbesondere Nr. 111.

Prozeß (12), indem wir der Reihe nach die Reservoire R_1 und R_2, R_2 und R_3, schließlich R_{n-1} und R_n als die beiden Reservoire benutzen, die zur Führung eines Carnot-Prozesses benötigt werden; als mechanisches System Σ dient stets das beim Prozesse (12) verwendete. Das Schema der $(n-1)$ Carnotschen Kreisprozesse lautet also:

$$
(13)\quad \begin{cases}
C_1: R_1^{\nearrow w_1^{(1)}} \; R_2^{\nearrow w_2^{(1)}} & \Sigma^{\nearrow -\left(w_1^{(1)}+w_2^{(1)}\right)} \\
C_2: \quad R_2^{\nearrow w_2^{(2)}} \; R_3^{\nearrow w_3^{(2)}} & \Sigma^{\nearrow -\left(w_2^{(2)}+w_3^{(2)}\right)} \\
C_3: \quad\quad R_3^{\nearrow w_3^{(3)}} \; R_4^{\nearrow w_4^{(3)}} & \Sigma^{\nearrow -\left(w_3^{(3)}+w_4^{(3)}\right)} \\
\ldots\ldots\ldots\ldots\ldots\ldots & \\
C_{n-1}: \quad R_{n-1}^{\nearrow w_{n-1}^{(n-1)}} \; R_n^{\nearrow w_n^{(n-1)}} & \Sigma^{\nearrow -\left(w_{n-1}^{(n-1)}+w_n^{(n-1)}\right)}.
\end{cases}
$$

Die Kombination des allgemeinen Kreisprozesses (12) mit diesen in (13) formulierten Carnotschen liefert dann folgendes Gesamtergebnis:

$$
(14)\quad \begin{cases}
R_1^{\nearrow\left(Q_1+w_1^{(1)}\right)} \; R_2^{\nearrow\left(Q_2+w_2^{(1)}+w_2^{(2)}\right)} \; R_3^{\nearrow\left(Q_3+w_3^{(2)}+w_3^{(3)}\right)} \; \ldots \\
\ldots\ldots R_{n-1}^{\nearrow\left(Q_{n-1}+w_{n-1}^{(n-2)}+w_{n-1}^{(n-1)}\right)} \; R_n^{\nearrow\left(Q_n+w_n^{(n-1)}\right)} \\
\Sigma^{\nearrow -\left\{Q_1+Q_2+\ldots+Q_n+\left(w_1^{(1)}+w_2^{(1)}\right)+\left(w_2^{(2)}+w_3^{(2)}\right)+\ldots+\left(w_{n-1}^{(n-1)}+w_n^{(n-1)}\right)\right\}}.
\end{cases}
$$

Dabei sind, nach unserm Hilfssatze von Nummer 32, die $w_\nu^{(\mu)}$ ganz beliebige Größen, die nur den folgenden Gleichungen:

$$
(15)\quad \begin{cases}
\dfrac{w_1^{(1)}}{T_1}+\dfrac{w_2^{(1)}}{T_2}=0 \\
\dfrac{w_2^{(2)}}{T_2}+\dfrac{w_3^{(2)}}{T_3}=0 \\
\ldots\ldots\ldots\ldots \\
\dfrac{w_{n-1}^{(n-1)}}{T_{n-1}}+\dfrac{w_n^{(n-1)}}{T_n}=0.
\end{cases}
$$

Wir können nun, was schon mehrfach hervorgehoben und auch schon in Nr. 33 benutzt ist, zur vollkommenen Bestimmung der $w_\nu^{(\mu)}$ noch $(n-1)$ Relationen hinzufügen, und wir wählen diese so, daß die insgesamt von den $(n-1)$ ersten Reservoiren gemäß (14) gelieferten Wärmemengen verschwinden. D. h. wir schreiben vor:

$$
(16)\quad \begin{cases}
Q_1+w_1^{(1)}=0 \\
Q_2+w_2^{(1)}+w_2^{(2)}=0 \\
Q_3+w_3^{(2)}+w_3^{(3)}=0 \\
\ldots\ldots\ldots\ldots \\
\ldots\ldots\ldots\ldots \\
Q_{n-1}+w_{n-1}^{(n-2)}+w_{n-1}^{(n-1)}=0.
\end{cases}
$$

Ordnet man zunächst die Summen, welche die von dem System Σ im Ganzen nach (14) geleistete Arbeit darstellen, etwas anders und berücksichtigt (16), so folgt statt (14) mit nochmaliger Verwendung von (16) das einfache Schema:

(17) $$R_1^{\nearrow 0} R_2^{\nearrow 0} \ldots R_{n-1}^{\nearrow 0} R_n^{\nearrow \{Q_n - w_n^{(n-1)}\}} \quad \underline{\Sigma}^{\nearrow -\{Q_n + w_n^{(n-1)}\}}$$

als Gesamteffekt des allgemeinen Kreisprozesses (12) und der $(n-1)$ quasistatischen Carnotschen Hilfsprozesse gemäß (13).

Die Gleichung (17) zeigt aber nun durch Vergleich mit (5), daß die obige Kombination einen Thomsonschen Prozeß, d. h. ein Perpetuum mobile zweiter Art darstellen würde, wenn $Q_n + w_n^{(n-1)} > 0$ wäre. Also finden wir, da wir ein solches für unmöglich erklärt haben, die folgende Ungleichung:

(18) $$Q_n + w_n^{(n-1)} \leqq 0.$$

Es kommt nun nur noch darauf an, $w_n^{(n-1)}$ vermittels (15) und (16) durch die Größen Q_ν und T_ν auszudrücken. Man findet der Reihe nach:

$$w_1^{(1)} = -T_1 \cdot \frac{Q_1}{T_1}; \qquad w_2^{(1)} = +T_2 \cdot \frac{Q_1}{T_1};$$

$$w_2^{(2)} = -T_2\left(\frac{Q_1}{T_1} + \frac{Q_2}{T_2}\right); \qquad w_3^{(2)} = +T_3\left(\frac{Q_1}{T_1} + \frac{Q_2}{T_2}\right);$$

$$w_3^{(3)} = -T_3\left(\frac{Q_1}{T_1} + \frac{Q_2}{T_2} + \frac{Q_3}{T_3}\right); \qquad w_4^{(3)} = +T_4\left(\frac{Q_1}{T_1} + \frac{Q_2}{T_2} + \frac{Q_3}{T_3}\right);$$

. . . .

$$w_{n-1}^{(n-1)} = -T_{n-1}\left(\frac{Q_1}{T_1} + \frac{Q_2}{T_2} + \ldots + \frac{Q_{n-1}}{T_{n-1}}\right); \quad w_n^{(n-1)} = +T_n\left(\frac{Q_1}{T_1} + \frac{Q_2}{T_2} + \ldots + \frac{Q_{n-1}}{T_{n-1}}\right).$$

Nach der letzten Gleichung (19) folgt dann aus (18):

$$Q_n + T_n\left(\frac{Q_1}{T_1} + \frac{Q_2}{T_2} + \ldots + \frac{Q_{n-1}}{T_{n-1}}\right) \leqq 0,$$

oder, nach Division mit der positiven Größe T_n:

(20) $$\frac{Q_1}{T_1} + \frac{Q_2}{T_2} + \frac{Q_3}{T_3} + \ldots + \frac{Q_n}{T_n} = \sum_\nu^{1,n} \frac{Q_\nu}{T_\nu} \leqq 0.$$

Diese Ungleichung — wir wollen sie die Clausiussche nennen — stellt die gesuchte Relation zwischen den Wärmemengen Q_ν und den Reservoirtemperaturen T_ν dar.

Sie gilt für jeden beliebigen Kreisprozeß, selbst in dem Falle, daß die Zahl n der Reservoire ins Unendliche wächst; dabei gehen die Wärmemengen Q_ν über in die Differentiale $d'Q$, die Summe wird zu einem Integral, und es wird nach (20):

(21) $$\int \frac{d'Q}{T} \leqq 0,$$

das Integral erstreckt über sämtliche Reservoire.

Es ist daran festzuhalten, daß die Temperaturen T_ν in (20) bzw. T

in (21) im allgemeinen nicht die Temperaturen des arbeitenden Körpers sind, sondern die der Reservoire. Im allgemeinen Falle besteht zwischen beiden Arten von Temperaturen keinerlei Zusammenhang, weil der Kreisprozeß (12) ja ganz beliebig ist und keineswegs als quasistatisch vorausgesetzt wurde. Auch die Größen Q_ν bzw. $d'Q$ lassen sich auf die Reservoire beziehen: es sind die von ihnen abgegebenen Wärmemengen. Bei einem ganz beliebigen Kreisprozesse beziehen sich also alle Größen der Gl. (20) bzw. (21) ausschließlich auf die Reservoire, nicht auf die Substanz, die den Prozeß ausführt.

Nur wenn der Zyklus (12) quasistatisch ist, müssen die Temperaturen T_ν in (20) bzw. T in (21) mit denen der arbeitenden Substanz jeweils übereinstimmen, und wir können sie alsdann als die Temperaturen des arbeitenden Körpers bezeichnen, bei denen dieser die Wärmemengen Q_ν bzw. $d'Q$ aufnimmt. Bezeichnet man jetzt auch die Q_ν bzw. $d'Q$ als die von der arbeitenden Substanz aufgenommenen Wärmemengen, so kann man im Falle eines quasistatischen Prozesses sämtliche Größen in den Gl. (20) und (21) auf die arbeitende Substanz beziehen, und von den Reservoiren ist nicht mehr die Rede. Darauf beruht die große Bedeutung, die quasistatische Kreisprozesse in der Theorie des zweiten Hauptsatzes haben, und die Fruchtbarkeit desselben für solche Prozesse.

Nun läßt sich aber ein quasistatischer Kreisprozeß stets im umgekehrten Sinne durchlaufen, wobei sich nur die Vorzeichen der Wärmemengen und der Arbeit umändern. Lassen wir jetzt den als quasistatisch betrachteten Zyklus (12) umgekehrt gehen, so führt genau dieselbe Argumentation zu der folgenden Relation für die Wärmemengen Q_ν bzw. $d'Q$:

$$(22) \qquad -\int \frac{d'Q}{T} \leqq 0, \quad \text{oder} \quad \int \frac{d'Q}{T} \geqq 0 .$$

Da gleichzeitig (21) und (22) gelten müssen, so kann für quasistatische Prozesse nur das Gleichheitszeichen gelten. Wir haben also den Satz:

„Für einen im übrigen beliebigen quasistatischen Kreisprozeß gilt die Relation:

$$(23) \qquad \int \frac{d'Q_{stat}}{T} = 0,$$

wo das Integral über den ganzen Prozeß zu erstrecken ist". Der größeren Deutlichkeit halber haben wir an $d'Q$ den Index „stat" angefügt.

Denken wir uns nun den Kreisprozeß von einem Zustande (1) über einen Zustand A nach einem Zustande (2) und von da über einen Zustand B wieder nach (1) zurückgeführt, so können wir (23) ausführlicher schreiben:

$$(A)\int_{(1)}^{(2)} \frac{d'Q_{stat}}{T} + (B)\int_{(2)}^{(1)} \frac{d'Q_{stat}}{T} = 0,$$

oder, wenn wir die Grenzen im zweiten Integrale vertauschen:

$$(A)\int_{(1)}^{(2)} \frac{d'Q_{stat}}{T} = (B)\int_{(1)}^{(2)} \frac{d'Q_{stat}}{T}, \tag{24}$$

d. h. das von (1) nach (2) auf den beiden Wegen erstreckte Integral hat den nämlichen Wert, ist also unabhängig vom Wege und nur abhängig vom Zustande der arbeitenden Substanz in (1) und (2) Wir können also, wenn S eine Funktion des augenblicklichen Zustandes bedeutet, Gl. (24) schreiben:

$$S_2 - S_1 = \int_{(1)}^{(2)} \frac{d'Q_{stat}}{T}, \tag{25}$$

oder auch

$$dS = \frac{d'Q_{stat}}{T}. \tag{26}$$

Beide Gleichungen sagen aus:

> „Es existiert eine Funktion S des augenblicklichen Zustandes, d. h. eine solche, die nur von den Zustandsvariabeln des Systems abhängt, deren totales Differential gleich der bei einer quasistatischen Änderung des Systems aufgenommenen unendlich kleinen Wärmemenge $d'Q_{stat}$, dividiert durch die Aufnahmetemperatur T ist."

Oder anders formuliert:

> „Während nach dem ersten Hauptsatze die quasistatisch aufgenommene Wärmemenge $d'Q_{stat}$ im allgemeinen kein totales Differential ist — erst die Summe von $d'Q$ und $d'A$ ist ein solches —, ist $\frac{d'Q_{stat}}{T}$ das totale Differential einer reinen Zustandsfunktion."

Die Gleichungen (25) und (26) sprechen den zweiten Hauptsatz der Wärmetheorie aus.

Die Funktion S nennen wir nach Clausius die „Entropiefunktion" und ihren Wert für einen gegebenen Körper in einem bestimmten Zustande die „Entropie" dieses Körpers in dem gewählten Zustande.

Clausius hat den Ausdruck $\left(\frac{d'Q_{stat}}{T}\right)$ als „reduzierte Wärmemenge" bezeichnet; dann kann man den zweiten Hauptsatz auch dahin aussprechen, „daß die Summe der reduzierten Wärmemengen bei einem quasistatischen Kreisprozesse gleich Null ist", — statt, wie es nach der Stofftheorie der Fall sein sollte, die Summe der Wärmemengen selbst.

35. Die Berechnung der Entropie; Anwendung auf den Gay-Lussacschen Prozeß und die Diffusion idealer Gase.

Es ist nach (25) und (26) klar, daß die Entropie einer bestimmten Substanz in einem bestimmten Zustande nur bis auf eine Konstante definiert ist, oder, was auf dasselbe herauskommt, man hat es immer nur mit Entropiedifferenzen zweier Zustände, nie mit dem absoluten Wert derselben in einem Zustande zu tun — genau so, wie es bei der Energiefunktion auch der Fall ist. Man kann daher so verfahren, daß man für einen beliebig gewählten Zustand eines Körpers die Entropie gleich einer Konstanten setzt und nun die Differenzen aller anderen Zustände relativ zu diesem „Normalzustande" angibt.

Um die Entropie eines beliebigen Zustandes zu berechnen, muß man gemäß der Definition (25) oder (26) die Substanz auf einem quasistatischen Wege — auf welchem ist gleichgültig — vom Normalzustand in denjenigen überführen, für den die Berechnung geschehen soll. Es ist durchaus wesentlich und notwendig, daß diese Überführung quasistatisch geschieht. Denn es gilt keineswegs die Gleichung:

$$dS = \frac{d'Q}{T},$$

wo $d'Q$ eine etwa auf dem wirklichen Wege, der ja im allgemeinen nicht quasistatisch ist, aufgenommene Wärmemenge bedeutet. Z. B. kann es ja in Wirklichkeit sehr gut vorkommen, daß eine Substanz, die sich im Normalzustande befindet, ohne jede Wärmeaufnahme in einen andern Zustand übergeht, und man müßte dann, wenn die letzte Gleichung allgemein richtig wäre, schließen, daß gar keine Entropieänderung aufgetreten wäre. Das ist z. B. der Fall bei dem in Nr. 23 besprochenen Gay-Lussacschen Versuch, bei dem sich ein Gas ohne Leistung äußerer Arbeit und ohne Wärmezufuhr auf ein größeres Volumen ausdehnt. Hier tritt in Wirklichkeit eine Entropieänderung auf, und man kann sie berechnen, wenn man das Gas aus seinem Anfangszustande quasistatisch in seinen Endzustand überführt, was wir nachher ausführen woller. Dabei wird nun in der Tat Wärme $d'Q_{stat}$ zugeführt, und diese ist nach (26) der Rechnung zugrunde zu legen, nicht aber die beim wirklichen Wege zugeführte, die ja hier gleich Null ist.

Ein ganz analoges Beispiel ist die Diffusion zweier idealer Gase. Auch sie geht in der Natur ohne alle tatsächliche Wärmezufuhr vor sich, also ist $d'Q = 0$ für alle Stadien des Diffusionsprozesses. Aber zur Berechnung der Entropieänderung vor und nach der Diffusion darf nicht dieses (verschwindende) $d'Q$ benutzt werden, woraus ja wieder folgen würde, daß die Diffusion ohne Entropieänderung vor sich geht, sondern man muß wieder den Vorgang der Diffusion quasistatisch führen, und dazu ist Zuführung von Null verschiedener Wärmemengen $d'Q_{stat}$ notwendig.

Man erkennt aus dieser Darlegung, daß die Bedingung $S =$ Constans identisch mit der eines adiabatischen quasistatischen Vorganges ist. Deshalb nennt man die adiabatischen Prozesse auch vielfach „isentropische". Ferner ist es klar, daß die früher [Kap. II, Gl. (51) u. (51a) auf pag. 98] von uns für ein ideales Gas gefundene Bedingung der Adiabasie mit der Konstanz der gleich zu berechnenden Entropie eines idealen Gases identisch sein muß.

Wir können nun nach dem ersten Hauptsatze einen bestimmten Wert für $d'Q_{\text{stat}}$ angeben. Es ist ja nach demselben:

$$d'Q_{\text{stat}} = dU + p\,dV, \tag{27}$$

während für eine nicht quasistatisch zugeführte Wärmemenge gilt:

$$d'Q = dU - d'A.$$

In Gl. (27) ist p der dem äußeren gleiche innere Druck der betrachteten Substanz. Wir können also (26) und (27) verbinden, und finden daraus folgende, allgemein geltende und der bisherigen Definition völlig äquivalente Formulierung:

$$\left\{\begin{aligned} dS &= \frac{dU + p\,dV}{T}, \\ S_2 - S_1 &= \int_1^2 \frac{dU + p\,dV}{T}. \end{aligned}\right. \tag{28}$$

In den Gleichungen (28) ist natürlich vorausgesetzt, daß die Arbeit lediglich in der des äußeren Druckes besteht; es ist indessen leicht, sie zu verallgemeinern für den Fall, daß der Zustand des Körpers außer von T noch von n Koordinaten $x_1 \ldots x_n$ abhängig ist. In diesem Falle ist ja stets, wie in Nr. 20 u. 22 besprochen:

$$d'A = -\sum_{\nu}^{1,n} X_\nu\, dx_\nu,$$

wo die Größen X_ν die (verallgemeinerten) Kraftkomponenten sind. Dieser Ansatz unterscheidet sich, wie schon früher erwähnt, von dem in der Mechanik üblichen lediglich durch das Vorzeichen, das wir so gewählt haben, um mit der spez. Gleichung $d'A = -p\,dV$ in Einklang zu bleiben. Deshalb sind unter den X_ν die Kräfte zu verstehen, die die Koordinaten x_ν zu verkleinern (statt wie in der Mechanik zu vergrößern) bestrebt sind.

Als allgemeine Definition von dS bzw. $S_2 - S_1$ erhält man also jetzt:

$$\left\{\begin{aligned} dS &= \frac{dU + \sum_{\nu}^{1,n} X_\nu\, dx_\nu}{T}, \\ S_2 - S_1 &= \int_1^2 \frac{dU + \sum X_\nu\, dx_\nu}{T}. \end{aligned}\right. \tag{28a}$$

Wir beschäftigen uns zwar im allgemeinen mit dem einfachen Falle, der durch Gl. (28) formuliert ist, bemerken aber ausdrücklich ein für alle mal, daß die Verallgemeinerung im folgenden stets möglich ist.

Wir können also dS berechnen, wenn wir p (bzw. X_ν) und U als Funktion der Zustandsvariabeln kennen, d. h. wenn Zustandsgleichung und Energiegleichung gegeben sind.

Dies ist zunächst nur für ein ideales Gas der Fall, und für ein solches wollen wir die Berechnung der Entropie jetzt vornehmen. Wir haben bekanntlich:

$$p = \frac{R}{m}\frac{T}{v}, \quad U = M c_v T + \text{Const.},$$

wenn M die Masse, m das Molekulargewicht, T die absolute Temperatur, $v = \frac{V}{M}$ das spezifische Volumen des Gases bedeuten. Dann finden wir nach der ersten Gl. (28):

$$dS = \frac{M c_v \, dT + \frac{RMT}{mV} dV}{T},$$

was integriert ergibt:

$$S = M\left\{c_v \log T + \frac{R}{m} \log V\right\} + \text{Const.}$$

Setzen wir noch $V = M \cdot v$, so können wir noch aus $\log V = \log v + \log M$ den konstanten Wert $\log M$ abspalten und mit der andern Konstanten vereinigen, so daß endgültig für die Entropie eines idealen Gases in den Variabeln T und v folgt:

$$S = M\left\{c_v \log T + \frac{R}{m} \log v\right\} + \text{Const.} \tag{29}$$

Setzt man $S = \text{Const.}$, so ist dies in der Tat, abgesehen von irrelevanten Konstanten, die Bedingung der Adiabasie für ein ideales Gas, wie wir sie in Gl. (51) des II. Kap. auf pag. 98 gefunden haben.

Man sieht hier ferner deutlich, daß $S(v, T)$ eine reine Zustandsfunktion ist, wie es nach der allgemeinen Theorie der Fall sein muß. Man sieht zugleich, was man übrigens allgemein auch aus (28) entnehmen kann, daß die Entropie proportional der Masse M ist, d. h. als Produkt der Entropie der Masseneinheit und der Masse dargestellt werden kann. Den Wert

$$\frac{S}{M} = s, \tag{30}$$

d. h. eben die Entropie der Masseneinheit, nennen wir die „spezifische Entropie“. Allgemein können wir also sagen, daß die Gesamtentropie eines gleichtemperierten Körpers sich durch Addition der Entropien der Masseneinheiten ergibt, die er enthält; ebenso ist die Gesamtentropie eines Körpersystems gleich der Summe der Entropien der einzelnen Körper des Systems. Die Entropie ist mit andern Worten, ebenso wie die Energie, eine additive Eigenschaft. Diese Behauptung gilt allerdings nicht ohne Einschränkung. Es gibt Fälle — wir kommen bei den Interferenzerscheinungen in der Optik darauf zurück —, wo die Entropie des Systems nicht gleich der Summe der Einzelentropien ist. Woran dies liegt, wird dann erörtert werden; die Mittel dazu kann erst die kinetische Theorie der Materie liefern, die den Entropiebegriff mit der Wahrscheinlichkeit eines Zustandes in Beziehung bringt[1]). Hier, wo diese kurzen Andeutungen genügen müssen, setzen wir immer voraus, daß wir es nur mit Fällen zu tun haben, in denen die Additivität der Entropie gesichert ist.

Wir wollen jetzt nach (29) die Entropieänderung berechnen, die ein-

[1]) Vgl. hierzu die Betrachtungen in Nr. 92.

tritt, wenn ein Gas von der Masse M, der Anfangstemperatur T, dem Anfangsvolumen $V_1 = M v_1$, sich ohne Wärmezufuhr und äußere Arbeitsleistung auf das Volumen $V_2 = M v_2$ ausdehnt. Dabei bleibt, weil wir es mit einem idealen Gase zu tun haben, die Temperatur konstant. Der Anfangszustand ist also durch die Werte (T, v_1), der Endzustand durch (T, v_2) der unabhängigen Variabeln bestimmt. Im Anfangszustande ist nach (29) die Entropie S_1:

$$S_1 = M\left\{c_v \log T + \frac{R}{m} \log v_1\right\} + \text{Const.} \tag{31}$$

Im Endzustande ist entsprechend:

$$S_2 = M\left\{c_v \log T + \frac{R}{m} \log v_2\right\} + \text{Const.}, \tag{32}$$

also die Entropieänderung beim Gay-Lussac-Prozeß:

$$S_2 - S_1 = \frac{R M}{m} \log \frac{v_2}{v_1} = R n \log \frac{v_2}{v_1}, \tag{33}$$

wobei $\frac{M}{m} = n$ die Anzahl der Grammoleküle ist, die in der Masse M enthalten sind. Da $v_2 > v_1$ ist, so tritt durch den Gay-Lussac-Prozeß eine Entropievermehrung ein.

Hier haben wir uns nun der fertigen Formel (29) für die Entropie bedienen können, die durch spezielle Anwendung von (28) auf ideale Gase gewonnen wurde und implizite einen quasistatischen Prozeß voraussetzt. Wir wurden dadurch der Notwendigkeit überhoben, uns einen speziellen quasistatischen Prozeß, der das Gas aus seinem Anfangszustande in seinen Endzustand überführt, auszudenken und in allen Einzelheiten zu berechnen. Es wird jedoch nützlich sein, zu zeigen, daß man durch wirkliche Berechnung eines quasistatischen Weges vom Anfangszustand zum Endzustand immer genau das Resultat (33) erhält, wie es die allgemeine Theorie verlangt.

Wir können z. B. das Gas vom Zustande $(T v_1)$ quasistatisch in den Zustand $(T v_2)$ auf isothermem Wege führen, indem wir es gegen einen Druck Arbeit leisten lassen, der dem jeweiligen innern Drucke gleich ist. Dann haben wir nach dem ersten Hauptsatze:

$$M c_v \, dT = d' Q_{\text{stat}} - \frac{R M T}{m v} \, dv;$$

also ist speziell, da $dT = 0$ ist:

$$d' Q_{\text{stat}} = \frac{R T M}{m v} \, dv = \frac{R n T}{v} \, dv,$$

also:

$$\frac{d' Q_{\text{stat}}}{T} = \frac{R n \, dv}{v}$$

und folglich:

$$S_2 - S_1 = \int_{v_1}^{v_2} \frac{d' Q_{\text{stat}}}{T} = R n \log \frac{v_2}{v_1}, \tag{34}$$

ganz übereinstimmend mit (33).

Wir können natürlich auch anders verfahren. Wir können das Gas vom Zustand $(T v_1)$ ausgehend zuerst adiabatisch-quasistatisch bis zum Volumen V_2 ausdehnen, wobei die Temperatur auf etwa T' sinken möge; dann können wir bei konstantem Volumen V_2 Wärme zuführen, bis die Temperatur wieder T geworden ist. Die Summe über sämtliche $\frac{d' Q_{stat}}{T}$ muß dann wieder den alten Wert ergeben. Die adiabatische Ausdehnung liefert keinen Beitrag zu der genannten Summe, da für sie $d' Q_{stat} = 0$ ist; es kommt also nur die isochorische Wärmezufuhr in Frage. Diese ist, da jetzt $p\, d V = 0$ ist, offenbar gleich:

$$d U = M c_v\, d T = d' Q_{stat};$$

also muß sein:

$$S_2 - S_1 = \int_{T'}^{T} \frac{d' Q_{stat}}{T} = M c_v \log \frac{T}{T'}.$$

T' ergibt sich daraus, daß die Zustände $(T v_1)$ und $(T' v_2)$ durch eine adiabatische Zustandsänderung auseinander hervorgehen; also:

$$T v_1^{\varkappa - 1} = T' v_2^{\varkappa - 1};$$

daher wird:

$$S_2 - S_1 = M c_v \log \left(\frac{v_2}{v_1}\right)^{\varkappa - 1} = M c_v (\varkappa - 1) \log \frac{v_2}{v_1} = M c_v \left(\frac{c_p}{c_v} - 1\right) \log \frac{v_2}{v_1},$$

und da $\frac{R}{m} = c_p - c_v$ ist:

$$S_2 - S_1 = \frac{R M}{m} \log \frac{v_2}{v_1} = R\, n \log \frac{v_2}{v_1}, \tag{34a}$$

wiederum völlig übereinstimmend mit (33) und (34).

Ganz analog verhält es sich mit der Diffusion zweier verschiedener idealen Gase. Es seien etwa M_1 und M_2 die Massen, m_1 und m_2 die Molekulargewichte, v_1' und v_2' die spezifischen Volumina, T die gemeinsame Temperatur; jedes fülle ein Volumen V aus, so daß

$$\frac{V}{M_1} = v_1'; \quad \frac{V}{M_2} = v_2' \quad \text{ist.} \tag{35}$$

Nach (29) und (35) ist die Gesamtentropie beider getrennter Gase in diesem Zustand I:

$$S_I = M_1 \left\{ c_{v_1} \log T + \frac{R}{m_1} \log \frac{V}{M_1} \right\} + M_2 \left\{ c_{v_2} \log T + \frac{R}{m_2} \log \frac{V}{M_2} \right\} + \text{Const.},$$

oder, wenn die konstanten Glieder $- \log M_1 - \log M_2$ mit in die allgemeine Konstante eingerechnet werden:

$$S_I = (M_1 c_{v_1} + M_2 c_{v_2}) \log T + R \left(\frac{M_1}{m_1} + \frac{M_2}{m_2}\right) \log V + \text{Const.}, \tag{36}$$

oder, da $\frac{M_1}{m_1} = n_1$ die Zahl der Mole des ersten, $\frac{M_2}{m_2} = n_2$ die Molzahl des zweiten Gases ist:

$$S_I = (M_1 c_{v_1} + M_2 c_{v_2}) \log T + R (n_1 + n_2) \log V + \text{Const.} \tag{37}$$

Lassen wir nun beide Gase sich mischen, so nimmt jedes Gas das Gesamtvolumen der Mischung $2V$ ein, wodurch die spezifischen Volumina v_1'' und v_2'' werden:

(35a)
$$\frac{2V}{M_1} = v_1''; \quad \frac{2V}{M_2} = v_2'';$$

die Temperatur bleibt erfahrungsgemäß unverändert. Das jetzt entstandene Gasgemisch verhält sich nach Nr. 21 wie ein chemisch einheitliches ideales Gas, nur tritt für das Molekulargewicht nach Gl. (35) des II. Kapitels, pag. 87 das sogenannte mittlere Molekulargewicht μ ein, das definiert ist durch:

$$\frac{M_1 + M_2}{\mu} = \frac{M_1}{m_1} + \frac{M_2}{m_2} = n_1 + n_2;$$

also:

(38)
$$\frac{1}{\mu} = \frac{n_1 + n_2}{M_1 + M_2}.$$

Ferner ist die Gesamtmasse der Mischung $(M_1 + M_2)$, das spezifische Volumen derselben $\frac{2V}{M_1 + M_2}$; endlich ihre mittlere spezifische Wärme bei konstantem Volumen $\frac{M_1 c_{v_1} + M_2 c_{v_2}}{M_1 + M_2}$. Wir finden demgemäß nach (29) unter Berücksichtigung von (38) für die Entropie des Gemisches nach vollendeter Diffusion:

$$S_{II} = (M_1 c_{v_1} + M_2 c_{v_2}) \log T + R(n_1 + n_2) \log \frac{2V}{M_1 + M_2} + \text{Const.},$$

oder, wenn wieder alle konstanten Glieder zusammengefaßt werden:

(39) $$S_{II} = (M_1 c_{v_1} + M_2 c_{v_2}) \log T + R(n_1 + n_2) \log 2V + \text{Const.}$$

Aus (37) und (39) folgt durch Subtraktion für die Entropievermehrung durch Diffusion, wobei hier speziell jedes Gas sich auf das doppelte Volumen ausdehnt:

(40) $$S_{II} - S_I = R(n_1 + n_2) \log 2V - R(n_1 + n_2) \log V = R(n_1 + n_2) \log 2.$$

Dies ist, ebenso wie beim Gay-Lussac-Prozeß, eine Vermehrung der Entropie.

Bevor wir ausführlich zeigen, daß dieser selbe Wert sich ergibt, wenn wir die Diffusion quasistatisch vor sich gehen lassen, wollen wir das Resultat (40) einer physikalischen Deutung unterwerfen. Wir können die Entropievermehrung durch Diffusion nach (40) schreiben:

(40a)
$$S_{II} - S_I = R n_1 \log 2 + R n_2 \log 2,$$

d. h. in zwei Teile trennen, von denen der erste nur von dem einen Gase abhängt, während sich der zweite nur auf das andere Gas bezieht. Das entspricht eben der Tatsache, daß bei Mischungen idealer Gase jedes Gas den ganzen Raum für sich ausfüllt, d. h. sich so verhält, als ob das andere nicht vorhanden wäre (Daltonsches Gesetz). Bei unserem Spezialfall der Diffusion dehnt sich nun jedes Gas aufs Doppelte seines Volumens aus; da diese Ausdehnung für jedes Gas so geschieht, als ob das andere Gas nicht vorhanden wäre, kann man sie als eine adiabatische

Ausdehnung ins Vakuum, d. h. als Ausdehnung ohne Arbeitsleistung, also schließlich als einen Gay-Lussac-Prozeß auffassen. In der Tat: nach (34) würde bei dem Gay-Lussac-Versuch die Entropie des ersten Gases bei Volumverdoppelung $R n_1 \log 2$, für das zweite $R n_2 \log 2$ betragen.

Wir können also die Diffusion zweier Gase wirklich als einen doppelten gleichzeitigen Prozeß nach Gay-Lussac auffassen, die Entropievermehrung kommt also nur dadurch zustande, daß beide ein größeres Volumen eingenommen haben, nicht durch die eigentliche Mischung. Willard Gibbs hat dies in dem Satze formuliert (der geschilderte Sachverhalt verallgemeinert sich offenbar auf beliebig viele Gase): „Die Entropie eines idealen Gasgemisches ist gleich der Summe derjenigen Entropien, die jedem Einzelgase zukommen würden, wenn jedes das Volumen der Mischung besäße."

Nach dieser Zwischenbemerkung wollen wir jetzt durch spezielle Berechnung einer bestimmten quasistatischen Führung der Diffusion erhärten, daß sich dadurch wirklich der Wert (40) wieder ergibt, wie es die allgemeine Theorie verlangt. Das Mittel, vermöge dessen die quasistatische Führung gelingt, ist eine sogenannte „semipermeable Wand". Darunter versteht man eine Wandung, die die Eigenschaft besitzt, für das eine Gas völlig durchlässig, für das andere völlig undurchlässig zu sein. Solche Vorrichtungen existieren in der Natur tatsächlich. Z. B. ist hocherhitztes Palladium für Wasserstoff durchlässig, für andere Gase nicht, freilich beides nicht in absolut vollkommener Weise. Aber jedenfalls ist eine ideale semipermeable Wand ein widerspruchsloser Begriff, den wir als theoretisches Hilfsmittel ohne Bedenken verwenden können.

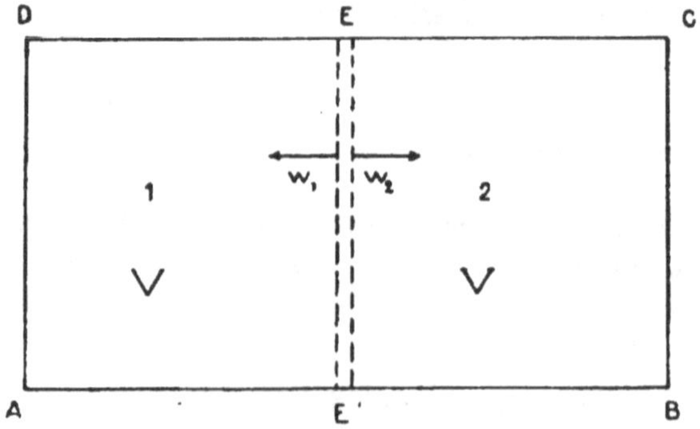

Fig. 23.

In Fig. 23 bedeute $ABCD$ den Schnitt des Gefäßes vom Volumen $2V$ mit der Papierebene; das Gefäß sei in zwei gleiche Teile vom Volumen V geteilt, links befinde sich das Gas 1, rechts das Gas 2. Die Trennungswand EE' denken wir uns doppelt, d. h. aus zwei Wänden W_1 und W_2 hergestellt. Die links befindliche Wand W_1 sei durchlässig für das Gas 1 und undurchlässig für Gas 2, umgekehrt sei W_2 durchlässig für das zweite, undurchlässig für das erste Gas. Es ist klar, daß die Kombination von W_1 und W_2 undurchlässig für beide Gase ist und daher dazu dienen kann, beide Gase gegeneinander abzusperren.

Rücken wir nun W_2 nach rechts, bis sie mit der Gefäßwandung CB zusammenfällt, so bleibt während dieses Vorganges das Gas 2 ganz unverändert, immer auf das rechte Volumen V beschränkt, da sich W_2 wegen der vollständigen Durchlässigkeit gegen Gas 2 durch dasselbe hindurchbewegt. Dagegen tritt Gas 1 jetzt durch W_1 hindurch und füllt daher in jedem Augenblick den Raum zwischen AD und W_2 aus, schließlich also, wenn W_2 an der Gefäßwand CB angekommen ist, das ganze Volumen $2V$. Bei dieser Verschiebung wirkt auf die Wand W_2 lediglich der Druck p_1 des Gases von links her, während das Gas 2 keinerlei Kräfte auf W_2 ausüben kann. Halten wir daher dem Drucke p_1 des Gases 1 das Gleichgewicht durch einen gleichen Gegendruck, so läßt sich die beschriebene Bewegung vollkommen quasistatisch und isotherm ausführen. Die bei einer unendlich kleinen Verrückung zugeführte Wärme $d'Q_{stat}$ ist, da der Druck

$$p_1 = \frac{RTM_1}{m_1 V} = \frac{RTn_1}{V}$$

ist, offenbar gleich:

$$d'Q_{stat} = \frac{RTn_1}{V} dV,$$

also die dabei erfolgende unendlich kleine Entropieänderung des ersten Gases:

$$dS_1 = \frac{d'Q_{stat}}{T} = \frac{Rn_1}{V} dV,$$

also die ganze Entropieänderung gleich:

$$\Delta S_1 = \int_V^{2V} \frac{Rn_1}{V} dV = Rn_1 \log 2 .$$

Schiebe ich jetzt ganz ebenso quasistatisch-isotherm W_1 nach links, bis zur Gefäßwand AD, so wird analog:

$$\Delta S_2 = Rn_2 \log 2 .$$

Dann aber ist die Diffusion vollendet, und zwar völlig quasistatisch, und wir erhalten für die Entropieänderung bei derselben, wie in Gleichung (40) oder (40a):

$$S_{II} - S_I \equiv \Delta S_1 + \Delta S_2 = R(n_1 + n_2) \log 2,$$

was zu beweisen war.

36. Reversible und irreversible Prozesse.

Wir wollen nunmehr zwei neue Begriffe einführen, die eine noch allgemeinere Formulierung der Clausiusschen Ungleichung und des zweiten Hauptsatzes gestatten.

Man nennt einen Prozeß „irreversibel“, wenn er auf keine Weise, welche Mittel und Apparate dabei auch verwendet werden mögen, so rückgängig gemacht werden kann, daß keinerlei Veränderungen in der Natur zurückbleiben.

Umgekehrt nennt man reversibel solche Prozesse, die auf irgendeine Weise so rückgängig gemacht werden können, daß keine Veränderung in der Natur zurückbleibt.

Ob es überhaupt irreversible Prozesse gibt, kann nur auf Grund der Erfahrung entschieden werden, und zwar gestattet uns gerade das Thomson-Plancksche Prinzip (oder das Clausiussche), das wir ja als Niederschlag einer tausendfältigen Erfahrung ansehen können, in jedem konkreten Falle eine Entscheidung darüber.

Wir behaupten nun, daß z. B. Wärmeerzeugung durch Reibung irreversibel ist.

Lassen wir z. B. ein gehobenes Gewicht, das also einen bestimmten Betrag potentieller Energie darstellt, etwa in einer Flüssigkeit unter Reibung unendlich langsam sinken, so ist die ganze Energie zum Schlusse in Reibungswärme verwandelt, die von der Flüssigkeit aufgenommen worden ist. Diesen ganzen Vorgang könnte man völlig rückgängig machen, ohne daß nur die geringste Änderung übrigbliebe, wenn man eine Maschine besäße, die weiter nichts bewirkt, als die Abkühlung der Flüssigkeit und die Hebung des gesunkenen Gewichtes. Das ist aber unmöglich nach dem Thomson-Planckschen Satze. Also ist in der Tat der Prozeß der Wärmeerzeugung durch Reibung irreversibel. Man kann dies, wenn man will, bis in alle Einzelheiten verfolgen. Z. B. könnte man die in der Flüssigkeit erzeugte Wärme derselben dadurch wieder entziehen, daß man sie mit einem idealen Gase in Berührung bringt, das sich isotherm unter Arbeitsleistung so weit ausdehnt, bis die gesamte Reibungswärme von ihm aufgenommen ist. Die Arbeitsleistung des Gases könnte dazu benutzt werden, das gesunkene Gewicht wieder genau auf seine ursprüngliche Höhe zu heben. Jetzt ist allerdings das Gewicht wieder auf seiner alten Höhe, und die Flüssigkeit hat die alte Temperatur wieder, — aber es bleibt von Veränderungen in der Natur jetzt noch zurück, daß das ideale Gas ein größeres Volumen besitzt, als vorher. Das kann ich wieder durch eine adiabatische Kompression auf das alte Volumen rückgängig machen, aber dabei steigt die Temperatur des Gases und ein Gewicht sinkt herab, um eben die Kompressionsarbeit zu leisten. Also müßte ich jetzt eine Maschine haben, die das Gas wieder abkühlt und das gesunkene Gewicht wieder hebt, d. h. wieder eine Thomson-Plancksche Maschine, die es nicht gibt. So kann man diese Betrachtung beliebig weiter fortsetzen, immer wieder braucht man ein Perpetuum mobile zweiter Art, um die letzten Veränderungen in der Natur wegzuschaffen.

Wir können also sagen: Aus der Unmöglichkeit des Perpetuum mobile zweiter Art folgt die Irreversibilität der Wärmeerzeugung durch Reibung.

Ganz ebenso verhält es sich mit einem idealen Gase, das sich gemäß dem Gay-Lussacschen Prozesse adiabatisch ins Vakuum ausdehnt. Hier ist die ganze Veränderung die, daß das Gas ein größeres Volumen angenommen hat. Damit sind wir wieder auf demselben Punkte angelangt wie oben, und es folgt daher sofort:

Adiabatische Ausdehnung ins Vakuum ist ein irreversibler Vorgang.

Genau dasselbe gilt von der Diffusion mehrerer Gase, die ja nach der in Nummer 35 dargelegten Auffassung als ein mehrfacher Gay-Lussacscher Prozeß betrachtet werden darf, ferner von dem Temperaturausgleich durch reine Wärmeleitung oder Wärmestrahlung, wie man mit Hilfe der gleichen Beweisführung leicht einsieht.

Umgekehrt ist der Carnotsche Kreisprozeß ein völlig reversibler Vorgang; denn nachdem er in direkter Richtung vor sich gegangen ist, ist die einzige Änderung in der Natur die, daß ein Reservoir höherer Temperatur eine Wärmemenge Q_1 abgegeben, ein zweites Reservoir niedrigerer Temperatur eine Wärmemenge $Q_2' = -Q_2$ aufgenommen hat, sowie daß ein bestimmtes Arbeitsquantum $A' = (Q_1 + Q_2)$ nach außen abgegeben ist; das Gas selbst ist in seinem Anfangszustande, also unverändert. Lassen wir den Carnotschen Prozeß im umgekehrten Sinne laufen, so ist zum Schlusse das Gas wieder unverändert, das „tiefere“ Reservoir hat die vorher empfangene Wärmemenge $Q_2' = -Q_2$ abgegeben, das „höhere“ die vorher abgegebene Q_1 wieder aufgenommen, eine äußere Arbeit $A = -(Q_1 + Q_2)$ ist geleistet worden. Kurz: alle durch den direkten Prozeß in der Natur zurückgebliebenen Änderungen sind durch den umgekehrten wieder verschwunden.

Überhaupt ist klar, daß alle quasistatischen, d. h. durch lauter Gleichgewichtszustände hindurchgehenden, Prozesse reversibel sind, da jeder unendlich kleine Schritt in genau umgekehrter Richtung vor sich gehen kann. Allein nicht jeder reversible Prozeß ist umgekehrt ein quasistatischer. Z. B. die Prozesse der reinen Mechanik, die ohne Reibung verlaufen, sind offenbar sämtlich reversibel, ohne quasistatisch zu sein, da sie im allgemeinen mit endlichen Geschwindigkeiten ablaufen. Die eine Halbschwingung eines Pendels wird durch die darauf folgende Halbschwingung völlig rückgängig gemacht. Auch die Vorgänge der reinen Elektrodynamik und Optik, bei denen keine Joulesche Stromwärme produziert wird, sind vollkommen reversibel. Allerdings gilt dies nur im Grenzfalle, in der Idee, da praktisch nie Reibung bzw. reibungsähnliche Prozesse, wie Erzeugung von Stromwärme usw., auszuschließen sind. Insofern bei jedem natürlichen Prozesse also Reibung vorhanden ist, können wir sagen:

Alle natürlichen Prozesse sind irreversibel, reversible Prozesse sind lediglich ein idealer Grenzfall, was nicht hindert, daß sie als theoretisches Hilfsmittel von größter Bedeutung sind[1]).

---

[1]) In der Auffassung der molekular-kinetischen Theorie kehrt sich die obige Behauptung geradezu um. Nach ihr gibt es nur reversible Vorgänge, und die

37. Das Prinzip von der Vermehrung der Entropie.

Der Begriff der reversiblen Prozesse, der nach dem Vorhergehenden umfassender ist als der der quasistatischen Vorgänge, erlaubt eine viel allgemeinere Auffassung der in Gl. (26) bzw. (28) enthaltenen Definition der Entropie. Bisher hatten wir immer verlangt und bewiesen, daß die Änderung der Entropie durch Berechnung der Ausdrücke $d'Q_{stat} = dU + p\,dV$, d. h. auf einem quasistatischen Wege geschehen müsse. Nunmehr können wir allgemeiner sagen, daß sie auf einem reversibeln Wege erfolgen muß. Soweit nämlich ein reversibler Prozeß quasistatisch ist, deckt sich die neue Formulierung mit der alten; soweit er nicht quasistatisch ist, d. h. einen der reinen Mechanik oder Elektrodynamik angehörenden Vorgang enthält, kann überhaupt keine Entropieänderung eintreten, da ja keinerlei Wärmemengen dabei zu- oder abgeführt werden, bzw. da dU und dV in Gl. (28) dabei dauernd gleich Null sind. Wir wollen daher jetzt den Index „stat" durch den Index „r" (reversibel) an $d'Q$ ersetzen und schreiben daher:

$$(41)\qquad \begin{cases} dS = \dfrac{d'Q_r}{T}, \\[2ex] S_2 - S_1 = \displaystyle\int_1^2 \frac{d'Q_r}{T}, \end{cases}$$

oder auch:

$$(42)\qquad \oint \frac{d'Q_r}{T} = 0,$$

wo das Integral, wie der Kreis andeuten soll, über einen Kreisprozeß zu erstrecken ist.

Für einen irreversibeln Kreisprozeß gilt nach wie vor die Clausiussche Ungleichung:

$$(43)\qquad \oint \frac{d'Q}{T} < 0.$$

Wir wollen nun irgendeine Substanz von einem Zustande (1) zu einem Zustande (2) überführen, und zwar auf zwei verschiedenen Wegen: der eine, der in der Natur von selbst eintreten wird, ist irreversibel (Weg A), der andere sei dagegen reversibel (B). Wird der letztere in seiner Richtung umgekehrt, so bildet er mit dem irreversibeln Wege A zusammen einen irreversibeln Kreisprozeß, der die Substanz zunächst irreversibel nach (2) und dann reversibel nach (1) zurückbringt. Wir können auf diesen Kreisprozeß die Clausiussche Ungleichung (43) anwenden:

„Irreversibilität" ist in gewissem Sinne vorgetäuscht. Man vergleiche hierzu die Kap. IX und X, wo auseinandergesetzt wird (spez. in Nr. 111), wie trotz dieser Verschiedenheit der Auffassung zwischen Thermodynamik und kinetischer Theorie dennoch im ganzen die Ergebnisse der Thermodynamik bestehen bleiben.

(44) $$\oint \frac{d'Q}{T} = (A)\int_1^2 \frac{d'Q}{T} + (B)\int_2^1 \frac{d'Q_r}{T} < 0 .$$

Darin ist nach der zweiten Gl. (41), d. h. nach der Definition der Entropie, das letzte Glied gleich der Differenz der Entropien im Zustand (1) und (2), also gleich $S_1 - S_2$, man hat folglich:

$$(A)\int_1^2 \frac{d'Q}{T} + S_1 - S_2 < 0 ,$$

oder auch:

(45) $$S_2 - S_1 > \int \frac{d'Q}{T} ,$$

wobei $d'Q$ die auf dem irreversibeln Wege aufgenommenen Wärmemengen sind. Man sieht auch aus dieser Gleichung zunächst wieder, was wir schon wissen, daß es zur Berechnung der Entropiedifferenz zweier Zustände gar nicht auf die wirklich (d. h. irreversibel) zugeführten Wärmemengen $d'Q$ ankommt, da eben im allgemeinen $dS \neq \frac{d'Q}{T}$ ist.

Ein besonders wichtiger Spezialfall ist nun der, daß das betrachtete System völlig abgeschlossen ist. Dann ist natürlich $d'Q = 0$, und Gl. (45) geht über in:

(46) $$S_2 - S_1 > 0 ,$$

d. h.: „Bei einem abgeschlossenen Systeme ist im Endzustande die Entropie stets größer als im Anfangszustande.“

Oder: „Die Vorgänge in einem abgeschlossenen System sind stets mit Entropievermehrung verbunden.“

Ist das System nicht abgeschlossen, so kann man es doch stets zu einem solchen machen, indem man diejenigen Körper der Umgebung, mit denen es in Energieaustausch steht, in das System hineinbezieht. Daher kommt dem oben ausgesprochenen Satze eine ganz ungeheure Tragweite zu, indem er ganz allgemein dazu verwendet werden kann, die Richtung eines Vorganges bzw. das Gleichgewicht zu bestimmen.

Insofern es gestattet sein sollte, was immerhin zweifelhaft ist, das Weltall als endliches abgeschlossenes System zu betrachten, können wir mit Clausius den Satz aussprechen:

„Die Entropie der Welt strebt einem Maximum zu.“

Doch hat dieser glänzende Satz, auch abgesehen von den eben angedeuteten Bedenken, für die Physik eine geringere Bedeutung, da man es in praxi doch eben nicht mit der ganzen Welt, sondern mit kleinen abgeschlossenen Systemen zu tun hat, für die das oben in Gl. (46) ausgesprochene „Prinzip von der Vermehrung der Entropie“ in Strenge gilt.

Die in Nr. 35 betrachteten Sonderfälle von Entropievermehrung beim Gay-Lussacschen Versuch, bei der Diffusion, bei Wärmeleitung und Wärmestrahlung ordnen sich also dem allgemeinen Prinzip (46) ein. Man kann direkt sagen: Die Diffusion usw. geht deshalb vor sich, weil die Entropie dabei wächst. Durch den größeren Entropiewert unterscheidet sich eben allgemein der Endzustand aller natürlichen Prozesse von ihrem Anfangszustande. Das in Nr. 31 gesuchte Kriterium zur Unterscheidung beider Zustände, die mit Hilfe des Energiesatzes nicht möglich ist, ist eben die Größe der Entropie. Das Wachstum derselben ist der Grund für das „Altern" der Welt, für die Einseitigkeit, mit der die natürlichen Prozesse ablaufen.

38. Allgemeine Folgerungen über den Nutzeffekt thermodynamischer Maschinen.

Als erste Anwendung des zweiten Hauptsatzes wollen wir den Nutzeffekt einer beliebigen thermodynamischen Maschine berechnen.

Zunächst sei bemerkt, daß wir bereits im zweiten Kapitel den Nutzeffekt eines Carnotschen Kreisprozesses für den Fall berechnet hatten, daß als arbeitende Substanz ein ideales Gas genommen wurde. Für andere Substanzen war damals eine Aussage nicht möglich, weil für keine andere die Energiegleichung bekannt war. Wir wollen zunächst einen reversibeln Carnotschen Kreisprozeß mit einer beliebigen Arbeitssubstanz betrachten. An diese werden von zwei Wärmereservoiren zwei Wärmemengen Q_1 und Q_2 abgegeben, die erste bei der Temperatur T_1, die zweite bei der Temperatur T_2. Dabei ist $Q_1 + Q_2 + A = 0$, wenn A die Arbeit pro Zyklus ist. Nach der Gl. (42) ist für einen reversibeln Kreisprozeß die Summe der sogenannten „reduzierten Wärmemengen" gleich Null, also hier:

$$\frac{Q_1}{T_1} + \frac{Q_2}{T_2} = 0,$$

woraus ohne weiteres für den Nutzeffekt η folgt:

$$\eta = 1 - \frac{T_2}{T_1}, \tag{47}$$

d. h. der Nutzeffekt eines reversibeln Carnotschen Prozesses ist gänzlich unabhängig von dem Material der arbeitenden Substanz, lediglich abhängig von den Temperaturen T_1 und T_2 der beiden Reservoire.

Ist aber, was in praxi immer zutreffen muß, der Prozeß irreversibel, so sagt die Clausiussche Ungleichung, daß sein soll:

$$\frac{Q_1}{T_1} + \frac{Q_2}{T_2} < 0,$$

woraus wieder ohne weiteres für den Nutzeffekt η' eines irreversibeln Carnotschen Prozesses folgt:

$$\eta' < 1 - \frac{T_2}{T_1}, \tag{48}$$

d. h. der Nutzeffekt eines irreversibeln Carnotschen Prozesses ist stets kleiner als der des entsprechenden reversibeln zwischen den nämlichen Temperaturen.

Nehmen wir jetzt einen allgemeinen, vom Carnotschen beliebig abweichenden reversibeln Kreisprozeß, dessen Diagramm in der pv-Ebene etwa dasjenige der Fig. 24 sei. Wir ziehen dann zwei Isothermen und

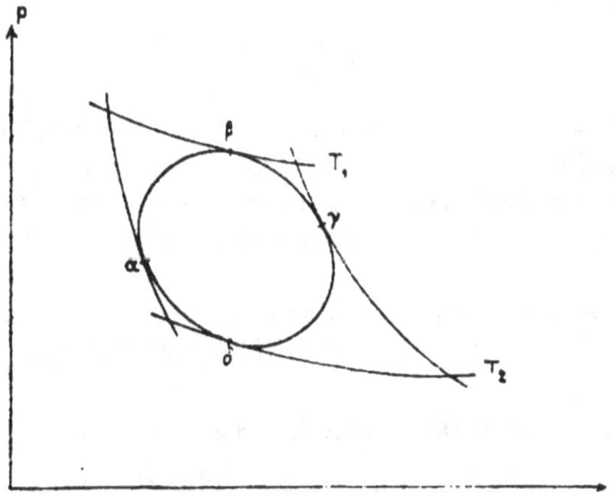

Fig. 24.

zwei Adiabaten, die das Zustandsdiagramm unseres Prozesses tangieren, wie die Figur es zeigt; die beiden Isothermen mögen den Temperaturen T_1 und T_2 entsprechen; es sind dies die höchste (T_1) und die niedrigste (T_2) Temperatur, die bei dem Prozesse auftreten. Die Berührungspunkte unserer vier Kurven seien α, β, γ, δ. Dann können wir den Zyklus in zwei Teile teilen: auf $\alpha\beta\gamma$ wird von der arbeitenden Substanz Wärme aufgenommen, auf $\gamma\delta\alpha$ solche abgegeben. Nach Gl. (46) des zweiten Hauptsatzes haben wir also:

$$\int\limits_{\alpha\beta\gamma}\frac{d'Q_r}{T}+\int\limits_{\gamma\delta\alpha}\frac{d'Q_r}{T}=0,$$

oder:

$$\int\limits_{\alpha\beta\gamma}\frac{d'Q_r}{T}=-\int\limits_{\gamma\delta\alpha}\frac{d'Q_r}{T}.$$

Nun ist die variable Temperatur T während des Weges $\alpha\beta\gamma$ im Mittel kleiner als T_1, auf dem Wege $\gamma\delta\alpha$ dagegen größer als T_2. Ersetzen wir daher in dem links stehenden Integral T durch das größere T_1, so wird das Integral kleiner; das rechts stehende wird ebenso durch Substitution von T_2 an Stelle von T größer, so daß die letzte Gleichung in die folgende Ungleichung übergeht:

$$\frac{1}{T_1}\int\limits_{\alpha\beta\gamma} d'Q_r \quad -\frac{1}{T_2}\int\limits_{\gamma\delta\alpha} d'Q_r,$$

oder, wenn

$$\int\limits_{\alpha\beta\gamma} d'Q_r = Q_1, \quad \int\limits_{\gamma\delta\alpha} d'Q_r = Q_2$$

gesetzt wird:

(49) $$\frac{Q_1}{T_1} < \frac{Q_2}{T_2},$$

woraus sich sofort ergibt, daß der Nutzeffekt unseres allgemeinen reversibeln Kreisprozesses

$$\eta'' < 1 - \frac{T_2}{T_1}$$

ist, d. h. kleiner als derjenige des reversibeln Carnotschen Kreisprozesses zwischen den Extremtemperaturen T_1 und T_2. Der Carnotsche Prozeß hat also von allen zwischen denselben Temperaturen verlaufenden Kreisprozessen den größten Wirkungsgrad.

Der Wirkungsgrad eines vom Carnotschen abweichenden Prozesses wird natürlich noch kleiner, wenn er nicht reversibel ist.

39. Die exakte Definition der Temperatur.

Wir haben in Nr. 1 die Temperatur definiert durch die Volumänderung des Quecksilbers oder einer andern beliebigen Substanz. Diese Definition hatte, wie dort ausführlich auseinandergesetzt, den Nachteil, daß sie abhängig war von der Wahl der thermometrischen Substanz. In Nr. 21 wurde diese Definition praktisch, aber nicht theoretisch verbessert durch die Einführung der idealen Gase als Thermometersubstanz. Allgemein nannten wir die bisher benutzte Temperatur wegen ihrer theoretischen Mängel die „empirische (eventuell absolute) Temperatur“.

Der zweite Hauptsatz erlaubt nun, eine exakte, von den Eigenschaften der thermometrischen Substanz gänzlich unabhängige Definition der Temperatur zu geben.

Zum Unterschiede von der jetzt exakt zu definierenden Temperatur, für die wir den Buchstaben T übernehmen wollen, um unsere alten Formeln unverändert zu lassen, wollen wir in dieser Nummer die bisher benutzte empirische absolute Temperatur mit τ bezeichnen. Wenn wir jetzt einen reversibeln Carnotschen Kreisprozeß mit einer beliebigen Substanz zwischen den empirischen Temperaturen τ_1 und τ_2 vor sich gehen lassen, so gilt nach (42):

$$\frac{Q_1}{\tau_1} + \frac{Q_2}{\tau_2} = 0$$

und, wenn wir $Q_2 = -Q_2'$ setzen, wo Q_2' die von dem tieferen Reservoir aufgenommene Wärmemenge bedeutet:

$$\frac{Q_1}{\tau_1} = \frac{Q_2'}{\tau_2},$$

oder auch:

(50) $$\frac{\tau_1}{\tau_2} = \frac{Q_1}{Q_2'},$$

d. h. die absoluten empirischen Temperaturen zweier Reservoire verhalten sich wie die Wärmemengen, die bei einem reversibeln

Carnotschen Prozesse von ihnen abgegeben bzw. aufgenommen werden.

Dieser Satz ist prüfbar nur insoweit, als wir eben die empirische Temperatur durch das Gasthermometer definieren können, d. h. insoweit, als zwischen Gasthermometern verschiedener Füllung Übereinstimmung herrscht. Kommt man in Gebiete, in denen das nicht mehr der Fall ist, so ist die Temperatur nicht mehr bestimmt. Bei einer als absolut exakt vorausgesetzten Messung wäre dies überhaupt nie der Fall.

William Thomson hat deshalb vorgeschlagen, die Gl. (50) als absolut gültig anzusehen und sie als Grundlage zur Temperaturdefinition zu benutzen. Da der Wirkungsgrad des Carnotschen Prozesses unabhängig vom Material ist, so ist es diese Festlegung der Temperatur ebenfalls und verdient daher den Namen „absolute Temperaturskala". Setzt man nun noch fest, daß das eine Reservoir etwa schmelzendes Eis bei Atmosphärendruck ist und legt man diesem den Wert 273^0 bei, so fällt die neue Skala praktisch mit der gastheoretischen, bisher benutzten zusammen.

Die Gl. (50) und allgemeiner (42), die den zweiten Hauptsatz ausspricht, gelten also von unserm jetzigen Standpunkte aus nur für die exakte Temperatur T, nicht etwa für τ. Mißt man also in der empirischen Skala τ, wie es ja in praxi doch immer geschehen muß, so sind Abweichungen von Gl. (42) zu erwarten, die man benutzen kann, um T als Funktion von τ zu bestimmen, d. h. um die benutzte empirische Skala auf die exakte Skala zu beziehen. Dazu kann jede Folgerung dienen, wenigstens theoretisch, bei der der zweite Hauptsatz benutzt wurde. Z. B. werden wir im nächsten Kapitel zwischen der Verdampfungswärme L, der Siedetemperatur T, dem spezifischen Volumen v_3 des gesättigten Dampfes, demjenigen v_2 der Flüssigkeit und dem Dampfdruck p folgende Gleichung ableiten:

$$L = T \frac{dp}{dT}(v_3 - v_2). \tag{51}$$

In Wirklichkeit mißt man, etwa mit dem Wasserstoffthermometer, nicht $\frac{dp}{dT}$, sondern $\frac{dp}{d\tau}$, und die Gl. (51) muß daher so geschrieben werden:

$$L = T(\tau) \frac{dp}{d\tau}(v_3 - v_2)\frac{d\tau}{dT}. \tag{52}$$

Daraus aber folgt sofort:

$$\frac{dT}{T} = d \log T = \frac{\frac{dp}{d\tau}(v_3 - v_2)}{L} d\tau, \tag{53}$$

wo alle rechtsstehenden Größen als Funktionen der Temperaturskala τ anzusehen sind. Man erhält also aus (53):

$$\log T = \int^{\tau} \frac{v_3 - v_2}{L} \frac{dp}{d\tau} d\tau + \log T_0,$$

oder schließlich:

$$T = T_0 e^{\int^{\tau} \frac{v_2 - v_1}{L} \frac{dp}{d\tau} d\tau} = f(\tau),$$

die rechts lauter experimentell als Funktionen der beliebigen empirischen Skala τ bestimmte Größen enthält, so daß man, wie oben behauptet, durch Messung mit einem beliebigen Thermometer die exakte Temperatur T realisieren kann.

40. Isotherme Vorgänge; freie und gebundene Energie; adiabatisches und isothermes Potential.

Wir haben bereits mehrere Male darauf hingewiesen, daß alle in der Natur von selbst eintretenden Prozesse mit einer Vermehrung der Entropie verbunden sind, wenn das System abgeschlossen ist. Da man dies immer erreichen kann, indem man alle Körper mit in das System hineinbezieht, die irgendwie an dem Vorgange beteiligt sind, ist obiges die allgemeinste Aussage, die man über den Ablauf eines Prozesses machen kann und aus der alle andern, bei speziellen Anordnungen geltenden, hervorgehen müssen. Um dies zum Ausdruck zu bringen, wollen wir die Entropie des eigentlichen Systems mit S, die der dabei beteiligten Umgebung mit S_0 bezeichnen. Dann werden wir also haben:

(54) $$dS + dS_0 \geqq 0,$$

wobei sich das Gleichheitszeichen auf den — in der Natur allerdings nie streng realisierten — Fall der Reversibilität bezieht.

Die Verwertung dieses Ausdruckes beruht darauf, daß man einen Wert für dS_0 angeben kann. Es ist nämlich allgemein

$$dS_0 = \frac{dU_0 + p\,dV_0}{T},$$

wo U_0, V_0, T bzw. Energie, Volumen und Temperatur der Umgebung bezeichnen. Gehen nun etwaige Volumänderungen der Umgebung quasistatisch vor sich, so ist auch

$$dS_0 = -\frac{d'Q}{T},$$

wenn $d'Q$ die von der Umgebung an das System abgegebene Wärmemenge bedeutet. Wir finden also statt (54):

$$dS - \frac{d'Q}{T} \geqq 0;$$

anderseits ist aber nach dem ersten Hauptsatze, auf das System angewendet:

$$d'Q = dU - d'A,$$

wo U die innere Energie des Systems, $d'A$ die demselben von außen zugeführte Arbeit bedeutet. Setzt man diesen Wert von $d'Q$ ein, so erhält man:

$$dS - \frac{dU - d'A}{T} \geqq 0,$$

und diese Gleichung kann schließlich noch geschrieben werden:

(55) $$dU - T\,dS \leqq d'A.$$

Wir wenden sie auf verschiedene Fälle an.

Der Fall, daß das System adiabatisch isoliert ist, kann uns naturgemäß nichts Neues liefern, da wir ja schon wissen, daß in diesem Falle die Entropie wächst. In der Tat, wenn wir in (55) die Bedingung der Adiabasie einführen, daß $d'Q = 0$ ist, oder daß $dU = d'A$ ist, so folgt, wenn durch T gekürzt wird:

(56) $$dS \geqq 0,$$

wobei das Gleichheitszeichen, wie immer, für den Fall der Reversibilität gilt.

Viel wichtiger ist der Fall, daß während des Prozesses die Temperatur T konstant bleibt. Dies ist bei den meisten chemischen Prozessen der Fall; z. B. sind die in Nr. 29 und 30 behandelten Reaktionen alle so zu verstehen, daß bei ihnen das System (durch Einbetten in ein geeignetes Bad) auf konstanter Temperatur gehalten wird. In diesem Falle wird die linke Seite von (55) das totale Differential einer Funktion

(57) $$F = U - TS,$$

die ebenso wie U und S nur von dem augenblicklichen Zustande des Systems abhängt. Man nennt dieselbe nach Helmholtz die „freie Energie" des Systems — auf den Grund dieser Benennung gehen wir gleich ein —, und man kann dann die Gl. (55) so schreiben:

(58) $$d_T F \leqq d'A,$$

oder auch, da sie jetzt integriert werden kann, für eine endliche Änderung:

(58a) $$F_2 - F_1 \leqq A \quad (T = \text{Const}).$$

In Gl. (58) ist an das Differentialzeichen der Index „T" angefügt, um zu betonen, daß hierbei T als konstant behandelt werden soll.

Die beiden letzten Gleichungen kann man folgendermaßen aussprechen:

Bei einem isothermen Prozesse ist die Zunahme der freien Energie kleiner, im Grenzfalle der Reversibilität gleich der von außen geleisteten Arbeit. Betrachten wir den Fall der Reversibilität, in dem das Gleichheitszeichen gilt, noch etwas genauer. Da dann

(59) $$F_2 - F_1 = A_m \quad (T = \text{Const})$$

gilt, so ist klar, daß in diesem speziellen Falle auch die äußere geleistete Arbeit A_m nur vom Anfangs- und Endzustande des Systems abhängt, nicht mehr vom Wege. Denken wir uns nun den Anfangs- und Endzustand fest gegeben, so erkennt man durch Vergleich von (59) und (58a), daß im Falle der Reversibilität zu einer bestimmten Zunahme von F das Minimum äußerer Arbeit erfordert wird; in jedem andern Falle ist die zur gleichen Vermehrung von F notwendige Arbeitszufuhr größer. Wir haben daher dieses Minimum der Arbeit in (59) mit dem Index „m" versehen, um diesen ausgezeichneten Arbeitsbetrag von den bei irreversibeln Vorgängen zu leistenden Arbeiten zu unterscheiden.

Wir können diese Aussage anders formulieren: Versehen wir in (58a) und (59) beide Seiten mit dem Minuszeichen, so steht links die Abnahme der freien Energie; rechts ist $-A = A'$ bzw. $-A_m = A'_m$ die vom System nach außen geleistete, d. h. die gewonnene Arbeit; das Ungleichheitszeichen dreht sich dabei um. Wir haben also in dieser Schreibweise für einen natürlichen (irreversibeln) Vorgang:

(60) $$F_1 - F_2 > A' \quad (T = \text{Const}),$$

bzw. für Reversibilität:

(60a) $$F_1 - F_2 = A'_m \quad (T = \text{Const}).$$

Bleiben wir zunächst bei der letzten Gleichung stehen, so ist wieder klar, daß A'_m nur vom Anfangs- und Endzustand des Systems abhängt. Betrachten wir diese Lagen als fest gegeben, so folgt:

„Bei einem isothermen Vorgange ist bei reversibler Führung die Abnahme der freien Energie gleich der nach außen abgegebenen Arbeit; bei irreversibler Führung dagegen ist die nach außen abgegebene Arbeit stets kleiner als dieses Maximum."

Die Arbeitsleistung A'_m ist also das Maximum der Arbeit, die überhaupt bei einem isothermen Vorgange gewonnen werden kann, nämlich dann, wenn er reversibel geführt wird; geht er irreversibel vor sich, so ist die gewonnene Arbeit A' stets kleiner als A'_m. Insbesondere kann der Fall leicht eintreten, daß bei dem natürlichen (irreversibeln) Vorgang A' gleich Null ist, so daß die Bedingung (58) für das Eintreten des Prozesses lautet:

(58b) $$F_2 - F_1 < 0.$$

In diesem Falle geht der Prozeß in solcher Richtung vor sich, daß die freie Energie abnimmt.

Dies ist z. B. der Fall bei dem isotherm verlaufenden Gay-Lussac-Versuch mit einem idealen Gase, ebenso bei der Diffusion zweier idealer Gase, die wir ja auf den Gay-Lussac-Prozeß zurückgeführt haben. Dabei war die nach außen abgegebene, d. h. gewonnene Arbeit in beiden Fällen gleich Null, und es muß daher die freie Energie im Endzustand kleiner als im Anfangszustande sein. Berechnen wir daher die freie Energie für ein ideales Gas. Aus den bekannten Werten für die Energie und Entropie eines solchen findet man leicht:

$$F \equiv U - TS = M c_v T + a - MT\left(c_v \log T + \frac{R}{m} \log v\right) + bT,$$

oder:

(61) $$F = M\left\{c_v T - c_v T \log T - \frac{R}{m} \log v\right\} + a + bT.$$

Angewendet auf Anfangszustand (Tv_1) und Endzustand (Tv_2) beim Gay-Lussac-Prozeß, folgt:

$$F_2 - F_1 = -\frac{RMT}{m}\log\frac{v_2}{v_1} < 0,$$

was zu beweisen war. Ganz analog liegt die Sache bei der Diffusion.

Man bemerkt, und dies gilt offenbar ganz allgemein, daß wegen der additiven Konstanten, die im Ausdruck der Energie und Entropie unbestimmt bleiben, im Werte der freien Energie eine lineare Funktion der Temperatur $(a + bT)$ unbestimmt ist.

Verbinden wir die Aussage (59) mit der des ersten Hauptsatzes, den wir jetzt mit umgekehrten Vorzeichen, wie gewöhnlich, schreiben wollen (Q' bedeutet also abgegebene Wärmemenge [Wärmetönung], A'_m gewonnene Arbeit):

$$U_1 - U_2 = Q' + A'_m = F_1 - F_2 + T(S_1 - S_2),$$

so folgt durch Subtraktion der Gl. (59) von der letzten Formel:

$$T(S_1 - S_2) = Q'.$$

Der erste Hauptsatz, den man so aussprechen kann, daß die Abnahme der Energie U gleich der abgegebenen Wärmemenge Q' und der der gewonnenen Arbeit A'_m ist, zerfällt also hier in zwei Aussagen, von denen sich die eine auf die abgegebene Wärme, die andere auf die gewonnene Arbeit bezieht, nämlich:

„Die Abnahme der freien Energie F ist gleich der maximal zu gewinnenden Arbeit, die Abnahme der Größe TS ist gleich der abgegebenen Wärme (Wärmetönung)." D. h.: Von der Gesamtenergie U ist bei einem isothermen Vorgange in maximo die Arbeit A'_m zu gewinnen, der Rest tritt als Wärmetönung auf. Daher nennt man eben F die freie Energie, $TS = G$ entsprechend die „gebundene", weil sie nicht in Arbeit umgesetzt wird.

Läßt man daher einen isothermen Vorgang irreversibel, d. h. ohne oder jedenfalls mit geringerer als der maximalen Arbeitsleistung vor sich gehen (so wie es z. B. bei den in Nr. 29 besprochenen Reaktionen der Fall war), so ist eine Gelegenheit, Arbeit zu gewinnen, dauernd und unwiderbringlich dahin. Denn niemals kann der Anfangszustand des Universums wiederhergestellt werden, da der Prozeß irreversibel war.

Für die isothermen Prozesse spielt nach dem Obigen die Funktion F offenbar eine ähnliche Rolle, wie die Gesamtenergie U für die adiabatischen. Denn für solche ist der erste Hauptsatz, da Q gleich Null, in der Form ganz übereinstimmend mit (59).

Diese Analogie tritt auch noch in anderer Richtung hervor. Nach dem ersten und zweiten Hauptsatze ist allgemein für eine reversible Änderung:

(62) $$dU = T\,dS - p\,dV.$$

Faßt man also U als Funktion der Variabeln S und V auf, so resultiert das Gleichungspaar:

(63) $$\left(\frac{\partial U}{\partial S}\right)_V = T, \quad \left(\frac{\partial U}{\partial V}\right)_S = -p$$

von denen die erste, wenn U und S gegeben sind, als Definition der Temperatur benutzt werden kann, während die zweite ein vollkommenes Analogon zu der Gleichung der Mechanik:

$$-\frac{\partial \Phi}{\partial x_\nu} = X_\nu \tag{64}$$

darstellt, indem die negative Ableitung von U nach einer Koordinate (V) die darauf wirkende Kraft (p) ergibt. Dabei ist S konstant zu halten, was die Bedingung der Adiabasie ist. Deshalb nennt Gibbs die Gesamtenergie auch das „adiabatische Potential".

Eine ganz analoge Rolle spielt die freie Energie F für isotherme Prozesse. Um dies zu zeigen, können wir die obige Gl. (62) folgendermaßen erweitern:

$$dU = TdS + SdT - pdV - SdT,$$

oder:

$$d(U - TS) \equiv dF = -SdT - pdV, \tag{65}$$

woraus, als unabhängige Variable T und V vorausgesetzt, die Doppelgleichung sich ergibt:

$$\left(\frac{\partial F}{\partial T}\right)_V = -S, \quad \left(\frac{\partial F}{\partial V}\right)_T = -p. \tag{66}$$

Die erste gibt eine allgemein gültige Beziehung zwischen F, T und S, die wir sogleich weiter benutzen wollen, die zweite ist wieder ein Analogon zur mechanischen Gl. (64), unter der Bedingung, daß T konstant gehalten wird; deshalb auch der Name für F: „Isothermes Potential".

Mit Hilfe der ersten Gl. (66) läßt sich die freie Energie folgendermaßen schreiben:

$$F \equiv U - TS = U + T\left(\frac{\partial F}{\partial T}\right)_V, \tag{67}$$

eine Form, die namentlich Helmholtz benutzt hat. Bilden wir die Gl. (67) für zwei Zustände (1) und (2) bei der nämlichen Temperatur T und subtrahieren sie voneinander, so folgt:

$$F_1 - F_2 = U_1 - U_2 + T\left(\frac{\partial(F_1 - F_2)}{\partial T}\right)_V,$$

oder, da $F_1 - F_2 = A'_m$, der maximalen Arbeit ist, für die wir jetzt wieder einfach A' setzen wollen:

$$A' = (U_1 - U_2) + T\left(\frac{\partial A'}{\partial T}\right)_V. \tag{68}$$

Dies ist eine Differentialgleichung für A', die vielfach „Helmholtzsche Gleichung" genannt wird und die in der modernen physikalischen Chemie eine fundamentale Rolle spielt. Auch wir kommen eingehend darauf zurück.

Im vorhergehenden ist stillschweigend angenommen worden, daß der Zustand des betrachteten Körpers nur von zwei Variabeln (S, V) bzw. (T, V) abhängt. Indessen ist es leicht, die Gl. (62) und die daraus folgenden auf beliebig viele Variabeln $x_1 x_2 \ldots x_n$ zu verallgemeinern. In diesem Falle nimmt (62) die Form an:

(62a) $$dU = T\,dS - \sum_{\nu}^{1,n} X_\nu\, dx_\nu,$$

d. h. die unendlich kleine Arbeit hat die Gestalt $-\sum X_\nu\, dx_\nu$, die uns, allerdings mit umgekehrtem Vorzeichen, aus der Mechanik wohlbekannt ist. Es folgt daraus unmittelbar, wenn S und die x_ν als unabhängige Variable betrachtet werden:

(63a) $$\left(\frac{\partial U}{\partial S}\right)_{x_\nu} = T, \quad \left(\frac{\partial U}{\partial x_\nu}\right)_S = -X_\nu,$$

von denen die erste Gleichung nichts Neues gegen Gl. (63) bietet, die zweite dagegen die entsprechende Gl. (63) in der gewollten Weise verallgemeinert. Unter den Größen X_ν sind jetzt, wie schon mehrfach betont, umgekehrt wie in der Mechanik, die allgemeinen Kraftkomponenten zu verstehen, die die entsprechenden allgemeinen Koordinaten x_ν zu verkleinern streben; daher hat auch der Arbeitsausdruck das umgekehrte Vorzeichen, wie in der Mechanik.

Aus (62a) folgt weiter durch Addition und Subtraktion von $S\,dT$ auf der rechten Seite:

(65a) $$dF \equiv d(U - TS) = -S\,dT - \sum_{\nu}^{1,n} X_\nu\, dx_\nu,$$

woraus sich wieder sofort ergibt:

(66a) $$\left(\frac{\partial F}{\partial T}\right)_{x_\nu} = -S, \quad \left(\frac{\partial F}{\partial x_\nu}\right)_T = -X_\nu,$$

womit wieder (66) verallgemeinert ist. —

Eine dritte Form der Bedingung für das Eintreten eines natürlichen Prozesses läßt sich aus (55), der gemeinsamen Quelle aller dieser Bedingungen, entnehmen, wenn außer T noch der Druck p konstant ist („isotherm-isobarer Vorgang"). Dann kann nämlich die Arbeit

$$d'A = -p\,dV = -d(pV)$$

gesetzt werden, und man erhält:

$$d(U - TS + pV) \leqq 0,$$

oder auch, wenn man

(67) $$S - \frac{U + pV}{T} \equiv \Phi$$

setzt:

(68) $$d_{T,p}\,\Phi \equiv d_{T,p}\left(S - \frac{U + pV}{T}\right) \geqq 0;$$

die Indizes am Differentialzeichen bedeuten die Größen, die bei der Differentiation konstant gehalten werden müssen. Die Funktion Φ heißt das „isotherm-isobare Potential".

Wir können Gl. (68) folgendermaßen aussprechen: Für einen isotherm-isobaren Vorgang nimmt das Potential Φ zu; im Grenzfalle der Reversibilität bleibt es konstant.

Auch hier können wir ähnliche Gleichungen ableiten, wie wir sie oben zwischen den Größen U, T und p einerseits, F, T und p anderseits gefunden haben. Man hat nämlich, wenn T und p als unabhängige Variable gewählt werden:

$$d\Phi = dS - \frac{dU + p\,dV + V\,dp}{T} + \frac{U + pV}{T^2}\,dT,$$

oder, da $dS = \frac{dU + p\,dV}{T}$ ist:

$$(69) \qquad d\Phi = -\frac{V}{T}\,dp + \frac{U + pV}{T^2}\,dT,$$

woraus sich sofort ergibt:

$$(70) \qquad \left(\frac{\partial \Phi}{\partial p}\right)_T = -\frac{V}{T}, \quad \left(\frac{\partial \Phi}{\partial T}\right)_p = \frac{U + pV}{T^2},$$

Gleichungen, die ebenfalls sofort auf den Fall mehrerer Variabeln x_ν verallgemeinert werden können.

Sind nun die thermodynamischen Potentiale F oder Φ als Funktionen der Zustandsvariabeln (T, V) oder (T, p) bekannt — wir beschränken uns hier auf den wichtigsten Fall zweier unabhängigen Veränderlichen —, so lassen sich aus ihnen mit Hilfe der soeben abgeleiteten Gleichungen alle thermodynamisch wichtigen Größen herstellen. Z. B. ist nach (66) und der Definition der Funktion F:

$$(71) \qquad S = -\left(\frac{\partial F}{\partial T}\right)_V, \quad p = -\left(\frac{\partial F}{\partial V}\right)_T, \quad U = F - T\left(\frac{\partial F}{\partial T}\right)_V.$$

Ebenso folgen aus (67) und (70):

$$(72) \quad V = -T\left(\frac{\partial \Phi}{\partial p}\right)_T, \quad U = T\left\{T\left(\frac{\partial \Phi}{\partial T}\right)_p + p\left(\frac{\partial \Phi}{\partial p}\right)_T\right\}, \quad S = \Phi + T\left(\frac{\partial \Phi}{\partial T}\right)_p.$$

Es kommt also nur darauf an, F bzw. Φ durch Messungen zu bestimmen; dann ist das gesamte thermodynamische Verhalten des betreffenden Körpers festgelegt.

41. Gleichgewichtsbedingungen.

Den in der vorigen Nummer entwickelten Bedingungen für das Eintreten eines Prozesses bzw. die Richtung, in der ein solcher verläuft, im adiabatischen, isothermen und isotherm-isobaren Falle, stellen sich entsprechende Gleichgewichtsbedingungen für die nämlichen drei Fälle zur Seite.

Wenn in einem adiabatischen System $dS \geqq 0$ die Bedingung für das Eintreten eines Prozesses ist, so muß, damit bei einer beliebigen virtuellen Verrückung, für die wir wie in der Mechanik das Zeichen δ benutzen, Gleichgewicht besteht,

$$(73) \qquad \delta S \leqq 0$$

sein; denn dann ist von dem betreffenden Zustande aus kein Prozeß möglich, da die Entropie nicht abnehmen kann. Bei den Gleichgewichtsproblemen sind nun, wie bei den analogen der Mechanik, im allgemeinen noch bestimmte Bedingungsgleichungen gegeben, denen die virtuellen Verrückungen, wie dort, zu gehorchen haben. Ist nun eine bestimmte virtuelle Verschiebung möglich, so ist es im allgemeinen auch die entgegengesetzte, wenigstens immer dann, wenn keine Bedingungs**ungleichungen** vorhanden sind. Würde also für die eine Verrückung Gl. (73) gelten, so würde für die entgegengesetzte $\delta S \geqq 0$ sein müssen. Das mit (73) kombiniert, gibt das Resultat, daß in (73) nur das Gleichheitszeichen möglich ist, also:

(74) $$\delta S = 0;$$

in Worten: „Ein adiabatisch isoliertes System ist im Gleichgewicht, wenn die Entropie ein Maximum ist."

Ganz ebenso ergibt sich für den isothermen Fall nach (58) als Bedingung des Gleichgewichts:

(75) $$\delta_T F \geqq \delta' A,$$

und wenn wieder nur Bedingungsgleichungen, keine Ungleichungen vorhanden sind, d. h. auch die entgegengesetzte Veränderung möglich ist:

(76) $$\delta_T F = \delta' A,$$

d. h. bei konstanter Temperatur ist das Charakteristikum des Gleichgewichts, daß die virtuelle Änderung der freien Energie gleich der virtuellen äußeren Arbeit ist.

In dem speziellen Falle, daß das Volumen konstant ist (Berthelotsche Bombe) oder die Volumänderungen verschwindend klein sind (feste oder flüssige Körper), ist $\delta' A = 0$, und die Gleichgewichtsbedingung (76) geht über in:

(76a) $$\delta_T F = 0,$$

d. h. bei konstanter Temperatur ist bei ausgeschlossener äußerer Arbeitsleistung die freie Energie im Gleichgewichtszustande ein Minimum.

Im isotherm-isobaren Falle endlich findet man nach (68):

(77) $$\delta_{T,p} \Phi \leqq 0,$$

oder, wenn wieder nur Bedingungs**gleichungen** (keine Ungleichungen) vorhanden sind:

(78) $$\delta_{T,p} \Phi = 0,$$

d. h. das isotherm-isobare Potential muß im Gleichgewicht ein Maximum sein.

Die hier besprochenen Bedingungen werden wir in den nächsten Kapiteln auf spezielle Gleichgewichtszustände anwenden.

Viertes Kapitel.

Physikalisch homogene Systeme.

42. Allgemeine Formulierung.

Wir betrachten in diesem Kapitel ausschließlich physikalisch homogene Systeme, wogegen ihre chemische Homogenität hier für uns nicht in Frage kommt. So z. B. ist ein beliebiges Gasgemisch für uns homogen, desgl. eine Legierung usw. Wir betrachten wieder die Masseneinheit des gewählten Stoffes und wenden die beiden Hauptsätze darauf an.

Als Definition der spezifischen Entropie s hatten wir gefunden:

$$ds = \frac{d' q_r}{T}, \tag{1}$$

und ferner war nach dem ersten Hauptsatze, wenn der Zustand des Systems außer durch T durch n Koordinaten x_1 bis x_n bestimmt wird:

$$d' q_r = du + \sum_{\nu}^{1,n} X_\nu \, dx_\nu, \tag{2}$$

die in dem speziellen Falle zweier Variabeln T und v übergeht in:

$$d' q_r = du + p\, dv. \tag{3}$$

Demgemäß haben wir im allgemeinen Falle als ausführlich geschriebene Definition der spezifischen Entropie nach (1) und (2):

$$ds = \frac{\sum_{\nu}^{1,n} \left\{ \left(\frac{\partial u}{\partial x_\nu}\right)_T + X_\nu \right\} dx_\nu + \left(\frac{\partial u}{\partial T}\right)_{x_\nu} dT}{T}, \tag{4}$$

bzw. im speziellen Falle der zwei Variabeln T und v:

$$ds = \frac{\left\{ \left(\frac{\partial u}{\partial v}\right)_T + p \right\} dv + \left(\frac{\partial u}{\partial T}\right)_v dT}{T}, \tag{5}$$

die wir im vorigen Kapitel fast ausschließlich benutzt haben.

Die analytische Verwendungsmöglichkeit des zweiten Hauptsatzes beruht nun darauf, daß ds ein totales Differential einer reinen Zustandsfunktion ist, d. h. darauf, daß für ein totales Differential gewisse Bedingungen bestehen, die es von den allgemeinen Differentialausdrücken unterscheiden. Ganz genau so lag die Sache im zweiten Kapitel beim ersten Hauptsatz.

Führen wir diesen Gedanken zuerst für beliebig viele Variable durch. Dann ergibt sich aus der Gl. (4):

$$d s = \sum_{\nu}^{1,n} \left(\frac{\partial s}{\partial x_\nu}\right)_T d x_\nu + \left(\frac{\partial s}{\partial T}\right)_{x_\nu} d T = \frac{1}{T} \sum_{\nu}^{1,n} \left\{ \left(\frac{\partial u}{\partial x_\nu}\right)_T d x_\nu + X_\nu d x_\nu \right\}$$
$$+ \frac{1}{T} \left(\frac{\partial u}{\partial T}\right)_{x_\nu} d T,$$

und diese Formel zerfällt in die folgenden $(n + 1)$ Gleichungen, weil die Größen $d x_\nu$ und $d T$ voneinander gänzlich unabhängig sind:

$$(6)\quad \begin{cases} \left(\frac{\partial s}{\partial x_\nu}\right)_T = \frac{1}{T} \left\{ \left(\frac{\partial u}{\partial x_\nu}\right)_T + X_\nu \right\}, & (\nu = 1, 2, \ldots, n), \\ \left(\frac{\partial s}{\partial T}\right)_{x_\nu} = \frac{1}{T} \left(\frac{\partial u}{\partial T}\right)_{x_\nu}. \end{cases}$$

Daraus ergeben sich dann, wenn x_μ eine von x_ν verschiedene der Koordinaten x_1 bis x_n bedeutet, durch kreuzweise Differentiation folgende Gleichungen:

$$(7)\quad \frac{\partial^2 s}{\partial x_\nu \partial x_\mu} = \frac{1}{T} \left\{ \frac{\partial^2 u}{\partial x_\nu \partial x_\mu} + \frac{\partial X_\nu}{\partial x_\mu} \right\} = \frac{1}{T} \left\{ \frac{\partial^2 u}{\partial x_\nu \partial x_\mu} + \frac{\partial X_\mu}{\partial x_\nu} \right\} \quad \begin{pmatrix} \nu = 1, 2, \ldots, n \\ \mu = 1, 2, \ldots, n \\ \nu \neq \mu \end{pmatrix},$$

sowie durch entsprechende Kombination einer der ersten Gl. (6) mit der zweiten Gl. (6):

$$(8)\quad \frac{\partial^2 s}{\partial x_\nu \partial T} = \frac{1}{T} \left\{ \frac{\partial^2 u}{\partial x_\nu \partial T} + \frac{\partial X_\nu}{\partial T} \right\} - \frac{1}{T^2} \left\{ \left(\frac{\partial u}{\partial x_\nu}\right)_T + X_\nu \right\}$$
$$= \frac{1}{T} \frac{\partial^2 u}{\partial x_\nu \partial T} \quad (\nu = 1, 2, \ldots, n).$$

Durch Auflösung derselben ergibt sich die folgende Aussage des zweiten Hauptsatzes im allgemeinen Falle:

$$(9)\quad \frac{\partial X_\nu}{\partial x_\mu} = \frac{\partial X_\mu}{\partial x_\nu} \quad \begin{pmatrix} \nu, \mu = 1, \ldots, n \\ \nu \neq \mu \end{pmatrix},$$

$$(10)\quad \frac{\partial X_\nu}{\partial T} = \frac{1}{T} \left\{ \left(\frac{\partial u}{\partial x_\nu}\right)_T + X_\nu \right\} \quad (\nu = 1, 2, \ldots, n).$$

Das sind $\frac{n(n+1)}{2}$ Relationen, die eine experimentelle Prüfung des zweiten Hauptsatzes gestatten.

In dem speziellen Falle zweier Variablen, der aus dem allgemeinen dadurch hervorgeht, daß wir etwa $X_1 = p$; $x_1 = v$, alle übrigen $X_\nu = x_\nu = 0$ setzen, gehen die allgemeinen Gl. (6) über in:

$$(11)\quad \begin{cases} \left(\frac{\partial s}{\partial v}\right)_T = \frac{1}{T} \left\{ \left(\frac{\partial u}{\partial v}\right)_T + p \right\}, \\ \left(\frac{\partial s}{\partial T}\right)_v = \frac{1}{T} \left(\frac{\partial u}{\partial T}\right)_v, \end{cases}$$

und durch kreuzweise Differentiation folgt daraus:

$$\frac{\partial^2 s}{\partial v \partial T} = \frac{1}{T} \left\{ \frac{\partial^2 u}{\partial v \partial T} + \left(\frac{\partial p}{\partial T}\right)_v \right\} - \frac{1}{T^2} \left\{ \left(\frac{\partial u}{\partial v}\right)_T + p \right\} = \frac{1}{T} \frac{\partial^2 u}{\partial v \partial T},$$

woraus weiter sich ergibt:

$$(12)\qquad \left(\frac{\partial p}{\partial T}\right)_v = \frac{1}{T}\left\{\left(\frac{\partial u}{\partial v}\right)_T + p\right\}.$$

Dieses ist die Spezialisierung der Gl. (10), wie sich sofort durch Vergleich ergibt; den Gl. (9) entspricht im Falle zweier Variabeln **kein** Analogon; sie werden dann identisch gleich Null.

Gl. (11) ist die Aussage des zweiten Hauptsatzes für die zwei Veränderlichen T und v, wir werden es im folgenden hauptsächlich damit zu tun haben.

43. Der Zustand des Systems wird durch zwei Variable bestimmt.

Zunächst ergibt sich durch Kombination der Gl. (12) mit der ersten Gl. (11) die physikalische Bedeutung von $\left(\frac{\partial s}{\partial v}\right)_T$; erinnert man sich ferner, daß $\left(\frac{\partial u}{\partial T}\right)_v = c_v$, der spezifischen Wärme bei konstantem Volumen ist, so ist auch die Bedeutung von $\left(\frac{\partial s}{\partial T}\right)_v$ klargestellt, und man erhält nunmehr die beiden einfachen Formeln:

$$(13)\qquad \begin{cases} \left(\frac{\partial s}{\partial v}\right)_T = \left(\frac{\partial p}{\partial T}\right)_v, \\ \left(\frac{\partial s}{\partial T}\right)_v = \frac{c_v}{T}. \end{cases}$$

Von der Richtigkeit der letzteren kann man sich auch ohne Rechnung überzeugen, indem man auf die in Gl. (1) enthaltene Definition von ds zurückgeht. Führt man nämlich $d'q_r$ bei gleichzeitig konstantem Volumen zu, so ist $d'q_r = c_v\, d\, T$, also schließlich: $d\, s_v = \frac{c_v\, d\, T}{T}$, woraus sich durch Division mit $d\, T$ die zweite Gl. (13) ergibt.

Wenn daher c_v als Funktion der Zustandsvariabeln T und v sowie die Zustandsgleichung $p = p(v, T)$ bekannt sind, kann diese Gl. (13) dazu dienen, die Entropiefunktion zu berechnen. Man findet nämlich:

$$(14)\qquad d\, s = \left(\frac{\partial p}{\partial T}\right)_v d\, v + \frac{c_v}{T} d\, T,$$

was für ein ideales Gas, für welches $\left(\frac{\partial p}{\partial T}\right)_v = \frac{R}{m}\frac{1}{v}$ ist, zu dem uns schon längst bekannten Werte führt:

$$s = c_v \log T + \frac{R}{m} \log v + \text{Const}.$$

Aber auch sonst ist Gl. (14) von erheblichem Nutzen; man kann ja innerhalb kleiner Volumbereiche und Temperaturänderungen in jedem Falle $\left(\frac{\partial p}{\partial T}\right)_v$ und c_v als näherungsweise konstant betrachten, und erhält dann aus (14) angenäherte Ausdrücke für die Entropie z. B. fester und flüssiger Körper, die zuweilen von Bedeutung sind. Wir werden von dieser Möglichkeit in der Tat Gebrauch machen.

Durch kreuzweise Differentiation der beiden Gl. (13) erhält man übrigens eine Relation, die eine experimentelle Prüfung des zweiten Hauptsatzes gestattet:

(15) $$\frac{\partial c_v}{\partial v} = T\left(\frac{\partial^2 p}{\partial T^2}\right)_v.$$

Aus ihr folgt z. B., daß c_v unabhängig von v ist, wenn p nur linear von der Temperatur T abhängt, wie es bei idealen Gasen, aber auch z. B. bei solchen realen Gasen der Fall ist, die der van der Waalsschen Gleichung gehorchen.

Die Gl. (12) läßt sich vereinfachen, wenn man Gl. (59) des zweiten Kapitels auf pag. 103 heranzieht, die wir hier nochmals anschreiben wollen:

$$c_p - c_v = \left[\left(\frac{\partial u}{\partial v}\right)_T + p\right]\left(\frac{\partial v}{\partial T}\right)_p;$$

sie stellt eine einfache Folgerung des ersten Hauptsatzes dar. Durch Kombination mit (12) ergibt sich:

(16) $$c_p - c_v = T\left(\frac{\partial p}{\partial T}\right)_v \cdot \left(\frac{\partial v}{\partial T}\right)_p.$$

Mit Hilfe der Zustandsgleichung kann diese noch in eine etwas andere, zuweilen bequemere Form gebracht werden. Nach der Zustandsgleichung ist ja:

$$dp = \left(\frac{\partial p}{\partial T}\right)_v dT + \left(\frac{\partial p}{\partial v}\right)_T dv,$$

oder für $dp = 0$:

$$\left(\frac{\partial p}{\partial T}\right)_v = -\left(\frac{\partial p}{\partial v}\right)_T \left(\frac{\partial v}{\partial T}\right)_p.$$

Setzt man den daraus folgenden Wert von $\left(\frac{\partial p}{\partial T}\right)_v$ in (16) ein, so folgt die äußerst anschauliche Gleichung:

(17) $$c_p - c_v = -T\left(\frac{\partial p}{\partial v}\right)_T \left(\frac{\partial v}{\partial T}\right)_p^2.$$

In ihr ist $\left(\frac{\partial v}{\partial T}\right)_p$ offenbar proportional dem kubischen Ausdehnungskoeffizienten α der Substanz, der seiner Definition nach die Volumänderung pro Grad $\left[\left(\frac{\partial v}{\partial T}\right)_p\right]$, dividiert durch das Volumen v_0 bei 0° C, bedeutet; α ist also gegeben durch:

(18) $$\alpha = \frac{1}{v_0}\left(\frac{\partial v}{\partial T}\right)_p;$$

$\left(\frac{\partial p}{\partial v}\right)_T$ läßt sich aus der Zustandsgleichung berechnen, und man kann sofort aussagen, daß $\left(\frac{\partial p}{\partial v}\right)_T$ notwendigerweise negativ sein muß, da Drucksteigerung mit Volumverminderung verbunden ist. Dann aber folgt aus (17), daß für jede beliebige Substanz c_p größer als c_v ist, was wir bisher nur für ein ideales Gas beweisen konnten.

Auch wenn die vollständige Zustandsgleichung nicht bekannt ist, kann $\left(\frac{\partial p}{\partial v}\right)_T$ bestimmt werden. Es handelt sich dabei um ein rein elastisches Problem, nämlich die Volumverminderung zu bestimmen, die mit einer bestimmten Druckerhöhung verbunden ist. Dieses Problem aber haben wir im I. Bande [Kap. 12, Nr. 118] ausführlich behandelt. Der Ausdruck

$$-\frac{1}{v}\left(\frac{\partial v}{\partial p}\right)_T,$$

[d. h. die relative Volumverkleinerung $\left(-\frac{dv}{v}\right)$ dividiert durch die Druckzunahme dp], wurde dort als „kubische Kompressibilität" bezeichnet; der reziproke Wert ist der sog. „Kompressionsmodul" K, für den also gilt:

(19) $$K = -v\left(\frac{\partial p}{\partial v}\right)_T.$$

Setzt man (18) und (19) in Gl. (17) ein, so resultiert:

$$c_p - c_v = \frac{TK}{v} v_0^2 \alpha^2,$$

oder, da man für feste und flüssige Körper angenähert $v = v_0$ setzen darf:

(20) $$c_p - c_v = TK v_0 \alpha^2.$$

Nach dieser Gleichung kann die Differenz der beiden spezifischen Wärmen für jeden Körper berechnet werden, für den die elastischen Daten (Elastizitätsmodul E und Torsionsmodul μ) sowie der Ausdehnungskoeffizient bekannt sind.

Für Aluminium ist z. B. nach pag. 549 des I. Bandes:

der Elastizitätsmodul E: 7320 kg/mm²,
der Torsionsmodul μ: 2737 kg/mm².

Daraus berechnet sich der Kompressionsmodul zu: $K = 13860$ kg/mm²; ferner ist der kubische Ausdehnungskoeffizient $\alpha = 0{,}000069$, das spezifische Volumen bei 0°C: $v_0 = \frac{1}{\varepsilon_0} = \frac{1}{2{,}58}$.

Mit diesen Daten berechnet sich für Aluminium:

$$(c_p - c_v)_{\mathrm{Al}} = 0{,}016 \frac{\mathrm{cal}}{\mathrm{gr\ grad}},$$

also sehr klein. Für Gase ist die Differenz erheblich größer, wegen des großen Ausdehnungskoeffizienten; für ideale Gase ist sie bekanntlich $\frac{R}{m}$, wie auch aus (20) folgt.

Zuweilen ist es zweckmäßiger, T und p als unabhängige Variable zu wählen, weil diese bei experimentellen Untersuchungen leicht konstant gehalten werden können. Dann haben wir die Formel:

(21) $$ds = \left(\frac{\partial s}{\partial T}\right)_p dT + \left(\frac{\partial s}{\partial p}\right)_T dp =$$

$$= \frac{\left(\frac{\partial u}{\partial T}\right)_p dT + \left(\frac{\partial u}{\partial p}\right)_T dp + p\left(\frac{\partial v}{\partial T}\right)_p dT + p\left(\frac{\partial v}{\partial p}\right)_T dp}{T},$$

oder, da dp und dT gänzlich unabhängig voneinander sind:

(22) $$\begin{cases} \left(\frac{\partial s}{\partial T}\right)_p = \frac{1}{T}\left\{\left(\frac{\partial u}{\partial T}\right)_p + p\left(\frac{\partial v}{\partial T}\right)_p\right\}, \\ \left(\frac{\partial s}{\partial p}\right)_T = \frac{1}{T}\left\{\left(\frac{\partial u}{\partial p}\right)_T + p\left(\frac{\partial v}{\partial p}\right)_T\right\}. \end{cases}$$

Eliminieren wir daraus, um zu einer prüfbaren Aussage zu kommen, s durch kreuzweise Differentiation, so folgt:

$$\frac{d^2 s}{\partial p \partial T} = \frac{1}{T}\left\{\frac{\partial^2 u}{\partial p \partial T} + \left(\frac{\partial v}{\partial T}\right)_p + p\frac{\partial^2 v}{\partial p \partial T}\right\} =$$

$$= \frac{1}{T}\left\{\frac{\partial^2 u}{\partial p \partial T} + p\frac{\partial^2 v}{\partial p \partial T}\right\} - \frac{1}{T^2}\left\{\left(\frac{\partial u}{\partial p}\right)_T + p\left(\frac{\partial v}{\partial p}\right)_T\right\},$$

oder:

$$(23)\qquad \left(\frac{\partial v}{\partial T}\right)_p = -\frac{1}{T}\left\{\left(\frac{\partial u}{\partial p}\right)_T + p\left(\frac{\partial v}{\partial p}\right)_T\right\}.$$

Beachtet man ferner, daß nach Gl. (66) des zweiten Kapitels:

$$(24)\qquad \left(\frac{\partial u}{\partial T}\right)_p + p\left(\frac{\partial v}{\partial T}\right)_p = c_p \text{ ist,}$$

so gehen mit (23) und (24) die beiden Gl. (22) über in:

$$(25)\qquad \begin{cases} \left(\frac{\partial s}{\partial T}\right)_p = \frac{c_p}{T}, \\ \left(\frac{\partial s}{\partial p}\right)_T = -\left(\frac{\partial v}{\partial T}\right)_p, \end{cases}$$

welche die physikalische Bedeutung der partiellen Ableitungen von s feststellen. Die erste ist übrigens leicht ohne Rechnung erhältlich. Denn nach Definition (1) ist $ds = \frac{d' q_r}{T}$, und bei konstantem p ist $d' q_r = c_p dT$, also hat man

$$ds_p = \frac{c_p dT}{T},$$

woraus durch Division mit dT sofort der angegebene Wert folgt.

Die Gl. (25) kann, wie die analoge (13) dazu dienen, s zu berechnen Man hat unmittelbar:

$$(26)\qquad ds = \frac{c_p}{T} dT - \left(\frac{\partial v}{\partial T}\right)_p dp,$$

woraus sich z. B. für ideale Gase der bekannte Wert ergibt. Des weiteren kann (26) auch dazu benutzt werden, um angenäherte Werte für die Entropiefunktion zu gewinnen, wenn man c_p und den Ausdehnungskoeffizienten als konstant betrachtet. Auch darauf werden wir noch zurückkommen.

Aus der Gl. (25) erhält man schließlich durch kreuzweise Differentiation, behufs Elimination von s, die folgende Beziehung, die wieder zur Prüfung des II. Hauptsatzes dienen kann:

$$(27)\qquad \frac{1}{T}\left(\frac{\partial c_p}{\partial p}\right)_T = -\left(\frac{\partial^2 v}{\partial T^2}\right)_p,$$

die ganz analog zu Gl. (15) ist. Es folgt z. B. daraus, daß, wenn v nur linear von der Temperatur abhängt, d. h. wenn der kubische Ausdehnungskoeffizient unabhängig von T ist, c_p nicht vom Druck abhängt. Das ist zwar bei idealen Gasen, aber z. B. nicht mehr bei solchen realen der Fall, die der van der Waalsschen Gleichung gehorchen. Man erhält dafür eine komplizierte Abhängigkeit, auf die wir in etwas anderem Zusammenhange in der nächsten Nummer zurückkommen.

44. Energie, Entropie, freie Energie realer Gase.

Wir wollen nun dazu übergehen, die thermodynamischen Eigenschaften eines Gases zu bestimmen, das der van der Waalsschen Gleichung

$$\left(p+\frac{\alpha}{v^2}\right)(v-\beta)=\frac{R}{m}T \tag{28}$$

gehorcht. Es ist bereits im II. Kapitel mehrfach darauf hingewiesen worden, daß man das gesamte thermodynamische Verhalten eines Stoffes beherrscht, wenn man außer der Zustandsgleichung noch die Energiegleichung kennt. Denn dann kann man z. B. die adiabatische Bedingung aufstellen, den Carnotschen Kreisprozeß mit dieser Substanz durchführen, das Verhalten der spezifischen Wärme feststellen, den Gay-Lussac-Prozeß durchrechnen usw.

Es kommt also alles darauf an, die Energiegleichung eines realen Gases zu bestimmen. Dazu können wir z. B. von der in Nr. 42 mit Hilfe des II. Hauptsatzes hergeleiteten Gl. (12) ausgehen, die wir, nach $\left(\frac{\partial u}{\partial v}\right)_T$ aufgelöst, schreiben:

$$\left(\frac{\partial u}{\partial v}\right)_T=T\left(\frac{\partial p}{\partial T}\right)_v-p. \tag{29}$$

Die rechte Seite ist durch die Zustandsgleichung (28) gegeben. Bilden wir zunächst $\left(\frac{\partial p}{\partial T}\right)_v$, so folgt:

$$\left(\frac{\partial p}{\partial T}\right)_v=\frac{R}{m(v-\beta)};$$

also ergibt sich aus (29):

$$\left(\frac{\partial u}{\partial v}\right)_T=\frac{RT}{m(v-\beta)}-\frac{RT}{m(v-\beta)}+\frac{\alpha}{v^2}=\frac{\alpha}{v^2} \tag{30}$$

woraus durch Integration bei konstantem T folgt:

$$u=-\frac{\alpha}{v}+\varphi(T), \tag{31}$$

wo $\varphi(T)$ eine noch unbekannte Funktion von T bedeutet, da ja die Integration bei konstantem T vorgenommen wurde. Zu deren Bestimmung können wir aber die Energiegleichung der idealen Gase $u=c_v T+\text{Const.}$ heranziehen, da bei sehr großen Werten von v das Verhalten des realen Gases sich unbegrenzt dem des idealen nähern muß. In unserem speziellen Falle muß für unendlich großes v Gl. (31) in die eben genannte Energiegleichung der idealen Gase übergehen. Wir haben also die Bedingung:

$$u_{v=\infty}=\varphi(T)=c_{v_\infty}T+\text{Const.}, \tag{32}$$

wo c_{v_∞} die spezifische Wärme bei konstantem Volumen desjenigen idealen Gases ist, in das das reale Gas bei unendlicher Verdünnung übergeht.

Damit ist $\varphi(T)$ bestimmt, und daraus ergibt sich sofort für die spezifische Energie eines realen Gases, das der v. d. **Waals**schen Gleichung gehorcht:

$$u = c_{v_\infty} T - \frac{a}{v} + \text{Const.} \tag{33}$$

Nun ist aber definitionsgemäß $c_v = \left(\frac{\partial u}{\partial T}\right)_v$, was in Anwendung auf Gl. (33) ergibt:

$$c_v = c_{v_\infty},$$

d. h. c_v ist auch absolute Konstante für ein der v. d. **Waals**schen Gleichung gehorchendes Gas; der Index ∞ kann daher fortgelassen werden.

Hätten wir eine andere Zustandsgleichung zugrunde gelegt, so würde ein entsprechend anderer Ausdruck von u gefunden worden sein. Es ist prinzipiell wichtig, sich klar zu machen, daß, wenn wir die v. d. **Waals**sche Gleichung benutzen, wir notwendigerweise zu der Energiegl. (33) geführt werden. Diese ist dann auch die einzige, die verwendet werden darf, da sie durch den zweiten Hauptsatz als notwendig gefordert wird.

Jetzt ist es leicht, den Wert der spezifischen Entropie s für das reale Gas zu bestimmen. Denn wir haben ja die Definition:

$$ds = \frac{du + p\,dv}{T},$$

und das gibt, auf unsern Fall angewendet:

$$ds = \frac{c_v\,dT + \frac{a}{v^2}dv + \frac{RT}{m(v-\beta)}dv - \frac{a}{v^2}dv}{T} = \frac{c_v}{T}dT + \frac{R}{m(v-\beta)}dv, \tag{34}$$

was integriert sofort liefert:

$$s = c_v \log T + \frac{R}{m}\log(v-\beta) + \text{Const.}, \tag{35}$$

d. h. einen Wert, der sich nur durch das Auftreten der Größe β von dem entsprechenden für ideale Gase unterscheidet. Damit haben wir sofort die Bedingung der Adiabate; es ist ja dafür $s = \text{Const.}$, also:

$$c_v \log T + \frac{R}{m}\log(v-\beta) = \text{Const.},$$

oder:

$$T(v-\beta)^{\frac{R}{mc_v}} = \text{Const.}, \tag{36}$$

wodurch die adiabatische Kurve in der Tv-Ebene charakterisiert ist. Mit Hilfe der Zustandsgleichung (28) findet man für die Gleichung dieser Kurve in der pv-Ebene:

$$\left(p + \frac{a}{v^2}\right)(v-\beta)^{\frac{R+mc_v}{mc_v}} = \text{Const.}, \tag{37}$$

beides direkte Verallgemeinerungen der Gleichungen $Tv^{\varkappa-1} = \text{Const.}$ bzw. $pv^{\varkappa} = \text{Const.}$ für ideale Gase.

Was die spezifischen Wärmen c_p und c_v angeht, so wurde bereits in der vorhergehenden Nr. bemerkt, daß für unser reales Gas $\left(\frac{\partial c_v}{\partial v}\right)_T = 0$, gemäß Gl. (15), d. h. c_v nicht von v abhängt. Aber wir können jetzt noch allgemeiner sagen, daß nach (33) c_v eine vollkommene Konstante ist und zwar die nämliche, die auch dem betreffenden idealen Gase zukommen würde, wie wir schon oben bemerkt haben. Die Einführung der van der Waalsschen Zustandsgleichung an Stelle der idealen Gasgleichung verändert also c_v nicht. Dagegen liefert Gl. (17) für c_p den Wert:

$$c_p = c_v - T\left(\frac{\partial p}{\partial v}\right)_T \left(\frac{\partial v}{\partial T}\right)_p^2,$$

was für unseren Fall ergibt:

$$(38) \qquad c_p = c_v + \frac{R^2 T}{m^2 (v - \beta)} \cdot \frac{1}{\frac{RT}{m(v-\beta)} - \frac{2\alpha(v-\beta)}{v^3}},$$

womit c_p als Funktion von v und T völlig bestimmt ist. Für $\alpha = \beta = 0$ geht diese Gleichung natürlich in die bekannte $c_p - c_v = \frac{R}{m}$ für ideale Gase über. Die Differenz von (38) gegenüber dieser einfachen Gleichung ist im allgemeinen äußerst klein.

Es bietet nun nicht mehr die geringste Schwierigkeit, einen vollständig bis in alle Einzelheiten berechneten Carnotschen Prozeß durchzuführen. Man überzeugt sich hierbei auch leicht, daß in der Tat der Nutzeffekt derselbe ist wie bei einem idealen Gase, wie es nach dem zweiten Hauptsatze sein muß.

Wir wollen schließlich noch die spezifische freie Energie $f = u - Ts$ bilden. Dafür finden wir nach (33) und (35):

$$(39) \qquad f = c_v T - \frac{\alpha}{v} - c_v T \log T - \frac{RT}{m} \log(v - \beta) + A + BT;$$

eine lineare Funktion der Temperatur $(A + BT)$ bleibt dabei, wie immer, unbestimmt.

45. Der Gay-Lussacsche und der Thomson-Joulesche Versuch mit einem realen Gase.

Es ist nun auch möglich, den in Nr. 23 beschriebenen Gay-Lussacschen Versuch mit einem realen Gase vollkommen zu berechnen. Bei demselben wird keine äußere Wärme q zugeführt und keine äußere Arbeit a geleistet. Demgemäß liefert der erste Hauptsatz:

$$(40) \qquad u_2 = u_1.$$

Dieser Gleichung, die wir ja natürlich auch schon früher aufstellen konnten und tatsächlich aufgestellt haben, können wir erst jetzt ihren vollen Inhalt geben, indem wir den expliziten Ausdruck der spezifischen inneren Energie des realen Gases nach Gl. (33) in sie einführen. Denn dann erhält man:

$$c_v T_2 - \frac{\alpha}{v_2} = c_v T_1 - \frac{\alpha}{v_1},$$

oder:

$$T_2 - T_1 = \frac{\alpha}{c_v}\left(\frac{1}{v_2} - \frac{1}{v_1}\right) = -\frac{\alpha(v_2 - v_1)}{c_v v_1 v_2},$$

oder auch:

(41) $$\Delta T = -\frac{\alpha \Delta v}{c_v v_1 v_2},$$

die für unendliche kleine Änderungen übergeht in:

(42) $$d T = -\frac{\alpha d v}{c_v v^2}.$$

Man erkennt zunächst aus dieser Gleichung, daß ΔT stets kleiner als Null ist, da α, Δv, c_v, v_1, v_2 sämtlich positiv sind. Es tritt also beim Gay-Lussac-Prozeß stets eine Abkühlung ein. Nach den Zahlenwerten für α, die in Nr. 26 angegeben wurden, berechnet man, wenn die Volumausdehnung das Gas gerade auf das Doppelte des ursprünglichen Volumens oder auf die Hälfte der ursprünglichen Dichte bringt, für

(43) $$\begin{cases} CO_2: \ \Delta T = -0{,}3^0 \text{ Cels.} \\ O_2: \ \Delta T = -0{,}15^0 \ \text{,,} \\ H_2: \ \Delta T = -0{,}025^0 \ \text{,,} \end{cases}$$

Das rechtfertigt noch einmal den damals gezogenen Schluß, daß die Temperaturerniedrigung um so kleiner ausfällt, je mehr das Gas dem idealen Zustande sich annähert, sowie, daß für ideale Gase selbst die Temperaturänderung sich gleich Null ergeben würde. Anderseits aber sieht man auch, wie ungünstig vom experimentellen Standpunkte die Anordnung von Gay-Lussac war: es hätte ungeheuer feiner Temperaturmessungen bedurft, um bei seiner Anordnung die obigen Temperaturänderungen — man muß bedenken, daß der ganze Apparat von Wasser umgeben war! — zu konstatieren. Eine Verfeinerung der Methode war demnach unbedingt notwendig.

Gehen wir daher jetzt zu dem Thomson-Joule-Versuch über, den wir, wie den Gay-Lussacschen, mit der Masseneinheit angestellt denken wollen. Nach Gl. (42) des II. Kapitels auf pag. 94 haben wir hier:

(44) $$u_2 - u_1 = p_1 v_1 - p_2 v_2.$$

Man sieht bereits hier, daß der Thomson-Joule-Prozeß theoretisch weniger einfach ist; dafür ist die experimentelle Methode, wie früher auseinandergesetzt, unvergleichlich verbessert.

Durch Einsetzen unseres Energiewertes (33) in (44) erhalten wir sofort:

(45) $$c_v T_2 - \frac{\alpha}{v_2} - c_v T_1 + \frac{\alpha}{v_1} = p_1 v_1 - p_2 v_2,$$

wo die rechte Seite gemäß der Zustandsgleichung (28) zu bilden ist. Wir finden:

$$p_1 v_1 = \frac{R}{m} T_1 - \frac{\alpha}{v_1} + \beta p_1 + \frac{\alpha\beta}{v_1^2},$$

$$p_2 v_2 = \frac{R}{m} T_2 - \frac{\alpha}{v_2} + \beta p_2 + \frac{\alpha\beta}{v_2^2}.$$

Die Subtraktion liefert:

$$p_1 v_1 - p_2 v_2 = \frac{R}{m}(T_1 - T_2) + \alpha\left(\frac{1}{v_2} - \frac{1}{v_1}\right) + \beta(p_1 - p_2),$$

wenn das Glied mit $\alpha\beta$, als klein von höherer Ordnung, fortgelassen wird. Durch Einsetzen in (45) folgt weiter:

$$(46) \qquad \left(c_v + \frac{R}{m}\right)(T_2 - T_1) - 2\alpha\left(\frac{1}{v_2} - \frac{1}{v_1}\right) = \beta(p_1 - p_2).$$

Setzt man hierin für $\frac{R}{m}$ den Näherungswert für ideale Gase $(c_p - c_v)$, was nach dem vorhin zu Gl. (38) Bemerkten sehr nahe zulässig ist, ersetzt man desgleichen den Faktor $\frac{1}{v}$ durch den Näherungswert $\frac{m p}{R T}$, so folgt weiter:

$$c_p(T_2 - T_1) = \frac{2\alpha m}{R}\left(\frac{p_2}{T_2} - \frac{p_1}{T_1}\right) + \beta(p_1 - p_2),$$

oder:

$$c_p(T_2 - T_1) = \frac{2\alpha m}{R}\,\frac{p_2 T_1 - p_1 T_2}{T_1 T_2} + \beta(p_1 - p_2).$$

Da schließlich $T_2 - T_1$ sehr klein ist, kann angenähert geschrieben werden:

$$c_p(T_2 - T_1) = \frac{2\alpha m}{R T}(p_2 - p_1) + \beta(p_1 - p_2),$$

oder endlich:

$$(47) \qquad \frac{\Delta T}{\Delta p} = \frac{1}{c_p}\left\{\frac{2\alpha m}{R T} - \beta\right\},$$

die die Temperaturänderung pro Einheit des Druckunterschiedes angibt.

Auch an dieser Formel kann man sehen, daß die Theorie des Thomson-Joule-Prozesses komplizierter ist, als die des Gay-Lussacschen. Denn die Temperaturänderung, die bei einer Druckerniedrigung eintritt, kann positiv, Null oder negativ sein, je nachdem der Ausdruck:

$$\frac{2\alpha m}{R T} - \beta \lesseqgtr 0$$

ist. Darüber entscheidet, abgesehen von den Konstanten α und β der v. d. Waalsschen Gleichung die Temperatur, bei der der Versuch angestellt wird. Man sieht jedenfalls, daß es für jede Substanz eine Temperatur gibt, die sogenannte „Inversionstemperatur" T_i, für die

$$(48) \qquad \frac{2\alpha m}{R T_i} = \beta$$

ist. Für höhere Temperaturen $(T > T_i)$ tritt bei Druckerniedrigung Temperaturerhöhung, für niedrigere Temperaturen $(T < T_i)$ umgekehrt Temperaturerniedrigung ein. Wir wollen die Inversionstemperaturen für die Gase CO_2, O_2, H_2, für die wir den Gay-Lussacschen Versuch berechnet haben, feststellen. Man findet die folgenden Werte:

$$(49) \qquad \begin{cases} \text{für } CO_2: & T_i = 2050^0 \text{ abs.,} \\ \text{für } O_2: & T_i = 790^0 \text{ abs.,} \\ \text{für } H_2: & T_i = 200^0 \text{ abs.} \end{cases}$$

Nach diesem Befunde ist zu erwarten, daß Wasserstoff sich bei gewöhnlicher Temperatur umgekehrt verhalten werde, wie CO_2 und O_2. In der Tat beobachteten Thomson und Joule, wie schon in Nr. 26 berichtet, für Wasserstoff bei Druckerniedrigung eine geringe Temperaturerhöhung, und des weiteren hat Olczewski zeigen können, daß auf — 80 Grad Cels., d. h. unter die Inversionstemperatur, abgekühlter Wasserstoff eine Temperaturerniedrigung anzeigt, wie sie CO_2 und O_2 schon bei normaler Temperatur zeigen. Qualitativ bewährt sich also die v. d. Waalssche Gleichung recht gut, aber quantitativ scheinen Abweichungen vorhanden zu sein, indem schon bei niedrigeren Temperaturen, als sie oben berechnet sind, Inversion eintritt. Wesentlich ist jedenfalls, daß das umgekehrte Verhalten des Wasserstoffs bei normalen Temperaturen nicht auf einer besonderen Eigenschaft des Wasserstoffs beruht, die anderen Gasen nicht zukäme, sondern daß es eine allgemeine Eigenschaft aller Gase ist, die nur bei sehr verschiedenen Temperaturen auftritt. Daß überhaupt diese Komplikation gegenüber dem einfachen Ergebnis des Gay-Lussacschen Versuches sich einstellt, beruht offenbar ausschließlich darauf, daß bei letzterem die äußere Arbeit in Strenge gleich Null ist, während beim Thomson-Joule-Prozeß die, übrigens im allgemeinen kleine, Arbeit $(p_1 v_1 - p_2 v_2)$ auftritt.

Bemerkt sei übrigens, daß der Thomson-Joule-Effekt praktisch in den Maschinen zur Verflüssigung der Gase, z. B. der Luft und des Wasserstoffs, wie sie von Linde und Hampson angegeben sind, verwendet wird. Dabei bringt die Lage des Inversionspunktes für Wasserstoff die Besonderheit mit sich, daß Wasserstoff mit normaler Temperatur die Maschine wärmer verlassen würde, als er hineingeführt wurde. Er bedarf daher zum Zwecke der Verflüssigung einer vorherigen Abkühlung unter — 80 Grad Cels., d. h. unter den Inversionspunkt. Genau ebenso verhält sich übrigens auch Helium, dessen Verflüssigung eben deshalb solche Schwierigkeiten bereitete, weil sein Inversionspunkt enorm niedrig liegt.

46. Diffusion realer Gase.

Es ist interessant, sich die Frage vorzulegen, wie die Diffusion zweier realer Gase, die der v. d. Waalsschen Gleichung gehorchen, vor sich geht, d. h. insbesondere, ob und in welchem Betrage eine Temperaturänderung dabei auftritt. Diese Frage wäre ohne weiteres zu beantworten, wenn wir für Gemische realer Gase die Zustandsgleichung (und Energiegleichung) aus den Zustands-(bzw. Energie-)Gleichungen der Bestandteile des Gemisches zusammensetzen könnten. Beim idealen Gase ist dies der Fall: es tritt in der Zustandsgleichung einfach ein mittleres Molekulargewicht an die Stelle des wirklichen, in der Energiegleichung die mittlere spezifische Wärme $\bar{c}_v$ des Gemisches an Stelle der wahren spezifischen Wärme c_v. Es kommt nun bei realen Gasen darauf an, die v. d. Waalsschen Konstanten $\bar{\alpha}\,\bar{\beta}$ des Gemisches in gesetzmäßiger Weise aus den Konstanten $\alpha_1\,\beta_1$ und $\alpha_2\,\beta_2$ der Komponenten zu gewinnen.

Diese Aufgabe ist nicht allgemein gelöst und vielleicht in dieser Form auch gar nicht zu lösen. Aber nehmen wir einmal an, sie sei für einen speziellen Fall gelöst, so können wir die Frage nach dem Diffusionsvorgang erschöpfend beantworten.

Es seien M_1, M_2 die Massen, m_1, m_2 die Molekulargewichte, c_{v_1}, c_{v_2} die spezifischen Wärmen bei konstantem Volumen, V_1 und V_2 die Volumina der beiden Komponenten bei dem gemeinsamen Drucke p_1 und der gemeinsamen Temperatur T_1. Dann lauten die Energiegleichungen vor der Mischung:

$$(50)\qquad \begin{cases} U_1 = M_1 \left\{ c_{v_1} T_1 - \dfrac{\alpha_1 M_1}{V_1} \right\}, \\ U_2 = M_2 \left\{ c_{v_2} T_1 - \dfrac{\alpha_2 M_2}{V_2} \right\}. \end{cases}$$

Nach der Mischung füllt das Mischgas von der Masse $(M_1 + M_2)$ das Volumen $(V_1 + V_2)$ bei der Temperatur T_2 aus; die mittlere spezifische Wärme ist $\bar{c}_v = \dfrac{M_1 c_{v_1} + M_2 c_{v_2}}{M_1 + M_2}$. Also ist die Energie $\bar{U}$ nach der Mischung:

$$(51)\qquad \bar{U} = (M_1 + M_2) \left\{ \frac{M_1 c_{v_1} + M_2 c_{v_2}}{M_1 + M_2} T_2 - \frac{\bar{\alpha}(M_1 + M_2)}{V_1 + V_2} \right\}.$$

Da nun der Diffusionsvorgang in einem abgeschlossenen Gefäß, d. h. ohne Wärmezufuhr und ohne Arbeitsleistung vor sich geht, so muß $\bar{U} = U_1 + U_2$ sein. Nach (50) und (51) ergibt sich also:

$$(M_1 + M_2) \left\{ \frac{M_1 c_{v_1} + M_2 c_{v_2}}{M_1 + M_2} T_2 - \frac{\bar{\alpha}(M_1 + M_2)}{V_1 + V_2} \right\} = M_1 \left\{ c_{v_1} T_1 - \frac{\alpha_1 M_1}{V_1} \right\} + M_2 \left\{ c_{v_2} T_1 - \frac{\alpha_2 M_2}{V_2} \right\},$$

woraus sich für die Temperaturänderung $T_2 - T_1$ die Gleichung ergibt:

$$(52)\qquad T_2 - T_1 = \frac{1}{M_1 c_{v_1} + M_2 c_{v_2}} \left[\frac{\bar{\alpha}(M_1 + M_2)^2}{V_1 + V_2} - \frac{\alpha_1 M_1^2}{V_1} - \frac{\alpha_2 M_2^2}{V_2} \right].$$

Wir wollen wenigstens durch eine Überschlagsrechnung uns eine Vorstellung von der Größe von $T_2 - T_1$ verschaffen, und zwar wollen wir 21 g Sauerstoff und 79 g Stickstoff zu 100 g atmosphärischer Luft zusammendiffundieren lassen; der Druck der beiden Gase betrage eine Atmosphäre, ihre gemeinsame Temperatur sei $T_1 = 300^0$ abs. $= 27^0$ C.

Nun finden sich in der Literatur für den kritischen Druck p_k und die kritische Temperatur T_k der atmosphärischen Luft nach Messungen von Olczewski folgende Werte angegeben:

$$(53)\qquad T_k = 133^0 \text{ abs.} = -140^0 \text{ C}; \quad p_k = 39{,}0 \text{ Atm.}$$

Aus diesen Daten können wir nach den Formeln (79) des zweiten Kapitels die Konstanten $\bar{\alpha}$ und $\bar{\beta}$ der v. d. Waalsschen Formel für Luft berechnen:

$$(54)\qquad p_k = \frac{1}{27} \frac{\bar{\alpha}}{\bar{\beta}^2}, \quad T_k = \frac{8}{27} \frac{m}{R} \frac{\bar{\alpha}}{\bar{\beta}},$$

worin $m = 28{,}9$, dem mittleren Molekulargewicht der Luft, zu setzen ist. Man findet die folgenden, sämtlich im absoluten Maße ausgedrückten Werte (die entsprechenden für O_2 und N_2 sind zum Vergleich dazugesetzt):

	α	β
Luft	$1570 \cdot 10^6$	1,23
O_2	$1330 \cdot 10^6$	0,994
N_2	$1660 \cdot 10^6$	1,32

Damit erhalten wir nach (52) für die Temperaturdifferenz $T_2 - T_1$ die folgende Gleichung:

$$\bar{c}_v (T_2 - T_1) = \left\{ \frac{100^2 \cdot 1570}{\left(\frac{21}{32} + \frac{79}{28}\right)} - \frac{21^2 \cdot 1330}{\left(\frac{21}{32}\right)} - \frac{79^2 \cdot 1660}{\left(\frac{79}{28}\right)} \right\} \cdot \frac{10^{12}}{8{,}31 \cdot 300 \cdot 100 \cdot 10^7},$$

wo $\bar{c}_v = 0{,}17 \cdot 4{,}19 \cdot 10^7 \frac{\text{erg}}{\text{gr grad}}$ zu setzen ist. Dabei sind die Volumina V_1 und V_2 nach der für ideale Gase gültigen Formel berechnet:

$$V_1 = \frac{R\,T_1}{p_1} \frac{M_1}{m_1},$$

$$V_2 = \frac{R\,T_1}{p_1} \frac{M_2}{m_2},$$

oder, da hier $T_1 = 300$, $p_1 = 1$ Atmosphäre $\simeq 10^6$ ist:

$$V_1 = \frac{8{,}31 \cdot 10^7 \cdot 300}{10^6} \frac{21}{32},$$

$$V_2 = \frac{8{,}31 \cdot 10^7 \cdot 300}{10^6} \frac{79}{28}.$$

Die Ausrechnung liefert den Wert:

(55) $$T_2 - T_1 = -0{,}0003^0\,\text{C}.$$

Die Zahl ist allerdings durchaus nicht zuverlässig, da die Berechnung von $\bar{\alpha}$ und $\bar{\beta}$ aus den kritischen Daten sehr ungenau ist. Die v. d. Waalssche Gleichung gilt eben nur angenähert und versagt meist in der zahlenmäßigen Wiedergabe gerade der kritischen Zustände. Immerhin wird man aus dem Ergebnis entnehmen dürfen, daß die Diffusion sehr angenähert so vor sich geht, als ob die Gase ideal wären.

Eine andere Möglichkeit der Berechnung ist die, vom Joule-Thomson-Effekt für Luft, Sauerstoff und Stickstoff auszugehen. Stellt man sich dafür je eine empirische Formel auf, so läßt sich aus dieser, die natürlich nur einen sehr beschränkten Gültigkeitsbereich hat, eine angenäherte Zustandsgleichung gewinnen, womit die Behandlung wieder auf die eben erledigte zurückgeführt ist. Diese Berechnung sollte eigentlich bessere Resultate liefern können, da man die Diffusion bei etwa denselben Temperaturen wie den Thomson-Joule-Versuch vor sich gehen lassen kann; doch gestatten die Thomson-Jouleschen Versuche leider nicht, für O_2 und N_2 die gewünschte empirische Gleichung aufzustellen, da zu wenig Versuche gemacht sind.

47. Inkompressible (feste oder flüssige) Körper unter allseitigem Druck.

In erster Näherung können feste und flüssige Körper, zu deren Behandlung wir jetzt übergehen wollen, als inkompressibel betrachtet werden, d. h. ihre Dichte oder ihr spezifisches Volumen hängen gar nicht vom Druck ab. Durch diese Bemerkung erleichtern wir uns die Aufstellung einer angenäherten Zustandsgleichung, indem nun das spezifische Volumen v nur noch von der Temperatur T abhängt. Und zwar ist bekanntlich angenähert:

(56) $$v = v_0[1 + \alpha(T - T_0)].$$

Dies ist also bereits die angenäherte Zustandsgleichung einer inkompressiblen Substanz, die jedenfalls innerhalb eines hinreichend kleinen Temperaturbereichs mit konstantem α Gültigkeit besitzt.

Wir wollen nun die zugehörige Energiegleichung bilden. Dazu schlagen wir jetzt einen etwas anderen Weg ein, da hier offenbar zweckmäßig T und p als unabhängige Variable genommen werden. Zunächst ist es leicht, einen Ausdruck für die spezifische Entropie s zu finden, indem man von Gl. (26) ausgeht, auf deren Bedeutung wir schon hingewiesen haben. Wir haben also hier:

(57) $$ds = \frac{c_p}{T}dT - \left(\frac{\partial v}{\partial T}\right)_p dp = \frac{c_p\,dT}{T} - \alpha v_0\,dp,$$

woraus sich, wenn c_p und α als Konstante behandelt werden, ergibt:

(58) $$s = c_p \log T - \alpha v_0 p + c_1.$$

Die weitere Behandlung schließt zweckmäßig an die Verwendung des isotherm-isobaren Potentials Φ an, das für die Masseneinheit φ geschrieben werden möge. Wir haben nämlich nach (70) und (72) des dritten Kapitels auf pag. 172 die Gleichungen — alle für die Masseneinheit geschrieben —:

(59) $$\left(\frac{\partial \varphi}{\partial p}\right)_T = -\frac{v}{T},$$

(60) $$u = T\left\{T\left(\frac{\partial \varphi}{\partial T}\right)_p + p\left(\frac{\partial \varphi}{\partial p}\right)_T\right\},$$

(61) $$s = \varphi + T\left(\frac{\partial \varphi}{\partial T}\right)_p.$$

Aus der Gl. (60) ist ersichtlich, daß es darauf ankommt, φ als Funktion von T und p zu finden. Das kann auf folgendem Wege geschehen: Nach (59) und der Zustandsgleichung (56) ist:

(62) $$\left(\frac{\partial \varphi}{\partial p}\right)_T = -\frac{v}{T} = -\frac{v_0[1 + \alpha(T - T_0)]}{T},$$

woraus sich durch Integration bei konstantem T folgender Wert von φ ergibt, der natürlich, da die Integration bei konstantem T vollzogen wurde, eine unbekannte Funktion von T enthalten wird:

(63) $$\varphi = -\frac{v_0[1 + \alpha(T - T_0)]}{T}p + f(T).$$

Nunmehr kann diese Funktion $f(T)$ in der Weise bestimmt werden, daß man mit (63) die rechte Seite des in (61) stehenden Wertes von s bildet, und diesen Wert mit dem bereits bekannten aus Gl. (58) vergleicht. So entsteht die Gleichung:

$$(64)\qquad s = c_p \log T - \alpha v_0 p + c_1 = -\frac{v_0[1+\alpha(T-T_0)]}{T} p + f(T) + \frac{v_0[1+\alpha(T-T_0)]}{T} p - v_0 \alpha p + T f'(T).$$

Daraus folgt zur Bestimmung der unbekannten Funktion die Differentialgleichung:

$$c_p \log T + c_1 = f(T) + T f'(T) = \frac{d}{dT}[T f(T)],$$

die durch direkte Quadratur liefert:

$$(65)\qquad f(T) = c_p \log T - c_p + c_1 + \frac{c_2}{T}.$$

Also weiter:

$$(66)\qquad f'(T) = \frac{c_p}{T} - \frac{c_2}{T^2}.$$

Demgemäß wird das isotherm-isobare Potential der Masseneinheit φ nach (63) und (65):

$$(67)\qquad \varphi = c_p \log T - \frac{p v_0}{T}[1 + \alpha(T - T_0)] + (c_1 - c_p) + \frac{c_2}{T}.$$

Eine lineare Funktion von $\frac{1}{T}$ bleibt dabei unbestimmt, wie es in der Natur der Sache liegt. Damit ist φ als Funktion von T und p bestimmt und man erhält aus der Gl. (67) für den noch zu bildenden Wert $\left(\frac{\partial \varphi}{\partial T}\right)_p$:

$$(68)\qquad \left(\frac{\partial \varphi}{\partial T}\right)_p = \frac{c_p}{T} + \frac{v_0 p}{T^2}[1 + \alpha(T - T_0)] - \frac{v_0 \alpha p}{T} - \frac{c_2}{T^2}.$$

Nunmehr kann nach (62) und (68) der Ausdruck (60) für die gesuchte spezifische Energie u gebildet werden:

$$u = T\left[c_p + \frac{v_0 p}{T}[1 + \alpha(T - T_0)] - v_0 \alpha p - \frac{v_0 p[1+\alpha(T-T_0)]}{T} - \frac{c_2}{T}\right],$$

was ausgerechnet ergibt:

$$(69)\qquad u = c_p T - v_0 \alpha p T - c_2.$$

Diese Gleichung stellt u als Funktion der Zustandsvariabeln T und p dar, womit unser Ziel erreicht ist.

Die Zustandsgleichung (56) und die Energiegleichung (69) bestimmen nunmehr das thermodynamische Verhalten unserer Substanz, natürlich nur so weit, als eben die Näherungen Gültigkeit besitzen.

Wir könnten jetzt z. B. mit dieser Substanz einen Carnotschen Kreisprozeß vornehmen und denselben in allen Einzelheiten berechnen, insbesondere feststellen, daß sein Wirkungsgrad derselbe ist, wie bei einem idealen Gase, wie es nach der allgemeinen Theorie sein muß. Wir wollen indessen hier nicht näher darauf eingehen, da wir dies in der nächsten

Nummer tun wollen, wo wir eine kompressible Substanz untersuchen werden.

Wir wollen vielmehr hier nur einen unendlich kleinen adiabatischen Prozeß vor sich gehen lassen. Dafür ist die Entropie konstant, oder $ds = 0$. Das liefert nach (58) die Gleichung:

$$ds = 0 = \frac{c_p}{T} dT - \alpha v_0 dp,$$

woraus sich für die Temperaturänderung dT bei der Druckschwankung dp ergibt:

(70) $$dT = \frac{\alpha v_0 T}{c_p} \cdot dp.$$

Danach haben dT und dp das nämliche oder entgegengesetztes Vorzeichen, je nachdem der kubische Ausdehnungskoeffizient α positiv oder negativ ist; eine Druckänderung ruft gar keine Temperaturvariation hervor, wenn $\alpha = 0$ ist. Alle drei Fälle sind realisiert bei Wasser oberhalb, bei und unterhalb 4° C. Oberhalb ist der Ausdehnungskoeffizient positiv, unterhalb negativ, bei 4° gleich Null. Demnach hat adiabatische Kompression des Wassers oberhalb 4° Erwärmung, unterhalb Abkühlung zur Folge, bei 4° tritt keine Änderung auf.

Für Wasser ist bei 4° besonders einfach $c_p = 1$ und $v_0 = 1$; also

$$dT = \alpha T dp.$$

Bei 2° und 6° C besitzt das Wasser die Ausdehnungskoeffizienten:

$$2^0: \alpha = - 0{,}000016,$$
$$6^0: \alpha = + 0{,}000016.$$

Demgemäß ergibt sich für 100 Atmosphären Druckänderung die Temperaturänderung $\Delta T = \mp 0{,}01^0$ C, also außerordentlich klein. Gl. (70) ist durch Versuche von Haga und Waßmuth bestätigt worden.

Übrigens hätte man sie auch ohne jede Spezialisierung aus dem allmeinen Ausdruck für ds ableiten können, der in Gl. (26) gegeben ist. Für eine adiabatische Änderung einer ganz beliebigen Substanz ist danach:

$$\frac{c_p}{T} dT - \left(\frac{\partial v}{\partial T}\right)_p dp = 0,$$

die bei Beachtung der Definition des kubischen Ausdehnungskoeffizienten mit (70) völlig identisch ist. Qualitativ läßt sich der Inhalt von Gl. (70), den man zuweilen die „Thomsonsche Formel“ nennt, so aussprechen:

„Körper, die sich beim Erwärmen ausdehnen, erhitzen sich bei adiabatischer Kompression, und umgekehrt.“

Bei dieser Gelegenheit mag ein einfaches Zahlenbeispiel für die Entropieänderung eines festen Körpers angegeben werden. Nach Gl. (26) erhalten wir den folgenden Näherungswert für die Entropie:

(71) $$s = c_p \log T - \alpha v_0 p + \text{Const.}$$

Auf zwei Zustände, die durch die Indizes (1) und (2) ausgezeichnet werden, angewandt:

$$s_2 - s_1 = c_p \log \frac{T_2}{T_1} - \alpha v_0 (p_2 - p_1).$$

Nehmen wir z. B. 1 g Kupfer, das erste Mal bei 0° C unter Atmosphärendruck, das zweite Mal bei 100° C, beim Drucke von 2 Atm. Die notwendigen Daten sind:

$$c_p = 0{,}094 \frac{\text{cal}}{\text{gr grad}},$$
$$T_1 = 273^0 \text{ abs.}, \quad T_2 = 373^0 \text{ abs.},$$
$$v_0 = \frac{1}{\varepsilon_0} = \frac{1}{8{,}9},$$
$$\alpha = 0{,}00001753.$$

Damit ergibt sich die Entropiedifferenz in beiden Zuständen:

$$s_2 - s_1 \cong 10^6 \left[\frac{\text{erg}}{\text{gr grad}}\right].$$

Das zweite Glied in (71) ist übrigens unter den vorliegenden Bedingungen von sehr geringem Einfluß.

48. Kompressibler (fester oder flüssiger) Körper unter allseitigem Druck.

Um die vorstehenden Betrachtungen zu verallgemeinern, wollen wir jetzt den Körper auch als kompressibel annehmen, d. h. sein spezifisches Volumen v soll Funktion von T und p sein. Dann haben wir allgemein:

(72)
$$dv = \left(\frac{\partial v}{\partial p}\right)_T dp + \left(\frac{\partial v}{\partial T}\right)_p dT.$$

Nun ist aber $\frac{1}{v_0}\left(\frac{\partial v}{\partial T}\right)_p = \alpha$ der kubische Ausdehnungskoeffizient, ferner, was wir schon in Nr. 43 benutzten, $-\frac{1}{v}\left(\frac{\partial v}{\partial p}\right)_T = \frac{1}{K}$, d. h. gleich dem reziproken Werte des Kompressionsmoduls K. Wir können also unter Einführung von α und K schreiben:

(73)
$$dv = -\frac{v_0}{K}dp + v_0 \alpha\, dT,$$

wobei wir im ersten Gliede v durch das konstante v_0 ersetzt haben, was zulässig ist, da v nur sehr wenig vom Drucke abhängt. Die Integration liefert also als Zustandsgleichung:

(74)
$$v = -\frac{v_0}{K}p + v_0 \alpha T + \text{Const} = v_0\left[1 - \frac{p}{K} + \alpha(T - T_0)\right],$$

wenn die Konstante so bestimmt wird, daß für $p = 0$ und $T = T_0$ das spezifische Volumen $v = v_0$ wird. Gl. (74) ist eine direkte Verallgemeinerung von Gl. (56) für den inkompressibeln Körper.

Auf dem nämlichen Wege wie in der vorigen Nummer erhalten wir auch die angenäherte Energiegleichung:

(75)
$$u = c_p T - v_0 \alpha p T + \frac{v_0 p^2}{2K} - c_2,$$

die sich durch das dritte Glied von der entsprechenden Gl. (69) unterscheidet und mit $K = \infty$ in sie übergeht, wie es auch sein muß.

Ebenso findet man für das isotherm-isobare Potential φ pro Masseneinheit:

(76) $\varphi = c_p \log T - \frac{p v_0}{T}[1 + \alpha(T - T_0)] + \frac{v_0 p^2}{2KT} + \left\{(c_1 - c_p) + \frac{c_2}{T}\right\}$.

Mit diesem Körper wollen wir nun einen Carnotschen Kreisprozeß durchrechnen. Die beiden Reservoire mögen die Temperaturen T_1 und T_2 haben. Allgemein haben wir nach dem ersten Hauptsatze: $du = d'q + d'a$; also hier:

$$(77) \quad c_p dT - v_0 \alpha p dT - v_0 \alpha T dp + \frac{v_0}{K} p dp = d'q + d'a$$

$$= d'q + \frac{v_0}{K} p dp - v_0 \alpha p dT.$$

Diese Gleichung wenden wir zunächst auf den isothermen Teil an, der den Körper von dem Zustande $(T_1 p_1)$ in den Zustand $(T_1 p_2)$ bringt. Dafür ist wegen $dT = 0$:

$$- v_0 \alpha T_1 dp + \frac{v_0}{K} p dp = d'q_1 + d'a_1 = d'q_1 + \frac{v_0}{K} p dp,$$

oder:

$$d'q_1 = - v_0 \alpha T_1 dp,$$

also:

$$(78) \quad \begin{cases} q_1 = - v_0 \alpha T_1 (p_2 - p_1); & \text{entsprechend:} \\ a_1 = - \int_1^2 p\,dv = + \frac{v_0}{2K}(p_2^2 - p_1^2). \end{cases}$$

Die anschließende adiabatische Ausdehnung bringt den Körper auf den Zustand $(T_2 p_3)$; hier ist $d'q = 0$, also:

$$d'a_2 = du,$$

mithin nach (75):

$$(79) \quad a_2 = u_3(T_2 p_3) - u_2(T_1 p_2) = c_p(T_2 - T_1) - v_0 \alpha (p_3 T_2 - p_2 T_1) + \frac{v_0}{2K}(p_3^2 - p_2^2).$$

Jetzt folgt eine isotherme Kompression bis zum Punkte $(T_2 p_4)$, während der die Wärme q_2 aufgenommen und die Arbeit a_3 geleistet wird. Man findet, analog zu (78):

$$(80) \quad \begin{cases} q_2 = - v_0 \alpha T_2 (p_4 - p_3), \\ a_3 = - \int_3^4 p\,dv = + \frac{v_0}{2K}(p_4^2 - p_3^2). \end{cases}$$

Endlich erfolgt eine adiabatische Kompression, die den Körper in den Anfangszustand zurückführt, ohne Wärmeaufnahme, aber mit Arbeitsleistung a_4:

$$(81) \quad a_4 = u_1(T_1 p_1) - u_4(T_2 p_4) = c_p(T_1 - T_2) - v_0 \alpha (p_1 T_1 - p_4 T_2) + \frac{v_0}{2K}(p_1^2 - p_4^2).$$

Man überzeugt sich leicht, daß $q_1 + q_2 = -(a_1 + a_2 + a_3 + a_4)$, wie es für einen Kreisprozeß der Fall sein muß. Ferner findet man für den Wirkungsgrad:

$$\eta = \frac{q_1 + q_2}{q_1} = \frac{v_0\,\alpha\,[T_1(p_2 - p_1) + T_2(p_4 - p_3)]}{v_0\,\alpha\,T_1(p_2 - p_1)} = 1 + \frac{T_2}{T_1}\,\frac{p_4 - p_3}{p_2 - p_1}.$$

Dieser Ausdruck kann noch umgestaltet werden durch Benutzung der Tatsache, daß die Zustände $(T_1\,p_2)$ und $(T_2\,p_3)$ einerseits, $(T_2\,p_4)$ und $(T_1\,p_1)$ anderseits durch einen adiabatischen Prozeß auseinander hervorgehen. Dafür ergibt sich nach dem allgemeinen Energieprinzip (77):

$$c_p\,dT - v_0\,\alpha\,T\,dp = 0,$$

oder nach Division mit T und Integration:

(82) $$c_p \log T - v_0\,\alpha\,p = \text{Const.}$$

Die linke Seite ist übrigens, wie es die allgemeine Theorie verlangt und man sich leicht durch direkte Berechnung überzeugt, die spezifische Entropie s unseres Körpers, die ja für einen adiabatischen Prozeß konstant ist. Bringen wir nun die obige Forderung zum Ausdruck, so ist:

$$c_p \log T_1 - v_0\,\alpha\,p_2 = c_p \log T_2 - v_0\,\alpha\,p_3,$$
$$c_p \log T_1 - v_0\,\alpha\,p_1 = c_p \log T_2 - v_0\,\alpha\,p_4,$$

woraus folgt:

$$v_0\,\alpha\,(p_3 - p_2) = c_p \log \frac{T_2}{T_1} = v_0\,\alpha\,(p_4 - p_1),$$

also:

$$p_3 - p_2 = p_4 - p_1,$$

oder:

$$\frac{p_4 - p_3}{p_2 - p_1} = -1.$$

Damit wird der Wirkungsgrad η:

(83) $$\eta = 1 - \frac{T_2}{T_1},$$

wie es die allgemeine Theorie verlangt.

Auf die auseinandergesetzte Art kann man auch leicht den Fall behandeln, daß ein Zylinder, z. B. ein Metalldraht, einem longitudinalen Zuge unterworfen ist; es tritt dann statt des Kompressionsmoduls K der Elastizitätsmodul E auf, statt des Volumens v_0 die Länge l_0 des Drahtes. Die genauere Ausführung kann dem Leser überlassen bleiben.

Fünftes Kapitel.

Physikalisch heterogene Systeme.

49. Formulierung der Grundgleichungen.

In diesem Kapitel wollen wir uns mit Systemen beschäftigen, die physikalisch nicht mehr homogen sind. Darunter fallen sowohl chemisch einheitliche Substanzen, wie z. B. H_2O, in verschiedenen Aggregatzuständen (Eis, flüssiges Wasser, Wasserdampf), als auch chemisch verschiedene Substanzen, die miteinander Reaktionen eingehen; die vorhandenen Stoffe können gleichfalls in den drei Aggregatzuständen vorhanden sein, und es handelt sich gerade um die Frage, unter welchen Bedingungen sie in den verschiedenen Zuständen nebeneinander im Gleichgewicht existieren können. Auch die eben erwähnten Probleme des Verdampfens, Schmelzens, Subimierens können als Gleichgewichtserscheinungen aufgefaßt werden; wir können ja z. B. die Frage so stellen: Wann sind Wasser und Wasserdampf miteinander im Gleichgewicht? Wann sind alle drei Aggregatzustände miteinander im Gleichgewicht? usw. Es ist klar, daß bei diesen Fragen die in Nummer 41 formulierten Gleichgewichtsbedingungen die ausschlaggebende Rolle spielen werden.

Bevor wir indessen an diese Art der Behandlung herangehen, d. h. uns lediglich auf die allgemeinen Gleichgewichtsbedingungen stützen, wollen wir die Vorgänge bei Änderung des Aggregatzustandes nach einer etwas anderen Methode behandeln, die von Clausius herrührt. Dabei wird mehr Nachdruck auf die Veränderung der Aggregatzustände, als auf das Gleichgewicht derselben nebeneinander gelegt.

Wir gehen zunächst dazu über, die beiden Hauptsätze in die geeignete Form zu bringen, die eine möglichst direkte Anwendung auf unser Problem gestattet. Für eine unendlich kleine reversible Änderung haben wir — alles auf die Masseneinheit bezogen — die beiden Aussagen:

$$du = d'q_r - p\,dv, \tag{1}$$

$$ds = \frac{d'q_r}{T}, \tag{2}$$

wobei $d'q_r$ eine reversibel zugeführte Wärmemenge bedeutet. Schon früher, in den Nummern 20 und 42, ist auseinandergesetzt worden, wie die Aussagen der beiden Hauptsätze zu verwenden sind: sowohl $d'q_r$ als auch $d'a = -p\,dv$ müssen als lineare Funktionen der Differentiale der Zustandskoordinaten ausgedrückt werden. Dann sind du und ds totale

Differentiale, d. h. es existieren gewisse Bedingungen zwischen den Koeffizienten der Koordinaten-Differentiale, und das eben sind die Aussagen der beiden Hauptsätze.

Wir spezialisieren die allgemeine Formulierung hier insoweit, als wir für die eine der beiden Variabeln die absolute Temperatur wählen; die andere lassen wir zunächst unbestimmt und nennen sie vorläufig ξ. Dann haben wir der Reihe nach:

$$du = \left(\frac{\partial u}{\partial T}\right)_\xi dT + \left(\frac{\partial u}{\partial \xi}\right)_T d\xi, \tag{3}$$

$$d'q_r = q_0\, dT + q_1\, d\xi, \tag{4}$$

$$d'a = -p\,dv = -p\left(\frac{\partial v}{\partial T}\right)_\xi dT - p\left(\frac{\partial v}{\partial \xi}\right)_T d\xi, \tag{5}$$

$$ds = \left(\frac{\partial s}{\partial T}\right)_\xi dT + \left(\frac{\partial s}{\partial \xi}\right)_T d\xi. \tag{6}$$

Setzen wir die Ausdrücke in die Gl. (1) und (2) ein, so folgen:

$$\left(\frac{\partial u}{\partial T}\right)_\xi = q_0 - p\left(\frac{\partial v}{\partial T}\right)_\xi, \tag{7}$$

$$\left(\frac{\partial u}{\partial \xi}\right)_T = q_1 - p\left(\frac{\partial v}{\partial \xi}\right)_T, \tag{8}$$

$$\left(\frac{\partial s}{\partial T}\right)_\xi = \frac{q_0}{T}, \tag{9}$$

$$\left(\frac{\partial s}{\partial \xi}\right)_T = \frac{q_1}{T}. \tag{10}$$

Durch kreuzweise Differentiation von (7) und (8), bzw. (9) und (10) zur Elimination von u und s ergibt sich weiter:

$$\frac{\partial q_0}{\partial \xi} - \frac{\partial q_1}{\partial T} = \left(\frac{\partial p}{\partial \xi}\right)_T \left(\frac{\partial v}{\partial T}\right)_\xi - \left(\frac{\partial p}{\partial T}\right)_\xi \left(\frac{\partial v}{\partial \xi}\right)_T \tag{11}$$

als Aussage des ersten Hauptsatzes;

$$\frac{\partial}{\partial \xi}\left(\frac{q_0}{T}\right) - \frac{\partial}{\partial T}\left(\frac{q_1}{T}\right) = 0 \tag{12}$$

als Aussage des zweiten Hauptsatzes. Durch Ausführung der Differentiationen wird die letzte Gleichung zu:

$$\frac{\partial q_0}{\partial \xi} - \frac{\partial q_1}{\partial T} = -\frac{q_1}{T}. \tag{13}$$

Kombiniert man dies mit Gl. (11), so folgt als Aussage beider Hauptsätze die Beziehung:

$$-\frac{q_1}{T} = \frac{\partial p}{\partial \xi}\frac{\partial v}{\partial T} - \frac{\partial p}{\partial T}\frac{\partial v}{\partial \xi}. \tag{14}$$

Wir wollen nun etwas näher auf die Bedeutung der Größen q_0 und q_1 eingehen, die durch Gl. (4) definiert sind.

Wir können, indem wir durch den Index T oder ξ andeuten, daß diese Variable konstant gehalten werden soll, die Gl. (4) in folgende zwei zerlegen:

(4a) $$\begin{cases} d' q_\xi = q_0 \, dT, \\ d' q_T = q_1 \, d\xi. \end{cases}$$

Daraus ist sofort ersichtlich, daß q_0 von der Dimension und dem Charakter einer spezifischen Wärme ist. Nun hatten wir bereits früher betont, daß es für jeden Stoff möglich ist, unendlich viele spezifischen Wärmen zu definieren, je nach dem Prozesse, den man mit dem Körper ausführt. q_0 ist offenbar die spezifische Wärme bei konstantem ξ, wie wir kurz sagen können: eine direkte Verallgemeinerung der Begriffe c_p und c_v.

q_1 dagegen ist von ganz anderer Beschaffenheit. Während die Wärmemenge q_1 dem Körper zugeführt wird, ändert sich die Temperatur T desselben definitionsgemäß nicht. Solche Erscheinungen beobachtet man gerade bei Änderungen des Aggregatzustandes, z. B. beim Schmelzen oder Verdampfen: führt man Eis von 273° abs. Wärme zu, so bleibt die Temperatur konstant, und es geht eine bestimmte Menge Eis in Wasser von derselben Temperatur über. Diese Art von Wärme nannte man früher — die Bezeichnung stammt noch aus der Zeit der Stofftheorie der Wärme — „latente Wärme"; es war dies gewissermaßen eine Art Ausrede, um das Verschwinden von Wärme mit der Stofftheorie vereinbar zu machen. Vom heutigen Standpunkte paßt die Bezeichnung nicht recht, da die Grundlage völlig verändert ist, sie hat sich aber eingebürgert und so wollen auch wir sie beibehalten.

Wir finden also als Ergebnis unserer Betrachtung, daß q_0 vom Charakter einer spezifischen Wärme, q_1 von dem einer „latenten Wärme", oder genauer, einer „latenten Umwandlungswärme" ist. Um die physikalische Natur der beiden Größen auch in der Bezeichnung hervortreten zu lassen, wollen wir q_0 durch γ, q_1 durch l bezeichnen. Der erstere Buchstabe deutet auf spezifische Wärme hin, die wir sonst durch den dritten Buchstaben des lateinischen Alphabetes bezeichnen, der zweite auf das Wort „latent". In dieser Schreibweise haben wir die Gleichungen:

(15) $$\frac{\partial \gamma}{\partial \xi} - \frac{\partial l}{\partial T} = \frac{\partial p}{\partial \xi}\frac{\partial v}{\partial T} - \frac{\partial p}{\partial T}\frac{\partial v}{\partial \xi},$$

(16) $$\frac{\partial \gamma}{\partial \xi} - \frac{\partial l}{\partial T} = -\frac{l}{T},$$

(17) $$-\frac{l}{T} = \frac{\partial p}{\partial \xi}\frac{\partial v}{\partial T} - \frac{\partial p}{\partial T}\frac{\partial v}{\partial \xi}.$$

50. Anwendung auf den Verdampfungsprozeß.

Bevor wir zur Anwendung dieser Gleichungen auf den Verdampfungsprozeß übergehen, wollen wir eine durchgehende Bezeichnung einführen: obere Striche mögen die Aggregatzustände voneinander unterscheiden, und zwar bezeichne ein einzelner oberer Strich den festen, zwei Striche den flüssigen, drei Striche den gasförmigen Aggregatzustand. Anderseits mögen untere Doppelindizes (1, 2), (2, 3), (1, 3), bzw. (2, 1) usw. solche

Größen bezeichnen, die sich auf den Übergang von einem Aggregatzustand zum andern beziehen. Sinngemäßer wären hier auch obere Indizes, doch läßt sich diese Schreibweise nicht bequem durchführen.

Wenn wir ein Gas — wir betrachten stets die Masseneinheit — unterhalb der kritischen Temperatur einem immer stärkeren Drucke aussetzen, so kommt, wie wir in Nummer 26 dargelegt haben, schließlich ein Druck, bei dem das bis dahin homogene System sich unstetig in zwei Teile spaltet, einen flüssigen und einen dampfförmigen. Bezeichnen wir das spezifische Volumen der inhomogenen, aus Flüssigkeit und Dampf zusammengesetzten Substanz im Mittel mit v, das der gasförmigen Komponente mit v''', das der flüssigen mit v'', die Masse des gasförmigen Bestandteils mit ξ, sodaß die Masse der Flüssigkeit $(1-\xi)$ wird, so haben wir zunächst die Beziehung:

$$v = v''(1-\xi) + v''' \cdot \xi. \tag{18}$$

Die hier eingeführte Größe ξ wollen wir als zweite Variable neben T in die Gleichungen der vorigen Nummer einführen. Zunächst bedarf es einer Untersuchung, ob dies zulässig ist, d. h. ob man T beliebig variieren kann, ohne daß ξ sich ändert. Das ist nun aber tatsächlich der Fall. Nehmen wir ein aus Dampf und Flüssigkeit bestehendes inhomogenes System, und stellen wir uns vor, daß wir solche Druck- und Temperaturbedingungen gewählt haben, daß gerade der Bruchteil ξ gasförmig, der Teil $(1-\xi)$ flüssig ist. Jetzt ändern wir die Temperatur, erhöhen sie beispielsweise, dann wird zwar bei konstantem Drucke ξ sich ändern, nämlich größer werden, aber eine Druckerhöhung, die uns ja freisteht, verkleinert ξ, also kann ich durch geeignete Druckänderung trotz Temperaturänderung ξ konstant halten. Auch umgekehrt kann ich ξ (durch Druckänderung) beliebig variieren lassen, wobei T konstant bleibt; das ist ja gerade der Vorgang, den wir erhalten, wenn wir auf einer v. d. Waalsschen Isotherme unterhalb der kritischen Temperatur von kleinen zu großen Drucken fortschreiten. Kurz: das Resultat der obigen Überlegung ist, daß wir in der Tat ξ neben T als unabhängige Variable benutzen können; dabei ist der Druck so zu wählen, daß er stets gleich dem des gesättigten Dampfes bei der betreffenden Temperatur ist. Mit andern Worten heißt dies, daß der Druck des gesättigten Dampfes eine völlig bestimmte Funktion der Temperatur T allein ist und nicht etwa von ξ abhängt. Auch in der Gl. (18) sind v'' und v''', die spezifischen Volumina von Flüssigkeit und Dampf, lediglich Funktionen von T; vom Druck hängen sie bei konstantem T gar nicht ab, da Druckänderung lediglich die Mengen ξ und $(1-\xi)$ verschiebt.

Wir wollen jetzt zunächst in Gl. (17) die obigen Festsetzungen einführen. Es ist offenbar:

$$\left(\frac{\partial p}{\partial \xi}\right)_T = 0, \quad \text{und} \quad \left(\frac{\partial p}{\partial T}\right)_\xi = \frac{dp}{dT}, \tag{19}$$

wobei wir jetzt gerade Differentialzeichen geschrieben haben, da p nur von T abhängt. Ferner ist nach Gl. (18):

$$(20)\qquad \left(\frac{\partial v}{\partial \xi}\right)_T = v''' - v''.$$

Mit (19) und (20) wird demgemäß die Gleichung (17) zu:

$$(21)\qquad l = T \frac{d p}{d T}(v''' - v'').$$

Es handelt sich jetzt darum, den genaueren Charakter von l festzulegen. Nach Gl. (4a) ist $l = q_1$ definiert durch:

$$d' q_T = l\, d \xi.$$

$l\,d\xi$ ist, wie oben festgestellt, die Wärme, die der inhomogenen Substanz zugeführt werden muß, um den Bruchteil ξ auf $\xi + d\xi$ zu vergrößern, d. h. um die Menge $d\xi$ aus dem flüssigen in den gasförmigen Aggregatzustand überzuführen. l, oder wie wir jetzt in Ausführung unserer oben eingeführten Bezeichnungsweise schreiben wollen, l_{23} ist demgemäß die Wärmemenge, die dem System zugeführt werden muß, um ein Gramm Flüssigkeit zu verdampfen, d. h. l_{23} ist die „Verdampfungswärme". Schreiben wir jetzt statt p entsprechend p_{23} oder p_{32}, um anzudeuten, daß $p_{23} = p_{32}$ der Verdampfungsdruck ist, d. h. der gemeinsame hydrostatische Druck, unter dem Flüssigkeit und Dampf im Gleichgewichte nebeneinander bestehen, setzen wir ebenso $T = T_{23} = T_{32}$, so geht Gl. (21) über in die folgende:

$$(22)\qquad l_{23} = T_{23} \cdot \frac{d p_{23}}{d T_{23}}(v''' - v'').$$

Gl. (22) ist zuerst von Clapeyron aus der Carnotschen Theorie abgeleitet, dann aber von Clausius zuerst streng bewiesen worden, und wird deshalb gewöhnlich als die „Clausius-Clapeyronsche Gleichung" bezeichnet.

Diese Relation drückt die Verdampfungswärme l_{23} aus durch die Verdampfungs- (Siede-) temperatur T_{23}, den Temperaturgradienten $\frac{d p_{23}}{d T_{23}}$ des Dampfdruckes p_{23} und die spezifischen Volumina v''' und v'' nach und vor der Verdampfung. Sie kann also, wenn $\frac{d p_{23}}{d T_{23}}$ tabellarisch oder formelmäßig nebst v''' und v'' bekannt sind, dazu dienen, zu jeder Temperatur die Verdampfungswärme zu berechnen. Umgekehrt kann man $\frac{d p_{23}}{d T_{23}}$ darstellen, wenn l_{23}, v''', v'' als Funktionen der Temperatur bestimmt sind.

Die zunächst wichtigste Anwendung und Prüfung der Gleichung (22) — das ist natürlich eine Prüfung des zweiten Hauptsatzes — machen wir für die Verdampfung des Wassers bei verschiedenen Temperaturen. Wir kombinieren die Messungsergebnisse für l_{23} von Regnault mit denen für $\frac{d p_{23}}{d T_{23}}$ und $(v'''-v'')$ von Knoblauch, Linde und Klebe[1]). In der folgenden Tabelle, die der Arbeit der genannten Autoren entnommen ist, sind in der ersten Spalte die absoluten Temperaturen, in der zweiten ($l_{23\,\text{beob}}$) nach Regnault, in der dritten (v'''_{beob}) eingetragen. In der vierten Spalte stehen die Werte ($l_{23\,\text{ber}}$) unter Benutzung der von Knoblauch, Linde und Klebe gemessenen Werte von $\frac{d p_{23}}{d T_{23}}$. Es sei bemerkt, was man an der Tabelle leicht bestätigt, daß v''' sehr viel größer als v'' ist, so daß für letzteres einmal stets der Näherungswert 1 benutzt und zweitens dieser sogar häufig neben v''' vernachlässigt werden darf.

T_{23}	$l_{23\,\text{beob}}$ in cal	v''' in $\frac{\text{ccm}}{\text{gr}}$	$l_{23\,\text{ber}}$ in cal	Δl in %
373° abs.	536,50	1674	538,7	−0,41
383	529,41	1211	532,0	−0,49
393	522,29	892,2	525,5	−0,61
403	515,15	669,0	518,7	−0,70
413	507,98	509,1	511,5	−0,68
423	500,79	392,1	504,2	−0,60
433	493,56	307,3	497,0	−0,68
443	486,30	243,0	482,3	+0,82

Die maximalen Abweichungen bleiben, wie die letzte Spalte der Tabelle zeigt, unterhalb 1 %, was als eine vollständige Bestätigung der Clausiusschen Gleichung (22) aufgefaßt werden muß, da Regnaults Messungen mit einem durchschnittlichen Fehler in der Größenordnung von einem Prozent behaftet sind. Henning[2]) hat 1906 die Genauigkeit der Messung von l_{23} auf $^1/_{10}$ % getrieben; sein Wert für 373° abs. ist 538,25 cal, was glänzend mit der Rechnung (538,7 cal) übereinstimmt.

In anderer Weise hat Bertrand Gl. (22) der Prüfung unterzogen. Man kann, wie schon oben bemerkt, in dieser Gleichung angenähert v'' gegen v''' vernachlässigen. Also ist einfacher, wenn wir gleichzeitig durch $p_{23}\, v'''$ dividiren:

$$\frac{l_{23}}{p_{23}\, v'''} = T_{23} \frac{d p_{23}}{p_{23}\, d T_{23}},$$

oder:

$$\frac{d}{d T_{23}} (\log p_{23}) = \frac{l_{23}}{p_{23}\, v'''\, T_{23}}. \tag{23}$$

Kann man nun den rechts stehenden Ausdruck als Funktion von T_{23} empirisch darstellen, so gewinnt man durch eine Quadratur eine Formel für die Dampfspannung p_{23} als Funktion der Temperatur, die nun ihrerseits mit den Messungen verglichen werden kann.

Für l_{23} ist die folgende Näherungsformel nach Henning brauchbar:

---

[1]) Knoblauch, Linde und Klebe, Die thermischen Eigenschaften des gesättigten und überhitzten Wasserdampfes zwischen 100° und 180° C. (Mitteilungen über Forschungsarbeiten herausgeg. v. Verein Deutscher Ingenieure, Heft 21), Berlin 1905, insbes. pag. 38.

[2]) F. Henning, Ann. d. Phys. 21, pag. 849; 1906.

$$l_{23} = 538{,}86 + 0{,}5994\,(373 - T_{23}),$$

d. h. eine Gleichung von der Form:

$$l_{23} = \alpha - \beta\,T_{23}.$$

Ferner kann man nach den Messungen von Regnault für Wasserdampf innerhalb nicht zu weiter Grenzen setzen:

$$p_{23}\,v''' = R\,(T_{23} + \mu),$$

wo R und μ Konstanten sind. Damit wird Gl. (23):

$$\frac{d}{d\,T_{23}}(\log p_{23}) = \frac{\alpha - \beta\,T_{23}}{R\,T_{23}\,(T_{23} + \mu)},$$

oder, nach Partialbruchzerlegung, wenn γ und δ neue Konstanten sind:

$$\frac{d}{d\,T_{23}}(\log p_{23}) = \frac{\gamma}{T_{23}} - \frac{\delta}{T_{23} + \mu},$$

woraus schließlich für den Dampfdruck p_{23} als Funktion von T_{23} sich die Form ergibt:

(24)
$$p_{23} = \frac{A\,T_{23}^{\gamma}}{(T_{23} + \mu)^{\delta}}.$$

Diese Gleichung hat Bertrand mit den Messungen Regnaults in leidlicher Übereinstimmung gefunden. Natürlich hat diese Gleichung nur beschränkte Bedeutung; daß sie hier angeführt wurde, hat nur den Zweck zu zeigen, wie man sich in praktischen Fällen angenäherte Gleichungen mit Hilfe der Clausius-Clapeyronschen Formel verschaffen kann. Eine zuweilen gebrauchte Näherung führen wir hier noch an. Für tiefe Temperaturen, d. h. für niedrige Dampfdrucke, kann man angenähert annehmen, daß v''' der Zustandsgleichung idealer Gase gehorcht: $v''' = \frac{R\,T}{m\,p_{23}}$; damit geht (22) über in:

$$l_{23} = \frac{T_{23}^2}{p_{23}}\,\frac{d\,p_{23}}{d\,T_{23}} \cdot \frac{R}{m},$$

worin wieder v'' neben v''' vernachlässigt worden ist. Daraus folgt weiter:

(24a)
$$\log p_{23} = \frac{m}{R}\int \frac{l_{23}}{T_{23}^2}\,d\,T_{23}.$$

Für ganz kleine Intervalle kann man hier l_{23} sogar als konstant betrachten, für größere eine geeignete empirische Formel benutzen.

Wir wollen nunmehr dazu übergehen, die zweite der uns von den beiden Hauptsätzen gelieferten Gleichungen, nämlich (16), auf Wasserdampf anzuwenden. Wir haben bereits in der vorhergehenden Nummer festgestellt, daß γ die (mittlere) spezifische Wärme des inhomogenen Systems bei konstantem ξ ist. Wir wollen uns nun im einzelnen klar machen, was dies bedeutet.

Unser System besteht aus $(1 - \xi)$ Gramm Flüssigkeit und ξ Gramm Dampf, der mit einer Flüssigkeit bei der Temperatur $T = T_{23}$ im Gleichgewicht ist. Jetzt soll nun dem System Wärme zugeführt werden, so daß die Temperatur auf $T_{23} + dT_{23}$ steigt und gleichzeitig ξ konstant bleibt, d. h. die Mengen Dampf und Flüssigkeit ungeändert bleiben. Führen wir zunächst ohne Rücksicht auf die Konstanz von ξ Wärme zu, so daß T_{23} auf $T_{23} + dT_{23}$ steigt, so wird im allgemeinen Flüssigkeit verdampfen, also ξ zunehmen. Um ξ wieder auf den alten Wert zu bringen, d. h. es dauernd konstant zu halten, müssen wir also gleichzeitig eine adiabatische Kompression vornehmen, die natürlich mit weiterer Temperatursteigerung verbunden ist. Um also unsere Temperatur $T_{23} + dT_{23}$ wiederherzustellen, müssen wir jetzt Wärme ableiten, und es ist a priori nicht ersichtlich, ob dieser letztere Wärmebetrag kleiner, größer oder gleich dem zuerst zugeführten Quantum ist. Diese gesamte (zu- und abgeführte) Menge von Wärme, dividiert durch dT_{23}, ergibt uns die spezifische Wärme γ. Sie verteilt sich auf Flüssigkeit und Dampf; denn wenn die spezifische Wärme der Flüssigkeit unter der Bedingung $\xi = \text{Const.}$ c_2 genannt wird, die des Dampfes c_3, so ist offenbar:

(25) $$\gamma = (1 - \xi) \cdot c_2 + \xi \cdot c_3 .$$

c_2 ist nicht merklich verschieden von der gewöhnlichen spezifischen Wärme $(c_p)_2$ bei konstantem Druck, die vom Drucke bekanntlich nur sehr wenig abhängt. Über c_3 dagegen ist von vornherein nichts auszusagen. c_3 wird von Clausius, von dem diese ganze Betrachtung herrührt, „spezifische Wärme des gesättigten Dampfes" genannt, und allgemein nach seinem Vorgang durch h bezeichnet. Wir haben also statt (25):

(25a) $$\gamma = (1 - \xi)(c_p)_2 + \xi \cdot h .$$

Dafür liefert nun Gl. (16) die Beziehung, da $\frac{\partial \gamma}{\partial \xi} = h - (c_p)_2$ ist:

(26) $$h = (c_p)_2 + \frac{\partial l_{23}}{\partial T_{23}} - \frac{l_{23}}{T_{23}} .$$

Man ersieht aus dieser Gleichung, daß in der Tat $h \gtreqless 0$ sein kann.

Für Wasser ist nach den obigen Angaben von Henning:

$$\frac{l_{23}}{T_{23}} = \frac{762{,}43}{T_{23}} - 0{,}5994 ,$$

ferner durch Differentiation:

$$\frac{d\,l_{23}}{dT_{23}} = -0{,}5994 .$$

Damit ergibt sich nach (26) für Wasserdampf:

(27) $$h = (c_p)_2 - \frac{762{,}43}{T_{23}} ,$$

oder, da $(c_p)_2$ vom Werte 1 nicht merklich verschieden ist:

(28) $$h = 1 - \frac{762{,}43}{T_{23}} .$$

Daraus ergibt sich z. B. für $T = 373^0$ abs., d. h. den Siedepunkt des Wassers bei normalen Druck:

$$h_{373} = -1{,}04 .$$

Mit steigender Temperatur nimmt h zu, um bei $T_{23} = 762{,}43^0$ abs. den Wert Null zu passieren, und bei noch höherer Temperatur positiv zu werden.

Dadurch ist folgendes thermodynamische Verhalten des Wasserdampfes bedingt: Wenn man gesättigten Wasserdampf von etwa 100^0 C adiabatisch komprimiert, so tritt nicht etwa, wie man zunächst erwarten sollte, infolge der Drucksteigerung Kondensation ein, sondern die gleichzeitige Temperaturerhöhung ist so stark, daß der Dampf ungesättigt wird, also sogar „Überhitzung" eintritt. Denn da $h < 0$ ist, muß man hier, um den Dampf im Zustande der Sättigung zu erhalten, Wärme abführen. Vor Abführung derselben muß der Dampf daher tatsächlich ungesättigt oder „überhitzt" sein. Umgekehrt ruft natürlich adiabatische Dilatation eine Kondensation hervor. Oberhalb 763^0 abs. kehrt sich das Verhalten des Wasserdampfes um; bei dieser Temperatur bleibt Wasserdampf bei Kompression und Dilatation gesättigt.

Bei tieferen Temperaturen zeigen analoges Verhalten z. B. Chloroformdampf, der oberhalb $123{,}5^0$ C, Benzoldampf, der oberhalb 100^0 C positive Werte von h aufweist; Äthyläther hat schon bei Zimmertemperatur positives h. Insbesondere haben Hirn und Cazin bei Chloroformdampf von $123{,}5^0$ konstatiert, daß weder Kompression noch Dilatation den Sättigungszustand des Dampfes änderte.

Nunmehr können wir auch eine weitere Frage beantworten, die wir bei Untersuchung der v. d. Waalsschen Gleichung in Nummer 26 offen lassen mußten.

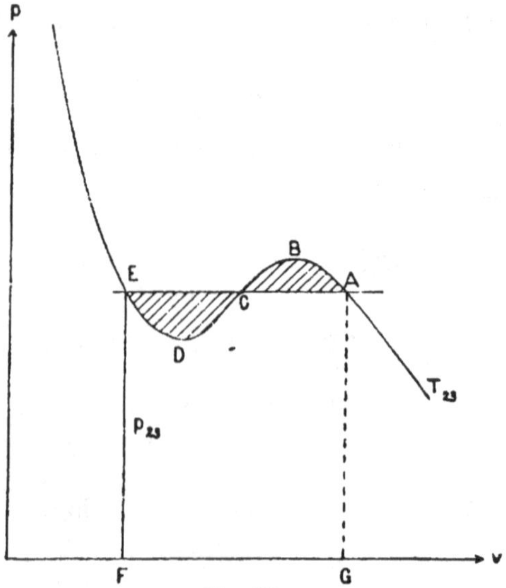

Fig. 25.

In Fig. 25 bedeute die Kurve eine Isotherme unterhalb der kritischen Temperatur. Von großen Werten v und kleinem p anfangend, gelangt man durch isotherme Drucksteigerung bis zu einem Punkte A, bei dem partielle Kondensation eintritt und der Zustand der Substanz dauernd durch die beiden Zustandspunkte A (Gas) und E (Flüssigkeit) dargestellt wird, solange, bis alles kondensiert ist. Die Frage war nun die: wie groß ist bei einer gegebenen Temperatur der Verflüssigungsdruck p_{23}? Oder, praktisch gesprochen: auf welcher Horizontalen liegen bei gegebener Isotherme die beiden Zustandspunkte A und E? Mit Hilfe der beiden Hauptsätze läßt sich folgendes aussagen: Wir denken uns mit der Masseneinheit des Gases einen isothermen, reversibeln Kreisprozeß ausgeführt, der die Substanz zuerst auf dem Wege $ABCDE$ (d. h. längs der theoretischen Isotherme) von A nach E führt, dann auf der horizontalen Geraden ECA (d. h. auf dem realen Wege, unter dem konstanten Verdampfungsdruck p_{23}) nach A zurück, d. h. wieder in den Anfangszustand. Nach dem zweiten Hauptsatze ist für diesen Kreisprozeß:

$$\sum \frac{q}{T} = 0,$$

also, da T konstant ist, $\sum q = 0$. Dann aber folgt aus dem ersten Hauptsatz, daß $\sum a = 0$, d. h. daß die auf dem Hinwege nach E aufgewendete Arbeit a_1, absolut genommen, gerade so groß ist, wie die auf dem Rückwege abgegebene Arbeit a_2. Oder: Gehe ich einmal auf der theoretischen Isotherme von A nach E, ein zweites Mal auf dem realen Wege unter dem konstanten Verdampfungsdrucke p_{23}, so muß auf beiden Wegen die nämliche Arbeit geleistet werden, d. h. $a_1 = a_2$. In einer Gleichung läßt sich dies folgendermaßen ausdrücken: Da die Arbeit pro Masseneinheit von der Form $\int p\,dv$ ist, so ist die längs der theoretischen Isotherme unter dem variabeln Drucke p geleistete Arbeit a_1 gleich $\int_{v''}^{v'''} p\,dv$. Dagegen ist die Arbeit a_2 einfach gleich $p_{23}(v''' - v'')$. Mithin haben wir die Gleichung:

(29) $$p_{23}(v''' - v'') = \int_{v''}^{v'''} p\,dv.$$

a_1 wird nun geometrisch dargestellt durch den Inhalt der von $ABCDEFG$ in Fig. 25 begrenzten Fläche; a_2 dagegen durch den Flächeninhalt $ACEFG$. Die obige Gleichung läßt sich also geometrisch dahin interpretieren, daß die beiden genannten Flächenstücke gleich sein müssen. Das heißt aber nichts anderes, als daß das unterhalb der Geraden ACE liegende Stück der $\sim$förmigen Schleife gleich dem oberhalb liegenden Stücke ist; diese beiden Stücke sind in der Figur schraffiert. Man muß also bei gegebener Isotherme die Gerade $p = p_{23} =$ Const. so ziehen, daß diese Bedingung erfüllt wird. Das hier wiedergegebene Resultat rührt von Maxwell her, nach dem es auch wohl „Maxwellsche Regel" genannt wird. Unabhängig haben dasselbe Clausius und Planck gefunden.

51. Die Theorie des Sättigungsgesetzes.

Wir haben in der vorhergehenden Nummer mehrfach für das Gesetz, das den Druck p_{23} des gesättigten Dampfes mit der Verdampfungstemperatur T_{23} verbindet, angenäherte Formeln abgeleitet und benutzt.

Es ist indessen wichtig — wenn auch aus später zu besprechenden Gründen praktisch wenig in Betracht kommend —, zu bemerken, daß der Zusammenhang zwischen p_{23} und T_{23} exakt sich angeben läßt, wenn eine Zustandsgleichung bekannt ist, die außer dem dampfförmigen auch den flüssigen Zustand mitumfaßt. Eine solche ist die bereits vielfach von uns verwendete v. d. Waalssche Gleichung:

$$\left(p + \frac{\alpha}{v^2}\right)(v - \beta) = \frac{R}{m} T.$$

Nun brauchen wir nur zum Ausdrucke zu bringen, was z. B. in der Figur 25 deutlich hervortritt, daß der Druck der Flüssigkeit gleich ist demjenigen des gesättigten Dampfes, der mit derselben im Gleichgewicht steht. Um diese beiden Drucke, die wir bisher durch den gemeinschaftlichen Buchstaben p_{23} (oder p_{32}) bezeichnet haben, unterscheiden zu können, wollen wir p_{23} als den Druck des Dampfes allein, p_{32} als den der Flüssigkeit allein bezeichnen, wobei also jedesmal der letzte Index mit dem des Aggregatzustandes übereinstimmt. Dann haben wir:

$$p_{23} = p_{32}. \tag{30}$$

Darin ist für p_{23} und p_{32} der Wert zu setzen, der sich aus der v. d. Waalsschen Gleichung ergibt; in p_{23} ist für v der Wert v''' zu setzen, d. h. der Wert des spezifischen Volumens des gesättigten Dampfes, in p_{32} dagegen v'', das spezifische Volumen der Flüssigkeit. Demgemäß folgt aus (30) die Beziehung:

$$\frac{R\,T_{23}}{m\,(v''' - \beta)} - \frac{\alpha}{v'''^2} = \frac{R\,T_{23}}{m\,(v'' - \beta)} - \frac{\alpha}{v''^2} \left(= p_{23} = p_{32}\right). \tag{31}$$

Zu dieser Gleichung kommt eine zweite, die wir erhalten, indem wir in (29) ebenfalls die v. d. Waalssche Gleichung einführen, wobei zu beachten ist, daß das links stehende Integral isotherm auszuwerten ist. Man erhält zunächst:

$$\frac{R\,T_{23}}{m}\int_{v''}^{v'''}\frac{dv}{v-\beta} - \alpha\int_{v''}^{v'''}\frac{dv}{v^2} = \left(\frac{R\,T_{23}}{m\,(v'''-\beta)} - \frac{\alpha}{v'''^2}\right)(v''' - v'').$$

Die Ausführung der linken Seite ergibt:

$$\frac{R\,T_{23}}{m}\log\frac{v'''-\beta}{v''-\beta} + \alpha\left(\frac{1}{v'''} - \frac{1}{v''}\right) = \frac{R\,T_{23}\,(v'''-v'')}{m\,(v'''-\beta)} - \alpha\,\frac{v'''-v''}{v'''^2}. \tag{32}$$

Aus (31) folgt:

$$\frac{R\,T_{23}}{m} = \frac{\alpha\,(v'''-\beta)\,(v''-\beta)\,(v''+v''')}{v'''^2 \cdot v''^2}. \tag{33}$$

In (32) drücken wir $\log\left(\frac{v'''-\beta}{v''-\beta}\right)$ aus; das gibt zunächst:

$$\log \frac{v''' - \beta}{v'' - \beta} = \frac{\alpha m (v''' - v'')^2}{R T_{23} v'''^2 v''} + \frac{v''' - v''}{v''' - \beta}.$$

Ersetzt man darin $\frac{R T_{23}}{m}$ durch den aus (31) folgenden Wert (33), so erhält man:

$$(34) \qquad \log \frac{v''' - \beta}{v'' - \beta} = (v''' - v'') \frac{(v''' - v'') v'' + (v'' - \beta)(v'' + v''')}{(v''' - \beta)(v'' - \beta)(v'' + v''')}.$$

Die Gl. (33) und (34) stellen nun zwei Relationen dar, die die drei Größen v'', v''' und T_{23} miteinander verbinden; wir können also zwei von ihnen durch die dritte ausdrücken, also etwa v'' und v''' durch T_{23}. Nimmt man dann schließlich noch die Gl. (31)

$$(35) \qquad p_{23} = \frac{R T_{23}}{m (v''' - \beta)} - \frac{\alpha}{v'''^2}$$

hinzu, indem man darin v''' durch seinen soeben berechneten Wert als Funktion von T_{23} darstellt, so liefert diese letzte Gleichung den Sättigungsdruck p_{23} als Funktion der Temperatur T_{23}, was wir gerade haben wollen.

Man kann also auf diese Weise das exakte Gesetz des Dampfdruckes finden, wenn man die exakte Zustandsgleichung besitzt. Eine solche ist nun allerdings die v. d. Waalssche nicht, und die Ausrechnung zeigt erhebliche Abweichungen vom Experiment. Indessen sind wir ja nicht an die v. d. Waalssche Gleichung gebunden. Clausius z. B. hat eine allgemeinere Zustandsgleichung vorgeschlagen:

$$(36) \qquad p = \frac{R}{m} \frac{T}{v - \alpha} - \frac{\gamma}{T (v + \beta)^2},$$

die mit ihren drei Konstanten α, β, γ sich den Beobachtungen erheblich besser anpaßt als die v. d. Waalssche. Planck[1]) hat deshalb die Clausiussche Gleichung zugrunde gelegt und die obige Rechnung für Kohlensäure durchgeführt, mit den Beobachtungen von Andrews verglichen und recht gute Übereinstimmung gefunden. Wir brauchen nicht weiter auf die etwas umständliche Rechnung einzugehen, sondern zeigen die Übereinstimmung durch die Figur 26, in der die ausgezogene Kurve das nach der Theorie geforderte Sättigungsgesetz darstellt, während die Punkte die von Andrews gemessenen Werte bedeuten; als Abszissen sind die Temperaturen in gewöhnlichen Celsius-Graden, als Ordinaten die Drucke in Atmosphären aufgetragen.

Die Betrachtung der Gleichungen zeigt, daß die Berechnung der zusammengehörigen Werte von p_{23} und T_{23} nicht gerade einfach ist. Deshalb kommt diesen Formeln für die Praxis kaum Bedeutung zu. Von prinzipieller Wichtigkeit dagegen ist die Einsicht in den theoretischen Zusammenhang, weswegen wir auf diese Frage eingegangen sind.

Es ist übrigens klar, daß damit auch der Wert des Druckgradienten $\frac{d p_{23}}{d T_{23}}$ für alle Werte von T_{23} theoretisch bestimmt ist, und daß man so-

[1]) Planck, Wied. Ann. 13, pag. 535, 1881.

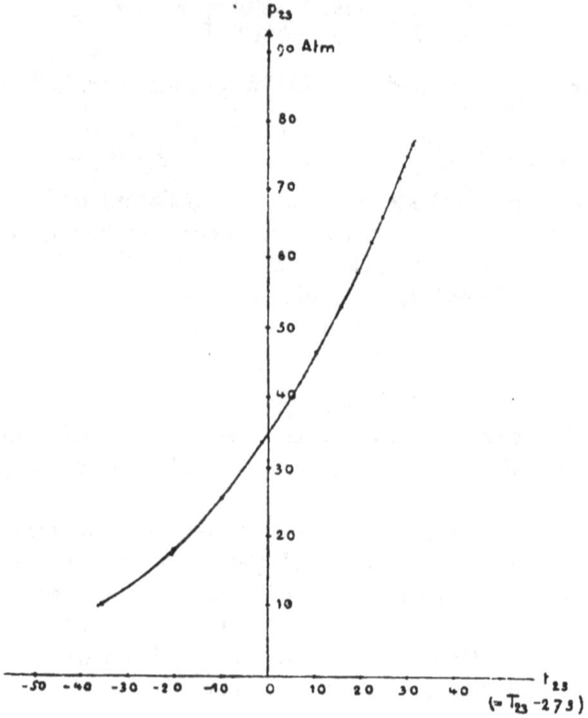

Fig. 26.

mit alle Größen kennt, die nach der Clausius-Clapeyronschen Gleichung zur Berechnung der Verdampfungswärme l_{23} erfordert werden; wir gewinnen mit andern Worten eine Darstellung von l_{23} als Funktion der Siedetemperatur T_{23}. Vergleichen wir einige Werte, die Planck für Kohlensäure berechnet hat, mit den Messungen von Cailletet und Mathias. Letztere fanden:

bei	-25 °C	$l_{23} = 72{,}23$ cal
	0 „	56,25 „
	$+6{,}5$ „	50,76 „
	$+22{,}04$ „	31,80 „
	29,85 „	14,40 „
	30,82 „	3,72 „

Dagegen fand Planck theoretisch folgende Werte:

bei	-19 °C	$l_{23} = 84{,}4$ cal
	$-8{,}8$ „	74,7 „
	$-0{,}7$ „	66,5 „
	$+5{,}8$ „	59,3 „
	$+10{,}9$ „	52,8
	21,7 „	36,0 „
	29,8 „	12,8 „
	30,9 „	4,2 „

Die Werte zeigen, wenigstens der Größenordnung und dem Gange nach eine leidliche Übereinstimmung, im allgemeinen sind allerdings die theoretischen Werte zu groß gegenüber der Beobachtung. Die Abweichung ist, soweit nicht Beobachtungsfehler vorliegen sollten, auf Rechnung der Zustandsgleichung zu schieben, die eben nur angenähert gültig ist und namentlich bei sehr tiefen Temperaturen versagt.

Grundsätzlich ist die hier dargelegte Methode auch dazu brauchbar, die Abhängigkeit des Schmelzdruckes und des Sublimationsdruckes von der Temperatur zu liefern, wenn eben eine Zustandsgleichung existierte, die alle drei Aggregatzustände umfaßt.

52. Anwendung der Clausius-Clapeyronschen Gleichung auf das Schmelzen und Sublimieren.

Die Bedeutung der Clausius-Clapeyronschen Gl. (22) ist mit ihrer Anwendung auf den Verdampfungsvorgang nicht erschöpft. Vielmehr passen die nämlichen Betrachtungen offenbar auch für das Schmelzen und Sublimieren, wobei l_{12} bzw. l_{13} an die Stelle von l_{23}, T_{12} und T_{13} an die Stelle von T_{23} usw. treten. l_{12} ist sinngemäß als Schmelzwärme, l_{13} als Sublimationswärme zu bezeichnen.

Der Gl. (22) für die Verdampfungswärme treten also die beiden folgenden zur Seite:

$$l_{12} = T_{12} \frac{dp_{12}}{dT_{12}} (v'' - v') \quad \text{(Schmelzen)}, \tag{37}$$

$$l_{13} = T_{13} \frac{dp_{13}}{dT_{13}} (v''' - v') \quad \text{(Sublimieren)}. \tag{38}$$

Betrachten wir zunächst (37). Die wichtigste Folgerung, die aus ihr zu ziehen ist, ist die, daß der Schmelzpunkt T_{12} vom Drucke abhängt. Denn wir können (37) so schreiben:

$$\frac{dT_{12}}{dp_{12}} = \frac{T_{12}(v'' - v')}{l_{12}}. \tag{37a}$$

Und zwar sieht man, daß Druckerhöhung eine Erhöhung der Schmelztemperatur erzeugt, wenn $v'' > v'$, eine Erniedrigung dagegen, wenn $v'' < v'$ ist. Letzterer Fall tritt bekanntlich beim Wasser auf, das beim Gefrieren eine Volumzunahme von 9% erfährt. Es ist also für Wasser von 0 Grad zu zetzen:

$$v'' = 1 \quad \frac{\text{ccm}}{\text{gr}},$$

$$v' = 1{,}09 \frac{\text{ccm}}{\text{gr}}.$$

Ferner ist die Schmelzwärme 80 cal, also in absoluten Einheiten $80 \cdot 4{,}19 \cdot 10^7 \frac{\text{erg}}{\text{gr}}$, so daß wir erhalten:

$$\frac{dT_{12}}{dp_{12}} = -\frac{273 \cdot 0{,}09}{80 \cdot 4{,}19 \cdot 10^7} \frac{\text{grad cm}^2}{\text{dyn}}.$$

Diese Gleichung gibt die Erniedrigung des Schmelzpunktes von Wasser pro absolute Druckeinheit, d. h. pro Dyne auf den Quadratzentimeter. Um die Umrechnung pro Atmosphäre zu erhalten, hat man mit 1013250 zu multiplizieren; also:

$$\frac{dT_{12}}{dp_{12}} = -\frac{273\cdot 0{,}09\cdot 1013250}{80\cdot 4{,}19\cdot 10^7} = -0{,}0075\,\frac{\text{grad}}{\text{atm}},$$

d. h. durch Erhöhung des Druckes um 1 Atmosphäre sinkt die Schmelztemperatur um 0,0075 Grad, d. h. Eis von 0 Grad C wird durch Druck verflüssigt. Dies ist durch Versuche von William Thomson[1]) bestätigt worden, dessen Bruder James Thomson[2]) diese Folgerung zuerst (übrigens aus der alten Carnotschen Theorie) gezogen hatte. Thomson fand bei seinen Versuchen

für eine Druckerhöhung um 8,1 Atm eine Schmelztemperaturerniedrigung von 0,059° C,

für eine Druckerhöhung um 16,8 Atm eine Schmelztemperaturerniedrigung von 0,126° C.

Die erste Messung liefert $\frac{dT_{12}}{dp_{12}} = -0{,}0073^0$, die zweite $-0{,}0075^0$, also eine geradezu glänzende Bestätigung der Clausius-Clapeyronschen Gleichung. Späterhin hat Mousson durch ein elegantes qualitatives Verfahren gezeigt, daß Eis bei sehr hohen Drucken selbst mehrere Grade unter Null flüssig wird. Bringt man umgekehrt Wasser von beliebiger Temperatur ins Vakuum, d. h. hält man durch fortdauerndes Pumpen den Druck dauernd sehr klein, so muß wegen der fortwährenden Verdampfung das Wasser sich immer mehr abkühlen; sobald die Temperatur $+0{,}0075^0$ erreicht ist, muß das Wasser gefrieren.

Im Gegensatz zu Wasser muß sich bei Substanzen, die sich beim Erstarren zusammenziehen, der Schmelzpunkt bei Druckerhöhung erhöhen. Diese Folgerung ist ebenfalls bestätigt worden. Bunsen hat z. B. für Paraffin, daß zu dieser Klasse gehört, gefunden:

Druck Atm	Schmelzpunkt °C
1	46,3
85	48,9
100	49,9

Wir wenden jetzt (38) auf den Prozeß der Sublimation an, und wollen hier wieder den Temperaturgradienten $\frac{dp_{13}}{dT_{13}}$ des Sublimationsdruckes für Eis von Null Grad berechnen. Dazu müssen wir zunächst die Sublimationswärme des Eises bei 0 Grad kennen. Diese setzt sich offenbar additiv aus der Schmelzwärme l_{12} und der Verdampfungswärme l_{23} bei 0 Grad zusammen,

---

[1]) W. Thomson, Phil. Mag. 37, 1850; Poggend. Ann. 91, 1850; am bequemsten Papers, vol. I, pag. 165 ff.

[2]) James Thomson, Transactions of the Roy. Soc. of Edinburgh, 2. Jan. 1849; abgedruckt in W. Thomsons Papers, vol. I, pag. 156 ff.

wie durch eine einfache Anwendung des erstes Hauptsatzes folgt: einmal sublimiert man die Substanz bei 0 Grad, ein zweites Mal schmilzt man erst und verdampft dann, so daß derselbe Endzustand erreicht wird. Da auch der Anfangszustand der gleiche war und in beiden Fällen die gleiche äußere Arbeit geleistet wird, ist auch die in beiden Fällen zugeführte Wärmemenge dieselbe, was zu beweisen war. Die Verdampfungswärme bei 0 Grad ist nach der in Nr. 50 angegebenen Formel von Henning 599 cal; gefunden wurde experimentell der Wert 604 cal, was innerhalb der Fehlergrenze (ca. 1 $^0/_0$) damit übereinstimmt; wir rechnen mit dem experimentellen Wert weiter. Die Schmelzwärme l_{12} beträgt 80 cal. Also ist die Sublimationswärme im absoluten Maße gleich $684 \cdot 4{,}19 \cdot 10^7 \frac{\text{erg}}{\text{gr}}$. Das spezifische Volumen des gesättigten Wasserdampfes beträgt bei 0 Grad C $v''' = 206000$ ccm/gr; dieser Wert ergibt sich, wenn man, wie früher begründet, für Wasserdampf die ideale Gasgleichung als gültig annimmt; setzt man darin den Sublimationsdruck des Wasserdampfes bei 0 Grad C gleich 4,58 mm Hg, so folgt der angegebene Wert. Der Betrag von v' kann neben diesem großen Werte von v''' vernachlässigt werden. So folgt schließlich:

$$\frac{dp_{13}}{dT_{13}} = \frac{684 \cdot 4{,}19 \cdot 10^7}{206000 \cdot 273} \cdot \frac{\text{dyn}}{\text{cm}^2 \cdot \text{grad}},$$

oder, in mm Hg umgerechnet:

$$\frac{dp_{13}}{dT_{13}} = \frac{684 \cdot 4{,}19 \cdot 10^7 \cdot 760}{206000 \cdot 1013250 \cdot 273} = 0{,}382 \frac{\text{mm Hg}}{\text{grad}}.$$

Zum Vergleich berechnen wir noch den Temperaturgradienten des Verdampfungsdruckes $\frac{dp_{23}}{dT_{23}}$ über Wasser von 0 Grad. Dieser ist, wie man leicht sieht:

$$\frac{dp_{23}}{dT_{23}} = \frac{604 \cdot 4{,}19 \cdot 10^7 \cdot 760}{206000 \cdot 1013250 \cdot 273} = 0{,}338 \frac{\text{mm Hg}}{\text{grad}},$$

d. h. in der pT-Ebene verläuft die Kurve des Sublimationsdruckes p_{13} für $T = 273^0$ steiler als die des Verdampfungsdruckes p_{23}.

53. Der Tripelpunkt.

Aus den vorhergehenden Betrachtungen läßt sich eine wichtige Folgerung ziehen. Um dieselbe klar zu machen, denken wir uns in einem pT-Diagramm etwa die Schmelzkurve $p_{12}(T)$ und die Verdampfungskurve $p_{23}(T)$ eines Stoffes eingetragen. Beide müssen sich in einem Punkte der pT-Ebene schneiden, der mithin die Eigenschaft besitzt, daß in ihm, d. h. für eine ganz bestimmte Temperatur, der Schmelzdruck gleich dem Verdampfungsdruck wird. Nun ist längs der Schmelzkurve der feste Aggregatzustand im Gleichgewicht mit dem flüssigen, längs der Verdampfungskurve der flüssige mit dem dampfförmigen. Daraus folgt sofort, daß in dem genannten Schnittpunkte auch der feste Aggregatzustand mit dem dampfförmigen im Gleichgewichte sein muß, d. h. daß auch die Sublimationskurve durch den Schnittpunkt der beiden anderen Kurven geht, oder anders ausgedrückt, daß in diesem Punkte, d. h. für eine ganz bestimmte Temperatur, der Sublimationsdruck p_{13} gleich dem Schmelzdruck p_{12} und dem Verdampfungsdruck p_{23} sein muß. Denn wenn dies nicht der Fall wäre, z. B. der Sublimationsdruck für die Schnittpunktstemperatur etwa kleiner wäre als Verdampfungs- und Schmelzdruck, so können wir folgende Anordnung treffen:

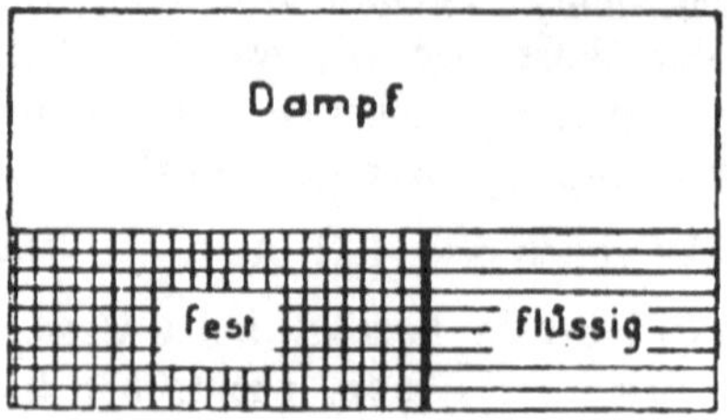

Fig. 27.

In Fig. 27 bedeute das karierte Rechteck die betrachtete Substanz im festen Aggregatzustande, das horizontal schraffierte dieselbe im flüssigen Zustande, beide auf der Temperatur des Schnittpunktes, so daß Schmelzdruck und Dampfdruck gleich sind. Der darüber befindliche abgegrenzte Raum sei mit Dampf erfüllt, dessen Druck p_{23} nach Voraussetzung gleich p_{12}, aber größer als p_{13} sei. Dann müßte offenbar, da Gleichgewicht unter diesen Umständen zwischen Dampf und fester Substanz nicht bestehen kann, Dampf sich verfestigen, d. h. die Masse der festen Substanz zunehmen, während gleichzeitig Flüssigkeit verdampfen müßte, um den Dampfdruck konstant gleich p_{23} zu erhalten, d. h. es würde kein Gleichgewicht zwischen festem und flüssigem Aggregatzustande existieren, was der Voraussetzung widerspricht, daß wir uns in einem Punkte der Schmelzkurve befinden. Es muß also tatsächlich für die Schnittpunktstemperatur $p_{12} = p_{23} = p_{13}$ sein.

Wir kommen also zu dem Resultat, daß es für jede einheitliche Substanz eine ganz bestimmte Temperatur und einen ganz bestimmten Druck gibt, für die alle drei Aggregatzustände nebeneinander im Gleichgewicht bestehen können. Dieser Punkt, d. h. dieses Wertepaar von T und p, wird der „Tripelpunkt" der betreffenden Substanz genannt.

Durch die drei Kurven $p_{12}(T)$, $p_{13}(T)$, $p_{23}(T)$ wird die pT-Ebene in drei Felder geteilt, von denen je eines einem Aggregatzustand entspricht. Wir wollen uns an der Hand der folgenden Figur 28 klar machen, wie diese Zuordnung der Felder zu den Aggregatzuständen bestimmt wird.

Es bedeute in Fig. 28 P den Tripelpunkt; von ihm geht zunächst die Sublimationskurve p_{13} aus, die im Koordinatenanfangspunkte endigt, da erst für $T = 0$ der Sublimationsdruck (erfahrungsgemäß) verschwindet. Jedem Punkte derselben entspricht ein Gleichgewichtszustand zwischen fester und gasförmiger Substanz. Wenn wir von einem Punkte dieses Gleichgewichts „fest-gasförmig" ausgehen, der etwa durch A auf der Sublimationskurve repräsentiert wird, so können wir der Substanz etwa bei konstantem Druck Wärme zuführen. Der ganze Vorgang muß sich dann auf der durch A gehenden Horizontalen abspielen, die in Fig. 28 gestrichelt ist. Zunächst wird der Zustand so lange dauernd durch A dargestellt, bis alle feste Substanz sublimiert ist; sobald nur noch gasförmige Substanz vorhanden ist,

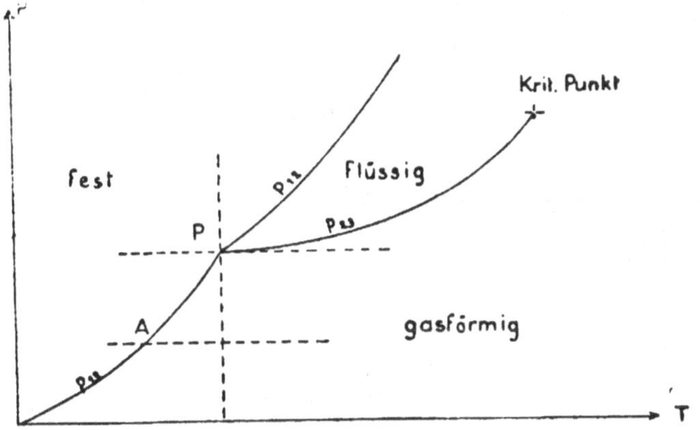

Fig. 28.

steigt die Temperatur, und der den Zustand darstellende Punkt bewegt sich auf der genannten Horizontalen nach rechts. Demgemäß ist das Gebiet rechts von der Sublimationskurve dem gasförmigen, links davon dem festen Zustande zuzuordnen. In derselben Weise zeigt man, daß das zwischen p_{12} und p_{13} liegende Feld dem flüssigen Aggregatzustande entspricht. Demgemäß sind in der Figur 28 entsprechende Bezeichnungen in die einzelnen Teilgebiete eingetragen.

Die Kurve p_{23} geht nur bis zum kritischen Punkte, an dem der flüssige Zustand kontinuierlich in den gasförmigen übergeht. Ob es für die Schmelzkurve auch ein Ende in einem kritischen Punkte gibt, in dem fester und flüssiger Zustand ineinander stetig übergehen, ist zweifelhaft; von einigen Autoren wird es angenommen (Planck), von andern bestritten (Tammann). Im letzteren Falle würde die p_{12}-Kurve bis ins Unendliche verlaufen.

Wie man sieht, haben wir in Fig. 28 die Schmelzkurve so eingetragen, daß steigendem Drucke eine Erhöhung der Schmelztemperatur entspricht, d. h. daß $v'' > v'$ ist, wie es bei den meisten Substanzen der Fall ist. Für Wasser ist aber $v'' < v'$, und für eine solche Substanz würde das pT-Diagramm folgende Gestalt annehmen müssen (Fig. 29).

Zwischen den durch Fig. 28 und 29 dargestellten zwei Fällen besteht bezüglich gewisser Folgerungen ein Unterschied, der klar wird, wenn man durch den Tripelpunkt die Kurven $p = \text{Const.}$ und $T = \text{Const.}$ zieht, die in den Fig. 28 und 29 punktiert eingetragen sind. Man erkennt, daß in Fig 28 die dem Tripelpunkte entsprechenden Werte von T und p die tiefsten Werte sind, bei denen überhaupt die Flüssigkeit noch existieren kann. Denn die beiden Geraden fallen gänzlich außerhalb des Flüssigkeitsgebietes, mit dem sie nur den Tripelpunkt gemeinsam haben. Anders in Fig. 29. Hier ist die dem Tripelpunkt entsprechende Temperatur die höchste, bei der feste Substanz existieren kann, da die betreffende vertikale

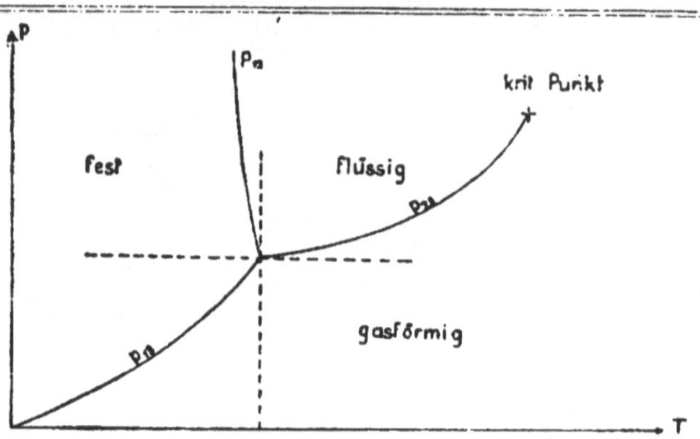

Fig. 29.

Gerade ganz außerhalb des festen Zustandsgebietes verläuft, während anderseits der dem Tripelpunkt entsprechende Druckwert wieder der tiefste ist, bei dem noch Flüssigkeit existieren kann. Dieser Fall liegt bei Wasser vor; wir können also sagen, daß die höchste Temperatur, bei der Eis existieren kann, die des Tripelpunktes ist.

Wir wollen nun dazu übergehen, die Temperatur des Tripelpunktes für Wasser aus den bereits für Wasser angegebenen Daten zu bestimmen. Es ist von vornherein klar, daß die Temperatur 0 Grad Celsius nicht die des Tripelpunktes sein kann. Denn für diese Temperatur beträgt der Schmelzdruck p_{12} gerade 1 Atm., während der Verdampfungsdruck $p_{23} = 4{,}58$ mm Hg ist. Für die Temperatur des Tripelpunktes müssen aber die Druckwerte identisch werden. Berücksichtigt man nun, daß der Schmelzdruck mit steigender Temperatur abnimmt, und zwar um 760 mm Hg für eine Temperaturerhebung um $0{,}0075^{\circ}$, so sieht man, daß bei der Temperatur von $0{,}0075^{\circ}$ C die Werte p_{12} und p_{23} einander schon sehr nahe liegen müssen. Denn der Schmelzdruck p_{12} muß nahezu gleich Null sein, der Verdampfungsdruck ist noch nahezu 4,58 mm, da für diesen die kleine Temperaturerhebung von wenigen Tausendstel Grad nichts ausmacht. Da nun die Schmelztemperatur gegen Druckänderung sehr unempfindlich ist, so ist klar, daß nur noch eine sehr kleine Temperaturänderung, die nach Zehntausendsteln Grad zählen mag, notwendig ist, um beide Drucke gänzlich zusammenfallen zu lassen. Mit hinreichender Genauigkeit können wir also als Temperatur des Tripelpunktes für Wasser den Wert $+0{,}0075^{\circ}$ annehmen. Diese Temperatur ist nach dem vorhin Gesagten die höchste, die Eis annehmen kann. Die Werte v', v'', v''', T und p am Tripelpunkte heißen die „Fundamentalwerte" der Substanz. Sie sind für Wasser mit genügender Annäherung:

$$(39)\quad \left\{\begin{array}{l} v' = 1{,}09\,\frac{\text{ccm}}{\text{gr}}, \quad v'' = 1\,\frac{\text{ccm}}{\text{gr}}, \quad v''' = 206\,000\,\frac{\text{ccm}}{\text{gr}}, \\ p = p_{12} = p_{13} = p_{23} = 4{,}58 \text{ mm Hg}, \\ T = T_{12} = T_{13} = T_{23} = 273{,}0075^{\circ} \text{ abs.} \end{array}\right.$$

Entsprechend der am Schlusse der vorigen Nummer gemachten Berechnung verläuft die Kurve des Sublimationsdruckes im Tripelpunkte steiler als die des Verdampfungsdruckes.

Als Beispiel einer Substanz, die sich gemäß der Fig. 28 verhält, wählen wir Kohlensäure. Nach den Beobachtungen von Zeleny und Smith[1]), sowie von Tammann[2]) ist der Tripelpunkt der Kohlensäure charakterisiert durch die Angaben:

$$(40) \qquad \begin{cases} T = T_{12} = T_{13} = T_{23} = 216{,}6^0\,\text{abs.} = -56{,}4^0\ \text{C}, \\ p = p_{12} = p_{13} = p_{23} = 5{,}11\ \text{Atm.} \end{cases}$$

Die Werte der spezifischen Volumina v', v'', v''' sind nicht genau bekannt. In der folgenden Tabelle sind die Daten für die Verdampfungskurve und die Sublimationskurve nach Zeleny und Smith, die Schmelzkurve nach Tammann auszugsweise wiedergegeben[3]).

Temperatur in Celsiusgraden	Dampfdruck p_{23} in Atmosphären	Schmelzdruck p_{12} in Atmosphären	Sublimationsdr. p_{13} in Atmosphären	Bemerkungen
+31°	77			krit. Punkt
22,22	61,13			
18,92	53,77			
11,45	47,04			
10,50		4000		
3,50		3500		
0,0	35,04			
−4,0		3000		
−10,0	25,83			
−12,25		2500		
−20,00	19,52			
−20,50		2000		
−28,80		1500		
−30,00	14,21			
−38,00		1000		
−40,0	9,88			
−47,4		500		
−50,0	6,73			
−56,4	5,11	5,11	5,11	Tripelpunkt
−60,0	(4,35)		3,92	
−65,5	(3,30)			
−70,0			1,88	
−78,2			1,00	
−90,0			0,38	
−104,0			0,10	

Aus diesen Daten ist das folgende pT-Diagramm der CO_2 konstruiert worden (Fig. 30); es liefert eine vollständige Übersicht über das

1) Zeleny und Smith, Physik. Zeitschrift, 7, pag. 670, 1906.

2) Tammann, Wied. Ann., 68, pag. 572, 1899.

3) Nach Tammann gibt es mehrere Modifikationen fester CO_2, deren jeder eine besondere Schmelzkurve (und Sublimationskurve) zukommt. Die im folgenden gemachten Angaben beziehen sich auf CO_2 I.

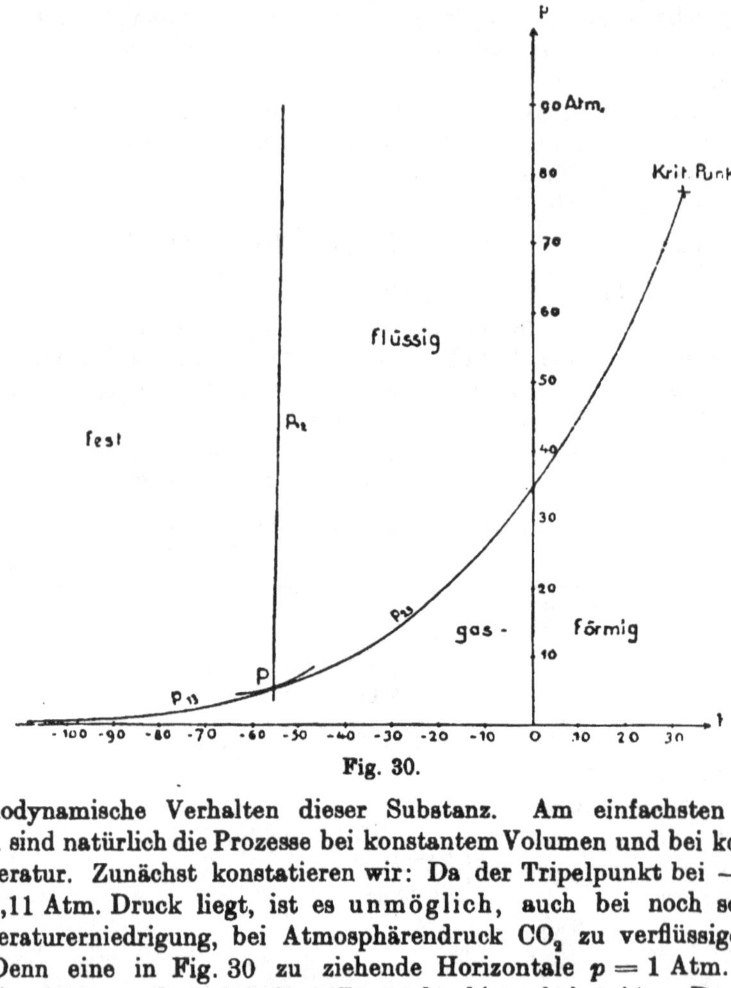

Fig. 30.

thermodynamische Verhalten dieser Substanz. Am einfachsten zu verfolgen sind natürlich die Prozesse bei konstantem Volumen und bei konstanter Temperatur. Zunächst konstatieren wir: Da der Tripelpunkt bei — 56,4° C und 5,11 Atm. Druck liegt, ist es unmöglich, auch bei noch so starker Temperaturerniedrigung, bei Atmosphärendruck CO_2 zu verflüssigen.

Denn eine in Fig. 30 zu ziehende Horizontale $p = 1$ Atm. verläuft ganz im festen und gasförmigen Zustandsgebiet: bei 1 Atm. Druck kann CO_2 mithin nur fest oder gasförmig sein. Welchen der beiden Zustände sie wählt, hängt von der Temperatur ab. So erklärt es sich z. B., daß man aus den Kohlensäurebomben, die CO_2 bei hohem Drucke bei Zimmertemperatur flüssig enthalten, durch Entspannung auf Atmosphärendruck zuerst gasförmige CO_2 erhält, die fest wird, weil die Abkühlung bei der Entspannung so groß ist, daß man im pT-Diagramm in das Gebiet des festen Zustandes hineinkommt. Und zwar nimmt feste CO_2 bei Atmosphärendruck die Temperatur — 78,2° C an, weil bei dieser Temperatur der Sublimationsdruck gerade 1 Atm. beträgt.

Geht man bei — 78,2° C mit dem Drucke in die Höhe, wobei man die Temperatur konstant hält, so bleibt man wieder stets im festen Zustandsgebiet und gelangt nie in das flüssige Gebiet hinein (bei Wasser würde dies der Fall sein, da bei diesem der Schmelzpunkt durch Druck erniedrigt wird). Das entspricht eben dem Satze, daß unterhalb der Temperatur $-56{,}4^{0}$ C des Tripelpunktes Kohlensäure durch keinen noch so hohen Druck verflüssigt werden kann.

In dieser Weise kann man, von einem beliebigen Zustande der CO_2 ausgehend, das Resultat jedes beliebigen Prozesses angeben.

Es muß übrigens darauf hingewiesen werden, daß die Figg. 29 und 30 in einer Hinsicht nicht vollständig sind: sie enthalten nur die stabilen Zustände, und alle unsere Behauptungen über die Existenzmöglichkeiten der verschiedenen Aggregatzustände sind durch diesen Zusatz einzuschränken.

In Wirklichkeit lassen sich neben diesen Zuständen noch andere, „labile" oder „metastabile", realisieren. Z. B. ist es bekannt, daß flüssiges Wasser bei Atmosphärendruck über 100^{0} hinaus erhitzt werden kann („Überhitzung") z. B. bis 102^{0}, um eine Zahl zu nennen. Der Punkt ($p = 1$ Atm., $T = 375^{0}$ abs.) liegt aber im pT-Diagramme des Wassers im Dampfgebiet; gleichwohl können wir dort flüssiges Wasser haben. Ebenso können wir bei Atmosphärendruck Wasser unter 0^{0} C abkühlen, ohne daß Gefrieren eintritt, unter geeigneten Bedingungen bis -10^{0}. Dieser Punkt ($p = 1$ Atm., $T = 263^{0}$) liegt ganz im festen Zustandsgebiet. In diesem Falle haben wir eine „Unterkühlung" vor uns.

Ebenso ist es möglich, die Dampfspannungskurve unterhalb des Tripelpunktes fortzusetzen; z. B. sind in der obigen Tabelle für CO_2 die Dampfspannungen für flüssige CO_2 noch unterhalb $-56{,}4^{0}$ angegeben; sie sind in der Tabelle eingeklammert, um sie von den stabilen, nicht unterkühlten Zuständen zu unterscheiden. Diese Zustände gehen bei kleinen Erschütterungen, Berührung der unterkühlten Flüssigkeit mit etwas fester Substanz usw. sofort in die stabilen Zustände über, die in den Figg. 28 bis 30 allein gezeichnet sind. Es ist aber daran festzuhalten, daß es durchaus mögliche Zustände sind, die sich — im Sinne des zweiten Hauptsatzes — von den stabilen lediglich durch einen geringeren Wert der Entropie unterscheiden müssen. Wir kommen auf diese Frage noch eingehend zurück.

54. Allotrope Umwandlung.

Es gibt Stoffe, die im festen Zustande zwei oder mehr Modifikationen bilden können. Nach Tammann gehören z. B. auch Wasser und Kohlensäure dazu, wovon wir in der vorigen Nummer der Einfachheit halber abgesehen haben. Ein typisches Beispiel dafür ist der Schwefel, der im rhombischen und im monosymmetrischen System kristallisiert und demgemäß entweder als „rhombischer" bzw. „monokliner" Schwefel bezeichnet wird. Die Umwandlung geht bei gegebenem Drucke bei einer ganz bestimmten Temperatur vor sich, wobei eine bestimmte (latente) Wärmemenge zuzuführen ist oder frei wird, die sog. „Umwandlungswärme". Es ist diese Umwandlung eine unstetige Änderung von der einen Modifikation in die andere, die beide bei der Umwandlungstemperatur nebeneinander im Gleichgewichte sind. Kurz, der hier besprochene Vorgang ist durchaus analog etwa dem des Schmelzens oder Verdampfens. Es ist deshalb auch für ihn die Clausius-Clapeyronsche Formel (21) anzuwenden, wobei man hier nur statt „flüssig" und „dampfförmig" die Worte „monokline" bzw. „rhombische" Modifikation einzusetzen hat. Wir haben also für die bei der allotropen Umwandlung des Schwefels auftretende Umwandlungswärme l_u bei der Umwandlungstemperatur T_u und dem Drucke p_u die Gleichung:

$$l_u = T_u \frac{dp_u}{dT_u}(v_{\text{mon}} - v_{\text{rh}}). \tag{41}$$

Bei dem Drucke von 1 Atm. liegt der Umwandlungspunkt bei 95,5° C = 368,5° abs. Unterhalb dieser Temperatur ist bei Atmosphärendruck der rhombische Schwefel stabil, oberhalb der monokline. Die Umwandlungstemperatur verschiebt sich — genau wie etwa die Siedetemperatur — mit höherem Drucke zu höheren Temperaturen; z. B. fanden Reicher[1]) und Tammann[2]) folgende Zahlen:

Umwandlungsdruck p_u in Atm.	Umwandlungstemperatur T_u	Umwandlungstemperatur in gew. Celsiusgraden
1	368,5 °abs.	95,5 °C
16	369,2 „	96,2 „
123	373,11 „	100,11 „
391	383,11 „	110,11 „
638	393,01 „	120,01 „
873	402,91 „	129,91 „
1108	413,10 „	140,10 „
1350	423,10 „	150,10 „

Aus diesen Zahlen ergibt sich für $T = 368{,}5^0$ abs., den Umwandlungspunkt bei Atmosphärendruck, der Druckgradient:

$$\left(\frac{dp_u}{dT_u}\right)_{368,5} = \frac{1}{0{,}049}\,\frac{\text{atm.}}{\text{grad}} = \frac{1013250}{0{,}049}\,\frac{\text{dyn}}{\text{cm}^2\,\text{grad}}$$

und die Differenz $v_{\text{mon}} - v_{\text{rh}}$ hat den Wert[3]):

$$v_{\text{mon}} - v_{\text{rh}} = 0{,}014 \text{ ccm/gr}.$$

Demgemäß erhalten wir für die Umwandlungswärme l_u des Schwefels in cal/gr:

$$l_u = \frac{368{,}5 \cdot 1013250 \cdot 0{,}014}{0{,}049 \cdot 4{,}19 \cdot 10^7} \text{ cal/gr} = 2{,}52 \text{ cal/gr};$$

experimentell gefunden wurde von Brönstedt[4]) der Wert 2,41 cal/gr, der sich auf Null Grad Celsius bezieht und noch eine kleine Erhöhung erfährt, wenn man gemäß Gl. (125) des II. Kap. auf pag. 135 der Veränderlichkeit von l_u mit der Temperatur Rechnung trägt. Die Übereinstimmung

[1]) Reicher, Zeitschrift für Kristallographie, 8, pag. 593, 1884.
[2]) Tammann, Wied. Ann., 68, pag. 635, 1899.
[3]) Tammann, Ann. d. Phys., 3, pag. 178, 1900.
[4]) Brönstedt, Zeitschrift f. phys. Chemie, 55, pag. 371, 1906.

ist also so gut, als in Anbetracht der schwierigen Messung erwartet werden kann.

Das pT-Diagramm des Schwefels, d. h. einer Substanz, die zwei feste Modifikationen aufzuweisen hat, ist natürlich komplizierter, als das einfache bisher betrachtete, in den Figg. 28 bis 30 zum Ausdruck gekommene. Denn wir haben hier nicht drei Grenzkurven p_{12}, p_{13}, p_{23}, sondern deren sechs: Zunächst hat jede feste Modifikation ihren eigenen Sublimationsdruck (p'_{13} und p''_{13}), ferner ihren eigenen Schmelzdruck (p'_{12} und p''_{12}); dazu tritt die Verdampfungskurve p_{23}, wie bisher, und endlich die Umwandlungskurve p_u. Die einfach gestrichenen Größen mögen sich auf rhombischen, die zweifach gestrichenen auf monoklinen Schwefel beziehen.

Es ist von vornherein klar, daß hier mehrere Tripelpunkte auftreten können. Denn es können folgende Kombinationen je dreier verschiedener Zustände miteinander im Gleichgewichte sein:

1. S_{rh}, S_{mon}, S_{gasf}; dieser Tripelpunkt möge P_1 heißen,
2. S_{mon}, S_{fl}, S_{gasf}; „ „ „ P_2 „
3. S_{rh}, S_{mon}, S_{fl}; „ „ „ P_3 „
4. S_{rh}, S_{fl}, S_{gasf}; „ „ „ P_4 „

Es ist allerdings nicht gesagt, daß alle vier Tripelpunkte stabilen Zuständen entsprechen, worauf wir noch näher eingehen werden.

Beginnen wir bei tieferen Temperaturen, etwa bei Zimmertemperatur, so haben wir als stabile Modifikation den rhombischen Schwefel, dessen Dampfdruck von Ruff und Graf[1]) gemessen worden ist. Es geht aus ihren Resultaten hervor, daß beim Umwandlungspunkte von 95,5 °C der Sublimationsdruck unterhalb $^1/_{100}$ mm Hg, also sehr klein ist. Anderseits ist für diese Temperatur der Umwandlungsdruck p_u gleich 1 Atm., also kann die genannte Temperatur nicht der Tripelpunkt sein. Beachten wir dagegen, daß nach der obigen Tabelle durch Erniedrigung des Umwandlungsdruckes um eine Atmosphäre die Umwandlungstemperatur um rund 0,05 ° sinkt, so werden bei der Temperatur 95,45 °C beide Drucke sehr nahe gleich sein. Wir können also mit genügender Annäherung den Tripelpunkt P_1 durch die Angaben festlegen:

$$P_1: (T \cong 273 + 95{,}45^{\,0}\,\text{abs.}, \quad p \cong 0{,}01 \text{ mm Hg}). \tag{42}$$

In ihm schneiden sich zunächst die Kurven p'_{13} und p_u; ferner muß durch ihn hindurchgehen die Kurve p''_{13}, d. h. die Sublimationskurve des monoklinen Schwefels.

Gehen wir nun die Sublimationskurve des monoklinen Schwefels entlang, so müssen wir an einen neuen Tripelpunkt P_2 kommen, in dem monokliner, flüssiger und dampfförmiger Schwefel zusammen im Gleichgewichte sind. Diesen Punkt gewinnen wir durch Beobachtung der Schmelzkurve p''_{12} und der Sublimationskurve p''_{13} des monoklinen Schwefels.

[1]) Ruff und Graf, Zeitschr. f. anorg. Chemie. 58, 1906.

Bei Atmosphärendruck liegt der Schmelzpunkt des monoklinen Schwefels bei 119,25 °C. Anderseits ist am Schmelzpunkte 119,25° der Sublimationsdruck p''_{13} nach Ruff und Graf etwa 0,04 mm Hg; also kann wieder die genannte Temperatur nicht die des Tripelpunktes P_2 sein, weil der Schmelzdruck p''_{12} dort eine Atmosphäre beträgt. Da nun die Schmelztemperaturen durch Druck stets sehr wenig verändert werden, so wird eine sehr geringe Temperaturerniedrigung (schätzungsweise einige Hundertstel Grad) genügen, um Schmelzdruck p''_{12} und Sublimationsdruck p''_{13} gleich zu machen. Der Tripelpunkt P_2 ist daher angenähert charakterisiert durch die Angaben:

(43) $$P_2 : (T \simeq 273 + 119{,}20^0 \text{ abs.}; \quad p \simeq 0{,}03 \text{ mm Hg}).$$

Durch P_2 geht außer p''_{12} und p''_{13} auch die Verdampfungskurve p_{23}.

Der dritte mögliche Tripelpunkt P_3 ist derjenige, in dem rhombischer, monokliner und flüssiger Schwefel im Gleichgewichte sind. Wir finden daher seine Lage, wenn wir die Kurve p_u und die Kurve p'_{12} zum Schnitt bringen. Letztere ist von Tammann[1]) bestimmt worden; seine Beobachtungen sind in der folgenden Tabelle enthalten.

p'_{12} in Atm.	$T'_{12} - 273$
(1)	(114,5) °C
(199)	(120,0) „
(534)	(129,9) „
(914)	(141,1) „
1320	151,1 °C
1551	156,1 „
1838	163,1 „
2149	170,1 „
2650	180,1 „
3143	190,1 „

Auf die eingeklammerten Werte kommen wir gleich zurück. Vergleicht man nun die Druckwerte p_u und p'_{12} in den beiden letzten Tabellen, so sieht man, daß sie für ungefähr 150 °C übereinstimmen; die genauere Auswertung ergibt nach Tammann die Werte:

(44) $$P_3 : (T = 273 + 151^0 \text{ abs.}, \quad p = 1320 \text{ Atm.}).$$

Durch diesen Punkt P_3 geht außer p_u und p'_{12} auch noch p''_{12}, die Schmelzkurve des monoklinen Schwefels.

Wegen der kolossalen Druckunterschiede, die in dem Diagramm auftreten, ist es unmöglich, in kleinem Maßstabe ein getreues Bild zu zeichnen; man könnte dies etwa dadurch erreichen, daß man als Ordinaten die Logarithmen des Druckes wählte. Wir verzichten darauf und geben im folgenden ein schematisches Bild des pT-Diagramms für Schwefel (Fig. 31).

Drei der Tripelpunkte sind nun bestimmt; es fragt sich, wo der vierte P_4 liegt, bei dem rhombischer, flüssiger und gasförmiger Schwefel zu-

[1]) Tammann, Ann. d. Phys., 3, pag. 178, 1900.

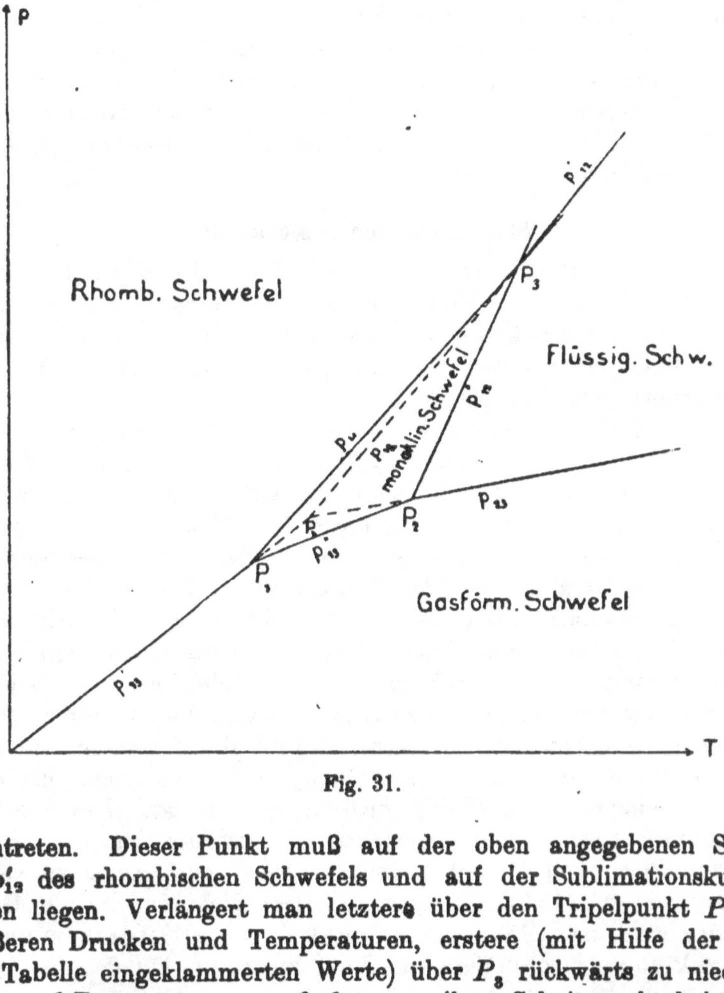

Fig. 31.

sammentreten. Dieser Punkt muß auf der oben angegebenen Schmelzkurve p'_{12} des rhombischen Schwefels und auf der Sublimationskurve p'_{13} desselben liegen. Verlängert man letztere über den Tripelpunkt P_1 hinaus zu größeren Drucken und Temperaturen, erstere (mit Hilfe der in der letzten Tabelle eingeklammerten Werte) über P_3 rückwärts zu niedrigeren Drucken und Temperaturen, so findet man ihren Schnittpunkt bei 114,5° C und bei einem Drucke von ca. 0,03 mm Hg; er fällt also in das Gebiet des monoklinen Schwefels hinein und ist mithin labil, wie schon aus dem Umstande geschlossen werden mußte, daß die Kurven p'_{12} und p'_{13} über die jeweiligen Tripelpunkte hinaus verlängert werden mußten. Dieser vierte Tripelpunkt

$$(45) \qquad P_4 : (T \cong 273 + 114{,}5^{\circ} \text{ abs.}; \quad p \cong 0{,}03 \text{ mm Hg})$$

ist nichtsdestoweniger leicht zu realisieren, weil man z. B. rhombischen Schwefel leicht über die Umwandlungstemperatur 95,5° C hinaus erhitzen kann; ebenso ist es möglich (da auch die Rückwärtsverlängerung von p_{23} durch P_4 geht), flüssigen Schwefel unter die Temperatur des Tripelpunktes P_2 abzukühlen, ohne daß er erstarrt.

Eine wichtige Tatsache erkennt man aus dem Diagramm sofort: es gibt nach demselben keinen Punkt (sog. Quadrupelpunkt), an dem alle vier Aggregatzustände (rhombisch, monoklin, flüssig, fest) miteinander im Gleichgewichte sind. Es fragt sich, ob dies eine zufällige Eigentümlichkeit des Schwefels oder eine allgemeine Gesetzmäßigkeit ist. Die später zu begründende „Phasenregel" von Gibbs entscheidet im letzteren Sinne.

55. Thermische Dissoziation.

Die Anwendbarkeit der Clausius-Clapeyronschen Gleichung ist auch damit noch nicht erschöpft. Vielmehr gibt es, wie zuerst Debray 1867 nachwies, thermische Zersetzungsvorgänge, bei denen sich ein Gleichgewichtszustand herausbildet, der ganz analog demjenigen zwischen Flüssigkeit und gesättigtem Dampf ist.

Der von Debray untersuchte Fall ist die Zersetzung von $CaCO_3$ in CaO und CO_2. Die experimentellen Tatsachen sind folgende: Wenn man $CaCO_3$ in ein evakuiertes Gefäß bringt und auf eine bestimmte Temperatur erhitzt, so zerfällt ein ganz bestimmter Teil des Kalziumkarbonats in festes CaO und gasförmige CO_2. Diese letztere übt dann einen bestimmten Gasdruck aus, der lediglich von der Temperatur abhängt. Die Zersetzung geht so lange vor sich, bis dieser Druck erreicht ist. Versucht man, bei konstanter Temperatur den Druck durch isotherme Dilatation zu erniedrigen, so zersetzt sich einfach mehr $CaCO_3$, bis der Druck wieder den alten Wert angenommen hat. Versucht man umgekehrt, durch isotherme Kompression den Druck zu steigern, so geht die Zersetzung zurück, indem sich aus CaO und CO_2 wieder $CaCO_3$ bildet, so lange, bis der der Temperatur entsprechende Druck wiederhergestellt ist. Das System verhält sich hinsichtlich des Gleichgewichtszustandes also genau so, wie etwa das System Flüssigkeit-Dampf. Man hat daher auch geradezu von einer „Verdampfung" des $CaCO_3$ gesprochen. Der sich einstellende Gleichgewichtsdruck wird hier „Sättigungsdruck" oder „Dissoziationsdruck" oder „Reaktionsdruck" genannt, die Temperatur, bei der Gleichgewicht stattfindet, entsprechend „Dissoziationstemperatur" usw.

Man versteht daher ohne weiteres, daß die Clausius-Clapeyronsche Gleichung hier anwendbar sein muß; dies hat zuerst Horstmann richtig erkannt. Nur ist es hier zweckmäßig, alles auf ein Grammolekül zu beziehen, da die Zersetzung von 1 Mol $CaCO_3$ gerade 1 Mol CaO und 1 Mol CO_2 liefert. Zum Unterschiede von der auf 1 Gramm bezogenen Umwandlungswärme l wollen wir allgemein die auf 1 Mol bezogene durch den entsprechenden großen Buchstaben L bezeichnen.

Die Gl. (21) lautet dann hier einfach, da die Mol-Volumina der festen Bestandteile gegen das der gasförmigen Kohlensäure zu vernachlässigen sind:

$$L = T \frac{dp}{dT} \cdot v''',$$

wenn v''' das Volumen von 1 Mol CO_2 beim Drucke p und der absoluten

Temperatur T bedeutet. Nehmen wir ferner für letztere die ideale Gasgleichung als gültig an, so können wir schreiben:

$$L = \frac{RT^2}{p}\frac{dp}{dT}. \tag{46}$$

L ist dabei die „Zersetzungswärme" von 1 Mol $CaCO_3$ oder die „Bildungswärme" von 1 Mol CO_2. Sie ist von de Forcrand und J. Thomsen gemessen worden zu 43000 cal/mol.

Der Dissoziationsdruck p als Funktion der Zersetzungstemperatur T ist verschiedentlich bestimmt worden; wir geben im folgenden die wohl genauesten Zahlen von Riesenfeld-Pott[1]) wieder.

p in mm Hg	Temp. in Cels.-Gr.	p in mm Hg	Temp. in Cels.-Gr.
30	547	95	747
31	567	120	767
34	587	155	787
36	607	205	807
38	627	270	827
42	647	375	847
48	667	500	867
55	687	625	887
65	707	950	907
75	727	1400	927

Bei Atmosphärendruck ist die Zersetzungstemperatur innerhalb der Fehlergrenzen, die etwa $\pm 5^0$ betragen, $900^0\,C = 1173^0$ abs. Ferner ergibt sich durch graphische Bestimmung mit Hilfe der obigen Zahlen der Druckgradient $\frac{dp}{dT}$ zu:

$$\left(\frac{dp}{dT}\right)_{T=1173} = 11{,}4\,\frac{\text{mm Hg}}{\text{grad}}.$$

Damit folgt für die Dissoziationswärme pro Mol nach (46) in Kalorien:

$$L = \frac{8{,}31\cdot 10^7\cdot 1173^2\cdot 11{,}4}{4{,}19\cdot 10^7\cdot 760} = 41300\,\frac{\text{cal}}{\text{mol}},$$

was mit dem experimentell gefundenen Werte gut übereinstimmt.

Seit diesem ersten Beispiele einer thermischen Dissoziation sind zahlreiche andere Fälle derselben Art bekannt geworden, von denen wir hier nur das Verhalten der wasserhaltigen Kristalle erwähnen wollen. Bringen wir z. B. $(FeCl_6 \cdot 6\,H_2O)$ ins Vakuum, so zerfällt dasselbe partiell in $FeCl_6$ und $6\,H_2O$, bis ein bestimmter Wasserdampfdruck, der für die Verbindung charakteristisch ist, sich gebildet hat. Wird der Dampf fortwährend weggepumpt, so geht die Zersetzung bis zu Ende vor sich: der Kristall „verwittert". Umgekehrt kann man einen verwitterten Kristall wieder zur Bindung von Wasser veranlassen, indem man ihn in eine Wasserdampfatmosphäre bringt. Es bildet sich dann in solchem Maße das Kristallhydrat zurück, bis der Sättigungsdruck erreicht ist, der der betreffenden

[1]) Pott, Diss. Freiburg, 1905. Zitiert nach Landolt-Börnstein-Roth, 4. Aufl.

Temperatur entspricht. Auch hier hat sich die Clausius-Clapeyronsche Formel vollständig bewährt.

Endlich sei erwähnt, daß auch die Lösungswärme, die bei Auflösung eines Salzes oder einer Säure in einem Lösungsmittel auftritt, unter demselben Gesichtspunkte betrachtet und berechnet werden kann. Wir kommen darauf später zurück.

56. Energie, Entropie, isotherm-isobares Potential für ein heterogenes System.

Nachdem wir in den vorhergehenden Nummern auf die vielseitige Anwendbarkeit der Clausius-Clapeyronschen Gleichung eingegangen sind, nehmen wir jetzt die allgemeine Untersuchung wieder auf, indem wir allgemeingültige Ausdrücke für die Energie und Entropie herstellen.

Aus der Gl. (6) in Verbindung mit (9) und (10) folgt für die Änderung der spezifischen Entropie s zunächst der Wert:

$$ds = \frac{q_0}{T} dT + \frac{q_1}{T} d\xi .$$

Für q_0 hatten wir aber schon früher die Bezeichnung γ, und für q_1 die Bezeichnung l eingeführt, um dadurch bereits an ihren Charakter als besondere Art spezifischer Wärme bzw. latenter Umwandlungswärme zu erinnern. Statt der letzten Gleichung können wir also auch schreiben:

$$ds = \frac{\gamma}{T} dT + \frac{l}{T} d\xi . \tag{47}$$

Ähnlich finden wir aus (3), (7) und (8) für die Änderung der spezifischen Energie u:

$$du = \left\{\gamma - p\left(\frac{\partial v}{\partial T}\right)_\xi\right\} dT + \left\{l - p\left(\frac{\partial v}{\partial \xi}\right)_T\right\} d\xi . \tag{48}$$

Dabei ist die Variable ξ noch ganz willkürlich wählbar; wir wollen sie jetzt analog wie in Nr. 50 bestimmen, nur daß wir hier die Bezeichnung etwas allgemeiner wählen. Wir betrachten das thermodynamische Gleichgewicht irgend zweier Zustände a und b, wie wir sie beim Verdampfen, Schmelzen, Sublimieren, bei allotroper Umwandlung, thermischer Dissoziation usw. finden, und geben allgemein den auf den ersten bzw. zweiten Zustand sich beziehenden Größen die oberen Indizes a oder b; Doppelindizes sollen, wenn notwendig, solche Größen erhalten, die beiden Zuständen gemeinsam sind oder sich auf die Umwandlung vom einen in den andern beziehen, wie z. B. der Umwandlungsdruck p_{ab}, die Umwandlungstemperatur T_{ab}, die Umwandlungswärme l_{ab} usw.

Ist das mittlere spezifische Volumen der inhomogenen Substanz v, das im ersten Zustande $v^{(a)}$, im zweiten $v^{(b)}$, so ist analog Gl. (18) zu setzen:

$$v = v^{(a)}(1 - \xi) + v^{(b)} \xi ; \tag{49}$$

ξ ist also jetzt allgemein derjenige Bruchteil der Masseneinheit der betrachteten Substanz, der sich im Zustande b befindet. Daher ist:

$$\left(\frac{\partial v}{\partial \xi}\right)_T = v^{(b)} - v^{(a)},$$

und Gl. (48) geht über in die folgende:

(50) $$du = \left(\gamma - p_{ab}\left(\frac{\partial v}{\partial T}\right)_\xi\right) dT + (l_{ab} - p_{ab}(v^{(b)} - v^{(a)}))\, d\xi,$$

oder auch, wenn wir die Clausius-Clapeyronsche Formel heranziehen:

(50a) $$du = \left(\gamma - p_{ab}\left(\frac{\partial v}{\partial T}\right)_\xi\right) dT + l_{ab}\left(1 - \frac{p_{ab}}{T\frac{dp_{ab}}{dT}}\right) d\xi.$$

Um die Gleichungen nicht zu sehr zu belasten, lassen wir vorläufig bei T den Doppelindex fort, wodurch ein Irrtum nicht entstehen kann.

Die Gl. (47) und (50) können nun dazu dienen, die Entropie s und die Energie u zu bestimmen.

Wir wollen zunächst die spezifische Entropie berechnen. Rein formal haben wir dafür:

$$s = \int^T \frac{\gamma}{T}\, dT + \int^\xi \frac{l_{ab}}{T}\, d\xi + s_0,$$

wobei s_0 sich auf den willkürlich zu wählenden Normalzustand bezieht. Diesen wollen wir so festsetzen, daß die Temperatur $T = T_0$ und die betrachtete Substanz noch ganz im Zustande a, d. h. ξ gleich Null sei. Der Wert von s soll angegeben werden für einen beliebigen Wert von T und ξ. Die Ausführung der Integration kann auf einem beliebigen reversibeln Wege geschehen. Denken wir uns zunächst die Substanz von T_0 auf T erhitzt, wobei dauernd $\xi = 0$ gehalten werde, so ist während dieses Teilprozesses das zweite Integral dauernd gleich Null; γ, die spezifische Wärme bei konstantem ξ (oder hier genauer bei $\xi = 0$), ist, wie wir schon früher betont haben, für feste und flüssige Körper praktisch identisch mit der spezifischen Wärme unter konstantem Druck, die wir hier sinngemäß mit $(c_p)_a$ bezeichnen. Nachdem die Temperatur T erreicht ist, können wir isotherm reversibel die Umwandlung in den andern Zustand b vor sich gehen lassen; $\frac{l_{ab}}{T}$ tritt dabei vor das Integral, das somit einfach den Wert $\frac{l_{ab}}{T}\xi$ annimmt. Damit haben wir für die spezifische Entropie s im Zustande (T, ξ) den Wert erhalten:

(51) $$s(T, \xi) = \int^T \frac{(c_p)_a}{T}\, dT + \frac{l_{ab}}{T}\xi + s_0.$$

$\xi = 0$ liefert die Entropie für den Fall, daß der Körper ganz im Zustande a sich befindet, $\xi = 1$ desgleichen die Entropie des ganz in den Zustand b übergeführten Körpers. Bezeichnen wir diese beiden Werte mit $s^{(a)}$ und $s^{(b)}$, so folgt aus (51):

(52) $$\begin{cases} s^{(a)} = s_0 + \int^T \frac{(c_p)_a}{T}\, dT, \\ s^{(b)} = s_0 + \int^T \frac{(c_p)_a}{T}\, dT + \frac{l_{ab}}{T}; \end{cases}$$

also ist die Entropiezunahme bei konstanter Temperatur durch Übergang von 1 Gramm Substanz aus dem Zustande a in den Zustand b:

$$s^{(b)} - s^{(a)} = \frac{l_{ab}}{T}. \tag{53}$$

Diese Gleichung ist übrigens auch unmittelbar plausibel, wenn man von der Definition $ds = \frac{d'q_r}{T}$ ausgeht; denn unter den hier vorliegenden Umständen ist eben $d'q_r = l_{ab}$. Indem wir bei der Berechnung der inneren Energie ebenso verfahren, erhalten wir aus (50) bzw. (50a):

$$u(T,\xi) = \int^{T}\left\{(c_p)_a - p_{ab}\frac{dv^{(a)}}{dT}\right\}dT + \{l_{ab} - p_{ab}(v^{(b)} - v^{(a)})\}\xi + u_0. \tag{54}$$

Ist die Substanz ganz im Zustande a oder ganz im Zustande b, so haben wir die beiden Spezialwerte:

$$\left\{\begin{aligned} u^{(a)} &= \int^{T}\left\{(c_p)_a - p_{ab}\frac{dv^{(a)}}{dT}\right\}dT + u_0, \\ u^{(b)} &= \int^{T}\left\{(c_p)_a - p_{ab}\frac{dv^{(a)}}{dT}\right\}dT + \{l_{ab} - p_{ab}(v^{(b)} - v^{(a)})\} + u_0; \end{aligned}\right. \tag{55}$$

also ist die Energiedifferenz pro Gramm beim Übergang von a nach b:

$$u^{(b)} - u^{(a)} = l_{ab} - p_{ab}(v^{(b)} - v^{(a)}). \tag{56}$$

Auch diese Gleichung ist leicht ohne Rechnung verständlich, wenn man von der Energiegleichung $du = d'q - p\,dv$ ausgeht und bedenkt, daß p bei dem geschilderten Prozeß der konstante Umwandlungsdruck p_{ab} ist.

Indem wir ferner in (56) für l_{ab} den Wert $T(s^{(b)} - s^{(a)})$ aus (53) substituieren, erhalten wir eine Beziehung, die wir als Bedingung dafür auffassen können, daß die Zustände a und b im Gleichgewicht nebeneinander existieren. Man findet:

$$s^{(b)} - s^{(a)} = \frac{u^{(b)} - u^{(a)} + p_{ab}(v^{(b)} - v^{(a)})}{T_{ab}}, \tag{57}$$

wenn wir jetzt der Deutlichkeit halber T_{ab} für T schreiben.

In der Tat können wir aus (57) alle unsere früheren Resultate wiedergewinnen, wenn wir die linke Seite in geeigneter Weise umformen. Gehen wir nämlich von der Definition der Entropie aus:

$$ds = \frac{du + p\,dv}{T},$$

so erhalten wir die Differenz $s^{(b)} - s^{(a)}$ durch Integration dieser letzten Gleichung zwischen a und b:

$$s^{(b)} - s^{(a)} = \int_a^b \frac{du + p\,dv}{T},$$

wobei der Übergang von a nach b beliebig sein kann, wenn er nur reversibel ist. Wählen wir den Übergang isotherm bei der Temperatur $T = T_{ab}$, so folgt aus der letzten Gleichung:

$$(58)\qquad s^{(b)} - s^{(a)} = \frac{u^{(b)} - u^{(a)}}{T_{ab}} + \frac{1}{T_{ab}} \int_{v^{(a)}}^{v^{(b)}} p\, dv,$$

woraus durch Kombination mit (57) als Bedingung des Gleichgewichtes der Zustände a und b hervorgeht:

$$(59)\qquad \int_{v^{(a)}}^{v^{(b)}} p\, dv = p_{ab}(v^{(b)} - v^{(a)}).$$

Dabei ist links p als Funktion von v gemäß einer Zustandsgleichung gegeben zu denken, während rechts p_{ab} den konstanten Umwandlungsdruck bedeutet. Diese Gleichung ist uns aber bereits bekannt: sie enthält ja, z. B. auf die Verdampfung angewendet, die sogenannte Maxwellsche Regel, die in Gl. (29) formuliert ist und aus (59) hervorgeht, wenn man die Indizes a und b durch 2 bzw. 3 Striche ersetzt. Gl. (59) enthält ferner zusammen mit der Gleichung $p_{ab} = p_{ba}$, die ausdrückt, daß im Gleichgewichte in beiden Zuständen a und b der Druck der nämliche ist, die Theorie des Sättigungsgesetzes, wie wir es für den Fall der Verdampfung in Nr. 51 dargelegt haben.

Wir wollen schließlich, da hier p und T bei der Umwandlung konstant bleiben, die Gleichgewichtsbedingung (57) durch das isotherm-isobare Potential für die Masseneinheit $\varphi = s - \frac{u + pv}{T}$ ausdrücken, das in Gl. (67) des dritten Kapitels definiert worden ist. Wir können die genannte Bedingungsgleichung zunächst schreiben:

$$s^{(b)} - \frac{u^{(b)} + p_{ab} \cdot v^{(b)}}{T_{ab}} = s^{(a)} - \frac{u^{(a)} + p_{ab} \cdot v^{(a)}}{T_{ab}},$$

oder (auf beliebige Massen bezogen):

$$(60)\qquad \Phi^{(b)} = \Phi^{(a)}.$$

Dies ist die einfachste Form, auf welche die Gleichgewichtsbedingung der beiden Zustände a und b gebracht werden kann: „Wenn zwei Zustände einer einheitlichen Substanz nebeneinander im Gleichgewichte befindlich sind, so ist in beiden der Wert des isotherm-isobaren Potentials gleich groß."

Die Gleichung

$$\Phi^{(b)} - \Phi^{(a)} = 0,$$

als Bedingung des Gleichgewichtes der beiden Zustände a und b aufgefaßt, definiert offenbar die Kurve des Umwandlungsdruckes p_{ab} als Funktion der Umwandlungstemperatur T_{ab} in der pT-Ebene. Angewendet auf die drei Aggregatzustände einer einheitlichen Substanz, z. B. H_2O, finden wir also

für die Verdampfungskurve p_{23}: $\Phi'' - \Phi''' = 0$,
für die Schmelzkurve . . p_{12}: $\Phi' - \Phi'' = 0$,
für die Sublimationskurve p_{13}: $\Phi' - \Phi''' = 0$.

Sind für einen Punkt der pT-Ebene etwa die beiden ersten dieser drei

Gleichungen erfüllt (im Schnittpunkte der beiden Kurven), so ist es in demselben Punkte auch die dritte, wie sich durch Subtraktion der beiden ersten Gleichungen sofort ergibt: d. h. alle drei Aggregatzustände sind in diesem Tripelpunkte im Gleichgewicht, wie wir es ausführlich dargelegt haben.

Man sieht also, wie sich mit Hilfe des isotherm-isobaren Potentials alle früheren Resultate besonders einfach formulieren bzw. wiederfinden lassen.

Endlich sei noch auf folgendes aufmerksam gemacht: Gemäß (60) ändert sich Φ nicht, wenn die Substanz von a nach b übergeht, z. B. wenn Flüssigkeit verdampft. Diese Aussage ist identisch mit der andern, daß hier für eine virtuelle Verschiebung des Gleichgewichtes $\delta\Phi = 0$ sein muß. Das ist aber unsere alte Gleichgewichtsbedingung (78) des dritten Kapitels auf pag. 173, die wir dort allgemein aus dem Prinzip von der Vermehrung der Entropie abgeleitet hatten, während sie hier für den speziellen Fall der Umwandlung zweier Zustände ineinander gefunden wurde.

57. Allgemeine Ableitung der Bedingungen für das Gleichgewicht.

Wir haben in den vorhergehenden Nummern, um allgemein zu reden, räumlich nebeneinander im Gleichgewicht befindliche Teile einer einheitlichen Substanz untersucht, z. B. Flüssigkeiten neben ihrem gesättigten Dampf, rhombischen Schwefel neben monoklinem Schwefel; ferner Eis, Wasser, Wasserdampf am Tripelpunkt usw. In Verallgemeinerung des Begriffes „Aggregatzustand" nennt man nach Gibbs diese räumlich getrennten Teile eines Systems die „Phasen" derselben. Es stellte sich dabei heraus, daß in jeder Phase der Substanz Druck p, Temperatur T und thermodynamisches Potential pro Masseneinheit φ die nämlichen Werte hatten.

Wir wollen die nämliche Behauptung jetzt für ein ganz beliebig zusammengesetztes System, das etwa aus β Phasen mit den Massen

$$M', M'' \ldots M^{(\beta)}$$

bestehen möge, beweisen. Und zwar wollen wir annehmen, daß das System adiabatisch isoliert sei und keine äußere Arbeit auf dasselbe geleistet werde. Dann ist die innere Energie U desselben konstant, ebenso das Gesamtvolumen V und die Gesamtmasse M. Es bestehen also zunächst die Gleichungen, die dies zum Ausdruck bringen:

$$(61)\quad \begin{cases} M' + M'' + \ldots M^{(\beta)} = M = \text{Const.}, \\ M'v' + M''v'' + \ldots M^{(\beta)}v^{(\beta)} = V = \text{Const.}, \\ M'u' + M''u'' + \ldots M^{(\beta)}u^{(\beta)} = U = \text{Const.}, \end{cases}$$

wenn $v', v'' \ldots$ bzw. $u', u'' \ldots$ die spezifischen Volumina bzw. spezifischen Energien der einzelnen Systemphasen sind.

Für ein adiabatisches System lautet nun aber nach Gl. (74) des dritten Kapitels die Gleichgewichtsbedingung:

(62) $$\delta S = 0.$$

Die Gesamtentropie S setzt sich hier ebenso wie die Gesamtenergie U und das Gesamtvolumen V aus den spezifischen Entropieen $s^{(\lambda)}$ in folgender Weise zusammen:

(63) $$S = M' s' + M'' s'' + \ldots M^{(\beta)} s^{(\beta)},$$

so daß die Gleichgewichtsbedingung (62) ausführlich geschrieben lauten wird:

(64) $$\sum_{\lambda}^{1,\beta} M^{(\lambda)} \delta s^{(\lambda)} + \sum_{\lambda}^{1,\beta} s^{(\lambda)} \delta M^{(\lambda)} = 0.$$

Dabei ist durch δ eine virtuelle Veränderung des Systems definiert, d. h. eine solche unendlich kleine Verschiebung, bei der die Bedingungsgleichungen des Systems, nämlich gerade die Gl. (61), nicht verletzt werden. Es bestehen also noch folgende Relationen zwischen den Variationen $\delta M^{(\lambda)}$, $\delta v^{(\lambda)}$ und $\delta u^{(\lambda)}$:

(65) $$\begin{cases} \delta M' + \delta M'' + \ldots + \delta M^{(\beta)} \equiv \sum \delta M^{(\lambda)} = 0, \\ M' \delta v' + v' \delta M' + M'' \delta v'' + v'' \delta M'' + \ldots M^{(\beta)} \delta v^{(\beta)} + v^{(\beta)} \delta M^{(\beta)} \\ \qquad \equiv \sum (M^{(\lambda)} \delta v^{(\lambda)} + v^{(\lambda)} \delta M^{(\lambda)}) = 0. \\ M' \delta u' + u' \delta M' + \ldots M^{(\beta)} \delta u^{(\beta)} + u^{(\beta)} \delta M^{(\beta)} \\ \qquad \equiv \sum (M^{(\lambda)} \delta u^{(\lambda)} + u^{(\lambda)} \delta M^{(\lambda)}) = 0. \end{cases}$$

Schreibt man nun, unter Heranziehung der allgemeinen Definition der Entropie, für $\delta s^{(\lambda)}$ den Wert $\frac{\delta u^{(\lambda)} + p_\lambda \delta v^{(\lambda)}}{T_\lambda}$, so folgt aus (64) weiter:

(66) $$\sum_{\lambda} \frac{M^{(\lambda)}}{T_\lambda} \delta u^{(\lambda)} + \sum_{\lambda} \frac{M^{(\lambda)}}{T_\lambda} p_\lambda \delta v^{(\lambda)} + \sum_{\lambda} s^{(\lambda)} \delta M^{(\lambda)} = 0,$$

worin die $\delta M^{(\lambda)}$, $\delta u^{(\lambda)}$, $\delta v^{(\lambda)}$ an die eben aufgestellten Bedingungsgl. (65) geknüpft sind. Wir multiplizieren, ebenso wie in der Mechanik, diese Bedingungsgleichungen der Reihe nach mit den Lagrangeschen Faktoren $\sigma_1, \sigma_2, \sigma_3$ und addieren sie dann zu (66). So folgt:

$$\sum_{\lambda} \Big\{ \frac{M^{(\lambda)}}{T_\lambda} \delta u^{(\lambda)} + \frac{M^{(\lambda)} p_\lambda}{T_\lambda} \delta v^{(\lambda)} + s^{(\lambda)} \delta M^{(\lambda)} + \sigma_1 \delta M^{(\lambda)} + \sigma_2 M^{(\lambda)} \delta v^{(\lambda)}$$
$$+ \sigma_2 v^{(\lambda)} \delta M^{(\lambda)} + \sigma_3 M^{(\lambda)} \delta u^{(\lambda)} + \sigma_3 u^{(\lambda)} \delta M^{(\lambda)} \Big\} = 0,$$

oder geordnet:

(67) $$\begin{cases} \sum_{\lambda}^{1,\beta} \Big\{ \frac{1}{T_\lambda} + \sigma_3 \Big\} M^{(\lambda)} \delta u^{(\lambda)} + \sum_{\lambda}^{1,\beta} \Big\{ \frac{p_\lambda}{T_\lambda} + \sigma_2 \Big\} M^{(\lambda)} \delta v^{(\lambda)} + \\ + \sum_{\lambda}^{1,\beta} \{ s^{(\lambda)} + \sigma_1 + \sigma_2 v^{(\lambda)} + \sigma_3 u^{(\lambda)} \} \delta M^{(\lambda)} = 0. \end{cases}$$

Diese Gleichung zerfällt aber, nach der bekannten Schlußweise der Mechanik, sofort in die folgenden 3β Einzelgleichungen:

$$\left.\begin{array}{ll}(68) & \dfrac{M^{(\lambda)}}{T_\lambda} + \sigma_3 M^{(\lambda)} = 0 \\ (69) & \dfrac{M^{(\lambda)} p_\lambda}{T_\lambda} + \sigma_2 M^{(\lambda)} = 0 \\ (70) & s^{(\lambda)} + \sigma_1 + \sigma_2 v^{(\lambda)} + \sigma_3 u^{(\lambda)} = 0\end{array}\right\} \quad (\lambda = 1, 2, \ldots \beta).$$

Aus (68) ergibt sich sofort, daß $T_1 = T_2 = \ldots T_\beta = T$ ist, und aus (69) in derselben Weise, daß $p_1 = p_2 = \ldots p_\beta = p$ ist, d. h. daß Druck p und Temperatur T im ganzen System die nämlichen Werte haben müssen, damit Gleichgewicht vorhanden sein kann.

Ferner folgt, da nach (68) $\sigma_3 = -\frac{1}{T}$, nach (69) $\sigma_2 = -\frac{p}{T}$ ist, aus Gl. (70):

$$s^{(\lambda)} - \frac{u^{(\lambda)} + p v^{(\lambda)}}{T} = -\sigma_1,$$

oder, da $s - \frac{u + pv}{T} = \varphi$, dem isotherm-isobaren Potential φ pro Masseneinheit ist:

$$\varphi' = \varphi'' = \ldots \varphi^{(\beta)} = \varphi,$$

d. h. für jede Phase des Systems ist im Gleichgewicht das isotherm-isobare Potential der Masseneinheit dasselbe.

Das sind mithin die nämlichen Bedingungen, die wir in speziellen Fällen schon früher gefunden hatten.

58. Die Gibbssche Phasenregel.

Noch allgemeiner hat J. W. Gibbs das Problem des Gleichgewichts eines heterogenen Systems in seiner berühmten Arbeit „On the equilibrium of heterogeneous substances"[1]) 1876 bis 1878 angegriffen, die übrigens jahrzehntelang keinen Einfluß auf die Wissenschaft ausübte, weil sie an einem unzugänglichen Orte veröffentlicht war, so daß ihre Resultate zum Teil von andern Forschern, namentlich von Planck, unabhängig wiedergefunden wurden.

Bei einem ganz beliebigen Körpersystem sind nach Gibbs zwei Begriffe einzuführen, derjenige der „Komponenten" oder „unabhängigen Bestandteile" und der der „Phasen". Zu dem letzteren, den wir provisorisch schon in der vorhergehenden Nummer eingeführt haben, gelangt man allgemein folgendermaßen:

Das heterogene System trennt sich im allgemeinen in eine Anzahl räumlich abgegrenzter, durch ihre Oberflächen einander berührender Bezirke, deren jeder physikalisch homogen ist. Es sind dies gerade die nämlichen Bezirke, auf die sich die Betrachtungen der vorigen Nummer beziehen. Diese Bezirke nennt man nach Gibbs die „Phasen" des Systems. Man erkennt, wie schon in der vorhergehenden Nummer hervorgehoben,

[1]) Gibbs, Scientific Papers, Bd. I, pag. 55ff. Abdruck aus: Transactions of the Connecticut Academy, Vol. III, pag. 198 bis 248, 1876, und pag. 343 bis 524, 1878.

daß dieser Begriff die direkte Verallgemeinerung des Begriffes des Aggregatzustandes ist, der ja schon nicht mehr recht ausreicht, wenn man es mit zwei festen Modifikationen eines Stoffes zu tun hat, wie z. B. beim Schwefel; hier sprechen wir jetzt von der rhombischen bzw. monoklinen „Phase" desselben. Der Aufbau aus Phasen kann bei komplizierten Systemen sehr mannigfaltig sein: es können z. B. mehrere feste Phasen, mehrere flüssige, z. B. Lösungen, nebeneinander existieren, stets aber nur eine gasförmige Phase, mag diese auch aus noch so vielen chemisch einheitlichen Gasen zusammengesetzt sein. Denn ein Gasgemisch ist ein bis in die kleinsten Teile physikalisch homogener Bereich.

Vom Begriff der Phase wohl zu trennen ist der der „unabhängigen Bestandteile" oder der „Komponenten".

Komponente im weiteren Sinne ist natürlich jede Substanz, die sich in irgendeiner Phase des Systems vorfindet. Betrachten wir z. B. ein System, das aus Wasser (H_2O) besteht. Dasselbe kann zunächst fest, flüssig und dampfförmig vorhanden sein, aber auch, namentlich bei höheren Temperaturen, in H_2 und O dissoziiert vorkommen. Auch hier ist Komponente im weitesten Wortsinne sowohl H als O; aber das ist nicht der Sinn, in dem das Wort Komponente hier zu benutzen ist. Denn durch die stöchiometrischen Gesetzmäßigkeiten ist ja die Menge von O durch die des H bestimmt (und umgekehrt), und wir haben deshalb im Gibbsschen Sinne hier nur einen unabhängigen Bestandteil oder eine Komponente, nämlich entweder H oder O, anzunehmen. In dem Augenblicke dagegen, in dem etwa noch H oder O im Überschusse vorhanden wäre, so daß nicht mehr auf jedes Atom O zwei Atome H kämen, wären hier zwei unabhängige Komponenten anzunehmen.

Allgemein kann man also unter den Komponenten diejenigen chemischen Elemente des Systems verstehen, die notwendig und hinreichend sind, um die übrigen Elemente desselben zu bestimmen.

Zur Bestimmung der Komponentenzahl kann man sich mit Vorteil folgender Regel bedienen: Man bilde zuerst die Summe sämtlicher chemischer Elemente des Systems und subtrahiere davon die Zahl der Reaktionsgleichungen, die bei einer Verschiebung des Gleichgewichtes ins Spiel kommen. Nehmen wir als Beispiel für diese Anweisung etwa die Zersetzung von $CaCO_3$, die wir in der Nr. 53 besprochen haben. Hier beträgt die Summe der chemischen Elemente des Systems 3, während als Reaktionsgleichung nur die folgende auftritt:

$$CaCO_3 = CaO + CO_2;$$

es hat demnach dieses System $3 - 1 = 2$ Komponenten im Gibbsschen Sinne.

Welche von den vorhandenen Elementen man als unabhängige Bestandteile, d. h. als Komponenten im Gibbsschen Sinne, welche man als von diesen abhängig betrachtet, ist gleichgültig, da es nur auf die Zahl der unabhängigen Bestandteile ankommt.

Sowohl die Phasen als auch die Komponenten denken wir uns numeriert; die Zahl der ersteren sei etwa β, die der letzteren α. Im allgemeinen wird sich eine beliebige Komponente in allen β-Phasen vorfinden. Um anzudeuten, daß eine Größe einer bestimmten Komponente angehört, versehen wir sie mit einem unteren Index, dessen Zahl mit der Nummer der Komponente übereinstimmt; ebenso wird die Zugehörigkeit zu einer bestimmten Phase durch einen entsprechenden oberen Index angedeutet. Gleichzeitige Zugehörigkeit zu einer bestimmten Phase und einer bestimmten Komponente durch einen oberen und einen unteren Index.

Nennen wir die Massen der α Komponenten M_λ ($\lambda = 1, 2, \ldots, \alpha$), so wird, wie schon betont, im allgemeinen jede Masse M_λ sich in allen β Phasen vorfinden, d. h. sich in β Teilmassen $M_\lambda^{(\mu)}$ ($\mu = 1, 2, \ldots, \beta$) trennen, deren jede also gleichzeitig etwa der λten Komponente und der μten Phase angehört. Wir haben also folgende Gleichungen:

		1. Phase	2. Phase	. . . .	βte Phase	
(71)	$M_1 =$	M_1'	$+ M_1''$	$+ \ldots + \ldots$	$+ M_1^{(\beta)}$	[1. Komponente]
	$M_2 =$	M_2'	$+ M_2''$	$+ \ldots + \ldots$	$+ M_2^{(\beta)}$	[2. Komponente]
	. . . .	. . . .	. . . .	. . . .	. . . . .	. . . .
	$M_\alpha =$	M_α'	$+ M_\alpha''$	$+ \ldots + \ldots$	$+ M_\alpha^{(\beta)}$	[αte Komponente]

Die in jeder Vertikalreihe untereinander stehenden Massen gehören, da sie alle denselben oberen Index tragen, alle einer und derselben Phase an, die deshalb am Kopfe vermerkt ist. Bezeichnen wir die Gesamtmasse etwa der μten Phase durch $M^{(\mu)}$, so ist nach (71):

(71a) $$M^{(\mu)} = M_1^{(\mu)} + M_2^{(\mu)} + \ldots + M_\alpha^{(\mu)} \qquad (\mu = 1, 2, \ldots, \beta)$$

oder, wenn wir durch $M^{(\mu)}$ dividieren:

$$1 = \frac{M_1^{(\mu)}}{M^{(\mu)}} + \frac{M_2^{(\mu)}}{M^{(\mu)}} + \ldots + \frac{M_\alpha^{(\mu)}}{M^{(\mu)}} \qquad (\mu = 1, 2, \ldots, \beta).$$

Die rechts stehenden Quotienten, gebildet aus der Masse der einzelnen Komponenten in der μten Phase, dividiert durch die Gesamtmasse dieser Phase, nennt man die „Massenkonzentrationen" der betreffenden Komponenten in der μten Phase. Bezeichnen wir dieselben allgemein durch den Buchstaben k mit entsprechendem oberen und unteren Index, so kann die letzte Gleichung geschrieben werden:

(71b) $$1 = k_1^{(\mu)} + k_2^{(\mu)} + \ldots k_\alpha^{(\mu)} \qquad (\mu = 1, 2, \ldots, \beta).$$

Die Massen M_λ ($\lambda = 1, 2, \ldots, \alpha$) der Komponenten denken wir uns von vornherein fest gegeben. Was sich also bei einer Verschiebung des Gleichgewichtes ändert, ist die Verteilung dieser Massen auf die einzelnen Phasen.

Wir wollen nun unser System bei gegebenem Druck und gegebener Temperatur betrachten, die, wie aus der vorhergehenden Nummer klar ist, im ganzen System denselben Wert haben; sie sollen sich auch bei einer zu betrachtenden virtuellen Verschiebung des Gleichgewichtes nicht ändern. Bei solchen isotherm-isobaren Prozessen ist die bevorzugte Form der Gleichgewichtsbedingung diejenige, die sich auf das isotherm-isobare Potential Φ stützt. Das Potential Φ des ganzen Systems setzt sich additiv zusammen aus den Potentialen der einzelnen Phasen desselben, so daß wir zunächst schreiben können:

$$\Phi = \Phi' + \Phi'' + \ldots + \Phi^{(\beta)} = \sum_{\mu}^{1,\beta} \Phi^{(\mu)}. \tag{72}$$

Ferner aber setzt sich $\Phi^{(\mu)}$, das Potential der μten Phase, zusammen aus den α Potentialen der in ihr vorkommenden Komponenten. Jedes der letzteren ist aber proportional der Masse $M_\lambda^{(\mu)}$, mit der diese Komponente in die betrachtete Phase eingeht; also können wir weiter setzen:

$$\Phi^{(\mu)} = \sum_{\lambda}^{1,\alpha} M_\lambda^{(\mu)} \cdot \varphi_\lambda^{(\mu)}. \tag{73}$$

Dies ist indessen nicht alles, was man aussagen kann. Bezeichnen wir mit $d_{T,p}$ eine Änderung bei konstantem Druck und konstanter Temperatur, so haben wir zunächst aus Gl. (73):

$$d_{T,p}\Phi^{(\mu)} = \sum_{\lambda} \varphi_\lambda^{(\mu)}\, d M_\lambda^{(\mu)} + \sum_{\lambda} M_\lambda^{(\mu)}\, d_{T,p}\, \varphi_\lambda^{(\mu)}, \tag{74}$$

und in dieser Gleichung verschwindet, wie sogleich gezeigt werden soll, das zweite Glied. Denn lassen wir die Massen $M_\lambda^{(\mu)}$ um $\varDelta M_\lambda^{(\mu)}$ wachsen, so geht $\Phi^{(\mu)}$ über in $\Phi^{(\mu)} + \varDelta\Phi^{(\mu)}$ und nach dem Taylorschen Lehrsatze ist:

$$\Phi^{(\mu)} + \varDelta\Phi^{(\mu)} = \Phi^{(\mu)} + \sum_{\lambda} \frac{\partial \Phi^{(\mu)}}{\partial M_\lambda^{(\mu)}} \varDelta M_\lambda^{(\mu)}.$$

Daraus folgt also:

$$\varDelta\Phi^{(\mu)} = \sum_{\lambda} \frac{\partial \Phi^{(\mu)}}{\partial M_\lambda^{(\mu)}} \varDelta M_\lambda^{(\mu)},$$

und da das Symbol $\varDelta$ offenbar eine kleine Veränderung bei konstantem T und p bedeutet, so muß gleichfalls gelten:

$$d_{T,p}\Phi^{(\mu)} = \sum_{\lambda} \frac{\partial \Phi^{(\mu)}}{\partial M_\lambda^{(\mu)}} d M_\lambda^{(\mu)}. \tag{75}$$

Ein Vergleich mit (74) ergibt dann zweierlei. Erstens ist offenbar:

$$\frac{\partial \Phi^{(\mu)}}{\partial M_\lambda^{(\mu)}} = \varphi_\lambda^{(\mu)}, \tag{76}$$

was eine genauere Bestimmung der $\varphi_\lambda^{(\mu)}$ ist, und zweitens folgt die Gleichung, deren Richtigkeit oben behauptet wurde:

$$\sum_{\lambda} M_\lambda^{(\mu)}\, d_{T,p}\varphi_\lambda^{(\mu)} = 0, \tag{77}$$

die für jede Änderung bei konstantem Druck und konstanter Temperatur gilt.

Die Größen $\varphi_\lambda^{(\mu)}$, die man als die „spezifischen Potentiale" der λten Komponente in der μten Phase bezeichnen kann, sind vollständig unabhängig von den Massen $M_\lambda^{(\mu)}$. Sie können vielmehr nur abhängen von den Massenverhältnissen sowie von Druck und Temperatur, kurz, wie wir sagen wollen, von der „inneren" Beschaffenheit der Substanz; die Gesamtmassen $M^{(\mu)}$ der Phasen bestimmen im Gegensatze dazu die „äußere" Beschaffenheit. Da in jeder Phase α Massen unabhängiger Bestandteile, also $(\alpha - 1)$ Massenverhältnisse derselben auftreten, so haben wir im ganzen $(\alpha - 1)\beta$ Massenverhältnisse, die den „inneren" Zustand bestimmen. Man nennt daher, zusammen mit Temperatur T und Druck p, diese Massenverhältnisse die „inneren Variabeln" des Systems, deren es also $(\alpha - 1)\beta + 2$ gibt. Als „äußere Variable" treten dazu die β Gesamtmassen der sämtlichen Phasen, so daß im ganzen $(\alpha\beta + 2)$ Variable vorhanden sind. Statt der hier betrachteten Massenverhältnisse ist es bequemer, die Massenkonzentrationen $k_\lambda^{(\mu)}$ einzuführen. Deren gibt es $\alpha \cdot \beta$, aber sie sind durch die β Relationen (71b) eingeschränkt auf $(\alpha - 1)\beta$ unabhängige Massenkonzentrationen, so daß wir unter Hinzunahme von Druck und Temperatur wieder $(\alpha - 1)\beta + 2$ „innere Variable" erhalten, wie vorher.

Nach den obigen Ausführungen können wir nach (72) und (73) schreiben:

(78) $$\Phi = \sum_\lambda^{1,\alpha} \sum_\mu^{1,\beta} M_\lambda^{(\mu)} \cdot \varphi_\lambda^{(\mu)} \{k_1^{(\mu)}, k_2^{(\mu)} \ldots k_\alpha^{(\mu)}, T, p\}.$$

Für eine virtuelle Verrückung des Gleichgewichtes bei konstanter Temperatur T und konstantem Drucke p, oder kurz, bei einer isotherm-isobaren virtuellen Verrückung, die wir durch $\delta_{T,p}$ bezeichnen wollen, lautet nun die Bedingung des Gleichgewichts nach Gl. (78) des dritten Kapitels:

(79) $$\delta_{T,p} \Phi = 0,$$

aus der alle weiteren Konsequenzen fließen.

Mit Rücksicht auf (77) folgt nun aus (78) und (79) als Gleichgewichtsbedingung:

(80) $$\sum_\lambda \sum_\mu \varphi_\lambda^{(\mu)} \delta M_\lambda^{(\mu)} = 0.$$

Die Verrückungen $\delta M_\lambda^{(\mu)}$ sind jedoch nicht alle voneinander unabhängig, sondern an die aus (71) fließenden Bedingungen gebunden, die ausdrücken, daß die Masse jeder Komponente unverändert bleibt. Also haben wir für die Variationen $\delta M_\lambda^{(\mu)}$ die aus (71) folgenden α Bedingungsgleichungen:

(81) $$\delta M_\lambda' + \delta M_\lambda'' + \ldots + \delta M_\lambda^{(\beta)} = \sum_\mu^{1,\beta} \delta M_\lambda^{(\mu)} = 0 \quad (\lambda = 1, 2, \ldots, \alpha).$$

Wir verfahren nun wieder genau so wie in der Mechanik, indem wir jede dieser Bedingungsgleichungen mit einem Lagrangeschen Faktor σ_λ multiplizieren und dann die Gleichungen zu (80) addieren. So folgt:

$$\sum_\lambda \sum_\mu \{\varphi_\lambda^{(\mu)} + \sigma_\lambda\} \delta M_\lambda^{(\mu)} = 0,$$

und daraus, nach der in der Mechanik üblichen Schlußweise, das folgende Schema von $(\alpha \cdot \beta)$ Gleichungen:

(82) $$\varphi_\lambda^{(\mu)} + \sigma_\lambda = 0 \qquad \left\{\begin{matrix}\lambda = 1, 2, \ldots, \alpha \\ \mu = 1, 2, \ldots, \beta\end{matrix}\right\}.$$

Aus ihnen kann man sofort, durch Elimination der unbekannten Größen σ_λ neue Gleichungen ableiten, und zwar $\alpha(\beta - 1)$ an der Zahl. Denn für $\lambda = 1$ erhalte ich z. B.:

$$\varphi_1^1 + \sigma_1 = \varphi_1^{(2)} + \sigma_1 = \ldots = \varphi_1^{(\beta)} + \sigma_1 = 0,$$

und so für alle Werte von λ. Wir gewinnen also schließlich das folgende System von Gleichgewichtsbedingungen:

(83) $$\left\{\begin{matrix} \varphi_1^{(1)} = \varphi_1^{(2)} = \varphi_1^{(3)} = \ldots = \varphi_1^{(\beta)}, \\ \varphi_2^{(1)} = \varphi_2^{(2)} = \varphi_2^{(3)} = \ldots = \varphi_2^{(\beta)}, \\ \ldots\ldots\ldots\ldots\ldots \\ \varphi_\alpha^{(1)} = \varphi_\alpha^{(2)} = \varphi_\alpha^{(3)} = \ldots = \varphi_\alpha^{(\beta)}. \end{matrix}\right.$$

Jede Horizontalreihe hat denselben unteren Index und bezieht sich daher auf die nämliche Komponente, die durch sämtliche Phasen hindurch verfolgt wird, da die oberen Indizes in jeder Horizontalreihe von 1 bis β wachsen. Jede Horizontalreihe sagt dann aus, daß im Gleichgewichte das isotherm-isobare spezifische Potential jeder Komponente in allen Phasen den nämlichen Wert hat, eine direkte Verallgemeinerung der uns bereits aus den vorhergehenden Nummern bekannten Gleichgewichtsbedingung.

Jede der α Horizontalreihen liefert $(\beta - 1)$ Gleichungen, also im ganzen, wie oben, $\alpha(\beta - 1)$ Gleichgewichtsbedingungen.

Daraus ergibt sich nun sofort ein überaus wichtiger Schluß über die Anzahl der beim Gleichgewicht möglichen Phasen in folgender Weise: Die $\alpha(\beta - 1)$ Gleichgewichtsbedingungen (83) enthalten nur die inneren Variabeln, nämlich die $(\alpha - 1)\beta$ unabhängigen Konzentrationen $k_\lambda^{(\mu)}$, sowie T und p, im ganzen also $(\alpha - 1)\beta + 2$ Variable. Damit diese nicht überbestimmt sind, was ja bedeuten würde, daß ein Gleichgewicht unmöglich wäre, darf die Zahl der Gleichgewichtsbedingungen (83) nicht größer sein als die obige Zahl der Variabeln. Also muß sein:

$$\alpha(\beta - 1) \leqq (\alpha - 1)\beta + 2,$$

oder:

(84) $$\beta \leqq \alpha + 2,$$

d. h. im Gleichgewicht kann die Zahl β der Phasen höchstens um 2 größer sein als die Zahl α der Komponenten.

Dieser Satz heißt die „Gibbssche Phasenregel“; von ihr werden wir im folgenden die mannigfachsten Anwendungen machen.

59. Klassifikation der Systeme nach der Anzahl der Freiheitsgrade und der Komponenten; Beispiele zur Phasenregel.

Zunächst können wir die Phasenregel noch etwas anschaulicher fassen. Nehmen wir zunächst den Fall, daß $\beta = \alpha + 2$ ist, so stimmt die Anzahl der Gleichgewichtsbedingungen (83) gerade mit der der inneren Variabeln überein; in diesem Falle sind also die letzteren vollständig bestimmt, d. h. das System kann nur bei ganz bestimmten Temperaturen und Drucken mit der Maximalzahl $(\alpha + 2)$ seiner Phasen im Gleichgewichte sein. Um den Zustand dieses von

$$(\alpha - 1)\beta + 2 = (\alpha - 1)(\alpha + 2) + 2$$

Koordinaten, nämlich von den $(\alpha - 1)(\alpha + 2)$ Konzentrationen sowie T und p, abhängigen Systems darzustellen, kann man sich eines $[(\alpha - 1)(\alpha + 2) + 2]$-fachen Raumes bedienen, dessen Koordinaten die Konzentrationen sowie T und p sind. Diesen Raum, in dem wir das System abbilden, wollen wir kurz den „Zustandsraum" nennen. In ihm wird dann der Zustand des Systems in dem gerade betrachteten Falle durch einen oder mehrere diskrete Punkte dargestellt. Wir sagen in diesem Falle, das System habe keinen Freiheitsgrad oder sei „invariant".

Ist die Anzahl der Phasen um eine geringer, also $\alpha + 1$, so übertrifft die Zahl der inneren Variabeln die der Gleichgewichtsbedingungen (83) um eine; man kann also z. B. die Temperatur T willkürlich vorschreiben, d. h. bei jeder Temperatur (oder auch bei jedem Drucke) kann das System mit $(\alpha + 1)$ Phasen im Gleichgewichte sein. Lassen wir T kontinuierlich variieren, so beschreibt der das System im Zustandsraume darstellende Punkt eine Kurve, längs welcher der hier charakterisierte Gleichgewichtszustand möglich ist. Alle Konzentrationen sind ebenso wie der Druck hier Funktionen der Temperatur allein. In diesem Falle nennen wir das System „monovariant", weil es einen Freiheitsgrad besitzt.

Ist weiter die Zahl der Phasen gleich α, d. h. gleich der Zahl der Komponenten, so bleiben etwa Druck und Temperatur willkürlich, d. h. auch bei beliebig vorgeschriebenem Druck und Temperatur ist ein Gleichgewichtszustand zwischen den α Phasen möglich. In diesem Falle bedeckt die Gesamtheit der die möglichen Gleichgewichtszustände darstellenden Punkte im Zustandsraume ein zweidimensionales Flächenstück; das System hat zwei Freiheitsgrade, da es durch p und T bestimmt wird: es ist mithin „bivariant".

Ist die Zahl der Freiheitsgrade noch größer, die Zahl der Phasen noch geringer, so nennt man diese Systeme schlechthin „multivariante"; sie erfüllen dann drei- und mehrdimensionale Gebiete im Zustandsraume.

Man erkennt, daß die Zahl der Phasen, vermehrt um die der Freiheitsgrade, gerade gleich $(\alpha + 2)$ ist, d. h. der um zwei vermehrten Anzahl der Komponenten. Führen wir jetzt eine etwas anschaulichere Bezeichnung ein, indem wir die Zahl der Phasen durch P, die der Freiheitsgrade durch F, die der Komponenten durch K bezeichnen, so können wir die Phasenregel (84) offenbar auch so schreiben:

(85) $$P + F = K + 2.$$

In dieser Fassung sind alle in den Nummern 50 bis 55 entwickelten Gesetzmäßigkeiten als spezielle Fälle enthalten.

Nehmen wir z. B. den Fall des Wassers: $K = 1$, da wir nur einen unabhängigen Bestandteil haben; also beträgt die Summe der Phasen und Freiheitsgrade stets 3. Es sind also maximal 3 Phasen nebeneinander möglich, wenn nämlich das System keinen Freiheitsgrad besitzt; das ist der Fall beim Tripelpunkte des Wassers. Hat das System dagegen einen Freiheitsgrad, so sind längs gewisser Kurven alle Kombinationen je zweier Phasen nebeneinander im Gleichgewichte möglich, nämlich längs der Schmelzkurve p_{12} der feste und flüssige, längs der Verdampfungskurve p_{23} der flüssige und gasförmige, längs der Sublimationskurve p_{13} der feste und gasförmige Aggregatzustand. Hat endlich das System zwei Freiheitsgrade, so kann nur eine Phase (fest, flüssig oder gasförmig) existieren, und jeder von diesen Zuständen füllt gewisse Flächenstücke des Zustandsraumes (der hier in die pT-Ebene degeneriert), also gewisse Teile dieser Ebene aus.

Ganz analog ist es beim Schwefel, bei dem wir gleichfalls eine Komponente ($K = 1$) haben. Auch hier ist die Summe der Phasen und Freiheitsgrade stets gleich 3, also können wieder maximal 3 Phasen nebeneinander im Gleichgewichte in gewissen Tripelpunkten existieren, deren es hier, in Anbetracht der vier möglichen Kombinationen von je drei Phasen, vier gibt. Je zwei Phasen können sechsmal auftreten längs gewisser Linien, die in Nummer 54 ausführlich diskutiert sind. Eine Phase allein endlich kann viermal auftreten, und diese letzteren Gleichgewichtszustände sind möglich auf gewissen Flächenstücken des Zustandsraumes, der hier wieder in die pT-Ebene degeneriert ist. Die in Nummer 54 bei Betrachtung des Schwefeldiagramms aufgeworfene Frage, ob nicht vier Phasen nebeneinander im Gleichgewichte existieren können, ist durch die Phasenregel, wie man sieht, negativ beantwortet.

Die bisher betrachteten Systeme hatten alle nur eine Komponente, weswegen sie kurz als „Einstoffsysteme" bezeichnet werden. Ein Beispiel eines „Zweistoffsystems" ($K = 2$) ist etwa das schon mehrfach erwähnte $CaCO_3$. Ohne genauer auf sein Verhalten einzugehen, sei doch betont, daß hier, wenn ein Freiheitsgrad vorhanden ist, wie bei der Zersetzung in CaO und CO_2, der Phasenregel gemäß drei Phasen ($CaCO_3$ fest, CaO fest, CO_2 gasförmig) miteinander längs einer Kurve, der in Nummer 55 mitgeteilten Zersetzungskurve, im Gleichgewichte sind, während dies bei einem Einstoffsysteme nur in einzelnen isolierten Tripelpunkten der Fall sein kann.

Ein gut durchforschtes Zweistoffsystem ist das aus $CaCl_2$ und H_2O bestehende. Bei ihm sind experimentell folgende Phasen beobachtet:

1. Die Gasphase, die praktisch aus Wasserdampf besteht, da $CaCl_2$ nicht flüchtig ist;
2. die flüssige Phase, die aus einer wässerigen Lösung eines oder mehrerer der unter 4 bis 9 aufgeführten Salze besteht;
3. festes H_2O (Eis);
4. festes $CaCl_2$;
5. festes $CaCl_2 \cdot H_2O$;
6. festes $CaCl_2 \cdot 2\,H_2O$;
7. festes $CaCl_2 \cdot 4\,H_2O$, α-Modifikation;
8. festes $CaCl_2 \cdot 4\,H_2O$, β-Modifikation;
9. festes $CaCl_2 \cdot 6H_2O$.

Die fünf letztgenannten Phasen sind feste Kristallhydrate, d. h. Kristalle, die pro Molekül $CaCl_2$ eine ganz bestimmte Molekülzahl H_2O, sogenanntes Kristallwasser, gebunden enthalten.

Von diesen neun Phasen können nebeneinander im Gleichgewichte existieren maximal vier, nämlich, wenn das System invariant ist. In der Tat sind folgende „Quadrupelpunkte" beobachtet worden:

Koexistierende Phasen	Temperatur	Druck
Eis; $CaCl_2 \cdot 6\,H_2O$; gesättigte Lösung; Dampf . . .	$-$ 55,0° C	sehr klein
$CaCl_2 \cdot 6\,H_2O$; $CaCl_2 \cdot 4\,H_2O\,\alpha$; ges. Lösung; Dampf .	+ 29,8° „	6,80 mm Hg
$CaCl_2 \cdot 6\,H_2O$; $CaCl_2 \cdot 4\,H_2O\,\beta$; „ „ „ .	29,2° „	5,67 mm Hg
$CaCl_2 \cdot 4\,H_2O\,\beta$; $CaCl_2 \cdot 2\,H_2O$; „ „ „ .	38,4° „	7,88 mm Hg
$CaCl_2 \cdot 4\,H_2O\,\alpha$; $CaCl_2 \cdot 2\,H_2O$; „ „ „ .	45,3° „	11,77 mm Hg
$CaCl_2 \cdot 2\,H_2O$; $CaCl_2 \cdot H_2O$; „ „ „ .	175,5° „	842 Atmosph.
$CaCl_2 \cdot H_2O$; $CaCl_2$; gesättigte Lösung; Dampf . . .	260,0° „	mehrere Atmosph.

Der jedesmal auftretende Ausdruck „gesättigte Lösung" soll in jedem Falle bedeuten, daß die Lösung mit den beiden an erster und zweiter Stelle genannten festen Kristallen gesättigt ist.

Zu je dreien sind die hier genannten Phasen längs gewisser Kurven im Gleichgewicht; das System ist dann monovariant.

Wir gehen nicht näher auf diese Einzelheiten ein, verweisen den Leser vielmehr auf das ausführliche Werk von Bakhuis-Roozeboom[1]), das der Untersuchung und Bestätigung der Phasenregel gewidmet ist.

60. Abhängigkeit des Gleichgewichtes von Druck und Temperatur.

Um festzustellen, wie das thermodynamische Gleichgewicht von Druck und Temperatur abhängt — eine Frage, die wir in den speziellen Fällen des Verdampfens, Schmelzens, Sublimierens usw. bereits erörtert haben — können wir gleichfalls von dem Ausdruck (78) für das thermodynamische Potential Φ ausgehen, und eine der ursprünglichen Gleichgewichtslage des Systems unendlich benachbarte betrachten, indem wir T in $T + dT$, p in $p + dp$, endlich $M_\lambda^{(\mu)}$ in $M_\lambda^{(\mu)} + dM_\lambda^{(\mu)}$ übergehen lassen. Die Ver-

[1]) Bakhuis-Roozeboom, Die heterogenen Gleichgewichte vom Standpunkte der Phasenlehre; Braunschweig 1904.

änderung, die Φ dadurch erfährt, wollen wir durch $d\Phi$ bezeichnen, und es ist offenbar, unter Berücksichtigung von (78):

$$d\Phi = \frac{\partial \Phi}{\partial T} dT + \frac{\partial \Phi}{\partial p} dp + \sum_\lambda \sum_\mu \varphi_\lambda^{(\mu)} d M_\lambda^{(\mu)} + \sum_\lambda \sum_\mu M_\lambda^{(\mu)} d_{T,p} \varphi_\lambda^{(\mu)}.$$

In dem letzten Gliede haben wir genauer $d_{T,p}$ geschrieben, um besonders hervorzuheben, daß diese Differentiationen bei konstantem T und p geschehen müssen. Aber nach Gl. (77) ist gerade dieser letzte Term gleich Null, und es ist einfacher:

$$d\Phi = \frac{\partial \Phi}{\partial T} dT + \frac{\partial \Phi}{\partial p} dp + \sum_\lambda \sum_\mu \varphi_\lambda^{(\mu)} d M_\lambda^{(\mu)}. \tag{86}$$

Der Wert des isotherm-isobaren Potentials in der neuen Lage ist also:

$$\overline{\Phi} \equiv \Phi + d\Phi = \Phi + \frac{\partial \Phi}{\partial T} dT + \frac{\partial \Phi}{\partial p} dp + \sum_\lambda \sum_\mu \varphi_\lambda^{(\mu)} d M_\lambda^{(\mu)}. \tag{87}$$

Die Ableitung nach T ist natürlich bei konstanten p und $M_\lambda^{(\mu)}$, die nach p bei konstanten Werten von T und $M_\lambda^{(\mu)}$ zu verstehen. Nun ist aber, gemäß der Gl. (70) des dritten Kapitels auf pag. 172 ganz allgemein:

$$\left(\frac{\partial \Phi}{\partial T}\right)_p = \frac{U + pV}{T^2}, \quad \left(\frac{\partial \Phi}{\partial p}\right)_T = -\frac{V}{T};$$

also können wir (87) schreiben:

$$\overline{\Phi} = \Phi + \frac{U + pV}{T^2} dT - \frac{V}{T} dp + \sum_\lambda \sum_\mu \varphi_\lambda^{(\mu)} d M_\lambda^{(\mu)}. \tag{88}$$

Soll auch diese neue Lage eine Gleichgewichtslage darstellen, so muß gemäß

$$\delta_{T,p} \overline{\Phi} = 0 \tag{79}$$

sein, wo $\delta_{T,p}$ eine virtuelle Verschiebung bei konstantem T und p bedeutet, genau so, wie wir sie in Nr. 58 betrachtet haben. Die virtuelle Verschiebung $\delta_{T,p}$ hat lediglich, um dies zu betonen, die Bedingungsgleichungen (81) zu erfüllen, wie dies in der Definition einer virtuellen Verschiebung liegt, ist aber sonst ganz willkürlich. Es braucht daher beispielsweise, wenn Φ eine Gleichgewichtslage des Systems charakterisiert, $\Phi + \delta_{T,p}\Phi$ keine Gleichgewichtslage zu sein. Das steht keineswegs im Widerspruch damit, daß $\delta_{T,p}\Phi = 0$ die Bedingung dafür ist, daß Φ eine Gleichgewichtslage charakterisiert. Denn das Gleichgewicht ist dadurch bestimmt, daß für jede virtuelle Verrückung $\delta_{T,p}\Phi = 0$ sein muß. Für die „variierte" Lage $\Phi + \delta_{T,p}\Phi$ würden daher im allgemeinen die Gleichgewichtsbedingungen (83) nicht zu gelten brauchen; das kann nur in den besonderen Fällen der Fall sein, in denen die gerade betrachtete virtuelle Verschiebung $\delta_{T,p}$ wieder zu einem neuen Gleichgewichtszustande hinführt.

Mit Hilfe von (88) folgt nun als Bedingung dafür, daß auch $\overline{\Phi} \equiv \Phi + d\Phi$ eine Gleichgewichtslage darstellt:

$$(89)\quad \delta_{T,p}\overline{\Phi} \equiv \delta_{T,p}\Phi + \frac{\delta U + p\,\delta V}{T^2}\,dT - \frac{\delta V}{T}\,dp + \sum_{\lambda}\sum_{\mu} \delta_{T,p}\varphi_\lambda^{(\mu)}\,dM_\lambda^{(\mu)} + \\ + \sum_{\lambda}\sum_{\mu} \varphi_\lambda^{(\mu)}\,\delta\,d\,M_\lambda^{(\mu)} = 0.$$

Darin haben wir schon ohne weiteres die Glieder mit δdT und δdp fortgelassen, weil ja dT und dp hier als konstant zu behandeln sind. Ferner ist das erste Glied $\delta_{T,p}\Phi$ gleich Null, weil die ursprüngliche Lage Φ eine Gleichgewichtslage war. Auch das letzte Glied der obigen Gleichung kann vereinfacht werden. Denn gemäß Gl. (83) ist ja:

$$\varphi_\lambda^{(1)} = \varphi_\lambda^{(2)} = \varphi_\lambda^{(3)} = \ldots = \varphi_\lambda^{(\beta)} \equiv \varphi_\lambda,$$

d. h. unabhängig von dem oberen Index μ, so daß wir dieses Glied schreiben können:

$$\sum_\lambda\sum_\mu \varphi_\lambda^{(\mu)}\,\delta\,d\,M_\lambda^{(\mu)} = \sum_\lambda \varphi_\lambda \sum_\mu \delta\,d\,M_\lambda^{(\mu)} = \sum_\lambda \varphi_\lambda\, d\sum_\mu \delta\, M_\lambda^{(\mu)}.$$

Nach (81) ist aber für jeden Wert von λ die Summe $\sum_\mu \delta\,M_\lambda^{(\mu)}$ gleich Null, so daß das letzte Glied einfach in Fortfall gelangt. Mithin wird (89) zu:

$$(90)\qquad \frac{\delta U + p\,\delta V}{T^2}\,dT - \frac{\delta V}{T}\,dp + \sum_\lambda\sum_\mu \delta_{T,p}\varphi_\lambda^{(\mu)}\cdot d\,M_\lambda^{(\mu)} = 0.$$

Daß wir hier für die $\varphi_\lambda^{(\mu)}$ die Gültigkeit der Gleichgewichtsbedingungen (83) angenommen haben, ist nicht im Widerspruch mit dem oben über die Bedeutung von $\delta_{T,p}$ Gesagten; denn die $\varphi_\lambda^{(\mu)}$ beziehen sich ja auf die unvariierte Lage Φ, die nach Voraussetzung eine Gleichgewichtslage ist. Dagegen würden im allgemeinen die Größen $\{\varphi_\lambda^{(\mu)} + \delta_{T,p}\varphi_\lambda^{(\mu)}\}$ der Gleichgewichtsbedingung (83) nicht genügen.

Nach der allgemeinen Definition der Entropie S ist nun aber

$$\delta U + p\,\delta V = T\,\delta\,S;$$

also ist weiter, nach Multiplikation mit T^2, gemäß (90):

$$(91)\qquad T\cdot\delta S\cdot dT - T\delta V\cdot dp + T^2\sum_\lambda\sum_\mu \delta_{T,p}\varphi_\lambda^{(\mu)}\cdot d\,M_\lambda^{(\mu)} = 0.$$

Darin ist aber $T\delta S \equiv \delta' Q$ die (reversibel) während des δ-Prozesses, d. h. während der gedachten virtuellen Verschiebung des Gleichgewichtes zugeführte Wärmemenge. Also können wir schreiben:

$$(92)\qquad \delta' Q\, dT - T\delta V dp = -\,T^2\sum_\lambda\sum_\mu \delta_{T,p}\varphi_\lambda^{(\mu)}\cdot d\,M_\lambda^{(\mu)}.$$

Diese Gleichung liefert das gewünschte Resultat; man erkennt aus ihr, wie das Gleichgewicht von einer Änderung der Temperatur T, des Druckes p und schließlich von einer Änderung der Massen $M_\lambda^{(\mu)}$ beeinflußt wird. Es ist aus der Struktur der Formel auch sofort klar, daß der Temperatureinfluß verschwindet, wenn $\delta' Q$, die Umwandlungswärme bei der gedachten virtuellen Verschiebung, verschwindet; ebenso ist kein Druckeinfluß vorhanden, wenn $\delta V = 0$, d. h. wenn der ganze virtuelle Prozeß ohne Volumänderung vor sich geht. Endlich tritt Unabhängigkeit von den Massen $M_\lambda^{(\mu)}$ ein, wenn die Größen $\delta\,\varphi_\lambda^{(\mu)}$ verschwinden.

Denkt man sich Gl. (92) durch dT dividiert:

(92a) $$\delta' Q - T\delta V\frac{dp}{dT} = -T^2\sum_\lambda\sum_\mu \delta_{T,p}\varphi_\lambda^{(\mu)}\cdot\frac{dM_\lambda^{(\mu)}}{dT},$$

so erhält man eine Formel, die — wenigstens die linke Seite — stark an die Clausius-Clapeyronsche Gl. (21) erinnert. In der Tat werden wir sehen, daß (92) resp. (92a) eine weitgehende Verallgemeinerung derselben darstellt und sie als speziellen Fall enthält.

In der Form (91) liefert die Gleichung übrigens ein Mittel, um die Änderung der Entropie S bei dem vorgenommenen virtuellen Prozeß zu berechnen, was in einem Spezialfall nachher geschehen soll.

Wenden wir zunächst die Gl. (92) auf den Fall $\beta = \alpha + 1$ an, in dem die Zahl der Phasen um eins größer ist als die der Komponenten. Dieser Fall wird vielfach als der des „vollständig heterogenen Gleichgewichts" bezeichnet. Dahin gehören die Prozesse des Verdampfens, Schmelzens, Sublimierens, der allotropen Umwandlung des Schwefels, der thermischen Dissoziation des Kalziumkarbonats, die wir früher besprochen haben. In diesem Falle hängt nach der Phasenregel alles, Druck p und sämtliche Konzentrationen $k_\lambda^{(\mu)}$, lediglich von der Temperatur T ab und eine virtuelle Verrückung $\delta_{T,p}$, die also die Temperatur T ungeändert läßt, führt wieder — was im allgemeinen nicht der Fall ist, wie wir oben ausführlich besprochen haben — zu einem neuen Gleichgewichtszustand. Dann vereinfacht sich Gl. (92) erheblich, indem $\delta_{T,p}\varphi_\lambda^{(\mu)} = 0$ wird, da ja die Konzentrationen $k_\lambda^{(\mu)}$, von denen $\varphi_\lambda^{(\mu)}$ allein abhängt, wegen der Konstanz von T gar nicht geändert werden. Die rechte Seite von (92) kommt also in Fortfall, und wir erhalten:

(93) $$\delta' Q = T\delta V\frac{dp}{dT}.$$

Diese Gleichung stimmt für den Fall $\alpha = 1$, d. h. einer Komponente, mit der Clausius-Clapeyronschen überein; denn in diesem Falle ist $\beta = 2$, also liegt der Fall eines einheitlichen Stoffes in zwei Phasen vor (z. B. Verdampfung usw.). Es treten also in unserer Bezeichnungsweise zwei Massen M_1' und M_1'' auf, von denen die erste sich etwa auf die flüssige, die zweite etwa auf die gasförmige Phase bezieht. Ihre Gesamtsumme ist konstant, also haben wir als Bedingungsgleichung:

$$\delta M_1' = -\delta M_1''.$$

Wir können mithin setzen:

$$\delta' Q = l_{12}\cdot\delta M_1'',$$
$$\delta V = (v'' - v')\cdot\delta M_1'',$$

wo l_{12} etwa die Verdampfungswärme, allgemein die Umwandlungswärme bei dem δ-Prozeß bedeutet, und v'' bzw. v' die spezifischen Volumina nach und vor der Umwandlung sind. Damit geht (93) völlig in die Clausius-Clapeyronsche Gleichung, für die Masseneinheit geschrieben, über:

$$l_{12} = T(v'' - v')\frac{dp}{dT}.$$

Ganz ebenso verhält es sich mit der Dissoziation des $CaCO_3$, was hier auszuführen wohl nicht notwendig ist. In dieser Weise läßt sich jeder spezielle Gleichgewichtszustand vollkommen untersuchen.

Hier möge nur noch verifiziert werden, daß die aus (91) berechnete Entropieänderung genau denselben Wert hat, den wir früher, in Nr. 56, für diesen Fall gefunden hatten. Wir können für $\alpha = 1$, $\beta = 2$ wie oben setzen:

$$\delta S = (s'' - s')\,\delta M_1'',$$
$$\delta V = (v'' - v')\,\delta M_1'',$$

also ist nach Gl. (91):

$$s'' - s' = (v'' - v')\frac{dp}{dT},$$

und die rechte Seite ist, nach der Clausius-Clapeyronschen Gleichung, gleich $\frac{l_{12}}{T}$, so daß für die Änderung der spezifischen Entropie folgt:

$$s'' - s' = \frac{l_{12}}{T},$$

was, abgesehen von der etwas veränderten Bezeichnungsweise, genau mit Gl. (53) übereinstimmt.

61. Dampfdruck, Siedepunktserhöhung, Gefrierpunktserniedrigung einer Lösung.

Wegen seiner großen Bedeutung für Physik und Chemie wollen wir noch den Fall $\alpha = 2$, $\beta = 2$ wenigstens nach einer bestimmten Richtung hin verfolgen. Betrachten wir nämlich eine Lösung eines Salzes in einem flüssigen Lösungsmittel und untersuchen das Gleichgewicht zwischen der Lösung und ihrem gesättigten Dampf, so haben wir es mit zwei Phasen ($\beta = 2$) zu tun, einer flüssigen, eben der Lösung, und der Dampfphase. Da bei dem betrachteten Vorgange weder der gelöste noch der lösende Stoff seine chemische Zusammensetzung ändert, so können wir offenbar jeden von ihnen als Komponente im Gibbsschen Sinne ansehen, unbeschadet ihrer beliebig komplizierten Zusammensetzung aus chemischen Elementen. Es ist also $\alpha = 2$.

Behandelt man diesen Fall allgemein, so hat man vier Massen M_1', M_1'', M_2', M_2'' zu unterscheiden, da im allgemeinen jede Komponente in jeder Phase auftreten wird. In sehr vielen Fällen jedoch tritt das in der Flüssigkeit gelöste Salz nicht in der Dampfphase auf; theoretisch ist das zwar, streng genommen, nicht möglich, aber praktisch doch in sehr vielen Fällen mit außerordentlicher Annäherung erfüllt. Dann nennt man das gelöste Salz ein „nichtflüchtiges". Bezeichnen wir die Dampfphase durch zwei, die flüssige Phase durch einen oberen Strich, das Lösungsmittel (erste Komponente) mit dem Index 1, das Salz (zweite Komponente) mit dem Index 2, so ist nach den eben gemachten Voraussetzungen $M_2'' = 0$ und bleibt es dauernd, welche Veränderungen auch vor sich gehen mögen.

Da wir ferner als äußere Bedingungen die Konstanz der Massen der beiden Komponenten haben, so folgt:

$$(94)\qquad \begin{cases} M_1' + M_1'' = M_1, \\ M_2' = M_2, \end{cases}$$

wo M_1 und M_2 feste, durch die Versuchsbedingungen gegebene, natürlich positive, Konstanten sind. Für jede Veränderung (δ oder d) folgt daraus weiter:

$$(95)\qquad \begin{aligned} \delta M_1' &= -\delta M_1'' \quad \text{bzw.} \quad d M_1' = -d M_1'', \\ \delta M_2' &= \delta M_2'' = 0 \quad \text{bzw.} \quad d M_2' = d M_2'' = 0. \end{aligned}$$

Entsprechend den zwei Komponenten in zwei Phasen haben wir im allgemeinen auch vier spezifische Potentiale $\varphi_\lambda^{(\mu)}$ zu unterscheiden:

$$\varphi_1' \quad \varphi_1'' \quad \varphi_2' \quad \varphi_2'',$$

so daß die das Gleichgewicht beherrschende Gleichung (92) allgemein geschrieben lauten würde:

$$(96)\qquad \begin{aligned} &\delta' Q\, dT - T\,\delta V dp \\ &= -T^2 \{\delta\varphi_1' dM_1' + \delta\varphi_1'' dM_1'' + \delta\varphi_2' dM_2' + \delta\varphi_2'' dM_2''\}. \end{aligned}$$

Infolge des speziellen von uns gewählten Falles der Lösung eines nichtflüchtigen Salzes, d. h. infolge der Bedingungen (95) geht diese Gleichung über in:

$$(97)\qquad \delta' Q\, dT - T\,\delta V dp = -T^2 \{-\delta\varphi_1' + \delta\varphi_1''\} dM_1'',$$

wobei das Zeichen δ, wie vorher, eine unendlich kleine Veränderung bei konstantem T und p bedeutet, also genauer δ_{Tp} zu schreiben wäre. Durch den δ_{Tp}-Prozeß werden also nur die Konzentrationen $k_\lambda^{(\mu)}$ geändert, d. h. die Massen $M_\lambda^{(\mu)}$. Deshalb kann man zunächst allgemein weiter schreiben:

$$\begin{aligned} \delta\varphi_1' &= \frac{\partial \varphi_1'}{\partial M_1'} \delta M_1' + \frac{\partial \varphi_1'}{\partial M_2'} \delta M_2', \\ \delta\varphi_1'' &= \frac{\partial \varphi_1''}{\partial M_1''} \delta M_1'' + \frac{\partial \varphi_1''}{\partial M_2''} \delta M_2'', \end{aligned}$$

was sich, wiederum infolge der Bedingungen (95), reduziert auf:

$$(98)\qquad \begin{cases} \delta\varphi_1' = \dfrac{\partial \varphi_1'}{\partial M_1'} \delta M_1' = -\dfrac{\partial \varphi_1'}{\partial M_1'} \delta M_1'', \\ \delta\varphi_1'' = \dfrac{\partial \varphi_1''}{\partial M_1''} \delta M_1''. \end{cases}$$

Damit wird die Gleichgewichtsbedingung (97) zu:

$$(99)\qquad \delta' Q\, dT - T\,\delta V dp = -T^2 \left\{\frac{\partial \varphi_1'}{\partial M_1'} + \frac{\partial \varphi_1''}{\partial M_1''}\right\} \delta M_1'' dM_1''.$$

Auch diese läßt sich noch erheblich weiter vereinfachen. Das Gesamtpotential Φ'' der Dampfphase setzt sich nach der Definition (73) folgendermaßen aus den Massen M_1'' und M_2'' sowie den spezifischen Potentialen φ_1'' und φ_2'' zusammen:

$$\Phi'' = M_1'' \varphi_1'' + M_2'' \varphi_2'',$$

die mit Rücksicht auf (94) wird:

(100) $$\Phi'' = M_1'' \varphi_1''.$$

Ferner ist nach der allgemeingültigen Gleichung (76) hier:

(101) $$\frac{\partial \Phi''}{\partial M_1''} = \varphi_1''.$$

Differentiiert man Gl. (100) partiell nach M_1'', so folgt:

$$\frac{\partial \Phi''}{\partial M_1''} = \varphi_1'' + M_1'' \frac{\partial \varphi_1''}{\partial M_1''},$$

und unter Berücksichtigung von (101):

(102) $$0 = \frac{\partial \varphi_1''}{\partial M_1''}.$$

Damit wird die Gleichgewichtsbedingung (99) schließlich:

(103) $$\delta' Q\, dT - T\,\delta V dp = -T^2 \frac{\partial \varphi_1'}{\partial M_1'} \delta M_1'' dM_1''.$$

Darin hängt die rechts auftretende Größe $\left(\frac{\partial \varphi_1'}{\partial M_1'}\right)$ nur von der inneren Beschaffenheit der flüssigen Phase, d. h. vom Druck p, der Temperatur T und den Konzentrationen k_1' und k_2' ab, von denen aber nur eine unabhängig ist. Da uns diese Größe im folgenden immer wieder begegnen wird und mit einem wichtigen Begriffe aus der Theorie der Lösungen, dem „osmotischen Drucke", in enger Beziehung steht, wollen wir ein besonderes Zeichen dafür einführen. Wir schreiben:

(104) $$\frac{\partial \varphi_1'}{\partial M_1'} = -\frac{M_2'}{M_1'^2} \psi.$$

Diese Form ist natürlich aus Gründen der Bequemlichkeit gewählt, die gleich näher hervortreten werden. Also wird schließlich:

(105) $$\delta' Q\, dT - T\,\delta V dp = T^2 \frac{M_2'}{M_1'^2} \psi\, \delta M_1'' dM_1''.$$

Darin hat nun der Ausdruck $\frac{M_2'}{M_1'^2} dM_1''$ eine einfache physikalische Bedeutung. Bei Lösungen pflegt man nämlich — namentlich in der physikalischen Chemie, aber abweichend von unserer bisherigen Definition — den Quotienten $\frac{M_2'}{M_1'}$, d. h. das Verhältnis: $\frac{\text{Masse des gelösten Stoffes}}{\text{Masse des Lösungsmittels}}$, als „Konzentration der Lösung" zu bezeichnen. Natürlich steht die so definierte Konzentration, für die wir den Buchstaben k ohne jeden Index und Strich benutzen wollen, in einer einfachen Beziehung zu den bisher benutzten Konzentrationsgrößen k_1' und k_2'. Nehmen wir die neue Definition der Konzentration für Lösungen an, so ist also

(106) $$k = \frac{M_2'}{M_1'}$$

und folglich:

$$dk = \frac{M_1' \, dM_2' - M_2' \, dM_1'}{M_1'^2},$$

und da $dM_2' = 0$ ist, einfacher:

(107) $$dk = -\frac{M_2'}{M_1'^2} dM_1' = +\frac{M_2'}{M_1'^2} dM_1''.$$

Damit wird die Gleichgewichtsbedingung (105):

(108) $$\delta' Q \, dT - T \delta V dp = + T^2 \psi \, dk \, \delta M_1''.$$

Darin ist $\delta' Q$ die von außen zuzuführende Wärmemenge, wenn die Masse $\delta M_1''$ aus der ersten Phase in die zweite übertritt, also ist

$$l_k = \frac{\delta' Q}{\delta M_1''},$$

die zur Verdampfung von einem Gramm Lösungsmittel nötige Wärmezufuhr oder die sogenannte „Verdampfungswärme der Lösung"; der Index k soll auf die Lösung mit der Konzentration k hindeuten. Ebenso ist

$$v_k = \frac{\delta V}{\delta M_1''}$$

die Volumveränderung, die beim Verdampfen von einem Gramm Lösungsmittel (natürlich bei konstantem T und p) auftritt. Führen wir diese Ausdrücke in Gl. (108) ein und dividieren durch T^2, so erhalten wir schließlich folgende Beziehung:

(109) $$\frac{l_k}{T^2} dT - \frac{v_k}{T} dp - \psi \cdot dk = 0.$$

Wenn demnach irgendeine Veränderung des Gleichgewichts vor sich geht, durch die T in $T + dT$, p in $p + dp$, k in $k + dk$ übergeführt wird, so sind die Differentiale der Temperatur, des Druckes und der Konzentration durch die obige Relation aneinander geknüpft, in ganz ähnlicher Weise, wie durch die Zustandsgleichung eines homogenen Stoffes dT, dp und dv miteinander verbunden sind. Man kann daher (109) direkt als die differentielle Form der Zustandsgleichung der Lösung in Verbindung mit ihrem gesättigten Dampfe, bezeichnen.

Mit Ausnahme der Größe ψ, deren Meßbarkeit und physikalische Bedeutung wir in der nächsten Nummer erörtern werden, sind bereits jetzt alle in (109) vorkommenden Größen leicht der Messung zugänglich, worin die Bedeutung dieser Gleichung beruht.

Wir wollen nun den durch (109) gelieferten Wert von dp bilden:

(110) $$dp = \left(\frac{\partial p}{\partial T}\right)_k dT + \left(\frac{\partial p}{\partial k}\right)_T dk = \frac{l_k}{T v_k} dT - \frac{T \psi}{v_k} dk.$$

Wegen der Unabhängigkeit von dT und dk zerfällt sie sofort in die beiden folgenden Formeln:

(111) $$\left(\frac{\partial p}{\partial T}\right)_k = \frac{l_k}{T v_k},$$

(112) $$\left(\frac{\partial p}{\partial k}\right)_T = -\frac{T \psi}{v_k},$$

die wir der Reihe nach besprechen wollen.

Die erstere, Gl. (111), entspricht der Form nach der Clausius-Clapeyronschen Gleichung (21). Sie geht in diese direkt über, wenn $k = 0$ ist, was dem Grenzfalle reinen Lösungsmittels entspricht. Während aber bei der Verdampfung reinen Lösungsmittels ($k = 0$) der Druck p lediglich eine Funktion der Temperatur ist, ist bei einer Lösung ($k \neq 0$) der Druck (der natürlich in beiden Phasen derselbe ist) auch noch von der Konzentration k abhängig, wie man z. B. aus Gl. (110) ersieht. Deshalb ist bei dem Differentialquotienten $\left(\frac{\partial p}{\partial T}\right)_k$ der Index k beigefügt, durch den derselbe erst eine bestimmte Bedeutung empfängt. Man kann sich die Gültigkeit der Clausius-Clapeyronschen Gleichung für das Verdampfen einer Lösung auch direkt durch die Überlegung klar machen, daß bei Konstanthaltung der Konzentration das System (Lösung/Dampf) monovariant ist, sich also dann bei der Verdampfung (oder allgemein Aggregatzustandsänderung) genau so verhalten muß, wie z. B. das System (Wasser/Dampf). v_k kann man mit hinreichender Genauigkeit gleich dem spezifischen Volumen des Dampfes setzen, da das der Lösung dagegen verschwindet. Nimmt man für den Dampf auch noch die Gültigkeit der idealen Gasgesetze an, $\left(v_k = \frac{RT}{mp}\right)$, so folgt aus (111):

$$\frac{\left(\frac{\partial p}{\partial T}\right)_k}{p} = \frac{l_k m}{R T^2},$$

oder:

$$l_k = \frac{R T^2}{m}\left(\frac{\partial \log p}{\partial T}\right)_k. \tag{113}$$

Diese Gleichung erlaubt prinzipiell durch Messung von l_k, der auf ein Gramm bezogenen Verdampfungswärme der Lösung, die Abhängigkeit des Dampfdruckes der Lösung von der Temperatur zu bestimmen. Es ist nur darauf zu achten, daß durch das Verdampfen die Konzentration k nicht geändert wird, was natürlich nur angenähert realisierbar ist, nämlich dadurch, daß man die Menge der Lösung so groß wählt, daß das Verdampfen von einem Gramm Lösungsmittel praktisch nichts ausmacht.

Bezeichnen wir für das reine Lösungsmittel die entsprechenden Größen (l, p) durch den Index 0, so gilt für diese die Clausius-Clapeyronsche Gleichung:

$$l_0 = \frac{R T^2}{m}\left(\frac{\partial \log p_0}{\partial T}\right)_k. \tag{114}$$

Der Index k ist hier freilich überflüssig, weil selbstverständlich, da $k = 0$ ist; wir haben ihn der Gleichmäßigkeit halber hinzugefügt. Die Subtraktion der beiden letzten Gleichungen ergibt nun:

$$l_k - l_0 = \frac{R T^2}{m}\left(\frac{\partial}{\partial T}\log\frac{p}{p_0}\right)_k. \tag{115}$$

Die Differenz ist im allgemeinen keineswegs gleich Null, sondern hat eine bestimmte physikalische Bedeutung, die zuerst Kirchhoff in einer berühmten Abhandlung klargestellt hat. Er stellt zu diesem Zwecke folgende Überlegung an: Wenn ein Gramm Lösungsmittel bei konstanter Konzentration, d. h. aus einer sehr großen Menge Lösung, verdampft, so muß dazu die Wärmemenge l_k und die Arbeit $-p v_k$ zugeführt werden; letztere dient dazu, das Flüssigkeitsvolumen auf das entsprechende Gasvolumen zu bringen. Umgekehrt: bringt man durch isotherme Kompression bei der Temperatur T unter dem konstanten Dampfdrucke p der Lösung ein Gramm Dampf zur Kondensation, so ist die Summe der von außen zugeführten Wärme und Arbeit, d. h. die Zunahme der spezifischen inneren Energie u gleich:

$$u_2 - u_1 = -l_k + p v_k = -l_k + \frac{RT}{m}.$$

Das nämliche Endresultat kann aber auch folgendermaßen erzielt werden: Man kondensiert zuerst ein Gramm Dampf unter dem konstanten Dampfdruck p_0 des reinen Lösungsmittels, was die äußere Zufuhr von $-l_0 + p_0 v_0 = -l_0 + \frac{RT}{m}$ an Arbeitsäquivalenten erfordert; dann muß man dieses eine Gramm flüssigen Lösungsmittels noch zu der Lösung (die wegen der konstant zu haltenden Konzentration als sehr groß zu betrachten ist) hinzufügen. Dabei ist im allgemeinen noch eine Wärmemenge λ, die von Kirchhoff so genannte „Verdünnungswärme" zuzuführen. Da hier derselbe Endzustand von demselben Anfangszustand aus erreicht ist, so ist die Energieänderung $u_2 - u_1$ die nämliche und hier ausdrückbar durch:

$$u_2 - u_1 = -l_0 + \frac{RT}{m} + \lambda,$$

also ergibt der Vergleich:

(116) $$l_k - l_0 = -\lambda.$$

Damit ist die physikalische Bedeutung der fraglichen Differenz klargestellt, und (115) wird zu der Kirchhoffschen Gleichung:

(117) $$-\lambda = \frac{RT^2}{m}\left(\frac{\partial}{\partial T}\log\frac{p}{p_0}\right)_k.$$

Experimentell wird die Verdünnungswärme gemessen, indem man zu einer sehr großen Menge Lösung ein Gramm Lösungsmittel hinzufügt; die dabei auftretende Wärmetönung ergibt, negativ genommen, λ. Bemerkt sei hier noch, daß in der Chemie λ, wie alle Wärmetönungen, mit dem umgekehrten Vorzeichen wie hier genommen wird; dies ist bei der Formulierung der folgenden Sätze zu beachten.

Die allgemeine Folgerung aus (117), daß $\frac{p}{p_0}$ mit der Temperatur zunimmt, wenn λ negativ, dagegen abnimmt, wenn λ positiv ist, hat sich bestätigt; eine genaue quantitative Prüfung der Formel steht noch aus, da die Messungen sehr schwierig sind.

Es ist klar, daß bei immer weiter fortschreitender Verdünnung einer Stammlösung, d. h. bei immer mehr abnehmender Konzentration k, schließlich λ sich der Null nähern muß, da man sich auf diese Weise schließlich dem Grenzfalle reinen Lösungsmittels nähert. Mit andern Worten: für sehr verdünnte Lösungen ist die Verdünnungswärme $\lambda = 0$. Für diesen Grenzfall gilt nach (117):

$$\frac{p}{p_0} = \text{Const.},$$

oder auch:

$$\frac{p - p_0}{p} = \text{Const.} \tag{118}$$

Den Ausdruck $\frac{p-p_0}{p}$ nennt man die „relative Dampfspannungsänderung", und so läßt sich die letzte Gleichung dahin aussprechen: „Für sehr verdünnte Lösungen ist die relative Dampfspannungsänderung für alle Temperaturen die nämliche". Dieses Gesetz ist tatsächlich von v. Babo experimentell gefunden worden, und zwar bevor die Theorie gegeben wurde. v. Babo hatte zwar mit sehr verdünnten Lösungen experimentiert, hielt aber sein Ergebnis irrtümlich auch bei konzentrierten Lösungen für richtig, was mit (117) aber im Widerspruch steht. Erst die thermodynamische Theorie hat den Charakter der v. Baboschen Regel als den eines „Grenzgesetzes" festgestellt.

Gehen wir nun zur Betrachtung von (112) über; auch sie ist von großer Wichtigkeit. Die schon vorhin konstatierte Verschiedenheit der Drucke p und p_0, d. h. die Abhängigkeit des Dampfdruckes einer Lösung von der Konzentration, erfährt hier eine quantitative Formulierung. Und zwar läßt sich leicht zeigen, daß $p < p_0$ ist, d. h., daß wir es stets mit einer Druckerniedrigung zu tun haben. Denn da p_0, der Druck des über reinem Lösungsmittel gesättigten Dampfes, schon der maximale Druck desselben ist, so muß in der Tat p kleiner als p_0 sein, da sonst sofort Kondensation eintreten würde, d. h. kein Gleichgewicht bestehen könnte. Nach (112) folgt daraus sofort, daß die Größe ψ stets positiv ist, was für das folgende wichtig werden wird.

Gl. (112) gestattet für sehr verdünnte Lösungen eine angenäherte Integration in folgender Weise. Es ist exakt:

$$p - p_0 = -\int_0^k \frac{T\psi}{v_k}\, dk,$$

oder, wenn gemäß der bisher gemachten Annahme $v_k = \frac{RT}{mp}$ gesetzt wird:

$$p - p_0 = -\frac{m}{R}\int_0^k p\,\psi\, dk.$$

Wegen der Kleinheit des Integrationsintervalles (d. h. weil k sehr klein ist) können p und ψ als unabhängig von k betrachtet und vor das Integralzeichen gezogen werden, womit sich ergibt:

$$\frac{p - p_0}{p} = -\frac{m}{R}\,\psi \cdot k, \tag{119}$$

d. h. „Für sehr verdünnte Lösungen ist die relative Dampfspannungserniedrigung proportional der Konzentration". Auch dieses Grenzgesetz ist experimentell (von Wüllner) gefunden worden.

Die beiden Gleichungen (111) und (112) entsprechen den Grenzfällen konstanter Temperatur und konstanter Konzentration. Wir wollen nunmehr (109) noch für $dp = 0$ spezialisieren, d. h. für den Fall konstanten Druckes. Dann erhält man aus (109) eine Gleichung für $\left(\frac{\partial T}{\partial k}\right)_p$, d. h. für die Änderung des Siedepunktes mit der Konzentration der Lösung. Und zwar folgt:

(120) $$\left(\frac{\partial T}{\partial k}\right)_p = \frac{T^2 \psi}{l_k}.$$

Da $\psi > 0$ ist, so bedeutet das, daß bei dem gleichen Drucke der Siedepunkt einer Lösung höher liegt als der des reinen Lösungsmittels. Für sehr kleine Konzentrationen können wir, ähnlich wie vorhin, eine angenäherte Integration vornehmen (T_0 sei der Siedepunkt des Lösungsmittels):

(121) $$T - T_0 = \int_0^k \frac{T^2 \psi}{l_k}\, dk \simeq \frac{T_0^2 \psi}{l_k} k,$$

d. h.: Für sehr verdünnte Lösungen ist die Siedepunktserhöhung proportional der Konzentration.

Wir haben bisher angenommen, die mit der Lösung koexistierende Phase sei die dampfförmige, in der das Lösungsmittel allein vorhanden ist. Aber die Formeln gelten offenbar ganz ebenso, wenn z. B. die Lösung mit der festen Phase des reinen Lösungsmittels im Gleichgewicht steht. Nur mit der flüssigen Phase des reinen Lösungsmittels ist, wenigstens ohne weiteres, kein Gleichgewichtszustand möglich, da in beiden Phasen der Druck verschieden ist; auf diesen Fall gehen wir in der nächsten Nummer ein. Jedenfalls aber gelten die Gleichungen (111), (112) und (120) bzw. die daraus abgeleiteten auch für den Fall des Gefrierens des reinen Lösungsmittels, wie wir sagen können. Dabei bedeutet dann T die Gefrier- (oder Schmelz-)temperatur; l_k ist, wenigstens absolut genommen, die Schmelzwärme der Lösung bei konstanter Konzentration, usw. Uns interessiert hier besonders, weil experimentell sehr wichtig, die Gl. (120) bzw. (121), die uns eine Aussage über die Abhängigkeit des Gefrierpunktes von der Konzentration liefert. Und zwar ist zu beachten, daß beim Gefrieren von ein Gramm Lösungsmittel, $-l_k$ die Schmelzwärme ist, da dann positive Wärme nach außen abgegeben wird (umgekehrt, wie beim Verdampfen). Es folgt also aus (120), da jetzt $l_k < 0$ ist:

„Der Gefrierpunkt einer Lösung liegt tiefer, als der des Lösungsmittels", und speziell aus (121):

„Die Gefrierpunktserniedrigung sehr verdünnter Lösungen ist proportional der Konzentration".

Letzteres Gesetz ist experimentell von Raoult gefunden worden.

Alle hier abgeleiteten Gesetzmäßigkeiten werden im nächsten Kapitel von einem etwas veränderten Standpunkte aus vertieft und vervollständigt werden.

Hier sei nur noch darauf hingewiesen, daß vermittels der Gleichungen (92) oder (92a) natürlich auch der allgemeine Fall $\alpha = 2$, $\beta = 2$ vollkommen erledigt werden kann, in dem also beide Komponenten wirklich in beiden Phasen auftreten (sog. binäre Gemische). Es sei dafür etwa auf die Thermodynamik von Planck verwiesen.

62. Der osmotische Druck von Lösungen.

Bereits in der vorigen Nummer ist darauf hingewiesen worden, daß eine Lösung sowohl mit ihrem gesättigten Dampfe als auch mit der festen Phase des Lösungsmittels im Gleichgewichte sein kann, weil in beiden Fällen Druck- und Temperaturgleichgewicht sich herstellen läßt. Dagegen ist dies nicht möglich zwischen den flüssigen Phasen der Lösung einerseits und des Lösungsmittels anderseits. In diesem Falle tritt sofortige Vermischung ein; ein Gleichgewicht ist unmöglich.

Ein solches kann jedoch — das ist der Gedanke von van't Hoff — erzwungen werden, wenn man die beiden Phasen durch eine semipermeable Wand trennt, die nur für das Lösungsmittel, nicht für den gelösten Stoff durchlässig ist.

Wir können dabei den nämlichen Weg einschlagen, den wir in den Nummern 58 und 60 benutzt haben. Nennen wir das Potential der Lösung Φ', das des Lösungsmittels Φ'', so ist zunächst:

$$\left\{\begin{aligned}\Phi' &= M_1'\varphi_1' + M_2'\varphi_2',\\ \Phi'' &= M_1''\varphi_1'',\end{aligned}\right. \tag{122}$$

und das Gesamtpotential Φ ist gleich:

$$\Phi = \Phi' + \Phi''. \tag{123}$$

Ferner sind, wie bisher, die Massen M_1', M_1'', M_2' an die Beziehungen gebunden:

$$\left\{\begin{aligned}M_1' + M_1'' &= M_1,\\ M_2' &= M_2,\end{aligned}\right. \tag{124}$$

wo M_1 und M_2 gegebene positive Konstanten sind.

Für das Gleichgewicht gilt wieder:

$$\delta_{Tp}\,\Phi = \delta_{Tp}\,\Phi' + \delta_{Tp}\,\Phi'' = 0.$$

Diese Gleichung gibt ausgeführt:

$$(M_1'\,\delta\varphi_1' + M_2'\,\delta\varphi_2' + M_1''\,\delta\varphi_1'') + \varphi_1'\,\delta M_1' + \varphi_2'\,\delta M_2' + \varphi_1''\,\delta M_1'' = 0.$$

Gemäß Gl. (77) verschwindet darin die Summe der drei ersten Terme, und es bleibt, wie früher, übrig:

$$\varphi_1'\,\delta M_1' + \varphi_2'\,\delta M_2' + \varphi_1''\,\delta M_1'' = 0. \tag{125}$$

Die äußeren Bedingungsgleichungen (124) geben die variierte Form:

$$(126)\quad \begin{cases} \delta M_1' + \delta M_1'' = 0, \\ \delta M_2' = 0. \end{cases}$$

Multipliziert man mit zwei Lagrangeschen Multiplikatoren σ_1 und σ_2 und addiert zu (125), so folgt:

$$(\varphi_1' + \sigma_1)\delta M_1' + (\varphi_2' + \sigma_2)\delta M_2' + (\varphi_1'' + \sigma_1)\delta M_1'' = 0,$$

und das liefert nach der bekannten Schlußweise der Mechanik:

$$\begin{aligned} \varphi_1' + \sigma_1 &= 0, \\ \varphi_1'' + \sigma_1 &= 0, \\ \varphi_2' + \sigma_2 &= 0; \end{aligned}$$

d. h.

$$(127)\quad \begin{cases} \varphi_1' = \varphi_1'', \\ \varphi_2' = \text{unbestimmt}. \end{cases}$$

Das spezifische Potential der ersten Komponente hat also, wie früher, in beiden Phasen den nämlichen Wert. Daß das Potential φ_2' des gelösten Stoffes unbestimmt bleibt, liegt an der speziellen Voraussetzung, daß der gelöste Stoff nur in einer Phase auftritt; diese Unbestimmtheit bedeutet offenbar, daß Gleichgewicht bei beliebiger Konzentration möglich ist.

Um weiter den Einfluß des Druckes und der Temperatur auf das Gleichgewicht zu untersuchen, verfahren wir genau so, wie in Nr. 60, indem wir von einer Gleichgewichtslage ausgehend, in der das Potential den Wert Φ habe, zu einer benachbarten Lage $\Phi + d\Phi$ übergehen und nach der Bedingung fragen, unter der auch diese eine Gleichgewichtslage ist. Für das Potential $\overline{\Phi}$ der Nachbarlage finden wir:

$$\overline{\Phi} = \Phi + d\Phi = \Phi + \frac{\partial \Phi}{\partial T} dT + \frac{\partial \Phi}{\partial p} dp + \sum_\lambda \sum_\mu \varphi_\lambda^{(\mu)} dM_\lambda^{(\mu)},$$

oder spezialisiert auf die zwei hier vorhandenen Phasen, in denen wir aber bei gleicher Temperatur die Drucke als verschieden annehmen müssen (p' und p''):

$$\overline{\Phi} = \Phi + \frac{\partial \Phi'}{\partial T} dT + \frac{\partial \Phi''}{\partial T} dT + \frac{\partial \Phi'}{\partial p'} dp' + \frac{\partial \Phi''}{\partial p''} dp'' + \sum_\lambda \sum_\mu \varphi_\lambda^{(\mu)} dM_\lambda^{(\mu)},$$

oder, indem wir die allgemeine thermodynamische Beziehung (70) des dritten Kapitels heranziehen:

$$(128)\quad \overline{\Phi} = \Phi + \frac{U' + p'V'}{T^2} dT + \frac{U'' + p''V''}{T^2} dT - \frac{V'}{T} dp' - \frac{V''}{T} dp'' + \\ + \sum_\lambda \sum_\mu \varphi_\lambda^{(\mu)} dM_\lambda^{(\mu)}.$$

Darin bedeuten U' und U'' die Energien der beiden Phasen, V' und V'' ihre Volumina. Damit die durch $\overline{\Phi} = \Phi + d\Phi$ charakterisierte Lage eine Gleichgewichtslage sei, muß $\delta_{Tp}\overline{\Phi} = 0$ sein, und das gibt, da auch $\delta_{Tp}\Phi = 0$ ist, weil die ursprüngliche Lage ja auch eine Gleichgewichtslage war:

$$(129)\quad \delta_{Tp}\overline{\Phi} = \frac{\delta U' + p'\delta V'}{T^2} dT + \frac{\delta U'' + p''\delta V''}{T^2} dT - \frac{\delta V'}{T} dp' - \frac{\delta V''}{T} dp'' + \sum_\lambda \sum_\mu \delta_{Tp}\varphi_\lambda^{(\mu)} dM_\lambda^{(\mu)} = 0.$$

Darin bedeuten nach dem ersten Hauptsatze die beiden ersten Glieder zusammen, abgesehen von dem Faktor $\frac{1}{T^2}$, die Wärmemenge $\delta' Q$, die bei dem δ-Prozeß von außen zugeführt werden muß, also ist weiter:

$$(130)\quad \delta' Q\, dT - T\delta V' dp' - T\delta V'' dp'' = -T^2 \sum_\lambda \sum_\mu \delta \varphi_\lambda^{(\mu)} dM_\lambda^{(\mu)}.$$

Unter den besonderen Vereinfachungen des vorliegenden Problems wird die rechte Seite, wie in der vorigen Nummer, gleich $\left(-T^2 \frac{\partial \varphi_1'}{\partial M_1'} \delta M_1'' dM_1''\right)$; also wird Gl. (130):

$$(131)\quad \frac{\delta' Q}{\delta M_1''} dT - T\frac{\delta V'}{\delta M_1''} dp' - T\frac{\delta V''}{\delta M_1''} dp'' = -T^2 \frac{\partial \varphi_1'}{\partial M_1'} dM_1''.$$

Wir setzen:

$$\frac{\delta' Q}{\delta M_1''} = l, \quad \frac{\delta V'}{\delta M_1''} = v_k', \quad \frac{\delta V''}{\delta M_1''} = v_k''.$$

Dabei ist l die sogenannte „Austrittwärme“, die von außen zugeführt werden muß, damit ein Gramm Lösungsmittel aus der Lösung durch die semipermeable Wand übertritt, v_k' ist die diesen Vorgang begleitende Volumänderung der Lösung, v_k'' entsprechend die des Lösungsmittels; v_k' ist negativ, v_k'' positiv.

Führen wir schließlich noch die Konzentration k und die Größe ψ nach Gl. (104) ein, so wird schließlich:

$$l\,dT - Tv_k' dp' - Tv_k'' dp'' = T^2 \psi\, dk,$$

oder:

$$(132)\quad \frac{l}{T^2} dT - \frac{v_k'}{T} dp' - \frac{v_k''}{T} dp'' - \psi\, dk = 0.$$

Diese Gleichung ist die direkte Verallgemeinerung der Gl. (110) der vorigen Nummer, eine Art differentieller Zustandsgleichung, die die Differentiale dT, dp', dp'' und dk miteinander verknüpft.

In praxi liegt die Sache meist so, daß p'', oder, wie wir früher schrieben und jetzt wieder schreiben wollen, p_0, der Druck des reinen Lösungsmittels, gegeben und konstant ist. Dann ist also $dp'' = dp_0 = 0$, und es folgen aus (132) die beiden Gleichungen:

$$(133)\quad \begin{cases} \left(\frac{\partial p'}{\partial k}\right)_T = -\frac{\psi T}{v_k'}, \\ \left(\frac{\partial p'}{\partial T}\right)_k = \frac{l}{T v_k'}. \end{cases}$$

Da nach dem Vorhergehenden $v_k' < 0$ und $\psi > 0$ ist, so folgt aus der ersten dieser beiden Formeln, daß p', d. h. der Gleichgewichtsdruck in der Lösung, mit steigender Konzentration k zunimmt. Nennen wir nun die Druckdifferenz zwischen Lösung und Lösungsmittel, die bestehen muß, damit Gleichgewicht zwischen beiden Phasen herrscht:

$$p' - p'' = p' - p_0 = P$$

den „osmotischen Druck" der Lösung, so können wir, da $p_0 = \text{const.}$, schreiben:

$$\left(\frac{\partial p'}{\partial k}\right)_T = \left(\frac{\partial P}{\partial k}\right)_T,$$

also folgt aus der ersten Gleichung (133):

(134) $$\left(\frac{\partial P}{\partial k}\right)_T = -\frac{\psi T}{v_k'},$$

d. h. der osmotische Druck nimmt mit der Konzentration zu. D. h. je stärker die Lösung konzentriert ist, ein um so stärkerer Druckunterschied bildet sich zwischen den beiden Phasen im Gleichgewichtszustande aus. Da ferner für $k = 0$ auch $P = 0$ wird, so ist P stets positiv, d. h. im Gleichgewichtszustande herrscht in der Lösung stets ein stärkerer Druck als im Lösungsmittel. Bringen wir also Lösung und Lösungsmittel von gleichem Drucke auf die beiden Seiten der semipermeablen Membran, so muß Lösungsmittel so lange zur Lösung durch die Membran hindurchtreten, bis in der Lösung der Druck auf einen bestimmten Betrag, der mit der Konzentration steigt und natürlich von der Natur der Lösung abhängt, höher geworden ist.

Das ist in der Tat experimentell zu beobachten, wozu man sich etwa folgender Vorrichtung bedienen kann.

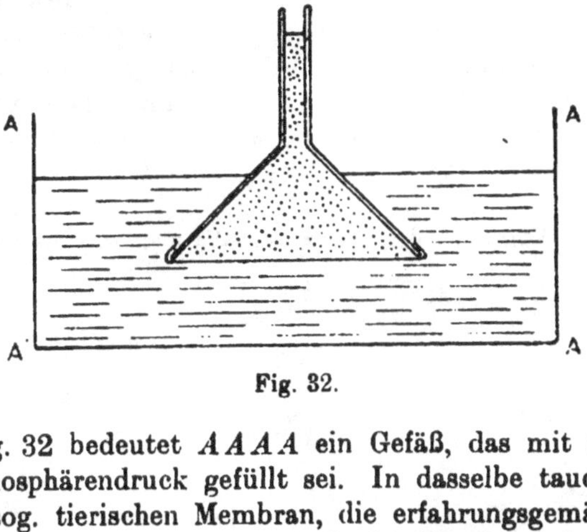

Fig. 32.

In der Fig. 32 bedeutet *AAAA* ein Gefäß, das mit reinem Lösungsmittel von Atmosphärendruck gefüllt sei. In dasselbe taucht ein Trichter, der mit einer sog. tierischen Membran, die erfahrungsgemäß nahezu semipermeabel ist, zugebunden ist; oberhalb der Membran befindet sich Lösung, gleichfalls von Atmosphärendruck. Dann besteht kein Gleichgewicht, sondern es tritt das Lösungsmittel durch die Membran zur Lösung hindurch, so daß die Lösung im Trichterhalse, an den ein Steigrohr angeschlossen ist, ansteigt, wobei ein Überdruck entsteht. Der geschilderte Vorgang dauert so lange an, bis der Überdruck gleich dem osmotischen Drucke der Lösung geworden ist.

Auf ähnliche Weise hat Pfeffer im Jahre 1877 in Rohrzuckerlösungen die ersten quantitativen Messungen des osmotischen Druckes angestellt, auf die gestützt dann später van 't Hoff die Gesetze desselben ableitete, von denen wir einen Teil bereits besprochen haben. Genauer gehen wir im nächsten Kapitel darauf ein.

Für kleine Konzentrationen k folgt aus (134) durch eine angenäherte Integration:

$$P = -\frac{\psi T k}{v_k'},$$

und darin kann man noch angenähert $-v_k'$ gleich dem spezifischen Volumen v_k der Lösung setzen:

$$P = \frac{\psi T k}{v_k}, \tag{135}$$

d. h. der osmotische Druck stark verdünnter Lösungen ist proportional der Konzentration.

Es bedarf in dieser Gleichung, in der ebenso wie in denen der vorigen Nummer die Größe ψ auftritt, nur noch der expliziten Angabe, wie ψ von der chemischen Natur der Lösung abhängt, um Gefrierpunktserniedrigung, Siedepunktserhöhung, Dampfspannungserniedrigung und osmotischen Druck vollkommen bestimmt zu erhalten. Diese Aufgabe wird im nächsten Kapitel angegriffen werden.

Hier sei nur noch folgendes erwähnt: Helmholtz[1]) hat eine andere anschaulichere Ableitung des osmotischen Druckes und der damit zusammenhängenden Phänomene gegeben. Der Leser sei nachdrücklich auf diese Darstellung verwiesen. Wir sind im Obigen der Darstellung von Planck gefolgt, die den Vorzug besitzt, alles aus einem vollkommen einheitlichen Gesichtspunkt zu behandeln, wenn auch vielleicht die Anschaulichkeit darunter leiden mag.

[1]) Helmholtz, Vorl. über die Theorie der Wärme, herausgeg. von F. Richarz, p. 309ff.

Sechstes Kapitel.

Spezielle Systeme (Gase und verdünnte Lösungen).

63. Energie, Entropie und thermodynamisches Potential eines Gemisches idealer Gase.

Die im vorstehenden Kapitel enthaltenen Untersuchungen über das Gleichgewicht, insbesondere die sich an die Gleichgewichtsbedingung

$$\delta_{T,p}\Phi = 0 \tag{1}$$

anschließenden, konnten nur dadurch gewonnen werden, daß man den Begriff der „unabhängigen Komponenten“ einführte und so Ordnung und System in das vielgestaltige Problem brachte. Nur so war es möglich, die Gibbssche Phasenregel und ihre Konsequenzen in voller Allgemeinheit zu gewinnen. Die Schönheit der erzielten Resultate darf jedoch nicht darüber täuschen, daß dieses Verfahren zu summarisch ist, um mehr als allgemeine Ergebnisse zu liefern. Ihre volle Kraft werden vielmehr die erzielten Resultate erst erlangen, wenn es gelingt, in jedem Falle etwa das isotherm-isobare Potential Φ nicht nur in seiner Abhängigkeit von T und p, sondern auch als Funktion der Konzentrationen sämtlicher an dem System beteiligter Stoffe darzustellen. Diese neue Problemstellung geht also wesentlich tiefer als die bisherige, ist deshalb entsprechend schwieriger, aber auch fruchtbarer. Gelöst ist die hier formulierte Aufgabe bis heute erst für ideale Gase und verdünnte Lösungen, die daher in diesem Kapitel einer genaueren Untersuchung unterzogen werden sollen. Natürlich sind die in der Natur vorkommenden Gase nicht ideal, aber unter normalen Bedingungen nähern sie sich diesem Zustande doch so sehr, daß diese vereinfachende Annahme zulässig ist.

Wir wollen daher das isotherm-isobare Potential Φ für ein Gemisch idealer Gase berechnen. Nach seiner Definition ist das Potential Φ mit der Entropie S, der Energie U und dem Gesamtvolumen V durch die folgende Gleichung verknüpft:

$$\Phi = S - \frac{U + pV}{T}, \tag{2}$$

so daß die obige Aufgabe auf die Berechnung der Entropie S, der Energie U und des Volumens V als Funktionen von T und p, sowie der Konzentrationen $k_\lambda^{(\mu)}$ der Einzelgase des Gemisches hinauskommt. Es möge nochmals betont werden, daß die Einzelgase keine Komponenten im Gibbsschen Sinne zu sein brauchen und im allgemeinen nicht sind, obwohl gelegentlich eine Koinzidenz beider Begriffe eintreten kann; im allgemeinen aber sind die hier in den Vordergrund tretenden Einzelgase begrifflich streng von den Gibbsschen Komponenten zu trennen.

Für die spezifische Energie u_λ eines beliebigen (des λten) Einzelgases des Gemisches haben wir bekanntlich:

(3) $$u_\lambda = c_{v_\lambda} T + a'_\lambda,$$

wenn c_{v_λ} die spezifische Wärme bei konstantem Volumen dieses Gases und a'_λ eine Konstante bedeutet. Tritt dieses Gas in dem Gemisch mit der Masse M_λ auf (der obere Phasenindex fällt hier natürlich fort, da wir nur eine Phase haben), so ist ihre Energie U_λ:

(4) $$U_\lambda = M_\lambda (c_{v_\lambda} T + a'_\lambda) = \frac{M_\lambda}{m_\lambda}(m_\lambda c_{v_\lambda} T + m_\lambda \cdot a'_\lambda),$$

wenn m_λ das Molekulargewicht bedeutet. $\frac{M_\lambda}{m_\lambda}$ ist gleich der Anzahl n_λ der Grammoleküle dieses Gases, die im Gemische vorhanden sind; ferner ist $m_\lambda c_{v_\lambda}$ offenbar die sogenannte „Molekularwärme" bei konstantem Volumen, wofür wir C_{v_λ} schreiben wollen. Für die Konstante $m_\lambda \cdot a'_\lambda$ setzen wir einfach a_λ, so daß wir endgültig erhalten:

(5) $$U_\lambda = n_\lambda (C_{v_\lambda} T + a_\lambda);$$

also folgt durch Summation über alle Einzelgase des Gemisches für die Gesamtenergie desselben:

(6) $$U = \sum_\lambda U_\lambda = \sum_\lambda n_\lambda (C_{v_\lambda} T + a_\lambda).$$

In ganz analoger Weise berechnen wir die Entropie des Gasgemisches. Die spezifische Entropie s_λ des λten Einzelgases ist gleich:

$$s_\lambda = c_{v_\lambda} \log T + \frac{R}{m_\lambda} \log v_\lambda + b'_\lambda.$$

Führen wir statt v_λ mittels der Gasgleichung $v_\lambda = \frac{RT}{m_\lambda \cdot p_\lambda}$ die Temperatur T und den Partialdruck p_λ ein, den dieses Gas im Gemisch besitzt, so folgt:

$$s_\lambda = c_{v_\lambda} \log T + \frac{R}{m_\lambda} \log \frac{R}{m_\lambda} + \frac{R}{m_\lambda} \log T - \frac{R}{m_\lambda} \log p_\lambda + b'_\lambda,$$

oder, da $\frac{R}{m_\lambda} = c_{p_\lambda} - c_{v_\lambda}$ ist:

$$s_\lambda = c_{p_\lambda} \log T - \frac{R}{m_\lambda} \log p_\lambda + \left\{\frac{R}{m_\lambda} \log \frac{R}{m_\lambda} + b'_\lambda\right\},$$

oder endlich, indem die geschweifte Klammer, die nur Konstanten enthält, zu einer einzigen s^0_λ zusammengefaßt wird:

(7) $$s_\lambda = c_{p_\lambda} \log T - \frac{R}{m_\lambda} \log p_\lambda + s^0_\lambda.$$

Diese Konstante s^0_λ wollen wir die „Entropiekonstante" nennen; ihre physikalische Bedeutung ist offenbar die, daß sie den Wert der Entropie für $p = 1$ und $T = 1$ angibt. Sie kann thermodynamisch, d. h. mit Hilfe der beiden Hauptsätze, nicht bestimmt werden; gleichwohl werden wir sehen, daß s_λ^0 einen ganz bestimmten Wert haben muß. Das gleiche gilt übrigens auch für die „Energiekonstante" a'_λ der Gleichung (3).

Die Entropie S_λ des λten Einzelgases folgt nun durch Multiplikation mit der Masse M_λ einfach zu:

$$S_\lambda = M_\lambda \left(c_{p_\lambda} \log T - \frac{R}{m_\lambda} \log p_\lambda + s_\lambda^0 \right)$$

$$= \frac{M_\lambda}{m_\lambda} \left(m_\lambda c_{p_\lambda} \log T - R \log p_\lambda + m_\lambda \cdot s_\lambda^0 \right),$$

oder, wenn wir wieder die Zahl n_λ der Grammoleküle und die Molekularwärme C_{p_λ} bei konstantem Druck einführen, und $m_\lambda \cdot s_\lambda^0 = S_\lambda^0$, die auf ein Mol bezogene Entropiekonstante, einführen:

(8) $$S_\lambda = n_\lambda \{ C_{p_\lambda} \log T - R \log p_\lambda + S_\lambda^0 \}.$$

Mit Hilfe des Daltonschen Gesetzes, daß der Gesamtdruck p gleich der Summe der Partialdrucke p_λ ist, können wir hier p selbst einführen. Denn wir haben:

$$p = \sum_\lambda p_\lambda = RT \sum_\lambda \frac{1}{m_\lambda v_\lambda}.$$

Ferner ist v_λ, das spezifische Volumen des gerade betrachteten Gases, gleich dem Gesamtvolumen V, dividiert durch die Masse M_λ desselben; d. h.

$$v_\lambda = \frac{V}{M_\lambda}.$$

Führt man diesen Wert in die obige Gleichung für p ein, so folgt weiter:

(9) $$p = \frac{RT}{V} \sum_\lambda \frac{M_\lambda}{m_\lambda} = \frac{RT}{V} \sum_\lambda n_\lambda.$$

Da nun gleichzeitig für p_λ geschrieben werden kann:

$$p_\lambda = \frac{RT}{V} \cdot n_\lambda,$$

so folgt die Relation zwischen p und p_λ:

(10) $$p_\lambda = p \cdot \frac{n_\lambda}{\sum_\lambda n_\lambda}.$$

Das Verhältnis

$$\frac{n_\lambda}{\Sigma n_\lambda} = \frac{\text{Anzahl der Grammoleküle des } \lambda\text{ten Einzelgases}}{\text{Anzahl der Grammoleküle der Mischung}}$$

ist nun aber mit den Molzahlen ganz analog gebildet, wie wir in Nr. 58 — man vergleiche insbesondere die Gl. (71 a) und (71 b) des fünften Kapitels auf pag. 230 — die „Massenkonzentration" k_λ mit den Massen gebildet hatten. Wir bezeichnen demgemäß $\frac{n_\lambda}{\Sigma n_\lambda} = k_\lambda$ als die „Molkonzentration"; ein oberer Index fällt hier fort, weil nur eine Phase vorhanden ist. Im folgenden haben wir es nur mit Molkonzentrationen zu tun, weshalb wir einfach von „Konzentrationen“ sprechen werden.

Es wird also schließlich:

(11) $$p_\lambda = p \cdot k_\lambda .$$

Setzen wir dies in unseren Ausdruck (8) für S_λ ein, so folgt:

(12) $$S_\lambda = n_\lambda \{C_{p_\lambda} \log T - R \log p - R \log k_\lambda + S_\lambda^0\},$$

und daraus weiter durch Summation über alle Einzelgase die Gesamtentropie S des Gemisches:

(13) $$S = \sum_\lambda S_\lambda = \sum_\lambda n_\lambda \{C_{p_\lambda} \log T - R \log p - R \log k_\lambda + S_\lambda^0\}.$$

Bilden wir nun gemäß der Vorschrift (2) das Potential Φ des Gasgemisches mit Hilfe von (6) und (13), so finden wir:

$$\Phi = \sum_\lambda n_\lambda \left\{C_{p_\lambda} \log T - R \log p - R \log k_\lambda + S_\lambda^0 - C_{v_\lambda} - \frac{a_\lambda}{T} - R\right\};$$

das letzte Glied entsteht aus $\frac{pV}{T}$ mit Benutzung von Gl. (9). Gruppieren wir jetzt diesen Ausdruck etwas anders:

$$\Phi = \sum_\lambda n_\lambda \left[C_{p_\lambda} \log T - R \log p + \{S_\lambda^0 - C_{v_\lambda} - R\} - \frac{a_\lambda}{T}\right] - R \sum_\lambda n_\lambda \log k_\lambda ,$$

bezeichnen die in der geschweiften Klammer stehende Konstante einfach durch b_λ, so können wir schreiben:

(14) $$\Phi = \sum_\lambda n_\lambda \left[C_{p_\lambda} \log T - R \log p + b_\lambda - \frac{a_\lambda}{T}\right] - R \sum_\lambda n_\lambda \log k_\lambda ,$$

oder schließlich, wenn die eckige Klammer, die nur von T und p abhängt, durch $\psi_\lambda(T, p)$ abgekürzt wird:

(15) $$\Phi = \sum_\lambda n_\lambda \{\psi_\lambda(T, p) - R \log k_\lambda\},$$

womit die gestellte Aufgabe gelöst ist: Die Gl. (15) stellt das thermodynamische Potential Φ als Funktion von T und p sowie von den Konzentrationen k_λ der Einzelgase dar.

64. Thermodynamisches Gleichgewicht einer Gasmischung; das Massenwirkungsgesetz.

Die Bedingung dafür, daß in der betrachteten Gasmischung die einzelnen Bestandteile nebeneinander im Gleichgewichte, auch gegenüber einer chemischen Umwandlung, sind, lautet, wie im vorigen Kapitel:

(16) $$\delta_{T,p} \Phi = 0,$$

wo $\delta_{T,p}$ eine bei konstantem Druck p und konstanter Temperatur T vor sich gehende virtuelle, d. h. mit den äußeren Bedingungsgleichungen verträgliche, unendlich kleine Änderung bedeutet. Wenden wir diese Gleichung auf (15) an, so folgt:

(17) $\delta_{T,p}\Phi \equiv \sum_\lambda \delta n_\lambda \{\psi_\lambda(T,p) - R\log k_\lambda\} + \sum_\lambda n_\lambda \delta\{\psi_\lambda(T,p) - R\log k_\lambda\} = 0.$

Darin ist nun im zweiten Gliede $\delta_{T,p}\psi_\lambda(T,p) = 0$, weil ψ_λ nur von T und p abhängt; weiter ist:

$$\delta \log k_\lambda = \frac{1}{k_\lambda}\delta k_\lambda .$$

Bedenkt man nun, daß

$$k_\lambda = \frac{n_\lambda}{\Sigma n_\lambda} = \frac{n_\lambda}{n},$$

wenn wir für einen Augenblick die Gesamtzahl der Grammoleküle mit n bezeichnen, so nimmt das zweite Glied die Gestalt an:

$$-R\sum_\lambda \frac{n_\lambda}{k_\lambda}\delta k_\lambda = -R\cdot n\cdot \sum_\lambda \delta k_\lambda .$$

Da aber $\sum k_\lambda = 1$ nach der Definition der Konzentrationen — siehe Gl. (71b) des fünften Kapitels auf pag. 230 —, so ist $\sum_\lambda \delta k_\lambda = 0$, und das ganze zweite Glied der rechten Seite von (17) verschwindet. Als Gleichgewichtsbedingung bleibt also einfach:

(18) $$\sum_\lambda \delta n_\lambda \{\psi_\lambda(T,p) - R\log k_\lambda\} = 0.$$

In dieser Gleichung bedeutet δn_λ die Veränderung der Anzahl der Grammmoleküle des λten Einzelgases; man erkennt, daß es, weil die linke Seite gleich Null ist, gar nicht auf die Absolutwerte der δn_λ ankommt, sondern nur auf ihre Verhältnisse. Denken wir uns daher die ganze Gl. (18) mit einem solchen Faktor h multipliziert, daß die Größen $h\,\delta n_\lambda = \nu_\lambda$ solche ganze (positive oder negative) Zahlen werden, die direkt die Anzahlen der sich umsetzenden Grammoleküle angeben, so können wir die Gleichgewichtsbedingung (18) schreiben:

(19) $$\sum_\lambda \{\psi_\lambda(T,p) - R\log k_\lambda\}\nu_\lambda = 0,$$

oder:

(20) $$\sum_\lambda \psi_\lambda(T,p)\cdot \nu_\lambda = R\sum_\lambda \nu_\lambda \log k_\lambda = R\sum_\lambda \log (k_\lambda^{\nu_\lambda}).$$

Positiv fallen nun die Zahlen ν_λ für diejenigen Indizes λ aus, die Stoffe charakterisieren, die sich bei der virtuellen Umwandlung des Gleichgewichts vermehren (die „entstehen", wie wir sagen wollen,), negativ dagegen für solche Stoffe, die „verschwinden", d. h. deren Molzahl abnimmt. Wir wollen, um dies hervortreten zu lassen, eine etwas andere Bezeichnung einführen, indem wir die Absolutwerte der ν-Zahlen der entstehenden Stoffe mit einem oberen Strich, die der verschwindenden mit zwei oberen Strichen versehen, so daß wir die rechte Seite von (20) folgendermaßen schreiben können:

(21) $$R\sum_\lambda \log (k_\lambda^{\nu_\lambda}) = R\sum_\lambda \log\left(\frac{k_\lambda^{\nu'_\lambda}}{k_\lambda^{\nu''_\lambda}}\right),$$

oder, wenn wir (20) nunmehr ausführlich schreiben, mit Rücksicht auf (14) und (15):

$$(22)\qquad \sum_\lambda \left\{ \frac{\nu_\lambda C_{p\lambda}}{R} \log T - \nu_\lambda \log p + \frac{b_\lambda \cdot \nu_\lambda}{R} - \frac{a_\lambda \nu_\lambda}{R T} \right\} = \sum_\lambda \log \left(\frac{k_\lambda'^{\nu_\lambda'}}{k_\lambda''^{\nu_\lambda''}} \right).$$

Führt man hier folgende Abkürzungen ein:

$$(23)\qquad \left\{ \begin{aligned} &\sum \frac{\nu_\lambda C_{p\lambda}}{R} = C, \\ &\sum \nu_\lambda = \nu, \\ &\sum \frac{b_\lambda \nu_\lambda}{R} = \log B, \\ &\sum \frac{a_\lambda \nu_\lambda}{R} = A, \end{aligned} \right.$$

so kann man (22) schreiben:

$$(24)\qquad C \log T - \nu \log p + \log B - \frac{A}{T} = \sum_\lambda \log \left(\frac{k_\lambda'^{\nu_\lambda'}}{k_\lambda''^{\nu_\lambda''}} \right),$$

und wenn man von den Logarithmen zu den Numeris übergeht und durch $\Pi(\lambda)$ eine Produktbildung über λ andeutet:

$$(25)\qquad \Pi(\lambda) \left(\frac{k_\lambda'^{\nu_\lambda'}}{k_\lambda''^{\nu_\lambda''}} \right) = B e^{-\frac{A}{T}} T^C p^{-\nu} = K_k(T, p),$$

oder ausführlich geschrieben:

$$(25\text{a})\qquad \frac{k_1'^{\nu_1'} \cdot k_2'^{\nu_2'} \cdot k_3'^{\nu_3'} \ldots}{k_1''^{\nu_1''} \cdot k_2''^{\nu_2''} \cdot k_3''^{\nu_3''} \ldots} = K_k(T, p).$$

Der Index „k" an $K(T, p)$ soll besagen, daß auf der linken Seite ein aus „Konzentrationen" gebildeter Ausdruck steht, im Gegensatz zu einem weiter unten einzuführenden, der analog aus den „Partialdrucken" gebildet ist. Die Gl. (24), (25) oder (25a) stellen die explizite Form der Bedingung dar, die das thermisch-chemische Gleichgewicht in Gasgemischen beherrscht. Bei konstantem Drucke p und konstanter Temperatur T ist die rechte Seite eine Konstante, die sogenannte „Gleichgewichtskonstante", und wir haben speziell:

$$(25\text{b})\qquad \frac{k_1'^{\nu_1'} \cdot k_2'^{\nu_2'} \ldots}{k_1''^{\nu_1''} \cdot k_2''^{\nu_2''} \ldots} = \text{Const.}$$

Man kann diese Gleichung folgendermaßen formulieren: Eine ganz bestimmte Funktion der Konzentrationen der an der Reaktion beteiligten Stoffe hat im Gleichgewichte bei gegebener Temperatur und gegebenem Drucke einen konstanten Wert. Nimmt man also aus einem im Gleichgewichte befindlichen Gemisch einen Stoff heraus, etwa den durch k_λ' bezeichneten, so wird das Gleichgewicht gestört, die Reaktion setzt ein und ist erst dann beendigt, wenn wieder Gl. (25) erfüllt ist; d. h. der Stoff k_λ' bildet sich in bestimmtem Maße neu.

Gl. (25) bzw. (25a) heißt das „Massenwirkungsgesetz"; es wurde zuerst von Guldberg und Waage im Jahre 1867 experimentell erkannt und formuliert.

In eine etwas andere Form kann man das Massenwirkungsgesetz bringen, indem man nach (11) statt der Konzentrationen k_λ die Partialdrucke p_λ einführt. Dann findet man die Gleichung:

$$\frac{p_1'^{\nu_1'} p_2'^{\nu_2'} \cdots}{p_1''^{\nu_1''} p_2''^{\nu_2''} \cdots} = B e^{-\frac{A}{T}} T^C = K_p(T), \tag{25c}$$

wobei der Index p hier auf die Partialdrucke hindeuten soll. In dieser Form ist es für manche Folgerungen bequemer zu handhaben.

Da die Konzentrationen bzw. Partialdrucke der entstehenden Stoffe im Zähler, die der verschwindenden im Nenner stehen, so ist das Gleichgewicht um so mehr nach der Seite der entstehenden Produkte verschoben, je größer K bzw. K' ist. Auf diesen Punkt kommen wir in der nächsten Nummer noch ausführlich zurück.

Zunächst ist hier zu erkennen, daß, wie wir früher behauptet haben, die Entropiekonstante s_λ^0 und die Energiekonstante a_λ' völlig bestimmte Werte haben müssen. Denn die letztere steckt nach der letzten Gl. (23) in der Konstanten A, die erstere nach der dritten Gl. (23) in der Konstanten B. Beide aber müssen natürlich völlig bestimmte Werte haben, da sonst das Gleichgewicht ja nicht bestimmt wäre. Aber dieser Wert wird durch die beiden Hauptsätze ebensowenig geliefert, wie der Wert der Gleichgewichtskonstanten K_k bzw. K_p, die vielmehr durch Messung bestimmt werden müssen. Auf diese Frage gehen wir im siebenten Kapitel, bei Besprechung des Nernstschen Wärmetheorems, nochmals ein.

Bevor wir das Massenwirkungsgesetz mit der Erfahrung vergleichen, wollen wir die physikalische Bedeutung der in Gl. (23) definierten Konstanten A und C feststellen. Führen wir zu diesem Zwecke die oben eingeführte Bezeichnung, die die entstehenden Stoffe durch einen, die verschwindenden durch zwei obere Striche charakterisiert, auch hier durch, so ist nach Gl. (23) für C zu schreiben:

$$C = \frac{1}{R}\left\{\sum \nu_\lambda' C_{p\lambda}' - \sum \nu_\lambda'' C_{p\lambda}''\right\}.$$

Darin bedeutet $\nu_\lambda' C_{p\lambda}'$ die Wärmekapazität der von dem λten Einzelgase neugebildeten Mole, also ist $\sum \nu_\lambda' C_{p\lambda}'$ die gesamte Wärmekapazität der durch die Reaktion entstandenen Stoffe, ebenso $\sum \nu_\lambda'' C_{p\lambda}''$ diejenige der durch die Raktion verschwundenen. Die Größe C, die die Differenz beider Ausdrücke darstellt, ist erfahrungsgemäß immer sehr klein und kann in vielen Fällen ohne erheblichen Fehler gleich Null gesetzt werden.

Die Konstante A steht (nebst C) in einem einfachen Zusammenhange mit der auf 1 Mol bezogenen Umwandlungswärme, die bei dem $\delta_{T,p}$-Prozesse zugeführt werden muß. Denn nach dem ersten Hauptsatze ist diese ja gegeben durch:

(26) $$\delta'_{T,p} Q = \delta_{T,p} U + p\, \delta_{T,p} V;$$

für δU und δV findet man aus (6) und (9):

(27) $$\begin{cases} \delta_{T,p} U = \sum_\lambda (C_{v_\lambda} T + a_\lambda)\, \delta n_\lambda, \\ \delta_{T,p} V = \frac{RT}{p} \sum_\lambda \delta n_\lambda, \end{cases}$$

also folgt:

(28) $$\delta'_{T,p} Q = \sum_\lambda (C_{v_\lambda} T + a_\lambda + RT)\, \delta n_\lambda .$$

Durch Multiplikation mit dem Faktor h führen wir rechts wieder die Größen $\nu_\lambda = h \cdot \delta n_\lambda$ ein; dann ist $L = h \cdot \delta'_{T,p} Q$ die auf die Größen ν_λ bezogene Umwandlungswärme, und wir finden statt (28):

$$L = \sum_\lambda (C_{v_\lambda} T + a_\lambda + RT)\, \nu_\lambda ,$$

oder, da $C_{p_\lambda} = R + C_{v_\lambda}$ ist:

$$L = \sum_\lambda (C_{p_\lambda} \nu_\lambda T + a_\lambda \nu_\lambda),$$

oder endlich, mit Rücksicht auf die Gl. (23), die die Definition von A und C enthält:

(29) $$L = R(A + CT),$$

die sich in dem speziellen Falle, daß $C = 0$ ist, auf

(29a) $$L = RA$$

reduziert. In diesen Gleichungen ist L natürlich in Erg ausgedrückt, und zur Reduktion auf Kalorien ist mit $4{,}19 \cdot 10^7$ zu dividieren.

Im allgemeinen Falle ist $\frac{dL}{dT} = RC$, d. h. also, daß die Wärmetönung $-L$ des Prozesses von der Temperatur unabhängig ist, wenn $C = 0$ ist. Das ist in vollem Einklange mit der im zweiten Kapitel aus dem ersten Hauptsatze gefolgerten Relation (125) auf pag. 135; lediglich die Bezeichnungsweise ist ein wenig geändert. Die Bedeutung von A ist durch (29) völlig festgelegt. Führen wir (29) in die ursprüngliche Form (24) des Massenwirkungsgesetzes ein, so erhalten wir, da $\frac{A}{T} = \frac{L}{RT} - C$ ist:

(30) $$C \log T - \nu \log p + \log B - \frac{L}{RT} + C = \sum_\lambda \log \left(\frac{k_\lambda'^{\nu_\lambda'}}{k_\lambda''^{\nu_\lambda''}} \right) = \log K_k (T, p).$$

Differentiiert man diese Gleichung bei konstantem p nach T, so erhält man eine zuerst von van't Hoff abgeleitete Beziehung, die die Abhängigkeit von $\log K$ von der Temperatur bequem zu übersehen gestattet:

$$\frac{C}{T} + \frac{L}{RT^2} - \frac{1}{RT}\frac{dL}{dT} = \left(\frac{\partial \log K_k}{\partial T}\right)_p,$$

oder, da nach (29) $\frac{dL}{dT} = RC$ ist, einfach:

(31)
$$\left(\frac{\partial \log K_k}{\partial T}\right)_p = \frac{L}{RT^2}.$$

Die Abhängigkeit vom Drucke ergibt sich ebenfalls sehr einfach zu:

(32)
$$\left(\frac{\partial \log K_k}{\partial p}\right)_T = -\frac{\nu}{p}.$$

Die Gl. (31), die nach dem Vorschlage von Nernst als „Reaktionsisochore" bezeichnet wird — im Gegensatze zu dem „Reaktionsisotherme" genannten Massenwirkungsgesetz — sagt in völliger Übereinstimmung mit dem allgemeinen Satze (92) des fünften Kapitels auf pag. 238 aus, daß der Temperatureinfluß auf das Gleichgewicht verschwindet, wenn $L=0$ ist, d. h. keine Wärmetönung bei dem betreffenden Prozesse auftritt; ebenso steht die aus (32) folgende Aussage, daß im Falle $\nu = 0$, d. h. wenn keine Vermehrung der Zahl der Mole eintritt, das Gleichgewicht unabhängig vom Drucke ist, in völligem Einklange mit der dort gezogenen Folgerung. Übrigens kann man beide Behauptungen auch aus Gl. (25) leicht ablesen.

Gl. (32) kann noch in eine etwas andere Gestalt gebracht werden, indem Gl. (9) herangezogen wird. Das Gesamtvolumen V ist danach:

$$V = \frac{RT}{p}\sum n_\lambda,$$

also die Änderung von V bei konstantem T und p, gleichzeitig mit h multipliziert, d. h. auf die Größen ν_λ bezogen:

$$\delta_{T,p} V = \frac{RT}{p}\sum \nu_\lambda = \frac{RT}{p}\nu.$$

Demnach kann (32) auch geschrieben werden:

(32a)
$$\left(\frac{\partial \log K_k}{\partial p}\right)_T = -\frac{\delta_{T,p} V}{RT}.$$

Es ist also — wieder im Einklange mit (92) des vorigen Kapitels — kein Druckeinfluß vorhanden, wenn $\delta_{T,p} V$ gleich Null ist.

Wir haben eben die Aussagen der Gl. (31) und (32) in negativer Weise formuliert. Mehr positiv können wir sagen, daß $\log K_k$ und damit K_k selbst, mit der Temperatur wächst, wenn L positiv, d. h. die Wärmetönung $L' = -L$ negativ, d. h. wenn die Reaktion endotherm ist. Umgekehrt nimmt K_k mit der Temperatur ab für exotherme Vorgänge. Daraus folgt, da die entstehenden Stoffe im Zähler des Massenwirkungsgesetzes stehen, der Satz, daß die Bildung der unter Wärmeabsorption entstehenden Stoffe durch Temperaturerhöhung begünstigt wird. Ein ganz analoger Satz folgt aus (32) bzw. (32a) für den Druckeinfluß: Druckerhöhung begünstigt das Entstehen der unter Volumverkleinerung entstehenden Stoffe.

65. Experimentelle Prüfung des Massenwirkungsgesetzes.

Von experimentellen Prüfungen des Massenwirkungsgesetzes wollen wir zunächst die technisch für die Schwefelsäurefabrikation wichtige, von

Bodenstein und Pohl[1]) untersuchte Bildung von SO_3 aus SO_2 und O_2 besprechen. Sie geschieht nach der Formel:

$$2\,SO_3 = 2\,SO_2 + 1\,O_2 .$$

Wenn wir unsere alten Bezeichnungen wieder aufnehmen, so haben wir drei Arten von Molekülen zu unterscheiden, nämlich:

$$(33)\qquad \begin{cases} n_1 \text{ Mol } SO_2, \\ n_2 \text{ Mol } O_2, \\ n_3 \text{ Mol } SO_3. \end{cases}$$

Der Umsatz geschieht nach der obigen Formel derartig, daß 2 Mole SO_2 und 1 Mol O_2 verschwinden (oder entstehen) und 2 Mole SO_3 entstehen (oder verschwinden), je nach der Richtung, in der der Prozeß vor sich geht. 2 SO_3 bildet sich entweder aus 2 SO_2 und 1 O_2, oder es zerfällt in diese beiden Stoffe; im Gleichgewichtszustande sind alle drei Molekülarten nebeneinander vorhanden. Wir können uns also etwa denken, es sei zunächst nur SO_3 vorhanden und es trete Zerfall ein; dann ist zu setzen:

$$(34)\qquad \begin{cases} \nu_1 = +\,2 \text{ (Bildung von 2 Molen } SO_2), \\ \nu_2 = +\,1 \text{ („ „ 1 Mol } O_2), \\ \nu_3 = -\,2 \text{ (Verschwinden von 2 Molen } SO_3), \end{cases}$$

also ist:

$$(34\,a)\qquad \nu = \nu_1 + \nu_2 + \nu_3 = +\,1 .$$

Geht der Prozeß in umgekehrter Richtung vor sich, so drehen sich sämtliche Vorzeichen der ν um.

Die Konzentrationen sind:

$$(35)\qquad \begin{cases} k_1 = \dfrac{n_1}{n_1 + n_2 + n_3} \; (SO_2), \\ k_2 = \dfrac{n_2}{n_1 + n_2 + n_3} \; (O_2), \\ k_3 = \dfrac{n_3}{n_1 + n_2 + n_3} \; (SO_3). \end{cases}$$

Wie die Reaktion auch vor sich gehe, stets bleibt dabei natürlich die Gesamtsumme der Sauerstoffatome und die der Schwefelatome dieselbe; sie verteilen sich nur verschieden auf die drei Gase. Die Anzahl der Schwefelatome ist nach (33) offenbar gleich $(n_1 + n_3)$, die der Sauerstoffatome gleich $(2\,n_1 + 2\,n_2 + 3\,n_3)$; also lauten die Bedingungsgleichungen, denen die Reaktion dauernd unterworfen bleibt:

$$(36)\qquad \begin{cases} n_1 + n_3 = \alpha, \\ 2\,n_1 + 2\,n_2 + 3\,n_3 = \beta, \end{cases}$$

wo α und β durch den willkürlichen Anfangszustand gegebene, positive Konstanten sind. Die Gl. (36) erlauben also, z. B. n_1 und n_2 durch n_3, d. h. die Anzahl der Mole SO_3, sowie α und β, auszudrücken.

[1]) Bodenstein und Pohl, Zschr. f. Elektrochemie 11, pag. 373, 1905.

Das Massenwirkungsgesetz (25) liefert uns nun folgende Gleichgewichtsbedingung:

$$\frac{k_1^2 k_2}{k_3^2} = B e^{-\frac{A}{T}} T^C p^{-1} \equiv K_k(T, p). \tag{37}$$

Statt dieser können wir auch unter Benutzung von (35) schreiben:

$$\frac{n_1^2 n_2}{n_3^2 (n_1 + n_2 + n_3)} = K_k(T, p), \tag{38}$$

und hierin können, wie oben erwähnt, n_1 und n_2 durch n_3 sowie α und β ausgedrückt werden. Man findet aus (36):

$$\left\{\begin{array}{l} n_1 = \alpha - n_3, \\ n_2 = \frac{1}{2}(\beta - n_3) - \alpha, \\ n_1 + n_2 + n_3 = \frac{1}{2}(\beta - n_3). \end{array}\right. \tag{39}$$

Damit kann schließlich (38) geschrieben werden:

$$\frac{(\alpha - n_3)^2 (\beta - n_3 - 2\alpha)}{(\beta - n_3) n_3^2} = K_k(T, p). \tag{40}$$

Ist also K_k bei bestimmten Werten von T und p experimentell bestimmt, so liefert diese Gleichung — sie ist in bezug auf n_3 vom dritten Grade — die Zahl der im Gleichgewichte vorhandenen Mole SO_3, ausgedrückt durch die Anfangswerte α und β; bestimmt man nun experimentell n_3, so ist durch Vergleich mit (40) eine Prüfung des Massenwirkungsgesetzes möglich.

Bevor wir auf die Versuche von Bodenstein und Pohl eingehen, wollen wir noch folgende allgemeine Bemerkung einschalten. Wenn man zu den genannten Gasen SO_3, SO_2, O_2 noch ein viertes hinzufügt, das chemisch gegen diese indifferent ist, d. h. sich an der Reaktion nicht beteiligt, z. B. Stickstoff (N_2), so entsteht die Frage, was diese Hinzufügung für einen Einfluß ausübt. Vorausgesetzt ist dabei, daß T und p dauernd konstant bleiben; es ändert sich also dann jedenfalls das Gesamtvolumen V der Gasmischung. Nennen wir die Anzahl der zugefügten Mole Stickstoff etwa n_4, so ändern sich die Konzentrationen k_λ, die übergehen in $\frac{n_\lambda}{n_1 + n_2 + n_3 + n_4}$, d. h. durch Hinzufügen eines neuen Gases verkleinern sich die Konzentrationen. Unverändert bleibt aber dabei die Gleichgewichtskonstante K_k, die ja nur von T und p abhängt. Legen wir der weiteren Diskussion diejenige Form des Massenwirkungsgesetzes zugrunde, die durch (38) gegeben ist, so haben wir vor der Zufügung des indifferenten Gases:

$$\frac{n_1^2 n_2}{n_3^2} = K_k(n_1 + n_2 + n_3),$$

nach derselben:

$$\frac{n_1^2 n_2}{n_3^2} = K_k(n_1 + n_2 + n_3 + n_4),$$

d. h. aber, da $K_k(n_1 + n_2 + n_3 + n_4) > K_k(n_1 + n_2 + n_3)$ ist, daß die Molzahl n_3 von SO_3 gegenüber n_1 und n_2 zurückgedrängt wird, wobei aber, wie schon oben betont, die Gleichgewichtskonstante K_k unverändert bleibt. In einem Falle übrigens ist die Hinzufügung von indifferenten Gasen gänzlich ohne Einfluß, nämlich wenn $\nu = 0$, wie man leicht erkennt.

Wir geben im folgenden zuerst eine Versuchsreihe von Bodenstein und Pohl, die sich auf eine Temperatur von 1000° abs. und einen Druck gleich 1 Atm bezieht. Die Reihe besteht aus 14 Einzelversuchen, die unter wechselnden Anfangsbedingungen, d. h. bei verschiedenen α und β, sowie mit und ohne Hinzufügung von N_2 vorgenommen wurden.

Nr.	T	p in mm Hg	$2\,SO_2 : O_2 : N_2$	Ausbeute in % SO_3/SO_2 anfängl.	$n_1 \cdot 10^4$	$n_2 \cdot 10^4$	$n_3 \cdot 10^4$	$K_k(T,p) \cdot 10^1$
1	1003	770	0,21 : 1 : 0	59,6	31,9	161	47,0	3,08
2	1000	764	0,54 : 1 : 0	53,6	199	248	230	3,065
3	1000	760	0,62 : 1 : 0	52,2	15,9	18,2	17,5	2,950
4	1000	761	1,14 : 1 : 0	44,4	218	85,8	174	2,824
5	1000	760	1,20 : 1 : 0	43,7	369	130	287	2,769
6	1000	765	1,22 : 1 : 0	42,3	260	88,7	192	3,01
7	1000	753	1,68 : 1 : 0	37,2	388	69,8	230	3,025
8	1000	758	1,68 : 1 : 0	37,1	252	44,9	148	2,918
9	1001	760	3,97 : 1 : 0	20,8	379	10,5	99,5	3,206
10	998	765	1,23 : 1 : 3,76	35,3	91,2	32,5	50,0	2,774
11	997	764	1,23 : 1 : 3,76	35,8	101	35,9	56,6	2,634
12	1001	759	1,31 : 1 : 3,76	34,1	339	109	175	3,003
13	1001	760	1,55 : 1 : 3,76	32,3	337	80,4	161	2,945
14	1000	758	0,53 : 1 : 0	54,4	178	261	212	2,836

Mittel: $K_k = 2{,}93 \cdot 10^{-1}$

Die Bedeutung der drei ersten Spalten ist klar; betreffs der vierten ist folgendes zu bemerken: Nach der Reaktionsgleichung

$$2\,SO_2 + 1\,O_2 = 2\,SO_3$$

sind als äquivalente Mengen SO_2 und O_2 solche zu bezeichnen, die in demselben Gewichtsverhältnisse zueinander stehen, wie 2 Mole SO_2 zu 1 Mol O_2, d. h. im Gewichtsverhältnis 128 : 32; als äquivalente Menge von N_2 ist die Menge von 1 Mol, d. h. 28 genommen. In der vorhergehenden Tabelle soll

$$2\,SO_2 : O_2 : N_2 = 1 : 1 : 1$$

demgemäß bedeuten, daß die anfänglich vorhandenen Mengen von SO_2, O_2 und N_2 sich verhalten wie 128 : 32 : 28. Die vierte Spalte zeigt dann, daß bei den Versuchen keineswegs äquivalente Mengen genommen wurden; vielmehr wurden die Verhältnisse stark variiert. Zur Erläuterung der fünften Spalte diene folgendes: Als „Ausbeute“ oder „ökonomischen Koeffizienten“ bezeichnet man den Quotienten $\frac{SO_3}{SO_2\,\text{anfängl.}}$, d. h. das Verhältnis von gebildetem SO_3 zu der anfänglich vorhandenen Menge SO_2; in der fünften Spalte ist die „Ausbeute“ in Prozenten angegeben. Die folgenden Spalten sind ohne weitere Erläuterung verständlich.

Man sieht nun zunächst folgendes: In der Tat erweist sich die

Gleichgewichtskonstante K_k innerhalb der Versuchsfehler als völlig konstant. Insbesondere ist K_k auch unabhängig von der Hinzufügung von N_2. Dagegen sieht man leicht, daß die „Ausbeute" durch Zusatz von N_2 zurückgeht. Sie beträgt z. B. im Versuch 6 rund 42%, in den Versuchen 10 und 11, die von gleichen Mengen SO_2 und O_2 ausgingen, aber mit N_2, nur etwa 35%.

Ferner erkennt man, durch Vergleich der Versuche ohne N_2, daß die „Ausbeute" um so größer ist, je kleiner das Verhältnis $SO_2 : O_2$, d. h. je größer die anfängliche Sauerstoffkonzentration gegenüber der von SO_2 ist. Das ist in der Tat leicht aus Gl. (37) zu entnehmen. Denn danach ist ja das Verhältnis der SO_3-Konzentration zur SO_2-Konzentration

$$\frac{k_3}{k_1} = \sqrt{\frac{k_2}{K_k(T, p)}},$$

d. h. um so größer, je größer k_2, die Sauerstoffkonzentration ist. Es ist also keineswegs am günstigsten, von äquivalenten Mengen (2 SO_2 und 1 O_2) auszugehen, wie man früher glaubte, und die Technik hat unser aus dem Massenwirkungsgesetz folgendes Ergebnis, daß die Sauerstoffkonzentration möglichst groß zu wählen ist, erst nach vielen und mühevollen Versuchen und Irrwegen erkannt.

In der folgenden Tabelle stellen wir die Ergebnisse zusammen, die Bodenstein und Pohl durch Messung bei verschiedenen Temperaturen beim Drucke von 1 Atmosphäre erhielten.

T	K_k
800° abs.	$1{,}28 \cdot 10^{-3}$
852	$6{,}24 \cdot 10^{-3}$
900	$2{,}60 \cdot 10^{-2}$
953	$9{,}30 \cdot 10^{-2}$
1000	$2{,}93 \cdot 10^{-1}$
1062	1,04
1103	2,32
1170	6,75

Man sieht, daß die Gleichgewichtskonstante K_k mit der Temperatur außerordentlich ansteigt, d. h. nach unseren allgemeinen Auseinandersetzungen in der vorhergehenden Nummer, daß die Konzentration von SO_3 mit steigender Temperatur immer kleiner wird, wie es auch durchaus der Erfahrung entspricht.

Da wir K_k nunmehr bei verschiedenen Temperaturen kennen, so können wir in der Gleichung

$$K_k(T, p) = B e^{-\frac{A}{T}} T^C p^{-1}$$

die Größen A, B, C bestimmen. Da p bei allen Versuchen konstant war, ist p^{-1} es ebenfalls, und wir können zusammenfassend $B p^{-1} = e^{B'}$ setzen, wodurch wir die zur Rechnung bequemere Form erhalten:

$$\log K_k(T, p) = B' - \frac{A}{T} + C \log T.$$

Die Rechnung ergab aus den angeführten Daten:

$$(41)\qquad \begin{cases} B' = 15{,}177, \\ C = 0{,}75, \\ A = 21137, \end{cases}$$

womit K_k sich darstellen läßt (natürlich beim Drucke von 1 Atmosphäre) als:

$$(42)\qquad K_k = e^{15{,}177} e^{-\frac{21137}{T}} T^{0{,}75}.$$

Nach (29) ergibt sich für die von außen zuzuführende Umwandlungswärme, bezogen auf 2 Mol SO_3, der Wert:

$$L = R(A + CT) = 8{,}31 \cdot 10^7 (21137 + 0{,}75\,T) \text{ Erg},$$

oder in Kalorien, nach Division mit $4{,}19 \cdot 10^7$:

$$(43)\qquad L = 1{,}985\,(21137 + 0{,}75\,T) \text{ cal}.$$

Für $T = 300^0$ abs. (Zimmertemperatur) ergibt sich daraus:

$$L = 42410 \text{ cal},$$

während experimentell von Thomsen gefunden wurde:

$$L = 41640 \text{ cal},$$

und von Berthelot:

$$L = 45200 \text{ cal},$$

im Mittel also 43400 cal; das stimmt hinreichend genau mit dem theoretisch verlangten Wert[1]). Aus (43) ersieht man übrigens, daß

$$\frac{dL}{dT} = 0{,}75 \cdot 1{,}985 = 1{,}49 \text{ cal}$$

ist, d. h. daß die Umwandlungswärme pro 100^0 um 149 Kalorien zunimmt, also nur schwach variabel ist. Gleichzeitig sieht man bestätigt, daß C hier, wie im allgemeinen, klein ist.

Man verdankt Bodenstein noch eine andere genaue Bestätigung des Massenwirkungsgesetzes durch die Untersuchung der Zersetzung des Jodwasserstoffes, die nach der Reaktionsgleichung

$$2\,JH = 1\,J_2 + 1\,H_2$$

vor sich geht. Hier haben wir ebenfalls drei Arten von Molekülen zu unterscheiden:

$$(44)\qquad \begin{cases} n_1 \text{ Mole } J_2, \\ n_2 \text{ Mole } H_2, \\ n_3 \text{ Mole } JH. \end{cases}$$

Ferner sind die sich umsetzenden Molzahlen:

$$(45)\qquad \begin{cases} \nu_1 = -1, \\ \nu_2 = -1, \\ \nu_3 = +2, \end{cases}$$

also:

[1]) Die hier angegebenen Zahlen sind andere als die bei Bodenstein und Pohl, was teils auf nicht ganz genauer Rechnung bei diesen beruht, teils auch darauf, daß wir hier eine andere Definition der Molkonzentration benutzen als diese Autoren, was den Zahlenwert von B' beeinflußt.

(46) $$\nu = \nu_1 + \nu_2 + \nu_3 = 0.$$

Das Massenwirkungsgesetz nimmt also hier die einfachere Form an:

(47) $$\frac{k_1 \cdot k_2}{k_3^2} = Be^{-\frac{A}{T}} T^C = K_k(T).$$

Das Gleichgewicht ist hier vom Drucke — und von der Zufügung indifferenter Gase, was ja theoretisch auf dasselbe hinauskommt — gänzlich unabhängig, was von Bodenstein in diesem Falle besonders konstatiert wurde. Führt man statt der Konzentrationen die Größen n_1, n_2, n_3 ein, so kann Gl. (47) geschrieben werden:

(47a) $$\frac{n_1 n_2}{n_3^2} = K_k.$$

Die äußeren Bedingungsgleichungen (konstante Zahl von J-Atomen und von H-Atomen) sind hier:

(48) $$\begin{cases} 2n_1 + n_3 = \alpha \text{ (Zahl der J-Atome)}, \\ 2n_2 + n_3 = \beta \text{ (Zahl der H-Atome)}. \end{cases}$$

Daraus folgt:

$$\begin{cases} n_1 = \dfrac{\alpha - n_3}{2}, \\ n_2 = \dfrac{\beta - n_3}{2}, \end{cases}$$

also aus (47a):

$$\frac{(\alpha - n_3)(\beta - n_3)}{4 n_3^2} = K_k,$$

oder zur Bestimmung von n_3 aus beliebigen Werten α und β die quadratische Gleichung:

$$n_3^2 - \frac{\alpha + \beta}{1 - 4K_k} n_3 + \frac{\alpha\beta}{1 - 4K_k} = 0,$$

woraus:

(49) $$n_3 = \frac{\alpha + \beta}{2(1 - 4K_k)} - \frac{1}{2(1 - 4K_k)} \sqrt{(\alpha + \beta)^2 - 4\alpha\beta(1 - 4K_k)}$$

folgt. Das positive Vorzeichen der Wurzel genügt zwar der Gleichung, ist aber physikalisch unzulässig, da es Werte von $n_3 > \alpha$ liefert, was nach (48) unmöglich ist.

Bodenstein fand z. B. bei Erhitzung von JH in Quecksilberdampf folgende Werte[1]):

α	β	$2n_3$ beob.	$2n_3$ ber. n. (49)	Differenz
2,59	6,63	5,02	4,98	+0,04
5,71	6,41	9,60	9,55	+0,05
10,40	6,41	11,68	11,88	−0,20
26,22	6,41	12,34	12,54	−0,20
23,81	6,21	11,98	12,17	−0,19
22,29	6,51	12,68	12,71	−0,03

[1]) Zitiert nach Nernst, Theor. Chemie, 5. Aufl., pag. 452.

Das bedeutet wieder eine vollkommene Bestätigung der Aussagen der Thermodynamik.

Eine technisch hervorragend wichtige Anwendung des Massenwirkungsgesetzes sei hier noch erwähnt. Das Verfahren von Haber, Ammoniak darzustellen, geht aus von der Reaktionsgleichung:

$$1\,N_2 + 3\,H_2 = 2\,NH_3 .$$

Das Massenwirkungsgesetz liefert daher die Aussage:

$$\frac{k_1 k_2^3}{k_3^2} = K_k = B e^{-\frac{A}{T}} T^C p^{-2},$$

da $\nu = \nu_1 + \nu_2 + \nu_3 = +2$ ist. Steigt daher der Druck auf das m-fache, so sinkt K auf den m^2ten Teil, und in demselben Verhältnisse ($m^2 : 1$) hat sich das Gleichgewicht zugunsten der Ammoniakkonzentration k_3 verschoben. Darauf beruht es, daß man in praxi diese Umsetzung bei Drucken von mehreren Hundert Atmosphären vor sich gehen läßt.

Das Massenwirkungsgesetz findet auch Anwendung auf die thermische Dissoziation von Gasen, z. B. auf die von J_2 in $J + J$, oder von Wasserdampf $2\,H_2O$ in $2\,H_2 + O_2$. Auch hier hat sich dasselbe stets bewährt. Für die Einzelheiten sei der Leser auf die Lehrbücher der theoretischen Chemie, z. B. auf das Werk von Nernst, verwiesen.

68. Anwendung des Massenwirkungsgesetzes auf das Gleichgewicht heterogener Substanzen.

Es ist, wie kurz gezeigt werden soll, möglich, das Massenwirkungsgesetz auch auf das Gleichgewicht in geeigneten heterogenen Systemen anzuwenden. Betrachten wir z. B. die thermische Dissoziation des $CaCO_3$, so haben wir Gleichgewicht zwischen den Stoffen:

$$CaCO_3, \quad CaO, \quad CO_2 .$$

Dabei haben wir bisher — was streng genommen nicht zutrifft — die Gasphase als nur aus CO_2-Dampf bestehend angenommen. In Wirklichkeit wird jedoch auch $CaCO_3$-Dampf und CaO-Dampf vorhanden sein, jeder mit dem im allgemeinen sehr kleinen Partialdruck, wie er dem Sublimationsdruck der betreffenden Temperatur entspricht. Damit also wirklich thermisch-chemisches Gleichgewicht vorhanden sei, muß auch das Dampfgemisch aus $CaCO_3$-, CaO- und CO_2-Dampf für sich im Gleichgewichte sein. Dafür aber gilt das Massenwirkungsgesetz, etwa in der Form (25c), in der die Partialdrucke eingeführt sind, und wir haben:

$$\frac{p_{CaO} \cdot p_{CO_2}}{p_{CaCO_3}} = K_p(T).$$

Nach der Phasenregel sind nun sowohl p_{CaO} als auch p_{CaCO_3} lediglich Funktionen der Temperatur, also folgt aus der letzten Gleichung, daß p_{CO_2}, der Druck der Kohlensäure im Gleichgewichte mit $CaCO_3$ und CaO, lediglich von der Temperatur abhängt, bei gegebener Temperatur also eine

Konstante ist. Das ist aber unser altes Resultat. Etwas Neues sagt hier das Massenwirkungsgesetz also nicht aus, aber es umfaßt unser altes Ergebnis. Man kann so allgemein, wenn es sich um das Gleichgewicht in einem heterogenen System handelt, das eine Gasphase enthält, das Massenwirkungsgesetz ansetzen, wobei die Partialdrucke der festen oder flüssigen Stoffe als Temperaturfunktionen bzw. bei konstanter Temperatur als Konstante behandelt werden. Es bleibt dann eine Aussage über die Partialdrucke bzw. die Konzentrationen derjenigen Stoffe übrig, die nur in der Gasphase enthalten sind, im obigen Falle also nur eine solche über den Partialdruck der Kohlensäure.

Als einfachstes Beispiel einer Reaktion zwischen flüssigen und gasförmigen Stoffen können wir z. B. die Verdampfung von Wasser nehmen. Hier ist im Gleichgewicht auf Grund der obigen Erweiterung des Massenwirkungsgesetzes der Partialdruck p_{H_2O} nach (25c) gleich $K_p(T)$ zu setzen; also folgt, wenn man für K_p seinen Wert einsetzt:

$$p_{H_2O} = B e^{-\frac{A}{T}} T^C. \tag{50}$$

Auch diese Gleichung kann nichts Neues bieten; sie muß den Dampfdruck des Wassers darstellen, wenn für denselben die Gesetze der idealen Gase als gültig angenommen werden. In der Tat hatten wir nach der Clausius-Clapeyronschen Gleichung, wenn wir jetzt alles auf Mole beziehen:

$$L = T \frac{dp}{dT} v''',$$

wo v''' das Volumen von einem Mol Wasserdampf bedeutet, und v'', das Volumen von einem Mol flüssigen Wassers, daneben vernachlässigt worden ist. Für v''' gilt aber nach den idealen Gasgesetzen: $v''' = \frac{RT}{p}$, also folgt weiter:

$$L = RT^2 \frac{d}{dT} \log p.$$

Setzen wir schließlich noch nach Gl. (28) $L = R(A + CT)$, so ergibt sich für $\frac{d \log p}{p}$:

$$\frac{d}{dT} \log p = \frac{A}{T^2} + \frac{C}{T},$$

was integriert die Gl. (50) liefert.

Neue Ergebnisse kann für Reaktionen im heterogenen System das Massenwirkungsgesetz nur liefern, wenn die Gasphase aus mehreren miteinander reagierenden Gasen besteht; theoretisch ist dies freilich immer der Fall, aber in den bisher betrachteten Fällen war doch praktisch eben nur ein einziges Gas darin vorhanden. Ein Fall indessen, wo tatsächlich drei Gase in der Gasphase auftreten, die miteinander Reaktionen eingehen, liegt bei der Reaktion zwischen Wasserdampf und festem Kohlenstoff vor, die nach der Gleichung vor sich geht:

$$C + H_2O = CO + H_2.$$

Wenden wir hier das Massenwirkungsgesetz in der Form (25c) an, so folgt zunächst:

$$\frac{p_{CO} \cdot p_{H_2}}{p_C \cdot p_{H_2O}} = K_p(T),$$

oder, wenn nach dem Vorhergehenden p_C, der Sublimationsdruck des Kohlenstoffes, als reine Temperaturfunktion $\varphi(T)$ angesetzt wird:

$$\frac{p_{CO} \cdot p_{H_2}}{p_{H_2O}} = \varphi(T) \cdot K_p(T) = K_p'(T). \tag{51}$$

Für jede feste Temperatur liefert diese Gleichung eine ganz bestimmte Aussage des Massenwirkungsgesetzes, indem der links stehende, aus den Partialdrucken der gasförmigen Bestandteile gebildete Ausdruck eine Konstante sein muß. Man kann ferner leicht zeigen, daß $K_p'(T)$ genau dieselbe Temperaturfunktion ist, wie das ursprüngliche $K_p(T)$, nur mit andern Konstanten. Denn wenn wir die Sublimationswärme des Kohlenstoffs pro Mol mit L_c bezeichnen, so ist nach der Clausius-Clapeyronschen Gleichung, wenn das Volumen v_c' des festen Kohlenstoffs neben dem v_c''' des gasförmigen vernachlässigt wird:

$$L_c = T \frac{d p_c}{d T} v_c'''$$

und bei Annahme der Gültigkeit der Gasgesetze:

$$L_c = T^2 R \frac{d}{d T} \log p_c.$$

Setzt man ferner gemäß (28):

$$L_c = (A_c + C_c T) R,$$

wo $A_c R$ die Sublimationswärme pro Mol Kohlenstoff beim absoluten Nullpunkte und $C_c R$ ihren Temperaturkoeffizienten bezeichnet, so haben wir, ganz genau so, wie vorhin beim Wasserdampf:

$$p_c = \varphi(T) = B_c e^{-\frac{A_c}{T}} T^{C_c}. \tag{52}$$

Entnehmen wir nun aus (25c) die allgemeine Form für $K_p(T)$, so liefert (51) mit (52):

$$\frac{p_{CO} \cdot p_{H_2}}{p_{H_2O}} = B e^{-\frac{A}{T}} T^C \cdot B_c e^{-\frac{A_c}{T}} T^{C_c},$$

oder:

$$\frac{p_{CO}\, p_{H_2}}{p_{H_2O}} = (B B_c) e^{-\frac{A + A_c}{T}} T^{(C + C_c)},$$

und schließlich in leicht verständlicher Bezeichnung:

$$\frac{p_{CO} \cdot p_{H_2}}{p_{H_2O}} = \overline{B} e^{-\frac{\overline{A}}{T}} T^{\overline{C}}, \tag{53}$$

was wieder die alte Form von $K_p(T)$ ist, nur mit andern Konstanten.

$R(\bar{A} + \bar{C}T) = \bar{L}$ stellt offenbar die Summe aus der Sublimationswärme L_c des Kohlenstoffs und der Reaktionswärme L dar; $(-\bar{L})$ ist also die tatsächlich beobachtete Wärmetönung, wenn man H_2O-Dampf auf festes C einwirken läßt.

Natürlich gelten die obigen Gleichungen nur insoweit, als die idealen Gasgesetze den Zustand darstellen.

67. Energie, Entropie, isotherm-isobares Potential für verdünnte Lösungen.

Außer für ideale Gase ist die explizite Aufstellung des isotherm-isobaren Potentials nur noch für eine besondere Klasse von Systemen gelungen, für die verdünnten Lösungen. Darunter versteht man Lösungen, bei denen die Molzahl n_1 eines in ihr enthaltenen Stoffes alle übrigen n_λ außerordentlich übertrifft. Ersteren Stoff nennt man darum das Lösungsmittel, letztere die gelösten Stoffe; zwischen ihnen besteht also nur ein quantitativer, kein qualitativer Unterschied. Die Gesamtzahl n der Mole ist demnach:

(54)
$$n = n_1 + n_2 + n_3 + \ldots = \sum_\lambda n_\lambda \cong n_1 .$$

Der Aggregatzustand der Lösung ist hier, wie besonders betont zu werden verdient, ganz irrelevant; er kann gasförmig, flüssig oder auch fest sein.

Sind mehrere Lösungen nebeneinander im Gleichgewichte vorhanden, oder etwa in Berührung mit einer Gasphase, so erteilen wir den obigen Größen noch einen oberen Phasenindex μ; dann soll also für jede Phase gelten:

(55)
$$n^{(\mu)} = \sum_\lambda n_\lambda^{(\mu)} \cong n_1^{(\mu)} \qquad (\mu = 1, 2 \ldots \beta),$$

wo $n^{(\mu)}$ sinngemäß die gesamte Molzahl der μten Phase bedeutet und β die Anzahl der Phasen ist.

Die besondere Einfachheit der Folgerungen, die sich für verdünnte Lösungen ergeben werden, beruht nun darauf, daß man Energie $U^{(\mu)}$ und Volumen $V^{(\mu)}$ jeder verdünnten Lösung nach **Planck** als eine lineare Funktion der Größen $n_\lambda^{(\mu)}$ betrachten kann.

In der Tat: die Energie $\frac{U^{(\mu)}}{n_1^{(\mu)}}$ pro Mol des Lösungsmittels hängt — außer von Druck und Temperatur — offenbar nur ab von den Verhältnissen $\frac{n_2^\mu, n_3^\mu, n_4^\mu, \ldots}{n_1^\mu}$, d. h. lediglich von der inneren Beschaffenheit der Lösung; ebenso das Volumen pro Mol des Lösungsmittels, so daß wir allgemein für jede Lösung μ eine Entwicklung nach **Taylor** von der folgenden Form ansetzen können:

(56)
$$\frac{U^{(\mu)}}{n_1^{(\mu)}} = \sum_\lambda^{1,\ldots} U_\lambda^\mu \cdot \left(\frac{n_\lambda^\mu}{n_1^\mu}\right) + \sum_\lambda^{2,\ldots} \sum_\varrho^{2,\ldots} U_{\lambda\varrho}^{(\mu)} \cdot \left(\frac{n_\lambda^\mu n_\varrho^\mu}{n_1^\mu n_1^\mu}\right) + \ldots,$$

$$(57)\qquad \frac{V^{(\mu)}}{n_1^\mu} = \sum_\lambda^{1,\ldots} V_\lambda^\mu \cdot \left(\frac{n_\lambda^\mu}{n_1^\mu}\right) + \sum_\lambda^{2,\ldots} \sum_\varrho^{2,\ldots} V_{\lambda\varrho}^{(\mu)} \cdot \left(\frac{n_\lambda^\mu n_\varrho^\mu}{n_1^\mu n_1^\mu}\right) + \cdots$$

Darin hängen die Glieder U_λ^μ, V_λ^μ, $U_{\lambda\varrho}^\mu$, $V_{\lambda\varrho}^\mu$, ... natürlich nicht mehr von den n_λ^μ ab, sondern sind lediglich Funktionen von Druck und Temperatur, die natürlich durch die Natur der betreffenden Stoffe bedingt sind. Z. B. ist U_1^μ lediglich abhängig (außer von T und p) von der Natur des Lösungsmittels, U_2^μ von der des Lösungsmittels und der des gelösten Stoffes mit Index 2 usw., U_{22}^μ hängt ebenso ab von der gegenseitigen Einwirkung der Moleküle des gelösten Stoffes 2 aufeinander, usw.

Wegen der Kleinheit der Größen $\frac{n_2^\mu, n_3^\mu, \ldots}{n_1^\mu}$ dürfen wir uns bei verdünnten Lösungen auf die linearen Glieder beschränken[1]) und erhalten so für die Energie $U^{(\mu)}$ und das Volumen $V^{(\mu)}$ der μten Phase die Darstellung:

$$(58)\qquad U^{(\mu)} = \sum_\lambda^{1,\ldots} n_\lambda^{(\mu)} U_\lambda^{(\mu)},$$

$$(59)\qquad V^{(\mu)} = \sum_\lambda^{1,\ldots} n_\lambda^{(\mu)} \cdot V_\lambda^{(\mu)}.$$

Damit ist nun auch sofort die entsprechende Darstellung der Entropie $S^{(\mu)}$ dieser Phase gegeben; denn nach der allgemeinen Definition derselben

$$d\,S = \frac{d\,U + p\,d\,V}{T}$$

haben wir hier:

$$(60)\qquad d\,S^{(\mu)} = \frac{d\,U^{(\mu)} + p\,d\,V^{(\mu)}}{T} = \sum_\lambda^{1,\ldots} n_\lambda^\mu \frac{d\,U_\lambda^\mu + p\,d\,V_\lambda^\mu}{T}.$$

Darin können wir die Größen

$$(61)\qquad \frac{d\,U_\lambda^\mu + p \cdot d\,V_\lambda^\mu}{T} = d\,S_\lambda^\mu$$

offenbar als Definitionen für die „spezifischen Entropien" (pro Mol) benutzen, die ganz den Begriffen U_λ^μ und V_λ^μ analog gebildet sind. Nach (61) und (60) haben wir weiter:

$$d\,S^{(\mu)} = \sum_\lambda^{1,\ldots} n_\lambda^\mu \cdot d\,S_\lambda^\mu,$$

oder integriert:

---

1) Für nicht hinreichend verdünnte Lösungen müssen natürlich die höheren Glieder berücksichtigt werden. Einen Versuch in dieser Richtung hat Jahn (Zeitschrift f. phys. Chemie, 37, pag. 490, 1901; ferner 41, pag. 257, 1902) gemacht. Man vergleiche überdies zu dieser Frage die Ausführungen von Nernst, Zur Theorie der Lösungen, ibid. 38, pag. 487, 1901.

62) $$S^{(\mu)} = \sum_{\lambda}^{1,\ldots} n_\lambda^\mu \cdot S_\lambda^\mu + C^{(\mu)}(n_\lambda^\mu),$$

worin die Größe $C^{(\mu)}$ zwar konstant in bezug auf T und p ist, aber noch von den Molzahlen n_λ^μ abhängen wird. Die Bestimmung dieser Abhängigkeit ist die jetzt zu lösende Aufgabe.

Planck hat dieses Problem mittels eines einfachen, doch kühnen Gedankens bewältigt. Er denkt sich das System auf so hohe Temperatur und so geringen Druck gebracht, daß alle Stoffe in den idealen Gaszustand übergehen, wobei die Größen n_λ^μ unverändert bleiben sollen. Dann muß S^μ identisch werden mit dem Ausdruck (13) für die Entropie eines Gemisches idealer Gase und durch Vergleich von (62) und (13) läßt sich dann $C^{(\mu)}$ bestimmen.

Bevor wir diese Bestimmung ausführen, wollen wir den geschilderten Prozeß etwas genauer analysieren. Vor allen Dingen ist zu beachten, daß die unabhängigen Variabeln unseres Systems p, T und die Größen n_λ^μ sind. Es besteht also, da diese dem Begriff der unabhängigen Variablen gemäß willkürlich verändert werden können, vom mathematischen Standpunkte jedenfalls kein Bedenken gegen den obigen Prozeß, bei dem die n_λ^μ, d. h. ein Teil der Variablen, konstant gehalten werden und nur T und p sich verändern sollen.

Anderseits muß es als sicher betrachtet werden, daß die Ausführung dieses Prozesses durch labile Zustände hindurchführt. Denn im allgemeinen werden die stabilen Zustände mit Änderung von n_λ^μ verbunden sein. Es ist also jedenfalls nur ein Gedankenexperiment, das wir hier im Anschluß an Planck vornehmen wollen. Daraus aber kann auch kein Einwand hergenommen werden, denn solche Gedankenexperimente (z. B. die quasistatischen Prozesse) sind ja durch ihre Erfolge in der Thermodynamik längst legitimiert. Einen ähnlichen Prozeß, der auch z. T. durch labile Zustände hindurchführt, haben wir am Ende der Nummer 50 betrachtet (vgl. Fig. 25), um die sogenannte Maxwellsche Regel zur Bestimmung des Kondensationsdruckes zu gewinnen. Der hier betrachtete Prozeß ist nur eine Anwendung und Verallgemeinerung desselben Gedankens ins Chemische, wie Planck mit Recht hervorgehoben hat. Es kann also kein grundsätzlicher Einwand gegen die Zulässigkeit solcher Prozesse gemacht werden: der Erfolg allein entscheidet, wie überall in der Naturwissenschaft.

Gehen wir nun zur Bestimmung von $C^{(\mu)}$ über. Nach (13) finden wir für die Entropie eines idealen Gasgemisches, wenn wir den hier notwendigen Phasenindex hinzusetzen:

(63) $$S^{(\mu)} = \sum_\lambda n_\lambda^\mu \left\{ C_{p\lambda}^\mu \log T - R \log p + S_\lambda^{0\mu} \right\} - R \sum_\lambda n_\lambda^\mu \log k_\lambda^\mu,$$

wobei die k_λ^μ die Konzentrationen der einzelnen Molekülarten in der μten

Phase und die $S_\lambda^{0\mu}$ absolute Konstanten (die Entropiekonstanten) sind. Der Vergleich zwischen (62) und (63) ergibt demnach das Resultat:

(64) $$C^{(\mu)} = -R\sum_\lambda n_\lambda^\mu \log k_\lambda^\mu .$$

Demgemäß erhält man nach (62) für die Entropie $S^{(\mu)}$ der μten Phase:

(65) $$S^{(\mu)} = \sum_\lambda n_\lambda^\mu \{S_\lambda^\mu - R \log k_\lambda^\mu\}.$$

Da nunmehr $U^{(\mu)}$ und $S^{(\mu)}$ bekannt sind, können wir das isotherm-isobare Potential $\Phi^{(\mu)}$ dieser Phase bilden:

(66) $$\Phi^{(\mu)} = S^{(\mu)} - \frac{U^{(\mu)} + pV^{(\mu)}}{T} = \sum_\lambda n_\lambda^\mu \left\{S_\lambda^\mu - R\log k_\lambda^\mu - \frac{U_\lambda^\mu + pV_\lambda^\mu}{T}\right\}.$$

Besteht das System aus β Phasen, z. B. mehreren Lösungen nebeneinander im Gleichgewicht, so erhält man das Gesamtpotential Φ durch Summation über die sämtlichen $\Phi^{(\mu)}$:

(67) $$\Phi = \sum_\mu^{1,\beta} \Phi^{(\mu)} = \sum_\lambda \sum_\mu n_\lambda^\mu \left\{S_\lambda^\mu - \frac{U_\lambda^\mu + pV_\lambda^\mu}{T} - R\log k_\lambda^\mu\right\}.$$

Darin können wir noch

$$S_\lambda^\mu - \frac{U_\lambda^\mu + pV_\lambda^\mu}{T} = \Phi_\lambda^\mu$$

setzen, wo Φ_λ^μ das Potential pro Mol der λten Molekülgattung in der μten Phase darstellt. Also wird schließlich das Gesamtpotential:

(68) $$\Phi = \sum_\lambda \sum_\mu n_\lambda^\mu \{\Phi_\lambda^\mu - R\log k_\lambda^\mu\}.$$

Dieser Ausdruck gestattet nunmehr, die Bedingungen für das thermisch-chemische Gleichgewicht aufzustellen.

68. Das thermodynamische Gleichgewicht in Lösungen; das Massenwirkungsgesetz.

Die Bedingung des Gleichgewichtes in einem System verdünnter Lösungen ist, wie immer:

$$\delta_{T,p}\Phi = 0.$$

Angewendet auf ein System aus verdünnten Lösungen ergibt sich nach (68):

(69) $$\delta_{T,p}\Phi = \sum_\lambda \sum_\mu \{\Phi_\lambda^\mu - R\log k_\lambda^\mu\}\,\delta n_\lambda^\mu = 0,$$

da die Variation der geschweiften Klammer, wie in Nr. 64, verschwindet. Man sieht auch hier, wie in Gl. (18), daß es nicht auf die absoluten Werte der δn_λ^μ ankommt, da die rechte Seite gleich Null ist. Man kann also wieder mit einem solchen Faktor h multiplizieren, daß $h\,\delta n_\lambda^\mu = \nu_\lambda^\mu$ die sich umsetzenden Mole bedeuten, d. h. ganze, positive oder negative Zahlen werden. Dann läßt (69) sich schreiben:

(70) $$\sum_\lambda\sum_\mu \log\left[k_\lambda^{\mu\,\nu_\lambda^\mu}\right] = \frac{1}{R}\sum_\lambda\sum_\mu \nu_\lambda^\mu\,\Phi_\lambda^\mu = \log K_k(T,p),$$

worin $\log K_k(T,p)$ eine passende Abkürzung für die rechte Seite ist, die nur von diesen beiden Variabeln abhängt. Geht man von den Logarithmen zu den Numeris über und bezeichnet durch $\Pi_{\lambda,\mu}$ eine Produktbildung über λ und μ, so folgt:

(71) $$\Pi_{\lambda,\mu}\left(k_\lambda^{\mu\,\nu_\lambda^\mu}\right) = K_k(T,p),$$

ein direktes Analogon zur Gl. (25) und ihre Verallgemeinerung für beliebig viele Phasen. Wie dort, nennt man auch hier diese Gleichung das Massenwirkungsgesetz; ist die Anzahl der Phasen gleich 1, d. h. haben wir es nur mit einer und zwar gasförmigen Lösung zu tun, so geht sie direkt in (25) über.

Auch Temperatur- und Druckabhängigkeit von $\log K_k$ gehorchen ganz analogen Gleichungen, wie wir sie damals in den Gl. (31) und (32) bzw. (32a) gefunden haben. Denn differentiiert man in (70) $\log K_k$ nach T bei konstantem p, so folgt zunächst:

$$\left(\frac{\partial \log K_k}{\partial T}\right)_p = \frac{1}{R}\sum_\lambda\sum_\mu \nu_\lambda^\mu\left(\frac{\partial \Phi_\lambda^\mu}{\partial T}\right)_p,$$

und wenn man die allgemeingültige thermodynamische Beziehung [Gl. (70) des dritten Kapitels auf pag. 172]

$$\left(\frac{\partial \Phi_\lambda^\mu}{\partial T}\right)_p = \frac{U_\lambda^\mu + pV_\lambda^\mu}{T^2}$$

heranzieht:

(72) $$\left(\frac{\partial \log K_k}{\partial T}\right)_p = \frac{1}{RT^2}\sum_\lambda\sum_\mu\left\{\nu_\lambda^\mu U_\lambda^\mu + p\cdot\nu_\lambda^\mu V_\lambda^\mu\right\}.$$

Nun ist aber nach (58) und (59) die Gesamtenergie U und das Gesamtvolumen V gegeben durch:

$$U = \sum_\mu U^\mu = \sum_\lambda\sum_\mu n_\lambda^\mu U_\lambda^\mu,$$

$$V = \sum_\mu V^\mu = \sum_\lambda\sum_\mu n_\lambda^\mu V_\lambda^\mu,$$

woraus sich für $\delta_{T,p}U$ und $\delta_{T,p}V$ ergibt, wenn man gleichzeitig mit dem Faktor h multipliziert, d. h. alles auf die sich umsetzenden Molzahlen ν_λ^μ bezieht:

(73) $$\begin{cases} \delta_{T,p}U = \sum_\lambda\sum_\mu \nu_\lambda^\mu U_\lambda^\mu, \\ \delta_{T,p}V = \sum_\lambda\sum_\mu \nu_\lambda^\mu V_\lambda^\mu. \end{cases}$$

Setzt man dies in (72) ein, so folgt:

$$\left(\frac{\partial \log K_k}{\partial T}\right)_p = \frac{1}{RT^2}\left\{\delta_{T,p}U + p\,\delta_{T,p}V\right\},$$

und darin bedeutet die geschweifte Klammer auf der rechten Seite nach dem ersten Hauptsatze die von außen zuzuführende, auf die Zahlen ν_1^μ bezogene Umwandlungswärme L. Also ist endgültig:

$$\left(\frac{\partial \log K_k}{\partial T}\right)_p = \frac{L}{R T^2}, \tag{74}$$

d. h. die „van't Hoffsche Reaktionsisochore".

Ganz ebenso folgt für die Abhängigkeit vom Druck:

$$\left(\frac{\partial \log K_k}{\partial p}\right)_T = -\frac{\delta V}{R T}, \tag{75}$$

wenn δV die gesamte, auf die Zahlen ν_1^μ bezogene Volumveränderung bei der betrachteten Umwandlung ist.

Auf den allgemeinen Sinn dieser Gesetze brauchen wir hier nicht mehr einzugehen, da alles Notwendige schon bei den gasförmigen Systemen gesagt worden ist. Nur eine Folgerung sei hier besonders hervorgehoben, weil sie von prinzipieller Bedeutung ist. Nehmen wir den speziellen Fall einer unabhängigen Komponente im Gibbsschen Sinne in einer Phase an; z. B. flüssiges reines Wasser. Dann hängt nach der Phasenregel alles von den zwei Variabeln T und p ab. Die Moleküle des Wassers können dabei, wie schon im vorigen Kapitel betont, sowohl assoziiert, als auch dissoziiert sein, wenn nur auf jedes Atom O zwei Atome H kommen. Da nun die Konstante K_k des Massenwirkungsgesetzes für alle endlichen Temperaturen einen ganz bestimmten endlichen Wert hat, so müssen auch die Konzentrationen der assoziierten oder dissoziierten Moleküle streng genommen stets von Null verschieden sein, wenn auch dieser Wert sehr klein sein kann. Thermodynamisch ist also Wasser, in dem nur H_2O-Moleküle vorkämen, grundsätzlich genommen, gar nicht möglich; es werden vielmehr einerseits $(H_2O)_n$-Moleküle sich bilden (Assoziation), anderseits die Moleküle in Ionen zerfallen, z. B. die H_2O-Moleküle in $\overset{+}{H}$- und $\overset{-}{HO}$-Ionen, nach der Reaktionsgleichung:

$$H_2O = \overset{+}{H} + \overset{-}{HO}.$$

Für jede solche mögliche Reaktion muß das Massenwirkungsgesetz gelten. Im Beispiele der eben genannten Dissoziation haben wir etwa folgende Daten:

n_1' Mole H_2O,

n_2' „ $\overset{+}{H}$-Ionen,

n_3' „ $\overset{-}{HO}$- „ ,

wobei $n_2' = n_3'$ ist. Die Konzentrationen der genannten Molekülarten werden demgemäß:

$$H_2O\text{-Konzentration } k_1' = \frac{n_1'}{n_1' + n_2' + n_3'},$$

$$\overset{+}{H}\text{- „ } k_2' = \frac{n_2'}{n_1' + n_2' + n_3'},$$

$$\overset{-}{HO}\text{- „ } k_3' = \frac{n_3'}{n_1' + n_2' + n_3'}.$$

Ferner ist nach der obigen Reaktionsgleichung:

$$\nu_1' = -1 \qquad \text{(1 Mol } H_2O \text{ dissoziiert)},$$

$$\nu_2' = \nu_3' = +1 \qquad \text{(Bildung von je 1 Mol } \overset{+}{H} \text{ und } \overset{-}{HO}).$$

Demgemäß liefert das Massenwirkungsgesetz (71) die Aussage:

$$\frac{k_2' k_3'}{k_1'} = K_k(T, p),$$

oder, da $n_2' = n_3'$ bzw. $k_2' = k_3'$ ist, einfacher:

(76) $$\frac{k_2'^2}{k_1'} = K_k(T, p).$$

Da man den Dissoziationsgrad, d. h. das Verhältnis der Zahl der dissoziierten Mole zur Gesamtzahl, durch elektrische Messungen (Leitfähigkeit) bestimmen kann, so läßt sich hier die obige Forderung der Thermodynamik, daß stets ein (wenn auch kleiner Teil) der Moleküle dissoziiert ist, durch Messung der Leitfähigkeit reinen Wassers prüfen, was z. B. von Kohlrausch und Heydweiller geschehen ist. In der Tat hat sich herausgestellt, daß auch allerreinstes Wasser eine wenn auch sehr kleine Leitfähigkeit besitzt. Auch quantitativ hat sich die thermodynamische Forderung bestätigt, indem die Temperaturabhängigkeit der Größe $K_k(T, p)$ in Gl. (76) vollkommen der Forderung der Theorie entspricht.

Historisch sei noch bemerkt, daß das erste exakte Beispiel für das Massenwirkungsgesetz in flüssigen Systemen von Berthelot und Péan de St. Gilles bei der Esterbildung nach der Formel

$$(CH_3COOH + C_2H_5OH = CH_3COOC_2H_5 + H_2O$$

gefunden wurde[1]).

Die Gleichung (71) des Massenwirkungsgesetzes umfaßt auch den Fall der Aggregatzustandsänderung einer einheitlichen Substanz (Sublimieren, Verdampfen, Schmelzen usw.), wie wir — von etwas anderem Standpunkte aus, aber im wesentlichen identisch — schon in Nr. 66 ausgeführt haben. In diesem Falle haben wir eine Gibbssche Komponente ($\alpha = 1$) in zwei Phasen ($\beta = 2$), so daß gemäß der Phasenregel alles von T allein abhängt. Die Konzentrationen k_1' etwa des flüssigen Wassers und k_2' des dampfförmigen sind beide gleich 1; wir haben es eben mit dem Grenzfall unendlicher Verdünnung zu tun, da nur Lösungsmittelmoleküle vorhanden sind. Ferner ist $\nu_1' = -1$ und $\nu_1'' = +1$ (ein Mol flüssiges H_2O verdampft, 1 Mol Dampf bildet sich). Demgemäß wird die linke Seite der Gl. (70), der logarithmischen Form des Massenwirkungsgesetzes, zu Null, und wir finden als Gleichgewichtsbedingung:

(77) $$0 = -\Phi_1' + \Phi_1'' \equiv \log K_k(T, p),$$

d. h. einen Spezialfall unserer alten Regel, daß die spezifischen Potentiale jeder Komponente in allen Phasen gleich sein müssen. Da $(\Phi_1'' - \Phi_1')$

[1]) Vgl. dazu etwa: W. Herz, Leitfaden der theor. Chemie, pag. 165 ff., 1912.

nach der allgemeinen Theorie nur von T und p abhängt, so stellt (77) eine Relation zwischen dem Dampfdruck p und der Verdampfungstemperatur T dar, d. h. die Verdampfungskurve in der Tp-Ebene. Auch quantitativ finden wir unsere alten Resultate wieder, nämlich die Clausius-Clapeyronsche Gleichung. Denn bilden wir das vollständige Differential von $\log K_k(T, p)$, so verschwindet dies nach (77):

$$\left(\frac{\partial \log K}{\partial T}\right)_p d T + \left(\frac{\partial \log K}{\partial p}\right)_T d p = 0.$$

Benutzt man dazu die Gleichungen (74) und (75), so folgt sofort:

$$\frac{L}{R T^2} d T - \frac{\delta V}{R T} d p = 0,$$

oder:

$$L = T \frac{d p}{d T} \delta V,$$

d. h. die Clausius-Clapeyronsche Gleichung, die hier auf Mole bezogen ist. Natürlich ist (70) bzw. (71) viel allgemeiner; wir können z. B. auch den Fall behandeln, daß der betrachtete Stoff in der einen Phase ein anderes Molekulargewicht hat (infolge z. B. von Assoziation), als in der andern.

In dem Falle, daß neben den flüssigen Phasen der Lösungen noch feste Phasen (sog. Bodenkörper) vorhanden sind, treten die Erwägungen der Nr. 66 wieder in Kraft. Auch in diesen heterogenen Systemen gilt das Massenwirkungsgesetz, wenn nur die Konzentrationen der festen Körper als konstant (bei gegebenem T und p) betrachtet werden. Wegen der Einzelheiten muß hier auf die Lehrbücher der Thermochemie verwiesen werden.

69. Siedepunktserhöhung, Gefrierpunktserniedrigung, Dampfspannung und osmotischer Druck verdünnter Lösungen.

Wir wollen jetzt dazu übergehen, die im vorigen Kapitel gewonnenen Resultate über Siede- und Gefrierpunktsveränderung, Dampfspannung und osmotischen Druck von Lösungen im Lichte unserer neuen vertieften Problemstellung — siehe dafür Nr. 63 — zu ergänzen.

Wir betrachten also wieder den Fall der Lösung eines nichtflüchtigen Salzes, die mit einer Phase (fest oder dampfförmig) des reinen Lösungsmittels im Gleichgewichte steht. Der untere Index 1 bezieht sich, wie immer, auf das Lösungsmittel, der untere Index 2 auf den gelösten Stoff. Ein oberer Strich bedeutet die flüssige Lösung, zwei Striche die feste bzw. gasförmige Phase des reinen Lösungsmittels.

Wir haben dann im allgemeinen vier Massen zu unterscheiden: M_1', M_1'', M_2', M_2'', von denen nach der obigen Voraussetzung $M_2'' = 0$ ist. Ferner sind:

$$(78) \qquad \begin{cases} M_1 = M_1' + M_1'', \\ M_2 = M_2' \end{cases}$$

konstant, da natürlich die Masse des Lösungsmittels (M_1) und des gelösten Stoffes (M_2) sich nicht ändern können. Also:

$$(79)\qquad \begin{cases} \delta M_1' + \delta M_1'' = 0, \\ \delta M_2' = \delta M_2'' = 0, \end{cases}$$

Den Massen $M_i^{\prime\prime}$ entsprechen folgende Molzahlen $n_i^{\prime\prime}$:

$$(80)\qquad \begin{cases} M_1' = m_1 \cdot n_1', \\ M_1'' = m_1 \cdot n_1'', \\ M_2' = m_2 \cdot n_2', \\ M_2'' = 0 = m_2 \cdot n_2'', \end{cases}$$

wo m_1 und m_2 die Molekulargewichte von Lösungsmittel und gelöstem Stoff sind[1]).

Nach (79) ist daher:

$$(81)\qquad \begin{cases} \delta n_1' + \delta n_1'' = 0, \\ \delta n_2' = \delta n_2'' = 0, \end{cases}$$

oder wenn man durch Multiplikation mit dem Faktor h zu den Molzahlen $\nu_i^{\prime\prime}$ übergeht:

$$(82)\qquad \begin{cases} \nu_1' + \nu_1'' = 0, \\ \nu_2' = \nu_2'' = 0. \end{cases}$$

Ferner haben wir folgende Konzentrationen:

$$(83)\qquad \begin{cases} k_1' = \dfrac{n_1'}{n_1' + n_2'} = \text{Konz. des Lösungsmittels in der Lösung,} \\ k_2' = \dfrac{n_2'}{n_1' + n_2'} = \quad ,, \quad ,, \ \text{gelösten Stoffes in der Lösung,} \\ k_1'' = \dfrac{n_1''}{n_1''} = 1 = \quad ,, \quad ,, \ \text{Lösungsmittels in der 2. Phase,} \\ k_2'' = 0 \qquad = \quad ,, \quad ,, \ \text{gelösten Stoffes in der 2. Phase.} \end{cases}$$

Endlich haben wir vier entsprechende pro Mol gerechnete Potentiale: Φ_1', Φ_1'', Φ_2', Φ_2''. Setzen wir nun für unsern Fall ($\alpha = 2$, $\beta = 2$) die Gleichgewichtsbedingung (70) an, so folgt zunächst noch allgemein:

$$\log\left(k_1'^{\nu_1'} \cdot k_1''^{\nu_1''} \cdot k_2'^{\nu_2'} \cdot k_2''^{\nu_2''}\right) = \frac{1}{R}\left(\nu_1' \Phi_1' + \nu_1'' \Phi_1'' + \nu_2' \Phi_2' + \nu_2'' \Phi_2''\right)$$
$$= \log K_k(T, p),$$

und dies wird mit Rücksicht auf die speziellen Voraussetzungen nach (82) und (83):

$$\log\left(k_1'^{\nu_1'}\right) = \frac{1}{R}\left(\nu_1' \Phi_1' + \nu_1'' \Phi_1''\right) = \log K_k(T, p).$$

[1]) Hier sind die Molekulargewichte in beiden Phasen der Einfachheit halber als identisch angenommen. Die Rechnung ließe sich aber ebenso unter der allgemeineren Voraussetzung durchführen, daß infolge von Assoziation oder Dissoziation die Molekulargewichte in beiden Phasen verschieden wären.

Tritt nun ein Mol Lösungsmittel aus der Lösung in die zweite Phase über, so ist $\nu_1' = -1$, $\nu_1'' = +1$, und wir finden als endgültige Bedingung:

$$\log\left(\frac{1}{k_1'}\right) = \frac{1}{R}(-\Phi_1' + \Phi_1'') = \log K_k(T, p). \tag{84}$$

Setzt man endlich noch den Wert von k_1' nach (83) ein, so ergibt sich:

$$\log\left(1 + \frac{n_2'}{n_1'}\right) = \frac{1}{R}(\Phi_1'' - \Phi_1') = \log K_k(T, p). \tag{85}$$

Darin ist nun $\left(\frac{n_2'}{n_1'}\right)$ nach Voraussetzung der verdünnten Lösungen eine sehr kleine Zahl, und folglich ist angenähert:

$$\frac{n_2'}{n_1'} = \frac{1}{R}(\Phi_1'' - \Phi_1') = \log K_k(T, p). \tag{86}$$

Für das reine Lösungsmittel (d. h. $n_2' = 0$) würde natürlich wieder die Bedingung (77) folgen:

$$0 = \log K_k(T_0, p). \tag{87}$$

Darin haben wir jetzt zur genaueren Unterscheidung T_0 schreiben müssen, weil im reinen Lösungsmittel ($n_2' = 0$) zu dem nämlichen Drucke p eine andere Umwandlungstemperatur T_0 gehört als in der Lösung ($n_2' \neq 0$). Letztere Temperatur werde, wie bisher, T genannt.

Durch Subtraktion der Gl. (87) von (86) ergibt sich:

$$\log K_k(T, p) - \log K_k(T_0, p) = \frac{n_2'}{n_1'},$$

oder, nach Taylor entwickelt:

$$\left(\frac{\partial \log K_k}{\partial T}\right)_{T=T_0, p} \cdot (T - T_0) = \frac{n_2'}{n_1'}.$$

Setzen wir darin nach (74) den Wert für $\left(\frac{\partial \log K_k}{\partial T}\right)_{T=T_0}$ ein, so folgt:

$$\frac{L}{R T_0^2}(T - T_0) = \frac{n_2'}{n_1'}$$

oder

$$T - T_0 = \left(\frac{n_2'}{n_1'}\right) \cdot \frac{R T_0^2}{L}. \tag{88}$$

Erinnern wir uns nun, daß wir in Gl. (106) des V. Kapitels auf pag. 242 eine etwas andere Definition der Konzentration der Lösung benutzt haben, nämlich:

$$k = \frac{M_2'}{M_1'} = \frac{\text{Masse des gelösten Stoffes}}{\text{Masse des Lösungsmittels}}.$$

Hier ist nun nach (80) für diese Konzentration k zu setzen:

$$k = \frac{m_2 n_2'}{m_1 n_1'}, \tag{89}$$

und (88) kann geschrieben werden:

$$T - T_0 = \frac{m_1}{m_2} \cdot \frac{R T_0^2}{L} \cdot k. \tag{90}$$

Berücksichtigt man hier, daß L die Verdampfungs- bzw. Schmelzwärme pro Mol ist, also mit l, derjenigen pro Gramm, durch die Gleichung zusammenhängt:

$$L = m_1 l,$$

so können wir (90) auch in die Form bringen:

$$T - T_0 = \frac{R T_0^2}{m_2 l} \cdot k. \tag{91}$$

Diese zuerst von van't Hoff abgeleitete Gleichung enthält die experimentell von Raoult gefundenen Gesetze der Siedepunktserhöhung bzw. Gefrierpunktserniedrigung:

„Die Temperaturänderung ist der Konzentration proportional, und bei demselben Lösungsmittel dem Molekulargewicht des gelösten Stoffes umgekehrt proportional."

Darauf beruhen die bekannten, von Beckmann ausgearbeiteten Methoden zur Bestimmung des Molekulargewichts durch Bestimmung der Veränderung des Siede- bzw. Gefrierpunktes.

Wir wollen für Wasser die numerische Berechnung durchführen. Setzt man für k den Wert aus (89) ein, so folgt statt (91):

$$T - T_0 = \frac{R T_0^2}{l \cdot m_2} \cdot \frac{m_2 n_2'}{m_1 n_1'} = \frac{R T_0^2}{(m_1 n_1') l} \cdot n_2'.$$

$(m_1 n_1')$ ist offenbar die Menge M_1' des Lösungsmittels, die wir, dem allgemeinen Gebrauche folgend, zu 1000 Gramm annehmen wollen. Die Verdampfungswärme l des Wassers ist 539 cal bei $T = 373$ Grad abs., die Schmelzwärme gleich -80 cal bei $T = 273$ Grad abs. Also finden wir, wenn wir noch R in $\left(\frac{\text{cal}}{\text{grad}}\right)$ ausdrücken:

(92) Siedepunktserhöhung: $$T - T_0 = \frac{2 \cdot 373^2}{1000 \cdot 539} \cdot n_2' = +0{,}51^0 \cdot n_2'.$$

(93) Gefrierpunktserniedrigung: $$T - T_0 = -\frac{2 \cdot 273^2}{1000 \cdot 80} \cdot n_2' = -1{,}85^0 \cdot n_2'.$$

Sind mehrere Stoffe gelöst $(n_2', n_3', \ldots)$, so treten an Stelle von (92) und (93):

$$T - T_0 = +0{,}51^0 \cdot (n_2' + n_3' + \ldots), \tag{92a}$$

$$T - T_0 = -1{,}85^0 \cdot (n_2' + n_3' + \ldots). \tag{93a}$$

Kehren wir jetzt zur allgemeinen Formel (91) zurück. Daß die Temperaturänderung proportional der Konzentration k ist, hatten wir schon früher in Nr. 61 des V. Kapitels, in Gl. (121) auf pag. 247 abgeleitet; doch war damals der Proportionalitätsfaktor unbestimmt geblieben. Wir fanden damals:

$$T - T_0 = \frac{T_0^2}{l} \psi \cdot k, \tag{94}$$

wobei die nämliche Größe ψ auch bei der Dampfspannungsänderung sowie bei dem osmotischen Drucke auftrat. Der Vergleich von (91) mit der alten Formel (94) erlaubt nun, diese Größe ψ zu bestimmen, und liefert damit auch für die Dampfspannung einer Lösung und ihren osmotischen Druck völlig bestimmte Werte. Wir finden:

$$\psi = \frac{R}{m_2}, \tag{95}$$

und folglich für die relative Dampfspannungsänderung nach Gl. (119) des V. Kapitels auf pag. 246:

$$\frac{p - p_0}{p} = -\frac{m_1}{R}\frac{R}{m_2}\cdot k = -\frac{n_2'}{n_1'}, \tag{96}$$

sowie für den osmotischen Druck nach Gl. (135) des V. Kapitels auf pag. 252:

$$P = \frac{Tk}{v_k}\frac{R}{m_2} = \frac{RT}{(m_1 n_1' v_k)}\cdot n_2' = \frac{RT}{V'}\cdot n_2', \tag{97}$$

da $(m_1 n_1' v_k)$ sehr angenähert gleich dem Volumen V' der Lösung ist.

In beiden Gleichungen (96) und (97) ist vorausgesetzt, daß nur ein Stoff gelöst ist. Sind es mehrere, so treten an die Stelle der beiden genannten Gleichungen die folgenden:

$$\frac{p - p_0}{p} = -\frac{n_2' + n_3' + \ldots}{n_1'} = -\frac{1}{n_1'}\sum_{\lambda}^{2,\ldots} n_\lambda', \tag{98}$$

$$P = \frac{RT}{V'}(n_2' + n_3' + \ldots) = \frac{RT}{V'}\sum_{\lambda}^{2,\ldots} n_\lambda'. \tag{99}$$

Beide Formeln sind zuerst von van't Hoff auf andere Weise abgeleitet worden. Besonderes Interesse beansprucht die Gl. (99), die „Zustandsgleichung" des osmotischen Druckes. Man erkennt, z. B. durch Vergleich mit Gl. (9) dieses Kapitels, daß (99) genau dieselbe Form hat, wie die ideale Gasgleichung. Dies ist ein Resultat von fundamentaler Bedeutung. Denn es zeigt, daß man sich die Vorstellung bilden kann, daß die Moleküle einer verdünnten Lösung sich genau so verhalten wie diejenigen eines idealen Gases, wobei das Volumen V' der Lösung die Stelle des Gasvolumens vertritt. Man erkennt auch leicht, daß das Daltonsche Gesetz von der Addition der Partialdrucke gilt. Denn wir können (99) schreiben:

$$P = p_2 + p_3 + \ldots = \sum_{\lambda}^{2,\ldots} p_\lambda,$$

wo p_λ definiert ist durch:

$$p_\lambda = \frac{RT}{V'}\cdot n_\lambda' \qquad (\lambda = 2, 3, \ldots).$$

Der osmotische Druck einer Lösung ist also gleich der Summe der osmotischen Partialdrucke der einzelnen gelösten Stoffe.

Die obigen Resultate pflegen meistens durch Benutzung kinetischer Betrachtungen abgeleitet zu werden. Es ist deshalb besonders bemerkenswert, daß die hier benutzte Plancksche Methode dasselbe Ergebnis erlangt, ohne im geringsten auf solche speziellen Vorstellungen zurückzugreifen.

70. Der Verteilungssatz von Nernst.

Von den mannigfachen Anwendungen der Gleichungen (70) und (71) wollen wir nur noch einen Fall behandeln, der für die chemische Laboratoriumspraxis von Bedeutung ist, nämlich die Verteilung eines gelösten Stoffes zwischen zwei angrenzenden, sich nicht mischenden Lösungsmitteln. Es ist klar, daß nur bei ganz bestimmter Konzentration beider Lösungen Gleichgewicht vorhanden sein kann. Und um die Bestimmung der hier vorliegenden Gesetzmäßigkeit handelt es sich eben.

Die Anzahl α der unabhängigen Gibbsschen Komponenten ist hier gleich 3, die der Phasen $\beta = 2$. Die Allgemeinheit des Problems wird aber dadurch eingeschränkt, daß die beiden Lösungsmittel, die die unteren Indizes 1 und 2 haben mögen, sich nicht mischen können. Von den bei dem allgemeinen Problem $\alpha = 3$, $\beta = 2$ auftretenden sechs Massen M_1', M_1'', M_2', M_2'', M_3', M_3'' treten hier nur vier auf, da M_1'', die Masse des ersten Lösungsmittels in der zweiten Phase, und M_2', die Masse des zweiten Lösungsmittels in der ersten, beide gleich Null sind. Wegen der Unveränderlichkeit der Massen M_1, M_2, M_3 der Komponenten haben wir die äußeren Bedingungen:

$$(100) \qquad \begin{cases} M_1 = M_1'; \quad M_1'' = 0; \\ M_2 = M_2''; \quad M_2' = 0; \\ M_3 = M_3' + M_3'', \end{cases}$$

und demgemäß gilt für jede im System vor sich gehende Änderung:

$$(101) \qquad \begin{cases} \delta M_1' = \delta M_1'' = 0, \\ \delta M_2' = \delta M_2'' = 0, \\ \delta M_3' + \delta M_3'' = 0. \end{cases}$$

Ferner haben wir die 6 Konzentrationen k_i^{μ}:

$$(102) \qquad \begin{cases} k_1' = \dfrac{n_1'}{n_1' + n_3'} = & \text{(1. Lösungsmittel in der 1. Phase),} \\ k_1'' = \dfrac{n_1''}{n_2'' + n_3''} = 0 = & \text{(1. „ „ „ 2. „),} \\ k_2' = \dfrac{n_2'}{n_1' + n_3'} = 0 = & \text{(2. „ „ „ 1. „),} \\ k_2'' = \dfrac{n_2''}{n_2'' + n_3''} = & \text{(2. „ „ „ 2. „),} \\ k_3' = \dfrac{n_3'}{n_1' + n_3'} = & \text{(gelöster Stoff in der 1. Phase),} \\ k_3'' = \dfrac{n_3''}{n_2'' + n_3''} = & \text{(„ „ „ „ 2. „).} \end{cases}$$

Bezeichnen wir die Molekulargewichte der beiden Lösungsmittel mit m_1 und m_2, das des gelösten Stoffes mit m_3' bzw. m_3'', indem wir es offen lassen, ob nicht durch Assoziation oder Dissoziation dasselbe in beiden Lösungen verschieden ist, so erhalten wir die Molzahlen gemäß den Gleichungen:

$$(103)\qquad \begin{cases} m_1 n_1' = M_1'; & m_1 n_1'' = M_1'' = 0; \\ m_2 n_2' = 0; & m_2 n_2'' = M_2''; \\ m_3' n_3' = M_3'; & m_3'' n_3'' = M_3''. \end{cases}$$

Daraus folgen in Verbindung mit (101) folgende Werte für die Veränderungen $\delta n_i''$ der Molzahlen:

$$\delta n_1' = \delta n_1'' = \delta n_2' = \delta n_2'' = 0,$$
$$m_3' \delta n_3' + m_3'' \delta n_3'' = 0,$$

oder, sämtliche Gleichungen mit dem Faktor h zum Übergang zu den Zahlen ν_i'' multipliziert:

$$(104)\qquad \begin{cases} \nu_1' = \nu_1'' = \nu_2' = \nu_2'' = 0, \\ m_3' \nu_3' + m_3'' \nu_3'' = 0. \end{cases}$$

Unter diesen Bedingungen erhalten wir aus (71) als Gleichgewichtsbedingung für unsere beiden Lösungen:

$$(105)\qquad k_3'^{\nu_3'} \cdot k_3''^{\nu_3''} = K_k(T, p).$$

Lassen wir nun 1 Mol gelöster Substanz aus dem ersten Lösungsmittel in das zweite übertreten, so ist $\nu_3' = -1$ und folglich nach (104) $\nu_3'' = \frac{m_3'}{m_3''}$, sodaß die Bedingung (105) sich folgendermaßen vereinfacht:

$$(106)\qquad \frac{k_3''^{\frac{m_3'}{m_3''}}}{k_3'} = K_k(T, p).$$

Diese Gleichung enthält die Lösung des gestellten Problems ganz allgemein: Eine bestimmte Funktion der Konzentrationen der gelösten Stoffe hat bei konstanter Temperatur T und konstantem Druck p einen bestimmten konstanten Wert; (106) stellt, wie ja auch aus der Ableitung hervorgeht, in gewisser Hinsicht eine Verallgemeinerung des einfachen Massenwirkungsgesetzes für eine Phase dar.

Besonders einfach wird die Gl. (106), die als „Verteilungssatz" bezeichnet und von Nernst thermodynamisch begründet worden ist, wenn die Molekulargewichte m_3' und m_3'' in beiden Lösungen gleich sind. Dann ist einfach:

$$(107)\qquad \frac{k_3''}{k_3'} = K_k(T, p),$$

d. h. das Verhältnis der Konzentrationen des gelösten Stoffes in beiden Lösungen hat einen konstanten Wert (bei festem T und p), der als „Verteilungskoeffizient" bezeichnet wird.

Zu beachten ist dabei, daß es sich keineswegs immer um flüssige Lösungsmittel zu handeln braucht; der Verteilungssatz gilt ebensogut zwischen zwei gasförmigen und zwei festen Lösungen, ja auch zwischen zwei Lösungen desselben gelösten Stoffes in verschiedenen Aggregatzuständen.

In der chemischen Literatur werden bei Untersuchungen über den Verteilungssatz die Konzentrationen anders definiert, nämlich als das Verhältnis der Masse des gelösten Stoffes zum Volumen der Lösung, d. h. als die Masse des gelösten Stoffes in der Volumeinheit der Lösung. Diese sog. „Volumkonzentrationen", die mit unsern Konzentrationen k_λ'' in einfacher Beziehung stehen, wollen wir durch horizontale Striche von ihnen unterscheiden, also allgemein $\overline{k_\lambda''}$ schreiben. Natürlich gilt auch für diese Volumkonzentrationen der Satz, daß ihr Verhältnis im Gleichgewichte konstant ist; selbstverständlich ist die Konstante $\overline{K}$ eine andere als bisher. Wir können jedenfalls statt (107) schreiben:

(107a) $$\frac{\overline{k_3''}}{\overline{k_3'}} = \overline{K}_k(T, p).$$

Als Beispiel möge die Verteilung von H_2O_2 (Wasserstoffsuperoxyd) zwischen Amylalkohol (1. Lösungsmittel) und Wasser (2. Lösungsmittel) dienen. Es fand Calvert folgende Zahlen, wobei die Volumkonzentrationen in Millimol pro Liter angegeben sind.

$\overline{k_3''}$	$\overline{k_3'}$	$\overline{K}_k$
94,0	13,4	7,01
193,5	28,0	6,91
296,5	41,9	7,08
460,0	65,0	7,08
670,0	94,5	7,09
911,0	130,0	7,01

Man sieht die vollkommene Konstanz des Verteilungskoeffizienten.

Es möge nun noch kurz die Bedeutung des Verteilungssatzes für die Praxis des Laboratoriums erläutert werden[1]): In 1 Liter wässeriger Lösung seien $N = 100$ Gramm einer Substanz gelöst, die möglichst vollständig in 1 Liter Äther übergeführt werden sollen. Der Verteilungskoeffizient Äther : Wasser sei gleich 2. Bringt man das ganze Liter Äther mit der wässerigen Lösung zusammen und „schüttelt" zur raschen Erreichung des Gleichgewichts, so tritt eine ganz bestimmte Menge von Grammen des gelösten Stoffes in den Äther ein, die wir mit x bezeichnen wollen. Dann bleiben $(N - x)$ in der wässerigen Lösung zurück und die Volumkonzentrationen werden beziehungsweise:

$$\overline{k_3'} = \frac{N - x}{1000}, \qquad \overline{k_3''} = \frac{x}{1000},$$

so daß nach dem Verteilungssatze wird:

[1]) Vgl. die Monographie von W. Herz, Der Verteilungssatz, i. d. Samml. chem. u. chem.-techn. Vorträge, 15, Stuttgart 1909, bei F. Enke.

$$\frac{\overline{k_3'}}{\overline{k_3''}} = \frac{1}{2},$$

oder:

$$N - x = \frac{x}{2}, \quad \text{d. h.} \quad x = \frac{2}{3} N.$$

Es gehen demnach 66,66 ... Gramm durch das „Schütteln" in den Äther hinein. Man kann aber, gemäß dem Verteilungssatze, weit größere Ausbeuten erzielen, wenn man die wässerige Lösung nacheinander mit kleineren Mengen Äther „schüttelt", z. B. zweimal mit je 500 ccm. Dann stellt sich die Sache folgendermaßen: Beim ersten Schütteln gehen wieder x Gramm über, so daß die Konzentrationen werden:

$$\overline{k_3'} = \frac{N - x}{1000}, \qquad \overline{k_3''} = \frac{x}{500},$$

also ist nach dem Verteilungssatze:

$$\frac{N - x}{2x} = \frac{1}{2}, \quad \text{also} \quad x = \frac{N}{2},$$

d. h. beim ersten Schütteln gehen 50 Gramm des gelösten Stoffes in den Äther über, es bleiben 50 Gramm im Wasser zurück. Schüttelt man diese zum zweiten Mal mit 500 ccm reinem Äther, so geht wieder die Hälfte, also 25 Gramm, in diesen über, so daß insgesamt in Äther übergeführt sind 75 Gramm, gegen 66,66 Gramm beim vorigen Versuch. Dies Verfahren läßt sich natürlich weiter verbessern; schüttelt man 10 mal mit je 100 ccm Äther, so beträgt die Ausbeute 83,86 Gramm. Die Praxis hat diese Angaben durchaus bestätigt: man schüttelt eine Lösung immer mehrere Male mit kleineren Mengen des zweiten Lösungsmittels aus, das überdies so gewählt wird, daß der Verteilungskoeffizient gegen das erste möglichst groß ist.

Wie erwähnt, treten kompliziertere Verhältnisse nach (106) auf, wenn das Molekulargewicht des gelösten Stoffes in beiden Lösungsmitteln nicht dasselbe ist. Auch hier hat sich der Verteilungssatz vollkommen bewährt.

Wegen detaillierterer Angaben sei der Leser auf die zitierte Monographie von W. Herz verwiesen, in der sich auch ein recht vollständiges Verzeichnis von experimentell bestimmten Verteilungskoeffizienten befindet.

Siebentes Kapitel.

Die chemische Affinität und das Wärmetheorem von Nernst.

71. Das Problem der chemischen Affinität.

Zu den beiden Hauptsätzen der Thermodynamik ist in dem letzten Jahrzehnt ein neuer Satz getreten, den man Nernst verdankt. Seine Erkenntnis hängt eng zusammen mit einer lange Zeit viel umstrittenen Frage, nämlich der nach einem Maße der chemischen Affinität. Da diese Frage, auch abgesehen vom Nernstschen Wärmetheorem ein erhebliches thermodynamisches Interesse besitzt, wollen wir etwas näher darauf eingehen und dann die Formulierung des Nernstschen Theorems daran anschließen. So ist auch die historische Entwicklung der Erkenntnis dieses neuen Wärmesatzes gewesen.

Rein qualitativ bedeutet „chemische Affinität" die mehr oder minder große „Verwandtschaft", d. h. das mehr oder minder große Bestreben von zwei Stoffen, eine Verbindung einzugehen. Mit diesem vagen Begriffe jedoch ist der exakten Wissenschaft wenig gedient; man muß vielmehr versuchen, ein quantitatives Maß für die Affinität zu finden. Man könnte z. B. daran denken, den chemischen Kräften zweier Stoffe, die eine Verbindung unter dem Einflusse eben dieser Affinitätskräfte eingehen wollen, durch eine passende äußere Kraft das Gleichgewicht zu halten. Diese äußere Kraft, die dann das Zustandekommen der Verbindung gerade verhindern würde, könnte man als Maß der Affinität nehmen. Indessen ist dieser einfache Weg im allgemeinen nicht gangbar, und die Wissenschaft hat zuerst einen erheblichen Umweg eingeschlagen, bevor eine befriedigende Lösung des Problems van't Hoff[1]) im Jahre 1883 gelang.

Läßt man eine Reaktion in der Berthelotschen Bombe, d. h. ohne äußere Arbeitsleistung vor sich gehen, so ist nach dem ersten Hauptsatze die Abnahme der inneren Energie $U_1 - U_2 = -Q = +Q'$, d. h. gleich der Wärmetönung des Prozesses. Von dem Gedanken ausgehend, daß, je größer die chemischen Kräfte, desto größer auch ihre Arbeitsleistung sein würde, haben J. Thomsen und M. Berthelot in den Jahren 1854 und 1868 das Prinzip ausgesprochen, daß die Wärmetönung eines (ohne Volumveränderung) verlaufenden Prozesses ein Maß für die Affinität der dabei sich umsetzenden Stoffe sei.

---

[1]) Études de Dynamique chimique 1883; S. 177 ff.

So plausibel diese Definition zunächst klingt, als so unpraktisch erweist sie sich bei näherer Prüfung.

Denn man sollte doch annehmen, daß, wenn eine Reaktion wirklich eintritt, dann eben die chemischen Kräfte Arbeit leisten, d. h. eine positive Wärmetönung ($Q' > 0$) auftritt, d. h. man sollte erwarten, daß jede von selbst eintretende chemische Reaktion ein exothermer Prozeß wäre.

Das ist nun in der Tat sehr häufig und namentlich bei tiefen Temperaturen der Fall, aber keineswegs ausschließlich, es gibt vielmehr auch Reaktionen, die endotherm, d. h. mit negativer Wärmetönung verlaufen. Als Beispiel dafür kann jede Reaktion dienen, die zu einem Gleichgewichtszustande führt, wie wir solche im vorhergehenden Kapitel beim Massenwirkungsgesetz besprochen haben; geht eine solche in dem einen Sinne mit positiver Wärmetönung vor sich, so ist sie beim umgekehrten Verlaufe endotherm.

Wollte man nun die Thomsen-Berthelotsche Definition aufrecht erhalten — was prinzipiell durchaus möglich wäre —, so müßte man entweder annehmen, daß bei endothermen Reaktionen die Arbeit gegen die chemischen Kräfte geleistet wird, was nicht gut zu der Vorstellung paßt, daß bei einer von selbst eintretenden Verbindung „Verwandtschaftskräfte" sich betätigen, oder man müßte in jedem Falle Annahmen ad hoc einführen. Beides ist unbefriedigend.

Daher hat van't Hoff folgenden Vorschlag gemacht: Man führe die Reaktion auf einem (beliebigen) reversibeln Wege, und zwar isotherm, durch. Dann ist die Abnahme der freien Energie F gerade gleich der maximalen Arbeit A'_m, die durch den Prozeß gewonnen werden kann. Sie hängt ferner nur von Anfangs- und Endzustand ab, ist also charakteristisch für die Reaktion. Diese bei einer Reaktion maximal zu gewinnende Arbeit (etwa pro Mol, pro Masseneinheit, pro Konzentrationseinheit oder dergl. berechnet), abzüglich der von den äußeren Kräften bei etwaiger Volumänderung geleisteten Arbeit, soll als Maß für die Affinität genommen werden.

Das kommt offenbar darauf hinaus, die Affinität nicht durch die Abnahme der inneren Energie U, sondern durch die der freien Energie F zu messen.

Wenn diese Definition angenommen wird, so ist der Zusammenhang zwischen letzterer und der Wärmetönung Q' sofort gegeben. Bezeichnen wir die Affinität (gleich maximaler Arbeit) in Zukunft einfach durch A' (bzw. wenn auf die Masseneinheit bezogen, durch a'), so haben wir die bereits in Gl. (68) des dritten Kapitels formulierte Gleichung:

$$(1) \qquad A' = (U_1 - U_2) + T\left(\frac{\partial A'}{\partial T}\right)_V,$$

oder, wenn man für $U_1 - U_2$ die Wärmetönung (bei konstantem Volumen) Q' einführt, so erhalten wir die in der chemischen Literatur übliche Schreibweise der sog. Helmholtzschen Gleichung:

$$(2) \qquad A' = Q' + T\left(\frac{\partial A'}{\partial T}\right)_V.$$

Es geht aus ihr zunächst hervor, daß A' und Q' im allgemeinen voneinander verschieden sind, da im allgemeinen $\left(\frac{\partial A'}{\partial T}\right)_V \neq 0$ sein wird, und zwar kann $A' > Q'$ und $A' < Q'$ sein. Gleichheit von A' und Q' kann, abgesehen von singulären Stellen, nur eintreten, wenn A' von der Temperatur unabhängig ist. Beim absoluten Nullpunkte wird ferner ebenfalls $A' = Q'$ sein, wenn nicht $\left(\frac{\partial A'}{\partial T}\right)_V$ von höherer als der ersten Ordnung unendlich wird. Man kann insbesondere aus der Gl. (2) die Möglichkeit dafür entnehmen, daß bei negativem Q' (endothermer Prozeß) $A' > 0$ ausfällt, wie es unserer Vorstellung entspricht, daß die chemischen Kräfte, auch bei endothermen Reaktionen, Arbeit leisten.

Gl. (2) bildet eine Differentialgleichung für die Affinität A', deren Integration bis zu einem gewissen Grade die Bestimmung von A' gestattet; allerdings tritt dabei stets eine unbekannte Integrationskonstante auf. Wir werden auf diese Frage noch eingehend zurückkommen.

Zunächst wollen wir uns an einigen Beispielen die van't Hoffsche Definition klar machen.

Fragen wir z. B. nach der Affinität, mit der ein Mol rhombischen Schwefels sich bei der Temperatur T in monoklinen Schwefel umwandelt. Zu diesem Zwecke müssen wir auf einem reversiblen Wege rhombischen in monoklinen Schwefel umwandeln. Dies kann folgendermaßen geschehen: Bei der Temperatur T hat S_{rh} den Sublimationsdruck p_{rh}. Indem wir nun reversibel Wärme zuführen, sublimieren wir den rhombischen Schwefel, d. h. führen ihn in Schwefeldampf vom Drucke p_{rh} über. Dabei wird die Arbeit $p_{rh} V' = A_1'$ gewonnen, wo V' das Volumen von ein Mol Schwefeldampf von der Temperatur T und dem Druck p_{rh} ist. Nach den Gasgesetzen ist also $A_1' = RT$. Nunmehr dehnen wir den Schwefeldampf isotherm und reversibel aus, bis der Druck den Wert p_{mon}, d. h. den Sublimationsdruck monoklinen Schwefels erreicht hat, Dabei wird die Arbeit gewonnen

$$A_2' = \int_{p_{rh}}^{p_{mon}} p\,dV = -RT\int_{p_{rh}}^{p_{mon}} \frac{dp}{p} = +RT \log\frac{p_{rh}}{p_{mon}},$$

wobei natürlich wieder die Gültigkeit der Gasgesetze angenommen ist. Endlich kondensieren wir unter dem konstanten Sublimationsdrucke p_{mon} den Schwefeldampf zu monoklinem Schwefel, wobei, da jetzt Kompression erfolgt, die Arbeit $A_3' = -p_{mon} V'' = -RT$ gewonnen wird. Jetzt haben wir den verlangten Endzustand erreicht; das Mol rhombischen Schwefels ist bei der vorgeschriebenen Temperatur in monoklinen Schwefel verwandelt worden. Dabei ist allerdings eine kleine Volumänderung zurückgeblieben, da rhombischer Schwefel eine andere Dichte hat als monokliner. Doch ist diese Differenz so geringfügig, daß wir die Arbeitsleistung, die zur

Reduktion dieser Volumänderung aufzuwenden wäre, vernachlässigen dürfen. Insgesamt ist also die Arbeit gewonnen worden:

$$A' = A_1' + A_2' + A_3' = RT + RT \log \frac{p_{rh}}{p_{mon}} - RT = RT \log \frac{p_{rh}}{p_{mon}}.$$

Mithin ist die Affinität pro Mol Schwefel für die Umwandlung rhombisch → monoklin:

(3) $$A' = RT \log \frac{p_{rh}}{p_{mon}};$$

für die Masseneinheit berechnet sich, wenn m das Molekulargewicht des Schwefels ist:

(3a) $$a' = \frac{RT}{m} \log \frac{p_{rh}}{p_{mon}}.$$

Die hier geschilderte Methode wäre beim Schwefel nicht ausführbar, da bei den in Betracht kommenden Temperaturen die Differenz der Sublimationsdrucke zu klein ist, um gemessen zu werden. In solchen Fällen kann man sich aber der verwandten Methode bedienen, die betreffenden Stoffe (hier die beiden Schwefelmodifikationen) reversibel in einem Lösungsmittel zu lösen und den osmotischen Druck zur Berechnung der maximalen Arbeit in der nämlichen Weise verwenden, wie wir hier den Sublimationsdruck benutzt haben. Die Rechnung verläuft genau so wie oben, und mag dem Leser überlassen bleiben. Man erhält, wenn man die Sättigungskonzentrationen der beiden Schwefelmodifikationen mit k_{rh} und k_{mon}[1]) bezeichnet, den Gl. (3) bzw. (3a) ganz analoge Formeln:

(3b) $$\left\{\begin{array}{l} A' = RT \log \left(\frac{k_{rh}}{k_{mon}}\right) \\ \text{bzw. für die Masseneinheit:} \\ a' = \frac{RT}{m} \log \left(\frac{k_{rh}}{k_{mon}}\right). \end{array}\right.$$

Auf diese Weise hat Brönstedt[2]) die Umwandlungsaffinität direkt bestimmen können. Aus (3b) sieht man zunächst, daß eine unmittelbare Folge unserer Überlegung die ist, daß das Verhältnis der Sättigungskonzentrationen $\frac{k_{mon}}{k_{rh}}$ in allen Lösungsmitteln dasselbe sein muß, da die Affinität der Umwandlung selbstverständlich nicht von dem Lösungsmittel abhängen kann. In der Tat fand Brönstedt z. B. bei 20 Grad Celsius:

$$\left.\begin{array}{rl} \text{in Benzol:} & \frac{k_m}{k_{rh}} = 1{,}27 \\ \text{in Äther:} & \text{,,} \quad = 1{,}28 \\ \text{in Äthylbromid:} & \text{,,} \quad = 1{,}28 \\ \text{in Alkohol:} & \text{,,} \quad = 1{,}30 \end{array}\right\} \text{ im Mittel also: } 1{,}28.$$

---

1) Unter Konzentration ist hier im Anschluß an den Gebrauch in der chemischen Literatur die Molzahl des gelösten Stoffes in der Volumeinheit des Lösungsmittels, z. B. in einem Liter, verstanden, also die sogenannte „Volumkonzentration" wie wir sie in Nr. 70 am Schlusse eingeführt haben.

2) Brönstedt, Zeitschr. f. phys. Chem. 55, S. 371, 1906.

Danach ist die Umwandlungsaffinität A' des rhombischen Schwefels bei 25^0 Celsius (wobei die monokline Modifikation bekanntlich instabil ist) in Kalorien gerechnet, d. h. $R = 1{,}98$ cal/grad gesetzt, gleich:

$$A' = -1{,}98\,(273 + 25) \log 1{,}28 = -146\,\frac{\text{cal}}{\text{mol}}.$$

Umgekehrt ist natürlich die Affinität des monoklinen Schwefels zur Umwandlung in rhombischen gleich demselben Werte, nur mit dem Pluszeichen, also gleich $+146\,\frac{\text{cal}}{\text{mol}}$. Da der Schwefel unter den genannten Bedingungen 8-atomig ist, ist sein Molekulargewicht gleich dem achtfachen Atomgewicht gleich $32{,}03 \cdot 8 = 256{,}24$ anzunehmen. Daher ergibt sich für die Affinität pro Gramm der Wert:

$$a' = -0{,}569\,\frac{\text{cal}}{\text{grad}}$$

bzw. mit dem umgekehrten Vorzeichen für die umgekehrte Reaktion. — Die Affinität ist, wie man aus der Formel (3) entnehmen kann, hier der Masse der sich umsetzenden Substanz proportional; setzt sich etwa der Bruchteil $d\xi$ eines Mols um, so würde die dabei zu gewinnende maximale Arbeit nach (3) den Wert

$$A'd\xi = RT\,d\xi \log \frac{p_{rh}}{p_{mon}} = RT\,d\xi \log \frac{k_{rh}}{k_{mon}}$$

besitzen. Dies ist wichtig, weil wir daran folgende Bemerkung knüpfen können: Der hier angegebene Arbeitsausdruck ist von der Form $Q\,dq$, den wir aus der Mechanik her kennen; q ist dabei irgendeine Koordinate des Systems im allgemeinen Sinne von Lagrange, Q demgemäß die zugehörige allgemeine Kraftkomponente. Man erkennt daraus, daß die Affinität A' eine Kraft im Sinne des allgemeinen Lagrangeschen Begriffes ist, wenn wir die Menge ξ der umgesetzten Substanz als Koordinate nehmen, wie wir es z. B. beim Studium der Verdampfung in Nr. 50 getan haben. Es ist daher ungenau, A' schlechthin als „Arbeit" zu bezeichnen; es ist eine Arbeit pro Mol oder Masseneinheit, oder pro Konzentrationseinheit usw., was aber keineswegs im Gegensatz zur Auffassung derselben als allgemeine Kraftkomponente steht. Diese nämliche Bemerkung, die wir hier an ein spezielles Beispiel geknüpft haben, gilt, wie man leicht sieht, für alle Fälle.

Aus den gewonnenen Ausdrücken (3) bzw. (3a) für die Affinität des Schwefels bezüglich der Umwandlung der rhombisehen in die monokline Phase können wir noch weitere Schlüsse ziehen, die sich ebenso, wie die letzte Bemerkung, für alle übrigen Fälle passend verallgemeinern.

Nach unsern Darlegungen ist rhombischer Schwefel bei der absoluten Temperatur $273 + 95{,}5^0 = 368{,}5^0$ abs. im Gleichgewicht mit monoklinem; bei dieser Temperatur ist $p_{rh} = p_{mon}$ (und $k_{rh} = k_{mon}$), also nach (3) oder (3b) die Affinität A' gleich Null. Das ist genau das, was wir erwarten müssen: es besteht bei dieser Temperatur eben keine Tendenz zur Umwandlung. Unterhalb dieser Temperatur ist die rhombische Modifikation stabil, d. h. monokliner Schwefel wird sich unter dem Einflusse der chemischen Affinitätskräfte von selbst in rhombischen verwandeln, aber nicht umgekehrt; die Affinität der Umwandlung rhombisch ⟶ monoklin muß also negativ sein. Das entspricht dem Umstande, den man aus dem Schwefeldiagramm der Figur 31 ablesen kann, daß p_{rh} hier kleiner ist als p_{mon}. D. h. die stabile Modifikation hat den kleineren Dampfdruck, und, nach (3b), die kleinere „Löslichkeit", wenn diese durch die Sättigungskonzentrationen gemessen wird. Umgekehrt ist es bei Temperaturen, die höher sind als der Umwandlungspunkt; dort ist $p_{rh} > p_{mon}$ und $k_{rh} > k_{mon}$, also die Affinität größer als Null, d. h. bei Temperaturen oberhalb 95,5° Cels. wandelt sich rhombischer Schwefel von selbst in monoklinen um.

Wie schon oben bemerkt, muß für jede Umwandlungstemperatur die Affinität gleich Null sein[1]) oberhalb und unterhalb hat sie entgegengesetztes Vorzeichen.

Ein zweites Beispiel für die Berechnung der Affinität wollen wir an die Untersuchungen der Nrn. 63 und 64 des vorigen Kapitels anknüpfen, in dem wir Reaktionen idealer Gase untersucht haben. Es seien also in einem gegebenen Volumen verschiedene Gase von den gleichfalls willkürlich gegebenen Anfangskonzentrationen $\bar{k}_\lambda$ [2]) vorhanden, diese Gase gehen dann Reaktionen miteinander ein, und in dem nach dem Massenwirkungsgesetze stattfindenden Gleichgewichte seien die Konzentrationen k_λ geworden, so daß wir wieder auf unsere alten Bezeichnungen zurückkommen. Hier kennen wir nun die Gesamtenergie und die Gesamtentropie formelmäßig, also auch die freie Energie $F = U - TS$. Die Abnahme derselben bei einer Reaktion gibt also sofort die Affinität. In den alten Bezeichnungen haben wir nach Gl. (6) des vorhergehenden Kapitels auf pag. 254 für die Gesamtenergie:

$$U = \sum_\lambda n_\lambda (C_{v_\lambda} T + a_\lambda), \tag{4}$$

nach der Gl. (13) desselben Kapitels (pag. 256) für die Gesamtentropie:

$$S = \sum n_\lambda C_{p_\lambda} \log T - R \sum n_\lambda \log p - R \sum n_\lambda \log \bar{k}_\lambda + \sum n_\lambda S_\lambda^0. \tag{5}$$

[1]) Eigentlich ist an einem Umwandlungspunkte nicht die Affinität, d. h. die Differenz der freien Energien der beiden Phasen gleich Null, sondern nach den allgemeinen Darlegungen des IV. Kapitels (vgl. insbes. Nr. 56, 57, 58) die Differenz der isotherm-isobaren Potentiale Φ. Nach Definition des letzteren haben wir $\Phi = S - \frac{U + pV}{T} = -\frac{F + pV}{T}$, also für die Differenz an einem Umwandlungspunkte: $\Phi_1 - \Phi_2 = + \frac{F_2 + pV_2}{T} - \frac{F_1 + pV_1}{T} = \frac{A' + p(V_2 - V_1)}{T} = 0$. Es ist also A' nur dann gleich Null, wenn das Arbeitsglied $p(V_2 - V_1)$ vernachlässigt werden kann, was bei festen und flüssigen Stoffen praktisch immer der Fall ist.

[2]) Hier ist unter Konzentrationen k_λ wieder das Verhältnis der Molzahl n_λ zur Gesamtmolzahl $\sum n_\lambda = n$ verstanden, wie in Nr. 63 und folgenden.

Also folgt für die freie Energie der Gasmischung vor der Reaktion:

(6) $$F = \sum_\lambda n_\lambda \{C_{v_\lambda} T + a_\lambda - C_{p_\lambda} T \log T + RT \log p + RT \log \bar{k}_\lambda - T S_\lambda^0\}.$$

Bei einer isotherm-isobaren Veränderung $\delta_{T,p}$ finden wir für $\delta_{T,p} F$:

$$\delta_{T,p} F = T \sum \delta n_\lambda C_{v_\lambda} - T \log T \sum C_{p_\lambda} \delta n_\lambda + RT \log p \sum \delta n_\lambda$$
$$+ RT \sum \delta n_\lambda \log k_\lambda + \sum \delta n_\lambda a_\lambda - T \sum \delta n_\lambda S_\lambda^0.$$

Wir wollen hier wieder, wie im vorigen Kapitel, durch Multiplikation der ganzen Gleichung mit einem geeigneten Faktor h von den Größen δn_λ zu den Größen $\nu_\lambda = h \cdot \delta n_\lambda$ übergehen, wo die ν_λ die sich umsetzenden Molzahlen sind. Die linke Seite gibt dann die endliche Differenz $F_2 - F_1$ der freien Energie, wenn die genannten Molzahlen sich umgesetzt haben. So finden wir:

$$F_2 - F_1 = RT \log p \sum \nu_\lambda + RT \sum \log (\bar{k}_\lambda^{\nu_\lambda}) + T \sum C_{v_\lambda} \nu_\lambda - T \log T \sum C_{p_\lambda} \cdot \nu_\lambda$$
$$+ \sum (a_\lambda - T S_\lambda^0) \nu_\lambda.$$

Mit den Abkürzungen (23) des vorigen Kapitels

$$\sum \nu_\lambda = \nu$$
$$\sum \nu_\lambda C_{p_\lambda} = R \cdot C$$
$$\sum \nu_\lambda b_\lambda = \sum \nu_\lambda (S_\lambda^0 - C_{v_\lambda} - R) = R \log B$$
$$\sum \nu_\lambda a_\lambda = R \cdot A$$

ergibt sich daraus:

$$F_2 - F_1 = -RT \cdot \nu - RT \left\{ -\nu \cdot \log p + \log B - \frac{A}{T} + C \log T \right\}$$
$$+ RT \sum \log (\bar{k}_\lambda^{\nu_\lambda}).$$

Darin ist nun nach (25) des vorigen Kapitels, d. h. nach dem Massenwirkungsgesetze auf pag. 258:

$$\log B - \frac{A}{T} + C \log T - \nu \log p = \log K_k (T, p),$$

wo $K_k(T, p)$ die Gleichgewichtskonstante der betrachteten Reaktion ist Also ist endgültig:

(7) $$F_2 - F_1 = -RT \cdot \nu - RT \log K_k (T, p) + RT \sum \log (\bar{k}_\lambda^{\nu_\lambda}).$$

Um Mißverständnisse zu vermeiden, sei nochmals betont, daß $\log K_k$ keineswegs gleich $\sum \log (\bar{k}_\lambda^{\nu_\lambda})$ ist, denn die $\bar{k}_\lambda$ sind nicht die Gleichgewichtskonzentrationen, für die diese Gleichung allerdings gelten würde, sondern der Ausgangskonzentrationen, deren Affinität bezüglich der betrachteten Reaktion festgestellt werden soll. Um aus (7) nun die Affinität zu berechnen, ist zu beachten, daß $RT \cdot \nu$ die bei der Reaktion geleistete äußere Arbeit infolge der Volumvermehrung darstellt, die gemäß Definition der Affinität nicht in Rechnung zu setzen ist. Demgemäß ergibt sich A' gleich der noch übrig bleibenden Abnahme der freien Energie, d. h. wenn das alte Volumen wieder hergestellt wird:

(8) $$A' = RT \log K_k - RT \sum \log (\bar{k}_\lambda^{\nu_\lambda}).$$

Es ist nun zweckmäßig und üblich, ebenso wie wir früher auf Mole oder auf Gramme bezogen, hier die Affinitäten regelmäßig auf den Fall zu beziehen, daß die Ausgangskonzentrationen $\bar{k}_\lambda$ sämtlich den Wert 1 haben, wodurch das zweite Glied in Fortfall kommt[1]). Dann wird einfacher:

(9) $$A' = RT \log K_k.$$

In den Gl. (8) und (9) kann man, was häufig bequemer ist, statt der Konzentrationen k_λ bzw. $\bar{k}_\lambda$ die zugehörigen Partialdrucke p_λ bzw. $\bar{p}_\lambda$ einführen. Diese Partialdrucke hängen, wenn mit p der Gesamtdruck bezeichnet wird, folgendermaßen mit den Konzentrationen zusammen (sieh z. B. die Gl. (11) des VI. Kapitels auf pag. 256):

$$p_\lambda = p \cdot k_\lambda$$
$$\bar{p}_\lambda = p \cdot \bar{k}_\lambda.$$

Führt man dies in (8) bzw. (9) ein, so erhält man die entsprechenden Gleichungen, wo K_p dieselbe Bedeutung wie in Gl. (25c) des VI. Kapitels (pag. 259) hat:

(8a) $$A' = RT \log K_p - RT \sum \log (\bar{p}_\lambda^{\nu_\lambda}),$$

bzw., wenn sämtliche Ausgangspartialdrucke gleich 1 sind:

(9a) $$A' = RT \log K_p.$$

Als Affinität schlechthin bezeichnen wir immer die auf die Einheit der Konzentrationen bzw. der Partialdrucke bezogenen Werte nach (9) oder (9a).

Durch diese Gleichungen hat gleichzeitig die Gleichgewichtskonstante eine anschauliche physikalische Deutung erhalten. Nach beiden Gleichungen (9) ist es, wenn sie bekannt ist, sofort möglich, die Affinität anzugeben, und zwar etwa in Erg oder in Kalorien.

Es braucht kaum erwähnt zu werden, daß dieselben Formeln sich ergeben, wenn es sich um Reaktionen in verdünnten Lösungen handelt, desgleichen bei Reaktionen im heterogenen System mit Gasphase[2]) oder mit Lösungsphasen, wo ja auch das Massenwirkungsgesetz gilt.

72. Die Beziehung der elektromotorischen Kraft zur Affinität.

Eine außerordentlich wichtige Methode, Affinitäten zu bestimmen, besteht darin, daß man die chemische Reaktion elektrische Arbeit leisten läßt, wie dies in den galvanischen Elementen der Fall ist.

Taucht man z. B. metallisches Zink in eine Lösung von $CuSO_4$, so geht Zn in Lösung und Cu scheidet sich auf dem Zink ab, d. h. geht aus

[1]) Allerdings ist es in der Chemie üblich, auf die Einheit der Volumkonzentrationen zu beziehen (Molzahl im Liter), was natürlich im Prinzip gleichgültig ist.

[2]) Vgl. Nr. 66.

der Lösung heraus. Es geht also unter dem Einflusse der Affinitätskräfte folgende Reaktion von selbst vor sich:

(10) $$Zn + CuSO_4 = ZnSO_4 + Cu.$$

Dieser Vorgang ist durchaus irreversibel, denn die ihm innewohnende Arbeitsfähigkeit wird nicht ausgenützt, wenn man ihn so, wie beschrieben, vor sich gehen läßt. Aber wir können, indem wir uns in diesem Falle ein sogenanntes Daniellsches Element (und allgemein galvanische Elemente, in denen die betrachteten Reaktionen vor sich gehen) zusammenbauen, diese Arbeit gewinnen, indem wir die strömende Elektrizität Arbeit leisten lassen.

Bleiben wir zunächst bei dem oben gewählten Beispiele!

Das Schema eines Daniell-Elementes ist das folgende: Zn taucht in $ZnSO_4$-Lösung, Cu in $CuSO_4$-Lösung. Werden nun die herausragenden Enden der Metalle durch einen Metalldraht miteinander verbunden, so fließt in demselben ein elektrischer Strom vom Cu zum Zn, und gleichzeitig geht Zn in Lösung, während eine chemisch äquivalente Menge Cu aus der Lösung sich an der Cu-Elektrode niederschlägt. D. h. es geht wirklich die Reaktion (10) vor sich

$$Zn + CuSO_4 = ZnSO_4 + Cu.$$

Wir wollen uns nun die Aufgabe stellen, die Affinität von Zn und $CuSO_4$ bezüglich dieser Reaktion (10) festzustellen. Schon nach dem bis jetzt Gesagten ist klar, daß dies gelingen muß, wenn wir das Element reversibel arbeiten lassen und die dabei geleistete Arbeit, die dann die maximal durch die Reaktion zu gewinnende ist, bestimmen können. Denn diese ist ja gleich der Affinität.

Welche Arbeit leistet nun ein Element, und unter welchen Bedingungen kann sie reversibel gewonnen werden?

Wird das Element durch einen Schließungsdraht kurz geschlossen, so tritt in dem Stromkreise pro Sekunde die Wärmemenge $J^2 W$, also in der Zeit t die Menge

(11) $$Q' = J^2 W t$$

auf, wo J die Stromstärke und

(12) $$W = W_i + W_a$$

die Summe des inneren Widerstandes W_i und des äußeren W_a ist. Im äußeren Schließungskreise tritt daher die Wärmemenge

(13) $$Q_a' = J^2 W_a t$$

auf. Nennen wir die Potentialdifferenz an den Enden des geschlossenen Elementes E_g (der Index „g“ soll auf „geschlossen“ deuten), so ist nach dem Ohmschen Gesetz

(14) $$J W_a = E_g,$$

so daß (13) geschrieben werden kann:

(15) $$Q_a' = J E_g t.$$

Darin ist nun Jt die gesamte Elektrizitätsmenge, die während der Zeit t durch irgendeinen Querschnitt hindurchgetreten ist; nennen wir sie M, so ist

(16) $$Q_e' = E_g \cdot M$$

die elektrische Arbeit, die geleistet wird, wenn die Elektrizitätsmenge M vom positiven Pol zum negativen Pol des Elementes hinströmt, d. h. durch eine Leitung fließt, an deren Enden die Potentialdifferenz E_g liegt.

Wann ist nun diese Arbeit die maximale, d. h. wann arbeitet das Element reversibel?

Dazu ist offenbar erforderlich, daß der gesamte Vorgang im Element rückgängig gemacht werden kann. Wir müssen also zunächst die Elektrizitätsmenge M, die bisher vom Pluspol zum Minuspol geflossen ist, umgekehrt vom negativen Pol zum positiven zurückschaffen. Das kann einfach dadurch geschehen, daß wir nunmehr von einer äußeren Stromquelle Strom in umgekehrter Richtung durch das Element senden, bis die gewünschte Quantität Elektrizität M transportiert ist.

Aber dies ist nicht genug. Sondern es müssen dabei gleichzeitig die chemischen Änderungen rückgängig gemacht werden, d. h. etwa 1 Mol Cu in Lösung gehen und 1 Mol Zn aus der Lösung sich an der Kathode abscheiden, wobei sich gleichzeitig das Vorzeichen der Wärmetönung umkehren muß. Beim Daniellschen Element findet diese umgekehrte Abscheidung bei Stromumkehr tatsächlich statt, keineswegs aber bei allen galvanischen Elementen. Elemente mit der genannten Eigenschaft des Daniell-Elementes nennt man daher auch „reversible" Elemente. Ferner müssen wir, da die Erregung Joulescher Wärme ein irreversibler Vorgang ist, diese möglichst unterdrücken. Das kann nur dadurch geschehen, daß man sehr schwache, im Grenzfall unendlich schwache Ströme aus dem Element entnimmt, so daß die Stromwärme, die ja dem Quadrate der Stromstärke proportional ist, von höherer Ordnung verschwindet. Der Durchfluß einer bestimmten endlichen Elektrizitätsmenge M, sowie die Abscheidung von 1 Mol Cu usw. dauern dann freilich unendlich lange, aber diese Eigentümlichkeit teilt unser Prozeß bekanntlich mit allen quasistatischen Vorgängen, und das bildet für die thermodynamischen Betrachtungen kein Hindernis.

Um unendlich schwache Ströme zu erzielen, müssen wir den äußeren Widerstand unendlich groß machen. Dabei steigt die Potentialdifferenz des geschlossenen Elementes E_g nach dem Ohmschen Gesetze und nähert sich unbegrenzt dem Werte E_0, d. h. der Potentialdifferenz, die die Pole des Elementes im stromlosen Zustande aufweisen und die man die „elektromotorische Kraft" des Elementes nennt. In diesem Falle hat also die äußere Arbeit den Maximalwert A', der sich nach (16) ergibt zu:

(17) $$A' = E_0 \cdot M .$$

Jetzt kommt es nur noch darauf an, die Elektrizitätsmenge M zu bestimmen, die erfordert wird, um eine bestimmte Quantität der Reaktion umzusetzen, in unserem Beispiele also eine bestimmte Menge Zn in Lösung zu bringen und die entsprechende Cu aus der Lösung abzuscheiden.

Die Antwort darauf gibt uns das zweite Faradaysche Gesetz der Elektrolyse. Nach demselben werden in der gleichen Zeit durch den gleichen Strom chemisch äquivalente Mengen abgeschieden. Chemisch äquivalente Mengen erhält man, wenn man bei chemischen Elementen das Grammatom, bei chemischen Radikalen (z. B. SO_4, CO_3) das Grammolekül durch die Wertigkeit des betreffenden Stoffes (seine Valenz) dividiert. Die so erhaltene Menge von Grammen nennt man ein „Grammäquivalent". Demgemäß wird zur Abscheidung eines Grammäquivalentes eines beliebigen Stoffes stets derselbe Strom durch eine bestimmte Zeit fließen müssen, d. h. die nämliche Elektrizitätsmenge M_0 erforderlich sein; diese so bestimmte Menge M_0 nennt man die „Äquivalentladung".

Der Durchfluß einer Äquivalentladung durch ein Element setzt z. B. von der Reaktion

$$H_2 + \tfrac{1}{2} O_2 = H_2O$$

1 Grammäquivalent Wasserstoff = 1 Gramm Wasserstoff und ein Grammäquivalent Sauerstoff $= \frac{16}{2} = 8$ Gramm Sauerstoff um, und das sind in der Tat chemisch äquivalente Mengen.

Man sieht aus der obigen Darlegung, daß es in diesem Falle zweckmäßig ist, die Affinität bzw. maximale Arbeit nicht auf ein Mol, sondern auf sich umsetzende Grammäquivalente zu beziehen. Man kann ja jeder Zeit von diesen Zahlen zu Molen übergehen, wenn dies einmal erforderlich sein sollte. Nach (17) beträgt die maximale Stromarbeit pro Grammäquivalent:

$$A' = E_0 M_0 . \tag{18}$$

M_0 kann experimentell einfach bestimmt werden, indem man z. B. die Stromstärke J und die Stromdauer t mißt, bis ein Grammäquivalent H, z. B. 1 Gramm Wasserstoff, abgeschieden ist. Das Produkt Jt, d. h. die Äquivalentladung, hat sich ergeben zu

$$M_0 = 96540 \text{ Coulomb.} \tag{19}$$

Messen wir die elektromotorische Kraft in Volt, so ist demnach (18) und (19) die Affinität pro Grammäquivalent gemessen in „Coulomb-Volt", ein Produkt, das natürlich von der Dimension einer Arbeit bzw. Wärmemenge ist. Und zwar ist nach der Definition eines Coulomb und eines Volt:

$$\begin{aligned} 1 \text{ Coulomb} &= 0{,}1\,[\text{gr}^{1/2}\,\text{cm}^{1/2}] \\ 1 \text{ Volt} &= 10^8\,[\text{gr}^{1/2}\,\text{cm}^{1/2}\,\text{sec}^{-2}], \end{aligned}$$

also $1 \text{ Coulomb-Volt} = 10^7\,[\text{gr cm sec}^{-2}] = 10^7 \text{ Erg} = \frac{1}{4{,}19} \text{ cal}$, also

$$96540 \text{ Coulomb-Volt} = 23050 \text{ cal.} \tag{20}$$

Die obige Darlegung führt zu der Erkenntnis, daß die elektromotorische Kraft eines reversibeln Elementes ein Maß für die Affinität ist, die den im Element verlaufenden chemischen Vorgang hervorbringt. Daher muß die Größe $E_0 M_0$ der Helmholtzschen Gleichung (2) genügen:

$$(21) \qquad M_0 E_0 = Q' + T M_0 \left(\frac{\partial E_0}{\partial T}\right)_V,$$

worin Q' die Wärmetönung der im Element sich abspielenden Reaktion, nunmehr natürlich auch auf Grammäquivalente bezogen, bedeutet. Denken wir uns $M_0 E_0$ nach Gl. (20) von „Coulomb-Volt" auf Kalorien reduziert, so erhalten wir die in Kalorien gemessene elektromotorische Kraft, die wir mit E_0' bezeichnen wollen. Dafür ist dann einfacher, da $(96540\,E_0)$ Coulomb-Volt $= (23050\,E_0)$ cal $= E_0'$ cal sind:

$$(22) \qquad E_0' = Q' + T \left(\frac{\partial E_0'}{\partial T}\right)_V.$$

Nach den letzten Gleichungen kann man also die elektromotorische Kraft E_0 eines Elementes bestimmen, wenn die Wärmetönung Q' der Reaktion und der Temperaturkoeffizient $\left(\frac{\partial E_0}{\partial T}\right)_V$ der elektromotorischen Kraft bekannt sind. Nur in dem singulären Falle, daß $\left(\frac{\partial E_0}{\partial T}\right)_V = 0$, kann die elektromotorische Kraft aus Q' allein berechnet werden. Das würde dem Thomsen-Berthelotschen Prinzip entsprechen, das eben auch hier im allgemeinen nicht richtig ist.

Die obigen Formeln, die von Helmholtz und Gibbs herrühren, sind durch Messungen von Jahn[1]) und andern bestätigt worden. Z. B. ergab sich für das Daniell-Element bei $T = 273^0$ abs.:

$$E_0' = 25263 \text{ cal}$$
$$Q' = 25055 \text{ cal}.$$

Daraus ergibt sich nach (22) für den Temperaturkoeffizienten $\left(\frac{\partial E_0'}{\partial T}\right)_V$ der Wert:

$$\left(\frac{\partial E_0'}{\partial T}\right)_{V=273} = \frac{25263 - 25055}{273} = \frac{208}{273} \frac{\text{cal}}{\text{grad}},$$

oder in Volt umgerechnet:

$$\left(\frac{\partial E_0}{\partial T}\right)_{T=273} = \frac{208}{273 \cdot 23050} \frac{\text{Volt}}{\text{grad}} = 0{,}000033 \frac{\text{Volt}}{\text{grad}},$$

während experimentell[2]) gefunden wurde $0{,}000034 \frac{\text{Volt}}{\text{grad}}$, was einer Differenz zwischen E_0' und $Q' = 213$ cal entsprechen würde, während 208 cal gefunden war. Die Übereinstimmung ist so gut, als man in Anbetracht der

[1]) Literatur siehe z. B. bei Sackur, Chemische Affinität und ihre Messung, Braunschweig 1908.

[2]) Allerdings wird experimentell stets $\left(\frac{\partial E_0}{\partial T}\right)_p$, d. h. der Temperaturkoeffizient bei konstantem Druck gemessen, doch ist bei festen und flüssigen Systemen der Unterschied verschwindend.

schwierigen Messung erwarten kann. Für die elektromotorische Kraft des Daniell-Elementes liefern die obigen Zahlen in Volt den Wert:

$$E_0 = 1{,}099 \text{ Volt},$$

was gleichfalls mit der Erfahrung (1,09 bis 1,10 Volt) gut übereinstimmt.

Man erkennt übrigens, daß gerade beim Daniell-Element das Glied $T\frac{\partial E_0}{\partial T}$, das die Korrektur des Thomsen-Berthelotschen Prinzips darstellt, sehr klein ist, nämlich bei 273° abs. nur 0,009 Volt beträgt, sodaß in diesem Falle die elektromotorische Kraft bzw. die Affinität praktisch gleich der Wärmetönung ist. Aber, wie schon mehrfach betont, ist dies ein durchaus singulärer Fall.

Die in dieser Nummer geschilderte Methode zur Messung von Affinitäten ist eine der genauesten, die man besitzt, aber auf verhältnismäßig wenige Reaktionen beschränkt. Es bleibt also nach wie vor das Problem bestehen, eine allgemeine Methode zu finden, um Affinitäten zu messen bzw. zu berechnen.

73. Das Nernstsche Wärmetheorem; die Affinität kondensierter Systeme.

In diese Lücke greift nun das Nernstsche Wärmetheorem ein. Und zwar geht Nernst aus von der Helmholtzschen Gl. (2) für die Affinität:

$$A' = Q' + T\left(\frac{\partial A'}{\partial T}\right)_V. \tag{2}$$

Diese Gleichung gestattet zwar, durch Integration A' zu bestimmen, doch tritt dabei eine unbestimmte Integrationskonstante auf. Wir können (2) nämlich offenbar in folgender Weise schreiben:

$$-T^2\frac{\partial}{\partial T}\left(\frac{A'}{T}\right)_V = Q',$$

und das gibt, bei konstantem Volumen integriert:

$$\frac{A'}{T} = -\int^T \frac{Q'}{T^2}\,dT + J,$$

oder:

$$A' = -T\int^T \frac{Q'}{T^2}\,dT + JT. \tag{23}$$

Die hier auftretende Integrationskonstante J, die von Haber mit Recht in sehr charakteristischer Weise als die „thermodynamisch unbestimmte Konstante" bezeichnet wird, kann natürlich vom Volumen V abhängen. Gerade diese Unbestimmtheit der Konstanten vereitelt es nun, daß wir durch rein thermische Messungen [theoretisch gesprochen durch eine Integration der Gl. (2)], die Affinität bestimmen können. Die klassische Thermodynamik, d. h. der Inbegriff der aus den beiden Hauptsätzen fließenden Folgerungen, liefert eben nicht die Affinität selbst, sondern nur eine Differentialbeziehung für dieselbe.

Sehen wir zunächst einmal von der Unbestimmtheit der Konstanten J ab, so läßt sich im übrigen A' in der Tat durch rein thermische Messungen bestimmen.

Denn das Integral $\int \frac{Q'}{T^2} dT$ kann relativ leicht durch solche Messungen bestimmt werden, wie aus der folgenden Darlegung hervorgeht, die insbesondere festlegen soll, was zu diesem Zwecke experimentell bekannt sein muß.

Wir können unter gewissen Voraussetzungen, die nachher näher erörtert werden sollen, Q' als Funktion von T in die folgende Potenzreihe entwickeln (Mac Laurinsche Reihe):

(26) $$Q' = Q_0' + \alpha T + \beta T^2 + \gamma T^3 + \ldots,$$

und es kommt lediglich darauf an, die Koeffizienten $\alpha, \beta, \gamma, \ldots$ experimentell zu bestimmen. Ihre physikalische Bedeutung erhält man am einfachsten durch Differentiation von Q' nach T:

(27) $$\frac{dQ'}{dT} = \alpha + 2\beta T + 3\gamma T^2 + \ldots,$$

wenn wir gleichzeitig beachten, daß nach dem in Gl. (125) des zweiten Kapitels auf pag. 135 formulierten Kirchhoffschen Satze $\frac{dQ'}{dT}$, d. h. der Temperaturkoeffizient der Wärmetönung, die Differenz der Wärmekapazitäten der reagierenden Stoffe vor und nach der Reaktion bedeutet (die gestrichenen Größen beziehen sich auf die nach der Reaktion vorhandenen Stoffe):

(28) $$\frac{dQ'}{dT} = \sum m_\nu c_\nu - \sum m_\nu' c_\nu'.$$

Kennt man also die spezifischen Wärmen (bei konstantem Volumen, weil sich ja die Gl. (2) auf konstantes Volumen bezieht) sämtlicher Reaktionsteilnehmer als Funktionen der Temperatur T, so kennt man auch die Koeffizienten $\alpha, \beta, \gamma, \ldots$ im Ausdrucke (26) für die Wärmetönung Q'; Q'_0 ist natürlich die Wärmetönung beim absoluten Nullpunkt.

Wir wollen nun (26) in unsern Ausdruck (25) für A' einsetzen und gliedweise integrieren. Das liefert:

$$A' = -T\left[\int^T \frac{Q_0'}{T^2} dT + \int^T \frac{\alpha}{T} dT + \int^T \beta dT + \int^T \gamma T\, dT + \ldots\right] + JT$$

oder ausgeführt:

(29) $$A' = Q_0' - \alpha T \log T - \beta T^2 - \frac{\gamma}{2} T^3 \ldots + JT.$$

Nernst wurde nun durch die Erfahrung geleitet, daß bei sehr tiefen Temperaturen, die aber immerhin noch beträchtlich vom absoluten Nullpunkte abstehen (z. B. beim Siedepunkte des Wasserstoffes, d. h. bei etwa 20° abs.) die Thomson-Berthelotsche Regel von der Identität von A' und Q' immer häufiger stimmt, sodaß offenbar ein richtiger Kern in derselben stecken muß. Gerade die Tatsache ist wichtig, daß demgemäß $A' = Q'$ wird schon bei Temperaturen, die immerhin erheblich von dem absoluten Nullpunkte abstehen. Daß beim absoluten Nullpunkte Gleichheit von A' und Q' stattfindet, folgt ja schon aus der Helmholtzschen Gleichung (2), falls nicht $\left(\frac{\partial A'}{\partial T}\right)_V$ von höherer als der ersten Ordnung unendlich wird, geht zum Überfluß auch aus einem Vergleich von (26) und (29) hervor; das ist also eine für unsern Gesichtspunkt wenig besagende Tatsache. Aber wenn für ein erhebliches Temperaturintervall vom absoluten Nullpunkte angefangen die Gleichheit bereits besteht, so müssen auch die Ableitungen von A' und Q' nach T (alle natürlich bei konstantem V genommen, was wir in Zukunft nicht mehr besonders hervorheben werden) gleich sein.

Die experimentellen Tatsachen führen also zu der Vermutung, daß

$$\left(\frac{\partial A'}{\partial T} = \frac{\partial Q'}{\partial T}\right)_{\lim T=0}$$

ist. Aus unserm Ansatze (26) und der daraus sich ergebenden Gl. (29) folgt damit:

$$[\alpha + 2\beta T + 3\gamma T^2 + \ldots = -\alpha - \alpha \log T - 2\beta T - \tfrac{3}{2}\gamma T^2 + J]_{\lim T=0},$$

d. h. es müßte sein:

$$\alpha = -\alpha + J - \alpha(\log T)_{\lim T=0},$$

was nur dadurch erreicht werden kann, daß man gleichzeitig hat:

$$(30) \qquad \begin{cases} \alpha = 0, \\ J = 0. \end{cases}$$

Nimmt man aber diese Bedingungen als erfüllt an, so folgt aus (26) und (29) weiter:

$$(31) \qquad \begin{cases} \lim\limits_{T=0} \frac{dQ'}{dT} = 0, \\ \lim\limits_{T=0} \frac{dA'}{dT} = 0, \end{cases}$$

womit die Gleichheit von $\frac{dQ'}{dT}$ und $\frac{dA'}{dT}$ für tiefe Temperaturen von selbst erfüllt ist.

Die Gleichungen (31) bilden die ursprüngliche Form des Nernstschen Wärmetheorems.

Man erkennt aus (30) sofort, daß durch diese neue Forderung, die zu den beiden Hauptsätzen hinzutritt, die thermodynamisch unbestimmte Konstante J bestimmt wird; sie ist direkt gleich Null.

Daher ist nunmehr mit Rücksicht auf (30) die Affinität A' durch (29) vollkommen bestimmt. Ist nämlich Q' als Funktion der Temperatur gegeben durch (wegen $\alpha = 0$):

(32) $$Q' = Q_0' + \beta T^2 + \gamma T^3 + \ldots,$$

so ist die Affinität A' durch die Gleichung bestimmt:

(32a) $$A' = Q_0' - \beta T^2 - \frac{\gamma}{2} T^3 \ldots.$$

Die Affinität ist also nunmehr durch rein thermische Messungen, nämlich durch Bestimmung der spezifischen Wärmen als Funktionen der Temperatur, vollkommen bestimmbar, wenn die ursprüngliche Voraussetzung, daß Q' in Form der Reihe (26) darstellbar ist, zutrifft. Das ist aber bei den sogenannten kondensierten, d. h. aus reinen festen und flüssigen, evtl. unterkühlten Substanzen bestehenden Systemen, sicher der Fall, weil diese stetig, d. h. ohne Aggregatzustandsänderungen oder allotrope Umwandlungen, bis zu beliebig tiefen Temperaturen abgekühlt werden können. Gase und Lösungen dagegen sind zunächst ausgeschlossen, weil man keine Vorstellung davon hat, was aus diesen bei sehr tiefen Temperaturen und endlichen Drucken wird. Dagegen werden wir bald sehen, daß auch die Affinität gasförmiger Systeme und Lösungen auf indirektem Wege aus dem Nernstschen Theorem bestimmt werden kann.

Die Gleichungen (31), die das Nernstsche Theorem formulieren, gestatten eine einfache geometrische Deutung, wenn wir die Kurven $Q'(T)$ und $A'(T)$ als Ordinaten und die Temperatur T als Abszissen wählen (Fig. 33).

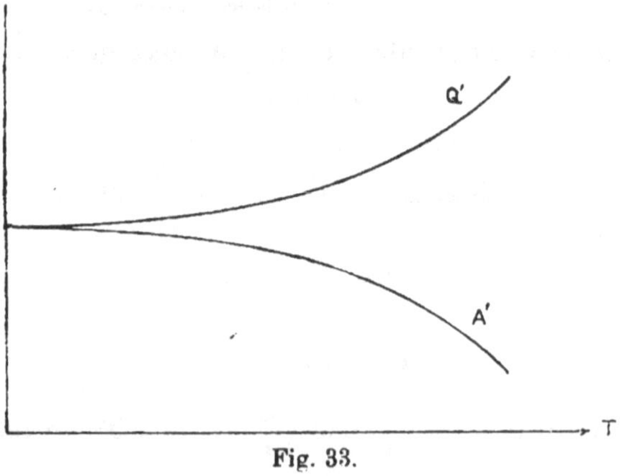

Fig. 33.

Denn diese Gleichungen besagen, daß die Q'-Kurve die A'-Kurve in der Nähe des absoluten Nullpunktes tangiert, sowie daß diese Tangente horizontal ist. Darin, daß die beiden Kurven sich tangieren, ist ausgesprochen, daß die A'-Kurve (bis zu einem gewissen Grade) durch die Q'-Kurve bestimmt ist (die thermodynamisch unbestimmte Konstante J ist gleich Null), darin, daß die Kurven eine horizontale Tangente haben, ist die Gültigkeit des Thomson-Berthelotschen Prinzips für sehr tiefe Temperaturen ausgesprochen.

Eine allgemeine Folgerung des Nernstschen Theorems möge gleich hier noch besprochen werden, da sie uns in allgemeinerer Form in einer der nächsten Nummern beschäftigen wird. Der Koeffizient α hat offenbar die physikalische Bedeutung $\left(\frac{dQ'}{dT}\right)_{T=0}$, d. h. des Temperaturgradienten der Wärmetönung beim absoluten Nullpunkt. In Verbindung mit dem Kirchhoffschen Satze (28) folgt also:

$$\alpha = [\sum m_\nu c_\nu - \sum m'_\nu c'_\nu]_{T=0} = 0, \tag{33}$$

d. h. beim absoluten Nullpunkte sind die Wärmekapazitäten streng additiv, wie es die Joule-Koppsche Regel verlangt.

Wegen des folgenden sei noch darauf hingewiesen, daß auch andere Entwickelungen von Q', als diejenige, die wir in (26) zugrunde gelegt haben, zu dem Nernstschen Theorem führen bzw. mit ihm verträglich sind. Überhaupt muß betont werden, daß das Vorstehende ja keineswegs einen Beweis dieses Satzes aus thermodynamischen Prinzipien darstellen soll. Ein solcher wäre auch unmöglich.

Denn die Gl. (31) stellen (ebenso wie z. B. seinerzeit der Thomson-Plancksche Satz von der Unmöglichkeit eines Perpetuum mobile zweiter Art) eine neue unabhängige Tatsache dar, die aus den beiden bisher bekannten Hauptsätzen nicht deduziert werden kann. Man hat daher zuweilen das Nernstsche Theorem auch als den „dritten Hauptsatz" der Wärmetheorie bezeichnet.

Hier wollen wir noch ein einfaches Beispiel, gleichzeitig eines der ersten, an dem das neue Theorem sich bewähren konnte, etwas genauer besprechen. In der vorigen Nummer haben wir aus den Messungen von Broenstedt die Affinität des rhombischen Schwefels bezüglich seiner Umwandlung in monoklinen bestimmt. Anderseits können wir sie jetzt nach (32a) berechnen, wenn wir die Wärmetönung Q' dieser Umwandlung in der Form (32) kennen. Dies ist in der Tat der Fall. Denn Broenstedt und Tammann haben die auf 1 g bezogene Umwandlungswärme (die wir gemäß unserer allgemeinen Bezeichnungsweise durch q' bezeichnen) des monoklinen in den rhombischen Schwefel gemessen und gefunden:

$$q'_{273} = 2{,}40 \text{ cal/gr},$$
$$q'_{368} = 3{,}19 \text{ cal/gr}.$$

Daraus lassen sich q_0', die Wärmetönung beim absoluten Nullpunkte, und der Koeffizient β berechnen, wenn wir, was jedenfalls für ein kleineres Temperaturintervall möglich ist, in (32) hinter dem quadratischen Gliede abbrechen. Man findet dann folgende Werte:

$$q_0' = 1{,}57 \text{ cal/gr},$$
$$\beta = 1{,}15 \cdot 10^{-5} \frac{\text{cal}}{\text{gr grad}^2},$$

sodaß wir für die Wärmetönung gemäß (32) die Darstellung finden:

$$q' = 1{,}57 + 1{,}15 \cdot 10^{-5}\, T^2 \text{ cal/gr}. \tag{34}$$

Nach (32a) erhalten wir somit für die Affinität a' der Umwandlung monoklin → rhombisch die Darstellung:

$$a' = 1{,}57 - 1{,}15 \cdot 10^{-5} T^2 \text{ cal/gr.} \tag{34a}$$

In der folgenden Tabelle sind die von Broenstedt mittels Löslichkeitsbestimmung gemessenen Werte von a' zusammengestellt mit den nach der letzten Formel berechneten.

T	a' ber.	a' beob.
273	0,72	0,718
288,5	0,62	0,639
291,6	0,60	0,629
298,3	0,55	0,569

Die Übereinstimmung ist vortrefflich.

Während nach (34) die Wärmetönung mit steigender Temperatur ansteigt, fällt nach (34a) die Affinität. Ganz natürlich! Denn wir nähern uns ja dabei dem Umwandlungspunkte, an dem die Affinität gleich Null werden muß. Setzen wir zur Bestimmung der Umwandlungstemperatur T_u in (34a) $a' = 0$, so folgt für erstere der Wert:

$$T_u = \sqrt{\frac{1{,}57 \cdot 10^5}{1{,}15}} = 369{,}5^{\circ} \text{ abs.} = 96{,}5^{\circ} \text{ C}, \tag{34b}$$

was mit dem experimentellen Befunde $T_u = 95{,}5^{\circ}$ C ebenfalls gut übereinstimmt.

Eine weitere Folgerung können wir für die spezifische Wärme des rhombischen und monoklinen Schwefels ziehen. Denn nach dem Kirchhoffschen Satze ist hier:

$$\frac{dq'}{dT} = c_{\text{mon}} - c_{\text{rh}} = 2{,}30 \cdot 10^{-5}\, T, \tag{35}$$

und für eine Temperatur $T = 350^{\circ}$ abs. findet man daraus:

$$c_{\text{mon}} - c_{\text{rh}} = 0{,}0081 \text{ cal/gr},$$

während experimentell von Wigand und Koref der Wert 0,0085 gefunden wurde. Die Übereinstimmung geht aber noch weiter. Denn nach der obigen Formel muß ja $\frac{dq'}{dT}$ mit sinkender Temperatur abnehmen, um schließlich am absoluten Nullpunkte selbst gleich Null zu werden; ein Spezialfall der Additivität der spezifischen Wärmen gemäß dem Nernstschen Theorem. Auch diese Folgerung ist mit den Tatsachen in guter Übereinstimmung, wie die folgende Tabelle zeigt, die einer Abhandlung von Nernst[1]) entnommen ist.

Wenn auch die gemessenen Werte — offenbar infolge von Beobachtungsfehlern — kleine Schwankungen zeigen, so ist doch der Abfall von $\frac{dq'}{dT} = c_{\text{mon}} - c_{\text{rh}}$ mit T ganz unverkennbar. Auch der Größenordnung

[1]) Nernst, Sitzungsber. d. Berl. Akad. d. Wiss. pag. 262, 1910; dort finden sich auch noch zahlreiche andere Beispiele für die Berechnung der Affinität.

nach stimmen die berechneten mit den beobachteten Werten überein, so daß wir das Beispiel der Schwefelumwandlung als eine vollkommene Bestätigung des Nernstschen Theorems ansprechen dürfen.

T	$\frac{dq'}{dT}$	$2{,}30 \cdot 10^{-5}\,T$	Beobachter
83° abs.	0,0011	0,0019	Nernst
93	0,0010	0,0021	Nernst
138	0,0054	0,0032	Koref
198	0,0056	0,0046	Nernst
235	0,0075	0,0054	Koref
290	0,0054	0,0067	Wigand
293	0,0089	0,0067	Koref
299	0,0082	0,0069	Wigand
329	0,0050	0,0076	Regnault

Es ist allerdings nicht zu verkennen, daß die Differenz der spezifischen Wärmen nach der obigen Tabelle etwas schneller mit sinkender Temperatur abnimmt, als es der Formel (35) entspricht. Das liegt aber einfach daran, daß diese ja eine nur angenäherte empirische Formel ist. Die kinetische Theorie der Materie hat in der Tat, worauf wir später (Kap. XI, Nr. 115) eingehen werden, den Beweis geliefert, daß der Abfall der spezifischen Wärmen bei niedrigen Temperaturen proportional der dritten Potenz der absoluten Temperatur vor sich geht, also in der Tat erheblich rascher als gemäß der Gl. (35). Hier müssen wir uns mit dieser Andeutung begnügen.

74. Die Affinität gasförmiger Reaktionen nach dem Nernstschen Theorem; die chemische Konstante und die Entropiekonstante.

Wie schon in der vorigen Nummer bemerkt, bezieht sich das Nernstsche Wärmetheorem nicht ohne weiteres auf Gase und Lösungen, weil über deren Verhalten in der Nähe des absoluten Nullpunktes bei endlichen Drucken nichts ausgesagt werden kann. Die thermodynamisch unbestimmte Konstante J der Gl. (25), die für kondensierte Systeme nach dem Nernstschen Theorem gleich Null ist, braucht dies für Gase nicht zu sein; sie kann es sogar nicht sein, wenn die Gültigkeit der Gasgesetze bis zum absoluten Nullpunkte herab angenommen wird.

Denn die Affinität einer homogenen Gasmischung ist — wenn für alle Temperaturen die Gültigkeit der Gasgesetze angenommen wird — nach Gl. (9a) gegeben durch:

$$A' = RT \log K_p, \tag{36}$$

wo $\log K_p$ nach Gl. (25c) des vorigen Kapitels (pag. 259) und in den dortigen Bezeichnungen die folgende Funktion von T ist:

$$\log K_p = \log B - \frac{A}{T} + C \log T. \tag{37}$$

A, B, C sind Konstanten, deren Bedeutung im vorigen Kapitel erklärt worden ist; hier kommt es zunächst darauf nicht an. Ausführlich geschrieben wird also die Affinität nach (36):

$$A' = RT \log B - RA + RCT \log T, \tag{38}$$

und für $\left(\frac{\partial A'}{\partial T}\right)_V$ ergibt sich daraus:

$$\left(\frac{\partial A'}{\partial T}\right)_V = R \log B + RC \log T + RC. \tag{39}$$

Dieser Ausdruck wird aber keineswegs gleich Null, wenn $T = 0$ wird, sondern er wird negativ unendlich, womit unsere obige Behauptung bewiesen ist. Man hat also folgende Alternative vor sich: Entweder gelten die Gasgesetze, wenn Gase bei konstantem Volumen abgekühlt werden, bis zum absoluten Nullpunkt herab, dann kann das Nernstsche Wärmetheorem in der Form (31) nicht gelten; oder aber: Wenn das Nernstsche Theorem unverändert für Gase Geltung besitzen soll, so können die Gasgesetze auch für ideale Gase nicht bis zu den tiefsten Temperaturen herab gelten.

Wir wollen zunächst auf die Frage nach dem Verhalten der Gase bei endlichen Dichten bei außerordentlich tiefen Temperaturen nicht eingehen und daher auch die weitere nach der Gültigkeit des Nernstschen Theorems für Gase in der Form (31) offen lassen. Wir behalten uns vor, auf dieses hier angedeutete Problem in einem späteren Kapitel (XI) zurückzukommen. Trotz dieser vorläufigen Verzichtleistung auf eine endgültige Klärung dieser Fragen können wir doch die Affinität gasförmiger Körper mit Hilfe des Nernstschen Wärmetheorems auf einem indirekten Wege behandeln, wobei letzteres tatsächlich nur auf kondensierte Systeme angewendet wird. Es wird sich als Ergebnis herausstellen, daß es zwar auf diesem Wege nicht möglich ist, die Affinität gasförmiger Systeme allein aus thermischen Messungen zu bestimmen, sondern daß für jeden an der Reaktion teilnehmenden Stoff eine Messung etwa des Dampfdruckes bei einer Temperatur vorliegen muß.

In jedem Falle bedeutet auch schon diese indirekte Anwendung des Nernstschen Wärmetheorems auf Gasreaktionen einen erheblichen Fortschritt über den bisherigen Stand der Theorie hinaus.

Der einfache Gedankengang, der die oben erwähnte indirekte Anwendung des Nernstschen Wärmetheorems auf Gasreaktionen ermöglicht, ist der folgende:

Wir lassen die Reaktion einmal im gasförmigen System vor sich gehen, wie z. B. in Nr. 71. Haben die Gase die Anfangskonzentrationen $\bar{k}_\lambda$ bzw. die zugehörigen Partialdrucke $\bar{p}_\lambda$, und sind die Gleichgewichtskonzentrationen k_λ bzw. Gleichgewichtsdrucke p_λ, so ist die Abnahme der freien Energie, wenn sich die Molzahlen ν_λ jedes Gases umsetzen, nach Gl. (7):

$$F_1 - F_2 = RT \log K_k(T, p) - RT \sum \log (\bar{k}_\lambda^{\nu_\lambda}) + \nu RT;$$

$\nu = \sum \nu_\lambda$ ist, wie früher, die gesamte Vermehrung der Molzahl, die durch die Reaktion eintritt. Unter Einführung der Partialdrucke $\bar{p}_\lambda$ bzw. p_λ geht diese Gleichung über in:

$$F_1 - F_2 = RT \log K_p(T) - RT \sum_\lambda \log (\bar{p}_\lambda^{\nu_\lambda}) + \nu RT;$$

nach unserer Definition der Affinität in Gl. (9a) ist nun $RT \log K_p$ die Affinität A'_{gast} unserer Reaktion (wie üblich, auf die Ausgangspartialdrucke gleich 1 bezogen). Also kann man die Gleichung schreiben:

(40) $$F_1 - F_2 = A'_{\text{gast}} - RT \sum_\lambda \log (\bar{p}_\lambda^{\nu_\lambda}) + \nu RT.$$

Nunmehr lassen wir die Reaktion auf einem andern Wege vor sich gehen. Wir komprimieren die Gase von ihren Anfangsdrucken $\bar{p}_\lambda$ (reversibel) bis zu ihren Verdampfungs- bzw. Sublimationsdrucken, die wir allgemein π_λ nennen wollen. Dann werden weiter unter den konstanten Drucken π_λ die Gase (reversibel) vollständig kondensiert. Darauf lassen wir die Reaktion im kondensierten System vor sich gehen, wo die Anwendung des Nernstschen Wärmetheorems ohne weiteres möglich ist; nach der Reaktion verdampfen bzw. sublimieren wir die Stoffe zunächst vollständig unter den konstanten Drucken π_λ und dilatieren dann so lange weiter, bis die Gleichgewichtsdrucke p_λ erreicht sind, zu denen auch die gasförmige Reaktion geführt haben würde. Dann ist der Endzustand auf diesem Wege genau derselbe, wie vorher, und folglich muß die Abnahme der freien Energie (gleich maximaler Arbeit) gleichfalls dieselbe sein. Die maximale Arbeit setzt sich wie folgt zusammen:

1. Aus der bei Kompression von den Drucken $\bar{p}_\lambda$ auf die Drucke π_λ (vor der Reaktion) und der bei Dilatation von π_λ auf p_λ (nach der Reaktion) gewonnenen Arbeit; diese hat, wie man leicht sieht, den Wert:

$$A_1' = RT \sum_\lambda \log \left(\frac{\pi_\lambda^{\nu_\lambda}}{\bar{p}_\lambda^{\nu_\lambda}} \right).$$

2. Aus der bei Kondensation der Gase (vor der Reaktion) und der Verdampfung bzw. Sublimation (nach der Reaktion) unter den konstanten Drucken π_λ gewonnenen Arbeit; diese ist offenbar:

$$A_2' = \nu \cdot RT,$$

wenn ν die Molvermehrung durch die Reaktion ist.

3. Aus der bei der Reaktion im kondensierten System gewinnbaren Arbeit A_3', die definitionsgemäß gleich der Affinität im kondensierten System ist, also gleich A'_{cond}. Mithin ist die auf diesem zweiten Wege eingetretene Abnahme der freien Energie gleich:

(41) $$F_1 - F_2 = A_1' + A_2' + A_3' = RT \sum_\lambda \log (\pi_\lambda^{\nu_\lambda}) - RT \sum_\lambda \log (\bar{p}_\lambda^{\nu_\lambda}) + \nu RT + A'_{\text{cond}}.$$

Der Vergleich mit (40) liefert uns dann sofort eine Beziehung zwischen der Affinität A'_{gasf} und der nach dem Nernstschen Wärmetheorem berechenbaren Affinität A'_{cond}:

(42) $$A'_{\text{gasf}} = A'_{\text{cond}} + RT\sum_\lambda \log(\pi_\lambda^{\nu_\lambda}) = A'_{\text{cond}} + RT\sum_\lambda \nu_\lambda \log \pi_\lambda .$$

A'_{cond} ist nach den Ausführungen der vorigen Nummer gemäß dem Nernstschen Theorem auf rein thermische Messungen zurückführbar, und es bleibt nunmehr noch zu untersuchen, wie weit die Dampfdrucke π_λ als Funktionen der Temperatur durch thermische Messungen bestimmbar sind, bzw. welche anderen Messungen ergänzend hinzutreten müssen.

Zur Bestimmung der Dampfdrucke besitzen wir die Clausius-Clapeyronsche Gleichung, die auf Mole bezogen lautet, wenn L' die nach außen abgegebene Umwandlungswärme ist:

$$-L'_\lambda = T\frac{d\pi_\lambda}{dT}(V_d - V_{\text{cond}});$$

V_d ist dabei das Molvolumen des Dampfes, V_{cond} das des festen oder flüssigen Kondensates, das wir gegen V_d vernachlässigen dürfen. Nehmen wir ferner die Gültigkeit der Gasgesetze an, so ist $V_d = \frac{RT}{\pi_\lambda}$; also folgt die bekannte Gleichung:

(43) $$-\frac{L'_\lambda}{RT^2} = \frac{d}{dT}(\log \pi_\lambda),$$

die integriert liefert:

(44) $$\log \pi_\lambda = -\int \frac{L'_\lambda}{RT^2}\,dT + i_\lambda;$$

i_λ bedeutet dabei wieder eine thermodynamisch unbestimmte Konstante, die von Nernst als die „chemische Konstante" des betreffenden Stoffes bezeichnet wird. Auf den tieferen Grund dieser Bezeichnung kommen wir noch zurück. Sie kann jedenfalls nicht thermodynamisch bestimmt werden, sondern dazu muß man besondere, z. B. molekularkinetische, Vorstellungen heranziehen, auf die wir später (Kap. XI) eingehen werden.

Bilden wir jetzt den in Gl. (42) auftretenden Term $RT\sum \nu_\lambda \log \pi_\lambda$, so ergibt sich nach (44):

(45) $$RT\sum \nu_\lambda \log \pi_\lambda = -RT\sum \nu_\lambda \int \frac{L'_\lambda}{RT^2}\,dT + RT\sum \nu_\lambda i_\lambda .$$

Da ferner nach dem Nernstschen Wärmetheorem

(46) $$A'_{\text{cond}} = -RT\int \frac{Q'_{\text{cond}}}{RT^2}\,dT$$

ist, so erhält man schließlich für A'_{gasf} aus (42) unter Berücksichtigung von (45) und (46) das Resultat:

$$A'_{\text{gasf}} = -T\left[\int \frac{Q'_{\text{cond}}}{T^2}\,dT + \sum \nu_\lambda \int \frac{L'_\lambda}{T^2}\,dT - R\sum \nu_\lambda i_\lambda\right],$$

oder zusammengefaßt:

(47) $$A'_{\text{gasf}} = -T\int \frac{Q'_{\text{cond}} + \Sigma\,\nu_\lambda L'_\lambda}{T^2}\,dT + T\cdot R\sum \nu_\lambda i_\lambda .$$

Anderseits finden wir durch direkte Anwendung der Helmholtzschen Gleichung nach (25):

$$A'_{\mathrm{gasf}} = -T\int \frac{Q'_{\mathrm{gasf}}}{T^2}\,dT + J\cdot T, \tag{48}$$

wenn Q'_{gasf} die bei der direkten im gasförmigen System verlaufenden Reaktion auftretende Wärmetönung ist. Nach dem ersten Hauptsatze ist nun offenbar:

$$Q'_{\mathrm{gasf}} = Q'_{\mathrm{cond}} + \sum \nu_\lambda L'_\lambda; \tag{49}$$

also folgt schließlich unter Berücksichtigung dieser Gleichung durch Vergleich von (47) und (48) das merkwürdige Ergebnis:

$$J = R\sum \nu_\lambda i_\lambda, \tag{50}$$

d. h. die thermodynamisch unbestimmte Konstante J einer Gasreaktion läßt sich aus den chemischen Konstanten der Reaktionsteilnehmer berechnen. Auf diesem Satze, deren Bedeutung zuerst Nernst erkannt hat, beruht die große theoretische Wichtigkeit der chemischen Konstanten i_λ.

Es handelt sich nun um die Frage, welche Messungen zur Bestimmung der durch (44) gegebenen Dampfdruckkurve erforderlich sind.

Wir brauchen zunächst die Wärmetönung L'_λ als Funktion der Temperatur bis zum absoluten Nullpunkte herab; denn es ist aus der Struktur des Integrals in (44) sofort ersichtlich, daß der Integrand gerade bei tiefen Temperaturen zum Integralwert erhebliche Beiträge liefert. Grundsätzlich läßt sich nun L'_λ folgendermaßen bestimmen: Der erste Hauptsatz liefert für den Temperaturkoeffizienten $\frac{dL'_\lambda}{dT}$ nach Kirchhoff — vgl. Kap. II, Gl. (125), pag. 135 —:

$$\frac{dL'_\lambda}{dT} = C_{\mathrm{cond}} - C_{\mathrm{gasf}}, \tag{51}$$

wo C_{cond} die Molwärme des Kondensates, C_{gasf} die des Dampfes, und zwar bei konstantem Druck ist, die wir wie früher C_p nennen wollen. Die Integration von (51) liefert dann:

$$L'_\lambda = L^{0'}_\lambda + \int_0^T C_{\mathrm{cond}}\,dT - \int_0^T C_p\,dT. \tag{52}$$

Die Konstante $L^{0'}_\lambda$ bedeutet dabei offensichtlich die Wärmetönung beim absoluten Nullpunkte. Setzt man diesen Wert für L'_λ in (44) ein, so erhält man für die Dampfdruckkurve, wenn man zur Vermeidung von Mißverständnissen in den Integralen von (52) die Integrationsvariable jetzt mit T' bezeichnet, die folgende Gleichung:

$$\log \pi_\lambda = -\int^T \frac{L^{0'}_\lambda}{RT^2}\,dT - \int^T \frac{\int_0^T C_{\mathrm{cond}}\,dT'}{RT^2}\,dT + \int^T \frac{\int_0^T C_p\,dT'}{RT^2}\,dT + i_\lambda,$$

oder:

$$(53) \qquad \log \pi_\lambda = \frac{L_\lambda^{0'}}{RT} + \frac{1}{R}\int_0^T \frac{\int_0^T C_p\, dT'}{T^2}\, dT - \frac{1}{R}\int_0^T \frac{\int_0^T C_{\mathrm{cond}}\, dT'}{T^2}\, dT + i_\lambda .$$

Für einatomige Gase ist erfahrungsgemäß bis zu den tiefsten Temperaturen herab C_p als konstant, und zwar gleich $^5/_2\, R$, anzusehen, so daß sich in diesem Falle (53) vereinfacht zu:

$$(53\mathrm{a}) \qquad \log \pi_\lambda = \frac{L_\lambda^{0'}}{RT} + \log (T^{5/2}) - \frac{1}{R}\int_0^T \frac{\int_0^T C_{\mathrm{cond}}\, dT'}{T^2}\, dT + i_\lambda .$$

Zur Bestimmung von π_λ brauchen wir also C_p, ebenso C_{cond} für alle Temperaturen; beides wird durch rein thermische Messungen geliefert. $L_\lambda^{0'}$, die abgegebene Verdampfungswärme pro Mol am absoluten Nullpunkte, gewinnt man aus (52), wenn ein Wert L_λ' für irgendeine beliebige Temperatur bekannt ist. Schließlich erhält man die chemische Konstante i_λ aus (53), wenn der Dampfdruck π_λ für irgendeine beliebige Temperatur gegeben ist.

Zusammenfassend folgt aus dem eben Gesagten und Gl. (42), daß die Affinität gasförmiger Reaktionen aus im übrigen rein thermischen Messungen bestimmt werden kann, wenn außerdem für jeden Reaktionsteilnehmer eine Dampfdruckbestimmung für eine Temperatur vorliegt.

Eine solche Dampfdruckbestimmung für eine Temperatur dürfte in den meisten Fällen bekannt sein, so daß man vom rein praktischen Gesichtspunkte sich mit dem obigen Ergebnis zufrieden erklären könnte. Aber es bleibt unbefriedigend, daß bei der hier geschilderten Auffassung, wobei die Gültigkeit der Gasgesetze für alle Temperaturen angenommen wird, das Nernstsche Wärmetheorem nicht direkt anwendbar ist, weil es für Gase in diesem Falle nicht zutrifft. Dies legt, wie wir schon erwähnten, die Vermutung nahe, daß ideale Gase bei sehr tiefen Temperaturen andere Gesetze befolgen, aus denen sich die gewöhnlichen Gasgesetze als Grenzfälle für hohe Temperaturen ergeben. Auf diese Frage der sogenannten „Entartung" der idealen Gase kommen wir später noch eingehender zurück.

Genau dieselben Erwägungen gelten auch für die Affinität verdünnter Lösungen; nur tritt dabei an Stelle des Dampfdruckes der osmotische Druck, der ja auch den Gasgesetzen gehorcht. Auch hier gilt, wenn diese als unbedingt gültig angesehen werden, das Nernstsche Wärmetheorem bei direkter Anwendung nicht und legt also auch hier die Vermutung nahe, daß die Gasgesetze für sehr tiefe Temperaturen einer Korrektur bedürfen.

Wir wollen hier noch zeigen, daß die Konstante i_λ ihren Namen „chemische Konstante" insofern mit Recht führt, als sie nur von der chemischen Natur des Kondensats, aber nicht vom Aggregatzustand oder der chemischen Modifikation desselben abhängt. Dies läßt sich leicht folgendermaßen beweisen:

Betrachten wir z. B. die Affinität für die Umwandlung von 1 Mol rhombischen Schwefels in monoklinen, die nach Gl. (3) den Wert hat:

$$A' = RT \log \frac{p_{rh}}{p_{mon}}. \tag{54}$$

Benutzen wir hier für $\log p_{rh}$ und $\log p_{mon}$ die Formel (44), wobei L'_{rh} und L'_{mon} die nach außen abgegebenen Sublimationswärmen der beiden Modifikationen bedeuten sollen, so ist:

$$\left\{\begin{aligned} \log p_{rh} &= -\int \frac{L'_{rh}}{RT^2}\,dT + i_{rh}, \\ \log p_{mon} &= -\int \frac{L'_{mon}}{RT^2}\,dT + i_{mon}; \end{aligned}\right. \tag{55}$$

i_{rh} und i_{mon} seien die chemischen Konstanten, die beiden Modifikationen entsprechen. Durch Einsetzen in (54) ergibt sich:

$$A'_{rh\to mon} = -RT\left[\int \frac{L'_{rh}}{RT^2}\,dT - i_{rh} - \int \frac{L'_{mon}}{RT^2}\,dT + i_{mon}\right],$$

oder:

$$A'_{rh\to mon} = -T\int \frac{L'_{rh} - L'_{mon}}{T^2}\,dT + RT(i_{rh} - i_{mon}).$$

Nach dem ersten Hauptsatze ist aber, wie sofort ersichtlich:

$$L'_{rh} - L'_{mon} = L', \tag{56}$$

wo L' die Wärmetönung bei der Umwandlung rhombisch→monoklin bedeutet; also weiter:

$$A'_{rh\to mon} = -T\int \frac{L'}{T^2}\,dT + RT(i_{rh} - i_{mon}). \tag{57}$$

Nach dem Nernstschen Wärmetheorem (31) muß aber die thermodynamisch unbestimmte Konstante dieser im kondensierten Zustande vor sich gehenden Reaktion gleich Null sein, also folgt das merkwürdige Resultat:

$$i_{rh} = i_{mon}, \tag{58}$$

d. h. die chemische Konstante ist für beide Schwefelmodifikationen dieselbe, d. h. unabhängig von der speziellen Art des Kondensats, also nur abhängig von der chemischen Natur des Stoffes. Dieses Resultat, das offenbar allgemein gilt, verdankt man Nernst; es zeigt, welche Bedeutung diesen chemischen Konstanten zukommt.

Eine wichtige Beziehung verknüpft ferner die chemische Konstante i_λ mit der auf 1 Mol bezogenen Entropiekonstanten S_λ^0, die wir in den Gl. (7) bzw. (8) des sechsten Kapitels auf pag. 254 eingeführt haben. Die Affinität einer gasförmigen Reaktion ist nach (9a) bestimmt durch:

$$A'_{gasf} = RT \log K_p,$$

und, wenn wir für K_p, die Gleichgewichtskonstante des Massenwirkungsgesetzes, nach Gl. (25c) des sechsten Kapitels auf pag. 259 ihren Wert einsetzen:

$$A'_{gasf} = RT\left[\log B - \frac{A}{T} + C \log T\right], \tag{59}$$

wobei A, B, C durch die Gl. (23) desselben Kapitels definierte Abkürzungen sind. Und zwar ist in den Bezeichnungen dieses Kapitels:

$$\left\{\begin{aligned} A &= \sum \frac{\nu_\lambda a_\lambda}{R} \equiv \frac{\Sigma \nu_\lambda m_\lambda a'_\lambda}{R}, \\ \log B &= \sum \frac{\nu_\lambda b_\lambda}{R} = \frac{1}{R}\sum \nu_\lambda (S^0_\lambda - C_{v_\lambda} - R), \\ C &= \frac{1}{R}\sum \nu_\lambda C_{p_\lambda}. \end{aligned}\right. \tag{60}$$

Ferner ist nach (29) des sechsten Kapitels auf pag. 260 die physikalische Bedeutung von A und C gegeben durch die Gleichung:

$$-Q'_{gasf} = R(A + CT), \tag{61}$$

wenn Q'_{gasf} die pro Mol abgegebene Wärmetönung bei der gasförmigen Reaktion ist. Führen wir (61) in (59) ein, so können wir letztere Gleichung schreiben:

$$A'_{gasf} = -T\int \frac{Q'_{gasf}}{T^2}\,dT + RT \log B; \tag{62}$$

anderseits ist nach der Helmholtzschen Gl. (2) dieselbe Affinität gegeben durch:

$$A'_{gasf} = -T\int \frac{Q'_{gasf}}{T^2}\,dT + J\cdot T, \tag{63}$$

ein Ausdruck, den wir schon in (48) benutzt haben; J ist die thermodynamisch unbestimmte Konstante, die nach Gl. (50) durch $R\sum \nu_\lambda i_\lambda$ ersetzt werden kann. Wir haben also durch Vergleich von (62) und (63) unter Berücksichtigung von (50):

$$R \log B = J = R\sum \nu_\lambda i_\lambda,$$

also weiter, unter Heranziehung von (60):

$$\sum \nu_\lambda (S^0_\lambda - C_{v_\lambda} - R) = R\sum \nu_\lambda i_\lambda,$$

oder:

$$i_\lambda = \frac{S^0_\lambda - C_{v_\lambda} - R}{R}. \tag{64}$$

Diese Gleichung offenbart den Zusammenhang zwischen der chemischen Konstante i_λ und der Entropiekonstante S^0_λ desselben Stoffes im gasförmigen Zustande. Die Entropiekonstante war dabei definiert als die Entropie pro Mol des betreffenden Gases für die Temperatur $T = 1$ und den Druck $p = 1$, indem man dabei von der bekannten Gleichung für die Entropie S_λ ausgeht:

$$S_\lambda = C_{p_\lambda} \log T - R \log p_\lambda + S^0_\lambda.$$

Man kann jedoch auch statt p_λ das Volumen V_λ eines Mols einführen, da ja $p_\lambda V_\lambda = RT$ ist. Dann erhält man für S_λ die äquivalente Gleichung:

$$(65)\qquad \begin{aligned} S_\lambda &= C_{v_\lambda} \log T + R \log V_\lambda + (S_\lambda^0 - R \log R) \\ &= C_{v_\lambda} \log T + R \log V_\lambda + \bar{S}_\lambda^0. \end{aligned}$$

$\bar{S}_\lambda^0 = S_\lambda^0 - R \log R$ bedeutet dabei die Entropie pro Mol für die Temperatur $T = 1$ und das Volumen $V_\lambda = 1$, und wird zuweilen auch als Entropiekonstante bezeichnet. Zwischen dieser Entropiekonstante $\bar{S}_\lambda^0$ und der chemischen Konstante i_λ besteht dann die Beziehung:

$$(66)\qquad i_\lambda = \frac{\bar{S}_\lambda^0 - C_{p_\lambda} + R \log R}{R},$$

die gleichfalls viel benutzt wird.

Man erkennt daraus, daß, wie wir schon mehrfach betont haben, die Entropiekonstante S_λ^0 bzw. $\bar{S}_\lambda^0$ einen ganz bestimmten Wert haben muß, der angegeben werden kann, sowie die chemische Konstante i_λ bekannt ist. Weiter unten werden wir eine Tabelle der i_λ geben.

Wie die chemischen Konstanten bestimmt werden können, haben wir im Anschluß an Gl. (53) oben erörtert. Es ist nun von prinzipiellem Interesse, daß es noch einen andern Weg dazu gibt. Wie wir nämlich in Nr. 51 dargelegt haben, ist es bei Kenntnis der Zustandsgleichung möglich, den Dampfdruck π_λ als Funktion von T zu bestimmen. Dadurch ist dann auch sofort i_λ gegeben. Leider ist dieser Weg zur Zeit praktisch nicht gangbar, weil gerade bei tiefen Temperaturen alle bekannten Zustandsgleichungen versagen bzw. im Widerspruch mit dem Nernstschen Theorem stehen, worauf wir in der nächsten Nummer noch einmal zurückkommen werden.

Dagegen ist es gelungen, die chemische Konstante der Gase durch Heranziehen kinetischer Vorstellungen zu berechnen, worauf wir im nächsten Buche eingehen werden. Hier möge es genügen, eine Tabelle einiger Werte für i_λ anzugeben, die experimentell bestimmt sind. Dabei ist zu beachten, daß der Wert von i_λ von den Einheiten abhängt, in denen π_λ gemessen wird; im folgenden ist alles in C. G. S.-Einheiten gemessen.

Stoff	i_λ in C. G. S.-Einh.
H_2	11,22
A	15,70
Hg	18,12

75. Erweiterte Formulierung des Nernstschen Theorems durch Planck.

Das Nernstsche Theorem kann in einer von (31) abweichenden Form ausgesprochen werden, indem man den Begriff der Entropie benutzt. Nach (31) soll sein:

$$\lim_{T=0}\left(\frac{\partial A'}{\partial T}\right)_V = 0,$$

oder, da $A' = F_1 - F_2$, d. h. gleich der durch die Reaktion eingetretenen Abnahme der freien Energie ist:

$$(67)\qquad \lim_{T=0}\left[\left(\frac{\partial F_1}{\partial T}\right)_V - \left(\frac{\partial F_2}{\partial T}\right)_V\right] = 0.$$

Nach der Definition der freien Energie F ist aber — vgl. Gl. (66) des Kap. III auf pag. 170 —:

$$\left(\frac{\partial F}{\partial T}\right)_V = -S,$$

also kann man das Nernstsche Theorem nach (67) in der Form schreiben:

$$(68)\qquad \lim_{T=0}(S_1 - S_2) = 0,$$

d. h. in der Umgebung des absoluten Nullpunktes verlaufen Reaktionen in kondensierten Systemen ohne Entropieänderung.

Es ist zu beachten, daß hier keine Aussage über die Größe der Entropie selbst gemacht wird, sondern nur über ihre Differenz vor und nach eingetretener Reaktion. Deshalb können z. B. S_1 und S_2 vor und nach der Reaktion noch beliebig große Werte haben, z. B. unendlich sein; nur ihre Differenz wird nach dem ursprünglichen Nernstschen Theorem gleich Null.

Planck hat nun versuchsweise diese Aussage des Nernstschen Theorems dahin verallgemeinert, daß nicht nur die Entropiedifferenz in kondensierten Systemen beim absoluten Nullpunkte verschwindet, sondern daß die Entropie jedes chemisch homogenen festen oder flüssigen Stoffes beim absoluten Nullpunkte selbst gleich Null ist. In einer Gleichung ausgedrückt:

$$(69)\qquad \lim_{T=0} S = 0.$$

An dieser Formulierung sieht man besonders deutlich, daß sie weit über den Inhalt der klassischen Thermodynamik (erster und zweiter Hauptsatz) hinausgeht. Denn diese definiert die Entropie durch eine Differentialgleichung, also nur bis auf eine unbestimmte Konstante; hier dagegen erscheint die Entropie als eine vollkommen bestimmte Größe. Nach den Ausführungen der letzten Nummern ist dies nicht überraschend: wurden wir doch schon wiederholt zu der Folgerung geführt, daß dies der Fall sein müsse.

Wir wollen in Zukunft das Nernstsche Theorem immer in der erweiterten Planckschen Fassung verwenden, die sich bisher durchaus bewährt hat, und wollen hier einige der bemerkenswertesten Folgerungen dieser erweiterten Formulierung nach Planck ableiten.

Nach den Gleichungen (13) und (25) des IV. Kapitels auf pag. 176 bzw. 179 gelten für die spezifische Entropie s einer beliebigen homogenen Substanz die Beziehungen:

$$(70)\quad \begin{cases} \text{a)} & \left(\frac{\partial s}{\partial T}\right)_p = \frac{c_p}{T}, \\ \text{b)} & \left(\frac{\partial s}{\partial T}\right)_v = \frac{c_v}{T}. \end{cases}$$

Im ersten Falle sind T und p, im zweiten Falle T und v als unabhängige Variable angenommen.

Integriert man beide Gleichungen, die erste bei konstantem Druck, die zweite bei konstantem Volumen, so folgen die beiden Werte für s:

$$(71)\quad \begin{cases} \text{a)} & s = \int_{T_0}^{T} \frac{c_p}{T}\, dT + s_0(p, T_0), \\ \text{b)} & s = \int_{T_0}^{T} \frac{c_v}{T}\, dT + s_0(v, T_0), \end{cases}$$

wobei T_0 eine von 0 verschiedene Temperatur ist. Die Konstanten $s_0(p, T_0)$ und $s_0(v, T_0)$ können, was in den Gleichungen durch Hinzufügen der Argumente angedeutet ist, beziehungsweise vom Druck p und dem spezifischen Volumen v abhängen, außerdem natürlich beide von der Wahl von T_0, d. h. der unteren Grenze der Integrale.

Nach der Planckschen Formulierung des Nernstschen Theorems in Gl. (69) muß nun gelten:

$$(72)\quad \begin{cases} \text{a)} & s_{T=0} = \int_{T_0}^{0} \frac{c_p}{T}\, dT + s_0(p, T_0) = 0, \\ \text{b)} & s_{T=0} = \int_{T_0}^{0} \frac{c_v}{T}\, dT + s_0(v, T_0) = 0, \end{cases}$$

oder auch:

$$(73)\quad \begin{cases} \text{a)} & s_0(p, T_0) = \int_{0}^{T_0} \frac{c_p}{T}\, dT, \\ \text{b)} & s_0(v, T_0) = \int_{0}^{T_0} \frac{c_v}{T}\, dT. \end{cases}$$

Mithin können wir die beiden Gleichungen (71) schreiben:

$$(74)\quad s = \int_0^T \frac{c_p}{T}\, dT = \int_0^T \frac{c_v}{T}\, dT.$$

D. h. formal kommt die Wirkung der Planckschen Fassung des Nernstschen Theorems darauf hinaus, in den beiden Ausdrücken für die spezifische Entropie s die Konstanten gleich Null zu setzen und gleichzeitig die untere Grenze der Integrale gleich Null anzunehmen.

Dies hat nun sofort die fundamentale Konsequenz, daß sowohl c_p als auch c_v beim absoluten Nullpunkte (und zwar von höherer als der ersten Ordnung) verschwinden müssen, weil sonst die Integrale (74) divergent wären. D. h. es muß sein:

$$\lim_{T=0} c_p = \lim_{T=0} c_v = 0 . \tag{75}$$

Diese auf den ersten Blick höchst überraschende Behauptung hat sich durch die Forschungen der letzten Jahre durchaus bestätigt. Früher hielt man die spezifische Wärme z. B. der Elemente für wesentlich konstant und kannte als Ausnahmen von dieser Regel eigentlich nur Bor, Kohlenstoff und Silizium, die eine erhebliche Variabilität mit der Temperatur zeigten. Durch die Versuche von Behn und namentlich durch die im letzten Jahrzehnt ausgeführten Messungen im Nernstschen Laboratorium ist aber festgestellt worden, daß dieses früher als Ausnahme betrachtete Verhalten die Regel ist, und daß, soweit die Messungen heute reichen, mit Sicherheit behauptet werden kann, daß in Übereinstimmung mit (75) die spezifischen Wärmen bis zu Null abnehmen, wenn die Temperatur dem absoluten Nullpunkte hinreichend nahekommt.

In der folgenden Tabelle sind als Beispiel die Messungen der Molwärme C_p des Diamanten wiedergegeben, im wesentlichen nach einer Arbeit von Nernst[1]).

T	C_p (in Kal.)
23,3—40,4	0,00
38,95—46,2	0,00
86,5	0,03
92,1	0,03
205	0,62
209	0,66
220	0,72
222	0,76
243	0,95
262	1,14
284	1,35
306	1,58
331	1,84
358	2,12
413	2,66
1169	5,45

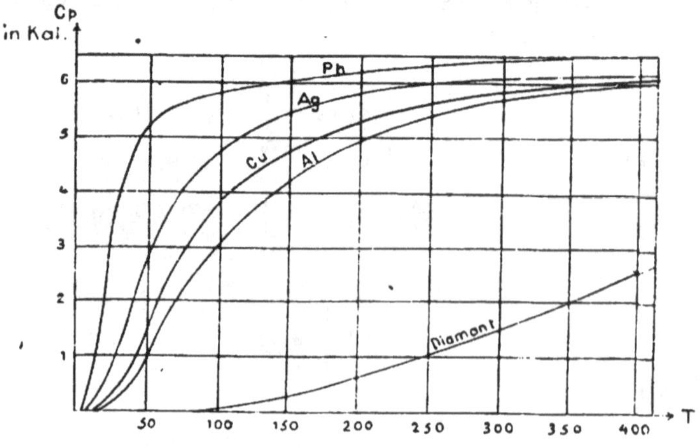

Fig. 34.

Man erkennt, daß der Diamant schon bei der Temperatur des siedenden Wasserstoffs eine von Null nicht mehr unterscheidbare spezifische Wärme besitzt. Ganz analoge Resultate ergeben sich auch für sämtliche anderen untersuchten Stoffe, nur beginnt beim Diamanten der schnelle Abfall früher. In der Fig. 34 sind die Molwärmen der Metalle Pb, Ag, Cu, Al neben der des Diamanten als Funktionen der Temperatur aufgetragen,

[1]) Nernst, Der Energieinhalt fester Stoffe, Ann. d. Phys. **36**, S. 395; 1911.

woraus sich ergibt, daß alle spezifischen Wärmen mit sinkender Temperatur gegen Null konvergieren, wie es Gl. (75) entspricht.

Bereits früher waren wir durch die ursprüngliche Fassung des Nernstschen Theorems zu einer Aussage über spezifische Wärmen geführt worden, nämlich der Gl. (33), die aussagte, daß beim absoluten Nullpunkte die spezifischen Wärmen streng additiv seien (Joule-Koppsches Gesetz). Unser neues Ergebnis geht weiter als die frühere Erkenntnis und umfaßt dieselbe. Denn es zeigt, daß diese Additivität dadurch zustande kommt, daß alle spezifischen Wärmen verschwinden.

Eine grundsätzliche Bemerkung mag hier noch Platz finden.

Die durch das Nernstsche Theorem in der Planckschen Fassung erweiterte Thermodynamik vermag zwar, wie oben gezeigt, zu beweisen, daß die spezifischen Wärmen beim absoluten Nullpunkte verschwinden. Dagegen liefert sie keine Formel für die Temperaturabhängigkeit der spezifischen Wärme eines gegebenen Stoffes von der Temperatur, und ein Blick auf die Fig. 34 zeigt in der Tat, daß dies nicht zu erwarten ist, da offenbar individuelle Stoffkonstanten hier mitsprechen. Der Sachverhalt ist genau derselbe wie bei der Zustandsgleichung: auch diese wird durch die Thermodynamik nicht geliefert. Hier wie dort müssen entweder empirische Ergebnisse einsetzen, oder aber es müssen detaillierte Vorstellungen über die Struktur der Materie, etwa molekularkinetische, zu Hilfe genommen werden. Darauf werden wir in dem nächsten Buche eingehen. —

Eine weitere interessante Folgerung der Planckschen Fassung des Nernstschen Theorems betrifft das Verhalten des kubischen Ausdehnungskoeffizienten fester und flüssiger Stoffe. Nach Gl. (25) des IV. Kap. auf pag. 179 ist nämlich:

$$\left(\frac{\partial s}{\partial p}\right)_T = -\left(\frac{\partial v}{\partial T}\right)_p . \tag{76}$$

Da nun der Ausdehnungskoeffizient α definiert ist durch

$$\alpha = \frac{1}{v_0}\left(\frac{\partial v}{\partial T}\right)_p ,$$

kann Gl. (76) geschrieben werden:

$$\left(\frac{\partial s}{\partial p}\right)_T = -v_0 \cdot \alpha . \tag{77}$$

Berechnen wir die linke Seite durch Differentiation der Gl. (74), so folgt:

$$\left(\frac{\partial s}{\partial p}\right)_T = \int_0^T \frac{1}{T}\left(\frac{\partial c_p}{\partial p}\right)_T dT , \tag{78}$$

und anderseits ist nach Gl. (27) des IV. Kapitels auf pag. 179:

$$\left(\frac{\partial c_p}{\partial p}\right)_T = -T\left(\frac{\partial^2 v}{\partial T^2}\right)_p = -T v_0 \left(\frac{\partial \alpha}{\partial T}\right)_p . \tag{79}$$

Demgemäß hat man durch Kombination von (77) bis (79):

$$\left(\frac{\partial s}{\partial p}\right)_T = -v_0\alpha = -\int_0^T v_0\left(\frac{\partial \alpha}{\partial T}\right)_p dT$$

oder

$$\alpha = \int_0^T \left(\frac{\partial \alpha}{\partial T}\right)_p dT = \alpha - \alpha_0,$$

d. h. $\alpha_0 = 0$.

In Worten: Der Ausdehnungskoeffizient eines jeden chemisch homogenen festen oder flüssigen Stoffes ist beim absoluten Nullpunkte gleich Null. In Formel:

(80)
$$\lim_{T=0}\left(\frac{\partial v}{\partial T}\right)_p = 0.$$

Auch dieses Ergebnis ist in Übereinstimmung mit den experimentellen Ergebnissen, indem sich gezeigt hat, daß alle Ausdehnungskoeffizienten mit abnehmender Temperatur abnehmen [1]). Doch ist hier eine weitere Bestätigung bei noch tieferen Temperaturen erforderlich, was experimentell aber große Schwierigkeiten bietet. Dagegen ist dieses Ergebnis der durch das Nernstsche Theorem erweiterten Thermodynamik im Widerspruch mit den sämtlichen bisher bekannten Zustandsgleichungen, z. B. der v. d. Waalsschen: ein neues Anzeichen dafür, daß diesen namentlich bei tiefen Temperaturen nur eine beschränkte Bedeutung zukommt.

Genau dieselbe Aussage wie für den Ausdehnungskoeffizienten folgt auch für den Spannungskoeffizienten. Denn nach der differentiellen Zustandsgleichung ist:

$$dp = \left(\frac{\partial p}{\partial T}\right)_v dT + \left(\frac{\partial p}{\partial v}\right)_T dv,$$

also folgt für $dp = 0$:

$$\left(\frac{\partial p}{\partial T}\right)_v + \left(\frac{\partial p}{\partial v}\right)_T \left(\frac{\partial v}{\partial T}\right)_p = 0$$

oder, indem der Ausdehnungskoeffizient α eingesetzt wird:

$$\left(\frac{\partial p}{\partial T}\right)_v + v_0\left(\frac{\partial p}{\partial v}\right)_T \cdot \alpha = 0.$$

Da hier für $T = 0$ auch $\alpha = 0$ wird, während $\left(\frac{\partial p}{\partial v}\right)_T$, das dem Kompressionsmodul proportional ist, und v_0 endlich bleiben, so folgt in der Tat:

(81)
$$\lim_{T=0}\left(\frac{\partial p}{\partial T}\right)_v = 0.$$

Der Spannungskoeffizient eines jeden chemisch homogenen festen oder flüssigen Stoffes ist beim absoluten Nullpunkte gleich Null. —

---

[1]) E. Grüneisen, Die thermische Ausdehnung der Metalle. Ann. d. Phys. 33, S. 33; 1910.

Für Gase und verdünnte Lösungen gilt hier wieder dasselbe, was in der vorigen Nummer gesagt wurde. Nimmt man die Gültigkeit der Gasgesetze für alle Temperaturen an, so kann ihre Entropie für $T = 0$ nicht verschwinden. Verlangt man umgekehrt dies, um dem Nernstschen Theorem in der Planckschen Fassung Allgemeingültigkeit zu verleihen, so wird man zu der Folgerung gedrängt, daß bei tiefen Temperaturen „Entartungserscheinungen" bei den idealen Gasen und verdünnten Lösungen auftreten müssen, d. h. daß sie dann von den Gasgesetzen abweichen.

Fünftes Buch.

Molekular-kinetische Theorie der Materie.

76. Allgemeine Charakterisierung der Aufgabe und der Methode der kinetischen Theorie.

Die Leistung der eigentlichen Thermodynamik, wie wir sie in den vorhergehenden sieben Kapiteln dieses Bandes geschildert haben, kann man dahin charakterisieren, daß sie aus sehr allgemeinen Erfahrungssätzen, dem Energieprinzip, dem Entropiesatz und dem Nernstschen Wärmetheorem, eine Fülle von Beziehungen ableitet, die zwischen den Größen bestehen, die das thermische Verhalten aller Stoffe bestimmen.

Sie liefert z. B. das Gesetz, daß die spezifischen Wärmen aller festen und flüssigen Körper mit abnehmender Temperatur bis zum Werte Null absinken; sie liefert ferner Beziehungen zwischen den spezifischen Wärmen c_p und c_v, zeigt, daß $c_p > c_v$, usw. Aber sie ist anderseits nicht imstande, die funktionale Abhängigkeit der spezifischen Wärmen von der Temperatur zu bestimmen; sie kann ferner z. B. die Zustandsgleichungen nicht liefern, sie läßt die sogenannte Entropiekonstante und die chemische Konstante unbestimmt, usw.

Will man sich daher auf die theoretische Methode der Thermodynamik beschränken, so muß all dieses Material empirisch beschafft werden.

Natürlich kann dieser Standpunkt kein endgültiger sein. Es ist wohl denkbar — und so ist in der Tat auch die historische Entwicklung gewesen —, daß man sich eine gewisse Zeit lang auf den thermodynamischen Standpunkt beschränkt, um mit voller Sicherheit diejenigen Resultate herauszuarbeiten, die ausschließlich in der reinen Thermodynamik verankert sind. Das hat den Vorteil, daß diese Ergebnisse in der allgemeinsten heute denkbaren Weise begründet und nicht mit dem Wandel spezieller Vorstellungen, z. B. von Atomtheorien, verknüpft sind. Eine dauernde Beschränkung aber auf diesen Standpunkt wäre ein freiwilliger Verzicht darauf, alle speziellen Resultate, nämlich diejenigen, die von der Natur der Stoffe abhängen, theoretisch zu erfassen. Mag es dabei nicht immer ohne zweifelhafte Hypothesen abgehen, mag dieses über das Fundament der Thermodynamik hinausgebaute wissenschaftliche Gebäude deshalb auch stärkeren Erschütterungen und Umwälzungen im Laufe der

Zeit ausgesetzt sein, der Versuch einer derartigen Theorie muß jedenfalls gemacht werden. Auch hierfür gilt das Wort: „Wer nichts wagt, der nichts gewinnt!".

Die hier in großen Umrissen skizzierte Aufgabe fällt der sogenannten „molekular-kinetischen Theorie der Materie" zu. Sie legt einerseits die Vorstellung zugrunde, daß die Materie aus Molekülen, diese wieder aus Atomen usw. aufgebaut sei; sie macht mit andern Worten Hypothesen über die Struktur der Materie, die der eigentlichen Thermodynamik fremd sind. Anderseits macht die kinetische Theorie auch bestimmte Annahmen über die Natur der Wärmeenergie, die sie aufs engste mit der kinetischen Energie der Molekularbewegung verknüpft. Auch hierin geht sie über die Grundlagen der Thermodynamik weit hinaus.

Die am weitesten ausgebildete und älteste Disziplin der molekularkinetischen Theorie der Materie ist die sogenannte „kinetische Theorie der Gase", die sich auf der vorhin geschilderten Grundlage aufbaut. Sie hat sich zuerst entwickeln können, weil die Gase nach Ausweis der einfachen Gesetzmäßigkeiten, die sie zeigen, offenbar weitaus am einfachsten strukturiert sind und daher die zu lösenden Probleme sich als die relativ leichtesten darbieten. Jedoch hat in neuerer Zeit auch die kinetische Theorie der festen Körper erhebliche Fortschritte gemacht.

In methodischer Hinsicht ist zu bemerken, daß die kinetische Theorie die Gesetze der Mechanik zugrunde legt. Sie versucht also demgemäß auch die Fundamentalsätze der Thermodynamik, z. B. den zweiten Hauptsatz, mechanisch zu begreifen. Dabei tritt ein eigentümlicher Umstand auf. Die Volumina der Materie, wie sie bei experimentellen Untersuchungen benutzt werden, enthalten eine überaus große Zahl von Molekülen. In mechanischer Hinsicht ist also ein solches Stück Materie zu charakterisieren als ein mechanisches System von außerordentlich vielen Freiheitsgraden. Das Verhalten eines mechanischen Systems ist aber erst dann bestimmt, wenn sämtliche Koordinaten als Funktionen der Zeit bekannt sind, wozu die Kenntnis der sogenannten Anfangsbedingungen gehört. Hat also das System etwa $\mathfrak{N}$ Freiheitsgrade, so gehören zur völligen mechanischen Bestimmung $\mathfrak{N}$ Anfangswerte der Koordinaten und $\mathfrak{N}$ Anfangswerte der Geschwindigkeiten, im ganzen also $2\,\mathfrak{N}$ Bestimmungsstücke, d. h. die exakte Kenntnis der Lage und Geschwindigkeit jedes einzelnen Moleküls zu einer bestimmten Zeit.

Es ist unsern Mitteln indessen unmöglich, sich eine derartige detaillierte Kenntnis zu verschaffen, und die Erfahrung zeigt, daß wir für unsere Bedürfnisse auch mit viel weniger Angaben auskommen. Zum Beispiel ist das thermodynamische Verhalten eines Gases bestimmt, wenn wir seine Temperatur und seine Dichte kennen. Keineswegs brauchen wir also die Lagen und Geschwindigkeiten aller Moleküle zu kennen; es wird sich vielmehr zeigen, daß gewisse Aussagen über das „mittlere" Verhalten genügen. Mit andern Worten: Wir besitzen nicht die volle mechanische Kenntnis des Systems, sondern nur eine partielle Kenntnis (nämlich die der mechanischen Gesetze) und eine partielle Unkenntnis (nämlich der Anfangswerte). Die partielle Unkenntnis muß und kann wettgemacht werden durch gewisse Annahmen, die auf Wahrscheinlichkeitsüberlegungen beruhen. Neben den Gesetzen der Mechanik treten also die Gesetze der Wahrscheinlichkeitsrechnung in der molekularkinetischen Theorie der Materie auf.

Es muß noch ein Wort über die Anwendung der Gesetze der Mechanik auf die Moleküle, d. h. auf außerordentlich kleine Massen und sehr große Kraftfelder, gesagt werden. Sie unterliegt von vornherein dem Bedenken, daß wir Gesetze, die an verhältnismäßig großen Massen und kleinen Kraftfeldern gewonnen sind, da anwenden, wo sie möglicherweise nicht mehr gelten. Dieses Bedenken kann a priori nicht widerlegt werden. Wir haben eben keine andere Möglichkeit, weiter zu kommen. Anderseits müssen wir darauf gefaßt sein, auf Erscheinungen zu stoßen, die uns zu der Annahme zwingen, daß für die Bewegungen der Moleküle andere Gesetze gelten, als die uns bekannten der klassischen Mechanik. In der Tat haben sich solche Tatsachen gezeigt, und wir werden im letzten Kapitel genauer darauf eingehen.

In den nächsten Kapiteln behandeln wir zunächst die kinetische Theorie der Gase auf der hier angedeuteten Grundlage.

Achtes Kapitel.

Elementare kinetische Theorie der Gase.

77. Die Zustandsgleichung der idealen Gase.

Nach Ausweis der Erfahrung besitzen die sogenannten idealen Gase die einfachste Zustandsgleichung von allen bekannten Stoffen. Es ist daher natürlich, wenn wir mit der Behandlung dieser Stoffe beginnen.

Dazu müssen wir uns zunächst eine Vorstellung darüber bilden, welches die Natur der idealen Gase ist. Zunächst nehmen wir im Rahmen der allgemeinen Vorstellungen der molekularkinetischen Theorie an, daß in jedem endlichen Gasvolumen eine sehr große Zahl von Molekülen vorhanden ist. Im allgemeinen werden diese Kräfte aufeinander ausüben; von den Molekülen der idealen Gase jedoch wollen wir annehmen, daß keinerlei Kräfte zwischen ihnen wirksam sind; jedes Molekül ist also ein Individuum für sich. Die Bewegung eines jeden Moleküls muß daher bei Abwesenheit äußerer Kräfte gleichförmig und geradlinig sein, solange es nicht mit einem andern oder mit der Wand zusammenstößt. Seine Bahn setzt sich daher aus lauter geradlinigen Stücken zusammen, die unter endlichen Winkeln aneinanderstoßen. Über die Zusammensetzung der Moleküle aus Atomen und eventuell noch kleineren Bestandteilen wollen wir an dieser Stelle noch keine weiteren Annahmen machen, obwohl sich solche allerdings später als notwendig erweisen werden. Vielmehr wollen wir der Einfachheit halber vorläufig voraussetzen, daß jedes Molekül einen verschwindend kleinen Raum einnimmt, sodaß wir es hinsichtlich der Raumerfüllung als Massenpunkt annehmen können. Bei den Zusammenstößen zweier Moleküle untereinander und mit der Wand gelten die bekannten elementaren Stoßgesetze; ihnen zufolge verläuft der Vorgang anders, je nach den elastischen Eigenschaften der stoßenden Körper. Es wird sich zeigen, daß unsere sogleich zu entwickelnde Theorie mit der Erfahrung in Übereinstimmung ist, wenn wir den Stoß als vollkommen elastischen Stoß auffassen. Wir wollen daher die Moleküle etwa als vollkommen elastische Kugeln auffassen, denen wir überdies, wie es beim elementaren Stoße zu geschehen pflegt, die Eigenschaft vollständiger Glattheit zuschreiben. Auch die Wände seien vollkommen elastisch und glatt. Selbstverständlich sind wir uns klar darüber, daß die Verhältnisse in der Natur viel komplizierter liegen; die Moleküle sind in Wirklichkeit sicher keine elastischen glatten Kugeln, und vollkommen glatte elastische Wände gibt es auch nicht. Beide Annahmen werden nur gemacht, um den Rechnungen ein möglichst vereinfachtes Modell des idealen Gases zugrunde zu legen.

Im Grunde genommen sind unsere Resultate auch allgemeiner, als es nach diesen speziellen Annahmen scheinen könnte. Denn die Gesetze des elastischen Stoßes sind die, daß weder die Bewegungsgröße noch die Energie durch den Stoß geändert wird (Erhaltung des Impulses und der Energie). Mehr wird auch im folgenden nicht benutzt. Alle Annahmen über die Natur der Moleküle, die mit diesen beiden Erhaltungssätzen im Einklang sind, würden also zu wesentlich denselben Resultaten führen wie die im Text formulierten Annahmen. Z. B. können wir die Moleküle als Kraftzentren betrachten, von denen Kräfte ausgehen, die einer Funktion der Entfernung proportional sind. Maxwell hat z. B. eine Gastheorie entwickelt, in der diese Kräfte umgekehrt proportional der fünften Potenz der Entfernung sind.

Auf der Grundlage dieser Voraussetzungen sieht man zunächst ein, daß ein Gas auf die Wände des einhüllenden Gefäßes einen Druck ausüben muß. Denn die Gasmoleküle stoßen auf die Wand und prallen von derselben zurück, wobei sie Bewegungsgröße oder Impuls an dieselbe abgeben. Durch diese Stöße bzw. den mitgeteilten Impuls würde die Wand in Bewegung geraten, wenn sie nicht von außen durch eine konstante Kraft festgehalten würde, die also den Stößen das Gleichgewicht hält. Diese Kraft, bezogen auf die Flächeneinheit, nennen wir den Druck des Gases. Die obige Ausdrucksweise ist nicht ganz genau. Denn die Stöße auf die Wand teilen derselben den Impuls in diskontinuierlicher Weise mit, so daß die Bewegung der Wandung unter ihrem Einfluß ein zeitlich höchst komplizierter Vorgang sein würde. Wir können diesen Stößen in Strenge natürlich auch gar nicht das Gleichgewicht halten durch eine konstante Kraft bzw. einen konstanten Druck; dieser hält das Gleichgewicht vielmehr dem zeitlichen Mittelwert der Stoßimpulse, ist also selbst genau genommen ein zeitlicher Mittelwert.

Es wird unsere erste Aufgabe sein, den Druck zu berechnen.

Gleich hier sieht man, daß es ohne Wahrscheinlichkeitsannahmen in der Gastheorie nicht abgeht. Wenn wir nämlich den Anfangszustand aller Moleküle kennen würden, so würden wir imstande sein, mit absoluter Genauigkeit anzugeben, wie viele Moleküle, unter welchen Richtungen, mit welchen Geschwindigkeiten usw. auf eine bestimmte Stelle der Wand in einem gegebenen Augenblicke auftreffen. Infolge unserer Unkenntnis des Anfangszustandes müssen wir möglichst plausible Aussagen, d. h. Wahrscheinlichkeitsaussagen, an deren Stelle setzen.

Zunächst wollen wir annehmen, daß im Gleichgewichte — in Abwesenheit äußerer Kräfte — die Moleküle jederzeit das ihnen zur Verfügung stehende Volumen V gleichmäßig erfüllen, d. h. daß in jedem Volumteil ΔV die Anzahl der darin enthaltenen Moleküle $\Delta \mathfrak{N}$ sich zur Gesamtzahl $\mathfrak{N}$ verhält wie ΔV zu V; es soll mit andern Worten die Gleichung bestehen:

$$(1) \qquad \frac{\Delta V}{V} = \frac{\Delta \mathfrak{N}}{\mathfrak{N}} .$$

Nennen wir also ν die Anzahl der Moleküle in der Volumeinheit, so ist demgemäß zu setzen:

(1a) $$\nu = \frac{\mathfrak{N}}{V}.$$

Auf die Frage, inwieweit die durch die Gleichungen (1) bestimmte gleichmäßige Verteilung der Moleküle als exakt zutreffend betrachtet werden kann, kommen wir später zurück.

Zu der Gleichung (1) ist eine grundsätzliche Bemerkung zu machen, die auch im folgenden immer wieder Geltung hat. Die Größe ΔV nämlich kann nicht beliebig klein genommen werden, man kann insbesondere mit ihr nicht zur Grenze 0 übergehen, da dann die Gl. (1) offenbar total ungültig würde. Denn da die Zahl der Moleküle $\mathfrak{N}$ eine, wenn auch sehr große, so doch endliche ist, so lassen sich zweifellos so kleine Volumina dV abgrenzen, daß in ihnen gar kein Molekül liegt, also die Gl. (1) nicht gilt. Die Gültigkeit von (1) ist daran geknüpft, daß ΔV immerhin noch so groß ist, daß viele Moleküle darin liegen. Anderseits wird es später vielfach notwendig werden, ΔV (und entsprechend andere Größen) so klein zu wählen, daß man z. B. Summen ohne merklichen Fehler in Integrale verwandeln kann. Es ist also ein Kompromiß in der Wahl der Größe solcher „Makrodifferentiale" zu treffen. Wir werden solche im folgenden immer durch das Zeichen „Δ", nie durch das Zeichen „d" bezeichnen, um den Unterschied gegen echte Differentiale zu betonen.

Was ferner die Geschwindigkeiten der Moleküle anlangt, so sind zweierlei Voraussetzungen notwendig, über ihre Richtungen und über die Beträge derselben. Was die Geschwindigkeitsrichtungen angeht, so wollen wir annehmen, daß im Gleichgewichte jede räumliche Richtung mit jeder andern gleichberechtigt ist, daß also — wieder in Abwesenheit äußerer Kräfte natürlich — keinerlei Vorzugsrichtung im Raume für die Geschwindigkeiten existiert. Wir können uns den Sinn dieser Hypothese geometrisch anschaulich machen (Fig. 35). Denken wir uns nämlich die vershiedenen im Gase vorhandenen Geschwindigkeitsrichtungen, deren es so viele gibt als Moleküle, also $\mathfrak{N}$, von einem Punkte O aus aufgetragen und schlagen um den Punkt O eine Kugel mit dem Radius 1, verlängern die Geschwindigkeitsrichtungen eventuell bis zum Durchstoß mit der Kugelfläche, so verteilen sich die Durchstoßpunkte der Geschwindigkeitsrichtungen, die wir

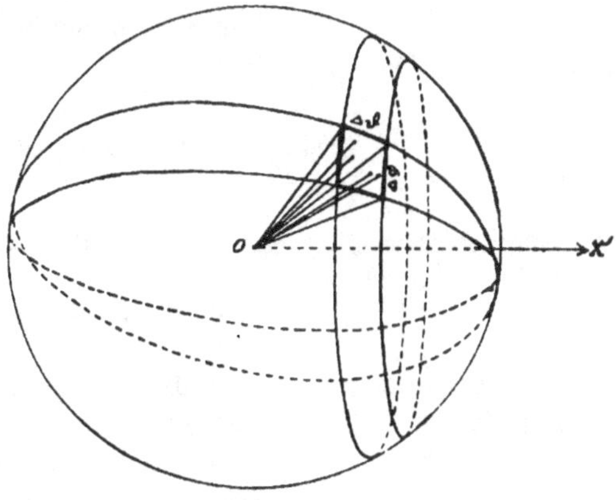

Fig. 35.

kurz „Geschwindigkeitspunkte“ nennen wollen, in gewisser Weise über die Oberfläche der Einheitskugel. Und zwar müssen nach unserer Hypothese die Geschwindigkeitspunkte gleichmäßig über die Kugelfläche verteilt sein, d. h. auf ein Element ΔS der Einheitskugel entfällt ein solcher Bruchteil $\frac{\Delta_1 \mathfrak{N}}{\mathfrak{N}}$ „Geschwindigkeitspunkte“, als dem Verhältnis ΔS zur Oberfläche der Einheitskugel 4π entspricht; also

$$\frac{\Delta_1 \mathfrak{N}}{\mathfrak{N}} = \frac{\Delta S}{4\pi}. \tag{2}$$

Auf die Einheit der Kugelfläche entfallen demgemäß $\frac{\mathfrak{N}}{4\pi}$ „Geschwindigkeitspunkte“.

Setzen wir für ΔS seinen bekannten Ausdruck in räumlichen Polarkoordinaten ϑ, φ, nämlich $\Delta S = \sin\vartheta\,\Delta\vartheta\,\Delta\varphi$ ein, so folgt für die Zahl der Geschwindigkeitsrichtungen, die, wie wir kurz sagen wollen, „in das Intervall zwischen ϑ und $\vartheta + \Delta\vartheta$ sowie φ und $\varphi + \Delta\varphi$ fallen“, nach (2) der Wert:

$$\Delta_1 \mathfrak{N} = \frac{\mathfrak{N}}{4\pi} \sin\vartheta\,\Delta\vartheta \cdot \Delta\varphi. \tag{2a}$$

Aus diesem Ausdruck können wir nun auch sofort die Zahl $\Delta_2 \mathfrak{N}$ derjenigen Geschwindigkeitsrichtungen berechnen, „die mit einer festen gegebenen Richtung im Raume Winkel zwischen ϑ und $\vartheta + \Delta\vartheta$ bilden“. Das sind (Fig. 36), wenn wir als die feste Richtung in der Figur die Richtung OX nehmen, geometrisch gesprochen, diejenigen Geschwindigkeitspunkte, die auf der Kugelzone von der Breite $\Delta\vartheta$ liegen, die aus dem Flächenelemente $\Delta S = \sin\vartheta\,\Delta\vartheta \cdot \Delta\varphi$ durch Integration über φ von 0 bis 2π erhalten wird. Demgemäß ist

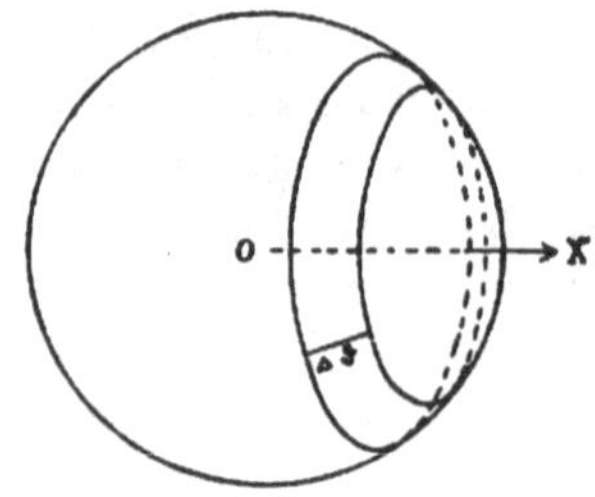

Fig. 36.

$$\Delta_2 \mathfrak{N} = \frac{\mathfrak{N}}{4\pi} \sin\vartheta\,\Delta\vartheta \int_0^{2\pi} \Delta\varphi = \frac{\mathfrak{N}}{2} \sin\vartheta\,\Delta\vartheta \tag{3}$$

die gesuchte Anzahl. Auf das Kubikzentimeter entfallen davon:

$$\Delta_2 \nu = \frac{\Delta_2 \mathfrak{N}}{V} = \frac{\nu}{2} \sin\vartheta\,\Delta\vartheta. \tag{4}$$

Man erkennt aus diesen Betrachtungen folgendes:

Die Zahl der Geschwindigkeitsrichtungen, die exakt eine feste räumliche Richtung (ϑ, φ) haben, oder mit einer festen räumlichen Richtung exakt den Winkel ϑ bilden, ist nach (2a) bzw. (3) gleich Null. Denn wir erhalten beide Werte, wenn wir in (2a) sowohl $\Delta\vartheta$ als auch $\Delta\varphi$ gleich 0 nehmen, bzw. in Gl. (3) $\Delta\vartheta$ gleich 0 setzen. Dieses auf den ersten Blick dem Anfänger vielleicht überraschende Ergebnis ist im Wesen unserer Wahrscheinlichkeitsannahmen begründet: es ist äußerst „unwahrscheinlich“, daß eine Geschwindigkeit exakt eine bestimmte Richtung haben sollte oder mit einer gegebenen räumlichen Richtung exakt einen bestimmten Winkel bildet. Es ist aber natürlich möglich, daß dieses der Fall ist, und wir würden diese Frage mit Sicherheit beantworten können, wenn wir die Anfangsbedingungen genau kennten. Da das nicht der Fall ist, müssen wir uns mit der obigen Wahrscheinlichkeitsaussage begnügen, und diese erfordert also, um jetzt allgemein zu sprechen, daß wir immer eine gewisse „Intervallbreite“ (in den obigen Beispielen $\Delta \vartheta$ und $\Delta \varphi$, bzw. $\Delta \vartheta$) zulassen, damit wir auf der Einheitskugel nicht einen Punkt oder eine Kurve, sondern jedesmal ein flächenhaftes Gebiet erhalten. Denn durch einen bestimmten Punkt bzw. durch eine bestimmte Kurve gehen „im allgemeinen“ keine Geschwindigkeitspunkte hindurch, in einem Flächenelemente dagegen liegt eine bestimmte Anzahl davon, die dem Flächeninhalte proportional ist. Diese Erwägung wird uns im folgenden immer wieder begegnen.

Endlich haben wir auch noch Aussagen über den Betrag der Geschwindigkeit zu machen. Es ist jedenfalls klar, daß im Gleichgewichtszustande — und mit dem haben wir es hier allein zu tun — nicht alle Geschwindigkeiten gleich groß sein können, wie dies einer der ersten Begründer der Gastheorie, Krönig, der Einfachheit halber angenommen hatte. Denn selbst gesetzt den Fall, es seien in einem bestimmten Augenblicke die Geschwindigkeiten aller Moleküle gleich groß, so würde doch durch die Zusammenstöße der Moleküle untereinander sehr bald wieder eine Verschiedenheit der Geschwindigkeiten auftreten. Es werden also im allgemeinen — so werden wir sagen müssen — sehr verschiedene Geschwindigkeitsbeträge, vom Werte Null angefangen bis zum Werte ∞, vorhanden sein; eine gewisse Anzahl von Molekülen $\mathfrak{N}_0$ wird etwa die Geschwindigkeit c_0, eine gewisse Zahl $\mathfrak{N}_1$ entsprechend die Geschwindigkeit c_1 haben; allgemein sei die Zahl der Moleküle mit der Geschwindigkeit c_λ durch den Buchstaben $\mathfrak{N}_\lambda$ bezeichnet. Es verteilen sich also in einem gegebenen Augenblicke die möglichen Geschwindigkeitsbeträge von 0 bis ∞ in bestimmter Weise auf die vorhandenen Moleküle, und im Gleichgewichtszustande, mit dem wir es zunächst allein zu tun haben, wird diese Verteilung sich nicht ändern, d. h. stationär sein. Das soll nicht heißen, daß jedes Molekül dann seine Geschwindigkeit dauernd beibehält — das ist ja infolge der Zusammenstöße im allgemeinen nicht möglich —, sondern es heißt, daß die Zahlen $\mathfrak{N}_0, \ldots, \mathfrak{N}_\lambda$ sich nicht ändern trotz der Zusammenstöße. Welches das spezielle Verteilungsgesetz ist, können wir jetzt noch unerörtert lassen, indem wir vorläufig nur diejenige Sorte von Molekülen (von der Zahl $\mathfrak{N}_\lambda$) in unserm Gefäße betrachten, die gerade die Geschwindigkeit c_λ haben.

Wie wir oben im Gleichgewichtszustande von der Gesamtzahl der Moleküle gleichmäßige Raumerfüllung vorausgesetzt haben, wollen wir dies jetzt noch weitergehend für die Zahl $\mathfrak{N}_\lambda$ der hier betrachteten Moleküle fordern, so daß auf jedes Kubikzentimeter die gleiche Anzahl, nämlich $\nu_\lambda = \frac{\mathfrak{N}_\lambda}{V}$ entfällt. Diese „λ-Moleküle" — so wollen wir die hier herausgegriffene Sorte mit der Geschwindigkeit c_λ nennen — besitzen nun noch alle möglichen Geschwindigkeitsrichtungen im Raume, und auch hier wollen wir über unsere frühere Annahme hinausgehend annehmen, daß die Geschwindigkeitspunkte der λ-Moleküle allein für sich genommen schon gleichmäßig über die Einheitskugel verteilt seien.

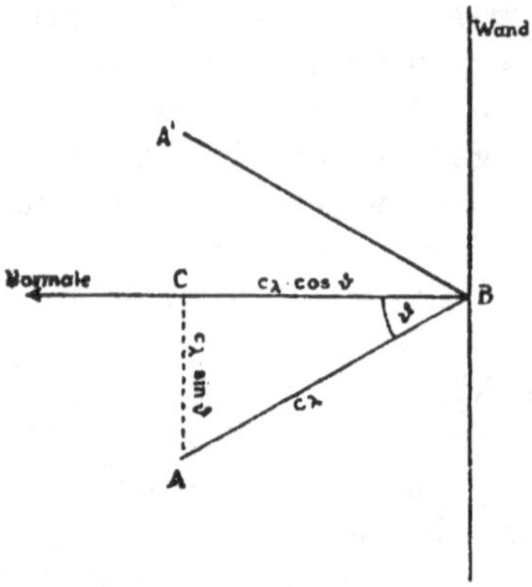

Fig. 37.

Nunmehr können wir dazu übergehen, zu berechnen, welche Bewegungsgröße pro Sekunde von diesen λ-Molekülen auf die Wand übertragen wird; das ist ja nach dem Grundgesetz der Mechanik die von ihnen auf die Wand ausgeübte Kraft. Die Bewegungsgröße, die von einem λ-Molekül auf die Wand übertragen wird, hängt nun offenbar von der Richtung ab, in der es auf die Wand auftrifft; wir wollen also zunächst diejenigen λ-Moleküle betrachten, die mit der Normale der Wand den Winkel ϑ bilden, oder, wie wir nach dem Obigen genauer sagen müssen, die mit der Normale der Wand Winkel zwischen ϑ und $\vartheta + \Delta\vartheta$ bilden, damit wir ein „Intervall" bekommen. Wir haben also festzustellen, welche Bewegungsgröße ein derartiges spezielles λ-Molekül beim Stoß überträgt (Fig. 37). Der Kürze halber werden wir die hier hervorgehobenen λ-Moleküle als $(\lambda\vartheta)$-Moleküle bezeichnen.

Es bedeute in der Figur $\overrightarrow{AB}$ der Größe und Richtung nach die Geschwindigkeit c_λ eines $(\lambda\vartheta)$-Moleküls; dieselbe wird in eine Komponente senkrecht zur Wand gleich $c_\lambda \cos\vartheta$ und eine parallel zur Wand gleich $c_\lambda \sin\vartheta$ zerlegt; die letztere wird durch den Stoß nicht geändert und spielt daher für die Impulsübertragung keine Rolle. Nach den Stoßgesetzen wird das Molekül so von der Wand zurückgeworfen, daß der Reflexionswinkel CBA' gleich dem Einfallswinkel $ABC = \vartheta$ ist, wobei die Geschwindigkeit c_λ ihrem Betrage nach unverändert bleibt; sie hat also jetzt die Richtung $\overrightarrow{BA'}$, wobei BA' gleich c_λ ist, mit der Normalkomponente $-c_\lambda \cos\vartheta$. Diese ändert also einfach ihr Vorzeichen.

Die Gesamtänderung der Normalkomponente beträgt also $-2c_\lambda \cos\vartheta$, und wenn wir die Masse des Moleküls mit μ bezeichnen, ist die Änderung des Impulses des $(\lambda\vartheta)$-Moleküls gleich $-2\mu c_\lambda \cos\vartheta$; demgemäß erhält die Wand den Impuls $+2\mu c_\lambda \cos\vartheta$ durch den Stoß eines $(\lambda\vartheta)$-Moleküls. Jetzt müssen wir also noch berechnen, wie viele $(\lambda\vartheta)$-Moleküle in der Sekunde mit der Wand zum Stoß kommen; diese Zahl, mit dem

Impulse $2\mu c_\lambda \cos\vartheta$ multipliziert, gibt dann die Impulsänderung der Wand pro Sekunde, d. h. die auf sie von den Molekülen ausgeübte Kraft an.

Wie viele $(\lambda\vartheta)$-Moleküle treffen also in einer Sekunde auf die Wand, d. h. wie viele λ-Moleküle tun dies unter Winkeln zwischen ϑ und $\vartheta + \Delta\vartheta$? Im Kubikzentimeter sind ν_λ λ-Moleküle vorhanden. Von diesen bilden mit einer festen Richtung, also hier mit der Normalen der Wand, Winkel zwischen ϑ und $\vartheta + \Delta\vartheta$, d. h. sind $(\lambda\vartheta)$-Moleküle nach Gl. (4):

(5) $$\frac{\nu_\lambda}{2}\sin\vartheta\,\Delta\vartheta = \frac{\mathfrak{N}_\lambda}{2V}\sin\vartheta\,\Delta\vartheta$$ [1].

Errichten wir nun (Fig. 38) über der Flächeneinheit der Wand einen schiefen Zylinder mit der Seitenlänge c_λ, so kommen offenbar alle die $(\lambda\vartheta)$-Moleküle und nur die $(\lambda\vartheta)$-Moleküle in einer Sekunde zum Stoß mit der Wand, die zu Beginn innerhalb dieses Zylinders liegen; derselbe hat das Volumen $c_\lambda \cos\vartheta$. Da nun nach (5) im Kubikzentimeter $\frac{\mathfrak{N}_\lambda}{2V}\sin\vartheta\,\Delta\vartheta$ $(\lambda\vartheta)$-Moleküle enthalten sind, so sind in unserm Zylinder im ganzen vorhanden

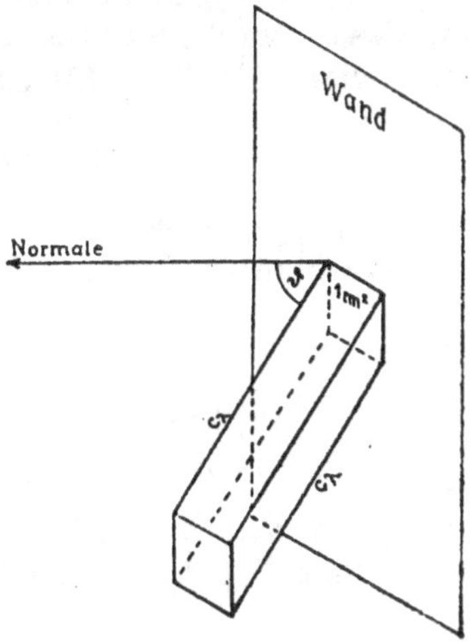

Fig. 38.

(6) $$\frac{\mathfrak{N}_\lambda}{2V} c_\lambda \sin\vartheta\cos\vartheta\,\Delta\vartheta \qquad (\lambda\vartheta)\text{-Moleküle},$$

und diese Zahl $(\lambda\vartheta)$-Moleküle kommt in der Sekunde zum Stoß mit der Flächeneinheit der Wand. Da jedes dieser Moleküle den Impuls $2\mu c_\lambda\cos\vartheta$ auf die Wand überträgt, ist die sekundliche Impulsänderung der Flächeneinheit der Wand durch die $(\lambda\vartheta)$-Moleküle:

(7) $$\mu c_\lambda^2 \frac{\mathfrak{N}_\lambda}{V}\sin\vartheta\cos^2\vartheta\,\Delta\vartheta = \nu_\lambda\,\mu\sin\vartheta\cos^2\vartheta\,\Delta\vartheta.$$

Lassen wir nun ϑ der Reihe nach alle möglichen Richtungen annehmen — das sind nach Ausweis der Figur alle Werte zwischen 0 (normaler Stoß) und $\frac{\pi}{2}$ (tangentialer Stoß) —, d. h. integriert man Gl. (7) über ϑ zwischen den genannten Grenzen, so bekommen wir für die von sämtlichen λ-Molekülen auf die Flächeneinheit der Wand ausgeübte Kraft den Wert:

(8) $$\mu\frac{c_\lambda^2\,\mathfrak{N}_\lambda}{V}\int_0^{\frac{\pi}{2}}\sin\vartheta\cos^2\vartheta\,\Delta\vartheta = \frac{\mu\,\mathfrak{N}_\lambda}{V}\,\frac{c_\lambda^2}{3} = \frac{1}{3}\mu\,\nu_\lambda\,c_\lambda^2.$$

---

[1]) Indem wir hier $\nu_\lambda = \frac{\mathfrak{N}_\lambda}{V}$ setzten, machten wir von der Voraussetzung Gebrauch, daß auch die λ-Moleküle für sich allein den Raum gleichmäßig erfüllen, und indem wir Gl. (4) auf die λ-Moleküle allein anwandten, haben wir die gleichmäßige Verteilung ihrer Geschwindigkeitspunkte allein auf der Einheitskugel gefordert. Man sieht also, daß diese Voraussetzungen unbedingt notwendig waren.

Bilden wir jetzt die analogen Ausdrücke für die Moleküle mit allen übrigen Geschwindigkeiten und addieren alle zusammen, so finden wir endlich für den Druck p des Gases auf die Wand den Ausdruck:

(9) $$p = \frac{1}{3}\frac{\mu}{V}\sum_\lambda \mathfrak{N}_\lambda c_\lambda^2 = \frac{\mu}{3}\sum_\lambda \nu_\lambda c_\lambda^2.$$

Verstehen wir unter $\overline{c^2}$ den Mittelwert der Geschwindigkeitsquadrate im Gase, das sogenannte „mittlere Geschwindigkeitsquadrat“, so kann diese Gleichung (9) geschrieben werden:

$$p = \frac{1}{3}\mu\overline{c^2}\sum\frac{\mathfrak{N}_\lambda}{V} = \frac{1}{3}\mu\overline{c^2}\sum\nu_\lambda,$$

oder, da $\sum\mathfrak{N}_\lambda = \mathfrak{N}$, d. h. gleich der Gesamtzahl der Moleküle, $\sum\nu_\lambda = \nu$ die Anzahl im Kubikzentimeter ist:

(11) $$p = \frac{1}{3}\mu\frac{\mathfrak{N}}{V}\overline{c^2} = \frac{1}{3}\mu\nu\overline{c^2}.$$

$\mu\mathfrak{N}$ bedeutet darin offenbar die Gesamtmasse M des Gases und $\frac{\mu\mathfrak{N}}{V} = \frac{M}{V} = \mu\nu$ die Masse pro Volumeinheit, d. h. die Dichte ε, und diese ist gleich dem reziproken Werte des spezifischen Volumens v; also hat man schließlich noch die folgenden Formen der Gleichung (11):

(12) $$\begin{cases} p = \frac{1}{3}\varepsilon\overline{c^2}, \text{ oder} \\ pv = \frac{1}{3}\overline{c^2}. \end{cases}$$

Es ist hierbei zu beachten, daß $\overline{c^2}$ keineswegs mit der Größe $(\bar{c})^2$, d. h. gleich dem Quadrat der mittleren Geschwindigkeit verwechselt werden darf. Ferner ist klar, daß der Wert von $\overline{c^2}$, sowie auch von $(\bar{c})^2$, wie schließlich überhaupt aller auf die Geschwindigkeit bezüglichen Mittelwerte erst dann wirklich angegeben werden kann, wenn das hier noch unbestimmt gelassene Verteilungsgesetz der Geschwindigkeiten bestimmt worden ist. Nachdem diese Lücke ausgefüllt sein wird, werden wir die genannten Mittelwerte direkt ausrechnen.

Ziehen wir nun zum Vergleich mit (12) die experimentell für die idealen Gase geltende Zustandsgleichung heran, die nach Kap. II Gl. (26) auf pag. 83 so geschrieben werden kann:

(13) $$p \cdot v = R'T,$$

wo T die absolute Temperatur und R' eine Konstante bedeutet, die noch von Gas zu Gas sich ändert, nämlich umgekehrt proportional dem Molekulargewicht ist. Damit (12) und (13) übereinstimmen, haben wir offenbar $\overline{c^2}$ der absoluten Temperatur proportional zu nehmen, also zu setzen:

(14) $$\overline{c^2} = 3R'T.$$

Dies kann man noch etwas anders formulieren. Unter den von uns gemachten Annahmen ist die Gesamtenergie, oder wie wir früher sagten, die „innere Energie“ U des Gases gleich der Summe der kinetischen

Energien der fortschreitenden Bewegung der einzelnen Moleküle, abgesehen von einer Konstanten, die den Betrag etwaiger intramolekularer Energie angibt, die von der Temperatur unabhängig ist und die wir U_0 nennen wollen. Wir können also schreiben:

(15) $$U = \frac{\mu}{2} \sum \mathfrak{N}_\lambda c_\lambda^2 + U_0 = \frac{\mu}{2} \mathfrak{N} \overline{c^2} + U_0,$$

woraus in Verbindung mit (14) folgt:

(16) $$U = \frac{3}{2} \mu \mathfrak{N} R' T + U_0,$$

d. h. die absolute Temperatur T ist proportional der kinetischen Energie der fortschreitenden Bewegung. Dies nehmen wir von jetzt ab als Definition der absoluten Temperatur an, die damit ihre mechanische Deutung gefunden hat. Diese Festsetzung ist eine Grundannahme der kinetischen Theorie überhaupt.

Damit geht nun in der Tat (12) in (13) über, und unsere Aufgabe kann insofern als erledigt angesehen werden, als wir bis auf die genauere Bestimmung der Konstanten R' die Zustandsgleichung der idealen Gase gewonnen haben. Im wesentlichen geht die obige Untersuchung auf Clausius zurück, wenn auch schon vorher Krönig dasselbe Resultat erhalten hatte, aber unter Zugrundelegung unzulässiger Annahmen über die Geschwindigkeiten der einzelnen Moleküle und über die Verteilung der Geschwindigkeitsrichtungen im Raume.

In der obigen Untersuchung ist übrigens stillschweigend angenommen, daß das Gas einheitlich sei, d. h. aus lauter gleichartigen Molekülen bestehe. Ist dies nicht der Fall, sondern sind mehrere Molekülarten vorhanden, die wir durch einen Index voneinander unterscheiden wollen, d. h. haben wir es mit einem Gasgemisch zu tun, so tritt an Stelle der Gl. (11) die folgende, wie man durch ganz entsprechende Überlegungen findet:

(11a) $$p = \frac{1}{3}\{\mu_1 \nu_1 \overline{c_1^2} + \mu_2 \nu_2 \overline{c_2^2} + \ldots\} = \frac{1}{3} \sum_i \mu_i \nu_i \overline{c_i^2},$$

und entsprechend verallgemeinert sich auch die Gleichung (16) in die folgende:

(16a) $$U = \frac{3}{2} T \sum_i \mu_i \mathfrak{N}_i R_i' + U_0.$$

Auf beide Gleichungen werden wir noch eingehend zurückkommen in der Nr. 82, wo uns ein neuer Satz gestatten wird, beide Formen zu vereinfachen und weitere Schlüsse zu ziehen.

78. Die Virialgleichung von Clausius.

Clausius hat auch noch ganz andersartige Überlegungen angegeben, um ebenfalls die Zustandsgleichung der idealen Gase zu erhalten, die von großem Werte sind, da hierbei gar keine speziellen Voraussetzungen über die Konstitution der Moleküle gemacht werden. Sie können vielmehr beliebige Gestalt und Zusammensetzung haben.

Für den Schwerpunkt jedes Moleküls von der Masse μ gelten die Gleichungen der Dynamik:

(17)
$$\begin{cases} \mu \ddot{x} = X, \\ \mu \ddot{y} = Y, \\ \mu \ddot{z} = Z, \end{cases}$$

wo die Punkte Ableitungen nach der Zeit und $X\,Y\,Z$ die Komponenten der auf das Molekül wirkenden äußeren Kräfte sind. Erweitern wir die Gleichungen mit resp. x, y und z, so folgt:

(18)
$$\begin{cases} \mu \ddot{x} x = X x, \\ \mu \ddot{y} y = Y y, \\ \mu \ddot{z} z = Z z. \end{cases}$$

Nun ist aber:

$$\mu \ddot{x} x = \frac{d^2}{dt^2}\left(\frac{\mu}{2} x^2\right) - \mu \dot{x}^2, \text{ und entsprechend für } \mu \ddot{y} y \text{ und } \mu \ddot{z} z.$$

womit die Gleichungen (18) übergehen in:

(19)
$$\begin{cases} \frac{d^2}{dt^2}\left(\frac{\mu}{4} x^2\right) - \frac{\mu}{2} \dot{x}^2 = \frac{1}{2} X x, \\ \frac{d^2}{dt^2}\left(\frac{\mu}{4} y^2\right) - \frac{\mu}{2} \dot{y}^2 = \frac{1}{2} Y y, \\ \frac{d^2}{dt^2}\left(\frac{\mu}{4} z^2\right) - \frac{\mu}{2} \dot{z}^2 = \frac{1}{2} Z z, \end{cases}$$

durch deren Addition schließlich folgt:

(20)
$$\frac{\mu}{4} \frac{d^2}{dt^2}(x^2 + y^2 + z^2) - \frac{\mu}{2}(\dot{x}^2 + \dot{y}^2 + \dot{z}^2) = \frac{1}{2}(X \cdot x + Y \cdot y + Z \cdot z).$$

Diesen Ausdruck summieren wir nun über alle Moleküle des Gases und erhalten:

$$\frac{\mu}{4} \sum \frac{d^2}{dt^2}(x^2 + y^2 + z^2) - \frac{1}{2} \sum \mu c^2 = \frac{1}{2} \sum (X \cdot x + Y \cdot y + Z \cdot z).$$

Multiplizieren wir endlich mit dem Zeitelement dt und integrieren über eine lange Zeit τ, so wird die letzte Gleichung:

$$\frac{\mu}{4} \sum \int_0^\tau \frac{d^2}{dt^2}(x^2 + y^2 + z^2)\,dt - \sum \int_0^\tau \frac{1}{2} \mu c^2\,dt = \frac{1}{2} \sum \int_0^\tau (X \cdot x + Y \cdot y + Z \cdot z)\,dt,$$

oder, wenn wir durch die sehr große Zahl τ dividieren:

$$\frac{\mu}{4\tau} \sum \left[\frac{d}{dt}(x^2 + y^2 + z^2)\right]_0^\tau - \frac{1}{\tau} \int_0^\tau \sum \frac{\mu}{2} c^2\,dt = \frac{1}{2}\,\frac{1}{\tau} \sum \int_0^\tau (X \cdot x + Y \cdot y + Z \cdot z)\,dt.$$

Setzen wir nun voraus, daß alle Koordinaten und Geschwindigkeiten unterhalb einer endlichen Grenze bleiben, so wird schließlich für sehr große τ das erste Glied beliebig klein, während die andern beiden endlich bleiben. Das zweite Glied stellt den zeitlichen Mittelwert der gesamten kinetischen Energie der fortschreitenden Bewegung dar, den wir durch $\overline{\sum \frac{\mu}{2} c^2}^{\,t}$ bezeichnen, das Glied auf der rechten Seite ist entsprechend der zeitliche Mittelwert der Summe $\frac{1}{2}\sum(X\cdot x+Y\cdot y+Z\cdot z)$, den wir ebenso durch $\frac{1}{2}\overline{\sum(X\cdot x+Y\cdot y+Z\cdot z)}^{t}$ andeuten. Dem horizontalen Striche, der durchgehend eine Mittelwertsbildung anzeigt, haben wir hier noch den Buchstaben „t“ angefügt, um zu betonen, daß es sich hier, im Gegensatz zu den Mittelwerten der vorigen Nummer, (die man als „Scharmittel“ bezeichnet, weil sie über die ganze Schar der Gasmoleküle gebildet sind), um „Zeitmittel“ handelt. Bedenkt man nun weiter, daß $\overline{\sum\frac{\mu}{2}c^2}^{t}$ seiner Bedeutung gemäß genau dasselbe ist, was wir in der vorigen Nummer mit $\overline{c^2}\frac{\mathfrak{N}\mu}{2}$ bezeichnet hatten (weil die Gesamtenergie zeitlich konstant ist), so nimmt die letzte Gleichung die Gestalt an:

$$(21)\qquad \frac{\overline{c^2}\,\mathfrak{N}\mu}{2}+\frac{1}{2}\overline{\sum(X\cdot x+Y\cdot y+Z\cdot z)}^{t}=0.$$

Den Ausdruck

$$-\frac{1}{2}\overline{\sum(X\cdot x+Y\cdot y+Z\cdot z)}^{t}$$

nennt Clausius das „Virial“ des mechanischen Systems, und Gl. (21) läßt sich dahin aussprechen, daß die kinetische Energie eines Systems gleich dem Virial desselben ist.

Wir wollen nun diesen Satz auf ein ideales Gas anwenden, das etwa in einem parallelepipedischen Gefäße mit den Kantenlängen a, b, c eingeschlossen sei, also das Volumen $V=abc$ besitzt. Die Kanten a, b, c seien resp. parallel den Koordinatenachsen orientiert. (Fig. 39.)

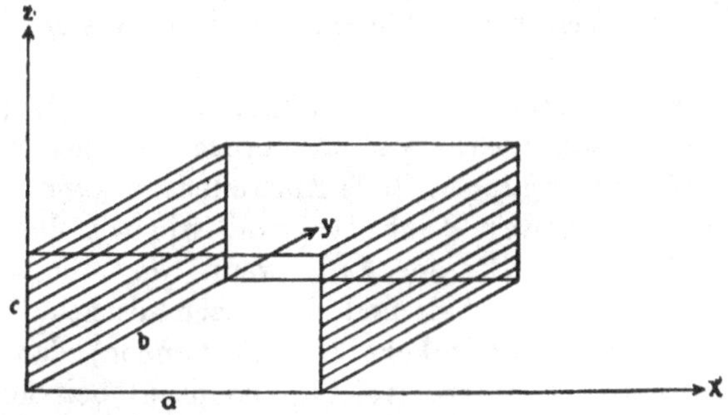

Fig. 39.

Nun wirken nach unserer in der vorigen Nummer gegebenen Definition eines idealen Gases im Innern desselben, d. h. zwischen den Molekülen, keinerlei Kräfte, diese werden vielmehr nur von der Wand bei den Stößen auf die Moleküle ausgeübt; der zeitliche Mittelwert dieser Kraft pro Flächeneinheit sei gleich p. Rechnen wir nun das Virial für unser Gas aus, so haben wir nur die Wandflächen in Betracht zu ziehen. Nehmen wir zunächst die beiden einander gegenüberliegenden, in der Figur schraffierten, von denen die eine in der yz-Ebene liegt, für die also $x=0$ ist, die andere dagegen in der Ebene $x = a$ sich befindet. Für die erstere ist p in Richtung der positiven x-Achse, für die letztere in Richtung der negativen x-Achse gerichtet; für die erstere ist also $\overline{\sum(X \cdot x)}^t_{x=0} = + p \cdot b \cdot c \cdot 0 = 0$, für die zweite dagegen ist $\overline{\sum(X \cdot x)}^t_{x=a} = - p \cdot b c a = - p \cdot V$. Genau denselben Wert erhält man noch für die beiden andern Seitenpaare, so daß schließlich für das Virial folgt:

$$- \tfrac{1}{2} \overline{\sum(X \cdot x + Y \cdot y + Z \cdot z)}^t = \tfrac{3}{2} p V, \tag{22}$$

also durch Einsetzen in (21):

$$p = \frac{1}{3} \mu \frac{\mathfrak{N}}{V} \overline{c^2} = \frac{1}{3} \varepsilon \overline{c^2}, \tag{23}$$

genau mit (12) übereinstimmend.

Man erkennt aus dieser Darlegung besonders gut, daß der Druck p ein zeitlicher Mittelwert ist, da er aus dem Virial entsteht.

Wir haben diese Methode hier namentlich aus dem Grunde angeführt, weil man leicht erkennt, wie man mittels derselben auch zu einer Zustandsgleichung nichtidealer Gase gelangen kann, zwischen deren Molekülen also Kräfte wirken. Diese sind dann in den Ausdruck des Virials mit aufzunehmen.

79. Hilfssätze aus der Wahrscheinlichkeitsrechnung [1]).

Obwohl wir im Vorhergehenden mehrfach Wahrscheinlichkeitsansätze gemacht haben, haben wir dennoch den Begriff der „mathematischen Wahrscheinlichkeit" nicht explizite benutzt. Da derselbe sich im folgenden als sehr nützlich erweisen wird, müssen wir jetzt etwas näher auf ihn eingehen.

Von „Wahrscheinlichkeit" im Gegensatz zu „Bestimmtheit" oder „Gewißheit" kann überhaupt nur geredet werden bei Ereignissen, bei denen nicht alle Bedingungen ihres Eintreffens bekannt sind, d. h. bei partieller Unkenntnis der Verhältnisse, wie wir das schon hervorgehoben haben. Dies ist z. B. der Fall, wenn wir mit einem gewöhnlichen Würfel „würfeln". Dabei sind die mechanischen Bedingungen so kompliziert, daß sie nicht überblickt werden können; daher können wir nicht mit Sicherheit angeben, welche Augenzahl bei dem Wurfe oben liegen wird, sondern wir können eben nur eine „wahrscheinliche Aussage" machen.

Am Beispiele des Würfels wollen wir nun die für das folgende notwendigen Begriffe erörtern. Es sind offenbar sechs verschiedene Fälle möglich, indem die Augenzahl entweder 1 oder 2 oder 3 oder 4 oder 5 oder 6 betragen kann. Diese Fälle nennen wir die „möglichen Ereig-

---

[1]) Vgl. etwa Markoff, Wahrscheinlichkeitsrechnung, deutsch von O. Liebmann; Leipzig und Berlin 1912, B. G. Teubner; E. Czuber, Wahrscheinlichkeitsrechnung und ihre Anwendung; Leipzig und Berlin, B. G. Teubner; H. Bruns, Wahrscheinlichkeitsrechnung und Kollektivmaßlehre, Leipzig 1906.

nisse". Jedes derselben hat noch zwei wichtige Eigenschaften. Zunächst ist immer nur ein Ereignis möglich, alle andern unmöglich, da ich bei einem Wurf immer nur eine bestimmte Zahl der Augen erhalte. Solche Ereignisse nennt man „sich ausschließend" oder kurz „unvereinbar". Ferner aber können wir — wenn der Würfel richtig gearbeitet ist — keinen Grund angeben, weshalb eine der Zahlen 1 bis 6 vor der andern bevorzugt sein sollte: solche Ereignisse nennt man infolgedessen „gleichmögliche". Gerade diese letztere Eigenschaft ist nicht immer leicht festzustellen und muß häufig durch Festsetzung bestimmt werden, wodurch eine gewisse Willkür in die Anwendung der Wahrscheinlichkeitsrechnung hineingetragen wird.

So wie beim Würfel muß in allen Fällen verfahren werden: Man hat zunächst die Unvereinbarkeit und Gleichmöglichkeit[1]) der Ereignisse, sowie ihre Gesamtzahl festzustellen.

Haben wir z. B. $\mathfrak{N}$ unvereinbare gleichmögliche Ereignisse

$$A\,B\,C\,D\,E\,F\ldots,$$

so wird als mathematische Wahrscheinlichkeit jedes dieser Ereignisse der Bruch $\frac{1}{\mathfrak{N}}$ bezeichnet, dessen Zähler gleich der Einheit, dessen Nenner gleich der Gesamtzahl der gleichmöglichen unvereinbaren Ereignisse ist. So z. B. ist die Wahrscheinlichkeit, mit einem Wurfe unseres Würfels etwa 4 Augen zu werfen, offenbar $\frac{1}{6}$; ebenso groß ist die Wahrscheinlichkeit, irgend eine der andern Zahlen von 1 bis 6 zu werfen. Wenn wir also etwa 600 Würfe machen, so werden im Mittel je 100 Würfe eine der Zahlen 1 bis 6 zeigen.

Wir wollen jetzt allgemeiner annehmen, daß die Ereignisse

$$A\,B\,C\,D\,E\,F$$

zwar unvereinbar, aber nicht gleichmöglich seien. Es soll jedoch möglich sein, jedes dieser Ereignisse in eine Anzahl gleichmöglicher „Untereignisse" zu „zerlegen". Dies soll ein kurzer Ausdruck dafür sein, daß schon beim Eintreffen jedes „Unterereignisses" das Ereignis selbst realisiert wird; die „Unterereignisse" sind also Sonderfälle (und zwar gleichmögliche!) des Ereignisses selbst.

Es sei also „zerlegbar"

A	in die Unterereignisse	$a_1\,a_2\ldots a_\alpha$	(α an der Zahl)
B	„ „ „	$b_1\,b_2\ldots b_\beta$	(β „ „ „)
C	„ „ „	$c_1\,c_2\ldots c_\gamma$	(γ „ „ „)
. . . .	. . . .	. . . . . .	. . . . . .

Das Ereignis A kann also auf α-fache Weise realisiert werden, indem jedes der Unterereignisse a_1 bis a_α eintreten kann, usw. Jetzt stellen also die „Unterereignisse"

$$a_1\,a_2\ldots a_\alpha\;b_1\,b_2\ldots b_\beta\;c_1\,c_2\ldots c_\gamma\ldots$$

[1]) Allgemeiner: den Grad der Nichtgleichmöglichkeit.

die gleichmöglichen unvereinbaren Fälle dar, und die Wahrscheinlichkeit eines beliebigen dieser Untereignisse ist wie vorhin $\frac{1}{\mathfrak{N}}$, wenn

$$\mathfrak{N} = \alpha + \beta + \gamma + \ldots$$

die Gesamtzahl der Untereignisse ist.

Aber anders liegt die Sache, wenn wir nach der Wahrscheinlichkeit etwa des Ereignisses A fragen, das in die α Untereignisse $a_1 \ldots a_\alpha$ „zerlegt" werden kann. In diesem Falle ist es gleichgültig, welches der Untereignisse a_1 bis a_α eintritt; jedes derselben realisiert ja in gleicher Weise das Ereignis A. Man nennt in leicht verständlicher Ausdrucksweise die Untereignisse $a_1 \ldots a_\alpha$ die für das Ereignis A „günstigen" Fälle, und bezeichnet als Wahrscheinlichkeit von A den Bruch, dessen Zähler gleich der Anzahl der günstigen Ereignisse, dessen Nenner gleich der Gesamtzahl $\mathfrak{N}$ der Ereignisse überhaupt ist.

Also ist die Wahrscheinlichkeit von

$$(24) \qquad \left\{\begin{array}{ll} A: & w_A = \dfrac{\alpha}{\alpha+\beta+\gamma+\ldots} = \dfrac{\alpha}{\mathfrak{N}}, \\ B: & w_B = \dfrac{\beta}{\alpha+\beta+\gamma+\ldots} = \dfrac{\beta}{\mathfrak{N}}, \\ C: & w_C = \dfrac{\gamma}{\alpha+\beta+\gamma+\ldots} = \dfrac{\gamma}{\mathfrak{N}}, \\ \ldots & \ldots\ldots\ldots\ldots \end{array}\right.$$

Der hier besprochene allgemeine Fall kann folgendermaßen hergestellt werden: In einer Urne seien 10 weiße Kugeln, jede mit einer Nummer 1 bis 10, und 15 schwarze Kugeln, jede mit einer der Nummern 11 bis 25. Es sollen nun Kugeln aus der Urne gezogen werden, und zwar handle es sich um die Bestimmung der Wahrscheinlichkeit, eine weiße Kugel (oder eine schwarze Kugel) zu ziehen. Als Ereignis A haben wir das Ziehen einer weißen Kugel, als Ereignis B das einer schwarzen zu bezeichnen. A und B sind unvereinbar, aber nicht gleichmöglich, wegen der verschiedenen Anzahl der weißen und schwarzen Kugeln, d. h. wegen der verschieden großen Zahl der Möglichkeiten, A und B zu realisieren. Als die „Untereignisse" von A haben wir das Ziehen je einer der Nummern 1 bis 10 ($\alpha = 10$), als die Untereignisse von B das Ziehen je einer der Nummern von 11 bis 25 zu betrachten ($\beta = 15$), so daß wir folgendes Schema haben:

Ereignis A hat die Untereignisse	Ereignis B hat die Untereignisse
1 2 3 4 5 6 7 8 9 10	11 12 13 14 15 16 17 18 19 20 21 22 23 24 25

Damit ist die „Zerlegung" in $\mathfrak{N} = 25$ unvereinbare und gleichmögliche Untereignisse vollzogen, und nach unserer obigen Definition ist die Wahrscheinlichkeit, eine weiße Kugel zu ziehen, gleich $\frac{10}{25}$, die eine schwarze zu treffen, gleich $\frac{15}{25}$, während die Wahrscheinlichkeit eines beliebigen Untereignisses, z. B. die Zahl 13 zu ziehen, gleich $\frac{1}{25}$ ist.

Die mathematische Wahrscheinlichkeit ist also ein echter Bruch, mit Einschluß der Grenzen 0 und 1; der Wert 0 entspricht der Unmöglichkeit, der Wert 1 der Gewißheit.

Wir werden im folgenden dauernd von zwei Sätzen der Wahrscheinlichkeitsrechnung Gebrauch machen, die als der „Additionssatz" und der „Multiplikationssatz" bezeichnet werden.

Es sei wieder eine Reihe unvereinbarer Fälle

$$A\ B\ C\ D\ E\ F \ldots$$

möglich, aber nicht gleichmöglich, und jeder sei in die gleichmöglichen Untereereignisse „zerlegt" also A in die α gleichmöglichen Fälle $a_1 \ldots a_\alpha$, B in die β gleichmöglichen $b_1 \ldots b_\beta$, usw. Dann ist nach dem obigen die Wahrscheinlichkeit dafür, daß A eintritt, wieder gleich $w_A = \frac{\alpha}{\mathfrak{N}}$, die Wahrscheinlichkeit des Eintretens von B wieder $w_B = \frac{\beta}{\mathfrak{N}}$, usw.

Fragen wir aber jetzt nicht nach der Wahrscheinlichkeit, daß das Ereignis A eintritt (oder daß B eintritt), sondern daß ein beliebiges der unvereinbaren Ereignisse A **oder** B eintritt, gleichgültig welches, so sind offenbar dieser Möglichkeit die Fälle $a_1 \ldots a_\alpha$, $b_1 \ldots b_\beta$, im ganzen $(\alpha + \beta)$ Fälle günstig. Damit wird die gesuchte Wahrscheinlichkeit für das Eintreten von A oder B offenbar gleich

$$w_{A,B} = \frac{\alpha + \beta}{\alpha + \beta + \gamma + \ldots} = \frac{\alpha + \beta}{\mathfrak{N}},$$

d. h. gleich der Summe der Einzelergebnisse. Das gilt offenbar ganz allgemein, so daß man den Satz aussprechen kann:

Die Wahrscheinlichkeit, daß von mehreren unvereinbaren Ereignissen eins eintritt, ohne Angabe, welches es sein soll, ist gleich dar Summe der Einzelwahrscheinlichkeiten (Additionssatz).

Nunmehr wollen wir zum Multiplikationssatz übergehen. Wir wollen denselben jedoch nicht in seiner allgemeinsten Fassung aussprechen, sondern nur für sogenannte „unabhängige" Ereignisse. Ereignisse heißen unabhängig voneinander, wenn die Wahrscheinlichkeit für jedes einzelne von ihnen nicht vom Eintreffen oder Nichteintreffen der übrigen abhängt.

Wenn also mehrere unabhängige und unvereinbare Ereignisse $A, B, C, \ldots$ möglich sind, deren jedes die respektive Wahrscheinlichkeit $w_A, w_B, w_C, \ldots$ hat, so wird nach der Wahrscheinlichkeit gefragt, daß zwei (oder mehrere) dieser Ereignisse gleichzeitig zutreffen, z. B. die Ereignisse A und B.

In unsern alten Bezeichnungen ist

$$w_A = \frac{\alpha}{\mathfrak{N}}, \quad w_B = \frac{\beta}{\mathfrak{N}},$$

d. h. α die Zahl der dem Ereignis A günstigen, β die Zahl der dem Ereignis B günstigen Fälle. Setzen wir $\alpha = \mathfrak{N} w_A$ für einen Moment gleich $\mathfrak{N}'$, so ist unter $\mathfrak{N}'$ dem Ereignis A günstigen Fällen die Zahl $\frac{\beta \mathfrak{N}'}{\mathfrak{N}}$ gleichzeitig dem Ereignis B günstig. Denn auf $\mathfrak{N}$ insgesamt mögliche Fälle entfallen β für B günstige, also auf $\mathfrak{N}'$ mögliche Fälle entsprechend $\frac{\beta \mathfrak{N}'}{\mathfrak{N}}$ für B günstige Fälle. Diese Zahl kann aber auch geschrieben werden:

$$\frac{\beta \mathfrak{N}'}{\mathfrak{N}} = \beta \cdot w_A;$$

sie stellt die dem Eintreten von A und B günstigen Fälle dar. Dividieren wir durch die Zahl $\mathfrak{N}$ der möglichen Fälle, so erhalten wir definitionsgemäß die Wahrscheinlichkeit für das gleichzeitige Eintreffen beider Ereignisse:

$$w_{A+B} = \frac{\beta \mathfrak{N}'}{\mathfrak{N}^2} = w_A \cdot w_B,$$

d. h. gleich dem Produkte der Einzelwahrscheinlichkeiten. Ebenso offenbar in allgemeineren Fällen:

Die Wahrscheinlichkeit gleichzeitigen Eintreffens mehrerer unabhängiger unvereinbarer Ereignisse ist gleich dem Produkte ihrer Einzelwahrscheinlichkeiten (Multiplikationssatz).

Die obigen Begriffe und Sätze wollen wir nun noch an bereits besprochenen Fällen aus der Gastheorie erläutern.

Beginnen wir mit der Annahme gleichmäßiger Raumerfüllung durch die Moleküle eines Gases. Das will besagen, daß, wenn wir den dem Gase zur Verfügung stehenden Raum V in gleich große Zellen uns geteilt denken, jedes Molekül mit gleicher Wahrscheinlichkeit in jeder beliebigen Zelle liegen kann. Jede Zelle habe das Volumen ΔV, und das ganze Volumen V sei in z solcher Zellen eingeteilt. Wir können dann die Wahrscheinlichkeit bestimmen, daß ein Molekül in einer bestimmten Zelle liegt. Denn es ist die Zahl der gleichmöglichen Fälle offenbar z, die Zahl der günstigen offenbar gleich 1, also die gesuchte Wahrscheinlichkeit, daß ein Molekül in einer bestimmten Zelle ΔV liegt,

$$\frac{1}{z} = \frac{\Delta V}{z \cdot \Delta V} = \frac{\Delta V}{V}.$$

Nach (1) gibt also auch die Zahl $\frac{\Delta \mathfrak{N}}{\mathfrak{N}}$ die Wahrscheinlichkeit dafür an, daß 1 Molekül in ΔV liegt, und mit $\mathfrak{N}$, der Gesamtzahl der Moleküle multipliziert, liefert sie die Zahl der in ΔV liegenden Moleküle — wovon wir damals auch ausgegangen waren. Ebenso ist — vgl. Gl. (2) — $\frac{\Delta S}{4\pi}$ die Wahrscheinlichkeit dafür, daß 1 „Geschwindigkeitspunkt" in das Oberflächenelement ΔS der Einheitskugel fällt, und $\mathfrak{N} \frac{\Delta S}{4\pi}$ demgemäß die Zahl der in ΔS liegenden Geschwindigkeitspunkte.

Man sieht aus diesen Beispielen bereits, daß wir tatsächlich schon den Wahrscheinlichkeitsbegriff benutzt haben, ohne ihn ausdrücklich einzuführen. Auch den Multiplikationssatz und den Additionssatz haben wir tatsächlich schon benutzt. Gl. (2a) bestimmt die Wahrscheinlichkeit dafür, daß 1 Geschwindigkeitspunkt in das Element der Einheitskugel $\Delta S = \sin\vartheta\,\Delta\vartheta\cdot\Delta\varphi$ fällt, oder daß die zugehörige Geschwindigkeit eine Richtung im Raume besitzt, die durch die Angaben ϑ und $\vartheta+\Delta\vartheta$, φ und $\varphi+\Delta\varphi$ bestimmt ist. Diese Wahrscheinlichkeit ist nach (2a) gleich:

$$\frac{\Delta_1\mathfrak{N}}{\mathfrak{N}} = \frac{\sin\vartheta\,\Delta\vartheta\cdot\Delta\varphi}{4\pi},$$

und dies kann als folgendes Produkt geschrieben werden:

$$\frac{\Delta_1\mathfrak{N}}{\mathfrak{N}} = \frac{\sin\vartheta\,\Delta\vartheta}{2}\cdot\frac{\Delta\varphi}{2\pi},$$

worin der erstere Faktor die Wahrscheinlichkeit dafür angibt, daß die Geschwindigkeit Winkel zwischen ϑ und $\vartheta+\Delta\vartheta$ mit einer bestimmten Richtung bildet; [das sagte in der Tat unsere Gleichung (3) aus]; der zweite Faktor ist, wie man leicht erkennt, die Wahrscheinlichkeit dafür, daß die Geschwindigkeit ein Azimut zwischen φ und $\varphi+\Delta\varphi$ besitzt. Hier ist also der Multiplikationssatz benutzt worden.

Indem wir ferner die Wahrscheinlichkeit $\frac{\sin\vartheta\,\Delta\vartheta}{2}$ dafür, daß (bei beliebigem φ) die Geschwindigkeit Winkel zwischen ϑ und $\vartheta+\Delta\vartheta$ mit einer festen Richtung bildet, durch Integration, d. h. Summation, aus der Wahrscheinlichkeit $\frac{\sin\vartheta\,\Delta\vartheta\cdot\Delta\varphi}{4\pi}$ über φ gewannen, haben wir tatsächlich schon den Additionssatz benutzt.

Diese Beispiele mögen genügen, um die vielfältige Anwendungsmöglichkeit unserer Wahrscheinlichkeitsterminologie zu erhärten.

80. Das Maxwellsche Verteilungsgesetz der Geschwindigkeiten.

Das Problem der Geschwindigkeitsverteilung wurde zuerst von Clausius formuliert und von Maxwell im Jahre 1859 beantwortet. Zwar können wir seinen ersten Beweis nicht als exakt anerkennen, aber das Resultat hat sich als richtig erwiesen. Wir wollen hier mit Absicht den unzureichenden ersten Beweis Maxwells reproduzieren, um rasch zum Resultat zu gelangen. Im nächsten Kapitel werden wir den strengen Beweis bei anderer Gelegenheit nachholen.

Es handelt sich um die Frage, wie die verschiedenen Geschwindigkeiten zwischen den Werten 0 und ∞ sich auf die $\mathfrak{N}$ Moleküle verteilen, d. h. wie viele Moleküle eine bestimmte Geschwindigkeit c oder vielmehr eine Geschwindigkeit zwischen c und $c+\Delta c$ haben.

Wir wollen zunächst eine etwas andere, damit zusammenhängende Frage beantworten. Wir denken uns alle Geschwindigkeiten c in ihre rechtwinkeligen Komponenten u, v, w zerlegt, deren jede alle Werte zwischen $-\infty$ und $+\infty$ annehmen kann, und fragen zuerst nach der Zahl derjenigen Moleküle, die eine x-Komponente der Geschwindigkeit zwischen u und $u+\Delta u$ besitzen.

Die (zu bestimmende) Wahrscheinlichkeit dieses Ereignisses wird, wie immer, der „Intervallbreite“ Δu proportional sein, und der Proportionalitätsfaktor f wird selbst von u abhängen, also eine Funktion von u sein; wir können daher die betreffende Wahrscheinlichkeit in der Form $f(u)\Delta u$ ansetzen. An sich könnte $f(u)$ noch eine Funktion des Ortes, also von x, y, z sein; durch die in Nr. 77 formulierte Voraussetzung indessen, daß die Moleküle aller Geschwindigkeiten — jede Sorte für sich — den Raum gleichmäßig erfüllen, wird es offenbar erzielt, daß $f(u)$ gar nicht von x, y, z abhängt. Die Zahl der Moleküle mit einer x-Komponente der Geschwindigkeit zwischen u und $u + \Delta u$ ist also gleich dem Produkte dieser Wahrscheinlichkeit mit der Gesamtzahl $\mathfrak{N}$ der Moleküle, nämlich gleich $\mathfrak{N} f(u)\Delta u$. Ganz ebenso setzt Maxwell die Wahrscheinlichkeiten dafür, daß ein Molekül eine y- bzw. z-Komponente zwischen v und $v + \Delta v$ bzw. w und $w + \Delta w$ besitzt, auch gleich $f(v)\Delta v$ bzw. $f(w)\Delta w$; die Anzahlen der Moleküle mit der einen bzw. der andern dieser Eigenschaften sind also $\mathfrak{N} f(v)\Delta v$ bzw. $\mathfrak{N} f(w)\Delta w$. Daß hier für alle drei Fälle die gleiche Funktion f auftritt, rechtfertigt sich durch die Erwägung, daß alle Komponentenrichtungen als gleichberechtigt zu betrachten sind.

Indem nun Maxwell das Auftreten von Komponenten zwischen u und $u + \Delta u$, v und $v + \Delta v$, w und $w + \Delta w$ als voneinander unabhängige Ereignisse betrachtet, findet er nach dem Multiplikationssatze die Wahrscheinlichkeit dafür, daß ein Molekül gleichzeitig eine x-Komponente zwischen u und $u + \Delta u$, eine y-Komponente zwischen v und $v + \Delta v$, eine z-Komponente zwischen w und $w + \Delta w$ besitzt, gleich:

$$f(u)\, f(v)\, f(w)\, \Delta u\, \Delta v\, \Delta w, \tag{25}$$

und durch Multiplikation mit $\mathfrak{N}$ die Anzahl der Moleküle mit dieser Eigenschaft:

$$\mathfrak{N}\, f(u)\, f(v)\, f(w)\, \Delta u\, \Delta v\, \Delta w. \tag{26}$$

Dieser letzte Schritt ist es nun, der zwar die Rechnung stark vereinfacht, aber nicht gerechtfertigt werden kann. Denn zwischen den Komponenten u, v, w gelten doch gewisse Relationen (nämlich die Erhaltung des Impulses und der Energie), die aus den Stoßgesetzen folgen. Das Auftreten der drei Komponenten u, v, w kann also nicht als gemeinschaftliches Eintreffen unabhängiger Ereignisse angesehen werden, wenigstens nicht a priori, während es sich ganz wohl denken läßt, daß sich dies wenigstens a posteriori rechtfertigen ließe, obwohl die erwähnten Relationen zwischen u, v, w bestehen. Wirklich trifft dieser Fall hier zu, und deshalb eben führt Maxwells unbegründete Annahme hier zum richtigen Resultat. Wir benutzen deshalb (25) ruhig weiter.

Wir können die durch (25) festgelegte Wahrscheinlichkeit sehr anschaulich geometrisch erklären. Denn wenn wir die Größen u, v, w als rechtwinkelige Koordinaten eines Raumes deuten — den so definierten Raum nennen wir den „Geschwindigkeitsraum“ — so stellt (25) die Wahrscheinlichkeit dafür dar, daß der Endpunkt der vom Koordinatenanfangspunkt nach Größe und Richtung aufgetragenen Geschwindigkeit c mit den Komponenten u, v, w gerade in das Volumelement $\Delta u\,\Delta v\,\Delta w$ hineinfällt (Fig. 40).

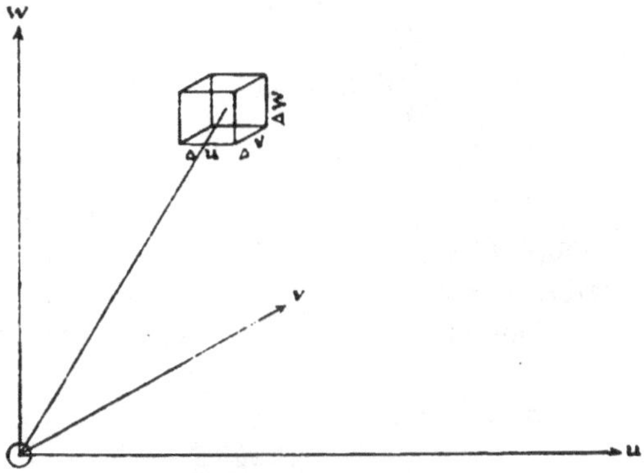

Fig. 40.

Da nun die Koordinatenrichtungen ganz willkürlich gewählt werden können (z. B. kann das Koordinatensystem um O gedreht werden), so kann diese Größe, d. h. $f(u)\,f(v)\,f(w)$ nicht von u, v, w einzeln abhängen, sondern nur vom Abstande des Endpunktes der Geschwindigkeit $c=\sqrt{u^2+v^2+w^2}$ vom Koordinatenanfangspunkte. Es muß also eine Relation von der Form existieren:

(27) $$f(u)\cdot f(v)\cdot f(w) = \psi\,(u^2+v^2+w^2),$$

wenn ψ irgendeine Funktion des Argumentes $u^2+v^2+w^2=c^2$ bedeutet. Diese Funktionalgleichung reicht hin, um den Funktionscharakter von f und damit von ψ zu bestimmen.

Halten wir nämlich $u^2+v^2+w^2=c^2$ konstant, d. h. lassen wir den Endpunkt der Geschwindigkeit c sich nur auf einer Kugelfläche mit dem Radius c um den Anfangspunkt O bewegen, so erhält man durch logarithmische Differentiation:

(28) $$\frac{f'(u)}{f(u)}\,\Delta u+\frac{f'(v)}{f(v)}\,\Delta v+\frac{f'(w)}{f(w)}\,\Delta w=0,$$

eine Gleichung, die gilt, wenn $u^2+v^2+w^2=c^2=\text{Const.}$ ist, d. h. zusammen mit der Gleichung:

(29) $$u\,\Delta u+v\,\Delta v+w\,\Delta w=0.$$

Multipliziert man letztere Gleichung mit einem unbekannten Lagrangeschen Faktor 2λ [1]) und addiert sie zu (28), so folgt:

(30) $$\left[\frac{f'(u)}{f(u)}+2\lambda u\right]\Delta u+\left[\frac{f'(v)}{f(v)}+2\lambda v\right]\Delta v+\left[\frac{f'(w)}{f(w)}+2\lambda w\right]\Delta w=0,$$

und diese zerfällt in bekannter Weise in die drei unabhängigen Gleichungen:

[1]) Vgl. Bd. I, pag. 99 ff.

$$(31)\qquad \begin{cases} \dfrac{f'(u)}{f(u)} + 2\lambda u = 0, \\ \dfrac{f'(v)}{f(v)} + 2\lambda v = 0, \\ \dfrac{f'(w)}{f(w)} + 2\lambda w = 0. \end{cases}$$

Daraus folgt für λ die dreifache Darstellung:

$$\lambda = -\frac{1}{2}\frac{f'(u)}{f(u)} = -\frac{1}{2}\frac{f'(v)}{f(v)} = -\frac{1}{2}\frac{f'(w)}{f(w)}.$$

Da aber zwei Funktionen von u und v nur dann für alle Werte ihres Argumentes gleich sein können, wenn sie Konstanten sind, so folgt zunächst, daß λ selbst eine Konstante ist.

Die Integration von (31) liefert dann sofort:

$$(32)\qquad f(u) = \alpha e^{-\lambda u^2},$$

und zwei entsprechende Gleichungen, wo α eine Integrationskonstante bedeutet. Wäre nun λ negativ, so würde für unendlich große Werte von u die Größe $f(u)$ selbst unendlich werden, was wegen der Definition der Wahrscheinlichkeit nicht möglich ist. Also ist λ positiv; wir setzen es gleich β^2.

Die physikalische Bedeutung von α und β wird sich später leicht feststellen lassen. Zunächst haben wir für die Wahrscheinlichkeit, daß der Endpunkt der Geschwindigkeit c in dem Volumelement $\Delta u \Delta v \Delta w$ liegt (Fig. 40), nach (32) und (25):

$$(33)\qquad f(u) f(v) f(w) \Delta u \Delta v \Delta w = \alpha^3 e^{-\beta^2 (u^2+v^2+w^2)} \Delta u \Delta v \Delta w.$$

Wir wollen aber nicht diese Wahrscheinlichkeit kennen, d. h. nicht die Wahrscheinlichkeit dafür, daß ein Molekül Komponenten zwischen u und $u + \Delta u$, v und $v + \Delta v$, w und $w + \Delta w$ hat, wo $u^2 + v^2 + w^2 = c^2$ ist, sondern ganz allgemein die Wahrscheinlichkeit dafür, daß ein Molekül eine Geschwindigkeit zwischen c und $c + \Delta c$ besitzt, gleichgültig, welche Werte die Komponenten haben. Oder geometrisch gesprochen: Wir wollen nicht die Wahrscheinlichkeit dafür, daß der Endpunkt der Geschwindigkeit c im Volumelement $\Delta u \Delta v \Delta w$ liegt, sondern dafür, daß er innerhalb einer Kugelschale mit den Radien c und $c + \Delta c$ liegt.

Führen wir statt u, v, w Polarkoordinaten c, ϑ, φ ein, so daß:

$$u^2 + v^2 + w^2 = c^2,$$
$$u = c \sin\vartheta \cos\varphi,$$
$$v = c \sin\vartheta \sin\varphi,$$
$$w = c \cos\vartheta$$

wird, und

$$\Delta u \Delta v \Delta w = c^2 \Delta c \sin\vartheta \Delta\vartheta \Delta\varphi$$

ist, so erhalten wir statt (33):

$$(34)\qquad \alpha^3 e^{-\beta^2 c^2} c^2 \Delta c \sin\vartheta \Delta\vartheta \Delta\varphi$$

als Wahrscheinlichkeit dafür, daß der „Geschwindigkeitspunkt" in dem Volumelement $\Delta u \Delta v \Delta w = c^2 \Delta c \sin\vartheta \Delta\vartheta \Delta\varphi$ liegt, und nach dem Additionssatze der Wahrscheinlichkeitsrechnung folgt die Wahrscheinlichkeit dafür, daß derselbe innerhalb der genannten Kugelschale liegt — gleichgültig, welche Werte von ϑ und φ dabei auftreten — durch Integration der letzten Gleichung über ϑ von 0 bis π, über φ von 0 bis 2π. Es ergibt sich somit:

$$\alpha^3 e^{-\beta^2 c^2} c^2 \Delta c \int_0^{\pi}\int_0^{2\pi} \sin\vartheta \Delta\vartheta \Delta\varphi ,$$

was ausgerechnet den Wert liefert:

$$4\pi\alpha^3 e^{-\beta^2 c^2} c^2 \Delta c. \tag{35}$$

Das ist also schließlich die ursprünglich gesuchte Wahrscheinlichkeit dafür, daß ein Molekül eine Geschwindigkeit zwischen c und $c + \Delta c$ hat, und die Anzahl $\Delta\mathfrak{N}_c$ dieser Moleküle ergibt sich durch Multiplikation mit der Gesamtzahl $\mathfrak{N}$ derselben zu:

$$\Delta\mathfrak{N}_c = 4\pi\mathfrak{N}\alpha^3 c^2 e^{-\beta^2 c^2} \cdot \Delta c. \tag{36}$$

Diese Gleichung spricht das Geschwindigkeitsverteilungsgesetz von Maxwell aus: es gibt ja an, welche Zahlen $\Delta\mathfrak{N}_c$ der Moleküle eine bestimmte Geschwindigkeit c besitzen.

Jetzt gehen wir zur Bestimmung der Konstanten α und β über. Bilden wir $\sum \frac{\Delta\mathfrak{N}_c}{\mathfrak{N}}$ über alle Werte der Geschwindigkeiten von 0 bis ∞, so ist dies nach dem Additionssatze der Wahrscheinlichkeitsrechnung die Wahrscheinlichkeit dafür, daß ein Molekül irgendeine Geschwindigkeit zwischen 0 und ∞ besitzt. Da dies alle überhaupt möglichen Fälle sind, so ist diese Wahrscheinlichkeit gleich 1, d. h. gleich der Gewißheit, da jedes Molekül irgendeine Geschwindigkeit besitzen muß. Also ist

$$\sum \frac{\Delta\mathfrak{N}_c}{\mathfrak{N}} = 1 ,$$

also nach (36), wenn wir die Summe in ein Integral verwandeln und gleichzeitig mit $\mathfrak{N}$ multiplizieren:

$$\mathfrak{N} = 4\pi\alpha^3\mathfrak{N}\int_0^{\infty} e^{-\beta^2 c^2} c^2 \Delta c. \tag{37}$$

Diese Gleichung liefert eine Beziehung zwischen den Konstanten α und β. Das Integral selbst läßt sich durch partielle Integration leicht ausführen. Zuerst hat man:

$$\int_0^{\infty} e^{-\beta^2 c^2} c^2 \Delta c = \frac{1}{2}\int e^{-\beta^2 c^2} c \Delta(c^2) = \frac{1}{2\beta^3}\int_0^{\infty} e^{-(\beta c)^2} (\beta c) \Delta(\beta^2 c^2),$$

oder, wenn βc als neue Variable ξ eingeführt wird:

$$\int_0^\infty e^{-\beta^2 c^2} c^2 \Delta c = \frac{1}{2\beta^3}\int_0^\infty e^{-\xi^2}\xi\,\Delta(\xi^2) = -\frac{1}{2\beta^3}\int_0^\infty \xi\,\Delta(e^{-\xi^2}).$$

Durch partielle Integration folgt jetzt:

$$-\int_0^\infty \xi\,\Delta(e^{-\xi^2}) = -[\xi e^{-\xi^2}]_0^\infty + \int_0^\infty e^{-\xi^2}\Delta\xi = \int_0^\infty e^{-\xi^2}\Delta\xi,$$

da der erste Term verschwindet. Also haben wir:

$$\int_0^\infty e^{-\beta^2 c^2} c^2 \Delta c = \frac{1}{2\beta^3}\int_0^\infty e^{-\xi^2}\Delta\xi.$$

Dieses Integral haben wir aber bereits [Bd. I, pag. 568, Gl. (f)] zu $\frac{1}{2}\sqrt{\pi}$ bestimmt. Also folgt schließlich nach (37):

$$\frac{\alpha^3 \pi^{3/2}}{\beta^3} = 1,$$

(38) $$\alpha = \frac{\beta}{\sqrt{\pi}}.$$

Damit wird (36) zu:

(39) $$\Delta \mathfrak{N}_c = \frac{4\beta^3}{\sqrt{\pi}}\mathfrak{N} c^2 e^{-\beta^2 c^2}\Delta c.$$

Die Form der sogenannten „Verteilungsfunktion"

(40) $$\varphi(c^2) = 4\pi c^2 f(u) f(v) f(w) = \frac{4\beta^3}{\sqrt{\pi}} c^2 e^{-\beta^2 c^2}$$

wird durch die folgende Kurve I (Fig. 41) dargestellt, in der φ als Ordinate, c als Abszisse aufgetragen ist. Zuweilen wird auch

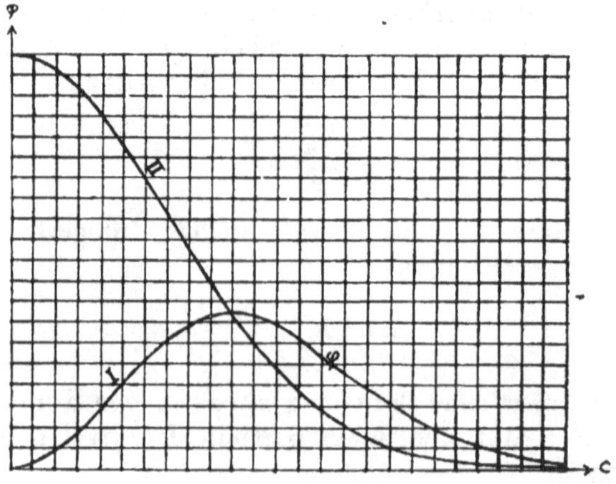

Fig. 41.

(40a) $$f(u) f(v) f(w) = \frac{\beta^3}{\pi^{3/2}} e^{-\beta^2 c^2}$$

als **Maxwell**sche Verteilungsfunktion bezeichnet; diese hat natürlich wegen des hier fehlenden Faktors c^2 einen ganz anderen Verlauf als $\varphi(c^2)$; diese Kurve ist in Fig. 41 als II eingetragen.

Zur Bestimmung der physikalischen Bedeutung von β bestimmen wir denjenigen Wert c_w der Geschwindigkeit, für den das Maximum dieser Kurve (40) eintritt. Dies ist der sog. „wahrscheinlichste" Wert der Geschwindigkeit, d. h. derjenige, auf den die größte Zahl von Molekülen entfällt. Wir finden durch Differentiation von $c^2 e^{-\beta^2 c^2}$ nach c und Nullsetzen des Differentialquotienten:

$$\frac{d}{dc}\{c^2 e^{-\beta^2 c^2}\} = e^{-\beta^2 c^2}\{1 - \beta^2 c_w^2\} 2c = 0,$$

d. h.

(41) $$c_w = \frac{1}{\beta}.$$

Der reziproke Wert von β ist also gleich der wahrscheinlichsten Geschwindigkeit c_w, womit die physikalische Bedeutung von β bestimmt ist [1]).

Die folgenden Zahlen mögen dazu dienen, die durch (39) gebildete Geschwindigkeitsverteilung zu erläutern. Die Anzahl der Moleküle mit einer Geschwindigkeit zwischen γc_w und $\gamma c_w + \Delta c$, wo $\gamma > 0$ ist, ist nach (39), da $\frac{1}{\beta} = c_w$ ist:

$$\Delta \mathfrak{N}_{\gamma c_w} = \frac{4\beta^3}{\sqrt{\pi}} \mathfrak{N} \gamma^2 c_w^2 e^{-\gamma^2} \Delta c,$$

woraus für $\gamma = 1$ sich ergibt:

$$\Delta \mathfrak{N}_{c_w} = \frac{4\beta^3}{\sqrt{\pi}} \mathfrak{N} c_w^2 e^{-1} \Delta c,$$

deren Quotient uns die Zahl der Moleküle mit der Geschwindigkeit γc_w in Bruchteilen der Zahl der Moleküle mit der wahrscheinlichsten Geschwindigkeit c_w angibt:

$$\frac{\Delta \mathfrak{N}_{\gamma c_w}}{\Delta \mathfrak{N}_{c_w}} = \gamma^2 e^{1-\gamma^2}.$$

Die folgende Tabelle enthält die Werte dieser relativen Anzahlen für $\gamma = \frac{1}{2}, 1, 2, 3$, woraus man sieht, wie stark der Abfall der Verteilungskurve beiderseits der wahrscheinlichsten Geschwindigkeit c_w ist; die Verteilungskurve (39) besitzt, wie man sagt, eine „geringe Dispersion" um ihr Maximum.

[1]) Daß der obige erste Beweis Maxwells unzulänglich ist, geht am besten wohl aus einer Bemerkung Boltzmanns hervor. Einerseits wird die Geschwindigkeitsverteilung im stationären Zustande hervorgerufen durch die Zusammenstöße. Anderseits ist im obigen Beweise nirgends von der Tatsache der Zusammenstöße, d. h. von den Stoßgesetzen, Gebrauch gemacht. Der Beweis würde also, wenn er richtig wäre, auch beweisen, daß sich die Maxwellsche Geschwindigkeitsverteilung herstellen würde, wenn gar keine Zusammenstöße stattfänden —, was offenbar unmöglich ist. Ein exakter Beweis kann nur mit Hilfe der Stoßgesetze geführt werden.

γ	$\frac{1}{2}$	1	2	3
$\frac{\Delta \mathfrak{N}_{\gamma c_w}}{\Delta \mathfrak{N}_{c_w}}$	0,525	1	0,20	0,003

81. Mittelwerte von Funktionen der Geschwindigkeit.

Wir sind nun imstande, alle auf die Geschwindigkeit bezüglichen Mittelwerte mit Hilfe unserer Verteilungsfunktion (40) bzw. (33) zu bestimmen.

Berechnen wir zunächst die mittlere Geschwindigkeit $\bar{c}$. Dazu haben wir sämtliche Geschwindigkeiten zu addieren und durch die Gesamtzahl ($\mathfrak{N}$) zu dividieren.

Die Zahl der Geschwindigkeiten zwischen c und $c + \Delta c$ ist durch (39) gegeben; multiplizieren wir diesen Ausdruck mit c, so erhalten wir die Summe der Geschwindigkeiten zwischen c und $c + \Delta c$, und eine Integration über c von 0 bis ∞ liefert dann die Gesamtsumme aller Geschwindigkeiten. Diese ist noch zu dividieren durch $\mathfrak{N}$; also haben wir schließlich für die mittlere Geschwindigkeit:

$$\bar{c} = \frac{\frac{4\beta^3}{\sqrt{\pi}} \mathfrak{N} \int_0^\infty c^3 e^{-\beta^2 c^2} \Delta c}{\mathfrak{N}}, \tag{42}$$

oder, da nach (37) und (38) $\mathfrak{N}$ gleich $\frac{4\beta^3}{\sqrt{\pi}} \mathfrak{N} \int_0^\infty c^2 e^{-\beta^2 c^2} \Delta c$ gesetzt werden kann, in allgemeinerer Form, wenn wir die Verteilungsfunktion mit $\varphi(c)$ bezeichnen:

$$\bar{c} = \frac{\int_0^\infty c\, \varphi(c)\, \Delta c}{\int_0^\infty \varphi(c)\, \Delta c}. \tag{43}$$

Die Auswertung des Integrales kann mittels partieller Integration bewerkstelligt werden und liefert dann durch Kombination mit (41) das Ergebnis:

$$\bar{c} = \frac{2}{\sqrt{\pi}} \frac{1}{\beta} = \frac{2}{\sqrt{\pi}} c_w, \tag{44}$$

d. h. die mittlere Geschwindigkeit $\bar{c}$ ist $\frac{2}{\sqrt{\pi}}$ mal größer als die wahrscheinlichste Geschwindigkeit c_w.

Ganz analog findet man für das mittlere Geschwindigkeitsquadrat $\bar{c^2}$ die Gleichung:

$$(45)\qquad \overline{c^2} = \frac{\int_0^\infty c^2 \varphi(c)\, \Delta c}{\int_0^\infty \varphi(c)\, \Delta c} = \frac{4\beta^3}{\sqrt{\pi}} \int_0^\infty c^4 e^{-\beta^2 c^2} \Delta c,$$

worin das Integral auf dieselbe Weise behandelt werden kann; man findet:

$$(46)\qquad \overline{c^2} = \frac{3}{2}\frac{1}{\beta^2} = \frac{3}{2} c_w^2.$$

Es bestehen also zwischen $\sqrt{\overline{c^2}}$, $\bar{c}$, c_w die Ungleichungen:

$$(47)\qquad \sqrt{\overline{c^2}} > \bar{c} > c_w.$$

In der nämlichen Weise können beliebige Mittelwerte ausgerechnet werden; z. B. $\overline{c^n}$ ist zu definieren durch die Gleichung:

$$(48)\qquad \overline{c^n} = \frac{\int_0^\infty c^n \varphi(c)\, \Delta c}{\int_0^\infty \varphi(c)\, \Delta c} = \frac{4\beta^3}{\sqrt{\pi}} \int_0^\infty c^{n+2} e^{-\beta^2 c^2} \Delta c.$$

Ebenso zeigt man leicht durch Rechnung, daß

$$(49)\qquad \overline{u^2} = \overline{v^2} = \overline{w^2} = \tfrac{1}{3}\overline{c^2}$$

ist. Natürlich ist es hierbei zweckmäßiger, auf die Form (33) der Verteilungsfunktion in kartesischen Koordinaten zurückzugehen, womit wir erhalten:

$$\overline{u^2} = \frac{\iiint_{-\infty}^{+\infty} u^2 e^{-\beta^2(u^2+v^2+w^2)} \Delta u\, \Delta v\, \Delta w}{\iiint_{-\infty}^{+\infty} e^{-\beta^2(u^2+v^2+w^2)} \Delta u\, \Delta v\, \Delta w};$$

das kann geschrieben werden:

$$\overline{u^2} = \frac{\int_{-\infty}^{+\infty} u^2 e^{-\beta^2 u^2} \Delta u \cdot \int_{-\infty}^{+\infty} e^{-\beta^2 v^2} \Delta v \cdot \int_{-\infty}^{+\infty} e^{-\beta^2 w^2} \Delta w}{\int_{-\infty}^{+\infty} e^{-\beta^2 u^2} \Delta u \cdot \int_{-\infty}^{+\infty} e^{-\beta^2 v^2} \Delta v \cdot \int_{-\infty}^{+\infty} e^{-\beta^2 w^2} \Delta w} = \frac{\int_{-\infty}^{+\infty} u^2 e^{-\beta^2 u^2} \Delta u}{\int_{-\infty}^{+\infty} e^{-\beta^2 u^2} \Delta u},$$

oder, wenn man $\beta u = \xi$ als neue Variable einführt:

$$(50)\qquad \overline{u^2} = \frac{1}{\beta^2} \frac{\int_{-\infty}^{+\infty} \xi^2 e^{-\xi^2} \Delta \xi}{\int_{-\infty}^{+\infty} e^{-\xi^2} \Delta \xi} = \frac{1}{2}\frac{1}{\beta^2} = \frac{1}{2} c_w^2.$$

Genau den nämlichen Wert erhält man für $\overline{v^2}$ und $\overline{w^2}$, und der Vergleich mit (46) zeigt in der Tat, daß jeder dieser Ausdrücke gleich $\frac{1}{3}\overline{c^2}$ ist, wie es in (49) behauptet wurde.

Es bietet keinerlei Schwierigkeiten, auch die Mittelwerte noch höherer Potenzen der Geschwindigkeitskomponenten zu bilden. Zum Beispiel ist offenbar:

$$\overline{u^4} = \frac{\iiint\limits_{-\infty}^{+\infty} u^4 e^{-\beta^2(u^2+v^2+w^2)} \Delta u \Delta v \Delta w}{\iiint\limits_{-\infty}^{+\infty} e^{-\beta^2(u^2+v^2+w^2)} \Delta u \Delta v \Delta w} = \frac{\int\limits_{-\infty}^{+\infty} u^4 e^{-\beta^2 u^2} \Delta u}{\int\limits_{-\infty}^{+\infty} e^{-\beta^2 u^2} \Delta u},$$

oder, wenn wir $\beta u = \xi$ als neue Variable einführen:

$$\overline{u^4} = \frac{1}{\beta^4} \frac{\int \xi^4 e^{-\xi^2} \Delta \xi}{\int e^{-\xi^2} \Delta \xi} = \frac{3}{4} \frac{1}{\beta^2},$$

oder, nach Vergleich mit (50):

(51) $$\overline{u^4} = 3\,(\overline{u^2})^2 = \tfrac{3}{4} c_w^4.$$

Diese Beispiele werden genügen, um die Berechnung von Mittelwerten zu erläutern.

Hier möge deshalb nur noch eine Tabelle Platz finden, die für einige Gase die Werte $\sqrt{\overline{c^2}}$, $\bar{c}$, c_w für eine Temperatur von 273° absoluter Zählung angibt. Zur Berechnung dieser Werte geht man von $\overline{c^2}$ aus, das sich aus der Zustandsgleichung (12) ergibt, wenn für die genannte Temperatur p und ε bekannt sind. Gl. (46) liefert dann c_w, und (44) endlich $\bar{c}$.

Gas	$\sqrt{\overline{c^2}}$	$\bar{c}$	c_w
H_2	1838 m/sec	1694 m/sec	1487 m/sec
N_2	492 „	453 „	398 „
O_2	461 „	425 „	377 „
CO_2	392 „	361 „	318 „
J_2	164 „	151 „	133 „

Diese sämtlichen Geschwindigkeitsmittelwerte sind von gleicher Größenordnung wie die Schallgeschwindigkeit in dem betreffenden Gase; es sind also sehr erhebliche Geschwindigkeiten, die die Moleküle besitzen. Auf einen Einwand gegen die kinetische Theorie, den man auf diese Zahlen stützen zu können geglaubt hat, und seine Widerlegung durch Clausius kommen wir in Nr. 85 eingehend zurück.

82. Das Äquipartitionsgesetz und seine Konsequenzen.

Das mittlere Geschwindigkeitsquadrat $\overline{c^2}$ ist nach (46) gleich $\frac{3}{2}\frac{1}{\beta^2}$ und anderseits nach Gl. (14) gleich $3R'T$. Daraus ergibt sich für die kinetische Energie der fortschreitenden Bewegung des Gases der Wert:

(52) $$\mathfrak{N} \frac{\mu}{2} \overline{c^2} = \frac{\mathfrak{N}\mu}{2} \frac{3}{2} \frac{1}{\beta^2} = \mathfrak{N}\mu \frac{3}{2} R'T.$$

Die Gleichung ist einer besonderen Interpretation fähig. Betrachten wir die Moleküle zunächst als punktförmig, so besitzen sie nur diese fortschreitende Energie und $3\mathfrak{N}$ ist die Anzahl aller Freiheitsgrade des Gases; wir können daher Gl. (52) durch $3\mathfrak{N}$ dividieren und erhalten für die mittlere kinetische Energie pro Freiheitsgrad u den Wert:

(53) $$u = \frac{\mu}{2} R' T.$$

Dies ist natürlich kein neuer Satz, sondern lediglich eine andere Formulierung der Gl. (52). Es ist im Grunde eine Selbstverständlichkeit, da ja $\overline{c^2}$ ein „Mittelwert" ist.

Betrachten wir die Moleküle aber nicht mehr als punktförmig, sondern als irgendwie gestaltete starre Körper, so kommt jedem Molekül die Zahl von 6 Freiheitsgraden zu, indem dann durch die Zusammenstöße auch Rotationen hervorgerufen werden. Und zwar lehrt die genauere Untersuchung der Mechanik der Stöße — und dies ist nun ein wirklich neuer Satz mit keineswegs trivialem Inhalte — daß auch auf jeden Freiheitsgrad der Rotation im Mittel die nämliche Energie entfällt, wie auf jeden Freiheitsgrad der fortschreitenden Energie. Ist das Molekül nicht starr, so kann die Zahl der Freiheitsgrade desselben noch erheblich größer als 6 sein; auch dann entfällt, wie wir später beweisen werden, auf jeden Freiheitsgrad immer noch der Betrag (53).

Man nennt diesen Satz das „Äquipartitionsgesetz". Trotz der bereits ihm bis jetzt gegebenen großen Allgemeinheit ist er noch einer erheblichen Erweiterung fähig. Denn was wir bisher sagten, bezog sich immer auf ein chemisch homogenes Gas, dessen Moleküle alle vollkommen gleich beschaffen sind. Betrachten wir nun noch ein zweites homogenes Gas, das wir durch den Index 2 charakterisieren wollen, so würde die mittlere Energie pro Freiheitsgrad bei der nämlichen Temperatur T

(53a) $$u_2 = \frac{\mu_2}{2} R_2' T$$

sein, und es ist a priori nicht angebbar, ob diese beiden Werte (53) und (53a) einander gleich sind oder nicht.

Dies läßt sich jedoch beweisen, wenn wir ein Gasgemisch von der Temperatur T betrachten, das aus Molekülen der Gase 1 und 2 (und eventuell noch mehrerer Gase) besteht. Es ergibt dann die Rechnung für den Zustand des thermischen Gleichgewichts in der Tat:

$$\mu_1 R_1' = \mu_2 R_2' = \mu_3 R_3' = \ldots \text{ universelle Konstante } A,$$

d. h., daß die mittlere kinetische Energie pro Freiheitsgrad in verschiedenen Gasen bei derselben Temperatur dieselbe ist. Man kann diesen Satz, den zuerst Boltzmann bewiesen hat, offenbar auch so aussprechen: „Die mittleren kinetischen Energien zweier im thermischen Gleichgewichte befindlichen Gase verhalten sich wie die Anzahlen der Freiheitsgrade derselben."

Dies ist das Äquipartitionsgesetz in seiner allgemeinsten Fassung. Seine Konsequenzen sind von geradezu ungeheurer Tragweite für die kinetische Theorie, wie wir namentlich in den nächsten Nummern sehen werden.

Wir können also der letzten Gleichung gemäß setzen:

(54) $$R' = \frac{A}{\mu}.$$

Dieser Gleichung können wir noch eine andere Form geben, indem wir statt der Molekülmasse μ das chemische Molekulargewicht m einführen: zwischen beiden Zahlen findet Proportionalität statt, und zwar ist der Proportionalitätsfaktor universell. Wir können also setzen:

$$m = \alpha \cdot \mu \tag{55}$$

und damit wird (54):

$$R' = \frac{A \cdot \alpha}{m} = \frac{R}{m}, \tag{56}$$

wo $R = A\alpha$ eine neue universelle Konstante bedeutet. Tragen wir R an Stelle von R' in die Gasgleichung (13) ein, so folgt:

$$p \cdot v = \frac{R}{m} T. \tag{57}$$

R heißt, wie wir schon in der Thermodynamik auseinandergesetzt haben, die absolute Gaskonstante und hat den Zahlenwert $8{,}31 \cdot 10^7$ erg/grad, und damit haben wir die endgültige Form der Zustandsgleichung gewonnen, wie wir sie im Kap. II, pag. 85, schon empirisch gefunden hatten.

Der Koeffizient α in (55) hat eine einfache physikalische Bedeutung; da er gleich dem Quotienten aus dem Molekulargewicht, d. h. genauer der Masse eines Mols und der Masse eines Moleküls ist, so ist offenbar

$$\alpha = \frac{m}{\mu} = N \tag{58}$$

die Zahl der Moleküle in einem Mole. Diese universelle Konstante wird als „Avogadrosche Zahl" bezeichnet.

Damit können wir dem Werte u der mittleren kinetischen Energie pro Freiheitsgrad noch eine andere Gestalt geben. Denn nach (53) und (56) haben wir dafür:

$$u = \frac{1}{2} \mu R' T = \frac{1}{2} \frac{\mu}{m} R T = \frac{1}{2} \frac{R}{N} T. \tag{59}$$

Für den Quotienten aus der absoluten Gaskonstante R und der Avogadroschen Zahl N hat man sich gewöhnt, die Abkürzung

$$\frac{R}{N} = k \tag{60}$$

einzuführen; damit wird endlich die mittlere kinetische Energie pro Freiheitsgrad:

$$u = \tfrac{1}{2} k T. \tag{61}$$

Wir können nun eine Reihe wichtiger Folgerungen aus dem Äquipartitionsgesetze ziehen.

Erweitern wir die Gl. (58) im Zähler und Nenner mit ν, der Zahl der Moleküle pro Volumeinheit, so folgt, da $\nu\mu$ gleich der Dichte ε ist:

$$N = \frac{m_i \nu_i}{\mu_i \nu_i} = \frac{m_i \nu_i}{\varepsilon_i}, \tag{62}$$

wo wir überall rechts den Index i angefügt haben, um anzudeuten, daß sich alles auf ein beliebiges Gas (i) bezieht. Es ist daher:

(63) $$\nu_i = N \frac{\varepsilon_i}{m_i}.$$

Anderseits ist nach der Zustandsgleichung:

$$\frac{\varepsilon_i}{m_i} = \frac{p_i}{R T_i},$$

also, wenn wir jetzt Gase miteinander vergleichen, die den nämlichen Druck p und die nämliche Temperatur T besitzen:

$$\frac{\varepsilon_i}{m_i} = \frac{p}{RT} = \text{universelle Konstante.}$$

Also ist in Gasen der nämlichen Temperatur und des nämlichen Druckes nach (63) auch ν_i eine universelle Konstante, d. h.

(64) $$\nu_1 = \nu_2 = \nu_3 = \ldots = \text{Const.}$$

In Worten: „Gleiche Volumina von Gasen gleicher Temperatur und gleichen Druckes enthalten gleiche Molekülzahlen." Dies ist die bekannte Hypothese Avogadros, die wir somit aus der kinetischen Theorie, insbesondere dem Äquipartitionsgesetz abgeleitet haben.

Noch eine weitere Folgerung kann man ziehen.

Nach Gl. (11a) ist die Zustandsgleichung für ein Gasgemisch:

$$p = \tfrac{1}{3} \sum \nu_i \mu_i \overline{c_i^2};$$

da nun nach dem Äquipartitionssatze für jedes Einzelgas

$$\mu_1 \overline{c_1^2} = \mu_2 \overline{c_2^2} = \ldots \mu_i \overline{c_i^2} = 2u$$

ist, wenn u, wie vorhin, die auf einen Freiheitsgrad entfallende Energie bedeutet, so kann man die Gasgleichung offenbar schreiben:

(65) $$p = \tfrac{2}{3} u \sum_i \nu_i.$$

Wenn man das i^{te} Glied dieser Summe, nämlich $\frac{2}{3} u \cdot \nu_i$ mit p_i bezeichnet, so hat man die Beziehung:

(66) $$p = p_1 + p_2 + \cdots = \sum_i p_i.$$

p_i ist offenbar der Druck, den die Moleküle des i^{ten} Gases ausüben würden, wenn sie allein das Volumen ausfüllten, d. h. der sogenannte Partialdruck dieses Gases. Also liefert (66) das „Daltonsche Gesetz", daß in Gasgemischen der Gesamtdruck gleich der Summe der Partialdrucke ist.

Ferner kann noch die innere Energie eines Gases, die wir in (16a) gefunden hatten, etwas einfacher und zugleich allgemeiner geschrieben werden. Wir fanden damals:

$$U = \tfrac{3}{2} T \sum_i \mu_i \mathfrak{N}_i R_i' + U_0.$$

Setzt man hier nach (56) $R_i' = \frac{R}{m_i}$, wo m_i das Molekulargewicht des i^{ten} Gases ist, beachtet, daß $\frac{m_i}{\mu_i}$ gleich der universellen Avogadroschen

Zahl N ist und bezeichnet man endlich die Summe aller $\mathfrak{N}_i$ wieder durch $\mathfrak{N}$, so folgt aus der obigen Gleichung:

$$U = \frac{3}{2}\frac{R}{N} T \sum \mathfrak{N}_i + U_0 = \frac{3}{2}\mathfrak{N} k T + U_0, \tag{67}$$

die eben aussagt, daß auf jeden der $3\mathfrak{N}$ Freiheitsgrade des Gases im Mittel der Wert $\frac{1}{2} k T$ entfällt, wobei allerdings vorausgesetzt ist, daß die Moleküle als materielle Punkte, jeder zu drei Freiheitsgraden, betrachtet werden können. Haben aber die Moleküle kompliziertere Struktur, etwa pro Molekül f Freiheitsgrade, so folgt nach dem Äquipartitionsgesetz der allgemeine Ausdruck:

$$U = \frac{f}{2}\mathfrak{N} k T + U_0. \tag{68}$$

Schließlich können wir mit Hilfe des Äquipartitionsgesetzes noch das Maxwellsche Verteilungsgesetz (39) in eine andere Form bringen, indem wir für β^2, das nach (46) gleich $\frac{3}{2}\frac{1}{\overline{c^2}}$ ist, diesen Wert einführen, und berücksichtigen, daß $\frac{\mu}{2}\overline{c^2} = \frac{3}{2} k T$ ist. So finden wir für die Anzahl der Moleküle mit Geschwindigkeiten zwischen c und $c + \Delta c$ den Ausdruck:

$$\Delta \mathfrak{N}_c = 4\pi c^2 \left(\frac{\mu}{2\pi k T}\right)^{\frac{3}{2}} \mathfrak{N} e^{-\frac{\mu c^2}{2kT}} \Delta c. \tag{69}$$

Diese Gleichung liefert die genannte Zahl als Funktion der absoluten Temperatur und wird uns im folgenden oft begegnen.

83. Die klassische Theorie der spezifischen Wärmen idealer Gase; Kritik derselben.

Die Gleichung (68) enthält nun auch die Theorie der spezifischen Wärmen der idealen Gase. Wir wollen, weil die Resultate dann am einfachsten werden, stets ein Mol jedes Gases betrachten, d. h. die Gesamtzahl $\mathfrak{N}$ der Moleküle gleich der Avogadroschen Zahl N nehmen. Dann wird nach (68) allgemein die Energie eines idealen Gases pro Mol:

$$U = \tfrac{1}{2} f N k T + U_0. \tag{68a}$$

Nun ist aber nach dem ersten Hauptsatze ganz allgemein die Molwärme bei konstantem Volumen C_v gleich:

$$C_v = \left(\frac{\partial U}{\partial T}\right)_V, \tag{70}$$

und das liefert hier:

$$C_v = \frac{f}{2} N k = \frac{f}{2} R \,\frac{\text{erg}}{\text{grad}}. \tag{71}$$

Die absolute Gaskonstante R hat im absoluten Maßsystem bekanntlich den Zahlenwert $8{,}31 \cdot 10^7$ erg/grad; rechnen wir in Kalorien um, so ist derselbe mit dem mechanischen Wärmeäquivalent $4{,}19 \cdot 10^7$ zu dividieren, und wir erhalten für R den Wert $R = 1{,}986$ cal/grad, d. h. ungefähr 2 cal/grad. Damit wird die Molwärme bei konstantem Volumen der idealen Gase allgemein:

(72) $$C_v = \tfrac{1}{2} f\, 1{,}986 \frac{\text{cal}}{\text{grad}} \simeq f \frac{\text{cal}}{\text{grad}},$$

d. h. pro Freiheitsgrad rund eine Kalorie.

Zwischen den Molwärmen bei konstantem Drucke C_p und konstantem Volumen C_v besteht nun für die idealen Gase die thermodynamische Relation [vgl. Kap. II, Gl. (49), pag. 96]

(73) $$C_p - C_v = R,$$

d. h. C_p ist um rund zwei Kalorien größer als C_v, also gleich

(74) $$C_p = \left(\frac{f}{2} + 1\right) 1{,}986 \frac{\text{cal}}{\text{grad}} \simeq (f + 2) \frac{\text{cal}}{\text{grad}}.$$

Für das Verhältnis $\frac{C_p}{C_v} = \varkappa$ ergibt sich somit:

(75) $$\varkappa = \frac{f+2}{f}.$$

Danach hängen C_p, C_v, $\varkappa$ nur von der Zahl der Freiheitsgrade im Molekül, nicht von dessen spezieller Beschaffenheit ab.

Wie stellt sich zu diesen Aussagen der Theorie das Experiment? Beschränken wir vorläufig unsere Betrachtung auf das Verhältnis $\frac{C_p}{C_v} = \varkappa$, so finden wir zunächst eine Klasse von Gasen, für die dasselbe bei Zimmertemperatur rund den Wert $1{,}667 = \frac{5}{3}$ besitzt. Es sind dies die in der folgenden Tabelle angeführten Gase oder Dämpfe.

Gas	$\varkappa$
Hg	1,670
K	1,640
Na	1,680
Cd	1,669
A	1,667
He	1,630
Ne	1,642
Xe	1,666

Der Mittelwert von $\varkappa$ für diese Stoffe beträgt 1,657, also recht genau $\frac{5}{3}$. Berechnen wir daraus mit Hilfe von (75) die Zahl der Freiheitsgrade der Moleküle dieser Stoffe, so finden wir:

$$f = 3.$$

Die hier genannten Substanzen sind zu charakterisieren als die Dämpfe von Metallen und als die Edelgase; bei diesen Substanzen haben wir also wohl ausnahmslos dasselbe Verhalten zu erwarten. In chemischer Hinsicht sind sie dadurch gekennzeichnet, daß sie einatomig sind; bei ihnen ist also das Molekül mit dem Atom identisch, jenes also in denkbar einfacher Weise aus Atomen aufgebaut.

Gehen wir jetzt zu den zweiatomigen Gasen über, so finden wir bei diesen bei Zimmertemperatur für $\varkappa$ den Wert von rund 1,40, worüber die folgende Tabelle Aufschluß gibt.

H_2	1,408
O_2	1,398
Luft	1,400
CO	1,401
N_2	1,410
HCl	1,398
HBr	1,420
HJ	1,397

Hier ist das Mittel 1,404, also fast genau $\frac{7}{5}$, was bei zweiatomigen Gasen für die Zahl der Freiheitsgrade

$$f = 5$$

liefern würde.

Ferner findet man für eine Anzahl von drei- und mehratomigen Gasen sehr nahe den Wert 1,333, wie die folgende Tabelle belegen möge.

CO_2	1,305
N_2O	1,311
NH_3	1,317
H_2S	1,340
H_2O	1,330
Methan	1,320
SO_2	1,260

Das Mittel ist hier 1,310, also ziemlich genau $\frac{8}{6}$, was für diese Stoffe den Wert

$$f = 6$$

liefert.

Endlich existiert noch eine große Zahl von komplizierteren Verbindungen, also hochatomigen Molekeln, bei denen $\varkappa$ noch kleiner wird und entsprechend die Zahl der Freiheitsgrade noch größer ist. Z. B. ist für Chloroformdampf $\varkappa = 1,15$ ($f = 13$), für Äthylalkohol $\varkappa = 1,13$ ($f = 15$), für Benzol $\varkappa = 1,11$ ($f = 18$), für Äthyläther $\varkappa = 1,06$ ($f = 33$). Die einzelnen Angaben der großen Freiheitsgrade beanspruchen natürlich keine große Genauigkeit, weil die Berechnung von f aus Gl. (75) sich um so ungenauer gestaltet, je näher $\varkappa$ an die Einheit heranrückt; kleine Versuchsfehler fallen dann offenbar schwer ins Gewicht. Aber der allgemeine Charakter der obigen Zahlen ist ja ohnehin klar: je kleiner $\varkappa$, desto größer muß die Zahl der Freiheitsgrade angenommen werden.

Betrachten wir diese Zahlen zunächst rein qualitativ im Lichte der Theorie, so stimmen Experiment und Theorie jedenfalls insofern überein, als das Verhältnis $\varkappa$ im allgemeinen um so kleiner ausfällt, je komplizierter das Molekül gebaut ist.

Dagegen ist es nicht ohne Schwierigkeiten und logische Härten möglich, die theoretischen Zahlenwerte für die Freiheitsgrade der Moleküle mit unsern sonstigen Vorstellungen in Einklang zu bringen.

Der Wert $\varkappa = 1{,}667$ für die einatomigen Gase würde verlangen, daß diese Moleküle nur 3 Freiheitsgrade besitzen, d. h. würde fordern, daß wir es mit streng punktförmigen Gebilden zu tun haben. Dies kann zwar zur Vereinfachung in manchen Fällen angenommen werden, ist aber in Strenge natürlich nicht zulässig.

Boltzmann hat deshalb folgenden Ausweg versucht: Er betrachtet die einatomigen Moleküle als starre Kugeln. Eine solche besitzt zwar 6 Freiheitsgrade, 3 der Translation, 3 der Rotation; aber wenn wir diese Kugeln als absolut glatt voraussetzen, so würden die etwa in einem Augenblicke vorhandenen Rotationsgeschwindigkeiten durch die Stöße offenbar nicht geändert werden. Die Rotationsgeschwindigkeiten nehmen also am Ausgleich der Energien nicht teil. Eine solche Kugel würde mithin trotz ihrer tatsächlich vorhandenen 6 Freiheitsgrade nur mit 3 Freiheitsgraden sich an der Äquipartition beteiligen, also $\varkappa = 1{,}66$ liefern müssen. Mit dieser Auffassung stimmen auch überein die für Argon und Helium gemessenen Werte der Molwärme bei konstantem Drucke, die theoretisch nach Gl. (74) gleich rund 5 cal/grad, genau gleich 4,958 cal/grad sein sollten. Gemessen wurden 4,917 bzw. 4,989 cal/grad; also recht genau der theoretische Wert.

Die Zahl $f = 5$ für zweiatomige Gase läßt sich nach Boltzmann ebenfalls einigermaßen verstehen, wenn man das Molekül entweder als starren Rotationskörper (mit Ausschluß der Kugel natürlich) auffaßt, oder die zwei Atome des Moleküls als Massenpunkte (Kraftzentren) betrachtet, die starr miteinander verbunden sind. Ein starrer Rotationskörper besitzt, wie jeder starre Körper, natürlich 6 Freiheitsgrade; jedoch würde 1 Freiheitsgrad der Rotation (nämlich der Rotation um die Symmetrieaxe) aus demselben Grunde, wie bei der Kugel alle drei rotatorischen Freiheitsgrade, nicht am Austausch der Energie teilnehmen, weil durch die Zusammenstöße die etwa vorhandene Rotationsgeschwindigkeit um diese Achse nicht geändert werden kann. Zu dem nämlichen Ergebnisse führt die zweite Auffassung (das sogenannte „Hantelmodell"): zwei starr miteinander verbundene Massenpunkte besitzen in der Tat nur 5 Freiheitsgrade. Damit stimmt wieder überein, daß für zweiatomige Gase (N_2, O_2, HCl, CO, H_2 usw.) bei Zimmertemperatur für C_v Werte bestimmt worden sind, die der Zahl 5 der Freiheitsgrade entsprechen. Nach (71) sollte $C_v = \frac{5}{2} \cdot 1{,}986 = 4{,}963$ cal/grad sein; gefunden wurden Werte, die um 4,90 herum liegen.

Dagegen wird man für alle komplizierteren Moleküle, solange man sie als starr betrachtet, den Wert $f = 6$, also $\varkappa = 1{,}33$ folgern, wie es für eine Reihe drei- und mehratomiger Körper in der Tat beobachtet wird. (Derselbe Wert müßte sich natürlich auch für nichtstarre zweiatomige Moleküle ergeben, wenn man das „Hantelmodell" zugrunde legt.)

Die noch größeren Zahlen für f können durch starre Gebilde überhaupt nicht erklärt werden: Hier müssen wir annehmen, daß die Bindung der Atome eben nicht starr ist, d. h. daß das Molekül noch „intramolekulare Energie“ besitzt.

Rein formal betrachtet, mag diese Lösung als befriedigend erscheinen; in der Tat ist sie es nicht.

Vor allen Dingen sei auf folgende Schwierigkeiten hingewiesen: Weil die Moleküle, z. B. das einatomige Hg-Molekül, ein kompliziertes Spektrum aussenden, können wir dieselben weder als punktförmig, noch als starre Körper im strengen Sinne des Wortes betrachten. Man hat sich freilich dadurch zu helfen gesucht, daß man sagte: „Ein Hg-Molekül verhält sich beim Stoße wie eine starre Kugel usw.“; aber das ist nur eine Umschreibung der Tatsachen, keine Erklärung derselben.

Ferner: Wir sind gewohnt, die absolute Starrheit als Grenzfall der Elastizität zu betrachten (vgl. Bd. I, pag. 445), nämlich als den Grenzfall, dem ein elastischer Körper sich um so mehr nähert, je größer die durch eine Deformation geweckten elastischen Kräfte sind; sind sie unendlich groß, so ist der Körper starr. Wenn wir aber in einem zweiatomigen Molekül die Verbindung der beiden Atome zwar als beliebig stark elastisch, aber nicht als absolut starr betrachten, so hat es 6 Freiheitsgrade und keine 5, wie es nach dem Werte von $\varkappa = 1{,}40$ sein sollte. Beim Übergange von großer Elastizität zu vollkommener Starrheit, den wir uns doch als kontinuierlich vorstellen, fällt die Zahl der Freiheitsgrade plötzlich von 6 auf 5, und es sollte nach der Theorie der zugehörige Wert von $\varkappa$ plötzlich von 1,33 auf 1,40 springen. Gegen diese Unstetigkeit bei dem völlig kontinuierlichen Übergange vom elastischen zum starren Körper lehnt sich einerseits unser Gefühl auf, anderseits entspricht sie auch nicht den Tatsachen. Es zeigt sich nämlich, daß für zweiatomige Gase (z. B. H_2, N_2, O_2, HCl) der Wert von C_v, der bei Zimmertemperatur 5 Freiheitsgraden entspricht, mit der Temperatur stetig anwächst, worüber folgende Tabelle Aufschluß gibt.

Gas	0° C	100° C	200° C	500° C	1200° C	2000° C
N_2, O_2, HCl, CO	4,90	4,93	5,17	5,35	5,75	6,22
H_2	4,75	4,78	5,02	5,20	5,60	6,00

Die Werte von ca. 6 cal/grad bei 2000° C bedeuten, daß die genannten zweiatomigen Gase bei dieser Temperatur nicht mehr als starr betrachtet werden können, so daß ihnen jetzt 6 Freiheitsgrade entsprechen. Es ist ja auch durchaus plausibel, anzunehmen, daß durch die Temperatursteigerung die Verbindung zwischen den beiden Atomen allmählich gelockert wird. Aber gerade da liegt die Schwierigkeit: Denn nach der Theorie sollte, sobald nur die geringste Abweichung von der Starrheit auftritt, der Wert von C_v von etwa 5 Kalorien unstetig auf etwa 6 Kalorien springen[1]. Ganz im Gegensatze dazu zeigt die Tabelle ein allmähliches Ansteigen der Molwärme. Und gerade das ist nach dem Äquipartitionsgesetz nicht erklärbar, weil nach diesem alle Freiheitsgrade als gleichwertig betrachtet werden; ob stark oder schwach elastisch gebunden, ist für dieses Theorem gleichgültig: die Freiheitsgrade werden „gezählt", nicht „gewogen" (Sommerfeld). Wenn dagegen das Äquipartitionsgesetz einen Unterschied zwischen stark und schwach elastisch gebundenen Freiheitsgraden machte — dann wäre es freilich kein „Äqui"partitionsgesetz mehr, sondern ein „Partitions"gesetz — so würde ein allmählicher Übergang der spezifischen Wärmen verständlich werden. Man erhält also bereits hier den Eindruck, daß das Äquipartitionsgesetz allzu schematisch bei der Wertung der Freiheitsgrade vorgeht.

Noch größer sind die Schwierigkeiten, die bei tiefen Temperaturen auftreten. Eucken hat 1912 die wichtige Entdeckung gemacht, daß die Molwärme des Wasserstoffs von ihrem normalen Werte von etwa 5 Kalorien bei Zimmertemperatur bei Abkühlung auf eine Temperatur von 35° absoluter Zählung auf rund 3 Kalorien sinkt. Die von ihm gemessenen Werte sind folgende:

T	35° abs.	50°	80°	100°	275°
C_v	2,98	3,01	3,14	3,42	4,84

Bei so tiefer Temperatur verhält sich also Wasserstoff wie ein einatomiges Gas, das nur mit 3 Freiheitsgraden wirksam ist. Auch hier findet man den nach dem Äquipartitionstheorem ganz unerklärlichen allmählichen Abfall der Molwärme.

Während nun aber der Wert von C_v gleich 6 Kalorien bei hoher Temperatur noch wenigstens durch das Aufhören der Starrheit, d. h. durch Auflockerung der Bindung der zwei Atome im Molekül, verständlich gemacht werden kann, fehlt für die Abnahme der Zahl der Freiheitsgrade eines zweiatomigen starren Moleküls jede Erklärungsmöglichkeit in der hier vorgetragenen Theorie. Es liegen hier ungeheure Schwierigkeiten vor, die man empfunden hat, seit die kinetische Theorie existiert, zu deren Beseitigung aber erst die sogenannte „Quantentheorie" in jüngster Zeit den Weg geöffnet zu haben scheint.

Wir erkennen also folgendes: Die Schwierigkeiten der Theorie der spezifischen Wärme sind mit der Existenz des Äquipartitionsgesetzes aufs engste verknüpft; dieses ist wiederum eine direkte Folge der Stoßgleichungen[2]),

[1]) In Wirklichkeit sogar auf einen höheren Wert als 6 Kalorien. Denn es tritt potentielle Energie auf, die nach den Erörterungen der folgenden Nummer gleichfalls ihren Beitrag zur spezifischen Wärme liefert. Hier stehen wir der Einfachheit halber davon ab.

[2]) Allerdings unter Zuhilfenahme von Wahrscheinlichkeitsansätzen; es wäre also a priori auch denkbar, diesen letzteren die Schuld an dem Widerspruche zuzuschreiben.

oder allgemeiner, der Gleichungen der klassischen Dynamik. Wir finden also hier die erste Andeutung dafür — worauf wir in der Einleitung zu diesem Buche auf pag. 322 schon vorbereiteten — daß die Gleichungen der Dynamik in Strenge auf Molekularprozesse nicht anwendbar sind. Wir kommen im letzten Kapitel noch eingehend auf diese Frage zurück.

Immerhin läßt sich doch nicht verkennen, daß ein guter Kern von Wahrheit auch in der hier vorgetragenen, sogenannten klassischen Theorie stecken muß: daß die Werte von $\varkappa$ z. B. alle zwischen den Werten 1 und 1,66 eingeschlossen sind, darf als eine Bestätigung der allgemeinen kinetischen Anschauungen gebucht werden.

84. Die klassische Theorie der spezifischen Wärmen fester Körper; das Dulong-Petitsche Gesetz; Kritik der klassischen Theorie.

Wir haben das Äquipartitionsgesetz bisher nur für Gase ausgesprochen. Man kann sich aber leicht klar machen — den Beweis werden wir später liefern —, daß es auch für flüssige und feste Körper gelten muß — immer die Gültigkeit der dynamischen Gesetze vorausgesetzt. Denn denken wir uns einen festen oder flüssigen Körper in Berührung mit einem Gase von derselben Temperatur, so werden die Gasmoleküle auch auf die Moleküle des festen oder flüssigen Körpers aufprallen und so in Energieaustausch mit denselben treten, dessen Endresultat ist, daß auch auf jeden Freiheitsgrad des festen oder flüssigen Körpers der nämliche Betrag der mittleren kinetischen Energie entfällt wie beim Gase, nämlich $\frac{1}{2} kT$. Das muß natürlich auch gelten, wenn die Körper nicht mit einem gleichtemperierten Gase in Berührung sind, da ihre innere Beschaffenheit nicht davon abhängen kann, ob sie mit einem Gase in Kontakt sind oder nicht.

Ganz analoge Schwierigkeiten wie in der Theorie der spezifischen Wärme der Gase sind nun mit der Gültigkeit des Äquipartitionstheorems auch in der Theorie der spezifischen Wärme fester Körper verknüpft. Wir wollen sie deshalb hier anschließen, obwohl der Gegenstand natürlich aus der Theorie der Gase herausfällt.

Wir bilden uns zunächst — im wesentlichen im Anschluß an F. Richarz — ein möglichst einfaches Modell eines festen Körpers, und zwar eines chemischen Elementes. Er bestehe aus $\mathfrak{N}$ gleichartigen, punktförmigen Atomen, besitze also $3\,\mathfrak{N}$ Freiheitsgrade. In festen Körpern sind die Atome an feste Ruhelagen gebunden; wird durch eine äußere Kraft ein Atom aus derselben entfernt, so führt es Schwingungen um die Ruhelage aus, da eine zurücktreibende elastische Kraft es wieder in dieselbe zurückzuführen bestrebt ist. Indem wir diese elastische Kraft in erster Näherung proportional der Elongation setzen, erhalten wir für jedes Atom die folgenden drei Schwingungsgleichungen:

$$(76) \qquad \begin{cases} \mu \ddot{x}_i + b^2 x_i = 0 \\ \mu \ddot{y}_i + b^2 y_i = 0 \\ \mu \ddot{z}_i + b^2 z_i = 0 \end{cases} \qquad (i = 1, 2, \ldots \mathfrak{N}).$$

Ihre Lösung lautet bekanntlich:

$$
(77) \qquad \begin{cases} x_i = A_i \cos(2\pi\nu t + \delta_i'), \\ y_i = B_i \cos(2\pi\nu t + \delta_i''), \\ z_i = C_i \cos(2\pi\nu t + \delta_i'''), \end{cases} \qquad (i = 1, 2, \dots \mathfrak{N}),
$$

wo $A_i, B_i, C_i, \delta_i', \delta_i'', \delta_i'''$ Integrationskonstanten und $\frac{b}{\sqrt{\mu}} = 2\pi\nu$ gesetzt ist; ν ist die Eigenschwingungszahl in der Sekunde.

Die kinetische Energie L_i des i-ten Atoms ist offenbar:

$$
(78) \qquad L_i = \frac{\mu}{2}(\dot{x}_i^2 + \dot{y}_i^2 + \dot{z}_i^2),
$$

die potentielle Φ_i ebenso:

$$
(79) \qquad \Phi_i = \frac{b^2}{2}(x_i^2 + y_i^2 + z_i^2) = \frac{\mu}{2}(2\pi\nu)^2(x_i^2 + y_i^2 + z_i^2).
$$

Es ist leicht zu sehen, daß die zeitlichen Mittelwerte von L_i und Φ_i einander gleich sind; also ist auch für den ganzen festen Körper die mittlere kinetische Energie gleich der mittleren potentiellen Energie. In der Tat: nach (77) ist

$$
\dot{x}_i = -A_i 2\pi\nu \sin(2\pi\nu t + \delta_i')
$$

usw.; also wird L_i:

$$
L_i = \frac{\mu}{2}(2\pi\nu)^2[A_i^2 \sin^2(2\pi\nu t + \delta_i') + B_i^2 \sin^2(2\pi\nu t + \delta_i'') + C_i^2 \sin^2(2\pi\nu t + \delta_i''')],
$$

und der zeitliche Mittelwert davon ist gleich:

$$
(80) \qquad \bar{L}_i = \frac{\mu}{4}(2\pi\nu)^2[A_i^2 + B_i^2 + C_i^2];
$$

für die potentielle Energie finden wir nach (77) und (79):

$$
\Phi_i = \frac{\mu}{2}(2\pi\nu)^2[A_i^2 \cos^2(2\pi\nu t + \delta_i') + B_i^2 \cos^2(2\pi\nu t + \delta_i'') + C_i^2 \cos^2(2\pi\nu t + \delta_i''')],
$$

und der zeitliche Mittelwert ist wieder:

$$
(81) \qquad \bar{\Phi}_i = \frac{\mu}{4}(2\pi\nu)^2[A_i^2 + B_i^2 + C_i^2];
$$

also ist in der Tat:

$$
(82) \qquad \bar{L}_i = \bar{\Phi}_i.
$$

Die obigen Größen $\bar{L}_i$ und $\bar{\Phi}_i$ stellen die mittlere kinetische und potentielle Energie eines Atoms, also dreier Freiheitsgrade vor; auf jeden Freiheitsgrad entfällt aber nach dem Äquipartitionsgesetz die kinetische Energie $\frac{1}{2}kT$; also ist:

$$
(83\text{a}) \qquad \bar{L}_i = \frac{3}{2}kT,
$$

und nach (82) auch:

$$
(83\text{b}) \qquad \bar{\Phi}_i = \frac{3}{2}kT.
$$

Die gesamte Energie U des festen Körpers setzt sich additiv aus den kinetischen und potentiellen Energien der einzelnen Atome zusammen; bedeutet U_0 eine etwaige „intraatomare", von der Temperatur unabhängige Energie, so kann man schreiben:

$$U = \sum_i \bar{L}_i + \sum_i \bar{\Phi}_i + U_0 = 3\mathfrak{N}kT + U_0. \tag{84}$$

Der charakteristische Unterschied dieser Gleichung gegen die entsprechende für ideale einatomige Gase besteht darin, daß hier $3\mathfrak{N}kT$, dort $\frac{3}{2}\mathfrak{N}kT$ steht. Dies rührt von dem Auftreten der potentiellen Energie her, die im Mittel eben gleich der kinetischen ist.

Wir wollen nun die Energie speziell für ein Mol des festen Körpers berechnen. Dazu müssen wir wissen, wieviel Atome ein Molekül bilden; es seien etwa z, so daß ein Mol z Grammatome enthält. Setzen wir also $\mathfrak{N}$, die Gesamtzahl der Atome, gleich $N \cdot z$, d. h. gleich dem Produkte aus der Avogadroschen Zahl und der Atomzahl im Molekül, so erhalten wir für die Energie eines Mols:

$$U_{\text{Mol}} = 3Nz \cdot kT + U_0,$$

und für diejenige eines Grammatoms:

$$U_{\text{gr.At}} = 3NkT + U_0'. \tag{85}$$

Berücksichtigt man, daß $k = \frac{R}{N}$ ist, so kann letztere Gleichung so geschrieben werden:

$$U_{\text{gr.At}} = 3RT + U_0'. \tag{86}$$

Die Atomwärme bei konstantem Volumen C_v' ist nun gleich $\left(\frac{\partial U_{\text{gr.At}}}{\partial T}\right)_v$, also nach (86):

$$C_v' = 3R \frac{\text{erg}}{\text{grad}} = 5{,}949 \frac{\text{cal}}{\text{grad}} \cong 6 \frac{\text{cal}}{\text{grad}}. \tag{87}$$

In Worten: **Die Atomwärme, d. h. das Produkt aus spezifischer Wärme bei konstantem Volumen und Atomgewicht, ist konstant, und zwar für alle einheitlichen Stoffe gleich ungefähr 6 Kalorien.**

Das ist aber das Gesetz, das von Dulong und Petit schon vor langer Zeit aufgestellt worden ist, das wir also hiermit als Folge der kinetischen Anschauungen, insbesondere des Äquipartitionstheorems, gefunden haben.

Bevor wir auf eine Kritik dieses scheinbar so restlos erfreulichen Ergebnisses eingehen, wollen wir zuerst unsere Ableitung noch verbessern, wobei das schon in der vorigen Nummer hervorgehobene „schematische" Vorgehen des Äquipartitionsgesetzes besonders deutlich wird. Die Annahme, daß jedes Atom gemäß der Gl. (76) schwinge, bedeutet offenbar, daß jedes unabhängig von allen übrigen Atomen schwingt. Das ist aber natürlich nicht der Fall; vielmehr müssen wir die $\mathfrak{N}$ Atome unseres festen Körpers als ein „gekoppeltes System" von Massenpunkten ansehen. Für ein solches aber sind, wie wir im Bd. I, Kap. V, S. 238 ff. auseinandergesetzt haben, die Schwingungsgleichungen komplizierter gebaut. Nennen wir die Komponenten der Verrückungen aus der Ruhelage der Reihe nach $\xi_1, \xi_2, \ldots, \xi_{3\mathfrak{N}}$, so hat unser gekoppeltes System den Gleichungen zu genügen:

$$\begin{cases} a_{11}\ddot{\xi}_1 + a_{12}\ddot{\xi}_2 + \ldots + a_{1,3\mathfrak{N}}\ddot{\xi}_{3\mathfrak{N}} + b_{11}\xi_1 + b_{12}\xi_2 + \ldots + b_{1,3\mathfrak{N}}\xi_{3\mathfrak{N}} = \\ \cdots \\ \cdots \\ a_{3\mathfrak{N},1}\ddot{\xi}_1 + a_{3\mathfrak{N},2}\ddot{\xi}_2 + \ldots + a_{3\mathfrak{N},3\mathfrak{N}}\ddot{\xi}_{3\mathfrak{N}} + b_{3\mathfrak{N},1}\xi_1 + b_{3\mathfrak{N},2}\xi_2 + \ldots + b_{3\mathfrak{N},3\mathfrak{N}}\xi_{3\mathfrak{N}} = \end{cases} \tag{88}$$

Wir können nun aber statt der $3\mathfrak{N}$ Größen ξ ebensoviele Größen q einführen, die lineare Aggregate der ξ sind; man kann diese q so wählen[1]) — und dann nennt man sie „Normalkoordinaten" —, daß sich das System (88) in den q in folgender Weise vereinfacht:

$$(89)\qquad \begin{cases} \ddot{q}_1 + (2\pi\nu_1)^2 q_1 = 0, \\ \ddot{q}_2 + (2\pi\nu_2)^2 q_2 = 0 \\ \ldots\ldots\ldots\ldots \\ \ddot{q}_{3\mathfrak{N}} + (2\pi\nu_{3\mathfrak{N}})^2 q_{3\mathfrak{N}} = 0. \end{cases}$$

Jede dieser Gleichungen hat wieder die einfache Gestalt der Gl. (76), nur mit dem wichtigen Unterschiede, daß die Eigenschwingungen $\nu_1, \ldots, \nu_{3\mathfrak{N}}$ hier im allgemeinen voneinander verschieden sind. Insofern sind also hier die verschiedenen Freiheitsgrade ungleichwertig, als sie verschiedenen Eigenschwingungszahlen entsprechen. Man kann auch sagen, da die Eigenfrequenzen von der zurücktreibenden elastischen Kraft abhängen: sie sind ungleichwertig, weil sie verschieden elastisch gebunden sind.

Auch jetzt aber führt das Äquipartitionstheorem zu genau dem nämlichen Resultate wie vorhin; denn einmal ist für jede Normalkoordinate die mittlere kinetische Energie gleich der mittleren potentiellen: die Gl. (89) haben ja dieselbe Form wie die Gl. (76). Zweitens aber entfällt auf jeden Freiheitsgrad zweimal die Energie $\frac{1}{2}kT$, so daß wir zum nämlichen Ausdrucke für U gelangen wie vorhin, also auch zum Dulong-Petitschen Gesetze.

Bei dieser verbesserten Ableitung tritt besonders deutlich hervor, daß durch das Äquipartitionstheorem die Freiheitsgrade nur „gezählt", nicht „gewogen" werden: Trotz ihrer Ungleichwertigkeit in bezug auf Elastizität bzw. Eigenfrequenz wird ihnen der gleiche Energiebetrag zuerkannt. Diese gleichmäßige Energieverteilung ist also die wahre Wurzel des Dulong-Petitschen Gesetzes. Es zeigt sich hier die nämliche logische Härte wie bei der spezifischen Wärme der Gase.

Wie steht es nun mit den Tatsachen?

Bei Zimmertemperatur gehorchen in der Tat die meisten chemischen Elemente dem Dulong-Petitschen Gesetze. Bei der numerischen Berechnung ist zu beachten, daß experimentell immer nur die spezifischen Wärmen bei konstantem Druck c_p gemessen werden können, aus denen c_v thermodynamisch [vgl. Kap. IV, Gl. (20), pag. 178] berechnet werden muß. Erst die Multiplikation von c_v mit dem Atomgewicht liefert C'_v. Diese Umrechnung von c_p auf c_v hat G. N. Lewis[2]) durchgeführt; in der folgenden Tabelle sind seine Angaben wiedergegeben.

[1]) Vgl. dazu: Band I, Nr. 57, pag. 245 und Nr. 58.
[2]) G. N. Lewis, Zeitschr. f. anorgan. Chemie **55**, S. 200ff., 1907.

Stoff	Atomgewicht	C_v'
Na	23	6,4
Mg	24,4	5,8
Al	27,1	5,6
K	39,1	6,5
Fe	55,9	5,9
Ni	58,7	5,9
Cu	63,6	5,6
Zn	65,4	5,7
Pd	107	5,9
Ag	107,9	5,8
Cd	112,5	5,9
Sn	119	6,1
Sb	120	5,9
S	127	6,0
Pt	195	5,9
Au	197	5,9
Tl	204	6,1
Pb	207	5,9
Bi	208	6,2

Das Mittel der Atomwärmen bei konstantem Volumen ist danach gleich

$$C_v' = 5,9 \pm 0,15 .$$

Man sieht in der Tat, daß für die genannten Stoffe dieses Mittel recht genau mit dem theoretischen Werte übereinstimmt.

Dieses Resultat scheint sehr befriedigend zu sein. Aber zunächst ist es seit langem bekannt, daß einzelne Stoffe, Bor, Silizium, Kohlenstoff (Diamant) bei Zimmertemperatur sehr stark vom Dulong-Petitschen Werte 5,9 abweichen. Diese Stoffe zeigen nun, wie gleichfalls schon lange bekannt ist, eine starke Temperaturabhängigkeit der spezifischen Wärmen und nähern sich bei hohen Temperaturen dem Dulong-Petitschen Werte an. Damit gab man sich einigermaßen zufrieden, und konnte dies auch mit einem gewissen Rechte, solange man das Verhalten dieser Stoffe, namentlich die starke Temperaturabhängigkeit, als Ausnahme ansehen konnte.

Aber die Forschungen der letzten 20 Jahre gestatten dies eben nicht mehr. Denn das Nernstsche Wärmetheorem in der Planckschen Formulierung verlangt allgemein, daß die Atomwärmen aller festen Stoffe mit sinkender Temperatur abnehmen und beim Werte $T = 0$ selbst zu Null werden, und die experimentellen Forschungen von Nernst und seinen Schülern haben dies glänzend bestätigt [Kap. VII, Nr. 75, pag. 316]. Danach ist das Verhalten der Stoffe Bor, Silizium, Kohlenstoff keine Ausnahme, sondern die Regel, d. h. bei hinreichend tiefen Temperaturen sind die Atomwärmen aller Stoffe viel kleiner als 5,9, welchen Wert sie erst bei höheren Temperaturen erreichen. Bei welcher Temperatur, das hängt von der Natur des Körpers ab. Bor, Silizium, Kohlenstoff haben nur die Besonderheit, daß sie bei Zimmertemperatur diesen Wert noch nicht erreicht haben; das ist also lediglich ein quantitativer Unterschied.

Nach unserer Theorie sollte gemäß (87) die Atomwärme **aber vollkommen unabhängig von der Temperatur** sein.

Man könnte eine Temperaturabhängigkeit, wenn man an der Gültigkeit des Äquipartitionstheorems, d. h. der Gleichungen der Dynamik, festhält, nur durch die Abnahme der Zahl der Freiheitsgrade mit sinkender Temperatur erklären. Etwa derart, daß bei immer weiterem Sinken der Temperatur immer mehr Moleküle sich zusammenballen („agglomerieren") und vollkommen starr werden, bis beim absoluten Nullpunkte nur noch ein einziger starrer Körper vorhanden wäre. Solche „Agglomerationshypothesen" sind mehrfach, teilweise mit großem Scharfsinn, erdacht worden; sie scheitern an der Tatsache, daß die Kompressibilität der festen Stoffe nicht in dem Maße mit der Temperatur abnimmt, wie diese Hypothese es verlangt, insbesondere, daß sie beim absoluten Nullpunkte noch endlich ist. Der Widerspruch bleibt also bestehen, und wir müssen zusammenfassend konstatieren: **Die klassische Theorie der spezifischen Wärmen fester Körper stimmt mit den Tatsachen nur bei hinreichend hohen Temperaturen überein; bei tiefen versagt sie vollkommen.**

Dies ist wiederum ein Hinweis darauf, daß die Gleichungen der Dynamik bei Molekularprozessen nicht mehr strenge Gültigkeit besitzen können. Wir kommen im letzten Kapitel darauf zurück.

85. Stoßzahl; freie Weglänge.

Wie bereits am Schlusse der Nr. 81 bemerkt, haben die großen Werte für die mittlere Geschwindigkeit der Gasmoleküle, die schon bei normalen Temperaturen nach Hunderten von Metern in der Sekunde zählen, zu einem Einwande gegen die kinetische Theorie Veranlassung gegeben. Buys-Ballot hat 1858 diesen Einwand etwa folgendermaßen formuliert: Nach der Anschauung der kinetischen Theorie legten die Moleküle in der Sekunde Wege von Hunderten von Metern zurück; die Folge davon müsse die sein, daß zwei verschiedene Gase außerordentlich schnell ineinander diffundierten, während die Erfahrung zeige, daß die Diffusion im Gegenteil verhältnismäßig langsam vor sich gehe. Daher müsse die Grundlage der kinetischen Theorie, die diese Geschwindigkeiten geliefert habe, bezweifelt werden.

Clausius hat den Fehlschluß, der in dieser Überlegung liegt, aufgedeckt. Sie beachtet nämlich nicht, daß die Moleküle während einer Sekunde sehr häufige Zusammenstöße miteinander erleiden, die die Geschwindigkeitsrichtungen ändern. Wenn man die geradlinigen Stücke, aus denen die Bahn eines Moleküls zwischen zwei Stößen besteht, für eine Sekunde zu einer geradlinigen Strecke zusammenfügte, so würde diese Strecke allerdings Hunderte von Metern betragen. In Wirklichkeit jedoch ist die Fortbewegung eines Moleküls sehr langsam, eben wegen der großen Zahl von Richtungsänderungen, die die Geschwindigkeit in der Sekunde erleidet. Die Bahn eines Moleküls hat also etwa die Gestalt der Fig. 42.

Die Strecke, die ein Molekül zwischen zwei Zusammenstößen zurücklegt, nennt man nach Clausius seine „freie Weglänge"; wir können natürlich nur ihren Mittelwert, die sog. „mittlere freie Weglänge", feststellen. Es ist klar, daß sie um so kleiner ausfällt, je größer die Zahl der Stöße in der Sekunde, die sog. „Stoßzahl" ist, d. h. in je mehr Teile die Strecke von der Länge der mittleren Geschwindigkeit $\bar{c}$ durch die Zusammenstöße aufgespalten wird.

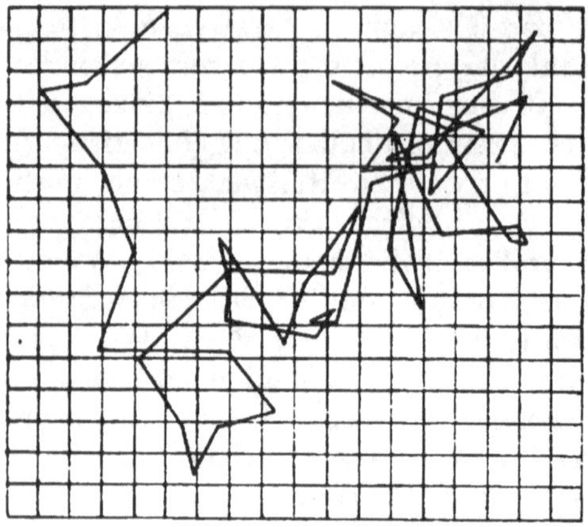

Fig. 42.

Wir werden also zunächst die Stoßzahl berechnen.

Wir greifen von allen Molekülen, die wir im folgenden wieder als starre elastische Kugeln betrachten, zunächst diejenigen heraus, deren Geschwindigkeitskomponenten zwischen u und $u + \varDelta u$, v und $v + \varDelta v$, w und $w + \varDelta w$ liegen. Geometrisch gesprochen heißt das, daß wir nur solche Moleküle betrachten, deren „Geschwindigkeitspunkt" im Geschwindigkeitsraume im Volumelement $\varDelta u \varDelta v \varDelta w$ liegt. Nach dem Maxwellschen Verteilungsgesetze ist deren Zahl, wenn die Gesamtzahl $\mathfrak{N}$ ist:

$$\mathfrak{N} f(u, v, w) \varDelta u \varDelta v \varDelta w,$$

wo für $f(u, v, w)$ die Maxwellsche Funktion nach Gl. (40a) einzutragen ist. Diese Moleküle mögen im folgenden der Kürze halber als „Moleküle vom Typus A" oder als „A-Moleküle" bezeichnet werden. In der Volumeinheit liegen also

$$\nu f(uvw) \varDelta u \varDelta v \varDelta w \tag{90}$$

A-Moleküle.

Als Moleküle vom Typus B oder kurz als „B-Moleküle" wollen wir solche bezeichnen, deren Geschwindigkeitspunkt im Volumelement $\varDelta u' \varDelta v' \varDelta w'$ des Geschwindigkeitsraumes liegt, die also Geschwindigkeitskomponenten zwischen u' und $u' + \varDelta u'$, v' und $v' + \varDelta v'$, w' und $w' + \varDelta w'$ besitzen. Ganz entsprechend ist die Anzahl der B-Moleküle in der Volumeinheit:

$$\nu f(u' v' w') \varDelta u' \varDelta v' \varDelta w'. \tag{91}$$

Wir wollen nun zuerst Zusammenstöße nur zwischen den A- und den B-Molekülen betrachten, und auch diese nur unter einer besonderen Beschränkung, nämlich der, daß im Moment des Zusammenstoßes die Zentrilinie (die Verbindungslinie der Kugelmittelpunkte), vom Molekül A nach B gerechnet, eine bestimmte Richtung im Raume habe, letzteres natürlich wieder mit einer bestimmten Intervallbreite aus den zur Genüge früher erörterten Gründen.

Die Zentrilinie möge also Richtungskosinusse zwischen l und $l + \Delta l$, m und $m + \Delta m$, n und $n + \Delta n$ besitzen. Tragen wir die Richtungen der Zentrilinien von einem Punkte O des Raumes aus auf, so sollen also die hier herausgegriffenen Zentrilinien alle durch ein bestimmtes Oberflächenelement ΔK der um O geschlagenen Einheitskugel hindurchgehen (Fig. 43).

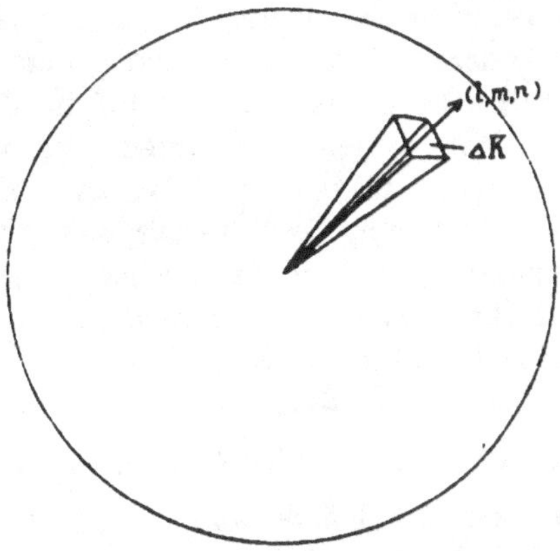

Fig. 43.

Die hier herausgegriffenen Stöße, die also drei Bedingungen genügen, wollen wir Stöße von der Klasse α („α-Stöße") nennen.

Der Umstand, daß wir die Moleküle als Kugeln betrachten, ermöglicht eine einfache geometrische Definition des Stoßes. Denn wenn die Kugeln den Durchmesser δ haben, so findet ein Zusammenstoß jedesmal dann statt, wenn die Länge der Zentrilinie den Wert δ annimmt. In Fig. 44 sei A der Mittelpunkt eines A-Moleküls; schlagen wir um A einen Kreis mit dem Moleküldurchmesser δ als Radius, so findet also ein Zusammenstoß mit einem B-Molekül statt, wenn der Mittelpunkt B eines solchen diese Kugelfläche berührt, und insbesondere ein Stoß von der Klasse α, wenn die Richtung $\overrightarrow{AB}$ die Richtungskosinusse l, m, n hat (wie wir kurz sagen wollen, um nicht immer das Intervall mitanschreiben zu müssen). Der in Fig. 44 noch gezeichnete Kreis mit dem Mittelpunkte B' soll das zur Zeit t stoßende Molekül B zur Zeit $(t - \Delta t)$ vor dem Zusammenstoß zeigen.

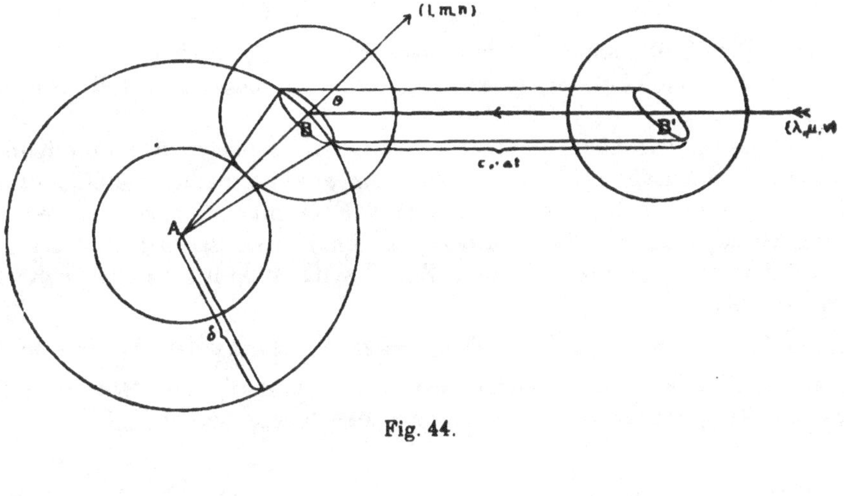

Fig. 44.

Die bei Stößen von der Klasse α zugelassenen Zentrilinien schneiden aus der Kugel um A mit dem Radius δ offenbar ein Oberflächenelement von der Größe $\delta^2 \Delta K$ heraus, da sie aus der Einheitskugel ein solches von der Größe ΔK ausschneiden sollten. Der durch diese Zentrilinien erfüllte Kegel mit der Spitze in A ist in der Figur gezeichnet.

Wir wollen nun berechnen, wieviele B-Moleküle mit unserm einen A-Molekül in der Zeit Δt zusammenstoßen. Diese Rechnung basiert auf der Überlegung, daß es für den Zusammenstoß nicht auf die absoluten Geschwindigkeiten der beiden Kugeln A und B ankommt, sondern nur auf ihre relativen; wir können uns deshalb für unsern Zweck A als ruhend denken, während B sich mit der relativen Geschwindigkeit c_r dagegen bewegt. Die Richtung dieser relativen Geschwindigkeit ist offenbar die Richtung der Geraden $\overrightarrow{B'B}$; sie hat die Richtungskosinusse $\frac{u'-u,\ v'-v,\ w'-w}{c_r}$, die wir der Kürze halber λ, μ, ν nennen wollen. Konstruieren wir nun um $\overline{B'B}$ als Achse einen schiefen Zylinder, der als Grundfläche das von den bestimmten Zentrilinien aus der Kugel mit dem Radius δ herausgeschnittene Oberflächenelement $\delta^2 \Delta K$ hat, während die Länge gleich $\overline{B'B}$ selbst ist, so kommen im Laufe der Zeit Δt alle die und nur die B-Moleküle mit unserm A-Molekül zum Stoß, die in diesem Zylinder liegen. Da $\overline{B'B} = c_r \Delta t$ ist, hat derselbe das Volumen

$$\delta^2 \Delta K \cdot c_r \cdot \cos\Theta,$$

wo gemäß der Figur

$$\cos\Theta = -(l\lambda + m\mu + n\nu)$$

ist. Das Minuszeichen rührt daher, daß $(l\lambda + m\mu + n\nu)$ gleich dem Kosinus des Supplementwinkels von Θ ist; der Kosinus des stumpfen Supplementwinkels ist aber negativ, und da das Volumen stets positiv sein muß, muß in der obigen Gleichung das Minuszeichen hinzugefügt werden.

Da nun nach (91) im Kubikzentimeter $\nu f(u'v'w') \Delta u' \Delta v' \Delta w'$ B-Moleküle liegen, so entsprechend in unserm Zylinder die Anzahl:

$$\nu f(u'v'w') \delta^2 \cdot c_r \cdot \cos\Theta \cdot \Delta K \cdot \Delta u' \Delta v' \Delta w' \Delta t. \tag{92}$$

Alle diese B-Moleküle und nur diese B-Moleküle stoßen in der Zeit Δt mit unserm A-Molekül so zusammen, daß ein Zusammenstoß von der Klasse α vorliegt.

Nun haben wir aber nicht ein A-Molekül, sondern deren im Kubikzentimeter die Anzahl (90); also haben wir gewissermaßen die Fig. 44 im Kubikzentimeter in $\{\nu f(uvw) \Delta u \Delta v \Delta w\}$ Exemplaren nebeneinander als vorhanden zu denken. Es kommt also im ganzen in der Zeit Δt und im Kubikzentimeter die folgende Zahl $\nu_\alpha \Delta t$ Zusammenstöße von der Klasse α vor:

$$\nu_\alpha \Delta t = \nu^2 f(uvw) f(u'v'w') \delta^2 \cdot c_r \cdot \cos\Theta \cdot \Delta K \, \Delta u \Delta v \Delta w \cdot \Delta u' \Delta v' \Delta w' \Delta t. \tag{93}$$

In diesem Ausdrucke haben wir für f und f' die Maxwellsche Funktion (40a) einzutragen. Indem wir der Kürze halber

$$u^2 + v^2 + w^2 = c^2,$$
$$u'^2 + v'^2 + w'^2 = c'^2$$

setzen, erhalten wir, wenn wir auf beiden Seiten durch $\varDelta t$ dividieren:

(94) $$\nu_\alpha = \nu^2 \frac{\beta^6}{\pi^3} e^{-\beta^2 (c^2 + c'^2)} \delta^2 \cdot c_r \cos\Theta \cdot \varDelta K \cdot \varDelta u \varDelta v \varDelta w \cdot \varDelta u' \varDelta v' \varDelta w';$$

ν_α bedeutet dabei offenbar die Zahl der Zusammenstöße von der Klasse α pro Sekunde und Kubikzentimeter.

Nun wollen wir aber gar nicht die Zahl der „α-Zusammenstöße" pro Sekunde und Kubikzentimeter kennen, sondern alle überhaupt vorkommenden Zusammenstöße pro Sekunde und Kubikzentimeter. Wir müssen uns also der Reihe nach von den drei Voraussetzungen, die in der Definition der „α-Zusammenstöße" liegen, befreien.

Zunächst wollen wir die Bedingung fallen lassen, daß die Zentrilinie — kurz gesagt — durch das Element $\varDelta K$ der Einheitskugel mit den Richtungskosinussen l, m, n hindurchgeht; jetzt sollen die Zentrilinien vielmehr alle Richtungen annehmen können, bei denen ein Zusammenstoß möglich ist. Wir können durch Einführung von Polarkoordinaten Θ, Φ auf der Einheitskugel setzen:

$$\varDelta K = \sin\Theta \varDelta\Theta \cdot \varDelta\Phi,$$

wobei insbesondere Θ der in Fig. 44 definierte Winkel ist; Φ ist das Azimut, um die Richtung $B'B$ der Fig. 44 herumgezählt. Zusammenstöße können stattfinden offenbar bei jedem Azimut zwischen 0 und 2π; dagegen darf Θ nur zwischen 0 und $\frac{\pi}{2}$ (nicht zwischen 0 und π!) variieren. Man sieht dies am leichtesten so ein: Das in unsern vorherigen Betrachtungen vorkommende Zylindervolumen

$$\delta^2 \varDelta K c_r \varDelta t \cos\Theta = \delta^2 \sin\Theta \cos\Theta \varDelta\Theta \varDelta\Phi \varDelta t \cdot c_r$$

muß natürlich positiv sein, damit die ganze Betrachtung ihren Sinn beibehält; d. h. Θ darf nicht stumpf werden, womit obige Behauptung bewiesen ist.

Um also — bei beliebigen Richtungen der Zentrilinie — alle Zusammenstöße pro Sekunde und Kubikzentimeter zwischen A- und B-Molekülen zu erhalten, müssen wir in (94) nach Einführung des obigen Wertes für $\varDelta K$ über Φ von 0 bis 2π, über Θ von 0 bis $\frac{\pi}{2}$ integrieren. Nennen wir in leicht verständlicher Bezeichnung die gesuchte Anzahl pro Sekunde und Kubikzentimeter ν_{AB}, so haben wir also die Gleichung:

(95) $$\nu_{AB} = \frac{\nu^2 \beta^6}{\pi^3} e^{-\beta^2 (c^2 + c'^2)} \delta^2 \cdot c_r \varDelta u \varDelta v \varDelta w \cdot \varDelta u' \varDelta v' \varDelta w' \cdot \int_0^{\frac{\pi}{2}} \int_0^{2\pi} \sin\Theta \cos\Theta \varDelta\Theta \varDelta\Phi,$$

oder:

(96) $$\nu_{AB} = \frac{\pi \nu^2 \beta^6}{\pi^3} e^{-\beta^2 (c^2 + c'^2)} \cdot \delta^2 \cdot c_r \cdot \varDelta u \varDelta v \varDelta w \cdot \varDelta u' \varDelta v' \varDelta w'.$$

Diesen Ausdruck müssen wir nun noch integrieren über alle Werte von u, v, w, d. h. über alle A-Moleküle, sowie über alle Werte $u' v' w'$, d. h. über alle B-Moleküle. Wenn wir dies tun, so haben wir aber jedes Molekül zweimal gezählt, indem jedes einmal als A-Molekül, einmal als B-Molekül fungiert. Die erhaltene Zahl müssen wir also noch zum Schlusse durch 2 dividieren.

Um die Integration bequem auszuführen, führen wir neue Variable ein durch die Definitionen:

$$(97)\quad \begin{cases} \frac{1}{2}(u+u') = U_1, & u'-u = U_2, \\ \frac{1}{2}(v+v') = V_1, & v'-v = V_2, \\ \frac{1}{2}(w+w') = W_1, & w'-w = W_2. \end{cases}$$

Die Größen mit dem Index 1 sind dabei offenbar die Komponenten der Geschwindigkeit des gemeinsamen Schwerpunktes der zwei Moleküle, die mit dem Index 2 die Komponenten der relativen Geschwindigkeit c_r, die wir schon eingeführt haben.

Wir haben jetzt den Ausdruck

$$(\Delta u\, \Delta u')(\Delta v\, \Delta v')(\Delta w\, \Delta w')$$

in die neuen Variablen zu transformieren; dies kann hier in drei Schritten geschehen, die durch die drei Klammern angedeutet sind, da u und u nur Funktionen von U_1 und U_2 sind, usf. Nach (97) ist z. B.:

$$\Delta U_1 = \tfrac{1}{2}\Delta u + \tfrac{1}{2}\Delta u',$$
$$\Delta U_2 = -1\,\Delta u + 1\,\Delta u',$$

also:

$$\Delta U_1\, \Delta U_2 = \begin{vmatrix} \frac{1}{2} & \frac{1}{2} \\ -1 & 1 \end{vmatrix} \Delta u\, \Delta u' = \Delta u\, \Delta u',$$

da die Substitutionsdeterminante den Wert $+1$ hat. Ebenso bei den andern Paaren von Differentialen. Also ist einfach:

$$(98)\quad \Delta u\, \Delta v\, \Delta w\, \Delta u'\, \Delta v'\, \Delta w' = \Delta U_1\, \Delta V_1\, \Delta W_1\, \Delta U_2\, \Delta V_2\, \Delta W_2\,.$$

Ferner ist:

$$(99)\quad \begin{aligned} c^2 + c'^2 &= u^2 + u'^2 + v^2 + v'^2 + w^2 + w'^2 \\ &= 2(U_1^2 + V_1^2 + W_1^2) + \tfrac{1}{2}(U_2^2 + V_2^2 + W_2^2). \end{aligned}$$

Endlich ist nach Definition der relativen Geschwindigkeit:

$$(100)\quad c_r = \sqrt{U_2^2 + V_2^2 + W_2^2}\,.$$

Damit wird Gl. (96):

$$(101)\quad \begin{aligned} \nu_{A,B} = \frac{\pi \nu^2 \beta^6}{\pi^3}\, & e^{-\beta^2[2(U_1^2+V_1^2+W_1^2)+\frac{1}{2}(U_2^2+V_2^2+W_2^2)]} \\ & \cdot \delta^2 \sqrt{(U_2^2+V_2^2+W_2^2)} \cdot \Delta U_1\, \Delta V_1\, \Delta W_1 \cdot \Delta U_2\, \Delta V_2\, \Delta W_2\,. \end{aligned}$$

Nunmehr ist es offenbar zweckmäßig, sowohl für $U_1\, V_1\, W_1$, als auch für $U_2\, V_2\, W_2$ Polarkoordinaten einzuführen:

$$(102)\quad \begin{cases} U_1 = C \sin\vartheta \cos\varphi, & U_2 = c_r \sin\vartheta' \cos\varphi', \\ V_1 = C \sin\vartheta \sin\varphi, & V_2 = c_r \sin\vartheta' \sin\varphi', \\ W_1 = C \cos\vartheta, & W_2 = c_r \cos\vartheta', \end{cases}$$

womit gleichzeitig wird:

(103) $$\Delta U_1 \Delta V_1 \Delta W_1 \cdot \Delta U_2 \Delta V_2 \Delta W_2 = C^2 \Delta C \sin\vartheta \,\Delta\vartheta\, \Delta\varphi \cdot c_r^2 \Delta c_r \sin\vartheta' \Delta\vartheta' \Delta\varphi'.$$

Mit diesen letzten Umformungen wird endlich (101):

(104) $$\nu_{AB} = \frac{\pi \nu^2 \beta^6}{\pi^3} e^{-\beta^2 [2C^2 + \frac{1}{2} c_r^2]} \delta^2 \cdot C^2 \Delta C \sin\vartheta \Delta\vartheta \Delta\varphi \cdot c_r^3 \Delta c_r \sin\vartheta' \Delta\vartheta' \Delta\varphi'.$$

Dieser Ausdruck ist nun zu integrieren über C und c_r von 0 bis ∞, über ϑ und ϑ' von 0 bis π, über φ und φ' von 0 bis 2π, und schließlich ist das Ergebnis nach der obigen Bemerkung noch durch 2 zu dividieren, damit wir die Stoßzahl Z aller Moleküle pro Sekunde und Kubikzentimeter erhalten. Es ist also:

(105) $$Z = \frac{\pi \nu^2 \beta^6 \delta^2}{2\pi^3} \int_0^\infty \int_0^\infty \int_0^\pi \int_0^\pi \int_0^{2\pi} \int_0^{2\pi} e^{-\beta^2 [2C^2 + \frac{1}{2} c_r^2]} C^2 c_r^3 \sin\vartheta \sin\vartheta' \Delta C \Delta c_r \Delta\vartheta \Delta\vartheta' \cdot \Delta\varphi \Delta\varphi'.$$

Die beiden Integrationen über φ und φ' liefern den Faktor $4\pi^2$, die beiden über ϑ und ϑ' den Faktor 4, so daß wir einfacher haben:

(106) $$Z = 8 \nu^2 \beta^6 \delta^2 \int_0^\infty e^{-2\beta^2 C^2} C^2 \Delta C \cdot \int_0^\infty e^{-\frac{\beta^2 c_r^2}{2}} c_r^3 \Delta c_r.$$

Beide nun noch übrigen Integrale lassen sich durch partielle Integration genau nach dem Muster der in Nr. 80 [und 81 vorgenommenen ausführen, und man erhält schließlich für die Zahl der Zusammenstöße pro Sekunde und Kubikzentimeter:

(107) $$Z = \frac{\nu^2 \delta^2}{\beta} \sqrt{2\pi} = \frac{1}{\sqrt{2}} \pi \nu^2 \delta^2 \bar{c},$$

wenn wir noch den Wert für die mittlere Geschwindigkeit $\bar{c}$ nach Gl. (44) einführen.

Jeder Zusammenstoß beendigt zwei freie Weglängen — von jedem der beiden zusammenstoßenden Moleküle eine —; da also ν Moleküle pro Kubikzentimeter vorhanden sind, beschreiben diese in der Sekunde zusammen

$$\sqrt{2} \pi \nu^2 \delta^2 \bar{c}$$

freie Weglängen. Um die „mittlere freie Weglänge" $\bar{\lambda}$ zu finden, können wir nun einfach so schließen: Die obige Anzahl von freien Weglängen geradlinig aneinandergesetzt, liefert eine Länge von $\bar{\lambda} \cdot \sqrt{2} \pi \nu^2 \delta^2 \bar{c}$; anderseits ist dieser Ausdruck gleich $\nu \bar{c}$, da jedes der ν Moleküle die mittlere Geschwindigkeit $\bar{c}$ hat. Durch Vergleich folgt:

(108) $$\bar{\lambda} = \frac{1}{\sqrt{2} \pi \nu \delta^2} = \frac{0{,}7071}{\pi \nu \delta^2}.$$

Das ist die von Clausius definierte mittlere freie Weglänge; der obige Ausdruck für dieselbe wurde zuerst von **Maxwell** angegeben; Clausius, der das Verteilungsgesetz damals noch nicht kannte, fand statt dessen den naheliegenden Wert $\frac{0,75}{\pi \nu \delta^2}$, indem er allen Molekülen eine und dieselbe Geschwindigkeit beilegte.

Aus (108) läßt sich wieder eine andere Größe Z_1 bilden, die zuweilen auch als Stoßzahl bezeichnet wird, nämlich die Zahl der Zusammenstöße eines Moleküls pro Sekunde. Diese erhält man offenbar aus (108) durch folgende einfache Erwägung: Denkt man sich die Z_1 Weglängen $\bar{\lambda}$ eines Moleküls pro Sekunde zusammengelegt, so muß man eine Strecke von der Länge $\bar{c}$ erhalten, also ist:

(108a)
$$Z_1 = \frac{\bar{c}}{\bar{\lambda}} = \sqrt{2}\,\pi \nu \delta^2 \bar{c}.$$

Durch die obigen Darlegungen ist nun in der Tat das im Eingang dieser Nummer erörterte Bedenken widerlegt. Denn die Beobachtungen führen dazu — wie wir später genauer darlegen werden —, den Gasen bei 0 Grad und Atmosphärendruck mittlere freie Weglängen von etwa 10^{-5} cm Länge zuzuschreiben, was Milliarden von Zusammenstößen für jedes Molekül pro Sekunde bedeutet[1]). Es ist demnach erklärt, wieso trotz der großen Geschwindigkeiten ein Molekül nur relativ langsam seinen Ort verändert.

Man kann auch noch auf einem andern Wege zu dem Begriffe der freien Weglänge kommen, der von Clausius herrührt, und den wir wenigstens andeuten wollen.

Wenn wir eine gewisse Zahl $\mathfrak{N}_{0,c}$ von Molekülen betrachten, die eine bestimmte Größe und Richtung der Geschwindigkeit (c) haben, und diese auf ihrem Wege verfolgen, so werden nach Durchlaufung einer Strecke l nur noch $\mathfrak{N}_c < \mathfrak{N}_{0c}$ Moleküle mit derselben Größe und Richtung der Geschwindigkeit vorhanden sein, da ein Teil auf dem Wege l durch Zusammenstöße abgelenkt worden ist. Durch einfache Wahrscheinlichkeitsbetrachtungen läßt sich zeigen, daß zwischen $\mathfrak{N}_c$ und $\mathfrak{N}_{0c}$ die Relation besteht:

(109)
$$\mathfrak{N}_c = \mathfrak{N}_{0,c}\, e^{-\frac{l}{\lambda}},$$

wo λ eine solche Strecke ist, daß nach ihrer Durchlaufung die Zahl $\mathfrak{N}_{0,c}$ auf den e-ten Teil herabgesunken ist. λ ist genau das, was wir freie Weglänge genannt haben. Denn in der Clausiusschen Wahrscheinlichkeitsterminologie ist $\frac{\mathfrak{N}_c}{\mathfrak{N}_{0c}}$ die Wahrscheinlichkeit dafür, daß ein Molekül den Weg l ohne Zusammenstoß zurücklegt.

Mit Gl. (109) im wesentlichen identisch ist die Differentialgleichung:

(109a)
$$\frac{\Delta \mathfrak{N}_c}{\mathfrak{N}_c} = -\frac{\Delta l}{\lambda}$$

oder auf die Volumeinheit bezogen:

(109b)
$$\frac{\Delta \nu_c}{\nu_c} = -\frac{\Delta l}{\lambda}.$$

[1]) Die genaueren Zahlenangaben siehe in der Tabelle auf pag. 383.

Von der durch diese Gleichungen definierten Größe λ muß nun noch der Mittelwert über alle Geschwindigkeiten der Moleküle gebildet werden, der sich mit Hilfe des Maxwellschen Verteilungsgesetzes auch auf diesem Wege genau so ergibt, wie wir ihn in (108) gefunden haben.

Auf einen Punkt sei noch besonders aufmerksam gemacht.

Bei der Berechnung der Zahl der Zusammenstöße haben wir von der Voraussetzung Gebrauch gemacht, die in Nr. 77 formuliert wurde, daß die Moleküle aller Geschwindigkeiten (hier die A- und B-Moleküle) — jede Sorte für sich genommen — den Raum gleichmäßig erfüllen sollen. Jede Molekülart (A oder B) soll sich danach unabhängig von der andern auf den Raum verteilen.

Diese Annahme ist keineswegs selbstverständlich, wie man früher geglaubt hat, sondern ist eine besondere Hypothese[1]), die von Boltzmann und andern zuweilen als die „Hypothese der molekularen Unordnung" bezeichnet wird. Es ist für das Folgende wichtig, festzustellen, daß demnach der Claususche „Stoßzahlansatz" eine Wahrscheinlichkeitsaussage in sich birgt; die Stoßzahl (107) ist keineswegs die „wirkliche", sondern nur die „wahrscheinliche".

86. Transport einer bestimmten Größe (Impuls oder Energie).

Mit dem Begriff der freien Weglänge und der Stoßzahl sind die Erscheinungen der inneren Reibung und der Wärmeleitung der Gase aufs innigste verknüpft, wie die folgende Darlegung zeigen soll.

Betrachten wir ein Gas, das zwischen parallelen Wänden eingeschlossen ist; die eine habe die Temperatur T_1, die andere die Temperatur T_2, wo $T_1 > T_2$ sei. Es haben also die Moleküle in unmittelbarer Nähe der ersten Wand eine größere mittlere kinetische Energie, als die in unmittelbarer Nähe der zweiten Wand, da ja die Temperatur proportional der mittleren kinetischen Energie ist, und die Gasmoleküle durch Stoß auf die Wände dieselbe kinetische Energie pro Freiheitsgrad annehmen, wie diese selbst. Werden die begrenzenden Wände auf konstanter Temperatur gehalten, so bildet sich ein stationärer Zustand aus, und es wird durch die Stöße der Moleküle untereinander pro Zeiteinheit durch jede den Wänden parallele Flächeneinheit eine bestimmte Quantität Wärme „transportiert": das ist die zuerst von Maxwell gegebene kinetische Deutung des Vorgangs der Wärmeleitung.

Ganz ähnlich bei der inneren Reibung.

Von den beiden das Gas begrenzenden Ebenen habe die eine in ihrer Ebene eine bestimmte Geschwindigkeit, die andere dagegen ruhe. Die in unmittelbarer Nähe der bewegten Platte befindlichen Moleküle erhalten demgemäß bei ihren Zusammenstößen mit der Wand eine größere Bewegungsgröße (Impuls), als die Moleküle an der ruhenden Wand, und diese

[1]) Diesen Sachverhalt hat zuerst Burbury klar erkannt; vgl. seine „Kinetic theory of Gases", Cambridge 1899, § 39.

Differenz des Impulses suchen die Moleküle unter sich durch Stöße auszugleichen: das ist der Vorgang der innern Reibung nach der kinetischen Auffassung: es wird pro Sekunde durch jedes Quadratzentimeter parallel den begrenzenden Wänden eine bestimmte Impulsmenge „transportiert".

Nennen wir allgemein die Quantität einer bestimmten physikalischen, jedem Molekül anhaftenden Größe G (z. B. Impuls, Energie, Masse, elektrische Ladung), die pro Sekunde durch das Quadratzentimeter transportiert wird, den „Transport" $\mathfrak{G}$ dieser Größe, so tritt durch ein Flächenelement ΔS in der Zeit Δt die Quantität

$$\mathfrak{G}\cdot\Delta S\cdot\Delta t$$

hindurch. Für diese Größe haben wir eine allgemeine, für den stationären Zustand geltende Gleichung aufzustellen, deren Spezialisierung uns für $G =$ Impuls die Gesetze der inneren Reibung, für $G =$ Energie die der Wärmeleitung liefern wird.

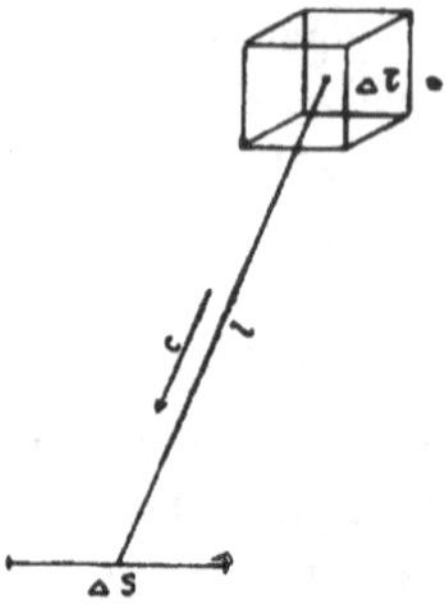

Fig. 45.

Wir schließen uns hier eng an eine Darstellung von Sommerfeld[1]) an. Es sei in Fig. 45 ΔS das Flächenelement, für das wir die in der Zeit Δt hindurchgehende Menge $\mathfrak{G}\,\Delta S\,\Delta t$ berechnen wollen. $\Delta\tau$ sei ein im Abstande l davon liegendes Volumelement des Raumes.

Wir betrachten nun diejenige Gruppe von Molekülen, die von dem Element $\Delta\tau$ ausgehen und eine bestimmte Geschwindigkeit c besitzen, von solcher Richtung, daß sie von $\Delta\tau$ nach ΔS hinzielen. Die Zahl derselben in $\Delta\tau$ sei $\nu_c\,\Delta\tau$; durch die Zusammenstöße der Moleküle in $\Delta\tau$ wird diese Zahl in der Zeit Δt um $\Delta\nu_c\cdot\Delta\tau$ vermehrt, indem $\Delta\nu_c\cdot\Delta\tau$ Moleküle, die vor dem Stoß andere Geschwindigkeiten in anderer Richtung hatten, durch den Zusammenstoß gerade die Geschwindigkeit c von solcher Richtung erhalten, daß sie von $\Delta\tau$ nach ΔS hinzielen. Von diesen $\Delta\nu_c\,\Delta\tau$ Molekülen, die von $\Delta\tau$ ausgehen, kommen während der Zeit Δt nach (109) in ΔS nur an:

$$\Delta\tau\cdot\Delta\nu_c\cdot e^{-\frac{l}{\lambda}}, \tag{110}$$

und diese transportieren die folgende Menge von G mit sich:

$$\Delta\tau\cdot\Delta\nu_c\cdot G\cdot e^{-\frac{l}{\lambda}}, \tag{111}$$

die also in der Zeit Δt durch das Element ΔS hindurchgeführt wird.

$\Delta\nu_c$ ist natürlich eine Funktion der Geschwindigkeit; um also den ganzen Transport zu erhalten, müssen wir über alle Geschwindigkeiten c summieren; desgleichen über alle Volumelemente $\Delta\tau$ des ΔS umgebenden Raumes, von denen aus ein Molekül durch ΔS hindurchtreten kann. Wir

[1]) A. Sommerfeld, Probleme der freien Weglänge; in: Vorträge über die kinetische Theorie der Materie und Elektrizität. Berlin und Leipzig 1914; B. G. Teubner.

erhalten also für die gesamte, während Δt durch ΔS hindurchtretende Menge, d. h. für $\mathfrak{G} \Delta S \Delta t$ den folgenden Sommerfeldschen Ausdruck:

$$\mathfrak{G} \cdot \Delta S \cdot \Delta t = \int \Delta \tau \int \Delta \nu_c G e^{-\frac{l}{\lambda}}, \tag{112}$$

der nun lediglich noch ausgerechnet zu werden braucht.

Zuerst handelt es sich um Bestimmung von $\Delta \nu_c$; das ist nach Definition die in der Zeit Δt in der Volumeinheit neu erzeugte Anzahl von Molekülen, die mit der Geschwindigkeit c von $\Delta \tau$ nach ΔS hinzielen. Im stationären Zustande, den wir hier allein betrachten, ist nun die Zunahme (infolge der Stöße) der zu einer Molekülgruppe gehörenden Moleküle gleich der Abnahme derselben; nach (109b) ist aber die Abnahme auf der Strecke Δl bestimmt; unser $\Delta \nu_c$ erhalten wir also aus (109b) durch Vorzeichenumkehr; da gleichzeitig $\Delta l = c \Delta t$ ist, so ist das in (112) auftretende $\Delta \nu_c$:

$$\Delta \nu_c = \nu_c \frac{\Delta l}{\lambda} = \frac{\nu_c c}{\lambda} \cdot \Delta t$$

und (112) wird:

$$\mathfrak{G} \Delta S \Delta t = \int \Delta \tau \int \frac{\nu_c \cdot c}{\lambda} G e^{-\frac{l}{\lambda}} \cdot \Delta t. \tag{113}$$

ν_c, die Anzahl der Moleküle pro Kubikzentimeter mit der bestimmt gerichteten Geschwindigkeit c [genauer: die Anzahl der Moleküle, deren Geschwindigkeitskomponenten zwischen u und $u + \Delta u$, v und $v + \Delta v$, w und $w + \Delta w$ liegen, wo $c = \sqrt{u^2 + v^2 + w^2}$ ist] ist, wenn wir die Verteilungsfunktion durch $f(xyzuvw)$ bezeichnen, gleich:

$$\nu_c = \nu f(xyzuvw)\, \Delta u \Delta v \Delta w, \tag{114}$$

wo ν die Gesamtzahl im Kubikzentimeter bedeutet. Die Verteilungsfunktion f ist jetzt im allgemeinen Funktion der Raumkoordinaten x, y, z, weil wir nicht den Gleichgewichtszustand, sondern nur einen stationären Zustand betrachten; aus demselben Grunde ist f nicht oder wenigstens nicht exakt die Maxwellsche Verteilungsfunktion (40a). Damit wird (113):

$$\mathfrak{G} \Delta S \Delta t = \nu \int \Delta \tau \int \frac{f G}{\lambda} e^{-\frac{l}{\lambda}} \cdot c \cdot \Delta u \Delta v \Delta w \cdot \Delta t. \tag{115}$$

Die Grenzen der Integration sind nun noch genauer festzustellen. Nach $\Delta \tau$ ist über den ganzen Raum zu integrieren, nicht dagegen über $\Delta u \Delta v \Delta w$. In Fig. 46 sei der „Geschwindigkeitsraum" mit den Koordinaten u, v, w gezeichnet, die gerade betrachteten ν_c Moleküle liegen nach dem Obigen im Volumelemente $\Delta u \Delta v \Delta w$ dieses Geschwindigkeitsraumes.

Da die Richtung von $d\tau$ nach ΔS fest ist bei festgehaltenem $\Delta \tau$, so ist die Richtung von c (innerhalb einer gewissen Intervallbreite) auch fest, nämlich auch die von $\Delta \tau$ nach ΔS. Bei festgehaltenem $\Delta \tau$ ist also nur über den Kegel des Geschwindigkeitsraumes zu integrieren, der in Fig. 46 angedeutet ist.

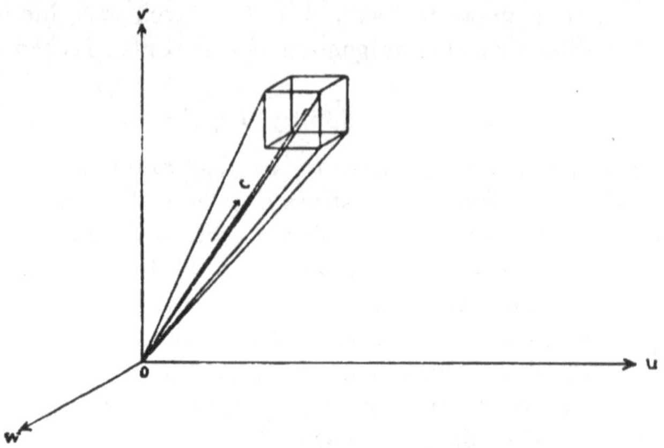

Fig. 46.

Wir können nun anderseits den gewöhnlichen Lagenraum xyz zeichnen (Fig. 47).

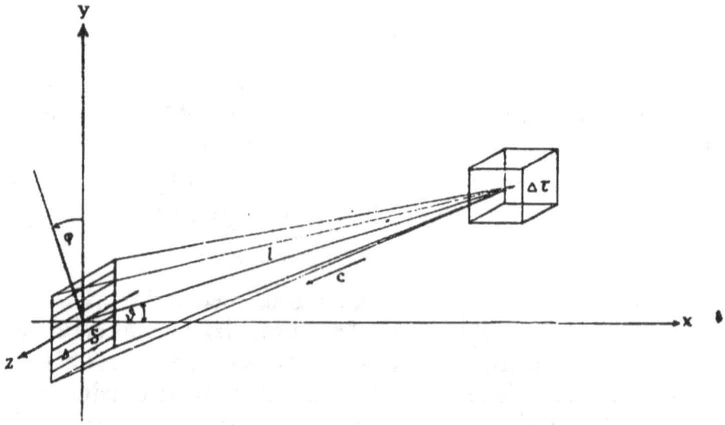

Fig. 47.

Die Koordinatenachse wollen wir so wählen, daß ΔS in die yz-Ebene fällt, x also die Normale des Flächenelementes ΔS ist. Der Abstand des Volumelementes $\Delta\tau$ von ΔS beträgt l, die Geschwindigkeit c ist von $\Delta\tau$ nach ΔS gerichtet, also umgekehrt wie im Geschwindigkeitsraum der Fig. 46, wo sie vom Anfangspunkt nach dem Volumelement $\Delta u \Delta v \Delta w$ hinweist. Die beiden Kegel der Figg. 46 und 47 sind einander also „parallel", da ihre Mäntel von den gleichen Geschwindigkeitsrichtungen gebildet werden, aber sie sind entgegengesetzt orientiert. Sie haben also, absolut genommen, die nämliche Kegelöffnung, d. h. den nämlichen räumlichen Winkel $\Delta\omega$, nur wegen der in beiden Figuren verschiedenen Richtung der Kegel mit verschiedenem Vorzeichen.

Schlagen wir in Fig. 47 um $\Delta\tau$ als Zentrum eine Kugel mit dem

Radius l, so schneidet unser Kegel mit der Öffnung $\Delta\omega$ aus der Kugeloberfläche ein Element $\Delta K = l^2 \Delta\omega$ aus; ΔK können wir als die Projektion von ΔS auf die Kugel auffassen, sodaß:

$$\Delta K = \Delta S \cdot \cos\vartheta$$

ist; damit wird die Öffnung $\Delta\omega$ des Kegels im gewöhnlichen Raume:

$$\Delta\omega = \frac{\Delta S \cos\vartheta}{l^2}$$

und die Öffnung $\Delta\omega_g$ des Kegels im Geschwindigkeitsraume der Figur 46:

$$(116) \qquad \Delta\omega_g = -\frac{\Delta S \cos\vartheta}{l^2}.$$

Da nun in Polarkoordinaten offenbar

$$\Delta u\, \Delta v\, \Delta w = c^2 \Delta c \cdot \Delta\omega_g$$

ist, so haben wir schließlich:

$$(117) \qquad \Delta u\, \Delta v\, \Delta w = -\frac{c^2 \Delta c \cos\vartheta \cdot \Delta S}{l^2}.$$

Dies setzen wir in (115) ein und finden:

$$(118) \qquad -\mathfrak{G}\, \Delta S\, \Delta t = \nu \int \Delta\tau \int \frac{f\,G}{\lambda} e^{-\frac{l}{\lambda}} \frac{c^2 \Delta c}{l^2} \cos\vartheta \cdot \Delta S \cdot \Delta t;$$

nach Division mit ΔS und Δt:

$$(119) \qquad -\mathfrak{G} = \nu \int \Delta\tau \int \frac{f\,G}{\lambda} e^{-\frac{l}{\lambda}} \frac{\cos\vartheta}{l^2} c^2 \Delta c.$$

Führt man hier Polarkoordinaten für $\Delta\tau$ ein [$\Delta\tau = l^2 \sin\vartheta\, \Delta\vartheta\, \Delta\varphi$ ϑ und φ sind in der Fig. 47 eingezeichnet], so folgt schließlich:

$$(120) \qquad -\mathfrak{G} = \nu \int_0^\infty \Delta l \int_0^\pi \sin\vartheta \cos\vartheta\, \Delta\vartheta \int_0^{2\pi} \Delta\varphi \int_0^\infty \frac{f\,G}{\lambda} e^{-\frac{l}{\lambda}} c^2 \Delta c.$$

Dabei sind die Grenzen der Integration entsprechend unserer obigen Diskussion festgesetzt.

Wir haben nun in dieser Gleichung die Integrationen auszuführen.

Zu diesem Zwecke setzen wir mit Sommerfeld voraus — was bereits eine erhebliche Einschränkung ist und z. B. bei der Reibung und Wärmeleitung nicht zutrifft —, daß f, G, λ nur von x abhängen (x ist nach unserer Zeichnung die Normale auf ΔS; also können wir unsere Voraussetzung allgemeiner fassend sagen, daß f, G, λ nur in der Normalrichtung von ΔS veränderlich sein sollen). Ferner sollen die genannten Größen nur langsam mit x veränderlich sein. Die erstere Voraussetzung bedeutet, daß die genannten Größen von dem Azimut φ gänzlich unabhängig und von l und ϑ nur in der Verbindung $x = l\cos\vartheta$ abhängig sind. Die letztere ermöglicht uns, eine Entwicklung nach x vorzunehmen und diese mit dem linearen Gliede abzubrechen. Nennt man mit Sommerfeld

(121) $$Y = \frac{fG}{\lambda} e^{-\frac{l}{\lambda}},$$

so entwickeln wir diesen Ausdruck von $x = 0$ aus, d. h. von der Stelle des Flächenelementes ΔS aus, in folgender Weise:

(122) $$Y = Y_0 + \left(\frac{dY}{dx}\right)_0 x = Y_0 + l\cos\vartheta \cdot \left(\frac{dY}{dx}\right)_0.$$

Setzen wir dies in (120) ein, so folgt:

$$-\mathfrak{G} = \nu \int_0^\infty \Delta l \int_0^\pi \sin\vartheta \cos\vartheta \, \Delta\vartheta \int_0^{2\pi} \Delta\varphi \int_0^\infty Y_0 c^3 \Delta c$$

$$+ \nu \int_0^\infty l \Delta l \int_0^\pi \sin\vartheta \cos^2\vartheta \, \Delta\vartheta \int_0^{2\pi} \Delta\varphi \int_0^\infty \left(\frac{dY}{dx}\right)_0 c^3 \Delta c.$$

Die Integration über ϑ gibt im ersten Gliede den Wert 0, im zweiten den Wert $\frac{2}{3}$; die Integration über φ liefert 2π, also erhält man zusammen den Faktor $\frac{4\pi}{3}$. Schließlich ist also:

(123) $$-\mathfrak{G} = \frac{4\pi}{3} \nu \int_0^\infty l \Delta l \int_0^\infty \left(\frac{dY}{dx}\right)_0 c^3 \Delta c.$$

Weiter wollen wir die Integration nach l ausführen. Da nach (121)

(124) $$Y = \frac{fG}{\lambda} e^{-\frac{l}{\lambda}} = Z e^{-\frac{l}{\lambda}},$$

wo $Z = \frac{fG}{\lambda}$ ist, gesetzt werden kann, ist:

$$\left(\frac{dY}{dx}\right)_0 = \left(\frac{dZ}{dx}\right)_0 e^{-\frac{l}{\lambda_0}} + \frac{Z_0 l}{\lambda_0^2} \left(\frac{d\lambda}{dx}\right)_0 e^{-\frac{l}{\lambda_0}}.$$

Einsetzen in (123) liefert:

$$-\mathfrak{G} = \frac{4\pi}{3} \nu \int_0^\infty l \Delta l \int_0^\infty \left(\frac{dZ}{dx}\right)_0 e^{-\frac{l}{\lambda_0}} c^3 \Delta c + \frac{4\pi}{3} \nu \int_0^\infty l^2 \Delta l \int_0^\infty \frac{Z_0}{\lambda_0^2} \left(\frac{d\lambda}{dx}\right)_0 e^{-\frac{l}{\lambda_0}} c^3 \Delta c$$

$$= \frac{4\pi}{3} \nu \int_0^\infty \left(\frac{dZ}{dx}\right)_0 c^3 \Delta c \int_0^\infty l e^{-\frac{l}{\lambda}} \Delta l + \frac{4\pi}{3} \nu \int_0^\infty \frac{Z_0}{\lambda_0^2} \left(\frac{d\lambda}{dx}\right)_0 c^3 \Delta c \int_0^\infty l^2 e^{-\frac{l}{\lambda_0}} \Delta l.$$

Die Integrationen über l lassen sich partiell nach dem Muster derjenigen in Nr. 80 und 81 ausführen; man erhält:

$$-\mathfrak{G} = \frac{4\pi}{3} \nu \int_0^\infty c^3 \Delta c \left[\left(\frac{dZ}{dx}\right)_0 \lambda_0^2 + 2 Z_0 \lambda_0 \left(\frac{d\lambda}{dx}\right)_0\right] = \frac{4\pi}{3} \nu \int_0^\infty \frac{d}{dx} (Z\lambda^2)_0 c^3 \Delta c.$$

Setzt man hierin für Z seinen Wert ein, so folgt:

(125) $$-\mathfrak{G} = \frac{4\pi}{3} \nu \int_0^\infty \left[\frac{d(fG\lambda)}{dx}\right]_0 c^3 \Delta c.$$

Durch Ausführung der Differentiation unter dem Integralzeichen können wir dies Integral schreiben:

$$-\mathfrak{G} = \frac{4\pi}{3}\nu\int_0^\infty \left(\frac{dG}{dx}\right)_0 (f\lambda)_0 c^3 \Delta c + \frac{4\pi}{3}\nu\int_0^\infty G_0 \left[\frac{d(f\lambda)}{dx}\right]_0 c^3 \Delta c.$$

Von hier ab werden wir nun eine zweite stark einschränkende Voraussetzung einführen, die überdies ebenfalls bei Reibung und Wärmeleitung nicht erfüllt ist. Wir wollen nämlich G als unabhängig von c voraussetzen. Unsere daraus folgenden Gleichungen können also eigentlich nicht auf Reibung und Wärmeleitung angewendet werden. Wir können indessen unter G jetzt einen geeignet gebildeten Mittelwert über alle Geschwindigkeiten c verstehen. Dann ist es formal natürlich zulässig, G vor das Integralzeichen zu nehmen; doch bedarf dann die Mittelbildung selbst einer genauen Definition. Wir setzen uns einfach über diese Bedenken hinweg, und erhalten:

(126) $$-\mathfrak{G} = \frac{4\pi}{3}\nu\left(\frac{dG}{dx}\right)_0\int_0^\infty (f\lambda)_0 c^3 \Delta c + \frac{4\pi}{3}\nu G_0\int_0^\infty \left[\frac{d(f\lambda)}{dx}\right]_0 c^3 \Delta c.$$

Diese Gleichung kann nun vereinfacht werden, wenn wir $G = \mu$ setzen, wo μ die Masse eines Moleküls ist, d. h. wenn wir einen Massentransport betrachten. Ein solcher findet aber bei Reibung und Wärmeleitung nicht statt; also ist nach (126), da $\left(\frac{dG}{dx}\right)_0 = 0$ für $G = \mu$:

$$0 = \frac{4\pi}{3}\nu\mu\int_0^\infty \left[\frac{d(f\lambda)}{dx}\right]_0 c^3 \Delta c.$$

Es verschwindet also allgemein das zweite Glied der Gl. (126), und es bleibt:

(127) $$-\mathfrak{G} = \frac{4\pi}{3}\nu\left(\frac{dG}{dx}\right)_0\int_0^\infty (f\lambda)_0 c^3 \Delta c.$$

Mit Hilfe der Verteilungsfunktion f bilden wir nun den Mittelwert von $c\lambda$, der offenbar folgendermaßen zu definieren ist:

$$\overline{c\lambda} = \frac{\int\int\int c\lambda\cdot f\cdot \Delta u\,\Delta v\,\Delta w}{\int\int\int f\,\Delta u\,\Delta v\,\Delta w},$$

oder, wenn man beachtet, daß nach (116) und (117) $\Delta u\,\Delta v\,\Delta w = c^2\,\Delta c\,\Delta\omega_g$ ist, wo $\Delta\omega_g$ die Kegelöffnung, d. h. der räumliche Winkel ist, unter dem im Geschwindigkeitsraume der Fig. 46 ($\Delta u\,\Delta v\,\Delta w$) von dem Anfangspunkte aus erscheint:

$$\overline{c\lambda} = \frac{\int\int f\lambda c^3\,\Delta c\cdot\Delta\omega_g}{\int\int\int f\,\Delta u\,\Delta v\,\Delta w}.$$

Darin ist der Nenner [als die Summe aller Wahrscheinlichkeiten überhaupt, oder als die Wahrscheinlichkeit dafür, daß ein Molekül überhaupt irgendeine Geschwindigkeit besitzt] gleich 1; also ist einfacher:

$$\overline{c\lambda} = \int\int f \lambda c^3 \Delta c \cdot \Delta \omega_0,$$

oder nach Integration über den räumlichen Winkel, die den Faktor 4π liefert:

$$\overline{c\lambda} = 4\pi \int f \lambda c^3 \Delta c. \tag{128}$$

Damit gibt Gl. (127) endlich, wenn wir jetzt den Index 0 als überflüssig fortlassen:

$$-\mathfrak{G} = \frac{1}{3} \nu \overline{c\lambda} \cdot \frac{dG}{dx}. \tag{129}$$

Damit haben wir diejenige Gleichung erzielt, die in der elementaren kinetischen Theorie abgeleitet zu werden pflegt; nach dem Obigen ist aber nicht zu erwarten, daß ihre Anwendung streng richtige Resultate gibt. Sie ist übrigens insofern spezialisiert, als das Koordinatensystem speziell gewählt ist, nämlich die x-Richtung normal zu ΔS. Im allgemeinen Falle tritt einfach an Stelle $\frac{dG}{dx}$ der Gradient von G, d. h. die Gleichung:

$$-\mathfrak{G} = \tfrac{1}{3} \nu \overline{c\lambda} \cdot \operatorname{grad} G. \tag{129a}$$

87. Reibung und Wärmeleitung.

Wir wenden die letzte Formel auf folgenden Fall an (Fig. 48):

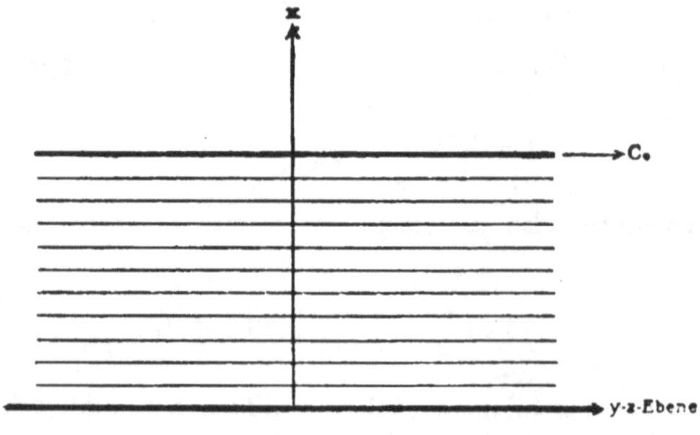

Fig. 48.

Zwischen zwei Platten parallel zur yz-Ebene befinde sich ein Gas; die eine Platte, die etwa in der yz-Ebene selbst liegen möge, sei fest, die andere bewege sich mit der Geschwindigkeit C_0. Dann bildet sich im Gase ein Geschwindigkeitsgefälle parallel der x-Achse heraus: es lagern sich im Gase unendlich dünne Schichten übereinander, die mit etwas verschiedener Geschwindigkeit aneinander vorbeigleiten. Der Geschwindigkeitsunterschied zweier Schichten im Abstande dx sei dC; dann übt die langsamere der beiden Schichten pro Flächeneinheit auf die Flächeneinheit der schnelleren eine verzögernde Kraft aus, die erfahrungsgemäß gleich $-\eta \frac{dC}{dx}$ ist, wo η der sogenannte **Reibungskoeffizient** ist. Eine Kraft ist aber nach den Gleichungen der Dynamik gleich der Änderung der Bewegungsgröße pro Zeiteinheit, d. h. gleich der von der rascheren Schicht pro Flächeneinheit und Sekunde abgegebenen Bewegungsgröße. Also ist in unserem Falle zu setzen:

$$G = \mu C; \quad \mathfrak{G} = -\eta \frac{dC}{dx}\,[1]. \tag{130}$$

μ ist dabei die Masse eines Moleküls. Wenden wir darauf (129) an, so folgt:

$$\eta \frac{dC}{dx} = \frac{\nu}{3}\,\overline{c\lambda}\,\mu \frac{dC}{dx},$$

woraus sich für den Reibungskoeffizienten η ergibt:

$$\eta = \frac{\nu\mu}{3}\,\overline{c\lambda} = \frac{1}{3}\,\varepsilon\,\overline{c\lambda}, \tag{131}$$

letzteres, wenn wir die Dichte $\varepsilon = \nu\mu$ einführen.

Erlauben wir uns nun — was allerdings in Strenge nicht zulässig ist — statt $\overline{c\lambda}$ zu setzen $\bar{c}\cdot\bar{\lambda}$ und führen wir für $\bar{\lambda}$ den Wert (108) ein, so folgt weiter:

$$\eta = \frac{\varepsilon}{3}\,\bar{c}\,\frac{1}{\sqrt{2}\,\pi\,\nu\,\delta^2} = \frac{\mu\,\bar{c}}{3\sqrt{2}\,\pi\,\delta^2}. \tag{132}$$

Diese Formel hat zuerst Maxwell 1859 gefunden. Sie führt zu einer höchst interessanten Folgerung: Der Reibungskoeffizient sollte ihr zufolge von der Dichte des Gases, oder, was bei konstanter Temperatur auf dasselbe hinauskommt, vom Drucke des Gases unabhängig sein.

Maxwell selbst war ursprünglich geneigt, diese Folgerung für unrichtig zu halten; indessen haben Experimente von O. E. Meyer und ihm selbst später sie tatsächlich bis zu sehr kleinen Drucken herab bestätigt. Man kann dies in der Weise prüfen, daß man die Abnahme von Pendelschwingungen oder von Torsionsschwingungen, d. h. das logarithmische Dekrement dieser Schwingungen, bei verschiedenen Drucken mißt. Maxwell konstatierte dabei, daß bei Variation des Druckes von 1 Atmosphäre bis herab zu $\frac{1}{60}$ Atmosphäre das Dekrement nicht geändert wurde. Genauere Messungen haben Kundt und Warburg 1875 angestellt. Eine ihrer Versuchsreihen sei hier wiedergegeben.

15° C	Druck in mm Hg	log. Dekr.
	750	0,0579
	380	0,0586
	20,5	0,0582
	2,4	0,0566
	1,53	0,0556
	0,63	0,0528

[1] G ist natürlich nicht die Bewegungsgröße eines Moleküls, sondern ein geeignet gebildeter Mittelwert, bei dem die molekularen Verschiedenheiten sich herausgehoben haben und nur die „molare" Geschwindigkeit C, d. h. die dem Gase als Ganzem an der Stelle x zukommende, übrig geblieben ist. Für eine strenge Theorie wäre zu beweisen, daß dieser Mittelwert derselbe ist, den wir in Gl. (126) eingeführt haben.

Also bei Variation des Druckes um das Tausendfache keine merkliche Änderung des Reibungskoeffizienten. Bei sehr niedrigen Drucken allerdings nimmt der Reibungskoeffizient — wenigstens scheinbar — stark ab; dies liegt jedoch daran, daß dann an der Wandung andere Verhältnisse eintreten. Während bei höheren Drucken das Gas an der Wand anhaftet, tritt dann „Gleitung", d. h. eine Unstetigkeit der Geschwindigkeit ein, und dieses Phänomen verursacht eine scheinbare Abnahme des Reibungskoeffizienten. Wir können also eine geradezu glänzende Bestätigung der theoretischen Formel konstatieren.

Nach (132) ist η auch von der Temperatur abhängig; da $\bar{c}$ proportional der Wurzel aus der absoluten Temperatur ist, so sollte η auch der Wurzel aus T proportional sein. Rein qualitativ betrachtet würde dies also eine Zunahme der Reibung mit steigender Temperatur bedeuten. Dies ist wiederum insofern ein überraschendes Resultat, als die Reibung tropfbarer Flüssigkeiten bekanntlich umgekehrt mit steigender Temperatur abnimmt. Dennoch hat auch hier die kinetische Theorie den richtigen Sinn der Änderung von η angegeben. Allerdings steigt η nicht proportional $\sqrt{T}$, sondern rascher. Das ist wohl ohne Zweifel darauf zurückzuführen, daß die mittlere freie Weglänge $\bar{\lambda}$ selbst noch Funktion der Temperatur T ist. In der Tat hat Sutherland 1893 aus kinetischen Anschauungen eine andere, sich gut bewährende Formel für die Temperaturabhängigkeit hergeleitet.

Im ganzen muß man also dieses Ergebnis als eine äußerst erfreuliche Bestätigung der kinetischen Anschauungen betrachten.

Ganz ähnlich ist es mit der Wärmeleitung.

Nehmen wir dieselbe Anordnung wie bei der Reibung (Fig. 48), nur soll die obere Platte jetzt fest sein und eine höhere Temperatur haben, als die untere. Es stellt sich ein Wärmestrom von oben nach unten ein, es wird also Energie übertragen, und zwar ist, wenn f die Zahl der Freiheitsgrade eines Moleküls ist, offenbar:

(133) $$G = \frac{1}{2} f k T, \quad \mathfrak{G} = -l \frac{dT}{dx},$$

da der Wärmestrom dem Temperaturgradienten proportional ist; l heißt der Koeffizient der Wärmeleitung. Durch Einsetzen in (129) folgt:

$$l \frac{dT}{dx} = \frac{1}{3} \nu \overline{c \lambda} \frac{f}{2} k \frac{dT}{dx},$$

was für l gibt:

(134) $$l = \frac{1}{6} \nu \overline{c \lambda} f \cdot k,$$

oder, wenn wir wieder für $\overline{c \lambda}$ den Ausdruck $\bar{c} \cdot \bar{\lambda}$ setzen, und für $\bar{\lambda}$ den Wert (108) nehmen:

(135) $$l = \frac{f k \bar{c}}{6 \sqrt{2} \pi \delta^2}.$$

Gl. (135) lehrt, daß auch l unabhängig von der Dichte, d. h. bei konstanter Temperatur unabhängig vom Druck des Gases ist, und daß l gleichfalls der Wurzel aus der absoluten Temperatur proportional sein soll.

Ferner aber ergibt ein Vergleich des Reibungskoeffizienten η nach (132) und des Wärmeleitungskoeffizienten l nach (135) folgenden Zusammenhang zwischen beiden Größen:

$$\frac{l}{\eta} = \frac{1}{2}\frac{fk}{\mu},$$

oder, da $k = \frac{R}{N}$ ist:

$$\frac{l}{\eta} = \frac{1}{2} f \frac{R}{N\mu} = \frac{1}{2} f \frac{R}{m},$$

wo m das chemische Molekulargewicht ist. Da aber nach (71)

$$\frac{1}{2} f R = C_v,$$

so ist

$$\frac{1}{2} f \frac{R}{m} = \frac{C_v}{m} = c_v,$$

d. h. gleich der spezifischen Wärme bei konstantem Volumen. Also ist:

$$\frac{l}{\eta} = c_v, \tag{136}$$

eine auf den ersten Blick sicherlich höchst überraschende Beziehung.

Die Erfahrung hat diese Proportionalität durchaus bestätigt, und damit auch die Unabhängigkeit der Wärmeleitfähigkeit vom Druck, in denselben Grenzen, wie beim Reibungskoeffizienten, sowie ein Wachstum von l mit der Temperatur.

Bei sehr tiefen Drucken findet wieder eine starke Abnahme des Wärmeleitvermögens statt, was wiederum auf einen besonderen Vorgang an der Wandung zurückzuführen ist. Hier tritt nämlich ein Temperatursprung ein, der dem „Gleiten", d. h. dem Sprung der Geschwindigkeit bei der Reibung, durchaus analog ist. Man sieht also, daß die Proportionalität in geradezu überraschender Weise von der Erfahrung bestätigt wird.

Dagegen hat der Quotient $\frac{l}{\eta}$ nicht den von unserer elementaren Theorie geforderten Wert c_v, sondern den Wert $K c_v$, wo K ein von der Natur des Gases abhängender Faktor ist. In einatomigen Gasen ist derselbe nach Ausweis der Erfahrung gleich 2,50, für zweiatomige rund 1,90, für drei- und mehratomige etwa zwischen 1,5 und 1,75. Die folgende Tabelle, auf pag. 382, die wir (gekürzt) einer Arbeit von Eucken[1]) entnehmen, mag dies belegen.

Man erkennt also, daß unsere angenäherte Theorie zwar die wesentlichen Züge richtig wiedergibt, aber in der zahlenmäßigen Wiedergabe versagt. Das liegt besonders — außer an den schon bei Ableitung der Gl. (129) gemachten unzulässigen Annahmen — an folgendem Umstande:

---

[1]) A. Eucken, Physik. Ztschr. 14, pag. 324, 1913.

Gas	$l \cdot 10^7$	$\eta \cdot 10^7$	c_v	K
He	3360	1876	0,746	2,40
A	390	2102	0,0745	2,49
H_2	3970	850	0,38	1,965
N_2	566	1676	0,177	1,905
O_2	570	1922	0,155	1,913
CO	542,5	1672	0,177	1,835
NO	555	9794	0,1655	1,870
CH_4	714,5	1029	0,405	1,715
SO_2	195,0	1183	0,103	1,601
CO_2	337,0	1380	0,1500	1,628
N_2O	351,5	1362	0,1575	1,640

Wir haben oben bereits betont, daß bei unserem stationären, vom Gleichgewichtszustande verschiedenen Vorgange die Verteilungsfunktion f jedenfalls nicht in Strenge mit der Maxwellschen identisch ist. Wir müssen hier noch hinzufügen, daß auch kein Grund zu der Annahme berechtigt, daß bei der Reibung dieselbe Verteilungsfunktion existiert, wie bei der Wärmeleitung.

Von der Art der Verteilungsfunktion hängen nun aber die Mittelwerte $\bar{c}$ ab, die in den Gl. (132) für η und (135) für l vorkommen, und die wir ohne weiteres als einander gleich angenommen haben. Das ist eben in Strenge nicht zulässig.

Es ist aber nun wichtig, daß bei genauerer Rechnung, vor allem bei geeigneter Modifikation der Maxwellschen Verteilungsfunktion, für einatomige Gase wirklich der Wert $K = 2{,}50$ erhalten wird, den auch das Experiment gibt. Eine solche strenge Rechnung ist zuerst von Maxwell gegeben worden unter der Annahme, daß die Moleküle Kraftzentren sind, die proportional r^{-5} wirken. Kürzlich hat Chapman[1]) dieses Resultat auch unter der allgemeineren Voraussetzung erhalten, daß die Moleküle sphärische Symmetrie besitzen.

Wir müssen uns hier mit einem Hinweise auf dieses Resultat begnügen. Bemerkt sei nur noch, daß Eucken in der genannten Arbeit sehr einleuchtende Betrachtungen über den Wert von K angestellt hat; für starre einatomige Körper findet er als notwendiges Ergebnis der kinetischen Theorie den Wert 2,5; für starre zweiatomige den Wert 1,9, was einigermaßen durch die Erfahrung bestätigt wird; für starre dreiatomige ist nach ihm der Wert $K = 1{,}75$ zu erwarten, der für nicht starre noch weiter heruntergehen kann. Wenn diese Überlegungen zutreffen — und es hat allen Anschein —, so würden diese Werte von K ebenso charakteristisch für die kinetische Theorie sein, wie die verschiedenen Werte des Verhältnisses von $\frac{c_p}{c_v}$, aber auch die nämlichen Schwierigkeiten bieten, was die Zahl der Freiheitsgrade angeht. —

[1]) Chapman, Philos. Transactions **211**, pag. 433, 1912.

Hier wollen wir uns mit der Feststellung begnügen, daß die Tatsachen der allgemeinen kinetischen Auffassung der Reibung und Wärmeleitung also durchaus günstig sind, wenn auch die Schwierigkeit der Probleme zuweilen eine numerische Übereinstimmung zur Zeit nicht erzielen läßt.

Hier sei nur noch darauf hingewiesen, daß die Bestimmung des Reibungskoeffizienten nach (131) uns gestattet, einen Wert für die mittlere freie Weglänge $\bar{\lambda}$ und folglich für die Stoßzahl Z_1 eines Moleküls in der Sekunde gemäß Gl. (108a) zu erhalten. Es haben sich folgende Werte für 0° C und Atmosphärendruck ergeben[1]):

Gas	$\bar{\lambda}$	Z_1
H_2	$1{,}78 \cdot 10^{-5}$ cm	$9520 \cdot 10^{6}\ \mathrm{sec}^{-1}$
N_2	$0{,}95 \cdot 10^{-5}$ „	$4780 \cdot 10^{6}$ „
O_2	$1{,}02 \cdot 10^{-5}$ „	$4180 \cdot 10^{6}$ „
H_2O	$0{,}71 \cdot 10^{-5}$ „	$7980 \cdot 10^{6}$ „
CO_2	$0{,}65 \cdot 10^{-5}$ „	$5530 \cdot 10^{6}$ „
SO_2	$0{,}47 \cdot 10^{-5}$ „	$6390 \cdot 10^{6}$ „

88. Theorie der van der Waalsschen Gleichung (Nichtideales Gas).

Wir wollen nun noch zeigen, wie die kinetischen Anschauungen auch gestatten, von den Abweichungen der realen Gase von den idealen Gasgesetzen Rechenschaft zu geben. Rein empirisch wissen wir bereits aus Kap. II, Nr. 26, pag. 108ff., daß an Stelle der idealen Gasgleichung andere Zustandsgleichungen treten, deren berühmteste die v. d. Waalssche Gleichung ist:

$$\left(p + \frac{a}{v^2}\right)(v - b) = \frac{R}{m} T$$

(v = spez. Volumen, a und b Konstanten).

Diese wollen wir deshalb aus den kinetischen Anschauungen herleiten. Auf diesem Wege ist auch v. d. Waals selbst darauf geführt worden, und es zeigt sich auch an diesem Beispiele die große heuristische Kraft unserer Molekulartheorie.

Wir gehen aus von dem Clausiusschen Virialsatze, den wir in Gl. (21) formuliert hatten:

$$\frac{\mathfrak{N} \mu \overline{c^2}}{2} = -\frac{1}{2} \overline{\sum (X \cdot x + Y \cdot y + Z \cdot z)}^{t}.$$

Wir haben bereits in Nr. 78 gezeigt, daß diese Gleichung zu den idealen Gasgesetzen führt, wenn man als einzige auf die Moleküle wirkende Kraft den von den Wänden ausgeübten Druck p in Rechnung zieht. In der Tat fanden wir damals für die rechte Seite, das sogenannte Virial, die Gl. (22):

$$-\frac{1}{2} \overline{\sum (X \cdot x + Y \cdot y + Z \cdot z)}^{t} = \frac{3}{2} p V,$$

[1]) O. E. Meyer, Kinetische Theorie der Gase, pag. 192ff.

wo V das Gesamtvolumen des Gases war, woraus durch Kombination mit der vorstehenden Gleichung folgt:

(137)
$$pV = \frac{\mathfrak{N}\mu\overline{c^2}}{3},$$

was unmittelbar zur idealen Gasgleichung führt.

Wirken jedoch auch noch innere Kräfte zwischen den Molekülen, so sind diese bei Berechnung des Virials mit in Rechnung zu setzen.

Wir wollen also jetzt annehmen, daß zwischen den Molekülen, die wir uns wieder als harte elastische Kugeln denken, anziehende Kräfte wirken, die lediglich Funktionen der Entfernung seien; der absolute Betrag dieser Kräfte soll sehr rasch auf Null herabsinken, wenn die Entfernung der Moleküle eine gewisse Größe überschreitet. Nennen wir die Kraft zwischen zwei Molekülen $\Phi(r)$, wo $r^2 = (x - x')^2 + (y - y')^2 + (z - z')^2$ ist, also (x, y, z) die Lage des Mittelpunktes des einen, $(x'\, y'\, z')$ entsprechend des zweiten Moleküls bestimmt, so sind die Kraftkomponenten $X\, Y\, Z$ bzw. $X'\, Y'\, Z'$, die auf die beiden Moleküle wirken, folgende:

(138)
$$\left\{\begin{aligned} X &= \Phi(r)\frac{x-x'}{r}, & X' &= \Phi(r)\frac{x'-x}{r},\\ Y &= \Phi(r)\frac{y-y'}{r}, & Y' &= \Phi(r)\frac{y'-y}{r},\\ Z &= \Phi(r)\frac{z-z'}{r}, & Z' &= \Phi(r)\frac{z'-z}{r}, \end{aligned}\right.$$

und das (noch nicht gemittelte) Virial $-\frac{1}{2}\sum(X\cdot x + Y\cdot y + Z\cdot z)$ dieser beiden Moleküle wird daher:

$$-\frac{1}{2}\left[\left\{\Phi(r)\frac{x-x'}{r}x - \Phi(r)\frac{x-x'}{r}x'\right\} + \ldots\right],$$

oder:

$$-\frac{1}{2}\frac{\Phi(r)}{r}\left[(x-x')^2 + (y-y')^2 + (z-z')^2\right] = -\frac{1}{2}r\,\Phi(r).$$

Daher wird das gesamte (noch nicht gemittelte) Virial, das von diesen Kräften herrührt, offenbar:

(139)
$$-\frac{1}{2}\sum\sum r\,\Phi(r),$$

wo diese Doppelsumme über alle Paare von Molekülen zu erstrecken ist. Dazu kommt, wie vorher, der Teil des Virials, der von dem äußeren Drucke p herrührt, und wir erhalten insgesamt statt der Gl. (137):

(140)
$$pV = \frac{1}{3}\mathfrak{N}\mu\overline{c^2} - \frac{1}{3}\sum\sum r\,\Phi(r).$$

Die Mittelung kann in dem letzten Gliede fortbleiben, da $\sum\sum r\,\Phi(r)$ für einen Gleichgewichtszustand selbst konstant ist.

Der Ausdruck $\sum\sum r\,\Phi(r)$ ist leicht zu berechnen. Bestimmen wir ihn zunächst für die Wechselwirkung zwischen einem Molekül a mit den in einem Volumelement $\Delta\tau$ liegenden Molekülen (Fig. 49). In diesem Volumelement liegen im Mittel $\Delta\mathfrak{N} = \frac{\mathfrak{N}}{V}\Delta\tau$ Moleküle, so daß die Wechselwirkung zwischen diesem Volumelement und dem Molekül a gleich ist:

$$\frac{\mathfrak{N}}{V}\,\Phi(r)\,r\,\Delta\tau = \frac{\mathfrak{N}}{V}\,\Phi(r)\,r^3\,\Delta r \sin\vartheta\,\Delta\vartheta\,\Delta\varphi,$$

wenn Polarkoordinaten eingeführt werden. Betrachten wir nun weiter statt des Moleküls a ebenfalls ein Volumelement $\Delta\tau'$, so liegen in diesem $\frac{\mathfrak{N}}{V}\Delta\tau'$ Moleküle, sodaß wir nun für die gesuchte Wechselwirkung zwischen den Volumelementen $\Delta\tau$ und $\Delta\tau'$ erhalten:

$$\Delta\tau'\,\frac{\mathfrak{N}^2}{V^2}\,\Phi(r)\,r^3\,\Delta r \sin\vartheta\,\Delta\vartheta\,\Delta\varphi.$$

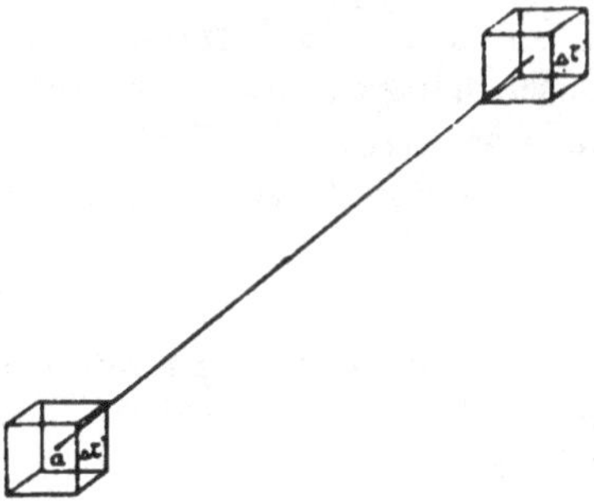

Fig. 49.

Um die gesamte Wirkung zu erhalten, ist dieser Ausdruck sowohl über $\Delta\tau$ als über $\Delta\tau'$ zu integrieren; dabei muß aber noch durch 2 dividiert werden, da bei dieser Integration jedes Volumelement zweimal, einmal als $\Delta\tau$, einmal als $\Delta\tau'$ auftritt. Also ist der gesuchte Ausdruck:

$$\sum\sum r\,\Phi(r) = \frac{1}{2}\frac{\mathfrak{N}^2}{V^2}\int\Delta\tau'\int\Phi(r)\,r^3\,\Delta r \sin\vartheta\,\Delta\vartheta\,\Delta\varphi$$

$$= \frac{2\pi\,\mathfrak{N}^2}{V^2}\int\Delta\tau'\int_0^\infty\Phi(r)\,r^3\,\Delta r.$$

Da die Kräfte $\Phi(r)$ sehr schnell mit wachsendem r abnehmen sollten, so ist es statthaft, in dem letzten Integrale die obere Grenze ∞ zu nehmen, statt die Integration nur über das Volumen V auszudehnen. Das Integral ist natürlich eine Konstante. Die Integration über $\Delta\tau'$ liefert einfach V, sodaß folgt:

$$\frac{1}{3}\sum\sum r\,\Phi(r) = \frac{2\pi}{3}\frac{\mathfrak{N}^2}{V^2}\,V\int_0^\infty\Phi(r)\,r^3\,\Delta r,$$

oder, wenn wir

$$\frac{2\pi}{3}\,\mathfrak{N}^2\int_0^\infty\Phi(r)\,r^3\,\Delta r = a_1$$

setzen:

$$\frac{1}{3}\sum\sum\Phi(r)\,r = \frac{a_1}{V^2}\,V.$$

Dann wird Gl. (140):

(141) $$\left(p + \frac{a_1}{V^2}\right)V = \frac{1}{3}\,\mathfrak{N}\,\mu\,\overline{c^2}.$$

Diese Gleichung ist aber auch noch nicht vollständig. Denn bei den Zusammenstößen der als elastische Kugeln gedachten Molekeln treten ja auch noch abstoßende Kräfte auf, die zum Virial einen Beitrag liefern. Diese letztere Rechnung hat zuerst H. A. Lorentz[1]) durchgeführt, und

[1]) H. A. Lorentz, Ges. Abhandl. I, pag. 114.

weil sie für das folgende von Belang ist, wollen wir sie hier reproduzieren, obwohl die v. d. Waalssche Gleichung ja an sich nur eine angenäherte ist. Diesen Teil des Virials nennt Lorentz das „repulsive“ Virial; wir bezeichnen es durch R.

Es mögen also im Moment des Zusammenstoßes zweier Moleküle, d. h. wenn die Distanz ihrer Mittelpunkte den Wert δ (in unsern alten Bezeichnungen) hat, das erste auf das zweite die Kraft $\mathfrak{K}_1$ und das zweite auf das erste die Kraft $\mathfrak{K}_2 = -\mathfrak{K}_1$ ausüben. Das repulsive Virial für diese beiden Molekeln hat also den Wert:

$$-\frac{1}{2}\mathfrak{K}\cdot\delta,$$

und das gesamte repulsive Virial erhalten wir durch Summation über alle Molekülpaare und schließlich durch Mittelung über eine hinreichend lange Zeit τ zu:

$$R = -\frac{1}{2\tau}\int_0^\tau \sum (\mathfrak{K}\delta)\,dt = -\frac{\delta}{2\tau}\int_0^\tau \sum \mathfrak{K}\,dt. \tag{142}$$

Wir können nun die Reihenfolge der Summation und Integration vertauschen und finden also:

$$R = -\frac{\delta}{2\tau}\sum\int_0^\tau \mathfrak{K}\,dt. \tag{143}$$

Da die Kraft $\mathfrak{K}$ nur während der Stoßdauer vorhanden ist, können wir rechts unter τ einfach diese Stoßdauer verstehen; dann bedeutet der Ausdruck $\int_0^\tau \mathfrak{K}\,dt$ die sogenannte „Stoßkraft“, die wir in Bd. I (Kap. II, pag. 105) durch $[\mathfrak{K}]$ bezeichnet hatten. Nun können wir für den Stoß eines der Moleküle als ruhend, das andere mit der relativen Geschwindigkeit c_r dagegen bewegt denken; zerlegen wir c_r in seine Komponenten parallel der im Moment des Stoßes gemeinsamen Tangentialebene ($c_{r,t}$) und senkrecht dazu ($c_{r,n}$), so wird durch den Stoß bekanntlich nur die letztere verändert, nämlich auf Null gebracht. Nach den Gleichungen der Dynamik ist nun die Stoßkraft $[\mathfrak{K}]$ einfach gleich $\mu c_{r,n}$, d. h. der Änderung der Bewegungsgröße in der Zeit τ. Also können wir für das repulsive Virial schreiben:

$$R = -\frac{\delta\mu}{2\tau}\sum c_{r,n}, \tag{144}$$

wo die Summe über alle Molekülpaare zu erstrecken ist, die in der Zeit τ zusammenstoßen.

Um diese Summe zu berechnen, müssen wir für alle möglichen Zusammenstöße in der Zeit τ die Größen $c_{r,n}$ summieren. Das können wir so machen wie in Nr. 85, daß wir zunächst nur die Zahl der Stöße der Klasse α bestimmen; diese ist in den alten Bezeichnungen nach Fig. 44 nach Gl. (94) pro Kubikzentimeter und pro Sekunde:

$$\nu_\alpha = \nu^2 \frac{\beta^6}{\pi^3} e^{-\beta^2(c^2+c'^2)} \delta^2 \cdot c_r \cos\Theta \cdot \Delta K \cdot \Delta u\, \Delta v\, \Delta w \cdot \Delta u'\, \Delta v'\, \Delta w',$$

oder, da $\nu = \frac{\mathfrak{N}}{V}$ ist, und wenn zugleich mit τ multipliziert wird:

$$\nu_\alpha \tau = \frac{\mathfrak{N}^2 \beta^6 \tau}{V^2 \pi^3} e^{-\beta^2(c^2+c'^2)} \delta^2 \cdot c_r \cos\Theta \cdot \Delta K \cdot \Delta u\, \Delta v\, \Delta w \cdot \Delta u'\, \Delta v'\, \Delta w'.$$

Multipliziert man diese Gleichung mit V, dem Gesamtvolumen, so entsteht links $\nu_\alpha \tau \cdot V = \mathfrak{N}_\alpha \tau$, d. h. die Zahl der α-Stöße in der Zeit τ und im Gesamtvolumen V, also:

(145) $$\mathfrak{N}_\alpha \tau = \frac{\mathfrak{N}^2 \beta^6 \tau}{V \pi^3} e^{-\beta^2(c^2+c'^2)} \delta^2 \cdot c_r \cos\Theta \cdot \Delta K \cdot \Delta u\, \Delta v\, \Delta w \cdot \Delta u'\, \Delta v'\, \Delta w'.$$

Die hier auftretende Größe $c_r \cos\Theta$ ist offenbar gerade unser $c_{r,n}$. Um die Summe der $c_{r,n}$ für diese Gruppe von Molekülen zu finden, haben wir (145) nur mit $c_{r,n} = c_r \cdot \cos\Theta$ zu multiplizieren:

(146) $$\sum_\alpha c_{r,n} = \frac{\mathfrak{N}^2 \beta^6 \tau}{V \pi^3} e^{-\beta^2(c^2+c'^2)} \delta^2 \cdot c_r^2 \cos^2\Theta \cdot \Delta K \cdot \Delta u\, \Delta v\, \Delta w \cdot \Delta u'\, \Delta v'\, \Delta w',$$

wo der Index α am Summenzeichen bedeuten soll, daß es sich hier immer nur um α-Stöße handelt. Um daraus die gesamte Summe $\sum c_{r,n}$ zu bekommen, haben wir über ΔK, über $\Delta u\, \Delta v\, \Delta w$, über $\Delta u'\, \Delta v'\, \Delta w'$ in derselben Weise und zwischen denselben Grenzen zu integrieren, wie in Nr. 85. Setzen wir zunächst $\Delta K = \sin\Theta\, \Delta\Theta\, \Delta\Phi$, so liefert die Integration über Φ den Faktor 2π, die über Θ den Faktor $1/3$, so daß wir für die Summe der $c_{r,n}$ für alle Zusammenstöße zwischen einem A- und einem B-Molekül in der Zeit τ im ganzen Volumen V erhalten:

(147) $$\sum_{A,B} c_{r,n} = \frac{2\pi}{3} \frac{\mathfrak{N}^2 \beta^6 \tau \delta^2}{\pi^3 V} e^{-\beta^2(c^2+c'^2)} \cdot c_r^2\, \Delta u\, \Delta v\, \Delta w \cdot \Delta u'\, \Delta v'\, \Delta w'.$$

Zur Integration über Δu, Δv, Δw, $\Delta u'$, $\Delta v'$, $\Delta w'$ führen wir dieselben Koordinaten ein wie in den Gl. (97) bzw. (102), sodaß wir schließlich für die gesuchte Summe $\sum c_{r,n}$ schreiben können:

(148) $$\sum c_{r,n} = \frac{2\pi}{3} \frac{\mathfrak{N}^2 \beta^6 \tau \delta^2}{V 2\pi^3} \int_0^\infty\!\!\int_0^\infty\!\!\int_0^\pi\!\!\int_0^\pi\!\!\int_0^{2\pi}\!\!\int_0^{2\pi} e^{-\beta^2\left[2C^2 + \frac{1}{2}c_r^2\right]} C^2 c_r^4 \cdot \sin\vartheta \cdot \sin\vartheta' \cdot \Delta C \cdot \Delta c_r \cdot \Delta\vartheta \cdot \Delta\vartheta' \cdot \Delta\varphi \cdot \Delta\varphi'.$$

Die Integrationen über φ und φ' liefern $4\pi^2$, die über ϑ und ϑ' den Faktor 4, so daß wir einfacher schreiben können:

(149) $$\sum c_{r,n} = \frac{16\pi^3 \mathfrak{N}^2 \beta^6 \tau \delta^2}{6\pi^3 V} \int_0^\infty e^{-2\beta^2 C^2} C^2\, \Delta C \int_0^\infty e^{-\frac{\beta^2 c_r^2}{2}} c_r^4\, \Delta c.$$

Darin kann jede der beiden noch übrigen Integrationen nach dem Muster der in Nr. 80 und 81 vollzogenen partiellen Integrationen ausgeführt werden; man erhält nach einfachen Rechnungen schließlich:

(149a) $$\sum c_{r,n} = \frac{\mathfrak{N}^2 \pi \delta^2 \tau}{\beta^2 V} = \frac{2}{3} \frac{\mathfrak{N}^2 \overline{c^2} \pi \delta^2 \tau}{V}.$$

Nach (144) folgt daraus für den Wert R des repulsiven Virials:

(150) $$R = -\frac{\mu\pi\delta^3 \cdot \mathfrak{N}^2\overline{c^2}}{3\,V}.$$

Diesen Wert haben wir noch dem Virial in der früheren Gleichung hinzuzufügen, und nun erhalten wir statt der Gl. (141):

(151) $$\left(p + \frac{a_1}{V^2}\right)V - \frac{2}{3}\frac{\mu\pi\delta^3\mathfrak{N}^2\overline{c^2}}{3V} = \frac{1}{3}\mathfrak{N}\mu\overline{c^2},$$

oder:

(151a) $$\left(p + \frac{a_1}{V^2}\right)V = \frac{1}{3}\mathfrak{N}\mu\overline{c^2}\left\{1 + \frac{2}{3}\frac{\pi\delta^3\mathfrak{N}}{V}\right\}.$$

$\frac{2}{3}\pi\delta^3$ ist das vierfache Volumen e i n e s Moleküls, also $\frac{2}{3}\pi\delta^3\mathfrak{N}$ das Vierfache des allen Molekülen zusammen zukommenden Volumens, des sogenannten „K o v o l u m e n s" oder des „K e r n v o l u m e n s". Setzen wir zur Abkürzung:

(152) $$\frac{2}{3}\pi\delta^3 \cdot \mathfrak{N} = b_1,$$

so ist also b_1 gleich dem vierfachen Kernvolumen, und die letzte Gleichung wird:

$$\left(p + \frac{a_1}{V^2}\right)V = \frac{1}{3}\mathfrak{N}\mu\overline{c^2}\left\{1 + \frac{b_1}{V}\right\},$$

oder angenähert:

$$\left(p + \frac{a_1}{V^2}\right)V\left(1 - \frac{b_1}{V}\right) = \frac{1}{3}\mathfrak{N}\mu\overline{c^2},$$

oder weiter:

(153) $$\left(p + \frac{a_1}{V^2}\right)(V - b_1) = \mathfrak{N}\mu\frac{R}{m}T,$$

wenn wir $\overline{c^2}$ in Übereinstimmung mit dem Früheren gleich $3\frac{R}{m}T$ setzen. Wollen wir alles auf die Masseneinheit beziehen, wie wir es in der Thermodynamik meistens getan haben, so ist $V = v$, d. h. gleich dem spezifischen Volumen, und $\mathfrak{N}\mu = 1$; also wird nach (152) b_1 zu

$$\frac{2}{3}\pi\delta^3\frac{1}{\mu} = b,$$

während a_1 in

$$\frac{2\pi}{3}\frac{1}{\mu^2}\int_0^\infty \Phi(r)r^3\,dr = a$$

übergeht, so daß wir erhalten:

(154) $$\left(p + \frac{a}{v^2}\right)(v - b) = \frac{R}{m}T,$$

d. h. unsere alte Form der v. d. W a a l s schen Gleichung.

So haben wir also durch Anwendung der kinetischen Anschauungen auch die Korrekturen berechnet, die an den Gasgesetzen anzubringen sind und die wir bisher nur empirisch einführen konnten.

Wir haben diese Rechnung besonders auch deshalb so ausführlich wiedergegeben, u m d i e p h y s i k a l i s c h e B e d e u t u n g d e r G r ö ß e b_1 a l s d i e d e s v i e r f a c h e n K o v o l u m e n s festzustellen. Diese erlaubt uns nämlich jetzt, einige für die Molekulartheorie wichtige Zahlenwerte festzustellen.

Beziehen wir b_1 auf die Menge eines Mols, d. h. setzen wir $\mathfrak{N} = N$, der Avogadroschen Zahl, so ist nach (152):

$$b_1 = \frac{2}{3}\pi N \delta^3, \tag{155}$$

und diese Gleichung wollen wir mit der Clausius-Maxwellschen (104) für die mittlere freie Weglänge kombinieren, in der wir ebenfalls $N = \nu \cdot V$ einführen, wo V das Molvolumen ist:

$$\bar{\lambda} = \frac{V}{\sqrt{2}\,\pi N \delta^2}. \tag{156}$$

Das Produkt beider Gleichungen liefert:

$$b_1 \bar{\lambda} = \frac{\sqrt{2}}{3}\delta V;$$

wir erhalten also für den Molekulardurchmesser δ:

$$\delta = \frac{3 b_1 \bar{\lambda}}{\sqrt{2}\,V}. \tag{157}$$

Man hat nach dieser und ähnlichen Methoden etwa folgende Werte gefunden:

Gas	$\delta \cdot 10^8$ cm
H_2	8,8 – 30,6
N_2	1,7 – 17,6
O_2	1,6 – 15,7
CO_2	6,8 – 16,2
Cl_2	1,9 – 11,7

Obwohl diese Zahlen sehr erheblich schwanken, so ist doch als sicher zu betrachten, daß die Größenordnung von 10^{-8} cm richtig getroffen ist. Denn alle Methoden stimmen darin überein.

Setzt man den Wert von δ in (155) oder (156) ein, so erhält man Werte für die Avogadrosche Zahl, die natürlich in denselben Grenzen schwanken, wie die Molekulardurchmesser. Der erste, der auf diese Weise die Avogadrosche Zahl berechnet hat, war Loschmidt. Er hat allerdings nicht N, sondern, was natürlich im Prinzip auf dasselbe herauskommt, die Zahl der Moleküle im Kubikzentimeter bei Normalbedingungen (76 cm Hg-Druck und 273° abs. Temperatur) bestimmt. Diese letztere Anzahl heißt daher die „Loschmidtsche Zahl“. Die neueren Methoden zur Bestimmung von N, die wir später (Kap. X) besprechen werden, haben insofern einen großen Fortschritt gezeitigt, als nach ihnen der Wert von N auf wenige Prozente als gesichert zu betrachten ist. Es ist zur Zeit wohl der Wert

$$N = 62 \cdot 10^{22} \tag{158}$$

als der genaueste zu betrachten.

Damit ist nun auch der Wert von $k = \frac{R}{N}$ bestimmt; wir finden:

$$k = \frac{8{,}31 \cdot 10^7}{62 \cdot 10^{22}} = 1{,}34 \cdot 10^{-16}\,\frac{\text{erg}}{\text{grad}}. \tag{159}$$

Demgemäß ist die mittlere kinetische Energie eines punktförmigen Moleküls bei der Temperatur von 273° abs.:

$$u_{T=273} = \frac{3}{2}k \cdot 273 = 0{,}55 \cdot 10^{-13}\ \text{erg}. \tag{160}$$

Um eine Vorstellung von der Größe dieses Energiebetrages zu bekommen, berechne man die Arbeit, die erfordert wird, um eine Wasserkugel von 10^{-4} cm Durchmesser um 10^{-4} cm zu heben. Dieselbe ist rund

$$0{,}53 \cdot 10^{-13}\ \text{erg},$$

also etwa so groß, wie die mittlere kinetische Energie eines einatomigen Moleküls bei der Temperatur des schmelzenden Eises.

Wir schließen damit unseren kurzen Überblick über die Hauptresultate der kinetischen Theorie der Gase ab. Im folgenden Kapitel werden wir uns vor allen Dingen mit einer mechanischen Deutung des Entropiebegriffes und des zweiten Hauptsatzes befassen.

Neuntes Kapitel.

Entropie und Wahrscheinlichkeit.

89. Stoß elastischer Kugeln.

Wir haben bereits mehrmals von den Gesetzen des elastischen Stoßes Gebrauch gemacht, ohne indessen die expliziten Formeln zu benützen; was wir bisher verwendet haben, waren die Erhaltungssätze für Impuls und Energie, aus denen die expliziten Stoßgesetze natürlich sofort folgen. Bei den folgenden Auseinandersetzungen werden wir auch diese letzteren brauchen, namentlich diejenigen, welche die Komponenten der Geschwindigkeiten nach dem Stoße auszudrücken lehren durch die Komponenten der Geschwindigkeiten vor dem Stoße, und umgekehrt. Es ist daher zweckmäßig, sie hier alle zusammenzustellen.

Betrachten wir als stoßende Körper starre Kugeln gleicher Masse, so haben wir zwei Arten von Stößen zu unterscheiden, sogenannte „gerade“ und „schiefe“ Stöße; bei beiden ist die Stoßrichtung nach dem Kugelzentrum hin gerichtet, sodaß der Stoß in jedem Falle „zentral“ ist.

Ein „gerader“ Stoß liegt vor, wenn die Zentrilinie im Moment des Stoßes die nämliche Richtung besitzt wie die beiden Geschwindigkeiten vor dem Stoße. „Schief“ wird der Stoß dann genannt, wenn diese Bedingung nicht erfüllt ist.

Wir werden zuerst die sehr einfachen Gesetze des geraden Stoßes ableiten und die des schiefen darauf zurückführen.

Betrachten wir also zwei gleiche Kugeln A und B, die vor dem Stoße die Geschwindigkeiten c und c' von gleicher Richtung haben mögen; nach dem Stoße seien die Geschwindigkeiten $\bar{c}$ und $\bar{c}'$. Im Moment des Stoßes habe die Zentrilinie AB — wir bezeichnen auch die Mittelpunkte der Kugeln durch A und B — die gleiche Richtung mit c und c' (Fig. 50).

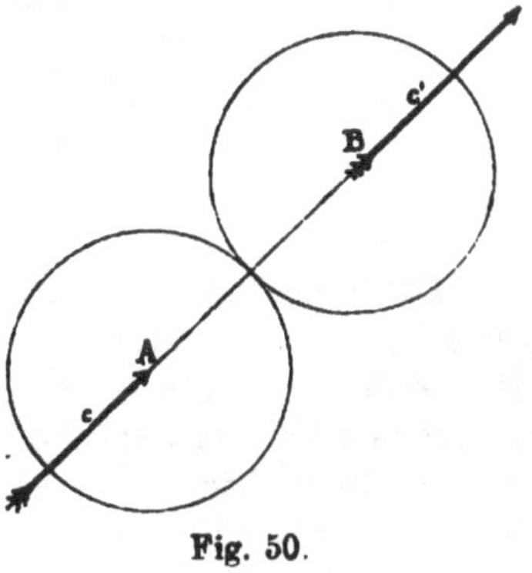

Fig. 50.

Nach dem Satze von der Erhaltung der Energie ist offenbar:

$$(1) \qquad c^2 + c'^2 = \bar{c}^2 + \bar{c}'^2,$$

und nach dem der Erhaltung des Impulses:

$$(2) \qquad c + c' = \bar{c} + \bar{c}',$$

welche beiden Bedingungen genügen, um $\bar{c}$ und $\bar{c}'$ durch c und c' auszudrücken. Schreiben wir (1) und (2) in folgender Form:

$$(3) \qquad c^2 - \bar{c}^2 = \bar{c}'^2 - c'^2,$$

$$(4) \qquad c - \bar{c} = \bar{c}' - c',$$

so liefert Division die lineare Relation:

$$(5) \qquad c + \bar{c} = c' + \bar{c}',$$

die mit (4) kombiniert liefert:

$$(6) \qquad \begin{cases} \bar{c} = c', \\ \bar{c}' = c, \end{cases}$$

d. h. nach dem Stoße hat die Kugel A die Geschwindigkeit $\bar{c} = c'$, die vorher B hatte, und umgekehrt; die Kugeln tauschen also beim geraden Stoße einfach ihre Geschwindigkeiten aus.

Betrachten wir jetzt den komplizierteren Fall, daß die Geschwindigkeiten $\mathfrak{c}$ und $\mathfrak{c}'$, die wir jetzt als Vektoren mit fetten deutschen Buchstaben schreiben, sowohl untereinander verschiedene Richtung haben, als auch von der der Zentrilinie AB abweichen (Fig. 51).

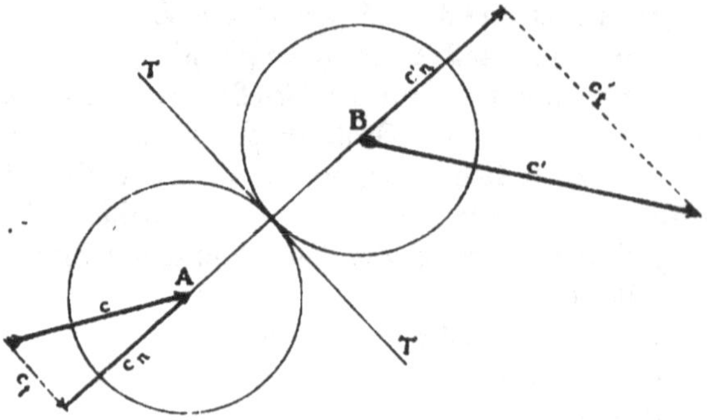

Fig. 51.

Dann zerlegen wir $\mathfrak{c}$ und $\mathfrak{c}'$ in zwei Komponenten, je eine parallel zu AB, je eine senkrecht zu dieser Richtung, oder besser ausgedrückt, in je eine Komponente ($\mathfrak{c}_t$, $\mathfrak{c}_t'$) parallel zu der im Momente des Stoßes gemeinsamen Tangentialebene TT, und je eine ($\mathfrak{c}_n$, $\mathfrak{c}_n'$) normal zu derselben. Da die Stoßrichtung bei Kugeln immer zentral ist, so werden durch den Stoß die tangentiellen Komponenten $\mathfrak{c}_t$ und $\mathfrak{c}_t'$ gar nicht geändert; die normalen dagegen spielen dieselbe Rolle wie vorher beim geraden Stoß die Geschwindigkeiten c und c' selbst. Sind also die Geschwindigkeiten nach dem Stoße $\bar{\mathfrak{c}}$ und $\bar{\mathfrak{c}}'$ — mit den tangentiellen Komponenten $\bar{\mathfrak{c}}_t$ und $\bar{\mathfrak{c}}_t'$, sowie mit den normalen $\bar{\mathfrak{c}}_n$ und $\bar{\mathfrak{c}}_n'$, —, so ist nach obigen Überlegungen offensichtlich:

$$(7)\qquad \begin{cases} \bar{\mathfrak{c}}_t = \mathfrak{c}_t, \\ \bar{\mathfrak{c}}_t' = \mathfrak{c}_t' \end{cases}$$

und

$$(8)\qquad \begin{cases} \bar{\mathfrak{c}}_n = \mathfrak{c}_n', \\ \bar{\mathfrak{c}}_n' = \mathfrak{c}_n, \end{cases}$$

von denen die ersteren die Unverändertheit der tangentiellen, die letzteren den Austausch der normalen Komponenten aussprechen. Da in vektorieller Schreibweise

$$\mathfrak{c} = \mathfrak{c}_t + \mathfrak{c}_n$$

(usw. für alle Geschwindigkeiten) ist, so finden wir aus (7) und (8) folgende Relationen:

$$(9)\qquad \begin{cases} \mathfrak{c} = \mathfrak{c}_t + \mathfrak{c}_n = \bar{\mathfrak{c}}_t + \bar{\mathfrak{c}}\ , \\ \mathfrak{c}' = \mathfrak{c}_t' + \mathfrak{c}_n' = \bar{\mathfrak{c}}_t' + \bar{\mathfrak{c}}_n, \end{cases}$$

die noch etwas anders formuliert werden können, wenn wir den Vektor der relativen Geschwindigkeit nach dem Stoße

$$(10)\qquad \bar{\mathfrak{c}}_r = \bar{\mathfrak{c}}' - \bar{\mathfrak{c}}$$

einführen. Da in Vektorschreibweise:

$$\bar{\mathfrak{c}}_t = \bar{\mathfrak{c}} - \bar{\mathfrak{c}}_n$$

ist, so liefert die erste Gleichung (9):

$$\mathfrak{c} = \bar{\mathfrak{c}} - \bar{\mathfrak{c}}_n + \bar{\mathfrak{c}}_n' = \bar{\mathfrak{c}} - (\bar{\mathfrak{c}} - \bar{\mathfrak{c}}')_n$$

oder in Rücksicht auf (10):

$$(11)\qquad \mathfrak{c} = \bar{\mathfrak{c}} + (\bar{\mathfrak{c}}_r)_n,$$

wo $(\bar{\mathfrak{c}}_r)_n$ die Normalkomponente der Relativgeschwindigkeit $\bar{\mathfrak{c}}_r$, d. h. deren Projektion auf die Zentrilinie AB, ist.

Ebenso ist nach (9) und (10):

$$\mathfrak{c}' = \bar{\mathfrak{c}}_t' + \bar{\mathfrak{c}}_n = \bar{\mathfrak{c}}_t' + (\bar{\mathfrak{c}}_n - \bar{\mathfrak{c}}_n') + \bar{\mathfrak{c}}_n' = \bar{\mathfrak{c}}_t' + \bar{\mathfrak{c}}_n' - (\bar{\mathfrak{c}}_r)_n,$$

oder, da $\bar{\mathfrak{c}}_t' + \bar{\mathfrak{c}}_n' = \bar{\mathfrak{c}}'$ ist:

$$(12)\qquad \mathfrak{c}' = \bar{\mathfrak{c}}' - (\bar{\mathfrak{c}}_r)_n,$$

die das Analogon zu (11) darstellt.

Wir wollen beide Gleichungen auch in Komponentendarstellung schreiben; nennt man die Komponenten der Geschwindigkeit $\mathfrak{c}$ bzw. u, v, w (und entsprechend für die übrigen Geschwindigkeiten), bezeichnet man ferner die Richtungskosinusse von $(\bar{\mathfrak{c}}_r)_n$, der Normalkomponente der Relativgeschwindigkeit, oder auch der Zentrilinie, was auf dasselbe herauskommt, bzw. durch l, m, n, so ist nach (11):

$$(13)\qquad \begin{cases} u = \bar{u} + l \cdot (\bar{\mathfrak{c}}_r)_n, \\ v = \bar{v} + m \cdot (\mathfrak{c}_r)_n, \\ w = \bar{w} + n \cdot (\bar{\mathfrak{c}}_r)_n, \end{cases}$$

und nach (12):

$$(14)\qquad \begin{cases} u' = \bar{u}' - l\cdot(\bar{\mathfrak{c}}_r)_n\,, \\ v' = \bar{v}' - m\cdot(\bar{\mathfrak{c}}_r)_n\,, \\ w' = \bar{w}' - n\cdot(\bar{\mathfrak{c}}_r)_n\,. \end{cases}$$

Anderseits sind nach Definition der relativen Geschwindigkeit $\bar{\mathfrak{c}}_r$ die Richtungskosinusse der Normalkomponente derselben offenbar:

$$l = \frac{\bar{u}' - \bar{u}}{(\bar{\mathfrak{c}}_r)_n}\,; \qquad m = \frac{\bar{v}' - \bar{v}}{(\bar{\mathfrak{c}}_r)_n}\,; \qquad n = \frac{\bar{w}' - \bar{w}}{(\bar{\mathfrak{c}}_r)_n}\,;$$

erweitern wir diese Gleichungen der Reihe nach mit l, m, n und addieren, so folgt, da $l^2 + m^2 + n^2 = 1$ ist:

$$(15)\qquad (\bar{\mathfrak{c}}_r)_n = (\bar{u}' - \bar{u})\,l + (\bar{v}' - \bar{v})\,m + (\bar{w}' - \bar{w})\,n\,,$$

welchen Wert wir in (13) und (14) eintragen. Sie liefern dann:

$$(16)\qquad \begin{cases} u = \bar{u} + \{\,l^2\,(\bar{u}' - \bar{u}) + l\,m\,(\bar{v}' - \bar{v}) + l\,n\,(\bar{w}' - \bar{w})\}\,, \\ v = \bar{v} + \{l\,m\,(\bar{u}' - \bar{u}) + m^2\,(\bar{v}' - \bar{v}) + m\,n\,(\bar{w}' - \bar{w})\}\,, \\ w = \bar{w} + \{l\,n\,(\bar{u}' - \bar{u}) + m\,n\,(\bar{v}' - \bar{v}) + n^2\,(\bar{w}' - \bar{w})\}\,, \end{cases}$$

sowie:

$$(17)\qquad \begin{cases} u' = \bar{u}' + \{\,l^2\,(\bar{u} - \bar{u}') + l\,m\,(\bar{v} - \bar{v}') + l\,n\,(\bar{w} - \bar{w}')\}\,, \\ v' = \bar{v}' + \{l\,m\,(\bar{u} - \bar{u}') + m^2\,(\bar{v} - \bar{v}') + m\,n\,(\bar{w} - \bar{w}')\}\,, \\ w' = \bar{w}' + \{l\,n\,(\bar{u} - \bar{u}') + m\,n\,(\bar{v} - \bar{v}') + n^2\,(\bar{w} - \bar{u}')\}\,. \end{cases}$$

Diese Gleichungen drücken die Komponenten $u\,v\,w$ bzw. $u'\,v'\,w'$ vor dem Stoß durch $\bar{u}, \bar{v}, \bar{w}$ bzw. $\bar{u}'\,\bar{v}'\,\bar{w}'$ nach dem Stoß aus, und umgekehrt. Von diesen Gleichungen müssen wir im folgenden Gebrauch machen.

90. Beweis des Maxwellschen Verteilungsgesetzes und des Äquipartitionstheorems.

Wir können nunmehr zu einem exakten Beweise des Verteilungsgesetzes von Maxwell übergehen, indem wir eben die Stoßgleichungen anwenden. Der Gedankengang des Beweises ist der, daß durch die Stöße die Zahl der Moleküle, die eine bestimmte Geschwindigkeit besitzen, im Gleichgewichte nicht geändert wird. Betrachten wir also etwa die Zahl der A-Moleküle, die wir schon in Nr. 85 als diejenigen Moleküle definiert hatten, für die der Geschwindigkeitspunkt im Volumelement $\Delta u\,\Delta v\,\Delta w$ des Geschwindigkeitsraumes liegt, so wird im allgemeinen diese Zahl durch die Zusammenstöße verändert werden: Moleküle, die vor dem Stoße zur Klasse A gehörten, verlassen durch den Stoß diese Klasse, und gewisse Moleküle, die vor dem Stoß nicht dazu gehörten, treten durch den Stoß in diese Klasse ein. Zwischen diesen beiden Effekten muß im Gleichgewichtszustande des Gases auch Gleichgewicht herrschen, und die Bedingung dafür liefert uns das Verteilungsgesetz der Geschwindigkeiten.

Betrachten wir also zunächst die Stöße, durch die die Zahl der Moleküle der Klasse A vermindert wird; das sind alle Zusammenstöße von A-Molekülen mit irgendwelchen andern Molekülen. Diese Stöße betrachten wir zunächst nicht in voller Allgemeinheit, sondern zunächst nur die Stöße zwischen den A-Molekülen und den schon früher eingeführten B-Molekülen, d. h. solchen, deren Geschwindigkeitspunkt im Volumelement $\Delta u' \Delta v' \Delta w'$ des Geschwindigkeitsraumes liegt. Auch diese speziellen Stöße betrachten wir, genau wie in Nr. 85, vorläufig noch unter einer Beschränkung, nämlich daß im Moment des Zusammenstoßes die Zentrilinie die Richtungskosinusse l, m, n habe, oder, geometrisch gesprochen, durch ein bestimmtes Element ΔK der Einheitskugel hindurchgehe (vgl. Fig. 43). Dies sind die in Nr. 85 definierten α-Stöße; überhaupt stimmen alle Bezeichnungen und Festsetzungen mit denen dieser Nummer überein. Nur in einem Punkte wollen wir eine kleine Änderung vornehmen. Unter f verstanden wir immer die Wahrscheinlichkeit, daß ein Molekül eine bestimmte Geschwindigkeit besitzt; wir mußten daher f erst mit $\mathfrak{N}$ (oder ν) multiplizieren, um die Anzahl (oder die Anzahl pro ccm) der Moleküle dieser Geschwindigkeit zu erhalten. Wir wollen nun im folgenden für die Anzahl bestimmter Moleküle immer den Buchstaben F benutzen, der also das Produkt aus f und $\mathfrak{N}$ (bzw. ν) darstellt, je nachdem die Anzahl auf das Gesamtvolumen oder die Volumeinheit bezogen wird.

Nach Gl. (90) des achten Kapitels auf pag. 364 ist die Zahl der A-Moleküle pro Volumeinheit, wenn wir F für νf setzen:

$$F(uvw)\,\Delta u\,\Delta v\,\Delta w, \tag{18}$$

entsprechend nach (91) (pag. 364) die der B-Moleküle pro Volumeinheit:

$$F(u'v'w')\,\Delta u'\,\Delta v'\,\Delta w', \tag{19}$$

und die Zahl $\nu_\alpha \cdot \Delta t$ der α-Stöße zwischen A- und B-Molekülen pro ccm in der Zeit Δt, nach Gl. (93) (pag. 366):

$$\nu_\alpha \Delta t = F(uvw) F(u'v'w')\,\delta^2 \cdot c_r \cdot \cos\Theta \cdot \Delta K \cdot \Delta u \Delta v \Delta w \cdot \Delta u' \Delta v' \Delta w' \cdot \Delta t. \tag{20}$$

Die Bedeutung sämtlicher, hier nicht mehr besonders namhaft gemachter Größen ist aus Fig. 44 zu entnehmen. Bezeichnen wir nun $F(uvw)$ einfach durch F, $F(u'v'w')$ durch F' (und entsprechend in Zukunft bei den überstrichenen Größen), so ist demgemäß die Abnahme der Zahl der Moleküle A pro ccm in der Zeit Δt durch die α-Stöße gleich

$$F \cdot F' \cdot \delta^2 \cdot c_r \cdot \cos\Theta \cdot \Delta K \cdot \Delta u \Delta v \Delta w \cdot \Delta u' \Delta v' \Delta w' \cdot \Delta t. \tag{21}$$

Jetzt haben wir entsprechend die Zunahme der Zahl der A-Moleküle im ccm und während der Zeit Δt zu bestimmen.

Zu diesem Zwecke betrachten wir folgende spezielle Art von Stößen, die wir „β-Stöße" nennen wollen:

1. Nach dem Stoße gehöre das eine der beiden Moleküle der Klasse A an, d. h. sein Geschwindigkeitspunkt falle durch den Stoß ins Volumelement $\Delta u \Delta v \Delta w$ des Geschwindigkeitsraumes;

2. nach dem Stoße gehöre das zweite Molekül der Klasse B an, d. h. sein Geschwindigkeitspunkt falle in das Volumelement $\Delta u' \Delta v' \Delta w'$;

3. im Moment des Stoßes habe die Zentrilinie die Richtungskosinusse l, m, n (gehe also durch das Element ΔK der Einheitskugel, Fig. 43).

Hier sind also die Geschwindigkeiten nach dem Stoße gegeben; gesucht sind jetzt die Geschwindigkeiten $\bar{u}\,\bar{v}\,\bar{w}$, $\bar{u}'\,\bar{v}'\,\bar{w}'$ vor dem Stoße.

Dazu dienen uns die Gleichungen (16) und (17) der vorigen Nummer. Nur müssen wir beachten, daß dort die überstrichenen Größen die Komponenten nach dem Stoß, hier dagegen vor dem Stoße bedeuten. Wir haben also die Bedeutung der überstrichenen und nicht überstrichenen Größen zu vertauschen. Wir finden demnach aus (16) für die Geschwindigkeitskomponenten $\bar{u}\,\bar{v}\,\bar{w}$ des Moleküls, das nach dem Stoße zur Klasse A gehört:

$$(22)\quad \begin{cases} \bar{u} = u - \{ l^2 (u - u') + lm\,(v - v') + ln\,(w - w')\}, \\ \bar{v} = v - \{lm(u - u') + m^2 (v - v') + mn\,(w - w')\}, \\ \bar{w} = w - \{ln\,(u - u') + mn\,(v - v') + n^2\,(w - w')\}, \end{cases}$$

sowie für die Geschwindigkeitskomponenten $\bar{u}'\,\bar{v}'\,\bar{w}'$ des Moleküls, das nach dem Stoß in die Klasse B übertritt, nach (17):

$$(23)\quad \begin{cases} \bar{u}' = u' - \{ l^2 (u' - u) + lm\,(v' - v) + ln\,(w' - w)\}, \\ \bar{v}' = v' - \{lm(u' - u) + m^2 (v' - v) + mn\,(w' - w)\}, \\ \bar{w}' = w' - \{ln\,(u' - u) + mn\,(v' - v) + n^2\,(w' - w)\}. \end{cases}$$

Ganz entsprechend der Überlegung bei den α-Stößen ist nun für die Zahl der Zusammenstöße pro ccm während Δt:

$$(24)\quad F(\bar{u}\,\bar{v}\,\bar{w})\cdot F(\bar{u}'\,\bar{v}'\,\bar{w}')\cdot \delta^2\cdot c_r\cdot \cos\Theta\cdot \Delta K\cdot \Delta\bar{u}\,\Delta\bar{v}\,\Delta\bar{w}\cdot\Delta\bar{u}'\,\Delta\bar{v}'\,\Delta\bar{w}'\cdot\Delta t.$$

Diese Gleichung ist das vollkommene Analogon zu Gl. (20) und kann in abgekürzter Schreibweise geschrieben werden, wodurch sie in Parallele zu (21) tritt:

$$(25)\quad \bar{F}\cdot\bar{F}'\cdot\delta^2\cdot c_r\cdot\cos\Theta\cdot\Delta K\cdot\Delta\bar{u}\,\Delta\bar{v}\,\Delta\bar{w}\cdot\Delta\bar{u}'\,\Delta\bar{v}'\,\Delta\bar{w}'\cdot\Delta t.$$

Dies sind jedoch nicht ohne weiteres β-Stöße, sondern erst dann, wenn die Größen $\Delta\bar{u}$, $\Delta\bar{v}$, $\Delta\bar{w}$, $\Delta\bar{u}'$ $\Delta\bar{v}'$ $\Delta\bar{w}'$ so bestimmt sind, daß $(\bar{u} + \Delta\bar{u})$ ... usw. vor dem Stoß in $(u + \Delta u)$ ... usw. nach dem Stoß übergehen. Denn ein β-Stoß ist ja dadurch definiert, daß das eine Molekül ein A-Molekül werden soll, d. h. nach dem Stoße Geschwindigkeitskomponenten zwischen u und $u + \Delta u$, usw. haben soll. Es genügt also nicht, die Geschwindigkeiten $\bar{u}\,\bar{v}\,\bar{w}$ gemäß (23) so zu bestimmen, daß sie in u, v, w nach dem Stoß übergehen; es müssen vielmehr auch $\bar{u} + \Delta\bar{u}$, $\bar{v} + \Delta\bar{v}$, $\bar{w} + \Delta\bar{w}$ in $u + \Delta u$, $v + \Delta v$, $w + \Delta w$ nach dem Stoß übergehen; entsprechend auch mit den gestrichenen Größen $\Delta\bar{u}'$, $\Delta\bar{v}'$, $\Delta\bar{w}'$. Damit also (25) die Zahl der β-Stöße darstelle (pro ccm und in der Zeit Δt), müssen $\Delta\bar{u}$, $\Delta\bar{v}$, $\Delta\bar{w}$, $\Delta\bar{u}'$, $\Delta\bar{v}'$, $\Delta\bar{w}'$ so bestimmt werden, daß sie den Größen Δu, Δv, Δw, $\Delta u'$, $\Delta v'$, $\Delta w'$ „entsprechen", wie wir kurz für den obigen Sachverhalt sagen wollen. Die Größen $\Delta\bar{u}, \ldots, \Delta\bar{w}'$ sind also durch Differentiation der Gl. (22) und (23) zu bestimmen; dann ist die Forderung des „Entsprechens" erfüllt. Nun ist jedenfalls:

$$\varDelta\bar{u}\,\varDelta\bar{v}\,\varDelta\bar{w}\cdot\varDelta\bar{u}'\,\varDelta\bar{v}'\,\varDelta\bar{w}' = \Delta\cdot\varDelta u\,\varDelta v\,\varDelta w\cdot\varDelta u'\,\varDelta v'\,\varDelta w',$$

wo Δ die Substitutionsdeterminante ist:

$$\text{(26)}\qquad \Delta = \begin{vmatrix} \frac{\partial\bar{u}}{\partial u}, & \frac{\partial\bar{u}}{\partial v}, & \frac{\partial\bar{u}}{\partial w}, & \frac{\partial\bar{u}}{\partial u'}, & \frac{\partial\bar{u}}{\partial v'}, & \frac{\partial\bar{u}}{\partial w'} \\ \frac{\partial\bar{v}}{\partial u} & & & & & \frac{\partial\bar{v}}{\partial w'} \\ \frac{\partial\bar{w}}{\partial u} & & & & & \frac{\partial\bar{w}}{\partial w'} \\ \frac{\partial\bar{u}'}{\partial u} & & & & & \\ \frac{\partial\bar{v}'}{\partial u} & & & & & \\ \frac{\partial\bar{w}'}{\partial u} & & & & & \frac{\partial\bar{w}'}{\partial w'} \end{vmatrix},$$

Darin sind die einzelnen Koeffizienten nach (22) und (23) zu berechnen. Man findet leicht:

$$\Delta = \begin{vmatrix} 1-l^2, & -lm, & -ln, & l^2, & lm, & ln \\ -lm, & 1-m^2, & -mn, & lm, & m^2, & mn \\ -ln, & -mn, & 1-n^2, & ln, & mn, & n^2 \\ l^2, & lm, & ln, & 1-l^2, & -lm, & -ln \\ lm, & m^2, & mn, & -lm, & 1-m^2, & -mn \\ ln, & mn, & n^2, & -ln, & -mn, & 1-n^2 \end{vmatrix}$$

und die elementare Ausrechnung zeigt, daß $\Delta = +1$ ist; also ist auch:

$$\text{(27)}\qquad \varDelta\bar{u}\,\varDelta\bar{v}\,\varDelta\bar{w}\cdot\varDelta\bar{u}'\,\varDelta\bar{v}'\,\varDelta\bar{w}' = \varDelta u\,\varDelta v\,\varDelta w\cdot\varDelta u'\,\varDelta v'\,\varDelta w'.$$

Diese Gleichung ist ein spezieller Fall eines berühmten Theorems von Liouville, das wir im nächsten Kapitel beweisen werden. Hier finden wir jedenfalls, daß, wenn die Geschwindigkeitspunkte zweier Moleküle vor dem Stoß in bestimmten Volumelementen des Geschwindigkeitsraumes liegen, sie durch den Stoß zwar in andere, aber gleichgroße Volumelemente geworfen werden.

Demgemäß geht (25) über in:

$$\text{(28)}\qquad \bar{F}\bar{F}'\,\delta^2\cdot c_r\cdot\cos\Theta\cdot\varDelta K\cdot\varDelta u\,\varDelta v\,\varDelta w\cdot\varDelta u'\,\varDelta v'\,\varDelta w'\cdot\varDelta t,$$

und dies ist nun erst die Anzahl der β-Stöße im Kubikzentimeter und in der Zeit $\varDelta t$, die die Zahl der A-Moleküle vermehren, während die durch (21) dargestellten α-Stöße diese Zahl vermindern. Die Gesamtzunahme der Zahl der A-Moleküle im Kubikzentimeter durch die α- und β-Stöße während $\varDelta t$ ist also:

$$(\bar{F}\bar{F}' - FF')\,\delta^2\cdot c_r\cdot\cos\Theta\cdot\varDelta K\cdot\varDelta u\,\varDelta v\,\varDelta w\cdot\varDelta u'\,\varDelta v'\,\varDelta w'\cdot\varDelta t.$$

Durch Integration über alle zulässigen Werte von $u'\,v'\,w'$, sowie alle Elemente $\varDelta K$ der Einheitskugel gewinnen wir die Zunahme der Zahl der

A-Moleküle im Kubikzentimeter während Δt durch alle überhaupt möglichen Stöße, nämlich:

(29) $\Delta u \Delta v \Delta w \cdot \Delta t \int\int\int\int (\bar{F}\bar{F}' - FF')\delta^2 \cdot c_r \cos\Theta \cdot \Delta K \cdot \Delta u' \Delta v' \Delta w'$ [1]).

Nun ist anderseits die Zahl der A-Moleküle im Kubikzentimeter zur Zeit t nach Gl. (18) dieses Kapitels:

$$F(u v w) \Delta u \Delta v \Delta w,$$

welche Zahl zur Zeit $t + \Delta t$ übergeht in

$$\left(F + \frac{\partial F}{\partial t} \Delta t\right) \Delta u \Delta v \Delta w,$$

so daß die Zunahme der Zahl der A-Moleküle im Kubikzentimeter während Δt auch gleich dem Ausdrucke ist:

(30) $$\frac{\partial F}{\partial t} \Delta t \cdot \Delta u \Delta v \Delta w,$$

was durch Vergleich mit (29) die Gleichung ergibt:

(31) $$\frac{\partial F}{\partial t} = \int\int\int\int (\bar{F}\bar{F}' - FF')\delta^2 \cdot c_r \cdot \cos\Theta \cdot \Delta u' \Delta v' \Delta w' \cdot \Delta K.$$

Aus (31) folgt, daß die Annahme der Gleichung

$$\bar{F}\bar{F}' - FF' = 0$$

eine hinreichende Bedingung dafür ist, um $\frac{\partial F}{\partial t}$ zum Verschwinden zu bringen, d. h. eine hinreichende Bedingung für den stationären Zustand. Dagegen läßt sich aus (31) nicht beweisen, daß diese Gleichung auch die notwendige Bedingung darstellt, denn wenn auch $\frac{\partial F}{\partial t} = 0$ ist, so braucht offenbar nur das Integral rechts zu verschwinden, nicht aber der Integrand selbst.

Um nun hier weiter zu kommen, betrachtet Boltzmann die sogen. „H-Funktion" oder „Logarithmusfunktion":

(32) $$H = \int\int\int F \log F \Delta u \Delta v \Delta w,$$

wo die Integration sich über alle möglichen Werte von $u v w$, d. h. von $-\infty$ bis $+\infty$ zu erstrecken hat; H ist also eine reine Zahl, gänzlich unabhängig von u, v, w, nur abhängig von der analytischen Form von F. Da F im Gleichgewichtszustande sich nicht mehr ändern soll, so können wir die Bedingung für den Gleichgewichtszustand auch so ausdrücken:

$$\frac{dH}{dt} = 0.$$

Wir wollen nun $\frac{dH}{dt}$ bilden; dafür erhält man aus (32), wenn man unter dem Integralzeichen differentiiert:

[1]) Eigentlich sollte man, da die $\Delta u, \ldots$ keine echten Differentiale sind, kein Integralzeichen benutzen, sondern das Summenzeichen Σ. Der Einfachheit halber benutzen wir auch hier diese nicht ganz korrekte Schreibweise.

$$\frac{dH}{dt} = \iiint \frac{\partial F}{\partial t} \{1 + \log F\} \Delta u \Delta v \Delta w,$$

oder, wenn man $\frac{\partial F}{\partial t}$ aus (31) einsetzt:

$$(33)\quad \frac{dH}{dt} = \iiiint\!\!\iiint (1 + \log F)(\bar{F}\bar{F}' - FF')\,\delta^2 \cdot c_r \cdot \cos\Theta\,\Delta u \ldots \Delta w' \cdot \Delta K.$$

Bei der bisherigen Betrachtung haben wir nun die A-Moleküle insofern in den Vordergrund gestellt, als wir in (31) die Zunahme der Anzahl derselben berechnet haben; ebenso haben wir in (32) die H-Funktion durch eine Integration über u, v, w, d. h. über alle A-Moleküle gewonnen. Diese besitzen aber natürlich vor den B-Molekülen keinen Vorrang: die ganze Einteilung in A- und B-Moleküle ist ja überhaupt nur ein mathemathischer Kunstgriff. Es gelten daher für die B-Moleküle zwei (31) und (32) analoge Formeln, in denen einfach die gestrichenen mit den ungestrichenen Buchstaben vertauscht sind.

$$(34)\quad \frac{\partial F'}{\partial t} = \iiiint (\bar{F}\bar{F}' - FF')\,\delta^2 \cdot c_r \cdot \cos\Theta \cdot \Delta u \Delta v \Delta w \cdot \Delta u' \Delta v' \Delta w' \cdot \Delta K$$

und

$$(35)\quad H = \iiint F' \log F' \Delta u' \Delta v' \Delta w'.$$

Mit diesen beiden Gleichungen gewinnt man für $\frac{dH}{dt}$ den (33) gleichberechtigten Wert:

$$(36)\quad \frac{dH}{dt} = \iiiint\!\!\iiint (1 + \log F')(\bar{F}\bar{F}' - FF')\,\delta^2 \cdot c_r \cdot \cos\Theta \cdot \Delta u \ldots \Delta w' \cdot \Delta K,$$

und Addition von (33) und (36) liefert einen Wert, in dem die A- und B-Moleküle gleichmäßig berücksichtigt sind:

$$(37)\quad \frac{dH}{dt} = \frac{1}{2} \iiiint\!\!\iiint (2 + \log FF')(\bar{F}\bar{F}' - FF')\,\delta^2 \cdot c_r \cdot \cos\Theta\,\Delta u \ldots \Delta w' \cdot \Delta K.$$

Aber hierin sind nun die n i c h t ü b e r s t r i c h e n e n Größen vor den überstrichenen bevorzugt, d. h. die α-Stöße, während es ebensogut möglich ist, die β-Stöße zum Ausgangspunkt zu nehmen. Wir können also statt (31) und (34) zwei Gleichungen anschreiben, die sich lediglich durch Vertauschung der überstrichenen und nicht überstrichenen Größen unterscheiden, und ebenso können wir H in Analogie zu (32) und (35) auch noch durch Verwendung der überstrichenen F bilden. Geht man in derselben Weise weiter vor, so erhält man eine (37) analoge Gleichung, die aus dieser durch einfaches Vertauschen der nichtüberstrichenen und überstrichenen Größen folgt:

$$(38)\quad \frac{dH}{dt} = -\frac{1}{2} \iiiint\!\!\iiint (2 + \log \bar{F}\bar{F}')(\bar{F}\bar{F}' - FF')\,\delta^2 \cdot c_r \cdot \cos\Theta \cdot \Delta u \ldots \Delta w' \cdot \Delta K$$

wobei in dem Differentialprodukt $\Delta\bar{u}\,\Delta\bar{v}\,\Delta\bar{w}\,\Delta\bar{u}'\,\Delta\bar{v}'\,\Delta\bar{w}'$ gemäß (27) die Striche fortgelassen worden sind.

Addiert man schließlich (37) und (38), so erhält man eine völlig symmetrische Form:

$$(39)\quad \frac{dH}{dt} = \frac{1}{4}\iiiint\!\!\iiiint (\log \bar{F}\bar{F}' - \log FF')(\bar{F}\bar{F}' - FF')\,\delta^2\cdot c_r\cdot\cos\Theta\cdot\Delta u\ldots\Delta w'\cdot\Delta h$$

Der Integrand ist nun durchaus wesentlich negativ, da $\bar{F}\bar{F}' - FF'$ stets das umgekehrte Vorzeichen hat wie $\log\frac{\bar{F}\bar{F}'}{FF'}$, während alle übrigen Größen positiv sind, da auch Θ zwischen 0 und $\frac{\pi}{2}$ bleibt, wie wir in Nr. 85 auseinandergesetzt[1]) haben. Also kann das Integral nur verschwinden, wenn der Integrand verschwindet; da nun $\frac{dH}{dt} = 0$ die Bedingung des Gleichgewichtszustandes ist, so ist diese äquivalent mit:

$$(40)\qquad \bar{F}\bar{F}' - FF' = 0.$$

Damit ist nun in der Tat gezeigt, daß Gl. (40) auch die notwendige Bedingung des Gleichgewichtszustandes ist.

Die Funktionalgleichung (40) bestimmt also das Verteilungsgesetz der Geschwindigkeiten.

Am einfachsten gelangt man dazu nach Boltzmann in folgender Weise: Da im stationären Zustande alle Richtungen des Raumes gleichwertig sind, werden die Größen F nur vom Betrage der Geschwindigkeit, nicht von der Richtung derselben abhängen. Gehen wir, um den Zusammenhang mit den Formeln des vorigen Kapitels herzustellen, von den Größen F wieder, durch Division mit ν, zu den f über, so können wir etwa setzen:

$$(41)\qquad \begin{cases} f = e^{\varphi(c^2)}, \\ f' = e^{\varphi(c'^2)}, \\ \bar{f} = e^{\varphi(\bar{c}^2)}, \\ \bar{f}' = e^{\varphi(\bar{c}'^2)}, \end{cases}$$

wobei gleichzeitig infolge des Energieprinzips:

$$c^2 + c'^2 = \bar{c}^2 + \bar{c}'^2.$$

Daraus folgt für $\bar{c}^2$:

$$(42)\qquad \bar{c}^2 = c^2 + c'^2 - \bar{c}'^2.$$

Logarithmieren wir (40) und benutzen (41) und (42), so folgt:

$$(43)\qquad \varphi(c^2) + \varphi(c'^2) = \varphi(\bar{c}'^2) + \varphi(c^2 + c'^2 - \bar{c}'^2).$$

Wenn man hier der Reihe nach partiell nach c^2, c'^2, $\bar{c}'^2$ differentiiert, so folgt, wenn die Differentiationen nach dem Argument durch Striche bezeichnet werden:

---

[1]) Hinter Gl. (94) auf pag. 367.

$$\varphi'(c^2) = \varphi'(c^2 + c'^2 - \bar{c}'^2),$$
$$\varphi'(c'^2) = \varphi'(c^2 + c'^2 - \bar{c}'^2),$$
$$\varphi'(\bar{c}'^2) = \varphi'(c^2 + c'^2 - \bar{c}'^2),$$

d. h.

$$\varphi'(c^2) = \varphi'(c'^2) = \varphi'(\bar{c}'^2).$$

Die Gleichung ist natürlich nur möglich, wenn die genannten Ableitungen gleich einer und derselben Konstanten $-\beta^2$ sind, d. h. z. B.

$$\varphi'(c^2) = -\beta^2,$$

woraus sich durch Integration ergibt, wenn $\log \alpha^3$ eine Integrationskonstante ist:

$$\varphi(c^2) = -\beta^2 c^2 + \log \alpha^3,$$

und mit Hilfe von (41):

44) $$f(u\,v\,w) = \alpha^3 e^{-\beta^2 c^2} = \alpha^3 e^{-\beta^2 (u^2+v^2+w^2)},$$

womit nun in der Tat genau die Form des Maxwellschen Verteilungsgesetzes wieder gefunden ist, die wir im vorhergehenden Kapitel in Gl. (33) auf pag. 342 bereits erlangt hatten. Die Konstantenbestimmung geschieht auf dem nämlichen Wege wie dort und braucht hier nicht aufs neue angeführt zu werden. Die früher aus dem Maxwellschen Verteilungsgesetze gezogenen Folgerungen sind hiermit legitimiert. Insbesondere bemerkt man, daß tatsächlich a posteriori das Auftreten der drei Geschwindigkeitskomponenten u, v, w als das dreier voneinander unabhängiger Ereignisse betrachtet werden kann, da die rechte Seite von (44) sich als Produkt der Einzelwahrscheinlichkeiten für das Auftreten je einer Komponente schreiben läßt. Deshalb eben gelangte man mit dieser a priori unbeweisbaren Annahme, die uns so schnell zum Maxwellschen Gesetze führte, auch zum richtigen Resultat.

Der in Vorstehendem geschilderte Gedankengang des Beweises des Maxwellschen Verteilungsgesetzes führt auch zu einem Beweise des Äquipartitionstheorems für die Translationsbewegung in einem Gasgemisch. Versehen wir alle Größen, die sich auf die erste Komponente des Gemisches beziehen, mit dem Index 1, diejenigen, die dem zweiten Gase zukommen, mit dem Index 2, so können wir erstens Stöße zwischen den Molekülen des Gases 1 betrachten, zweitens Stöße zwischen den Molekülen des zweiten Gases unter sich, und drittens endlich Zusammeastöße zwischen je einem Molekül des Gases 1 mit je einem Molekül des Gases 2. Statt der Gleichung (40) für den stationären Zustand erhalten wir dann — wenn wir von den Größen F zu den Größen f übergehen — die drei folgenden:

(45) $$\begin{cases} \bar{f}_1 \bar{f}_1' - f_1 f_1' = 0 & \text{(1. Gas)}, \\ \bar{f}_2 \bar{f}_2' - f_2 f_2' = 0 & \text{(2. Gas)}, \\ \bar{f}_2 \bar{f}_1' - f_2 f_1' = 0 & \text{(Wechselwirkung)}. \end{cases}$$

Die beiden ersten Gleichungen liefern offenbar für jedes Einzelgas des Gemisches das Maxwellsche Verteilungsgesetz, natürlich mit verschiedenen Konstanten:

(46) $$f_1 = \alpha_1^3 e^{-\beta_1^2(u^2+v^2+w^2)}, \qquad f_2 = \alpha_2^3 e^{-\beta_2^2(u^2+v^2+w^2)},$$

wo nach Gl. (38) des vorhergehenden Kapitels auf pag. 344 die Größen α und β folgendermaßen verknüpft sind:

$$\alpha_1 = \frac{\beta_1}{\sqrt{\pi}}, \qquad \alpha_2 = \frac{\beta_2}{\sqrt{\pi}},$$

so daß (46) geschrieben werden kann:

(47) $$f_1 = \frac{\beta_1^3}{\pi^{\frac{3}{2}}} e^{-\beta_1^2(u^2+v^2+w^2)}, \qquad f_2 = \frac{\beta_2^3}{\pi^{\frac{3}{2}}} e^{-\beta_2^2(u^2+v^2+w^2)},$$

und wo ferner nach (46) des vorhergehenden Kapitels für die mittleren Geschwindigkeitsquadrate $\overline{c_1^2}$ und $\overline{c_2^2}$ gilt:

(48) $$\overline{c_1^2} = \frac{3}{2}\frac{1}{\beta_1^2}, \qquad \overline{c_2^2} = \frac{3}{2}\frac{1}{\beta_2^2}.$$

Die letzte der Gleichungen (45) endlich liefert offenbar eine Relation zwischen den Konstanten β_1 und β_2, d. h. eine Relation zwischen $\overline{c_1^2}$ und $\overline{c_2^2}$. Eine einfache Rechnung liefert:

(49) $$\mu_1 \overline{c_1^2} = \mu_2 \overline{c_2^2}.$$

Das aber ist das Äquipartitionstheorem für die translatorische Bewegung, d. h. in der Allgemeinheit, wie es für starre Kugeln überhaupt gewonnen werden kann.

Will man dasselbe auch für die anderen, z. B. rotatorischen, Freiheitsgrade gewinnen, so muß man die Annahme, daß die Molekeln starre Kugeln sind, fallen lassen; wir kommen auf diese Verallgemeinerung im nächsten Kapitel bei der sogenannten statistischen Mechanik zurück.

91. Das H-Theorem; Zusammenhang zwischen der H-Funktion und der Entropie.

Die in Gl. (32) definierte H-Funktion

$$H = \iiint F \log F \,\Delta u \,\Delta v \,\Delta w$$

diente uns in Gl. (39) nur zu einem Schlusse über den stationären Zustand; für diesen ist $\frac{dH}{dt} = 0$, und das ist die Bedingung, die uns zu dem Maxwellschen Verteilungsgesetze führte.

Wir können aber aus Gl. (39) noch mehr schließen. Denn wie wir dort bemerkt haben, ist der Integrand wesentlich negativ, sodaß wir für jeden vom stationären Zustande abweichenden Zustand die Ungleichung haben:

(50) $$\frac{dH}{dt} < 0;$$

nur für den stationären gilt die Gleichung:

(50a) $$\frac{dH}{dt} = 0.$$

Diese beiden Gleichungen zusammen werden als das „Boltzmannsche H-Theorem“ (in seinem einfachsten Falle) bezeichnet.

Seine Bedeutung besteht in folgendem:

Die Thermodynamik lehrt, daß ein abgeschlossenes System nacheinander nur solche Zustände annehmen kann, für die die Entropie immer wächst; kann die Entropie S nicht mehr wachsen, so bleibt das System in dem dadurch definierten Zustande im Gleichgewichte. Die Entropie, als Funktion der Zeit aufgefaßt, gehorcht also der Ungleichung:

$$\frac{dS}{dt} \geqq 0, \tag{51}$$

die negative Entropie $-S$ würde also die Ungleichung befriedigen:

$$-\frac{dS}{dt} \leqq 0, \tag{52}$$

die also (50) und (50a) vollkommen analog ist. Die Größe H zeigt also das nämliche Verhalten wie die negative Entropie, H muß also mit der Größe $-S$ in engem Zusammenhange stehen.

Da H nun offenbar rein mechanisch definiert ist, so hätten wir damit eine mechanische Deutung des Entropiebegriffes und des Satzes vom Wachstum der Entropie gewonnen. Ein gewaltiges Resultat!

Bevor wir auf eine Kritik dieses Ergebnisses eingehen, wollen wir zunächst für ein einatomiges Gas im Gleichgewichtszustande die Funktion H und die Entropie berechnen, und zwar beide Größen etwa für ein Volumen von 1 ccm.

Berechnen wir zunächst $H = \iiint F \log F \,\Delta u\, \Delta v\, \Delta w$.

Im Gleichgewichtszustande ist nach dem Maxwellschen Verteilungsgesetze:

$$F = \nu f = \nu \alpha^3 e^{-\beta^2 c^2},$$

woraus

$$\log \nu f = -\beta^2 c^2 + \log(\nu \alpha^3)$$

folgt. Also ist

$$H = \iiint F \log(\nu\alpha^3)\, \Delta u\, \Delta v\, \Delta w - \beta^2 \iiint F c^2\, \Delta u\, \Delta v\, \Delta w,$$

oder:

$$H = \nu \log(\nu\alpha^3) \iiint f\, \Delta u\, \Delta v\, \Delta w - \nu\beta^2 \iiint c^2 \cdot f \cdot \Delta u\, \Delta v\, \Delta w. \tag{53}$$

Beide Integrale haben darin eine einfache Bedeutung. Das erste ist einfach gleich 1, da es die Gesamtsumme aller Wahrscheinlichkeiten darstellt; das zweite ist, nach Nr. 81, gleich $\overline{c^2}$, d. h. gleich dem mittleren Geschwindigkeitsquadrat. Also ist weiter:

$$H = \nu \log(\nu\alpha^3) - \nu\beta^2 \overline{c^2},$$

oder, da $\overline{c^2} = \frac{3}{2}\frac{1}{\beta^2}$ ist:

$$H = \nu \log(\nu\alpha^3) - \tfrac{3}{2}\nu. \tag{54}$$

Nun ist aber nach Gl. (38) des vorigen Kapitels auf pag. 344:

$$\nu \alpha^3 = \frac{\nu \beta^3}{\pi^{\frac{3}{2}}},$$

also wegen der Bedeutung von β^2:

(55) $$\nu \alpha^3 = \frac{\nu \left(\frac{3}{2}\right)^{\frac{3}{2}}}{(\overline{c^2}\,\pi)^{\frac{3}{2}}}$$

oder, da

$$\overline{c^2} = \frac{3R}{m} T$$

ist:

(56) $$\nu \alpha^3 = \frac{\nu T^{-\frac{3}{2}}}{\sqrt{8\pi^3 R^3/m^3}}$$

oder, wenn wir mit μ, der Masse eines Moleküls, erweitern und beachten, daß $\nu \mu = \varepsilon$, der Dichte, ist:

(57) $$\nu \alpha^3 = \frac{\varepsilon T^{-\frac{3}{2}}}{\sqrt{8\pi^3 R^3 \mu^2/m^3}}.$$

Demgemäß ist H nach (54) gleich:

$$H = \nu \left\{\log\left(\varepsilon T^{-\frac{3}{2}}\right) + \text{Const.}\right\},$$

indem alle Konstanten zusammengefaßt sind.

Schließlich ist also:

(58) $$-H = \nu \left\{\tfrac{3}{2} \log T - \log \varepsilon + \text{Const.}\right\}.$$

Drücken wir ε mit Hilfe der Zustandsgleichung durch p und T aus, so folgt:

$$\varepsilon = \frac{m}{R} \frac{p}{T},$$

was in (58) eingeführt liefert:

(59) $$-H = \nu \left\{\tfrac{5}{2} \log T - \log p + \text{Const.}\right\}.$$

In dieser Gleichung ist der für 1 ccm berechnete Wert von H ausgedrückt als Funktion von Druck p und absoluter Temperatur T.

Anderseits ist nach den Resultaten der Thermodynamik [vgl. z. B. Kap. VI, Gl. (8), pag. 255] die Entropie für 1 Mol eines einatomigen Gases:

$$S_{\text{Mol}} = C_p \log T - R \log p + \text{Const.},$$

oder, da für ein einatomiges Gas die Molwärme bei konstantem Drucke $C_p = \frac{5}{2} R$ ist:

$$S_{\text{Mol}} = \tfrac{5}{2} R \log T - R \log p + \text{Const.}$$

Die Anzahl der Moleküle eines Mols ist nun gleich N, der Avogadroschen Zahl; durch Multiplikation der letzten Gleichung mit $\frac{\nu}{N}$, dem Verhältnis der Molekülzahlen eines Kubikzentimeters und eines Moles, erhalten wir den Wert der Entropie für 1 ccm:

(60) $$S_{\text{ccm}} = \frac{R}{N} \nu \left\{\tfrac{5}{2} \log T - \log p + \text{Const.}\right\}.$$

Daher ist, von Konstanten abgesehen, wie durch Vergleich von (59) und (60) sich ergibt:

$$S = -\frac{R}{N} H = -k \cdot H. \tag{61}$$

Es zeigt sich also in diesem Spezialfalle Proportionalität zwischen S und $-H$, und der Proportionalitätsfaktor $\frac{R}{N} = k$ ist dieselbe universelle Konstante, die auch im Energieausdruck pro Freiheitsgrad $\left(\frac{k}{2} T\right)$ nach dem Äquipartitionstheorem auftritt.

92. Thermodynamische Wahrscheinlichkeit; Entropie und Wahrscheinlichkeit.

Welche physikalische Bedeutung besitzt nun die Größe H?

Auch diese Frage ist von Boltzmann beantwortet worden, und zwar hat er gezeigt, daß sie mit der „Wahrscheinlichkeit“ des thermodynamischen Zustandes zusammenhängt.

Um diesen Begriff klar zu machen, müssen wir von jetzt ab streng unterscheiden zwischen zwei verschiedenen Arten von Zuständen. In der Thermodynamik bestimmen wir den „Zustand“ eines Systems etwa durch die sichtbaren Parameter Temperatur T und spezifisches Volumen v. Diese Art, den „Zustand“ zu bestimmen, wollen wir daher die „thermodynamische“ nennen und den auf diese Weise bestimmten Zustand selbst den „thermodynamischen Zustand“.

Etwas ganz anderes ist von dem Standpunkte der kinetischen Theorie als „Zustand“ zu bezeichnen. Denn vom Standpunkte der Dynamik ist das System der Moleküle ja erst dann bestimmt, wenn Lagen und Geschwindigkeiten eines jeden Moleküls angegeben werden können. Diesen so bestimmten Zustand — der unsern groben Sinnen gar nicht zugänglich ist — wollen wir deshalb den „Mikrozustand“ nennen, und im Gegensatz dazu den „thermodynamischen Zustand“, den einzigen, der unserer makroskopischen Betrachtung zugänglich ist, auch kurz den „Makrozustand“.

Die Frage ist nun die (da wir doch eine mechanische Theorie der Thermodynamik anstreben): Welche verschiedenen Mikrozustände entsprechen einem Makrozustand?

Wählen wir ein ganz einfaches Beispiel, um dies klar zu machen, indem wir uns auf die Frage nach der Geschwindigkeitsverteilung der Moleküle eines Gases beschränken.

Der Mikrozustand ist dann folgendermaßen zu bestimmen: Jedes Molekül sei numeriert, etwa $a, b, c, d, \ldots$ usw. Wir müssen dann die Geschwindigkeit jedes einzelnen Moleküls angeben, oder, wenn wir, wie immer, aus den bekannten Gründen, ein kleines Geschwindigkeitsintervall zwischen u und $u + \Delta u$, v und $v + \Delta v$, w und $w + \Delta w$ zulassen, müssen wir angeben, in welches Volumelement $\Delta u \Delta v \Delta w$ des Geschwindigkeitsraumes der Geschwindigkeitspunkt jedes Moleküls fällt. Dann ist in unserm speziellen Falle der Mikrozustand bestimmt.

Wir wollen dies nun wirklich ausführen. Dazu denken wir uns den ganzen Geschwindigkeitsraum in gleichgroße Volumelemente $\Delta \tau_g = \Delta u \Delta v \Delta w$ der Index g deutet auf „Geschwindigkeits"raum hin) eingeteilt, die wir gleichfalls numerieren, etwa 1, 2, 3, ... usw. Können wir dann angeben: Im ersten Volumelement liegen die Moleküle $a, e, f, \ldots$, im zweiten die Moleküle $b, g, \ldots$ usw. für alle Volumelemente und Moleküle, so haben wir offenbar einen bestimmten Mikrozustand vor uns.

Jeder Mikrozustand entspricht einem bestimmten Makrozustand; d. h. wenn eine bestimmte Mikroverteilung der Moleküle auf die Volumelemente des Geschwindigkeitsraumes vorliegt, beobachten wir selbstverständlich einen ganz bestimmten Makrozustand der Substanz. Aber nicht umgekehrt entspricht jedem Makrozustand ein bestimmter Mikrozustand. Denn wie z. B. aus dem Maxwellschen Verteilungsgesetze hervorgeht, kommt es für die Größe $\overline{c^2}$ (d. h. thermodynamisch: für die Temperatur T) gar nicht darauf an, welche Moleküle in einem bestimmten Volumelement des Geschwindigkeitsraumes liegen, sondern nur darauf, wieviele darin liegen. Es ist uns also gleichgültig — um auf unser obiges Beispiel zurückzukommen —, daß gerade die Moleküle a, e, f im ersten Volumelement, die Moleküle b, g im zweiten Volumelement usw. liegen; wesentlich ist nur, daß 3 Moleküle im ersten, 2 im zweiten Volumelemente usw. sich befinden. Alle die Mikrozustände also, die bestimmte Anzahlen von Molekülen auf die einzelnen Volumelemente verteilen, entsprechen sämtlich demselben Makrozustand.

Im Sinne der Wahrscheinlichkeitsrechnung gesprochen: Jeder Makrozustand ist durch eine große Zahl von Mikrozuständen, die wir als gleichwahrscheinlich betrachten, zu realisieren. Die relativen Wahrscheinlichkeiten zweier Makrozustände verhalten sich also wie die Anzahlen der sie realisierenden Mikrozustände.

Es sei nun die Gesamtzahl der Moleküle $\mathfrak{N}$; sie möge in Gruppen $\mathfrak{N}_1, \mathfrak{N}_2, \ldots \mathfrak{N}_\lambda$ zerfallen, die sich auf das erste, zweite, ..., λ-te Volumelement des Geschwindigkeitsraumes verteilen.

Berechnen wir nun die Wahrscheinlichkeit eines bestimmten Makrozustandes!

Die Wahrscheinlichkeit dafür, daß ein bestimmtes Molekül in das erste, zweite, ..., λ-te Volumelement falle, sei $w_1, w_2, \ldots, w_\lambda$. Demgemäß ist die Wahrscheinlichkeit, daß gleichzeitig $\mathfrak{N}_1$ bestimmte Moleküle in das erste, $\mathfrak{N}_2$ bestimmte in das zweite, $\mathfrak{N}_\lambda$ bestimmte in das λ-te Volumelement fallen, offenbar gleich:

$$(62) \qquad w_1^{\mathfrak{N}_1} \cdot w_2^{\mathfrak{N}_2} \cdot \ldots \cdot w_\lambda^{\mathfrak{N}_\lambda} \ldots .$$

Das aber ist nur die Wahrscheinlichkeit eines bestimmten Mikrozustandes, und da sehr viele Mikrozustände — nämlich alle die, die dieselben Zahlen $\mathfrak{N}_1, \mathfrak{N}_2, \ldots \mathfrak{N}_\lambda$ auf die Volumelemente verteilen — denselben Makrozustand realisieren, erhalten wir die Wahrscheinlichkeit des Makrozustandes, indem wir alle diese „Mikrowahrscheinlichkeiten“ (62) zusammenaddieren.

Denken wir uns den bestimmten, hier ins Auge gefaßten Mikrozustand in folgender Weise tabelliert:

1. Vol.-El.	2. Vol.-El.	...	λ-tes Vol.-El.	...
$a, e, f, \ldots$	$b, g, \ldots$	...	...	...
im ganzen $\mathfrak{N}_1$	im ganzen $\mathfrak{N}_2$		im ganzen $\mathfrak{N}_\lambda$	

Wenn wir jetzt unter den Molekülen irgendwelche „Permutationen“ vornehmen, die nur die Zahlen $\mathfrak{N}_1, \mathfrak{N}_2, \ldots, \mathfrak{N}_\lambda, \ldots$ ungeändert lassen, so erhalten wir neue Mikrozustände, die denselben Makrozustand darstellen. Die Gesamtzahl dieser Permutationen ist nun aber, wie man leicht sieht, gleich

$$\mathfrak{N}! = 1 \cdot 2 \cdot 3 \ldots\ldots \mathfrak{N},$$

so daß wir also die Wahrscheinlichkeit (62) mit $\mathfrak{N}!$ zu multiplizieren hätten. Indessen ist dieser Wert jetzt zu groß ausgefallen. Denn zu den vorgenommenen Permutationen gehören z. B. auch diejenigen, die lediglich die Moleküle $a, e, f \ldots$ im ersten Volumelement untereinander vertauschen, ohne die übrigen zu affizieren. Solcher Permutationen gibt es offenbar $\mathfrak{N}_1!$, und diese (die ja im Grunde auch verschiedene Mikrozustände vorstellen) können wir überhaupt nicht unterscheiden, da alle Moleküle gleich beschaffen sind. Diese $\mathfrak{N}_1!$ Mikrozustände müssen also als ein einziger Mikrozustand betrachtet werden, und daher ist die oben gewonnene Zahl der Mikrozustände noch durch $\mathfrak{N}_1!$ zu dividieren. Genau dasselbe gilt aber auch von den Permutationen, die nur die $\mathfrak{N}_2$ Moleküle im zweiten Volumelemente unter sich permutieren, usw., sodaß wir im ganzen die oben angegebene Zahl durch

$$\mathfrak{N}_1!\, \mathfrak{N}_2! \ldots \mathfrak{N}_\lambda! \ldots$$

zu teilen haben. Dadurch wird die Wahrscheinlichkeit des Makrozustandes endgültig:

$$W = w_1^{\mathfrak{N}_1} \cdot w_2^{\mathfrak{N}_2} \ldots\ldots w_\lambda^{\mathfrak{N}_\lambda} \ldots\ldots \frac{\mathfrak{N}!}{\mathfrak{N}_1!\, \mathfrak{N}_2! \ldots \mathfrak{N}_\lambda! \ldots}, \tag{63}$$

oder kürzer, wenn $\underset{(\lambda)}{\Pi}$ eine Produktbildung über λ anzeigt:

$$W = w_1^{\mathfrak{N}_1} \cdot w_2^{\mathfrak{N}_2} \ldots\ldots w_\lambda^{\mathfrak{N}_\lambda} \cdot \frac{\mathfrak{N}!}{\underset{(\lambda)}{\Pi}(\mathfrak{N}_\lambda!)}. \tag{64}$$

Da wir es ferner als gleichwahrscheinlich betrachten, daß ein Molekül in ein beliebiges der gleichgroßen Volumelemente des Geschwindigkeitsraumes fällt, so ist noch:

$$w_1 = w_2 = \ldots w_\lambda = \ldots = w,$$

so daß schließlich herauskommt:

(65) $$W = \frac{w^{\mathfrak{N}} \cdot \mathfrak{N}!}{\prod\limits_{(\lambda)} (\mathfrak{N}_\lambda !)}.$$

Diesen Fall (charakterisiert durch die Zahlen $\mathfrak{N}_\lambda$, die auf die verschiedenen Volumelemente entfallen) wollen wir nun mit einem ein für alle Male willkürlich gewählten „Normalzustande" vergleichen, nämlich mit dem, daß alle $\mathfrak{N}$ Moleküle in ein Volumelement, z. B. das erste, fallen, d. h. daß alle Moleküle genau dieselbe Geschwindigkeit besitzen. Dafür ist die Wahrscheinlichkeit W_0 offenbar nach (65):

(66) $$W_0 = \frac{w^{\mathfrak{N}} \cdot \mathfrak{N}!}{\mathfrak{N}!} = w^{\mathfrak{N}},$$

da wir hier $\mathfrak{N}_1 = \mathfrak{N}$ haben, während $\mathfrak{N}_2 = \mathfrak{N}_3 = \ldots \mathfrak{N}_\lambda = 0$ sind.

Die relative Wahrscheinlichkeit, d. h. die Zahl, die angibt, um wieviel wahrscheinlicher der Fall (65) als der Fall (66) ist, ist also der Quotient beider Zahlen:

$$\frac{W}{W_0} = \frac{\mathfrak{N}!}{\prod\limits_{(\lambda)} (\mathfrak{N}_\lambda !)}.$$

Diese relative Wahrscheinlichkeit, die demnach eine große Zahl ist, wollen wir nach Planck — zum Unterschiede von den mathematischen Wahrscheinlichkeiten (65) und (66), die echte Brüche sind — als „thermodynamische Wahrscheinlichkeit" bezeichnen:

(67) $$W_{\text{therm}} = \frac{\mathfrak{N}!}{\prod\limits_{(\lambda)} (\mathfrak{N}_\lambda !)},$$

wobei wir den Index „therm" oft fortlassen werden, wenn ein Mißverständnis nicht zu befürchten ist.

Nach dem Obigen ist $\frac{\mathfrak{N}!}{\prod\limits_{\lambda} (\mathfrak{N}_\lambda !)}$ die Anzahl der gleichmöglichen Mikrozustände, die den einen ins Auge gefaßten Makrozustand realisieren. Bezeichnet man im Anschluß an Boltzmann und Planck die gleichmöglichen Fälle (hier die Mikrozustände), die ein Ereignis realisieren (hier den Makrozustand), als die „Komplexionen" desselben, so können wir die in (67) enthaltene Definition der thermodynamischen Wahrscheinlichkei offenbar so aussprechen:

„Die thermodynamische Wahrscheinlichkeit eines Makrozustandes ist gleich der Anzahl der ihn realisierenden Komplexionen."

Wir wollen nun — wie immer — annehmen, daß die Volumelemente $\Delta\tau_g = \Delta u \Delta v \Delta w$ so gewählt sind, daß die Zahlen $\mathfrak{N}_\lambda$ alle große Zahlen sind. Dann kann man für die Fakultäten $\mathfrak{N}_\lambda!$ eine asymptotische Formel benutzen, die von Stirling herrührt, und die mit für unsern Zweck genügender Genauigkeit folgendermaßen erhalten werden kann:

Es ist

$$\mathfrak{N}! = \mathfrak{N} \cdot (\mathfrak{N} - 1)!,$$

also durch Logarithmieren:

(68) $$\log(\mathfrak{N}!) - \log(\mathfrak{N} - 1)! = \log \mathfrak{N}.$$

Setzen wir für einen Augenblick

(69) $$\log(\mathfrak{N}!) = f(\mathfrak{N}),$$

also entsprechend

$$\log(\mathfrak{N} - 1)! = f(\mathfrak{N} - 1),$$

so kann (68) geschrieben werden:

(70) $$f(\mathfrak{N}) - f(\mathfrak{N} - 1) = \log \mathfrak{N},$$

und da $\mathfrak{N}$ nach Voraussetzung eine sehr große Zahl ist, gegen die also 1 verschwindet, kann man nach Taylor entwickeln und nach dem ersten Gliede abbrechen:

$$f(\mathfrak{N}) = f(\mathfrak{N} - 1) + f'(\mathfrak{N}),$$

sodaß folgt:

$$f'(\mathfrak{N}) = \log \mathfrak{N},$$

oder integriert:

(71) $$f(\mathfrak{N}) = \mathfrak{N} \log \mathfrak{N} - \mathfrak{N} = \log(\mathfrak{N}^{\mathfrak{N}}) - \log(e^{\mathfrak{N}});$$

also, wenn wir nach (69) für $f(\mathfrak{N})$ den Wert einsetzen:

$$\log(\mathfrak{N}!) = \log\left(\frac{\mathfrak{N}}{e}\right)^{\mathfrak{N}}$$

oder:

(72) $$\mathfrak{N}! = \left(\frac{\mathfrak{N}}{e}\right)^{\mathfrak{N}},$$

welche Formel eine für unsere Zwecke genügende Genauigkeit liefert. Durch Weiterentwicklung der Taylorreihe kann man auch die genaue Stirlingsche Formel erhalten:

(73) $$\mathfrak{N}! = \sqrt{2\pi\mathfrak{N}} \left(\frac{\mathfrak{N}}{e}\right)^{\mathfrak{N}},$$

die aber für uns nicht weiter führt als (72).

Setzen wir diese asymptotische Formel (72) in (67) ein, so erhalten wir für die thermodynamische Wahrscheinlichkeit:

(74) $$W_{\text{therm}} = \frac{\mathfrak{N}^{\mathfrak{N}}}{\Pi_\lambda (\mathfrak{N}_\lambda{}^{\mathfrak{N}_\lambda})}.$$

Nunmehr wollen wir den natürlichen Logarithmus von W_{therm} bilden. Das gibt:

$$\log W_{\text{therm}} = \mathfrak{N} \log \mathfrak{N} - \sum_\lambda \mathfrak{N}_\lambda \log \mathfrak{N}_\lambda,$$

oder, da $\mathfrak{N} \log \mathfrak{N}$ eine Konstante ist:

(75) $$-\log W_{\text{therm}} = \sum_\lambda \mathfrak{N}_\lambda \log \mathfrak{N}_\lambda + \text{Const.}$$

Bei Benutzung der genauen Stirlingschen Formel (73) würden lediglich noch andere Glieder mit in die Konstante eingehen, die zunächst für uns irrelevant sind.

Nun ist aber $\mathfrak{N}_\lambda$ die Zahl der Moleküle, die im λ-ten Volumelement des Geschwindigkeitsraumes liegen; in der Bezeichnungsweise der vorigen Nummer ist also

$$\mathfrak{N}_\lambda = F_\lambda \cdot \Delta u_\lambda \Delta v_\lambda \Delta w_\lambda ,$$

und somit kann (75) geschrieben werden:

$$-\log W_{\text{therm}} = \sum_\lambda F_\lambda \Delta u_\lambda \Delta v_\lambda \Delta w_\lambda \{\log F_\lambda + \log \Delta u_\lambda \Delta v_\lambda \Delta w_\lambda\} + \text{Const.},$$

oder, da $\log \Delta u_\lambda \Delta v_\lambda \Delta w_\lambda$ konstant ist, also mit in die schon dastehende Konstante einbezogen werden kann:

$$-\log W_{\text{therm}} = \sum_\lambda F_\lambda \log F_\lambda \cdot \Delta u_\lambda \Delta v_\lambda \Delta w_\lambda + \text{Const.}$$

Geht man hier von der Summenschreibweise zur Integralschreibweise über, so erhalten wir mit Rücksicht auf die in (32) enthaltene Definition von H, abgesehen von Konstanten:

$$(76) \qquad -\log W_{\text{therm}} = \iiint F \log F \Delta u \Delta v \Delta w = H .$$

Damit ist die physikalische Bedeutung der Größe H als die des negativen Logarithmus der thermodynamischen Wahrscheinlichkeit erkannt.

Kombiniert man diese Gleichung mit der Gleichung (61), die den Zusammenhang zwischen S und H enthält, so folgt, abgesehen von Konstanten, die berühmte „Boltzmannsche Gleichung“:

$$(77) \qquad S = k \log W ,$$

in Worten: Die Entropie ist proportional dem Logarithmus der thermodynamischen Wahrscheinlichkeit.

In diesem Sinne sagt das H-Theorem $\left(-\frac{dH}{dt} \geqq 0\right)$ also aus, daß ein Gassystem durch die Stöße der Moleküle von unwahrscheinlicheren zu immer wahrscheinlicheren Zuständen übergeht; das ist also die eigentliche Bedeutung des Satzes vom Wachstum der Entropie.

Diese Gleichung enthält auch den eigentlichen Grund für die sogenannte „Additivität der Entropie“, d. h. dafür, daß die Entropie S_{12} eines aus zwei Systemen zusammengesetzten Gesamtsystems gleich der Summe der Einzelentropien S_1 und S_2 ist. Denn wir haben nach (77) für die Einzelsysteme:

$$S_1 = k \log W_1 ,$$
$$S_2 = k \log W_2 ;$$

sind beide Systeme im Sinne der Wahrscheinlichkeitsrechnung unabhängig voneinander, so ist die Gesamtwahrscheinlichkeit $W_{12} = W_1 \cdot W_2$; also folgt durch Addition:

$$S_1 + S_2 = k \log (W_1 W_2) = k \log W_{12} = S_{12} ,$$

was zu beweisen war. Man erkennt hier auch die Bedingung, an die die Additivität der Entropie geknüpft ist: es muß $W_{12} = W_1 W_2$ sein, d. h. die beiden Systeme müssen unabhängig voneinander sein. Ist dies nicht der Fall — und man kennt einen derartigen, von M. v. Laue entdeckten Fall in der Interferenzoptik —, so muß auch die Additivität der Entropie dort ungültig werden.

Der Zusammenhang zwischen Entropie und Wahrscheinlichlichkeit ist offenbar eine ganz fundamentale Relation, die, wenn sie überhaupt gilt, nicht auf ideale Gase, für die wir den Beweis geliefert haben, beschränkt sein kann. Man kann sie anderseits natürlich nicht allgemein beweisen — wenn auch für manche speziellen Fälle — und hat deshalb vielfach (z. B. Planck) zur allgemeinen Gewinnung dieser Beziehung das Postulat aufgestellt, daß irgendein funktionaler Zusammenhang zwischen S und W existiert (sog. Boltzmannsches Prinzip):

(78) $$S = f(W).$$

Nimmt man dazu die erfahrungsmäßig geltende Additivität der Entropie zu Hilfe, so ist, da

$$S_1 = f(W_1),$$
$$S_2 = f(W_2)$$

ist, durch Addition:

$$S_{12} = S_1 + S_2 = f(W_1) + f(W_2) = f(W_{12}).$$

Da aber für unabhängige Systeme

$$W_{12} = W_1 \cdot W_2$$

ist, so folgt zur Bestimmung von $f(W)$ die Funktionalgleichung:

(79) $$f(W_1) + f(W_2) = f(W_1 W_2).$$

Differentiiert man diese Gleichung partiell nach W_1 und W_2, so erhält man, wenn Differentiationen nach dem Argument durch Striche bezeichnet werden:

$$f'(W_1) = f'(W_1 W_2) \cdot W_2,$$
$$f'(W_2) = f'(W_1 W_2) \cdot W_1,$$

und durch Division:

$$\frac{f'(W_1)}{f'(W_2)} = \frac{W_2}{W_1},$$

oder:

$$W_1 f'(W_1) = W_2 f'(W_2) = \text{Const.},$$

und allgemein:

$$W f'(W) = \text{Const.}$$

Daraus folgt durch Integration sofort:

$$f(W) = \text{Const.} \log W,$$

und mithin nach (78):

$$S = \text{Const.} \log W.$$

Die Konstante wird durch Anwendung auf einen speziellen Fall (ideales Gas) bestimmt: man findet sie gleich k. So erhalten wir also unsere alte Gl. (77) wieder.

Das Postulat eines funktionalen Zusammenhanges zwischen

Entropie und (geeignet zu definierender) Wahrscheinlichkeit des thermodynamischen Zustandes führt also in Verbindung mit dem Satze von der Additivität der Entropie zur Boltzmannschen Relation $S = k \log W$.

Bevor wir von diesem Ergebnisse Gebrauch machen, wollen wir zunächst auf die Kritik gegen dasselbe ein wenig eingehen.

93. Reversibilität oder Irreversibilität? Modell der H-Kurve.

In der Tat: Die durch das H-Theorem und das Boltzmannsche Prinzip gelieferte mechanische Deutung des Entropiesatzes bietet erhebliche Schwierigkeiten. Zunächst sei die folgende hervorgehoben:

Das H-Theorem $\left(\frac{dH}{dt} \leqq 0\right)$ beansprucht, eine mechanische Deutung der Irreversibilität des Naturgeschehens zu geben, indem bei allen natürlichen Prozessen eine bestimmte Funktion — H — sich stets nur in einem Sinne — nie im umgekehrten — ändert. Das muß die Frage veranlassen, ob denn eine mechanische Deutung der Irreversibilität überhaupt denkbar und nicht vielmehr eine contradictio in adjecto sei. Denn die Gleichungen der reinen Mechanik stellen nur reversible Prozesse dar, wie wir schon in der Thermodynamik mehrfach betont haben. Und nun behauptet das H-Theorem einerseits ein mechanischer Satz zu sein und doch eine Erklärung für die Irreversibilität liefern zu können! Liegt also nicht, wenn diese beiden Eigenschaften des Theorems zutreffen, hier ein innerer Widerspruch der Mechanik vor?

So wäre es in der Tat, wenn das H-Theorem ein rein mechanisches Theorem in dem Sinne wäre, daß es nur die Grundgleichungen der Dynamik zur Voraussetzung hätte. Dies ist jedoch nicht der Fall. Denn wenn wir in Nr. 90 auf pag. 398 etwa von Gl. (31) an rückwärts gehen, auf der das H-Theorem sich aufbaut, so erkennen wir, daß wir nur dann dazu gelangen, wenn wir die Zahl der Zusammenstöße zwischen A- und B-Molekülen nach Gl. (20) berechnen. Diese Gleichung, der sogenannte „Clausiussche Stoßzahlansatz", beruht aber, wie wir am Schlusse der Nr. 85 (pag. 371) besonders hervorgehoben haben, auf einer Wahrscheinlichkeitshypothese, der sog. Hypothese der molekularen Unordnung.

Demnach ist also das H-Theorem kein rein mechanisches Theorem in dem Sinne, daß nur die Sätze der reinen Dynamik bei seinem Beweise verwendet würden; es enthält vielmehr außerdem noch Wahrscheinlichkeitsannahmen.

Demgemäß sagt das Theorem nicht aus, welcher Zustand sich zwangläufig aus einem gegebenen entwickelt (wie es ein rein mechanisches Theorem tun würde), sondern nur, welcher Zustand wahrscheinlich sich einstellen wird. Da also die einseitige Abnahme von H ganz wesentlich auf der Annahme einer Wahrscheinlichkeitshypothese beruht, kann jedenfalls von einem innern Widerspruch der Mechanik nicht gesprochen werden.

Darf somit dieser Einwand gegen den logischen Bau der Mechanik als beseitigt gelten, so tut sich nunmehr eine Kluft zwischen den Aussagen der Thermodynamik und denen des *H*-Theorems, d. h. denen der kinetischen Theorie, auf. Denn nach der letzteren ist es nur mehr wahrscheinlich, nicht mehr absolut sicher, daß die Entropie bei jedem natürlichen Vorgange zunimmt, oder anders ausdrückt: eine Abnahme der Entropie ist nicht mehr unmöglich, wie es der zweite Hauptsatz der klassischen Thermodynamik will, sondern nur wenig wahrscheinlich. Das bedeutet aber folgendes: Jedes Ereignis, dessen Wahrscheinlichkeit nicht exakt gleich Null ist, muß, wenn der Vorgang lange genug zeitlich verfolgt wird, schließlich eintreten. Also müssen wir erwarten, bei hinreichend langer Dauer z. B. eines Diffusionsversuches zweier Gase, daß wir eine teilweise oder völlige Entmischung der beiden diffundierten Gase beobachten werden!

Zu dem nämlichen Konflikte zwischen kinetischer Theorie und Thermodynamik führt eine schon 1876 von Loschmidt angestellte Überlegung, der sogenannte „Umkehreinwand". Derselbe läuft darauf hinaus, zu betonen, daß nach den kinetischen Anschauungen zu jeder Zustandsfolge auch die umgekehrte möglich ist, während nach den Anschauungen der Thermodynamik nur einseitige Zustandsfolgen — diejenigen, die mit Zunahme der Entropie verbunden sind — möglich sein sollen.

Endlich führt noch ein Satz von Poincaré-Zermelo, der sogenannte „Wiederkehreinwand", auch im wesentlichen zu derselben Diskrepanz zwischen kinetischer Theorie und Thermodynamik. Nach diesem Satze[1]) kommt ein abgeschlossenes System, z. B. ein Gas, einem einmal innegehabten Zustande nach hinreichend langer Zeit wieder beliebig nahe. Wenn also ein System, von einer bestimmten Lage ausgehend, durch eine Reihe von Zustandsfolgen wieder nahe an seine Ausgangslage zurückkehrt, so muß die Entropie wieder nahezu ihren Ausgangswert annehmen, d. h., sie muß, wenn sie zuerst zugenommen hatte, auch wieder abnehmen.

Bei diesem Dilemma — auf der einen Seite die klassische Thermodynamik mit ihren zahllosen Bestätigungen, auf der andern Seite die kinetische Theorie mit ihren wesentlich tiefer dringenden Fragestellungen und Resultaten — entscheiden wir uns auf Grund der Erfahrung für die Richtigkeit der Anschauungen der kinetischen Theorie. Wir betrachten also den zweiten Hauptsatz der Thermodynamik nicht als streng gültigen Satz, ebensowenig wie das Clausius-Thomson-Plancksche Prinzip von der Unmöglichkeit eines Perpetuum mobile

[1]) Die genauere Formulierung siehe etwa bei P. Hertz, im Repertorium der Physik, von R. Gans und R. H. Weber, Bd. I, 2, pag. 462.

zweiter Art, sondern nur als einen angenähert geltenden Erfahrungssatz, der sich Korrekturen (natürlich durch die tiefere Erfahrung bestätigte) durch die Theorie gefallen lassen muß. Die „dogmatischen" Formulierungen der klassischen Thermodynamik müssen den detaillierteren und tieferen der kinetischen Theorie weichen.

Wir haben oben betont, daß wir uns an Hand der Erfahrung für die kinetische Theorie entschieden haben. Welche von der klassischen Thermodynamik abweichenden Erscheinungen haben wir denn auf Grund der kinetischen Theorie zu erwarten?

Wenn jedes System im allgemeinen von unwahrscheinlicheren zu wahrscheinlicheren Zuständen überzugehen „bestrebt" ist, so wird diese einseitige, ganz im Sinne der klassischen Thermodynamik verlaufende Zustandsfolge um so sicherer eintreten, je größer der Unterschied in den Wahrscheinlichkeiten zwischen Anfangszustand und Endzustand ist. Zum Beispiel ist der Zustand eines Gases, dessen Moleküle alle in der einen Hälfte des umschließenden Gefäßes konzentriert sind, ein äußerst unwahrscheinlicher im Verhältnis zu dem Zustand desselben Gases, in dem die Moleküle sich gleichmäßig über den ganzen zur Verfügung stehenden Raum verteilen. Wir werden also von dem geschilderten Anfangszustande aus eine geradezu erdrückende Wahrscheinlichkeit dafür haben, daß das Gas in den geschilderten Endzustand übergeht, d. h. wir werden so gut wie in allen Fällen nur diesen Vorgang beobachten, wie er beim Gay-Lussacschen Prozesse tatsächlich vor sich geht, und wir werden ungeheuer selten, d. h. praktisch niemals, den umgekehrten Vorgang beobachten können, wo das Gas von gleichmäßiger Verteilung zu so ungleichmäßiger übergeht. Mit andern Worten: Einer nicht durch die Theorie geleiteten und interpretierten Beobachtung muß dieser Prozeß als durchaus irreversibel erscheinen, ganz wie es die klassische Thermodynamik auch aufgefaßt hat.

Ganz anders aber liegt die Sache, wenn die Wahrscheinlichkeit von Anfangs- und Endzustand nur sehr wenig differiert. Betrachten wir z. B. ein Gas, dessen Moleküle sich ganz gleichmäßig über das zur Verfügung stehende Volumen ausgedehnt haben. Nach der klassischen Thermodynamik muß dieser Zustand in Strenge bestehen bleiben, weil ihm das Maximum der Entropie entspricht. Nach der kinetischen Theorie ist das sogar unmöglich; denn die Stöße der Moleküle werden fortdauernd kleine Schwankungen der Molekülzahl im Kubikzentimeter, d. h. Schwankungen der Dichte, um die normale Zahl hervorbringen müssen, die freilich im allgemeinen durchaus unmerkbar sind, aber in besonderen Fällen, wie zuerst v. Smoluchowski gezeigt hat, beobachtet werden können. Jede derartige Dichteschwankung bedeutet aber thermodynamisch eine Abnahme der Entropie. So wird es in allen Fällen sein: haben zwei Zustände zwei außerordentlich verschiedene Wahrscheinlichkeiten, so wird in der erdrückenden Mehrzahl der Fälle der Übergang vom weniger wahrscheinlichen zum wahrscheinlicheren, d. h. einseitig erfolgen, also ganz genau so, wie es die Thermodynamik vorschreibt, wenn auch nicht mit absoluter Sicherheit, so doch eben mit geradezu überwältigender Wahrscheinlichkeit. Ganz anders aber liegt die Sache, wenn das System beliebig nahe an seiner Gleichgewichtslage, d. h. an seinem wahrscheinlichsten Zustande sich befindet. Dann kann man durchaus nicht sicher sein — weil die Differenz der Wahrscheinlichkeiten nunmehr auch sehr klein ist —, daß das System immer oder auch nur in der Mehrzahl der Fälle wirklich zum wahrscheinlichsten Zustande übergeht; vielmehr wird man oft beobachten können, daß das System sogar zu in geringem Maße weniger wahrscheinlichen Zuständen übergeht. Man wird mit andern Worten in der Nähe der Gleichgewichtslage unregelmäßige Schwankungen um dieselbe zu erwarten haben.

Die Beobachtung dieser im Gegensatz zur klassischen Thermodynamik erfolgenden Schwankungen ist demnach ein Beweis für die Richtigkeit der kinetischen Anschauungen. Im Laufe der letzten zwei Jahrzehnte ist eine Fülle von Material dafür beigebracht worden, wovon wir einige Beispiele (die sog. Brownsche Molekularbewegung, die Konzentrationsschwankungen von Lösungen und Gasen usw.) im nächsten Kapitel etwas näher besprechen wollen. Die hier vertretene Auffassung hat namentlich der der Wissenschaft zu früh entrissene M. v. Smoluchowski durch seine Arbeiten begründet.

Hier wollen wir zum Schlusse noch ein ganz einfaches Modell der „H-Kurve" betrachten, das von P. u. T. Ehrenfest[1]) herrührt und geeignet erscheint, die hier auftretenden Schwierigkeiten zu klären. Insbesondere erhält man einen Einblick in die Natur des H-Theorems und die Notwendigkeit des Auftretens von Schwankungen um die Gleichgewichtslage.

Auf zwei Urnen, eine schwarze und eine weiße, sei eine bestimmte gerade Anzahl $\mathfrak{N}$ numerierter Zettel verteilt, etwa x in der schwarzen, $\mathfrak{N}-x$ in der weißen Urne. Die Zahlen 1 bis $\mathfrak{N}$ sind noch einmal als Nummern in einer Ziehurne vorhanden, und es wird in regelmäßigen Zeitabständen aus dieser eine Nummer gezogen und wieder zurückgelegt. Gleichzeitig wird der Zettel mit der gleichen Nummer aus der Urne, in der er sich befindet, in die andere Urne gelegt.

Es ist klar, daß der wahrscheinlichste Zustand der sein wird, daß in der schwarzen und weißen Urne gleich viele, nämlich $\frac{\mathfrak{N}}{2}$, Zettel sich befinden. Denn wenn die Anfangsverteilung wie oben durch die Anwesenheit von x Zetteln in der schwarzen, $(\mathfrak{N}-x)$ in der weißen Urne bestimmt ist, so ist die Wahrscheinlichkeit, von den $\mathfrak{N}$ Nummern in der Ziehurne eine Nummer zu ziehen, deren zugehöriger Zettel in der schwarzen Urne liegt, offenbar $\frac{x}{\mathfrak{N}}$, da x die Anzahl der gleichmöglichen günstigen Fälle (Komplexionen), $\mathfrak{N}$ die Gesamtzahl aller möglichen Fälle ist. Wir wollen

[1]) P. u. T. Ehrenfest, Physikalische Zeitschr., 8, pag. 311, 1907.

eine solche Ziehung der Kürze halber eine „schwarze" Ziehung nennen. Entsprechend ist die Wahrscheinlichkeit einer „weißen" Ziehung offenbar gleich $\frac{\mathfrak{N}-x}{\mathfrak{N}}$. Ist nun etwa $x > \mathfrak{N} - x$, so ist die relative Wahrscheinlichkeit $\frac{x}{\mathfrak{N}-x}$ einer schwarzen zu einer weißen Ziehung größer als 1, also wird wahrscheinlich jetzt eine schwarze Ziehung erfolgen, d. h. ein Zettel wandert aus der schwarzen in die weiße Urne, so daß die Differenz zwischen beiden sich vermindert. Diese Tendenz besteht offenbar so lange, bis $x - (\mathfrak{N} - x) = 0$ geworden ist; sie wird allerdings immer schwächer, je näher diese Differenz der Null kommt.

Wenn wir also mit einem sehr unwahrscheinlichen Anfangswert beginnen, etwa $x = \mathfrak{N}$ nehmen, d. h. wenn alle Zettel in der schwarzen Urne liegen, keiner in der weißen, so muß bei der ersten Ziehung ein Zettel in die weiße Urne übergehen, weil die Wahrscheinlichkeit einer schwarzen Ziehung jetzt $\frac{\mathfrak{N}}{\mathfrak{N}} = 1$, d. h. Gewißheit, die einer weißen gleich $\frac{0}{\mathfrak{N}} = 0$, d. h. Unmöglichkeit, ist. Auch die nächste Ziehung wird höchstwahrscheinlich, wenn $\mathfrak{N} \gg 1$ ist, im selben Sinne verlaufen, d. h. im Sinne der Annäherung an den wahrscheinlichsten Zustand. Denn bei diesen ersten Ziehungen ist das Verhältnis der Wahrscheinlichkeiten einer schwarzen zu einer weißen Ziehung, nämlich $\frac{x}{\mathfrak{N}-x}$, außerordentlich groß gegen 1. Aber unmöglich ist es doch nicht, daß schon der zweite Zug im umgekehrten Sinne vor sich geht, denn die Wahrscheinlichkeit dafür ist zwar sehr klein, aber nicht exakt gleich Null.

Je näher man dem völligen Ausgleich kommt, desto mehr nähern sich die Wahrscheinlichkeiten für eine schwarze und eine weiße Ziehung einander, es besteht kein erdrückendes Übergewicht der einen über die andere mehr, und demgemäß ist der Ausfall der nächsten Ziehung durchaus zweifelhaft. Sie kann im Sinne des Ausgleichs, aber mit fast ebenso großer Wahrscheinlichkeit entgegen dem Sinne desselben erfolgen.

Konstruiert man also eine „Kurve", indem man den absoluten[1]) Wert der Differenz $|x - (\mathfrak{N} - x)| = |\Delta|$ als Ordinaten gegen die Zahl der Ziehungen (also im wesentlichen gegen die Zeit) als Abszissen aufträgt, so werden wir bei der vorausgesetzten sehr unwahrscheinlichen Anfangsverteilung die Kurve fast ohne Schwankung nach unten laufen sehen; erst in der Nähe von $|\Delta| = 0$ werden Schwankungen auftreten. Der erste Teil des Prozesses erscheint einem „Makrobeobachter", wie wir es alle der Natur gegenüber sind, als irreversibel; erst in der Nähe der

[1]) Dadurch, daß wir den absoluten Wert von Δ auftragen, entsteht das Resultat, daß die in Fig. 52 auftretenden Schwankungen alle einseitig sind. Dies ist mit Rücksicht auf die Beziehung zur Entropie geschehen, bei der jede Schwankung eine Abnahme hervorruft. Würden wir dagegen Δ selbst auftragen, so würden die Schwankungen der Fig. 52 natürlich zu beiden Seiten der Nullinie auftreten Der Leser möge den Versuch auch nach diesem letzteren Verfahren auftragen.

Gleichgewichtslage zeigen ihm die Schwankungen, daß es sich in Wirklichkeit um einen reversibeln Prozeß handelt.

Die Wahrscheinlichkeit dafür, daß einmal wieder alle $\mathfrak{N}$ Zettel in einer Urne liegen, ist zwar sehr klein, aber durchaus nicht Null. Und wenn man das Spiel lange genug fortsetzt, so muß schließlich dieser Fall auch eintreten, ganz in Übereinstimmung mit dem Poincaré-Zermeloschen Satze von der Wiederkehr aller früheren Zustände. Allerdings gehört vielleicht eine Million oder eine Billion von Zügen dazu, um dieses Resultat zu erhalten.

In der Figur 52 ist ein derartiger Versuch mit $\mathfrak{N} = 40$ wiedergegeben. Zu Anfang waren alle Zettel in der schwarzen Urne, d. h. $x = 40$.

Man erkennt, daß die ersten Züge in der Tat abwärts führen, dann tritt ein einmaliger Rückschlag ein, dem eine lange Zeit hindurch nur einseitige Abnahme folgt, d. h. starke Annäherung an den Ausgleich, noch einmal ein Rückschlag, und dann schließlich stetige Abnahme bis zu $|\Delta| = 0$. Dieser Wert ist nach 24 Zügen erreicht worden; ohne die beiden Rück-

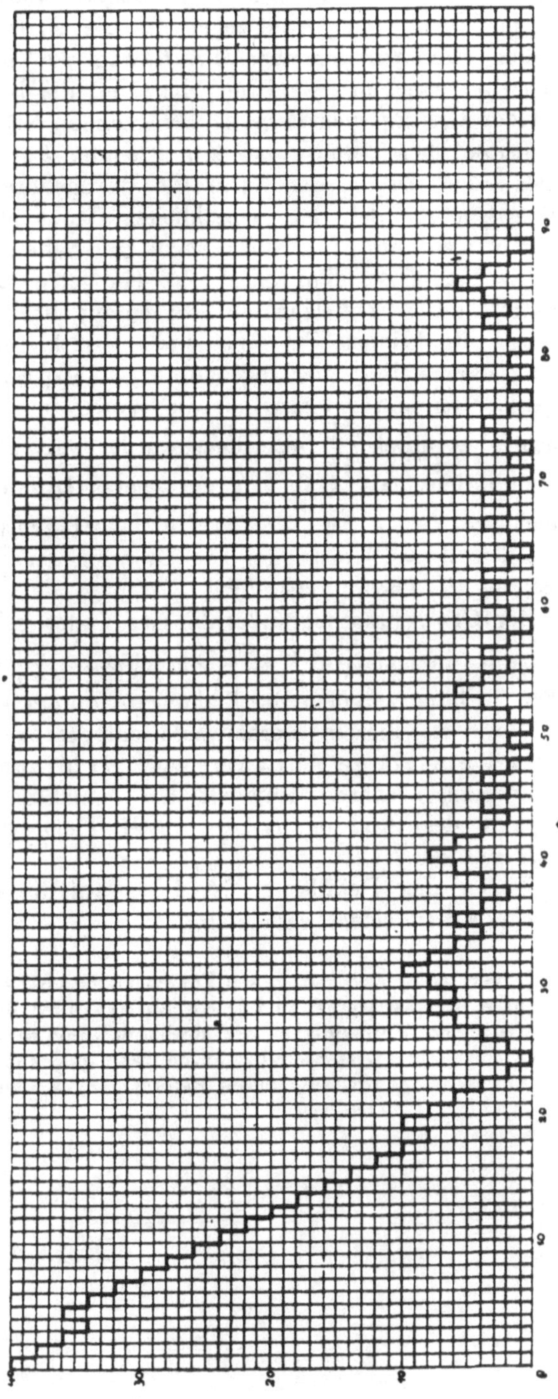

Fig. 52.

schläge hätte dieses Resultat in 20 Zügen erzielt werden können. Nunmehr beginnen die Schwankungen um die Ruhelage, die hier alle positiv ausfallen, weil wir den absoluten Betrag von Δ auftragen; sie sind, wie man sieht, ganz unregelmäßig: das sind die bei jedem Vorgange in der Nähe der Gleichgewichtslage zu erwartenden Schwankungen. Sie können, wie schon oben betont, bei hinreichender Fortsetzung jeden Betrag erreichen, doch ist in der Natur die dazugehörige Zeitdauer unermeßlich groß gegenüber der der menschlichen Beobachtung, weil wir es in der Natur mit so enormen Zahlen $\mathfrak{N}$ zu tun haben.

Die Kurve der Fig. 52 ist also ein getreues Abbild der H-Kurve als Funktion der Zeit betrachtet; sie entspricht ihr auch darin, daß beide unstetige Funktionen der Zeit sind: sowohl die H-Kurve, als die in Fig. 52 dargestellte, sind sogenannte „Treppen kurven". Die Differentialquotienten besitzen also nur die Werte $=\infty$, 0, $-\infty$. Was im Vorhergehenden durch $\frac{dH}{dt}$ bezeichnet wurde, war ebensowenig ein echter Differentialquotient, als z. B. Δu ein echtes Differential war. Die mit $\frac{dH}{dt}$ bezeichnete Größe ist vielmehr ein Differenzenquotient, und das Übersehen dieses Umstandes hat zu manchen unberechtigten Einwänden gegen das H-Theorem geführt.

Der Clausiussche Stoßzahlansatz findet sein Analogon in dem Ausdruck für die relative Wahrscheinlichkeit $\frac{x}{\mathfrak{N}-x}$ einer schwarzen zu einer weißen Ziehung; fänden die Ziehungen immer exakt mit dem Resultate statt, wie sie diesem Verhältnisse entsprechen, so hätte man eine dauernd einseitige Abnahme von $|\Delta|$ bis zum vollständigen Ausgleiche zu erwarten. Ebenso erzwingt die Annahme von der ausnahmslosen Gültigkeit des Stoßzahlansatzes im H-Theorem die einseitige Abnahme von H mit der Zeit.

Wegen aller Details sei der Leser auf die sehr interessante Ehrenfestsche Arbeit selbst verwiesen[1]).

[1]) Wer weiter sich mit diesen Fragen zu beschäftigen wünscht, sei auf das ausgezeichnete Referat von P. und T. Ehrenfest über die „begrifflichen Grundlagen der statistischen Auffassung in der Mechanik" im vierten Bande der Enzyklopädie der mathematischen Wissenschaften aufmerksam gemacht. Wir selbst haben im wesentlichen uns an die Auffassung dieses Referats angeschlossen.

Zehntes Kapitel.

Statistische Mechanik.

94. Allgemeine Charakterisierung der Aufgabe und der Methode der statistischen Mechanik.

Die kinetische Theorie der Gase macht bei ihren Untersuchungen verhältnismäßig viele Annahmen über die Natur der Moleküle, über die zwischen ihnen wirkenden Kräfte usw. Z. B. haben wir das Äquipartitionstheorem in Nr. 90 nur unter der Annahme bewiesen — wie schon vorher zahlreiche andere Resultate — daß die Moleküle starre Kugeln sind. Es liegt also das Bedürfnis nach einer Verallgemeinerung insofern vor, als es wünschenswert wäre, alle diejenigen Resultate unabhängig von speziellen Voraussetzungen der obigen Art zu gewinnen, die nur auf der allgemeinen mechanischen Natur des Systems beruhen.

In der Tat: Bei dem bisherigen Zustande können wir nicht sagen, ob z. B. das Äquipartitionstheorem an die Gültigkeit einer Voraussetzung über die Gestalt der Moleküle gebunden ist oder nicht, und das Gleiche gilt mehr oder weniger von fast allen bisherigen Resultaten. Die hier skizzierte Aufgabe bildet den Inhalt der sogenannten „statistischen Mechanik“; ihre einzige wesentliche Voraussetzung ist die, daß die betrachteten Systeme mechanische sind, also den allgemeinen Gleichungen der Dynamik gehorchen.

Die Methode der statistischen Mechanik werden wir am besten an einem einfachen Beispiele erläutern. In Nr. 77 haben wir den Begriff des mittleren Geschwindigkeitsquadrates $\overline{c^2}$ eingeführt, und wir haben schon früher betont, daß dies ein sogenannter „Scharmittelwert“ ist, d. h. ein Mittelwert, gebildet über sämtliche Moleküle der Schar, d. h. des Gases. Bei dem in Nr. 78 besprochenen Clausiusschen Virialsatze jedoch begegneten wir einem zeitlichen Mittelwerte über c^2, den wir mit $\overline{c^2}^t$ bezeichneten, und wir haben schon damals einen Zusammenhang (am Beispiel der lebendigen Kraft) zwischen beiden Arten von Mittelwerten konstatiert. Denn die gesamte kinetische Energie L eines Gases kann einmal dargestellt werden vermöge des Scharmittels durch:

$$L = \frac{1}{2} \mathfrak{N} \mu \overline{c^2}, \tag{1}$$

und anderseits vermöge des Zeitmittels durch:

(2) $$L = \frac{1}{2}\sum \mu \overline{c^2}^t,$$

wodurch offenbar die oben angedeutete Beziehung hergestellt wird. Denn die Gl. (1) kann auch geschrieben werden:

(3) $$L = \frac{1}{2}\sum \mu \overline{c^2},$$

wobei jetzt in (2) und (3) die Summenbildung über alle Moleküle des Systems zu erstrecken ist. Also folgt durch Differenzbildung:

(4) $$\sum \frac{\mu}{2}(\overline{c^2} - \overline{c^2}^t) = 0,$$

woraus sich weiter ergibt, daß der Scharmittelwert der kinetischen Energie eines Moleküls $\frac{\mu}{2}\overline{c^2}$ gleich ist dem zeitlichen Mittelwerte derselben $\frac{\mu}{2}\overline{c^2}^t$.

Man hat also zwei Methoden vor sich, die Mittelwerte der kinetischen Energie zu bilden: einmal verfolgt man ein Molekül durch eine sehr lange Zeit τ hindurch und bildet das Zeitmittel nach der Vorschrift:

(5) $$\frac{\mu}{2}\overline{c^2}^t = \frac{1}{\tau}\int_0^\tau \frac{\mu}{2} c^2 \varDelta t \text{ [1]}.$$

Ein zweites Mal betrachtet man eine sehr große Zahl von Molekülen (das Gas) in einem bestimmten Zeitmomente und bildet — mit Hilfe der aus dem Maxwellschen Verteilungsgesetze her bekannten Verteilungsfunktion φ — [siehe Gl. (45) des achten Kapitels auf pag. 347]:

(6) $$\frac{\mu}{2}\overline{c^2} = \frac{\int \frac{\mu}{2} c^2 \cdot \varphi \cdot \varDelta c}{\int \varphi \cdot \varDelta c}.$$

Daß beide sich als gleich ergeben, ist keineswegs selbstverständlich, sondern beruht hier offenbar auf folgendem:

Bei Betrachtung eines Gasmoleküls durch sehr lange Zeit τ hindurch nimmt dasselbe infolge der Zusammenstöße alle möglichen Geschwindigkeiten an, über deren Quadrat dann gemittelt wird; natürlich hängt der Mittelwert davon ab, wie häufig die einzelnen Geschwindigkeitswerte sind, die sich innerhalb der Zeit τ einstellen. Ebenso sind bei einer großen Zahl von Molekülen, die in einem Momente betrachtet werden, alle möglichen Geschwindigkeiten vorhanden, über deren Quadrat dann das Scharmittel gebildet wird. Und zwar wird dieses Scharmittel dann dasselbe sein wie das Zeitmittel, wenn die zeitliche Verteilung der Geschwindigkeiten bei einem Moleküle dieselbe ist wie die räumliche Anordnung der gleichzeitig bei einer ganzen Schar von Molekülen vorhandenen Geschwindigkeitswerte. Diese Bedingung muß in dem vorhin besprochenen Falle erfüllt sein, und man

---

[1]) Genau genommen ist das Zeitmittel der Limes, dem sich dieses Integral für $\tau = \infty$ annähert; die Existenz dieses Grenzwertes ist also stets vorauszusetzen.

kann auch leicht weitere einfache Beispiele angeben, in denen dies der Fall sein wird. Wenn z. B. festgestellt ist, daß ein Roulettespiel bei 1000 aufeinanderfolgenden Stellungen 37 mal auf der Null steht, so wird man als sicher annehmen dürfen, daß bei einer Gesamtheit von 1000 Roulettes im Durchschnitt gerade in jedem Augenblicke 37 auf der Null stehen. Bei diesem Beispiele, das von P. Hertz herrührt, beruht diese Übereinstimmung offenbar darauf, daß jede Roulettestellung mit der andern gleichwahrscheinlich ist, was bei Molekülgeschwindigkeiten bekanntlich keineswegs der Fall ist, wie das Maxwellsche Verteilungsgesetz zeigt.

Aber jedenfalls kann man den hier dargelegten Gedanken verallgemeinern — unter welchen Bedingungen, muß sich im Laufe der Untersuchung selbst zeigen —, und auf ihm — der Vertauschung zeitlicher Mittelwerte in einem System mit Scharmittelwerten einer geeignet gebildeten Gesamtheit von Systemen — beruht der methodische Apparat der statistischen Mechanik, die daher auch ihren Namen genommen hat; es wird über alle Systeme einer Gesamtheit gewissermaßen eine „Statistik" aufgenommen, und diese statistischen Aussagen treten an Stelle der Wahrscheinlichkeitsaussagen bei einem System. In diesem Sinne statistische Betrachtungen wurden zuerst von Boltzmann gelegentlich und von Maxwell systematisch angestellt (von letzterem rührt auch der Name für derartige Untersuchungen her); zu einem vollständigen System hat J. W. Gibbs die statistische Mechanik ausgebildet[1]).

Wir wollen im folgenden einen Überblick über die wichtigsten Ergebnisse der statistischen Mechanik geben, ohne natürlich im geringsten Vollständigkeit anstreben zu können. Auch können wir nicht alle Begründungen so streng gestalten, wie dies wünschenswert wäre, sondern wir werden uns vielfach mit einem Plausibelmachen begnügen müssen[2]).

In den nächsten Nummern wollen wir zunächst einige mathematische Hilfsmittel aus der Mechanik zusammenstellen, die wir benötigen werden.

95. Die Hamiltonschen Gleichungen der Dynamik.

Ein mechanisches System kann im Sinne von Lagrange durch seine allgemeinen Koordinaten q_k und seine allgemeinen Geschwindigkeiten

$$\dot{q}_k = \frac{d q_k}{dt}$$

charakterisiert werden, und es gelten die sogenannten Lagrangeschen Gleichungen zweiter Art (siehe Bd. I, pag. 221 ff.). Bedeuten L und Φ kinetische und potentielle Energie des Systems, so ist:

[1]) J. W. Gibbs, Elementare Grundlagen der statistischen Mechanik; deutsch von E. Zermelo, Leipzig 1905.

[2]) Eine zusammenfassende und gleichzeitig kritische Darstellung findet man in dem Artikel von P. Hertz über statistische Mechanik im Repertorium der Physik von Weber und Gans, Bd. I, zweiter Teil; ferner in dem schon genannten Enzyklopädieartikel von P. und T. Ehrenfest.

(7) $$\frac{\partial \Phi}{\partial q_k} - \frac{\partial L}{\partial q_k} + \frac{d}{dt}\left(\frac{\partial L}{\partial \dot{q}_k}\right) = 0 \qquad (k = 1, 2 \ldots).$$

In diesen Gleichungen ist Φ eine Funktion der q_k allein, L eine Funktion der q_k und $\dot{q}_k$, und zwar eine homogene quadratische Form in den $\dot{q}_k$, deren Koeffizienten Funktionen der q_k sind. Infolgedessen ist nach dem Eulerschen Theorem über homogene Funktionen:

(8) $$\sum_k \frac{\partial L}{\partial \dot{q}_k} \dot{q}_k = 2L.$$

Da Φ von den $\dot{q}_k$ nicht abhängt, kann statt (7) und (8) auch geschrieben werden:

(9) $$\frac{d}{dt}\left\{\frac{\partial (L - \Phi)}{\partial \dot{q}_k}\right\} - \frac{\partial (L - \Phi)}{\partial q_k} = 0$$

und

(10) $$\sum_k \frac{\partial (L - \Phi)}{\partial \dot{q}_k} \dot{q}_k = 2L.$$

Die Differenz

(11) $$L - \Phi = H$$[1]

wird als das „kinetische Potential“ oder als die „Lagrangesche Funktion“ bezeichnet. Mit ihr gewinnen die Gl. (9) und (10) die Gestalt:

(12) $$\frac{d}{dt}\left(\frac{\partial H}{\partial \dot{q}_k}\right) - \frac{\partial H}{\partial q_k} = 0,$$

(13) $$\sum_k \frac{\partial H}{\partial \dot{q}_k} \dot{q}_k = \sum_k \frac{\partial L}{\partial \dot{q}_k} \dot{q}_k = 2L.$$

Da L in den $\dot{q}_k$ homogen und quadratisch ist, sind die Ausdrücke

$$\frac{\partial L}{\partial \dot{q}_k} = \frac{\partial H}{\partial \dot{q}_k}$$

lineare homogene Funktionen der $\dot{q}_k$, die man als die „allgemeinen Impulse“ p_k bezeichnet:

(14) $$\frac{\partial L}{\partial \dot{q}_k} = \frac{\partial H}{\partial \dot{q}_k} = p_k,$$

weil in kartesischen Koordinaten der Ausdruck $\frac{\partial L}{\partial \dot{q}_k}$ direkt mit dem gewöhnlichen Impuls (Masse $\times$ Geschwindigkeit) identisch ist. Mit Einführung der Impulse kann die Lagrangesche Gleichung geschrieben werden:

(15) $$\frac{d p_k}{d t} = \frac{\partial H}{\partial q_k}.$$

Wir wollen nun aus diesen Formeln eine neue Gestalt der dynamischen Gleichungen herleiten, die von größtem Nutzen für alle Betrachtungen der statistischen Mechanik sich erweisen wird.

Bilden wir zu diesem Zwecke die Variation der Lagrangeschen

[1] Eine Verwechselung mit der Boltzmannschen H-Funktion ist wohl nicht zu befürchten.

Funktion H, so ergibt sich, da H sowohl von den q_k als auch von den $\dot{q}_k$ abhängt:

$$\delta H = \sum_k \frac{\partial H}{\partial q_k} \delta q_k + \sum_k \frac{\partial H}{\partial \dot{q}_k} \delta \dot{q}_k ,$$

oder, unter Berücksichtigung der Gl. (14) und (15):

(16) $$\delta H = \sum_k \dot{p}_k \delta q_k + \sum_k p_k \delta \dot{q}_k .$$

Bildet man ferner die Variation des Ausdrucks $\sum_k p_k \dot{q}_k$, so hat man:

$$\delta \sum_k p_k \dot{q}_k = \sum_k p_k \delta \dot{q}_k + \sum_k \dot{q}_k \delta p_k ,$$

was für den in (16) auftretenden Term $\sum_k p_k \delta \dot{q}_k$ ergibt:

(17) $$\sum_k p_k \delta \dot{q}_k = \delta \{\sum_k p_k \dot{q}_k\} - \sum_k \dot{q}_k \delta p_k .$$

Setzt man dies in (16) ein, so folgt weiter:

$$\delta H = \sum_k \dot{p}_k \delta q_k + \delta \{\sum_k p_k \dot{q}_k\} - \sum_k \dot{q}_k \delta p_k ,$$

oder, anders geordnet:

(18) $$\delta \{H - \sum_k p_k \dot{q}_k\} = \sum_k \dot{p}_k \delta q_k - \sum_k \dot{q}_k \delta p_k .$$

Der Ausdruck $\{H - \sum_k p_k \dot{q}_k\}$ hat nun eine wichtige physikalische Bedeutung. Denn $\sum_k p_k \dot{q}_k$ ist nach Gl. (14) gleich $\sum \frac{\partial H}{\partial \dot{q}_k} \dot{q}_k$ und nach Gl. (10) gleich $2L$, sodaß wir für $\{H - \sum p_k \dot{q}_k\}$ den Wert $\{H - 2L\}$ erhalten. Da aber H nach Gl. (11) gleich $(L - \Phi)$ ist, so folgt schließlich:

(19) $$H - \sum_k p_k \cdot \dot{q}_k = L - \Phi - 2L = -(L + \Phi) = -U ,$$

wenn U die Gesamtenergie bezeichnet. Also geht (18) über in:

(20) $$\delta U = - \sum_k \dot{p}_k \delta q_k + \sum_k \dot{q}_k \delta p_k .$$

Denken wir uns nun U als Funktion der q_k und p_k (statt wie bisher als Funktionen der q_k und $\dot{q}_k$) ausgedrückt, was mittels der Gl. (14) möglich ist, so ist offenbar:

$$\delta U = \sum_k \frac{\partial U}{\partial p_k} \delta p_k + \sum_k \frac{\partial U}{\partial q_k} \delta q_k ,$$

also besteht nach (20) die Gleichung:

$$\sum_k \frac{\partial U}{\partial p_k} \delta p_k + \sum_k \frac{\partial U}{\partial q_k} \delta q_k = \sum_k \dot{q}_k \delta p_k - \sum_k \dot{p}_k \delta q_k ,$$

die bei der gänzlichen Unabhängigkeit der Größen δp_k und δq_k voneinander nur bestehen kann, wenn links und rechts die Koeffizienten jedes δp_k und δq_k einander gleich sind. Also muß sein:

$$(21) \qquad \begin{cases} \dfrac{d p_k}{d t} = -\dfrac{\partial U}{\partial q_k}, \\ \dfrac{d q_k}{d t} = +\dfrac{\partial U}{\partial p_k}, \end{cases} \qquad (k = 1, 2, \ldots).$$

Diese Form der dynamischen Gleichungen hat R. W. Hamilton zuerst angegeben; sie stellen ein System von besonderer Einfachheit und Symmetrie dar, das sich bei allen feineren Untersuchungen in den Händen von Boltzmann, Maxwell und Gibbs bewährt hat. Die Variabeln p_k und q_k heißen „kanonische Variable", weil die Wahl derselben große Vorzüge vor der bisherigen Wahl q_k und $\dot{q}_k$ hat; deshalb heißen auch die Gl. (21) die „kanonischen Gleichungen" der Dynamik. Worin die Vorzüge der kanonischen Variabeln für uns bestehen, wird sich im Laufe der weiteren Untersuchung klar zeigen.

Die physikalische Bedeutung der kanonischen Gleichungen wollen wir an einem ganz einfachen Beispiele klar machen. Es sei in kartesischen Koordinaten:

$$L = \frac{m}{2}\dot{x}^2, \quad \Phi = \Phi(x).$$

Dann ist $p = m\dot{x}$, $q = x$, also weiter offenbar:

$$\frac{\partial U}{\partial q} = \frac{\partial U}{\partial x} = \frac{\partial \Phi}{\partial x},$$

also nach der ersten Gl. (21):

$$\frac{d}{dt}(m\dot{x}) = -\frac{\partial \Phi}{\partial x}.$$

Das ist aber die Newtonsche Bewegungsgleichung der Mechanik, da $-\frac{\partial \Phi}{\partial x}$ die wirkende Kraft bedeutet. Ferner ist $\frac{\partial U}{\partial p} = \dot{x}$, was mit der zweiten Gl. (21) übereinstimmt, da $\dot{q}_k$ auch gleich $\dot{x}$ ist. Die zweite Gl. (21) definiert also die Impulse, während die erste die eigentlichen Bewegungsgleichungen liefert.

96. Phasenraum, Phasenpunkt, Phasenbahn, Liouvillescher Satz.

Wir wollen ein System von $\mathfrak{N}$ Molekülen betrachten, deren jedes f Freiheitsgrade besitzen möge. Das System besitzt dann im ganzen $\mathfrak{N} \cdot f$ Freiheitsgrade, und der zeitliche Ablauf der Bewegung ist durch die $2\mathfrak{N}f$ Hamiltonschen Gl. (21) bestimmt, wenn noch die Anfangsbedingungen, d. h. die $\mathfrak{N}f$ Werte q_k^0 (die Anfangslage) und die $\mathfrak{N}f$ Werte p_k^0 (die Anfangsgeschwindigkeiten bzw. Anfangsimpulse) gegeben sind. Die Hamiltonschen Gleichungen bestimmen q_k und p_k als Funktionen der Zeit t. Man nennt den Inbegriff der Größen $(q_k p_k)$ nach Gibbs die „Phase" des Systems zur Zeit t. Denken wir uns die $\mathfrak{N}f$ Größen q_k und die $\mathfrak{N}f$ Größen p_k als kartesische Koordinaten eines $2\mathfrak{N}f$-dimensionalen Raumes, so wird der jeweilige Zustand des ganzen Systems durch einen Punkt mit den Koordinaten $p_k, q_k (k = 1, 2, \ldots \mathfrak{N}f)$ dargestellt. Diesen $2\mathfrak{N}f$-

dimensionalen Raum nennt man den „Phasenraum“; wir erkennen, daß der gewöhnliche „Lagenraum“ und der im vorigen Kapitel mehrfach benutzte „Geschwindigkeitsraum“ spezielle Fälle dieses allgemeinen Phasenraumes sind. Den das System darstellenden Punkt (p_k, q_k) nennt man den „abbildenden Punkt“, den „Phasenbildpunkt“ oder kurz den „Phasenpunkt“. Im Laufe der Zeit wandert der Phasenpunkt im Phasenraume und beschreibt eine eindimensionale Kurve, die als „Phasenbahn“ bezeichnet wird. Sie stellt die zeitlichen Veränderungen des Systems geometrisch dar und ist in demselben Sinne eine Verallgemeinerung des Begriffes der „Bahnkurve“, wie der Phasenraum eine Verallgemeinerung des gewöhnlichen Lagenraumes ist.

Wir können auch den Begriff der „Phasengeschwindigkeit“ einführen. Denn die Phasenbahn wird ja durchlaufen, indem sich die Koordinaten q_k, p_k zeitlich ändern; also können wir offenbar die Größen $\dot{q}_k$, $\dot{p}_k$ als die Komponenten der Geschwindigkeit im Phasenraume betrachten, die wir kurz als „Phasengeschwindigkeit“ bezeichnen; sie ist ein $2\mathfrak{N}f$-dimensionaler Vektor mit den bezeichneten $2\mathfrak{N}f$ Komponenten.

Da die Energie des Systems konstant ist, so existiert das Energie-Integral:

$$L + \Phi = U(p_k\, q_k) = \text{Const.}, \tag{22}$$

und das ist eine Relation zwischen den Koordinaten p_k und q_k; das bedeutet aber, geometrisch gesprochen, eine $(2\mathfrak{N}f - 1)$-dimensionale Fläche im Phasenraume, die wir als Energiefläche, oder genauer als Energiehyperfläche bezeichnen. Auf ihr muß die Phasenbahn ihrer ganzen Ausdehnung nach liegen. Die Phasenbahn hat folgende wichtige Eigenschaft: Da durch die Hamiltonschen Gleichungen der zeitliche Ablauf vollkommen eindeutig bestimmt ist, so kann durch einen Punkt des Phasenraumes nur eine Phasenbahn hindurchgehen, und insbesondere kann eine Phasenbahn sich nicht selbst durchschneiden, da dann eine Zweideutigkeit des Fortschreitens vom Schnittpunkte aus entstehen würde.

Wir wollen uns nun nicht nur ein System, sondern eine sehr große Anzahl von identischen Systemen denken, die sich nur durch die Anfangsbedingungen (q_k^0, p_k^0) unterscheiden. Jedem dieser Systeme entspricht dann ein Phasenpunkt; jeder dieser Phasenpunkte beschreibt eine auf der zugehörigen Energiefläche liegende Phasenbahn. Es ist hierbei noch keineswegs angenommen, daß alle die betrachteten Systeme die gleiche Energie besitzen, d. h. daß alle Phasenpunkte auf derselben Energiefläche liegen; vielmehr wollen wir zunächst alle möglichen Energiewerte, die ja durch die Anfangsbedingungen (q_k^0, p_k^0) natürlich bestimmt sind, zulassen, so daß der ganze Phasenraum (bzw. ein gewisser Teil desselben) von Phasenpunkten sehr dicht besetzt sei. Im besonderen werden wir freilich später solche spezieller gewählte Systemscharen betrachten, die alle die nämliche Energie besitzen, deren Phasenpunkte also alle ihre Phasenbahn auf der nämlichen Energiefläche beschreiben. Zunächst jedoch wollen wir, wie gesagt, allgemeiner annehmen, die Systeme seien räumlich über den Phasenraum bzw. bestimmte Teile desselben verteilt und nicht nur auf eine bestimmte Energiefläche beschränkt.

Dann können wir die Gesamtheit der Phasenpunkte — wenn nur ihre Anzahl, d. h. die Anzahl der Systeme groß genug gewählt wird — mit beliebiger Annäherung als eine kontinuierliche Flüssigkeit betrachten, die sich im Phasenraume gemäß den Hamiltonschen Gl. (21) bewegt.

Teilen wir den Phasenraum in Volumelemente

(23) $$\Delta\tau = \Delta q_1 \ldots \Delta q_{\mathfrak{N}f} \cdot \Delta p_1 \ldots \Delta p_{\mathfrak{N}f}$$

ein, so wollen wir annehmen, daß auch jedes dieser Volumelemente noch eine sehr große Zahl von Phasenpunkten enthalte, so daß wir die Anzahl der Phasenpunkte in einem solchen Volumelemente proportional der Größe dieses Volumelementes setzen können:

(24) $$\text{Anzahl der Phasenpunkte in } \Delta\tau\colon \; \varepsilon(p_k, q_k)\cdot\Delta\tau.$$

Dabei ist der Proportionalitätsfaktor ε natürlich eine Funktion der Koordinaten p_k, q_k, weshalb wir die Argumente beigefügt haben, und gibt die Zahl der Phasenpunkte in der „Volumeinheit" des Phasenraumes an, weshalb die Bezeichnung „Dichte" oder „Phasendichte" angebracht erscheint.

Wir wollen nun ein solches Volumelement $\Delta\tau_1$ irgendwo zur Zeit t_1 abgrenzen und dasselbe verfolgen, während es sich durch den Phasenraum hindurchbewegt. Die Phasenpunkte, die zur Zeit t_1 in diesem Volumelement liegen, bleiben dauernd in demselben, während das Element selbst sich natürlich deformiert und an andere Stellen des Phasenraumes rückt. Dieses Volumelement besteht also stets aus denselben Phasenpunkten. Nennen wir die Dichte zur Zeit t_1 entsprechend ε_1, und bezeichnen wir alle Größen zur Zeit t_2 mit dem Index 2, so haben wir offenbar die Gleichung:

(25) $$\varepsilon_1 \Delta\tau_1 = \varepsilon_2 \Delta\tau_2,$$

die eben ausdrückt, daß die Zahl der Phasenpunkte in diesem Volumelement, während es den Phasenraum durcheilt, sich nicht ändert. Dies ist ganz genau so wie in der üblichen Hydrodynamik.

Diesen Sachverhalt können wir aber — ebenfalls genau wie in der dreidimensionalen Hydrodynamik — noch in einer andern Weise formulieren, indem wir zum Ausdruck bringen, daß die Anzahl der Phasenpunkte in einem bestimmten Volumelemente sich einerseits durch zeitliche Änderung der Dichte ε, anderseits durch „Einströmung" neuer Phasenpunkte in das Volumelement durch seine Seitenflächen ändern kann, und daß diese beiden Änderungen sich gegenseitig kompensieren. Die zeitliche Änderung der Dichte bei konstanten Koordinaten p_k, q_k pro Sekunde ist offenbar $\frac{\partial\varepsilon}{\partial t}$, also die davon hervorgebrachte Änderung der Zahl der Phasenpunkte im Volumelement $\Delta\tau$ gleich

(26) $$\frac{\partial \varepsilon}{\partial t} \Delta \tau .$$

Anderseits ist, wenn wir je zwei einander gegenüberliegende Seitenflächen des Volumelementes betrachten, z. B. diejenigen, die um das Stück Δq_1 voneinander abstehen und die jedes den Flächeninhalt

$$\Delta q_2 \ldots \Delta q_{\mathfrak{N} f} \Delta p_1 \ldots \Delta p_{\mathfrak{N} f} = \frac{\Delta \tau}{\Delta q_1}$$

besitzen, die Einströmung pro Sekunde durch die erste dieser Seitenflächen, die in der Ebene $q_1 = q_1$ liegt:

(27) $$-\varepsilon \dot{q}_1 \frac{\Delta \tau}{\Delta q_1},$$

da $\dot{q}_1$ diejenige Komponente der Phasengeschwindigkeit ist, die senkrecht zu diesem Flächenelemente steht und die äußere Normale entgegen der Strömungsrichtung, d. h. entgegen der positiven q_1-Richtung ist. Ebenso ist für das im Abstande Δq_1 gegenüberliegende Flächenelement von derselben Größe, da hier Normalenrichtung und Strömungsrichtung übereinstimmen, die Einströmung pro Sekunde:

$$+ (\varepsilon \dot{q}_1)_{q_1 + \Delta q_1} \cdot \frac{\Delta \tau}{\Delta q_1},$$

oder, wenn man nach Taylor entwickelt und hinter dem linearen Gliede abbricht:

(28) $$\left[\varepsilon \dot{q}_1 + \frac{\partial}{\partial q_1} (\varepsilon \dot{q}_1) \Delta q_1 \right] \frac{\Delta \tau}{\Delta q_1};$$

also ist die Einströmung durch diese beiden Seitenflächen nach (27) und (28):

(29) $$\frac{\partial}{\partial q_1} (\varepsilon \dot{q}_1) \Delta \tau .$$

Diese Betrachtung gilt nun für alle Paare einander gegenüberliegender Flächen des Volumelementes $\Delta \tau$; wir erhalten also die gesamte Einströmung durch Summation des Ausdruckes (29) über alle Koordinaten p_k und q_k, mithin:

(30) $$\left\{ \sum_k \frac{\partial (\varepsilon \dot{q}_k)}{\partial q_k} + \sum_k \frac{\partial (\varepsilon \dot{p}_k)}{\partial p_k} \right\} \Delta \tau .$$

Bringen wir zum Ausdruck, daß die Summe von (26) und (30) verschwindet, so haben wir die Gleichung:

(31) $$\frac{\partial \varepsilon}{\partial t} + \sum_k \frac{\partial (\varepsilon \dot{q}_k)}{\partial q_k} + \sum_k \frac{\partial (\varepsilon \dot{p}_k)}{\partial p_k} = 0,$$

die das genaue Analogon zur hydrodynamischen Kontinuitätsgleichung in der Eulerschen Form[1]) darstellt. Diese Gleichung kann anders geschrieben werden, indem man die Differentiation ausführt:

(32) $$\frac{\partial \varepsilon}{\partial t} + \varepsilon \left\{ \sum_k \frac{\partial \dot{q}_k}{\partial q_k} + \sum_k \frac{\partial \dot{p}_k}{\partial p_k} \right\} + \sum_k \left\{ \dot{q}_k \frac{\partial \varepsilon}{\partial q_k} + \dot{p}_k \frac{\partial \varepsilon}{\partial p_k} \right\} = 0 .$$

Faßt man das erste und dritte Glied zusammen, so ist

[1]) Siehe Bd. I, pag. 764.

$$\frac{\partial \varepsilon}{\partial t} + \frac{\partial \varepsilon}{\partial q_1}\frac{d q_1}{d t} + \ldots \frac{\partial \varepsilon}{\partial q_{\mathfrak{N} f}}\frac{d q_{\mathfrak{N} f}}{d t} + \frac{\partial \varepsilon}{\partial p_1}\frac{d p_1}{d t} + \ldots \frac{\partial \varepsilon}{\partial p_{\mathfrak{N} f}}\frac{d p_{\mathfrak{N} f}}{d t}$$

der sogenannte „totale" Differentialquotient von ε nach t, oder, wie wir uns in der Hydrodynamik ausdrückten, da die Differentiation sich auf dasselbe substantielle Teilchen bezieht, der „substantielle Differentialquotient", den wir durch $\frac{D\varepsilon}{Dt}$ bezeichnen. Also läßt sich die Kontinuitätsgleichung schreiben:

(33) $$\frac{D\varepsilon}{Dt} + \varepsilon\left\{\sum_k \frac{\partial \dot{q}_k}{\partial q_k} + \sum_k \frac{\partial \dot{p}_k}{\partial p_k}\right\} = 0.$$

Auf Grund der Hamiltonschen Gleichungen ist aber nun die geschweifte Klammer gleich Null; denn wird die erste der Hamiltonschen Gl. (21) nach p_k, die zweite nach q_k partiell differentiiert, so folgt:

$$\frac{\partial \dot{p}_k}{\partial p} = -\frac{\partial^2 U}{\partial p_k \partial q_k},$$

und

$$\frac{\partial \dot{q}_k}{\partial q} = +\frac{\partial^2 U}{\partial p_k \partial q_k},$$

also durch Addition:

$$\frac{\partial \dot{p}_k}{\partial p_k} + \frac{\partial \dot{q}_k}{\partial q_k} = 0,$$

und durch Summation über alle Werte des Index k:

(34) $$\sum_k \left\{\frac{\partial \dot{p}_k}{\partial p_k} + \frac{\partial \dot{q}_k}{\partial q_k}\right\} = 0,$$

womit unsere Behauptung bewiesen ist.

Gl. (34) ist das $2\mathfrak{N}f$-dimensionale Analogon zur sogenannten „Inkompressibilitätsbedingung" der gewöhnlichen Hydrodynamik (vgl. Bd. I., pag. 764). Wir können also sagen, daß die Gesamtheit der Phasenpunkte im Phasenraume sich verhält wie die Strömung einer inkompressibeln Flüssigkeit.

Aus (33) und (34) folgt sofort:

(35) $$\frac{D\varepsilon}{Dt} = 0,$$

d. h. ε selbst ist, wenn man ein Volumelement, d. h. dieselben Teilchen auf ihrer Phasenbahn verfolgt, konstant. Oder auch, in der Schreibweise der Gl. (25):

(36) $$\varepsilon_1 = \varepsilon_2.$$

Es folgt also durch Kombination mit (25) das wichtige Ergebnis:

(37) $$\Delta\tau_1 = \Delta\tau_2.$$

Diese Gleichung bildet den Inhalt des Liouvilleschen Satzes.

In Worten besagt dieses Ergebnis folgendes: Die Teilchen, welche zur Zeit t_1 in einem bestimmten Volumelement $\Delta\tau_1$ liegen, erfüllen auf Grund der dynamischen Gleichungen zu jeder andern Zeit t_2 ein volumgleiches Element $\Delta\tau_2$ des Phasenraumes.

Einen speziellen Fall dieses Satzes haben wir schon in Nr. 90 [Gl. (27) des vorigen Kapitels auf pag. 397] bewiesen, und zwar dort auf Grund der Stoßgesetze, d. h. eines speziellen Falles der dynamischen Gleichungen.

Um einen möglichen Irrtum zu vermeiden, sei ausdrücklich darauf aufmerksam gemacht, daß durch den Liouvilleschen Satz keineswegs behauptet wird, daß $\Delta\tau_1$ und $\Delta\tau_2$ keine Gestaltsänderung erleiden; das kann sehr wohl der Fall sein und ist auch im allgemeinen der Fall; aber das Volumen bleibt bei der Strömung der Phasenpunkte durch den Phasenraum erhalten.

Wir wollen hierfür sofort ein einfaches, von Bryan (1895) herrührendes Beispiel geben. Betrachten wir das eindimensionale Problem des freien Falles, oder allgemeiner ausgedrückt, eine Bewegung mit konstanter Beschleunigung a. Dafür sind $q = x$ und $p = \mu\dot{x}$ durch die bekannten Gleichungen gegeben:

$$(38)\qquad \begin{cases} q = \frac{1}{2} a t^2 + \frac{p_0}{\mu} t + q_0, \\ p = \mu a t + p_0. \end{cases}$$

Die Anfangswerte von Impuls und Lage sind gegeben durch p_0 und q_0; μ bedeutet die Masse des beschleunigten Teilchens.

Wir wollen vier derartige „Systeme" betrachten, mit etwas verschiedenen Anfangsbedingungen:

Und zwar sei die Anfangslage im Phasenraume bestimmt

(39)
für das 1. System durch die Werte p_0, q_0;
„ „ 2. „ „ „ „ $p_0 + \Delta p_0, q_0$;
„ „ 3. „ „ „ „ $p_0, q_0 + \Delta q_0$;
„ „ 4. „ „ „ „ $p_0 + \Delta p_0, q_0 + \Delta q_0$.

Der Phasenraum degeneriert, da das Problem eindimensional ist, hier in die zweidimensionale qp-Ebene, und das eben ermöglicht eine geometrische Veranschaulichung im gewöhnlichen Raume, während schon ein zweidimensionales Problem auf einen vierdimensionalen Phasenraum führt. In Fig. 53 sind in der Phasenebene qp die 4 Punkte nach (39) zur Zeit $t = 0$ eingezeichnet.

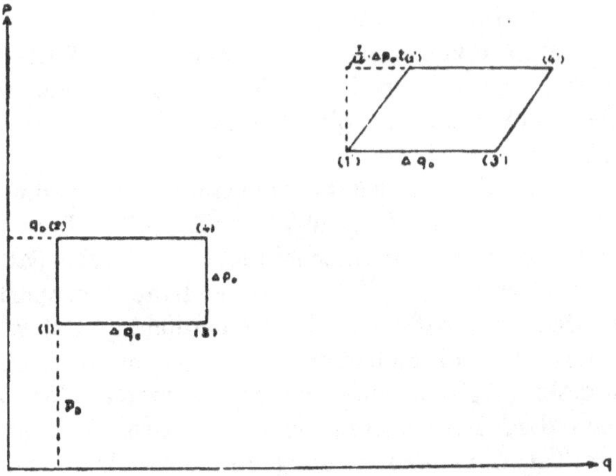

Fig. 53.

Wo befinden sich die 4 Punkte, die zur Zeit $t = 0$ das „Volumelement" $\Delta\tau_0 = \Delta p_0 \Delta q_0$, d. h. das in der Fig. 53 gezeichnete rechtwinkelige Parallelogramm (1, 2, 3, 4) bestimmen, zur Zeit t?

Darauf geben die dynamischen Gleichungen, hier in der speziellen Form (38), in Verbindung mit den Anfangsbedingungen (39) Antwort. Zur Zeit t befindet sich:

$$
(40)\quad \begin{cases}
\text{das 1. System an der Stelle:} & \begin{cases} p_1 = \mu a t + p_0; \\ q_1 = \frac{1}{2} a t^2 + \frac{p_0}{\mu} t + q_0, \end{cases} \\
\text{das 2. System an der Stelle:} & \begin{cases} p_2 = \mu a t + (p_0 + \Delta p_0), \\ q_2 = \frac{1}{2} a t^2 + \frac{p_0 + \Delta p_0}{\mu} t + q_0; \end{cases} \\
\text{das 3. System an der Stelle:} & \begin{cases} p_3 = \mu a t + p_0, \\ q_3 = \frac{1}{2} a t^2 + \frac{p_0}{\mu} t + (q_0 + \Delta q_0); \end{cases} \\
\text{das 4. System an der Stelle:} & \begin{cases} p_4 = \mu a t + (p_0 + \Delta p_0), \\ q_4 = \frac{1}{2} a t^2 + \frac{p_0 + \Delta p_0}{\mu} t + (q_0 + \Delta q_0). \end{cases}
\end{cases}
$$

Das erste System ist also, verglichen mit seiner Lage für $t = 0$, zu größeren Werten von p und q vorgerückt, befindet sich also etwa an der Stelle (1′) in der Fig. 53. Das zweite System befindet sich, verglichen mit dem ersten, an einer Stelle (2′) der Phasenebene, die nach (40) um das Stück Δp_0 höher liegt und um das Stück $\frac{\Delta p_0}{\mu} t$ weiter nach rechts gerückt ist. Der Punkt (3′) befindet sich auf derselben Höhe wie (1′), aber um das Stück Δq_0 nach rechts gerückt, und (4′) endlich liegt auf derselben Höhe wie (2′), aber ebenfalls um Δq_0 nach rechts gerückt. Das rechtwinkelige Parallelogramm (1, 2, 3, 4) hat sich also im Phasenraume verschoben und in das schiefwinkelige Parallelogramm (1′, 2′, 3′, 4′) deformiert. Aber beide sind, wie man an der Figur leicht erkennt, inhaltsgleich.

Man erkennt, daß mit wachsender Zeit das Parallelogramm immer schiefwinkeliger wird — die eine Diagonale wird immer größer — aber die Volumgleichheit bleibt stets erhalten, wie es der Liouvillesche Satz behauptet.

Für die statistische Mechanik besteht die Bedeutung des Liouvilleschen Satzes in folgendem: Wir haben bereits früher im gewöhnlichen Lagenraum die Wahrscheinlichkeit dafür, daß ein Molekül im Volumelement ΔV liegt, diesem Volumelement proportional gesetzt. Ganz analog werden wir später die Wahrscheinlichkeit dafür, daß ein System im Phasenraume im Volumelement $\Delta\tau$ liegt, diesem proportional setzen. Das ist deshalb möglich, weil die so definierte Wahrscheinlichkeit des Zustandes nach dem Liouvilleschen Satze sich zeitlich nicht ändert. Dies ist in der Tat die Vorbedingung für diese Definition. Denn Zustände, die notwendig (d. h. gemäß den dynamischen Gleichungen) aus einander folgen, müssen gleiche Wahrscheinlichkeit besitzen. Würde der Liouvillesche Satz nicht gelten, so wäre die obige Wahrscheinlichkeitsdefinition unmöglich.

Bereits an dieser Stelle zeigt sich die Bedeutung der Wahl der kanonischen Variabeln p und q an Stelle von q und $\dot{q}$. Denn der Liouvillesche Satz gilt nur für den durch die q und p gebildeten Phasenraum, im allgemeinen aber nicht für den $q\dot{q}$-Raum. Nur falls — wie z. B. bei kartesischen Koordinaten, $\dot{q}$ direkt proportional p ist, gilt der Liouvillesche Satz auch im $q\dot{q}$-Raum, also z. B. im Geschwindigkeitsraume der früheren Kapitel.

Die obigen Betrachtungen bedürfen einer Ergänzung für den bisher ausgeschlossenen spezielleren Fall, daß wir nur Systeme mit derselben Energie betrachten, daß also die Phasenpunkte alle auf derselben Energiefläche liegen. Für das Folgende wollen wir noch speziell voraussetzen, daß die Energiefläche ganz im Endlichen des Phasenraumes liege; die Werte p, q können also nicht über gewisse Grenzen hinauswachsen. Die hier zu beantwortende Frage ist die: Wie lautet der Liouvillesche Satz für Flächenelemente?

Betrachten wir zur Zeit t_1 ein Flächenelement ΔS_1; die „Flächendichte" in demselben sei σ_1, also die Zahl der Phasenpunkte in ΔS_1 gleich $\sigma_1 \Delta S_1$. Zu einer späteren Zeit t_2 sei ΔS_1 in ΔS_2, σ_1 in σ_2 übergegangen. Da ΔS_2 die nämlichen Phasenpunkte umschließt wie ΔS_1, so gilt zunächst die (25) analoge Gleichung:

$$\sigma_1 \Delta S_1 = \sigma_2 \Delta S_2 . \tag{41}$$

Man könnte nun bei flüchtiger Prüfung meinen, es müsse hier auch $\Delta S_1 = \Delta S_2$ gelten; dies ist jedoch keineswegs der Fall. Wir erhalten das richtige Ergebnis, indem wir diesen Fall auf den vorher behandelten räumlichen zurückführen.

Es ist in Fig. 54 ein Stück unserer Energiefläche mit dem Werte U_0 gezeichnet, auf der unsere oben benutzten Flächenelemente $AB = \Delta S_1$ und $CD = \Delta S_2$ liegen. Ferner ist in der Figur noch eine benachbarte Energiefläche mit dem Werte $(U_0 + \Delta U_0)$ eingezeichnet. Nehme ich nun gegenüber $AB = \Delta S_1$ auf der Energiefläche $(U_0 + \Delta U_0)$ ein Element $A'B' = \Delta S_1'$ an, so entsteht durch Verbindung von A mit A' und von B mit B' das Volumelement $ABA'B'$, und dieses geht nach dem Liouvilleschen Satze (37) zur Zeit t_2 in ein gleichgroßes $CDC'D'$ über, wenn $C'D' = \Delta S_2'$ dasjenige ΔS_2 gegenüberliegende Flächenelement auf $(U_0 + \Delta U_0)$ ist, das zur Zeit t_2 aus dem Element $A'B' = \Delta S_1'$ hervorgeht. Bezeichnen wir nun den senkrechten Abstand der beiden Energieflächen an der Stelle des Elementes

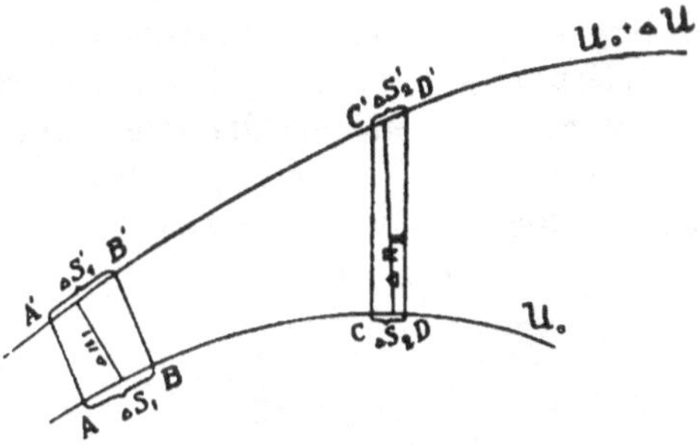

Fig. 54.

ΔS_1 mit Δn_1, an der Stelle ΔS_2 mit Δn_2, so ist der Inhalt beider Volumelemente bzw. $\Delta S_1 \cdot \Delta n_1$ und $\Delta S_2 \cdot \Delta n_2$, und diese sind nach dem Liouvilleschen Satze einander gleich; also:

$$\Delta S_1 \Delta n_1 = \Delta S_2 \cdot \Delta n_2$$

oder, wenn man durch ΔU dividiert:

$$(42) \qquad \frac{\Delta S_1}{\left(\frac{\partial U}{\partial n}\right)_1} = \frac{\Delta S_2}{\left(\frac{\partial U}{\partial n}\right)_2},$$

womit das gesuchte Resultat erlangt ist. Man kann es noch etwas anders schreiben, indem man beachtet, daß $\frac{\partial U}{\partial n}$ gleich dem absoluten Betrage des $2\mathfrak{N}f$-dimensionalen Gradienten der Funktion U ist, d. h. daß

$$(43) \qquad \frac{\partial U}{\partial n} = +\sqrt{\left(\frac{\partial U}{\partial q_1}\right)^2 + \dots \left(\frac{\partial U}{\partial q_{\mathfrak{N}f}}\right)^2 + \left(\frac{\partial U}{\partial p_1}\right)^2 + \dots \left(\frac{\partial U}{\partial p_{\mathfrak{N}f}}\right)^2} = |\mathrm{grad}\, U|$$

ist; also kann (42) geschrieben werden:

$$(44) \qquad \frac{\Delta S_1}{|\mathrm{grad}\, U|_1} = \frac{\Delta S_2}{|\mathrm{grad}\, U|_2}.$$

Da nach (41) $\sigma_1 \Delta S_1 = \sigma_2 \Delta S_2$ ist, so folgt für die Flächendichte σ die Gleichung:

$$(45) \qquad \sigma_1 |\mathrm{grad}\, U|_1 = \sigma_2 |\mathrm{grad}\, U|_2,$$

während im räumlichen Falle einfach $\varepsilon_1 = \varepsilon_2$ sich ergab.

Der Grund für die Komplikation liegt offenbar darin, daß der Abstand der beiden benachbarten Energieflächen im allgemeinen nicht konstant ist, sondern variiert. In dem speziellen Falle, daß Δn konstant ist, (wenn z. B. die Energiefläche eine $(2\mathfrak{N}f - 1)$ – dimensionale Kugelfläche ist) würde aus (44) und (45) der Gradient sich herausheben, also das nämliche einfache Ergebnis folgen, wie im räumlichen Falle.

Für die hier abgeleitete Modifikation (44) des Liouvilleschen Satzes wollen wir auch ein einfaches Beispiel geben, das wir durch eine leichte Abänderung des vorhin behandelten Bryanschen Beispieles gewinnen.

Wir legen wieder die Gleichungen (38) des freien Falles zugrunde, betrachten aber jetzt nur „Systeme", die auf der nämlichen Energiefläche liegen. Nach (38) ist die Energiegleichung offenbar:

$$U = \frac{1}{2\mu} p^2 - \mu a q = U_0;$$

in etwas anderer Schreibweise:

$$(46) \qquad p^2 = 2\mu^2 a \cdot q + 2\mu U_0.$$

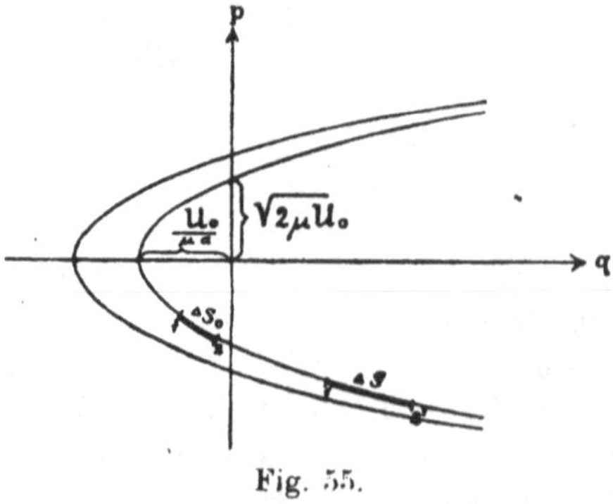

Fig. 55.

Die „Energiefläche" fällt hier — wie in jedem eindimensionalen Falle — mit der Phasenbahn zusammen; Gl. (46) stellt offenbar eine Parabel dar, die in Fig. 55 gezeichnet ist. In der Figur ist gleichzeitig noch eine zweite Parabel mit einem etwas größeren U-Werte gleich $(U_0 + \Delta U_0)$ eingetragen, worauf wir noch zurückkommen. Das „Flächenelement" ΔS degeneriert hier in ein Linienelement der Parabel U_0; wir wollen ein solches in der Figur markieren; der Punkt (1) und der Punkt (2) desselben entsprechen zwei „Systemen" nach (38), wobei die Anfangsbedingungen so gewählt sein müssen, daß die Energiegleichung erfüllt ist. Nennen wir die Anfangswerte der beiden Systeme etwa $(q_0 p_0)$ und $(q_0 + \Delta q_0)$, $(p_0 + \Delta p_0)$, so müssen Δq_0 und Δp_0 also entsprechend der folgenden Gleichung gewählt werden:

$$\frac{1}{2\mu} p_0^2 - \mu a q_0 = \frac{1}{2\mu}(p_0 + \Delta p_0)^2 - \mu a (q_0 + \Delta q_0),$$

woraus folgt, daß

$$\Delta p_0 = \frac{\mu^2 a}{p_0} \Delta q_0 \tag{47}$$

gewählt werden muß, damit beide Systeme auf der Energieparabel U_0 liegen. Der Abstand (1, 2), d. h. die Größe unseres „Flächenelementes', ΔS_0 ist dann offenbar:

$$\Delta S_0 = +\sqrt{\Delta q_0^2 + \Delta p_0^2} = \frac{\Delta q_0}{p_0}\sqrt{p_0^2 + \mu^4 a^2}. \tag{48}$$

Wir haben jetzt gemäß (38) und (47) die Größen Δq und Δp und aus diesen ΔS zur Zeit t zu berechnen. Für das erste System ist:

$$p_1 = \mu a t + p_0,$$
$$q_1 = \frac{1}{2} a t^2 + \frac{p_0}{\mu} t + q_0;$$

für das zweite System ist:

$$p_2 = \mu a t + p_0 + \frac{\mu^2 a}{p_0} \Delta q_0,$$

$$q_2 = \frac{1}{2} a t^2 + \frac{p_0 + \frac{\mu^2 a}{p_0}\Delta q_0}{\mu} t + q_0 + \Delta q_0.$$

Durch Differenzbildung folgt:

$$\Delta p = p_2 - p_1 = \frac{\mu^2 a}{p_0} \Delta q_0,$$

$$\Delta q = q_2 - q_1 = \left(1 + \frac{\mu a}{p_0} t\right) \Delta q_0,$$

woraus für $\Delta S = +\sqrt{\Delta p^2 + \Delta q^2}$ sich ergibt:

$$\Delta S = \frac{\Delta q_0}{p_0}\sqrt{p_0^2 + \mu^4 a^2 + 2\mu a p_0 t + \mu^2 a^2 t^2}. \tag{49}$$

Der Vergleich von (48) und (49) ergibt also in der Tat ΔS_0 und ΔS als durchaus verschieden voneinander: ΔS wird mit wachsender Zeit immer größer und größer.

Wir wollen nun auch $|\operatorname{grad} U|_0$ und $|\operatorname{grad} U|$ berechnen, um direkt Formel (44) verifizieren zu können. Da

$$U = \frac{p^2}{2\mu} - \mu a q$$

ist, so sind die Komponenten des Gradienten von E:

$$\frac{\partial U}{\partial p} = \frac{p}{\mu},$$

$$\frac{\partial U}{\partial q} = -\mu a,$$

so daß sich ergibt:

$$\frac{\partial U}{\partial n} = |\operatorname{grad} U| = \frac{1}{\mu}\sqrt{p^2 + \mu^4 a^2}. \tag{50}$$

Daraus folgt zuerst für $t = 0$:

$$|\operatorname{grad} U|_0 = \frac{1}{\mu}\sqrt{p_0^2 + \mu^4 a^2}, \tag{51}$$

und für $t = t$, unter Benutzung der Werte (38) für p und q:

$$|\operatorname{grad} U| = \frac{1}{\mu}\sqrt{p_0^2 + \mu^4 a^2 + 2\mu a p_0 t + \mu^2 a^2 t^2}. \tag{52}$$

Bilden wir nun nach (48) und (51) $\frac{\Delta S_0}{|\operatorname{grad} U|_0}$, so finden wir:

$$\frac{\Delta S_0}{|\operatorname{grad} U|_0} = \frac{\mu}{p_0}\Delta q_0; \tag{53}$$

entsprechend ergibt sich aus (49) und (52) der Wert

$$\frac{\Delta S}{|\operatorname{grad} U|} = \frac{\mu}{p_0}\Delta q_0, \tag{54}$$

also gleich dem Werte desselben Ausdruckes für die Zeit $t = 0$, wie es der modifizierte Liouvillesche Satz (44) verlangt.

Man sieht jedenfalls schon hier, daß räumlich verteilte Systemgesamtheiten analytisch einfacher zu behandeln sind als flächenhaft angeordnete Gesamtheiten.

97. Statistisches Gleichgewicht.

Kehren wir vorläufig zu der räumlich angeordneten Gesamtheit von Systemen zurück; für diese haben wir in Gl. (35) den Satz bewiesen, daß

$$\frac{D\varepsilon}{Dt} = \frac{\partial \varepsilon}{\partial t} + \sum_k \left(\frac{\partial \varepsilon}{\partial q_k}\dot{q}_k + \frac{\partial \varepsilon}{\partial p_k}\dot{p}_k\right) = 0 \quad \text{ist.}$$

Diese Gleichung bedeutet nicht etwa, daß in einem festgehaltenen Volumelement, d. h. bei konstanten Koordinaten p_k und q_k die Dichte ε sich nicht zeitlich ändert; denn diese zeitliche Änderung würde ja durch $\frac{\partial \varepsilon}{\partial t}$ gegeben sein. Sie bedeutet vielmehr nur, daß, wenn wir ein Gebiet $\Delta\tau_0$ zur Zeit $t = 0$ herausgreifen und dauernd dieselben Teilchen auf ihrer Bahn verfolgen, diese zu jeder späteren Zeit in einem Volumelement $\Delta\tau = \Delta\tau_0$ die nämliche Dichte $\varepsilon = \varepsilon_0$ besitzen; dabei kann aber ganz wohl $\frac{\partial \varepsilon}{\partial t} \neq 0$ sein.

Die Gleichung (35) $\frac{D\varepsilon}{Dt} = 0$ ist für alle unsere Systeme erfüllt, auf Grund der Hamiltonschen Gleichungen der Dynamik; (35) folgt also direkt aus unserer Voraussetzung, daß die betrachteten Systeme dynamischer Natur sind. Dagegen wäre die Forderung $\frac{\partial \varepsilon}{\partial t} = 0$ eine vollkommen neue, die keineswegs allgemein für dynamische Systeme gilt und daher zu ihrer Gültigkeit besondere Einschränkungen in der Anordnung der Systeme im Phasenraume verlangt.

Und zwar sieht man durch einen Blick auf (35), daß wegen $\frac{D\varepsilon}{Dt} = 0$ die Bedingung für $\frac{\partial \varepsilon}{\partial t} = 0$ sich schreiben läßt:

$$\sum_k \left(\frac{\partial \varepsilon}{\partial q_k} \dot{q}_k + \frac{\partial \varepsilon}{\partial p_k} \dot{p}_k \right) = 0 . \tag{55}$$

Was bedeutet nun physikalisch $\frac{\partial \varepsilon}{\partial t} = 0$? Offenbar doch, daß die Zahl der Systeme in einem festgehaltenen Volumelement des Phasenraumes zeitlich unveränderlich ist, d. h. daß ebenso viele Systeme durch die Seitenflächen des Elementes eintreten, wie austreten. Die Verteilung der Systeme über den Phasenraum ist also in diesem Falle stationär, und man sagt dann, die Gesamtheit befinde sich im stationären Zustande oder im „statistischen Gleichgewicht", oder auch kurz, die Gesamtheit sei eine stationäre. Diese sind natürlich ein besonders einfacher spezieller Fall der bisher betrachteten allgemeineren räumlichen Gesamtheiten. Gerade sie werden im folgenden eine besondere Bedeutung für uns bekommen.

Wir haben in (55) bereits die Bedingung dafür angeschrieben, daß eine Gesamtheit stationär ist. Wir können sie so aussprechen: Es muß die Dichte ε eine solche Funktion der p_k und q_k sein, die sich bei der Bewegung im Laufe der Zeit nicht ändert.

Um den Charakter einer solchen Funktion festzustellen, bedürfen wir einer Untersuchung über die Integrale der Hamiltonschen Gleichungen (21)[1]).

Denken wir uns etwa die $(2\mathfrak{N}f - 1)$ ersten dieser Gleichungen durch die letzte Gleichung, nämlich durch

$$\frac{dq_{\mathfrak{N}f}}{dt} = + \frac{\partial U}{\partial p_{\mathfrak{N}f}} \tag{56}$$

dividiert, so erhalten wir folgende $(2\mathfrak{N}f - 1)$ Differentialgleichungen, die die Zeit t und das Zeitdifferential dt nicht mehr enthalten:

$$\left\{ \begin{aligned} \frac{dp_1}{dq_{\mathfrak{N}f}} &= - \frac{\dfrac{\partial U}{\partial q_1}}{\dfrac{\partial U}{\partial p_{\mathfrak{N}f}}} , \\ \frac{dp_2}{dq_{\mathfrak{N}f}} &= - \frac{\dfrac{\partial U}{\partial q_2}}{\dfrac{\partial U}{\partial p_{\mathfrak{N}f}}} , \\ &\cdots\cdots\cdots \\ \frac{dq_{\mathfrak{N}f-1}}{dq_{\mathfrak{N}f}} &= + \frac{\dfrac{\partial U}{\partial p_{\mathfrak{N}f-1}}}{\dfrac{\partial U}{\partial p_{\mathfrak{N}}}} . \end{aligned} \right. \tag{57}$$

[1]) Vgl. hierzu besonders: P. u. T. Ehrenfest, Math. Encyklop. IV, loc. cit.

Diese Gleichungen liefern, da sie eben die Zeit nicht mehr enthalten, ebenso viele **zeitfreie Integrale** der Hamiltonschen Gleichungen; zu ihnen gehört in erster Linie das **Energieintegral**, ferner die Gleichungen von der Erhaltung des Impulses und Drehimpulses usw. Wir können diese Integrale schreiben:

$$(58)\quad \begin{cases} \varphi_1(p,q) = U(p,q) = c_1, \\ \varphi_2(p,q) \qquad\quad = c_2, \\ \cdots\cdots\cdots\cdots \\ \varphi_{2\mathfrak{N}f-1}(p,q) \qquad = c_{2\mathfrak{N}f-1}, \end{cases}$$

wo die c_λ Integrationskonstanten sind. Jede dieser Gleichungen stellt eine $(2\mathfrak{N}f-1)$ dimensionale Hyperfläche dar, und auf jeder von ihnen muß der das System abbildende Phasenpunkt liegen, d. h. **die Phasenbahn ist der eindimensionale Schnitt dieser $(2\mathfrak{N}f-1)$ Hyperflächen.**

Die einzige Gleichung (56) enthält noch dt, und liefert das letzte Integral, das die Zeit enthält, und das in der Form geschrieben werden kann:

$$(59)\qquad \varphi_{2\mathfrak{N}f}(p,q) = t + c_{2\mathfrak{N}f},$$

wo $c_{2\mathfrak{N}f}$ die letzte Integrationskonstante ist. Diese Gleichung gibt an, an welcher Stelle der Phasenbahn sich der Phasenpunkt zur Zeit t befindet.

Weitere Integrale existieren nicht, insbesondere auch keine anderen zeitfreien Integrale als die $(2\mathfrak{N}f-1)$ in Gl. (58) aufgezählten.

Da nun nach (55) ε eine solche Funktion der Koordinaten p_k, q_k sein muß, die sich bei der Bewegung nicht ändert, andere zeitfreie Integrale als die der Gleichung (58) aber nicht existieren, so kann ε nur eine Funktion der **zeitfreien Integrale** $U, \varphi_2, \ldots, \varphi_{2\mathfrak{N}f-1}$ sein. Also ist die **Bedingung für die Stationarität der Gesamtheit:**

$$(60)\qquad \varepsilon(p,q) = F(U, \varphi_2, \varphi_3 \ldots \varphi_{2\mathfrak{N}f-1}),$$

wo F eine beliebige eindeutige Funktion ihrer Argumente ist.

Ein ganz analoges Resultat erhält man, wenn man die Bedingung der Stationarität für eine über die Energiefläche $U = c_1$ verteilte Gesamtheit aufstellt. Da der Dichte ε im räumlichen Falle hier gemäß (45) der Ausdruck $\sigma\,|\operatorname{grad} U|$ entspricht, so muß dieser eine Funktion der zeitfreien Integrale (58) sein, wobei wir, da hier $U = c_1$ ist, das Argument U fortlassen dürfen. Es ist also **hier die Bedingung der Stationarität:**

$$(61)\qquad \sigma(p,q) = \frac{F(\varphi_2, \varphi_3, \ldots \varphi_{2\mathfrak{N}f-1})}{|\operatorname{grad} U|}.$$

Die beiden „stationären Dichten“ (60) und (61) sind nach einer im vorhergehenden gemachten Bemerkung offenbar konstant für jede einzelne Phasenbahn, da diese ja durch die zeitfreien Integrale bestimmt ist; sie werden sich aber im allgemeinen von Bahn zu Bahn ändern.

Eine besonders einfache stationäre Verteilung erhält man offenbar dadurch, daß man $\varepsilon(p,q)$ und $\sigma(p,q)$ **nur von der Energie** U, **nicht** von den übrigen zeitfreien Integralen abhängen läßt. Nach dem vorhergehenden ist dies aber nur eine hinreichende, keineswegs die notwendige Bedingung der Stationarität. Man erhält für diesen besonders einfachen Fall die speziellen Dichteverteilungen:

$$\varepsilon(p, q) = F(U), \tag{62}$$

$$\sigma(p, q) = \frac{\text{Const.}}{|\operatorname{grad} U|}, \tag{63}$$

da ja im letzteren Falle U konstant $= c_1$ ist, also wieder aus dem Argument weggelassen werden darf. Die Konstante in (63) kann natürlich ohne weitere Einschränkung der Allgemeinheit gleich 1 angenommen werden.

Diese speziellen Dichteverteilungen werden wir im folgenden ausschließlich benutzen, weil sie, wie oben bemerkt, für alle Phasenbahnen mit gleicher Energie denselben Wert besitzen.

98. Beziehung zwischen Scharmittel und Zeitmittel; die Ergodenhypothese.

Erinnern wir uns nun an den in Nr. 94 auseinandergesetzten Zweck der bisherigen Untersuchung: es gilt, das Zeitmittel einer beliebigen Phasenfunktion u der Phasen $(p_k q_k)$ (wie wir es bilden, wenn wir ein System sehr lange Zeit hindurch betrachten) in Beziehung zu setzen zu dem Scharmittel, gebildet über eine Gesamtheit von flächenhaft oder räumlich im Phasenraume verteilten Systemen.

Nun ist es klar, daß wir zunächst zur Scharmittelbildung nur flächenhaft (auf der Energiefläche) verteilte Systeme heranziehen können. Denn es ist naturgemäß, nur Gesamtheiten solcher Systeme zu betrachten, die die nämliche Energie besitzen, wie das eine wirklich vorhandene System, das wir zeitlich verfolgen. Ferner betrachten wir aus einem Grunde, der gleich klar werden wird, nur stationäre Gesamtheiten, für die also die Flächendichte σ durch (61) bzw. (63) gegeben ist.

Haben wir also eine große Zahl von Systemen, die auf der Energiefläche mit einer bestimmten Dichte σ gemäß (61) verteilt sind, so ist das Scharmittel $\overline{u(p, q)}$ einer beliebigen Phasenfunktion offenbar zu definieren durch

$$\overline{u(p, q)} = \frac{\int u \cdot \sigma \cdot \Delta S}{\int \sigma \Delta S}, \tag{64}$$

wobei die Integrale über die ganze Energiefläche zu erstrecken sind. Denn der Integrand des Zählers $u \cdot \sigma \cdot \Delta S$ bedeutet die Summe der Funktionswerte u im Flächenelement ΔS, das Integral im Zähler also die gesamte Summe der Funktionswerte auf der Energiefläche überhaupt; der Nenner dagegen bedeutet die Gesamtzahl aller Systeme auf der Energiefläche, der Quotient also tatsächlich den Mittelwert von u, d. h. den im Durchschnitt auf ein System der Schar entfallenden Wert von u.

Nun haben wir aber die Systemgesamtheit stationär genommen, was sich durch die spezielle Dichtenwahl nach (61) dokumentiert, d. h. σ

ist zeitlich konstant. Daher ist der zeitliche Mittelwert des Scharmittels (64) diesem selbst gleich; in Formel:

$$\overline{\overline{u(p,q)}}^{t} = \overline{u(p,q)}. \tag{65}$$

Man erkennt hier den Grund, weshalb wir eine Gesamtheit im statistischen Gleichgewicht betrachtet haben; für eine beliebige, nichtstationäre Gesamtheit würde dies Resultat natürlich nicht gelten.

Ferner können wir die Reihenfolge der Zeitmittelung und Scharmittelung in (65) vertauschen, da die beiden Mittelwertsbildungen nach t und über die Energiefläche ganz unabhängig voneinander sind, so daß wir haben:

$$\overline{\overline{u(p,q)}}^{t} = \overline{\overline{u(p,q)}^{t}}. \tag{66}$$

Durch Kombination mit (65) folgt also schließlich die Reihe:

$$\overline{u(p,q)} = \overline{\overline{u(p,q)}}^{t} = \overline{\overline{u(p,q)}^{t}}, \tag{67}$$

in Worten: Für eine stationäre Gesamtheit besteht die Gleichung:

(68) Scharmittel = Zeitmittel des Scharmittels = Scharmittel des Zeitmittels.

Machen wir uns noch einmal klar, was der letzte Term dieser Gleichung bedeutet. Das Zeitmittel einer Phasenfunktion $u(p,q)$ bezieht sich auf ein System, d. h. auf eine Bahnkurve; die auf dieser nacheinander auftretenden Werte von $u(p,q)$ werden (zeitlich) gemittelt. Von diesem Mittel nun wird das Mittel über sämtliche Phasenbahnen, d. h. das Scharmittel, gebildet.

Im allgemeinen nun wird der zeitliche Mittelwert $\overline{u(p,q)}^{t}$ von Phasenbahn zu Phasenbahn variieren, weil ja jede Phasenbahn ihre individuellen Konstanten $(c_2, c_3 \ldots c_{2\mathfrak{N}f-1})$, nämlich die der zeitfreien Integrale (mit Ausnahme der für alle Phasenbahnen konstanten Energie c_1) besitzt. In dem speziellen Falle allerdings, daß alle Phasenbahnen dieselben Konstanten c_2 bis $c_{2\mathfrak{N}f-1}$ besitzen sollten, ist das Zeitmittel für alle Phasenbahnen dasselbe und daher direkt gleich dem Scharmittel des Zeitmittels. Die Gleichung:

$$\overline{\overline{u(p,q)}^{t}} = \overline{u(p,q)}^{t} \tag{69}$$

gilt also im allgemeinen nur unter dieser Voraussetzung, und unter derselben Voraussetzung gilt weiter nach (67) und (69):

$$\overline{u(p,q)} = \overline{u(p,q)}^{t}, \tag{70}$$

d. h. Scharmittel gleich Zeitmittel, d. h. die Relation, die wir beweisen wollten bzw. deren Gültigkeitsbereich wir feststellen wollten.

Die Gültigkeit von (70) ist also jedenfalls nur bewiesen unter der Voraussetzung, daß $\sigma(p,q)$ nicht die allgemeine Form (61) hat, d. h. für die einzelnen Phasenbahnen im allgemeinen verschieden ist, sondern daß $\sigma(p, q)$ die spezielle Form (63) besitzt.

Würden wir räumlich angeordnete Gesamtheiten betrachtet haben, so würden wir ganz analog zu dem Resultat gelangt sein, daß für $\varepsilon(p, q)$ die spezielle Form (62) zu wählen sei, um die Gleichheit von Zeitmittel und Scharmittel zu erzielen.

Es erhellt aus dem vorhergehenden die große Bedeutung der speziellen Dichtewahlen (62) und (63), die nicht mehr von den Konstanten c_2 bis $c_{2\mathfrak{N}f-1}$, die für die einzelne Phasenbahn charakteristisch sind, abhängen.

Diese speziellen Dichten nennt man häufig „ergodische" Dichten. Dieser Name hängt mit der historischen Entwicklung dieses Teiles der statistischen Mechanik zusammen und um des besseren Verständnisses willen wollen wir kurz darauf eingehen.

Wir haben oben bereits erwähnt, daß das Zeitmittel einer Phasenfunktion $\overline{u(p, q)}^{t}$ nur dann im allgemeinen für alle Phasenbahnen auf der Energiefläche dasselbe sein wird, wenn die Konstanten c_2 bis $c_{2\mathfrak{N}f-1}$ für alle Bahnen dieselben sind. Dann aber fallen diese sämtlichen Phasenbahnen in eine einzige zusammen, weil dann für alle Systeme der betrachteten Gesamtheit die zeitfreien Integrale (58), d. h. die die Phasenbahn durch ihren eindimensionalen Schnitt bildenden Flächen φ_2 bis $\varphi_{2\mathfrak{N}f-1}$, identisch werden.

Wann fallen nun alle Phasenbahnen auf der Energiefläche zusammen? Dies ist sicher dann der Fall, wenn die Phasenbahn des wirklich vorliegenden einen Systems (also auch jede beliebige Phasenbahn der Gesamtheit) so beschaffen ist, daß sie durch jeden Punkt der Energiefläche hindurchgeht. Denn die Eindeutigkeit des dynamischen Problems, wie sie durch die Hamiltonschen Gleichungen verbürgt ist, verlangt ja, daß durch jeden Punkt der Energiefläche nur eine Phasenbahn hindurchgehe. Also müssen, damit beide Bedingungen gleichzeitig erfüllt werden, die Bahnen aller Systeme in eine einzige zusammenfallen.

Systeme von der Eigenschaft, daß die Phasenbahn durch alle Punkte der Energiefläche hindurchgeht, mit andern Worten, daß der Phasenpunkt alle Lagen annimmt, die mit der Energiegleichung $U = c_1$ verträglich sind, nannte Boltzmann „ergodische" Systeme; das Wort ist in leichtverständlicher Weise vom griechischen ἔργον und ὁδός abgeleitet.

Boltzmann und Maxwell haben diese Voraussetzung, daß z. B. die Gase ergodische Systeme sind, stets — wiewohl nicht ohne Bedenken — gemacht und unter dieser Voraussetzung ihre Resultate abgeleitet.

Indessen gibt es keine ergodischen Systeme, wie auf Grund der modernen Mengenlehre A. Rosenthal[1]) und Plancherel[2]) gezeigt

[1]) A. Rosenthal, Ann. d. Physik, 42, pag. 796; 1913.

[2]) Plancherel, ibid. 42, pag. 1061; 1913.

haben, und wir können daher die spezielle Dichtenwahl (62) bzw. (63) jedenfalls nicht durch Berufung auf die „Ergodenhypothese" stützen[1]).

Wir setzen im folgenden jedoch stets voraus, daß die Dichten nach (62) bzw. (63), d. h. ergodisch, gewählt seien, ohne eine andere Begründung dafür geben zu können, als daß man auf diese Weise am einfachsten zu den Resultaten der statistischen Mechanik gelangt. In derselben Weise sind auch Gibbs und alle anderen Autoren verfahren.

99. Die mikrokanonische und die kanonische Gesamtheit nach Gibbs.

Wir betrachten zunächst eine Gesamtheit von Systemen gleicher Energie $U = U_0$, deren Phasenbahnen also alle auf der Energiefläche $U(p, q) = U_0$ liegen und nehmen für die Dichte $\sigma(p, q)$ der Systeme die ergodische Verteilung:

$$\sigma(p, q) = \frac{1}{|\operatorname{grad} U|} \tag{71}$$

an. Dann ist also der Scharmittelwert $\overline{u(p, q)}$ einer beliebigen Phasenfunktion definiert gemäß (64) durch die Gleichung:

$$\overline{u(p, q)} = \frac{\int \frac{u}{|\operatorname{grad} U|} \cdot \varDelta S}{\int \frac{\varDelta S}{|\operatorname{grad} U|}}, \tag{72}$$

wobei die Integrale über die ganze Energiefläche zu erstrecken sind. Den Ausdruck

$$w \varDelta S = \frac{\sigma \varDelta S}{\int \sigma \varDelta S} = \frac{\frac{\varDelta S}{|\operatorname{grad} U|}}{\int \frac{\varDelta S}{|\operatorname{grad} U|}} \tag{73}$$

kann man als die mathematische Wahrscheinlichkeit dafür bezeichnen, daß ein bestimmtes System der Gesamtheit in dem Flächenelement $\varDelta S$ der Energiefläche liegt. Denn die Anzahl der hierfür günstigen Fälle ist $\sigma \varDelta S$, die Anzahl der in $\varDelta S$ liegenden Systeme, während

[1]) Nur in dem trivialen Falle, daß das System eindimensional ist, ist die Phasenbahn ergodisch, da in diesem Falle bekanntlich Phasenbahn und Energiefläche identisch sind (vgl. etwa das eindimensionale Beispiel zum Liouvilleschen Satz für Flächenelemente am Ende der Nr. 96).

Übrigens haben P. und T. Ehrenfest an Stelle der „Ergodenhypothese" die weniger weit gehende „Quasiergodenhypothese" gesetzt, die nur verlangt, daß die Phasenkurve jedem Punkte der Energiefläche „beliebig nahe" kommt. Rosenthal hat auch gezeigt (Ann. d. Physik, 43, pag. 894; 1914), daß auch so die obigen Resultate erlangt werden können. Doch ist bisher auch die widerspruchsfreie Existenz quasiergodischer Systeme nicht nachgewiesen.

Kürzlich (1918) hat A. Szarvassi (Über die Grundlagen der statistischen Mechanik, Denkschriften der Wiener Akademie der Wissenschaften) eine neue Hypothese formuliert, nämlich die, daß die Systeme „ergozonal" seien. Wegen der genaueren Fassung sei auf die Arbeit selbst verwiesen.

$\int \sigma \Delta S$ die Gesamtzahl der Systeme überhaupt ist. Diese Definition der Wahrscheinlichkeit ist also ganz in Übereinstimmung mit unsern früheren allgemeinen Festsetzungen, insbesondere ist sie nach dem modifizierten Liouvilleschen Satze (44) zeitlich konstant, wie es sein muß.

Eine Gesamtheit mit dieser Dichteverteilung, die in Strenge auf die Fläche $U = U_0$ beschränkt ist, nennt man nach Gibbs, im Gegensatz zu einer später einzuführenden Gesamtheit, eine „mikrokanonische Gesamtheit".

Für die Ausführung der Rechnungen ist indessen diese flächenhafte Gesamtheit nicht so bequem wie eine räumliche Gesamtheit, wie wir schon beim Liouvilleschen Satze zu erkennen Gelegenheit hatten. Durch folgenden Gedankengang können wir nun von der mikrokanonischen Gesamtheit — die wir eigentlich benutzen müßten, da wir nur Systeme mit gleicher Energie vergleichen dürfen — zu einer räumlich verteilten Gesamtheit übergehen.

Zunächst wird es für das Resultat gleichgültig sein, ob wir den zu betrachtenden Systemen der Gesamtheit exakt die Energie U_0 zuschreiben oder ob wir ihnen ein kleines Energieintervall zwischen U_0 und $U_0 + \Delta U_0$ zubilligen; das Ergebnis wird dadurch nur um kleine Größen höherer Ordnung geändert. Wir denken uns also in Ausführung dieser Überlegung die Phasenpunkte räumlich verteilt — etwa mit konstanter Dichte ε_0 — innerhalb der Schale zwischen den benachbarten Energieflächen $U = U_0$ und $U = U_0 + \Delta U_0$. Tragen wir die Energiewerte als Abszissen, die Dichtewerte als Ordinaten eines kartesischen Koordinatensystems auf, so erhalten wir die ausgezogene Kurve der Figur 56.

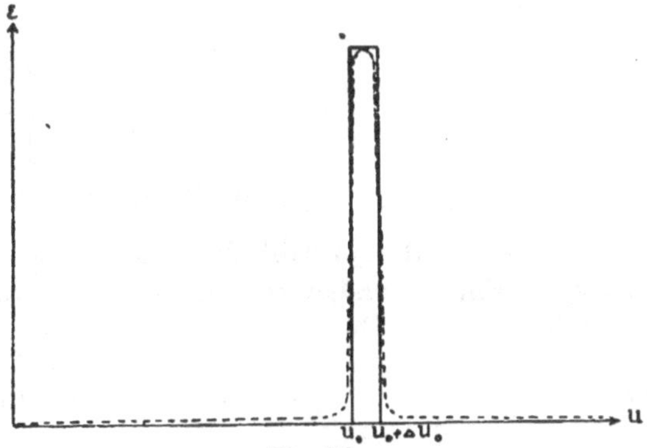

Fig. 56.

Es ist dann im ganzen Phasenraum $\varepsilon = 0$, mit Ausnahme der Schale zwischen U_0 und $U_0 + \Delta U_0$, wo ε unstetig auf ε_0 springt. Mit dieser Änderung ist jedoch noch nicht viel gewonnen. Statt dieser unstetigen Dichteverteilung können wir aber eine stetige Verteilung über den ganzen Phasenraum dadurch einführen, daß wir die ausgezogene unstetige Kurve in der Weise durch eine stetige Kurve approximieren, wie es die in Fig. 56 punktiert eingetragene Kurve andeutet. Nämlich so, daß zwar der ganze Phasenraum mit Phasenpunkten besetzt wird, aber der weitaus überwiegende Teil aller Phasenpunkte dennoch in die Energieschale von der Breite ΔU_0 fällt.

Welches die besondere Form der punktierten Kurve ist, ist also gleichgültig; es kommt nur darauf an, daß sie von ihrem Maximalwert innerhalb der Schale äußerst schnell abfällt, also eine „kleine Dispersion" um ihren Maximalwert besitzt. Wenn wir eine solche Funktion gefunden haben, so bleibt praktisch die Verteilung der Phasenpunkte dieselbe wie in der mikrokanonischen Verteilung; theoretisch aber haben wir den sehr großen Vorteil, daß wir jetzt im Raume operieren können.

Eine derartige Funktion für ε hat Gibbs angegeben: Bedeuten Ψ und Θ zwei Konstanten, so setzt Gibbs an:

$$\varepsilon = N e^{\frac{\Psi - U}{\Theta}}, \tag{74}$$

wo N die Gesamtzahl der Systeme im Phasenraum ist.

Diese Dichte ist, da sie nur von der Energie abhängt, offenbar ein Spezialfall der „ergodischen" Dichte (62), die schon Boltzmann betrachtet hatte. Wir haben nur noch den Nachweis zu führen — was wir aber erst später tun wollen —, daß in der Tat die durch (74) bestimmte Anordnung der Systeme im Phasenraume eine sehr kleine Dispersion um ihren Maximalwert besitzt; vorläufig setzen wir dies einmal als richtig voraus.

Gibbs nennt eine Gesamtheit mit der Verteilung (74) eine „kanonische Gesamtheit" und operiert — ebenso wie fast alle späteren Autoren — fast ausschließlich mit derselben; nur P. Hertz hat sich in seinen Arbeiten vorwiegend auf die mikrokanonische Gesamtheit gestützt.

Der Scharmittelwert einer Phasenfunktion $u(p, q)$ in der kanonischen Gesamtheit ist nun offenbar gegeben durch:

$$\overline{u(p, q)} = \frac{\int u\, \varepsilon\, \Delta\tau}{\int \varepsilon\, \Delta\tau} = \frac{\int u\, e^{\frac{\Psi - U}{\Theta}}\, \Delta\tau}{\int e^{\frac{\Psi - U}{\Theta}}\, \Delta\tau}, \tag{75}$$

da $u\,\varepsilon\,\Delta\tau$ die Summe der Werte der Phasenfunktion u im Volumelement $\Delta\tau$, $\int \varepsilon\,\Delta\tau$ die Gesamtzahl der Systeme ist, wenn die Integrale über alle zulässigen Phasen erstreckt werden. Man kann aber den Mittelwert noch anders schreiben. Denn da

$$\int \varepsilon\, \Delta\tau = N \int e^{\frac{\Psi - U}{\Theta}}\, \Delta\tau = N \tag{76}$$

ist, d. h. gleich der Gesamtzahl der Systeme, so ist durch Kürzung von N offenbar:

$$\int e^{\frac{\Psi - U}{\Theta}}\, \Delta\tau = 1, \tag{77}$$

d. h. der Nenner im letzten Gliede von (75) wird gleich der Einheit, sodaß wir einfacher haben:

$$\overline{u(p, q)} = \int u(p, q)\, e^{\frac{\Psi - U}{\Theta}}\, \Delta\tau. \tag{78}$$

Eine weitere Form des kanonischen Scharmittelwertes erhält man, wenn man berücksichtigt, daß gemäß (77) die Konstante Ψ durch die Gleichung bestimmt ist:

$$(79)\qquad e^{\frac{-\Psi}{\Theta}} = \int e^{\frac{-U}{\Theta}}\,\varDelta\tau,$$

die ja nur eine andere Schreibweise von (77) ist, indem $e^{\frac{\Psi}{\Theta}}$ als Konstante vor das Integralzeichen gezogen werden kann. Indem wir dies auch in (75) tun, folgt:

$$(80)\qquad \overline{u(p,q)} = \frac{\int u\, e^{\frac{-U}{\Theta}}\,\varDelta\tau}{\int e^{\frac{-U}{\Theta}}\,\varDelta\tau},$$

eine Form, die zuweilen praktische Vorteile bietet.

Aus (75), (78) und (80) folgt, daß der Ausdruck

$$(81)\qquad w\,\varDelta\tau = \frac{\varepsilon\,\varDelta\tau}{\int \varepsilon\,\varDelta\tau} = e^{\frac{\Psi - U}{\Theta}}\,\varDelta\tau = \frac{e^{\frac{-U}{\Theta}}\,\varDelta\tau}{\int e^{\frac{-U}{\Theta}}\,\varDelta\tau}$$

als die mathematische Wahrscheinlichkeit dafür betrachtet werden kann, daß ein bestimmtes System der kanonischen Gesamtheit in das Volumelement $\varDelta\tau$ fällt, d. h. Phasen zwischen q_k und $q_k + \varDelta q_k$ bzw. p_k und $p_k + \varDelta p_k$ besitzt.

Die Größe Θ heißt nach Gibbs der „Modul" der kanonischen Gesamtheit; auf seine physikalische Bedeutung sowie auf die der Größe Ψ werden wir später eingehen.

100. Einführung äußerer Kräfte; Scharmittelwert derselben.

An den bisherigen Betrachtungen müssen wir noch eine wichtige Verallgemeinerung anbringen. Denn die hier betrachteten mechanischen Systeme sollen doch eine mechanische Deutung eines thermodynamischen Systems liefern, und bei solchen haben wir es mit zwei Arten von Änderungen zu tun, nämlich mit Wärmezufuhr und Arbeitszufuhr. Letztere ist aber jedenfalls nur denkbar, wenn wir äußere Kräfte haben, d. h. Kräfte, die etwa von Massenpunkten ausgehen, die nicht zum System gehören.

Diese Kräfte können wir dadurch in unsere bisherigen Betrachtungen einbeziehen, daß wir die potentielle Energie Φ unseres Systems, mithin auch die Gesamtenergie U außer von den Koordinaten p_k und q_k noch von gewissen Parametern r_λ abhängen lassen. Dies kommt darauf hinaus, in die Energie U auch noch die wechselseitige potentielle Energie mit aufzunehmen, die von der Wechselwirkung zwischen dem System und jenen außerhalb des Systems befindlichen Massenpunkten herrührt. Dann ist offenbar

(82) $$R_\lambda = -\frac{\partial \Phi}{\partial r_\lambda} = -\frac{\partial U}{\partial r_\lambda}$$

die Kraft, mit welcher das System nach außen wirkt, wenn der Parameter r_λ sich ändert. Die Größen $(-R_\lambda)$ sind also die Kräfte, die von außen auf das System ausgeübt werden; sie leisten bei einer Veränderung der Parameter r_λ in $r_\lambda + \varDelta r_\lambda$ die äußere Arbeit

(83) $$\varDelta A = -\sum_\lambda R_\lambda \varDelta r_\lambda .$$

Für das Folgende wollen wir übrigens annehmen, daß die äußeren Punkte festliegen, so daß die Energie U nicht explizit von der Zeit t abhängt.

Alle unsere übrigen Betrachtungen bleiben dadurch gänzlich unverändert. Zu beachten ist dabei jedoch, daß wegen Gl. (79), die Ψ bestimmt, Ψ nunmehr gleichfalls von den Parametern r_λ abhängt, weil die Gesamtenergie U Funktion derselben ist; nach derselben Gleichung hängt Ψ auch von Θ ab.

Die Dichte $\varepsilon = N e^{\frac{\Psi - U}{\Theta}}$ einer kanonischen Verteilung hängt demgemäß von folgenden Größen ab:

1. Von Θ gemäß der Definitionsgl. (74) zunächst explizit und wegen der Abhängigkeit von Ψ auch implizit;

2. von den Parametern r_λ wegen der Abhängigkeit von U und Ψ implizit.

Was wir mit unseren groben Sinnen beobachten, ist natürlich niemals der individuelle Wert R_λ, der einem Systeme zukommt, sondern der Scharmittelwert $\overline{R}_\lambda$, den wir daher jetzt bilden wollen. Nach Definition des Scharmittels in der kanonischen Gesamtheit in Gl. (78) haben wir zunächst:

$$\overline{R}_\lambda = \int R_\lambda e^{\frac{\Psi - U}{\Theta}} \varDelta \tau,$$

und das ist nach (82):

(84) $$\overline{R}_\lambda = -\int \frac{\partial U}{\partial r_\lambda} e^{\frac{\Psi - U}{\Theta}} \varDelta \tau.$$

Anderseits folgt, da nach (77)

$$1 = \int e^{\frac{\Psi - U}{\Theta}} \varDelta \tau$$

ist, durch Differentiation nach r_λ:

$$0 = \frac{1}{\Theta}\int \frac{\partial \Psi}{\partial r_\lambda} e^{\frac{\Psi - U}{\Theta}} \varDelta \tau - \frac{1}{\Theta}\int \frac{\partial U}{\partial r_\lambda} e^{\frac{\Psi - U}{\Theta}} \varDelta \tau,$$

oder, da $\frac{\partial \Psi}{\partial r_\lambda}$ in bezug auf die Integration konstant ist:

$$\frac{\partial \Psi}{\partial r_\lambda}\int e^{\frac{\Psi - U}{\Theta}} d\tau = \int \frac{\partial U}{\partial r_\lambda} e^{\frac{\Psi - U}{\Theta}} \varDelta \tau,$$

oder endlich, wieder mit Rücksicht auf (77):

$$\frac{\partial \Psi}{\partial r_\lambda} = \int \frac{\partial U}{\partial r_\lambda} e^{\frac{\Psi - U}{\Theta}} \Delta \tau . \tag{85}$$

Der Vergleich mit (84) ergibt somit für den Scharmittelwert der Kraft R_λ, die eine Veränderung des Parameters r_λ zu bewirken sucht:

$$\overline{R}_\lambda = - \frac{\partial \Psi}{\partial r_\lambda} . \tag{86}$$

Von diesem Ergebnisse werden wir in der folgenden Nummer sofort Gebrauch machen.

101. Zustandsgleichung idealer einatomiger Gase.

Als Anwendungsbeispiel wollen wir zunächst die Zustandsgleichung idealer einatomiger Gase abzuleiten versuchen, wobei bereits ein Licht auf die physikalische Bedeutung der Größen Θ und Ψ fallen wird.

Jede Zustandsgleichung ist in nuce bereits in der Gl. (86) enthalten. Denn wir können das Volumen V eines Gases als einen äußeren Parameter r betrachten, der durch äußere Kräfte, hier den Druck p, verändert werden kann. In der Tat ist die äußere Arbeit des Druckes, ganz in Übereinstimmung mit Gl. (83), von der Gestalt $-p\,dV$.

Um nun die Zustandsgleichung wirklich zu bestimmen, müssen wir gemäß (86) $\frac{\partial \Psi}{\partial r_\lambda}$ kennen, also zuvor Ψ nach (79) berechnen. Also müssen wir die Energie $U = L + \Phi$ als Funktion der Zustandsvariablen p_k und q_k kennen. Beim idealen Gase ist dies besonders einfach, da gar keine potentielle Energie der Gasmoleküle existiert; nennen wir die kartesischen Koordinaten etwa des λten Moleküls $x_\lambda, y_\lambda, z_\lambda$, seine Geschwindigkeiten $\dot{x}_\lambda, \dot{y}_\lambda, \dot{z}_\lambda$, so haben wir, wenn wir die Gesamtzahl der Gasmoleküle wie immer mit $\mathfrak{N}$ bezeichnen, für einatomige Gase:

$$U = L = \frac{\mu}{2} \sum_{\lambda}^{1,\mathfrak{N}} (\dot{x}_\lambda^2 + \dot{y}_\lambda^2 + \dot{z}_\lambda^2) . \tag{87}$$

Denn für ein solches existiert ja nur diese Energie der translatorischen Bewegung. Der Phasenraum ist hier $2\mathfrak{N}f = 6\mathfrak{N}$-dimensional; da die Impulse des λten Moleküls bzw. gleich $\mu\dot{x}_\lambda, \mu\dot{y}_\lambda, \mu\dot{z}_\lambda$ sind, wo μ die Molekülmasse ist, so ist:

$$\Delta \tau = \Delta x_1 \Delta y_1 \Delta z_1 \ldots \Delta x_{\mathfrak{N}} \Delta y_{\mathfrak{N}} \Delta z_{\mathfrak{N}} (\mu \Delta \dot{x}_1)(\mu \Delta \dot{y}_1)(\mu \Delta \dot{z}_1) \ldots (\mu \Delta \dot{z}_{\mathfrak{N}})$$

oder gleich:

$$\Delta \tau = \mu^{3\mathfrak{N}} \cdot \Delta x_1 \ldots \Delta z_{\mathfrak{N}} \cdot \Delta \dot{x}_1 \ldots \Delta \dot{z}_{\mathfrak{N}} . \tag{88}$$

Gemäß der Gl. (79) ist also Ψ durch das Integral definiert:

$$e^{-\frac{\Psi}{\Theta}} = \mu^{3\mathfrak{N}} \int e^{-\frac{\mu \Sigma (\dot{x}_\lambda^2 + \dot{y}_\lambda^2 + \dot{z}_\lambda^2)}{2\Theta}} \Delta x_1 \ldots \Delta z_{\mathfrak{N}} \cdot \Delta \dot{x}_1 \ldots \Delta \dot{z}_{\mathfrak{N}} . \tag{89}$$

Dieses ist in unserem Falle leicht auszurechnen, da die Eergie nur von den $\dot{x}_\lambda, \dot{y}_\lambda, \dot{z}_\lambda$, nicht von den $x_\lambda, y_\lambda, z_\lambda$ abhängt. Daher kann (89) geschrieben werden:

(90) $$e^{-\frac{\Psi}{\Theta}} = \mu^{3\mathfrak{N}} \int \Delta x_1\, \Delta y_1\, \Delta z_1 \ldots \Delta x_{\mathfrak{N}}\, \Delta y_{\mathfrak{N}}\, \Delta z_{\mathfrak{N}} \int e^{-\frac{\mu \Sigma(\dot{x}_\lambda^2 + \dot{y}_\lambda^2 + \dot{z}_\lambda^2)}{2\Theta}} \Delta \dot{x}_1 \ldots \Delta \dot{z}_{\mathfrak{N}},$$

wobei die Integration über alle zulässigen Phasen zu erstrecken ist. Die Lagekoordinaten mögen etwa zwischen den Werten 0 und a variieren, wenn a^3 das Gesamtvolumen V des Gases ist. Also ist:

(91) $$\int \Delta x_1\, \Delta y_1\, \Delta z_1 = \int \Delta x_2\, \Delta y_2\, \Delta z_2 = \ldots = \int \Delta x_{\mathfrak{N}}\, \Delta y_{\mathfrak{N}}\, \Delta z_{\mathfrak{N}} = V^{1)};$$

mithin geht die Gl. (90) über in:

(92) $$e^{-\frac{\Psi}{\Theta}} = \mu^{3\mathfrak{N}}\, V^{\mathfrak{N}} \int e^{-\frac{\mu \Sigma(\dot{x}_\lambda^2 + \dot{y}_\lambda^2 + \dot{z}_\lambda^2)}{2\Theta}} \Delta \dot{x}_1 \ldots \Delta \dot{z}_{\mathfrak{N}}.$$

In dem jetzt noch übrigbleibenden Integrale können die Geschwindigkeitskomponenten $\dot{x}_\lambda$, $\dot{y}_\lambda$, $\dot{z}_\lambda$ alle Werte zwischen $-\infty$ und $+\infty$ annehmen. Ferner kann durch Zerlegung der Exponentialfunktion geschrieben werden:

$$e^{-\frac{\Psi}{\Theta}} = \mu^{3\mathfrak{N}}\, V^{\mathfrak{N}} \int_{-\infty}^{+\infty} e^{-\frac{\mu \dot{x}_1^2}{2\Theta}} \Delta \dot{x}_1 \ldots \int_{-\infty}^{+\infty} e^{-\frac{\mu \dot{z}_{\mathfrak{N}}^2}{2\Theta}} \Delta \dot{z}_{\mathfrak{N}}.$$

Darin sind aber nun alle die $3\mathfrak{N}$ einzelnen Integrale einander gleich, da sie sich ja nur in der Bezeichnung der Integrationsvariablen unterscheiden. Also ist weiter:

(93) $$e^{-\frac{\Psi}{\Theta}} = \mu^{3\mathfrak{N}} V^{\mathfrak{N}} \left[\int_{-\infty}^{+\infty} e^{-\frac{\mu \dot{x}_1^2}{2\Theta}} \Delta \dot{x}_1\right]^{3\mathfrak{N}}.$$

Das ist aber ein Integral von der Form, wie wir sie im achten Kapitel bei Berechnungen mit Hilfe des Maxwellschen Verteilungsgesetzes oft benützt haben; es hat den Wert:

(94) $$\int_{-\infty}^{+\infty} e^{-\frac{\mu \dot{x}_1^2}{2\Theta}} \Delta \dot{x}_1 = \sqrt{\frac{2\pi\Theta}{\mu}},$$

sodaß wir im ganzen erhalten:

---

1) In der Gl. (91) ist die weitere Voraussetzung enthalten, die ja in der Tat für jedes ideale Gas charakteristisch ist, daß die räumliche Ausdehnung jedes Moleküls vernachlässigt werden darf. Denn sonst würde für das zweite Molekül nicht das ganze Volumen V zur Verfügung stehen, sondern $V-\beta'$, wenn β' das Volumen des ersten Moleküls ist. Es würde daher das Integral

$$\int \Delta x_2\, \Delta y_2\, \Delta z_2$$

nicht gleich V, sondern gleich $(V-\beta')$ sein. Entsprechend würde

$$\int \Delta x_3\, \Delta y_3\, \Delta z_3$$

ungefähr gleich $(V-2\beta')$ sein usw. Die genaue Berücksichtigung dieser hier nur angedeuteten Korrektur würde z. B. bei der Ableitung der v. d. Waalsschen Gleichung notwendig werden.

(95) $$e^{-\frac{\Psi}{\Theta}} = \mu^{3\mathfrak{N}} V^{\mathfrak{N}} \left(\frac{2\pi\Theta}{\mu}\right)^{\frac{3\mathfrak{N}}{2}}.$$

Durch Logarithmieren folgt sofort der Wert:

(96) $$\Psi = -\mathfrak{N}\Theta \log V - \Theta \log F(\Theta),$$

wenn alle Konstanten bzw. alle von V unabhängigen Glieder durch $F(\Theta)$ zusammengefaßt werden. Da nun V als äußerer Parameter betrachtet werden sollte, so haben wir, um den Mittelwert der Kraft zu finden, die auf die Veränderung von V hinwirkt, $\left(-\frac{\partial \Psi}{\partial V}\right)$ zu bilden. Das liefert, wenn wir die Kraft durch p, ihren Scharmittelwert durch $\bar{p}$ bezeichnen:

(97) $$\bar{p} = -\frac{\partial \Psi}{\partial V} = +\frac{\mathfrak{N}\Theta}{V}.$$

$\bar{p}$ bezeichnen wir als den Druck des Gases, der hier charakteristischerweise als Scharmittelwert auftritt, während er z. B. im Clausiusschen Virialsatze (vgl. Nr. 78) als zeitlicher Mittelwert auftrat.

Die formale Übereinstimmung von (97) mit der Zustandsgleichung idealer Gase fällt in die Augen; wir wollen beide Gleichungen jetzt direkt identifizieren, um die physikalische Bedeutung von Θ, das ja offenbar mit der absoluten Temperatur T zusammenhängt, zu erläutern.

Beziehen wir alles auf ein Mol, d. h. setzen wir $\mathfrak{N} = N$, d. h. gleich der Avogadroschen Zahl, so folgt aus (97):

(98) $$\bar{p} = \frac{N\Theta}{V},$$

während die gewöhnliche Zustandsgleichung lautet:

(99) $$\bar{p} = \frac{RT}{V}.$$

Der Vergleich gibt also die Beziehung:

(100) $$\Theta = \frac{R}{N} T = kT.$$

Wir dürfen also schon auf Grund dieses Beispiels erwarten, was wir später allgemein zeigen werden, daß der Modul der kanonischen Gesamtheit Θ der absoluten Temperatur T proportional ist; der Proportionalitätsfaktor k ist dabei dieselbe Zahl, die auch in dem Äquipartitionstheorem auftritt.

Auch die Bedeutung von Ψ selbst läßt sich in diesem Spezialfalle leicht feststellen. Denn es ist nach (95) und (96), wenn wir wieder für ein Mol spezialisieren:

$$-\frac{\Psi}{\Theta} = N\left\{\log V + \frac{3}{2}\log\Theta + \text{Const.}\right\},$$

oder, wenn wir nach (100) die absolute Temperatur T einführen:

(101) $$-\frac{\Psi}{T} = \frac{3}{2} R \log T + R \log V + \text{Const.}$$

Dabei ist $\frac{3}{2}R = C_v$, der **Molwärme** bei konstantem Volumen für ein einatomiges Gas, und daher stellt der Ausdruck rechts die **Entropie pro Mol** eines solchen dar. Die Größe $\left(-\frac{\Psi}{T}\right)$ hängt also mit der Entropie eng zusammen, was sich später noch genauer herausstellen wird.

Aus dem Vorhergehenden ist es übrigens klar, wie man in ganz analoger Weise zu der v. d. **Waalsschen** Gleichung gelangen kann: man hat einmal die potentielle Energie und zweitens das Eigenvolumen der Moleküle zu berücksichtigen. Doch wollen wir hier nicht darauf eingehen, sondern die Ausführung dem Leser überlassen.

102. Das Äquipartitionstheorem; die Theorie der spezifischen Wärmen.

Nach der Abschweifung der vorigen Nummer, die dazu dienen sollte, die Brauchbarkeit der entwickelten Anschauungen zu erläutern, kehren wir zu allgemeineren Fragen zurück, und zwar wollen wir hier das Problem der Verteilung der kinetischen Energie auf die verschiedenen Freiheitsgrade ganz allgemein behandeln.

Wir machen hier nur die eine Voraussetzung, daß die kinetische Energie L eine homogene quadratische Funktion der Impulse p_k ist, deren Koeffizienten Funktionen der q_k sind, wie es bei den meisten Problemen der Fall ist. Dann ist nach dem **Eulerschen** Theorem über homogene Funktionen:

$$\sum_k \frac{\partial L}{\partial p_k} p_k = 2L. \tag{102}$$

Nunmehr bilden wir den kanonischen Mittelwert von L nach der Vorschrift der Gl. (80):

$$\bar{L} = \frac{\int L e^{-\frac{U}{\Theta}} \Delta\tau}{\int e^{-\frac{U}{\Theta}} \Delta\tau}. \tag{103}$$

Jedes der beiden Integrale können wir als Produkt von Integralen darstellen. Denn einerseits ist:

$$\Delta\tau = (\Delta q_1 \ldots \Delta q_{\mathfrak{N}f}) \cdot (\Delta p_1 \ldots \Delta p_{\mathfrak{N}f}) = \Delta\tau_q \cdot \Delta\tau_p, \tag{104}$$

wo $\Delta\tau_q$ und $\Delta\tau_p$ leicht verständliche Abkürzungen bedeuten, und ferner ist $U = L + \Phi$, wo Φ nur von den Größen q_k abhängt. Demgemäß kann (103) geschrieben werden:

$$\bar{L} = \frac{\iint L e^{-\frac{L+\Phi}{\Theta}} \Delta\tau_q \cdot \Delta\tau_p}{\iint e^{-\frac{L+\Phi}{\Theta}} \Delta\tau_q \cdot \Delta\tau_p} = \frac{\int e^{-\frac{\Phi}{\Theta}} \Delta\tau_q \cdot \int L e^{-\frac{L}{\Theta}} \Delta\tau_p}{\int e^{-\frac{\Phi}{\Theta}} \Delta\tau_q \cdot \int e^{-\frac{L}{\Theta}} \Delta\tau_p},$$

oder durch Kürzung der beiden über $\Delta\tau_q$ erstreckten Integrale:

(105) $$\bar{L} = \frac{\int L e^{-\frac{L}{\Theta}} \Delta \tau_p}{\int e^{-\frac{L}{\Theta}} \Delta \tau_p}.$$

Unter Benutzung des Eulerschen Theorems (102) kann dies auch geschrieben werden:

(106) $$\bar{L} = \frac{1}{2} \frac{\int \sum_k \left\{ \frac{\partial L}{\partial p_k} p_k e^{-\frac{L}{\Theta}} \right\} \Delta \tau_p}{\int e^{-\frac{L}{\Theta}} \Delta \tau_p}$$

oder, indem die Reihenfolge von Summation und Integration vertauscht wird:

(107) $$\bar{L} = \frac{1}{2} \frac{\int \frac{\partial L}{\partial p_1} p_1 e^{-\frac{L}{\Theta}} \Delta \tau_p + \int \frac{\partial L}{\partial p_2} p_2 e^{-\frac{L}{\Theta}} \Delta \tau_p + \ldots \int \frac{\partial L}{\partial p_{\mathfrak{N}f}} p_{\mathfrak{N}f} e^{-\frac{L}{\Theta}} \Delta \tau_p}{\int e^{-\frac{L}{\Theta}} \Delta \tau_p}.$$

Die Integrale im Zähler sind alle gleich gebaut, sodaß es genügt, eines von ihnen zu berechnen, etwa das erste. Vermöge der Identität

(108) $$\frac{\partial L}{\partial p_1} e^{-\frac{L}{\Theta}} = -\Theta \frac{\partial}{\partial p_1} \left(e^{-\frac{L}{\Theta}} \right)$$

kann das erste Integral geschrieben werden:

$$\int \frac{\partial L}{\partial p_1} p_1 e^{-\frac{L}{\Theta}} \Delta \tau_p = -\Theta \int \frac{\partial}{\partial p_1} \left(e^{-\frac{L}{\Theta}} \right) \cdot p_1 \cdot \Delta \tau_p$$

$$= -\Theta \int \frac{\partial}{\partial p_1} \left(e^{-\frac{L}{\Theta}} \right) p_1 \Delta p_1 \ldots \Delta p_{\mathfrak{N}f},$$

oder, etwas anders gruppiert:

(109) $$\int \frac{\partial L}{\partial p_1} e^{-\frac{L}{\Theta}} p_1 \Delta \tau_p = -\Theta \int \Delta p_2 \Delta p_3 \ldots \Delta p_{\mathfrak{N}f} \int \frac{\partial}{\partial p_1} \left(e^{-\frac{L}{\Theta}} \right) p_1 \Delta p_1.$$

Das über alle zulässigen Werte p_1, d. h. von $-\infty$ bis $+\infty$ zu erstreckende letzte Integral läßt sich durch partielle Integration in folgender Weise umformen:

(110) $$\int \frac{\partial}{\partial p_1} \left(e^{-\frac{L}{\Theta}} \right) p_1 \Delta p_1 = \left[p_1 e^{-\frac{L}{\Theta}} \right]_{-\infty}^{+\infty} - \int e^{-\frac{L}{\Theta}} \Delta p_1.$$

Also geht schließlich (109) über in:

(111) $$\int \frac{\partial L}{\partial p_1} e^{-\frac{L}{\Theta}} p_1 \Delta \tau_p = -\Theta \int \Delta p_2 \ldots \Delta p_{\mathfrak{N}f} \left[p_1 e^{-\frac{L}{\Theta}} \right]_{-\infty}^{+\infty} + \Theta \int e^{-\frac{L}{\Theta}} \Delta \tau_p.$$

Der Ausdruck $\left\{\dot{p}_1 e^{-\frac{L}{\Theta}}\right\}$ verschwindet an beiden Grenzen, so daß einfacher ist:

$$\int \frac{\partial L}{\partial p_1} e^{-\frac{L}{\Theta}} p_1 \Delta\tau_p = \Theta \int e^{-\frac{L}{\Theta}} \Delta\tau_p. \tag{112}$$

Genau denselben Wert nimmt jedes der $(\mathfrak{N}f)$ Integrale des Zählers von (107) an, so daß wir (107) schreiben können:

$$\overline{L} = \frac{\mathfrak{N}f\Theta}{2} \cdot \frac{\int e^{-\frac{L}{\Theta}} \Delta\tau_p}{\int e^{-\frac{L}{\Theta}} \Delta\tau_p} = \frac{\mathfrak{N}f}{2}\Theta. \tag{113}$$

Das ist aber wieder das Äquipartitionsgesetz, und zwar in allgemeinster Form. Denn $\mathfrak{N}f$ ist die Zahl der Freiheitsgrade des betrachteten Systems, ganz gleichgültig, ob sie der fortschreitenden Bewegung, der Rotation oder intramolekularer Bewegung zukommen; auf jeden Freiheitsgrad entfällt im Mittel die kinetische Energie $\frac{1}{2}\Theta$. In einem Spezialfalle haben wir aber bereits erkannt, daß $\Theta = kT$ ist; setzen wir dies — was später noch besser begründet werden wird — als allgemein gültig bereits hier voraus, so haben wir unser altes — aber damals nicht von uns bewiesenes — Resultat vor uns, daß die kinetische Energie pro Freiheitsgrad gleich $\frac{1}{2}kT$ ist.

Damit ist nun auch sofort wieder die alte Theorie der spezifischen Wärme, sowohl der Gase (Nr. 83), als auch der festen Körper (Nr. 84), gewonnen.

Denn für ein beliebiges ideales Gas besteht die mittlere Energie $\overline{U}$ nur aus kinetischer Energie, also ist für 1 Mol ($\mathfrak{N} = N$) die Energie:

$$\overline{U} = \frac{Nf}{2} kT, \tag{114}$$

also, da die Molwärme bei konstantem Volumen $C_v = \left(\frac{\partial \overline{U}}{\partial T}\right)_v$ ist:

$$C_v = \frac{Nf}{2} k = \frac{R}{2} f \frac{\text{erg}}{\text{grad}} \cong f \frac{\text{cal}}{\text{grad}}, \tag{115}$$

weil $k = \frac{R}{N}$ und R ungefähr gleich $2 \frac{\text{cal}}{\text{grad}}$ ist. Das ist genau das Ergebnis, das wir in den Gl. (71) und (72) des achten Kapitels auf pag. 352 erhalten hatten. Anders beim festen Körper. Dieser hat potentielle Energie Φ, und bei dem in Nr. 84 angenommenen Modell eines solchen ist diese im Mittel gleich der kinetischen, d. h. $\overline{L} = \overline{\Phi}$. Also ist die gesamte Energie pro Mol:

$$\overline{U}_{\text{Mol}} = \overline{L} + \overline{\Phi} = 2\overline{L} = NfkT = RfT,$$

wobei f die Anzahl der Freiheitsgrade im Molekül bezeichnet. Haben wir nun ein chemisches Element, das z punktförmige Atome im Molekül besitzt, so daß letzteres $f = 3z$ Freiheitsgrade besitzt, so ist die Energie eines Grammatoms:

$$\overline{U}_{\text{Gr.A.}} = \frac{1}{z}\overline{U}_{\text{Mol}} = 3\,RT, \tag{116}$$

und folglich die Atomwärme bei konstantem Volumen $C'_v = \left(\frac{\partial U_{\text{Gr.A.}}}{\partial T}\right)_v$:

$$C'_v = 3R\,\frac{\text{erg}}{\text{grad}} \simeq 6\,\frac{\text{cal}}{\text{grad}}, \tag{117}$$

d. h. wir haben wieder das Dulong-Petitsche Gesetz.

Es ist selbstverständlich, daß alle Bedenken gegen diese aus dem Äquipartitionstheorem fließenden Resultate, die wir in den Nummern 83 und 84 ausführlich gewürdigt haben, hier wieder zu erheben sind. Ja, sie haben sich womöglich noch verstärkt. Denn während man früher vielleicht hätte denken können, die Benutzung der — ja nicht völlig exakten — Stoßgesetze erzeuge dieses Ergebnis, ist es hier direkt auf die Hamiltonschen Gleichungen der Dynamik fundiert[1]). Es verstärkt sich also der Eindruck, daß diese nicht exakt gültig sein können.

103. Die Dispersion der Energie in der kanonischen Verteilung.

Bei der Einführung der kanonischen Verteilung in Nr. 99 war der maßgebende Gesichtspunkt, an Stelle der mikrokanonischen eine Verteilung zu substituieren, die einerseits zwar über den Phasenraum ausgedehnt wäre, der also alle möglichen Energiewerte U zukämen, die aber anderseits doch so beschaffen sein sollte, daß die Dispersion der Energie um ihren Maximalwert (oder um ihren Mittelwert) sehr klein sein sollte. Den damals schuldig gebliebenen Beweis, daß die kanonische Verteilung wirklich diese Eigenschaft besitzt, wollen wir jetzt nachholen.

Bezeichnen wir die Energie eines beliebigen Systems der kanonischen Gesamtheit mit U, ihren Mittelwert mit $\overline{U}$, so ist:

$$U = \overline{U} + \xi, \tag{118}$$

wo ξ die Abweichung der Energie U vom Mittelwerte $\overline{U}$ bedeutet.

ξ hat natürlich mit gleicher Wahrscheinlichkeit positive und negative Werte, so daß die „mittlere Abweichung"

$$\overline{\xi} = 0 \tag{119}$$

ist; dagegen ist das „mittlere Abweichungsquadrat" $\overline{\xi^2}$ von Null verschieden. Dieses mittlere Abweichungsquadrat muß nun offenbar im Vergleich

---

[1]) Allerdings nicht ausschließlich auf die dynamischen Gleichungen, sondern gleichzeitig auf die Wahl der „ergodischen" Dichten, sodaß es an sich denkbar wäre, diesem letzteren Umstande die Schuld zuzuschreiben. Die neuere Entwicklung der Quantentheorie, besonders ihrer Atommodelle, macht es jedoch äußerst unwahrscheinlich, daß man durch Abänderung der Statistik zu allseitig befriedigenden Resultaten käme. Die Quantentheorie scheint dynamischer, nicht statistischer Natur zu sein.

zu dem Quadrate der mittleren Energie $\overline{U}$, also zu $(\overline{U})^2$, eine sehr kleine Größe sein, wenn die Dispersion klein sein soll, d. h. es muß die Gleichung gelten:

(120) $$\frac{\overline{\xi^2}}{(\overline{U})^2} \ll 1.$$

Die Richtigkeit dieser Gleichung für die kanonische Gesamtheit wollen wir nachweisen.

Nach (118) ist zunächst:

(121) $$U^2 = (\overline{U})^2 + \xi^2 + 2 \cdot \xi \cdot \overline{U}.$$

Bilden wir den Mittelwert dieser Gleichung, d. h. links $\overline{U^2}$, so haben wir rechts von jedem Summanden den Mittelwert zu bilden; dabei ist nach (119):

$$\bar{\xi} = 0.$$

Demnach ist:

$$\overline{U^2} = (\overline{U})^2 + \overline{\xi^2},$$

oder:

(122) $$\overline{\xi^2} = \overline{U^2} - (\overline{U})^2.$$

Setzen wir diesen Wert von $\overline{\xi^2}$ in (120) ein, so ist zu zeigen, daß für die kanonische Verteilung gilt:

(123) $$\frac{\overline{U^2} - (\overline{U})^2}{(\overline{U})^2} \ll 1.$$

Der Beweis wird so geführt, daß man die in (123) auftretenden Mittelwerte in der kanonischen Gesamtheit wirklich bildet. Also:

(124) $$\overline{U} = \frac{\int U e^{-\frac{U}{\Theta}} \Delta\tau}{\int e^{-\frac{U}{\Theta}} \Delta\tau}$$

und

(125) $$\overline{U^2} = \frac{\int U^2 e^{-\frac{U}{\Theta}} \Delta\tau}{\int e^{-\frac{U}{\Theta}} \Delta\tau}.$$

Setzen wir der Bequemlichkeit halber für einen Augenblick

(126) $$\frac{1}{\Theta} = x,$$

und ferner zur Abkürzung:

(127) $$\int e^{-\frac{U}{\Theta}} \Delta\tau = \int e^{-Ux} \Delta\tau = J,$$

so ergibt Differentiation von J nach x die folgenden Beziehungen:

(128) $$\frac{dJ}{dx} = -\int U e^{-Ux} \Delta\tau,$$

$$\frac{d^2 J}{d x^2} = + \int U^2 e^{-Ux} \Delta\tau, \tag{129}$$

und ein Vergleich mit (124) und (125) unter nochmaliger Benutzung von (127):

$$\overline{U} = -\frac{1}{J}\frac{dJ}{dx}, \tag{130}$$

$$\overline{U^2} = \frac{1}{J}\frac{d^2 J}{dx^2}. \tag{131}$$

Mit diesen Ausdrücken bilden wir $\overline{\xi^2} = \overline{U^2} - (\overline{U})^2$, d. h. den Zähler der linken Seite des Ausdruckes (123):

$$\overline{U^2} - (\overline{U})^2 = \frac{1}{J}\frac{d^2 J}{dx^2} - \frac{1}{J^2}\left(\frac{dJ}{dx}\right)^2 = \frac{J\frac{d^2 J}{dx^2} - \left(\frac{dJ}{dx}\right)^2}{J^2},$$

und das ist gleich:

$$\overline{U^2} - (\overline{U})^2 = \frac{d}{dx}\left(\frac{\frac{dJ}{dx}}{J}\right), \tag{132}$$

oder, mit Rücksicht auf (130):

$$\overline{U^2} - (\overline{U})^2 = -\frac{d\overline{U}}{dx}, \tag{133}$$

oder endlich, wenn wir für x wieder $\frac{1}{\Theta}$ einführen:

$$\overline{U^2} - (\overline{U})^2 = +\Theta^2 \frac{d\overline{U}}{d\Theta}. \tag{134}$$

Die linke Seite von (123) wird damit:

$$\frac{\Theta^2 \frac{d\overline{U}}{d\Theta}}{(\overline{U})^2}, \tag{135}$$

und es ist zu zeigen, daß dieser Quotient $\ll 1$ ist.

Nun besteht jedenfalls zwischen den Mittelwerten der kinetischen Energie $\overline{L}$ und der potentiellen Energie $\overline{\Phi}$ ein endliches Verhältnis, so daß wir mit Einführung eines endlichen Proportionalitätsfaktors γ schreiben können:

$$\overline{U} = \gamma \cdot \overline{L}\,^{1)},$$

d. h. in Rücksicht auf das Äquipartitionstheorem:

$$\overline{U} = \gamma \cdot \frac{\mathfrak{N} \cdot f}{2} \Theta, \tag{136}$$

woraus folgt:

$$\frac{d\overline{U}}{d\Theta} = \gamma \frac{\mathfrak{N} f}{2}. \tag{137}$$

---

[1]) Im Falle idealer Gase ($\overline{\Phi} = 0$) ist z. B. $\gamma = 1$, und bei dem in Nr. 84 zugrunde gelegten Modell eines festen Körpers ist $\gamma = 2$ ($\overline{L} = \overline{\Phi}$).

Setzen wir (136) und (137) in (135) ein, so folgt:

(138)
$$\frac{\Theta^2 \frac{d\overline{U}}{d\Theta}}{(\overline{U})^2} = \frac{2}{\gamma \mathfrak{N} f}.$$

Es ist mithin:

$$\frac{\overline{\xi^2}}{(\overline{U})^2} = \frac{2}{\gamma \mathfrak{N} f},$$

d. h. die „Dispersion" der Energie:

(139)
$$\sqrt{\frac{\overline{\xi^2}}{(\overline{U})^2}} \sim \frac{1}{\sqrt{\mathfrak{N}}}.$$

Da die Zahl der Moleküle der von uns betrachteten Systeme ganz außerordentlich groß ist (für ein Mol ist $\mathfrak{N} = N = 62 \cdot 10^{22}$), so ist in der Tat die linke Seite von (139) sehr klein gegen 1, was zu beweisen war.

Damit kann die Wahl der kanonischen Verteilung (74) als gerechtfertigt angesehen werden.

104. Die physikalische Bedeutung des Moduls der kanonischen Gesamtheit.

Die Resultate der Nr. 101 (Zustandsgleichung idealer Gase) und besonders der Nr. 102 (Äquipartitionstheorem) legten bereits die Vermutung sehr nahe, daß Θ, der Modul einer kanonischen Gesamtheit, die Rolle der Temperatur spielt. Dies wollen wir nun allgemein zeigen.

Die thermodynamische Temperatur T (bzw. jede Funktion derselben, was auf dasselbe hinauskommt) besitzt die Eigenschaft, daß, wenn man zwei Systeme von der nämlichen Temperatur in Berührung miteinander bringt, d. h. sie zu einem System vereinigt, das Gesamtsystem die nämliche Temperatur T besitzt wie die Einzelsysteme. Aber auch umgekehrt gilt, daß, wenn ein System von der Temperatur T in zwei Teilsysteme gespalten wird, jedes die alte Temperatur T beibehält. Die Richtigkeit dieses „Vereinigungssatzes" und „Trennungssatzes" wollen wir nun für den Modul Θ nachweisen.

Es seien also zwei kanonische Gesamtheiten zweier Systeme A und B von dem nämlichen Modul Θ gegeben. Die Energien seien bzw. U_A und U_B, die Konstanten Ψ seien entsprechend Ψ_A und Ψ_B, das System A habe n, das System B dagegen m Freiheitsgrade. Die Koordinaten und Impulse des Systems A seien:

$$q_1 \cdots q_n; \quad p_1 \cdots p_n.$$

Die entsprechenden Größen für das System B seien:

$$q_{n+1}, \cdots q_{n+m}; \quad p_{n+1}, \cdots p_{n+m}.$$

Die Wahrscheinlichkeit dafür, daß ein System A in das Volumelement

$$\Delta\tau_A = \Delta q_1 \ldots \Delta q_n \cdot \Delta p_1 \ldots \Delta p_n$$

hineinfällt, ist nach (81) gleich:

(140) $$w_A \Delta\tau_A = e^{\frac{\Psi_A - U_A}{\Theta}} \Delta\tau_A,$$

und entsprechend die Wahrscheinlichkeit, daß ein System B in das Volumelement

$$\Delta\tau_B = \Delta q_{n+1} \ldots \Delta q_{n+m} \cdot \Delta p_{n+1} \ldots \Delta p_{n+m}$$

fällt:

(141) $$w_B \cdot \Delta\tau_B = e^{\frac{\Psi_B - U_B}{\Theta}} \Delta\tau_B.$$

Nun können wir beide Systeme zu einem einzigen C zusammenfassen, das $(n+m)$ Freiheitsgrade besitzt; die Koordinaten im Phasenraume des vereinigten Systems sind dann:

$$q_1 \ldots q_{n+m}; \quad p_1 \ldots p_{n+m}.$$

Die Wahrscheinlichkeit dafür, daß ein System C aus der Gesamtheit beider vereinigter Systeme in das Volumelement $\Delta\tau_C = \Delta\tau_A \cdot \Delta\tau_B$ fällt, ist gleich dem Produkte der beiden Wahrscheinlichkeiten $w_A \Delta\tau_A$ und $w_B \Delta\tau_B$, da diese Forderung gleichbedeutend damit ist, daß gleichzeitig ein System A in $\Delta\tau_A$ und ein System B in $\Delta\tau_B$ liege. Folglich ist:

(142) $$w_C \Delta\tau_C = e^{\frac{(\Psi_A + \Psi_B) - (U_A + U_B)}{\Theta}} \Delta\tau_C.$$

Das ist aber wieder eine kanonische Gesamtheit mit demselben Modul Θ, den auch die Gesamtheiten der Systeme A und B besaßen.

Man wird also die Summe $(U_A + U_B)$ als die Energie U_C des kombinierten Systems zu betrachten haben: die Energie verhält sich mithin „additiv", wie wir es von der Thermodynamik her gewöhnt sind[1]). Auch die Konstante Ψ_C ist offenbar gleich $(\Psi_A + \Psi_B)$ zu setzen, ist also gleichfalls additiv.

Die obige Betrachtung zeigt also, daß bei der Vereinigung zweier Systeme Θ sich wie die Temperatur verhält. Nun müssen wir dasselbe noch zeigen für die Trennung eines Systems C in zwei Partialsysteme A und B.

Es liege eine kanonische Gesamtheit von Systemen C mit dem Modul Θ vor. Die Wahrscheinlichkeit dafür, daß ein System C im Phasenelement $\Delta\tau_C$ liegt, ist gleich:

(143) $$w_C \Delta\tau_C = e^{\frac{\Psi_C - U_C}{\Theta}} \Delta\tau_C = \text{Const.} \cdot e^{-\frac{U_C}{\Theta}} \Delta\tau_C.$$

Die letztere Form ergibt sich, wenn man bedenkt, daß $e^{\frac{\Psi_C}{\Theta}}$ hinsichtlich der Integrationsvariabeln konstant ist.

[1]) Das kann natürlich nie streng gelten, gilt aber in fast allen vorkommenden Fällen mit außerordentlicher Genauigkeit. Physikalisch gesprochen heißt das, daß die „wechselseitige Energie" U_{AB} stets sehr klein gegen U_A und U_B ist.

Nun wird das System C mit den $(n+m)$ Freiheitsgraden getrennt, sodaß n Freiheitsgrade auf das eine Teilsystem A, m auf das zweite Teilsystem B entfallen. Gleichzeitig ist natürlich $U_C = U_A + U_B$. Die auf beide Teilsysteme entfallenden Koordinaten und Impulse seien ebenso bezeichnet wie oben, sodaß gesetzt werden kann:

$$\Delta\tau_C = \Delta\tau_A \cdot \Delta\tau_B.$$

Wie groß ist nun die Wahrscheinlichkeit dafür, daß ein Teilsystem A in das Phasenelement $\Delta\tau_A$ hineinfällt? Offenbar viel größer als die Wahrscheinlichkeit (143); denn diese ist die Wahrscheinlichkeit dafür, daß gleichzeitig A und B in die Volumelemente $\Delta\tau_A$ und $\Delta\tau_B$ hineinfallen; wir aber fragen hier nur nach dem Eintreffen des ersten Ereignisses, gleichgültig, welches die Lage des zweiten Systems im Phasenraume ist. Nach dem Additionssatze der Wahrscheinlichkeitsrechnung (Nr. 79) erhalten wir die gesuchte Wahrscheinlichkeit, indem wir die Einzelwahrscheinlichkeiten (143) für alle Werte von

$$q_{n+1} \ldots q_{n+m}, \quad p_{n+1} \ldots p_{n+m}$$

summieren, d. h. indem wir über alle Phasen von B integrieren. Also ist:

$$w_A \Delta\tau_A = \text{Const.} \int\limits_{\binom{\text{alle Phasen}}{\text{von } B}} e^{-\frac{U_C}{\Theta}} \Delta\tau_A \Delta\tau_B = \text{Const.}\, e^{-\frac{U_A}{\Theta}} \Delta\tau_A \cdot \int\limits_{\binom{\text{alle Phasen}}{\text{von } B}} e^{-\frac{U_B}{\Theta}} \Delta\tau_B.$$

Das Integral im letzten Gliede ist aber natürlich eine Konstante, kann also mit der bereits vor dem Integral stehenden Konstanten zusammengezogen werden zu:

$$w_A \Delta\tau_A = c_1 e^{-\frac{U_A}{\Theta}} \Delta\tau_A. \tag{144a}$$

Ganz ebenso ist die Wahrscheinlichkeit dafür, daß ein System B ins Volumelement $\Delta\tau_B$ fällt, gleichgültig, welches die Lage von A im Phasenraume ist:

$$w_B \Delta\tau_B = c_2 e^{-\frac{U_B}{\Theta}} \Delta\tau_B. \tag{144b}$$

Der Wert der Konstanten c_1 und c_2 ist leicht zu bestimmen. Denn das über alle Phasen von A erstreckte Integral $\int w_A \Delta\tau_A$ muß gleich 1 sein, da dies die Gesamtsumme der Wahrscheinlichkeiten, die Gewißheit, ist. Ebenso ist das über alle Phasen von B erstreckte Integral $\int w_B \Delta\tau_B$ gleich 1. Also muß nach (144a) und (144b) sein:

$$1 = c_1 \int e^{-\frac{U_A}{\Theta}} \Delta\tau_A = c_2 \int e^{-\frac{U_B}{\Theta}} \Delta\tau_B,$$

und mit Rücksicht auf die Ψ definierende Gl. (79) ergibt sich:

$$c_1 = e^{-\frac{\Psi_A}{\Theta}},$$

$$c_2 = e^{-\frac{\Psi_B}{\Theta}},$$

womit die Gl. (144) übergehen in:

(145 a)
$$w_A \Delta\tau_A = e^{\frac{\Psi_A - U_A}{\Theta}} \Delta\tau_A,$$

und

(145 b)
$$w_B \Delta\tau_B = e^{\frac{\Psi_B - U_B}{\Theta}} \Delta\tau_B.$$

Das heißt aber, daß beide Teilsysteme A und B wieder kanonisch verteilt sind mit demselben Modul, den das Gesamtsystem C besaß.

Damit ist auch die zweite Eigenschaft der Temperatur für den Modul Θ nachgewiesen. Nunmehr bedarf es nur noch eines speziellen durchrechenbaren Falles, etwa der idealen Gase, was wir schon in Nr. 101 ausgeführt haben, um allgemein

$$\Theta = kT$$

zu bestimmen.

Es ist also der Modul Θ einer kanonischen Gesamtheit proportional der absoluten Temperatur T des Systems.

105. Der zweite Hauptsatz; die physikalische Bedeutung der Größe Ψ.

Wir wollen nun weiter zeigen, wie sich auch der zweite Hauptsatz für reversible Vorgänge aus unsern Anschauungen gewinnen läßt, d. h. die Gleichung

$$\frac{d' Q_r}{T} = dS.$$

Wir gehen dazu aus von der Gleichung (77):

(146)
$$1 = \int e^{\frac{\Psi - U}{\Theta}} \Delta\tau.$$

Darin hängt Ψ von Θ und von den äußeren Parametern r_λ ab; U ist eine Funktion der p_k, q_k und der Parameter r_λ. Wir wollen nun eine Veränderung untersuchen, bei der Θ in $(\Theta + \Delta\Theta)$, r_λ in $(r_\lambda + \Delta r_\lambda)$ übergehen, während die p_k, q_k unverändert bleiben sollen. Dann hängen die Veränderungen von Ψ und U in ganz bestimmter Weise zusammen, die wir erkennen, wenn wir die Gl. (146) differentiieren, wobei Θ und die r_λ als die unabhängigen Variabeln zu betrachten sind. Das liefert:

$$0 = \int e^{\frac{\Psi - U}{\Theta}} \Delta\left(\frac{\Psi - U}{\Theta}\right) \Delta\tau = 0,$$

oder ausgeführt:

$$0=\int e^{\frac{\Psi-U}{\Theta}}\left\{\frac{\Delta\Psi}{\Theta}-\frac{\Psi}{\Theta^2}\Delta\Theta-\frac{\Delta U}{\Theta}+\frac{U}{\Theta^2}\Delta\Theta\right\}\Delta\tau,$$

oder, da $\Delta U=\sum\frac{\partial U}{\partial r_\lambda}\Delta r_\lambda$ ist:

$$0=\int e^{\frac{\Psi-U}{\Theta}}\left\{\frac{\Delta\Psi}{\Theta}-\frac{\Psi}{\Theta^2}\Delta\Theta-\frac{1}{\Theta}\sum\frac{\partial U}{\partial r_\lambda}\Delta r_\lambda+\frac{U}{\Theta^2}\Delta\Theta\right\}\Delta\tau. \tag{147}$$

Nach Definition des kanonischen Mittelwertes bedeutet aber diese Gleichung, daß der Mittelwert der geschweiften Klammer gleich Null ist:

$$\frac{\Delta\Psi}{\Theta}-\frac{\Psi}{\Theta^2}\Delta\Theta-\frac{1}{\Theta}\sum\frac{\partial\overline{U}}{\partial r_\lambda}\Delta r_\lambda+\frac{\overline{U}}{\Theta^2}\Delta\Theta=0. \tag{148}$$

Gemäß der Definition (89) der äußeren Kräfte R_λ ist aber $-\frac{\partial\overline{U}}{\partial r_\lambda}=\overline{R}_\lambda$; also ist weiter, nach Multiplikation mit Θ:

$$\Delta\Psi-\frac{\Psi}{\Theta}\Delta\Theta+\sum\overline{R}_\lambda\Delta r_\lambda+\frac{\overline{U}}{\Theta}\Delta\Theta=0,$$

oder, wenn wir Θ durch kT ersetzen:

$$\Delta\Psi=\frac{\Psi-\overline{U}}{T}\Delta T-\sum\overline{R}_\lambda\Delta r_\lambda. \tag{149}$$

Setzen wir zur Abkürzung:

$$\frac{\Psi-\overline{U}}{T}=-\overline{S}, \tag{150}$$

so ist:

$$\Delta\Psi=\Delta\overline{U}-T\Delta\overline{S}-\overline{S}\Delta T,$$

was in (149) eingesetzt liefert:

$$\Delta\overline{U}-T\Delta\overline{S}=-\Sigma\overline{R}_\lambda\Delta r_\lambda. \tag{151}$$

In anderer Gruppierung gibt das die Gleichung:

$$\frac{\Delta\overline{U}+\Sigma\overline{R}_\lambda\Delta r_\lambda}{T}=\Delta\overline{S}. \tag{152}$$

Nach dem ersten Hauptsatze ist nun

$$\Delta\overline{U}+\Sigma\overline{R}_\lambda\Delta r_\lambda=\Delta' Q_r \tag{153}$$

als die reversibel zugeführte Wärmemenge $\Delta' Q_r$ zu betrachten. Also gewinnen wir die Gleichung:

$$\frac{\Delta' Q_r}{T}=\Delta\overline{S}, \tag{154}$$

die den zweiten Hauptsatz in der Form ausspricht, wie wir ihn in der Thermodynamik [Kap. III, Gl. (26) sowie (28) und (28a) auf pag. 149 und 151] erhalten haben.

Die in Gleichung (150) definierte Funktion $\overline{S}$ ist also mit der thermodynamischen Entropie zu identifizieren.

Damit ist sofort auch die physikalische Bedeutung der Größe Ψ bestimmt. Sie ist nach (150):

$$\Psi = \overline{U} - T\overline{S}, \tag{155}$$

und der rechtsstehende Ausdruck hat die Form der freien Energie F. Es ist daher Ψ die freie Energie F des betrachteten Systems.

Mit diesen allgemeinen Resultaten stimmen die in Nr. 101 beim idealen Gase bereits erhaltenen speziellen Ergebnisse völlig überein.

106. Das Maxwell-Boltzmannsche Geschwindigkeitsverteilungsgesetz.

Wir wollen nun mit Hilfe der kanonischen Verteilung einmal das Maxwellsche Geschwindigkeitsverteilungsgesetz wiedergewinnen, das sich auf die Translationsgeschwindigkeiten bezieht, ferner das Verteilungsgesetz der Rotationsgeschwindigkeiten neu aufstellen, und endlich eine Verallgemeinerung des Maxwellschen Gesetzes herleiten, die man Boltzmann verdankt.

Als System betrachten wir zunächst ein ideales Gas mit $\mathfrak{N}$ punktförmigen Molekülen und denken uns mit einer sehr großen Anzahl von identischen Exemplaren dieses Gases eine kanonische Gesamtheit gebildet, d. h. die einzelnen Systeme (Gase) nach dem Gesetz (74) der kanonischen Verteilung auf den Phasenraum verteilt. Äußere Kräfte sollen nicht wirken, so daß kein Molekül potentielle Energie Φ besitzt; die Gesamtenergie U des Gases besteht demnach aus der kinetischen Energie L der fortschreitenden Bewegung:

$$U = L = \frac{\mu}{2}\sum_{\nu}^{1,\mathfrak{N}} (\dot{x}_\nu^2 + \dot{y}_\nu^2 + \dot{z}_\nu^2). \tag{156}$$

Der hier $6\mathfrak{N}$-dimensionale Phasenraum besitzt das Volumelement:

$$\begin{aligned}\Delta\tau = \mu^{3\mathfrak{N}} &[(\Delta x_1 \Delta y_1 \Delta z_1)\ldots(\Delta x_{\mathfrak{N}} \Delta y_{\mathfrak{N}} \Delta z_{\mathfrak{N}})] \\ &\cdot[(\Delta\dot{x}_1 \Delta\dot{y}_1 \Delta\dot{z}_1)\ldots(\Delta\dot{x}_{\mathfrak{N}} \Delta\dot{y}_{\mathfrak{N}} \Delta\dot{z}_{\mathfrak{N}})]\end{aligned} \tag{157}$$

Nach (81) ist die Wahrscheinlichkeit dafür, daß ein System in dieses Volumelement hineinfällt:

$$W\Delta\tau = e^{\frac{\Psi - U}{\Theta}}\Delta\tau = \text{Const.}\, e^{-\frac{L}{\Theta}}\Delta\tau = \text{Const.}\, e^{-\frac{\mu\Sigma(\dot{x}_\nu^2 + \dot{y}_\nu^2 + \dot{z}_\nu^2)}{2kT}}\Delta\tau, \tag{158}$$

da $e^{\frac{\Psi}{\Theta}}$ eine Konstante und $\Theta = kT$ ist.

Viel größer ist natürlich die Wahrscheinlichkeit dafür, daß ein Molekül, etwa das νte, Geschwindigkeitskomponenten zwischen $\dot{x}_\nu$ und $\dot{x}_\nu + \Delta\dot{x}_\nu$, $\dot{y}_\nu$ und $\dot{y}_\nu + \Delta\dot{y}_\nu$, $\dot{z}_\nu$ und $\dot{z}_\nu + \Delta\dot{z}_\nu$ besitzt, d. h. in das Partialvolumelement $\mu^3(\Delta\dot{x}_\nu \Delta\dot{y}_\nu \Delta\dot{z}_\nu)$ des Phasenraumes fällt. Denn nach dem Additionssatze der Wahrscheinlichkeitsrechnung erhalten wir diese Wahrscheinlichkeit, wenn wir (158) über alle anderen Koordinaten ($x_1 y_1 z_1 \ldots x_{\mathfrak{N}} y_{\mathfrak{N}} z_{\mathfrak{N}}$, $\dot{x}_1 \dot{y}_1 \dot{z}_1 \ldots \dot{x}_{\nu-1} \dot{y}_{\nu-1} \dot{z}_{\nu-1}$, $\dot{x}_{\nu+1} \dot{y}_{\nu+1} \dot{z}_{\nu+1} \ldots$), und zwar über alle zulässigen Werte derselben integrieren. Aus dem Integral tritt das mit dem Index „ν" behaftete Glied von L heraus, da ja über die Größen $\dot{x}_\nu\, \dot{y}_\nu\, \dot{z}_\nu$ nicht integriert wird. Wenn wir die Geschwindigkeitskomponenten $\dot{x}_\nu\, \dot{y}_\nu\, \dot{z}_\nu$ einfachheitshalber u, v, w nennen (um unsere früheren Bezeichnungen zurückzugewinnen), so tritt also der Ausdruck

$$(\mu^3)\, e^{-\frac{\mu(u^2+v^2+w^2)}{2kT}}\, \Delta u\, \Delta v\, \Delta w$$

vor das Integral, und wir haben somit für die gesuchte Wahrscheinlichkeit $W(u\,v\,w)\,\Delta u\,\Delta v\,\Delta w$, da die Integrationen im ganzen eine Konstante ergeben:

$$(159) \qquad W(u\,v\,w)\,\Delta u\,\Delta v\,\Delta w = \text{Const.}\, e^{-\frac{\mu(u^2+v^2+w^2)}{2kT}}\, \Delta u\,\Delta v\,\Delta w\,.$$

Die Konstante kann durch die bekannte Überlegung bestimmt werden, daß das über alle Werte von u, v, w, d. h. von $-\infty$ bis $+\infty$ erstreckte Integral über $W\,\Delta u\,\Delta v\,\Delta w$ den Wert 1 haben muß, da es die Gesamtsumme der Wahrscheinlichkeiten, also die Gewißheit, darstellt. Demgemäß ist:

$$(160) \qquad 1 = \text{Const.} \iiint\limits_{-\infty}^{+\infty} e^{-\frac{\mu(u^2+v^2+w^2)}{2kT}}\, \Delta u\,\Delta v\,\Delta w\,,$$

oder, wenn wir Polarkoordinaten $(c,\ \vartheta,\ \varphi)$ einführen $(c = \sqrt{u^2+v^2+w^2})$:

$$u = c\cdot\sin\vartheta\cdot\cos\varphi\,,$$
$$v = c\cdot\sin\vartheta\cdot\sin\varphi\,,$$
$$w = c\cdot\cos\vartheta\,,$$

und über c von 0 bis ∞, über ϑ von 0 bis π, über φ von 0 bis 2π integrieren, so folgt:

$$(161) \qquad 1 = \text{Const.} \int\limits_0^\infty \int\limits_0^\pi \int\limits_0^{2\pi} e^{-\frac{\mu c^2}{2kT}}\, c^2\,\Delta c\cdot\sin\vartheta\,\Delta\vartheta\cdot\Delta\varphi\,.$$

Die Ausführung der Integrationen über ϑ und φ ergibt:

$$1 = \text{Const.}\, 4\pi \int\limits_0^\infty e^{-\frac{\mu c^2}{2kT}}\, c^2\,\Delta c\,,$$

oder auch, wenn wir

$$(162) \qquad \sqrt{\frac{\mu}{2kT}}\, c = \xi$$

als neue Variable einführen:

$$(163) \qquad 1 = \text{Const.}\, 4\pi \left(\frac{2kT}{\mu}\right)^{\frac{3}{2}} \int\limits_0^\infty e^{-\xi^2}\, \xi^2\, d\xi\,.$$

Dieses letztere Integral haben wir schon öfters durch partielle Integration berechnet; es hat den Wert $\frac{1}{4}\sqrt{\pi}$, so daß wir schließlich erhalten

$$1 = \text{Const.} \left(\frac{2\pi kT}{\mu}\right)^{\frac{3}{2}},$$

oder:

(164) $$\text{Const.} = \left(\frac{\mu}{2\pi k T}\right)^{\frac{3}{2}},$$

womit wir für die gesuchte Wahrscheinlichkeit nach (159) erhalten:

(165) $$W(u, v, w)\,\Delta u\,\Delta v\,\Delta w = \left(\frac{\mu}{2\pi k T}\right)^{\frac{3}{2}} e^{-\frac{\mu(u^2+v^2+w^2)}{2kT}}\,\Delta u\,\Delta v\,\Delta w.$$

Daraus können wir, wieder durch Einführung derselben Polarkoordinaten, die Wahrscheinlichkeit dafür ableiten, daß ein Molekül eine Geschwindigkeit zwischen c und $c + \Delta c$ (unabhängig von ihrer Richtung) besitzt. Denn es ist zunächst unter Einführung der Polarkoordinaten:

$$W(u v w)\,\Delta u\,\Delta v\,\Delta w = \left(\frac{\mu}{2\pi k T}\right)^{\frac{3}{2}} e^{-\frac{\mu c^2}{2kT}} c^2\,\Delta c \sin\vartheta\,\Delta\vartheta\,\Delta\varphi,$$

und die Integration über ϑ von 0 bis π, über φ von 0 bis 2π ergibt nach dem Additionssatze der Wahrscheinlichkeitsrechnung die gesuchte Wahrscheinlichkeit $W(c)\,\Delta c$:

(166) $$W(c)\,\Delta c = 4\pi\left(\frac{\mu}{2\pi k T}\right)^{\frac{3}{2}} e^{-\frac{\mu c^2}{2kT}} c^2\,\Delta c,$$

und diese Gleichung stellt das Maxwellsche Verteilungsgesetz der Geschwindigkeiten dar; sie stimmt genau überein mit der Gleichung (69) des VIII. Kapitels auf pag. 352.

Bestimmt man das mittlere Geschwindigkeitsquadrat $\overline{c^2}$ mit Hilfe von (166), so gewinnt man natürlich für die mittlere kinetische Energie $\frac{\mu}{2}\overline{c^2}$ den Äquipartitionswert $\frac{3}{2}kT$. Obgleich das Resultat nach dem Vorhergehenden selbstverständlich ist, wollen wir die Rechnung der Deutlichkeit halber doch ausführen, gewissermaßen also eine Verifikation unseres früheren Resultates vornehmen.

Das mittlere Geschwindigkeitsquadrat $\overline{c^2}$ ist definiert durch die Gleichung

(167) $$\overline{c^2} = 4\pi\left(\frac{\mu}{2\pi k T}\right)^{\frac{3}{2}}\int_0^\infty e^{-\frac{\mu c^2}{2kT}} c^4\,\Delta c.$$

Unter Einführung der neuen Variablen

$$\sqrt{\frac{\mu}{2kT}}\,c = \xi$$

gewinnt sie die Gestalt:

$$\overline{c^2} = \frac{4}{\sqrt{\pi}}\left(\frac{2kT}{\mu}\right)\int_0^\infty e^{-\xi^2}\xi^4\,d\xi,$$

und das Integral, das ebenfalls schon öfters berechnet wurde, hat den Wert $\frac{3}{8}\sqrt{\pi}$.

Also ergibt sich:

(168) $$\overline{c^2} = \frac{3kT}{\mu},$$

woraus für die mittlere kinetische Energie $\frac{\mu}{2}\overline{c^2}$ der Äquipartitionswert folgt:

(169) $$\frac{\mu}{2}\overline{c^2} = \frac{3}{2}kT,$$

was zu beweisen war.

In genau derselben Weise können wir auch die Verteilung der Rotationsgeschwindigkeiten berechnen. Nennen wir die Hauptträgheitsmomente der (jetzt natürlich nicht mehr als punktförmig zu denkenden) Moleküle J_1, J_2, J_3, die Rotationsgeschwindigkeiten um diese Hauptträgheitsachsen bzw. ω_x, ω_y, ω_z, die resultierende Rotationsgeschwindigkeit $\omega = \sqrt{\omega_x^2 + \omega_y^2 + \omega_z^2}$, so ist die kinetische Energie der Rotationsbewegung eines Moleküls:

(170) $$L = \frac{J_1\omega_x^2 + J_2\omega_y^2 + J_3\omega_z^2}{2},$$

und die Wahrscheinlichkeit dafür, daß ein Molekül des Gases Rotationskomponenten zwischen

$$\omega_x \text{ und } \omega_x + \Delta\omega_x$$
$$\omega_y \text{ und } \omega_y + \Delta\omega_y$$
$$\omega_z \text{ und } \omega_z + \Delta\omega_z$$

besitzt, ist ganz analog, wie vorher bei (159):

(171) $$W(\omega_x\omega_y\omega_z)\Delta\omega_x\Delta\omega_y\Delta\omega_z = \text{Const.}\, e^{-\frac{J_1\omega_x^2 + J_2\omega_y^2 + J_3\omega_z^2}{2kT}}\Delta\omega_x\Delta\omega_y\Delta\omega_z.$$

Die Konstante bestimmt sich auf die nämliche Art zu:

(172) $$\text{Const.} = \sqrt{\frac{J_1J_2J_3}{(2\pi kT)^3}},$$

sodaß wir erhalten:

(173) $$W(\omega_x\omega_y\omega_z)\Delta\omega_x\Delta\omega_y\Delta\omega_z = \sqrt{\frac{J_1J_2J_3}{(2\pi kT)^3}}\, e^{-\frac{J_1\omega_x^2 + J_2\omega_y^2 + J_3\omega_z^2}{2kT}}\Delta\omega_x\Delta\omega_y\Delta\omega_z.$$

Diese Wahrscheinlichkeit läßt sich — genau wie bei der fortschreitenden Bewegung — als Produkt dreier Wahrscheinlichkeiten auffassen:

(174) $$W(\omega_x)\Delta\omega_x\cdot W(\omega_y)\Delta\omega_y\cdot W(\omega_z)\Delta\omega_z = \left\{\sqrt{\frac{J_1}{2\pi kT}}\, e^{-\frac{J_1\omega_x^2}{2kT}}\Delta\omega_x\right\}$$
$$\cdot\left\{\sqrt{\frac{J_2}{2\pi kT}}\, e^{-\frac{J_2\omega_y^2}{2kT}}\Delta\omega_y\right\}\cdot\left\{\sqrt{\frac{J_3}{2\pi kT}}\, e^{-\frac{J_3\omega_z^2}{2kT}}\Delta\omega_z\right\}.$$

Jede der Klammern gibt die Wahrscheinlichkeit dafür an, daß ein Molekül eine bestimmte Geschwindigkeitskomponente, unabhängig von den beiden andern Komponenten, besitzt. Wir können so z. B. den Mittelwert $\overline{\omega_x^2}$ bestimmen:

(175)
$$\overline{\omega_x^2} = \frac{\int\limits_{-\infty}^{+\infty} e^{-\frac{J_1 \omega_x^2}{2kT}} \omega_x^2 \Delta \omega_x}{\int\limits_{-\infty}^{+\infty} e^{-\frac{J_1 \omega_x^2}{2kT}} \Delta \omega_x}.$$

Die Einführung der neuen Variabeln

$$\sqrt{\frac{J_1}{2kT}} = \xi$$

transformiert diesen Ausdruck in:

(176)
$$\overline{\omega_x^2} = \frac{2kT}{J_1} \cdot \frac{\int\limits_{-\infty}^{+\infty} e^{-\xi^2} \xi^2 \Delta \xi}{\int\limits_{-\infty}^{+\infty} e^{-\xi^2} \Delta \xi}.$$

Das Integral im Zähler hat den Wert $\frac{1}{2}\sqrt{\pi}$, das im Nenner den Wert $\sqrt{\pi}$, sodaß schließlich folgt:

(177)
$$\overline{\omega_x^2} = \frac{2kT}{J_1} \cdot \frac{1}{2},$$

woraus sich für die mittlere kinetische Energie dieses Freiheitsgrades der Rotation ergibt:

(178)
$$\frac{J_1}{2} \overline{\omega_x^2} = \frac{1}{2} kT,$$

wie es nach dem Äquipartitionstheorem zu erwarten war. Genau identische Ausdrücke erhält man auch für $\overline{\omega_y^2}$ und $\overline{\omega_z^2}$.

Sind die drei Hauptträgheitsmomente identisch, d. h. $J_1 = J_2 = J_3 \equiv J$, so geht (173) über in:

(179)
$$W(\omega_x \omega_y \omega_z) \Delta \omega_x \Delta \omega_y \Delta \omega_z = \left(\frac{J}{2\pi kT}\right)^{\frac{3}{2}} e^{-\frac{J\omega^2}{2kT}} \Delta \omega_x \Delta \omega_y \Delta \omega_z.$$

Daraus erhalten wir die Wahrscheinlichkeit $W(\omega) \Delta \omega$ dafür, daß ein Molekül eine resultierende Rotationsgeschwindigkeit zwischen ω und $\omega + \Delta \omega$ besitzt, durch Einführung von Polarkoordinaten:

$$\omega_x = \omega \cdot \sin\vartheta \cdot \cos\varphi,$$
$$\omega_y = \omega \cdot \sin\vartheta \cdot \sin\varphi,$$
$$\omega_z = \omega \cdot \cos\vartheta$$

und durch Integration über ϑ von 0 bis π, über φ von 0 bis 2π:

(180)
$$W(\omega) \Delta \omega = 4\pi \left(\frac{J}{2\pi kT}\right)^{\frac{3}{2}} e^{-\frac{J\omega^2}{2kT}} \omega^2 \Delta \omega,$$

eine Formel, die genau mit dem Maxwellschen Gesetze für die Translationsgeschwindigkeiten (166) übereinstimmt: Die Rotationsgeschwindigkeiten verteilen sich also nach demselben Gesetze wie die Translationsgeschwindigkeiten.

Wir wollen nunmehr zu der angekündigten Verallgemeinerung des Maxwellschen Gesetzes übergehen, die Boltzmann gefunden hat.

Die Maxwellsche Verteilung bezieht sich auf den Fall der Abwesenheit äußerer Kräfte, d. h. den Fall der Abwesenheit potentieller Energie der Moleküle. Daher kommt das Resultat zustande, daß die Lagen der Moleküle eines Gases im zur Verfügung stehenden Raume alle gleichmöglich sind, d. h. daß die Moleküle das dargebotene Volumen gleichmäßig erfüllen. Im Falle äußerer Kräfte, z. B. der Schwere, kann dies nicht mehr der Fall sein. Wenn z. B. ein ideales Gas der Schwerkraft unterworfen ist, die entgegen der positiven z-Richtung wirken möge, so hat jedes Molekül die potentielle Energie $\Phi_\nu = \mu g z_\nu$. Dann ist die gesamte Energie U des Gases:

$$(181) \qquad U = L + \Phi = \frac{\mu}{2} \sum_{\nu}^{1,\mathfrak{N}} (\dot{x}_\nu^2 + \dot{y}_\nu^2 + \dot{z}_\nu^2) + \mu g \sum_{\nu}^{1,\mathfrak{N}} z_\nu$$

Die Wahrscheinlichkeit dafür, daß ein Molekül in dem Partialvolumelement des Phasenraumes $(\varDelta x_\nu \varDelta y_\nu \varDelta z_\nu) \cdot (\varDelta \dot{x}_\nu \varDelta \dot{y}_\nu \varDelta \dot{z}_\nu)\, \mu^3$ liege, d. h. eine bestimmte Lage und eine bestimmte Geschwindigkeit besitze, ist dann offenbar gemäß der kanonischen Verteilung:

$$W(x y z \dot{x} \dot{y} \dot{z})\, \varDelta x \varDelta y \varDelta z \varDelta \dot{x} \varDelta \dot{y} \varDelta \dot{z}) = \text{Const.}\, e^{-\frac{\mu(\dot{x}^2 + \dot{y}^2 + \dot{z}^2) + 2\mu g z}{2kT}} \varDelta x \ldots \varDelta \dot{z},$$

oder, wenn wir wieder $\dot{x}$, $\dot{y}$, $\dot{z}$ gleich u, v, w setzen:

$$(182) \quad W(x y z u v w)\, \varDelta x \ldots \varDelta w = \text{Const.}\, e^{-\frac{\mu(u^2 + v^2 + w^2) + 2\mu g z}{2kT}} \varDelta x \ldots \varDelta w$$

Es tritt also, wie das nach dem Ansatz (74) der kanonischen Verteilung zu erwarten ist, im Exponenten die gesamte Energie, nicht nur wie bisher die kinetische auf.

Aus dieser Gleichung ergeben sich interessante Spezialfälle. Fragen wir nämlich zuerst nach der Wahrscheinlichkeit, daß ein Molekül Geschwindigkeitskomponenten u, v, w (mit dem zugehörigen Intervall) unabhängig von seiner Lage besitzt, so erhalten wir diese durch Integration von (182) über alle Werte x, y, z, d. h. wir erhalten:

$$(183) \qquad W(u v w)\, \varDelta u \varDelta v \varDelta w = \text{Const.}\, e^{-\frac{\mu(u^2 + v^2 + w^2)}{2kT}} \varDelta u \varDelta v \varDelta w,$$

und das ist wieder das alte Maxwellsche Verteilungsgesetz:

Auch in einem schweren Gase herrscht also an jeder Stelle die Maxwellsche Verteilung. Demgemäß ist auch an jeder Stelle das mittlere Geschwindigkeitsquadrat $\overline{c^2}$ das nämliche, und schließlich auch die Temperatur T, die ja proportional $\overline{c^2}$ ist. Ein schweres Gas besitzt also im Gleichgewichtszustande an allen Stellen die nämliche Temperatur.

Ganz ebenso können wir fragen, wie groß die Wahrscheinlichkeit sei, daß ein Molekül zwischen zwei Ebenen x und $x + \Delta x$ enthalten sei, unabhängig von seiner Geschwindigkeit und unabhängig vom Werte seiner y- und z-Koordinaten. Diese Wahrscheinlichkeit erhalten wir ganz analog durch Integration von (182) über alle Werte von u, v, w, y und z, die zulässig sind. Das gibt, da die Integrationen einen konstanten Wert liefern:

(184) $$W(x)\,\Delta x = \text{Const.}\ \Delta x,$$

d. h. jede Lage x (und ebenso y) ist gleichwahrscheinlich. Die Konstante ist wieder auf die alte Art zu bestimmen. Wenn das Gefäß, in dem das Gas eingeschlossen ist, etwa durch die Ebenen $x = 0$ und $x = a$ begrenzt ist, so liefert das Integral $\int\limits_0^a W(x)\,\Delta x$ den Wert 1, da es die Gesamtsumme der Wahrscheinlichkeiten, d. h. die Wahrscheinlichkeit dafür darstellt, daß das Molekül irgend eine der möglichen Lagen x hat: das ist aber die Gewißheit. Also ist

$$\int\limits_0^a W(x)\,\Delta x = 1 = \text{Const.}\ a;$$

also: $\text{Const.} = \frac{1}{a}$.

Mithin ist genauer nach (184):

(185) $$W(x)\,\Delta x = \frac{1}{a}\,\Delta x.$$

Wird das Gefäß in der y-Richtung durch die Ebenen $y = 0$ und $y = b$ begrenzt, so ist entsprechend:

(186) $$W(y)\,\Delta y = \frac{1}{b}\,\Delta y.$$

Die Resultate sind bezüglich der x- und y-Richtung deshalb so einfach, weil x und y nicht im Ausdruck der potentiellen Energie (181) auftreten. Anders bei der z-Achse.

Die Wahrscheinlichkeit dafür, daß ein Molekül sich in einer Höhe zwischen z und $z + \Delta z$ befinde, unabhängig von der Geschwindigkeit und dem Werte der x- und y-Koordinate, ist aus (182) durch Integration über alle zulässigen Werte u, v, w, x und y zu erhalten. Es ergibt sich so:

(187) $$W(z)\,\Delta z = \text{Const.}\, e^{-\frac{\mu g z}{kT}}\,\Delta z.$$

Diese Gleichung zeigt, daß keineswegs alle Lagen z gleichwahrscheinlich sind; je größer z, desto unwahrscheinlicher ist es, daß ein Teilchen diese Lage besitzt. Multiplizieren wir Gl. (187) mit $\mathfrak{N}$, der Gesamtzahl der Teilchen, so erhalten wir die Zahl $\mathfrak{N}(z)\,\Delta z$, die zwischen z und $z + \Delta z$ zu erwarten ist:

(188) $$\mathfrak{N}(z)\,\Delta z = \text{Const.}\,\mathfrak{N}\, e^{-\frac{\mu g z}{kT}}\,\Delta z.$$

In dem hier geschilderten Falle befindet sich unsere Atmosphäre: Die

Teilchenzahl, d. h. die Dichte und der Druck, nehmen mit wachsender Höhe ab. Gl. (188) ist in der Tat nichts anderes, also die barometrische Höhenformel, die wir aus rein hydrodynamischen Überlegungen bereits in Bd. I [S. 736, Gl. (29)] hergeleitet hatten. Man überzeugt sich in der Tat leicht, daß beide Gleichungen identisch sind, wenn man die Konstante in (188) auf die übliche Weise bestimmt.

Diese Gleichung ist deshalb von außerordentlicher Wichtigkeit für uns, weil sie uns erlauben wird, die Konstante $k = R/N$, also die Avogadrosche Konstante N genau zu bestimmen. Denn wenn wir in (188) Δz konstant, etwa gleich 1 wählen, und die Molekülzahlen in zwei Höhen z_1 und z_2 mit $\mathfrak{N}_1$ und $\mathfrak{N}_2$ bezeichnen, so ist:

$$(189)\qquad \begin{cases} \mathfrak{N}_1 = \text{Const.}\, \mathfrak{N} \cdot e^{-\frac{\mu g z_1}{kT}}, \\ \mathfrak{N}_2 = \text{Const.}\, \mathfrak{N} \cdot e^{-\frac{\mu g z_2}{kT}}, \end{cases}$$

und durch Dividieren und Logarithmieren:

$$\log\left(\frac{\mathfrak{N}_1}{\mathfrak{N}_2}\right) = \frac{\mu g}{kT}(z_2 - z_1)$$

oder, indem $z_2 - z_1 = H$ gesetzt wird:

$$(190)\qquad k = \frac{\mu g H}{T(\log \mathfrak{N}_1 - \log \mathfrak{N}_2)} = \frac{R}{N}.$$

Auf diese Gleichung bzw. eine leichte Modifikation derselben werden wir im folgenden zurückkommen.

Was wir oben über das Auftreten der potentiellen Energie im Exponenten des Verteilungsgesetzes im Falle der Schwere gesagt haben, gilt offenbar ganz ebenso für beliebige, von einem Potential ableitbare Kräfte. Bedeutet Φ die durch äußere Kräfte erzeugte potentielle Energie eines Moleküls, so ist allgemein nach (182) die Wahrscheinlichkeit dafür, daß ein Molekül Geschwindigkeitskomponenten zwischen

$$u \text{ und } u + \Delta u$$
$$v \text{ und } v + \Delta v$$
$$w \text{ und } w + \Delta w$$

und Koordinaten zwischen

$$x \text{ und } x + \Delta x$$
$$y \text{ und } y + \Delta y$$
$$z \text{ und } z + \Delta z$$

besitzt:

$$(191)\qquad W(x\,y\,z\,u\,v\,w)\,\Delta x \ldots \Delta w = \text{Const.}\, e^{-\frac{\mu(u^2+v^2+w^2)+2\Phi}{2kT}}\,\Delta x \ldots \Delta w.$$

Diese Gleichung wird als das **Maxwell-Boltzmannsche** Verteilungsgesetz bezeichnet.

Auf noch einfachere Weise ließe sich dasselbe durch folgende Vorstellung gewinnen: Als System betrachten wir nicht ein Gas, sondern ein einzelnes Gasmolekül; mit Hilfe sehr vieler Gasmoleküle bilden wir eine kanonische Gesamtheit; hier wird also ein Gas als eine kanonische Gesamtheit seiner Moleküle aufgefaßt. Sind etwa die Moleküle punktförmig und erzeugt eine äußere Kraft die potentielle Energie Φ für jedes einzelne Molekül, so ist die Energie U eines Systems der kanonischen Gesamtheit, d. h. eines Moleküls:

$$U = L + \Phi = \frac{\mu}{2}(u^2 + v^2 + w^2) + \Phi;$$

Der Phasenraum ist hier nur 6-dimensional; sein Volumelement

$$\Delta\tau = (\Delta x \Delta y \Delta z)\,\mu^3 (\Delta u \Delta v \Delta w).$$

Demgemäß liefert hier die kanonische Verteilung für die Wahrscheinlichkeit, daß ein Molekül in $\Delta\tau$ liegt, direkt den Ausdruck:

$$W(x\,y\,z\,u\,v\,w)\,\Delta\tau = \text{Const.}\, e^{-\frac{\mu(u^2+v^2+w^2)+2\Phi}{2kT}}\,\Delta\tau,$$

d. h. die Gl. (191).

Auf dieselbe Weise hätte man natürlich auch die übrigen Resultate dieser Nummer gewinnen können.

In etwas veränderter Form hat Einstein diesen Satz bewiesen, die für viele Zwecke äußerst bequem ist.

Es sei zunächst eine kanonische Gesamtheit von Systemen mit der Energie $U = L + \Phi$ gegeben, sodaß die Wahrscheinlichkeit, daß ein System der Schar in das Volumelement $\Delta\tau$ des Phasenraumes fällt, durch die Gleichung bestimmt ist:

$$(192) \qquad W_0 \Delta\tau = e^{\frac{\Psi - U}{\Theta}}\,\Delta\tau = \text{Const.}\, e^{-\frac{U}{kT}}\,\Delta\tau = \text{Const.}\, e^{-\frac{L+\Phi}{kT}}\,\Delta\tau.$$

Nun mögen auf dasselbe System noch Kräfte wirken, die eine Vermehrung der potentiellen Energie von Φ auf $(\Phi + \chi)$ erzeugen. Die Wahrscheinlichkeit, daß nunmehr ein System der kanonischen Gesamtheit im Phasenelement liege, ist:

$$(193) \qquad W^* \Delta\tau = \text{Const.}\, e^{-\frac{L+\Phi+\chi}{kT}}\,\Delta\tau,$$

und der Vergleich mit (192) liefert das Ergebnis:

$$(194) \qquad W^* \Delta\tau = \text{Const.}\, W_0\, e^{-\frac{\chi}{kT}}\,\Delta\tau,$$

wobei die Konstante auf die übliche Weise bestimmt werden kann. Der erste Zustand des Systems wird dabei gewissermaßen als Normalzustand betrachtet; χ ist die potentielle Energie des Systems relativ zu diesem Normalzustande, oder die Arbeit, die geleistet werden muß, um das System aus dem Normalzustande in den gegebenen neuen überzuführen. Ist im Normalzustande die Wahrscheinlichkeit W_0 bekannt, so folgt die Wahrscheinlichkeit im veränderten Zustande aus Gleichung (194).

Dieser Satz, der im wesentlichen dem Maxwell-Boltzmannschen Verteilungsgesetze äquivalent ist und den wir den „Einsteinschen Satz" nennen wollen, erlaubt z. B., auf sehr einfache Weise unsere obigen Ergebnisse über die Verteilung, eines schweren Gases in verschiedener Höhe wieder zu gewinnen.

Wir denken uns zunächst ein in ein Gefäß eingeschlossenes Gas und mit einer sehr großen Zahl von Exemplaren desselben eine kanonische Gesamtheit gebildet; äußere Kräfte, insbesondere die Schwere, sollen zunächst nicht vorhanden sein: das ist der Normalzustand, von dem wir ausgehen. In diesem Normalzustande ist nun jede Lage im Innern des Gefäßes und insbesondere jeder Wert von z gleichwahrscheinlich. Durch Integration über alle Koordinaten des Phasenraumes, mit Ausnahme der z-Koordinate eines beliebigen Moleküls, gewinnen wir aus der kanonischen Verteilung für die Wahrscheinlichkeit, daß das betrachtete Molekül zwischen den Ebenen z nnd $z + \Delta z$ liegt, den Ausdruck:

(195) $$W_0(z)\,\Delta z = \text{Const.} \cdot \Delta z.$$

Lassen wir nun die Schwere wirken, so bekommt jedes Molekül einen Betrag potentieller Energie $\chi = \mu g z$ hinzu. Nun ist die Wahrscheinlichkeit, daß ein Molekül zwischen z und $z + \Delta z$ liege, nach (194):

(196) $$W^*(z)\,\Delta z = \text{Const.}\, W_0\, e^{-\frac{\mu g z}{kT}}\, \Delta z = \text{Const.}\, e^{-\frac{\mu g z}{kT}}\, \Delta z,$$

was genau mit dem Ausdruck (187) übereinstimmt. Damit ergeben sich auch alle früheren Folgerungen dieser Gleichung.

Von dem Einsteinschen Satze werden wir im folgenden noch weiteren Gebrauch zu machen haben.

107. Entropie und thermodynamische Wahrscheinlichkeit; allgemeine H-Funktion.

Die Wahrscheinlichkeiten, von denen in diesem Kapitel bisher die Rede war, sind im Sinne der Darlegungen des Kapitels IX sämtlich Wahrscheinlichkeiten eines Mikrozustandes. Wir können aber ganz analog wie im IX. Kapitel auch die Wahrscheinlichkeit eines Makrozustandes im allgemeinen Phasenraume definieren.

Zu diesem Zwecke teilen wir den Phasenraum in lauter gleiche Volumelemente $\Delta\tau$, die wir uns numeriert denken: $\Delta\tau_1 = \Delta\tau_2 = \ldots \Delta\tau_\lambda = \ldots$ Es ist nun ein bestimmter Mikrozustand gegeben, wenn bekannt ist, wie viele Systeme einer (kanonischen) Gesamtheit von im ganzen N Systemen in jedem einzelnen Elemente des Phasenraumes liegen. Es mögen z. B. N_1 in $\Delta\tau_1, \ldots, N_\lambda$ in $\Delta\tau_\lambda, \ldots$ vorhanden sein. Nennen wir dann die Wahrscheinlichkeiten, daß je ein bestimmtes System der Gesamtheit in $\Delta\tau_1$, $\Delta\tau_2, \ldots, \Delta\tau_\lambda, \ldots$ liege, bzw. $w_1, w_2, \ldots, w_\lambda, \ldots$, so ist die Wahrscheinlichkeit des oben definierten Mikrozustandes gegeben durch:

(197) $$W_{\text{mikro}} = w_1^{N_1} \cdot w_2^{N_2} \cdot w_3^{N_3} \cdot \ldots \cdot w_\lambda^{N_\lambda} \cdot \ldots$$

Diesem Mikrozustande entspricht, genau wie früher, ein bestimmter Makrozustand oder thermodynamischer Zustand. Aber dieser Makrozustand kann auch noch durch sehr viele andere Mikrozustände realisiert werden, deren Zahl sich genau wie früher durch geeignete Permutationen ergibt, da es nur auf die Zahlen $N_1, N_2, \ldots, N_\lambda, \ldots$ der Systeme ankommt, die in den einzelnen Volumelementen $\Delta\tau_1, \Delta\tau_2, \ldots, \Delta\tau_\lambda, \ldots$ liegen, nicht darauf, welche Systeme dies tun. Demgemäß ist genau wie früher [Kap. IX, Gl. (64) auf pag. 407] die Wahrscheinlichkeit des Makrozustandes gegeben durch die Summe der Wahrscheinlichkeiten der ihn realisierenden Mikrozustände:

$$W_{\text{makro}} = w_1^{N_1} w_2^{N_2} \ldots w_\lambda^{N_\lambda} \ldots \cdot \frac{N!}{\prod_\lambda (N_\lambda!)} . \tag{198}$$

Der Faktor $\frac{N!}{\prod_\lambda (N_\lambda!)}$ ist dabei die Anzahl der „Komplexionen", die den Makrozustand realisieren, und diese Zahl hatten wir früher und wollen wir auch jetzt als die „thermodynamische Wahrscheinlichkeit" des Makrozustandes bezeichnen:

$$W_{\text{therm}} = \frac{N!}{\prod_\lambda (N_\lambda!)} , \tag{199}$$

wobei wieder zu beachten ist, daß diese Wahrscheinlichkeit durch eine sehr große Zahl repräsentiert ist, im Gegensatz zu der mathematischen Wahrscheinlichkeit (198), die kleiner als 1 ist.

Nach dem Boltzmannschen Prinzip wird man also auch hier setzen müssen, um den Zusammenhang zwischen Entropie S und thermodynamischer Wahrscheinlichkeit W_{therm} zum Ausdruck zu bringen, indem die Additivität der Entropie und die Multiplikativität der Wahrscheinlichkeit vorausgesetzt wird:

$$S = k \log W_{\text{therm}} . \tag{200}$$

Wir wollen davon sofort eine Anwendung auf ein einatomiges, keinen äußeren Kräften unterworfenes Gas von $N = \mathfrak{N}$ punktförmigen Molekülen machen, indem wir als „System" ein Molekül, das Gas aber, die Gesamtheit der Moleküle, als kanonische Gesamtheit dieser Moleküle betrachten. In diesem Falle ist der Phasenraum offenbar 6-dimensional (3 Lagekoordinaten, 3 Impulse für jedes Molekül); das Volumelement ist also:

$$\Delta\tau = \Delta x \Delta y \Delta z \cdot \Delta u \cdot \Delta v \cdot \Delta w \cdot \mu^3 . \tag{201}$$

Die Anzahlen der Moleküle, die je in einem Volumelement $\Delta\tau_1, \Delta\tau_2, \ldots \Delta\tau_\lambda \ldots$ liegen, sollen wieder wie früher $\mathfrak{N}_1, \mathfrak{N}_2, \ldots, \mathfrak{N}_\lambda, \ldots$ heißen. Dann erhalten wir nach (199) und (200) für die Entropie des Gases:

$$S = k \{\log \mathfrak{N}! - \sum_\lambda \log \mathfrak{N}_\lambda!\} . \tag{202}$$

Wenden wir das Stirlingsche Theorem an [Kap. IX, Gl. (73), pag. 409]:

$$\mathfrak{N}! = \sqrt{2\pi\mathfrak{N}} \left(\frac{\mathfrak{N}}{e}\right)^{\mathfrak{N}} , \tag{203}$$

was voraussetzt, daß die Zahlen $\mathfrak{N}_\lambda$ hinreichend groß sind, so folgt weiter:

(204) $$S = k\{\text{Const.} - \sum_\lambda \mathfrak{N}_\lambda \log \mathfrak{N}_\lambda\}.$$

Setzen wir im Anschluß an unsere früheren Bezeichnungen im IX. Kapitel

(205) $$\mathfrak{N}_\lambda = F_\lambda \Delta\tau_\lambda,$$

so geht (204) über in:

$$S = k[\text{Const.} - \sum_\lambda F_\lambda \Delta\tau_\lambda \{\log F_\lambda + \log \Delta\tau_\lambda\}],$$

was, da $\log \Delta\tau_\lambda$ und $\sum_\lambda F_\lambda \Delta\tau_\lambda = \mathfrak{N}$ konstant sind, unter Zusammenziehung aller Konstanten geschrieben werden kann:

$$S = -k \sum_\lambda F_\lambda \log F_\lambda \Delta\tau_\lambda + \text{Const.},$$

oder unter Verwandlung der Summe in ein Integral:

(206) $$S = -k \int F_\lambda \log F_\lambda \Delta\tau_\lambda + \text{Const.}$$

Diese Gleichung stimmt formal mit (76) und (77) des IX. Kapitels auf pag. 410 überein, ist aber viel allgemeiner, da sie für einen allgemeineren Phasenraum aufgestellt ist als dort, wo sie nur für den Geschwindigkeitsraum (u, v, w) bewiesen wurde.

Die Funktion

(207) $$H = \int F_\lambda \log F_\lambda \Delta\tau_\lambda,$$

die in demselben Sinne eine Verallgemeinerung der dort eingeführten H-Funktion ist, wollen wir auch hier als (allgemeine) H-Funktion bezeichnen.

Auch in einer anderen Hinsicht ist die in (206) enthaltene Definition der Entropie allgemeiner als alle früheren Definitionen. Denn es ist ja keineswegs vorausgesetzt, daß der durch die Zahlen F_λ charakterisierte Makrozustand ein Gleichgewichtszustand sei; vielmehr haben wir die in (206) enthaltene Definition der Entropie als auch für Nichtgleichgewichtszustände gültig zu betrachten. Wir können dann umgekehrt aus (206) die Bedingung für das Gleichgewicht unseres einatomigen Gases finden. Das Resultat ist uns natürlich von vornherein bekannt: Die Moleküle müssen sich gleichmäßig über das zur Verfügung stehende Volumen des Gefäßes verteilen, und die Geschwindigkeiten der Moleküle müssen dem Maxwellschen Verteilungsgesetze gehorchen. Dieses uns längst bekannte Ergebnis wollen wir nun aus (206) nochmals herleiten.

Im Gleichgewichtszustande muß S für ein abgeschlossenes System ein Maximum, d. h. $\delta S = 0$ sein, wo das Zeichen δ eine virtuelle, mit den Bedingungsgleichungen des Systems verträgliche „Verrückung" bedeutet. Also muß nach (206) sein:

$$-\frac{1}{k}\delta S = \delta \int F_\lambda \log F_\lambda \cdot \Delta\tau_\lambda = 0,$$

oder ausgeführt:

(208) $$\int \delta F_\lambda (1 + \log F_\lambda) \Delta\tau_\lambda = 0.$$

Die Bedingungen des Systems lauten:

(209) $$\mathfrak{N} = \int F_\lambda \varDelta\tau_\lambda = \text{Const.},$$

d. h. die Gesamtzahl der Moleküle bleibt konstant. Ferner muß die Gesamtenergie des (ja abgeschlossenen) Systems, die U heißen möge, konstant sein. Bedeutet U_λ die Energie des λten Moleküls, so muß also sein:

(210) $$U = \int F_\lambda \cdot U_\lambda \cdot \varDelta\tau_\lambda = \text{Const.}$$

Die Variation dieser Bedingungen liefert:

(211) $$\int \delta F_\lambda \cdot \varDelta\tau_\lambda = 0.$$

(212) $$\int \delta F_\lambda \cdot U_\lambda \cdot \varDelta\tau_\lambda = 0.$$

Multiplizieren wir (211) mit einem Lagrangeschen Faktor a, (212) mit einem Faktor B und addieren zu (208), so erhalten wir als allgemeine Bedingung für einen Gleichgewichtszustand:

(213) $$\int \delta F_\lambda \{1 + \log F_\lambda + a + BU_\lambda\} \varDelta\tau_\lambda = 0,$$

d. h.

$$\log F_\lambda = -(1 + a) - BU_\lambda = \log A - BU_\lambda,$$

wenn $-(1 + a) = \log A$ gesetzt wird, oder:

(214) $$F_\lambda = A e^{-BU_\lambda}.$$

Die Werte der beiden Konstanten A und B können mit Hilfe der Gleichungen (209) und (210) bestimmt werden. Denn es muß ja nach diesen sein:

(215) $$\mathfrak{N} = A \int e^{-BU_\lambda} \varDelta\tau_\lambda$$

und

(216) $$U = A \int U_\lambda e^{-BU_\lambda} \varDelta\tau_\lambda.$$

Für ein einatomiges Gas z. B. ist für jedes Molekül:

(217) $$U_\lambda = \frac{\mu}{2}(u^2 + v^2 + w^2);$$

also kann man (215) und (216) ausführlich schreiben, unter Rücksicht auf die Größe des Volumelementes $\varDelta\tau_\lambda$ nach (201) [der Index λ wird jetzt als überflüssig fortgelassen]:

(218) $$\mathfrak{N} = \mu^3 A \iiiint\!\!\iint e^{-\frac{B\mu}{2}(u^2+v^2+w^2)} \varDelta x \varDelta y \varDelta z \varDelta u \varDelta v \varDelta w,$$

(219) $$U = \mu^3 A \iiiint\!\!\iint \frac{\mu}{2}(u^2 + v^2 + w^2) e^{-\frac{B\mu}{2}(u^2+v^2+w^2)} \varDelta x \varDelta y \varDelta z \varDelta u \varDelta v \varDelta w.$$

Das dreifache Integral über $\varDelta x$, $\varDelta y$, $\varDelta z$ ist einfach gleich dem Volumen V des Gefäßes, in dem das Gas eingeschlossen war; also folgt einfacher:

(220) $$\frac{\mathfrak{N}}{V\mu^3 A} = \iiint\limits_{-\infty}^{+\infty} e^{-\frac{B\mu}{2}(u^2+v^2+w^2)} \Delta u\, \Delta v\, \Delta w\,,$$

(221) $$\frac{2U}{V\mu^4 A} = \iiint\limits_{-\infty}^{+\infty} (u^2+v^2+w^2)\, e^{-\frac{B\mu}{2}(u^2+v^2+w^2)} \Delta u\, \Delta v\, \Delta w\,.$$

Nennen wir die resultierende Geschwindigkeit $c = \sqrt{u^2+v^2+w^2}$ und führen wir Polarkoordinaten (c, ϑ, φ) ein, so können wir weiter schreiben:

(222) $$\frac{\mathfrak{N}}{V\mu^3 A} = \int\limits_0^\infty \int\limits_0^\pi \int\limits_0^{2\pi} e^{-\frac{B\mu}{2}c^2} c^2\, \Delta c \sin\vartheta\, \Delta\vartheta\, \Delta\varphi$$

und

(223) $$\frac{2U}{V\mu^4 A} = \int\limits_0^\infty \int\limits_0^\pi \int\limits_0^{2\pi} e^{-\frac{B\mu}{2}c^2} c^4\, \Delta c \cdot \sin\vartheta\, \Delta\vartheta\, \Delta\varphi\,.$$

Damit sind die Integrale auf bereits bekannte zurückgeführt. Denn die Integrationen über ϑ und φ liefern in beiden Gleichungen den Faktor 4π, was ergibt:

(224) $$\frac{\mathfrak{N}}{V\mu^3 A} = 4\pi \int\limits_0^\infty e^{-\frac{B\mu}{2}c^2} c^2\, \Delta c$$

und

(225) $$\frac{2U}{V\mu^4 A} = 4\pi \int\limits_0^\infty e^{-\frac{B\mu}{2}c^2} c^4\, \Delta c\,.$$

Führt man schließlich noch durch die Substitution

$$\sqrt{\frac{B\mu}{2}} \cdot c = \xi$$

ξ als Integrationsvariable ein, so folgt:

(226) $$\frac{\mathfrak{N}}{V\mu^3 A} = 4\pi \left(\frac{2}{B\mu}\right)^{\frac{3}{2}} \int\limits_0^\infty e^{-\xi^2} \xi^2\, \Delta\xi$$

und

(227) $$\frac{2U}{V\mu^4 A} = 4\pi \left(\frac{2}{B\mu}\right)^{\frac{5}{2}} \int\limits_0^\infty e^{-\xi^2} \xi^4\, \Delta\xi\,.$$

Das erste der beiden Integrale hat bekanntlich den Wert $\frac{1}{4}\sqrt{\pi}$, das zweite ist gleich $\frac{3}{8}\sqrt{\pi}$. Damit erhalten wir:

$$\frac{\mathfrak{N}}{V\mu^3 A} = 4\pi\left(\frac{2}{B\mu}\right)^{\frac{3}{2}}\frac{1}{4}\sqrt{\pi}$$

sowie

$$\frac{2U}{V\mu^4 A} = 4\pi\left(\frac{2}{B\mu}\right)^{\frac{5}{2}}\frac{3}{8}\sqrt{\pi}.$$

Die erste dieser Gleichungen liefert:

(228) $$A = \frac{\mathfrak{N}}{V}\left(\frac{B}{2\pi\mu}\right)^{\frac{3}{2}},$$

die zweite dagegen, unter Benutzung von (228):

$$\frac{1}{B} = \frac{2}{3}\frac{U}{\mathfrak{N}},$$

und das ist nach dem Äquipartitionstheorem gleich kT, sodaß schließlich wird:

(229) $$B = \frac{1}{kT},$$

und durch Einführen dieses Wertes in (228) folgt schließlich für A:

(230) $$A = \frac{\mathfrak{N}}{V}\left(\frac{1}{2\pi\mu kT}\right)^{\frac{3}{2}}.$$

Im Gleichgewichtszustande erhalten wir also für die Anzahl $\mathfrak{N}_\lambda = F_\lambda \Delta\tau_\lambda$ der Moleküle, die in einem Volumelement $\Delta\tau_\lambda$ des Phasenraumes liegen, nach (214), (229) und (230) den Wert:

(231) $$\mathfrak{N}_\lambda = F_\lambda \Delta\tau_\lambda = \frac{\mathfrak{N}}{V}\left(\frac{\mu}{2\pi kT}\right)^{\frac{3}{2}} e^{-\frac{\mu(u^2+v^2+w^2)}{2kT}}\,\Delta x\,\Delta y\,\Delta z\,\Delta u\,\Delta v\,\Delta w.$$

Darin ist der Faktor μ^3 des Volumelementes $\Delta\tau_\lambda$ nach (201) mit der Konstanten A zusammengezogen worden.

Daraus ergibt sich nun sofort folgendes:

Die Zahl $\nu\cdot\Delta x\,\Delta y\,\Delta z$ der Moleküle, die — unabhängig von ihrer Geschwindigkeit — im gewöhnlichen Lagenraume im Volumelemente $(\Delta x\,\Delta y\,\Delta z)$ liegt, erhält man aus (231) durch Integration über alle Werte von u, v, w, d. h. von $-\infty$ bis $+\infty$. Die leichte Ausrechnung liefert das Resultat:

$$\nu\cdot\Delta x\,\Delta y\,\Delta z = \frac{\mathfrak{N}}{V}\cdot\Delta x\,\Delta y\,\Delta z,$$

d. h. in der Volumeinheit befinden sich

(232) $$\nu = \frac{\mathfrak{N}}{V}$$

Moleküle; dieselben verteilen sich also im Gleichgewichtszustande gleichmäßig auf das Volumen V, wie behauptet wurde und wie zu erwarten war.

Ebenso findet man durch Integration über alle Werte x, y, z die

Zahl $\mathfrak{N}'$ der Moleküle, die Geschwindigkeitskomponenten zwischen u und $u + \Delta u, \ldots$ und so weiter haben; da $\int\int\int \Delta x \Delta y \Delta z = V$ ist, hat man:

$$\mathfrak{N}' = \mathfrak{N} \left(\frac{\mu}{2\pi k T}\right)^{\frac{3}{2}} e^{-\frac{\mu(u^2+v^2+w^2)}{2kT}} \Delta u \Delta v \Delta w,$$

und daraus in bekannter Weise für die Zahl $\mathfrak{N}_c$ derjenigen Moleküle, die eine resultierende Geschwindigkeit zwischen c und $c + \Delta c$ (ohne Rücksicht auf die Richtung) besitzen:

$$\mathfrak{N}_c = 4\pi \mathfrak{N} \left(\frac{\mu}{2\pi k T}\right)^{\frac{3}{2}} e^{-\frac{\mu c^2}{2kT}} c^2 \Delta c, \tag{233}$$

was genau die Maxwellsche Verteilung ist und mit (166) übereinstimmt, wie gleichfalls zu erwarten war.

108. Theorie des Sedimentationsgleichgewichtes in kolloidalen Lösungen.

Nachdem wir im vorhergehenden die allgemeine Theorie zu einem gewissen Abschlusse gebracht haben, wollen wir nun zur Besprechung wichtiger Einzelfälle übergehen, deren experimentelle Erforschung die wichtigsten Bestätigungen der kinetischen Auffassung erbracht hat.

Ein solcher Fall ist der folgende, dessen Theorie von Einstein herrührt und der von Perrin, Westgren u. a. im letzten Jahrzehnt experimentell studiert worden ist.

In einer Flüssigkeit von dem spezifischen Gewichte ε_0 seien Teilchen von dem (größeren) spezifischen Gewichte ε suspendiert. Dies ist z. B. der Fall bei den sogenannten kolloidalen Metallösungen, Suspensionen von Gummigut und Mastix usw. Unter dem Einflusse der (entgegen der positiven z-Richtung wirkenden) Schwere sollte man nach der gewöhnlichen thermodynamischen Auffassung erwarten, daß diese Teilchen sich am Boden niedersetzen („sedimentieren"). Nach der statistischen Auffassung jedoch ist keine Höhenlage eines Teilchens unmöglich, nur mehr oder weniger wahrscheinlich, sodaß von diesem Standpunkte erwartet werden muß, daß man in allen Höhen Teilchen findet, allerdings in größeren Höhen weniger als in kleineren.

Die wahrscheinlichste Lage ist, wie man ohne Rechnung sofort einsieht, die am Boden des Gefäßes, und in der Nähe dieser wahrscheinlichsten Lage finden nun Schwankungen statt, wie wir es am Schlusse des IX. Kapitels auseinandergesetzt haben; zwischen der Wirkung dieser Schwankungen und der Schwere stellt sich eine Art Gleichgewicht ein, sodaß man in jeder Höhe im Durchschnitt eine konstante Teilchenzahl findet. Dieses Gleichgewicht nennt man das „Sedimentationsgleichgewicht". Man erkennt schon hier die Ähnlichkeit dieses Falles mit dem in Nr. 106 behandelten des schweren Gases. In der Tat wird die genauere Ausführung der Theorie die völlige Übereinstimmung zwischen ihnen zeigen.

Wir denken uns nun $\mathfrak{N}$ Teilchen in der Flüssigkeit suspendiert, zunächst ohne Einwirkung der Schwere. Eines dieser Teilchen betrachten wir als ein „System“, und die $\mathfrak{N}$ Teilchen als eine kanonische Gesamtheit dieser Systeme. Dann ist die Wahrscheinlichkeit $W_0(z)\Delta z$, daß ein Teilchen (System) sich zwischen den Höhen z und $(z+\Delta z)$ befindet, offenbar nach dem früheren gleich:

(234) $$W_0(z)\Delta z = \text{Const.}\,\Delta z,$$

da eben jede Lage in der Flüssigkeit gleichwahrscheinlich ist (wegen der Abwesenheit äußerer Kräfte natürlich).

Jetzt möge die Schwere wirken. Das hat zur Folge, daß jetzt jedes Teilchen eine potentielle Energie

$$\chi = (\varepsilon - \varepsilon_0)\, g \cdot \varphi \cdot z$$

erhält, wenn z seine Höhe und φ sein Volumen ist. Dann wird nach dem Einsteinschen Satze (194) die Wahrscheinlichkeit $W^*(z)\Delta z$ dafür, daß ein Teilchen zwischen z und $z+\Delta z$ sich befinde:

$$W^*(z)\Delta z = \text{Const.}\, W_0(z)\, e^{-\frac{(\varepsilon-\varepsilon_0)g\varphi z}{kT}}\Delta z,$$

oder nach (234):

(235) $$W^*(z)\Delta z = \text{Const.}\, e^{-\frac{(\varepsilon-\varepsilon_0)g\varphi z}{kT}}\Delta z,$$

was der Sache nach offenbar wieder die barometrische Höhenformel (196) oder (187) ist, nur für diesen Spezialfall modifiziert.

Durch Multiplikation der Gl. (235) mit $\mathfrak{N}$, der Gesamtzahl der Teilchen, erhalten wir für die Zahl $\mathfrak{N}(z)$ der Teilchen zwischen z und $z+\Delta z$:

(236) $$\mathfrak{N}(z) = \text{Const.}\, e^{-\frac{(\varepsilon-\varepsilon_0)g\varphi z}{kT}}\Delta z.$$

Die Bedeutung der Konstante ist leicht ersichtlich. Setzen wir $z=0$, so haben wir:

(237) $$\mathfrak{N}(0) = \text{Const.},$$

es ist also die Teilchenzahl zwischen 0 und Δz, d. h. am Boden der Flüssigkeit. Demgemäß kann (236) geschrieben werden, wenn man noch für den Versuch Δz festhält, etwa gleich 1 setzt:

(238) $$\mathfrak{N}(z) = \mathfrak{N}(0)\, e^{-\frac{(\varepsilon-\varepsilon_0)g\varphi z}{kT}}.$$

Durch Division mit V, dem Flüssigkeitsvolumen, kann man die entsprechenden Zahlen $\nu(z) = \frac{\mathfrak{N}(z)}{V}$ und $\nu(0) = \frac{\mathfrak{N}(0)}{V}$ pro Volumeinheit einführen:

(239) $$\nu(z) = \nu(0)\, e^{-\frac{(\varepsilon-\varepsilon_0)g\varphi z}{kT}}.$$

Durch Logarithmieren findet man:

(240) $$\log\left\{\frac{\nu(z)}{\nu(0)}\right\} = \frac{(\varepsilon_0-\varepsilon)\,g\,\varphi\,z}{k\,T} = \frac{(\varepsilon_0-\varepsilon)\,g\,\varphi\,z}{R\,T}\cdot N$$

und diese Gleichung kann offenbar zur Bestimmung von N, der Avogadroschen Zahl, dienen, denn ε_0, ε, φ, T können verhältnismäßig leicht experimentell bestimmt werden.

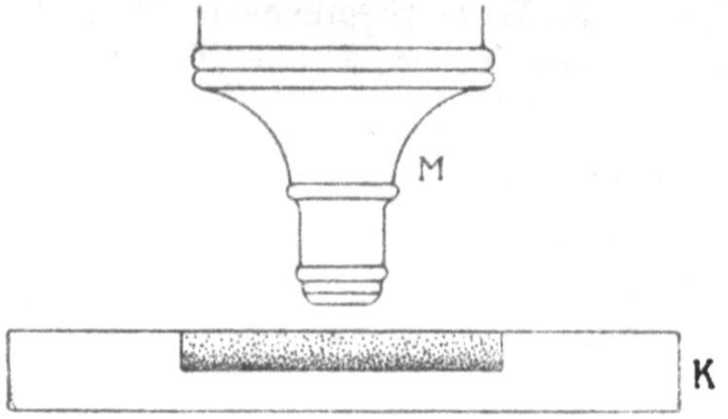

Fig. 57.

Dies ist zuerst von Perrin[1]) geschehen (Fig. 57).

Die Grundidee der Versuchsanordnung Perrins und seiner Nachfolger ist im wesentlichen die folgende:

In einer Küvette K ist die zu untersuchende kolloidale Lösung enthalten; sie wird von oben mittels eines Mikroskopes M betrachtet. Da das Mikroskop gleichzeitig nur eine sehr dünne Schicht von einigen Tausendsteln Millimetern scharf zu sehen gestattet, so ist dadurch die Konstanz von Δz ziemlich genau gewährleistet. Die Höhe z wird einfach durch Verstellen des Mikroskoptubus verändert.

Man erkennt zunächst aus (239), daß, wenn die verschiedenen eingestellten z eine arithmetische Reihe bilden, die Teilchenzahlen $\nu(z)$ eine geometrische Reihe bilden müssen. Dies hat Perrin loc. cit. in der Tat festgestellt, wie die folgende Tabelle belegt.

z in 10^{-4} cm	Const. $\nu(z)$. beob.	Const. $\nu(z)$ berechn.
5	100	100
35	47	48
65	22,6	23
95	12	11,1

In der zweiten und dritten Spalte sind die beobachteten und berechneten Werte $\nu(z)$ eingesetzt, mit einem derartigen Proportionlitätsfaktor multipliziert, daß in der Höhe $z = 5 \cdot 10^{-4}$ cm der Wert 100 resultiert. Man sieht, daß die Übereinstimmung der Beobachtung mit den Zahlen der letzten Spalte, die eine geometrische Reihe darstellen, ausgezeichnet ist. Eine zweite Beobachtungsreihe ergab die folgende Tabelle,

z in 10^{-4} cm	$\nu(z)$ beob.	$\nu(z)$ berechn.
0	1880	1880
6	940	995
12	530	528
18	305	280

die wieder eine gute Übereinstimmung zeigt.

Durch Bestimmung der Größen ε, ε_0, φ, T ergab sich bei den Perrinschen Versuchen nach (240) die Zahl N:

$$N = 68{,}2 \cdot 10^{22},$$

[1]) J. Perrin, Die Atome, deutsch von Lottermoser, 1914, pag. 95 ff.

während Westgren, der die Versuche mit verbesserten Methoden wiederholte, den genaueren Wert

$$N = (60{,}6 \pm 2{,}0) \cdot 10^{22} \tag{241}$$

erhielt, d. h. mit einer Genauigkeit von etwa $3\,^0/_0$. Das ist eine glänzende Bestätigung der statistisch-mechanischen Auffassung, die ja zu einem ganz andern, aber durch die Erfahrung bestätigten, Resultat führt als die thermodynamische Theorie, wie wir am Eingang dieser Nummer nochmals festgestellt haben.

Im vorhergehenden haben wir immer Gruppen von Teilchen beobachtet, da wir ja geradezu die Anzahl der Teilchen in verschiedenen Höhen feststellten. Würden wir dagegen nur ein Teilchen ins Auge fassen, so würden wir es im Laufe der Zeit auf- und absteigen sehen, und zwar wird es sich in größeren Höhen seltener und kürzer aufhalten als in tieferen: der zeitliche Ablauf seiner Bewegung (die sogen. Zeitgesamtheit eines Teilchens) ist also ein getreues Abbild der Häufigkeitsverteilung einer Schar von Molekülen, wie es der Anschauung der statistischen Mechanik entspricht.

Man erkennt hier besonders gut, daß die Naturvorgänge in Wirklichkeit reversibel sind. Denn nach der thermodynamischen Theorie muß das Teilchen sinken, wobei seine potentielle Energie durch Reibung in Wärme verwandelt wird (Zunahme der Entropie). Hier aber sehen wir auch den Fall häufig realisiert (ja sogar bei jedem Teilchen, wenn es hinreichend lange beobachtet wird), daß ein Teilchen in die Höhe steigt, entgegen dem Clausiusschen oder Thomson-Planckschen Prinzip, indem es der Umgebung Energie (Wärmeenergie) entzieht (Abnahme der Entropie).

Haben wir denn nicht in diesem Falle ein Perpetuum mobile II. Art vor uns? Streng genommen gewiß! Aber dennoch ist es auf diese Weise nicht möglich, dauernd Wärmeenergie der Umgebung (z. B. der Luft oder dem Weltmeere) zu entziehen und in mechanische Arbeit zu verwandeln, wie von Smoluchowski zuerst klar auseinandergesetzt hat. Wir kommen auf diese Frage noch einmal am Schlusse dieses Kapitels zurück.

109. Theorie der Dichteschwankungen in Gasen und Lösungen.

Das in der vorhergehenden Nummer behandelte Problem bietet das erste Beispiel für das von der kinetischen Theorie verlangte Auftreten von Schwankungen um die thermodynamisch geforderte Gleichgewichtslage. Bereits bei einer früheren Gelegenheit haben wir darauf aufmerksam gemacht, daß solche Schwankungen (infolge der Stöße der Moleküle) auch bezüglich der gleichmäßigen Verteilung der Moleküle eines Gases auf das zur Verfügung stehende Volumen auftreten müssen. Und was für Gase gilt, muß auch für Lösungen, und zwar solche im gewöhnlichen Sinne des Wortes und sogenannte kolloidale Lösungen, gelten: Sowohl in Gasen als in Lösungen müssen daher Dichteschwankungen bzw. Konzentrationsschwankungen um die Gleichgewichtslage auftreten.

Die Theorie derselben ist zuerst von M. v. Smoluchowski[1]) entwickelt worden, dessen Darstellung wir uns hier anschließen. Die Methode Smoluchowskis beruht auf einer sehr geistreichen Anwendung des Einsteinschen Satzes Gl. (194).

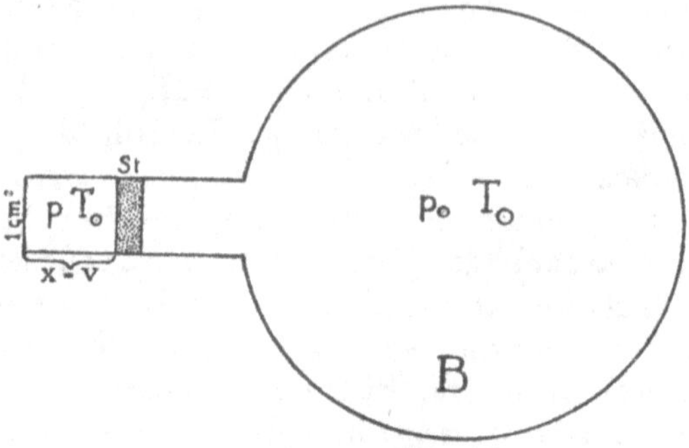

Fig. 58.

In Fig. 58 sei B ein sehr großer mit Gas gefüllter Ballon, der einen zylindrischen Ansatz von 1 cm² Querschnitt hat; derselbe ist nach außen verschlossen. In dem Ansatz befindet sich ein frei beweglicher gewichtsloser Stempel *St*, der für Wärme vollkommen durchlässig sei, also das Gas in zwei Teile von stets gleicher Temperatur teilt; links von *St* in dem zylindrischen Ansatze sei gerade eine Menge von 1 Gramm des Gases abgetrennt. Wenn das Gas im Ballon B die Temperatur T_0 und den Druck p_0 besitzt, so muß auch das eine Gramm des Gases links vom Stempel die nämliche Temperatur T_0 und denselben Druck p_0 besitzen, da der Stempel den Temperaturausgleich nicht hindert und frei beweglich ist. Die Entfernung x des Stempels vom festen Ende muß dann gleich $x_0 = v_0$, dem zu p_0 und T_0 gehörigen spezifischen Volumen des Gases sein $\left[v_0 = \frac{R\,T_0}{m\,p_0}\right]$.

Aber um diese Gleichgewichtslage werden Schwankungen eintreten, weil die Moleküle des Gases links und rechts auf *St* auftreffen und dem Stempel Impuls mitteilen. Da diese Stöße sich nur im Mittel aufheben, nicht exakt in jedem Moment sich das Gleichgewicht halten, wird der Stempel kleine Bewegungen um seine Normallage ausführen. Er sei etwa in einem bestimmten Moment durch die Stöße so verschoben, daß links vom Stempel das Gas das spezifische Volumen v angenommen habe, d. h. die Stempelstellung $x = v$ geworden sei; auf der rechten Seite (in B) hat sich dann wegen der Größe von B weder der Druck p_0 noch die Temperatur T_0 merklich geändert; links dagegen wird der Druck von p_0 in einen andern Wert p übergegangen sein, während die Temperatur unverändert T_0 geblieben ist. Es wirkt also eine zurücktreibende Kraft $F = (p - p_0)$ auf den Stempel, und wir können infolgedessen ohne weiteres sagen, daß eine Verschiebung des Stempels um so unwahrscheinlicher ist, je größer sie ist; denn um so größer ist dann ja auch die zurücktreibende Kraft $F = p - p_0$.

---

[1]) M. v. Smoluchowski, Boltzmann-Festschrift, pag. 626, 1904. Ann. der Phys. 25, pag. 205, 1908. In der ersten Arbeit bedient sich Smoluchowski direkter Wahrscheinlichkeitsbetrachtungen, in der zweiten statistischer Überlegungen, die zu demselben Resultate führen. Die obige Darstellung schließt sich an die zweite Arbeit an.

Es gilt nun für die Wahrscheinlichkeit einer bestimmten Stempelverschiebung, oder anders ausgedrückt, für die Wahrscheinlichkeit, daß das spezifische Volumen des Gases links vom Stempel zwischen v und $v + \Delta v$ liegt, einen zahlenmäßigen Ausdruck zu finden.

Zu diesem Zwecke lassen wir nun von außen auf den Stempel eine der zurücktreibenden Kraft F entgegengesetzt gleiche $F' = (p_0 - p)$ wirken, die also zusammen mit der zurücktreibenden Kraft F bewirkt, daß der Stempel vollkommen kräftefrei ist, also mit gleicher Wahrscheinlichkeit jede Stellung $x = v$ einnehmen kann. In diesem modifizierten Falle ist also die gesuchte Wahrscheinlichkeit $W_0(v)\,\Delta v$ offenbar:

(242) $$W_0(v)\,\Delta v = \text{Const.}\,\Delta v.$$

Wenn ich jetzt die Zusatzkraft F' durch eine entgegengesetzt gerichtete $-F' = (p - p_0) = F$ wieder aufhebe, so haben wir den alten Zustand wieder, der sich dadurch von dem bisher betrachteten modifizierten unterscheidet, daß nunmehr noch die Kraft $-F' = F$ wirkt, d. h. eine gewisse potentelle Energie χ des Stempels infolge dieser Kraft $-F' = F$ vorhanden ist. Diese potentielle Energie hat offenbar den Wert:

(243) $$\chi = -\int_{v_0}^{v} (p - p_0)\,\Delta v;$$

denn danach ist $-\frac{\partial \chi}{\partial v} = p - p_0 = F = -F'$, wie es sein soll.

Dann aber ist der Einsteinsche Satz [Gl. (194)] anwendbar. Nach ihm ist die gesuchte Wahrscheinlichkeit $W^*(v)\,\Delta v$ für ein bestimmtes spezifisches Volumen v:

$$W^*(v)\,\Delta v = \text{Const.}\,W_0(v)\cdot e^{-\frac{\chi}{k T_0}}\,\Delta v = a \cdot e^{-\frac{\chi}{k T_0}}\,\Delta v,$$

wo a eine Konstante bedeutet, oder nach Einführung von χ aus (243):

(244) $$W^*(v)\,\Delta v = a e^{\frac{1}{k T_0}\int_{v_0}^{v}(p - p_0)\,\Delta v} = a e^{\frac{N}{R T_0}\int_{v_0}^{v}(p - p_0)\,\Delta v}$$

Diese Gleichung können wir schreiben:

(245) $$W^*(v)\,\Delta v = a e^{\frac{\frac{N}{m}}{\frac{R}{m} T_0}\int_{v_0}^{v}(p - p_0)\,\Delta v}$$

und darin ist $\frac{N}{m}$ offenbar die Zahl ν der Moleküle pro Gramm, d. h. die in unserem Falle vorhandene Molekülzahl. Mit Einführung dieser Größe ν läßt sich also schreiben:

(246) $$W^*(v)\,\Delta v = a e^{\frac{\nu m}{R T_0}\int_{v_0}^{v}(p - p_0)\,\Delta v}.$$

Wir betrachten nur kleine Abweichungen vom Gleichgewichtszustande, d. h. v von v_0 nur als sehr wenig verschieden. Das Integral $\int\limits_{v_0}^{v}(p-p_0)\,\Delta v = f(v)$ ist eine Funktion seiner oberen Grenze v, und wir wollen es nach Potenzen von $(v-v_0)$ entwickeln. Das gibt offenbar:

$$\int\limits_{v_0}^{v}(p-p_0)\,\Delta v \equiv f(v) = f(v_0) + f'(v_0)(v-v_0) + \frac{1}{2!}f''(v_0)(v-v_0)^2 + \frac{1}{3!}f'''(v_0)(v-v_0)^3 + \frac{1}{4!}f''''(v_0)(v-v_0)^4 + \ldots$$

oder, nach Einsetzen der Werte:

$$\text{(247)} \qquad \int\limits_{v_0}^{v}(p-p_0)\,\Delta v = \left(\frac{\partial p}{\partial v}\right)_0 \frac{(v-v_0)^2}{2} + \left(\frac{\partial^2 p}{\partial v^2}\right)_0 \frac{(v-v_0)^3}{2\cdot 3} + \left(\frac{\partial^3 p}{\partial v^3}\right)_0 \frac{(v-v_0)^4}{2\cdot 3\cdot 4} + \ldots$$

Im allgemeinen wird man mit dem ersten Gliede auskommen; doch werden wir nachher einen wichtigen Fall kennen lernen, in dem gerade das Glied vierten Grades ausschlaggebend ist.

Bei Beschränkung auf das erste Glied ist also nach (246):

$$\text{(248)} \qquad W^*(v)\,\Delta v = a\,e^{\frac{\nu m}{R T_0}\left(\frac{\partial p}{\partial v}\right)_0 \frac{(v-v_0)^2}{2}} \cdot \Delta v.$$

Damit ist die gestellte Aufgabe gelöst. Denn Gl. (248) gibt die Wahrscheinlichkeit dafür an, daß ν Moleküle einen Raum einnehmen, der einem spezifischen Volumen zwischen v und $v + \Delta v$ entspricht, wobei der Druck p_0 und das „normale“ spezifische Volumen v_0 beträgt.

Führt man noch nach Smoluchowski die sogen. „Verdichtung“ δ ein durch die Definition:

$$\text{(249a)} \qquad \frac{v}{v_0} = 1 + \delta,$$

woraus:

$$\text{(249b)} \qquad \Delta v = v_0 \cdot \Delta\delta$$

folgt, so haben wir statt der Gleichung (248) auch:

$$\text{(250)} \qquad W^*(\delta)\,\Delta\delta = a\,e^{\frac{\nu m v_0^2}{2 R T_0}\left(\frac{\partial p}{\partial v}\right)_0 \cdot \delta^2} \cdot \Delta\delta.$$

Der Wert $\left(\frac{\partial p}{\partial v}\right)_0$ ist gemäß der Zustandsgleichung des Gases zu bestimmen. Im einfachsten Falle, daß das Gas ein ideales ist, ist also $\left(\frac{\partial p}{\partial v}\right)_0 = -\frac{R T_0}{m v_0^2}$, was mit (250) die einfache Formel ergibt:

$$\text{(251)} \qquad W^*(\delta)\,\Delta\delta = a\,e^{-\frac{\nu\delta^2}{2}} \cdot \Delta\delta.$$

Wir wollen zunächst mit dieser Formel, also der Voraussetzung eines idealen Gases, weiterrechnen. Die Konstante a ergibt sich aus der Bedingung, daß die Summe aller Wahrscheinlichkeiten gleich 1 sein muß; also:

$$\int_{-\infty}^{+\infty} W^*(\delta)\Delta\delta = 1 = a\int_{-\infty}^{+\infty} e^{-\frac{\nu}{2}\delta^2}\Delta\delta.$$

Es ergibt sich daraus, da das Integral schon mehrfach berechnet wurde:

$$a = \sqrt{\frac{\nu}{2\pi}},$$

sodaß endgültig aus (251) wird:

$$W^*(\delta)\Delta\delta = \sqrt{\frac{\nu}{2\pi}} \cdot e^{-\frac{\nu}{2}\delta^2} \cdot \Delta\delta. \tag{252}$$

Man ersieht aus dieser Gleichung zunächst, daß Dichteschwankungen wirklich möglich sind und in welchem Betrage sie möglich sind: je größer δ, desto weniger wahrscheinlich ist es, daß dieser Wert δ eintritt, obwohl er bei hinreichend langer Beobachtungsdauer notwendig eintreten muß, da die Wahrscheinlichkeit dafür zwar klein, aber nicht absolut gleich Null ist. Die mittlere Verdichtung $\bar{\delta}$ ist natürlich gleich Null, da positive und negative Veränderungen gleichwahrscheinlich sind; das geht auch sofort aus der Definition von $\bar{\delta}$ hervor:

$$\bar{\delta} = \int_{-\infty}^{+\infty} \delta\, W^*(\delta)\Delta\delta = \sqrt{\frac{\nu}{2\pi}}\int_{-\infty}^{+\infty} \delta\, e^{-\frac{\nu}{2}\delta^2}\Delta\delta,$$

da das Integral gleich Null ist. Dagegen können wir nach dem Mittelwerte des absoluten Betrages $|\delta|$, also nach der Größe $\overline{|\delta|}$ fragen. Diese ist offenbar gegeben durch:

$$\overline{|\delta|} = \int_{-\infty}^{\infty} |\delta|\, W^*(\delta)\Delta\delta = 2\sqrt{\frac{\nu}{2\pi}}\int_{0}^{\infty} e^{-\frac{\nu}{2}\delta^2}\delta\Delta\delta, \tag{253}$$

und das liefert den Wert:

$$\overline{|\delta|} = \sqrt{\frac{2}{\nu\pi}}. \tag{254}$$

Danach kann man die Größe der mittleren Dichteschwankung berechnen, wenn die Zahl ν gegeben ist. Da in 1 Mol eines Gases $N = 62\cdot 10^{22}$ Moleküle vorhanden sind und 1 Mol bei Normalbedingungen ein Volumen von 22412 ccm einnimmt (vgl. Nr. 21), kommen bei $T_0 = 273^0$ und $p_0 = 76$ cm Hg auf ein Kubikzentimeter $\frac{62\cdot 10^{22}}{22412} = 2{,}8\cdot 10^{19}$ Moleküle. Für eine solche Zahl $\nu = 2{,}8\cdot 10^{19}$ erhalten wir aus (254):

$$\overline{|\delta|} \simeq 1{,}5\cdot 10^{-10},$$

d. h. in diesem Falle beträgt die mittlere Dichteschwankung rund $2\cdot 1{,}5\cdot 10^{-10} = 3$ Milliardstel der normalen Dichte, ist also völlig unmerklich. Aber schon bei mikroskopisch noch wahrnehmbaren Dimensionen wird $\overline{|\delta|}$ merklich. Nehmen wir einen Würfel von $[0,2 \cdot 10^{-4}]^3$ ccm — diese Größe ist eben noch mikroskopisch auflösbar — so ist die Zahl $\nu = 2,8 \cdot 10^{19} \cdot 8 \cdot 10^{-15} = 2,2 \cdot 10^5$. Dafür wird bereits

$$\overline{|\delta|} \cong 1,6 \cdot 10^{-3},$$

d. h. hier beträgt die Schwankung schon über 3 Promille, und sie wird um so größer, je kleiner der betrachtete Raum ist. Der Nachweis für Gase ist allerdings sehr schwierig und war bis vor kurzem auch noch nicht erbracht, bis es Smoluchowski gelang, auf optischem Wege zum Ziele zu gelangen, worauf wir weiter unten eingehen werden. Allein diese Betrachtungen gelten ja ganz ebenso für kolloidale Lösungen — ein Kolloidteilchen ist ja nach der statistischen Auffassung geradezu ein großes Molekül — und hier ist es verhältnismäßig leicht möglich, durch Zählung der Teilchen die Schwankung der Konzentration, d. h. der Dichte der kolloidalen Teilchen, festzustellen. Allerdings ist bei diesen Messungen ν eine sehr kleine Zahl (bisher war es immer eine sehr große Zahl), was gewisse Modifikationen der Smoluchowskischen Formeln bedingt, auf die wir hier aber nicht eingehen wollen, da es uns hier nur aufs Prinzipielle ankommt.

Svedberg, Westgren u. a. haben nun tatsächlich diese Konzentrationsschwankungen beobachtet, und es sei ein Teil einer Svedbergschen Beobachtungsreihe[1]) wiedergegeben. Dabei wurden in einem bestimmt abgegrenzten Volumen der kolloidalen Lösung mittels des Mikroskopes nacheinander folgende Teilchenzahlen gezählt (es wurde in der Minute 36 Mal beobachtet):

1200020013 2412310211 1131125111 0233133322 1112242212
2612214233 4524114131 1423100100 4211231232 0111100011.

Man erkennt hieraus zunächst die Tatsache der Konzentrationsschwankungen. Aber auch der ganze Verlauf geht genau nach den Smoluchowskischen Gleichungen vor sich, sodaß wir eine geradezu glänzende Bestätigung der statistischen Theorie vor uns haben. In der folgenden Fig. 59 ist die obige Reihe Svedbergs graphisch dargestellt, indem als Abszissen die Zeiten, als Ordinaten die Teilchenzahlen aufgetragen sind.

Anzahl	Häufigkeit
0	15
1	36
2	24
3	14
4	8
5	2
6	1
7	0
8	0

[1]) The Svedberg, Die Existenz der Moleküle, Leipzig 1912, Akad. Verlagsanstalt, pag. 148.

Die mittlere Teilchenzahl (die normale Dichte) beträgt hier $\nu = 1{,}74$; über die Häufigkeit der verschiedenen Teilchenzahlen gibt die auf pag. 482 unten stehende Tabelle Aufschluß. Man erkennt, daß die (natürlich unstetige) Kurve der Fig. 59 von genau demselben Charakter ist, wie das Modell der H-Kurve, das in Fig. 52 wiedergegeben ist. In der Tat könnten wir auch ebensogut die Kurve 59 als Modell der H-Kurve betrachten. Es fehlt in Fig. 59 nur der steile Abstieg, der einem unwahrscheinlichen Zustande folgt, da wir hier eben von einem verhältnismäßig wahrscheinlichen Zustande ausgehen, während wir in Fig. 52 einen ganz unwahrscheinlichen Anfangszustand gewählt hatten.

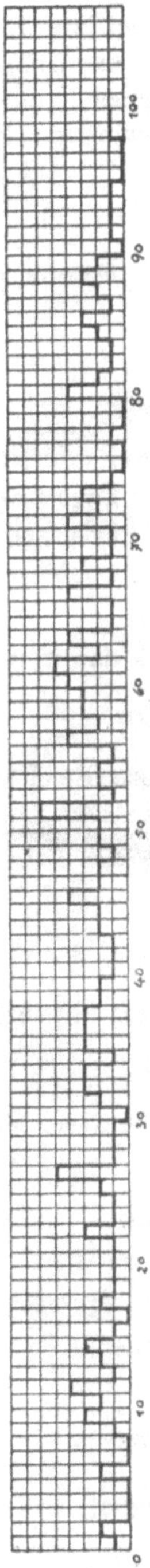

Fig. 59.

Wie bereits oben bemerkt, ist es unter normalen Verhältnissen bei einem Gase sehr schwierig, einen direkten Nachweis der Dichteschwankungen zu führen. Es ist indessen dem Scharfsinne und der Experimentierkunst Smoluchowskis gelungen, diesen Nachweis indirekt zu erbringen. Lichtwellen nämlich, die ein gasförmiges Medium durchsetzen, werden infolge der Verdichtungen und Verdünnungen eine teilweise Beugung erleiden, die um so stärker ist, je kürzer die Wellenlänge der Strahlung ist; die Theorie zeigt, daß die Intensität des gebeugten Lichtes umgekehrt proportional der vierten Potenz der Wellenlänge ist. Wenn also das auffallende Licht weißes Tageslicht ist, so ist in dem gebeugten Lichte die blaue Farbe stark vorherrschend: dies ist die Erklärung des Himmelsblaus, die ursprünglich von Lord Rayleigh in etwas anderem Sinne gegeben wurde. In seiner letzten Experimentalarbeit ist es Smoluchowski[1]) gelungen, in ganz reinen Gasen direkt im Laboratoriumsversuch diesen Beugungseffekt nachzuweisen.

Dieses Beugungsphänomen, das im allgemeinen sehr schwach ist, kommt nun zu starker Entwicklung im kritischen Punkte eines Gases. Der kritische Punkt ist bekanntlich [vgl. Kap. II, Nr. 26, Gl. (78) pag. 115] dadurch charakterisiert, daß die kritische Isotherme ($T_0 = T_k$) in demselben eine horizontale Tangente und einen Wendepunkt besitzt, d. h. daß

$$(256) \qquad \left(\frac{\partial p}{\partial v}\right)_k = \left(\frac{\partial^2 p}{\partial v^2}\right)_k = 0$$

ist.

[1]) M. v. Smoluchowski, Bull. de l'Acad. de Cracovie, 1916, pag. 218.

Gehen wir also jetzt, da die Voraussetzung idealer Gase fallen gelassen werden muß, auf die allgemeine Gleichung (246) zurück, so müssen wir in (247) gemäß (256) die Entwicklung bis zu dem Gliede vierten Grades treiben, da alle vorherigen Glieder im kritischen Punkte verschwinden. Es ist also nach (246), (247) und (256):

$$W^*(v)\,\varDelta v = a\,e^{\frac{\nu m}{R T_k}\frac{(v-v_0)^4}{2\cdot 3\cdot 4}\left(\frac{\partial^3 p}{\partial v^3}\right)_k}\cdot \varDelta v. \tag{257}$$

Führen wir wieder die Verdichtung $\delta = \frac{v}{v_0} - 1 = \frac{v}{v_k} - 1$ ein, so folgt:

$$W^*(\delta)\,\varDelta\delta = a\,e^{\frac{\nu m v_k^4 \left(\frac{\partial^3 p}{\partial v^3}\right)_k}{R T_k \cdot 4!}\cdot\delta^4}\cdot\varDelta\delta \tag{258}$$

wobei wir jetzt sinngemäß statt v_0 den Buchstaben v_k setzen.

Legen wir die v. d. Waalssche Zustandsgleichung zugrunde, so ist im kritischen Punkte [Kap. II, Gl. (79) pag. 115]:

$$\left(\frac{\partial^3 p}{\partial v^3}\right)_k = -\frac{1}{81}\frac{\alpha}{\beta^5} = -\frac{27}{8}\frac{R T_k}{m v_k^4},$$

und damit wird die letzte Gleichung:

$$W^*(\delta)\,\varDelta\delta = a\,e^{-\frac{9\nu}{64}\delta^4}\cdot\varDelta\delta. \tag{259}$$

Diese Gleichung unterscheidet sich sehr wesentlich von der früheren (252), vor allen Dingen dadurch, daß hier δ^4 im Exponenten auftritt, in (252) dagegen δ^2. Die Konstante a bestimmt sich wieder durch die Forderung:

$$a\int_{-\infty}^{+\infty} e^{-\frac{9\nu}{64}\delta^4}\,\varDelta\delta = 1.$$

Durch die Substitution

$$\sqrt[4]{\frac{9\nu}{64}}\,\delta = \xi$$

kann diese Gleichung in die Form übergeführt werden:

$$a\sqrt[4]{\frac{64}{9\nu}}\int_{-\infty}^{+\infty} e^{-\xi^4}\,\varDelta\xi = 2a\sqrt[4]{\frac{64}{9\nu}}\int_0^{\infty} e^{-\xi^4}\,\varDelta\xi = 1, \tag{260}$$

und das letztere Integral kann vermittels der Γ-Funktion[1]) ausgedrückt werden. Es ist nämlich in der Legendreschen Bezeichnung:

$$\int_0^{\infty} e^{-\xi^4}\,\varDelta\xi = \Gamma(\tfrac{5}{4}). \tag{261}$$

Folglich nach (260):

[1]) Vgl. etwa Jahnke-Emde, Funktionentafeln usw. pag. 28.

$$2a\sqrt[4]{\frac{64}{9\nu}}\,\Gamma(\tfrac{5}{4}) = 1\,,$$

also:

$$a = \frac{\sqrt[4]{\frac{9\nu}{64}}}{2\,\Gamma(\frac{5}{4})}\,.$$

Damit wird (259) zu:

(262) $$W^*(\delta)\,\Delta\,\delta = \frac{\sqrt[4]{\frac{9\nu}{64}}}{2\,\Gamma(\frac{5}{4})}\,e^{-\frac{9\nu}{64}\delta^4}\,\Delta\,\delta\,.$$

Für den Mittelwert des Absolutbetrages $|\delta|$ erhalten wir damit:

$$\overline{|\delta|} = \frac{\sqrt[4]{\frac{9\nu}{64}}}{2\,\Gamma(\frac{5}{4})}\int\limits_{-\infty}^{+\infty}|\delta|\,e^{-\frac{9\nu}{64}\delta^4}\,\Delta\,\delta = \frac{\sqrt[4]{\frac{9\nu}{64}}}{\Gamma(\frac{5}{4})}\int\limits_{0}^{\infty}\delta\,e^{-\frac{9\nu}{64}\delta^4}\,\Delta\,\delta$$

oder, wenn $\delta^2 = \xi$ gesetzt wird:

$$\overline{|\delta|} = \frac{1}{2}\,\frac{\sqrt[4]{\frac{9\nu}{64}}}{\Gamma(\frac{5}{4})}\int\limits_{0}^{\infty} e^{-\frac{9\nu}{64}\xi^2}\,\Delta\,\xi$$

oder endlich vermittels der Substitution

$$\sqrt[2]{\frac{9\nu}{64}}\,\xi = \eta:$$

$$\overline{|\delta|} = \frac{1}{2}\,\frac{\sqrt[4]{\frac{9\nu}{64}}}{\Gamma(\frac{5}{4})}\,\sqrt[2]{\frac{64}{9\nu}}\int\limits_{0}^{\infty} e^{-\eta^2}\,\Delta\,\eta,$$

und das letzte Integral ist, durch eine Γ-Funktion ausgedrückt, gleich $\Gamma(\frac{3}{2}) = \frac{1}{2}\sqrt{\pi}$. Also folgt endgültig:

$$\overline{|\delta|} = \frac{1}{\sqrt[4]{\frac{9\nu}{64}}}\cdot\frac{\Gamma(\frac{3}{2})}{2\,\Gamma(\frac{5}{4})}\,.$$

Nach den Tabellen in J a h n k e - E m d e, Funktionentafeln, findet man leicht $\Gamma(\frac{5}{4}) = 0{,}9064$, während $\Gamma(\frac{3}{2}) = \frac{1}{2}\sqrt{\pi}$ ist. Dann ergibt sich schließlich:

(263) $$\overline{|\delta|} = \frac{1{,}60}{\sqrt[4]{\nu}}\,.$$

Der charakteristische Unterschied gegen die frühere Gleichung (254) besteht darin, daß hier die v i e r t e Wurzel aus ν auftritt, dort die Quadratwurzel. Das bewirkt schon bei relativ großen Werten von ν eine erhebliche Dichteschwankung, wie folgendes Beispiel S m o l u c h o w s k i s zeigt:

Im Kubus einer Lichtwellenlänge von $0{,}6 \cdot 10^{-4}$ cm sind unter Normalbedingungen enthalten $\nu = 6 \cdot 10^{+6}$ Moleküle, und daher wird hier nach der alten Gleichung (254):

$$|\delta| = 3{,}3 \cdot 10^{-4}.$$

Berechnen wir nun die Zahl ν im selben Volumen bei dem kritischen Punkte etwa für Äthyläther. Da der kritische Druck p_k ungefähr 40 Atmosphären, die kritische Temperatur T_k ungefähr 200° abs. beträgt, findet man hier für $\nu = 3{,}6 \cdot 10^{8}$. Für $\overline{|\delta|}$ ist nun die neue Formel (263) anzuwenden, und diese liefert $\overline{|\delta|} = 8{,}2 \cdot 10^{-3}$. Der mittlere Dichteunterschied folgt jetzt also zu etwa 1,6 %.

Diese große Dichteschwankung macht sich nun beim kritischen Punkte eines Gases bemerkbar, indem beim Durchstrahlen mit Licht eine besonders starke Beugung, sogenannte „Opaleszenz" auftritt. Diese war schon seit langem bekannt, aber nicht erklärt. Erst Smoluchowski hat die obige Deutung gegeben. Einstein[1]) hat dann noch eine Berechnung der Intensität des gebeugten Lichtes geliefert, die von Keesom[2]) auch experimentell vollkommen bestätigt worden ist. —

Am Schlusse der vorigen Nummer haben wir darauf aufmerksam gemacht, daß die dort besprochene Erscheinung im Gegensatz zu der dogmatischen Forderung des zweiten Hauptsatzes steht. Genau dasselbe gilt hier. Denn wie wir in Nr. 107 noch ausdrücklich bewiesen haben, muß im Gleichgewichtszustande eines Gases (Maximum der Entropie) die Dichte in allen Teilen des Volumens dieselbe sein. Jede Dichteschwankung also bedeutet eine Abnahme der Entropie, durchaus entsprechend der Auffassung der kinetischen Theorie, aber entgegen der Forderung der klassischen Thermodynamik. Man sieht bei unserm Beispiel besonders leicht ein, daß es im Prinzip möglich scheint, ein Perpetuum mobile zweiter Art mit Hilfe der Dichteschwankungen zu konstruieren. Denn mit Hilfe geeigneter Ventile und dergleichen könnte man diese Dichteschwankungen gewissermaßen „sammeln" oder „ordnen", und ihren Ausgleich zur Arbeitsleistung benutzen. Damit hätten wir z. B. der Luft Wärmeenergie entzogen und sie in Arbeit verwandelt, d. h. einen Prozeß realisiert, der nichts weiter bewirkt, als die Abkühlung eines Reservoirs und die äquivalente Hebung einer Last, d. h. einen nach dem Thomson-Planckschen Prinzip unmöglichen Prozeß. Daß eine wirkliche Ausführung dieser Konstruktion dennoch prinzipiell unmöglich ist, sodaß die Folgerungen der klassischen Thermodynamik im großen zu Recht bestehen, hat Smoluchowski zuerst gezeigt. Wir gehen am Schlusse dieses Kapitels darauf ein.

Eine eingehende Darstellung der Rolle, die die Schwankungserscheinungen überhaupt in der modernen Physik spielen, hat R. Fürth[3]) ge-

[1]) Einstein, Ann. d. Phys. 33, pag. 1294, 1920.
[2]) Keesom, Ann. d. Phys. 35, pag. 597, 1911.
[3]) R. Fürth, Physik. Zeitschr. 20, pag. 303ff., 1919.

geben; der Leser sei zwecks weiterer Information auf diesen Bericht verwiesen.

110. Theorie der Brownschen Molekularbewegung.

Es ist nur ein anderer Ausdruck für die nämliche Tatsache der Konzentrationsschwankungen, wenn wir sagen, daß jedes einzelne suspendierte Teilchen eine unregelmäßige Bewegung ausführt und zwar infolge der Stöße der umgebenden Moleküle. Ohne eine solche Bewegung wäre ja eine Konzentrationsschwankung gar nicht möglich.

Tatsächlich ist diese unregelmäßige, hin und her zitternde Bewegung suspendierter Teilchen schon lange bekannt: sie wurde 1827 von dem Botaniker Brown entdeckt und führt nach ihm den Namen „Brownsche Molekularbewegung[1])". Dagegen ist eine Theorie dieser merkwürdigen Erscheinung erst vor verhältnismäßig kurzer Zeit gegeben worden. Früher suchte man nämlich den Grund der fortdauernden Bewegung dieser suspendierten Teilchen entweder in Temperaturinhomogenitäten der umgebenden Flüssigkeit oder in andern äußeren Einflüssen. Erst die systematischen Versuche von Chr. Wiener und Gouy förderten die Erkenntnis zutage, daß die Brownsche Bewegung durch die Stöße der Moleküle der umgebenden Flüssigkeit bzw. des umgebenden Gases veranlaßt sein müsse. Einstein und Smoluchowski haben dann 1906 im wesentlichen dieselbe Formel auf Grund dieser kinetischen Auffassung (wenn auch nach ganz verschiedenen Methoden) abgeleitet, und diese Einstein-Smoluchowskische Formel ist durch Versuche von Perrin, Svedberg, Seddig u. a. in der vollkommensten Weise bestätigt worden.

Wir wollen diejenige Ableitung der Einsteinschen Formel geben, die später von Langevin gegeben wurde, weil sie am schnellsten zum Ziele führt. Sie gibt dafür nicht den tiefen Einblick in die Details der Erscheinung, wie ihn die Einsteinsche und namentlich die Smoluchowskische Theorie vermittelt.

Langevin geht von der Vorstellung aus, daß auf ein suspendiertes Teilchen von der Masse μ zwei Sorten von Kräften wirken, von denen man die erste zu einer „Reibungskraft" proportional seiner Geschwindigkeit zusammenfassen kann, während in der andern Sorte alle übrigen Einflüsse der Moleküle der umgebenden Flüssigkeit zusammengefaßt werden. Es läßt sich nicht leugnen, daß diese Trennung etwas künstlich ist. Denn auch die sogenannte Reibungskraft kommt doch schließlich nur durch die Stöße der Flüssigkeitsmoleküle zustande, wie wir im achten Kapitel ja ausführlich besprochen haben. Diese Trennung stellt eigentlich eine Ver-

[1]) Als historisch interessant sei bemerkt, daß die Brownsche Molekularbewegung schon unmittelbar nach ihrer Entdeckung die Aufmerksamkeit von Gauß erregt hat, der sich von Schumacher ein Mikroskop und eine Suspension von Gummigutt senden ließ, um sie selbst zu beobachten. Vgl. den darauf bezügl. Teil der Korrespondenz zwischen Gauß und Schumacher in dem von mir herausgegebenen physikalischen Nachlaß Gaußens: Gauß, Ges. Werke, Bd. XI, pag. 53 u. 54.

mischung zweier Gesichtspunkte vor, nämlich des statistisch-atomistischen und des Kontinuumsstandpunktes der gewöhnlichen Hydrodynamik. Indessen hat der Erfolg gezeigt, daß diese Trennung doch wohl begründet werden kann.

Für die Bewegung irgendeines Teilchens in einer bestimmten, aber beliebigen Richtung, die wir als x-Richtung wählen können, gilt also nach Langevin eine Gleichung von der Form:

(264) $$\mu \ddot{x} = -f\dot{x} + X.$$

Darin bezeichnet $(-f\dot{x})$ die x-Komponente der „Reibungskraft", X diejenige aller übrigen Einflüsse zusammen. Wird diese — ganz ähnlich wie beim Virialtheorem — mit x erweitert, so folgt:

$$\mu \ddot{x} x = -f\dot{x}x + Xx,$$

oder:

(265) $$\mu \ddot{x} x = -\frac{1}{2} f \frac{d(x^2)}{dt} + Xx.$$

Ferner kann man für $\mu \ddot{x} x$ schreiben:

$$\mu \ddot{x} x = \frac{\mu}{2}\frac{d}{dt}\left\{\frac{d(x^2)}{dt}\right\} - \mu \dot{x}^2,$$

sodaß (265) übergeht in:

(266) $$\frac{\mu}{2}\frac{d}{dt}\left\{\frac{d(x^2)}{dt}\right\} - \mu\dot{x}^2 = -\frac{f}{2}\frac{d}{d}(x^2) + Xx.$$

Eine solche Gleichung bilden wir für alle Teilchen, die in der Flüssigkeit suspendiert sind, und nun bilden wir das (kanonische) Mittel des obigen Ausdruckes für alle Teilchen:

$$\frac{\mu}{2}\overline{\frac{d}{dt}\left\{\frac{d}{dt}(x^2)\right\}} - \overline{\mu\dot{x}^2} = -\frac{f}{2}\overline{\frac{d}{dt}(x^2)} + \overline{Xx}.$$

Es wird nun angenommen (was streng genommen eines besonderen Beweises bedürfte), daß der Mittelwert $\overline{Xx}$ verschwindet, weil die Kraft X eben ganz unregelmäßig sich ändert. Ferner ist nach dem Äquipartitionstheorem

$$\overline{\mu\dot{x}^2} = kT = \frac{R}{N}T,$$

sodaß wir schließlich erhalten, da noch $\overline{\frac{d(x^2)}{dt}} = \frac{d}{dt}\overline{(x^2)}$ ist:

(267) $$\frac{\mu}{2}\frac{d}{dt}\left\{\frac{d\overline{(x^2)}}{dt}\right\} + \frac{1}{2}f\frac{d}{dt}\overline{(x^2)} = \frac{R}{N}T.$$

Setzt man zur Abkürzung

$$\frac{d\overline{(x^2)}}{dt} = \xi,$$

so kann (267) geschrieben werden:

(268) $$\frac{\mu}{2}\frac{d\xi}{dt} + \frac{1}{2}f\xi = \frac{RT}{N},$$

und das ist eine Differentialgleichung zur Bestimmung von ξ. Das allgemeine Integral lautet:

(269) $$\xi = \frac{RT}{N}\frac{2}{f} + Ce^{-\frac{ft}{\mu}},$$

wo C eine Integrationskonstante ist. Nun ist wegen der Kleinheit von μ der Quotient $\frac{f}{\mu}$ eine sehr große Zahl, so daß das zweite Glied nach äußerst kurzer Zeit einflußlos wird; es ist also dann einfacher:

(270) $$\xi = \frac{d}{dt}(\overline{x^2}) = \frac{RT}{N}\frac{2}{f},$$

und das ergibt integriert zwischen zwei Zeiten 0 und τ:

$$\overline{x^2} - \overline{x_0^2} = \frac{RT}{N}\frac{2}{f}\tau.$$

Wenn wir nun noch für $t = 0$ auch $x_0 = 0$ annehmen, und statt $\overline{x^2}$ wegen seiner Kleinheit $\overline{\Delta x^2}$ setzen, so folgt die Formel:

(271) $$\overline{\Delta x^2} = \frac{RT}{N}\frac{2}{f}\tau.$$

Δx^2 hat hierbei folgende Bedeutung: Ein Teilchen werde zur Zeit 0 und zur Zeit τ beobachtet. Es hat dann eine Verschiebung Δs erfahren, deren Projektion auf die x-Achse Δx ist. Diese Beobachtung wird nun an demselben Teilchen in derselben Weise weiter ausgeführt, indem immer im Zeitintervalle τ, also zu den Zeiten 2τ, 3τ, ... beobachtet wird und jedesmal Δx festgestellt wird. Diese Werte werden quadriert und aus den Quadraten das Mittel genommen, eben unser $\overline{\Delta x^2}$. Die so beobachteten Verschiebungen stellen nun keineswegs die wirkliche Bahn des Teilchens und ebensowenig $\frac{\Delta x}{\tau}$ etwa die x-Komponente seiner Geschwindigkeit dar. Vielmehr hat das Teilchen, wenn wir etwa für τ 1 sec ansetzen, [eine schon viel zu kleine Zahl für die Beobachtung; bei den unten zu besprechenden Perrinschen Versuchen war τ gleich 30 sec] doch schon Millionen von Stößen empfangen, und was wir sehen, ist lediglich die Anfangs- und Endposition, die wir durch eine gerade Linie verbinden, während die wirkliche Bahn ein wirres Zickzack von geradlinigen Stücken ist. Was wir beobachten, ist also schon eine ungeheuer vereinfachte „Bahn"; ein Beispiel einer solchen ist nach Beobachtungen von Perrin in Fig. 42 auf pag. 364 gezeichnet und von uns dort als Beispiel für die Zickzackbewegung wirklicher Moleküle benutzt worden. Denkt man sich jede der geradlinigen Verbindungsstrecken in dieser Figur nochmals in Millionen Zickzacklinien aufgelöst, so würde man erst der wirklichen Bahn einigermaßen nahekommen. Diese komplizierte Bewegung in allen Einzelheiten zu analysieren, ist unmöglich. Man muß sich daher damit begnügen, in bestimmten Zeitintervallen τ zu beobachten, die zugehörigen Größen Δx zu messen und damit $\overline{\Delta x^2}$ zu bilden. Auf diese Größe $\overline{\Delta x^2}$, die demnach mit der wahren Bahn nur noch in recht losem Zusammenhange steht, bezieht sich die Aussage der Theorie, die in (271) enthalten ist.

Nun wird aus der Hydrodynamik für die Größe f ein Ausdruck eingeführt, was natürlich demselben Bedenken unterliegt, wie die oben erwähnte Zerlegung der durch die Molekularstöße ausgeübten Kräfte in eine Reibungskraft $(-f\dot{x})$ und eine gänzlich unregelmäßige Kraft X, worüber oben schon das Notwendige gesagt ist. Gibt man aber einmal diese Zerlegungsmöglichkeit zu, so ist es in der Tat nur konsequent, für die Bestimmung der Größe f die gewöhnliche Hydrodynamik heranzuziehen. Die physikalische Bedeutung von f ist die einer Kraft pro Einheit der Geschwindigkeit. Nun haben wir in Band I, pag. 892 in Gl. (87) einen Wert für f gefunden. Eine Kugel nämlich vom Radius R nimmt unter dem Einflusse einer äußeren Kraft K in einer reibenden Flüssigkeit vom Reibungskoeffizienten η eine konstante Geschwindigkeit a an, die sich aus folgender Gleichung berechnet:

$$-K = 6\pi\eta R\cdot a. \tag{272}$$

Die Größe $-\frac{K}{a}$ ist offenbar gleich unserem f, der Reibungskraft, wenn die Geschwindigkeit 1 ist. Also ist

$$f = 6\pi\eta R. \tag{273}$$

Die Kombination dieser Gleichung mit (271) liefert dann:

$$\sqrt{\overline{\Delta x^2}} = \sqrt{\frac{RT}{N}}\cdot\frac{\sqrt{\tau}}{\sqrt{3\pi\eta R}}. \tag{274}$$

Dies ist die Formel von Einstein (und mit einer geringen Modifikation im Zahlenkoeffizienten die Formel Smoluchowskis), zu deren experimenteller Prüfung wir nun übergehen wollen. Wird die Gleichung bestätigt, so ist dies ein schlagender Beweis für die Existenz von Molekülen, die ja durch ihre Stöße die Brownsche Bewegung hervorrufen sollen, also für die Richtigkeit und Notwendigkeit der molekularkinetischen Theorie der Materie überhaupt.

Man sieht zunächst aus der Formel — ein äußerst überraschendes Ergebnis —, daß $\sqrt{\overline{\Delta x^2}}$ gar nicht von der Masse μ der Teilchen abhängt. Dennoch ist diese Forderung der Theorie von Perrin mit großer Genauigkeit bestätigt worden. Bei seinen Versuchen variierten die Massen der zur Beobachtung gelangenden Teilchen im Verhältnis 1 : 15000, und dennoch ergab sich aus der obigen Gleichung auf Grund der Beobachtung innerhalb der Fehlergrenzen der damaligen Messungen Perrins derselbe Wert für die Avogadrosche Zahl N.

Die Messungen werden in der Weise gemacht, daß man die jeweilige Stellung des beobachteten Teilchens in Zeitintervallen τ vermittels eines quadratischen Netzes, das sich im Mikroskopokular befindet, feststellt und auf Zeichenpapier, das gleichfalls ein quadratisches Netz enthält, überträgt. Je zwei aufeinander folgende Stellungen bestimmen einen Wert Δs, oder vielmehr die Horizontalprojektion eines solchen (denn nur diese kann ja im Mikroskop beobachtet werden), von jedem solchen Δs bildet man dann die Projektion auf eine feste Richtung; diese liefert Δx.

Perrin fand aus seinen besten Messungen für N den Wert $68{,}5 \cdot 10^{22}$, der aber nach neueren Untersuchungen zweifellos zu groß ausgefallen ist. Svedberg gibt statt dessen den Wert

$$N = 62 \cdot 10^{22}$$

an, der sich dem wahren Wert bis auf 2 bis 3 Prozente nähern dürfte, vielleicht noch um 2 Prozent zu groß ist.

Im einzelnen enthalten die Arbeiten von Perrin und Svedberg noch die Nachweise dafür, daß $\sqrt{\overline{\Delta x^2}}$ proportional τ und umgekehrt proportional $\sqrt{\eta}$ ist. Der Temperatureinfluß an sich ist sehr gering, nämlich $\sqrt{\overline{\Delta x^2}}$ proportional $\sqrt{T}$; da aber η mit wachsender Temperatur T sehr stark abnimmt, so überlagert sich dem reinen Temperatureinfluß der sehr starke Effekt der Abnahme von η. So stellen die Arbeiten von Perrin und Svedberg eine glänzende quantitative Bestätigung der Einstein-Smoluchowskischen Gleichung und damit der kinetischen Theorie überhaupt dar.

Erwähnt sei noch, daß bereits vorher Seddig[1]) im Laboratorium und auf Veranlassung von Richarz den Nachweis erbracht hatte, daß die Temperaturabhängigkeit der Größe $\sqrt{\overline{\Delta x^2}}$ wirklich nach der Formel (274), also proportional $\sqrt{\frac{T}{\eta}}$ vor sich geht. Diese Arbeit hat damit die erste quantitative Stütze für die kinetische Theorie erbracht.

Wir können uns hier mit diesen kurzen Andeutungen begnügen, indem wir den Leser zwecks weiterer Information auf die mehrfach genannten Werke von Perrin und Svedberg verweisen.

Nur eine Bemerkung von grundsätzlicher Bedeutung soll hier noch gemacht werden. Die Diffusion, z. B. einer ungleichmäßig konzentrierten kolloidalen Lösung, ist offenbar nur möglich, weil die einzelnen Teilchen eine Brownsche Bewegung ausführen. Diffusion, Brownsche Bewegung, Konzentrationsschwankungen sind also eine einzige Erscheinung. Diffusion nennen wir sie bei makroskopischer Betrachtung, Brownsche Bewegung bei substantieller, Konzentrationsschwankung bei lokaler Beobachtung. Dabei sind die Ausdrücke „substantiell" und „lokal" in dem Sinne zu verstehen, wie in der Hydrodynamik: bei substantieller Betrachtung verfolgen wir ein Teilchen auf seiner Bewegung, bei lokaler halten wir ein bestimmt abgegrenztes Volumen im Raume fest, in das die Teilchen eintreten und aus dem sie hinauswandern.

111. Unmöglichkeit des Perpetuum mobile II. Art nach der kinetischen Theorie.

Wir haben bereits mehrfach darauf aufmerksam gemacht, daß die Schwankungen um die thermodynamisch geforderte Gleichgewichtslage einen

[1]) M. Seddig, Marb. Habil.-Schrift 1909.

Widerspruch mit dem zweiten Hauptsatze und damit gegen die ihm zugrunde liegenden Erfahrungssätze von Clausius und Thomson-Planck bilden. In der Tat scheint es prinzipiell möglich, wie wir am Schlusse der Nr. 109 auseinandergesetzt haben, mit Hilfe der Schwankungen ein Perpetuum mobile II. Art herzustellen.

Stürzt damit aber nicht die gesamte Thermodynamik zusammen? Dies ist nicht der Fall, und man kann dies leicht mit Hilfe der folgenden von Smoluchowski herrührenden Betrachtung einsehen. Nehmen wir etwa das Beispiel der Nr. 109, die Dichteschwankungen eines Gases, z. B. der Luft. Durch geeignete Apparate, Ventile usw. scheint es zunächst möglich, eine im Moment existierende Schwankung der Dichte „aufzufangen" und ihren Ausgleich zur Arbeitsleistung zu benützen. Aber dies ist dennoch nicht nur praktisch, sondern auch theoretisch unmöglich. Denn die benötigten Apparate, Ventile usw. bestehen selbst aus Molekülen und führen daher auch Schwankungen um ihre Gleichgewichtslage aus. In der Mechanik und Thermodynamik betrachten wir diese Körper als absolut starr, und wenn sie es wirklich wären, so könnten wir in der Tat, wenigstens theoretisch, ein Perpetuum mobile II. Art realisieren. Aber da die Ventile usw. auch unregelmäßige Schwankungen um ihre Ruhelage ausführen, die gänzlich unabhängig von den Schwankungen z. B. der Gasdichte sind, so können wir mit solchen Apparaten auf die Dauer auch nichts ausrichten. Wir könnten wohl in einem bestimmten Momente einen Erfolg haben, der aber im nächsten Augenblick durch die doppelten Schwankungen wieder kompensiert werden würde. Smoluchowski hat mehrere derartige Anordnungen im Detail theoretisch ausgeführt[1]) und gezeigt, daß sie alle an diesem Umstande scheitern.

Die Sache liegt also so: Der Thomson-Plancksche Satz: „Es gibt keinen Prozeß, dessen Gesamteffekt die Abkühlung eines Wärmereservoirs und die äquivalente Hebung einer Last wäre", ist offenbar in dieser Fassung falsch. Wir kennen im Gegenteil viele solcher Prozesse und haben einzelne auch besprochen. Aber der Satz wird sofort richtig, wenn wir so formulieren: „Es gibt keinen Prozeß, dessen Gesamteffekt die fortdauernde Abkühlung eines Wärmereservoirs und die äquivalente Hebung einer Last wäre". Damit aber sind alle Folgerungen der klassischen Thermodynamik für die makroskopische Beobachtung gerettet.

Die Unmöglichkeit des Perpetuum mobile II. Art beruht also nicht auf einer technischen Schwierigkeit, sondern auf der prinzipiellen Unmöglichkeit, Apparate herzustellen, die nicht aus Molekülen bestehen und infolgedessen keine Schwankungen ausführen.

[1]) Smoluchowski, Phys. Zeitschr. 13, pag. 1069, 1912.

Elftes Kapitel.

Das Eingreifen der Quantentheorie.

112. Verallgemeinerung der kanonischen Verteilung.

Die großen Erfolge und schönen Resultate der statistischen Mechanik können nicht darüber hinwegtäuschen, daß an einigen Stellen eklatante Widersprüche mit der Erfahrung vorhanden sind. Das bezieht sich vor allen Dingen auf die Theorie der spezifischen Wärmen der Gase und festen Körper, für die die statistische Mechanik nur Grenzgesetze liefert, die bei hohen Temperaturen gültig sind, aber bei tieferen vollkommen versagen. Und zwar ist dies eine Folge des Äquipartitionstheorems, das auf jeden Freiheitsgrad — unabhängig von seiner Qualität — die mittlere kinetische Energie $\frac{1}{2} k T$ verteilt.

Eine Verbesserung der Resultate kann nur erzielt werden, wenn das Äquipartitionstheorem beseitigt wird. Nach dem im vorhergehenden eingenommenen Standpunkt kann dies dadurch geschehen, daß man die Hamiltonschen Gleichungen der Dynamik geeignet modifiziert. Die zur Zeit hoffnungslose Schwierigkeit dieses Unternehmens liegt klar zutage. Mehr Erfolg verspricht ein anderer Weg, nämlich durch geeignete Zusatzhypothesen — also durch theoretisches Probieren — eine Erweiterung, bzw. Abänderung des Äquipartitionsgesetzes zu erlangen, die sich in speziellen Fällen bewährt. Hat man erst einmal in solchen ein Ergebnis erzielt, das sich bewährt, so kann man in derselben Weise weiterarbeiten und hoffen, zu immer allgemeineren Formulierungen zu gelangen. Dieser Weg ist freilich unsystematisch, in vieler Hinsicht unbefriedigend, z. B. nicht eindeutig, aber es bleibt zur Zeit kaum eine andere Methode übrig; übrigens ist es ja im Grunde das einzige Verfahren, dessen sich eine Naturwissenschaft bedienen kann. Tatsächlich ist in den letzten zwanzig Jahren auf diese Weise ein sehr erhebliches und wertvolles Material zusammengebracht worden.

Wir wollen hier zunächst vorbereitenderweise unsere früheren Betrachtungen in einem Punkte so verallgemeinern, daß wir im folgenden daran anknüpfen können.

Wir betrachten eine Gesamtheit von N Systemen, deren jedes wir durch seinen Phasenpunkt im Phasenraum darstellen. Der letztere sei in gleichgroße Volumelemente $\Delta \tau_1, \Delta \tau_2, \ldots, \Delta \tau_\lambda \ldots$ eingeteilt; dann ist nach dem Früheren die mathematische Wahrscheinlichkeit eines bestimmten Makrozustandes gegeben durch:

(1) $$W_{\text{makro}} = w_1^{N_1} w_2^{N_2} \ldots w_\lambda^{N_\lambda} \ldots \frac{N!}{\prod\limits_\lambda (N_\lambda !)}.$$

Dabei ist w_λ die mathematische Wahrscheinlichkeit dafür, daß ein bestimmtes System der Gesamtheit in das Volumelement $\Delta\tau_\lambda$ fällt; der Ausdruck

$$w_1^{N_1} w_2^{N_2} \ldots w_\lambda^{N_\lambda} \ldots$$

ist also die Wahrscheinlichkeit dafür, daß N_1 Systeme in $\Delta\tau_1$, N_2 Systeme in $\Delta\tau_2, \ldots, N_\lambda$ Systeme in $\Delta\tau_\lambda, \ldots$ liegen, kurz, die Wahrscheinlichkeit eines bestimmten Mikrozustandes. $\frac{N!}{\prod\limits_{(\lambda)}(N_\lambda!)}$ ist, ebenso wie früher, die Anzahl der „Komplexionen“, d. h. der verschiedenen Mikrozustände, die denselben Makrozustand realisieren, nämlich den, dessen Wahrscheinlichkeit durch (1) gegeben ist.

Betrachten wir nun einen zweiten Makrozustand, der dadurch hergestellt werden soll, daß sämtliche Systeme der Gesamtheit in einem Volumelemente, z. B. in $\Delta\tau_1$ liegen. Dann ist

$$N_1 = N, \qquad N_2 = N_3 = \ldots = N_\lambda = \ldots = 0,$$

also nach (1) die mathematische Wahrscheinlichkeit $W_{0\,\text{makro}}$ dieses Makrozustandes:

(2) $$W_{0\,\text{makro}} = w_1^{(N_1 + N_2 + \ldots + N_\lambda + \ldots)} = w_1^N.$$

Die relative Wahrscheinlichkeit der durch (1) und (2) charakterisierten Makrozustände ist das, was wir früher die „thermodynamische Wahrscheinlichkeit“ des ersten Makrozustandes nannten; sie ergibt sich also aus (1) und (2) zu:

$$W_{\text{therm}} = \left(\frac{W}{W_0}\right) = \frac{w_1^{N_1} w_2^{N_2} \ldots w_\lambda^{N_\lambda} \ldots}{w_1^{N_1} w_1^{N_2} \ldots w_1^{N_\lambda} \ldots} \frac{N!}{\prod\limits_\lambda (N_\lambda !)},$$

oder auch:

(3) $$W_{\text{therm}} = \left(\frac{w_1}{w_1}\right)^{N_1} \left(\frac{w_2}{w_1}\right)^{N_2} \cdots \left(\frac{w_\lambda}{w_1}\right)^{N_\lambda} \cdots \frac{N!}{\prod\limits_\lambda (N_\lambda !)}.$$

Setzt man

(4) $$\frac{w_\lambda}{w_1} = \alpha_\lambda,$$

also $\alpha_1 = \frac{w_1}{w_1} = 1$, so können wir (3) auch schreiben:

(5) $$W_{\text{therm}} = N! \prod_\lambda \left(\frac{\alpha_\lambda^{N_\lambda}}{N_\lambda !}\right).$$

Dies geht in unseren früheren Ausdruck über (z. B. Kap. X, Gl. (199), pag. 469), wenn wir die Größen $\alpha_\lambda = 1$ setzen, d. h. alle Wahrscheinlichkeiten w_λ als einander gleich annehmen. Tun wir dies, so betrachten wir es also als gleichwahrscheinlich, daß ein bestimmtes System in einem beliebigen der gleichen Volumelemente $\Delta\tau_\lambda$ liegt, in die wir den Phasenraum geteilt haben: jedes dieser Volumelemente des Phasenraumes besitzt also, um einen Ausdruck der Fehlerrechnung zu gebrauchen, gleiches „Gewicht". Oder noch anders ausgedrückt: Die Wahrscheinlichkeit, daß ein bestimmtes System in einem Raumgebiet beliebiger Größe des Phasenraumes liegt, ist der Größe dieses Raumgebietes proportional.

Früher haben wir immer diese Voraussetzung gemacht: sie führt, wie wir gleich sehen werden, zur kanonischen Verteilung, d. h. zu einer der früher als „ergodisch" bezeichneten Dichtenwahlen. Wir wollen diese Voraussetzung jetzt jedoch nicht mehr einführen, sondern die unbestimmten Koeffizienten α_λ im Ausdruck (5) mitführen.

Nunmehr bilden wir nach dem Boltzmannschen Prinzip die Entropie S:

$$S = k \log W_{\text{therm}},$$

und das gibt hier:

(6) $$S = k\{\log N! + \sum_\lambda \log(\alpha_\lambda^{N_\lambda}) - \sum_\lambda N_\lambda!\}.$$

Unter Verwendung des Stirlingschen Theorems:

(7) $$N! = \left(\frac{N}{e}\right)^N \sqrt{2\pi N}$$

folgt dann weiter, unter Zusammenfassung aller konstanten Glieder:

$$S = k\sum_\lambda [-(N_\lambda + \tfrac{1}{2})\log N_\lambda + N_\lambda \log \alpha_\lambda] + \text{Const.},$$

oder, wenn wir noch $\frac{1}{2}$ gegen N_λ, das ja wegen Verwendung des Stirlingschen Theorems als groß vorausgesetzt werden muß, vernachlässigen:

(8) $$S = \text{Const.} - k\sum_\lambda [N_\lambda \log N_\lambda - N_\lambda \log \alpha_\lambda],$$

eine Formel, die sich wieder durch das Glied mit α_λ von der früher für S erhaltenen unterscheidet.

Nunmehr wollen wir nach der Bedingung des Gleichgewichtszustandes fragen, wobei als Nebenbedingungen die Gesamtenergie

$$U = \sum_\lambda N_\lambda u_\lambda \qquad (u_\lambda = \text{Energie des } \lambda\text{-ten Systems})$$

und die Gesamtzahl

$$N = \sum N_\lambda$$

als konstant betrachtet werden. Da für ein abgeschlossenes System $\delta S = 0$ sein muß, so folgt aus (8):

(9) $$\sum_\lambda \{\log N_\lambda + 1 - \log \alpha_\lambda\}\, \delta N_\lambda = 0,$$

wozu die beiden, aus der Variation der Nebenbedingungen hervorgehenden Gleichungen treten:

(10) $$\sum_\lambda \delta N_\lambda = 0,$$

(11) $$\sum_\lambda u_\lambda\, \delta N_\lambda = 0.$$

Erweitern wir die beiden letzten Gleichungen in bekannter Weise mit zwei **Lagrange**schen Multiplikatoren a' und b' und addieren sie zu (9), so findet man als Bedingung des Gleichgewichtes das Resultat:

$$\log N_\lambda + 1 - \log \alpha_\lambda + a' + b' u_\lambda = 0,$$

oder, unter Einführung anderer Konstanten A und B:

(12) $$N_\lambda = A \cdot \alpha_\lambda \, e^{-B u_\lambda}.$$

Die Konstanten A und B werden durch die beiden Nebenbedingungen $N =$ Const. und $U =$ Const. bestimmt. Es ist also nach (12):

$$\sum N_\lambda = N = A \sum_\lambda \alpha_\lambda \, e^{-B u_\lambda},$$

oder:

(13) $$A = \frac{N}{\sum\limits_\lambda \alpha_\lambda \, e^{-B u_\lambda}}.$$

Lassen wir die Konstante B vorläufig unbestimmt und setzen (12) in den Ausdruck (8) der Entropie S ein, um ihren Wert im Gleichgewichtszustande zu bestimmen, so erhalten wir:

$$S = \text{Const.} - k \sum_\lambda \left[A \, \alpha_\lambda \, e^{-B u_\lambda} \{ \log A + \log \alpha_\lambda - B u_\lambda \} - A \, \alpha_\lambda \log \alpha_\lambda \, e^{-B u_\lambda} \right],$$

oder:

(14) $$S = \text{Const.} - k \sum_\lambda \left[A \, \alpha_\lambda \, e^{-B u_\lambda} \log A - A B \, \alpha_\lambda \, u_\lambda \, e^{-B u_\lambda} \right].$$

Darin ist nun offenbar:

$$\sum_\lambda A \, \alpha_\lambda \, e^{-B u_\lambda} = N,$$

und

$$\sum_\lambda A \, \alpha_\lambda \, u_\lambda \, e^{-B u_\lambda} = U,$$

Denn $U = \sum N_\lambda u_\lambda$, woraus unter Beachtung von (12) die letzte Gleichung folgt. Demgemäß kann (14) geschrieben werden:

(15) $$S = \text{Const.} - k N \log A + k B U,$$

eine Gleichung, die uns S als Funktion der Gesamtenergie U liefert. Nun ist nach der thermodynamischen Definition der Entropie S:

$$d S = \frac{d U + p \, d V}{T},$$

also, wenn wir U und V als unabhängige Variable wählen:

$$\left(\frac{\partial S}{\partial U}\right)_V = \frac{1}{T}, \qquad \left(\frac{\partial S}{\partial V}\right)_U = \frac{p}{T}.$$

Die erste Gleichung liefert hier das Ergebnis:

$$\frac{1}{T} = k B,$$

also (wie früher):

(16) $$B = \frac{1}{k T}.$$

Damit geht Gl. (12) über in:

(17) $$N_\lambda = A\,\alpha_\lambda\,e^{-\frac{u_\lambda}{kT}},$$

oder, unter Einführung des Wertes von A nach (13):

(18) $$\frac{N_\lambda}{N} = \frac{\alpha_\lambda\,e^{-\frac{u_\lambda}{kT}}}{\sum\limits_\lambda \alpha_\lambda\,e^{-\frac{u_\lambda}{kT}}}.$$

Diese Größe $\frac{N_\lambda}{N}$ kann nun offenbar als die mathematische Wahrscheinlichkeit w_λ dafür betrachtet werden, daß ein bestimmtes System der Gesamtheit in das λ-te Volumelement des Phasenraumes hineinfällt, sodaß man schreiben kann:

(19) $$w_\lambda = \frac{\alpha_\lambda\,e^{-\frac{u_\lambda}{kT}}}{\Sigma\,\alpha_\lambda\,e^{-\frac{u_\lambda}{kT}}}.$$

Sind die Zellen $\Delta\tau_\lambda$ des Phasenraumes so klein, daß man statt der Summen in (19) ein Integral schreiben kann, und setzen wir gleichzeitig

$$\alpha_\lambda = g(p,q)\,\Delta\tau_\lambda,$$

wo $g(p,q)$ eine Funktion der Phasenvariabeln p_k und q_k ist, so kann man (19) auch schreiben:

(20) $$w_\lambda = \frac{g(p,q)\,e^{-\frac{u_\lambda}{kT}}\,\Delta\tau_\lambda}{\int g(p,q)\,e^{-\frac{u_\lambda}{kT}}\,\Delta\tau_\lambda}.$$

Diese Gleichungen (20), bzw. (19), bedeuten eine bestimmte Verteilung der Systeme über den Phasenraum, nämlich die, die dem Gleichgewichtszustande entspricht. Setzt man in (20) die Funktion $g(p,q)$ gleich einer Konstanten, so reduziert sich die durch (20) bestimmte Verteilung auf die bekannte kanonische Verteilung, wie ein Blick auf die Gl. (81) des zehnten Kapitels auf pag. 443 lehrt. Wir haben also in (19) und (20) bei beliebigem α_λ bzw. $g(p,q)$ eine durch die Einführung des Gewichts α_λ bzw. der Gewichtsfunktion $g(p,q)$ verallgemeinerte kanonische Verteilung vor uns.

Unsere bisherige Annahme, daß die $\alpha_\lambda = 1$ oder $g(p,q)$ konstant ist, ist also im wesentlichen identisch mit der Ergodenhypothese bzw. Quasiergodenhypothese, da diese beide zu der (deshalb ja auch ergodisch genannten) kanonischen Verteilung hinführen, wie im zehnten Kapitel auseinandergesetzt wurde.

Da die mit Hilfe einer Verteilungsfunktion gebildeten Mittelwerte von dieser Funktion abhängen, so ist es klar, daß durch geeignete Wahl der α_λ bzw. von $g(p, q)$ eine Abweichung von dem bisherigen Äquipartitionsgesetze erzielt werden kann.

In diesem Sinne kann man sagen, daß die weiter unten dargelegte „Quantentheorie" für uns im wesentlichen in einer von der ergodischen abweichenden Bestimmung der Gewichte α_λ bzw. der Gewichtsfunktion $g(p, q)$ besteht, wenn auch damit keineswegs der Inhalt der Quantentheorie erschöpft wird. Nach dem von uns vertretenen Standpunkte ist sie ja dynamischen Charakters, nicht (wenigstens der Hauptsache nach) statistischer Natur.

Wir werden uns im folgenden vorzugsweise mit der Gl. (19) beschäftigen, in der die exakte Summenschreibweise beibehalten ist. Diese paßt ohne weiteres auch auf den Fall, der uns hauptsächlich begegnen wird, daß einzelne Größen α_λ gleich 0, andere gleich 1 sind. Es bleiben dann in der Summe nur die Glieder mit von Null verschiedenem α_λ übrig.

113. Die Energiestufenhypothese von Planck.

Ganz analoge, aber noch viel eklatantere Schwierigkeiten, wie sie das Äquipartitionstheorem in der kinetischen Theorie der Materie mit sich bringt, treten auch in der Theorie der Wärmestrahlung auf, worauf wir im Schlußbande dieses Werkes näher eingehen werden. In diesem Falle ist es nun Planck gelungen, sie durch eine überaus kühne und gänzlich neuartige Hypothese zu überwinden, die wir auch hier anwenden wollen.

Denken wir uns einen materiellen Punkt von der Masse μ, der eine lineare Schwingung ausführen kann (sog. „linearer Oszillator"). Seine Bewegungsgleichung lautet dann:

$$\mu \ddot{x} + k^2 x = 0,$$

oder, wenn $\frac{k^2}{\mu} = (2\pi\nu)^2$ gesetzt wird, wo ν die Schwingungszahl pro Sekunde bedeutet:

$$\mu \ddot{x} + \mu (2\pi\nu)^2 x = 0. \tag{21}$$

Durch Erweiterung mit $\dot{x}$ und Integration erhält man in bekannter Weise das Energieintegral:

$$\frac{\mu}{2}\dot{x}^2 + \frac{\mu}{2}(2\pi\nu)^2 x^2 = \text{Const.} \tag{22}$$

Um die kanonischen Variabeln einzuführen, setzen wir

$$x = q, \qquad \mu\dot{x} = p.$$

Dann haben wir die mit (22) gleichwertige Formel:

$$\frac{p^2}{2\mu} + \frac{\mu}{2}(2\pi\nu)^2 q^2 = \text{Const.} \tag{23}$$

Die durch diese Gleichung repräsentierte Kurve stellt in dem hier zur pq-Ebene degenerierten Phasenraume unseres Oszillators gleichzeitig (da das System eindimensional ist) die „Energiefläche" und die „Phasenbahn" vor; es ist eine Ellipse.

Nun nimmt Planck an, daß der Oszillator nur bestimmte, diskrete Werte der Energie annehmen kann, die wir $u_0, u_1, u_2, \ldots, u_\lambda \ldots$ nennen wollen[1]).

Dadurch wird zu den Gleichungen der Dynamik, denen zufolge natürlich jeder Wert der Energie möglich ist, ein vollkommen neues und ihr fremdes Prinzip hinzugefügt, das sonderbar genug anmutet. Nach dem von uns im vorhergehenden eingenommenen Standpunkt ist auch nicht zu erwarten, daß diese Art von Kombination der alten dynamischen Gleichungen mit dieser Hypothese der diskreten Energiestufen oder „Energiequanten" die endgültige Lösung des Problems sein sollte: wir erwarten diese vielmehr von einer Modifikation der Hamiltonschen Gleichungen der Dynamik und sehen in der obigen Darlegung nur eine „Durchgangsstufe" der Erkenntnis.

Aber, was zunächst das Wichtigste und allein Maßgebende ist: es ist Planck durch diese Hypothese gelungen (die dieser Theorie den Namen „Quantentheorie" eingetragen hat), in der Strahlungstheorie die Schwierigkeiten zu überwinden und zu einem durch das Experiment gut bestätigten Strahlungsgesetze zu gelangen. Das Resultat verdient also zweifellos Zutrauen, und das läßt es leichter ertragen, daß der Weg zum Resultate noch kein befriedigender genannt werden kann.

Nach dieser Planckschen Hypothese ist nun lediglich eine diskrete Reihe von Phasenbahnen (22) möglich, nämlich die folgenden:

$$(24)\quad \begin{cases} \dfrac{p^2}{2\mu} + \dfrac{\mu}{2}(2\pi\nu)^2 q^2 = u_0, \\ \dfrac{p^2}{2\mu} + \dfrac{\mu}{2}(2\pi\nu)^2 q^2 = u_1, \\ \cdots\cdots\cdots\cdots \\ \dfrac{p^2}{2\mu} + \dfrac{\mu}{2}(2\pi\nu)^2 q^2 = u_\lambda, \\ \cdots\cdots\cdots\cdots \end{cases}$$

Sie stellen ein System von ähnlichen und ähnlich liegenden Ellipsen in der pq-Ebene dar (Fig. 60). Die Halbachsen haben die Werte:

$$(25)\quad \begin{cases} a_\lambda = \sqrt{2\mu u_\lambda}, \\ b_\lambda = \dfrac{1}{2\pi\nu}\sqrt{\dfrac{2u_\lambda}{\mu}}, \end{cases}$$

und folglich hat die λ-te Ellipse den Flächeninhalt F_λ:

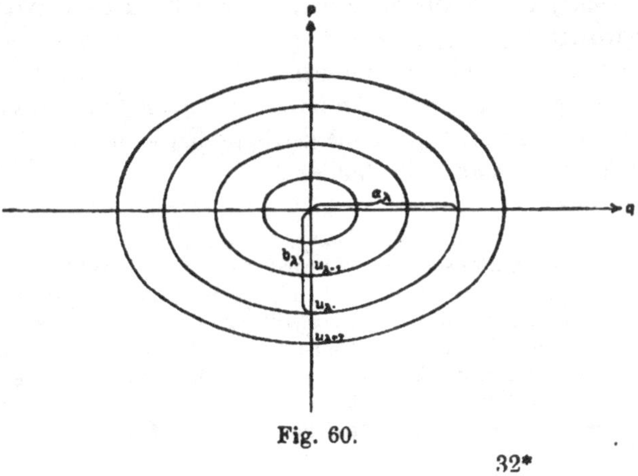

Fig. 60.

[1]) Planck hat diese Annahme zunächst nur für elektrische Oszillatoren gemacht; die Erweiterung für beliebige Oszillatoren rührt von Einstein her.

(26)
$$F_\lambda = a_\lambda\, b_\lambda\, \pi = \frac{\sqrt{2\mu u_\lambda}\cdot\sqrt{\frac{2u_\lambda}{\mu}}\cdot\pi}{2\pi\nu} = \frac{u_\lambda}{\nu}.$$

Je zwei aufeinanderfolgende Ellipsen schließen einen elliptischen Ring vom Flächeninhalte $(F_\lambda - F_{\lambda-1})$ ein, also nach (26) vom Flächeninhalte

(27)
$$F_\lambda - F_{\lambda-1} = \frac{u_\lambda - u_{\lambda-1}}{\nu}.$$

Durch die Plancksche Energiestufenhypothese wird also der Phasenraum (hier die pq-Ebene) in Zellen von bestimmter Größe eingeteilt, die eben durch die allein möglichen Bahnen begrenzt werden[1]), und es liegt nahe, diese als die „Elementargebiete der Wahrscheinlichkeit" $\Delta\tau_\lambda$ zu nehmen. Tut man dies, so erkennt man, daß die Quantentheorie darauf hinausläuft, die bisher vollkommen willkürliche Einteilung des Phasenraumes in Elemente $\Delta\tau_\lambda$ in ganz bestimmter Weise vorzuschreiben. Und zwar sind diese Elementargebiete von ganz bestimmter endlicher Größe, da ja die Größen u_λ sich nicht stetig ändern, sondern nur diskrete Werte annehmen. Die Größe der Elementargebiete (in unserm Falle $\Delta q\, \Delta p$), ist also nach (27) vollkommen bestimmt, wenn die Größen u_λ, d. h. die diskreten möglichen Energiewerte des Oszillators, bestimmt sind.

Planck nimmt nun, über die bisherige qualitative Annahme der Energiestufen hinausgehend, an, daß stets sei:

(28)
$$u_\lambda = \lambda \cdot h \cdot \nu,$$

wo λ die Reihe der ganzen positiven Zahlen mit Einschluß der Null durchläuft, ν die Schwingungszahl des Oszillators ist und h eine neue universelle Konstante bedeutet.

Man ersieht aus diesem Ansatz, daß also für verschiedenes ν auch die Energiequanten verschieden sind: Für große ν, d. h. sehr rasche Schwingungen, sind die Quanten groß, für kleines ν (z. B. für eine Schwingungszahl ν, wie sie der Revolution der Erde um die Sonne entspricht) entsprechend klein. Für sehr kleine Werte von ν sind daher die Sprünge $(u_\lambda - u_{\lambda-1} = h\nu)$ sehr klein und $u_\lambda = \lambda h \nu$ erscheint daher nahezu als stetig veränderlich: das war die bisherige allgemeine Auffassung. Dagegen in Gebieten großer ν, die gerade bei Molekularprozessen zu erwarten sind, sind die Sprünge $(u_\lambda - u_{\lambda-1} = h\nu)$ erheblich und machen sich demgemäß sehr bemerkbar.

[1]) Dies ist die Auffassung der sogenannten I. Planckschen Theorie, wie sie in der ersten Auflage seiner „Theorie der Wärmestrahlung" enthalten ist. Später (in der zweiten Auflage) hat Planck sie modifiziert (II. Theorie); die Resultate bleiben im wesentlichen dieselben. Wir sprechen hier immer von der I. Planckschen Theorie, um auf die einfachste Weise zu den Endformeln der Quantentheorie zu gelangen. Eine systematische Darstellung der Gedankengänge, die heute unter diesem Namen zusammengefaßt werden, kann erst nach Behandlung der Elektrodynamik gegeben werden und muß daher dem Schlußbande dieses Werkes vorbehalten bleiben.

Im Gegensatz zu den veränderlichen Energiequanten bleibt die Größe „h" immer dieselbe. Nach (28) ist h von der Dimension:

$$[h] = [\text{Energie} \cdot \text{Zeit}] = [M L^2 T^{-1}], \tag{29}$$

und diese Größe („Energie · Zeit") nannte man in der klassischen Mechanik eine „Wirkungsgröße"[1]. Deshalb nennt man „h" auch das „Wirkungsquantum". Mit diesem, nicht eigentlich mit den variabeln Energiequanten, die abgeleitete Größen sind, haben wir es in der Quantentheorie zu tun.

Die Größe der Zellen $\Delta q \, \Delta p$ unseres zweidimensionalen Phasenraumes ergibt sich nun nach (28) und (27) zu

$$\Delta q \, \Delta p = F_\lambda - F_{\lambda-1} = \frac{h\nu}{\nu} = h, \tag{30}$$

und man sieht sofort, daß in der Tat auch $\Delta q \, \Delta p$ von der Dimension einer Wirkungsgröße ist.

Wir können den obigen Sachverhalt schließlich noch etwas anders formulieren. Bisher war ja, wie wir in Nr. 112 noch ausführlich auseinandergesetzt haben, jedes Volumenstück des Phasenraumes gleichberechtigt, d. h. in der vorhin eingeführten Bezeichnung das Gewicht α_λ konstant (gleich 1). Hier aber sind nur die Ellipsenbahnen der Figur 60 „zulässige" Bahnen; diese Stellen des Phasenraumes haben daher ein Gewicht $\alpha_\lambda \neq 0$, alle übrigen Stellen dagegen das Gewicht $\alpha_\lambda = 0$. Fassen wir alle zulässigen Bahnen der Figur 60 als gleichwahrscheinlich auf, so besitzen sie gleiches α_λ, das wir etwa gleich 1 nehmen können. Man erkennt hier also auch den Grund, weshalb wir in Nr. 112 schon die verallgemeinerte Formulierung der kanonischen Verteilung vorbereitet haben.

Wir wollen nun gleich die mittlere Energie $\bar{u}$ eines linearen Oszillators einer Gesamtheit von Oszillatoren berechnen, wobei wir jetzt die Quantentheorie, und nach dem oben Gesagten die verallgemeinerte kanonische Verteilung (19) zugrunde legen müssen. Nach Definition des Mittelwertes ist:

$$\bar{u} = \frac{\sum \alpha_\lambda u_\lambda e^{-\frac{u_\lambda}{kT}}}{\sum \alpha_\lambda e^{-\frac{u_\lambda}{kT}}}. \tag{31}$$

Da nun $u_\lambda = \lambda h \nu$ und $\alpha_\lambda = 1$ ist (diejenigen Teile, für die $\alpha_\lambda = 0$ ist, fallen ja fort), so ergibt sich aus (31):

[1]) Eine Wirkungsgröße ist z. B. das Hamiltonsche Integral $\int (L - \Phi)\, dt$ [Bd. I, Kap. IV, Nr. 54]; vgl. auch des Verf. Schrift „Die Prinzipe der Dynamik" (Ver. wiss. Verleger, 1919), § 12: Das Prinzip der kleinsten Wirkung.

$$\bar{u} = \frac{\sum\limits_{\lambda}^{0,\infty} \lambda h\nu e^{-\frac{\lambda h\nu}{kT}}}{\sum\limits_{\lambda}^{0,\infty} e^{-\frac{\lambda h\nu}{kT}}}. \tag{32}$$

Früher erhielten wir als Mittelwert der Energie (kinetische plus potentielle Energie) eines linearen Oszillators, d. h. eines Freiheitsgrades, den Äquipartitionswert kT; jetzt erhalten wir natürlich ein anderes Resultat, und zwar muß (32) die neue Form des Energieverteilungsgesetzes sein, die an Stelle des zu unrichtigen Ergebnissen führenden Äquipartitionstheorems tritt.

Rechnen wir zuerst den Nenner aus. Wir haben:

$$\sum_{\lambda}^{0,\infty} e^{-\frac{\lambda h\nu}{kT}} = 1 + e^{-\frac{h\nu}{kT}} + e^{-\frac{2h\nu}{kT}} + e^{-\frac{3h\nu}{kT}} + \ldots$$

Das ist eine geometrische Reihe mit dem Quotienten $e^{-\frac{h\nu}{kT}}$. Also ist nach der bekannten Summenformel der geometrischen Reihe:

$$\sum_{\lambda}^{0,\infty} e^{-\frac{\lambda h\nu}{kT}} = \frac{1}{1 - e^{-\frac{h\nu}{kT}}}. \tag{33}$$

Der Zähler von (32) kann folgendermaßen geschrieben werden:

$$\begin{aligned}
\sum_{\lambda}^{0,\infty} \lambda h\nu e^{-\frac{\lambda h\nu}{kT}} &= h\nu e^{-\frac{h\nu}{kT}} + 2h\nu e^{-\frac{2h\nu}{kT}} + 3h\nu e^{-\frac{3h\nu}{kT}} + \ldots \\
&= h\nu e^{-\frac{h\nu}{kT}} + h\nu e^{-\frac{2h\nu}{kT}} + h\nu e^{-\frac{3h\nu}{kT}} + h\nu e^{-\frac{4h\nu}{kT}} + \ldots \\
&\qquad + h\nu e^{-\frac{2h\nu}{kT}} + h\nu e^{-\frac{3h\nu}{kT}} + h\nu e^{-\frac{4h\nu}{kT}} + \ldots \\
&\qquad\qquad + h\nu e^{-\frac{3h\nu}{kT}} + h\nu e^{-\frac{4h\nu}{kT}} + \ldots \\
&\qquad\qquad\qquad + h\nu e^{-\frac{4h\nu}{kT}} + \ldots,
\end{aligned}$$

oder in anderer Zusammenfassung:

$$\begin{aligned}
\sum_{\lambda}^{0,\infty} \lambda h\nu e^{-\frac{\lambda h\nu}{kT}} &= h\nu e^{-\frac{h\nu}{kT}} \left[1 + e^{-\frac{h\nu}{kT}} + e^{-\frac{2h\nu}{kT}} + \ldots\right] \\
&\quad + h\nu e^{-\frac{2h\nu}{kT}} \left[1 + e^{-\frac{h\nu}{kT}} + e^{-\frac{2h\nu}{kT}} + \ldots\right] \\
&\quad + h\nu e^{-\frac{3h\nu}{kT}} \left[1 + e^{-\frac{h\nu}{kT}} + e^{-\frac{2h\nu}{kT}} + \ldots\right] \\
&\quad + \ldots\ldots\ldots\ldots\ldots\ldots
\end{aligned}$$

oder auch:

$$\sum_{\lambda}^{0,\infty} \lambda h\nu e^{-\frac{\lambda h\nu}{kT}} = h\nu e^{-\frac{h\nu}{kT}} \left[1 + e^{-\frac{h\nu}{kT}} + e^{-\frac{2h\nu}{kT}} + \ldots\right] \left[1 + e^{-\frac{h\nu}{kT}} + e^{-\frac{2h\nu}{kT}} + \ldots\right]. \tag{34}$$

Nach (33) ergibt das den Wert:

$$\sum_{\lambda}^{0,\infty} \lambda h\nu e^{-\frac{\lambda h\nu}{kT}} = \frac{h\nu e^{-\frac{h\nu}{kT}}}{\left[1-e^{-\frac{h\nu}{kT}}\right]^2}. \tag{35}$$

Also liefert Division von (35) mit (33) uns nach (32) den gesuchten Mittelwert $\bar{u}$ der Energie pro Freiheitsgrad (eines linearen Oszillators):

$$\bar{u} = \frac{h\nu}{e^{\frac{h\nu}{kT}} - 1} \tag{36}$$

Das ist in der Tat die berühmte Formel, zu der Planck gelangt ist und die an Stelle des Äquipartionstheorems tritt. Für hohe Temperaturen T stimmen nun aber die Folgerungen aus dem Äquipartitionstheorem mit den Tatsachen überein, z. B. gilt ja bei hohen Temperaturen für den festen Körper das Dulong-Petitsche Gesetz. Also müssen wir verlangen, daß für hohe Werte von T der Mittelwert $\bar{u}$ nach (36) in $k \cdot T$ übergeht. In der Tat kann man die Exponentialfunktion $e^{\frac{h\nu}{kT}}$ dann nach Taylor entwickeln und mit dem linearen Gliede abbrechen. Das liefert:

$$\bar{u} = \frac{h\nu}{\left(1 + \frac{h\nu}{kT} + \ldots\right) - 1}, \tag{37}$$

d. h.

$$\bar{u} = kT. \tag{38}$$

Da $\bar{u}$ je zur Hälfte aus kinetischer und potentieller Energie besteht, so entfällt also bei hohen Temperaturen auf den Freiheitsgrad ein mittlerer Betrag von $(\frac{1}{2} kT)$ der kinetischen Energie, wie es nach dem Äquipartitionstheorem sein muß.

Man erkennt durch Betrachtung von (36) sofort, daß dieses neue Energieverteilungsgesetz eine ganz wesentliche Forderung erfüllt, die wir früher erhoben haben. Wir rügten es damals, daß nach dem Äquipartitionstheorem jeder lineare Oszillator — gleichgültig, welcher Wert ν ihm zukam — genau dieselbe mittlere Energie, eben kT, erhalte. Wir forderten ein Energieverteilungsgesetz, das weniger schematisch in der Behandlung der verschiedenwertigen Freiheitsgrade vorgehen solle, das also einen Oszillator von der Schwingungszahl ν_1 und einen solchen von der Schwingungszahl ν_2 nicht als völlig gleichwertig behandele, ein Energieverteilungsgesetz, das die Freiheitsgrade „wägen", nicht bloß „zählen" sollte. Diese Forderung ist nun in der Tat durch (36) erfüllt: denn $\bar{u}$ hängt ganz wesentlich von ν ab, sodaß auf Oszillatoren verschiedener Schwingungszahl keineswegs derselbe Energiebetrag entfällt. Damit ist allerdings noch nicht bewiesen, daß Gl. (36) wirklich die richtige, oder vorsichtiger ausgedrückt, eine allgemein brauchbare Formel darstellt.

Indessen, wie bereits oben bemerkt, hat die Gl. (36) in der Strahlungstheorie die Feuerprobe glänzend bestanden. Wenn irgend ein Ergebnis der Quantentheorie als gesichert betrachtet werden darf, dann Gleichung (36).

Aus den Strahlungsmessungen ergab sich nun auch der erste Wert [1]) für das universelle Wirkungsquantum h:

$$h = 6{,}415 \cdot 10^{-27} \text{ erg} \cdot \text{sec}.$$

Dieser nämliche Wert von h — und das ist offenbar die stärkste Stütze der Quantentheorie überhaupt — ergibt sich auf den allerverschiedensten Gebieten der Physik, die mit Molekularprozessen zu tun haben. Z. B. hat neuerdings Wagner[2]) die Größe von h durch Messungen an Röntgenstrahlen zu

$$h = 6{,}484 \cdot 10^{-27} \text{ erg} \cdot \text{sec}.$$

gefunden.

Am genauesten aber ergibt sich h aus spektroskopischen Messungen mit Hilfe der auf Grund der Quantentheorie von Bohr und Sommerfeld[3]) geschaffenen modernen Atommodelle. Genau können wir darauf erst im Schlußbande eingehen. Als zur Zeit genauester Wert wird betrachtet

(39) $$h = (6{,}545 \pm 0{,}009)\, 10^{-27} \text{ erg} \cdot \text{sec},$$

den wir auch im folgenden zugrunde legen wollen.

114. Die Einsteinsche Theorie der spezifischen Wärme fester Körper.

Der erste, der die Bedeutung der Planckschen Überlegungen und Hypothesen zur Strahlungstheorie für die Theorie der spezifischen Wärme erkannte, ist Einstein[4]) gewesen. Er nahm für einen einatomigen festen Körper das einfache Modell an, das wir in Nr. 84 des achten Kapitels schon zugrunde gelegt haben: der feste Körper besteht danach aus $\mathfrak{N}$ Atomen, deren Bewegungen den folgenden Gleichungen gehorchen:

(40) $$\begin{cases} \ddot{x} + (2\pi\nu)^2 x = 0, \\ \ddot{y} + (2\pi\nu)^2 y = 0, \\ \ddot{z} + (2\pi\nu)^2 z = 0. \end{cases}$$

Wenden wir nun auf diesen Körper die Gleichung (36) an, so ist seine Gesamtenergie U offenbar gleich $3\mathfrak{N}$ mal der durch (36) gegebenen mittleren Energie $\bar{u}$ pro Freiheitsgrad, also:

(41) $$U = 3\mathfrak{N}\bar{u} = \frac{3\mathfrak{N} \cdot h\nu}{e^{\frac{h\nu}{kT}} - 1}.$$

Betrachten wir speziell ein Mol des Körpers, so ist $\mathfrak{N} = N$. der

[1]) Planck, Wärmestrahlung, II. Aufl., pag. 166.

[2]) E. Wagner, Ann. d. Phys. 57, pag. 407, 1918.

[3]) Vgl. hierzu A. Sommerfeld, Atombau und Spektrallinien, I. Aufl. Braunschweig 1919. F. Vieweg & Sohn.

[4]) A. Einstein, Die Plancksche Theorie der Strahlung und die Theorie der spezifischen Wärme. Ann. d. Phys. 22, pag. 180, 1907.

Avogadroschen Zahl, und die Energie des Grammatoms, das hier mit dem Grammolekül identisch ist, wird:

(42) $$U_{\text{GrA.}} = \frac{3Nh\nu}{e^{\frac{h\nu}{kT}} - 1}.$$

Durch Differentiation nach T erhält man daraus sofort einen Ausdruck für die Atomwärme C'_v:

(43) $$\frac{\partial U_{\text{GrA.}}}{\partial T} = C'_v = \frac{3Nk\left(\frac{h\nu}{kT}\right)^2 e^{\frac{h\nu}{kT}}}{\left(e^{\frac{h\nu}{kT}} - 1\right)^2},$$

oder, da $Nk = R$ ist:

(44) $$C'_v = 3R \cdot \frac{\left(\frac{h\nu}{kT}\right)^2 e^{\frac{h\nu}{kT}}}{\left(e^{\frac{h\nu}{kT}} - 1\right)^2}.$$

Der Ausdruck $\frac{h\nu}{k}$ hat die Dimension einer Temperatur. Denn $h\nu$ hat die Dimension „Erg", $k = \frac{R}{N}$ diejenige $\frac{\text{„Erg"}}{\text{„Grad"}}$. Deshalb können wir abkürzend setzen:

(45) $$\frac{h\nu}{k} = \Theta$$

und unter Θ eine für den betreffenden Körper „charakteristische" Temperatur verstehen; charakteristisch deshalb, weil Θ der Größe ν, der Schwingungszahl der Atome des betreffenden Körpers, proportional ist. Damit endlich kann man schreiben:

(46) $$C'_v = 3R \frac{\left(\frac{\Theta}{T}\right)^2 e^{\frac{\Theta}{T}}}{\left(e^{\frac{\Theta}{T}} - 1\right)^2}.$$

Diese Formel wollen wir nun genauer diskutieren.

Nehmen wir zunächst den Grenzfall hoher Temperaturen T an. Dann kann im Zähler $e^{\frac{\Theta}{T}}$ angenähert gleich 1 gesetzt werden (erstes Glied der Taylorschen Reihe); der Nenner reduziert sich auf $\left(\frac{\Theta}{T}\right)$. Es bleibt also übrig:

(47) $$(C'_v)_{T=\infty} = 3R,$$

d. h. für hohe Temperaturen resultiert das Dulong-Petitsche Gesetz, wie es der Erfahrung entspricht.

Man erkennt also aus (46), daß C'_v als Produkt aus dem Werte $3R$, dem Dulong-Petitschen Werte, und einer Funktion von $\frac{\Theta}{T}$ dargestellt ist; diese letztere liefert gewissermaßen die Korrektion gegenüber den Folgen des Äquipartitionsgesetzes.

Für sehr tiefe Temperaturen ist $\frac{\Theta}{T}$ groß, und es verschwindet im Nenner die 1 gegen $e^{\frac{\Theta}{T}}$; es folgt also:

$$(C_v')_{T=0} = 3\,R\left(\frac{\Theta}{T}\right)^2 e^{-\frac{\Theta}{T}} = 0, \tag{48}$$

da $e^{-\frac{\Theta}{T}}$ stärker zu Null abnimmt, als $\left(\frac{\Theta}{T}\right)^2$ unendlich wird.

Es wird also die Atomwärme C_v' und mithin die spezifische Wärme c_v der festen Körper beim absoluten Nullpunkte selbst gleich Null. Das ist aber die Forderung sowohl des Nernstschen Wärmetheorems in der Planckschen Formulierung [Kap. VII, Nr. 75], als auch des Experimentes, wie wir im Kapitel VIII, Nr. 84 auseinandergesetzt haben. Man sieht also, daß die Gleichung (46), die nach dem Verteilungsgesetz (36) besteht, jedenfalls einen erheblichen Fortschritt gegenüber der früheren Theorie darstellt, indem sie eine solche Temperaturabhängigkeit der spezifischen Wärme liefert, daß für hohe T das Dulong-Petitsche Gesetz, für tiefe T der Wert 0 sich ergibt. Was früher die größte Schwierigkeit war, nämlich die Temperaturabhängigkeit zu erklären, ergibt sich hier von selbst. Es kann also wohl kaum ein Zweifel darüber bestehen, daß wir uns auf dem richtigen Wege befinden.

Wir wollen aber jetzt noch genauer den ganzen Temperaturverlauf der spezifischen Wärme nach (46) untersuchen. Sind mehrere Körper mit den charakteristischen Temperaturen $\Theta_1 < \Theta_2 < \Theta_3 < \ldots$ gegeben, so entnimmt man leicht aus (46), da alles nur von dem Verhältnis $\left(\frac{\Theta}{T}\right)$ abhängt, daß ein bestimmter, von Null verschiedener Wert von C_v' erst bei um so höherer Temperatur erreicht wird, je größer die charakteristische Temperatur Θ der betreffenden Substanz ist. Auch der Wert $3\,R$ des

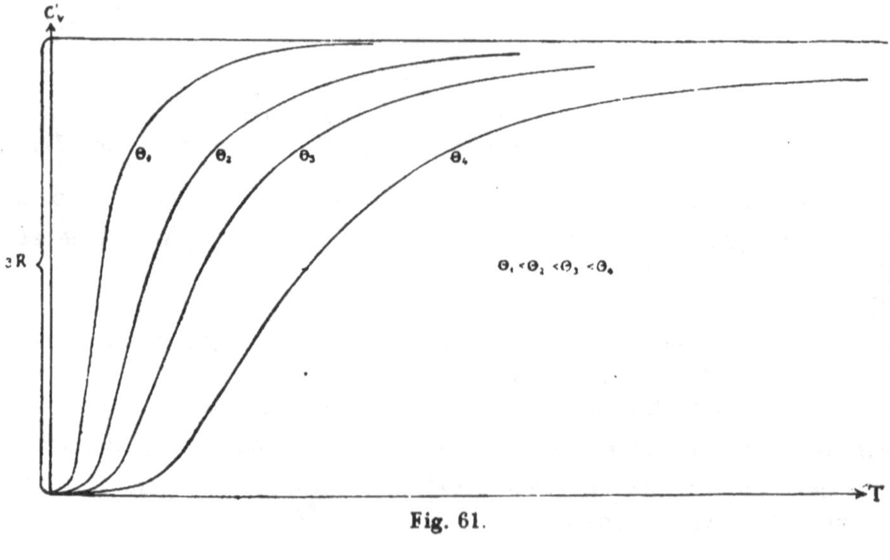

Fig. 61.

Dulong-Petitschen Gesetzes wird um so später erreicht, je größer Θ (und damit ν) ist. Wir haben also das Bild der Fig. 61 zu erwarten.

Es ist nur ein anderer Ausdruck für diesen Sachverhalt, wenn wir folgendes aussagen: Trägt man als Abszissen nicht die absoluten Temperaturen T, sondern $\left(\frac{T}{\Theta}\right)$ auf (d. h. mißt man die Temperaturen in Vielfachen der charakteristischen Temperatur), so müssen für alle Stoffe die Kurven C_v' zusammenfallen. Denn nach (46) ist C_v' eine universelle Funktion von $\left(\frac{\Theta}{T}\right)$. Dieser Forderung der Theorie wird tatsächlich vom Experiment in weitem Umfange entsprochen, worauf wir später (Nr. 115) eingehen wollen.

Zunächst wollen wir die Einsteinsche Formel (46) mit den Messungen Nernsts der Atomwärme des Diamants vergleichen, die wir schon in Kap. VII, Nr. 75, angegeben haben.

Für die in der folgenden Tabelle angegebene höchste Temperatur von 1169° abs. wurde aus dem gemessenen C_p' mit Hilfe der schon häufig angegebenen Korrektionsgleichung C_v' berechnet, daraus nach der Einsteinschen Gleichung (46) die charakteristische Temperatur Θ bestimmt. Sie ergab sich zu:

$$\Theta_{\text{Diam}} = 1450^0 \text{ abs.} \tag{49}$$

Die damit berechneten Werte von C_v' sind in der vierten Spalte der Tabelle eingetragen; in der dritten Spalte stehen die aus den beobachteten C_p'-Werten abgeleiteten C_v'-Werte als „$C'_{v\,\text{beob}}$".

Bei höheren Temperaturen stimmt, wie man sieht, Gl. (46) recht befriedigend, bei den tiefen Temperaturen gar nicht: nach der Einsteinschen Formel nimmt C_v' schneller ab als es der Beobachtung entspricht. Nach Gl. (48) wird nämlich C_v' mit abnehmender Temperatur von unendlich hoher Ordnung gleich Null, wie es der Exponentialfaktor $e^{-\frac{\Theta}{T}}$ verlangt, und hier bedarf die Theorie offenbar noch einer wesentlichen Modifikation.

T	$C'_{p\,\text{beob}}$	$C'_{v\,\text{beob}}$	C_v' ber. nach (46)	C_v' ber. nach Nernst-Lindemann (50)
30°	0,00	0,00	0,000	0,000
42°	0,00	0,00	0,000	0,000
90°	0,03	0,03	0,000026	0,006
207°	0,64	0,64	0,266	0,64
221°	0,74	0,74	0,387	0,76
232°	0,86	0,86	0,465	0,87
243°	0,95	0,95	0,540	—
262°	1,14	1,14	0,728	1,16
284°	1,35	1,35	0,959	1,37
306°	1,58	1,58	1,19	1,59
331°	1,84	1,83	1,47	1,82
358°	2,12	2,11	2,05	2,07
413°	2,66	2,64	2,62	2,53
1169°	5,45	5,24	(5,24)	(5,19)

Nernst und Lindemann[1]) haben nun gefunden, daß die Übereinstimmung viel besser wird, wenn man zu Gl. (46) noch ein Glied von derselben Bauart, aber mit dem Wert $\frac{\Theta}{2}$ $\left(\text{d. h. } \frac{\nu}{2}\right)$ hinzufügt. Sie verwenden also die Gleichung:

$$(50) \qquad C_v' = \frac{3}{2} R \left\{ \frac{\left(\frac{\Theta}{T}\right)^2 e^{\frac{\Theta}{T}}}{\left(e^{\frac{\Theta}{T}} - 1\right)^2} + \frac{\left(\frac{\Theta}{2T}\right)^2 e^{\frac{\Theta}{2T}}}{\left(e^{\frac{\Theta}{2T}} - 1\right)^2} \right\}.$$

Daß eine derartige Formel besser sein muß als die einfache Einsteinsche, kann man an der Hand der Fig. 61 ohne Rechnung leicht einsehen. Denn das zweite Glied allein hat ja kleineres Θ, also werden schon bei niedrigeren Temperaturen höhere Werte von C_v' erreicht als mit dem ersten Gliede allein; beide zusammen werden also bei geeigneter Bestimmung von Θ — diese wird natürlich einen andern Wert ergeben als bei der Einsteinschen Gleichung — in der Tat einen ganz guten Anschluß an das Experiment liefern können. In der letzten Spalte der vorhergehenden Tabelle ist C_v' nach der Nernst-Lindemannschen Gleichung (50) mit $\Theta = 1940^0$ abs. berechnet; man sieht wirklich, daß die Übereinstimmung mit der Erfahrung sehr viel besser geworden ist. Indessen ist auch jetzt noch der Abfall bei tiefen Temperaturen zu stark, nämlich immer noch von unendlich hoher Ordnung, wie (50) ergibt, wenn auch das Gebiet der starken Abweichung mehr nach tiefen Temperaturen gedrückt wird. Außerdem ist die Einführung „halber" Energiequanten ohne tiefere theoretische Bedeutung. Dennoch lehrt uns die Nernst-Lindemannsche Gleichung, in welcher Richtung eine Verbesserung zu suchen ist. Wir gehen darauf in der nächsten Nummer ein.

Hier wollen wir noch nach der Einsteinschen Formel (46) das zu Θ_{Diam} zugehörige ν_{Diam} bestimmen. Da

$$h = 6{,}545 \cdot 10^{-27} \text{ erg} \cdot \text{sec}$$

$$k = 1{,}34 \cdot 10^{-16} \frac{\text{erg}}{\text{grad}}$$

ist, so findet man nach (49):

$$(51) \qquad \nu_{\text{Diam}} = \frac{1450 \cdot 1{,}34 \cdot 10^{-16}}{6{,}545 \cdot 10^{-27}} \text{ sec}^{-1} = 2{,}968 \cdot 10^{13} \text{ sec}^{-1}.$$

Diese Schwingungszahl würde im Vakuum eine Wellenlänge von rund $10{,}1 \cdot 10^{-4}$ cm erzeugen, die also im bequem zugänglichen Teile des ultraroten Spektrums gelegen ist. Besondere Umstände, auf die wir erst bei der Dispersionstheorie (im Schlußbande dieses Buches) näher eingehen können, bewirken hier, daß diese Welle sich weder im Reflexions- noch im Absorptionsspektrum des Diamants, d. h. überhaupt nicht optisch bemerkbar macht.

[1]) Nernst und Lindemann, Sitz.-Ber. d. Berl. Akad. d. Wiss. 1911, pag. 494.

Am Beispiele des Diamants können wir uns noch klar machen, wie kolossal stark die Abweichung der Gleichung (36) von dem gewöhnlichen Äquipartitionstheorem ist. Denn wir können sie bzw. die damit identische Gleichung (32) so schreiben:

$$\bar{u} = \frac{\sum_{\lambda}^{0,\infty} N_\lambda u_\lambda}{\sum N_\lambda} = \frac{0 \cdot h\nu e^{-0 \cdot \frac{h\nu}{kT}} + 1 \cdot h\nu e^{-1 \cdot \frac{h\nu}{kT}} + 2 \cdot h\nu e^{-2 \cdot \frac{h\nu}{kT}} + \ldots}{\sum_{\lambda} e^{-\lambda \frac{h\nu}{kT}}},$$

oder, unter Rücksicht auf Gl. (33), die den Wert des Nenners angibt:

$$(52) \qquad \bar{u} = \sum \frac{N_\lambda}{N} u_\lambda = \left(1 - e^{-\frac{h\nu}{kT}}\right)\left[0 \cdot h\nu \cdot e^{-\frac{0 \cdot h\nu}{kT}} + 1 \cdot h\nu e^{-\frac{1 \cdot h\nu}{kT}} + \ldots\right].$$

Für die Zahlen $\frac{N_\lambda}{N}$, d. h. die relativen Atomzahlen, die mit dem Energiequantum $0 \cdot h\nu$, $1 \cdot h\nu$, $2 \cdot h\nu$, ... d. h. mit keinem, einem, zwei usw. Quanten schwingen, findet man, wenn wir wieder $\frac{h\nu}{k} = \Theta$ setzen:

$$(53) \qquad \begin{cases} \text{mit keinem Quantum:} & \frac{N_0}{N} = 1\left(1 - e^{-\frac{\Theta}{T}}\right), \\ \text{mit einem Quantum:} & \frac{N_1}{N} = e^{-\frac{\Theta}{T}}\left(1 - e^{-\frac{\Theta}{T}}\right), \\ \text{mit zwei Quanten:} & \frac{N_2}{N} = e^{-\frac{2\Theta}{T}}\left(1 - e^{-\frac{\Theta}{T}}\right), \\ \ldots\ldots\ldots\ldots & \end{cases}$$

Für eine Temperatur T von ca. 300° abs. wird $\frac{\Theta}{T}$ rund 5; also ist für Zimmertemperatur bei Diamant:

$$(54) \qquad \begin{cases} \frac{N_0}{N} = 1\,(1 - e^{-5}) \quad = 0{,}993, \\ \frac{N_1}{N} = e^{-5}(1 - e^{-5}) = 0{,}007 \cdot 0{,}993, \\ \frac{N_2}{N} = e^{-10}(1 - e^{-5}) = 0{,}000049 \cdot 0{,}993, \\ \ldots\ldots\ldots\ldots \end{cases}$$

Von 1000 Atomen Diamant besitzen also bei Zimmertemperatur rund 993 gar keine Energie, rund 7 die Energie $h\nu \cong 19 \cdot 10^{-14}$ erg; höhere Energiebeträge hat kein Atom. Dagegen sollte nach dem Äquipartitionstheorem jedes Atom die Energie $3\,kT = 3 \cdot 1{,}34 \cdot 10^{-16} \cdot 300 = 12 \cdot 10^{-14}$ erg besitzen. Man sieht, wie ungeheuer groß hier die Abweichungen der beiden Formeln voneinander sind: von Äquipartition ist gar keine Rede mehr, da 99,3% aller Atome gar keine Energie besitzen!

Je höher die Temperatur wird, desto besser wird natürlich dies Verhältnis, und bei sehr hohen Temperaturen wird schließlich der volle

Äquipartitionswert $3kT$ erreicht, d. h. dann gilt das Dulong-Petitsche Gesetz.

115. Verbesserung der Einsteinschen Theorie durch Debye.

Daß die in der vorhergehenden Nummer dargelegte Einsteinsche Theorie keinen numerischen Anschluß ans Experiment liefert, hat seinen Grund darin, daß das zugrunde gelegte Modell des festen Körpers zu einfach ist. Wir haben dies schon in Nr. 84 hervorgehoben und auch gezeigt, wie man das Modell verbessern kann: Man muß den festen einatomigen Körper als ein System von gekoppelten $\mathfrak{N}$ Massenpunkten betrachten. Ein solches System hat dann nicht eine, sondern $3\,\mathfrak{N}$ Eigenschwingungen, und für jeden Freiheitsgrad gilt eine Gleichung vom Typus der Gleichung (36); die Gesamtenergie U wird also durch folgende Gleichung dargestellt:

$$U = \sum_{\lambda}^{1,3\mathfrak{N}} \frac{h\nu_\lambda e^{-\frac{h\nu_\lambda}{kT}}}{1 - e^{-\frac{h\nu_\lambda}{kT}}}, \tag{55}$$

wo die Summe über sämtliche Eigenschwingungen ν_λ zu erstrecken ist.

Man erkennt sogleich, daß die Nernst-Lindemannsche Gleichung (50) sich als ein Spezialfall dieser allgemeinen Formel erweist, indem sie zwei Eigenschwingungen berücksichtigt, was schon eine erhebliche Verbesserung der ursprünglichen Gleichung bedingt; daß in der Nernst-Lindemannschen Gleichung gerade $\frac{\Theta}{2}$ $\left(\text{bzw. } \frac{\nu}{2}\right)$ neben Θ (bzw. ν) eingesetzt ist, ist theoretisch wohl verhältnismäßig nebensächlich.

Der Weg zur exakten Theorie liegt also klar vor uns; es besteht nur die große praktische Schwierigkeit, die Eigenschwingungen ν_λ wirklich zu bestimmen. Debye[1]) ist es gelungen, durch einen Kunstgriff diese Schwierigkeit zu überwinden.

Denn die zu einer Messung verwendeten Substanzmengen enthalten stets so viele Moleküle in für unsere Sinne so unmeßbar kleinen Abständen, daß wir den festen Körper angenähert als ein Kontinuum nach den Methoden der Elastizitätstheorie behandeln können. Ein Kontinuum hat allerdings unendlich viele Eigenschwingungen; Debye berücksichtigt daher nur die $3\,\mathfrak{N}$ ersten Eigenschwingungen des Kontinuums und bricht dann ab. Diesen Gedankengang wollen wir im folgenden entwickeln. Es wird sich gerade bei tiefen Temperaturen ein sehr guter Anschluß an die Erfahrung ergeben.

Wir haben also nach den Methoden der Elastizitätstheorie das Problem der freien Schwingungen eines geeignet abgegrenzten Körpers zu behandeln. Da derselbe ein im thermodynamischen Gleichgewichte befindliches System darstellen soll, so müssen solche Randbedingungen gewählt werden, daß

[1]) P. Debye, Zur Theorie der spez. Wärmen, Ann. d. Phys. **39**, pag. 787, 1912.

keine Energie von außen zugeführt wird. Die Gestalt des Körpers ist gleichgültig. Debye wählt eine Kugel mit festgehaltener Oberfläche. In diesem Falle ist das System in der Tat nach außen abgeschlossen. Statt dessen hat R. Ortvay[1]) das elastische Problem für ein Parallelepiped gelöst. Er wählt als Grenzbedingung das Verschwinden der Normalverschiebungen und der Tangentialspannungen an der Oberfläche (sog. „gemischte" Grenzbedingungen). Auch dadurch wird offenbar Verschwinden der von den äußeren Kräften geleisteten Arbeit, d. h. Abgeschlossenheit des Systems erzielt. Denn die Normalspannungen leisten keine Arbeit, weil die Normalverschiebungen gleich Null sind, und die Tangentialspannungen sind selbst gleich Null. Dieses Ortvaysche Problem ist sehr viel einfacher zu behandeln als das Debyesche, und wir wollen daher das erstere zugrunde legen.

Bezeichnen wir die Verschiebungskomponenten mit ξ, η, ζ, die Dichte mit ε, durch λ und μ[2]) die elastischen Konstanten des als amorph gedachten Materials, so lauten die Bewegungsgleichungen [Bd. I, Kap. XI, pag. 513ff.; auch die übrigen Bezeichnungen stimmen mit den dort gebrauchten überein]:

$$(56)\quad \begin{cases} \varepsilon \dfrac{\partial^2 \xi}{\partial t^2} = \mu \triangle \xi + (\lambda + \mu) \dfrac{\partial}{\partial x} \left\{ \dfrac{\partial \xi}{\partial x} + \dfrac{\partial \eta}{\partial y} + \dfrac{\partial \zeta}{\partial z} \right\}, \\ \varepsilon \dfrac{\partial^2 \eta}{\partial t^2} = \mu \triangle \eta + (\lambda + \mu) \dfrac{\partial}{\partial y} \left\{ \dfrac{\partial \xi}{\partial x} + \dfrac{\partial \eta}{\partial y} + \dfrac{\partial \zeta}{\partial z} \right\}, \\ \varepsilon \dfrac{\partial^2 \zeta}{\partial t^2} = \mu \triangle \zeta + (\lambda + \mu) \dfrac{\partial}{\partial z} \left\{ \dfrac{\partial \xi}{\partial x} + \dfrac{\partial \eta}{\partial y} + \dfrac{\partial \zeta}{\partial z} \right\}, \end{cases}$$

Das Parallelepiped habe die Kantenlängen α, β, γ; sie seien parallel den Koordinatenachsen orientiert (Fig. 62).

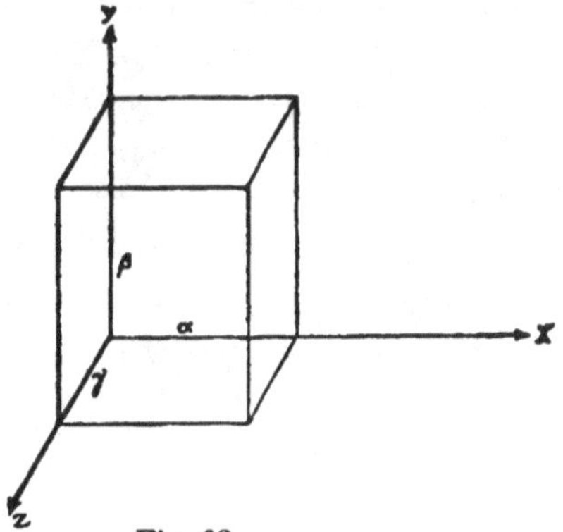

Fig 62.

Nach der obigen Vorschrift lauten die Grenzbedingungen für die drei begrenzenden Ebenenpaare des Parallelepipeds:

---

[1]) R. Ortvay, Ann. d. Phys. 42, pag 745, 1913.

[2]) Eine Verwechselung mit der Masse μ eines Atoms ist wohl hier nicht zu befürchten.

$$
(57)\quad \begin{cases}
\text{für die Ebenen } \begin{Bmatrix} x = 0 \\ x = \alpha \end{Bmatrix} : \begin{cases} Y_x = Z_x = 0 & \text{(Tangentialspannungen)} \\ \xi = 0 & \text{(Normalverschiebung)} \end{cases} \\
\text{für die Ebenen } \begin{Bmatrix} y = 0 \\ y = \beta \end{Bmatrix} : \begin{cases} X_y = Z_y = 0 & \text{(Tangentialspannungen)} \\ \eta = 0 & \text{(Normalverschiebung)} \end{cases} \\
\text{für die Ebenen } \begin{Bmatrix} z = 0 \\ z = \gamma \end{Bmatrix} : \begin{cases} X_z = Y_z = 0 & \text{(Tangentialspannungen)} \\ \zeta = 0 & \text{(Normalverschiebung).} \end{cases}
\end{cases}
$$

Da das elastische Problem **eindeutig** ist, d. h. nur eine Lösung existiert, die die Differentialgleichung nebst Grenzbedingungen befriedigt, können wir darauf verzichten, die Lösung der durch (56) und (57) formulierten Aufgabe **systematisch** zu begründen. Wir können uns vielmehr damit begnügen, die Lösung hinzuschreiben und zu verifizieren. Dann wissen wir, daß es die **einzige** Lösung ist.

Bezeichnen ν eine der möglichen Eigenschwingungszahlen, l, m, n positive ganze Zahlen mit Ausschluß der Null, die Größen A, B, C Integrationskonstanten, so wird eine partikuläre Lösung gegeben durch den reellen Teil folgender Ausdrücke:

$$
(58)\quad \begin{cases}
\xi_{l,m,n} = A_{l,m,n}\, e^{i 2\pi \nu t} \sin\frac{l\pi x}{\alpha} \cdot \cos\frac{m\pi y}{\beta} \cdot \cos\frac{n\pi z}{\gamma}, \\
\eta_{l,m,n} = B_{l,m,n}\, e^{i 2\pi \nu t} \cos\frac{l\pi x}{\alpha} \cdot \sin\frac{m\pi y}{\beta} \cdot \cos\frac{n\pi z}{\gamma}, \\
\zeta_{l,m,n} = C_{l,m,n}\, e^{i 2\pi \nu t} \cos\frac{l\pi x}{\alpha} \cdot \cos\frac{m\pi y}{\beta} \cdot \sin\frac{n\pi z}{\gamma}.
\end{cases}
$$

Die allgemeine Lösung findet man durch Summation über alle Werte l, m, n. Wegen des Auftretens der Sinusglieder verschwindet **jedes** ξ für $x = 0$ und $x = \alpha$, **jedes** η für $y = 0$ und $y = \beta$, **jedes** ζ für $z = 0$ und $z = \gamma$, d. h. es verschwinden, wie verlangt, die **Normalverschiebungen**.

Ferner hängen nach der Elastizitätstheorie die Spannungen $X_x, Y_y, \ldots, Z_z$ mit den Deformationsgrößen $x_x, y_y, \ldots, z_z$ folgendermaßen zusammen [Bd. I, Kap. XI, Nr. 115]:

$$
(59)\quad \begin{cases}
-X_x = \lambda(x_x + y_y + z_z) + 2\mu x_x, \\
-Y_y = \lambda(x_x + y_y + z_z) + 2\mu y_y, \\
-Z_z = \lambda(x_x + y_y + z_z) + 2\mu z_z, \\
-Y_z = \mu y_z, \\
-Z_x = \mu z_x, \\
-X_y = \mu x_y.
\end{cases}
$$

Dabei sind die Deformationsgrößen $x_x, y_y, z_z, y_z, z_x, x_y$ folgende Abkürzungen [Bd. I, Kap. IX, Nr. 102]:

$$
(60)\quad \begin{cases}
x_x = \frac{\partial \xi}{\partial x}, \quad y_y = \frac{\partial \eta}{\partial y}, \quad z_z = \frac{\partial \zeta}{\partial z}, \\
x_y = \frac{\partial \xi}{\partial y} + \frac{\partial \eta}{\partial x}, \quad z_x = \frac{\partial \zeta}{\partial x} + \frac{\partial \xi}{\partial z}, \quad y_z = \frac{\partial \eta}{\partial z} + \frac{\partial \zeta}{\partial y}.
\end{cases}
$$

Es ist also nach (58) und (59) z. B.:

$$-X_y = \mu\left(\frac{\partial \xi}{\partial y} + \frac{\partial \eta}{\partial x}\right) = \mu e^{i 2\pi \nu t} \sin\frac{l\pi x}{\alpha} \cdot \sin\frac{m\pi y}{\beta} \cos\frac{n\pi z}{\gamma}\left\{- A_{l,m,n}\frac{m\pi}{\beta} - B_{l,m,n}\frac{l\pi}{\alpha}\right\},$$

und dieser Ausdruck verschwindet für $x = 0$ und $x = \alpha$, also verschwindet tatsächlich an diesen Stellen X_y; ganz genau so verhalten sich natürlich auch die übrigen Tangentialspannungen.

Die Randbedingungen des Problems werden also durch den Ansatz (58) befriedigt; damit auch die Differentialgleichungen (56) befriedigt werden, müssen gewisse Relationen zwischen den Zahlen l, m, n und der Schwingungszahl ν bestehen, die wir nun feststellen müssen.

Setzen wir zu diesem Zwecke die partikuläre Lösung (58) in die Differentialgleichungen (56) ein, so gewinnen wir z. B. aus der ersten Gl. (56) die folgende Relation:

$$A_{l,m,n}\left\{(\lambda+\mu)\frac{l^2\pi^2}{\alpha^2} + \mu\left(\frac{l^2\pi^2}{\alpha^2} + \frac{m^2\pi^2}{\beta^2} + \frac{n^2\pi^2}{\gamma^2} - \varepsilon\, 4\pi^2\nu^2\right)\right\} + B_{l,m,n}(\lambda+\mu)\frac{l\pi}{\alpha}\frac{m\pi}{\beta}$$
$$+ C_{l,m,n}(\lambda+\mu)\frac{l\pi}{\alpha}\frac{n\pi}{\gamma} = 0,$$

und zwei entsprechende Formeln aus den beiden andern Gleichungen (56). Setzt man zur Abkürzung den Ausdruck

$$(61)\qquad \mu\left(\frac{l^2\pi^2}{\alpha^2} + \frac{m^2\pi^2}{\beta^2} + \frac{n^2\pi^2}{\gamma^2} - 4\pi^2\varepsilon\nu^2\right) = \delta(\nu),$$

so kann man die genannten drei Relationen schreiben:

$$(62)\quad \begin{cases} A_{l,m,n}\left[(\lambda+\mu)\frac{l^2\pi^2}{\alpha^2} + \delta(\nu)\right] + B_{l,m,n}(\lambda+\mu)\frac{l\pi}{\alpha}\frac{m\pi}{\beta} + C_{l,m,n}\frac{l\pi}{\alpha}\frac{n\pi}{\gamma} = 0. \\ A_{l,m,n}(\lambda+\mu)\frac{l\pi}{\alpha}\frac{m\pi}{\beta} + B_{l,m,n}\left[(\lambda+\mu)\frac{m^2\pi^2}{\beta^2} + \delta(\nu)\right] + C_{l,m,n}\frac{m\pi}{\beta}\frac{n\pi}{\gamma} = 0. \\ A_{l,m,n}\frac{l\pi}{\alpha}\cdot\frac{n\pi}{\gamma} + B_{l,m,n}\frac{m\pi}{\beta}\frac{n\pi}{\gamma} + C_{l,m,n}\left[(\lambda+\mu)\frac{n^2\pi^2}{\gamma^2} + \delta(\nu)\right] = 0. \end{cases}$$

Dies sind drei lineare Gleichungen für die Konstanten A_{lmn}, B_{lmn}, C_{lmn}, die also nur dann eine von Null verschiedene Lösung haben, wenn die Determinante verschwindet. Das kann bewerkstelligt werden, da ja in der Determinante die unbekannte Schwingungszahl ν vorkommt. Setzen wir also die Determinante gleich Null, so folgt in bekannter Weise eine Gleichung zur Bestimmung von ν:

$$(63)\quad \begin{vmatrix} (\lambda+\mu)\frac{l^2\pi^2}{\alpha^2} + \delta(\nu), & (\lambda+\mu)\frac{l\pi}{\alpha}\frac{m\pi}{\beta}, & (\lambda+\mu)\frac{l\pi}{\alpha}\frac{n\pi}{\gamma} \\ (\lambda+\mu)\frac{l\pi}{\alpha}\frac{m\pi}{\beta}, & (\lambda+\mu)\frac{m^2\pi^2}{\beta^2} + \delta(\nu), & (\lambda+\mu)\frac{m\pi}{\beta}\frac{n\pi}{\gamma} \\ (\lambda+\mu)\frac{l\pi}{\alpha}\frac{n\pi}{\gamma}, & (\lambda+\mu)\frac{m\pi}{\beta}\frac{n\pi}{\gamma}, & (\lambda+\mu)\frac{n^2\pi^2}{\gamma^2} + \delta(\nu) \end{vmatrix} = 0.$$

Bei der vollständigen Behandlung des elastischen Problems hätten wir aus dieser Gleichung die verschiedenen Werte $\nu = \nu_{l,m,n}$ zu bestimmen, diese in Gl. (62) einzusetzen, die dann zu jedem Werte von $\nu_{l,m,n}$ die

Verhältnisse $\frac{A_{l,m,n}}{C_{l,m,n}}$ und $\frac{B_{l,m,n}}{C_{l,m,n}}$ liefern würden. Diese letzteren interessieren uns hier aber nicht, da es uns nur auf die Schwingungszahlen ν ankommt (das elastische Problem ist uns hier sozusagen nur Mittel zum Zweck), und wir wollen daher nur (63) weiter behandeln. Man kann diese Gleichung nach einfacher Rechnung in die Form bringen:

$$(64) \qquad (\lambda + \mu)\left(\frac{l^2\pi^2}{\alpha^2} + \frac{m^2\pi^2}{\beta^2} + \frac{n^2\pi^2}{\gamma^2}\right)\delta^2(\nu) + \delta^3(\nu) = 0,$$

und diese hat offenbar als Gleichung für $\delta(\nu)$ betrachtet die Wurzeln:

$$(65) \qquad \delta(\nu) = 0, \qquad \delta(\nu) = 0,$$

$$(66) \qquad (\lambda + \mu)\left(\frac{l^2\pi^2}{\alpha^2} + \frac{m^2\pi^2}{\beta^2} + \frac{n^2\pi^2}{\gamma^2}\right) + \delta(\nu) = 0,$$

von denen die erstere offenbar eine Doppelwurzel ist, was bald seine physikalische Erklärung finden wird. Führen wir nun für $\delta(\nu)$ seinen Wert aus (61) ein, so kann man diese Gleichungen schreiben:

$$(67) \qquad \frac{\mu}{\varepsilon}\left\{\frac{l^2\pi^2}{\alpha^2} + \frac{m^2\pi^2}{\beta^2} + \frac{n^2\pi^2}{\gamma^2}\right\} = 4\pi^2\nu^2 \text{ (Doppelwurzel)},$$

$$(68) \qquad \frac{\lambda + 2\mu}{\varepsilon}\left\{\frac{l^2\pi^2}{\alpha^2} + \frac{m^2\pi^2}{\beta^2} + \frac{n^2\pi^2}{\gamma^2}\right\} = 4\pi^2\nu^2.$$

Das sind die Relationen, die zwischen den Größen l, m, n und den Schwingungszahlen ν bestehen müssen, damit der Ansatz (58) eine Lösung der elastischen Gleichungen ist.

Die Größen $\frac{\mu}{\varepsilon}$ bzw. $\frac{\lambda + 2\mu}{\varepsilon}$ haben eine einfache physikalische Bedeutung. Nach pag. 560, Gl. (26) und (27) des I. Bandes ist die erstere das Quadrat der Fortpflanzungsgeschwindigkeit einer Transversalwelle, die letztere aber das Quadrat der Fortpflanzungsgeschwindigkeit der Longitudinalwelle; also ist in leicht verständlicher Bezeichnung:

$$(69) \qquad \frac{\mu}{\varepsilon} = c_t^2, \qquad \frac{\lambda + 2\mu}{\varepsilon} = c_l^2.$$

Und nun erkennt man auch, weshalb die auf die Transversalwelle bezügliche Gleichung (65) bzw. (67) zweimal auftritt. Jede Transversalwelle nämlich kann in zwei zueinander senkrechte, linear polarisierte Komponenten aufgespalten werden, während natürlich bei den Longitudinalwellen der Begriff der Polarisation nicht anwendbar ist. Jede Schwingungszahl einer Transversalwelle ist daher doppelt zu zählen.

Schreiben wir nun die Gleichungen (67) und (68) in einer Form, die eine geometrische Deutung ermöglicht:

$$(70) \qquad \frac{l^2}{\left(\frac{4\nu^2\alpha^2}{c_t^2}\right)} + \frac{m^2}{\left(\frac{4\nu^2\beta^2}{c_t^2}\right)} + \frac{n^2}{\left(\frac{4\nu^2\gamma^2}{c_t^2}\right)} = 1,$$

$$(71) \qquad \frac{l^2}{\left(\frac{4\nu^2\alpha^2}{c_l^2}\right)} + \frac{m^2}{\left(\frac{4\nu^2\beta^2}{c_l^2}\right)} + \frac{n^2}{\left(\frac{4\nu^2\gamma^2}{c_l^2}\right)} = 1.$$

Das sind, wenn l, m, n als kartesische Koordinaten aufgefaßt werden, die Gleichungen zweier dreiachsiger Ellipsoide, und damit können wir folgende Frage geometrisch beantworten: Gegeben sei ein fester Wert ν einer Eigenschwingungszahl; wieviele mögliche Eigenschwingungen befinden sich unterhalb dieses Wertes ν?

Jedes Tripel (l, m, n) stellt nun einen ganz bestimmten Punkt im Raume dar; die Gesamtheit der Punkte (l, m, n) bildet ein unendlich ausgedehntes kubisches „Punktgitter", dessen „Zellen" offenbar von der Größe 1 sind. Da nun zu jedem Wertetripel (l, m, n) nach (70) bzw. (71) eine Eigenschwingung gehört und nur positive Werte l, m, n zulässig sind, so haben wir unterhalb eines gegebenen Wertes ν so viele Eigenschwingungen, als Gitterpunkte im Oktanten eines der Ellipsoide (70) bzw. (71) liegen, wenn in diesen Gleichungen ν gleich dem vorgegebenen Werte gesetzt wird. Da der Inhalt eines Ellipsoides von den Halbachsen a, b, c gleich $\frac{4}{3} abc\pi$ ist, so hat der Oktant den Inhalt $\frac{1}{6} abc\pi$, und das gibt für das Ellipsoid (70), d. h. für die Transversalschwingungen:

$$\frac{1}{6} \cdot \frac{2\nu\alpha}{c_t} \cdot \frac{2\nu\beta}{c_t} \cdot \frac{2\nu\gamma}{c_t} \pi,$$

oder:

$$\frac{4\pi}{3} (\alpha\beta\gamma) \frac{\nu^3}{c_t^3},$$

oder, da $(\alpha\beta\gamma)$ gleich dem Volumen V unseres (parallelepipedischen) Körpers ist:

$$\frac{4\pi}{3} V \frac{\nu^3}{c_t^3};$$

diese Zahl von Transversalschwingungen ist nun noch nach der obigen Bemerkung doppelt zu zählen; also ist die Zahl der Transversalschwingungen unterhalb ν:

$$2 \cdot \frac{4\pi}{3} V \frac{\nu^3}{c_t^3}. \tag{72}$$

Ganz ebenso folgt für die Zahl der Longitudinalschwingungen unterhalb ν:

$$\frac{4\pi}{3} V \frac{\nu^3}{c_l^3}, \tag{73}$$

also für die Gesamtzahl Z aller Eigenschwingungen unterhalb ν:

$$Z = \frac{4\pi}{3} V \left\{ \frac{2}{c_t^3} + \frac{1}{c_l^3} \right\} \nu^3. \tag{74}$$

Nun haben wir oben bemerkt, daß ein Körper mit $\mathfrak{N}$ punktförmigen Atomen überhaupt nur $3\mathfrak{N}$ Eigenschwingungen besitzt, und daß wir die unendliche Reihe der Eigenschwingungen des Kontinuums bei dieser Zahl $3\mathfrak{N}$ abbrechen müssen, wenn dieses Kontinuum eine angenäherte Darstellung für einen wirklichen Körper sein soll. Nennen wir also die größte noch zulässige Schwingungszahl ν_m, so muß nach (74) sein:

$$3\,\mathfrak{N} = \frac{4\pi}{3} V \left\{\frac{2}{c_t^3} + \frac{1}{c_l^3}\right\} \nu_m^3,$$

oder:

$$\nu_m^3 = \frac{9\,\mathfrak{N}}{4\pi V} \frac{1}{\frac{2}{c_t^3} + \frac{1}{c_l^3}}. \tag{75}$$

Ferner können wir aus (74) entnehmen, welche Zahl ΔZ von Eigenschwingungen in dem Intervalle zwischen ν und $(\nu + \Delta\nu)$ enthalten ist; wir brauchen zu diesem Zwecke (74) nur zu differentiieren:

$$\Delta Z = 4\pi V \left\{\frac{2}{c_t^3} + \frac{1}{c_l^3}\right\} \nu^2 \Delta\nu,$$

oder, in Rücksicht auf (75):

$$\Delta Z = \frac{9\,\mathfrak{N}\,\nu^2\,\Delta\nu}{\nu_m^3}. \tag{76}$$

Damit aber sind wir schon in der Lage, die Gesamtenergie U unseres festen Körpers zu berechnen, d. h. die spezifische Wärme anzugeben.

Denn auf jede Eigenschwingung ν entfällt der mittlere Energiebetrag (36)

$$\bar{u} = \frac{h\nu}{e^{\frac{h\nu}{kT}} - 1},$$

also auf die Eigenschwingungen in dem Intervalle zwischen ν und $(\nu + \Delta\nu)$ nach (76) der Energiebetrag:

$$\Delta Z \cdot \bar{u} = \frac{9\,\mathfrak{N}\,\nu^2\,\Delta\nu}{\nu_m^3} \cdot \frac{h\nu}{e^{\frac{h\nu}{kT}} - 1} = \frac{9\,\mathfrak{N}}{\nu_m^3} \frac{h\nu^3\,\Delta\nu}{e^{\frac{h\nu}{kT}} - 1},$$

also schließlich auf alle Eigenschwingungen unterhalb ν_m, d. h. alle Freiheitsgrade des festen Körpers:

$$U = \frac{9\,\mathfrak{N}}{\nu_m^3} \int_0^{\nu_m} \frac{\nu^2\,h\nu \cdot \Delta\nu}{e^{\frac{h\nu}{kT}} - 1}. \tag{77}$$

Die Ausrechnung dieses Integrals muß uns dann auch durch Differentiation nach T die spezifische Wärme unseres Festkörpers liefern.

Setzt man zunächst

$$\frac{h\nu}{kT} = \xi,$$

also

$$\nu = \frac{kT\xi}{h}, \qquad \Delta\nu = \frac{kT}{h}\Delta\xi,$$

so kann U geschrieben werden:

(78)
$$U = \frac{9\,\mathfrak{N}\,h}{\nu_m^3} \int_0^{\xi_m} \frac{\left(\frac{k\,T}{h}\right)^4 \xi^3 \,\Delta\xi}{e^{\xi} - 1},$$

(wobei sinngemäß $\xi_m = \frac{h\,\nu_m}{k\,T}$ gesetzt ist) oder etwas anders angeordnet:

$$U = 9\,\mathfrak{N}\,k\,T \left(\frac{k\,T}{h\,\nu_m}\right)^3 \int_0^{\xi_m} \frac{\xi^3\,\Delta\xi}{e^{\xi} - 1},$$

oder, wenn man schließlich noch eine „charakteristische" Temperatur Θ durch die Beziehung

(79)
$$\frac{h\,\nu_m}{k\,T} = \xi_m = \frac{\Theta}{T}$$

einführt:

(80)
$$U = 3\,\mathfrak{N}\,k\,T \cdot 3 \left(\frac{T}{\Theta}\right)^3 \int_0^{\frac{\Theta}{T}} \frac{\xi^3\,\Delta\xi}{e^{\xi} - 1}.$$

Setzt man endlich noch zur Abkürzung

$$\frac{\Theta}{T} = x,$$

so folgt die relativ einfache Form:

(81)
$$U = 3\,\mathfrak{N}\,k\,T \cdot \frac{3}{x^3} \int_0^{x} \frac{\xi^3\,\Delta\xi}{e^{\xi} - 1}.$$

Nehmen wir jetzt ein Mol (bzw. ein Grammatom) unseres einatomigen Körpers, d. h. setzen wir $\mathfrak{N} = N$, der Avogadroschen Zahl, so wird V entsprechend gleich dem Volumen eines Mols bzw. Grammatoms, und wir erhalten aus (81) durch Differentiation nach T die Atomwärme C_v' unseres Festkörpers. Man findet, da $\frac{\partial U}{\partial T} = \frac{\partial U}{\partial x}\frac{d\,x}{d\,T}$ ist:

$$C_v' = 3\,N k \left[\frac{12}{x^3} \int_0^{x} \frac{\xi^3\,\Delta\xi}{e^{\xi} - 1} - \frac{3\,x}{e^{x} - 1}\right],$$

oder, da $k = \frac{R}{N}$ ist:

(82)
$$C_v' = 3\,R \cdot \left[\frac{12}{x^3} \int_0^{x} \frac{\xi^3\,\Delta\xi}{e^{\xi} - 1} - \frac{3\,x}{e^{x} - 1}\right].$$

$3\,R$ ist nun der nach dem Äquipartitionstheorem (dem Dulong-Petitschen Gesetz) folgende Wert für C_v', der für sehr hohe Temperaturen erreicht wird; wir können also (82) auch schreiben:

(83) $$\frac{C'_v}{C'_{v\infty}} = \frac{12}{x^3}\int_0^x \frac{\xi^3 \Delta\xi}{e^\xi - 1} - \frac{3x}{e^x - 1}.$$

Wenn diese Formel richtig ist, so bedeutet sie, daß die Atomwärmen aller einatomigen Stoffe in ihrer Abhängigkeit von der Temperatur durch eine universelle Funktion von $x = \frac{\Theta}{T}$ dargestellt werden, eine Folgerung, die auch der einfachen Einsteinschen Theorie eigentümlich war. Inwieweit dieser Forderung der Theorie durch die Erfahrung entsprochen wird, wird nachher diskutiert werden.

Zunächst wollen wir den Ausdruck (83) für sehr hohe Temperaturen ($x = 0$) und sehr niedrige Temperaturen ($x = \infty$) diskutieren. Für ersteren Fall muß natürlich, wenn die ganze Theorie brauchbar sein soll, der Äquipartitionswert $C'_v = 3R$ sich ergeben, d. h. der Ausdruck auf der rechten Seite von (83) muß gleich 1 werden. Nehmen wir nun x sehr klein an, so können wir in den beiden Exponentialfunktionen im Nenner eine Taylorsche Entwicklung vornehmen, die mit dem linearen Gliede abbricht. Das gibt zunächst:

$$\lim_{x=0}\left(\frac{C'_v}{C'_{v\infty}}\right) = \frac{12}{x^3}\int_0^x \frac{\xi^3 \Delta\xi}{\xi} - \frac{3x}{x} = \frac{12}{x^3}\int_0^x \xi^2 \Delta\xi - 3,$$

und das ist in der Tat gleich 1, womit wirklich aus der Debyeschen Theorie für hohe Temperaturen sich ergibt:

$$(C'_v)_{T=\infty} = 3R.$$

Damit ergibt sich natürlich auch für U bei hohen Temperaturen der Äquipartitionswert:

$$(U_{\text{Gr. At.}})_{T=\infty} = 3RT.$$

Nehmen wir nun auch den Grenzfall sehr kleiner Temperaturen ($x = \infty$). Dann können wir in dem Integral in (83) die obere Grenze gleich ∞ nehmen, womit das Integral ein reiner Zahlenfaktor wird; der Ausdruck

$$\frac{3x}{e^x - 1}$$

wird angenähert, da 1 neben e^x zu vernachlässigen ist, gleich $3xe^{-x}$, und das ist für unendliches x gleich Null. Wir finden also für sehr tiefe Temperaturen, wenn wir noch für x den Wert $\frac{\Theta}{T}$ einführen:

(84) $$\left(\frac{C'_v}{C'_{v\infty}}\right)_{T=0} = 12\frac{T^3}{\Theta^3}\int_0^\infty \frac{\xi^3 \Delta\xi}{e^\xi - 1},$$

d. h. wenn wir zur Abkürzung

$$\int_0^\infty \frac{\xi^3 \Delta\xi}{e^\xi - 1} = \Psi'$$

setzen:

(85) $$(C_v')_{T=0} = C_{v\infty}' \cdot \frac{12\Psi}{\Theta^3} \cdot T^3,$$

d. h. die spezifische Wärme einatomiger fester Körper ist bei tiefer Temperatur proportional der dritten Potenz der absoluten Temperatur, sie nimmt also von dritter Ordnung mit sinkender Temperatur zu Null ab. Das ist nun der fundamentale Unterschied gegen die ursprüngliche Einsteinsche (und auch Nernst-Lindemannsche) Formel, daß hier C_v' nicht mehr exponentiell, d. h. von unendlich hoher Ordnung, Null wird, und darauf beruht auch die sich gleich zeigende Überlegenheit der Debyeschen Theorie im Verhältnis zur Erfahrung[1]).

Wir wollen nun noch den Zahlenwert von Ψ bestimmen. Wir können schreiben:

$$\Psi = \int_0^\infty \frac{\xi^3 e^{-\xi} \Delta\xi}{1 - e^{-\xi}} = \int_0^\infty \Delta\xi^3\, \xi^3 e^{-\xi} [1 + e^{-\xi} + e^{-2\xi} + e^{-3\xi} + \ldots],$$

oder einfacher:

(86) $$\Psi = \sum_\varrho^{1,\,\infty} \int_0^\infty \Delta\xi \cdot \xi^3 e^{-\varrho\xi}.$$

Jedes dieser Integrale läßt sich durch partielle Integration berechnen. Wir haben der Reihe nach, wenn wir $\varrho\xi = \eta$ als neue Variable einführen:

$$\int_0^\infty \xi^3 e^{-\varrho\xi} \Delta\xi = \frac{1}{\varrho^4}\int_0^\infty \eta^3 e^{-\eta} \Delta\eta = -\frac{1}{\varrho^4}\int_0^\infty \eta^3 \Delta(e^{-\eta}) = -\frac{1}{\varrho^4}\Big[\eta^3 e^{-\eta}\Big]_0^\infty$$
$$+ \frac{3}{\varrho^4}\int_0^\infty e^{-\eta}\eta^2 \Delta\eta.$$

In derselben Weise fortfahrend, erhält man schließlich:

(87) $$\int_0^\infty \xi^3 e^{-\varrho\xi} \Delta\xi = -\frac{1}{\varrho^4}\Big[\eta^3 e^{-\eta}\Big]_0^\infty - \frac{3}{\varrho^4}\Big[\eta^2 e^{-\eta}\Big]_0^\infty - \frac{6}{\varrho^4}\Big[\eta e^{-\eta}\Big]_0^\infty - \frac{6}{\varrho^4}\Big[e^{-\eta}\Big]_0^\infty,$$

und darin liefert nur die untere Grenze des letzten Integrales einen von Null verschiedenen Beitrag, sodaß schließlich folgt:

(88) $$\int_0^\infty \xi^3 e^{-\varrho\xi} \Delta\xi = \frac{6}{\varrho^4}.$$

Mithin wird nach (86) der gesuchte Zahlenkoeffizient Ψ:

[1]) Es ist indessen zu beachten, daß dies T^3-Gesetz streng genommen nur gilt für $N = \infty$. Da wir es immer mit einer endlichen, wenn auch sehr großen Zahl von Freiheitsgraden zu tun haben, muß für extrem tiefe Temperaturen ein Gebiet existieren, in dem (C_v') exponentiell verschwindet, wie nach Einstein und Nernst-Lindemann. Dieses Temperaturgebiet wird in normalen Fällen experimentell nie erreicht.

$$\Psi = \sum_{\varrho}^{1,\infty} \int \xi^3 e^{-\varrho\xi} \Delta\xi = 6 \sum_{\varrho}^{1,\infty} \frac{1}{\varrho^4},$$

d. h.:

(89) $$\Psi = 6\left[\frac{1}{1^4} + \frac{1}{2^4} + \frac{1}{3^4} + \frac{1}{4^4} + \ldots\right].$$

Diese Reihe hat aber den Wert $\frac{\pi^4}{90}$, sodaß schließlich folgt:

(90) $$\Psi = \frac{6}{90}\pi^4 = \frac{\pi^4}{15}.$$

Mithin wird nach (85) für tiefe Temperaturen:

(91) $$(C_v')_{T=0} = 3R \cdot \frac{12\pi^4}{15\Theta^3} T^3 = 77{,}938 \cdot 3R\left(\frac{T}{\Theta}\right)^3.$$

Für tiefe Temperaturen wird dementsprechend U proportional der vierten Potenz der absoluten Temperatur:

(92) $$\lim_{T=0} \{U_{\text{Gr. At.}}\} = \frac{77{,}938 \cdot 3R}{4\Theta^3} \cdot T^4.$$

Wir haben schließlich noch für mittlere Temperaturen C_v' gemäß (83) zu bestimmen. Wir können schreiben, ganz ähnlich wie vorhin, (nur daß die Integralgrenze jetzt x, nicht ∞ ist):

$$\frac{C_v'}{C_{v\infty}'} = \frac{12}{x^3}\int_0^x \xi^3 e^{-\xi} \Delta\xi \, [1 + e^{-\xi} + e^{-2\xi} + \ldots] - \frac{3x}{e^x - 1},$$

oder:

$$\frac{C_v'}{C_{v\infty}'} = \frac{12}{x^3}\sum_{\varrho}^{1,\infty}\int_0^x \xi^3 e^{-\varrho\xi} \Delta\xi - \frac{3x}{e^x - 1},$$

und wenn wir beachten, daß allgemein:

$$\int_0^x = \int_0^\infty - \int_x^\infty$$

ist:

(93) $$\frac{C_v'}{C_{v\infty}'} = \frac{12}{x^3}\sum_{\varrho}^{1,\infty}\int_0^\infty \xi^3 e^{-\varrho\xi} \Delta\xi - \frac{12}{x^3}\sum_{\varrho}^{1,\infty}\int_x^\infty \xi^3 e^{-\varrho\xi} \Delta\xi - \frac{3x}{e^x - 1}.$$

Die Summe der Integrale im ersten Gliede ist nach (86) gleich Ψ und hat also den Wert $\frac{\pi^4}{15}$.

Das zweite Integral kann ähnlich wie (87) geschrieben werden, wo nur die untere Grenze ebenfalls durch x zu ersetzen ist und wo für η wieder $\varrho\xi$ geschrieben werden möge:

$$\int_x^\infty \xi^3 e^{-\varrho\xi} \Delta\xi = -\frac{1}{\varrho^4}\Big[(\varrho\xi)^3 e^{-\varrho\xi} + 3(\varrho\xi)^2 e^{-\varrho\xi} + 6(\varrho\xi)e^{-\varrho\xi} + 6e^{-\varrho\xi}\Big]_x^\infty.$$

Die obere Grenze liefert überall Null, sodaß einfacher folgt:

$$\int_x^\infty \xi^3 e^{-\varrho\xi} \Delta\xi = \frac{e^{-\varrho x}}{\varrho^4}[\varrho^3 x^3 + 3\varrho^2 x^2 + 6\varrho x + 6],$$

oder endlich:

$$\int_x^\infty \xi^3 e^{-\varrho\xi} \Delta\xi = x^4 e^{-\varrho x}\left[\frac{1}{\varrho x} + \frac{3}{\varrho^2 x^2} + \frac{6}{\varrho^3 x^4} + \frac{6}{\varrho^4 x^4}\right]. \tag{94}$$

Insgesamt ergibt sich also nach (93) und (94) folgende Darstellung für mittlere Temperaturen:

$$\frac{C'_v}{C'_{v\infty}} = \frac{4\pi^4}{15}\frac{1}{x^3} - \frac{3x}{e^x - 1} - 12x\sum_\varrho^{1,\infty} e^{-\varrho x}\left[\frac{1}{\varrho x} + \frac{3}{\varrho^2 x^2} + \frac{6}{\varrho^3 x^3} + \frac{6}{\varrho^4 x^4}\right]. \tag{95}$$

Praktisch brauchen von der hier auftretenden Summe stets nur wenige Glieder berechnet zu werden. Will man nur eine Genauigkeit von 1 % haben, so genügt im Intervalle von $T = 0$ bis $T = \frac{\Theta}{12}$ bereits das erste Glied von (95) allein; bei derselben Genauigkeit genügen von $T = \frac{\Theta}{12}$ bis $T = \frac{\Theta}{2}$ die drei ersten Summenglieder; die Berechnung von 4 Gliedern bringt die Genauigkeit im ganzen Intervalle von $T = 0$ bis $T = \frac{\Theta}{2}$ auf über $^1/_{10}$ %. Um ein Beispiel zu geben, sei erwähnt, daß die charakteristische Temperatur des Diamants nach der Debyeschen Formel gleich 1843° abs. ist. Für das Intervall $T = 0$ bis $T = \frac{\Theta}{12} = 153°$ abs. genügt also das erste Glied von (95), bis $T = \frac{\Theta}{2} = 920°$ abs. müssen die drei bzw. vier ersten Summenglieder hinzugenommen werden.

Wie bestätigt sich nun die Debyesche Formel (83) an der Erfahrung? Zunächst: wie steht es mit der qualitativen Forderung, daß C'_v nach (83) eine universelle Funktion von x, d. h. von $\frac{\Theta}{T}$ ist? Wenn diese Forderung zutrifft, so müssen für sämtliche einatomigen Stoffe die Kurven der Atomwärmen zusammenfallen, wenn statt T die Größe $\left(\frac{T}{\Theta}\right)$ als Abszisse aufgetragen wird. Diese Forderung ist tatsächlich in vollem Umfange, wenigstens für tiefe Temperaturen, erfüllt, wie ein Blick auf die Fig. 63 ergibt, in der die Atomwärmen von Al, Ag, Cu dargestellt sind: Die gemessenen Punkte liegen sämtlich auf einer glatten Kurve.

Dies Verhalten ist jedoch nicht auf die genannten Stoffe beschränkt, sondern es ließen sich in diese Figur mit demselben Erfolge noch eintragen die Stoffe Pb, Zn, C, Ca, Tl, Ag, J, Cd, Na; ja sogar die mehr-

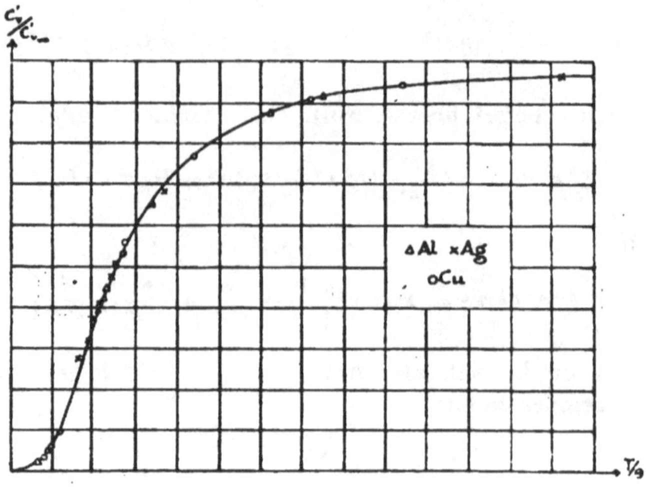

Fig. 63.

atomigen Verbindungen KBr, KCl, CaF_2, FeS_2[1]). Wir tragen diese Stoffe nur deshalb nicht ein, weil die Zahl der Punkte viel zu groß ist, um in einer Kurve Platz zu finden.

Die ausgezogene Kurve ist die nach der Debyeschen Formel berechnete. Es stimmt also auch quantitativ, wenigstens in Gebieten tiefer Temperaturen, wo früher die größten Abweichungen waren, die neue Theorie mit der Erfahrung überein. Speziell bestätigt sich das T^3-Gesetz für tiefe Temperaturen, das insbesondere durch sehr sorgfältige Messungen von Eucken, Schwers und Nernst für eine Anzahl von Stoffen geprüft worden ist. Dagegen sind bei hohen Temperaturen für die Mehrzahl der Stoffe zweifellos Abweichungen von der Debyeschen Theorie vorhanden, die die Versuchsfehler übersteigen: hier fallen die Kurven nicht mehr streng zusammen, sondern es zeigen sich individuelle Eigentümlichkeiten[2]). Wir kommen später noch auf diese Frage zurück.

Die Θ-Werte sind bei den obigen Angaben natürlich so bestimmt, daß der Anschluß ein möglichst günstiger wird.

Um des genaueren die Übereinstimmung der Debyeschen Gleichung mit der Erfahrung zu zeigen, wollen wir wieder unsere alte Tabelle für Diamant nehmen, in der jetzt die letzte Spalte die nach Debye berechneten Werte von C' enthält; Θ ist gleich 1843° abs. genommen.

[1]) Vgl. hierzu den zusammenfassenden Bericht von E. Schrödinger, „Der Energieinhalt der Festkörper", Phys. Zschr. 20, pag. 420ff., 1919. Dort sind sämtliche oben aufgeführten Stoffe in Kurven vereinigt.

[2]) Für ganz hohe Temperaturen fallen die Kurven natürlich wieder zusammen; dort gilt ja das Dulong-Petitsche Gesetz. Das oben Gesagte bezieht sich also auf ein mittleres Temperaturgebiet, oberhalb der Gültigkeit des T^3-Gesetzes und unterhalb der Gültigkeit des Dulong-Petitschen Gesetzes.

T	C'_v beob.	C'_v ber. nach (95)
30°	0,00	0,00
42°	0,00	0,00
90°	0,03	0,054
207°	0,64	0,655
221°	0,74	0,77
231°	0,86	0,83
243°	0,95	0,94
262°	1,14	1,13
284°	1,35	1,34
306°	1,58	1,58
331°	1,83	1,83
358°	2,11	2,12
413°	2,64	2,63
1169°	5,24	5,28

Man erkennt, daß hier der steile Abfall, der für die Einsteinsche Theorie bei tiefen Temperaturen charakteristisch war, nicht mehr eintritt, sodaß wir berechtigt sind, für einatomige amorphe Körper bei tiefen Temperaturen in der Debyeschen Formel die Lösung des Problems der spezifischen Wärme zu sehen. Wie es kommt, daß diese Formel nach den obigen Angaben auch für kristallisierte und mehratomige Stoffe gilt (bei tiefen Temperaturen), wird später erörtert werden. Vorher wollen wir noch eine dritte Prüfung der Debyeschen Theorie vornehmen. Die charakteristische Temperatur Θ, oder, was nach (79) auf dasselbe hinauskommt, die maximale Schwingungszahl ν_m, die sogenannte „Grenzfrequenz", haben wir bisher so bestimmt, daß die Anpassung der theoretischen Werte an die gemessenen eine möglichst gute wird. Wir können aber ν_m, d. h. Θ, auch nach (79) und (69) aus den elastischen Konstanten λ und μ des Materials berechnen. Mit dem Elastizitätsmodul E, dem Querkontraktionskoeffizienten σ und dem Kompressionsmodul K hängen λ und μ folgendermaßen zusammen [Bd. I, pag. 521, Gl. (24a) sowie pag 513, Gl. (45)]:

$$\frac{\mu(3\lambda+2\mu)}{\lambda+\mu}=E,$$

$$\frac{\lambda}{2(\lambda+\mu)}=\sigma,$$

$$\frac{3\lambda+2\mu}{3}=K.$$

Kombiniert man diese Gleichungen mit (75) und (69), so erhält man für Θ die folgende Gleichung, in der M das Atomgewicht, N die Avogadrosche Zahl ist:

$$\Theta=\frac{h}{k}\left(\frac{9N}{4\pi}\right)^{\frac{1}{3}}\frac{K^{\frac{1}{2}}}{M^{\frac{1}{3}}\varepsilon^{\frac{1}{6}}}\cdot\frac{1}{f^{\frac{1}{3}}(\sigma)}. \tag{96}$$

Dabei ist

$$f(\sigma) = 2\left(\frac{2}{3}\,\frac{1+\sigma}{1-2\sigma}\right)^{\frac{3}{2}} + \left(\frac{1+\sigma}{3(1-\sigma)}\right)^{\frac{3}{2}}.$$

Setzt man die Zahlenwerte für h, k und N ein, so wird:

(97) $$\Theta = \frac{35{,}74 \cdot 10^{-4} K^{\frac{1}{2}}}{M^{\frac{1}{3}} \varrho^{\frac{1}{6}} f^{\frac{1}{3}}(\sigma)}.$$

Für die Metalle sind die genannten Größen durch zahlreiche Messungen bekannt (Bd. I, pag. 549); für diese Stoffe kann man also auch ν_m bzw. Θ berechnen. Die Übereinstimmung dieser auf elastischem Wege bestimmten Werte mit den auf „thermischem" Wege (durch den Verlauf der spezifischen Wärmen) ermittelten liefert eine neue Probe auf die Richtigkeit der Debyeschen Theorie. Die folgende Tabelle[1]) gibt Aufschluß darüber; in der zweiten und dritten Spalte derselben sind die Θ-Werte aus thermischen und elastischen Messungen nebeneinander eingetragen.

Material	Θ thermisch	Θ elastisch	Θ optisch
Pb	88	75	—
Cd	168	174	—
KBr	177	—	177
Ag	215	220	—
KCl	230	227	230
NaCl	281	305	281
Cu	315	341	—
Al	398	413	—
Fe	453	484	—
CaF_2	474	510	442
FeS_2	645	691	—
$C_{(Diam)}$	1843	—	—

Die Übereinstimmung ist im allgemeinen so gut, als man es bei der relativ großen Unsicherheit der elastischen Größen erwarten kann: die Größenordnung ist jedenfalls vorzüglich getroffen, und man kann an dem nahen Zusammenhange zwischen Θ bzw. ν_m und den elastischen Konstanten in festen Stoffen nicht zweifeln. Das heißt aber nichts anderes, als daß die Wärmebewegung in festen Stoffen identisch mit den elastischen Eigenschwingungen derselben ist. Nach der obigen Tabelle besitzt der Diamant das größte Θ; dies ist nach (97) zu erwarten, da seine Härte (d. h. sein Kompressionsmodul) sehr groß und sein Atomgewicht gering ist.

In der obigen Tabelle ist noch eine vierte Spalte „$\Theta_{optisch}$" zugefügt. Damit hat es folgende Bewandtnis:

Die einzelnen Schwingungszahlen des festen Körpers, die in der Debyeschen Theorie auftreten und deren größte die Grenzfrequenz ν_m ist, sind die einzig möglichen, die unser Körper ausführen kann. Nun kennen wir — zwar nicht bei den einatomigen, aber bei den mehratomigen Substanzen — durch optische Untersuchungen, z. B. durch Messung

[1]) Die Tabelle ist (gekürzt) der genannten Zusammenstellung von Schrödinger entnommen.

des Reflexionsvermögens, gewisse Eigenschwingungen, die der betreffenden Substanz zugehören. Diese müssen unter den Debyeschen Eigenschwingungen mitenthalten sein, und es liegt nahe, einen Zusammenhang zwischen der Grenzfrequenz ν_m und diesen optischen Schwingungszahlen (den sogenannten von Rubens entdeckten „Reststrahlen") zu vermuten. Rechnet man aus diesen optisch bestimmten ν die zugehörige charakteristische Temperatur Θ aus, so bekommt man die in der letzten Spalte der Tabelle angegebenen Werte, die in der Tat so gut mit den andern Werten Θ übereinstimmen, daß man an einem Zusammenhange nicht zweifeln kann. Damit treten die optischen Eigenschwingungen in Beziehung zum elastischen Verhalten des Materials. Der erste, der diesen Gedanken eines Zusammenhanges zwischen optischen und elastischen Schwingungen ausgesprochen und eine angenäherte Theorie entworfen hat, war Madelung[1]). In der Debyeschen Gleichung (97) hat man in gewissem Sinne die exakte Formulierung dieses Madelungschen Gedankens zu erblicken; nur kommt in der Debyeschen Theorie nicht zum Ausdruck, daß die ν_m eben auch optisch bestimmt werden können. Das hängt offenbar eng zusammen mit der Ersetzung des atomistisch gebauten Körpers durch ein Kontinuum, die der Debyeschen Theorie eigentümlich ist. Denn wie die Dispersionstheorie uns zeigen wird, lassen sich die optischen Eigenschaften nur auf atomistischer Grundlage verstehen. Es besteht daher, trotz der bedeutenden Erfolge der Debyeschen Theorie, das Bedürfnis nach einer atomistischen Theorie, die u. a. den obigen Gedankengang erst klar herausstellen kann (vgl. hierzu weiter unten).

Es bleibt noch die oben aufgeworfene Frage zu beantworten, wieso für tiefe Temperaturen die Debyesche Theorie (das T^3-Gesetz) auch bei kristallisierten und mehratomigen Stoffen gelten kann.

Zu dem Zwecke wollen wir die $3N$ Eigenfrequenzen eines Grammatoms eines Körpers, oder kurz gesagt, sein elastisches „Spektrum" etwas näher betrachten. Die rascheste Schwingung führt die Grenzfrequenz ν_m aus, und diese besitzt im Körper eine gewisse Wellenlänge, da sie sich durch denselben mit „Schallgeschwindigkeit" fortpflanzt. Allerdings ist die Wellenlänge verschieden, je nachdem es sich um eine longitudinale oder transversale Welle handelt, da diese beiden Arten ja verschiedene Fortpflanzungsgeschwindigkeiten besitzen. Doch kommt es uns hier nur auf die Größenordnung an. Definieren wir also eine eigentümliche Art mittlerer Fortpflanzungsgeschwindigkeit c_m — diese Mittelung wird durch die Gl. (75) nahegelegt —:

(98) $$\frac{3}{c_m^3} = \frac{2}{c_t^3} + \frac{1}{c_l^3},$$

so läßt sich (75) schreiben:

(99) $$\nu_m^3 = \frac{3\,c_m^3 N}{4\pi V},$$

oder der Größenordnung nach:

[1]) Madelung, Göttinger Nachrichten, 1909, pag. 100; 1910, pag. 43.

(100) $$\frac{\nu_m}{c_m} \cong \sqrt[3]{\frac{N}{V}}.$$

$\frac{c_m}{\nu_m}$ ist aber die (der mittleren Geschwindigkeit c_m entsprechende) mittlere Wellenlänge Λ_m der Schwingung ν_m im Körper; also haben wir die Beziehung:

(101) $$\Lambda_m \cong \sqrt[3]{\frac{V}{N}}.$$

$\sqrt[3]{\frac{V}{N}}$ ist aber der mittlere Atomabstand der Atome des Körpers[1]), sodaß wir das Resultat erhalten: Die der Grenzfrequenz ν_m entsprechende mittlere Wellenlänge Λ_m ist von der Größenordnung des mittleren Atomabstandes.

Viel länger sind natürlich die den unteren Schwingungszahlen entsprechenden Wellenlängen: auch ohne genaue Rechnung sieht man, daß auf eine dieser Wellenlängen außerordentlich viele Atomabstände kommen. Diese unteren Schwingungen sind ja direkt identisch mit den „akustischen", d. h. mit dem Ohr wahrnehmbaren Schwingungen, die unser Körper ausführen kann, und deren Wellenlänge mit den Lineardimensionen unseres Körpers vergleichbar ist. Diese akustischen Schwingungszahlen haben aber nach dem Quantenansatz bei tiefen Temperaturen den Hauptteil der Energie, während die höheren Schwingungszahlen dann fast bedeutungslos sind. Und dies ist nun der entscheidende Punkt, daß es bei tiefen Temperaturen nur auf die „akustischen", d. h. tiefen Schwingungen ankommt. Da nämlich die ihnen entsprechenden Wellenlängen nach dem obigen groß sind gegen die Abstände und Größe der Atome, so kann jeder beliebige Körper bei tiefen Temperaturen als Kontinuum betrachtet werden, weil die individuellen Feinheiten der atomistischen Struktur gegen die Wellenlänge verschwinden. D. h. aber: Für alle Körper müssen wir erwarten — und das stimmt, wie wir wissen, mit der Erfahrung überein —, daß bei tiefen Temperaturen das T^3-Gesetz zutrifft.

Zeigt diese Betrachtung einerseits, daß bei tiefen Temperaturen die Debyesche Theorie einen weiteren Gültigkeitsbereich besitzt, als man nach den ihr zugrunde liegenden Annahmen hätte erwarten sollen, so zeigt sie anderseits, daß für höhere Temperaturen, bei denen die kürzeren Wellen wesentlich ins Gewicht fallen, eine Übereinstimmung mit der Theorie überhaupt nicht mehr zu erwarten ist: Für Wellenlängen, die mit dem Atomabstand vergleichbar sind, kann kein Körper mehr als Kontinuum betrachtet werden, bzw. nicht durch ein Kontinuum approximiert werden. Demgemäß beobachtet man auch, wie schon hervorgehoben, bei höheren Temperaturen individuelle Abweichungen: hier

[1]) Denn $\frac{V}{N}$ ist das einem Atom zukommende Volumen; wird dasselbe als Kubus gedacht, so ist $\sqrt[3]{\frac{V}{N}}$ dessen Seitenlänge, d. h. der mittlere Atomabstand.

gibt es keine universelle Funktion mehr, sondern hier spielen Körperkonstanten eine wesentliche Rolle.

Bei sehr hohen Temperaturen, wo das Dulong-Petitsche Gesetz gilt, stimmt die Debyesche Theorie wieder mit der Erfahrung überein. Dies könnte zunächst als ein Widerspruch gegen die obige Überlegung erscheinen; denn hier müssen ja erst recht die kürzesten Wellenlängen ins Gewicht fallen. Aber hier tritt der neue Umstand auf, daß die auf einen Freiheitsgrad entfallende mittlere Energie (26), von ν praktisch unabhängig wird und einfach in kT übergeht. Für höchste Temperaturen multipliziert sich dieser Wert einfach mit der Gesamtzahl $3N$ der möglichen Schwingungszahlen: hier kommt es nicht mehr auf die „Verteilung" der Schwingungszahlen, sondern nur auf die Gesamtzahl an.

Die oben erwähnten Abweichungen von der Debyeschen Theorie kann man nach Nernst (z. B. bei binären Verbindungen) dadurch zum Verschwinden bringen, daß man zur Debyeschen Formel (77) für die Gesamtenergie eines Mols noch ein (oder mehrere) Glieder hinzufügt, die entsprechend der Einsteinschen Formel (42) mit geeigneten Werten ν_λ gebaut sind, d. h. wenn man ansetzt:

$$(102) \qquad U = \frac{9N}{\nu_m^3} \int_0^{\nu_m} \frac{\nu^2 h\nu}{e^{\frac{h\nu}{kT}} - 1} \Delta\nu + 3N \sum_\lambda \frac{h\nu_\lambda}{e^{\frac{h\nu_\lambda}{kT}} - 1}.$$

Man kann sich diese Kombination nach Nernst[1]) folgendermaßen erklären: Nach den neueren Untersuchungen von M. v. Laue, Bragg u. a. über die Struktur der wirklichen Festkörper, d. h. der Kristalle, kann man es als sichergestellt betrachten, daß dieselben im allgemeinen aus mehreren Raumgittern aufgebaut sind, in deren Eckpunkten sich nicht die Moleküle, sondern die Ionen bzw. Ionengruppen befinden. Z. B. lassen sich die (optisch einachsigen) Karbonate aufbauen aus zwei (rhomboëdrischen) Raumgittern, deren eines die Ca-Ionen, deren anderes die CO_3-Ionen trägt[2]). Betrachten wir nun die CO_3-Gruppe — analoges gilt allgemein — zunächst als starres Gebilde, so würden wir den Körper als aus Ca-Ionen und starren CO_3-Ionen bestehend auffassen, und diese bilden ein gekoppeltes System, auf das die Debyeschen Betrachtungen — evtl. verallgemeinert für anisotrope Kontinua — angewendet werden können. Aber in Wirklichkeit sind die CO_3- usw. Gruppen nicht starr, sondern können selbst „innere" Schwingungen ausführen. (Z. B. können die drei O-Atome gegen das im gemeinsamen Schwerpunkt befindliche C-Atom schwingen usw.) Diese „inneren" Schwingungen sind weitgehend unabhängig von den Kräften, die die ganze Gruppe mit den übrigen

[1]) W. Nernst, Grundlagen des neuen Wärmesatzes, Halle 1918, pag. 52; dort weitere Literatur.

[2]) Natürlich läßt sich dieses CO_3-Gitter weiter in ein C- und drei O-Gitter auflösen.

Ionen des Kristalls verbinden. Dann werden diese diskreten inneren Schwingungen jede nach der Quantenformel ein Einstein-Glied liefern müssen. Damit wäre die Gültigkeit bzw. Brauchbarkeit der kombinierten Formel (102) plausibel gemacht.

Diese inneren Schwingungen der einzelnen Ionen-Gruppen sind im allgemeinen optisch konstatierbar. Die Substanz besitzt für die Wellenlängen, die ihnen entsprechen, ein besonders großes Reflexionsvermögen, wie wir später auf Grund der Dispersionstheorie zeigen werden. Anders ausgedrückt: Das Reflexionsspektrum besitzt ausgeprägte Maxima.

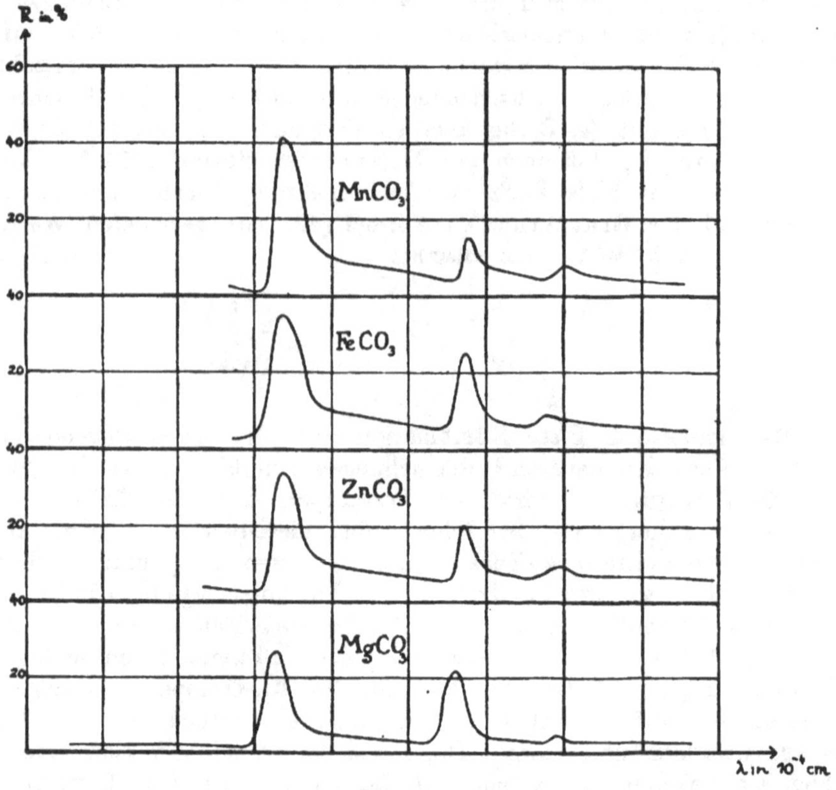

Fig. 64.

Die Fig. 64 zeigt z. B. die den inneren Schwingungen der CO_3-Gruppe entsprechenden Reflexionsmaxima, die die Karbonate nach Messungen von Schaefer und Schubert[1]) aufweisen; als Abszissen sind die Wellenlängen in 10^{-4} cm, als Ordinaten die Reflexionsvermögen in Prozenten aufgetragen. Man erkennt, daß die Lage dieser Maxima, d. h. die Frequenzen dieser inneren Schwingungen, fast ganz unabhängig von dem Metall-Ion sind, mit dem die CO_3-Gruppe verbunden ist. Ganz analoge

[1]) Schaefer und Schubert, Ann. d. Phys. 50, pag. 283, 1916.

Resultate haben Schaefer und Schubert auch für andere Gruppen, z. B. für die Sulfate, Nitrate, Jodate, Bromate, Chlorate, Silikate, Chromate usw. gefunden. Es bestätigt sich also durchaus die Nernstsche Auffassung von der Unabhängigkeit dieser Schwingungen, was seinen Ausdruck im Auftreten eines Einsteingliedes findet.

Es ist natürlich klar, daß die obigen Überlegungen keinen Anspruch darauf machen können, eine exakte Theorie zu sein. Eine solche muß die Raumgitterschwingungen direkt auf atomistischer Grundlage, nicht auf dem beschriebenen Umwege von Debye mit Hilfe des Kontinuums berechnen. Dies ist von Born und v. Kármán[1]) und besonders von Born[2]) geschehen, und zwar schon fast gleichzeitig mit der Theorie Debyes. Die ungeheure Schwierigkeit dieser Aufgabe leuchtet ein. Es ist daher nicht auffallend, daß die Resultate, soweit sie für die Theorie der spezifischen Wärme in Betracht kommen, nicht wesentlich über die Theorie Debyes hinausgehen: Man erhält auch auf diesem Wege, der ja methodisch zweifellos den Vorzug verdient, für tiefe Temperaturen das T^3-Gesetz. Außerdem aber ergibt sich als allgemeine Formel tatsächlich eine solche vom Typus der Gl. (102), d. h. eine aus Debyegliedern und Einsteingliedern zusammengesetzte. Die Frequenzen der Einsteinglieder stehen — was gleichfalls die Bornsche Theorie im Gegensatz zur Debyeschen vollkommen aufklärt —, in einfachem Zusammenhange mit den optisch wahrnehmbaren Frequenzen, namentlich den langwelligen Rubensschen Reststrahlen.

Wir müssen uns hier damit begnügen, auf diese Arbeiten hinzuweisen; auf ihre Bedeutung für die Optik, namentlich der Kristalle, einzugehen, werden wir später Gelegenheit haben.

116. Die spezifische Wärme der Gase.

Die klassische Theorie der spezifischen Wärme der Gase führt, wie wir in Nr. 83 auseinandergesetzt haben, zu erheblichen Schwierigkeiten. Man wird von der Quantentheorie deren Beseitigung verlangen müssen, wenn anders diese auf den Rang einer ernst zu nehmenden wissenschaftlichen Hypothese Anspruch machen soll.

Diese Schwierigkeiten der klassischen Theorie beruhen kurz gesagt darauf, daß den einatomigen Gasen die drei rotatorischen, den zweiatomigen ein rotatorischer Freiheitsgrad fehlt. Ferner fehlen ihnen beiden bei normalen Temperaturen diejenigen Freiheitsgrade, die sich auf die innere Energie (d. h. die kinetische und potentielle Energie der Atome im Molekül) beziehen, weshalb die Moleküle in der üblichen Theorie als absolut starr betrachtet werden müssen. Bei höheren Temperaturen allerdings machen sich diese inneren Freiheitsgrade in dem Maße mehr und mehr bemerkbar

[1]) M. Born und Th. v. Kármán, Phys. Ztschr. **13**, pag. 297, 1912; **14**, pag. 15 und 65; 1913.

[2]) M. Born, Dynamik der Kristallgitter. Leipzig und Berlin 1915, bei B. G. Teubner.

— vgl. die Tabelle der Nr. 83 auf pag. 459 —, als die Auflockerung der Bindung der Atome im Molekül wächst. Wir beobachten demgemäß z. B. bei den zweiatomigen Gasen bei sehr hohen Temperaturen ein Anwachsen der Atomwärme C_v' über den klassischen Wert 5 Kal/Grad hinaus, wie die angezogene Tabelle deutlich zeigt. Aber hier findet die klassische Theorie gerade ihre größte Schwierigkeit, indem sie wohl ein sprungweises Anwachsen der spezifischen Wärme, niemals aber (gemäß dem Äquipartitionstheorem) ein allmähliches Anwachsen derselben erklären kann. Nernst[1]) ist der erste gewesen, der in der Quantentheorie eine Möglichkeit zur Auflösung dieser Schwierigkeiten erkannte.

Betrachten wir zunächst die inneren Schwingungen des Moleküls bzw. bei einatomigen Gasen des Atoms. Die diesen zugehörigen Schwingungszahlen werden — namentlich bei einatomigen Gasen, d. h. bei Atomen —, außerordentlich groß sein, weil die Bindungskräfte außerordentlich groß sind; es wird daher nach der Quantentheorie jede dieser inneren Schwingungen einen mittleren Energiebetrag nach (36):

$$\bar{u} = \frac{h\nu_i}{e^{\frac{h\nu_i}{kT}} - 1}$$

enthalten, wenn ν_i die betreffende Schwingungszahl ist. Diese Energie erreicht erst bei um so höheren Temperaturen den Äquipartitionswert kT, je größer ν_i ist. Es ist also ohne weiteres plausibel, daß wir bei normalen Temperaturen und sogar bis 2000 Grad abs. bei einatomigen Gasen nichts davon merken: sie verhalten sich wie absolut starre Körper. Allerdings muß erwartet werden, daß bei noch höheren Temperaturen diese inneren Freiheitsgrade sich bemerklich machen.

Ganz analog, nur mit etwas niedrigeren Schwingungszahlen, wird die Sache bei den zweiatomigen Gasen liegen. Bei Zimmertemperatur beobachten wir nichts von diesem Freiheitsgrade; aber er fängt schon bei ca. 500 Grad an, sich bei einigen Gasen (vgl. Tabelle auf pag. 459) bemerklich zu machen, was bei höheren Temperaturen immer stärker hervortritt. Hier liegt jetzt nicht mehr die geringste Schwierigkeit für das Verständnis vor: der Sachverhalt liegt eben genau so wie bei festen Körpern.

Etwas komplizierter liegen die Verhältnisse bei der Rotation. Rotiert ein Gasmolekül um eine Achse mit der Winkelgeschwindigkeit ω und ist das zugehörige Trägheitsmoment J, so ist die kinetische Energie:

$$\frac{J}{2}\omega^2 = \frac{J}{2}(2\pi\nu)^2.$$

Die Größe

$$\frac{\omega}{2\pi} = \nu$$

ist hier offenbar — das ist der fruchtbare Gedanke von Nernst — sinn-

---

[1]) W. Nernst, Zur Theorie der spezifischen Wärme usw. Ztschr. f. Elektrochemie, 1911, pag. 265.

gemäß als die „Schwingungszahl" aufzufassen. Nehmen wir nun an — ganz im Sinne der Quantentheorie —, daß ein „Rotator", ganz wie ein Oszillator, die kinetische Energie nur in bestimmten Quanten $u_0, u_1, u_2, \ldots$ besitzen könne, so müssen wir setzen

(103) $$u_n = \frac{J}{2}\omega_n^2 = \frac{J}{2}(2\pi\nu_n)^2 = \frac{n}{2}\cdot h\nu_n. \quad (n = 0, 1, 2, \ldots)$$

Es ist dazu zweierlei zu bemerken: $\nu_n = \frac{\omega_n}{2\pi}$ ist diejenige „Schwingungszahl" des Rotators, die er annimmt, wenn er gerade n Energiequanten besitzt.

Ferner ist hier $n\cdot\left(\frac{h\nu}{2}\right)$ statt $n\cdot(h\nu)$ geschrieben, weil der Rotator ja nur kinetische Energie besitzt, während der Oszillator auch noch (im Mittel gleich viel) potentielle Energie hat.

Es sind also nach dieser Auffassung nicht alle Rotationsgeschwindigkeiten zwischen 0 und ∞ möglich, sondern nur bestimmte diskrete Werte derselben. Das hat natürlich zur Folge, daß das Maxwellsche Verteilungsgesetz für die Rotationsgeschwindigkeiten, das in den Gl. (171) bis (174) des vorhergehenden Kapitels ausgesprochen ist, in Strenge nicht mehr gelten kann: die das Verteilungsgesetz darstellende Kurve kann nur noch aus diskreten Punkten bestehen.

Wir wollen nun die Größe der Schwingungszahlen ν_n abschätzen. Aus (103) ergibt sich:

$$\frac{J}{2}4\pi^2\nu_n^2 = \frac{n}{2}\cdot h\nu_n,$$

woraus weiter folgt:

(104) $$\nu_n = n\cdot\frac{h}{4\pi^2 J}$$

und für die kleinste von Null verschiedene Schwingungszahl ν_1 ergibt sich so:

(105) $$\nu_1 = \frac{h}{4\pi^2 J}.$$

Diese wollen wir — als den für die Rechnung ungünstigsten Fall — der weiteren Betrachtung zugrunde legen.

Wir müssen nun die Größe der molekularen Trägheitsmomente J kennen. Nach einer Methode, die wir in der nächsten Nummer besprechen wollen, hat man für zweiatomige Gase für eine Rotation senkrecht zur Verbindungslinie der beiden Atome (Fig. 65) für J, (dem wir hier den Index $\perp$ hinzufügen wollen, um die Lage der Rotationsachse zu charakterisieren) etwa den Wert gefunden:

(106) $J_\perp \cong 10^{-40}$ gr cm^2.

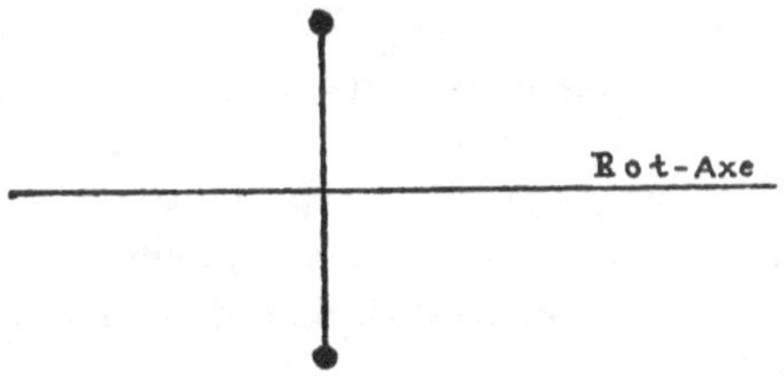

Fig. 65.

Viel kleiner natürlich ist das Trägheitsmoment $J_{||}$ bei der Rotation um die Verbindungslinie der beiden Atome als Achse, und von derselben Größenordnung wie $J_{||}$ wird das Trägheitsmoment für ein einzelnes Atom sein, wie es für die einatomigen Gase in Betracht kommt. Einen Anhaltspunkt für die Größe von $J_{\|}$ liefern nun die modernen Atommodelle, die gleichfalls mit Hilfe der Quantentheorie gebaut sind; wir können genauer darauf erst im Schlußbande eingehen und begnügen uns hier mit einer (ganz rohen) Angabe der daraus folgenden Werte. Man kann etwa annehmen, daß $J_{\|}$ rund 1000 bis 10000 mal kleiner ist als $J_{\perp}$. Also ist ein mittlerer Wert von $J_{\|}$:

$$J_{\|} = \frac{1}{5000} J_{\perp} = 2 \cdot 10^{-44} \text{ gr cm}^2 . \tag{107}$$

Dementsprechend ist auch die Schwingungsdauer $\nu_{\perp}$ gemäß (105) ca. 5000 mal kleiner als $\nu_{\|}$. Die Rotation um die Verbindungslinie kann sich also erst bei ganz außerordentlich hohen Temperaturen bemerklich machen, weil eben $\nu_{\|}$ so enorm groß ist. Bei Zimmertemperatur fehlt also der Freiheitsgrad, der der Rotation um die Verbindungslinie der beiden Atome entspricht, womit der experimentelle Befund aufgeklärt ist. Von derselben Größenordnung ist die Rotationsgeschwindigkeit für alle drei Rotationsachsen bei einatomigen Gasen; hier fehlen also — in Übereinstimmung mit dem Experiment — bei normalen Temperaturen sämtliche rotatorischen Freiheitsgrade.

Aus (105) gewinnt man mit den Zahlenwerten (106) und (107) folgende Werte:

$$\begin{cases} \nu_{\perp} \cong 1{,}5 \cdot 10^{12} \text{ sec}^{-1}, \\ \nu_{\|} \cong 8 \cdot 10^{15} \text{ sec}^{-1}. \end{cases} \tag{108}$$

Nach (51) ist für Diamant, der von den festen Körpern das größte ν besitzt: $\nu_{\text{Diam}} \cong 3 \cdot 10^{13} \text{ sec}^{-1}$, also ν_{Diam} rund zehnmal größer als das hier berechnete $\nu_{\perp}$. Es ist also ganz klar, daß die beiden rotatorischen Freiheitsgrade, die der Rotation um eine zur Verbindungslinie der Atome senkrechte Achse entsprechen, jedenfalls bei normalen Temperaturen vorhanden sind, genau aus demselben Grunde, weshalb bei festen Stoffen bei normalen Temperaturen das Dulong-Petitsche Gesetz gilt.

Es leuchtet ferner folgendes ein: Für sehr tiefe Temperaturen muß es erzielbar sein, daß auch diese beiden rotatorischen Freiheitsgrade verschwinden, wieder ganz genau so, wie bei festen Körpern die Atomwärme unter den Dulong-Petitschen Wert sinkt. Und zwar kann man quantitativ folgendes bemerken: Der Wasserstoff (H_2) besitzt im Vergleich zu den übrigen zweiatomigen Gasen offenbar das kleinste Trägheitsmoment $J_{\perp}$, also das größte $\nu_{\perp}$. Es muß also bei Wasserstoff schon bei nicht allzu niedrigen, bequem zugänglichen Temperaturen die Atomwärme C_v' von 5 cal/grad allmählich auf 3 cal/grad, den Wert der einatomigen Gase, herabsinken.

Dies ist der wichtige Schluß, den Nernst in der genannten Arbeit zuerst gezogen und den dann Eucken vollkommen bestätigt gefunden hat: die Zahlen Euckens sind von uns bereits in Nr. 83 gebracht worden.

Dieses auf den ersten Blick höchst überraschende Ergebnis muß jeden davon überzeugen, daß in der Quantentheorie, auch wenn sie vom Standpunkte des Systematikers noch viel zu wünschen übrig läßt, ein ganz fundamentaler Gesichtspunkt in die Physik eingeführt worden ist.

Die quantitative Darstellung der Euckenschen Beobachtungen über die Abnahme der Rotationswärme des Wasserstoffes macht allerdings noch Schwierigkeiten. Es ist z. B. noch nicht klar zu sehen, welche der verschiedenen Formen der Quantentheorie sich hier der andern überlegen zeigen wird. Wir wollen daher hier nicht weiter darauf eingehen; der Leser findet einen zusammenfassenden Bericht über diese Frage in einem Referate Euckens[1]).

117. Die Größe der molekularen Trägheitsmomente.

In der vorigen Nummer haben wir Angaben über das Trägheitsmoment $J_\perp$ von zweiatomigen Molekülen benutzt, die bei einer Rotation um eine zur Verbindungslinie senkrechte Achse auftreten. Wir wollen hier wenigstens eine Methode auseinandersetzen, die deren Bestimmung gestattet und die gleichzeitig eine starke Stütze der Auffassung der Quantentheorie ist.

Die inneren Schwingungen zweiatomiger Gase, die nicht chemische Elemente sind, z. B. von HF, HCl, HBr usw., machen sich aus hier nicht zu erörternden Gründen optisch bemerkbar, indem die genannten Gase an den diesen Schwingungszahlen entsprechenden Stellen des Spektrums Absorption (bzw. bei Erhitzung Emission) zeigen. Solche Stellen sind z. B. für die genannten Gase:

$$(109) \quad \left\{ \begin{array}{ll} \text{bei HF etwa bei der Wellenlänge} & 2{,}5 \cdot 10^{-4}\ \text{cm}, \\ \text{bei HBr etwa bei der Wellenlänge} & 3{,}9 \cdot 10^{-4}\ \text{cm}, \\ \text{bei HCl etwa bei der Wellenlänge} & \left\{ \begin{array}{l} 1{,}76 \cdot 10^{-4}\ \text{cm}, \\ 3{,}46 \cdot 10^{-4}\ \text{cm}. \end{array} \right. \end{array} \right.$$

Der Umstand, daß gleichzeitig die Moleküle rotieren, bedingt, worauf Bjerrum[2]) in einer wichtigen Arbeit zuerst aufmerksam gemacht hat, eine Besonderheit in der Struktur dieser Absorptionsbanden, die wir jetzt auseinandersetzen wollen (Fig. 66).

In dieser Figur sei AA' ein zweiatomiges Molekül, das in einem bestimmten Augenblicke mit der zur Beobachtungsrichtung senkrechten Ebene EE den Winkel ϑ bilde, der, da das Molekül rotiert, zeitlich veränderlich ist. Sehen wir zunächst davon noch ab, und nehmen wir

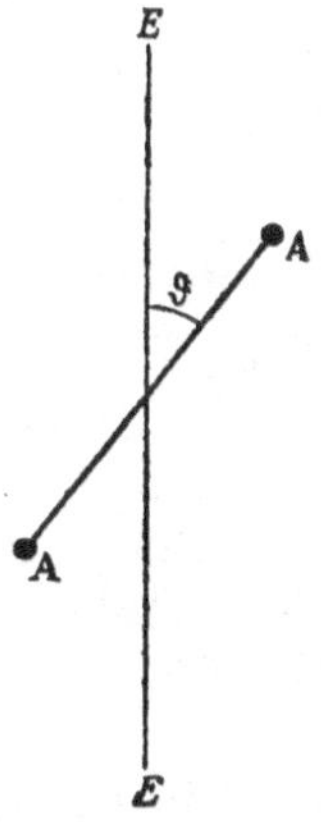

Fig. 66.

[1]) A. Eucken, Bericht über die Anwendung der Quantentheorie auf die Rotationsbewegung der Gasmoleküle. Jahrbuch der Radioaktivität und Elektronik, 16, pag. 361, 1920.

[2]) Bjerrum, Nernst-Festschrift, pag. 90, 1912.

gleichzeitig den Winkel ϑ einmal gleich Null an, so läßt sich die innere Schwingung der beiden Atome gegeneinander darstellen durch die Gleichung:

$$B \cos 2 \pi \nu_i t, \tag{110}$$

wenn ν_i die Schwingungszahl dieser „inneren" Schwingung bedeutet. Die beobachtbare Intensität derselben ist natürlich eine Funktion der Amplitude B, auf deren genauere Form es hier nicht ankommt. Hat der Winkel ϑ nunmehr eine von Null verschiedene Größe, so kommt für die Beobachtung nur die Komponente der Amplitude parallel zur Ebene EE in Betracht, d. h. die Größe $B \cos \vartheta$. Daher ist die zur Beobachtung gelangende Komponente der Schwingung dargestellt durch:

$$B \cos \vartheta \cdot \cos 2 \pi \nu_i t.$$

Nun ist aber ϑ zeitlich veränderlich; wegen der gleichmäßigen Rotation ist also etwa:

$$\vartheta = \omega t = 2 \pi \nu t, \tag{111}$$

wenn ω die Winkelgeschwindigkeit der Rotation, ν die Rotationsfrequenz in dem bisher benutzten Sinne ist. Die Kombination von (110) mit (111) ergibt:

$$B \cos 2 \pi \nu t \cdot \cos 2 \pi \nu_i t, \tag{112}$$

und dies ist der Schwingungszustand, wie er dem Beobachter erscheinen wird. Nach dem Additionstheorem der trigonometrischen Funktionen ist dies gleich:

$$\frac{B}{2} \cos 2 \pi (\nu_i + \nu) t + \frac{B}{2} \cos 2 \pi (\nu_i - \nu) t. \tag{113}$$

Es treten also, wie Lord Rayleigh (bei anderer Gelegenheit) zuerst bemerkt hat, für den Beobachter infolge der Rotation zwei Schwingungen von den Schwingungszahlen

$$\begin{cases} \nu' = \nu_i + \nu \\ \nu'' = \nu_i - \nu \end{cases} \tag{114}$$

auf, die symmetrisch (in der Skala der Schwingungszahlen gemessen) zur ursprünglichen Schwingungszahl ν_i liegen: der Beobachter sieht also zwei Spektrallinien statt einer in der Mitte derselben.

Bisher hatten wir nun stillschweigend angenommen, es sei nur eine Rotationsfrequenz $\frac{\omega}{2\pi} = \nu$ vorhanden, was aber den Tatsachen natürlich nicht entspricht. Und zwar werden nach der klassischen, nicht quantenhaften Auffassung alle Winkelgeschwindigkeiten zwischen 0 und ∞ auftreten in bestimmter, durch das Maxwellsche Verteilungsgesetz geregelter Verteilung. Nach der Quantenhypothese dagegen sind nur diskrete Werte der Rotationsfrequenzen vorhanden, nämlich gerade diejenigen, die wir in Gl. (104) berechnet haben.

Bleiben wir zunächst einmal bei der alten Auffassung, daß alle Rotationsfrequenzen von 0 bis ∞ existieren. Dann ist der Effekt, da zu jeder möglichen Rotationsfrequenz eine (114) entsprechende Gleichung gilt, daß die ursprüngliche scharfe Spektrallinie von der Schwingungszahl ν_i nicht, wie wir bisher annahmen, in zwei scharfe Spektrallinien nach (114) auseinandergezogen wird, sondern in zwei breite Bänder, die symmetrisch zur Mittellinie ν_i sind. Der genauere Verlauf der Absorption in diesen Bändern wird natürlich durch das Maxwellsche Verteilungsgesetz bestimmt. (Fig. 67.)

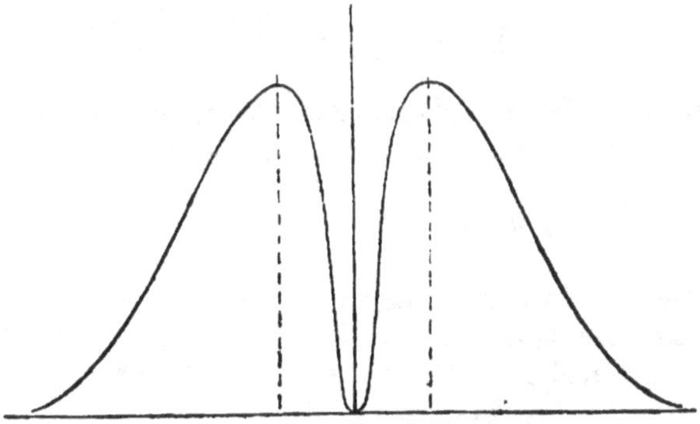

Fig. 67.

Die Maxima dieser Kurve müssen der Rotationsfrequenz entsprechen, die nach dem Maxwellschen Gesetze in maximaler Zahl vorhanden ist. Diese können wir aber berechnen. Dabei ist zu berücksichtigen, daß das Problem hier zweidimensional ist, insofern nur Rotationen um zwei zueinander senkrechte Achsen in Frage kommen, die beide senkrecht zur Verbindungslinie der beiden Atome sind, ganz wie in der vorigen Nummer.

Nach Gl. (174) des zehnten Kapitels auf pag. 462 ist die Wahrscheinlichkeit dafür, daß ein Molekül eine bestimmte Winkelgeschwindigkeitskomponente zwischen ω_x und $\omega_x + \Delta\,\omega_x$ besitzt, gleich:

$$W(\omega_x)\,\Delta\,\omega_x = \sqrt{\frac{J_\perp}{2\,\pi\,k\,T}}\,e^{-\frac{J_\perp \omega_x^2}{2\,k\,T}}\,\Delta\,\omega_x;$$

also die Wahrscheinlichkeit dafür, daß ein Molekül gleichzeitig Komponenten zwischen

$$\omega_x \text{ und } \omega_x + \Delta\,\omega_x,$$
$$\omega_y \text{ und } \omega_y + \Delta\,\omega_y$$

besitzt:

$$(115) \qquad W(\omega_x, \omega_y)\,\Delta\,\omega_x\,\Delta\,\omega_y = \frac{J_\perp}{2\,\pi\,k\,T}\,e^{-\frac{J_\perp(\omega_x^2+\omega_y^2)}{2\,k\,T}}\,\Delta\,\omega_x\,\Delta\,\omega_y.$$

Unter Einführung von Polarkoordinaten

$$\omega_x = \omega \cdot \cos\varphi,$$
$$\omega_y = \omega \cdot \sin\varphi,$$
$$\omega = +\sqrt{\omega_x^2 + \omega_y^2}$$

folgt daraus in bekannter Weise

$$W(\omega_x \omega_y)\, \omega\, \varDelta \omega\, \varDelta \varphi = \frac{J_\perp}{2\pi k T} e^{-\frac{J_\perp \omega^2}{2 k T}} \omega\, \varDelta \omega\, \varDelta \varphi \tag{116}$$

für dieselbe Wahrscheinlichkeit, und durch Integration nach φ zwischen 0 und 2π für die Wahrscheinlichkeit dafür, daß ein Molekül eine resultierende Rotationsgeschwindigkeit zwischen ω und $\omega + \varDelta \omega$ hat:

$$W(\omega)\, \varDelta \omega = \frac{J_\perp}{k T} e^{-\frac{J_\perp \omega^2}{2 k T}} \omega\, \varDelta \omega, \tag{117}$$

oder auch, dem Begriffe der Wahrscheinlichkeit entsprechend, die Anzahl $\varDelta \mathfrak{N}_\omega$ dieser Moleküle, wenn $\mathfrak{N}$ die Gesamtzahl ist:

$$\varDelta \mathfrak{N}_\omega = \frac{J_\perp \mathfrak{N}}{k T} e^{-\frac{J_\perp \omega^2}{2 k T}} \omega\, \varDelta \omega. \tag{118}$$

Diesem Ausdrucke ist die Intensität der Absorption proportional. Es ist also klar, daß die Maxima der Kurve in Fig. 67 für diejenige Rotationsfrequenz sich ergeben müssen, die nach (118) maximal vorkommt. Differentiation des Ausdrucks

$$\frac{J_\perp \mathfrak{N}}{k T} e^{-\frac{J_\perp \omega^2}{2 k T}} \omega$$

nach ω und Nullsetzen des Differentialquotienten liefert das Ergebnis:

$$\omega_{\max} = \sqrt{\frac{k T}{J_\perp}}. \tag{119}$$

Da $\frac{\omega}{2\pi} = \nu$ ist, so folgt für die maximale Schwingungszahl der Rotation:

$$\nu_m = \frac{1}{2\pi} \sqrt{\frac{k T}{J_\perp}}. \tag{120}$$

Für die Lage der beiden Maxima erhalten wir somit nach (114):

$$\left\{ \begin{aligned} \nu'_{\max} &= \nu_0 + \nu_{\max} = \nu_0 + \frac{1}{2\pi} \sqrt{\frac{kT}{J_\perp}}, \\ \nu''_{\max} &= \nu_0 - \nu_{\max} = \nu_0 - \frac{1}{2\pi} \sqrt{\frac{kT}{J_\perp}}. \end{aligned} \right. \tag{121}$$

Die Differenz $(\nu'_m - \nu''_m)$ der Schwingungszahlen der Maxima liefert:

$$\nu'_{\max} - \nu''_{\max} = \frac{1}{\pi} \sqrt{\frac{k T}{J_\perp}}. \tag{122}$$

Rechnen wir in Wellenlängen λ um, so folgt für den Abstand der Maxima in der Wellenlängenskale (c ist die Lichtgeschwindigkeit):

$$\lambda'' - \lambda' = \frac{\lambda' \lambda''}{c \pi} \sqrt{\frac{kT}{J_\perp}}. \tag{123}$$

In dieser Gleichung haben wir ein Mittel, um $J_\perp$ zu bestimmen, und zwar ohne den Boden der klassischen Theorie verlassen zu haben.

Was ergibt nun die Beobachtung? Zunächst stimmt sie insofern mit der Theorie überein, als die genannten ultraroten Absorptionsbanden (109) tatsächlich Doppelbanden sind, die symmetrisch zu ihrer Mitte verlaufen. Ferner haben sorgfältige Messungen von Paschen[1]) und E. v. Bahr[2]) ergeben, daß auch die durch (123) verlangte Temperaturabhängigkeit der Differenz ($\lambda'' - \lambda'$) tatsächlich besteht. Man kann also diese Gleichung mit Vertrauen benutzen, um $J_{\perp}$ zu berechnen. Es ergab sich so — die erste derartige Bestimmung hat Bjerrum ausgeführt — die folgende Tabelle für $J_{\perp}$.

Gas	Maxima der Doppelbande in 10^{-4} cm	$J_{\perp}$ 10^{40} gr. cm²
HCl	3,40; 3,55	2,9
HBr	3,84; 4,01	3,6
CO	4,62; 4,74	14,7

Man kann nun aber, wenn man die **Quantentheorie** heranzieht, noch weiter gehen und noch sicherere Resultate erhalten.

Nach der Quantentheorie dürfen wir natürlich nicht mehr annehmen, daß alle Rotationsfrequenzen gemäß dem Maxwellschen Verteilungsgesetze vorhanden sind, sondern nur die durch Gl. (104) bestimmten ausgezeichneten Werte:

$$\nu_n = n \cdot \frac{h}{4\pi^2 J_{\perp}}. \tag{124}$$

Jede dieser Rotationsfrequenzen kombiniert sich nach (114) mit der inneren Schwingung ν_i zu einem Dublett:

$$\begin{cases} \nu_n' = \nu_i + \nu_n = \nu_i + n \cdot \dfrac{h}{4\pi^2 J_{\perp}}, \\ \nu_n'' = \nu_i - \nu_n = \nu_i - n \cdot \dfrac{h}{4\pi^2 J_{\perp}}. \end{cases} \tag{125}$$

Wir erhalten also bei genauerer Untersuchung nicht das Bild der Fig. 67, sondern das der Fig. 68. D. h., die in Fig. 67 gezeichneten Ab-

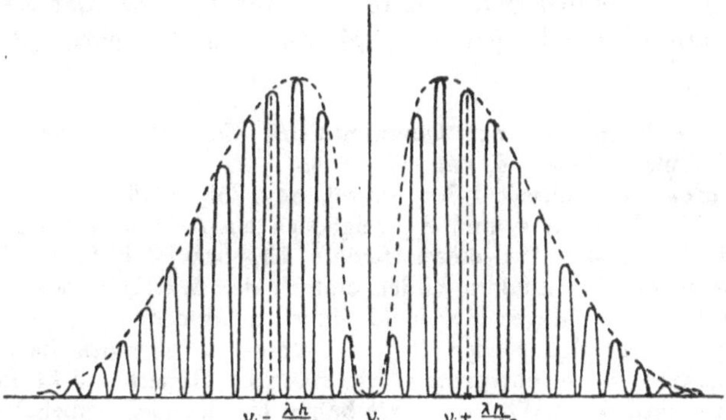

Fig. 68.

---

[1]) F. Paschen, Wied. Ann. **53**, pag. 336, 1894.
[2]) E. v. Bahr, Verhdlgn. d. d. phys. Ges. **15**, pag. 720, 1913.

sorptionsbanden bestehen aus einer großen Anzahl feiner Linien, alles symmetrisch zur Mittellinie; in Fig. 68 ist auf beiden Seiten die λte Linie hervorgehoben.

Tatsächlich wird diese Zerlegung der Absorptionsbanden in feine Linien beobachtet[1]). Die neuesten und genauesten Messungen rühren her von E. I. Imes[2]), von dessen Resultaten wir hier die Ergebnisse an der Bande bei $1{,}76 \cdot 10^{-4}$ cm von HCl wiedergeben.

n	$\frac{\nu_n'}{3 \cdot 10^{10}}$	$\frac{\nu_n''}{3 \cdot 10^{10}}$	$\nu_i = \frac{\nu_n' + \nu_n''}{2}$	$10^{40} \cdot J_\perp = \frac{n \cdot h}{2\pi^2 (\nu_n' - \nu_n'')}$
8	5790·00	5468·61	5629·31	2,75
7	5779·15	5498·32	5638·74	2,75
6	5766·57	5524·96	5645·77	2,75
5	5752·29	5550·54	5652·41	2,74
4	5738·11	5576·34	5657·22	2,73
3	5722·56	5600·04	5661·30	2,71
2	5705·98	5623·20	5664·59	2,67
1	5688·40	5646·37	5667·38	2,63
			Mittel[3]): 5651,96	Mittel[3]): $2{,}73 \cdot 10^{-40}$ gr. cm²

Als Gesamtergebnis seiner Messungen gibt Imes folgende Zahlen an:

Gas	$J \cdot 10^{40}$ gr. cm²
HF	1,37
HCl	2,64
HBr	3,27

womit unsere Zahlen in der vorigen Nummer belegt sind. Darüber hinaus sieht man, wie sich der Ansatz (104) der Quantentheorie auch hier bewährt hat. Nach anderen Methoden[4]), deren Erörterung uns hier zu weit führen würde, hat man bisher folgende Trägheitsmomente bestimmt:

---

[1]) Zuerst — lange vor der Quantentheorie der Absorptionsspektren — von Cl. Schaefer, Ann. d. Phys. **16**, pag. 93, 1906.

[2]) E. I. Imes, Astrophysical Journal **50**, pag. 252, 1919.

[3]) In den Tabellen für ν_i und $J_\perp$ zeigt sich ein deutlicher Gang, der außerhalb der Messungsfehler liegt. Auf dieses feinere Ergebnis der Imesschen Messungen gehen wir hier nicht ein, sondern bilden einfach das Mittel, da wir auf eine Erörterung der Gründe dieses Ganges hier nicht eingehen können.

Überhaupt sei zu den beiden letzten Nummern folgendes bemerkt: Die hier gemachten Quantenansätze entsprechen in mancher Hinsicht nicht mehr ganz dem heutigen Standpunkte dieser Theorie. Wir haben sie dennoch beibehalten, weil sie das Wesentliche erklären. Uns kommt es hier ja nicht auf eine systematische Darstellung der Quantentheorie an, — diese muß dem Schlußbande vorbehalten bleiben — sondern nur darauf, zu zeigen, wie der Grundgedanke der Quantentheorie imstande ist, Schwierigkeiten zu beseitigen und neue Ergebnisse zu liefern.

[4]) Vgl. die Zusammenstellung in dem auf pag. 533 zitierten Berichte von Eucken.

Gas	$J \cdot 10^{40}$ gr. cm²
H_2	0,143 – 0,29
H_2O	0,94 – 2,5
N_2	12,2 – 14,2
CO	14,1 – 15,8
O_2	9,5 – 11
HCl	2,6 – 2,7
HBr	3,3 – 3,5

Man sieht, daß jedenfalls die Größenordnung, auf die es uns hier allein ankam, völlig sichergestellt ist.

118. Die chemische Konstante und die Entropiekonstante.

Wir wollen schließlich die Quantentheorie auf zwei früher unerledigt gebliebene Fragen anwenden, zu deren Lösung die thermodynamische Methode nicht ausreicht, und zwar auf die Bestimmung der „chemischen Konstante" und auf die sogenannte „Entartung" der idealen Gase.

Die chemische Konstante i hatten wir in Gl. (53) des siebenten Kapitels auf pag. 310 definiert durch die Gleichung:

$$\ln \pi = \frac{L_0'}{RT} - \frac{1}{R}\int \frac{\int_0^T C_{\text{cond}}\, dT'}{T^2}\, dT + \frac{1}{R}\int \frac{\int_0^T C_p\, dT'}{T^2}\, dT + i. \tag{125}$$

π ist dabei der Dampf- bzw. Sublimationsdruck, L_0' die Wärmetönung pro Mol (gleich der negativen Verdampfungs- bzw. Sublimationswärme), die am absoluten Nullpunkte bei der Verdampfung von 1 Mol Substanz auftritt; C_p und C_{cond} sind bzw. die Molwärmen des Dampfes bei konstantem Drucke und des Kondensats (flüssig oder fest). Die Gl. (125) ist einfach entstanden durch Integration der Clausius-Clapeyronschen Gleichung; diese ist eine Differentialgleichung für den Dampfdruck π, und es bleibt also eine Integrationskonstante i, eben die chemische Konstante, unbestimmt. Das liegt im Wesen der thermodynamischen Methode, weshalb man auch ganz folgerichtig i die „thermodynamisch unbestimmte" Konstante genannt hat. Die molekularkinetische Methode dagegen kann die Dampfdruckformel selbst liefern, nicht nur eine Differentialgleichung, und es ist daher möglich, die chemische Konstante auf kinetischem Wege zu bestimmen.

Um die kinetisch gewonnene Dampfdruckformel mit der thermodynamischen zu vergleichen, muß man die Ausdrücke

$$\int_0^T C_p\, dT' \quad \text{und} \quad \int_0^T C_{\text{cond}}\, dT'$$

bzw. die Ausdrücke

$$\int \frac{\int_0^T C_p\, dT'}{T^2}\, dT \quad \text{und} \quad \int \frac{\int_0^T C_{\text{cond}}\, dT'}{T^2}\, dT$$

für alle Temperaturen kennen, d. h. man muß C_p und C_{cond} für alle Temperaturen kennen. C_p ist für einatomige Gase, soweit wir wissen, in dem ganzen bekannten Temperaturgebiet konstant $= \frac{5}{2} R \cong 5 \frac{\text{cal}}{\text{grad}}$; für zweiatomige Gase ist C_p nur für H_2 als bekannt anzusehen, da ja für H_2 nach Nr. 116 der Abfall der spezifischen Wärme nach den Euckenschen Messungen bekannt ist. Dieser Umstand zwingt uns zur Beschränkung auf einatomige Gase. Insofern wir anderseits annehmen dürfen, daß alle Gase sich bei hinreichend tiefen Temperaturen hinsichtlich der spezifischen Wärme wie die einatomigen verhalten, gelten dafür die zu entwickelnden Gleichungen für alle Gase bei hinreichend tiefen Temperaturen. Nehmen wir ferner das Kondensat als fest an, d. h. betrachten wir den Vorgang der Sublimation, so kann man für C_{fest} die in den Nrn. 114 und 115 gewonnenen Formeln von Einstein bzw. Debye anwenden. An dieser Stelle — und zwar nur an dieser Stelle — greift somit die Quantentheorie in die Berechnung der chemischen Konstanten ein. Diese Theorie wird daher hier nur auf den festen Körper angewendet, nicht auf das Gas selbst, was insofern ein Vorteil ist, als die Anwendung der Quantentheorie auf feste Körper zur Zeit weit besser begründet werden kann als die auf Gase, wobei noch manche fundamentalen Punkte sehr zweifelhaft sind. Die im folgenden geschilderte Methode rührt von O. Stern[1]) her.

Wir wollen uns also zunächst auf kinetischem Wege eine Dampfdruckformel verschaffen, und zwar müssen wir uns, wegen der oben auseinandergesetzten Gründe, auf einatomige Stoffe beschränken. Es wird uns genügen, die Form der Dampfdruckgleichung nur für hohe Temperaturen zu kennen. Dies bietet nämlich den Vorteil, daß dort, wie wir schon wissen, die Folgen des Äquipartitionstheorems mit der Erfahrung im Einklang sind, so daß wir die Quantentheorie zur Ableitung des kinetischen Modells der Dampfdruckformel gar nicht brauchen. Dies wird sich im folgenden darin äußern, daß wir eine kanonische Gesamtheit [statt einer quantenhaft verallgemeinerten Gesamtheit gemäß Gl. (19)] benützen.

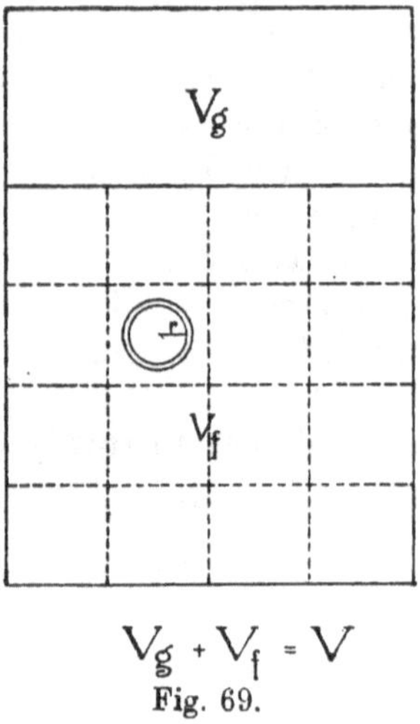

Fig. 69.

Zur Ableitung der Dampfdruckgleichung betrachten wir ein Mol eines einatomigen Stoffes, d. h. von N Molekülen. Die Bedingungen seien so gewählt, daß ein Teil ($\mathfrak{N}_f$) im festen, ein Teil ($\mathfrak{N}_g$) im gasförmigen Zustande sich befinde; letzteren betrachten wir als ideal. Das ganze System besitze das Volumen V, von dem auf den gasförmigen Teil das Volumen V_g, auf den festen dagegen V_f entfalle. (Fig. 69.)

[1]) O. Stern, Zeitschr. f. Elektrochemie, pag. 66, 1919. Dort auch frühere Literatur.

In dem festen Zustande seien die Moleküle (unabhängig voneinander) an feste Ruhelagen gebunden. Wir legen also hier der Einfachheit halber das stark vereinfachte Modell des Festkörpers zugrunde, das wir schon in den Nummern 84 und 114 benutzt haben. Dieses Modell führt auf die Einsteinsche Formel für die spezifische Wärme. Es ist allerdings richtig, daß dieses Modell zu einfach ist, wie wir mehrfach gesehen haben; doch läßt sich die folgende Rechnung mit demselben Ergebnis auch auf Grund der Annahmen durchführen, die der Debyeschen Theorie zugrunde liegen. Der Einfachheit halber verzichten wir hier darauf, diese komplizierte Theorie auseinanderzusetzen, Das geschilderte, im thermodynamischen Gleichgewichte befindliche System von N Molekülen betrachten wir als eine kanonische Gesamtheit seiner Moleküle und wollen die mathematische Wahrscheinlichkeit dafür bestimmen, daß ein Molekül, d. h. ein System der Gesamtheit, sich entweder im Dampfvolumen V_g oder im Volumen des festen Teiles V_f befindet.

Zu diesem Zwecke benutzen wir den Einsteinschen Satz, den wir in Gl. (194) des zehnten Kapitels formuliert haben.

Denken wir uns zunächst einen Normalzustand, in dem die Moleküle alle kräftefrei sind, so ist offenbar jedes Volumelement des Gesamtraumes V gleichberechtigt mit jedem andern; also ist die mathematische Wahrscheinlichkeit ΔW_0, daß ein bestimmtes Molekül in dem Volumelement $\Delta\tau$ liegt, gleich:

$$\Delta W_0 = \text{Const.}\cdot\Delta\tau.$$

Haben die Moleküle nun in Wirklichkeit infolge wirkender Kräfte die potentielle Energie χ, so ist nach dem Einsteinschen Satze jetzt die Wahrscheinlichkeit ΔW dafür, daß ein Molekül in $\Delta\tau$ liege, gegeben durch:

$$\Delta W = \text{Const.}\, e^{-\frac{\chi}{kT}}\Delta\tau, \tag{126}$$

wobei die Konstante auf die übliche Weise zu bestimmen ist.

Nehmen wir also an, daß, um ein beliebiges Molekül aus seiner Gleichgewichtslage im festen Zustande in den dampfförmigen zu bringen, die konstante endliche Arbeit χ_0 erforderlich sei, d. h. daß jedes Molekül im Dampfzustande die potentielle Energie χ_0 besitzt, so ist die Wahrscheinlichkeit ΔW_g dafür, daß ein bestimmtes Molekül sich in dem Volumelement $\Delta\tau_g$ des Gasvolumens V_g befindet, nach (126) gleich:

$$\Delta W_g = \text{Const.}\, e^{-\frac{\chi_0}{kT}}\cdot\Delta\tau_g, \tag{127}$$

und durch Integration über $\Delta\tau_g$, d. h. über das ganze Volumen V_g folgt daraus die Wahrscheinlichkeit W_g dafür, daß ein bestimmtes Molekül sich irgendwo im Dampfraume V_g befindet:

$$W_g = \text{Const.}\, e^{-\frac{\chi_0}{kT}}\int\Delta\tau_g = \text{Const.}\, V_g\, e^{-\frac{\chi_0}{kT}} = \text{Const.}\, V_g\, e^{-\frac{N\chi_0}{RT}}. \tag{128}$$

Jetzt wollen wir ebenso die Wahrscheinlichkeit W_f dafür bestimmen, daß ein bestimmtes Molekül sich im festen Zustande, d. h. irgendwo im

Volumen V_f befindet. Zu diesem Zwecke denken wir uns V_f in Zellen derart zerlegt, daß in jeder Zelle ein Molekül liegt (Fig. 69). Es handelt sich nun zunächst darum, die potentielle Energie χ eines Moleküls für jeden Punkt in seiner Zelle festzustellen, damit wir die Wahrscheinlichkeit $W(Z)$ dafür bilden können, daß das Molekül innerhalb seiner Zelle sich befindet. Jedes Molekül ist an eine feste Ruhelage gebunden; wird es aus derselben durch eine äußere Kraft um das Stück r entfernt, so wirkt eine zurücktreibende Kraft auf dasselbe ein, die in erster Näherung proportional r ist und unter deren Einfluß das Molekül Schwingungen von der Schwingungszahl ν pro Sekunde um die Ruhelage ausführen kann. Die potentielle Energie hat daher im Abstande r von der Ruhelage bekanntlich den Betrag, wenn μ die Masse des Moleküls ist:

$$\chi = \frac{\mu}{2}(2\pi\nu)^2 r^2. \tag{129}$$

Damit wird die Wahrscheinlichkeit $\Delta W_f'$, daß ein bestimmtes Molekül im Innern der Zelle im Volumelement $\Delta\tau_f$ liegt, gleich:

$$\Delta W_f' = \text{Const.}\, e^{-\frac{\mu(2\pi\nu)^2 r^2}{2kT}}\, \Delta\tau_f,$$

oder, wenn wir Polarkoordinaten (r, ϑ, φ) um die Ruhelage als Zentrum einführen:

$$\Delta W_f' = \text{Const.}\, e^{-\frac{\mu(2\pi\nu)^2 r^2}{2kT}}\, r^2 \Delta r \sin\vartheta\, \Delta\vartheta\, \Delta\varphi. \tag{130}$$

Die Konstante hat darin natürlich denselben Wert wie in (128).

Durch Integration über ϑ von 0 bis π, über φ von 0 bis 2π gewinnt man daraus die Wahrscheinlichkeit $\Delta W_f''$ dafür, daß ein bestimmtes Molekül innerhalb der Kugelschale mit den Radien r bzw. $r + \Delta r$ um die Ruhelage sich befindet. (Vgl. Fig. 69, wo in einer Zelle die beiden Kugelflächen angedeutet sind.) Also:

$$\Delta W_f'' = \text{Const.}\, 4\pi\, e^{-\frac{\mu(2\pi\nu)^2 r^2}{2kT}}\, r^2 \Delta r. \tag{131}$$

Durch Integration über r von 0 bis zu einem beliebigen Werte r_0 ergibt sich die Wahrscheinlichkeit $W(r_0)$ dafür, daß ein Molekül innerhalb der um die Ruhelage mit dem Radius r_0 geschlagenen Kugel liegt:

$$W(r_0) = 4\pi \cdot \text{Const.} \int_0^{r_0} e^{-\frac{\mu(2\pi\nu)^2 r^2}{2kT}}\, r^2 \Delta r. \tag{132}$$

Nun wollen wir aber nicht $W(r_0)$ sondern $W(Z)$ kennen lernen, d. h. die Wahrscheinlichkeit dafür, daß das Molekül sich irgendwo in der seine Ruhelage umgebenden Zelle Z befindet. Da nun der Quotient $\frac{\mu(2\pi\nu)^2}{2kT} r^2$ selbst für sehr kleine Werte von r sehr groß ist, so ist der Wert der Exponentialfunktion für alle einigermaßen erheblichen Werte von r äußerst klein, so daß die obere Integralgrenze unbedenklich bis ∞ erstreckt werden kann. So erhalten wir für $W(Z)$ den Wert:

(133) $$W(Z) = 4\pi \cdot \text{Const.} \cdot \int_0^\infty e^{-\frac{\mu (2\pi\nu)^2 r^2}{2kT}} r^2 \Delta r,$$

und, wenn im Ganzen $\mathfrak{N}_f$ Moleküle im festen Zustande sich befinden, d. h. wenn $\mathfrak{N}_f$ Zellen vorhanden sind, so ist die Wahrscheinlichkeit, daß ein Molekül sich im Volumen V_f des festen Zustandsgebietes befinden soll, gleich:

(134) $$W_f = \mathfrak{N}_f W(Z) = 4\pi \mathfrak{N}_f \cdot \text{Const.} \int_0^\infty e^{-\frac{\mu (2\pi\nu)^2 r^2}{2kT}} r^2 \Delta r.$$

Die Ausführung der Integration bietet keine Schwierigkeiten. Durch partielle Integration nach dem Muster der schon oft vorgenommenen findet man leicht:

(135) $$W_f = \text{Const.}\ \mathfrak{N}_f \left(\frac{kT}{2\pi\mu}\right)^{\frac{3}{2}} \frac{1}{\nu^3}.$$

Erweitern wir nun die Gleichungen (128) und (135) mit N, der Gesamtzahl der Moleküle im Mol, so erhalten wir die Anzahlen $\mathfrak{N}_g$ und $\mathfrak{N}_f$ der Moleküle im gasförmigen und festen Zustande:

(136) $$\mathfrak{N}_g = \text{Const.}\ N V_g\, e^{-\frac{N\chi_0}{RT}},$$

(137) $$\mathfrak{N}_f = \text{Const.}\ N \mathfrak{N}_f \left(\frac{kT}{2\pi\mu}\right)^{\frac{3}{2}} \frac{1}{\nu^3}.$$

Division beider Gleichungen liefert:

$$\frac{\mathfrak{N}_g}{\mathfrak{N}_f} = \frac{V_g}{\mathfrak{N}_f} \nu^3 \left(\frac{2\pi\mu}{kT}\right)^{\frac{3}{2}} e^{-\frac{N\chi_0}{RT}},$$

oder auch:

(138) $$\frac{\mathfrak{N}_g}{N V_g} = \frac{1}{N}\left(\frac{\nu^2\, 2\pi\mu}{kT}\right)^{\frac{3}{2}} e^{-\frac{N\chi_0}{RT}}.$$

Nun aber ist der Quotient

(139) $$\frac{\mathfrak{N}_g}{N} = n_g$$

gleich der Anzahl Mole im gasförmigen Zustande; also ist nach der Zustandsgleichung idealer Gase der Druck π zu berechnen nach der Gleichung

(140) $$\pi = \frac{RT}{V_g} n_g.$$

Nach (138) und (140) erhalten wir also für den Sublimationsdruck π:

$$\pi = kT\left(\frac{\nu^2\, 2\pi\mu}{kT}\right)^{\frac{3}{2}} e^{-\frac{N\chi_0}{RT}},$$

oder:

(141) $$\pi = \frac{(2\pi\mu\nu^2)^{\frac{3}{2}}}{(kT)^{\frac{1}{2}}} e^{-\frac{N\chi_0}{RT}}.$$

Führen wir statt der Molekülmasse μ das sogenannte chemische Molekulargewicht $m = N\mu$ ein, so folgt weiter:

$$\pi = \frac{(2\pi m)^{\frac{3}{2}} \nu^3}{N\sqrt{RT}} e^{-\frac{N\chi_0}{RT}},$$

oder, wenn wir jetzt zu den Logarithmen übergehen:

$$\ln \pi = -\frac{N\chi_0}{RT} - \frac{1}{2}\ln T + \ln\left[\frac{(2\pi m)^{\frac{3}{2}} \nu^3}{N\sqrt{R}}\right]. \tag{142}$$

Dies ist nun eine völlig bestimmte Dampfdruckgleichung einatomiger Stoffe, die für hohe Temperaturen gilt und die mit (125) identisch werden muß, wenn letztere für hohe T spezialisiert wird. Der Vergleich beider muß dann i liefern.

Rechnen wir nun die einzelnen Glieder von (125) aus. Für einatomige Gase ist $C_p = \frac{5}{2} R$; also wird das zweite Integral auf der rechten Seite von (125):

$$\frac{1}{R}\int \frac{\int_0^T C_p \, dT'}{T^2} dT = \frac{C_p}{R} \ln T = \frac{5}{2} \ln T. \tag{143}$$

Ferner haben wir, da wir das einfache Modell des Festkörpers zugrunde gelegt haben, für das Integral

$$\int_0^T C_{\text{fest}} \, dT'$$

den diesem Modell entsprechenden **Einsteinschen Ausdruck** (41) zu ver wenden:

$$\int_0^T C_{\text{fest}} \, dT' = \frac{3Nh\nu}{e^{\frac{h\nu}{kT}} - 1};$$

mithin wird das erste Integral in (125):

$$\frac{1}{R}\int \frac{\int_0^T C_{\text{fest}} \, dT'}{T^2} Nk = \frac{3Nk}{R}\int \frac{\frac{h\nu}{kT^2} dT}{e^{\frac{h\nu}{kT}} - 1},$$

oder, wenn man $\frac{h\nu}{kT} = \xi$ als neue Variable einführt:

$$\frac{1}{R}\int \frac{\int_0^T C_{\text{fest}} \, dT'}{T^2} dT = -3\int_0^\xi \frac{d\xi}{e^\xi - 1}. \tag{144}$$

Nun brauchen wir (144) aber nur für hohe Temperaturen, d. h. für kleine Werte von ξ zu berechnen. Für diese ist $(e^\xi - 1)$ einfach gleich ξ, und (144) geht über in:

(144a) $$\frac{1}{R}\int \frac{\int_0^T C_{fest}\, dT'}{T^2}\, dT = -3 \ln \xi = -3 \ln\left(\frac{h\nu}{kT}\right). \quad [\text{für große } T]$$

Demnach wird die Dampfdruckformel (125) für hohe Temperaturen gemäß (143) und (144a):

$$\ln \pi = \frac{L_0'}{RT} + 3 \ln\left(\frac{h\nu}{kT}\right) + \frac{5}{2} \ln T + i,$$

oder:

(145) $$\ln \pi = \frac{L_0'}{RT} + \ln\left(\frac{h^3 \nu^3}{k^3}\right) - \frac{1}{2} \ln T + i.$$

Diese Gleichung muß mit der gleichfalls nur für hohe Temperaturen geltenden (142) identisch sein; die Vergleichung liefert die beiden Beziehungen:

(146) $$\begin{cases} L_0' = -N\chi_0, \\ i + \ln\left(\frac{h^3 \nu^3}{k^3}\right) = \ln\left[\frac{(2\pi m)^{\frac{3}{2}} \nu^3}{N\sqrt{R}}\right]. \end{cases}$$

Die erste spricht aus, daß die Größe $N\chi_0$, das ist also nach Definition von χ_0 die Arbeit, die zur Verdampfung eines Mols der Substanz notwendig ist, gleich der negativ genommenen Wärmetönung ist, die dabei auftritt, — ein im Grunde fast selbstverständliches Ergebnis. Die zweite Gleichung (146) liefert eine Formel für die chemische Konstante:

(147) $$i = \ln\left[\frac{(2\pi)^{\frac{3}{2}} k^{\frac{5}{2}}}{N^{\frac{3}{2}} h^3}\right] + \frac{3}{2} \ln m = \ln\left[\frac{(2\pi\mu)^{\frac{3}{2}} k^{\frac{5}{2}}}{h^3}\right].$$

Setzt man die Werte für h, k und N ein, die wir angegeben haben, so erhält man, wenn alle Größen im absoluten Maßsystem gemessen werden:

(148) $$i = 10{,}17 + 1{,}5 \ln m.$$

Führt man statt der natürlichen Logarithmen die Briggischen ein und mißt man den Druck in Atmosphären, so erhält man statt dessen den Nernstschen Wert i' der chemischen Konstante:

(149) $$i' = -1{,}608 + 1{,}5 \log \text{vulg.}\, m = i_0' + 1{,}5 \log \text{vulg.}\, m,$$

wo i_0' eine universelle Größe ist. In der folgenden Tabelle sind die bis heute bekannten Werte der Größen i_0' und i' angegeben.

Stoff	i_0'	i'
Hg	− 1,62	1,83 ± 0,03
A	− 1,65	0,75 ± 0,06
H_2	− 1,68	− 1,23 ± 0,15
Zn[1])	− 1,61(3)	1,110
Cd[1])	− 1,61(0)	1,466

[1]) Diese Werte sind einer (unveröffentlichten) Dissertation von Heidhausen entnommen; ich verdanke die Mitteilung Herrn Eucken.

Man erkennt, daß die Übereinstimmung der experimentell gefundenen Werte mit den theoretischen recht gut ist; dies darf als eine Bestätigung der durch die Quantentheorie gelieferten Formel (147) angesehen werden.

Mit der chemischen Konstanten ist nun auch die sogenannte Entropiekonstante S^0 vollkommen bestimmt. Diese war definiert [Gl. (8) des VI. Kap. auf pag. 255] durch die folgende Gleichung für die Entropie S eines Mols eines (einatomigen) Gases:

$$S = C_p \ln T - R \ln p + S^0, \tag{150}$$

und nach Gl. (64) des siebenten Kapitels auf pag. 312 steht die Entropiekonstante S^0 mit der chemischen Konstanten i in der Beziehung:

$$i = \frac{S^0 - C_v - R}{R} = \frac{S^0 - C_p}{R}. \tag{151}$$

Daraus ergibt sich für S^0 bei einatomigen Gasen ($C_p = \frac{5}{2} R$) der folgende Ausdruck:

$$S^0 = R \left[\ln \left\{ \frac{(2\pi\mu)^{\frac{3}{2}} k^{\frac{5}{2}}}{h^3} \right\} + \frac{5}{2} \right]. \tag{152}$$

Bedenkt man, daß $\ln e = 1$ ist, so kann man etwas bequemer schreiben:

$$S^0 = R \ln \left[\frac{(2\pi\mu)^{\frac{3}{2}} (e\,k)^{\frac{5}{2}}}{h^3} \right]. \tag{153}$$

Dieser Ausdruck ist zuerst von Tetrode[1]) angegeben und später nach einer völlig andern Methode von Planck[2]) bestätigt worden, während Sackur[3]), der das Verdienst hat, zum ersten Male darauf hingewiesen zu haben, daß und wie S^0 aus der Quantentheorie berechenbar sei, einen numerisch etwas verschiedenen Wert angibt; Sackur und Tetrode haben übrigens einen ganz andern Weg eingeschlagen, indem sie die Quantentheorie direkt auf Gase anwendeten, was bei dem augenblicklichen Stande nicht die Sicherheit des hier eingeschlagenen Weges besitzt, bei dem die Quantentheorie nur auf feste Körper angewendet wird.

119. Die Entartung der idealen Gase bei sehr tiefen Temperaturen.

Das letzte Problem, auf das wir die Quantentheorie anwenden wollen, ist die sogenannte „Entartung" der idealen Gase bei sehr tiefen Temperaturen, d. h. eine Abweichung von der Zustandsgleichung (auf Mol bezogen):

$$p V = R T \tag{154}$$

und von der Energiegleichung (pro Mol):

$$U = C_v T + \text{Const.} \tag{155}$$

Zum ersten Male stießen wir auf eine Andeutung, daß diese Gesetze nicht mehr gültig zu sein brauchten, in der Nummer 74, in der wir die

[1]) H. Tetrode, Ann. d. Phys. **38**, pag. 434, 1912.
[2]) M. Planck, Sitz.-Ber. der Kgl. Preuß. Akad. der Wiss. Berlin, 1916, pag. 653 ff.
[3]) O. Sackur, Ann. d. Phys. **36**, pag. 958, 1911; ebend. **40**, pag. 67, 1913.

Affinität gasförmiger Reaktionen nach dem Nernstschen Theorem berechneten. Dort ergab sich, daß bei unveränderter Gültigkeit der Gl. (154) und (155) ein Widerspruch zu diesem Theorem auftrat, weshalb wir dort nur eine indirekte Behandlung des Problems der Affinität geben konnten. Die Frage selbst, ob das Nernstsche Theorem für Gase seine Gültigkeit verliere oder die Gasgesetze abgeändert werden müßten, ließen wir damals offen. Bei dem heutigen Stande der Wissenschaft kann diese Frage auch gar nicht endgültig beurteilt werden. Man kann nur sagen, daß es unwahrscheinlich ist, daß ein so fundamentales Theorem wie das Nernstsche nicht allgemein gültig sein sollte. Deshalb wollen wir uns — ungeachtet des Umstandes, daß sozusagen keine experimentelle Bestätigung dafür vorliegt — hier der Auffassung Nernsts anschließen, daß die Gasgesetze ihre Gültigkeit verlieren, wenn man zu sehr tiefen Temperaturen übergeht.

Wir wollen uns hier, ohne auf unsere früheren Überlegungen zurückzugreifen, auf andere Weise klar machen, daß das Nernstsche Theorem in der Planckschen Fassung für ideale Gase bei unveränderter Gültigkeit der Gleichungen (154) und (155) nicht gelten kann. Denn nach demselben soll ja die Entropie für $T = 0$ selbst Null werden, d. h. die spezifischen Wärmen c_p und c_v bzw. die Molwärmen C_p und C_v müssen von höherer als der ersten Ordnung für $T = 0$ verschwinden. Gl. (155) liefert aber für einatomige Gase — auf diese können wir uns beschränken, da sich bei sehr tiefen Temperaturen alle Gase wie einatomige verhalten —

$$C_v = \frac{\partial U}{\partial T} = \text{Const.} = \frac{3}{2} R \cong 3 \frac{\text{cal}}{\text{grad}},$$

d. h. einen durchaus konstanten Wert der Molwärme.

Von der Quantentheorie können wir erwarten, daß sie dieses Resultat modifiziert. Die Anwendung der Quantentheorie auf die fortschreitende Energie der Gasmoleküle — denn darauf kommt ja das Problem hinaus, da innere und rotatorische Energie nicht in Frage kommen — stößt nun aber auf sehr erhebliche Schwierigkeiten. Denn wir können sie ja bisher nur anwenden auf Schwingungen und Rotationen, welch' beiden Vorgängen eine Schwingungszahl ν zugeordnet ist. Die hier vorliegende Schwierigkeit ist noch keineswegs überwunden. Verschiedene Theoretiker (Sommerfeld, Keesom, Sackur) haben recht verschiedene Ansätze gegeben, die mit den Tatsachen im Widerspruche sind. Ein weiterer Versuch, der mit den Tatsachen wenigstens nicht in Konflikt kommt, rührt von Nernst her; diesen wollen wir hier besprechen.

Nernst stellt sich vor, daß bei Abkühlung eines Gases bei konstantem Volumen die fortschreitende Bewegung der Moleküle allmählich in eine kreisende Bewegung um bestimmte Gleichgewichtslagen übergeht. Dies wird um so eher der Fall sein, d. h. bei um so höherer Temperatur eintreten, je stärker das Gas komprimiert ist, d. h. je kleiner das Volumen eines Mols ist. Es ist leicht zu sehen, daß durch diese Vorstellung (die wir mit Nernst einfach akzeptieren wollen, ohne ihre Wahrscheinlichkeit zu diskutieren) wieder der Begriff der Schwingungszahl ν eingeführt wird, und zwar wird nach dem Obigen ν eine Funktion des Volumens sein. Wir wollen die speziellen Betrachtungen Nernsts übergehen; er gelangt jedenfalls zu dem Ergebnis, daß an Stelle von (154) und (155) die folgenden Gleichungen zu treten haben:

$$p = \frac{R}{V} \frac{\frac{h\nu}{k}}{1 - e^{-\frac{h\nu}{kT}}}, \tag{156}$$

$$U = \frac{3}{2} N \frac{h\nu}{e^{\frac{h\nu}{kT}} - 1} + \frac{3}{2} N h\nu, \tag{157}$$

wobei ν bestimmt ist durch die Gleichung:

$$\nu = \frac{h N^{\frac{2}{3}}}{4\pi\mu V^{\frac{2}{3}}}. \tag{158}$$

N ist die Avogadrosche Zahl, μ die Masse eines Atoms bzw. eines Moleküls. Wir wollen nun in Kürze die Thermodynamik eines solchen Gases entwickeln. Wir überzeugen uns zunächst, daß für hohe Temperaturen und große Molvolumina die Gl. (156) und (157) in die gewöhnlichen Gleichungen für einatomige ideale Gase übergehen.

In (156) wird für hohe Temperaturen der Nenner angenähert gleich

$$\frac{h\nu}{kT}\left(1 - \frac{1}{2}\frac{h\nu}{kT}\right).$$

Demgemäß wird der Druck

$$p_\infty = \frac{R}{V} \frac{\frac{h\nu}{k}}{\frac{h\nu}{kT}\left(1 - \frac{1}{2}\frac{h\nu}{kT}\right)} = \frac{RT}{V}\left\{1 + \frac{1}{2}\frac{h\nu}{kT}\right\}$$

oder mit Rücksicht auf den Wert (158) von ν:

$$p_\infty = \frac{RT}{V}\left\{1 + \frac{1}{2k}\frac{h^2 N^{\frac{2}{3}}}{4\pi\mu V^{\frac{2}{3}} T}\right\}. \tag{159}$$

Je größer also T und V sind, desto mehr nähert sich in der Tat (159) der einfachen Gleichung (154) und erreicht diesen Grenzfall schon bei um so tieferen Temperaturen, je größer V ist. Man erkennt auch, daß, je kleiner μ, die Atommasse, oder das mit μ proportionale Atomgewicht ist, um so stärker bei gegebenen T und V die Abweichungen von dem normalen Verhalten des idealen Gases sein müssen. Dieselbe Bemerkung gilt allgemein für das Folgende.

Ganz ähnlich liegt die Sache mit der Energiegleichung (157). Auch hier können wir für den Nenner schreiben:

$$e^{\frac{h\nu}{kT}} - 1 = \frac{h\nu}{kT}\left\{1 + \frac{1}{2}\frac{h\nu}{kT}\right\}.$$

Damit liefert (157):

$$(U)_{T=\infty} = \frac{3}{2} N k T \left\{1 - \frac{1}{2}\frac{h\nu}{kT}\right\} + \frac{3}{2} N h \nu = \frac{3}{2} R T + \frac{3}{4} N h \nu.$$

oder in Rücksicht auf (158):

$$(160) \qquad (U)_{T=\infty} = \frac{3}{2} R T + \frac{3}{4} \frac{N^{\frac{5}{3}} h^2}{4 \pi \mu V^{\frac{2}{3}}},$$

und auch diese Gleichung geht (von oben her) für große T und V in den alten Wert über, und zwar schon bei um so tieferer Temperatur, je größer V ist. Die Molwärme $C_{v\infty}$ ergibt sich dann auch wieder gleich $\frac{3}{2} R$.

Ganz anders liegen die Verhältnisse bei tiefen Temperaturen. Bei diesen wird angenähert nach (156):

$$p_{T=0} = \frac{R}{V} \frac{\frac{h\nu}{k}}{1} = \frac{N h \nu}{V}$$

oder, unter Rücksicht auf den Wert von ν nach (158):

$$(161) \qquad (p)_{T=0} = \frac{N^{\frac{5}{3}} h^2}{4 \pi \mu V^{\frac{5}{3}}}.$$

p ist beim absoluten Nullpunkte also nicht für jedes Volumen V gleich Null, wie bisher, sondern für jedes endliche Volumen V selbst endlich, sowie von T unabhängig. Ebenso ist V von T unabhängig. Anders ausgedrückt: Sowohl der Spannungskoeffizient als auch der Ausdehnungskoeffizient sind bei tiefer Temperatur beim entarteten Gase gleich Null, beides nunmehr in völliger Übereinstimmung mit dem Nernstschen Wärmetheorem in der Planckschen Formulierung.

Wie steht es mit der Energie bei tiefen Temperaturen? Nach (157) ist hier angenähert:

$$(162) \qquad (U)_{T=0} = \frac{3}{2} N h \nu e^{-\frac{h\nu}{kT}} + \frac{3}{2} N h \nu;$$

also geht die Energie für $T = 0$ in den konstanten, d. h. von T unabhängigen Wert $\frac{3}{2} N h \nu$ über, was gleichbedeutend mit der Behauptung ist, daß für $T = 0$ die Molwärme $C_v = 0$ ist, was auch aus (162) unmittelbar durch Differentiation zu ersehen ist. Auch dies ist jetzt im Einklange mit dem Nernstschen Theorem in der Planckschen Fassung.

Der allgemeine Wert für C_v ergibt sich aus (157) durch Differentiation nach T:

$$(163) \qquad C_v = \left(\frac{\partial U}{\partial T}\right)_V = \frac{3}{2} \frac{R \left(\frac{h\nu}{kT}\right)^2 e^{\frac{h\nu}{kT}}}{\left(e^{\frac{h\nu}{kT}} - 1\right)^2}.$$

Daraus geht noch einmal hervor, daß für große T-Werte — die, wie wir gleich sehen werden, aber noch außerordentlich tief sein können — $C_{v\infty} = \frac{3}{2} R$ wird, für kleine T-Werte dagegen exponentiell sich der Null

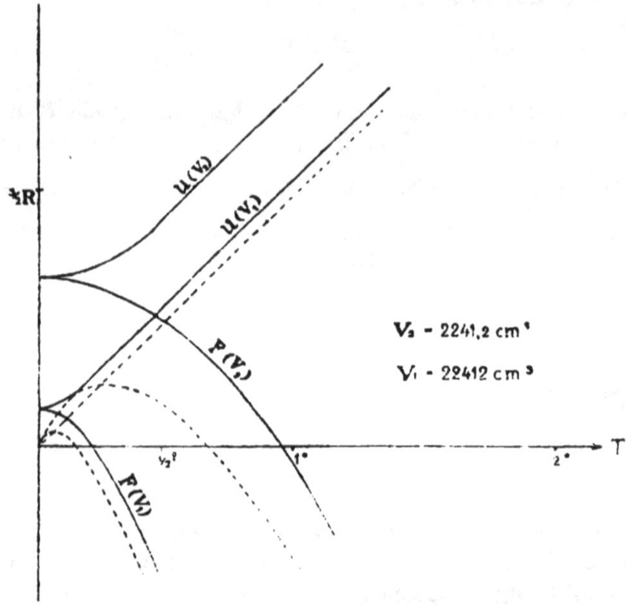

Fig. 70.

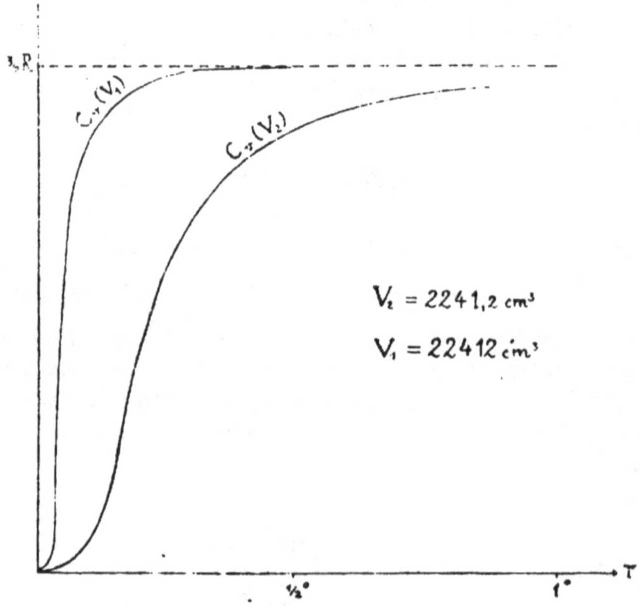

Fig. 71.

nähert; (163) ist ja wesentlich nichts anderes, als die **Einsteinsche** Formel (44) für die spezifische Wärme fester Körper.

In den Figuren 70 und 71 sind für ein Gas vom Atomgewicht 1 für verschiedene Werte des Molvolumens $\left[V_1 = 22\,412\ \text{cm}^3\right.$ (Normalvolumen) und $\left. V_2 = 2241{,}2\ \text{cm}^3 = \frac{1}{10} V_1\right]$ sowohl Energie als auch C_v als Funktionen von T aufgetragen; die gestrichelten Kurven zeigen das Verhalten des normalen idealen Gases an. Man erkennt aus beiden Figuren, daß bereits wenige Grade über dem absoluten Nullpunkte die Abweichungen für einigermaßen normale Dichten sehr klein sind — in Übereinstimmung mit unserer obigen Bemerkung und der Erfahrung.

Wir gehen nun dazu über, die Entropie S unseres entarteten Gases zu berechnen. Nach Definition der Entropie ist:

$$dS = \frac{dU + p\,dV}{T} = \frac{\left\{\left(\frac{\partial U}{\partial V}\right)_T + p\right\} dV + \left(\frac{\partial U}{\partial T}\right)_V dT}{T}.$$

Nun ist durch (157) U als Funktion von ν und T gegeben; also ist hier zu setzen:

(164) $$\left(\frac{\partial U}{\partial V}\right)_T = \left(\frac{\partial U}{\partial \nu}\right)_T \frac{d\nu}{dV},$$

wo $\frac{d\nu}{dV}$ aus (158) zu berechnen ist. Es ergibt sich daraus:

(165) $$\frac{d\nu}{dV} = -\frac{2}{3}\,\frac{hN^{\frac{2}{3}}}{4\pi\mu V^{\frac{5}{3}}} = -\frac{2}{3}\,\frac{\nu}{V},$$

was weiter die später zu verwendende Gleichung liefert:

(166) $$-\frac{3}{2}\,\frac{d\nu}{\nu} = \frac{dV}{V}.$$

Durch Zusammenfassen in (157) kann man U schreiben:

$$U = \frac{3}{2} N h \nu \frac{1}{1 - e^{-\frac{h\nu}{kT}}};$$

daraus und aus (156) ergeben sich der Reihe nach folgende Ausdrücke, unter Beachtung von (166):

(167) $$\left(\frac{\partial U}{\partial V}\right)_T dV = \frac{3}{2} N h \cdot \frac{1 - e^{-\frac{h\nu}{kT}} - \frac{h\nu}{kT} e^{-\frac{h\nu}{kT}}}{\left(1 - e^{-\frac{h\nu}{kT}}\right)^2}\, d\nu,$$

(168) $$p \cdot dV = -\frac{3}{2} N h \nu \cdot \frac{1 - e^{-\frac{h\nu}{kT}}}{\left(1 - e^{-\frac{h\nu}{kT}}\right)^2}\, d\nu,$$

(169) $$\left(\frac{\partial U}{\partial T}\right)_V dT = \frac{3}{2} N h\nu \cdot \frac{\frac{h\nu}{kT^2} e^{-\frac{h\nu}{kT}}}{\left(1 - e^{-\frac{h\nu}{kT}}\right)^2} dT.$$

Durch Addition und Division mit T folgt für das Differential der Entropie:

$$dS = \frac{dU + p\,dV}{T} = \frac{\frac{3}{2} N h\nu}{\left(1 - e^{-\frac{h\nu}{kT}}\right)^2} \left\{- \frac{h}{kT^2} e^{-\frac{h\nu}{kT}} d\nu + \frac{h\nu}{kT^3} e^{-\frac{h\nu}{kT}} dT\right\}$$

oder:

(170) $$dS = \frac{\frac{3}{2} N h \cdot \frac{h\nu}{kT^2} \cdot e^{-\frac{h\nu}{kT}} \left\{- d\nu + \frac{\nu}{T} dT\right\}}{\left(1 - e^{-\frac{h\nu}{kT}}\right)^2}$$

Da nun

$$\left\{- d\nu + \frac{\nu}{T} dT\right\} = - T d\left(\frac{\nu}{T}\right) = - \frac{kT}{h} d\left(\frac{h\nu}{kT}\right)$$

ist, so kann (170) geschrieben werden:

$$dS = \frac{- \frac{3}{2} R \left(\frac{h\nu}{kT}\right) e^{-\frac{h\nu}{kT}}}{\left(1 - e^{-\frac{h\nu}{kT}}\right)^2} d\left(\frac{h\nu}{kT}\right),$$

was mit der Substitution

(171) $$\xi = \frac{h\nu}{kT}$$

übergeht in:

(172) $$dS = - \frac{3}{2} R \frac{e^{-\xi} \xi\, d\xi}{(1 - e^{-\xi})^2} = - \frac{3}{2} R \frac{e^{\xi} \xi\, d\xi}{(e^{\xi} - 1)^2}.$$

Demgemäß ist die Entropie bestimmt zu:

(173) $$S = - \frac{3}{2} R \int \frac{e^{\xi} \xi\, d\xi}{(e^{\xi} - 1)^2}.$$

Führen wir nun die neue Variable

(174) $$e^{\xi} - 1 = \eta$$

ein, so geht dieses Integral über in:

$$S = - \frac{3}{2} R \int \frac{\log(1 + \eta)}{\eta^2} d\eta = \frac{3}{2} R \int \log(1 + \eta)\, d\left(\frac{1}{\eta}\right),$$

und das liefert durch partielle Integration:

$$S = \frac{3}{2} R \frac{\log(1 + \eta)}{\eta} - \frac{3}{2} R \int \frac{1}{\eta} \cdot \frac{1}{1 + \eta} d\eta$$

oder, nach Partialbruchzerlegung des letzten Gliedes:

$$S = \frac{3}{2} R \frac{1}{\eta} \log (1 + \eta) - \frac{3}{2} R \log \eta + \frac{3}{2} R \log (1 + \eta);$$

oder, wenn die Substitutionen (174) und (171) wieder rückgängig gemacht werden:

$$(175) \qquad S = \frac{3}{2} R \left[\frac{\frac{h\nu}{kT} e^{\frac{h\nu}{kT}}}{e^{\frac{h\nu}{kT}} - 1} - \log \left(e^{\frac{h\nu}{kT}} - 1 \right) \right].$$

Für tiefe Temperaturen ergibt sich daraus folgendes: $\left(e^{\frac{h\nu}{kT}} - 1\right)$ ist dann angenähert gleich $e^{\frac{h\nu}{kT}}$, damit wird $S_{T=0}$:

$$S_{T=0} = \frac{3}{2} R \left[\frac{h\nu}{kT} - \frac{h\nu}{kT} \right] = 0,$$

d. h.

$$(176) \qquad \lim_{T=0} S = 0,$$

wieder in völliger Übereinstimmung mit dem **Nernst**schen Theorem in der **Planck**schen Formulierung, während bei unveränderter Gültigkeit der normalen Gasgesetze sich $S_{T=0} = -\infty$ ergibt.

Spezialisieren wir jetzt auch S für hohe Temperaturen. Dabei ist $\left(e^{\frac{h\nu}{kT}} - 1\right)$ ungefähr gleich $\frac{h\nu}{kT}$. Damit folgt aus (175):

$$S_{T=\infty} = \frac{3}{2} R \left[\frac{\frac{h\nu}{kT}\left(1 + \frac{h\nu}{kT}\right)}{\frac{h\nu}{kT}} - \log \frac{h\nu}{kT} \right]$$

oder:

$$S_{T=\infty} = \frac{3}{2} R \left[1 - \log \frac{h\nu}{k} + \log T \right],$$

oder, in Rücksicht auf (158):

$$S_{T=\infty} = \frac{3}{2} R \left[\log e - \log \left\{ \frac{h^2 N^{\frac{2}{3}}}{k 4 \pi \mu} \right\} + \log V^{\frac{2}{3}} + \log T \right],$$

oder endlich:

$$(177) \qquad S_{T=\infty} = \frac{3}{2} R \log T + R \log V + R \log \left\{ \frac{(4\pi\mu)^{\frac{3}{2}} k^{\frac{3}{2}} e^{\frac{3}{2}}}{h^3 N} \right\}.$$

Um die Entropie als Funktion von T und p zu gewinnen, ersetzen wir V durch seinen Wert gemäß der gewöhnlichen Gasgleichung (154), was hier erlaubt ist, da es sich um hohe Temperaturen handelt. Dann folgt:

$$S_{T=\infty} = \frac{3}{2} R \log T + R \log R + R \log T - R \log p + R \log \left\{ \frac{(4\pi\mu)^{\frac{3}{2}} k^{\frac{3}{2}} e^{\frac{3}{2}}}{h^3 N} \right\},$$

oder:

$$(178)\qquad S_{T=\infty} = \frac{5}{2} R \log T - R \log p + R \log \left\{ \frac{(4\pi\mu)^{\frac{3}{2}} k^{\frac{5}{2}} e^{\frac{3}{2}}}{h^3} \right\}.$$

Die beiden ersten Glieder stimmen mit dem üblichen Werte der Entropie für einatomige Gase überein; das dritte Glied ist die Entropiekonstante S^0, die sich aber nach der Nernstschen Theorie der Gasentartung abweichend von dem Tetrode-Sternschen Werte

$$R \log \left\{ \frac{(2\pi\mu)^{\frac{3}{2}} k^{\frac{5}{2}} e^{\frac{5}{2}}}{h^3} \right\}$$

ergibt, den wir in Gl. (153) der vorigen Nummer gefunden hatten. Dies deutet darauf hin, daß die hier dargestellte Nernstsche Theorie der Gasentartung auch noch nicht völlig richtig ist, da kein Grund besteht, an der Richtigkeit des Tetrode-Sternschen Wertes zu zweifeln. Immerhin ist der Unterschied beider Werte so klein, daß er innerhalb der heutigen Messungsgenauigkeit fällt. Die hier betonte Differenz ist der Grund, weshalb wir uns nicht auf eine Ableitung der Nernstschen Gleichungen (156) bis (158) eingelassen, sondern sie ohne Beweis hingeschrieben haben; wir wollen ja nur einen Begriff davon geben, wie etwa die Theorie der Gasentartung zu denken ist. Auch Nernst betrachtet seine Ausführungen keineswegs als vollendet, sondern nur als „Prolegomena“ der künftigen Theorie.

Die freie Energie $F = U - TS$ ist natürlich durch (157) und (175) vollkommen bestimmt. Man findet:

$$(179)\qquad F = \frac{3}{2} R T \log \left(e^{\frac{h\nu}{kT}} - 1 \right).$$

Für hohe Temperaturen nähert sich dieser Wert dem üblichen, den wir hier nicht mehr besonders angeben. Für tiefe Temperaturen folgt der Wert:

$$(180)\qquad F_{T=0} = \frac{3}{2} N h \nu,$$

d. h. genau derselbe Wert, den auch U nach (162) für tiefe Temperaturen annimmt. Man überzeugt sich leicht, daß $\left(\frac{\partial U}{\partial T}\right)_{T=0}$ und $\left(\frac{\partial F}{\partial T}\right)_{T=0}$ beide den Wert Null besitzen, d. h. daß die U- und die F-Kurve in der Nähe des absoluten Nullpunktes eine gemeinsame horizontale Tangente besitzen, wieder ganz in Übereinstimmung mit dem Nernstschen Wärmetheorem. Für die beiden schon genannten V-Werte sind in Fig. 70 auch die F-Kurven als Funktionen von T aufgetragen, die alles Gesagte bestätigen. Die in Figur 70 gestrichelten Kurven für U und F, gemäß den üblichen Gesetzen der idealen Gase, zeigen sich dagegen nicht in Übereinstimmung mit dem Nernstschen Theorem, wie selbstverständlich.

Man erkennt aus dieser Darlegung jedenfalls, daß nach dieser Theorie der Gasentartung Abweichungen vom normalen Verhalten erst bei sehr tiefen Temperaturen zu erwarten sind: die im Vorhergehenden bei „hohen“

Temperaturen eintretenden Grenzfälle des normalen Verhaltens idealer Gase treten in Wirklichkeit schon wenige Grade über dem absoluten Nullpunkte auf. Nur bei hohen Drucken, d. h. kleinem Molvolumen V, rücken die Abweichungen nach höheren Temperaturwerten[1]).

Zur Stütze dieser Aussagen kann eine Messungsreihe von Eucken an Helium herangezogen werden, das so komprimiert war, daß 30 Mole im Liter enthalten waren. Für C_v fand dabei Eucken die folgenden Werte bei verschiedenen Temperaturen.

$T =$	30°	26°	22°	18°
$C_v =$	3,1 cal	3,1 cal	3,0 cal	2,9 cal

Hier scheint also in der Tat bei der tiefsten Temperatur eine Abweichung von C_v unter den normalen Wert 3 cal vorzuliegen. Doch ist die Deutung immerhin zweifelhaft, da bei so starken Drucken Helium kaum als ideales Gas betrachtet werden kann. Auch Sackur hat bei Helium Abweichungen vom normalen Verhalten gefunden, die aber gleichfalls unsicher sind. Es muß also zukünftiger Forschung überlassen bleiben, diese wichtige Frage aufzuklären. Jedenfalls ist klar, daß auch hier die Lösung nur mit Hilfe der Quantentheorie wird erfolgen können.

---

[1]) Das ist der Grund, weshalb man bei Berechnung des Dampfdruckes bis zu den tiefsten Temperaturen die gewöhnlichen Gesetze der idealen Gase anwenden darf, wie es im Früheren immer geschehen ist. Denn mit sinkender Temperatur sinkt der Druck so stark, das Molvolumen nimmt derartig zu, daß sich der gesättigte Dampf der Entartung dauernd entzieht.

Register.

Kolibri 360 GmbH
Ferdinand-Jühlke-Straße 7
99095 Erfurt, Deutschland
produktsicherheit@kolibri360.de